Lothar Bildat, Tim Warszta (Hrsg.)

Psychologie im Human Resource Management

W0069692

Lothar Bildat, Tim Warszta (Hrsg.)

Psychologie im Human Resource Management

Ein Lehrbuch für Hochschule und Praxis

 PABST SCIENCE PUBLISHERS · Lengerich

Kontakt:

Prof. Dr. phil. Lothar Bildat
EBC Hochschule Hamburg
(University of Applied Sciences)
Professur für Personal und Organisation
sowie Wirtschaftspsychologie
Esplanade 6
20354 Hamburg
bildat.lothar@ebc-hochschule.de

Prof. Dr. Tim Warszta
Professur für Wirtschaftspsychologie
Fachhochschule Westküste
Fritz-Thiedemann-Ring 20
25746 Heide
warszta@fh-westkueste.de

Bibliografische Information der Deutschen Nationalbibliothek
Die Deutsche Nationalbibliothek verzeichnet diese Publikation in der Deutschen Nationalbibliografie;
detaillierte bibliografische Daten sind im Internet über <http://dnb.ddb.de> abrufbar.

2. Auflage 2019

© 2018 Pabst Science Publishers, 49525 Lengerich
     Formatierung: Armin Vahrenhorst

Titelmotiv: © chombosan - Fotolia.com

Druck: KM Druck, 64823 Groß-Umstadt

Print: ISBN 978-3-95853-233-5
eBook: ISBN 978-3-95853-234-2 (www.ciando.com)

Vorwort

Dieses Lehrbuch stellt den Wertbeitrag der Psychologie im Human Resource Management in den Mittelpunkt, denn betriebswirtschaftliche Herangehensweisen dazu gibt es bereits zur Genüge. Unsere Zielgruppen sind zum einen Studierende der Wirtschaftspsychologie im Bachelor- und Masterbereich. Zum anderen gehören dazu auch all diejenigen Studierenden, die einen wie auch immer gearteten HR-Schwerpunkt gewählt haben. Außerdem möchten wir Praktikerinnen und Praktiker ansprechen, die tagtäglich den mannigfaltigen Herausforderungen „an der Personalerfront" begegnen. Die Kolleginnen und Kollegen in Unternehmen und Organisation arbeiten mit z.T. knappen Ressourcen und teilweise überschaubarer Wertschätzung ihres Tuns. Schließlich hoffen wir auch Führungskräfte gleich welcher Couleur mit dem ein oder anderen Kapitel anzusprechen und neugierig zu machen.

Es werden z.T. Themen besprochen, die unserer Erkenntnis nach so noch gar nicht oder sehr selten bearbeitet wurden. Dazu zählen beispielsweise die Verbindung zwischen Compliance Management und dem Human Resource Management, aber auch wissenschaftlich fundierte Teamdiagnostik und Teameffektivität aus Praktikersicht sowie die Interkulturelle Psychologie im Kontext der aktuellen Flüchtlings- und Fachkräftethematik. Ob nun unser erster Versuch gelungen ist, vermögen nur unsere Leserinnen und Leser zu beurteilen. Wir freuen uns auf jede Art konstruktiven Feedbacks!

Wir haben die Struktur des Buches an den (noch) typischen Mitarbeiterlebenszyklus angelehnt. Im ersten Kapitel beschäftigen sich die Herausgeber und Alina Siemsen mit dem Thema Arbeitsanalysen und Kompetenzmodellierung als Fundament jeder gelungenen Personalarbeit. Das zweite Kapitel befasst sich mit Herausforderungen moderner, meist digitalisierter Personalrekrutierung, hier führt Tim Warszta in das Thema ein. Im dritten Kapitel stellen David Scheffer und Lothar Bildat ausgewählte Aspekte moderner Personalauswahl dar. Das vierte Kapitel stellen Daniela Lohaus und Wolfgang Habermann vor, hier geht es um Onboarding, also die Integration neu gewonnener Mitarbeiterinnen und Mitarbeiter. Dass dies in Zeiten des Fachkräftemangels und demografischer Wandlungsprozesse bedeutsam ist, versteht sich von selbst. Im fünften Kapitel führt Arne Voigt ein in das Thema Leistungsbeurteilung in der Praxis. Anders als in anderen Lehrbüchern stehen hier Fallstricke und Lösungen auf operativer Ebene im Vordergrund.

Das sechste Kapitel wird uns vorgestellt von Johannes Moskaliuk und Lothar Bildat, dort geht es um das, was uns täglich antreibt: Motivation und Arbeitszufriedenheit werden hier aus theoretischer und praktischer Sicht beleuchtet. Einen Überblick über die Bereiche der Personalentwicklung und Trainings bietet Lothar Bildat im siebten Kapitel. Führung ist das Thema des achten Kapitels, in dem Lothar Bildat, David Scheffer und Jens Eisermann einige klassische und aktuelle Befunde aufzeigen. Im neunten Kapitel stellt Lothar Bildat das Thema Stress und Gesundheit vor inklusive neuester Ergebnisse zum Thema Burnout. Im zehnten Kapitel schließt sich Björn Bücks an mit einer praxisnahen und hoch aktuellen Einführung in das Betriebliche Gesundheitsmanagement.

In Kapitel elf führen die Autorinnen Fiona Peters und Antje Wolf ein in die interkulturelle Handlungskompetenz als Ansatz für die betriebliche Integration von Menschen mit Migrationshintergrund. Dieses Thema ist nicht nur wichtig, sondern auch dringlich. Kapitel zwölf schließt sich an mit wesentlichen und aktuellen Erkenntnissen der operativen Teamführung. Hier beleuchtet Bettina Kessler die Bereiche Teamdiagnostik und Teameffektivität. Positive Psychologie und ihre Anwendungs- und Wirkungsfelder in Organisationen ist das Thema des dreizehnten Kapitels, welches uns von Kai Externbrink nahegebracht wird. Im vierzehnten Kapitel geht Iris Peinl ein auf die vielfältigen Herausforderungen der Arbeit 4.0, einer Arbeit im teilweise rasanten digitalen Wandel. Bringt HR eigentlich auch etwas aus ökonomischer Sicht, zahlt es sich aus? Augustin Süßmair beantwortet in Kapitel fünfzehn diese Fragen. In Kapitel sechzehn erfahren die Leserinnen und Leser von Stefan Behringer und Lothar Bildat etwas über die Verbindung von Compliance Management und Human Resource Management. Hier werden u.a. die Rolle und Kompetenzen der Compliancebeauftragten genauer beleuchtet. Im siebzehnten Kapitel erfahren wir von Tim Warszta und Jan Westensee, was man mit Wirtschaftspsychologie in der Praxis anfangen – und ggf. auch verdienen kann. Zum krönenden Schluss führt uns Prof. em. Ullrich Günther als *spritus rector* der Wirtschaftspsychologie an Fachhochschulen in Deutschland durch die Historie des Gebietes mit einem kritischen Blick auf internationale Entwicklungen in diesem Feld. Im Anhang des Buches wartet noch ein spannender Ausflug in das Praxisfeld der transformationalen Führung von Huw Wynn Jones in seiner Rolle als Leiter Personalmanagement der Deutschen Angestellten-Akademie Hamburg auf uns.

Alle Kapitel enthalten Kurzzusammenfassungen am Anfang oder Ende, Vertiefungsangebote im Text oder Anhang sowie Verständnisfragen. Wir haben bewusst auf eine völlige Standardisierung der Kapitel verzichtet, unsere Autorinnen und Autoren dürfen und sollen ihre „Handschrift" hinterlassen.

Danksagung

Ein Lehrbuch zum Wertbeitrag der Psychologie im Human Resource Management zu schreiben, schien uns ein lohnendes, hohes und spezifisches Ziel zu sein, welches somit – rein theoretisch – sehr motivierend sein sollte. Wie bei den meisten komplexen, langwierigen und schwierigen Arbeitsvorhaben mussten wir jedoch feststellen, dass Motivation und Arbeitszufriedenheit (vgl. das entsprechende Kapitel in diesem Band) hoch dynamische Prozesse darstellen. So gab es Höhen und Tiefen, insgesamt aber deutlich mehr Höhen als Tiefen. Motivationale Hindernisse zu überwinden gelingt zu zweit besser als alleine, noch besser gelingt dies aber zu fünft. Daher dürfen wir hier unsere fleißigen, kritischen und genau arbeitenden Studierenden erwähnen, ohne die das Werk kaum gelungen wäre: Frau Lisa Höltig, Bachelorandin an der EBC Hochschule Hamburg, Frau Alina Siemsen und Herr Jan Westensee, beide Masteranden an der Fachhochschule der Westküste in Heide, gebührt unser allergrößter Dank! Auch Herrn Prof Dr. Christian Dries, Präsident der Deutschen Gesellschaft für Angewandte Wirtschaftspsychologie, danken wir sehr für sein ermutigendes Geleitwort.

Weiterhin danken wir allen 16 Autorinnen und Autoren sehr herzlich für die schier unermüdliche Zuarbeit und das Ertragen des Verschiebens diverser Deadlines, Änderungswünsche, nachgeschobener Informationen und unverhoffter Peer-Reviews. Wir haben durch die Lektüre ihrer Kapitel unschätzbare, interessante und spannende Einblicke in die Arbeits- und Forschungsfelder der Kolleginnen und Kollegen erhalten. Ein großer Dank gebührt natürlich auch unseren Partnerinnen und Familien, vermutlich ist der Begriff „Lehrbuch" nun in diesen Kreisen nicht nur positiv konnotiert…

Zum Schluss möchten wir uns sehr herzlich bei unserem Verleger und seinem Team bedanken: Herr Wolfgang Pabst vom Pabst Science Publishers Verlag war uns stets ein wunderbarer Ansprechpartner, er hat uns von der ersten Stunde an kräftig unterstützt, begleitet und an das Gelingen geglaubt.

Hamburg und Heide im August 2017

Lothar Bildat und Tim Warszta

Geleitwort

„Psychologie im Human Resource Management. Ein Lehrbuch für Hochschule und Praxis", so lautet der Titel des vorliegenden Buches. Insbesondere der Untertitel weist den Weg, nämlich die Übertragung von wissenschaftlichen Erkenntnissen in praktisches Tun. „Science meets practice", so möchte man sagen.

Es ist allerhöchste Zeit, dass sich ein Lehrbuch an die vielen Studenten/innen der Wirtschaftspsychologie und nahestehender Managementstudiengänge im deutschsprachigen Raum richtet. Aber auch bei den zigtausend Praktikern im Personalmanagement ist der Wunsch groß, auf dem aktuellsten Stand der Erkenntnisse zu bleiben. Evidenzbasiertes Personalmanagement könnte man hierzu formulieren.

Daher bin ich sehr dankbar, dass sich eine Reihe von Kolleginnen und Kollegen unter Federführung der Herausgeber Lothar Bildat und Tim Warszta zusammengefunden haben und ein breites Spektrum von Anwendungsgebieten darbieten. Die Gesellschaft für angewandte Wirtschaftspsychologie (GWPs) betrachtet dieses geradezu heroische Unterfangen mit besonderem Wohlwollen und Respekt. Die Anwendungsfelder des Personalmanagements sind vielfältig, wie allein schon die Kapitelübersicht verdeutlicht. Neben der Psychologie und ihren Erkenntnissen zum Verhalten von Menschen in Organisationen beteiligen sich Fachgebiete der Ökonomie und Rechtswissenschaften sowie der Erwachsenenpädagogik und Arbeitswissenschaften an den Darlegungen. Diese Vielfalt macht aber auch die Anforderungsdichte in den betrieblichen Anwendungsfeldern deutlich: es ist nicht wenig, was wir als Wissen in der angewandten Wirtschaftspsychologie vorhalten müssen.

So ein Buchprojekt kann allein schon wegen der Fülle an Themen scheitern. Aber wie Sie sehen und fühlen können, ist das Buchprojekt erfolgreich gelungen. Ich wünsche jedem Leser, ob Interessent, Student oder professioneller Nutzer, viele Inspirationen und weiterhin viel Erfolg in einem faszinierenden Fachgebiet – es lohnt sich!

Köln, im Mai 2017

Prof. Dr. Christian Dries
Präsident der GWPs

Inhaltsverzeichnis

4   Onboarding – Integration neuer Mitarbeiter

Daniela Lohaus & Wolfgang Habermann 127

5   Leistungsbeurteilung in der Praxis

Arne Voigt 153

6 Arbeitszufriedenheit und Arbeitsmotivation

7 Personalentwicklung und Training

Arbeitsanalysen und Kompetenzmodellierung

Tim Warszta, Alina Siemsen & Lothar Bildat

1   Einleitung

Für den Aufbau einer fundierten Personalarbeit ist es von existentieller Bedeutung zu wissen, „was" Personen in einem bestimmten Beruf oder Unternehmen erfolgreich macht. Dieses Wissen stellt u.a. die Basis für Personalauswahl und Personalentwicklung, aber auch für Personalbeurteilungen und interne Platzierungsentscheidungen dar.

Nach dem 2. Abschnitt, der Begriffe eingrenzt, wenden wir uns im Abschnitt 3 zunächst der Arbeitstätigkeit selbst zu: Was macht menschliche Erwerbsarbeit aus? Welche Funktionen hat sie neben dem „Broterwerb" und wie wirkt sie auf uns? Wie wird Arbeit reguliert und was heißt das für die Arbeitsgestaltung? Ferner betrachten wir die Analyse von Tätigkeiten und richten den Blick auf gängige Verfahren der Tätigkeitsbewertung. Dies alles bildet die Grundlage, um mit Hilfe des 4. Abschnitts zu verstehen, wie Kompetenzmodellierung gelingen kann und wie die Umsetzung in der Praxis erfolgt. Außerdem werden die vielzähligen Anwendungsfelder von Kompetenzmodellen aufgezeigt und erklärt. Abschnitt 5 zeigt, wie die Ergebnisse von Arbeits- und Anforderungsanalysen in der Praxis genutzt werden können. Abschnitt 6 stellt eine Zusammenfassung dar, gefolgt von weiterführenden Hinweisen und Fragen zur Vertiefung.

2   Begriffsbestimmungen

Anforderungsprofil: In einem Anforderungsprofil werden die Merkmale, die der zukünftige Stelleninhaber für eine erfolgreiche Ausübung der Stelle mitbringen sollte, festgehalten. Merkmale könnten die vorherige Ausbildung, Vorwissen, Erfahrungen oder Verhaltensweisen umfassen. Ebenfalls festgelegt wird, in welcher Ausprägung die Merkmale vorhanden sein sollen und wie wichtig einzelne Merkmale im Vergleich zu anderen sind (Blickle, 2011). Das Anforderungsprofil ist gemäß der DIN 33430 für Eignungsdiagnostik Grundlage der Vorauswahl. Ebenso ist es die Basis für die Konzeption von Auswahlinstrumenten wie beispielsweise Interviews (Arbeitskreis Assessment Center, 2008). Sowohl die Merkmale als auch deren Ausprägungen werden in einer Anforderungsanalyse erhoben.

Im Kontext der Kompetenzmodellierung ist die Beachtung unterschiedlicher Konzepte und deren Begriffe wichtig. Wissen, Fertigkeiten, Fähigkeiten und Kompetenzen sind deutlich unterscheidbar, werden aber im Falle der Entwicklung von Anforderungsprofilen gleichermaßen zu erfassen sein.

Kompetenz: Für den Begriff „Kompetenz" finden sich in der Literatur vielfältige Definitionen. Kompetenz kann als Befugnis oder als Fähigkeit beschrieben werden. Wenn hier im Folgenden von Kompetenz die Rede ist, beschreibt Kompetenz die Fähigkeit, etwas zu tun. Doch selbst in diesem Bereich gibt es unterschiedliche definitorische Ausrichtungen. Neben Kompetenzdefinitionen, die Kompetenzen als Verhalten kennzeichnen (Bartram, 2012), wird Kompetenz vor allem als ein komplexes Charakteristikum einer Person definiert. Dieses umfasst Wissen, Fertigkeiten und Fähigkeiten, aber auch Werte und Normen (Erpenbeck & von Rosenstiel, 2007; Spencer & Spencer, 1993). Kompetenzen schlagen sich in beruflichem Erfolg nieder (Kauffeld, Grote & Henschel, 2007; Spencer & Spencer, 1993) und bringen die Fähigkeit zur Selbstorganisation mit sich (Erpenbeck & von Rosenstiel, 2007).

Wissen: Ein bedeutsamer Aspekt berufsbezogener Kompetenzen ist Wissen. Damit ist i.d.R. fachliches Wissen gemeint, also das Vorhandensein der zur Ausübung der Stelle notwendigen, potenziell anwendbaren und kontextabhängigen Informationen (Schuler, 2014). Wissen kann verstanden werden als „kognitive Repräsentation von Gegenständen" (i.w.S.; Häcker & Stapf, 2009, S. 1097). Deklaratives Wissen bezieht sich auf Faktenwissen, prozedurales Wissen bezieht sich auf Abläufe und Prozesse (Anderson, 2001). Wissen ist daher immer an einen menschlichen Träger und an Konventionen gebunden: Wie soll Wissen erworben werden, was ist verlässlich? So gilt beispielsweise in weiten Teilen der empirischen Sozialwissenschaften der Kritische Rationalismus (Popper, 1995) nach wie vor als ein anerkannter Weg, Wissen zu generieren. Der Begriff der *kognitiven Schemata* findet sein Pendant auch und besonders innerhalb der Arbeitspsychologie. Hier ist beispielsweise von mentalen Modellen oder *operativen Abbildsystemen* die Rede (Hacker, 1982), darüber wird weiter unten noch berichtet. Auch neuere Ansätze der Teamforschung nehmen Bezug auf die Bedeutung mentaler Modelle (Lim & Klein, 2006).

Nicht alle Aspekte persönlichen Wissens sind bewusstseinspflichtig, ein Teil dessen ist als implizit zu bezeichnen und manifestiert sich oftmals eher spontan im Handlungsvollzug (Hacker, 2005, S. 369; für implizite Einstellungen vgl. Greenwald, McGhee & Schwartz, 1998). In handwerklichen Berufen dürfte es vielen Experten auch bei Vorliegen hoher verbaler Kompetenzen schwerfallen genau zu beschreiben, *wie* Dinge getan werden. Noch deutlicher ist das im Bereich künstlerischer Tätigkeiten: Einzig durch eine genaue und explizite Beschreibung bildhauerischen Tuns erlangt man wohl kaum die Fertigkeit, per Hammer und Meißel beispielsweise eine Meerjungfrau aus Marmor „zu zaubern".

Fertigkeiten: Auch Fertigkeiten gehören zu den Kompetenzen. Damit sind Kenntnisse und Handlungen (die auch gerade implizites Wissen beinhalten) bezüglich spezifischer Arbeits- oder Verhaltensabläufe gemeint. Sie sind in der Regel fähigkeits- und erfahrungsbasiert und umfassen motorische oder kognitive Komponenten wie das Lösen von Routineaufgaben oder die Montage von Kabeln. Diese sind veränderlich und trainierbar (Erpenbeck & von Rosenstiel, 2007; Spencer & Spencer, 1993).

Fähigkeiten: Schwieriger zu trainieren sind die Fähigkeiten, da sie zeitlich relativ stabile individuelle Merkmale einer Person sind. Sie sind grundlegend für das Handeln in verschiedenen Situationen. Dazu gehören beispielsweise Kreativität, Intelligenz oder das räumliche Orientierungsvermögen (Erpenbeck & von Rosenstiel, 2007; Spencer & Spencer, 1993).

Eine nachvollziehbare Taxonomie einiger genannter Bestandteile von Kompetenzen findet sich bei North (1998). Er unterscheidet in der sogenannten „Wissenstreppe" zwischen Zeichen, Daten, Information, Wissen, Handlung, Kompetenzen und Wettbewerbsfähigkeit. Dies ist insofern bedeutsam, als Zeichen, Daten und Informationen zunächst bestenfalls potenzielles Wissen darstellen. Zeichen sind ggf. völlig bedeutungslos, sofern sie nicht dekodiert werden können[1]. Daten werden durch Bedeutungszuschreibung zu Informationen, die durch das Eingebundensein in einen Kontext und Erfahrung zu Wissen werden können, welches durch praktische Anwendung in Fertig-

---

[1] Wie beispielsweise die ägyptischen Hieroglyphen erst durch Champollion und den Stein von Rosetta dekodiert wurden, vgl. Ceram (2008).

keiten münden kann. Diese werden – bei Vorliegen ausreichender Motivation – zu berufsbezogenen Handlungen, welche wiederum – sofern erfolgreich ausgeführt – individuelle oder kollektive Wettbewerbsfähigkeit mitbestimmen.

Wissen entsteht i.d.R. im Prozess der *sozial vermittelten Aneignung (soziales Lernen)*, ein Begriff, der u.a. auf die kulturhistorische Schule der Sowjetunion zurückgeht (Jüttemann, 1995). Aneignung setzt natürlich ebenfalls Motivation voraus. Deshalb sollte Informationsmanagement (Bodendorf, 2006) nicht mit Wissensmanagement (Easterby-Smith & Lyles, 2012) verwechselt werden (kritisch dazu beispielsweise Wilson, 2002).

3   Grundlagen: Tätigkeitsanalyse und Arbeitsgestaltung

Hier werden bedeutsame Aspekte der Analyse von Tätigkeiten und der damit zusammenhängenden Arbeitsgestaltung vorgestellt (Tätigkeits- und Arbeitsanalyse werden hier synonym verwendet). Zunächst soll einführend auf die Bedeutung von Erwerbsarbeit eingegangen werden. So kann u.E. die Entwicklung eines umfassenderen Verständnisses dessen, was analysiert werden soll, besser gelingen. Natürlich kann hier das Meiste nur angerissen werden, interessierte Leser können sich besonders bei Hacker und Sachse (2014) ausführlicher informieren.

Ein umfangreicher Blick auf Erwerbsarbeit ist deshalb sinnvoll, weil der den Kontext der Personalarbeit deutlich macht. Zunächst mag ein Blick auf die Bedeutung von Arbeit in unserem kulturellen Umfeld aufschlussreich sein. Arbeit gehört in entwickelten Ländern zum Leben der meisten Menschen dazu, ebenso wie Freizeit. Mit Kollegen, Vorgesetzten, Kunden bzw. Klienten etc. verbringen wir oft genauso viel oder mehr Zeit wie mit Partnern und/oder Familienangehörigen. Die Arbeitswelt hat sich auch in westlichen Gesellschaften in den letzten 30 bis 40 Jahren teilweise dramatisch verändert. Stichworte sind beispielsweise Arbeitsverdichtung, demografischer Wandel, Digitalisierung, Flexibilisierung der Arbeit, Globalisierung, Frauenerwerbstätigkeit sowie Migration Arbeitssuchender (Klauder, 2005; Lohmann-Haislah, 2012; Vahle-Hinz & Plachta, 2014). Hinzu kommen aktuell die (für Europa nicht ganz neuen) Herausforderungen durch Kriegsflüchtlinge (vgl. auch das Kapitel Interkulturelle Handlungskompetenz als Ansatz für die betriebliche Integration von Menschen mit Migrationshintergrund in diesem Band). Im Folgenden wird kurz auf die psychosoziale Funktion von Erwerbsarbeit eingegangen, bevor der Bereich der Arbeitsanalyse genauer vorgestellt wird.

3.1   Funktionen, Bedeutung und Wirkungen von Erwerbsarbeit

Jenseits des Geldverdienens hat Arbeit eine Reihe weiterer, wichtiger Bedeutungen (bearbeitet nach Ulich, 2005, S. 484):
1. Aktivität und Kompetenz: Erleben von Kompetenz durch aktive Arbeitshandlung, Wissen um eigenes Können/intellektuelle Fähigkeiten.
2. Zeitstruktur: Wichtige Bezugsgröße für Begriffe wie Urlaub, Rente, Freizeit etc.
3. Kooperation und Kontakt: Entwicklung kooperativer Fähigkeiten und Erleben sozialer Beziehungen.

4. Soziale Anerkennung: Gefühl, einen nützlichen Beitrag zur Gesellschaft zu leisten.
5. Persönliche Identität: Selbstwertgefühl und Übernahme einer Berufsrolle.

In vielen Studien zur Wirkung von (Langzeit-) Erwerbslosigkeit kann gezeigt werden, dass sich die Gesundheit der Betroffenen teilweise dramatisch verschlechtert, hiervon sind Männer i.d.R. stärker betroffen als Frauen. Man findet häufig eine starke Zunahme an Stresssymptomen sowie vermehrt Depression, Drogenmissbrauch und psychosomatische Beschwerden (Mohr, 2010; Schüpbach & Krause, 2009).

Bedeutung von Arbeit: Arbeit hat in unserer Leistungsgesellschaft sicher nach wie vor einen hohen Stellenwert (Weinert, 2004, S. 46ff.), wenn auch neuere Untersuchungen darlegen, dass für die jüngere Generation der Ausgleich zwischen Arbeit und Freizeit sehr wichtig ist, Arbeit also – zumindest bei Höherqualifizierten – kaum mehr „um jeden Preis" verrichtet wird (Lohaus, Rietz & Haase, 2013). Arbeit ist i.d.R. auch „mit gesellschaftlichem Sinngehalt versehen und aufgabenbezogen, ein vermittelnder Prozess zwischen Mensch und Umwelt, der sich in eingreifenden und verändernden Tätigkeiten äußert." (Hacker & Sachse, 2014, S. 51. Zu kulturhistorischen Hintergründen der Psychologie der Tätigkeit vgl. beispielsweise Busse, 1995; dort werden die Beiträge des russischen Forschers Alexej Nikolajewitsch Leontjews skizziert).

Neben der Sicherstellung des Lebensunterhaltes erfüllt Erwerbsarbeit eine Vielzahl von Funktionen. Allen voran steht der Kompetenzerwerb neben der Strukturierung des Alltages und den vielfältigen sozialen Funktionen. Erwerbsarbeit verändert sich aktuell sehr dynamisch, besonders die bisherigen Arbeitszeitmodelle sowie die Verortung der Arbeit werden flexibler. Langzeiterwerbslosigkeit geht i.d.R. einher mit einer Verschlechterung der Gesundheit der Betroffenen.

Soziale und andere Bedürfnisse: Sicher befriedigt Erwerbsarbeit soziale Bedürfnisse, sie kann den Austausch untereinander fördern (oder hemmen), sie schafft Möglichkeiten zum Feedback etc. Arbeitszufriedenheit erlangen viele Menschen auch durch den Kontakt zu anderen. Allerdings ist die Arbeitszufriedenheit auch von vielen anderen Faktoren abhängig, am stärksten ist sie mit der Erfahrung einer selbstbestimmten, erfolgreichen Tätigkeitsausführung verknüpft (vgl. dazu das Kapitel Arbeitsmotivation und Arbeitszufriedenheit in diesem Band). Arbeit ermöglicht aber auch die Erfüllung „egoistischer" Bedürfnisse wie die Erhöhung des Selbstwerts, Prestige/Status etc. Ferner bedeutet Arbeit auch Informationen zu erhalten, „up-to-date" zu sein. Letzterer Punkt ist besonders bedeutsam im Falle des Ausscheidens aus dem Erwerbsleben: Häufig sind Menschen dann von wichtigen Informationen und Kontakten abgeschnitten (Mohr, 2010).

Arbeit macht ferner Aktivität und Kompetenz erlebbar und entwickelt diese u.U. weiter. Das Wissen um das eigene Können und intellektuelle und praktisch-handwerkliche Fähigkeiten wird meist als etwas Positives empfunden. Somit ist Arbeit ein wichtiger Bestandteil der persönlichen Identität vieler Menschen. Die Übernahme einer Berufsrolle gehört zu den sogenannten *Entwicklungsaufgaben* (Oerter & Montada, 2008) eines Menschen – zumindest in den meisten industrialisierten Ländern.

Zeitstruktur: Ohne eine Strukturierung durch die Erwerbsarbeit verlieren natürlich auch wichtige Bezugsgrößen wie Urlaub, Rente und Freizeit an Wert. Auch der Körper gewöhnt sich in Grenzen an bestimmte Zeittakte. Sogenannte zirkadiane Rhythmen (Tagesrhythmen) verändern sich entlang der gewohnten Arbeitszeitstrukturen. Dass diese heute vielfach weniger streng geregelt sind, kann man sicher positiv sehen, da es den Menschen ermöglicht, die Arbeitszeiten ihrem persönlichen Tagesrhythmus anzupassen. Jedoch existieren heutzutage viele Tätigkeiten mit vorgegebenen wechselnden Arbeitszeiten, die eine hohe Flexibilität und Anpassung vom Menschen erfordern. Dies bedingt beispielsweise bei Wechselschichten, dass der Körper sich u.U. häufig neu einstellen muss. Hier kann es zu Anpassungsstörungen kommen (Bamberg, Mohr & Busch, 2012).

Manifeste Bedeutung: Erwerbsarbeit ermöglicht den Erhalt des sekundären Verstärkers Geld. Das ist die manifeste Bedeutung von Arbeit. Und natürlich ist der Lohn auch Ausdruck einer gesellschaftlichen Anerkennung, denn wenn das Einkommen nicht zum Leben reicht, wird die Erfüllung o.g. weiterer Bedürfnisse möglicherweise nicht gelingen.

Die Arbeitswelt heute ist mit neuen Dynamiken verbunden, im Folgenden werden einige anhaltende und aktuelle Trends der Arbeitsgesellschaft schlagwortartig skizziert:

- Kurzfristigkeit der Arbeitsverhältnisse
- Spreizung in Niedrig- und Hochlohnsektor
- „Entzeitlichung" und „Enträumlichung" (z.B. bei verteilt arbeitenden Teams und Telearbeit)
- Multiple Rollen der Arbeitnehmer (Versorger von Kindern, Angehörigen plus Arbeitsbezüge)
- „Inhomogene Belegschaften"
- Fachkräftemangel

Wirkung von Arbeit: Die Arbeitstätigkeit wirkt auf unterschiedliche Arten und Weisen auf Personenmerkmale ein, das zeigt Abbildung 1 (Hacker, 1998, S. 774). Nehmen wir hier das Beispiel des obersten Pfades, so kann man erkennen, dass bestimmte Merkmale der Arbeitstätigkeit (beispielsweise ständiger Kundenkontakt) entsprechende Anforderungen nach sich ziehen (Zuhören können, Menschen in der Interaktion beeinflussen etc.). Das führt u.U. langfristig zu einer Erfahrungsbildung, ggf. auch zu Einstellungsveränderungen. Kann beispielsweise jemand besonders gut andere in der Interaktion beeinflussen (überzeugendes Auftreten, freundliches Wesen etc.), wird sich berufsbezogene Selbstwirksamkeit entwickeln und ggf. die Einstellung zur Tätigkeit positiv beeinflussen. Wenn aber beispielsweise Sozialarbeiter permanent mit schwierigen Jugendlichen arbeiten, könnte das die Einstellung zum Klientel negativ färben. Im Rahmen beruflicher Sozialisation werden Menschen also auf vielfältige Weise durch die Arbeitstätigkeit beeinflusst.

Besonders wahrscheinlich sind positive Wirkungen der Arbeit auf den Menschen bei Vorliegen bestimmter Kernelemente der Arbeit. Eines der bekanntesten Modelle der Arbeitsgestaltung ist das Job Characteristics Model von Hackman und Oldham (1975; Abbildung 2).

Hackman & Oldham beschrieben in ihrem Job Characteristics Model fünf Kerndimensionen der Arbeit, deren Erfüllung zur Arbeitszufriedenheit beitragen. Hierbei handelt es sich um:

Aufgabenvielfalt: Die Aufgabenvielfalt beschreibt die Bandbreite der Fähigkeiten, die bei der Arbeit eingesetzt werden. Berufe mit geringer Aufgabenvielfalt werden tendenziell als eintönig wahrgenommen (z. B. klassische Fließbandarbeit). Berufe mit hoher

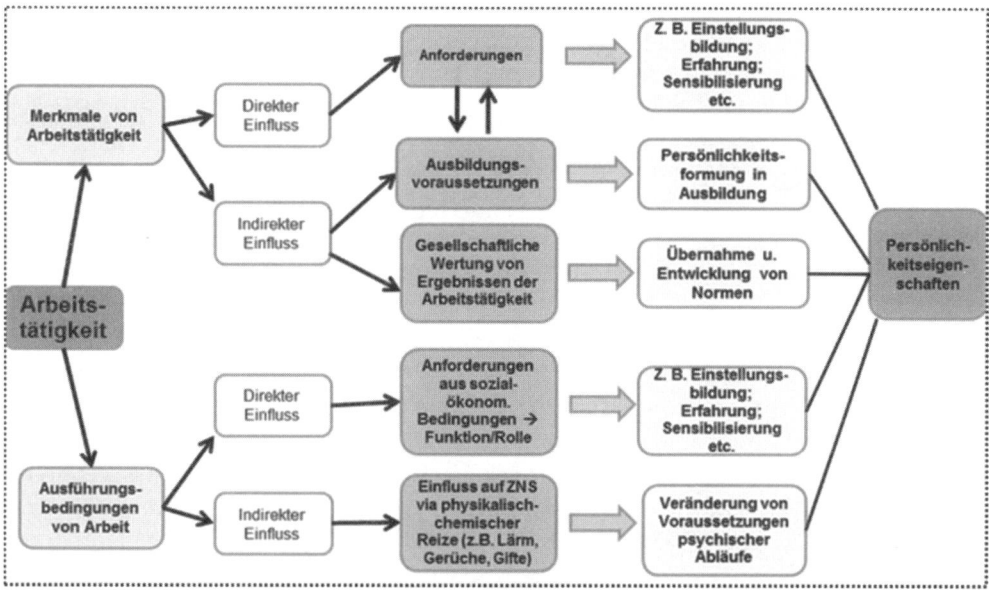

Abb. 1: Wirkung von Arbeitstätigkeiten (angelehnt an Hacker, 1998, S. 774, bearbeitet)

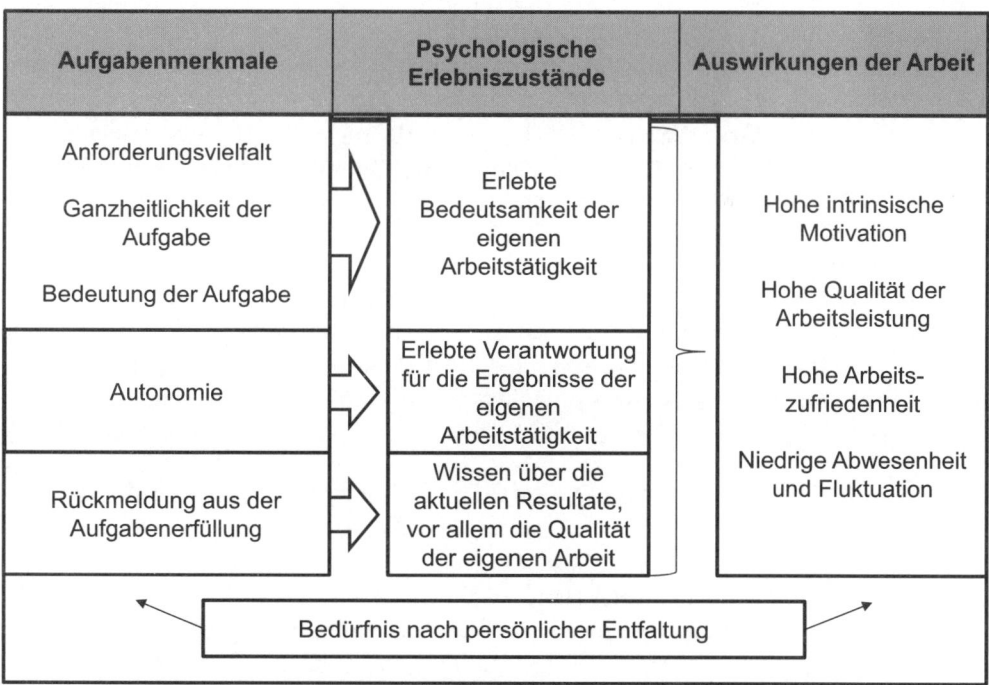

Abb. 2: Das Job Characteristics Model (nach Hackman & Oldham, 1975)

Aufgabenvielfalt zeichnen sich durch eine Vielzahl von Handgriffen, gedanklichen Operationen oder zwischenmenschlichen Interaktionen aus.

Ganzheitlichkeit der Aufgabe: Die Ganzheitlichkeit der Aufgabe beschreibt die Möglichkeit, komplette Arbeitsgänge von Anfang bis Ende zu bewerkstelligen. Je größer und arbeitsteiliger ein Unternehmen arbeitet, desto geringer ist die Ganzheitlichkeit einer Aufgabe ausgeprägt.

Aufgabenidentität: Aufgabenidentität kennzeichnet die Bedeutsamkeit der Aufgabe für die Gesellschaft sowie das Identifikationspotenzial der Aufgabe selbst. Hohe Aufgabenidentität ist dann gegeben, wenn Personen mit Stolz über ihre Aufgabe berichten.

Autonomie: Autonomie beschreibt die Eigenständigkeit, mit der eine Person ihre Aufgabe erfüllen kann. Aufgaben, deren Erledigung eng durch Vorgesetzte oder Maschinen überwacht werden und keinerlei Entscheidungsfreiheit bieten, zeichnen sich durch geringe Autonomie aus.

Feedback: Feedback zu den eigenen Arbeitsergebnissen kann sowohl von Personen (Führungskräften, Kollegen, Kunden) als auch aus der Aufgabe selbst erfolgen. Programmierer beispielsweise können durch einen Funktionstest oder eine Codeprüfung mittels Compiler relativ schnell feststellen, ob das von ihnen geschriebene Programm funktioniert.

Im Job Characteristics Model von Hackman & Oldham (1975) werden fünf Kerndimensionen der Arbeit beschrieben: Aufgabenvielfalt; Ganzheitlichkeit, Aufgabenidentität, Autonomie und Feedback. Diese Dimensionen wirken auf psychologische Variable ein wie beispielsweise die erlebte Bedeutsamkeit des eigenen Beitrages, welche wiederum Ergebnisse beeinflussen. Zu diesen gehörten z.B. die Arbeitszufriedenheit und die Arbeitsleistung. Arbeit zeigt direkte und indirekte Wirkungen auf die Entwicklung der Persönlichkeit.

Die fünf Dimensionen lassen sich für jede Tätigkeit bewerten. Je stärker sie ausgeprägt sind, desto persönlichkeitsförderlicher ist die Tätigkeit. Zur Messung der fünf Dimensionen wurde der Job Diagnostics Survey (JDS) entwickelt (Hackman & Oldham, 1975). Hierbei handelt es sich um ein Fragenbogeninstrument, auf dem Positionsinhaber ihre Tätigkeit bewerten können. Auf Basis der Ergebnisse können Tätigkeiten umgestaltet und optimiert werden.

Ergebnisse aus Arbeits- und Anforderungsanalysen sind demnach wichtig für eine ergonomischere und persönlichkeitsförderliche, aber auch effizientere Gestaltung von Arbeitsplätzen, Tätigkeiten und Arbeitsabläufen. Darauf werden wir noch zu sprechen kommen. Zunächst einmal soll kursorisch auf die Regulation dessen eingegangen werden, über das hier geschrieben wird, nämlich der menschlichen Arbeitstätigkeit.

3.2   Regulation von Arbeitstätigkeit: Die Urzelle m. Arbeitshandlung

Unter Regulation versteht man in diesem Kontext bewusste oder unbewusste intrapsychische Vorgänge, die menschliche Handlungen steuern. Hacker (2005, S. 219ff.) weist darauf hin, dass die Grundlage eines komplexen menschlichen Handlungsgeschehens, wie es oben dargestellt wurde, der sogenannte „Vorwegnahme-Veränderungs-Rückkopplungseinheiten" (VVR) ist. Dieser Rückkopplungskreis ist quasi das Ur-Molekül menschlicher Handlungen. Er lässt sich an einer einfachen Tätigkeit beschreiben: Angenommen, Sie schlagen einen Nagel in die Wand, um ein Bild aufzuhängen. Sie nehmen den Nagel in die eine, den Hammer in die andere Hand. Dann halten Sie den Nagel an die vorgesehene Stelle und schlagen darauf. Ganz Ungeübte halten meist nach dem ersten Schlag inne und sehen nach, ob der Nagel schief steht bzw. die Hand noch unverletzt ist. Wichtig ist, dass das, was Sie tun, mit dem abgeglichen wird, was Sie gedanklich als *Zielzustand* vorweggenommen hatten („Der Nagel steckt gerade in der Wand."). Es findet also in bewussten Handlungsprozessen stets ein innerer *Abgleich* zwischen SOLL und IST statt. Schon jetzt wird klar, dass das Handeln nicht gelingen kann, wenn das SOLL ganz und gar unklar oder völlig unrealistisch ist.

Ein mit dem VVR verwandter Begriff wird *TOTE-Einheit* genannt (Test-Operate-Test-Exit, zu Unterschieden zum VVR vgl. Hacker & Sachse, 2014, S. 153), weil sich dieser Grundbaustein der Handlung so beschreiben lässt: Eingangshandlung des Nagelhaltens und Schlagens (einschl. Wissen um das Soll), *Test*, ob Nagel gerade ist, falls nicht, Nachjustieren und erneut schlagen (*Operate*). Es folgt ein weiterer *Test* etc., so lange, bis das gewünschte Ergebnis erreicht wurde, wie Abbildung 3 zeigt.

Im Alltag geht dieser Prozess im fortwährenden Strom unserer Handlungen meist unter, er wird besonders dann bewusst, wenn Fehler passieren (beispielsweise mit der Folge eines blau gefärbten Daumens).

Das Operative Abbildsystem (OAS): Experten im Bereich des Heimwerkelns hauen im Laufe ihres Lebens natürlich Tausende von Nägeln in Holz und sonstige Werkstoffe. Sie haben die o.g. Prozesse meist vollständig automatisiert und führen diese sehr schnell aus. Meist „spüren" Experten schon beim Halten des Nagels, wenn etwas „schief" geht. Unabhängig von der Tätigkeit sind Experten ganz allgemein in der Lage, Fehler früh zu erkennen und sie schnell und effizient zu beheben – woran liegt das?

Könner bzw. Experten haben genaue Vorstellungen von dem, was sie wie tun sollen und – vor allem – mit was sie es zu tun haben! Sie kennen Abläufe und Prozesse beispielsweise in Maschinen oder Computerprogrammen sehr genau. Das Prozesswissen etwa vom Aufbau einer Maschine, lässt sich oft nicht vollständig in Worte fassen. Die

Im Kern wird menschliche Arbeitshandlung durch viele ineinander verschachtelte Feedbackschleifen (TOTE/VVR) reguliert. Ferner ermöglicht ein umfangreiches und genaues Operatives Abbildsystem die gelungene Arbeit von Experten. Es gibt verschiedene Formen geistiger Tätigkeiten: Informationsübertragung/-transport, Informationsverarbeitung innerhalb gegebener Information, Informationsbearbeitung als Umwandlung gegebener Information, Informationserarbeitung als Ableiten neuer Informationen. Die Anforderungen an die hier nötigen Kompetenzen steigen graduell.

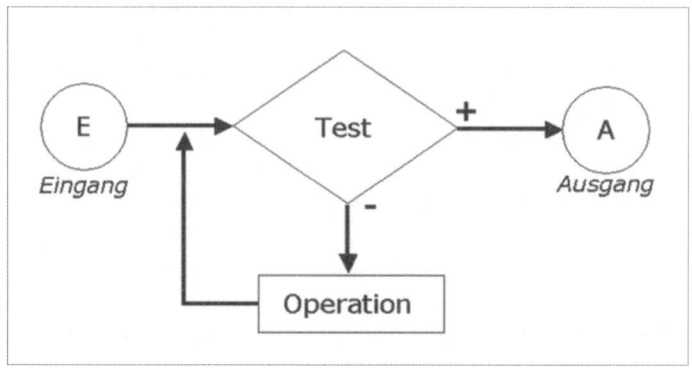

Abb. 3: TOTE-Einheit der Handlung (nach Miller, Galanter & Pribram, 1960, in Hacker, 1998, S. 214)

„inneren Abbilder" von Experten lassen sich als „tätigkeitsleitende Gedächtnisrepräsentationen" beschreiben (Hacker & Sachse, 2014, S. 142ff.; Rohrbaugh & Shanteau, 1999). Wenn dieses innere Abbild sich auf berufsbezogene Handlungen und Prozesse bezieht, nennt man es *Operatives Abbildsystem* (OAS; ebenda). Bei Menschen, die komplexe Maschinen wie beispielsweise Bagger oder Ladekräne bedienen, erlebt man Experten gerade dann in ihrem Element, wenn etwas nicht ordnungsgemäß funktioniert. Manchmal spüren oder hören erfahrene Maschinisten eine Störung, bevor sie Schaden anrichten kann.

Im Bereich der Büroarbeit oder beispielsweise des Human Resource Managements haben wir es natürlich nur selten mit inneren Abbildern von Maschinen zu tun. Allerdings ist auch hier das teilweise automatisierte Wissen um Prozessabläufe etwas, das Anfänger deutlich von Experten unterscheidet. Das kommt beispielsweise dann zum Tragen, wenn Assessment Center geplant, implementiert und durchgeführt werden. Gleiches gilt für die Durchführung einer Mitarbeiterbefragung, eines Mitarbeitergespräches etc.

Formen geistiger Tätigkeiten: Hacker (1998, S. 471) hat unterschiedliche Formen geistigen Schaffens klassifiziert (gekürzt):
1. *Informationsübertragung/-transport*: Das ist mentale Arbeit ohne Denkanforderung. Ein Hauptmerkmal solcher Tätigkeiten ist das Aufnehmen, kurzfristige Behalten und Ausgeben von Daten, ohne diese zu verändern: beispielsweise das Ablesen oder Eintippen von Informationen an einer Kasse.
2. *Informationsverarbeitung* innerhalb gegebener Information: Hier treten erste Denkanforderungen als Beurteilungs- und Klassifikationsleistung auf. Eine Problemlösung steht aber nicht im Vordergrund. Dazu gehört beispielsweise das Zuordnen eines Preises zu einem ganz bestimmten Produkt beispielsweise beim Erstellen einer Preis- bzw. Angebotsliste.
3. *Informationsbearbeitung* als Umwandlung gegebener Information: Gemeint sind Denkleistungen, wie Klassifizieren nach Regeln und das Umwandeln gegebener Fakten. Im Preislisten-Beispiel käme hier möglicherweise der Freiheitsgrad hinzu, aus Produktkategorien die Preise nach bestimmten Vorschriften neu zusammen zu stellen.
4. *Informationserarbeitung* als Ableiten neuer Informationen: Hier sind komplexere Denkleistungen gefragt, wie beispielsweise die Neukonzeption eines Produktes oder einer Dienstleistung einschließlich des Findens eines adäquaten Preises.

Mit einer solchen Klassifikation können Anforderungsmerkmale von Tätigkeiten genauer beschrieben werden (mehr dazu weiter unten). Das Wissen um die Tätigkeitsanforderungen ist schließlich die Grundlage einer professionellen Personalauswahl und Kompetenzmodellierung.

Menschliches Handeln ist nicht gleichzusetzen mit Verhalten, denn es zeichnet sich besonders durch *planerische und gestalterische Komponenten aus.* Menschen entwerfen Pläne, die teilweise weit in die Zukunft weisen. Nicht immer ist die Planung perfekt, erfolgreich und bewusst. Eine allgemeine Beschreibung planvollen Handelns zeigen idealtypisch Zapf, Frese & Brodbeck (1999) in ihrem *Modell des Handlungsprozesses* (unter Bezugnahme auf Hacker, 1998 sowie Volpert, 1982). Abbildung 4 zeigt diesen Prozess: Am Anfang steht die *Zielfindung* („Wo soll es hingehen?"; „Was will ich erreichen?"),

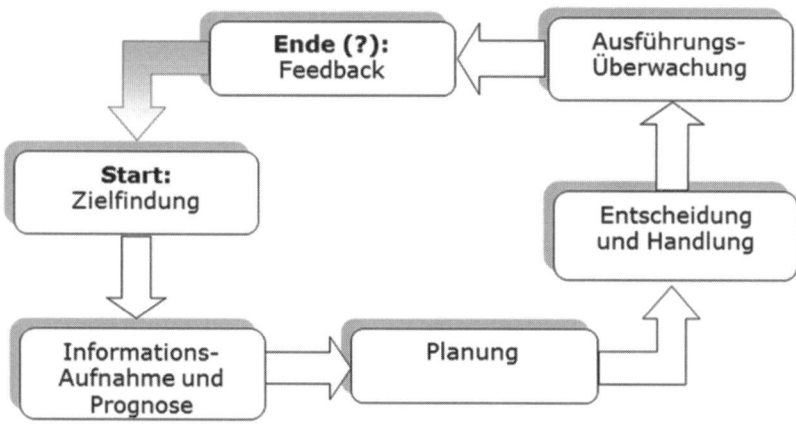

Abb. 4: Der Handlungsprozess nach Zapf, Frese und Brodbeck (1999, eigene Darstellung)

danach beginnt die *Informationsaufnahme* („Was benötige ich alles?") und es wird eine erste *Prognose* erstellt („Wird klappen!"). Dann findet eine mehr oder weniger systematische Planungsphase statt („Ich kann das so und so machen"). Schließlich kommt es zur *Entscheidung* und Handlung („So mache ich es jetzt"). Die *Ausführungsüberwachung* begleitet die Handlung normalerweise („Läuft alles wie gewünscht?"). Nach der Handlung wird, durch das *Feedback bzw. eine Rückmeldung über den Handlungserfolg*, eingeschätzt, ob das Ergebnis gelungen ist. Falls nicht, beginnt der Prozess der Zielfindung erneut.

Man kann diesen Ablauf auf alle arbeitsbezogenen Handlungen sämtlicher Berufe übertragen. In der Regel lassen sich diese Phasen gut identifizieren, die Übergänge sind allerdings manchmal fließend und die Einzelschritte laufen nicht immer bewusst ab. Zapf, Frese und Brodbeck (1999) liefern ferner eine auch im Rahmen von Tätigkeitsanalysen nutzbare Fehlertaxonomie, die Abbildung 5 zeigt:

Regulations-ebenen	Handlungsprozess					
	Ziel-entwicklung	Informations-aufnahme	Prognose	Planentwicklung/ Entscheidung	Monitoring Gedächtnis	Feedback
Intellektuelle Ebene	Zielsetzungs-fehler	Zuordnungs-fehler	Prognose-fehler	Denk-fehler	Merk/Ver-gessensf.	Urteils-fehler
Flexible Handlungs-muster	Gewohnheitsfehler					
Sensu-motorische Ebene	Bewegungsfehler					

Abb. 5: Fehlertaxonomie nach Zapf, Frese und Brodbeck (1999, bearbeitet)

Neben dem Handlungsprozess gilt es hier, bedeutsame Regulationsebenen im Blick zu behalten: Auf der sensumotorischen Ebene werden beispielsweise Bewegungsprogramme, die u.a. im Kleinhirn (Cerebellum) und motorischen Großhirnarealen gespeichert sind, umgesetzt. Sind diese Programme aktuell nicht adäquat, kann es zu Bewegungsfehlern kommen (z.B. stolpern, weil man die Schritte im neuen Treppenhaus zu groß macht). Flexible Handlungsmuster sind komplexere, verschachtelte Handlungen, die aber sehr gut eingeübt sind. Fahren Sie als „Schaltwagenfahrer" mit einem Auto mit Automatik-Getriebe und geraten in eine Notsituation, dann treten Sie ggf. mit dem linken Bein ins Leere (kuppeln ohne Kupplung). Gerade in Stresssituationen also greifen wir auf gut geübte und „alte" Verhaltensmuster zurück. Aus diesem Blickwinkel sind Change-Prozesse, die mit hohem Druck „durchgedrückt" werden, auch aus arbeitspsychologischer Sicht unsinnig und ggf. gefährlich. Auf der intellektuellen Ebene sind all die Bereiche gemeint, die mit bewusstem Tun, planen, entwerfen, antizipieren und bewerten zusammenhängen.

Mit Hilfe des Schemas können Fehler rasch diagnostiziert, analysiert und ggf. langfristig vermieden werden, sofern die Prozesskette der Fehlerentstehung begriffen wird (dazu bes. Reason, 2008). Für den Bereich der Dienstleistungen komplexer Natur sind besonders die Fehler auf der Ebene der intellektuellen Handlungsregulation von Bedeutung. Es sei nur am Rande erwähnt, dass hier auch individuelle Variablen zum Tragen kommen: manche Personen sind beispielsweise durch selbst begangene Fehler massiv belastet, andere nicht – diese korrigieren diese dann wahrscheinlich effizienter (Rybowiak, Garst, Frese & Batinic, 1999).

Im folgenden Abschnitt stellen wir das Konzept der vollständigen Tätigkeiten vor.

3.3 Das Konzept der Vollständigkeit von Arbeitstätigkeiten

Der Begriff der vollständigen Tätigkeit (Hacker, 1998 sowie Volpert 1982; ferner den bereits genannten russischen Forscher Leontjew) ist ein wichtiges Konzept für die Gestaltung von Arbeit. Das Konzept zeigt eine Reihe von Aspekten auf, die helfen, Arbeit an sich „menschlich" und schädigungsarm zu gestalten. Wie muss aber eine Arbeitstätigkeit gestaltet sein, damit sie persönlichkeitsförderlich ist? Vollständige Tätigkeiten kennzeichnen sich u.a. durch (ebenda, S. 249 ff.):

1. *Ausreichende Anforderungen* (kein Aktivitätsmangel)
2. *Mögliche Kooperation* (zu anderen Mitarbeitern, Kollegen etc.)
3. *Selbstständige Zielfindung und Entscheidungsmöglichkeiten* (Handlungsspielraum)
4. *„Denkarbeit"* als Arbeitsvorbereitung (i. Ggs. zu „stupiden" Arbeiten)
5. *Lernmöglichkeiten* und Möglichkeit der Übertragung von Fertigkeiten/Qualifikationen in andere Bereiche (Freizeit oder Arbeit)

Mängel bei unvollständigen Tätigkeiten: Daraus lässt sich ableiten, wie Arbeitstätigkeiten gestaltet werden sollten: Sie sollten zentrale Merkmale vollständiger Arbeit aufweisen.

- *Unvollständige Tätigkeiten wirken sich negativ auf Motivation, Gesundheit und Persönlichkeitsentwicklung aus.*

Am problematischsten wirkt das Fehlen von Handlungsspielräumen bzw. Entscheidungsbefugnissen: wer immer nur Befehlsempfänger ist und „nach Schema F" arbeiten muss, wird weder besonders arbeitszufrieden sein, noch auf Dauer gesund bleiben. Hacker (ebenda, S.254) zeigt eine Reihe von psychischen Fehlanforderungen in der Industriearbeit.

Diese Fehlanforderungen lassen sich aber im Grunde auch auf andere Tätigkeiten übertragen. Unvollständige Tätigkeiten zeigen u.a. folgende Mängel:

1. *Zu geringe Anforderungen* (wenig mentale oder aktivierende Tätigkeit; Monotonie). Hier können Entscheidungs-, Denk- oder Lernmängel auftreten (beispielsweise wenn ein Mitarbeiter ausschließlich für die Inventarisierung zuständig ist).
2. *Unklare oder widersprüchliche Anforderungen.* Dies kann Unsicherheit auslösen, beispielsweise, wenn widersprüchliche Anweisungen mehrerer Führungskräfte auszuführen sind oder wenn für Mitarbeiter nicht klar ist, was auf sie zukommt.
3. *Mängel bei den Ausführungsbedingungen.* Diese treten beispielsweise dann auf, wenn Informationen fehlen oder unzureichend sind. Gemeint sind auch ständige Unterbrechungen der Ausführung (besonders in Großraumbüros, vgl. Oommen, Knowles & Zhao, 2008).

Ulich (2005, S. 202) stellt weitere Merkmale motivations-, persönlichkeits- und gesundheitsförderlicher Arbeitsgestaltung zusammen, die auszugsweise und mit einigen eigenen Zusätzen in Tabelle 1 dargestellt sind.

Eine Klassifikation zur Bewertung von Arbeitstätigkeiten: Die Arbeits- und Organisationspsychologie setzt sich u.a. zum Ziel, Erwerbstätigkeit human zu gestalten. Demnach geschieht eine Arbeitsanalyse u.a., um Arbeitstätigkeiten auch nach ihrer Förderlichkeit für die Persönlichkeits- und Kompetenzentwicklung zu bewerten. Hacker (2005, S. 801) bietet ein hierarchisches System zur Bewertung von Arbeitstätigkeiten an, dass unterschiedliche Bewertungsebenen enthält, wie Abbildung 6 zeigt.

Das Konzept der Aufgabenvollständigkeit (Hacker, 1998; Volpert 1982) umfasst ausreichende Anforderungen (kein Aktivitätsmangel), mögliche Kooperation (zu anderen Mitarbeitern, Kollegen etc.), Selbstständige Zielfindung und Entscheidungsmöglichkeiten (Handlungsspielraum), „Denkarbeit" als Arbeitsvorbereitung (i. Ggs. zu „stupiden" Arbeiten), Lernmöglichkeiten und Möglichkeit der Übertragung von Fertigkeiten/Qualifikationen in andere Bereiche der Freizeit oder Arbeit. Nur vollständige Aufgaben können ihre persönlichkeitsförderlichen Potenziale entfalten.

Diese Klassifikation enthält die Ebenen der Persönlichkeitsförderlichkeit (dazu ausführlich oben), Beeinträchtigungsfreiheit (Zumutbarkeit), Schädigungslosigkeit und Ausführbarkeit. Arbeitsgestaltung kann nur gelingen, wenn diese Aspekte mit Berücksichtigung finden (zu Aspekten der Anthropometrie und der Mensch-Maschine-Interaktion vgl. Luczak & Schlick, 2007). Gestaltungsrichtlinien mit rechtlicher Wirkung gibt es in Hülle und Fülle – hier nur eine kursorische Nennung ohne Anspruch auf Vollständigkeit:

- Arbeitsschutzgesetz
- Arbeitssicherheitsgesetz
- Arbeitsstättenverordnung
- Betriebssicherheitsverordnung
- Betriebsverfassungsgesetz
- Gewerbeordnung

Mit welchen Verfahren hier vorgegangen werden kann, zeigt der nächste Abschnitt.

Tab. 1: Merkmale motivations-, persönlichkeits- und gesundheitsförderlicher Aufgabengestaltung (gekürzt und bearbeitet nach Ulich, 2005, S. 202)

Merkmal	Wie wirkt es?	Wird erreicht durch...
Ganzheitlichkeit	• Mitarbeiter und Mitarbeiterinnen erkennen die Bedeutung ihres Tuns	...Aufgaben, die Planung, Ausführung und Kontrolle erlauben sowie sicherstellen, dass Ergebnisse eigenen Tuns mit Anforderungen übereinstimmen
Vielfalt der Anforderungen	• Unterschiedliche Qualifikationen und Kompetenzen können genutzt werden • Vermeidung einseitiger Beanspruchung	...entsprechend gestaltete Aufgaben (unterschiedliche körperliche und/oder geistige Anforderungen)
Soziale Interaktion	• Herausforderungen können gemeinsam gelöst werden • Soziale Unterstützung hilft, Belastungen besser zu ertragen	... entsprechende Aufgaben, die vor allem durch Kooperation bewältigt werden
Autonomie	• Unterstützt Selbstwertgefühl und Bereitschaft zur Verantwortungs- übernahme	Aufgaben mit viel Handlungs- und Entscheidungsspielraum
Lern- und Entwicklungs- möglichkeiten	• Geistige Flexibilität bleibt erhalten • Qualifikationen werden erhalten oder verbessert	...Aufgaben mit Problemgehalt, zu deren Lösung die Qualifikationen und Fertigkeiten eingesetzt werden müssen (kursiv LB)
Zeitelastizität und stressfreie Regulierbarkeit	• Wirkt extremem Zeitdruck entgegen • Schafft (Kreativität fördernde) Frei- räume für Interaktion und Nachdenken	...Puffer schaffen, realistische Zielsetzungen (Zusatz LB), Festlegung von Vorgabezeiten
Sinnhaftigkeit	• Gefühl, gesellschaftlich Nützliches zu tun	...Produkte, die gesellschaftlichen Nutzen aufweisen, nachhaltige Produkte (LB), sowie Stärkung der Corporate Social Responsibility (CSR), soziale Verantwortung (LB)

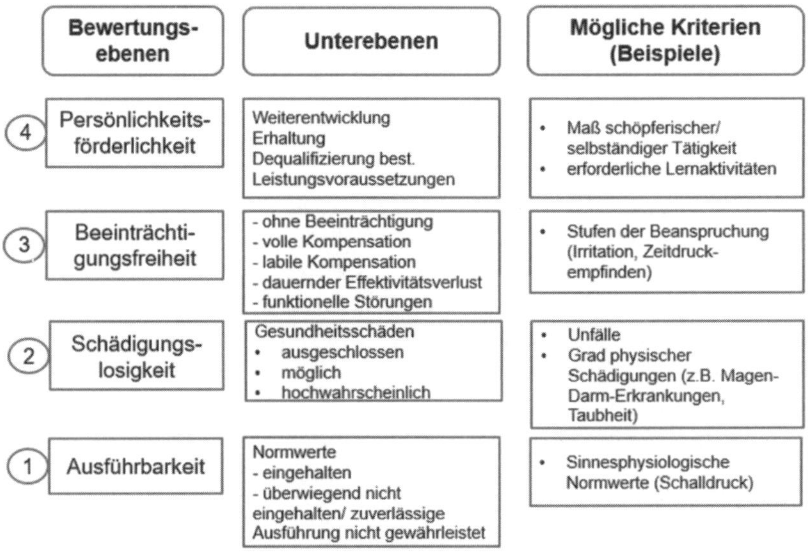

Abb. 6: Hierarchisches System zur Bewertung von Arbeitsgestaltungsmaßnahmen (bearbeitet nach Hacker, 2005, S. 801)

3.4   Verfahren zur Erfassung von Tätigkeitsmerkmalen

Wenn man die Auswirkungen von Arbeitstätigkeiten auf den Menschen studieren möchte, benötigt man gute, d.h. wissenschaftlich geprüfte, Verfahren. Wenn man die genauen Anforderungen einer Tätigkeit nicht kennt – wie soll man die passenden Bewerber finden oder notwendige Veränderungen von Tätigkeiten durchführen? Insgesamt kann man festhalten, dass eine Arbeitsanalyse auf Basis der noch vorzustellenden Verfahren bei der Klärung folgender Punkte hilft (Schaper, 2014a, S. 350):

- Erhaltung des Arbeits- und Gesundheitsschutzes
- Optimierung der Arbeitsgestaltung und -organisation
- Bestimmung von Fördermaßnahmen
- Bestimmung von Eignungsanforderungen
- Vergleiche von Arbeitsanforderungen

Verfahren: Es gibt eine große Fülle von Arbeitsanalyseverfahren, einige dieser „Tools" werden nun kursorisch vorgestellt. Der *Kurzfragebogen zur Arbeitsanalyse* (KFZA; Prümper, Hartmannsgruber & Frese, 1995) beispielsweise umfasst diverse Skalen und baut auf unterschiedlichen Vorläuferinstrumenten auf. Er erfasst verschiedene, arbeitswissenschaftlich fundierte Kriterien wie beispielsweise Handlungsspielraum, Zusammenarbeit oder qualitative Arbeits- sowie Umgebungsbelastungen. Handlungsspielraum etwa bedeutet, selbst Entscheidungen über den Einsatz von Ressourcen und Zeitrahmen der Arbeitshandlung treffen zu können. Diese Variable ist besonders wichtig, da sie u.a. die Wirkung auftretender Stressoren (Belastungen) vermindern kann (ebenda, vgl. auch das Kapitel Stress und Gesundheit in diesem Band). Ergebnisse des Einsatzes des Verfahrens könnten beispielsweise sein:

1. Mitarbeiter sind überfordert
   - Beispiel: Mitarbeiter muss drei Monitore gleichzeitig im Blick haben und wird ständig unterbrochen.
2. Mitarbeiter sind unterfordert
   - Beispiel: Langweilige Tätigkeit und geringer Handlungsspielraum beim Einräumen von Paketen im Lager, Ware verpacken.

Im ersten Fall sollte eine Maßnahme der Arbeitsgestaltung beispielsweise die Reduktion der Unterbrechungen umfassen. Im zweiten Fall sollte wenigstens Job Enlargement (Mitarbeiter arbeitet beispielsweise auch im Bereich der LKW-Entladung) genutzt werden, um einseitige Beanspruchungen zu vermeiden. Job-Enrichment kann ebenfalls eine Rolle spielen, ist aber aufwändiger. Hier geht es beispielsweise darum, dem Mitarbeiter neue, verantwortungsvollere Aufgaben zuzuweisen (Schaper, 2014b). So können Arbeitsmotivation und Kompetenz-Entwicklung gesteigert werden.

Der Fragebogen zur *Salutogenetischen Subjektiven Arbeitsanalyse* (SALSA; Rimann & Udris, 1997) erfasst mit diversen Skalen Merkmale, die nachweislich zur Erhaltung der Gesundheit und/oder der Entwicklung der Persönlichkeit bei der Arbeit beitragen (Ressourcen). Hier ein Beispiel-Item, welches die Qualifikationspotenziale einer Tätigkeit abfragt: „Man kann bei dieser Arbeit immer wieder Neues dazu lernen." Hohe Werte im Bereich des Qualifikationspotenzials sind positiv zu beurteilen, da sie die Entwicklung von Mitarbeitern wahrscheinlich machen. Der SALSA-Fragebogen erfasst aber auch objektive Faktoren, die die Arbeitsleistung und die Gesundheit beeinträchtigen können, beispielsweise die Belastung durch Lärm, schlechte Beleuchtung und Belüftung etc.

Der *Work Design Questionnaire* ist ein Individuum-bezogenes Verfahren, das eine Gesamtbeurteilung der Arbeitstätigkeit hinsichtlich unterschiedlicher, objektiv gewählter Kriterien bietet (WDQ; deutsche Version von Stegmann et al., 2010; urspr. Morgeson & Humphrey, 2006). Der Fragebogen wird von Arbeitsplatzinhabern ausgefüllt, hierbei werden auch Kontextvariablen einbezogen sowie weitere Merkmale des Arbeitsplatzes, die Arbeitszufriedenheit und -motivation beeinflussen können. Das Verfahren erfasst die Arbeitsplatzmerkmale mit 21 Skalen wie beispielsweise:

- *Motivationale Merkmale Arbeitsplatz:*
  - Aufgabenmerkmale wie Planungsautonomie und Ganzheitlichkeit
- *Feedback durch Tätigkeit:*
  - Wissensmerkmale, die die Anforderungen eines Arbeitsplatzes an den Mitarbeiter darstellen wie beispielsweise Problemlösen
- *Kontextmerkmale des Arbeitsplatzes:*
  - Ergonomie, physische Anforderungen und Gegebenheiten (z.B. Hitze, Lärm, Hygiene) sowie Technikgebrauch
- *Soziale Merkmale:*
  - Soziale Unterstützung und ausgelöste Interdependenz (Ergebnisse werden an andere weitergegeben)

Insgesamt liegt mit dem WDQ ein aktuelles, validiertes, praktisch einsetzbares und umfangreiches Verfahren zur Erhebung bedeutsamer Tätigkeits- und Arbeitsplatzmerkmale vor. Gute Anforderungsanalysen bieten eine Basis für Kompetenzmodelle, dazu mehr in Abschnitt 4. Weitere Verfahren in Auszügen (Bamberg, Mohr & Busch, 2012, S. 218ff mit Bezug auf Dunckel, 1999):

Das *Job Diagnostic Survey* (JDS, Hackman & Oldham, 1975; dt. Schmidt & Kleinbeck, 1999) erhebt Auswirkungen von Aufgaben- und Tätigkeitsmerkmalen und psychologische Erlebniszustände (beispielsweise Langeweile) auf arbeitsrelevante Merkmale (beispielsweise Arbeitszufriedenheit). Das zugrundeliegende Job Characteristics Model wurde unter Abschnitt 3.1 bereits besprochen. Mehr dazu findet der interessierte Leser beispielsweise bei Kals und Gallenmüller-Roschmann (2011, S. 205ff.).

Frese, Greif und Zapf (2014) haben eine *Skala zur Erfassung sozialer Stressoren am Arbeitsplatz* vorgestellt, die kurz erwähnt werden sollte, denn soziale Stressoren können auch unabhängig von den Wahrnehmungen und Bewertungen der befragten Personen existieren (ebenda). Das Verfahren wurde zwar für den Kontext der Industriearbeit entwickelt, kann aber auch in anderen Zusammenhängen Verwendung finden (ggf. mit Anpassungen in den Itemformulierungen, die dann entsprechend dokumentiert werden müssen).

Die oben geschilderten Verfahren liefern nicht nur wertvolle Daten für eine menschengerechtere Gestaltung von Arbeitstätigkeiten, eine Optimierung von Arbeitsplätzen auf Basis dieser Verfahren kann auch zu einer Steigerung des Berufserfolgs beitragen.

Viele Personalpsychologinnen und -psychologen sowie HR-Expertinnen und Experten tendieren zu einer sehr auf die Personal*auswahl* zentrierte Sicht nach dem Motto: „Wähle nur die ‚richtigen' Leute aus und der Erfolg stellt sich ein." Diese einseitige Sicht muss abgelehnt werden: Arbeitsplatzgestaltung ist eine Kernaufgabe von Entscheiderinnen und Entscheidern in Unternehmen (Ulich, 2005; Bildat & Schmidt, 2014). So nützt beispielsweise ein Höchstmaß an emotionaler Stabilität und Gewissenhaftigkeit wenig in einer Organisation, in der quantitative Überforderung, Rollenunklarheit sowie ständiger Zeitdruck, Feedbackmangel und Unterbrechungen der Arbeitshandlungen zum Alltag gehören.

Es gibt verschiedene Verfahren zur Erfassung von Tätigkeitsmerkmalen, diese müssen den gängigen Standards der Wissenschaftlichkeit genügen. Dazu zählt beispielsweise der Work Design Questionnaire von Stegmann et al. (2010). Er wird von Arbeitsplatzinhabern ausgefüllt. Das Verfahren erfasst die Arbeitsplatzmerkmale mit 21 Skalen wie beispielsweise motivationale und aufgabenbezogene Merkmale des Arbeitsplatzes sowie Feedback durch die Tätigkeit.

Auch methodisch kann hier argumentiert werden, dass beispielsweise im Falle der bekannten durchschnittlichen Korrelation kognitiver Leistungen mit Berufserfolg von etwa .50 (vgl. etwa Schmidt & Hunter, 1998), rund 75% der Varianz beider Merkmale *nicht* aufgeklärt sind. Dieser „Rest" erklärt sich beispielsweise über Merkmale der Organisation wie der Organisationskultur, dem Betriebsklima, das Verhalten der Führungskräfte und den damit verbundenen Wirkungen auf Arbeitsmotivation und Arbeitszufriedenheit (vgl. auch das Kapitel Arbeitsmotivation und Arbeitszufriedenheit in diesem Band). Der Erfolg wird sicher ganz erheblich durch Tätigkeitsmerkmale mitbestimmt (Dunckel, 1999). In „schwachen Situationen", in denen Menschen viel Handlungsspielraum besitzen, kann „die Persönlichkeit" eher wirken. In „starken Situationen", in denen Handlungsrestriktionen vorliegen, kann sich Persönlichkeit weniger gut entfalten (Bono & Judge, 2004).

Alle vorgestellten Verfahren müssen den gängigen Standards der Wissenschaftlichkeit genügen: *Sie müssen transparent sein, valide, reliabel und objektiv, sie sollten Mitarbeiter nicht übermäßig belasten, entsprechend zurückgemeldet werden und Nutzen stiften.* Im Bereich kommerzieller Nutzung muss natürlich das Copyright beachtet werden, ggf. lohnt es sich, die Verfahrensautoren direkt zu kontaktieren.

3.5   Verfahren zur Erfassung berufsbezogener Personenmerkmale

Auf die Hintergründe der Verfahren wird hier nicht ausführlich eingegangen, da dies im Kapitel Personalauswahl in diesem Band geschieht. Nur so viel: Gute, d.h. nach wissenschaftlichen Standards entwickelte Verfahren sind im Markt erhältlich, sie von unseriösen Instrumenten zu unterscheiden fällt dem Laien u.U. schwer, hier raten wir zu kompetenter, wirtschaftspsychologischer Beratung. Ein Instrument soll dennoch skizziert werden.

Ein valides, kommerzielles Verfahren zur Erfassung berufsrelevanter Merkmale der Persönlichkeit ist der Occupational Personality Questionnaire (OPQ32i) von CEB SHL. Das (Online-) Verfahren hält auch einer kritischen, unabhängigen Evaluierung stand (Dormann & Krumm, 2011). Der Fragebogen umfasst drei Oberbereiche: zwischenmenschliches Verhalten, Denkstil sowie Emotion & Motivation. Er gliedert sich weiter auf in Unterbereiche wie beispielsweise Kontakt, Analyse und Selbstmanagement. Diese Bereiche werden schließlich mit 32 Subskalen erfasst. Das Verfahren liegt aktuell in einer psychometrisch hoch anspruchsvollen Form (IRT basiert) vor (zu IRT-Verfahren vgl. auch Fisseni, 2004). Der Antwortmodus ist ein Forced-Choice-Format, Anwender müssen sich zwischen Antwortalternativen entscheiden. Die Überlegenheit dieses Formates i. Ggs. zu Likert-Skalen (meist fünf- oder sechsstufig) ist sehr gut belegt (Salgado & Táuriz, 2014). Informationen zum OPQ32 finden Sie unter https://www.cebglobal. com/de/talent-management/talentassessment/assessments.html (Abruf Februar 2017)

Auf Basis dieses oder ähnlicher Verfahren kann dann ein Abgleich mit den Arbeitsanalysen durchgeführt werden, wobei *der Grad der Passung zwischen Personenmerkmalen und den Anforderungen* im Vordergrund steht.

3.6 Ein Zwischenfazit: Arbeitsgestaltung als Führungsaufgabe

Erwerbstätigkeit sollte auf Basis arbeitswissenschaftlicher Grundlagen analysiert und gestaltet werden, Persönlichkeitsförderlichkeit ist hier ein zentrales Stichwort. Es liegen zahlreiche Konzepte und Verfahren dazu vor. Wenn man von der Beschäftigung mit „Urmolekülen der Handlung" auftaucht und sich die Frage stellt, wer eigentlich Arbeitsanalysen und Arbeitsgestaltung in Organisationen und Unternehmen verantwortet und/oder durchführt, wird klar: es handelt sich um eine Führungsaufgabe! Diese kann sicher operativ nur durch Fachleute des Human Resource Managements durchgeführt werden. Auf strategischer Ebene muss auch an dieser Stelle für einen Schulterschluss mit dem Top-Management geworben werden (vgl. dazu auch das Kapitel Führung in diesem Band). Nur der strategische Blick auf Kerntätigkeiten und Kompetenzentwicklung im Unternehmen trägt langfristig zum Überleben im Markt bei, dies wird im folgenden Abschnitt noch deutlicher.

4 Ansätze zur Kompetenzmodellierung

Kompetenzmodelle sind ein bedeutendes Instrument des Personalmanagements. Sie dienen der Auswahl und Entwicklung von Mitarbeitern. Die Entwicklung eines Kompetenzmodells ist aufwändig und komplex. Neben Methoden, welche die derzeitig geforderten Kompetenzen für eine Position ermitteln (z. B. Critical Incidents Technique, Flanagan, 1954), sollten auch Prognosen über zukünftige Entwicklungen technologischer oder gesellschaftlicher Rahmenbedingungen einfließen. Viele Tätigkeiten wandeln sich im Laufe der Zeit. Beispielsweise veränderte sich der Beruf des Schriftsetzers im Druckhandwerk über die Jahrzehnte des letzten Jahrhunderts derart, dass in den 1960er Jahren mit Lettern und Setzkasten und in den 2000ern mit Grafikprogrammen wie beispielsweise Adobe Photoshop™ gearbeitet wurde. Bei den rapiden Entwicklungen im Technologiebereich werden sich Berufe in den kommenden Jahren wesentlich schneller verändern. Für die Entwicklung von Kompetenzmodellen lassen sich grob die Bottom-Up- und die Top-Down-Methode unterscheiden: Im Bottom-Up-Modell sammeln HR-Experten konkretes Verhalten am Arbeitsplatz, das Management wird kontinuierlich über den Status informiert und gibt die Strategie vor. Im Top-Down-Modell macht das Management (Kompetenz-) Vorgaben und Experten des Human Resource Managements setzen diese dann operativ um.

4.1   Die Bottom-Up-Methode

Die folgende Grafik zeigt den prozessualen Ablauf der Bottom-Up-Methode (Abb. 7).

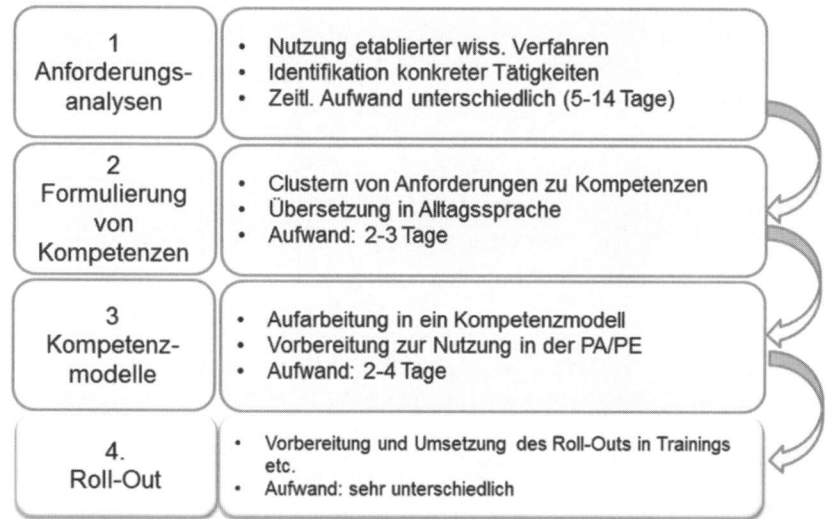

Abb. 7: Bottom-Up-Modell der Kompetenzmodellierung (erweitert nach Krumm, Mertin & Dries, 2012, S. 75)

Am Anfang einer Kompetenzmodellierung sollte eine Arbeits- bzw. Tätigkeitsanalyse stehen, wie oben ausführlich dargelegt wurde. Die Tätigkeitsanalyse kann verstanden werden als „Prozess des Sammelns von Information über die arbeitsorientierten bzw. mitarbeiterorientierten Elemente eines Aufgabenspektrums" (Weinert, 2004, S. 692). Man kann hier grob zwischen zwei Formen unterscheiden, wie oben geschildert:

- Arbeitsorientierte Evaluation (Merkmale der Organisation wie Produktivität, Aufgaben, Pflichten und Verantwortlichkeiten)
- Mitarbeiterorientierte Evaluation (Charakteristika wie Fachwissen, Fähigkeiten, Fertigkeiten, Erfahrung und Ausbildung)

Ohne eine gründliche Anforderungsanalyse kann im folgenden Prozess keine Kompetenzmodellierung stattfinden, da wesentliche Informationen über die Tätigkeit und die Fähigkeiten des ausübenden Mitarbeiters fehlen. Für diesen Schritt sollte man sich außerdem genügend Zeit nehmen, da er die Basis für alle folgenden Schritte darstellt. Angemessen sind in etwa fünf bis vierzehn Tage, je nach Komplexität der Aufgaben und Arbeitsplätze.

Nach der Anforderungsanalyse folgt die konkrete Formulierung von Kompetenzen, indem zueinander passende Anforderungen und Aufgaben zusammengefasst und geclustert werden. Zum Beispiel können Berichte analysieren, Zahlen auf Fehler überprüfen und systematisches Vorgehen zu der Kompetenz „Systematisches Arbeiten und Analysieren" zusammengefasst werden. Für diesen Schritt sollten zwei bis drei Tage eingeplant werden.

Diese Kompetenzen können dann gegebenenfalls noch weiter zusammengefasst werden, sodass daraus ein Modell erarbeitet wird, welches sehr individuell und unternehmensspezifisch ist. Dieser Schritt dient außerdem zur Vorbereitung, um das Modell später im Personalmanagement, z.B. der Personalauswahl oder -entwicklung, einsetzen zu können. Auch dieser Schritt bindet noch einmal Kapazität von zwei bis vier Tagen.

Danach erst folgt das Roll-Out des Kompetenzmodells über das Unternehmen. Wichtig dabei ist, dass diese konkrete Implementierung angemessen vorbereitet und durchgeführt wird. Als Durchführungsmethode eigenen sich beispielsweise Workshops oder Trainings. In Trainings wird beispielsweise der Umgang mit einem – auf dem Kompetenzmodell aufbauenden – Bewertungssystem erprobt. In diesem Zusammenhang sollten die Methoden des Change-Managements beachtet werden, damit im Unternehmen keine Ablehnung des Modells hervorgerufen wird. Da dieser Schritt je nach Unternehmen sehr individuell abläuft, können hier keine Einschätzungen bzgl. eines zeitlichen Aufwands gemacht werden.

Die Bottom-Up-Methode ist gut geeignet, um den Status-Quo der zum Zeitpunkt der Erhebung benötigten Kompetenzen abzubilden. Jedoch erlaubt dieses Vorgehen ohne Weiteres keinen strategischen Blick in die Zukunft.

4.2   Die Top-Down-Methode

Im Hinblick auf ein an die Unternehmensstrategie angedocktes Talentmanagement ist die Ableitung von Kompetenzen aus den strategischen Zielen des Unternehmens die wichtigste Methode. Daher sollte insbesondere das Augenmerk auf jene Kompetenzen gelegt werden, die zur Umsetzung der Unternehmensstrategie benötigt werden. Abbildung 8 zeigt die Schritte des Top-Down-Ansatzes der Kompetenzmodellierung.

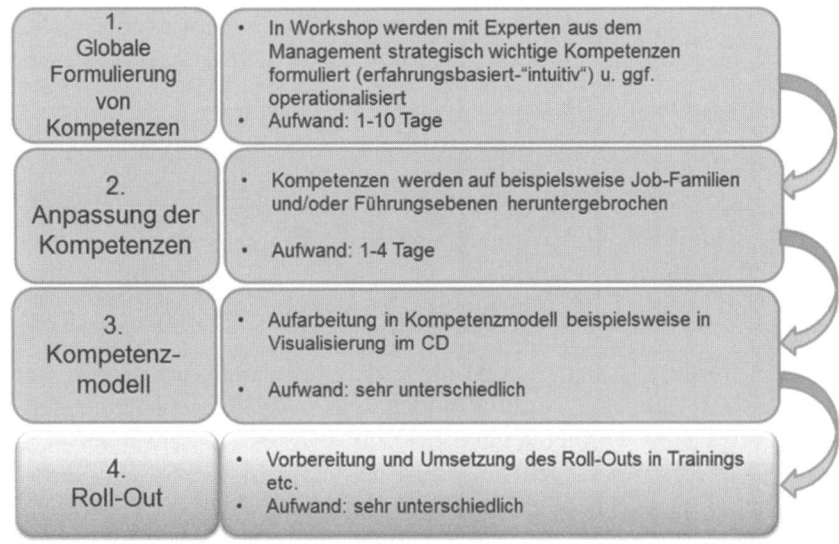

Abb. 8: Top-Down-Modell der Kompetenzmodellierung (erweitert nach Krumm, Mertin & Dries, 2012, S. 76)

Im ersten Schritt werden Kompetenzen formuliert, die auf strategischen Zielvorstellungen basieren (beispielsweise „Kunden gemeinsam voranbringen und Vertrauen stärken"). In der Regel geschieht dies meist durch das Top-Management, eine andere Möglichkeit wären Workshops mit Experten. Die Kompetenzformulierung ist bei diesem Vorgehen intuitiv oder erfahrungsbasiert, gründet sich also im Gegensatz zur Bottom-Up-Methode auf keiner empirischen Erhebung oder Analyse. Für diesen Schritt sollten idealerweise zwischen ein und zehn Tagen eingeplant werden. Gemeint ist hier die reine Durchführungszeit, angesichts der strukturellen Terminknappheit des Managements, sollte man hier einen ausreichenden Planungshorizont nutzen. Hier, wie auch im obigen Fall, helfen die gängigen Projektmanagement-Tools.

In Schritt Zwei werden aus diesen angestrebten Zielen für die Ebenen der unterschiedlichen Unternehmensbereiche (Job-Familien, Abteilungen oder Führungsebenen) Teilziele abgeleitet, d.h. die globalen Kompetenzen werden heruntergebrochen (operationalisieren). Das benötigt in der Regel zwischen ein bis vier Tage.

Danach wird das Kompetenzmodell gemäß des Corporate Designs unternehmensintern angepasst, z.B. durch die Nutzung unternehmensspezifischer Begriffe. Je nach Komplexität ist der Zeitaufwand dafür sehr unterschiedlich, weshalb hier keine genaue Angabe erfolgen kann. Am Ende folgt, genau wie bei der Bottom-Up-Methode auch, das Roll-Out im Unternehmen.

In Kontrast zur Bottom-Up-Methode beschäftigt sich die Top-Down-Methode mit an die Unternehmensstrategie gekoppelten und zukünftig benötigten Kompetenzen. Jedoch fehlt einem auf diese Weise entwickelten Kompetenzmodell ggf. der Bezug zur operativen Ebene im Unternehmen, hier liegt eine deutliche Gefahr: es kommt vor, dass unternehmensbezogene Kompetenzmodellierungen weit an dem vorbei definiert werden, was im operativen Geschäft geschieht. Solche Kompetenzmodelle können auf Dauer nicht erfolgreich sein.

4.3   Gemischtes Vorgehen

Wie bereits zu Anfang geschildert, gibt es für Kompetenzmodelle eine Bottom-Up und eine Top-Down-Strategie oder Mischformen. Im letztgenannten Modell erstreckt sich der Gestaltungswille des Top-Managements in vielen Unternehmen auch auf die Entwicklung von Mitarbeitern. Oft wird also auf höchster Ebene überlegt, wie die Kompetenzen der Führungskräfte in Zukunft aussehen müssen, damit sich das Unternehmen erfolgreich weiterentwickelt. Solche strategischen Überlegungen sind sicher wichtig. Sie können aber nur eine Ergänzung empirisch ermittelter Kompetenzen sein, die nachweislich die Spreu vom Weizen trennen. Strategischer Weitblick ist lobenswert, leider fehlt jedoch meistens die Fähigkeit, zukünftige Entwicklung präzise vorauszusehen. Und die in der Zukunft wichtigen Kompetenzmodelle lassen sich leichter auf Papier oder digital in den Umlauf bringen, als konkret das Verhalten der Mitarbeiter zu ändern, da Verhaltensänderungen Zeit benötigen. Dazu sollten auch die Einstellungen und die Motivation der Mitarbeiter bekannt sein. Werden Kompetenzmodelle genutzt, um Mitarbeiter zu beurteilen, gilt:

Kompetenzmodelle müssen auf Basis transparenter Entwicklungsprozesse eine faire Beurteilung ermöglichen, die Kriterien sollten empirisch ermittelt sein und diese Kriterien sollten trennscharf sein. Ein Beispiel dazu: Die Kompetenz „Wirkungsvoll kommunizieren" ist von der Kompetenz „Mit Impact interagieren" inhaltlich schwer zu trennen. Hier gilt es inhaltsleere Floskeln oder Wiederholungen zu vermeiden.

Campion und Kollegen (2011, S. 230) zeigen „Best Practices" für die wichtigsten Schritte professioneller Kompetenzmodellierung, die wie folgt lauten:

- Berücksichtigung des organisationalen Kontextes („Krise"? „Change"?)
- Kompetenzmodelle an Organisationsstrategie und -ziele knüpfen
- Oben anfangen (ohne Zustimmung des Top-Managements geht es nicht)
- Arbeits- und Anforderungsanalysen nutzen, um Kompetenzmodelle zu entwickeln (s.o.)
- Zukünftige Anforderungen an den Job berücksichtigen, soweit möglich (vgl. das vor 15 Jahren beinahe unbekannte Online-Marketing)
- Zusätzlich individuelle Methoden anwenden (beispielsweise Tiefeninterviews mit Experten)

Campion et al. (2011) empfehlen also eine Mischung beider Methoden. Ein mögliches Mixed-Method-Modell hat Höft (2013) vorgeschlagen (Abb. 9). Dabei finden beide Methoden parallel statt: Aus der Vision und Unternehmensstrategie wird im Top-Down-Prozess ein Kompetenzmodell abgeleitet, während mithilfe der Bottom-Up-Methode von den Personenmerkmalen auf Kompetenzen geschlossen wird. Zwischen dem Kompetenzmodell, das die SOLL-Komponente darstellt, und den vorhandenen Kompetenzen (IST-Komponente) findet ein Abgleich statt. Das strategische – zunächst also rein hypothetische – Modell muss dann mit den vorhandenen Kompetenzen abgeglichen werden. Nur so können eventuell Redundanzen beseitigt werden, immerhin wäre es denkbar, dass bereits eine Reihe von Kompetenzen vorliegt, die ggf. ausgebaut werden können. In Großunternehmen liegen i.d.R. Kompetenzmodelle vor, die in unterschiedlichen Abständen erneuert bzw. ausgebaut werden.

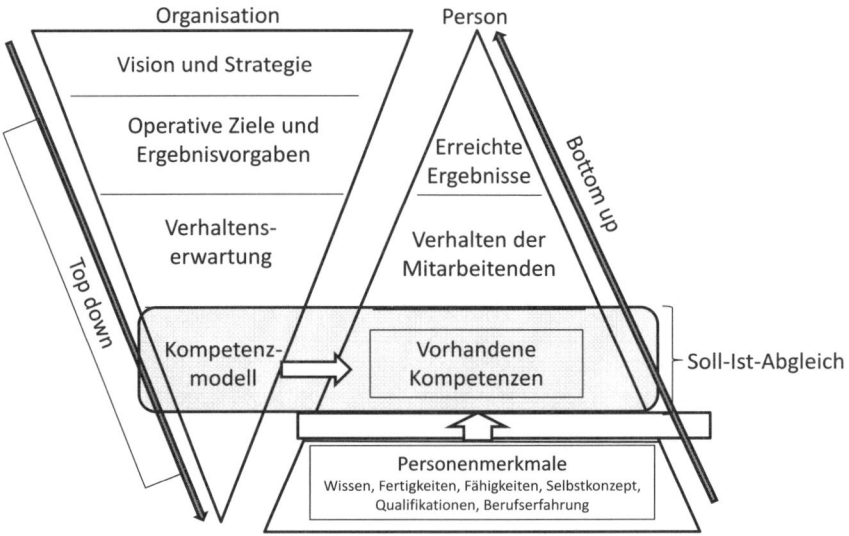

Abb. 9: Kombination von Bottom-Up und Top-Down Methode (nach Höft, 2013, S. 403)

Zur Erfassung von Managementkompetenzen innerhalb einer Organisation eignet sich beispielsweise das *Management-Audit* sehr gut. Hier werden mit Hilfe unterschiedlicher Methoden der Potenzialanalyse diejenigen Kompetenzen ermittelt, die für das unternehmenseigene Kompetenzmodell von Bedeutung sind (vertiefend hierzu Wübbelmann, 2005).

Ein generisches Verfahren - Great Eight: Gibt es Kompetenzmodelle „von der Stange"? Ja, das Modell der sogenannten „Great Eight" (Baron, Bartram & Kurz, 2003; Bartram, 2012) könnte man, etwas salopp, so bezeichnen. Hierbei handelt es sich um als universell konzipierte, berufsbezogene Kompetenzen, die Abbildung 10 zeigt.

Die Kernkompetenzen Führen und Entscheiden, Gestalten und Konzipieren etc. korrelieren gering bis moderat mit themengleichen, stabilen Personenmerkmalen (Baron, Bartram & Kurz, 2003). In den genannten Beispielen sind dies das Machtmotiv (McClelland & Boyatzis, 1982) sowie das Persönlichkeitsmerkmal Gewissenhaftigkeit (Costa & McCrae, 1992). In Abbildung 10 wurden noch interkulturelle Kompetenzen sowie Kompetenzen, die Informations- und Kommunikationstechnologien (IuK-Technologien) umfassen, ergänzt. Hinzu kommt der Verweis, dass Kompetenzen immer im jeweiligen Systemkontext zu betrachten sind. Entwicklung und Veränderungen von Kompetenzen können nur gelingen, wenn die Besonderheiten der jeweiligen Organisation berücksichtigt werden. Diese wiederum sind in länder- und kulturspezifische Kontexte eingebunden. Bei diesem Modell handelt es sich um ein *eigenschaftsbasiertes Modell*, hier ist zu bemerken, dass dieses für den Bereich der Personalauswahl sehr brauchbar, für den Bereich der Personalentwicklung ggf. problematisch ist. So weist Paschen (2003) darauf hin, dass der Eigenschaftsbezug ja per Definition eine Entwick-

Kompetenzmodellierung ist ein umfangreicher, komplexer und dynamischer Prozess, der ein Höchstmaß an Professionalität erfordert. Im Bottom-Up-Vorgehen werden i.d.R. Anforderungsanalysen vorgeschaltet, um dann auf höherer Ebene Kompetenzen definieren zu können. Im Top-Down-Vorgehen werden zunächst strategische Überlegungen angestellt und diese dann immer weiter heruntergebrochen und operationalisiert. Es empfiehlt sich ein gemischtes Vorgehen.

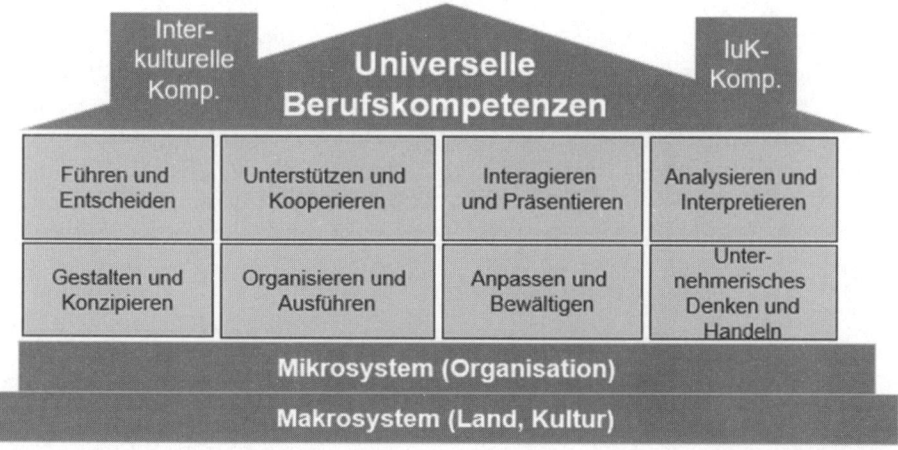

Abb. 10: „Haus der Kompetenzen" (ergänzt nach Baron, Bartram & Kurz, 2003, vgl. auch Lapierre & McKay, 2002)

lungsorientierung unwahrscheinlich macht, da das Überdauernde des Personenmerkmals im Vordergrund stehe. Demgegenüber stehen *aufgabenorientierte Kompetenzmodelle* auf Basis oben dargestellter Tätigkeitsanalysen, die im Sinne einer Entwicklungsorientierung besser geeignet sein können (ebenda).

Validierung der Kompetenzmodellierung: Kompetenzmodelle sind Makulatur, wenn nicht nachgewiesen werden kann, dass diejenigen, die in den Kategorien des Modells sehr hohe Werte erhalten bzw. besser passen, auch operativ bessere Leistungen erbringen (etwa mehr Umsatz, zufriedenere Klienten etc.; vgl. dazu das Kapitel Leistungsbeurteilung in der Praxis in diesem Band). Dazu sind einige methodische Kompetenzen vonnöten, die beispielsweise im Rahmen eines Studiums der Wirtschaftspsychologie erworben werden wie die deskriptive und die schlussfolgernde Statistik.

Hier werden beispielhaft drei wichtige Begriffe der Kompetenzmodellierung erläutert, es handelt sich um „Die Sprache der Kompetenzmodelle": (vgl. Campion et al., 2011):

Kompetenzbezeichnung: Eine kurze Beschreibung des Verhaltenstypus, der die Kompetenz ausmacht. Beispiel: *Projektmanagement.*

Kompetenzdefinition: Beschreibt beobachtbare Verhaltensweisen, die ein Fertigkeitsniveau repräsentieren. Beispiel: Projektmanagement bezeichnet all diejenigen Fertigkeiten und Fähigkeiten, die das akkurate Planen und Umsetzen konkreter Ablaufpläne für zeitlich begrenzte Arbeitstätigkeiten ermöglichen.

Fertigkeitsniveau: Verhaltensbeschreibung, die das gegenwärtige Niveau der Fertigkeit konkret beschreibt (deutlich operativer als die Kompetenzdefinition). Beispiel: Fertigkeitsniveau 1: Identifiziert Risiken und kommuniziert diese an die Beteiligten [...] Niveau 2: Entwickelt Systeme zur Risikoüberwachung, arbeitet effektiv interdisziplinär [...] Niveau 3: Nimmt Veränderungen geistig voraus [...] inspiriert andere, proaktiv nach Gefahren für das Projekt Ausschau zu halten [...] Niveau 4: Initiiert ein System effektiver Entscheidungsprozesse [...] evaluiert Ergebnisse auf Basis von Best Practices und zieht wichtige Schlussfolgerungen aus dem eigenen Projekt (inkl. der begangenen Fehler) [...].

Generell wird in Unternehmen gerne eine „eigene Sprache" verwendet. Diese – für Novizen teilweise schwer durchschaubaren Sprachkonventionen – gilt es von Seiten der HR-Experten mit messbaren, gut fundierten Kriterien zu unterfüttern. Das ist besonders im internationalen Kontext eine große Herausforderung, soll das Kompetenzmodell nicht zur „Phrasendrescherei" verkommen. Ggf. muss das Modell an den jeweiligen kulturellen Kontext adaptiert werden, ein Beispiel: „Den Kunden nach vorne bringen" gut ins Englische zu übersetzen, ist das eine Problem (vielleicht so: „Helping clients to get ahead."). Wie aber macht man das in Deutschland im Vergleich zur, sagen wir, der Mongolei? Für das letztgenannte Land jedenfalls gelten z.T. ganz unterschiedliche Arten und Weisen, in geschäftlichen Kontakt zu treten, das muss berücksichtigt werden (Günther, Bildat & Tsetsegmaa, 2006).

Literaturtipp zur Vertiefung:

Ein gutes Praxisbeispiel der „Übersetzung" eines Kompetenzmodelles in ein anderes im Rahmen einer Unternehmenszusammenführung liefern Christ, Adams-Lang und Stefan (2010):

Christ, M., Adams-Lang, C. & Stefan, K. (2010). Der Aviation Leadership Compass bei der Deutschen Lufthansa Arbeitsgestaltung. Das Kompetenzmodell im Talentmanagement des Lufthansa Airlineverbunds. *Personalführung, 7,* 46-54.

Hier können Sie den Artikel herunterladen (Stand Januar 2017): https://www.dgfp.de/wissen/personalwissen-direkt/dokument/84658/herunterladen

5 Anwendungsfelder für die Ergebnisse von Anforderungsanalysen

Entlang des gesamten Mitarbeiterlebenszyklus' (vgl. DGFP, 2009; Abb. 11) lassen sich Anwendungsfelder für die Ergebnisse der Arbeits- und Anforderungsanalysen definieren. Diese werden in den folgenden Unterkapiteln erläutert.

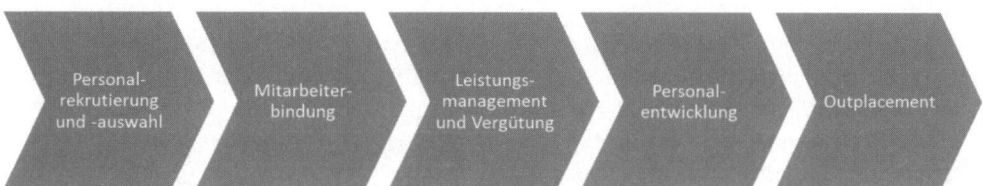

Abb. 11: Mitarbeiterlebenszyklus (in Anlehnung an DGFP, 2009, S. 120)

5.1 Personalmarketing und Personalauswahl

In Personalmarketing und Personalauswahl geht es darum, für eine Tätigkeit im Unternehmen geeignete Personen anzusprechen, auszuwählen und zu gewinnen. Die Ergebnisse einer Anforderungsanalyse lassen sich nutzen, um Tätigkeitsinformationen, Befriedigungspotenziale und Laufbahnanforderungen der Stelle abzuleiten (vgl. Abbildung 12).

Für das Personalmarketing sind diese Informationen insofern erheblich, als dass sie die Grundlage sind für die Identifikation der Zielgruppen und die Gestaltung von Stellenanzeigen. Die aus den Tätigkeitsanforderungen abgeleiteten Fähigkeiten, Fertigkeiten und Kenntnisse erlauben Rückschlüsse auf die Zielgruppe (z. B. Berufsanfänger vs. Berufserfahrene, Ausbildung vs. Studium etc.). Auf Basis dieser Informationen kann überlegt werden, über welche Kanäle die Zielgruppe erreicht und mit welchen Argumenten sie zu einer Bewerbung bewegt werden kann. Ebenso liefert die Anforderungsanalyse die Grundlage für die *Erstellung der Stellenanzeige.* Insbesondere können die

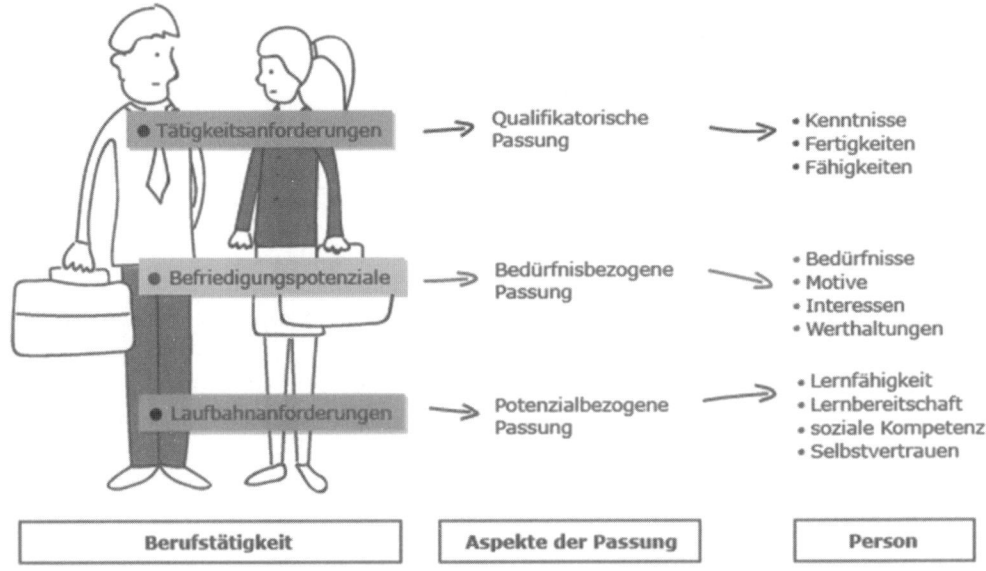

Abb. 12: Passung von Berufstätigkeit und Person (eigene Darstellung nach Blickle, 2014, S. 244)

Tätigkeiten und Laufbahnanforderungen, die in der Anzeige dargestellten Aufgaben und Qualifikationen, abgeleitet werden. Aus den Befriedigungspotenzialen können Verkaufsargumente für die Stelle formuliert werden.

Noch bedeutender sind Anforderungsprofile aber für die Personalauswahl. Gemäß DIN 33430 (DIN 2016; Westhoff et al., 2004) sollten Anforderungsanalysen stets als Basis für berufsbezogene Eignungsbeurteilungen durchgeführt werden. Es gelte hierbei die Merkmale der Zielposition (z. B. Arbeitsplatz, Ausbildung oder Studium) zu erheben, um daraus die zur Erfüllung der Anforderungen relevanten Eignungsmerkmale abzuleiten (DIN 33430, Abschnitt 7.1). Die im Rahmen der Arbeits- und Anforderungsanalyse gesammelten Informationen dienen als Basis für das Design von eignungsdiagnostischen Verfahren wie Interviews (Arbeitskreis Assessment Center e. V., 2008) oder Assessment Center Verfahren (Arbeitskreis Assessment Center e.V., 2004).

Anforderungsprofile auf Basis von Tätigkeits- und Stellenanalysen sind bedeutsam für das Personalmarketing und die Personalauswahl. Ohne profunde Kenntnis der Anforderungen kann keine gute Passung zwischen den Kompetenzen der Bewerber und der Tätigkeit entwickelt werden. Mangelnde Passung aber ist hoch problematisch. Gerade bei der Laufbahn- und Entwicklungsplanung sind gute Anforderungsanalysen unverzichtbar. Weiterhin sind Anforderungsprofile eine Bemessungsgrundlage beispielsweise für eine tariflich fundierte Vergütung.

5.2   Leistungsmanagement und Vergütung

Kompetenzmodelle als Ergebnis von Tätigkeits- und Anforderungsanalysen können auch für die Personalbeurteilung verwendet werden. Es existieren verschiedenste Möglichkeiten, Mitarbeiter zu beurteilen, wie z.B. die Kennzeichnung auf Aussagelisten, Rangordnungsverfahren oder Einstufungsverfahren (Blickle, 2014). Allen Methoden ist jedoch gemein, dass die Bewertung anhand von bestimmten Kriterien stattfindet. An dieser Stelle kann das Kompetenzmodell Anwendung finden und die Kriterien, die empirisch ermittelt und somit nachweislich relevant für die Stelle sind, werden als Kriterien zur Beurteilung übernommen. Somit wird gewährleistet, dass die Beurteilung tatsächlich relevant ist und mit Lob und Kritik weitergearbeitet werden kann. Gerade wenn das Kompetenzmodell bereits zur Erstellung der Stellenausschreibung und der Auswahl des Mitarbeiters eingesetzt wurde, macht es Sinn, genau die gleichen Kriterien auch zur Bewertung anzusetzen (vgl. auch das Kapitel Leistungsbeurteilung in der Praxis).

Auch für die Vergütung spielen die Ergebnisse von Arbeits- und Anforderungsanalysen eine Rolle. Die Anforderungen eines Jobs können als Basis zur Bemessung der Vergütung verwendet werden. Im Entgeltrahmenabkommen (ERA, vgl. Sonntag, Frieling & Stegmaier, 2012, S. 526ff.) zwischen IG Metall und Arbeitgeberverbänden ist geregelt, dass zur Bestimmung der Grundentgeltgruppe einer Position ein summarisches Arbeitsbewertungsverfahren durchzuführen ist. Dabei werden aus der Arbeitsaufgabe Merkmale ermittelt, die erforderlich sind, um den Anforderungen dieser Arbeitsaufgabe zu entsprechen (z. B. Ausbildungszeiten und Berufserfahrung).

5.3   Personal- und Managemententwicklung

Kompetenzmodelle als Ergebnis der Arbeits- und Anforderungsanalyse stellen die Basis für eine zielgerichtete Personalentwicklung dar. Auf Basis eines Kompetenzmodells lassen sich für jede Position im Unternehmen Kompetenz-Soll-Profile entwickeln. In diesen Kompetenz-Soll-Profilen werden die für eine erfolgreiche Tätigkeit auf einer Position benötigten Kompetenzen mit ihrer jeweilig geforderten Ausprägung beschrieben. Die Ausprägung wird zumeist auf einer Ratingskala angegeben (vgl. Abb. 13), wobei die Soll-Werte in der Regel nicht als Punkte, sondern als Bereiche angeben werden. Ebenso können für jeden Arbeitnehmer Kompetenz-Ist-Profile erstellt werden. Diese werden mit den Soll-Profilen abgeglichen. Aus etwaigen Unterschieden zwischen Soll- und Ist-Profilen können Personalentwicklungsbedarfe abgeleitet werden. Liegt ein Mitarbeiter in einzelnen Kompetenzen unterhalb des Soll-Bereichs, sollten Maßnahmen getroffen werden, um diese Kompetenz weiterzuentwickeln. Eine starke Ungleichheit zwischen Soll- und Ist-Profil könnte auch als Indikator dafür gewertet werden, dass für den Mitarbeiter eine andere Tätigkeit sinnvoller wäre.

Kompetenzen können insofern nicht nur zur Ableitung von Personalentwicklungsbedarfen, sondern auch zur Potenzialanalyse genutzt werden. Dabei findet ein Matching zwischen Kompetenz-Soll-Profilen der Positionen mit Kompetenz-Ist-Profilen von Mitarbeitern statt. Im Hinblick auf die Potenzialanalyse lassen sich nach Blickle (2014) drei Fragestellungen unterscheiden (vgl. Abb. 14).

Kompetenz	1	2	3	4	5
Wirkung und Einfluss	☐	☐	☐	☐	☐
Kundenservice Orientierung	☐	☐	☐	☐	☐
Initiative	☐	☐	☐	☐	☐
Analytisches Denken	☐	☐	☐	☐	☐
Leistungsorientierung	☐	☐	☐	☐	☐

Abb. 13: Beispiel für ein Kompetenzprofil (eigene Darstellung)

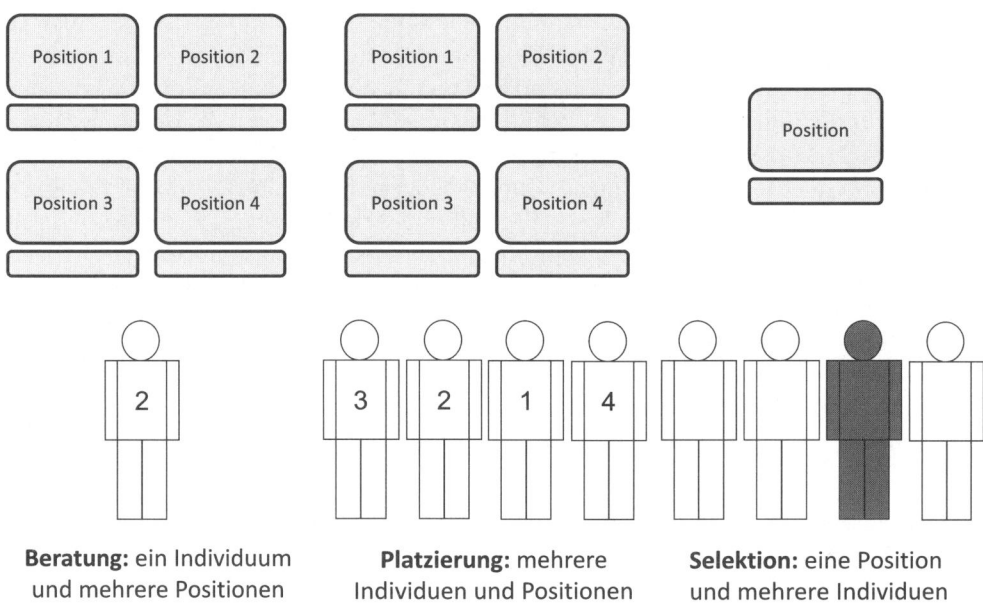

Beratung: ein Individuum und mehrere Positionen   **Platzierung:** mehrere Individuen und Positionen   **Selektion:** eine Position und mehrere Individuen

Abb. 14: Fragestellungen im Hinblick auf die Potenzialanalyse (nach Blickle, 2014, S. 243)

Bei der Beratung steht das Individuum (die Person, P) mit seinem individuellen Kompetenz-Ist-Profil im Vordergrund. Ziel ist es, ihm dabei zu helfen, unter mehreren möglichen Positionen (Aufgaben, A) jene zu finden, die seinen Neigungen und Fähigkeiten am ehesten entspricht. Im Rahmen der Platzierung geht es um die Zuordnung mehrerer Mitarbeiter (P) zu mehreren Positionen (A). Durch Abgleich der Kompetenz-Soll- und Kompetenz-Ist-Profile soll eine optimale Kombination von Mitarbeiter und Positionen erreicht werden. Bei der Selektion geht es um die Auswahl eines passenden Kandidaten (P) aus mehreren internen Bewerbern für eine bestimmte Position (A).

Kompetenzmodelle und die Inhalte der Arbeits- und Anforderungsanalyse können außerdem zur Entwicklung von internen Potentialanalyseinstrumenten wie beispielsweise Assessment Center Verfahren (vgl. das Kapitel Personalauswahl in diesem Band) genutzt werden. Ein Assessment Center ist eine „multiple Verfahrenstechnik, zu der mehrere eignungsdiagnostische Instrumente oder leistungsrelevante Aufgaben herangezogen werden" (Schuler, 1998, S. 118). Im Zentrum steht die „simultane Beobachtung mehrerer Teilnehmer durch mehrere Beobachter in mehreren Verfahren hinsichtlich mehrerer definierter Anforderungen" (Höft & Funke, 2001, S. 150-151).

Gemäß den Richtlinien des Arbeitskreises Assessment Center (2004) sollte ein Assessment Center auf einer Arbeits- und Anforderungsanalyse basieren. Aus den Ergebnissen der Anforderungsanalyse werden die im AC zu ermittelnden Kompetenzen für die jeweilige Position abgeleitet. Im nächsten Schritt gilt es dann zu überlegen, mithilfe welcher eignungsdiagnostischer Verfahren sich die jeweiligen Kompetenzen messen lassen. Da Assessment Center nach dem Redundanzprinzip aufgebaut sind, wird eine Kompetenz stets in mehreren Verfahren erhoben. Die Kombination von Kompetenzen und Verfahren wird in der Regel in einer Anforderungs-Verfahrens-Matrix dargestellt (vgl. Abb. 15).

Doch die Ergebnisse der Anforderungsanalyse können nicht nur dazu beitragen, die richtigen Kompetenzen zu messen, sondern lassen Assessment Center auch besonders realitätsnah werden. Gemäß dem Simulationsprinzip der Eignungsdiagnostik (Kanning & Schuler, 2014) sollen die im Assessment Center eingesetzten Verfahren Elemente der späteren Tätigkeit abbilden. Beispielsweise simuliert eine Gruppendiskussion im Assessment Center die Situation eines betrieblichen Meetings, bei dem die einzelnen Teilnehmer ihren Standpunkt vertreten und gemeinsam eine Lösung für eine bestimmte Fragestellung finden müssen. Für die Einhaltung des Simulationsprinzips ist daher wichtig, dass die Inhalte der Übungen und das verwendete Stimulusmaterial für die Teilnehmer dem betrieblichen Alltag entstammen (Arbeitskreis Assessment Center, 2004).

Aktuelle und professionelle Anforderungsanalysen können gerade im Kontext von Assessment Centern erheblich zur Erhöhung der prädiktiven Validität beitragen

Eine Gruppendiskussion darüber, welche Gegenstände im Falle einer Notlandung auf dem Mond am wichtigsten für das Überleben sind, entspricht eindeutig nicht dem Simulationsprinzip. Stattdessen sollten Themen verwendet werden, die in dem jeweiligen Unternehmen diskutiert werden oder diskutiert worden sind. Hier kann auf die Inhalte der Arbeits- und Anforderungsanalyse zurückgegriffen werden. Wurden beispielsweise Critical Incidents erhoben, können die darin geschilderten Situationen für die Übungs-

		Verfahren			
		Gruppen-diskussion	Präsentation	Fallstudie	Verkaufsgespräch
Anforderungen	**Kommunikation**	X	X		X
	Strukturiertes Arbeiten		X	X	
	Empathie	X			X
	Durchsetzungs-vermögen	X			X

Abb. 15: Anforderungs-Verfahrens-Matrix (eigene Darstellung)

konstruktion verwendet werden. Critical Incidents liefern eine detaillierte Beschreibung einer wichtigen betrieblichen Situation, der daran beteiligten Akteure sowie deren Verhalten. Hieraus können sehr gut Szenarien für Gruppendiskussionen, aber auch für Rollenspiele und Fallstudien generiert werden.

Für die Entwicklung eines Assessment Centers liefert die Arbeits- und Anforderungsanalyse also zwei wichtige Informationen. Zum einen lassen sich durch sie die im Assessment Center zu messenden Kompetenzen ermitteln. Zum anderen lassen sich aus den Ergebnissen der Arbeits- und Anforderungsanalyse die Inhalte der im Assessment Center eingesetzten Übungen entwickeln (vgl. auch das Kapitel Personalauswahl in diesem Band).

5.4   Personalfreisetzung

Outplacement beschreibt die Unterstützung von freizusetzenden Mitarbeitern bei der Suche nach einem neuen Arbeitsplatz (Pull, 2008). Es wird in der Regel angewandt, wenn die Arbeitskraft eines Mitarbeiters oder Managers nicht länger benötigt wird, zum Beispiel aufgrund von mangelnder Leistung, Personalabbau (Downsizing), einer Unternehmenszusammenführung (Merger) oder politischen Gründen (Martin & Lekan, 2008).

Der Erfolg von Outplacement-Beratungen hängt neben kontextuellen Rahmenbedingungen wie der Konjunktur und der Veränderung gesellschaftlicher und ökonomischer Rahmenbedingungen (z. B. Digitalisierung, demographischer Wandel, Energiewende) wesentlich von den persönlichen Eigenschaften des Klienten ab (Martin & Lekan, 2008). Im Rahmen von Outplacement-Beratungen werden daher die vorhandenen Kompetenzen von den Mitarbeitern, die das Unternehmen verlassen müssen, analysiert. Auf dieser Basis werden Berufsfelder und Positionen ermittelt, in denen ihre Kompetenzen benötigt werden. Wird eine passende Tätigkeit gefunden, sollten im Rahmen dieses Prozesses außerdem die noch unzureichend ausgebildeten Kompetenzen identifiziert und weiterentwickelt werden, um eine höhere Passung mit der angestrebten Position zu erreichen.

6   Zusammenfassung

In diesem Kapitel wurden zunächst Konzepte der Arbeitsanalyse und Arbeitsgestaltung vorgestellt, die eine Grundlage für die Kompetenzmodellierung bieten. Ferner wurde eingeführt in die unterschiedlichen Entwicklungsmethoden und Einsatzgebiete von Kompetenzmodellen. Ein sorgfältig entwickeltes Kompetenzmodell ist eine wesentliche Voraussetzung für eine solide und gut funktionierende Personalarbeit während des gesamten Mitarbeiterlebenszyklus: von der Personalauswahl über die Bindung und Entwicklung bis hin zur Freisetzung.

7   Weiterführende Hinweise für Masterstudierende

Diskutieren Sie folgende aktuelle Herausforderung: Welche Methoden zur Ermittlung von Kompetenzen würden Sie mit besonderem Blick auf die Integration von Menschen mit Migrationshintergrund nutzen? Wie und mit welcher Begründung würden Sie hier vorgehen?

Überlegen Sie weiter: Welches Forschungsdesign würde sich im o.g. Kontext zur Vorhersage beruflicher Leistung über die Zeit durch Kompetenzen und Personvariable eignen? Wie kann man Entwicklung von Kompetenzen sichtbar machen? Kann man hier ein Cross-lagged-Paneldesign einsetzen? Wie begegnet man im Falle regressionsanalytischer Herangehensweise dem Problem der Multikolinearität beispielsweise in Moderatoranalysen?

Literaturhinweise

Aiken, L. S. & West, S. G. (1991): *Multiple Regression: Testing and interpreting interactions.* Newbury Park, California: Sage.

Döring, N, & Bortz, J. (2015). *Forschungsmethoden und Evaluation in den Sozial- und Humanwissenschaften.* 5. Auflage. Berlin: Springer.

8   Verständnisfragen

1. Was versteht man unter Handlungsregulationsebenen und wie ist die Handlungsregulation im Phasenmodell von Zapf et al. aufgebaut?
2. Nennen Sie ein Verfahren zur Arbeitsanalyse und stellen Sie dieses in den Kontext eines realistischen Szenarios. Warum sollte es wie wo durch wen mit welchem vermuteten Nutzen eingesetzt werden?
3. Welche Aspekte gehören in ein Anforderungsprofil?
4. Nennen und beschreiben Sie die drei Ansätze zur Kompetenzmodellierung!
5. Auf welche Art und Weise kann ein Kompetenzmodell zur Personalauswahl, Personalentwicklung und Personalfreisetzung eingesetzt werden?

Literatur

Anderson, J. R. (2001). *Kognitive Psychologie.* Heidelberg: Springer.

Arbeitskreis Assessment Center (2008). *Interviewstandards.* Hamburg: Arbeitskreis Assessment Center.

Bamberg, E., Mohr, G. & Busch, C. (2012). *Arbeitspsychologie.* Göttingen: Hogrefe.

Baron, H., Bartram, D. & Kurz, R. (2003). The Great Eight as a framework for validation research. *Occupational Psychology Conference 2003 Book of Proceedings, 71–74.* Bournemouth: The British Psychological Society.

Bartram, D. (2012). *The SHL Universal Competency Framework. SHL White Paper.* Thames Ditton: SHL Group Ltd.

Bildat, L. & Schmidt, M. (2014). Persönlichkeit, Tätigkeitsmerkmale und berufliche Kompetenzen. *Arbeit, 1*(23), 37-51.

Blickle, G. (2011). Anforderungsanalyse. In F. W. Nerdinger, G. Blickle & N. Schaper (Hrsg.), *Arbeits- und Organisationspsychologie* (S. 195-208). Berlin: Springer.

Blickle, G. (2014). Personalauswahl. In F. W. Nerdinger, G. Blickle & N. Schaper (Hrsg.), *Arbeits- und Organisationspsychologie* (S. 241-270). Berlin: Springer.

Bodendorf, F. (2006). *Daten- und Wissensmanagement*. 2. Auflage. Berlin. Springer.

Bono, J. E. & Judge, T. A. (2004). Personality and Transformational and Transactional Leadership: A Meta-Analysis. *Journal of Applied Psychology, 89*(5), 901-910.

Busse, S. (1995). Alexej Nikolajewitsch Leontjew und die historische Herangehensweise an das Psychische. In G. Jüttemann (Hrsg.), *Wegbereiter der Psychologie. Der geisteswissenschaftliche Zugang. Von Leibniz bis Foucault* (S. 292-300). Weinheim: Beltz PVU.

Campion, M. A., Fink, A. A., Ruggenberg, B. J., Carr, L., Phillips, G. M. & Odman, R. B. (2011). Doing competencies well: Best practices in competency modeling. *Personnel Psychology, 64*(1), 225-262.

Ceram, C. W. (2008). *Götter, Gräber und Gelehrte. Roman der Archäologie*. Überarbeitete Neuauflage. Reinbek bei Hamburg: Rowohlt.

Costa, P. T. & McCrea, R. R. (1992[a]). Four ways five factors are basic. *Personality and Individual Differences*, 13, 653-665.

DGFP (2009). Integriertes Personalmanagement in der Praxis. Düsseldorf: DGFP.

DIN (2016). DIN 33430: Anforderungen an berufsbezogene Eignungsdiagnostik. Berlin: Beuth.

Dormann, C. & Krumm, S. (2011). TBS-TK Rezension: "OPQ32". *Report Psychologie, 36*(3), 125-127.

Dunckel, H. (Hrsg.) (1999). *Handbuch psychologischer Arbeitsanalyseverfahren*. Zürich: vdf.

Easterby-Smith, M. & Lyles, M. (Eds.) (2012). *Handbook of Organizational Learning & Knowledge Management*. 2nd Edition. Chichester: Wiley.

Erpenbeck, J. & von Rosenstiel, L. (2007). *Handbuch Kompetenzmessung* (2. Aufl.). Stuttgart: Schäffer-Pöschel.

Fisseni, H.-J. (2004). *Lehrbuch der psychologischen Diagnostik. Mit Hinweisen zur Intervention*. 3. Auflage. Göttingen: Hogrefe.

Flanagan, J. C. (1954). The Critical Incident Technique. *Psychological Bulletin, 51*(4), 327-359.

Frese, M., Greif, S. & Zapf, D. (2014). Soziale Stressoren am Arbeitsplatz. *Zusammenstellung sozialwissenschaftlicher Items und Skalen*. doi:10.6102/zis21

Greenwald, A. G., McGhee, D. E. & Schwartz, J. L. K. (1998). Measuring individual differences in implicit cognition: The implicit association test. *Journal of Personality and Social Psychology, 74*, 1464-1480.

Günther, U., Bildat, L. & Tsetsegmaa, T. (2006). Wirtschaftspsychologie in der Mongolei. Aufbau eines Studienprogramms und Netzwerks in Ulaanbaatar. *Wirtschaftspsychologie, 1*, 122-127.

Hacker, W. (Hrsg.) (1982). *Kognitive und motivationale Aspekte der Handlung*. Bern: Huber.

Hacker, W. (1998). *Allgemeine Arbeitspsychologie. Psychische Regulation von Arbeitstätigkeiten*. Bern: Huber.

Hacker, W. (2005). *Allgemeine Arbeitspsychologie. Psychische Regulation von Wissens-, Denk- und körperlicher Arbeit*. 2. Auflage. Bern: Huber.

Hacker, W. & Sachse, P. (2014). *Allgemeine Arbeitspsychologie. Psychische Regulation von Tätigkeiten*. 3. Aufl. Göttingen: Hogrefe.

Hackman, R. & Oldham, G. R. (1975). Development of the Job Diagnostic Survey. *Journal of Applied Psychology*, 60, 2, 159-170.

Höft, S. (2013). Managementdiagnostik. In A. Frey, U. Lissmann & B. Schwarz (Hrsg.), *Handbuch Berufspädagogische Diagnostik* (S. 397-412). Weinheim: Beltz.

Jüttemann, G. (Hrsg.) (1995). *Wegbereiter der Psychologie. Der geisteswissenschaftliche Zugang. Von Leibniz bis Foucault*. Weinheim: Beltz.

Kanning, U. P. & Schuler, H. (2014). Simulationsorientierte Verfahren in der Personalauswahl. In H. Schuler & U. P. Kanning (Hrsg.), *Lehrbuch der Personalpsychologie* (S. 216-256). Göttingen: Hogrefe.

Kauffeld, S., Grote, S. & Henschel, A. (2007). Das Kompetenz-Reflexions-Inventar (KRI). In J. Erpenbeck & L. v. Rosenstiel (Hrsg.), *Handbuch Kompetenzmessung* (2. Aufl., S. 337-347). Stuttgart: Schäffer-Poeschel.

Kramer, J. (2009). Allgemeine Intelligenz und beruflicher Erfolg in Deutschland. Vertiefende und weiterführende Metaanalysen. *Psychologische Rundschau, 60*(2), 82-98.

Klauder, W. (2005). Wie sieht die Arbeitswelt der Zukunft aus? In W. Gross (Hrsg.), *Karrieren 2010. Chancen, seelische Kosten und Risiken des beruflichen Aufstiegs im neuen Jahrtausend* (S. 36-49). Bonn: Deutscher Psychologen Verlag.

Krumm, S., Mertin, I. & Dries, C. (2012). *Kompetenzmodelle*. Göttingen: Hogrefe.

Lapierre, L. M. & McKay, L. (2002). Managing Human Capital with Competency-Based Human Resources Management. In N. Bontis (Ed.), *World Congress on Intellectual Capital Readings. Cutting-edge thinking on intellectual capital and knowledge management from the world's experts* (pp. 306-319). Boston: Butterworth Heinemann.

Lim, B.-C. & Klein, K. J. (2006). Team mental models and team performance: A field study of the effects of team mental model similarity and accuracy. *Journal of Organizational Behavior, 27*, 403-418.

Lohaus, D., Rietz, C. & Haase, S. (2013). Talente sind wählerisch – was Arbeitgeber attraktiv macht. *Wirtschaftspsychologie aktuell, 20*(3), 12-15.

Lohmann-Haislah, A. (2012). *Stressreport Deutschland 2012. Psychische Anforderungen, Ressourcen und Befinden.* Dortmund: Bundesanstalt für Arbeitsschutz und Arbeitsmedizin.

Luczak, H. & Schlick, C. (2007). Gestaltung des Arbeitsplatzes. In H. Schuler & Kh. Sonntag (Hrsg.), *Handbuch der Arbeits- und Organisationspsychologie* (S. 175-183). Göttingen: Hogrefe.

Martin, H. J. & Lekan, D. F. (2008). Individual differences in outplacement success. *Career Development International, 13*(5), 425-439.

McClelland, D. C. & Boyatzis, R. E. (1982). Leadership Motive Pattern and Long-Term Success in Management. *Journal of Applied Psychology, 67*(6), 737–743.

Mohr, G. (2010). Erwerbslosigkeit. In U. Kleinbeck & K.-H. Schmidt (Hrsg.), *Arbeitspsychologie* (Enzyklopädie der Psychologie, Serie Wirtschafts-, Organisations- und Arbeitspsychologie, Bd. 1, S. 471-519). Göttingen: Hogrefe.

Morgeson, F. P. & Humphrey, S. E. (2006). The Work Design Questionnaire (WDQ): Developing and Validating a Comprehensive Measure for Assessing Job Design and the Nature of Work. *Journal of Applied Psychology, 9*(6), 1321-1339.

Nerdinger, F. W., Blickle, G. & Schaper, N. (2014). *Arbeits- und Organisationspsychologie.* Berlin: Springer. Kapitel 12.

North, K. (1998). *Wissensorientierte Unternehmensführung. Wertschöpfung durch Wissen.* Wiesbaden: Gabler.

Oerter, R. & Montada, L. (Hrsg.) (2008). *Entwicklungspsychologie.* 6. Aufl. Weinheim: Beltz PVU.

Oommen, V. G., Knowles, M. & Zhao, I. (2008). *Asia Pacific Journal of Health Management, 3*(2), 32-43.

Popper, K. R. (1995). *Lesebuch. Ausgewählte Texte zu Erkenntnistheorie, Philosophie der Naturwissenschaften, Metaphysik, Sozialphilosophie.* Herausgegeben von David Miller. Tübingen: Mohr.

Prümper, J., Hartmannsgruber, K. & Frese, M. (1995). KFZA. Kurzfragebogen zur Arbeitsanalyse. *Zeitschrift für Arbeits- und Organisationspsychologie, 39* (N.F.13) 3, 125-132.

Pull, K. (2008). Die betriebswirtschaftliche Logik von Outplacement-Leistungen: Theoretische Erklärungsansätze und ihre Plausibilität im Lichte vorliegender empirischer Befunde. *Industrielle Beziehungen, 15*(3), 233-255.

Reason, J. (2008). *The Human Contribution. Unsafe acts, accidents and heroic recoveries.* Farnham: Ashgate.

Rimann, M. & Udris, I, (1997). Subjektive Arbeitsanalyse: Der Fragebogen SALSA. In O. Strohm & E. Ulich (Hrsg.), *Unternehmen arbeitspsychologisch bewerten. Ein Mehr-Ebenen-Ansatz unter besonderer Berücksichtigung von Mensch, Technik und Organisation* (S. 280-298). Zürich: vdf.

Rohrbaugh, C. C. & Shanteau, J. (1999). Context, Process and Experience: Research on Applied Judgement and Decision Making. In F. Durso (Ed.), *Handbook of Applied Cognition* (pp. 115-139). NY: John Wiley.

Röll, F. J. (2003). *Pädagogik der Navigation. Selbstgesteuertes Lernen durch Neue Medien.* München: kopaed.

Rybowiak, V., Garst, H., Frese, M. & Batinic, B. (1999). Error Orientation Questionnaire; EOQ: Reliability, Validity and Different Language Equivalence. *Journal of Organizational Behavior, 20*, 527-547.

Salgado, J. F. & Táuriz, G. (2014). The Five-Factor Model, forced choice personality inventories and performance: A meta-analysis of academic and occupational validity studies. *European Journal of Organizational Psychology, 23*(1), 3–10.

Schaper, N. (2014a). Arbeitsanalyse und -bewertung. In Nerdinger, F. W., Blickle, G. & Schaper, N. (2014), *Arbeits- und Organisationspsychologie* (S. 347-370). 3. Auflage. Berlin: Springer.

Schaper, N. (2014b). AG in Produktion und Verwaltung. In F. W. Nerdinger, G. Blickle & N. Schaper (Hrsg.), *Arbeits- und Organisationspsychologie* (S. 371-391). 3. Auflage. Berlin: Springer.

Schmidt, F. L. & Hunter, J. E. (1998). The validity and utility of selection methods in personnel psychology. Practical and theoretical implications of 85 years of research findings. *Psychological Bulletin, 124*, 262–274.

Schmidt, K. H. & Kleinbeck, U. (1999). Job Diagnostic Survey (JDS – deutsche Fassung). In Dunckel, H. (Hrsg.), *Handbuch psychologischer Arbeitsanalyseverfahren* (S. 205-230). Zürich: vdf.

Schuler, H. (1998). *Psychologische Personalauswahl.* Göttingen: Hogrefe.

Schuler, H. (2014). Arbeits- und Anforderungsanalyse. In H. Schuler & U. P. Kanning (Hrsg.), *Lehrbuch der Personalpsychologie* (S. 61-98). Göttingen: Hogrefe.

Schuler, H. & Höft, S. (2001). Simulationsorientierte Verfahren der Personalauswahl. In H. Schuler (Hrsg.), *Lehrbuch der Personalpsychologie* (S. 135-173). Göttingen: Hogrefe.

Schüpbach, H. & Krause, A. (2009). Arbeit, Arbeitslosigkeit, Mitarbeiterzufriedenheit und Burnout. In J. Bengel & M. Jerusalem (Hrsg.), *Handbuch der Gesundheitspsychologie und Medizinischen Psychologie* (S. 495-508). Göttingen: Hogrefe.

Spencer, L. M., Jr. & Spencer, S. M. (1993). *Competence at work – Models for superior performance.* New York: Wiley.

Sonnentag, S. (2003). Situatives Interview zur Messung von Kooperationswissen. In J. Erpenbeck & L. v. Rosenstiel (Hrsg.), *Handbuch Kompetenzmessung. Erkennen, verstehen und bewerten von Kompetenzen in der betrieblichen, pädagogischen und psychologischen Praxis* (S. 140-146). Stuttgart: Schäfer und Poeschel.

Sonntag, Kh., Frieling, E. & Stegmaier, R. (2012). *Lehrbuch Arbeitspsychologie.* 3. Aufl. Bern: Huber.

Stegmann, S., van Dick, R., Ullrich, J. Charalambous, J., Menzel, B., Egold, N. & Tai-Chi Wu, T. (2010). Der Work Design Questionnaire. Vorstellung und erste Validierung einer deutschen Version. *Zeitschrift für Arbeits- und Organisationspsychologie, 54*(1), 1-28.

Ulich, E. (2005). *Arbeitspsychologie.* 6. Auflage. Stuttgart: Schäfer Poeschel.

Vahle-Hinz, T. & Plachta, A. (2014). Flexible Beschäftigungsverhältnisse. In B. Badura, A. Ducki, H. Schröder, J. Klose & M. Meyer (Hrsg.), *Fehlzeiten-Report 2014. Erfolgreiche Unternehmen von morgen - gesunde Zukunft heute gestalten. Zahlen, Daten, Analysen aus allen Branchen der Wirtschaft* (S. 103-111). Berlin: Heidelberg.

Volpert, W. (1982). Das Modell der hierarchisch-sequentiellen Handlungsorganisation. In W. Hacker (Hrsg.), *Kognitive und motivationale Aspekte der Handlung* (S. 38-50). Bern: Huber.

Weinert, A. B. (2004). *Organisations- und Personalpsychologie.* 5. Auflage. Weinheim: Beltz.

Westhoff, K., Hellfritsch, L. J., Hornke, L. F., Kubinger, K. D., Lang, H. Moosbrugger, A. & Püschel, G. (Hrsg.) (2004). *Grundwissen für die berufsbezogene Eignungsbeurteilung nach DIN 33430.* Lengerich: Pabst.

Wilson, T. D. (2002). *The nonsense of 'knowledge management'. Information Research, 8*(1), paper no. 144 [Available at http://InformationR.net/ir/8-1/paper144.html]

Wübbelmann, K. (Hrsg.) (2005). *Handbuch Management Audit.* Göttingen: Hogrefe.

Zapf, D., Frese, M. & Brodbeck, F. C. (1999). Fehler und Fehlermanagement. In C. Hoyos & D. Frey (Hrsg.), *Arbeits- und Organisationspsychologie* (S. 398-411). Weinheim: Beltz PVU.

Personalrekrutierung

Tim Warszta

1   Einleitung – Personalrekrutierung in Zeiten des Fachkräftemangels

Aus Unternehmenssicht könnte man einen idealen Rekrutierungsprozess in etwa wie folgt beschreiben: Das Unternehmen schaltet eine Stellenanzeige. Aus der Vielzahl der eingehenden Bewerbungen wird anhand der Bewerbungsunterlagen vorselektiert. Vielversprechende Bewerber werden eingeladen. Unter diesen wird die bestgeeignete Kandidatin oder der bestgeeignete Kandidat ausgewählt und eingestellt. Nicht ausgewählte Bewerber erhalten eine Absage.

Die Realität sieht jedoch häufig anders aus. So herrscht in einigen Branchen und Berufsfeldern ein massiver Mangel an Fachkräften. Dieser Fachkräftemangel betrifft nicht den gesamten Arbeitsmarkt, wohl aber Ingenieurs- und IT-Berufe, aber auch Gesundheits- und Pflegeberufe (Bundesagentur für Arbeit 2016). Durch gesellschaftliche und technologische Entwicklungen wird sich dieser Fachkräftemangel weiter verstärken. So sinkt durch das Schrumpfen und die Alterung der deutschen Bevölkerung das Erwerbspersonenpotenzial, also die Anzahl der zur Verfügung stehenden Arbeitskräfte, von 49 Mio. Personen im Jahre 2013 auf 44-45 Mio. Personen im Jahre 2030 (Pötzsch & Rößger, 2015). Inwiefern die fluchtbedingte starke Netto-Zuwanderung von allein 1,14 Mio. Menschen im Jahr 2015 (Statistisches Bundesamt, 2016) Abhilfe schaffen kann, bleibt abzuwarten. Entscheidend ist hierbei, ob die Qualifikationen der Migranten zu den am Arbeitsmarkt nachgefragten Anforderungen passen. Ein weiterer Effekt, der den Fachkräftemangel verstärkt, besteht darin, dass die Komplexität vieler Berufsbilder stark zugenommen hat. Beispielsweise wurde das Berufsbild des Kfz-Mechanikers weitgehend durch das des Kfz-Mechatronikers ersetzt. Die Komplexität stellt immer höhere Anforderungen an die Arbeitnehmer. Dadurch sind weniger Personen zur Ausübung dieser Tätigkeiten geeignet, und folglich steht ein geringerer Teil des ohnehin schrumpfenden Erwerbspersonenpotenzials für die Ausübung dieser Tätigkeiten zur Verfügung. Für den Rekrutierungsprozess bedeutet dies:

- Es bewerben sich auf Stellenanzeigen in Mangelbranchen nicht mehr ausreichend Kandidaten, um dem Unternehmen eine echte Auswahl zu ermöglichen.
- Gute Bewerber haben in den Mangelbranchen häufig mehr als ein Jobangebot, so dass sie unter verschiedenen Arbeitgebern wählen können.
- Bewerber, die für eine bestimmte Position abgelehnt werden, könnten später einmal benötigt werden, um andere Positionen auszufüllen.

Hieraus erwächst für die auswählenden Unternehmen eine Reihe von Implikationen:
- Unternehmen müssen aktiv nach geeigneten Arbeitskräften suchen und diese gezielt ansprechen.
- Unternehmen müssen ihre Attraktivität als Arbeitgeber besonders unterstreichen.
- Unternehmen dürfen keine Fehlentscheidungen bei der Auswahl treffen.
- Unternehmen können es sich nicht leisten, geeignete Kandidaten durch ein unattraktives Auswahlverfahren zu verlieren.
- Unternehmen müssen schneller sein als die Konkurrenz auf dem Arbeitsmarkt.
- Unternehmen müssen einen Weg finden, nicht eingestellte, aber interessante Kandidaten für das Unternehmen verfügbar zu halten.

In diesem Kapitel werden daher Methoden der Personalgewinnung dargestellt und diskutiert. Im folgenden zweiten Abschnitt werden zuerst relevante Begrifflichkeiten erläutert und abgegrenzt. Im dritten Abschnitt werden die Aufgaben des Personalmarketing dargestellt. Ein besonderer Fokus wird im vierten Abschnitt auf die Arbeitgebermarke gelegt. Abschnitt 5 widmet sich der Perspektive der Jobsuchenden. Der sechste Abschnitt gibt einen Überblick über technologiebasierte Möglichkeiten im Rekrutierungsprozess. Abschnitt 7 betrachtet die Bedeutung von Diversity Management im Recruitment. Abschnitt 8 und 9 zeigen Forschungsfelder auf und geben Empfehlungen für die Praxis.

2   Begriffsbestimmungen

Beschäftigt man sich näher mit der wissenschaftlichen und der Praxisliteratur rund um das Thema Personalgewinnung, stößt man auf eine Reihe von Begrifflichkeiten, die in einzelnen Publikationen unterschiedliche Definitionen erfahren. Zum Einstieg sollen daher die zentralen Begrifflichkeiten abgegrenzt werden, die in diesem Kapitel Verwendung finden:

- **Employer Branding** ist nach Backhaus und Tikoo (2004) der Aufbau einer klar identifizierbaren und einzigartigen Arbeitgebermarke (Employer Brand), welche das Unternehmen als Arbeitgeber deutlich von den Mitbewerbern abhebt. Hier bestehen Parallelen zur klassischen Produktmarke. Die *Produkt*marke verkörpert die Eigenschaften der Güter und Dienstleistungen des Unternehmens und verspricht dem Kunden besonderen Nutzen gegenüber Konkurrenzprodukten. Die *Arbeitgeber*marke verkörpert die Eigenschaften des Unternehmens als Arbeitgeber und verspricht dem potenziellen Arbeitnehmer besondere Vorteile eines Arbeitsverhältnisses wie beispielsweise Familienfreundlichkeit, hohe Gehälter, eine sinnerfüllte Tätigkeit oder hohes Ansehen.
- **Personalbeschaffung** kennzeichnet nach Jung (2010) den Prozess der Bereitstellung von Arbeitskräften für Vakanzen des Unternehmens. Es wird zwischen interner und externer Personalbeschaffung unterschieden. Dabei kennzeichnet die interne Personalbeschaffung die Deckung der Arbeitskräftebedarfe auf Basis interner Personalressourcen (z. B. durch Mehrarbeit, interne Versetzung oder Beförderungen). Die externe Beschaffung greift auf den allgemeinen Arbeitsmarkt zu.
- **Personalauswahl** beschreibt nach Schuler (2014) die Auswahl von Menschen für Berufe, Tätigkeiten oder Veränderungsmaßnahmen auf Basis eignungsdiagnostischer Methodik.
- **Personalmarketing** umfasst nach Felser (2010) alle Maßnahmen zur dauerhaften Gewinnung von Mitarbeitern. Dabei wird unterschieden zwischen internem Personalmarketing, der Bindung und Motivation der bestehenden Mitarbeiter, und externem Personalmarketing, der Anziehung und Gewinnung neuer Bewerber.
- **Recruitment** beinhaltet Aktivitäten zur Identifikation und Anziehung von Arbeitnehmern. Ziel ist es, einen Pool von geeigneten Bewerbern zu generieren, aus dem das Unternehmen auswählen kann. Es gilt das Interesse der Bewerber an einer Tätigkeit für das Unternehmen zu verstärken, um letzten Endes dafür zu sorgen, dass ausgewählte Bewerber ein Jobangebot des Unternehmens annehmen (Saks, 2005). Der

Begriff Recruitment hat damit Überschneidungen mit dem Personalmarketing, zielt aber ausschließlich auf die Gewinnung externer Arbeitskräfte ab.

3   Personalmarketing

Das Personalmarketing ist eine betriebliche Querschnittsfunktion mit dem Ziel, die Identifikation, Gewinnung, Motivation und Bindung von Mitarbeitern zu forcieren. Nach Snell, Shadur und Wright (2000) stehen dabei insbesondere jene Individuen im Fokus, deren Know-how von strategischer Bedeutung für das Unternehmen und zugleich am Arbeitsmarkt kaum verfügbar ist.

3.1   Drei Aktionsfelder des Personalmarketings

Im Hinblick auf das Personalmarketing unterscheidet Felser (2010) die drei Aktionsfelder Personalforschung, externes Personalmarketing und internes Personalmarketing.

Dabei untersucht die *Personalforschung* in erster Linie den Arbeitsmarkt. Betrachtet werden hierbei die Entwicklung des Arbeitskräfteangebots, die Positionierung des eigenen Unternehmens am Arbeitsmarkt sowie die Positionierung und Aktivitäten der Wettbewerber. Dies beinhaltet sowohl quantitative Fragestellungen wie die Entwicklung des Erwerbspersonenpotenzials als auch qualitative Fragestellungen wie etwa die Wahrnehmung des Unternehmensimages durch die relevanten Zielgruppen am Arbeitsmarkt. Neben der Personalforschung nach außen können auch innerhalb des Unternehmens relevante Daten erhoben werden. So sind beispielsweise im Rahmen von Sekundäranalysen zu erhebende Kennzahlen zu Krankenstand, Überstunden und Fluktuation von Interesse, aber auch psychologische Konstrukte wie Arbeitszufriedenheit und Commitment, die über Mitarbeiterbefragungen erhoben werden können. Ziel der Personalforschung ist es, dem Unternehmen evidenzbasierte Handlungsempfehlungen für die Gestaltung des externen und internen Personalmarketings zu geben (Felser, 2010).

> Personalmarketing umfasst die drei Handlungsfelder Personalforschung, internes Personalmarketing, externes Personalmarketing

Das *externe Personalmarketing* beschäftigt sich mit potenziellen Bewerbern und externen Beobachtern des Unternehmens. Es zielt darauf ab, den Zugang zu diesen Zielgruppen zu sichern und dauerhaft ein aktives Interesse am Unternehmen als Arbeitgeber zu erzeugen, um einfach und schnell geeignete Mitarbeiter gewinnen zu können. Die Kernfrage des externen Personalmarketings lautet: Wo und wie lassen sich geeignete Mitarbeiter am besten gewinnen? Hierzu werden Kommunikationsmaßnahmen entwickelt und für die Zielgruppen Gelegenheiten geschaffen, das Unternehmen als Arbeitgeber kennen zu lernen (z. B. über Arbeitgebermessen, Werksführungen und Praktika).

Das *interne Personalmarketing* beschäftigt sich mit allen Mitarbeitergruppen und ihren Bedürfnissen, Motiven und Interessen. Insbesondere fokussiert es jene strategisch bedeutsamen Mitarbeitergruppen, die für den jetzigen und zukünftigen Unternehmenserfolg entscheidend sind. Ziel ist es, das Commitment der Mitarbeiter zu steigern, um unerwünschter Fluktuation sowie Leistungs- und Loyalitätsdefiziten vorzubeugen. Die Kernfrage des internen Personalmarketings lautet: Wie können (strategisch wichtige)

Mitarbeiter im Unternehmen gehalten, motiviert und gefördert werden? Zu den Maßnahmen des internen Personalmarketings zählen u.a. die interne Kommunikation, die mitarbeiterorientierte Gestaltung von Arbeitsverhältnissen (z.B. flexible Arbeitszeiten, Home Office, Sabbaticals etc.), monetäre Bindungsmaßnahmen wie beispielsweise Betriebsrenten, die nach einer Mindestverweildauer im Unternehmen aktiv werden, aber auch ein partizipativer Führungsstil, der die Mitarbeiter in Entscheidungen einbindet und fördert. Aus der Bandbreite der Maßnahmen wird ersichtlich, dass das interne Personalmarketing eine enge Zusammenarbeit mit den Führungskräften des Unternehmens erfordert – insbesondere bei der internen Kommunikation und der Führung von Mitarbeitern sind die Führungskräfte die wesentlichen Akteure (DGFP, 2006).

3.2   Personalmarketing als Zyklus

Personalmarketing lässt sich als Zyklus mit verschiedenen Teilprozessen darstellen (DGFP, 2006; vgl. Abb. 1). Dabei bildet die Personalauswahl die Schnittstelle zwischen externem und internem Personalmarketing.

Der Prozess des externen Personalmarketings beginnt mit der *Kontaktanbahnung*. In dieser Phase versucht das Unternehmen, seine Bekanntheit und Beliebtheit bei den relevanten Zielgruppen zu steigern. Typische Maßnahmen hierfür sind Imagekampagnen in Printmedien, im Fernsehen oder in Online-Medien (z. B. Social Media-Kanälen oder Internetseiten) sowie Fachvorträge an Schulen oder Hochschulen. Ein direkter Kontakt zwischen potenziellen Bewerbern und Unternehmen kann hier zwar entstehen, steht aber nicht im Vordergrund der Aktivitäten. Vielmehr geht es darum, das Unternehmen als potenziellen Arbeitgeber langfristig im Gedächtnis der relevanten Zielgruppen zu verankern.

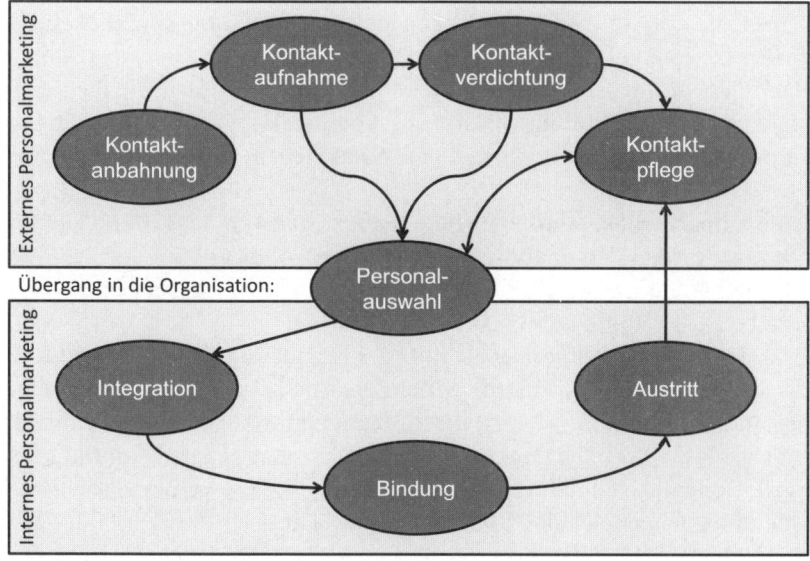

Abb. 1: Personalmarketingzyklus (Quelle: nach DGFP, 2006, S. 33)

In der zweiten Phase, der *Kontaktaufnahme*, wird durch Unternehmensvertreter eine erste Interaktion mit potenziellen Bewerbern initiiert. Hier findet ein gegenseitiges Kennenlernen statt, bei dem beide Seiten Informationen austauschen. Typische Maßnahmen sind Hochschulmessen, Betriebsbesichtigungen oder Unternehmensprojekte mit Hochschulen. Auch Direktansprachen von potenziellen Bewerbern (vgl. Abschnitt 7 in diesem Kapitel) können in die Phase der Kontaktaufnahme eingeordnet werden. Liegt eine passende Vakanz vor und steht ein potenzieller Bewerber zur Verfügung, kann sich an die Phase *Kontaktaufnahme* sofort der Personalauswahlprozess anschließen. Ansonsten besteht das Ziel darin, den Kontakt zu potenziellen Bewerbern zu halten und zu intensivieren.

Die dritte Phase *Kontaktverdichtung* soll einen bestehenden Kontakt zu potenziellen Bewerbern weiter stärken, so dass diese zur Verfügung stehen, wenn das Unternehmen sie braucht. Ziel ist es, auf diese Weise einen Bewerberpool aufzubauen, aus dem das Unternehmen zukünftige Vakanzen besetzen kann. Zur Speicherung der Bewerberdaten, zur Verwaltung und zur Organisation der Kommunikation kann das Unternehmen IT-Lösungen einsetzen. Die Herausforderung besteht jedoch darin, die potenziellen Bewerber zu motivieren, dem Unternehmen ihre Daten zu überlassen, diese regelmäßig zu aktualisieren und weiterhin mit dem Unternehmen Kontakt zu halten. Zudem ist dem Datenschutz Rechnung zu tragen. Die Speicherung von Daten kann insbesondere bei Bewerbern unzulässig werden. Bewerberdaten dürfen grundsätzlich nur bis zum Entscheidungszeitpunkt verwendet werden. Von dann an sind sie zu sperren, bis Sicherheit darüber besteht, dass keine Rechtsstreitigkeiten (z.B. bzgl. § 15 AGG) zu erwarten sind. Das Bayerische Landesamt für Datenschutzaufsicht (2013) hält insoweit einen Zeitraum von sechs Monaten nach Zugang der Absage für ausreichend. Danach sind die Daten zu vernichten oder zu löschen oder dem Bewerber zurückzugeben (Greßlin, 2015). Für jede darüber hinausgehende Verwendung von Daten ist das Einverständnis der Bewerber notwendig. Dies werden Bewerber voraussichtlich nur dann tun, wenn sie sich hiervon einen konkreten Nutzen (in der Regel die Aussicht auf eine spätere Anstellung) erhoffen. Im Falle von Studierenden bieten sich Praktika oder studentische Beschäftigungsverhältnisse als Maßnahmen zur Kontaktverdichtung an.

Das Halten des Kontakts mit potenziellen Bewerbern ist Kernaufgabe der folgenden Phase *Kontaktpflege*. Hier soll über Vorträge, Veranstaltungen, Stammtische und regelmäßige Informationen der Kontakt mit den potenziellen Bewerbern im Bewerberpool gehalten werden.

Im Personalmarketingzyklus stellt die *Personalauswahl* das Bindeglied zwischen internem und externem Personalmarketing dar (vgl. Abb. 1). Ziel der Personalauswahl ist die Identifikation jener Person, die für die Tätigkeit am besten geeignet ist (vgl. Schuler, 2014, siehe auch Kapitel 3 in diesem Buch).

Aus Sicht des Personalmarketings ist die Personalauswahl eine Chance für das Unternehmen, sich dem Bewerber als guter Arbeitgeber zu präsentieren. Die psychologische Forschung fand bereits in den 70er Jahren des letzten Jahrhunderts Hinweise darauf, dass das Auswahlverfahren die Organisationswahl des Bewerbers beeinflusst (Schmitt & Coyle, 1976). Demnach sollte ein Auswahlverfahren dem Bewerber Informationen über das Unternehmen geben (Schuler, 1990) und aus Sicht des Bewerbers fair gestaltet sein (Gilliland, 1993). Für die entsprechende Position geeignete Bewerber sollten nicht nur identifiziert, sondern auch für das Unternehmen gewonnen werden. Mit Bewerbern, die zwar für die ausgeschriebene Position nicht in Frage kommen, aber generell für das Unternehmen interessant sind, sollte vereinbart werden, für zukünftige Vakanzen in Kontakt zu bleiben (vgl. Phase Kontaktpflege). Aber auch Bewerber, die jetzt und in Zukunft nicht zum Zuge kommen werden, sollten eine freundliche Behandlung erfahren. Aus Sicht des Personalmarketings stellen sie potenzielle Multiplikatoren dar, die von ihren positiven oder negativen Erfahrungen bei der Personalauswahl berichten und andere potenzielle Bewerber beeinflussen können.

Die *Integration* neuer Mitarbeiter ist die erste Phase des internen Personalmarketingprozesses. Hier gilt es, neue Mitarbeiter willkommen zu heißen und optimal einzuarbeiten. In der Integrationsphase wird der Grundstein für eine vertrauensvolle Zusammenarbeit gelegt (vgl. Kapitel 4 Onboarding in diesem Band).

Es folgt die Phase *Bindung* (vgl. internes Personalmarketing oben). Die Bindung und Motivation von Mitarbeitern spielt eine wichtige Rolle für den Erfolg von Unternehmen. Eine Metaanalyse des Gallup Instituts (Harter, Schmidt, Agrawal, Plowman & Blue, 2016) zeigt Zusammenhänge zwischen dem Engagement der Mitarbeiter und verschiedenen betrieblichen Kenngrößen. Insbesondere bestehen substantielle negative Korrelationen zwischen emotionaler Bindung und Abwesenheit sowie zwischen emotionaler Bindung und Fluktuation. Ebenso wurden positive Zusammenhänge mit Produktivitäts- und Rentabilitätskennzahlen gefunden. Auch wenn aus korrelativen Zusammenhängen keine Kausalität abgeleitet werden kann, ist emotionale Bindung eine wichtige psychologische Variable, die Unterschiede im Verhalten von Mitarbeitern erklärt. Vor diesem Hintergrund sollten Unternehmen Maßnahmen suchen, um bestehende Mitarbeiter emotional zu binden und zu motivieren.

Auch der *Austritt* von Mitarbeitern, als letzte Phase des internen Personalmarketings, sollte nach mitarbeiterorientierten Gesichtspunkten gestaltet sein. Alle Mitarbeiter, die das Unternehmen verlassen, sind potenzielle Multiplikatoren, welche die Meinung von Mitarbeitern, Bewerbern und der Öffentlichkeit beeinflussen können. Ist der Austritt eines Mitarbeiters durch eine Eigenkündigung oder eine betriebsbedingte Kündigung des Unternehmens bedingt, besteht ggf. die Möglichkeit, zu einem späteren Zeitpunkt erneut zu kooperieren. Daher sollte auch zu ehemaligen Mitarbeitern der Kontakt gepflegt werden.

Personalmarketing beschränkt sich also nicht nur auf die Anwerbung von Mitarbeitern, sondern beeinflusst darüber hinaus als Querschnittsfunktion eine Reihe von Unternehmensprozessen, welche nicht allein von der Personalabteilung, sondern auch von anderen Abteilungen des Unternehmens durchgeführt werden. Dabei ist wichtig, dass das Personalmarketing des Unternehmens einem Gesamtkonzept folgt. Um dies zu realisieren, sollten sich alle Personalmarketingaktivitäten an der Arbeitgebermarke des Unternehmens orientieren.

4   Employer Branding

Zentrales Element im Personalmarketing ist die Arbeitgebermarke (Employer Brand). Vergleichbar mit der Produktmarke des Unternehmens strahlt sie das Angebot des Unternehmens am Arbeitsmarkt aus. Die Arbeitgebermarke ist die Basis für sämtliche Rekrutierungsaktivitäten des Unternehmens. Eine bekannte und beliebte Arbeitgebermarke sorgt für Initiativbewerbungen, erhöht die Zahl der Bewerbungen auf Stellenanzeigen und sorgt für eine höhere Bereitschaft, auf Direktansprachen des Unternehmens zu reagieren und ggf. auch ein hartes Auswahlverfahren bis zum Ende durchzustehen.

Employer Branding kennzeichnet die Planung, Durchführung und Evaluation von Maßnahmen zur Steigerung der Bekanntheit und Beliebtheit der Arbeitgebermarke.

Zielsetzung des Employer Branding ist es, „ein unverwechselbares Vorstellungsbild als Arbeitgeber in der Wahrnehmung seiner internen und externen Zielgruppen (künftigen, potenziellen, aktuellen und ehemaligen Mitarbeitern) zu realisieren." (Beck, 2008, S. 28). Dabei ist Employer Branding ein kontinuierlicher Prozess, der unabhängig von der jeweiligen Einstellungspolitik läuft. Das heißt, dass die Bekanntheit und Beliebtheit der Arbeitgebermarke auch in Zeiten eines Einstellungsstopps aufrechterhalten werden müssen. Die Etablierung einer Arbeitgebermarke kann als mehrstufiger Prozess aus Analyse, Planung, Umsetzung und Evaluation beschrieben werden (Latzel, Dürig, Peters & Weers, 2015; Immerschmitt & Stumpf, 2014).

4.1   Analyse

In Phase 1 des Employer Brandings wird eine *Analyse* der Ist-Situation durchgeführt. Hierbei werden die Arbeitgebereigenschaften des Unternehmens, die relevanten Zielgruppen sowie der Wettbewerb analysiert (Trost, 2009, vgl. Abb. 2). Von zentraler Bedeutung für das Employer Branding ist die sogenannte Employee Value Proposition (EVP; Michaels, Handfield-Jones & Axelrod, 2001). Sie beinhaltet die zentralen Argumente für eine Tätigkeit beim jeweiligen Arbeitgeber. Damit eine Arbeitgebereigenschaft Teil der EVP werden kann, sind eine Reihe von Bedingungen notwendig. Es bieten nur die Faktoren einen Wettbewerbsvorteil am Arbeitsmarkt, die authentische und reale Arbeitgebereigenschaften des Unternehmens sind, die den Präferenzen der Zielgruppe entsprechen und die von der Konkurrenz nicht imitiert werden können.

Im Hinblick auf die Zielgruppe(n) des Unternehmens gilt es also, deren Präferenzen zu identifizieren, um eine Passung mit hierfür geeigneten Arbeitgebereigenschaften herzustellen. Als Zielgruppe bezeichnet man die „Gesamtheit aller effektiven oder potenziellen Personen, die mit einer bestimmten Marketingaktivität angesprochen werden sollen." (Kirchgeorg, 2017) Zielgruppen im Recruitment werden in erster Linie nach fachlichen Qualifikationen und Erfahrungen gebildet. Jedoch gehen diese zumeist mit soziodemographischen Merkmalen einher. Tabelle 1 gibt einen Überblick über mögliche Zielgruppenmerkmale.

Beispielhafte Eigenschaften eines Unternehmens	Authentische Arbeitgebereigenschaft?	Entspricht Präferenzen der Zielgruppe	Unterscheidet das Unternehmen vom Wettbewerb	Employee Value Proposition
Hohe Gehälter	✓	✓	X	X
Familienfreundlich	✓	X	✓	X
Technologieführer	✓	✓	✓	✓

Abb. 2: Employee Value Proposition (Quelle: Trost, 2009, S. 40)

Tab. 1: Zielgruppenmerkmale (eigene Darstellung)

Kriterium	Ausprägungen zur Zielgruppensegmentierung			
Berufserfahrung	bis 2 Jahre	2 – 5 Jahre	5 – 10 Jahre	> 10 Jahre
Bildung	Ungelernt	Ausbildung	Studium	Promotion
Hierarchielevel	Mitarbeiter	Teamleiter	Abteilungsleiter	Geschäftsführung
Qualifikation	Technisch	Kaufmännisch	etc.	
Geschlecht	**weiblich**		**männlich**	
Generation	Baby Boomer	Generation X	Generation Y	Generation Z
Lebensumstände	Ledig	Partnerschaft	Partnerschaft mit Kindern	Alleinerziehend
Alter	20 – 29 Jahre	30 – 39 Jahre	40 – 49 Jahre	50 – 67 Jahre

Aus den genannten Merkmalen kann abgeleitet werden, welche Eigenschaften eines Arbeitgebers für die jeweilige Zielgruppe von besonderer Relevanz sind. Dies ist für die Spezifizierung der Employer Branding-Botschaften im Hinblick auf die jeweilige Zielgruppe von Bedeutung. Außerdem können Präferenzen bei der Mediennutzung bestimmt werden, um zu ermitteln, auf welchen Kanälen die jeweilige Zielgruppe erreicht werden kann.

Sucht man beispielsweise eine Maschinenbauingenieurin oder einen Maschinenbauingenieur mit Zusatzqualifikation zum Schweißfachingenieur und fünf bis sieben Jahren Berufserfahrung sowie Erfahrung in der Leitung von mindestens zwei Projekten im Anlagenbau, kommen für das beschriebene Ingenieursprofil Personen im Alter zwischen 28 und 35 Jahren infrage. Sie befinden sich damit in einer Lebensphase, in der Menschen in der Regel mit der Etablierung (Familie, Immobilienerwerb; Oerter & Montada, 2002 für einen Überblick zu Lebensphasen) beschäftigt sind. Damit gehen entsprechende Bedürfnisse einher (Kapitelbedarf, Arbeitsplatzsicherheit, Zeit für Familie), mit deren Befriedigung ein Arbeitgeber bei dieser Zielgruppe punkten kann, andere Aspekte des Arbeitsverhältnisses wie etwa die Möglichkeit eines Auslandsaufenthalts stehen im Hinblick auf die Zielgruppe nicht im Vordergrund und könnten sogar abschreckend wirken. Nur jene Arbeitgebereigenschaften, die von der Zielgruppe als attraktiv eingestuft werden, stellen einen Wettbewerbsvorteil am Arbeitsmarkt dar.

Der letzte Teil der Ist-Analyse besteht in einer Betrachtung der Konkurrenten am Arbeitsmarkt. Zu der EVP eines Unternehmens können nur jene von der Zielgruppe präferierten Arbeitgebereigenschaften gehören, die nicht von den Wettbewerbern imitiert werden können oder gar ohnehin schon zu deren Stärken zählen (Trost, 2009, vgl. Abb. 2).

4.2 Planung

Im zweiten Schritt, der Planung, wird das Konzept der Arbeitgebermarke entwickelt. Zusätzlich werden Maßnahmen zur Umsetzung der Arbeitgebermarke geplant. Dabei wird das Konzept der Arbeitgebermarke auf Basis der Ergebnisse der Analyse entwickelt. Um Probleme in der späteren Kommunikation und Umsetzung der Arbeitgebermarke zu vermeiden, sollte eine Prüfung auf Passung der Arbeitgebermarke zur Gesamt-markenstrategie des Unternehmens vorgenommen werden. Zudem muss die Arbeitge-bermarke zur Kultur des Unternehmens passen, damit Authentizität gewährleistet ist (Latzel et al., 2015). Ein ganzheitliches Employer Branding kann nicht von der Personal-abteilung allein umgesetzt werden. Vielmehr bedarf es einer breiten Verankerung inner-halb der Organisation. Insbesondere ist im Rahmen des Employer Branding eine Reihe von Unternehmensprozessen auf ihre Passung zur Arbeitgebermarke zu überprüfen. Bei der Planung der Maßnahmen zur Umsetzung der Arbeitgebermarke lassen sich interne und externe Maßnahmen unterscheiden. Externe Maßnahmen betreffen insbesondere die Kommunikation der Arbeitgebermarke nach außen. Interne Maßnahmen beschrei-ben in erster Linie, wie die Arbeitgebermarke im Unternehmen „gelebt" wird. Die Umsetzung einer Marke im Verhalten von Mitarbeitern und Führungskräften bezeichnet man als „Behavioral Branding" (Esch, 2008). Wenn im Rahmen des internen Employer Branding Maßnahmen ergriffen werden, die andere Unternehmensprozesse wie bei-spielsweise Führung, interne Kommunikation oder Arbeitsplatzgestaltung tangieren, ist eine enge innerbetriebliche Zusammenarbeit notwendig (zur Einbindung von Akteuren im Unternehmen vgl. Seng & Armutat, 2012).

4.3   Umsetzung

Im nächsten Schritt wird die Employer Branding-Strategie durch einzelne Maßnahmen operationalisiert. Dabei sollten Kommunikationsmaßnahmen so konzipiert werden, dass eine Passung zwischen Zielgruppe, Inhalten und Formulierung der Werbebotschaften, Kommunikationskanälen und Medien sowie der kommunizierenden Personen erzeugt wird: Gemäß dem Gedanken der EVP sollten der Zielgruppe jene Arbeitgebereigen-schaften vermittelt werden, die für diese von besonderer Wertigkeit sind. Als Werbe-botschaft sollte die EVP so präsentiert werden, dass die Kommunikation die Zielgruppe anspricht. Bei der Wahl der Kommunikationskanäle sollten jene Medien verwendet wer-den, die von der Zielgruppe genutzt werden und die geeignet sind, die Botschaft zu transportieren. Zudem ist noch zu überlegen, welche Personen als Repräsentanten der Organisation geeignet sind.

Im Folgenden wird eine Reihe von Employer Branding-Aktivitäten vorgestellt:

Imageanzeigen: Im Gegensatz zu Stellenanzeigen bewerben Imageanzeigen (z. B. in Zeitschriften oder online) keine konkrete Position, sondern dienen gemäß dem Gedan-ken des Employer Branding dazu, die EVP in den Köpfen der relevanten Zielgruppen zu verankern. Für die Gestaltung von Imageanzeigen empfiehlt die Deutsche Employer Branding Akademie (2007) eigene neue Ideen zu verwirklichen, Floskeln zu vermeiden, überraschend und intelligent zu kommunizieren und nur die realen Stärken des Arbeit-gebers zu kommunizieren, um keine falschen Erwartungen zu wecken. Vor dem Einsatz sollte die Wirkung der Anzeigen stets im Hinblick auf die relevante Zielgruppe getestet werden.

Messen & Events: Messen und Events geben potenziellen Bewerbern die Gelegenheit, direkt Informationen zu erhalten und Vertreter des Unternehmens persönlich kennen-zulernen. Bei dieser Art der persönlichen Kommunikation spielen die Vertreter des Unternehmens auf der Messe eine besondere Rolle. Sie sollten das Know-how haben, den Interessenten die verlangten Informationen vermitteln zu können, sich durch gute kommunikative Fähigkeiten auszeichnen und der Zielgruppe auf der Messe ähnlich sein, z. B. im Hinblick auf das Alter (Allen, Schetzsle, Mallin & Bolman Pullins, 2014). Zudem könnte sogar die physische Attraktivität eine Rolle für den Erfolg der Unternehmensvertreter spielen. So fanden Vieten und Kanning (2012) in einer experimentellen Studie Zusammenhänge zwischen der wahrgenommenen physischen Attraktivität von Interviewern und der ihnen von Bewerbern zugeschriebenen Professionalität und sozialen Kompetenz.

Schul- & Hochschulmarketing: Die Aktivitäten des Schul- und Hochschulmarketings zielen darauf ab, interessante Kandidaten möglichst frühzeitig auf das Unternehmen aufmerksam zu machen, kennenzulernen und an das Unternehmen zu binden. Hierfür werden Projektarbeiten, Praktika und Abschlussarbeiten, aber auch Stipendienprogramme eingesetzt. Im Rahmen von Projektarbeiten an Hochschulen übergibt das Unternehmen einer Studierendengruppe eine Aufgabe aus der betrieblichen Praxis, welche die Gruppe löst. Im Rahmen dieses Projekts setzten sich die Studierenden näher mit dem Unternehmen auseinander und das Unternehmen baut Kontakt zu den Studierenden auf. Praktika und Abschlussarbeiten sind gute Methoden für Studierende und Unternehmen, um die Zusammenarbeit zu erproben. So können gute Studierende identifiziert und an das Unternehmen gebunden werden. Im Rahmen von Stipendienprogrammen werden ausgewählte Studierende durch das Unternehmen monetär und ideell gefördert, sie erhalten also nicht nur finanzielle Zuwendungen, sondern nehmen auch an speziellen vom Unternehmen angebotenen Weiterbildungsveranstaltungen teil. Der Einsatz der genannten Aktivitäten verlagert sich zunehmend zeitlich nach vorn in die Schulausbildung, sodass immer mehr Unternehmen nicht nur mit Hochschulen, sondern auch mit Schulen kooperieren (Behörde für Schule und Berufsbildung, 2010).

Arbeitgeberwettbewerbe und -siegel: Arbeitgeberwettbewerbe und die Verteilung von Arbeitgebersiegeln werden in der Regel von Drittinstitutionen organisiert. Auszeichnungen und Siegel sollen den Bewerbern Orientierung bei der Arbeitgeberwahl bieten. Dabei ist die Vergabe zumeist an die Erfüllung spezifischer Kriterien durch den jeweiligen Arbeitgeber geknüpft. Böhlich (2013) unterscheidet zwischen Unternehmensrankings, Arbeitgeberwettbewerben, Bewertungsportalen und Arbeitgeberpreisen:

- Bei Unternehmensrankings stufen i.d.R. Studierende, Absolventen und Young Professionals die Bekanntheit und Attraktivität von Unternehmen ein. Diese Untersuchungen werden von unabhängigen Dritten (z. B. Hochschulen) durchgeführt. Unternehmen können hierbei nicht entscheiden, ob sie teilnehmen wollen oder nicht.
- An Arbeitgeberwettbewerben (z.B. Great Place to Work) nehmen Unternehmen aktiv teil und entrichten hierfür ggf. auch eine Teilnahmegebühr. Im Rahmen dieser Wettbewerbe werden die Unternehmen anhand von Dokumentenanalysen, Unternehmensbegehungen oder auch Befragungen der Mitarbeiter und Führungskräfte sowie externen Experten eingestuft.
- Im Rahmen von Bewertungsportalen (z.B. kununu) stufen Mitarbeiter, ehemalige Mitarbeiter, Praktikanten oder Bewerber das Unternehmen anhand verschiedener Kriterien ein. Die bestbewerteten Unternehmen erhalten ein Siegel.

- Arbeitgeberpreise (z. B. Randstad Award) werden i.d.R. von Firmen oder anderen Organisationen gestiftet. Ausgezeichnet werden Unternehmen, die im jeweiligen Kriterienkatalog des Wettbewerbs am besten abschneiden.

Während einige Autoren in der Praktikerliteratur (z.B. Hohaus, 2016) im Einsatz von Arbeitgebersiegeln in erster Linie einen Wettbewerbsvorteil sehen, bewerten andere Autoren Arbeitgebersiegel kritischer (z.B. Böhlich, 2013). Damit Arbeitgeberwettbewerbe aussagekräftig sind, fordern Naundorf und Spengler (2012) u.a. Objektivität, Reliabilität und Validität sowie eine Transparenz der Kriterien, eine vollständige Erfassung des Arbeitsmarkts sowie eine weitgehende Unabhängigkeit der Beurteiler vom zu beurteilenden Unternehmen. Trotz des medialen „Hypes" von Arbeitgebersiegeln ist der Nutzen für das Employer Branding nicht eindeutig geklärt. So deuten experimentalpsychologische Befunde (Lohaus & Rietz, 2015) darauf hin, dass Arbeitgebersiegel keine generell steigernde Wirkung der Arbeitgeberattraktivität haben, wohl aber die Attraktivität unbekannter Arbeitgeber positiv beeinflussen können. Zusammenfassend ist zu sagen, dass Unternehmen Kosten und Nutzen von Arbeitgebersiegeln gut abwägen und genau prüfen sollten, wo sie sich engagieren.

Recruitmentvideos: Ein jüngeres und bisher nur wenig untersuchtes Phänomen stellen Recruitmentvideos dar. Im Rahmen von Recruitmentvideos präsentieren sich Unternehmen als Arbeitgeber. Protagonisten in den Videos sind zumeist die eigenen Mitarbeiter und Führungskräfte. Recruitmentvideo-Anbieter nennen als Argumente für den Einsatz von Recruitmentvideos u.a. die hohe Verbreitung, die Wiederholbarkeit, die Lebensdauer und die Möglichkeit, authentische tiefergehende Einblicke in den Arbeitsalltag sowie Emotionen zu transportieren (employer-branding.tv, 2013). Zurzeit gibt es allerdings noch wenige empirische Befunde zur Wirkung von Arbeitgebervideos. In einer ersten experimentellen Untersuchung von Warszta, Künzel und Siemsen (in Vorb.) wurden Probanden vier verschiedene Arbeitgebervideos präsentiert, die nach den 2x2 Bedingungen *Qualität des Videos* und *Bekanntheit des Unternehmens* ausgewählt wurden. Dabei zeigte sich, dass im Falle von unbekannten Arbeitgebermarken ein gutes Recruitmentvideo die Arbeitgeberattraktivität positiv beeinflussen kann, während ein schlechtes Video einen negativen Einfluss hat. Im Falle von bekannten Arbeitgebermarken ist der Einfluss von guten oder schlechten Videos nur marginal.

Blogs: Blogs (Weblogs – online Tagebücher) werden ebenfalls genutzt, um potenziellen Bewerbern ein authentisches Bild des Unternehmens als Arbeitgeber zu vermitteln. Hier schildern Mitarbeiter des Unternehmens ihren Arbeitsalltag. Blogs können auch mit Video-Elementen verknüpft werden. Dabei werden schriftliche Einträge durch Filmsequenzen ergänzt oder ersetzt. Der Einsatz von Blogs erfordert aufgrund der vom Nutzer erwarteten Aktualität ein kontinuierliches Engagement des Schreibers. Vor diesem Hintergrund sollten Unternehmen prüfen, ob die entsprechenden personellen Ressourcen zur Verfügung stehen. Empirische Befunde zur Wirkung von Blogs auf potenzielle Bewerber stehen noch aus.

Online Self-Assessments: Online Self-Assessments (OSAs) stellen eine Mischung aus Informations- und Selbsttestsequenzen dar. In den Informationssequenzen werden den potenziellen Bewerbern Informationen über das Unternehmen als Arbeitgeber in Form von Texten sowie Bild-, Audio- und Videomaterial dargestellt. Ziel ist die Darstellung eines authentischen Arbeitgeberbildes. Die Selbsttestsequenzen umfassen Persönlichkeitsfragebögen, in denen die potenziellen Bewerber anhand vorgegebener Skalen Selbstbeschreibungen von sich abgeben, oder Leistungstest, in denen die potenziellen Bewerber ihre Fähigkeiten einstufen lassen können. Online Self-Assessments helfen Interessenten zu evaluieren, ob sie mit ihren Kompetenzen und Interessen zu einem bestimmten Berufsbild oder Unternehmen passen. Trotz des Einsatzes psychometrischer Verfahren (Inventare und Tests) sind sie nicht Teil der Personalauswahl im engeren Sinne. Vielmehr wird ein Online-Self-Assessment häufig auf den Karriereseiten von Unternehmen präsentiert, um Interessenten die Gelegenheit zur Selbstselektion zu geben. Dies scheint gut angenommen zu werden. Gemäß einer Befragung von Eckhardt, Laumer und Vornewald (2013) unter mehr als 10.000 Bewerbern schätzen diese an Online-Self-Assessments insbesondere das Feedback zur Eignung für die Stelle.

4.4   Evaluation

Im letzten Schritt, der Evaluation, werden die Employer Branding-Maßnahmen bewertet. Ziel dieser Bewertung ist, eine Entscheidungshilfe für den zukünftigen Einsatz dieser Maßnahmen zu generieren sowie die Maßnahmen selbst konzeptionell zu verbessern. Neben den Kosten der Employer Branding-Maßnahmen werden deren Effizienz und Wirkung erfasst (Quenzler, 2012). In Anlehnung an Pfannenberg (2009) lassen sich drei Ebenen der Erfassung von Employer Branding-Aktivitäten definieren:

Output: Als Output lassen sich die vom Employer Branding erbrachten Kommunikationsleistungen erfassen. Dies können beispielsweise produzierte Werbematerialien, Messauftritte, Pressemitteilungen oder eingestellte Beiträge in Social Media-Applikationen sein.

Outcome: Hierfür lassen sich über Befragungen die Bekanntheit und die Beliebtheit der Arbeitgebermarke bei den relevanten Zielgruppen des Unternehmens erheben. Dabei klaffen Markenbekanntheit und -beliebtheit in der Praxis allerdings häufig auseinander, wie die Ergebnisse einer Studie der Firma Randstad zeigen. Randstad (2014) befragte 8000 Arbeitnehmer, Studenten und Arbeitssuchende nach der Bekanntheit und Beliebtheit von Arbeitgebern. Während BMW sowohl sehr bekannt (Platz 3) als auch sehr beliebt (Platz 1) ist, erfreut sich McDonalds zwar der höchsten Bekanntheit (Platz 1), schafft es in Sachen Beliebtheit aber nicht unter die Top-20-Arbeitgeber.

Outflow: Unter Outflow werden die betriebswirtschaftlichen Auswirkungen der Employer Branding-Aktivitäten verstanden. Mögliche Kennzahlen sind die Zeit von der Ausschreibung bis zur Besetzung einer Vakanz, die Qualität der eingestellten Kandidaten, die Anzahl der Initiativbewerbungen (dapm e.V. 2010, zitiert nach Quenzler, 2012, S. 153) sowie die Anzahl der von den Bewerbungsunterlagen her geeigneten Kandidaten (A-Kandidaten). Durch Vergleichswerte mit Benchmarkdaten aus der eigenen Branche, den Vorjahren oder Kennzahlvergleichen vor und nach einer Employer Branding-Maßnahme lassen sich, trotz aller Probleme und Störvariablen, die bei Felduntersuchungen zum Tragen kommen, Aussagen zur Wirksamkeit von Employer Branding-Maßnahmen ableiten.

Zusammenfassend kann gesagt werden, dass die Arbeitgebermarke mit der EVP Dreh- und Angelpunkt der Rekrutierungsaktivitäten des Unternehmens ist. Sie liefert die Argumentation, warum Menschen bei einem Unternehmen arbeiten sollten.

5   Recruitment aus der Perspektive der Jobsuchenden

Im folgenden Abschnitt werden Faktoren der Arbeitgeberwahl der Jobsuchenden thematisiert. Dabei wird die Arbeitgeberwahl als komplexer Prozess betrachtet. Insbesondere werden die Auswirkungen für Personalauswahlverfahren auf die Jobsuchenden erläutert.

5.1   Arbeitgeberwahl

Zu den Kriterien der Arbeitgeberwahl durch die Kandidaten existiert eine Reihe von Untersuchungen, bei denen es sich größtenteils um Befragungen verschiedener Zielgruppen handelt. Die Kriterien unterscheiden sich zwischen den Studien. Genannt werden u.a. Work-Life-Balance, abwechslungsreiche Teamarbeit und eine faire Vergütung im Vergleich zu den Kollegen (Becker, Krämer, Staffel & Ulrich, 2011). Lohaus, Rietz und Haase (2013) führten eine Meta-Analyse mit 37 Studien aus den Jahren 1996 bis 2012 durch. Als wichtigste Kriteriengruppen für die Arbeitgeberwahl identifizierten sie erstens das Team, die Arbeitsatmosphäre und das Klima, zweitens die Arbeitsaufgabe und drittens die Work-Life-Balance. Boswell, Roehling, LePine und Moynihan (2003) konnten im Rahmen einer Längsschnittstudie zeigen, dass sich die Entscheidungskriterien im Laufe des Rekrutierungsprozesses ändern. Sie befragten 96 jobsuchende Absolventen zu Beginn des Prozesses sowie nach einer Akzeptanz oder Ablehnung eines Jobangebots. Zu Beginn des Prozesses wurde das Gehalt von 71,0% der Befragten als wichtiges Entscheidungskriterium genannt. Als Grund für die Annahme eines Jobangebots wurde das Gehalt aber nur noch von 19,4% und als Grund für die Ablehnung eines Jobangebots von 23,8% der Befragten genannt. Demgegenüber wurde der Standort zu Beginn von 0% genannt, spielte aber im Falle der Akzeptanz eines Angebots für 37,6% und im Falle der Ablehnung eines Angebots für 26,2% der Befragten eine Rolle. Bei den genannten Befunden ist zu berücksichtigen, dass es sich um allgemeine Präferenzen handelt. Bei einzelnen Zielgruppen und Individuen können andere Präferenzstrukturen vorliegen.

> **Die Arbeitgeberwahl kann als komplexer und dynamischer Entscheidungsprozess betrachtet werden.**

Die Wahl eines Arbeitgebers stellt einen komplexen Prozess dar, der von vielfältigen Variablen beeinflusst wird. Im Folgenden werden Faktoren und Mechanismen skizziert, die bei der Frage, ob ein Arbeitnehmer den Arbeitsplatz wechseln und eine neue Stelle antreten soll, eine Rolle spielen:

Bindung an den alten Arbeitsplatz: Bei Jobwechseln ist fundamental, inwiefern Menschen bereit oder nicht bereit sind, ihren bisherigen Arbeitsplatz zugunsten einer neuen Beschäftigung aufzugeben. Dies ist relevant, da im Rahmen von Direktansprachen insbesondere Personen angesprochen werden, die nicht aktiv auf Jobsuche sind. Das Modell des Organisationalen Commitments (Meyer & Allen, 1997) beschreibt drei Arten von Commitment: *Affektives Commitment* kennzeichnet eine auf positiven Einstellungen und Emotionen basierende Bindung an das Unternehmen. Die Mitarbeitenden sind stolz auf ihr Unternehmen. *Normatives Commitment* entsteht auf Basis einer empfundenen (moralischen) Verpflichtung oder Schuld. Demgegenüber ist die Grundlage für *kalkulatorisches Commitment* der (zeitweilige) Mangel an besseren Alternativen oder das Vorhandensein von hohen Barrieren für einen Positionswechsel. Alle Arten von Commitment weisen negative Zusammenhänge mit Fluktuation auf (Meyer, Stanley, Herscovitch & Topolnytsky, 2002). Starkes Commitment wirkt also bindend.

Wahrgenommene Passung: Die Theorie von Person-Organization-Fit (PO-Fit) geht davon aus, dass Menschen in jenen Organisationen am erfolgreichsten sind, die ihnen am ähnlichsten sind (Tom, 1971). Demnach würden Jobsuchende einen potenziellen Arbeitgeber nach der Passung zu den eigenen Wertvorstellungen und Ansichten auswählen. In der Tat zeigen metaanalytische Befunde Zusammenhänge von PO-Fit mit empfundener Arbeitgeberattraktivität und der Akzeptanz von Stellenangeboten sowie mit Arbeitszufriedenheit (Kristof-Brown, Zimmerman & Johnson, 2005). Demnach sollten Organisationen ihren Bewerbern frühzeitig einen realistischen Einblick (Realistic Job Preview, RJP) in die Organisation gewähren, um die Selbstselektion der Bewerber zu verbessern. Ein RJP sorgt gemäß metaanalytischer Befunde (Allen, Bryant & Vardaman, 2010; Phillips, 1998,) für nachhaltigere Rekrutierungserfolge, da die Fluktuation neuer Mitarbeiter vermindert wird.

Beeinflussung durch das soziale Umfeld: Die Theorie der Sozialen Identität geht davon aus, dass Menschen sich über die Zugehörigkeit zu Gruppen oder Organisationen definieren. Demnach werden Individuen jene Arbeitgeber auswählen, die zu ihrer Sozialen Identität passen. Im Prozess der Jobsuche spielen nicht nur persönliche Meinungen und Einstellungen eine Rolle. Die Theorie des geplanten Verhaltens (Ajzen, 1991) geht davon aus, dass Individuen ein bestimmtes Verhalten (wie z. B. die Bewerbung bei einem potenziellen Arbeitgeber) vollziehen, wenn sie (a) persönlich eine positive Einstellung gegenüber diesem Verhalten haben, (b) das direkte soziale Umfeld (z.B. Freunde und Familie) dieses Verhalten unterstützt oder zumindest billigt und (c) das Individuum der Meinung ist, dieses Verhalten erfolgreich durchführen zu können. Beispielhaft bedeutet dies, dass ein Jobsuchender eine Bewerbung an ein Unternehmen abschickt oder ein Jobangebot akzeptiert, wenn er eine positive Einstellung zu dem Arbeiten bei diesem Unternehmen hat, er in seinem sozialen Umfeld damit nicht aneckt und er sich das Arbeiten bei diesem Unternehmen zutraut. So fand Law (2011) Belege, dass Absolventen eines Buchführungsstudiengangs in ihrer Arbeitgeberwahl auch von ihren Eltern beeinflusst wurden. Vor diesem Hintergrund könnte es für Unternehmen relevant sein, mit Personalmarketingaktivitäten partiell auch auf das soziale Umfeld des Kandidaten abzuzielen.

Zusammenfassend kann die Entscheidung, seine bisherige Position aufzugeben und einen neuen Job anzutreten, als komplexer und dynamischer Prozess beschrieben werden. Dabei spielen u.a. das Commitment für den alten Arbeitgeber, die wahrgenommene Passung zum neuen Arbeitgeber, aber auch das soziale Umfeld eine Rolle. Von besonderer Bedeutung für die Arbeitgeberwahl sind auch die Erfahrungen, die ein Individuum im Laufe des Recruitmentprozesses macht. Dies wird in der jüngeren Praxisliteratur auch als *Candidate Experience* bezeichnet.

5.2 Candidate Experience – die Bewerberperspektive

Obgleich der in der Praktikerliteratur häufig verwendete Begriff *Candidate Experience* (z.B. Ullah & Ullah, 2015) erst in den letzten Jahren aufkam, beschäftigt sich die psychologische Forschung seit den 1970er Jahren mit der Thematik. Den Auftakt machten Schmitt & Coyle (1976), die feststellten, dass Interviewer als Repräsentanten des Unternehmens ein wichtiger Einflussfaktor im Hinblick auf die Organisationswahl der Bewerber darstellen. Seither wurden Theorien und Modelle entwickelt und untersucht, um die komplexen Interaktionen zwischen Bewerber, Rekrutierungsprozess und Unternehmen darzustellen.

Der Begriff Candidate Experience beschreibt das Erleben des Stellensuch- und Bewerbungsprozesses durch die Arbeitssuchenden.

Vor dem Hintergrund einer seinerzeit wachsenden Kritik am Einsatz eignungsdiagnostischer Methoden schlugen Schuler und Stehle (1983) das *Modell der Sozialen Validität* vor, um Faktoren abzubilden, welche die Personalauswahl zu einer sozial akzeptablen Situation machen. Schuler (1990) formulierte vier Komponenten der Sozialen Validität:

- Information
- Transparenz
- Partizipation
- Urteilskommunikation

Im angloamerikanischen Sprachraum und in der internationalen Forschung wird als theoretische Grundlage für die Akzeptanz von Personalauswahlinstrumenten vornehmlich Gillilands (1993) *Modell der Bewerberreaktionen* diskutiert. Basierend auf der Theorie der Organisationalen Gerechtigkeit (Colquitt, Conlon, Wesson, Porter & Yee Ng, 2001 für einen Review), leitete Gilliland Regeln der prozeduralen Gerechtigkeit ab, die einen Auswahlprozess aus Sicht der Bewerber fair und gerecht erscheinen lassen. Befunde aus Meta-Analysen (Hausknecht, Day & Thomas, 2004) zeigen, dass einige der Regeln in besonders hohem Zusammenhang mit Fairnessempfinden sowie Bewerberreaktionen stehen (vgl. Tabelle 2).

Die jüngere Forschung hat sich insbesondere mit Bewerberreaktionen zu internetbasierten Auswahlverfahren beschäftigt. Konradt, Warszta & Ellwart (2013) fanden heraus, dass für die Fairnessbewertung einer internetbasierten Testbatterie aus Online-Bewerbungsformular und Testverfahren die Regeln *Behandlung der Bewerber, Gelegenheit zur Selbstdarstellung, Gelegenheit zur Überprüfung* und *Angemessenheit der Fragen* eine wichtige Rolle spielen.

Generell zeigt sich in Studien regelmäßig eine unterschiedliche Popularität der verschiedenen Auswahlinstrumente (vgl. Tabelle 3). Hierbei wird deutlich, dass Bewerber in erster Linie Interviews und Arbeitsproben präferieren. Bei beiden Verfahren könnte sich positiv auf die Akzeptanz auswirken, dass die Bewerber hier Gelegenheit verspüren, sich selbst darzustellen und zu zeigen, was sie können. Insbesondere Arbeitsproben haben zudem noch eine hohe Augenscheinvalidität, was sich wiederum positiv auf die Akzeptanz auswirkt.

Durch den Fachkräftemangel wird das Thema Bewerberperspektive seine Bedeutung mindestens beibehalten. In der Personalrekrutierung und Personalauswahl kommt es darauf an, Bewerber partnerschaftlich auf Augenhöhe anzusprechen und zu behandeln.

Tab. 2: Zusammenhänge zwischen Gerechtigkeitsregeln und Empfinden prozeduraler Gerechtigkeit

Gerechtigkeitsregel	Beschreibung	Korrelation mit Prozeduraler Gerechtigkeit ρ
Konsistenz in der Durchführung	Das Auswahlverfahren wird für alle Teilnehmer gleich durchgeführt.	.17
Inhaltliche Berufsbezogenheit	Das Auswahlverfahren bildet die Anforderungen der Tätigkeit inhaltlich gut ab.	.50
Augenscheinvalidität	Die Aufgaben im Auswahlverfahren wirken wie Aufgaben aus dem Berufsalltag.	.60
Wahrgenommene prädiktive Validität	Das Auswahlverfahren sagt den Berufserfolg gut vorher.	.56
Gelegenheit zur Selbstdarstellung	Die Teilnehmer des Auswahlverfahrens haben ausreichend Gelegenheit, sich und ihre Fähigkeiten darzustellen.	.45
Erklärungen	Es wird erklärt, warum die Auswahlinstrumente eingesetzt werden.	.04
Transparenz	Das Auswahlverfahren läuft transparent ab.	.30

ρ = geschätzte Korrelationen in der Population, korrigiert um die Unreliabilität von Prädiktor und Kriterium, Quelle: Hausknecht, Day und Thomas (2004, S. 654)

Tab. 3: Mittlere Bewertungen von Auswahlinstrumenten

Auswahlinstrument	K	N	Mittlere Bewertung
Interviews	10	1530	3,84
Arbeitsproben	10	1513	3,63
Bewerbungsunterlagen	5	736	3,57
Referenzen	7	1211	3,33
Kognitive Leistungstests	10	1499	3,14
Persönlichkeitstests	10	1493	2,88
Biographische Daten	8	1062	2,81
Persönliche Kontakte	6	812	2,51
Integritätstests	6	1126	2,47
Graphologische Gutachten	6	1126	1,76

Quelle: Hausknecht, Day und Thomas (2004, S. 659), Bewertungen auf einer Skala von 1 = schlechteste Bewertung bis 5 = beste Bewertung, K = Anzahl der Stichproben, N=Größe der Gesamtstichprobe.

6 Technologiebasiertes Recruitment

Der klassische Rekrutierungsprozess (vgl. Abb. 3) besteht aus den Teilprozessen Zielgruppenidentifikation, Zielgruppenwerbung (über Stellenausschreibungen), Screening der Bewerbungsunterlagen, Bewerberkommunikation und Personalauswahl. Diese werden sequentiell abgearbeitet. Auch im technologiebasierten Recruitment finden sich die genannten Teilprozesse wieder, jedoch kann der Gesamtprozess nicht mehr als rein

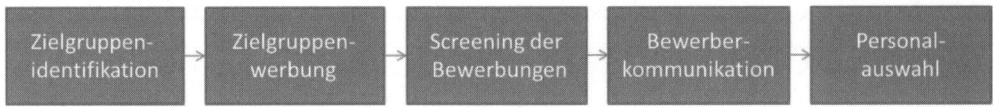

Abb. 3: Der klassische Rekrutierungsprozess (nach Holm, 2012)

sequentiell dargestellt werden. Stattdessen laufen viele Teilprozesse parallel ab oder werden anders gestaltet (Holm, 2012).

6.1 Zielgruppenidentifikation

Matching-Verfahren: Ein Algorithmus ist eine festgelegte mathematische Prozedur, mit deren Hilfe eine Fragestellung, eine Aufgabe oder ein Problem gelöst wird. Algorithmen finden Verwendung in nahezu allen Softwarelösungen, so auch bei Suchfunktionen (z.B. google, yahoo, bing). Dabei wurden bis in die 2010er die Eingaben in erster Linie nach ihrer Syntax (d.h. der eingegebenen Zeichenfolge) bearbeitet. Synonyme wurden mithilfe von Key Words zugeordnet. In den letzten Jahren wurden für Suchfunktionen vermehrt semantische Algorithmen eingesetzt. Im Gegensatz zur syntaxbasierten Suche sind semantische Algorithmen in der Lage, die Bedeutung (Semantik) hinter Suchanfragen zu erkennen (Bizer, Heese, Mochol, Oldakowski & Tolksdorf, 2005). Sie können große Datenmengen (Big Data) analysieren und auf Basis der Suchanfragen lernen. Liegen von Kandidaten Informationen in Datenbanken oder in Social Media-Profilen vor, können diese Daten mit den Inhalten von Anforderungsprofilen und Stellenanzeigen abgeglichen werden. Die Verwendung dieser Matching-Funktionen in Social Media-Plattformen wie Xing oder LinkedIn erlaubt es, Kandidaten mit einem entsprechenden Profil direkt mit Stellenanzeigen zu versorgen oder im Rahmen des sogenannten Active Sourcing direkt anzusprechen. Die aktive Suche nach geeigneten Kandidaten entwickelt sich zu einem wichtigen Recruitmentkanal für die Unternehmen. Semantische Such-Technologie erleichtert den Recruitern des Unternehmens das Auffinden von Kandidatenprofilen in verschiedenen Datenbanken. Hierbei werden Lebenslaufdatenbanken, Social Media-Plattformen und Internetseiten nach verschiedenen Suchbegriffen und Synonymen durchsucht. Die identifizierten Profile werden dem Recruiter präsentiert und von diesem auf ihre Passung zur Suchanfrage hin eingestuft (passend/unpassend). Durch diese Einstufung der Profile *lernt* der Suchalgorithmus und die Suche wird verfeinert. Die Präzision dieser Suchalgorithmen steht und fällt insofern mit den Informationen, die in den Algorithmus eingespeist werden.

Diese Technologie kann ebenfalls eingesetzt werden, um Stellenanzeigen auf der einen Seite und Bewerberprofile auf der anderen Seite miteinander zu verbinden. So können Nutzern von Social Media-Plattformen passende Stellenangebote vorgeschlagen werden. Durch Matching-Verfahren in der Zielgruppenidentifikation lassen sich Streuverluste minimieren, da Stellen nur an relevante Kandidaten weitergeleitet werden. Die Verwendung der Matching-Verfahren ist sehr komfortabel für Kandidaten und Unternehmen. Zudem werden durch die Suche in Datenbanken und Social Media-Plattformen latent jobsuchende Kandidaten erreicht, die nicht aktiv Stellenbörsen nach Anzeigen durchsuchen würden. Gefunden werden allerdings nur Kandidaten, die ein Online-Profil haben. Zudem hängt die Güte des Matchings vom Algorithmus ab.

6.2   Zielgruppenwerbung

Stellenanzeigen: Die Stellenanzeige stellt das klassische Instrument der Personalauswahl dar. Sie beinhaltet Informationen über den Arbeitgeber, die Aufgaben, die benötigten Qualifikationen, die Vorteile der Stelle (vgl. EVP) und die Modalitäten der Bewerbung. Im Fall von Printanzeigen drohen jedoch hohe Streuverluste (Felser, 2010). Diese können durch Einsatz von Such- und Matching-Algorithmen vermindert werden. Jedoch gilt auch bei Online-Stellenanzeigen, dass die Botschaft dem Leser binnen kürzester Zeit vermittelt werden muss. Daher ist die benutzerfreundliche Gestaltung von Stellenanzeigen von großer Bedeutung für deren Erfolg. Auf Basis von Eye-Tracking-Studien (Jobware, 2014) lassen sich folgende Empfehlungen für die Gestaltung von Online-Stellenanzeigen geben:

- Anforderungen und Qualifikationen sollen in zwei Spalten nebeneinander dargestellt werden, damit die Inhalte schnell erfasst, gespeichert und gut erinnert werden können.
- Aufzählungen sollten maximal fünf Punkte umfassen, damit die Inhalte wahrgenommen werden.
- Die Kernelemente der Anzeige sollten durch Schriftgröße und klare Abgrenzung hervorgehoben werden.
- In der Anzeige sollten ausschließlich kurze Sätze und der Zielgruppe bekannte Begrifflichkeiten verwendet werden, um Verwirrung zu vermeiden.
- Stellenanzeigen sollten wenig Fließtext enthalten und das Querlesen der Interessenten durch Hervorheben relevanter Details unterstützen.
- Als Bildmaterial sollten branchenspezifische Bilder verwendet werden, die die Inhalte der Anzeige unterstützen.
- Das Firmenlogo sollte am Kopf der Stellenanzeige platziert werden, damit es besser erinnert wird.
- Bilder sollten über oder unter, aber nicht neben dem Text platziert werden, damit sie beim Lesen des Texts nicht ablenken.

Generell gilt, dass Individuen, die aktiv auf Jobsuche sind, eine höhere Bereitschaft haben, eine Stellenanzeige im Detail lesen (Felser, 2010). Latent Jobsuchende hingegen müssen ggf. erst aktiviert werden. Bei der Planung von Stellenanzeigen sollte, angelehnt an die Platzierung, stets auch die Situation beachtet werden, in der sich die Leser der Anzeige befinden. Felser unterscheidet im Hinblick auf die Umstände der Betrachtung einer Anzeige zwischen drei Arten von Medien. Übertragen auf den Online-Bereich sind dies:

- Medien, die gezielt aufgesucht werden (z. B. Online Jobbörsen).
- Medien, die nicht gezielt aufgesucht werden, denen man sich aber nicht entziehen kann (z. B. Anzeigen, die vor Aufrufen eines Internetvideos gezeigt werden).
- Medien, die nicht gezielt aufgesucht werden, denen man sich aber auch entziehen kann (z. B. Internet-Banner).

Nach Felser nimmt die Aufmerksamkeit, die eine Anzeige erhält, in den genannten Situationen von oben nach unten ab. Damit steigt die Notwendigkeit, eine Anzeige so zu gestalten, dass Sie selbst Aufmerksamkeit erzeugt.

Active Sourcing ist ein relativ junges Phänomen der Personalrekrutierung. Beim Active Sourcing sprechen Recruiter des Unternehmens geeignete Kandidaten an, um diese zu einer Bewerbung beim Unternehmen aufzufordern. Klassischerweise helfen externe Spezialisten, sogenannte *Executive Search Consultants* (auch *Headhunter* genannt), dem Unternehmen dabei, Kandidaten für hochkarätige und schwierig zu besetzende Positionen zu identifizieren und ihre Tauglichkeit einzustufen. Die Suche nach diesen Kandidaten war, vor Aufkommen von Social Media Applikationen oftmals ein komplexer investigativer Prozess, bei dem – teilweise unter Vorgabe falscher Identitäten – bei fremden Firmen angerufen wurde, um die Namen und Kontaktdaten von Fach- und Führungskräften auf passenden Positionen zu erhalten (Zaborowski, 2013). Entwicklungen im Web-Bereich, insbesondere die Möglichkeit für Nutzer, eigene Inhalte sehr einfach ins Netz zu stellen, haben zum Aufbau von Online-Business-Netzwerken wie LinkedIn oder Xing sowie zur Entwicklung von Lebenslaufdatenbanken (z. B. Absolventa oder Stepstone) und Rekrutierungsplattformen wie Experteer geführt. Alle genannten Plattformen basieren auf Datenbanken, in die berufsrelevante Informationen eingetragen werden. Diese Datenbanken erlauben es auf einfache Art und Weise, passende Kandidaten zu identifizieren und über schriftliche elektronische Kommunikationswege zu kontaktieren. Aufgrund der Tatsache, dass externe Headhunter hohe Kosten verursachen – im Mittel 25,5% des Jahreszielgehalts der zu besetzenden Position (Petry, 2015, S. 8) – nehmen die Rekrutierungsabteilungen der Unternehmen selbst Kandidatensuchen und Direktansprachen über Web-Applikationen vor. Dieses Vorgehen wird Active Sourcing genannt.

6.3 Screening

Bewerbermanagementsysteme: Die Anwendung von Bewerbermanagementsystemen beschleunigt die internen Prozesse. Es ermöglicht, die digitalen Bewerbungsunterlagen verschiedenen Entscheidern im Unternehmen (Personalabteilung, Fachabteilung) ohne Zeitverlust zugänglich zu machen. Zusätzlich können Erinnerungen und Fristen gesetzt werden, damit bei der Bearbeitungszeit für die Bewerbungsunterlagen bestimmte Standards gewährleistet sind (Mülder, 2003).

CV-Parsing: CV-Parsing-Software (Textkernel, n.d.) erleichtert Unternehmen und Bewerbern die Eingabe und Verarbeitung von Lebensläufen. Sie analysiert Lebensläufe nach semantischen Kriterien und überträgt die Inhalte von unterschiedlich strukturierten Lebensläufen in ein Datenbankformat. Hierdurch wird ein wesentlicher Schritt im Bewerbungsprozess automatisiert. Ohne Einsatz dieser Technologie müssen wichtige Teile des Lebenslaufs manuell in das Bewerbermanagementsystem eingegeben werden. Dies erfolgt im Fall von E-Mail- oder Papierbewerbungen durch Sachbearbeiter des Unternehmens, was Zeit und Geld kostet, oder im Fall von Online-Bewerbungsformularen durch den Bewerber selbst. Allerdings würde ein Großteil der Bewerber lieber Online-Bewerbungsformulare vermeiden und stattdessen seine Bewerbung per E-Mail schicken (Weitzel, König, Laumer, Eckhardt & von Stetten, 2010). Durch CV-Parsing können die Bewerber ihren vorgefertigten Lebenslauf hochladen oder auf ein Social-

Media-Profil verlinken. Die Daten werden ausgelesen und dem Recruiter in standardisierter Form präsentiert.

Automatisiertes Bewerber-Ranking: Semantische Algorithmen können ebenfalls genutzt werden, um Bewerbungsunterlagen automatisiert zu analysieren. Faliagka, Tsakalidis und Tzimas (2012) erprobten ein System, bei dem Bewerber auf Basis von Profildaten aus der Social Media-Plattform „LinkedIn" anhand von vorgegebenen gewichteten Kriterien eingestuft werden. Die Ergebnisse werden durch eine Technik ergänzt, welche die Autoren *Personality Mining* nennen. Dabei werden mithilfe linguistischer Analysen auf Basis von Blog-Texten Persönlichkeitseigenschaften eingeschätzt, die in die Bewertung integriert werden können. In einer Studie überprüften Fagliaka und Kollegen (2012) die vom System vorgeschlagenen Kandidatenrankings, indem sie mit den Urteilen von erfahrenen Recruitern abgeglichen wurden. Hohe Übereinstimmungen wurden für Einstiegspositionen und Positionen auf mittlerer Erfahrungsstufe erzielt. Divergenzen im Kandidatenranking zwischen Algorithmus und Recruitern ergaben sich bei komplexen Positionen, die langjährige Berufserfahrung erforderten. Zur Überprüfung der Validität dieser Verfahren sollten allerdings unabhängige Validierungsstudien und Evaluationen stattfinden. Eine weitere Problematik des Einsatzes automatisierter Bewerber-Rankings könnte in einer mangelnden Akzeptanz durch die Bewerber liegen. So fanden Dineen, Noe und Wang (2004) in einer Laborstudie zu Online-Auswahlverfahren negative Einflüsse einer automatisierten Entscheidung auf das Fairnessempfinden der Bewerber.

6.4 Bewerberkommunikation

Durch die datenbankbasierten Kommunikationsmöglichkeiten eines Bewerbermanagementsystems können große Teile der Bewerberkommunikation automatisiert werden. So können Eingangsbestätigungen, Einladungen oder auch Absagen effizient per E-Mail verschickt werden. Ebenso können Bewerber über *Applicant Self-Services* (Mülder, 2003) Bewerbungen nicht nur eingeben und verwalten, sondern sich auch über den aktuellen Stand der Bewerbung informieren und über das System mit dem Unternehmen interagieren.

6.5 Personalauswahl über Game-Based-Assessment

Der Einsatz digitaler Technologie im Assessment macht Prozesse effizienter und schneller (Beulen, 2008; Parry & Tyson 2008) und verbessert die Qualität der Messung (Arthur, Glaze, Villado & Taylor, 2010). Dies gilt insbesondere für den Einsatz von Testverfahren. So zeigen meta-analytische Befunde zur Validität von Personalauswahlinstrumenten, dass kognitive Leistungstests zu den tauglichsten Auswahlinstrumenten zählen und der Einsatz von Persönlichkeitsinventaren zusätzliche diagnostisch relevante Informationen liefern kann (Salgado & Anderson, 2003; Schmidt & Hunter, 1998; vgl. das Kapitel Personalauswahl in diesem Band). Bei den Bewerbern jedoch stehen weder Persönlichkeitsinventare noch kognitive Leistungstestverfahren hoch in der Gunst der Bewerber (vgl. Abschnitt 5.2). Daher wird aktuell versucht, Testverfahren durch Integration von Spielelementen für die Bewerber akzeptabler zu gestalten. Dieses Phänomen hat unter den Begriffen „Game-Based-Assessment" und „Recrutainment" Eingang in die wissenschaftliche und die Praktikerliteratur gefunden. „Game-based assessment is defined as a method of data collection used to make inferences incorporating gaming or gaming elements and psychometrically developed assessment based on information and communication technology." (Warszta & Siemsen, 2017

Game-Based-Assessment ist eine psychometrisch entwickelte Methode der Datenerhebung unter Einsatz von Spielen oder Spieleelementen sowie Informations- und Kommunikationstechnologie.

April). Game-Based-Assessment basiert dabei auf dem Begriff „Gamification". Dabei meint Gamification die Nutzung von Spielelementen in einem nicht-spielerischen Kontext (übersetzt nach Deterding, Dixon, Khaled & Nacke, 2011) während Recrutainment den „Einsatz spielerisch-simulativer und benutzerorientierter Elemente in Berufsorientierung, Employer Branding, Personalmarketing und Recruiting" (Diercks & Kupka, 2013, S. 17) charakterisiert. Unter den benannten Spielelementen finden sich u.a. eine Hintergrundgeschichte, der Einsatz graphischer Gestaltungselemente, Levels, Scoring und Belohnungen.

Zurzeit liegen noch wenige Befunde zur Wirkung von Gamification auf die Akzeptanz von Testverfahren vor. Diese sind gemischter Natur. Kupka (2013) fand in einer Befragung mit 1000 Bewerbern heraus, dass ein nach Gamification-Aspekten gestaltetes Online-Assessment positive Bewertungen erhielt. In einer Experimentalstudie betteten Hillers und Dries (2016, Februar) den Bochumer Matrizen Test (BOMAT) in eine Rahmenhandlung ein. In einem 2x2 Design (gamifiziert vs. nicht-gamifiziert und Testung für ein individuelles Feedback vs. Testung im Rahmen eines Auswahlverfahrens) untersuchten sie die Wirkung der Gamification auf die Variable „Belastungsfreiheit", d.h. inwiefern sich die Kandidaten durch den Test nicht belastet fühlten, in einem Selbstauswahl- und in einem Fremdauswahlszenario. Im Selbstauswahlszenario hatte die Gamification positive Auswirkung auf die Belastungsfreiheit, während im Fremdauswahlszenario ein negativer Effekt eintrat. Hier ist weitere Forschung notwendig, um die Wirkung von Gamification auf die Akzeptanz zu klären.

6.6 Zusammenfassung: Ein technologiebasierter Rekrutierungsprozess – ein Beispiel

Über Such- und Matching-Algorithmen werden in sozialen Netzwerken jene Personengruppen und Einzelpersonen identifiziert, die eine hohe Passung zu den Stellenanforderungen aufweisen. Die werden über Online-Werbung auf die Stelle aufmerksam gemacht oder von den Active Sourcern des Unternehmens direkt kontaktiert. Zusätzlich werden passende Kandidaten aus der Bewerberdatenbank des Unternehmens aktiviert. Die Kandidaten können ihre Lebensläufe oder Social Media-Profile per *One-Click* dem Bewerbermanagementsystem des Unternehmens zugänglich machen. Über eine CV-Parsing-Software werden die Angaben aus dem Lebenslauf oder Social Media-Profil in die Systematik des Unternehmens überführt und übersichtlich aufbereitet. Ein automatisiertes Bewerber-Ranking stuft die eingehende Bewerbung ein und macht dem Recruiter des Unternehmens einen Vorschlag zur weiteren Vorgehensweise. Zur Gewinnung weiterer diagnostischer Daten wird interessanten Kandidaten ein *Gamified Online Test* präsentiert. Im gesamten Prozess sind alle Systeme mit einer Datenbank verbunden.

Jedoch sollten bei allen technischen Möglichkeiten des technologiebasierten Recruitments stets ethische Gesichtspunkte und gesetzliche Rahmenbedingungen (z. B. Bundesdatenschutzgesetz) beachtet werden.

7   Diversity Management im Recruitment

Diversity Management steht für die Gestaltung der Vielfalt in der Belegschaft des Unternehmens (Gutting, 2015), z. B. im Hinblick auf Geschlecht, Alter, kulturellen Hintergrund, Weltanschauung, sexuelle Orientierung sowie physische Konditionen.

Dabei sind die Gründe für Unternehmen, sich mit dem Thema Diversity Management zu beschäftigen, vielfältig: (1) Unternehmen können aus ethischen Gründen die Einstellung von bestimmten Arbeitnehmergruppen forcieren, um die Integration dieser Arbeitnehmergruppen in die Arbeitswelt zu fördern. (2) Gesetzliche Vorschriften wie das allgemeine Gleichbehandlungsgesetz (AGG) verbieten die Diskriminierung von Personen aufgrund von ethnischer Herkunft, Religion, Behinderung, Alter oder sexueller Orientierung. Diversity Management würde daher quasi als pro-aktive Maßnahme zur Vermeidung von Diskriminierung und den damit verbundenen juristischen Problemen angewandt. (3) Ein weiterer Grund für Diversity Management ist die Hoffnung, durch unterschiedliche Eigenschaften der Fachkräfte Wettbewerbsvorteile zu erzielen (Gutting, 2015). Jedoch liegen zur Wirkung von Vielfalt in der Mitarbeiterschaft auf die Teamleistung gemischte Forschungsergebnisse vor. Meta-analytische Befunde zeigen schwache negative Korrelationen für die Beziehung zwischen ethnischer, Geschlechts- und Altersvielfalt und Teamleistung. Im Hinblick auf die Kooperation unterschiedlicher Funktionsbereiche (z.B. Marketing, Finanzen, Einkauf etc.) zeigen sich jedoch schwache positive Korrelationen mit Teamleistung und insbesondere Kreativität (Bell, Villado, Lukasik, Belau & Briggs, 2011). (4) Diversity Management kann aber auch klar auf Wettbewerbsvorteile am Produkt- und Dienstleistungsmarkt abzielen. Beispielsweise stellt die Deutsche Bank AG gezielt türkisch-stämmige Kundenberater für das Projekt Bankamız (türkisch: „unsere Bank"; www.bankamiz.de) ein und zielt damit auf die Gewinnung der in Deutschland lebenden Türken als Bankkunden ab. (5) Bezogen auf die Personalrekrutierung kann Diversity Management dem Unternehmen aber auch helfen, neue Zielgruppen für die Rekrutierung von Fachkräften zu erschließen und einen Wettbewerbsvorteil am Arbeitsmarkt zu gewinnen.

Damit diese Zielgruppen erreicht werden, ist es wichtig, im ersten Schritt alle Komponenten aus der Personalmarketingkommunikation zu entfernen, welche diese Zielgruppen abschrecken könnten. Hierbei handelt sich beispielsweise um die (ohnehin nicht gesetzeskonforme) Verwendung von ausschließlich männlichen *oder* weiblichen Berufsbezeichnungen, die jeweils das andere Geschlecht ausschließen. Aber auch insbesondere Bildmaterial, welches nur Mitarbeiter einer Altersgruppe und Ethnizität zeigt, kann Angehörige anderer Altersgruppen oder ethnischer Minderheiten abschrecken.

Um im zweiten Schritt aktiv auf diese Zielgruppen zuzugehen, sollten in der Kommunikation insbesondere Protagonisten verwendet werden, in denen die jeweilige Zielgruppe ein Rollenmodell findet. Hierbei ist allerdings zu beachten, dass hierdurch nicht andere Zielgruppen abgeschreckt werden. Insbesondere können Kommunikationskanäle eingesetzt werden, die von der jeweiligen Zielgruppe frequentiert werden. Gemäß dem

Gedanken der Employee Value Proposition sollten insbesondere jene Aspekte des Arbeitsverhältnisses kommuniziert werden, die den Präferenzen der Zielgruppe entsprechen. Als schlagendes Argument zur Gewinnung der Zielgruppen kann das Unternehmen Angebote schaffen, die der Zielgruppe den Einstieg ins Unternehmen erleichtern. Dies können beispielsweise Kinderbetreuungsangebote für Alleinerziehende sein, Sprachkurse für Migranten, Arbeitszeit- und Pausenregelungen, welche die Religionsausübung erleichtern, oder besonders gestaltete Arbeitsplätze für Menschen mit körperlichen Einschränkungen.

Diversity Management wird in Zukunft im Personalmarketing eine immer bedeutendere Rolle spielen. Im Wettbewerb um Fach- und Führungskräfte sind Unternehmen darauf angewiesen, aus allen auf dem Arbeitsmarkt vertretenen Gruppen zu rekrutieren.

8   Zusammenfassung

Das Thema Personalgewinnung ist insbesondere vor dem Hintergrund des in einigen Branchen drohenden, in anderen Branchen aber schon immanenten Fachkräftemangels von Bedeutung. Jede rekrutierende Organisation sollte sich Gedanken darüber machen, welche Faktoren sie zu einem attraktiven Arbeitgeber für ihre Zielgruppen am Arbeitsmarkt machen. Diese Faktoren gilt es, im Rahmen des Employer Branding weiterzuentwickeln und zu kommunizieren.

Für die Ansprache von Arbeitskräften reicht es nicht mehr aus, Stellenanzeigen zu platzieren und Bewerbungseingänge abzuwarten. Vielmehr müssen Unternehmen geeignete Kandidaten über vielfältige Rekrutierungswege gezielt ansprechen.

Durch die fortschreitende Digitalisierung stehen für die Personalrekrutierung neue daten- und medienbasierte Instrumente zur Verfügung, die den klassischen Rekrutierungsprozess verändern.

Aufgrund der Lage am Arbeitsmarkt muss über den gesamten Rekrutierungsprozess die Perspektive der Bewerber (Candidate Experience) beachtet werden. Insbesondere im Rahmen des Auswahlverfahrens kommt es darauf an, Bewerber partnerschaftlich auf Augenhöhe zu behandeln, um sie letzten Endes als Mitarbeiter gewinnen zu können.

Ebenso gilt es neue Zielgruppen zu aktivieren und zu erschließen, die sich bisher durch eine geringere Erwerbsbeteiligung ausgezeichnet haben. Hier rücken ältere Arbeitnehmer, Mütter und Migranten in den Fokus. Ein gelebtes und kommuniziertes Diversity Management stellt hierbei eine Chance dar, sich diese Zielgruppen zu erschließen.

9   Vertiefende Hinweise für Masterstudierende

Durch die demographischen und technologischen Veränderungen entsteht eine Reihe von neuen Forschungsfragen:

Forschungsgebiet 1 „Datenbasiertes Recruitment": Der Einsatz semantischer Algorithmen verändert die Rekrutierungspraxis. Wesentliche Aufgaben im Recruitment können automatisiert werden. Interessante Fragestellungen sind hierbei, wie sich dadurch die Abläufe im Unternehmen und das Berufsbild des Recruiters verändern. Neben dem Einfluss auf die Rekrutierungsprozesse der Unternehmen stehen Fragen der Akzeptanz durch Recruiter, Fachabteilungen und Bewerber im Vordergrund. Wie stehen die Verantwortlichen in Personal- und Fachabteilungen den neuen Technologien gegenüber? Mögliche Forschungsansätze könnten auf Basis des Technology Acceptance Model (Venkatesh & Davis, 2000; Venkatesh & Bala, 2008) erfolgen. In Bezug auf die Reaktionen von Bewerbern könnten Theorien wie Organizational Trust (Mayer, Davis & Schoorman, 1995), Organizational Privacy (Stone & Stone, 1990) und Organizational Justice (Gilliland, 1993) wertvolle Ansätze liefern.

Forschungsgebiet 2 „Neue Formate des Employer Branding und der Ansprache": Durch Medienformate wie Arbeitgebervideos, Blogs und Social Media Applikationen eröffnen sich dem Employer Branding neue Möglichkeiten. Die Wirkung dieser Medien auf die Arbeitgeberattraktivität und die Erfolgsfaktoren in ihrem Einsatz sind noch weitgehend unerforscht. Hier kann auf Ansätze aus der Werbewirkungsforschung zurückgegriffen werden. Active Sourcing stellt eine Form der Kandidatenansprache dar, die bisher ausschließlich von Personalberatern ausgeübt wurde. Auch hier sind Erfolgsfaktoren für die Ansprache sowie die Reaktionen der Angesprochenen weitgehend unklar. Forschungsansätze können aus der Vertriebspsychologie gezogen werden.

10   Kontrollfragen

K1 Erläutern Sie die drei Aktionsfelder des Personalmarketings.

K2 Erläutern Sie den Begriff der Employee Value Proposition. Welche Faktoren müssen gegeben sein, damit eine Arbeitgebereigenschaft Teil der Employee Value Proposition werden kann?

K3 Beschreiben Sie die Theorie des geplanten Verhaltens und wenden Sie es auf die Entscheidung an, sich bei einem Arbeitgeber zu bewerben.

K4 Beschreiben Sie zwei Einsatzmöglichkeiten semantischer Algorithmen im Recruitment.

K5 Definieren Sie den Begriff Gamified Assessment.

Literatur

Ajzen, I. (1991). The theory of planned behavior. *Organizational Behavior and Human Decision Processes, 50,* 179-211.

Allen, D. G., Bryant, P. C. & Vardaman, J. M. (2010). Retaining Talent: Replacing misconceptions with evidence-based strategies. *Academy of Management Perspectives, 2010,* May, 48-64.

Allen, C., Schetzsle, S., Mallin, M. L. & Bolman Pullins, E. (2014). Intergenerational recruiting: the impact of sales job candidate perception of interviewer age. *American Journal of Business, 29,* 146-163.

Arthur, W. Jr, Glaze, R. M., Villado, A. J. & Taylor, J. E. (2010). The magnitude and extent of cheating and response distortion effects on unproctored internet-based tests of cognitive ability and personality. *International Journal of Selection and Assessment, 18,* 1-16.

Backhaus, K. & Tikoo, S. (2004). Conceptualizing and researching employer branding. *Career Development International, 9,* 501-517.

Bayerisches Landesamt für Datenschutzaufsicht (2013). In: Recht der Datenverarbeitung, 141 ff. (RDV 2013, 141 f.).

Beck, C. (2008). *Personalmarketing 2.0.* Köln: Luchterhand.

Becker, W., Krämer, J., Staffel, M. & Ulrich, P. (2011). *Empirische Studie zum Absolventenverhalten 2010.* Bamberg: Universität Bamberg.

Behörde für Schule und Berufsbildung (Hrsg.) (2010). *Partnerschaft Schulen und Unternehmen: Handbuch mit Praxisbeispielen.* Hamburg: Behörde für Schule und Berufsbildung.

Bell, T., Villado, A. J., Lukasik, M. A., Belau, L. & Briggs, A. L. (2011). Getting Specific about Demographic, Diversity Variable and Team Performance, Relationships: A Meta-Analysis. *Journal of Management, 37,* 709-743.

Benson, J. & Brown, M. (2011). Generations at work: are there differences and do they matter? *The International Journal of Human Resource Management, 22,* 1843-1865.

Beulen, E. (2008). The enabling role of information technology in the global war for talent: Accenture's industrialized approach. *Information Technology for Development, 14,* 213-224.

Bizer, C., Heese, R., Mochol, M., Oldakowski, R. & Tolksdorf, R. (2005). The Impact of Semantic Web Technologies on Job Recruitment Processes. In O. K. Ferstl, E. J. Sinz, S. Eckert & T. Isselhorst (Hrsg.), *Wirtschaftsinformatik 2005* (S. 1367-1381). Heidelberg: Physica-Verlag.

Böhlich, S. (2013). Fluch und Segen zugleich. *Personalmagazin, 10,* 44-47.

Boswell, W. R., Roehling, M. V., LePine, M. A. & Moynihan, L. M. (2003). Individual job-choice decisions and the impact of job attributes and recruitment practices: a longitudinal field study. *Human Resource Management, 42,* 23-37.

Bundesagentur für Arbeit (2016). Der Arbeitsmarkt in Deutschland – Fachkräfteengpassanalyse. Statistik/Arbeitsmarktberichterstattung [online im Internet, abgerufen am 14.09.16 unter: https://statistik.arbeitsagentur.de/Navigation/Statistik/Arbeitsmarktberichte/Fachkraeftebedarf-Stellen/Fachkraeftebedarf-Stellen-Nav.html]

Colquitt, J. A., Conlon, D. E., Wesson, M. J., Porter, C. O. L. H. & Ng, K. Y. (2001). Justice at the Millennium: A meta-analytic review of 25 years of organizational justice research. *Journal of Applied Psychology, 86,* 425-445.

Deterding, S., Dixon, D., Khaled, R. & Nacke, L. E. (2011). From game design elements to gamefulness: defining „gamification". In Artur Lugmayr (Ed.), *Proceedings of the 15th International Academic MindTrek Conference: Envisioning Future Media Environments* (pp. 9-15). New York: ACM.

Deutsche Employer Branding Akademie (2007). Wirbst Du noch oder positionierst Du schon? *Personalwirtschaft, 5,* 26.

DGFP (2006). *Erfolgsorientiertes Personalmarketing in der Praxis.* Bielefeld: Bertelsmann.

Diercks, J. & Kupka, K. (2013). Recrutainment – Bedeutung, Einflussfaktoren und Begriffsbestimmung. In J. Diercks & K. Kupka (Hrsg.), *Recrutainment* (S. 1-18). Wiesbaden: SpringerGabler.

Dineen, B. R., Noe, R. A. & Wang, C. (2004). Perceived fairness of web-based applicant screening procedures: Weighing rules of justice and the role of individual differences. *Human Resource Management Journal, 43,* 127-145.

Eckhardt, A., Laumer, S. & Vornewald, K. (2013). Bewertung von Self- und E-Assessments durch Kandidaten und Unternehmen. In J. Diercks & K. Kupka (Hrsg.): *Recrutainment: Spielerische Ansätze in Personalmarketing und -auswahl* (S. 19-32). Wiesbaden: Springer Gabler.

Esch, F. R. (2008). Behavioral Branding: Markenverhalten managen. In F.-R. Esch & W. Armbrecht (Hrsg.), *Best Practices der Markenführung* (S. 3-19). Berlin: Springer.

Helsper, E. J. & Eynon, R. (2010). Digital natives: where is the evidence? *British Educational Research Journal, 36,* 503-520.

employer-branding.tv (13. August 2013). Recruiting Videos: 8 gute Gründe für den Einsatz im Employer Branding. Abgerufen am 15. Oktober 2016, unter http://www.employer-branding.tv/8-gute-grunde-fur-den-einsatz-von-recruiting-videos-im-employer-branding/#comment-5005

Faliagka, E., Tsakalidis, A. & Tzimas, G. (2012). An integrated e-recruitment system for automated personality mining and applicant ranking. *Internet Research, 22,* 551-568.

Felser, G. (2010). *Personalmarketing.* Göttingen: Hogrefe.

Gilliland, S. W. (1993). The perceived fairness of selection systems: An organizational justice perspective. *Academy of Management Review, 18,* 694-734.

Greßlin, M. (2015). Umgang mit Bewerberdaten - was geht und was geht nicht? *Betriebsberater, 3,* 117-122.

Gutting, D. (2015). *Diversity Management als Führungsaufgabe.* Wiesbaden: SpringerGabler.

Harter, J. K., Schmidt, F. L., Agrawal, S., Plowman, S. K. & Blue, A. (2016). *The Relationship Between Engagement at Work and Organizational Outcomes.* Gallup Institute.

Hausknecht, J. P., Day, D. V. & Thomas, S. C. (2004). Applicant reactions to selection procedures: An updated model and meta-analysis. *Personnel Psychology, 57,* 639-683.

Hesse, G. & Mattmüller, R. (2015). *Perspektivwechsel im Employer Branding: Neue Ansätze für die Generationen Y und Z.* Wiesbaden: SpringerGabler.

Hesse, G., Mayer, K., Rose, N. & Fellinger, C. (2015). Herausforderungen für das Employer Branding und deren Kompetenzen. In G. Hesse & R. Mattmüller (Hrsg.), *Perspektivwechsel im Employer Branding* (S. 53-104). Wiesbaden: SpringerGabler.

Hillers, M. & Dries, C. (2016, Februar). *Spiel oder Ernst? Eine experimentelle Untersuchung zur Wirkung von Spielelementen auf die Akzeptanz diagnostischer Verfahren.* Vortrag auf der 20. Fachtagung der Gesellschaft für Angewandte Wirtschaftspsychologie, Hamburg.

Hohaus, A. (2016). Wettbewerbsvorteil für Unternehmen. *Personalwirtschaft, 5,* 58-61.

Holm, A. B. (2012). E-recruitment: Towards an Ubiquitous Recruitment Process and Candidate Relationship Management. *Zeitschrift für Personalforschung, 26,* 241-259.

Immerschmitt, W. & Stumpf, M. (2014). *Employer Branding für KMU.* Berlin: Springer.

Jobware (2014). *Eye-Tracking-Studie: Leseverhalten bei Online-Stellenanzeigen.* Paderborn: Jobware Online Service GmbH.

Jung, H. (2011). *Personalwirtschaft* (9. Aufl.). München: Oldenbourg.

Kirchgeorg, M. (n.d.). *Zielgruppe.* Gabler Wirtschaftslexikon. Aufgerufen am 25.01.2017 unter http://wirtschaftslexikon.gabler.de/Archiv/13543/zielgruppe-v7.html

Konradt, U., Warszta, T. & Ellwart, T. (2013). Fairness perceptions in web-based selection: Impact on applicants' pursuit intentions, recommendation intentions, and intentions to reapply. *International Journal of Selection and Assessment, 21,* 155-169.

Kristof-Brown, A., Zimmerman, R. D. & Johnson, E. C. (2005). Consequences of individuals' fit at work: a meta-analysis of person-job, person-organization, person-group, and person-supervisor fit. *Personnel Psychology, 58,* 281-342.

Kupka, K. (2013). Online-Assessments im Recrutainment-Format: Wie gefällt das eigentlich den Bewerbern in der echten Auswahlsituation? In J. Diercks & K. Kupka (Hrsg.), *Recrutainment* (S. 53-66). Wiesbaden: SpringerGabler.

Latzel, J., Dürig, U.-M., Peters, K. & Weers, J.-P. (2015). Marke und Branding. In G. Hesse & R. Mattmüller (Hrsg.), *Perspektivwechsel im Employer Branding* (S. 17-52). Wiesbaden: SpringerGabler.

Law, P. K. (2011). A theory of reasoned action model of accounting students' career choice in public accounting practices in the post-Enron. *Journal of Applied Accounting Research, 11,* 58-73.

Lohaus, D. & Rietz, C. (2015). Arbeitgeberattraktivität: Der fragwürdige Wert von Arbeitgeberlabels auf Stellenanzeigen. *Wirtschaftspsychologie, 3,* 28-41.

Lohaus, D., Rietz, C. & Haase, S. (2013). Talente sind wählerisch - was Arbeitgeber attraktiv macht. *Wirtschaftspsychologie aktuell, 20*(3), 12-15.

Mayer, R. C., Davis, J. H. & Schoorman, F. D. (1995). An Integrative Model of Organizational Trust. *The Academy of Management Review, 20,* 709-734.

Meyer, J. P. & Allen, N. J. (1997). *Commitment in the Workplace: Theory, Research, and Application.* Thousand Oaks: Sage.

Meyer, J. P., Stanley, D. J., Herscovitch, L. & Topolnytsky, L. (2002). Affective, Continuance, and Normative Commitment to the Organization: A Meta-analysis of Antecedents, Correlates, and Consequences. *Journal of Vocational Behavior, 61,* 20-52.

Michaels, E., Handfield-Jones, H. & Axelrod, B. (2001). *The War for Talent.* Boston: Harvard Business School Press.

Moser, K. & Sende, C. (2014). Personalmarketing. In H. Schuler & U. P. Kanning (Hrsg.), *Lehrbuch der Personalpsychologie* (S. 99-148). Göttingen: Hogrefe.

Mülder, W. (2003). Einsatz von Workflow-Management-Systemen bei der Personalrekrutierung. In U. Konradt & W. Sarges (Hrsg.), *E-Recruitment und E-Assessment* (S. 83-104). Göttingen: Hogrefe.

Naundorf, J. & Spengler, T. (2012). Notwendige Bedingungen für die Aussagekraft von Employer-Award-Ergebnissen. *PERSONALQuarterly, 2012/3,* 28–33.

Oerter, R. & Montada, L. (Hrsg.) (2002). *Entwicklungspsychologie* (3. Aufl.). Weinheim: Beltz.

Parry, E. & Tyson, S. (2008). An analysis of the use and success of online recruitment methods in the UK. *Human Resource Management Journal, 18,* 257-274.

Petry, T. (2015). *Marktstudie Headhunting in Deutschland.* Berlin: Bundesverband der Personalmanager.

Phillips, J. M. (1998). Effects of realistic job previews on multiple organizational outcomes: a meta-analysis. *Academy of Management Journal, 41,* 673-690.

Pötzsch, O. & Rößger, F. (2015). *Bevölkerung Deutschlands bis 2060.* Wiesbaden: Statistisches Bundesamt.

Quenzler, A. (2012). Controlling des Employer Branding. In DGFP (Hrsg.), *Employer Branding* (S. 139 – 162). Bielefeld: Bertelsmann.

Randstad (2014). *Employer Branding: perception is reality.* Unveröffentlichte Präsentation erhältlich unter: http://www.randstad-award.de/

Saks, A. M. (2005). The impracticality of recruitment research. In A. Evers, N. Anderson & O. Voskuijl (Eds.), *Handbook of Personnel Selection* (pp. 47-72). Malden: Blackwell Publishing.

Salgado, J. & Anderson, N. (2003). Validity generalization of GMA tests across countries in the European Community. *European Journal of Work and Organizational Psychology, 12,* 1-17.

Schuler, H. (2014). *Psychologische Personalauswahl – Eignungsdiagnostik für Personalentscheidungen und Berufsberatung* (4. Vollst. überarb. und erw. Aufl.). Göttingen: Hogrefe.

Schuler, H. (1990). Personalauswahl aus der Sicht der Bewerber: Zum Erleben eignungsdiagnostischer Situationen. *Zeitschrift für Arbeits- und Organisationspsychologie, 34,* 184-191.

Schuler, H. & Stehle, W. (1983). Neuere Entwicklungen des Assessment-Center-Ansatzes – beurteilt unter dem Aspekt der sozialen Validität. *Zeitschrift für Arbeits- u. Organisationspsychologie, 27,* 33-44.

Pfannenberg, J. (2009). *Veränderungskommunikation.* Frankfurt am Main: Frankfurter Allgemeine Buch.

Schmidt, F. L. & Hunter, J. E. (1998). The Validity and Utility of Selection Methods in Personnel Psychology: Practical and Theoretical Implications of 85 Years of Research Findings. *Psychological Bulletin, 2,* 262-274.

Schmitt, N. & Coyle, B. W. (1976). Applicant decisions in the employment interview. *Journal of Applied Psychology, 61,* 184-92.

Seng, A. & Armutat, S. (2012). Akteure und Strukturen – Employer Branding organisieren. In DGFP (Hrsg.), *Employer Branding* (S. 163-170). Bielefeld: Bertelsmann.

Snell, S. A., Shadur, M. A. & Wright, P. M. (2000). *Human resources strategy: The era of our ways* (CAHRS Working Paper #00-17). Ithaca, NY: Cornell University, School of Industrial and Labor Relations, Center for Advanced Human Resource Studies.

Statistisches Bundesamt (2016). Nettozuwanderung von Ausländerinnen und Ausländern im Jahr 2015 bei 1,1 Millionen. Pressemitteilung, 21. März 2016. Verfügbar unter: https://www.destatis.de/DE/PresseService/Presse/Pressemitteilungen/2016/03/PD16_105_12421pdf.pdf;jsessionid=B530D51FC1F8B44F3902486A78170EB6.cae1?__blob=publicationFile [abgerufen am 21.09.16]

Stone, D. L. & Stone, E. F. (1990). Privacy in organizations: Theoretical issues, research findings, and protection mechanisms. *Research in Personnel and Human Resources Management, 8,* 349-411.

Textkernel (n.d.). *Mehrsprachiges CV Parsing zum einfachen Erfassen von Bewerberdaten.* Abgerufen am 15. Oktober 2016 unter: http://www.textkernel.com/de/hr-software/extract-cv-parsing/

Tom, V. R. (1971). The role of personality and organizational images in the recruiting process. *Organizational Behavior and Human Performance, 6,* 573-592.

Trost, A. (2009). *Employer Branding.* Köln: Luchterhand.

Ullah, M. & Ullah, R. (2015). *Erfolgsfaktor Candidate Experience: Der Perspektivwechsel im Recruiting.* Stuttgart: Schäffer-Poeschel.

Venkatesh, V. & Davis, F. (2000). A theoretical extension of the technology acceptance model: Four longitudinal field studies. *Management Science, 46,* 186-204.

Venkatesh, V. & Bala, H. (2008). Technology acceptance model 3 and a research agenda on interventions. *Decision Science, 39,* 273-315.

Vieten, M. & Kanning, U. P. (2012). Attraktivität in der Personalauswahl – Müssen Interviewer schön sein? *Wirtschaftspsychologie, 2,* 66-73.

Warszta, T., Künzel, V. & Siemsen, A. (2017, März.). *Die Wirkung von Recruitment-Videos.* Vortrag auf der 21. Fachtagung der Gesellschaft für angewandte Wirtschaftspsychologie, Darmstadt, 2017

Warszta, T. & Siemsen, A. (2017, April). Gamified Assessment. In K. Lochner (Chair), *Game-based assessment – Concepts and insight from research and practice.* Symposium at the 32nd annual conference of the Society for Industrial and Organizational Psychology, Orlando, FL April 2017.

Weitzel, T. König, W., Laumer, S., Eckardt, A. & von Stetten, A. (2010). *Bewerbungspraxis 2010: Eine empirische Untersuchung mit mehr als 9.000 Stellensuchenden im Internet.* Bamberg: Universität Bamberg.

Zaborowski, H. (10. Januar 2013). *Active Sourcing Irrtümer und andere Recruiting Traumata.* abgerufen am 15. Oktober 2016, unter: http://www.hzaborowski.de/2013/01/10/active-sourcing-irrtumer-und-andere-recruiting-traumata/

3

Personalauswahl

Lothar Bildat & David Scheffer

1   Geschichtliche Aspekte der Eignungsdiagnostik

Die Eignungsdiagnostik befasst sich grundsätzlich mit der Frage, welche Personen für welche Tätigkeiten in Frage kommen. Wer ist also beispielsweise aufgrund welcher Merkmale oder Kompetenzen geeignet, ein Team zu führen oder ein neues Vertriebsgebiet zu entwickeln? Diese und ähnliche Fragen löst moderne Personalauswahl mit Hilfe bestimmter Methoden. Zur Nutzung der Begriffe: Eignungsdiagnostik verstehen wir als eine Sammlung von Methoden und Verfahren zur Prüfung der Eignung potenzieller Mitarbeiter. Personalauswahl beinhaltet hingegen einen umfassenderen Prozess, der beispielsweise neben der Eignung auch die Frage der Passung in ein Unternehmen oder eine Organisation klärt. Den geneigten Lesern sei ein Blick in methodische Vertiefungen empfohlen, die wir aus Platzgründen im Anhang anbieten. Weil wir eine historische Perspektive für wichtig halten, möchten wir Sie zuvor auf eine kleine Zeitreise mitnehmen und in Typenkonzepte einführen.

1.1   Historischer Rahmen

Die Erfassung von Kriterien zur Beurteilung von Menschen ist ein altes Geschäft. Bereits die Römer nutzten bestimmte Kriterien zur Auswahl von Soldaten verschiedener Ränge. Diese „Auswahlverfahren" sind wahrscheinlich nicht mehr alle en Detail bekannt, militärhistorische Betrachtungen jedoch fördern Erstaunliches zutage (Burckhardt, 2008, S. 84ff.):

> „Wehrpflichtig waren alle römischen Bürger; in die Legionen konnten aber nur diejenigen eingezogen werden, welche einen Mindestzensus erfüllten, also über ein bestimmtes Grundvermögen verfügten. Die weniger Bemittelten wurden für Flottendienste abgestellt oder kämpften als Leichtbewaffnete. [...] Vom Wehrdienst befreit waren diejenigen, die das Höchstalter von 46 Jahren überschritten oder die notwendigen Dienstjahre bereits absolviert hatten. [...] Weitere Gründe für die Befreiung von der allgemeinen Wehrpflicht waren körperliche Untauglichkeit und Dispense wegen besonderer, für das Gemeinwesen erbrachter Leistungen."

Hier treten also ca. 2000 Jahre alte Auswahlkriterien wie Alter, sozialer Status sowie soziales Engagement zum Vorschein! Man muss dazu wissen, dass es für viele Römer höchstwahrscheinlich nicht nur von Nachteil war, „ausgemustert" zu werden, betrug doch die Dienstzeit zwischen 10 und 16 Jahren. Weiter schreibt Burckhardt (ebenda, S. 86), dass die Dienstpflichtigen zu erscheinen hatten und im Zuge einer komplexen Musterung durch die Militärtribunen eingeteilt wurden, um eine gleichwertige Qualität der einzelnen Legionen sicherzustellen. Ferner schworen die neuen Soldaten einen Gehorsamseid, der sie und die Offiziere wechselseitig band und Verstöße dagegen unter göttliche Sanktion stellte. Mit Ausnahme der göttlichen Sanktionen sehen wir uns hier modernen Kriterien erfolgreichen Human Resource Managements gegenüber, nämlich der Qualitätssicherung und der wechselseitigen Loyalität (Bindung durch Eid) zwischen Führungskräften und „Mitarbeitern" (Soldaten).

Ebenfalls bereits in der Antike waren bestimmte Merkmale der Persönlichkeit bekannt und beschrieben worden (im Folgenden Stemmler, Hagemann, Amelang und Spinath, 2016, S. 262). Hippokrates (460-377 v. Chr.) schuf eine Temperamentenlehre, deren Begriffe bis heute en vogue sind. Er unterschied Melancholiker (traurig, trübsinnige), Sanguiniker (lebhaft, aktiv), Choleriker (aufbrausend, unbeherrscht) und Phlegmatiker (antriebslos, träge). In der Neuzeit (Lück & Miller, 1999, auch das Folgende) finden wir Johann Caspar Lavater (1741-1801) als Vertreter der so genannten Physiognomik. Man nahm an, dass man direkt von der Mimik bzw. bestimmten Merkmalen des Gesichtes auf die Persönlichkeitseigenschaften von Menschen Rückschlüsse ziehen könne (ein Irrglaube, der bis heute Anhänger findet beispielsweise in der sogenannten „modernen Gesichtsanalytik"). Besonders problematisch ist, wenn man geistige Fähigkeiten von Menschen einzig auf Basis des Gesichtsausdruckes erschließen möchte. Ganz ähnlich vorwissenschaftlich war bzw. ist die Annahme, dass die Form des Schädels über Menschen zu (eignungs-) diagnostischen Zwecken genutzt werden kann. Diese „Phrenologie" ist mit dem Namen Franz Josef Gall (1758–1828) verbunden und lieferte vermutlich eine geistige Grundlage der modernen, seriösen Lokalisationslehren neurophysiologischer Prägung. Hier steht u.a. die Frage im Mittelpunkt, wo im Gehirn welche Prozesse stattfinden. Ein Pionier der Neuzeit auf diesem Gebiet war der russische Forscher Alexander R. Lurija, der zwischen 1940-1960 Bahnbrechendes leistete (Lurija, 1993).

In der Zeit des ersten Weltkrieges (1914-1918) wurden die Untersuchungen zu Eignungszwecken immer genauer und „tätigkeitsnäher". In den französischen Streitkräften beispielsweise untersuchte man die „Stabilität des Nervensystems" mit Hilfe martialischer Methoden: Offiziersanwärter (Piloten) wurden daraufhin beobachtet, wie sie beispielsweise auf einen unvermittelt abgegebenen Schuss reagierten (Lück & Miller, 1999). Im zivilen Bereich wurden zu Beginn des 20. Jahrhunderts in Deutschland in Dresden um 1916 erste moderne Verfahren der Personalauswahl im Rahmen von Eignungsuntersuchungen eingesetzt. Hier simulierte man die Tätigkeit als Straßenbahnführer und maß das Verhalten der Probanden (ebenda).

Zwischen den Kriegen entwickelte sich die Eignungsdiagnostik weiter. In Deutschland allerdings fand in 1933 eine jähe Zäsur statt:

> „Der politische Machtwechsel 1933 wirkte sich auf die Psychologie sofort aus. An den Universitäten wurden von 15 Ordinarien sechs wegen ihrer jüdischen Herkunft entlassen [...] darunter Max Wertheimer und William Stern." (Geuter, 1984, S. 23).

Eignungsdiagnostik stand nun mehr denn je im Dienste des Militärs. Dort ging es vor allem darum, die Tauglichkeit beispielsweise von Offiziersanwärtern zu ermitteln. Während, wie gezeigt, jüdische Psychologinnen und Psychologen (auch Kurt Lewin) das Land verlassen mussten oder wie im Falle des Mannheimer Gestaltpsychologen Otto Selz von den Nationalsozialisten umgebracht wurden (Lück & Miller, 1999), arbeiteten regimetreue Psychologen an der weiteren Akademisierung des Faches. Die erste Diplomprüfungsordnung in Psychologie trat 1941 in Kraft (Geuter, 1984). Somit waren leider viele deutsche Psychologen in die nationalsozialistische Gewaltherrschaft verstrickt und beteiligt an einer der größten Katastrophen der Menschheitsgeschichte. In den 30er und 40er Jahren hatten konstitutionspsychologische Überlegungen regen Zulauf. Davon ist nun die Rede.

1.2   Typen und Persönlichkeit

Konstitutionspsychologische Persönlichkeitstheorien gehen beispielsweise zurück auf den deutschen Psychiater Kretschmer (1888-1964). Hier werden bestimmten körperlichen Attributen (Typen: leptosom, athletischer und pyknisch) psychische Merkmale (wie Extraversion oder Schwermütigkeit/Melancholie) zugeordnet. Wer also athletisch aussieht, der führt auch gut (weil durchsetzungsstark), wer von zartem Körperbau ist, der ist auch empfindsam und sensibel. Das klingt zwar plausibel, fällt aber bei dem Versuch, empirische Nachweise zu erbringen, in sich zusammen:

> „In dem Maße, in dem die Beurteilung des Körperbautyps unabhängig von der Kenntnis der Charaktereigenschaften erfolgte, die Persönlichkeitsmerkmale durch Tests anstelle von Ratings erfasst wurden (und dadurch mögliche Vorurteile der Rater gegenüber der Persönlichkeit von Personen mit einer bestimmten Gestalt nicht mit eingehen konnten), konvergierten die Zusammenhänge Körperbau/Temperament gegen Null." (Amelang & Bartussek, 1994, S. 273)

Wichtig für die Erfassung von psychischen Merkmalen ist also die Nutzung objektiver, wissenschaftlicher Verfahren (s. auch ausführlich dazu Kanning, 2004).

Auf den Freud-Schüler Carl Gustav Jung (1875-1961) geht eine Modifizierung der typologischen Sichtweise zurück: nicht mehr nur körperliche, sondern auch psychische Phänomene sollten genau beschrieben und untersucht werden (beispielsweise Extraversion/Introversion). Die Jungsche Typologie findet sich zumindest indirekt auch heute noch in unterschiedlichen Persönlichkeitsfragebögen wieder, die weltweit zum Teil eine enorme Verbreitung erfahren haben, leider jedoch oft nicht mehr wissenschaftlich erforscht und weiterentwickelt werden (dazu zählen beispielsweise Verfahren wie MBTI; DISG und Insights, vgl. Sarges & Wottawa, 2004). Jungs Theorie wurde jedoch auch von seriösen Forschern aufgenommen und durch moderne Forschungsmethoden ergänzt, wie beispielsweise durch die Persönlichkeits-System-Theorie von Kuhl (2001).

Individuelle Differenzen gelten seit langem als Forschungsgegenstand, die valide Erfassung dieser Differenzen kann auch im Rahmen der Personalauswahl genutzt werden. Weithin bekannt geworden ist die Taxonomie der „Big-Five"-Persönlichkeitsfaktoren. Akademische Intelligenz lässt sich ebenfalls seit langer Zeit gut erfassen. Neben der Persönlichkeit spielt natürlich die jeweilige Situation, in der das Individuum agiert, eine zentrale Rolle, wenn es um die Vorhersage von Verhalten geht. Besonders die Interaktion genetischer und umweltbezogener Einflüsse wird in jüngster Zeit wieder intensiv beforscht.

Gegen Ende des 19. Jh. gelten individuelle Differenzen als brauchbarer Forschungsgegenstand (Stemmler, Hagemann, Amelang und Spinath, 2016, auch das Folgende). Dazu trugen zwei Dinge bei, die allgemeine Schulpflicht (in Ländern wie England, Frankreich und dem deutschen Reich) und die „Nature or Nurture" - Debatte und Eugenikbewegung. Hier wurden Erkenntnisse aus der Biologie (Darwin) auf menschliche Gesellschaften übertragen.

Sir Francis Galton (1822-1911), ein Vetter Darwins, entwickelte frühe Tests zur Intelligenz u. Begabung und gründete 1882 das erste Testzentrum in London. Er wendete u.a. die Gaußsche Normalverteilung auf psychologische Daten (Intelligenz) an. Zweck der Messung war damals häufig eine sozialdarwinistische Trennung der „Guten" vom Mittelmaß.

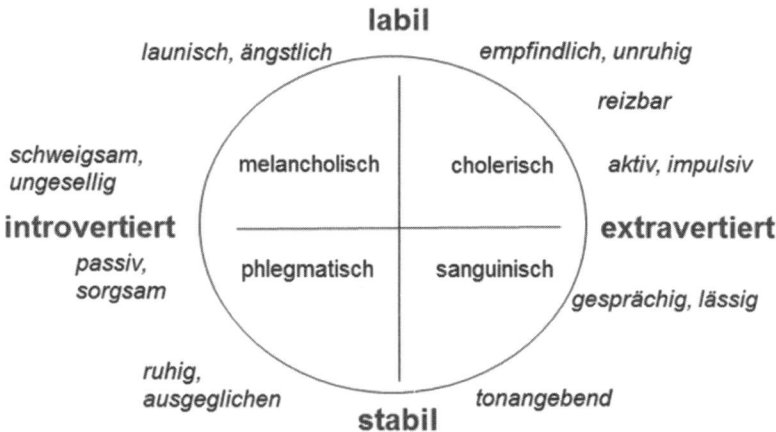

Abb. 1: Modell der Persönlichkeit nach Eysenck (1965, bearbeitet nach Stemmler, Hagemann, Amelang & Spinath, 2016, S. 263)

Alfred Binet (1857-1911) entwickelte zu dieser Zeit mit einem Kollegen den Binet-Simon-Test, welcher dem heutigen IQ-Konzept nahekommt. Man berechnete zum ersten Mal den Intelligenz-Quotienten nach der Formel IQ = IA/LA x 100 (Stern), wobei IA für Intelligenzalter und LA für Lebensalter steht. Schafft also ein zehnjähriger Junge die Aufgaben, die sonst nur zwölfjährige schaffen, hat er rein rechnerisch einen IQ von 120.

Faktorenanalytische Persönlichkeitstheorien wurden u.a. von Raymond Bernard Cattell (1905-1997) mit seinem Konzept der fluiden vs. kristallinen Intelligenz (s.u.) sowie von Joy Paul Guilford (1897-19987) mit seinen Intelligenzfaktoren entwickelt. Hans-Jürgen Eysenck (1916-1997), ein in England arbeitender Forscher deutschen Ursprungs, entwickelte die Konzepte Neurotizismus bzw. emotionale Stabilität sowie Extraversion weiter (ebenda). Er tat dies auf Grundlage biologischer Theorien und Modelle und entwickelte - ausgehend von älteren Typologien - ein ringförmiges Modell der Persönlichkeit, wie Abbildung 1 zeigt (bearbeitet nach ebenda, S. 263). Persönlichkeit lässt sich somit entlang der Pole introvertiert - extravertiert und stabil - instabil beschreiben. Die beiden Dimensionen spannen somit ein Vier-Felder-Schema auf, mit Hilfe dessen sich Personen beschreiben lassen.

Solche zweidimensionalen Ansätze (auch Cirkumplex-Modelle genannt) sind übersichtlich und daher für die Praxis oft hilfreich, sie dürfen aber nicht zu einer unzulässigen Vereinfachung der Komplexität menschlicher Persönlichkeitseigenschaften führen. Wie wir im Laufe des Kapitels noch aufzeigen werden, brauchen wir für eine valide Eignungsdiagnostik mehrdimensionale Ansätze, die der Komplexität der menschlichen Psyche gerecht werden.

Person oder Situation?

Forscher wie Eysenck werden zu den Eigenschaftstheoretikern gezählt. Für sie sind bzw. waren individuelle und psychobiologisch mitbedingte Personeigenschaften zentral. Dieser Ansatz ist (wieder) aktuell, wir kommen immer wieder darauf zurück. In den 50er

Jahren traten die sogenannten Behavioristen auf den Plan, verbunden mit Namen wie John B. Watson und Burrhus Frederick Skinner. Für sie war bzw. ist die Situation, in der Menschen handeln, von besonderer Bedeutung. Ein Stichwort ist das operante Konditionieren bzw. das Reiz-Reaktions-Lernen. Im Prozess des operanten Konditionierens werden Organismen (meist Säugetiere) für ein Verhalten belohnt oder bestraft. Behavioristisch arbeitende Forscher konditionierten somit beispielsweise Ratten, Tauben, Schweine, Delphine etc. Durch bestimmte Versuchspläne taten die Tiere allerhand Ungewöhnliches, sie lernten etwa, durch Labyrinthe zu laufen oder (rudimentär) Klavier zu spielen. Wer einen Hund hat, konditioniert diesen beispielsweise durch die Gabe eines „Leckerlis" nach dem Befehl „Platz"...

Daraus ergab sich die (zunächst fast grenzenlose) Zuversicht, dass man auch Menschen - unabhängig von der Persönlichkeit - eigentlich alles beibringen könne. Es entstand die Idee des Menschen als „tabula rasa", einer leeren Fläche, auf der das Leben in Form von Konditionierungen seine Spuren eingräbt. Extravertierte, also sehr gesellige Personen, können beispielsweise lernen, immer „im stillen Kämmerlein" zu sitzen bzw. wenig gesellig zu sein, sie werden sich dabei aber sicher auf Dauer nicht wohlfühlen (mehr dazu auch in Kapitel 2.3).

Interaktionistische Persönlichkeitspsychologen integrierten beide Elemente und verstanden menschliches Verhalten als Funktion aus Persönlichkeit und Umwelt (verbunden mit Namen wie Murray, Lewin, und Mischel, sogenannte Interaktionismusdebatte der ausgehenden 60er Jahre des letzten Jh.). Transaktionale Konzepte beinhalten außerdem den Aspekt Dynamik/Zeit und die subjektive Bewertung von Reizen. Besonders bekannt wurde das transaktionale Stresskonzept von Lazarus & Launier (1981, mehr dazu im Kapitel Stress und Gesundheit in diesem Band).

Jüngere Ansätze fokussieren wieder Gen-Umwelt-Konzepte (Caspi et al., 2002, zit. in Asendorpf, 2009, S. 34). Die Forscher fragten beispielsweise, ob die genetisch bedingte Menge an bestimmten Hormonen, die für die Stressverarbeitung wichtig sind (MAO-A-Spiegel), mit bestimmten Ereignissen in der Lebensgeschichte (Missbrauch) zusammengenommen späteres antisoziales Verhalten (Diebstahl, Prügeleien) vorhersagen kann. Abbildung 2 zeigt die Ergebnisse.

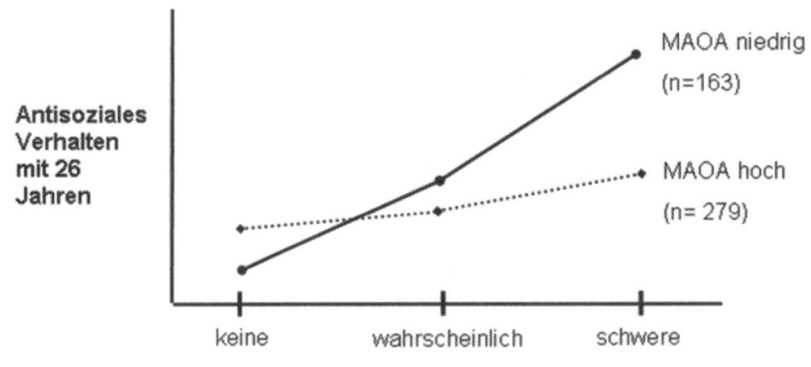

Abb. 2: Gen-Umwelt-Interaktion nach Caspi et al. (2002, zit. in Asendorpf, 2009, S. 34, bearbeitet)

Wenn nur die Umwelt eine Rolle spielte, dann müsste die Ausprägung des Verhaltens unabhängig vom Hormonspiegel gleichbleiben. Das ist offenbar nicht der Fall. Wäre das Verhalten nur abhängig vom Hormonspiegel („den Genen"), dann müsste das Verhalten relativ unabhängig vom Missbrauch in der Kindheit sein. Auch das ist nicht so. Nur wenn ein niedriger MAOA-Spiegel (= hohes Maß an erregenden Neurotransmittern) *und* ein schweres Trauma zusammenkommen, ist antisoziales Verhalten wahrscheinlich! Dieser Interaktionseffekt wurde mehrfach repliziert. Anlage und Umwelt spielen also für unser Verhalten eine gemeinsame Rolle.

Gene haben einen Einfluss auf die Ausprägung von Persönlichkeitseigenschaften, das zumindest legen Studien mit ein- und zweieiigen Zwillingen nahe. So wird geschätzt, dass mindestens die Hälfte der Varianz der Eigenschaft Intelligenz, wie sie der Intelligenztest misst, durch Gene erklärt werden kann. Den Rest erklären Einflüsse aus der Umwelt, wie elterlicher Erziehungsstil, die sozioökonomische Herkunft, der Freundeskreis (sog. „peers") und idiosynkratrische Erlebnisse. Allerdings ist die Formulierung „etwa die Hälfte der Eigenschaften beruht auf den Genen" falsch, denn im Sinne des interaktionistischen Ansatzes sind Eigenschaften immer zu 100% das Produkt von Genen in einer bestimmten Umwelt. Als Analogie können wir uns hier das Samenkorn als Gen vorstellen, das nur dann einen Baum hervorbringen kann, wenn es auf fruchtbaren Boden, also eine günstige Umwelt, trifft. So ist es auch bei Eigenschaften: ein Mensch mit Genen, die eine hohe Intelligenz ermöglichen, wird diese nicht entfalten können, wenn er oder sie in deprivierenden sozialen Verhältnissen ohne intellektuelle Stimulation oder gar mit unzureichender Ernährung aufwachsen muss. Insofern kann man auch sagen: die Gene legen lediglich die Bandbreite fest, in der sich eine Eigenschaft entwickelt. Den Rest erledigt die Umwelt und – nicht zuletzt – auch das Individuum durch seine Entscheidungen. Dennoch muss hier festgehalten werden, dass gegenwärtig die akademische Intelligenz (das, was Intelligenztests messen) zu einem der besten Prädiktoren im Rahmen der Personalauswahl gehört (Schmidt & Hunter, 1998; Kramer, 2009; kritisch dazu Infokasten 1 im Anhang). Zur Vertiefung der Intelligenzthematik und der Frage nach der Erblichkeit empfehlen wir: Rost, D. H. (2009). *Intelligenz. Fakten und Mythen.* Weinheim: Beltz PVU.

Nachdem wir uns Persönlichkeitseigenschaften wissenschaftshistorisch und konzeptionell angenähert haben, wollen wir nun die klassische Definition von Allport verwenden, um Eigenschaften (Engl. *Traits*) zu definieren. In ihr kommt das aus unserer heutigen Sicht Wesentliche von Eigenschaften gut zum Ausdruck: Eigenschaften sind neurobiologisch fundiert, d.h. sie haben eine genetische Komponente und ein neuronales und hormonelles Substrat, und sie bewirken, dass sich Menschen in ganz verschiedenen Situationen und über einen gewissen Zeitraum stabil auf eine bestimmte Art und Weise verhalten. Nach Allport (1937, S. 296) kann man eine Eigenschaft wie folgt definieren:

Eine Eigenschaft ist eine neuropsychische Struktur, die viele Reize funktionell äquivalent macht und konsistente äquivalente Formen von Handlung und Ausdruck einleitet und ihren Verlauf lenkt.

Der Begriff *konsistent* ist für die Eignungsdiagnostik entscheidend: Wenn wir bspw. Intelligenz mit einem Intelligenztest messen, dann können wir davon ausgehen, dass diese Eigenschaft situationsübergreifend und zeitlich stabil ist. Nur deswegen dürfen wir erwarten, dass ein Bewerber mit einem überdurchschnittlich hohen Intelligenzquotienten sich tatsächlich auch in verschiedenen Arbeitssituationen über einen langen Zeitraum mit hoher Wahrscheinlichkeit intelligent verhält (dazu beispielsweise Klauer, 2006).

2   Einführung in die Eignungsdiagnostik

Nach diesem Ausflug in die Persönlichkeitsforschung soll es jetzt etwas konkreter um Eignungsdiagnostik gehen.

2.1   Einordnung der Personalauswahl

Es liegt auf der Hand, dass Fehler in der Personalauswahl teuer werden können. Gemeint sind freilich nicht nur die Lohnkosten, die „in den Sand gesetzt" werden, sondern beispielsweise auch psychische Folgekosten von Fehlpassung zwischen Job und Person (Unter-, Überforderung etc.). Fehleinstellungen zu vermeiden, spart also Kosten und lohnt sich in jedem Fall. Damit Personalauswahl fundiert geschehen kann, muss man zunächst einiges über unsere (Un-) Fähigkeit zur Beurteilung anderer Menschen wissen, davon ist jetzt die Rede.

2.2   Beurteilen von Menschen

Viele Fehler bei der Auswahl von Mitarbeitern geschehen auf Grund sehr „menschlicher" Besonderheiten der Personwahrnehmung (Kanning, 2004, auch das Folgende). Faktoren, die unsere bewusste Wahrnehmung beeinflussen bzw. verzerren können, sind u.a. Intensität und Menge der Information, Stimmung, Aufmerksamkeit und Gewöhnung. Weitere „falsche" Deutungen liefern beispielsweise folgende Merkmale zu Beurteilender: Brille = intelligent, viel Armbewegungen und Gestikulieren = Führungsstärke, häufiger Blickkontakt = überzeugende Wirkung etc. Ein dramatisches Ergebnis schildert Kanning (ebenda) im Zusammenhang mit der Frage, ob der Geruch von Bewerbungsunterlagen die Beurteilung der Bewerber beeinflusst. Erfahrene Beurteiler wurden durch zuvor präparierte, herb-männlich riechende Bewerbungsunterlagen tatsächlich beeinflusst und schätzten (männliche) Bewerber als führungsstärker ein. Gesunde Menschen neigen ebenfalls dazu, diejenigen Personen als kompetent einzustufen, die ihnen ähnlich sind, uns Ähnliche werden i.d.R. als sympathischer eingeschätzt etc. Über den wichtigen Halo- oder Hofeffekt, der aussagt, dass eine zentrale Eigenschaft (Schönheit) eines Menschen andere Eigenschaften überdecken kann, wird im Abschnitt 2.3.2 vertieft informiert.

Beurteilungen durch mehrere (Gruppenurteil) sind keineswegs per se besser als aggregierte Einzelurteile. Wie sich leicht jeder Studierende selbst überzeugen kann, sind die Übereinstimmungen zwischen verschiedenen Beurteilern meist erschreckend gering. Wird dann die Leistung eines Bewerbers durch Gruppenkonsensbildung vorgenommen („Wir sind ja alle der Meinung, dass...“), kann es zu einem positiven Bias (Verzerrung) kommen. Anders bei rein mathematischer Bestimmung der Urteilsbildungen (numerischer Mittelwert von Leistungsbeurteilungen), hier erhält man - sofern die Instrumente der Beurteilung gut sind - meist weniger verzerrte Urteile (vgl. dazu auch Lohaus, 2009 sowie das Kapitel Leistungsbeurteilung in der Praxis in diesem Band).

2.3 Vorhersage, Passung und Auswahl

Wer möchte nicht gerne in die Zukunft schauen, besonders, wenn wir Personen neu einstellen? Wird Frau/Herr XY insgesamt gut zu uns passen und gute Arbeit leisten? Im Grunde liefern alle guten Verfahren der Personalauswahl eine solche Vorhersage. Hat jemand in einem Assessment-Center gut abgeschnitten, so erwarten wir das auch für die Zukunft. Insgesamt soll professionelle Personalauswahl die Passung zwischen der angestrebten Tätigkeit und bestimmten berufsrelevanten Personmerkmalen erhöhen. Eine gute Passung erleichtert das Erbringen guter Leistung und hilft von Anfang an, eine gute innere Bindung an ein Unternehmen oder eine Organisation herzustellen, wie die Metaanalyse von Kristof-Brown, Zimmermann und Johnson (2005) belegt. Eine gute Passung zwischen Person (Wissen, Fertigkeiten und Fähigkeiten) und Tätigkeitsmerkmalen hängt moderat eng zusammen mit beruflicher Leistung (ρ = .20), Zufriedenheit der Vorgesetzten mit der Leistung (ρ = .33), Arbeitszufriedenheit (ρ = .56), organisationaler Verbundenheit (ρ = .47) [...].“ (ebenda, S. 300ff; ρ ist der griechische Buchstabe Rho, er kann als Korrelationskoeffizient interpretiert werden. Metaanalysen verdichten gesichertes Wissen aus der Forschung in einem Überblick mit Hilfe mathematischer Verfahren. Mehr dazu im Infokasten 1 zu diesem Kapitel im Anhang).

Die Beurteilung von Menschen zur Vorhersage beruflicher Leistung gelingt im Alltag häufig nicht besonders gut. Damit die Vorhersage von Eignung und Passung besser wird, muss auf wissenschaftlich erprobte Verfahren zurückgegriffen werden. Professionelle Eignungsdiagnostik versucht genau dies. Mit Hilfe expliziter und impliziter Verfahren können die Güte und Genauigkeit solcher Vorhersagen massiv verbessert werden.

Insgesamt wird im Rahmen der *Eignungsdiagnostik im engeren Sinne* (also durch HR-Experten, etwa bei der Agentur für Arbeit oder durch Personalberatungen) Verschiedenes erhoben. Neben den genannten Persönlichkeitsfaktoren werden gezielt Fähigkeiten sowie Fertigkeiten („Skills“), letztendlich also berufliche Kompetenzen, erhoben. Außerdem werden oftmals biografische Daten abgefragt (beispielsweise Arbeit im Ehrenamt), die Hinweise auf berufsrelevante Kompetenzen geben können. Viele Arbeitgeber interessieren auch Werthaltungen und Einstellungen, sofern sie berufliche Bezüge aufweisen (so ist es zulässig, als christlicher Arbeitgeber nach der Einstellung zur Kirche zu fragen). Einzelne Verfahren werden in Kapitel 2.3.3 noch genauer erläutert.

Im Falle großer Unternehmen sieht der Personalauswahlprozess häufig so aus, dass zunächst Bewerbungsunterlagen geprüft werden und bereits hier eine Vorauswahl getroffen wird. Unter Umständen folgt ein Telefoninterview, um beispielsweise auf Details des Lebenslaufes, spezielle Fähigkeiten oder die Motivation des Bewerbers einzugehen. In der Folge können etwa Tests kognitiver Leistung und Persönlichkeitsfragebögen eingesetzt und weitere Auswahlentscheidungen getroffen werden (denkbar ist aber auch, dass solche Tests bereits im Vorfeld oder parallel zur Sendung der Bewerbungsunterlagen durchgeführt werden). Schließlich kommt es bei denjenigen, die in die Endauswahl kommen, zum Einstellungsgespräch, im besten Falle sind dies sogenannte kompetenzbasierte Interviews, in denen gezielt arbeitsbezogene Kompetenzen ermittelt werden (vgl. Schuler, 2014). Je nach Art und Aufwand kann auch ein Assessment-Center eingesetzt werden, indem beispielsweise Gruppendiskussionen, Postkorbübungen und Rollenspiele eingesetzt werden. Bereits hier muss betont werden, dass Assessment Center i.d.R. keine besseren Vorhersagen beruflichen Erfolges liefern als die Kombination herkömmlicher Verfahren (Schmidt & Hunter, 1998).

Verschärfend kommt hinzu, dass sowohl Noten als auch Bewerbungsunterlagen in hohem Maße diskriminierend sein können. Ein ausländisch klingender Name oder ein wenig attraktives Gesicht können einen massiven Einfluss darauf haben, zum Interview eingeladen zu werden (es sei denn, die Bewerbung wird anonym vorgenommen). Dies wird unten im Kontext des Halo-Effektes noch einmal angesprochen. Aus dieser Sicht ist ein optimaler Personalauswahlprozess, den immer mehr Unternehmen übernehmen wie folgt aufgebaut: Nach einer gründlichen Anforderungsanalyse der Positionen werden eigenschaftsbasierte Kompetenzen, die für den Erfolg besonders wichtig sind, definiert. Die Bewerber durchlaufen im ersten Schritt eine psychometrische Testbatterie, mit der diese Eigenschaften objektiv gemessen werden können. Erst danach werden die Bewerber zum Auswahltag in das Unternehmen eingeladen, wo sie dann in strukturierten Interviews und Assessment Center-Übungen ihre im Test bereits attestierte Eignung erneut beweisen müssen.

Wie bereits oben erwähnt, sind Cirkumplex-Modelle zwar beliebt, werden jedoch der Komplexität menschlicher Eigenschaften nicht gerecht. Bereits auf der Ebene bewusst einschätzbarer und leicht beobachtbarer Persönlichkeitsmerkmale müssen wir mindestens fünf Dimensionen annehmen. Später werden wir diese Perspektive noch um *unbewusste* Merkmale erweitern, die zwar von anderen beobachtet, aber nicht immer von der beobachteten Person selbst richtig eingeschätzt werden können.

In der Forschung hat ein Ansatz große Verbreitung gefunden, der als das „Big Five"-Modell bekannt geworden ist. Dieser Ansatz spannt einen fünf-dimensionalen psychischen Kosmos auf, um das bewusste Selbstkonzept von Menschen zu erfassen (Costa & McCrae, 1992a), welches eine hohe Zeitstabilität aufweist (Lehmann, Allemand, Zimprich & Martin, 2010).

Extraversion/Introversion

Extravertierte sind gesellige Menschen, sie sind häufig selbstsicher, aktiv, gesprächig, sie strahlen eher Heiterkeit und Optimismus aus und fühlen sich wohl in Gruppen, sie mögen ferner eher Aufregung als andere. Introversion ist nicht einfach das Gegenteil von Extraversion! Introvertierte zeigen weniger positive Emotionen, sie haben aber selbstverständlich selbige. Sie mögen weniger Aufregung, sind eher zurückhaltend und unabhängig, aber keineswegs unfreundlich. Insgesamt haben sie ein geringeres Interesse an Geselligkeit als andere.

Gewissenhaftigkeit

Sehr gewissenhafte Menschen sind meist stark impulskontrolliert, sie zeigen eine hohe Selbstkontrolle bei Durchführung und Planung von Arbeit, sind zielstrebig, ehrgeizig, fleißig, ausdauernd, pünktlich und systematisch. Sie haben häufig einen starken Willen, sind ordentlich und genau.

Offenheit für Neues

Offenheit geht einher mit Interesse an neuen Sachen, Ideen und Erlebnissen, einem hohen Maß an Phantasie. Menschen, die sehr offen für neue Erfahrungen sind, beschreiben sich auch als wissbegierig, intellektuell ansprechbar, künstlerisch interessiert und sie hinterfragen Althergebrachtes gern. Andersherum ausgedrückt, leiden sie etwas unter Routine und gleichförmiger Tätigkeit. Man kann weiter zwischen Offenheit für Künstlerisch-Ästhetisches von einer Offenheit für neue Lerninhalte („epistemische Neugierde") unterscheiden. Letztere sagt akademische Leistungen voraus, erstere nicht (Mussel, 2012; der Autor zeigt ein interessantes Strukturmodell für intellektuelle Leistungen auf).

Verträglichkeit

Dieses Persönlichkeitsmerkmal ähnelt tatsächlich der Extraversion im interpersonellen Verhalten etwas. Hinzu kommt aber, dass Verträgliche sehr altruistisch und verständnisvoll-wohlwollend sind bzw. sich so beschreiben. Sie zeigen viel Mitgefühl und Empathie, sind sehr kooperativ und nachgiebig, zeigen ein starkes Harmoniebedürfnis und sind nicht leicht misstrauisch. Insgesamt haben sie weniger Interesse an Wettbewerb als andere.

Emotionale Stabilität

Emotional Stabile zeigen selten negative Emotionen, sie machen sich wenig Sorgen, sind selten erschüttert, betroffen, beschämt, unsicher, verlegen oder nervös. Ferner sind sie insgesamt wenig ängstlich, sie sind eher ruhig, ausgeglichen, haben also ein „robustes Nervenkostüm".

Im Grunde haben wir alle unterschiedliche Ausprägungen dieser Charaktermerkmale, es sind also beinahe alle möglichen Kombinationen denkbar. Beispielsweise gibt es sehr extravertierte Personen, die gleichzeitig wenig verträglich sind und noch dazu hoch intelligent (manche Forscher bringen das mit Narzissmus in Verbindung, Bierhoff, 2014). Aber es ist auch denkbar, dass jemand hohe Ausprägungen in Introversion, Verträglichkeit und Gewissenhaftigkeit, Intelligenz sowie Offenheit für Neues, aber geringe in emotionaler Stabilität aufweist. Dies wäre vielleicht ein eher stiller, andere unterstützender Experte, der unter starkem Stress viele Fehler begeht.

In den letzten Jahren wird zunehmend ein Sechs-Faktoren-Modell (Hexaco-Modell) favorisiert, welches – einfach ausgedrückt die „Big Five"-Faktoren um einen sechsten Faktor der Ehrlichkeit-Bescheidenheit (honesty-humility) erweitert (Moshagen, Hilbig

& Zettler, 2014). All diese Merkmale stellen keine hinreichende Grundlage für die Erfassung sämtlicher Facetten der Persönlichkeit dar. Etwas ironisch formuliert könnte man sagen, dass sich diese Faktoren eben gut erfassen, also messen lassen. Außerdem sind sie kulturübergreifend auffindbar und sie weisen, wie erwähnt, Bezüge zum Berufserfolg auf, dies wird nun weiter ausgeführt.

2.3.1 Explizite Verfahren: Bewusste Selbstbilder

Hier geht es um sogenannte *respondente Verfahren*, die im Selbstbeschreibungsmodus operieren: Personen werden gebeten, sich anhand bestimmter Aussagen oder Eigenschaftslisten zu beschreiben, dies geschieht *bewusst*. Dass man ebenfalls bestimmte *unbewusste* Aspekte der Persönlichkeit erfassen kann und warum das sehr sinnvoll sein kann, zeigen wir in Abschnitt 2.3.2.

Psychometrisch gut erfassbar sind die bereits genannten „Big Five" (oder Hexaco-) Personmerkmale beispielsweise durch Verfahren wie das NEO-FFI (NEO-Fünf-Faktoren-Inventar bzw. NEO-PI-R, Borkenau & Ostendorf, 2008). Eine genauere Beschreibung finden Sie etwa in Sarges & Wottawa (2004, S. 569ff.). Diese und vergleichbare, berufsnähere Verfahren sind im Wirtschaftskontext gut nutzbar, sofern man den Umgang damit trainiert hat bzw. zertifiziert wurde (vgl. Kapitel 2.3.3).

Anregungen

Überlegen Sie doch einmal, welche der genannten Eigenschaften Sie sich selbst zuschreiben! Wenn Sie es etwas genauer haben wollen, gehen Sie auf folgende Website: http://de.outofservice.com/bigfive/

Hier können Sie einen „Big Five"-Schnelltest machen, die Seite basiert auf Forschungsarbeiten der University of Texas. Sie sollten allerdings bedenken, dass Sie nur einen groben Anhaltspunkt erhalten, man erfährt (zumindest auf den ersten Blick) nichts über die Normstichprobe und die Gütekriterien des Verfahrens. Dennoch kann es ganz hilfreich sein, um eine erste Einschätzung der Ausprägung der „Big Five" zu erhalten.

Wozu sollte man überhaupt Persönlichkeitsmerkmale erfassen? Eine Antwort liefert der Blick auf Forschungsergebnisse, die den *Zusammenhang* zwischen Persönlichkeit und Berufserfolg fokussieren. Korrelationskoeffizienten, also Maße des Zusammenhangs, können Werte zwischen -1 und +1 annehmen. Zur Interpretationshilfe der unten gezeigten Forschungsbefunde dient der folgende Infokasten:

Infokasten Korrelationen	
≤ 0.05	zu vernachlässigen, kein Zusammenhang
> 0.05 und < 0.2	gering, schwach
> 0.2 und < 0.5	mittel, moderat, mäßig
> 0.5 und < 0.7	hoch, eng, stark
≥ 0.7	sehr hoch, sehr stark

Die Korrelationen zwischen Persönlichkeitseigenschaften und später erhobenem Berufserfolg (beispielsweise Höhe des Gehaltes oder Vorgesetztenbeurteilung) sind zwar unterschiedlich, insgesamt aber liegt ein hohes Maß an Evidenz für den Zusammenhang von Persönlichkeitsmerkmalen i.e.S. und beruflichem Erfolg vor. Schließt man kognitive Fähigkeiten (großzügig) in die Betrachtung von Personmerkmalen ein, findet man hier die höchste kriteriumsbezogene Validität (= Zusammenhang mit später erhobenen berufsrelevanten Kriterien; Ones, Dilchert, Viswesvaran, & Salgado, 2010). Hier variieren die Korrelationen der kognitiven Leistung und Maßen des Berufserfolges zwischen .51 (wenig komplexe Berufe) und .61 (hoch komplexe Berufe). Kognitive Fähigkeiten sollten also im Rahmen von Personalauswahl immer erfasst werden. Im Infokasten 1 im Anhang des Kapitels finden Sie allerdings zur Vertiefung auch einige wichtige, kritische Anmerkungen zu diesen Befunden.

Explizite Maße der Personalauswahl erfassen die bewussten Selbstbilder, die Personen von sich besitzen. Sie sagen Berufserfolg über verschiedene Branchen hinweg relativ gut voraus und sollten stets wissenschaftlich abgesichert sein. Forced-Choice- und verwandte Formate sind in der Vorhersagegüte den normativen Verfahren überlegen.

Hough und Dilchert (2010) fassen Ergebnisse aus verschiedenen Studien für diverse weitere Persönlichkeitsmerkmale und Kriterien zusammen. Es kann beispielsweise gezeigt werden, dass allgemeine Arbeitsleistung (Indizes über verschiedene Kriterien hinweg, z.B. Vorgesetztenbeurteilung) mit Gewissenhaftigkeit und Integrität einhergeht (r = .23 und .37). Arbeitszufriedenheit korreliert mit emotionaler Stabilität (r = .29) und Extrarollen-Verhalten (Organizational Citizenship Behaviour) geht einher mit Gewissenhaftigkeit und positiver Affektivität (r = .16 bis .19). Kontraproduktives Arbeitsverhalten (etwa Sabotage) hängt mit Gewissenhaftigkeit zusammen (r = -.26) und managementbezogene Effektivität korreliert mit Dominanz, Gewissenhaftigkeit und Leistungsorientierung (r = .27; r = .22 und .17).

Auch organisationale Belohnungssysteme wirken je nach Ausprägung bestimmter Persönlichkeitseigenschaften unterschiedlich: die Leistung Extravertierter wird beispielsweise eher durch explizite, externe Belohnungssysteme beeinflusst (Schuler, Höft & Hell, 2014). Die Autoren konstatieren hier ferner:

„Der Zusammenhang zwischen einer Persönlichkeitsvariable (Extraversion) und Berufserfolgsindikatoren [...] wird also durch eine Kontextvariable (organisationales Belohnungssystem) moderiert. Dieser komplexere Zusammenhang würde bei einer Inspektion der bivariaten Korrelationen verborgen bleiben." (ebenda, S. 179)

Ferner findet sich zumindest eine aktuelle Studie, die den Zusammenhang zwischen Persönlichkeit (hier: Gewissenhaftigkeit) und Indikatoren des Berufserfolges in Sozialberufen betont (Blickle & Kramer, 2012). In neueren Metaanalysen, in denen dutzende Einzelstudien ausgewertet werden, konnte die Rolle der Gewissenhaftigkeit und der Extraversion – gemessen mit expliziten Verfahren – als bedeutende Persönlichkeitseigenschaften zur Vorhersage beruflicher Leistung erneut herausgestellt werden (Salgado & Táuriz, 2014). Hier fanden sich Korrelationen zwischen .39 für Extraversion und .40 für Gewissenhaftigkeit. Es muss aber betont werden, dass diese Resultate deutlich abhängen vom Antwortformat der eingesetzten psychometrischen Verfahren. Deutlich besser als das (oft fünfstufige) Antwortformat in Likertskalen („trifft überhaupt nicht zu" bis

„trifft völlig zu") schneiden sogenannte Forced-Choice- oder ipsative sowie quasi-ipsative Verfahren ab. Hier werden beispielsweise Aussagenblöcke vorgegeben, bei denen man diejenige Aussage, die am wenigsten und diejenige, die am meisten zutrifft, auswählen muss (als Beispiel kann der OPQ32r von CEB SHL genannt werden, eine Rezension bei Dormann & Krumm, 2011). Eine verwandte Methode ist das sogenannte Adallocverfahren, in dem innerhalb eines gegebenen Rahmens eine frei wählbare Menge an Punkten für eine Einzelaussage vergeben werden kann (detailliert bei Lohff & Wehrmaker, 2008). Dies verhindert i.d.R., dass sich Personen sozial erwünscht oder „gefaked" darstellen. Ferner müssen natürlich immer die berufsbezogenen Hintergründe mit beachtet werden (akademisch vs. nichtakademisch, Branchen etc.). Extraversion wird vermutlich dort eine größere Bedeutung haben, wo beispielsweise sehr häufig und intensiv mit Kunden interagiert werden muss.

Ebenfalls belegt sind Zusammenhänge zwischen Medienkompetenzen (PC/Internetwissen) und Personmerkmalen. Computerspezifische Selbstwirksamkeit - also der Glaube daran, Aufgaben mit Hilfe des Computers erfolgreich auszuführen - hängt positiv, die Belastetheit durch selbst begangene Fehler hingegen negativ mit Medienkompetenzen zusammen (Bildat & Remdisch, 2008).

Wichtig zu prüfen: Intelligenz, Gewissenhaftigkeit und emotionale Stabilität

Bezüglich der Vorhersage von Berufserfolg durch „Big Five"-Merkmale schlussfolgern Barrick und Mount (2009, S. 34) u.a. auf Basis einer Metaanalyse zweiter Ordnung (= Metaanalyse über Metaanalysen):

> „In conclusion, hiring people who work smarter (select on intelligence), and who work harder and cope better (select on conscientiousness and emotional stability), will lead to increased individual productivity which in turn will lead to increased organizational effectiveness every single day the person (reliably) shows up to work."

Emotionale Intelligenz: ein paar Anmerkungen...

Wenige psychologische Konstrukte haben in den vergangenen 20 Jahren zu mehr Kontroversen geführt als das der Emotionalen Intelligenz (EI). Unter diesem Begriff versteht man beispielsweise die Fähigkeit zur Regulation eigener Emotionen, das Empathisch-Sein, soziale Verträglichkeit etc. Zwar konzipierten Mayer und Salovey (1993) EI eher in Richtung kognitiver Fähigkeiten, neuere Ansätze rücken das Konstrukt aber deutlich in die Nähe einer motivationalen Personeigenschaft (Petrides, 2009). Abgesehen von dem durch manche Verfahren (ebenda) erhobenen „Sammelsurium" unterschiedlicher Konstrukte, ist die Vorhersagegüte beruflicher Kriterien bereits länger etablierter Verfahren, die Ähnliches messen (beispielsweise Selbstwirksamkeit sensu Bandura, 1982) ebenso gut oder besser (Rost, 2009).

„Dunkle Eigenschaften"

Neben der gut erforschten Taxonomie der „Big Five" sind in den letzten 15 Jahren besonders drei „dunkle" Eigenschaften ins Licht psychologischer Forschung gerückt

(Paulhus & Williams, 2002). Narzissmus umfasst beispielsweise eine extreme Ichbezogenheit, den Glauben an eigene Grandiosität, Einzigartigkeit und Überlegenheit anderen gegenüber, Machiavellismus geht einher mit mikropolitischen Manipulationen, dem Hang zu illegalen und/oder illegitimen Methoden zur Machtstärkung, Zynismus, Kaltherzigkeit, etc. und Psychopathie (subklinisch) hängt zusammen mit hoher Impulsivität, geringer Empathie und Ängstlichkeit, brutaler Rücksichtslosigkeit und Menschenverachtung, aber auch Charisma und Charme.

In der Metaanalyse von O'Boyle et al. (2012, korrigierte Korrelationen in Klammern) konnte gezeigt werden, dass Narzissmus und Psychopathie (.51) sowie letzteres mit Machiavellismus (.59) deutlich zusammenhängen. Etwas schwächer ist der Zusammenhang zwischen Narzissmus und Machiavellismus (.30). Welche Auswirkungen hat eine solche Merkmalskombination bei Führungskräften in Unternehmen? In der genannten Metaanalyse (ebenda) fanden sich Zusammenhänge mit kontraproduktiven Verhaltensweisen wie Veruntreuung, Unterschlagung, mangelnde Compliance und Aggression (auch Kish-Gephard, Harrison & Trevino, 2010; Chatterjee & Hambrick, 2007). Alle Variablen der „dunklen Triade" weisen signifikant höhere Werte für Männer als für Frauen auf (Paulhus & Williams, 2002; Austin et al., 2007). Die Rolle eines überhöhten Narzissmus bei Führungskräften wird vielfach deutlich negativ gesehen (Campbell et al., 2011). Mehr dazu finden Sie im Kapitel Führung in diesem Band.

Furnham (2008, S. 162) zeigt mögliche Wege der Einflussnahme der Persönlichkeit auf sogenannte „Outcome-Variable", also Kriterien des Berufserfolges. So könnte beispielsweise die Beziehung positiv-linear sein, das heißt je mehr vom Merkmal vorhanden ist, desto mehr Erfolg. Das mag auf den ersten Blick nachvollziehbar sein, bei näherer Betrachtung kommen Zweifel auf: bei sehr hohen Werten in der akademischen Intelligenz könnte beispielsweise Langeweile bei der Arbeit auftreten. Außerdem ist eine umgekehrt u-förmige Beziehung zwischen Personmerkmalen und Kriterien des Erfolges denkbar. Das ist z.B. der Fall, wenn Extremwerte die Leistung negativ beeinflussen. So könnten unterdurchschnittlich gewissenhaft Arbeitende mit der Termineinhaltung arge Probleme haben. Bei Werten weit über dem Durchschnitt aber könnte es an Spontaneität mangeln – wenn Kunden plötzlich Änderungswünsche mitteilen, mag dies hinderlich sein.

2.3.2 Implizite Maße in der Personalauswahl

Wenn es in der Psychologie eine gesicherte Erkenntnis gibt, dann die, dass menschliches Verhalten in erheblichem Ausmaß durch unbewusste Prozesse beeinflusst wird. Diese unbewussten Prozesse liegen zum Teil außerhalb von uns selbst, interagieren aber immer mit internen Persönlichkeitssystemen, die zum Teil früh im Leben geprägt werden, relativ zeitstabil sind und ebenfalls unbewusst ablaufen.

Wie wir uns diese Interaktion unbewusster interner und externer Vorgänge vorstellen können, beschreibt eindrücklich der erste Psychologe, der den Nobelpreis für Ökonomie gewinnen konnte. Daniel Kahneman (2012) nennt die Summe unbewusster interner Informationsverarbeitungs- und Entscheidungsprozesse schlicht „System 1" oder „schnelles Denken". Dieses schnelle Denken, das unterhalb der Bewusstseinsschwelle viele überlebenswichtige Vorgänge steuert, kann in bestimmten Situationen zu schweren Fehlurteilen führen. Angesichts drohender Verluste kann „System 1" uns zu einem irrational anmutenden Festhalten an bereits erworbenem Besitz oder einem „Anker" bringen, was bspw. Akteure am Aktienmarkt in systematischer und damit vorhersehbarer Weise zu einem verspäteten Verkauf fallender Aktien verleitet. Kaufleuten ist dieses Verhalten im allgemeineren Sinn auch unter dem Schlagwort „gutes Geld schlechtem hinterwerfen" verhasst – wir „verlieben" uns in unseren einmal erworbenen Besitz und investieren darin auch dann noch, wenn rational längst klar ist, dass es sich dabei um ein Fass ohne Boden handelt. Legendär ist in diesem Zusammenhang der sog. „Concord-Fehler", bei dem Franzosen und Briten auch dann noch Milliarden in ein Überschall-Passagierflugzeug investierten, nachdem bereits Unsummen ausgegeben worden waren und deutlich wurde, dass dieses Flugzeug niemals Gewinn einfliegen würde.

Viele Marketingstrategien setzen gezielt darauf, unser unbewusstes „System 1" anzusprechen. Mit großem Erfolg, denn nach der Einschätzung von Gary Zaltman (2003) von der Harvard Business School wird menschliches Entscheidungsverhalten auch in ökonomischen Kontexten zu 95% unbewusst vom schnellen Denken gesteuert. Wie vielfältig das Spektrum von Situationen ist, in dem wir unbewusst und offenbar irrational entscheiden, beschreiben sehr unterhaltsam und doch fundiert die Bücher von Dan Ariely (z.B. 2010; *Denken hilft zwar, nützt aber nichts*). Und noch ein Klassiker der Psychologie sei an dieser Stelle zum Weiterlesen empfohlen: Walter Mischel (2015) hat in seinem Buch „Der Marshmallow-Test" eine Folge genialer Experimente beschrieben, wie das schnelle, unbewusste wie auch das langsame, kontrollierte Denken schon bei kleinen Kindern gut beobachtet werden kann. Es zeigt, wie entscheidend das Gleichgewicht dieser beiden Prozesse die gesamte Entwicklung bis ins Erwachsenenalter beeinflusst und wie wichtig dieses Verhältnis aus schnellem und langsamen Denken für das Berufsleben ist (Mischel nennt es übrigens „heißes" versus „kaltes" Denken).

> **Implizite Maße der Personalauswahl erfassen die nicht bewussten Motive von Personen. Sie sagen Berufserfolg ebenfalls relativ gut voraus und sollten stets wissenschaftlich abgesichert sein. Auch der Einsatz impliziter Verfahren setzt sehr große Sachkenntnis voraus. Diese Verfahren sind größtenteils verfälschungssicher und ergänzen den Einsatz expliziter Verfahren sehr gut.**

Auch wenn sich sicherlich darüber streiten lässt, ob tatsächlich 95% unserer Entscheidungen unbewusst vorbereitet werden, gibt es doch mittlerweile einen breiten Konsens unter Wissenschaftlern und Praktikern, dass die absolute Mehrheit der Informationsverarbeitungs-, Motivations- und Entscheidungsprozesse implizit abläuft (Camerer, Loewenstein & Prelec, 2005; Gigerenzer, 2007; Zajonc, 1980, 1984, 1998). Ganz neu ist diese Erkenntnis ja nicht. Schon Sigmund Freud hatte darauf hingewiesen, dass das Bewusstsein nur mit der Spitze eines Eisberges zu vergleichen sei und die große Masse der mentalen Vorgänge wie der Eisberg unterhalb der Wasseroberfläche läge. 1977 wiesen Nisbett und Wilson in einem klassisch zu nennenden Artikel „Telling more than we can know: Verbal reports on mental processes" auf die begrenzte Validität einer einseitigen bewussten bzw. expliziten Befragung von Probanden hin.

Um es kurz und bündig zusammenzufassen: Eine moderne Personalauswahl muss heute auch über unbewusste Prozesse bei der Personalauswahl und die impliziten Merkmale von Bewerbern informiert sein und diese für valide Entscheidungen berücksichtigen.

Der Halo-Effekt

Unbewusste Prozesse beeinflussen bereits zu einem sehr frühen Zeitpunkt unser Entscheidungsverhalten in Auswahlverfahren. System 1 ist laut Kahneman (2013) eine Art „Assoziationsmaschine", die unablässig versucht, die Vorgänge in der Umwelt als kohärent bzw. konsistent wahrzunehmen. Dies führt zu einer Vielzahl von in der Sozialpsychologie intensiv beforschten Effekten, zu denen u.a. Vorurteile, Stereotype und Heuristiken gehören. In Einstellungsinterviews bspw. führt ein unkontrolliertes System 1 zum sog. Halo-Effekt, bei dem eine besonders auffällige Eigenschaft eines Bewerbers, wie bspw. körperliche Attraktivität oder sympathisches Auftreten, dazu führen kann, dass die Interviewer andere Eigenschaften wie Intelligenz oder Kompetenz ebenfalls positiv beurteilen. Dies ist ein schwerer Beurteilungsfehler, denn Eigenschaften wie Intelligenz, Sympathie und Aussehen sind nicht oder nur in sehr geringem Maße miteinander korreliert, wie jeder Studierende durch eigene Studien selbst nachweisen kann.

Der Halo-Effekt wirkt auch bei negativen Eindrücken. So kann bereits ein „ausländisch" klingender Name eines Bewerbers Personalexperten zu der unbewussten Einschätzung bringen, dass dieser unsympathisch und wahrscheinlich inkompetent sein wird. Belegt ist dies u.a. auch für die Wirkung von Akzentfärbungen der Sprache (Hosoda, Nguyen & Stone-Romero, 2012). Hieran wird deutlich, dass der Halo-Effekt durch einen anderen Effekt unterstützt wird, den Primacy/Recency-Effekt. Fatalerweise neigen wir Menschen dazu, besonders saliente, also informationshaltige und vielleicht außergewöhnliche Hinweisreize für unsere Entscheidungen stark zu betonen und dafür die vielen „normalen" Ereignisse außer Acht zu lassen. In Einstellungsinterviews ist das oftmals der erste und letzte Eindruck, den die Bewerber hinterlassen. Die vielen Informationen in der Mitte des Prozesses werden unbewusst ignoriert, was natürlich ebenfalls ein schwerer Fehler ist. Wie man diese Fehler vermeiden kann, zeigen Strukturierungstechniken für Interviews. Und wie man den gesamten Auswahlprozess weitgehend von verzerrenden Einflüssen befreit, können Sie in Abbildung 3 sehen. Wie heute in vie-

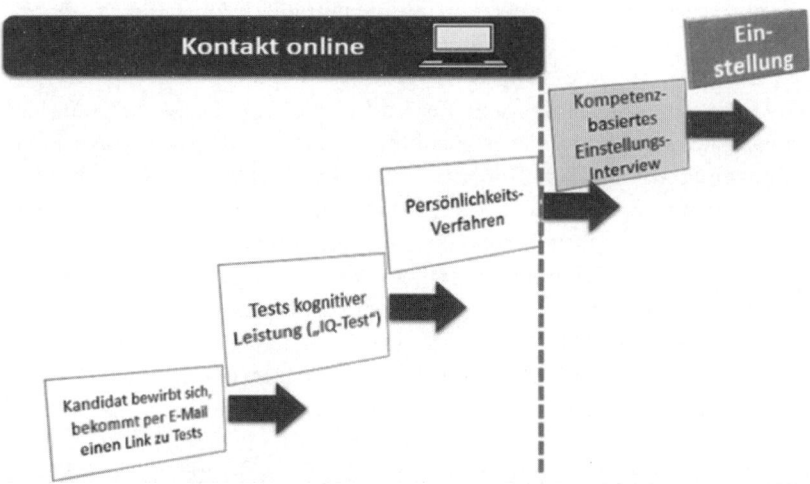

Abb. 3: Möglicher Verlauf eines anonymisierten Online-Auswahlprozesses. Pfeile bedeuten potenzielle Phasen der Ablehnung von Kandidaten (eigene Darstellung)

len Großunternehmen üblich, kann der Bewerbungs- und Auswahlprozess weitgehend automatisiert ablaufen, dies inkludiert die Bewerbung per E-Mail ebenso wie die Anwendung von Verfahren zur berufsbezogenen Beschreibung der Persönlichkeit und Tests kognitiver Leistungsfähigkeit. Sowohl implizite als auch explizite Aspekte der Persönlichkeit können mit Hilfe von Onlineverfahren erfasst werden. Implizite Motive können selbstverständlich auch im Rahmen strukturierter Interviews ermittelt werden, darauf wird nun eingegangen.

Strukturierungstechniken für Interviews

Das wichtigste Prinzip, um Urteilsverzerrungen zu kontrollieren, ist die Strukturierung des Interviews. Dadurch kann laut Schmitt & Hunter (1998) im Durchschnitt ein Validitätszuwachs von ca. .38 auf .51 erreicht werden, das ist ein Zugewinn an aufgeklärter Varianz um 24%. Auch implizite Merkmale einer Person lassen sich mit der Interview-Methode erfassen (Sarges, 2011). Ähnlich wie bei den weiter unten noch vorgestellten operanten Tests stellt der Interviewer zu einem interessierenden Thema (z.B. Leistungsmotiv) mehrdeutige Fragen („erzählen Sie aus einer besonders motivierenden Zeit in der Grundschule"), um Erzählströme zu erzeugen, die er oder sie durch gezieltes Nachfragen dann so lenkt und eskaliert, dass die implizite Sicht des Interviewten auf das Thema Leistungsmotivation klarer wird. So kann bspw. deutlich werden, dass ein Kandidat seit seiner Kindheit immer nur genau so viel tut, wie nötig ist – also ein eher niedriges Leistungsmotiv hat – was in einem „glatten" Lebenslauf nicht zum Vorschein kommt. Wichtig ist dabei die Strukturiertheit beim Fragen, dem detaillierten Aufzeichnen der Antworten und der systematischen Zuordnung der Antworten zur Messung des interessierenden Konstrukts. Einen guten Überblick über andere Methoden des strukturierten Interviews gibt Schuler (2002; 2014, vgl. auch Kapitel 2.3.3).

Unbewusste bzw. implizite Prozesse beeinflussen jedoch nicht nur das Auswahlverfahren selbst. Sie sind auch integraler Bestandteil unserer Persönlichkeit, also als sog. *Traits* als relativ zeitstabile und situationsübergreifende neuropsychologische Systeme in unserem Gehirn verankert (Scheffer & Heckhausen, 2010). Das ist für die Personalauswahl außerordentlich wichtig. So verlangen bestimmte Positionen in einem Unternehmen ein hohes Maß an Selbstkontrolle über das schnelle Denken. Nach Mischel (2015) brauchen sie dafür starke Kompetenzen, über die Aktivierung des präfrontalen Kortex einen hemmenden Einfluss auf die impulsiveren Bedürfniszentren des Gehirns auszuüben. Der Marshmallow-Test kann hierbei durchaus als Inspiration für Assessment Center-Übungen dienen, mit denen Führungskräfte, Finanzexperten oder Einkäufer ausgewählt werden, von denen oftmals ein besonders hohes Niveau an Selbstkontrolle erwartet wird. Umgekehrt gibt es aber auch Positionen in Unternehmen, in denen auch ein stark ausgeprägtes „schnelles Denken" wichtig ist, z.B. im Vertrieb (Scheffer, Eisermann & Binckebanck, 2016).

Besonders der Halo-Effekt verringert die Güte von Auswahlentscheidungen massiv. Daher sollte der Prozess der (Vor-) Auswahl weitgehend objektiv und ggf. onlinegestützt ablaufen. Hier können unterschiedliche Verfahren zum Einsatz kommen. In der direkten Kommunikation mit Bewerbern empfiehlt sich das strukturierte Einstellungsinterview, auch dazu liegen zahlreiche Studien vor. Eine valide Personalauswahl nutzt auch aktuelle Anforderungsanalysen.

Eine valide Personalauswahl muss immer auf einer differenzierten Anforderungsanalyse aufbauen (siehe Kapitel Arbeitsanalyse und Kompetenzmodellierung in diesem Band). Dafür ist eine ebenso differenzierte Kenntnis der impliziten Persönlichkeitssysteme von Menschen notwendig. In den nächsten zwei Abschnitten soll auf der Grundlage der Persönlichkeits-System-Theorie von Julius Kuhl (2001) diese Differenzierung vorgenommen werden. Zunächst werden die „großen Drei" impliziten Motive vorgestellt, über deren Existenz seit gut hundert Jahren in der Psychologie ein hoher Konsens herrscht. Sie gehören allesamt zu System 1 und sind damit Träger vieler irrationalen Aspekte des menschlichen Verhaltens. Diese Motive müssen von anderen Persönlichkeitseigenschaften abgegrenzt werden, die sich auch anderen Regionen des Gehirns zuweisen lassen (Kuhl, 2001). Hier ist der Konsens in der Psychologie leider weitaus geringer, so dass wir hier, neben dem vorgestellten „Big Five"-Ansatz, ein rivalisierendes Modell vorstellen. Studierenden der Wirtschaftspsychologie sollte bewusst sein, dass in der Psychologie noch immer heftige Kontroversen darüber geführt werden, welches Persönlichkeitsmodell die Realität am adäquatesten beschreibt – zwar ist der „Big Five"-Ansatz weit verbreitet, aber es gibt auch Kritik daran (s. Scheffer & Heckhausen, 2010).

Implizite Motive

Aufgrund der hohen Bedeutung von Motivation und Motiven für die Personalauswahl stehen drei Motive in diesem Beitrag im Fokus, deren impliziter Anteil in den letzten Jahrzehnten intensiv beforscht worden ist. Es handelt sich um die „großen drei" Motive nach Bindung/Anschluss, Leistung/Wettbewerb und Macht/Einfluss. Ausführliche Definitionen dieser drei Motive mit ihrem impliziten, affektgeladenen Kern finden sich bei Schultheiss und Brunstein (2010).

Auch zu diesem Themenbereich gibt es mittlerweile einen breiten Konsens darüber, dass sich Motive früh in der Ontogenese – noch vor dem Spracherwerb – als affektives neuronales Netzwerk bilden und daher nicht bewusst durch explizite Maße abgefragt werden können (McClelland, Koestner & Weinberger, 1989). Für eine innovative Eignungsdiagnostik, die auf implizite Maße nicht verzichten kann und will, werden daher indirekte, nicht-respondente bzw. operante Verfahren benötigt (Sarges, 2003; Sarges & Scheffer, 2008a, b).

Historisch betrachtet begann die systematische Erforschung impliziter Motive, als Murray (1938) mit dem *Thematischen Apperzeptionstest* (TAT) ein Messinstrumentarium entwickelte, das bis heute verwendet wird. Mit dem TAT werden implizite Motive gemessen, indem Teilnehmer zu mehrdeutigen Szenen Geschichten schreiben, die dann durch wohldefinierte Auswertungsschlüssel auf darin vorkommende motivspezifische Inhalte hin kodiert werden. Die Grundidee hierbei ist, dass Motive ein starker Wahrnehmungsfilter sind, durch die nur das gesehen wird, was zu einer aktuellen oder stabilen Motivlage passt. Abbildung 4 zeigt drei mögliche Wahrnehmungen einer mehrdeutigen Szene.

Implizite Motive lassen sich also indirekt (nicht-respondent bzw. operant) durch selektive visuelle Wahrnehmungstendenzen erfassen. Wer beispielsweise ein sehr ausgeprägtes Machtmotiv hat, wird mehrdeutige Bilder/Situationen, wie in Abbildung 1 dargestellt, vor allem vor dem Hintergrund von Hierarchie (bzw. Über-/Unterordnung)

Leistungsthematische Deutung:

„Hier diskutieren 3 Mitarbeiter über ein Problem bei der Arbeit: Es ist ihnen wichtig, nach wirkungsvollen Strategien zu suchen, um eine effiziente Lösung zu finden."

Machtthematische Deutung:

„Hier gibt der Chef seinen Mitarbeitern Anweisungen. Er möchte sofort alle erforderlichen Unterlagen für das Vorstandsmeeting haben."

Bindungsthematische Deutung:

„Hier sitzen 3 Personen in einer Cafeteria bei Kaffee und Kuchen, sie genießen die herzliche, freundschaftliche Atmosphäre."

Abb. 4: Thematische Apperzeptionen zu einer mehrdeutigen Situation als Basis der Messung impliziter Motive

interpretieren. Hoch Bindungsmotivierte deuten genau dieselben bildlich dargestellten Situationen dagegen im Sinne Sympathie, Harmonie und Nähe. Leistungsmotivierte schließlich interpretieren diese Situationen gar nicht in einem sozialen Rahmen, sondern vor dem Hintergrund einer Aufgabenstellung.

Auch wenn die Auswertung auf den ersten Blick einfach erscheint, ist es in der Praxis zeitaufwändig und mühsam, eine akzeptable Objektivität bzw. Übereinstimmung zwischen verschiedenen Auswertern herzustellen. Die mangelnde Objektivität hat einerseits zu harter Kritik an diesen Verfahren geführt, andererseits aber auch zu großen Anstrengungen, dieses Problem durch Vereinfachung und Standardisierung der Auswertungsroutinen zu lösen (z.B. mit Hilfe des Operanten Motiv-Tests, Scheffer, 2005; oder mit dem Motiv-Gitter, Schmalt, 1976). In jüngster Zeit gibt es auch große Fortschritte bei der Programmierung einer vollkommen computergestützten, automatischen Auswertung der geschriebenen Geschichten durch den Vergleich von Worthäufigkeiten (Sarges & Scheffer, 2008a).

Die durch implizite Motive bewirkte selektive Wahrnehmung hat vielfache Auswirkungen auf das tatsächliche Verhalten von Managern (siehe im genannten Band auch das Kapitel von Brunstein; zum Thema *Führung* Kuhl und Krug, 2006; zum Thema *Motivieren von Mitarbeitern:* Scheffer und Kuhl, 2006; und zum Thema *Macht* McClelland, 1975).

Für die Personalauswahl ist die Messung dieser impliziten Motive daher eminent wichtig, um bessere Entscheidungen bei der Einstellung, Platzierung und Entwicklung von Fach- und Führungskräften zu erzielen. Als eine Daumenregel aus der Praxis (s. Kuhl & Krug, 2006), die auch durch eine Längsschnittstudie abgesichert ist (McClelland & Boyatzis, 1982), kann gelten, dass Manager eine Kombination aus hohem Macht-, mittlerem Leistungs- und geringem Affiliationsmotiv haben sollten. Das hohe Machtmotiv hilft ihnen, Freude dabei zu empfinden, andere Menschen beeinflussen zu können. Das mittlere Leistungsmotiv lässt sie kompetent wirken, jedoch nicht alles bis ins Detail selber kontrollieren, d.h. sie können dadurch besser unwichtige, aber dringliche Aufgaben delegieren. Und das geringe Bindungs- bzw. Affiliationsmotiv ermöglicht auf emotionaler Ebene harte, aber notwendige Entscheidungen zu treffen, ohne dabei durch persönliche Beziehungen beeinflusst zu werden. Einem bindungsmotivierten Manager wird es bspw. schwerfallen, in einem Unternehmen betriebswirtschaftlich notwendige Freisetzungen von Mitarbeitern in Gang zu setzen, weil er oder sie implizit von den Mitarbeitern gemocht werden will. Ein geringes Bindungsmotiv dagegen hilft ganz wesentlich dabei, die Dinge unpersönlich und nüchtern von der Sache her zu sehen. Motive selektieren die Sicht auf die Dinge und ermöglichen bzw. verhindern dadurch Handlungen. Diese Daumenregel gilt nicht immer, daher wird im Kapitel Führung in diesem Band noch über andere Profile berichtet. Ferner kann die Kombination aus einem geringen Bindungsmotiv und hohen Werten in „dunklen Eigenschaften" (Narzissmus, Machiavellismus und Psychopathie) höchst dysfunktional sein. Auch darauf wird im genannten Kapitel noch eingegangen.

Psychologische Modelle der Persönlichkeit: Funktionsanalytischer Ansatz versus „Big Five"

Angesichts der Bedeutung impliziter Informationsverarbeitungs-, Motivations- und Entscheidungsprozesse ist es eigentlich erstaunlich, wie wenig außerhalb der Motivforschung an der Entwicklung impliziter Maße gearbeitet wurde. Ein vielversprechender Ansatz mit Hilfe des Implicit Association Tests von Greenwald, McGhee und Schwartz (1998) Persönlichkeitsmerkmale wie Neurotizismus, Dominanz, Gewissenhaftigkeit etc. zu messen, konnte sich bislang in der Praxis nicht durchsetzen. Zu stark hat das klassische Paradigma eines respondenten Stimulus-Response-Schemas in Form von Fragebögen oder strukturierten Interviews die Diagnostik dominiert. Ein Ansatz hat dieses Schema dennoch durchbrochen, indem er mehrdeutige Stimuli für die Trait-Diagnostik einsetzt und damit die für die Messung impliziter Eigenschaften so wichtigen Wahrnehmungstendenzen nutzt (Sarges & Scheffer, 2008b).

Auf der Tradition des Thematischen Apperzeptionstests aufbauend, können individuelle Unterschiede bei der Wahrnehmung Hinweise für individuelle Unterschiede auch bei anderen Eigenschaften als Motiven liefern. Die Bedeutung von Wahrnehmungsunterschieden für die Persönlichkeit kann vermutlich nicht hoch genug eingeschätzt werden, denn der dominante Sinn beim Menschen und damit das Haupttor zu den impliziten Prozessen ist das visuelle System, also der Seh-Sinn (Frey, 1999). Der Mensch ist aus dieser Sicht ein „Augentier" und die visuelle Wahrnehmung damit der Königsweg zu impliziten Merkmalen.

Empirische Studien zeigen, dass mit einem visuellen Test, dem „Visual Questionnaire" (ViQ), Eigenschaften der Typologie C.G. Jungs wie Extraversion versus Introversion, strukturierte Wahrnehmung versus intuitive Wahrnehmung und rationales versus gefühlsmäßiges Entscheidungsverhalten valide gemessen werden können (Scheffer & Lörwald, 2008; Scheffer & Manke, 2017).

Das Messprinzip des ViQ lässt sich gut am Beispiel der Extraversion erklären, eine Dimension, die das Ausmaß an externer Informationsaufnahme steuert. Manager mit hoher Extraversion sind stark auf äußere Stimulationssuche ausgerichtet, während Introvertierte sich eher nach inneren Erfahrungen ausrichten. Beide Tendenzen können vorteilhaft sein, der „klassische" Manager jedoch ist eher extravertiert. Visuell lässt sich dieses Persönlichkeitssystem durch individuelle Unterschiede bei der Wahrnehmung optischer Täuschungen, wie der in Abbildung 5 dargestellten, messen.

Abb. 5: Visuelles Item zur Messung der impliziten Persönlichkeitsdimension „Extraversion"

Der Stimulus zur Messung von Extraversion ist uneindeutig, was für die implizite Messung entscheidend ist. Die Testteilnehmer werden um ihre Einschätzung gebeten, ob die inneren dunklen Kreise unterschiedlich groß sind. Der explizite Bezug zum Konstrukt Extraversion ist nicht gegeben, der Stimulus also uneindeutig, die Reaktion unterliegt keiner sozialen Erwünschtheit. Je größer der Unterschied zwischen den beiden Kreisen wahrgenommen wird, desto *geringer* ist die Extraversion. Neurophysiologisch kann das dadurch erklärt werden, dass ein größerer visueller Cortex mit einer geringeren Wahrnehmung der optischen Täuschung und gleichzeitig einer größeren Außenorientierung einhergeht. Introvertierte sehen aufgrund ihres kleineren visuellen Cortex die Unterschiede bei den beiden mittleren Kreisen besonders stark, allgemein orientieren sie sich daher auch eher an inneren als an äußeren Reizen (Schwarzkopf, Song & Rees, 2010).

Auch andere Eigenschaften können auf diese Weise gemessen werden. Bspw. eine Tendenz zu einer strukturierten, detailorientierten versus reduzierten, handlungsorientierten Wahrnehmung (Sensing versus Intuition). Oder zu einer systematischen, analytischen versus persönlichen und emotionalen Entscheidungsfindung. Die Ergebnisse der letzteren beiden Eigenschaften, die bereits auf C.G. Jung zurückgehen und von J. Kuhl im Rahmen der PSI-Theorie weiterentwickelt wurden (zusammenfassend Scheffer & Manke, 2017), können in einer sog. NeuroIPS® Map abgebildet werden, einer zweidimensionalen Darstellung des impliziten Persönlichkeitssystems bzw. des „Autopiloten" (siehe Abbildung 6). Über die Verortung eines Managers auf der einen und den Anforderungen einer Position oder Organisation auf der anderen Seite lassen sich Aussagen zur Passung ableiten. Abbildung 6 fasst die wichtigsten Erkenntnisse zu vier Grund-Typen (den vier „Kern-Typen" der Theorie von C.G. Jung) in Bezug auf eine Person-Organisations-Passung zusammen.

Manager, die aufgrund ihrer impliziten Persönlichkeit oben links im ST-Segment (*Sensing* und *Thinking*) der NeuroIPSÒ Map liegen, passen gut in klassische, stark strukturierte Organisationen mit einer Führungskultur, die klare und enge Ziele setzt. Je weiter rechts ein Manager liegt, desto eher liegen ihr oder ihm kleine Organisationen mit einer eher familiären Kultur (hohe Ausprägung in *Feeling*). Je tiefer Manager in den unteren intuitiven Bereich der Map verortet werden, desto innovativer, visionärer und flexibler muss ihr Umfeld sein, da hier eine informationsreduzierte, aber handlungsorientierte Wahrnehmung dominiert. Im oberen, rechten Bereich der Map sind Manager verortet, die sich in Organisationen wohlfühlen, die einen hohen Wert auf Gemeinschaft

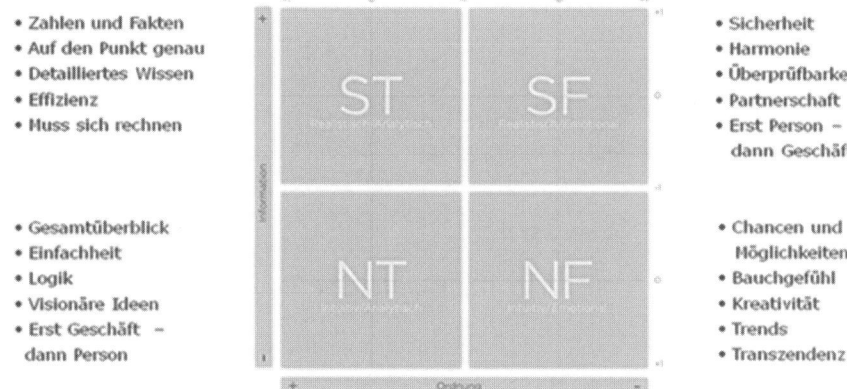

Abb. 6: Eigenschaften von Kern-Persönlichkeitstypen (S=Sensing, N=Intuition, T=Thinking, F=Feeling)

und partnerschaftlichen Umgang legen, wie es vielleicht für Genossenschaften zutrifft (*Sensing* und *Feeling*). Für die Karriere- und Entfaltungsmöglichkeiten ist die Passung der impliziten Persönlichkeitssysteme zu dem Umfeld und den Anforderungen eine wichtige Voraussetzung. Messungen auf expliziten Skalen liefern oft nur ein Abbild sozialer Erwartungen, die sich langfristig nur schwer leben lassen. Natürlich ist die Kombination aus einer expliziten und impliziten Messung von Eigenschaften wie Motiven oder den Dimensionen der Jungschen Typologie aus diagnostischer Sicht optimal, liefert diese doch interessante Erkenntnisse zur Diskrepanz zwischen bewusstem Selbstkonzept und impliziter Persönlichkeit. Eine hohe Übereinstimmung zwischen expliziten und impliziten Anteilen der Persönlichkeit ist dabei empirisch mit emotionalem Wohlbefinden assoziiert (Brunstein, Schultheiß & Grässmann, 1998).

Im Kapitel Führung in diesem Band werden diese Profile noch weiter elaboriert. Auch für Fachkräfte lassen sich bestimmt Regeln aufstellen und das Wissen darüber wächst aufgrund von Plattformen, in der dieser Test eingesetzt wird, schnell.

Insgesamt soll an dieser Stelle verdeutlicht werden, dass in der Personalauswahl natürlich auch die Beobachtung von Verhalten eine große Rolle spielt, um ein Bild von den Kompetenzen von Kandidaten zu erhalten. Dazu informiert auch der nächste Abschnitt, in dem einige Verfahren vorgestellt werden.

2.3.3 Ausgewählte Verfahren im Überblick

Es gibt eine Fülle von Verfahren, die zur Personalauswahl (und Personalentwicklung) genutzt werden können. Neben dem klassischen Prüfen der Bewerbungsunterlagen und dem Einstellungsinterview, welches stets zu zweit und kompetenzfokussiert stattfinden sollte (s.u.), gibt es vielerlei Tests, Fragebögen oder Arbeitsproben, die die Entscheidung fundieren können, das wurde ja weiter oben zum Teil bereits dargelegt. Auf dem Markt der Anbieter kann man leicht den Überblick verlieren.

Vermutlich gibt es mittlerweile mehr Verfahren der Personalauswahl als Autotypen. Im Falle der Autos überprüft der TÜV die grundlegende Verkehrstüchtigkeit. So etwas

Ähnliches gibt es auch im Bereich psychologischer Verfahren zur Erhebung berufsrelevanter Eigenschaften. Sie werden Gütekriterien genannt und weiter unten explizit erläutert. Hier werden nun diejenigen Verfahren oder Verfahrensklassen alphabetisch aufgeführt, die wissenschaftlich belegten Nutzen für Organisationen im Rahmen der Personalauswahl stiften.

Gut untersuchte und Nutzen stiftende Verfahren und Methoden der Personalauswahl sind beispielsweise Arbeitsproben, das multimodale Einstellungsinterview, Assessment Center (die unterschiedliche Ansätze kombinieren) sowie Tests kognitiver Leistungen. Ferner sind Verfahren zur berufsbezogenen Selbstbeschreibung der Persönlichkeit sinnvoll sowie implizite Maße, die Aufschluss über Motivkonstellationen geben.

Arbeitsproben

Dies sind **wohl definierte und strukturiert beobachtete Ausschnitte** aus bedeutsamen und erfolgskritischen Handlungsabläufen „im Job". Sie geben sehr wertvolle Hinweise über die Arbeitsleistung des Bewerbers. Kanning und Schuler (2014) berichten eine kriteriumsbezogene Validität (Zusammenhang zw. Ergebnis des Verfahrens und späterer Leistung) von .51, was derjenigen der kognitiven Leistungsmaße gleichkommt. Arbeitsproben sollten aktuell notwendige Fertigkeiten systematisch abprüfen. Auch hier gilt, dass vorab definiert werden muss, was eine sehr gute, durchschnittliche und unterdurchschnittliche Leistung ausmacht. Dazu sind verhaltensverankerte Beobachtungsbögen hilfreich. Die folgende Abbildung 7 zeigt – didaktisch stark verkürzt – beispielhaft den Ausschnitt eines Beobachtungsbogens für die Verhaltenskategorie „Durchsetzungsfähigkeit". Solche oder ähnliche Verfahren werden auch im Rahmen von Beobachtungen in Assessment Centern verwendet.

„Durchsetzungsfähigkeit":

Setzt sich nicht für eigenen Standpunkt ein.	①	②	③	④	⑤	Setzt sich vehement für eigenen Standpunkt ein.

Abb. 7: Beispiel für eine verhaltensverankerte Beobachtung

Assessment Center

Diese Verfahrensklasse, die meist Rollenspiele, Gruppendiskussionen, Postkorb-Übungen etc. umfasst, ist in der Konstruktion sehr aufwändig und bezüglich der Vorhersage beruflichen Erfolges nicht besser als die günstigere Kombination traditioneller Verfahren. Bestimmte Elemente haben deutlichen Arbeitsprobencharakter (beispielsweise manche Rollenspiele) und daher ihre Berechtigung. Die prognostische Validität der Assessment Center wird in der Literatur unterschiedlich angegeben, Kanning und Schuler (2014, S. 245) berichten auf Basis weiterer Studien eine inkrementelle Varianzaufklärung zusätzlich zu Tests kognitiver Leistung von rund 20% (r um .45). Dort wird auch sinnvoller Weise darauf aufmerksam gemacht, dass es DAS Assessment Center gar nicht gibt, schließlich werden – je nach Organisation – recht unterschiedliche Verfahren unterschiedlich kombiniert.

Insgesamt gilt, dass Beobachter/Assessoren sehr gut geschult und trainiert sein müssen, damit ihre Beurteilungen valide sind. Was trivial klingt, ist in der Praxis umso wichtiger, finden sich doch in älteren Untersuchungen auch negative (!) Zusammenhänge von Beurteilungen in Assessment Centern und später erhobenem Berufserfolg, d.h. gutes Abschneiden ging einher mit wenig Erfolg und umgekehrt (vgl. Höft & Funke, 2006). Kanning und Schuler (ebenda) weisen darauf hin, dass die prognostische Validität von Assessment Centern in den letzten Jahren abgenommen habe, ein alarmierender Befund. Grund sind u.a. die genannten Schulungsmängel, Konstruktion der Übungen durch Nicht-Fachleute sowie ein ggf. geringer Anforderungsbezug (veraltete Postkorb-übung für Webdesigner?).

Laut Höft und Obermann (2010, S. 4) ist „eine deutliche Abnahme von Anforderungsanalysen in der neueren Befragung (62% vs. 87%) zu verzeichnen. Allerdings wurde hier explizit nach dem Einsatz *empirischer* Analysen gefragt, während in der älteren Befragung der Hintergrund der Methode offengelassen wurde." Insgesamt werden von über 80% der von Höft & Obermann untersuchten deutschen Unternehmen folgende Kriterien im Rahmen von Assessment Centern geprüft: Kommunikationsfähigkeit, Durchsetzung und Analysefähigkeit. Zwischen 75% und 78% der Unternehmen fokussieren ferner Konflikt-, Kooperations-, Führungs- und Problemlösefähigkeit sowie Zielorientierung. Engagement und Entscheidungsfreude werden von etwas über 50% erfasst.

Abbildung 8 zeigt ein fiktives Beispiel einer Assessment Center-Matrix, in der vorab bestimmt wird, was genau wie erhoben werden soll. Wichtig ist, wie für alle Verfahren der Personalauswahl: die eingesetzten „Werkzeuge" müssen aktuell, valide und reliabel sein. Mehr Informationen rund um diese Verfahrensklasse bietet beispielsweise der Arbeitskreis Assessment Center e.V. unter http://www.arbeitskreis-ac.de/ (Stand Mai 2017). Hier finden Sie wertvolle Hinweise und Tipps rund um das Thema.

	Fallanalyse + Präsentation	Rollenspiel (starke Abhängigkeit von Fokus und Instruktion)	Situatives/ verhaltens-beschreibendes Interview	Test kognitiver Leistung	Persönlichkeits-verfahren
Aufgabenbearbeitung					
Analysieren	XX	(X)	X	XX	X
Innovatives Problemlösen	XX	(X)	XX	X	X
Eigeninitiative	(X)	XX	XX	-	X
Soziale und Führungskompetenz					
Führungskompetenzen	(X)	XX	X	(X)	X
Teamfähigkeit	(X)	XX	X	(X)	X

Abb. 8: Fiktives Beispiel einer Assessment Center-Matrix zur Erfassung der Kompetenzen „Aufgabenbearbeitung" sowie „Soziale und Führungskompetenzen". 3 = gut geeignet zur Erfassung; X = geeignet; (X) = bedingt geeignet; - = nicht geeignet

Biografische Daten

Das sind Dinge wie die Zugehörigkeit zu einem Verein, bestimmte Hobbys, Informationen aus der Lebensgeschichte, Zeugnisnoten etc. Sie zeigen moderate Korrelationen zu beruflicher Leistung und sollten dann erhoben werden, wenn ein inhaltlicher Zusammenhang zur Tätigkeit besteht. Einfach „ins Blaue hinein" zu fragen („Was schauen Sie denn so für Sendungen?") ist hoch unprofessionell und ggf. ungesetzlich (vgl. Kapitel 3.3). Schuler (2014, S. 265) konstatiert für die Bedeutung von Schulnoten auf Basis US-amerikanischer Studien „einen Wert von ρ = .32, der deutlich über den Angaben aus früheren quantitativen Zusammenfassungen liegt und darüber hinaus auch generalisierbar [...] war." Allerdings habe sich eine Tendenz abnehmender Korrelationen bei zunehmendem Zeitintervall zwischen den Messzeitpunkten gezeigt. Es werde damit ferner eine Schwäche des biografischen Ansatzes deutlich, dass nämlich die Prognosegüte von Schulnoten im Laufe der Zeit abnehme. Dennoch zählten diese zu validen Einzelkomponenten der Bewerbungsunterlagen.

Wir müssen aber auch hier vor allzu großer Euphorie in Sachen Zeugnisse warnen, wie weiter oben bereits geschehen. Schulzeugnisse geben einen ersten Hinweis auf intellektuelle Fähigkeiten: Wer immer und überall sehr gute Noten erreicht, dürfte auch recht ausgeprägte intellektuelle Fähigkeiten besitzen. Der Umkehrschluss ist nicht zulässig: schlechte Noten müssen nicht unbedingt mit geringen kognitiven Kapazitäten einhergehen! Zeugnisse und Referenzen sind wichtig, aber in der Praxis oft überschätzt. Im Gegensatz zu Schulnoten sagen Arbeitszeugnisse z.T. (noch) wenig(er) über tatsächliche Leistung aus. Überlegen Sie einmal, warum das so ist!

Einstellungsinterviews

Job- oder Einstellungsinterviews sind in deutschen und europäischen Unternehmen die verbreitetste Methode (Schuler, 2014). Wir hatten bereits in Abschnitt 2.3.2 in das Thema eingeführt. Schuler definiert das Einstellungsinterview wie folgt:

> „Unter einem Interview als Methode der Personalauswahl ist eine Gesprächssituation zwischen zwei oder mehreren Personen – Repräsentanten der auswählenden Organisation einerseits und Stellenbewerber andererseits – zu verstehen, die Gelegenheit zum Austausch bewerbungsrelevanter person-, arbeits- und organisationsbezogener Information bietet und damit als Grundlage für Auswahlentscheidungen seitens der Organisation und der Organisationswahl seitens der Bewerber dient. Im Regelfall handelt es sich um eine direkte, unreduzierte, also Vis-à-vis-Interaktion, aber auch ein Telefongespräch kann den Charakter eines Auswahlgesprächs haben. (ebenda, S. 277)

Natürlich sind auch Einstellungsinterviews via moderner Onlinemedien („Skype") möglich und häufig sehr nützlich, um beispielsweise Anfahrtskosten etc. zu reduzieren.

Für alle Arten von Interviews gilt, dass die Durchführung trainiert werden muss. Niemand kann „einfach so" gute Einstellungsinterviews realisieren. Ferner müssen die im Interview geprüften Kriterien (beispielsweise Teamfähigkeit) vorab sauber ermittelt werden. Dazu eignet sich die Methode der kritischen Ereignisse (Flanagan, 1954), diese wird im Infokasten 2 im Anhang skizziert. Generell kann gesagt werden, dass mit Hilfe konkreter Fragen diejenigen Berufskompetenzen erfasst werden, die im Arbeitshandeln erfolgskritisch sind.

Wichtig ist es ferner, möglichst offene Fragen zu stellen. Ein Beispiel: „Wie haben Sie in der von Ihnen geschilderten Situation reagiert?" Personen werden dann i.d.R. entlang des Erinnerten antworten. Auch hier spielt soziale Erwünschtheit eine Rolle, schlimmstenfalls antwortet die Person hier: „Gut!" Es gilt möglichst viele Verhaltensindikatoren aufzuspüren, also nachzuhaken, etwa so: „Sie sagen, das haben Sie gut hinbekommen. Was heißt gut? Woher genau wissen Sie, dass es gut war? Haben das andere, involvierte Personen auch so gesehen? Wie genau waren die Reaktionen?"

Einstellungsinterviews sind immer mindestens zu zweit und immer strukturiert durchzuführen, das wurde bereits dargestellt. Kriterien, Formulierungen, Fälle etc. müssen auf ihre Validität (inhaltliche Gültigkeit) und Aktualität hin überprüft werden. 15 Jahre lang immer die gleichen Fragen im Interview zu nutzen ist bequem, aber höchst unprofessionell. Zentral ist die Frage, ob das, was beispielsweise ein überdurchschnittlicher Vertriebsmitarbeiter vor langer Zeit tat, um erfolgreich zu sein, auch heute noch gültig ist.

Multimodales Interview

Das Multimodale Interview geht auf Schuler (2002; 2014) zurück und verbindet wesentliche Teile des oben Gesagten zu einem wohl choreografierten Ablauf, wie in Abbildung 9 gezeigt wird.

Die prädiktive Validität wird mit bis zu .50 angegeben (Schuler, 2014), zusätzlich zu Intelligenztests finden wir einen Zugewinn des Vorhersagebeitrages von $r = .12$ (Schmidt & Hunter, 1998). Fisseni (2004, S. 152, urspr. Loretto, 1986; Übers. und gekürzt durch LB) bietet eine Checkliste für die wesentlichen Voraussetzungen der Durchführung eines guten Einstellungsinterviews: „Der gute Interviewer
- hat einen Plan,
- hat adäquates Wissen über die Tätigkeit,
- plant für Interviews genügend Zeit ein,
- sorgt dafür, dass der Bewerber sich wohl fühlt,
- lässt den Bewerber (aus-) sprechen,
- vermeidet Führungsfragen (i.S.v. rhetorischen oder Fangfragen),

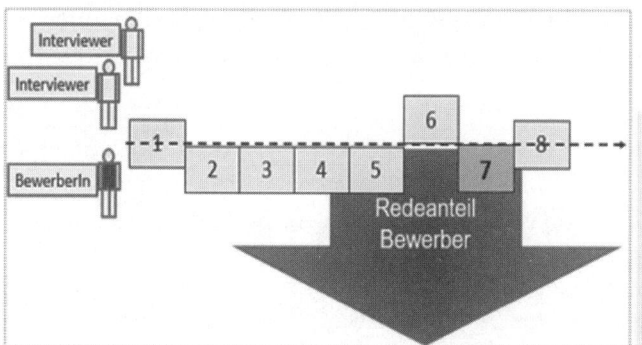

Abb. 9: Beispielstruktur des Multimodalen Interviews (bearbeitet nach Schuler, 2014)

- passt das Sprachniveau dem des Bewerbers an,
- ist sich eigener Vorurteile bewusst und versucht, nicht zu bewerten,
- vermeidet jegliche diskriminierende Einflussnahme,
- weiß wann und wie das Interview beendet wird
- macht sich während des Interviews Notizen und schreibt sofort nach dem I. Eindrücke und Urteile auf."

Weitere, sehr nützliche Formen von Einstellungsinterviews sind das situative und das Verhaltensbeschreibende Interview. Im ersten Fall wird danach gefragt, wie sich ein Bewerber in einer berufsbezogenen Situation in der Zukunft verhalten würde. Im zweiten Fall wird rückschauend gefragt, wie sich verhalten wurde. Schuler (2014, S. 290f.) schlussfolgert zum Thema Einstellungsinterviews, dass dieses, falls strukturiert und verhaltensverankert durchgeführt, eine Alternative zu anderen, aufwändigeren Verfahren der Personalauswahl darstellten.

Psychometrische Tests/Verfahren

Dies sind standardisierte wissenschaftliche Verfahren, die aufgrund von Verhaltens- oder Erlebnisstichproben (etwa Selbsteinschätzungen) quantitative Aussagen (mehr als, so wie viele andere etc.) über Leistungs- und Persönlichkeitsvariablen ermöglichen (kognitive Fähigkeiten, „Big Five", Selbstwirksamkeit, also der Glaube an die Wirksamkeit eigener Handlungen oder Integrität). Hierunter fallen auch oben erwähnte implizite Verfahren, die beispielsweise Motive erfassen können. Über die Validität dieser Verfahren wurde ja bereits berichtet. Es sollten ausschließlich diejenigen Eigenschaften erfasst werden, die nachweislich berufsrelevant sind. Die entsprechende prädiktive Validität muss von Seiten der Anbieter dargelegt werden.

Graphologie/Astrologie/Gesichtsanalytik – *Vorsicht, Satire[1]!*

Ja, gehen Sie mit Ihrem Horoskop in der Tasche und einem graphologischen Gutachten zum nächsten Arbeitgeber oder erfreuen Sie ihn mit einer simplen Trilogie der Persönlichkeit („Dynamiker, Sympathiker, Logiker" oder „Als Waagemensch besitze ich ein ausgleichendes Wesen..."). Sie können aber auch gleich Ihren beruflichen Erfolg durch Handauflegen, Runensteine werfen, Kaffeesatzlesen oder Pendeln vorhersagen... und wer es umfangreicher und etwas weniger polemisch mag, liest hier weiter: Kanning, U. P. (2010). *Von Schädeldeutern und anderen Scharlatanen. Unseriöse Methoden der Psychodiagnostik.* Lengerich: Pabst.

Verfahren kombinieren!

„Gemischte" Verfahren liefern die verlässlichsten Prognosen. Besonders wichtig sind Vorstellungs- oder Bewerbergespräche, bewährte Leistungstests zu kognitiven Funktionen sowie Verhaltensbeobachtungen zu simulierten Arbeitsproben. Hier empfiehlt es sich dringend, ausgewiesene Experten für Personalauswahl zu Rate zu ziehen. Außer-

---

[1] „Was darf Satire? Alles." Kurt Tucholsky.

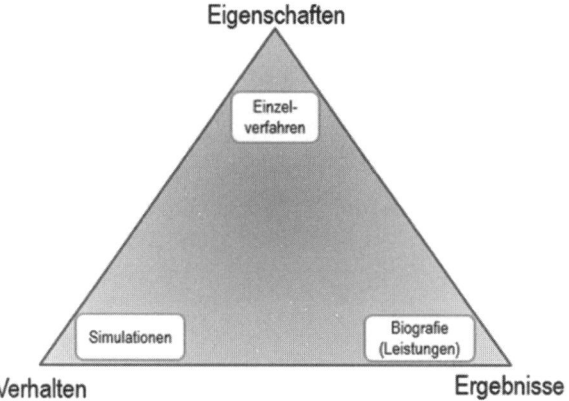

Abb. 10: Diagnostisches Dreieck (nach Schuler, 2002)

dem betonen wir erneut: Ausprägungen der „erwünschten" Merkmale müssen sich an den Notwendigkeiten der Tätigkeiten ausrichten. Hilfreich ist hier das diagnostische Dreieck (Schuler, 2002), das in Abbildung 10 dargestellt ist.

Um eine gute Prognose zukünftiger beruflicher Leistungen zu schaffen, muss man sowohl Verhalten (z.B. per Arbeitsprobe), Eigenschaften (z.B. über explizite und/oder implizite Verfahren) und Ergebnisse bisherigen berufsrelevanten Verhaltens (Zeugnisse) zusammenführen.

2.4   Gütekriterien

Die Haupt-Gütekriterien von Auswahlverfahren (beispielsweise Testverfahren) sind im Folgenden dargestellt (Kanning, 2004).

Validität (Gültigkeit)

Es gibt verschiedene Arten von Validität oder Gültigkeit. Grundlegend ist bei allen Varianten die Frage, ob mit dem Verfahren auch das gemessen wird, was gemessen werden soll. Ein Test zur Erhebung kognitiver Fähigkeiten sollte nicht gleichzeitig das Merkmal Ehrlichkeit erheben (und umgekehrt). Die *Inhaltsvalidität* fragt ganz grundsätzlich nach der Güte, man erhält Hinweise auf die Inhaltsvalidität beispielsweise durch die Befragung von Experten. Wenn man sich beispielsweise Tests zur Messung der Englischkenntnisse ansieht, wird schnell klar, ob diese das Merkmal erfassen oder nicht. *Konstruktvalidität* fragt mit Hilfe verschiedener statistischer Methoden, ob das erhobene Konstrukt „getroffen" wurde oder nicht. Was bedeutet *Konstrukt*? Intelligenz beispielsweise lässt sich nie direkt beobachten („Ah, ich sehe gerade, dass Sie intelligent denken!"). Man kann aber sehr wohl die Ergebnisse intelligenter Denkprozesse erheben. Die dahinterliegende tatsächliche Intelligenz ist aber letztlich

Alle in der Personalauswahl eingesetzten Verfahren müssen psychometrisch sauber konstruiert, valide, reliabel, transparent, fair und ethisch einwandfrei sein. Ohne den dezidierten Nachweis kriteriumsbezogener Validität sind Verfahren als nicht nutzbringend einzuschätzen.

nur annähernd erfassbar (beispielsweise, weil ein Test selten alle denkbaren Facetten der Intelligenz erfasst).

Eine sehr bedeutende Form der Validität ist die *kriteriumsbezogene Validität*. Sie fragt u.a. danach, ob ein theoretisches Konstrukt brauchbare Vorhersagen von Verhalten oder Verhaltensergebnissen macht. Das sollte ja bei der Intelligenz der Fall sein. Intelligente Menschen sollten (in der Regel) erfolgreicher sein als weniger intelligente (sie haben bessere Noten, lernen schneller, können schneller Wichtiges von Unwichtigem unterscheiden etc.). Also wäre eine Hypothese, dass hohe Werte in Tests der Intelligenz mit gutem Berufserfolg einhergehen (korrelieren). Wie oben erwähnt, ist das der Fall.

Reliabilität (Messgenauigkeit)

Ein psychologisches Verfahren sollte das zu erfassende Merkmal genau erfassen („Hm, sie haben wahrscheinlich ungefähr einen recht hohen Intelligenzwert, glaube ich!"). Misst das Instrument genau, ist es reliabel. Es gibt verschiedene Maße der Reliabilität, etwa das Maß der *internen Konsistenz Cronbachs α* (Alpha), die *Split-Half-Reliabilität* (hier wird der Test in zwei Hälften geteilt und diese korreliert) und die sogenannte *Re-Test-Reliabilität*. Im letzten Falle misst man das zu erfassende Merkmal zu einem Zeitpunkt 1 und dann wieder zum Zeitpunkt 2 (beispielsweise einige Monate später). Bei sich nicht oder langsam verändernden Merkmalen sollten die Ergebnisse beider Messungen hoch korrelieren. Eine kurze, kritische Würdigung des Koeffizienten *Cronbachs α* bieten wir Interessierten im Anhang (Infokasten 3 im Anhang).

Objektivität (Anwender-Unabhängigkeit)

Das Ergebnis eines Verfahrens muss unabhängig vom Anwender oder der Art der Anwendung sein.

Akzeptanz, Fairness, Ethik (AGG)

Wird ein Verfahren als „nervig" oder gar ethisch verwerflich eingestuft, beeinflusst dies u.U. das Ergebnis stark. Zur Akzeptanz gehört aber der gesamte Prozess der Erhebung. Wird dieser beispielsweise als sehr belastend wahrgenommen, hat dies ebenfalls Einfluss auf das Ergebnis. Man sollte also als Unternehmen unbedingt darauf achten, Auswahlprozesse fair zu gestalten, *auch abgelehnte Bewerber können potenzielle Kunden sein.* Im Falle der Akzeptanz eines Verfahrens zur Personalauswahl spricht man auch von sozialer Validität (s.u.). Die Bearbeitung berufsbezogener Fragebögen sollte nicht mehr als 30-45 Minuten in Anspruch nehmen, längere Bearbeitungszeiten lassen sich i.d.R. nur Studierende der Psychologie gefallen...

Standards der Durchführung, Interpretation etc. für die berufsbezogene Eignungsdiagnostik liefert die DIN 33430 (Kersting, 2006; DIN, 2016). HR-Experten sollten sich weitestgehend nach diesen Standards richten und sich ggf. von ausgebildeten Diplom-Psychologen oder Psychologen mit Master-Abschluss beraten lassen (mehr dazu vom BDP, dem Berufsverband Deutscher Psychologinnen und Psychologen; http://www.bdp-verband.org/).

Technische Aspekte bei Online-/PC-Verfahren

Diese Kategorie ist im engeren Sinne eigentlich kein Gütekriterium. Andererseits aber können natürlich technische Probleme bei Online-Verfahren den gesamten Prozess der Personalauswahl gefährden. Sensible, personbezogene Daten müssen nicht nur verschlüsselt versendet werden, der gesamte Prozess der Online-Befragung muss reibungslos und möglichst ohne Hürden (beispielsweise für Körperbehinderte) ablaufen. Hier eine erweiterte Liste wichtiger Gütekriterien psychometrischer Tests nach Treier (Treier, 2011, S. 102, bearbeitet):
- Validität (inhaltliche Gültigkeit)
- Reliabilität (Messgenauigkeit)
- Objektivität (Nutzerunabhängigkeit)
- Legalität (Gesetzestreue, Datenschutz, Recht auf Ergebnisse etc.)
- Komplexität (Maß für den Aufwand der Nutzung)
- Modernität (Papier- versus Onlinetest)
- Flexibilität (Anpassbarkeit an neue Erfordernisse, beispielsweise neue Skalen)
- Authentizität (Wider die soziale Erwünschtheit und Verfälschbarkeit)
- Sensibilität (Messempfindlichkeit des Tests beispielsweise für den Nachweis von Änderungen. Für Personalauswahl genügt häufig ein Screening)

2.5 Eignungsdiagnostik und Personalentwicklung

Will man Eignungsdiagnostik für die Entwicklung beispielsweise von Führungskräften nutzen, muss diese systematisch erfolgen. Man kann nicht mal hier, mal da einfach so ein paar Leistungsdaten erheben und am Ende eines Jahres einen kurzen Blick darauf werfen („Na, war doch alles ganz gut, was?"). Systematisch erfasste Leistungs- und Potentialdaten allerdings helfen, Über- oder Unterforderung von Mitarbeitern zu vermeiden und Entwicklungsmöglichkeiten zu sichern. Außerdem helfen sie, die Effizienz zu steigern. Es ist sicher bedeutsam, beispielsweise den *richtigen* Manager zum Aufbau einer neuen Hotelkette nach Asien zu schicken. Letztlich können aber gerade Leistungsdaten auch Entlassungen bzw. Kündigungen vorbereiten. Will oder muss man sich von einem Mitarbeiter trennen, so ist dies auf Basis systematischer und regelmäßig erhobener Nachweise der (Nicht-) Leistung möglich. Werden Trainings angeboten, können die Ziele beispielsweise eine Verbesserung des Verhältnisses zwischen Mitarbeiter und Organisation oder die Weiterentwicklung von Fachwissen und Fertigkeiten sein. Leistungsmessung ist aber nicht Eignungsdiagnostik im engeren Sinne, denn hier werden oft Verfahren eingesetzt, die einen nichtwissenschaftlichen Hintergrund haben. Mehr dazu erfahren Sie im Kapitel Leistungsbeurteilung in der Praxis in diesem Band.

2.6 Analyse von Arbeitstätigkeiten

Um eine gescheite Personalauswahl zu realisieren, ist eine Arbeitsanalyse notwendig. In der Realität dürften die meisten kleinen und mittleren Unternehmen eher grobe Analysen nutzen (was muss die Person i.A. tun, womit wird sie konfrontiert etc.). Die Schaffung einer genauen Passung zwischen Person und Arbeitsumwelt aber verlangt eine *genaue* Kenntnis dessen, was zukünftige Mitarbeiter aktuell erwartet. Arbeitsanalysen sollen also Informationen über das gesamte Aufgabenspektrum einer Tätigkeit geben. Arbeitsorientierte Evaluationen fokussieren Merkmale der Organisation wie Produktivität, Aufgaben, Pflichten und Verantwortlichkeiten. Mitarbeiterorientierte Evaluationen hingegen beschäftigen sich mit Charakteristika wie benötigtes Fachwissen, Fähigkeiten, Fertigkeiten sowie Erfahrung und Ausbildungshintergründe. So werden beispielsweise Einstufungen von Arbeitsleistung auf eine sichere Grundlage gestellt, es können Leitlinien zur Auswahl neuer Mitarbeiter gewonnen oder auch exakte Trainingsprogrammplanungen ermöglicht werden. Ein Beispiel ist der Work Design Questionnaire (WDQ, deutsche Fassung von Stegmann et al., 2010). Er umfasst eine Reihe von Merkmalen der Tätigkeit und der gesamten organisationalen Umgebung (Wissensmerkmale, Kontext, soziale Beziehungen etc.) und kann in der Forschung oder ggf. in der Organisationsberatung eingesetzt werden. Dies alles wird ausführlich im Kapitel Arbeitsanalyse und Kompetenzmodellierung in diesem Band behandelt.

3   Arten und Strategien

Hier werden unterschiedliche Arten und Strategien der Eignungsdiagnostik angesprochen.

3.1   Eigenschafts- und Verhaltensdiagnostik

Dieses Thema wurde ja oben bereits skizziert, deshalb in Kürze: Man kann beispielsweise Eigenschaften von Personen via expliziter oder impliziter Verfahren erheben, das wurde bereits geschildert. Man kann aber auch eine reine Verhaltensbeobachtung favorisieren, etwa, wenn man Arbeitsproben oder Rollenspiele durchführt und Personen dabei systematisch beobachtet. Kombinationen, wie sie im o.g. diagnostischen Dreieck gezeigt werden, sind sinnvoll. Verhaltensdaten sollte man also in der Personalauswahl immer erfassen – stets valide und reliabel – es gelten somit annähernd gleiche Gütekriterien für die Beobachtung wie auch für andere Verfahren (s. Kapitel 2.4). Die Reliabilität beispielsweise kann man über die sogenannte Beobachter-Übereinstimmung messen. Hier wird gefragt, inwieweit zwei oder mehr geschulte (!) Beobachter bei der Beobachtung einer Person zur gleichen Zeit zum gleichen Ergebnis kommen. Sicher darf man hier keine Korrelationen über .80 erwarten, dennoch sollte die Übereinstimmung gut sein (zwischen .60 und .70). Es ist anzuraten, sich in Bezug auf die Verhaltensbeobachtung im Rahmen der Personalauswahl von Experten auf diesem Gebiet schulen zu lassen.

3.2   Diagnostische Strategien

Hier geht es um Strategien im engeren Sinne: Wie müssen Unternehmen vorgehen, um die Geeignetsten unter den Bewerbern auszuwählen? Viele Testanbieter senden mittlerweile Onlinelinks zu den Kandidaten, die dann eine bequeme Bearbeitung von zu Hause erlauben. Verfälschungssicherheit wird zum einen durch randomisierte (zufallsbasierte) Gabe der Testaufgaben (Items) realisiert und/oder durch die Ankündigung der erneuten Testung im Falle der Einladung zum Gespräch sowie durch sogenannte Forced-Choice-Antwortformate - man muss zwischen Antwort-Alternativen wählen, diese Verfahren sind weitgehend verfälschungssicher, valide und somit zu empfehlen, wie bereits erwähnt (Salgado & Táuriz, 2014).

Unimodale vs. Multimodale Datenerfassung

Unimodal oder –methodal meint die Anwendung nur eines Verfahrens, beispielsweise eines Einstellungsinterviews (Kanning, 2014). Multimodalität bedeutet, dass sich das Urteil auf mehrere Verfahren bzw. Quellen stützt. Das ist eigentlich geläufig in der Praxis, hier gilt ja oft der Leitsatz des „Doppelbelegs". Ein Problem entsteht dann, wenn divergierende Befunde vorliegen (ein Zeugnis sagt aus, dass Herr X ein guter Teamplayer war, Ergebnisse der Gruppenübung im Assessment Center lassen aber das Gegenteil vermuten...).

Multimodalität ergibt sich aber auch aus dem *Arbeits- und Aufgabenspektrum*, beispielsweise für Hotelmanager. Wir haben einmal *einige* Kompetenzen, die für diese Aufgaben wichtig sein können, zusammengetragen. In Klammern dahinter findet man die zugehörigen Persönlichkeitseigenschaften, weitere dazugehörige Tätigkeiten und danach mögliche Verfahren zur Erhebung der Kompetenzen und Eigenschaften (vgl. Baron, Bartram & Kurz, 2003).

- *Managen und Entscheiden* (Extraversion/Kommunikationsstärke/Delegieren/Überwachen von Parallelprozessen) → Persönlichkeitsverfahren/Rollenspiel/Situatives Interview
- *Interpretieren von Daten und Fakten* (kognitive Fähigkeiten) → Test
- *Führen i.e.S.* (soziale Kompetenz) → Situatives Interview/Rollenspiel
- *Anpassen und Bewältigen* (emotionale Stabilität) → Persönlichkeitsverfahren/Sit. Interview/Rollenspiel/Biografische Daten

In der Personalauswahl geht es um die bekannte Frage, wer mit welcher Ergebniskonfiguration überhaupt ausgewählt wird. Eine generelle Ablehnung ist möglich. Im ersten Falle, der Platzierung, ist das anders, wie Abbildung 11 verdeutlicht (vgl. auch Fisseni, 2004).

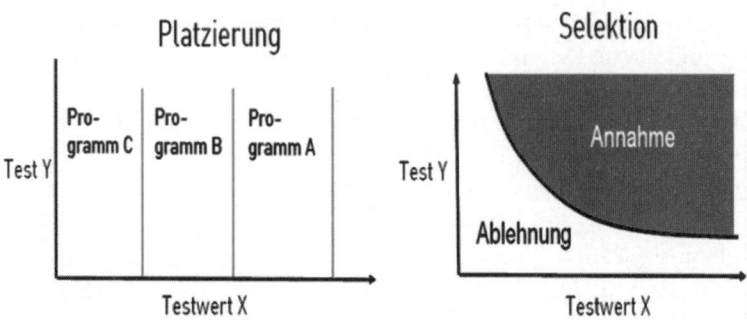

Abb. 11: Platzierung versus Selektion in der Eignungsdiagnostik

Je nach Ergebnis der Testverfahren (i.w.S.) kann der Proband im Falle der Platzierung einem Programm zugewiesen werden. Im Falle der Selektion ist bei der Kombination beider Verfahren eine Ablehnung möglich, wenn bestimmte Werte unterschritten werden (falls beide Tests bestanden werden müssen, s.u.). Ein Beispiel: Wenn Manager A in Kriterium X (Interaktion mit Mitarbeitern) auf einer fünfstufigen Skala einen Wert unter 3 hat, dann könnte ein Entwicklungsgespräch verpflichtend sein. Das wäre eine Entscheidung institutioneller Art. Eine Entscheidung individueller Art wäre ein spezifisches Entwicklungsprogramm für Manager A, um die beste Handlungsalternative für die nachfragende Person zu finden: Soll Manager A das Verkaufsgebiet XY übernehmen? In der Realität vermischt sich beides, denn eine individuelle Fragestellung in einem Unternehmen ist immer auch an den Nutzen für das Unternehmen gebunden.

Informationsdimensionen

Unterschiedliche Informationsdimensionen sollten nicht mit dem o.g. Konzept der Multimodalität verwechselt werden. Es ist ja denkbar, mehrere Methoden zur Erfassung *eines* Merkmals zu nutzen. Intelligenz kann man auf verschiedene Arten und Weisen erfassen. Informationsdimensionen bedeuten tatsächlich unterschiedliche Merkmale (Prädiktoren). Beispielsweise wäre 1 Dimension (univariat), wenn das Merkmal *Schönheit* ausreicht. Für manche Paarbeziehung war dieses Merkmal bei der Wahl des Partners ausschlaggebend (natürlich kann sich das als suboptimale Strategie erweisen...).

Mehreren Dimensionen (multivariat) sind dann wichtig, wenn eine komplexe Tätigkeit im Vordergrund steht. Damit erhöht man natürlich die Validität und Entscheidungssicherheit: mehrere Prädiktoren (Abiturnote, IQ, sprachliche Kompetenzen etc.) sichern ein einigermaßen verlässliches Ergebnis. Und: nur multivariate Ansätze erlauben eine Klassifikation, also eine Zuweisung einer Person entsprechend einer ermittelten Merkmalskonfiguration.

Fehler in der Eignungsdiagnostik

Die genannten Zuordnungsstrategien sollen Fehler bei der Klassenzuordnung (geeignet/bedingt g./ungeeignet) vermeiden. Fehler entstehen immer dann, wenn die Zuordnung durch Prädiktorvariablen nicht mit der wahren Klassenzugehörigkeit übereinstimmt: wenn also Menschen beispielsweise als geeignet eingestuft werden, obwohl sie es nicht sind, oder wenn sie abgelehnt werden, obwohl sie geeignet sind.

Es gibt Tests kognitiver Leistung, die sehr schwierig sind. Wenn man diese Tests zur Personalauswahl für jede Funktion in Unternehmen einsetzte, würde man wohl sehr viele Personen ablehnen, die eigentlich gute Arbeit leisten können. Setzte man hingegen einen extrem leichten Test für die Auswahl von Top-Managern ein, würden wahrscheinlich einige Ungeeignete ausgewählt werden, da der Test im oberen Leistungsbereich nicht mehr gut trennt (abgesehen davon, dass Top-Manager etwas mehr mitbringen müssen als ein hohes Maß an Intelligenz). Abbildung 12 zeigt die beiden erwähnten Fehlerarten.

Die falsch positive Entscheidung nennt man α-Fehler, eine falsch negative heißt β-Fehler. Leider sind die beiden eng verwandt: es ist eben nicht immer eine gute Idee, die Tests in der Personalauswahl möglichst „scharf" zu schalten, denn dann begeht man zwar kaum den α-Fehler, aber der β-Fehler wird wahrscheinlicher. Wenn man also die

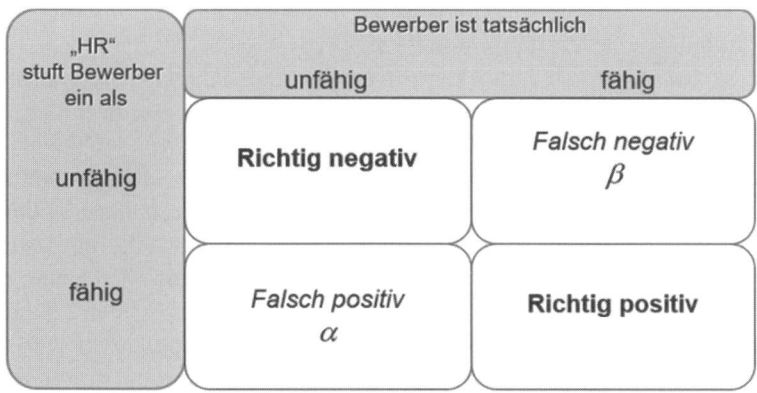

Abb. 12: Fehlerarten in der Eignungsdiagnostik. α- und β-Fehler bedingen sich wechselseitig

Hürden allzu hoch setzt (um bloß keine „faulen Eier" zu erhalten), dann steigt die Wahrscheinlichkeit, dass potenziell Geeignete abgelehnt werden! Insgesamt gilt dabei, dass der Einsatz selbst mäßig valider Verfahren immer besser ist als eine „intuitive", unstrukturierte und somit unprofessionelle Personalauswahl.

Organisationale Effizienz

Alle Verfahren müssen sich aber letztlich dem Kriterium der organisationalen Effizienz beugen. Egal, ob Interview, AC oder Test kognitiver Leistung, wichtige Bewertungsgesichtspunkte sind beispielsweise:
- Ökonomischer Nutzen
- Aufwand
- Zeit
- Schwierigkeit (Mühe, Kompetenzerfordernis)
- Verfügbarkeit
- Akzeptanz

Insgesamt sind valide Verfahren umso wichtiger, je geringer der Anteil Geeigneter unter den unausgelesenen Bewerbern (Fachkräftemangel!) und je geringer die Selektionsquote ist (wenn also nur sehr wenige ausgewählt werden). Die alleinige Angabe von Erfolgsquoten, z.B. „Wir haben zu 80% richtige Entscheidungen getroffen", ist einigermaßen sinnfrei, wenn nicht zusätzlich andere Parameter bekannt sind. Es kommt ja immer darauf an, aus welchem „Pott" man gezogen hat, wenn dieser voll ist mit lauter „Guten", dann ist die genannte Trefferquote nichts Besonderes (mehr hierzu auch in Fisseni, 2004).

Festsetzung kritischer Trennwerte („Cut-Offs")

Was ist eigentlich ein noch akzeptables Ergebnis eines Tests kognitiver Leistung? Dies muss von Seiten der einstellenden Organisation oder des Unternehmens geklärt werden. Es gibt hier keine eindeutige Lösung, weil wir es mit einem Werturteil zu tun haben, das nicht allein wissenschaftlich begründbar ist. Hier spielen wie erwähnt persönliche, soziale und ökonomische Werte eine Rolle sowie praktische Überlegungen.

Wichtig ist, dass im Bereich der kognitiven Leistungsfähigkeit zumindest ein „point of no return" definiert wird. So empfiehlt es sich beispielsweise eine Ablehnung auszusprechen, wenn die Leistung (im Bereich kognitiver Fähigkeiten) mehr als eine Standardabweichung unter dem Durchschnitt der Vergleichsgruppe liegt. Der sogenannte inkrementelle Nutzen (Δ U, gespr. „Delta-U") von Auswahlverfahren ist berechenbar. Es gibt eine einigermaßen verlässliche Faustregel: Mitarbeiter, die in Leistungstests eine Standardabweichung besser abschneiden als der Durchschnitt, bringen monetären Zusatznutzen von 40-70 Prozent eines Bruttojahresgehaltes (Schmidt, Hunter & Pearlman, 1982, zit. in Görlich & Schuler, 2006, S. 812; Huselid, 1995 sowie Burke, 2005).

> **Es gibt zwei Arten von Fehlern im Prozess der Personalauswahl. Wir können potenziell Geeignete ablehnen oder Ungeeignete einstellen. Im letzten Fall kann dies ggf. in der Probezeit „geheilt" werden. Beide Fehlerarten sind wechselseitig abhängig und für Unternehmen u.U. sehr teuer. Personen, die in Leistungstests überdurchschnittlich abschneiden, können erheblich zu Umsatz und Gewinn beitragen.**

Weiterhin nicht eindeutig können Cut-Off-Werte für Ergebnisse von Verfahren zur berufsbezogenen Erfassung von Persönlichkeitseigenschaften sein. Bedeutsam ist hier die bereits erwähnte Tätigkeitsanalyse, die relativ sichere Hinweise dazu liefert, wann eine Person vermutlich geeignet oder eben nicht geeignet ist. So wird im Falle von Tätigkeiten mit hoher psychischer Belastung und Beanspruchung (viel „Stress") niemand ernsthaft eine Person einstellen, die bereits in der Selbstbeschreibung angibt, mit Belastungen nicht gut klarzukommen.

Prinzipiell empfehlenswert ist der Einsatz von Verfahren zur Messung kognitiver Leistungsfähigkeit (online erfassbar, günstig und – falls seriöse Anbieter ausgewählt werden – von hoher Güte), einer Arbeitsprobe und eines (unbedingt!) strukturierten Einstellungsinterviews.

Die Ermittlung der einzelnen Erfolgsparameter ist für Unternehmen nicht ganz einfach. Es gibt komplexe Formelwerke zur Bestimmung des Nutzens in Geldeinheiten (Süßmair & Rowold, 2007, besonders auch das Kapitel Wertbeitrag des Human Resource Managements aus ökonomischer Sicht in diesem Band), die aber in der Praxis vermutlich noch immer wenig Verbreitung finden. Aber selbst bei Unkenntnis vieler Parameter sind Onlineverfahren seriöser Anbieter zur bequemen Erfassung verschiedener Personeigenschaften (bes. kognitiver Fähigkeiten) i.d.R. als ökonomisch zu bewerten. Der finanzielle Aufwand hält sich meist in Grenzen. Je nach Verfahren, Anbieter und Lizenzmodell kann man von einmaligen Kosten pro Bewerber (nur Leistungstest) von 50,00 € - 100,00 € ausgehen (Stand 2017). Oftmals ist die Nutzung der Verfahren aber an Lizenzen gebunden (bis zu 10.000,00 €), häufig gibt es Rabattmodelle („Flatrates"). Ein fundierter Anbietervergleich lohnt sich allemal, besonders mit Blick auf die in Kapitel 2.4 genannten Kriterien.

3.3 Gesetzliche Rahmenbedingungen

Eignungsdiagnostik, egal ob von Psychologen oder Nichtpsychologen durchgeführt, ist in *diverse gesetzliche Rahmen* gebettet (dazu besonders Kersting & Püttner, 2006; die genannten Gesetze finden Sie auch unter https://www.gesetze-im-internet.de/; Stand Mai 2017). Die „Mutter aller Gesetze" ist sicherlich das Grundgesetz (GG) mit Artikel 1 (1):

> „Die Würde des Menschen ist unantastbar. Sie zu achten und zu schützen ist Verpflichtung aller staatlichen Gewalt."

Bedeutsam ist hier ebenfalls Artikel 2 (1) und (2) GG:

> „Jeder hat das Recht auf freie Entfaltung seiner Persönlichkeit, soweit er nicht die Rechte anderer verletzt. (…) Jeder hat das Recht auf Leben und körperliche Unversehrtheit. Die Freiheit der Person ist unverletzlich. (…)"

Damit sind bereits im Grundgesetz *entwürdigende und unfaire Prozesse in der Personalauswahl* ausgeschlossen. § 203 des Strafgesetzbuches (StGB) verweist noch einmal gezielt auf den Schutz von Privat- und Geschäftsgeheimnissen: (1) Verletzung von Privatgeheimnissen:

> „Wer unbefugt ein fremdes Geheimnis, namentlich ein zum persönlichen Lebensbereich gehörendes Geheimnis oder ein Betriebs- oder Geschäftsgeheimnis offenbart, das ihm als 1. Arzt (…) 2. Berufspsychologen mit staatlich anerkannter wissenschaftlicher Abschlussprüfung anvertraut oder sonst bekannt geworden ist, wird mit Freiheitsstrafe bis zu einem Jahr oder mit Geldstrafe bestraft."

§ 53 der Strafprozessordnung (StPO) sieht zwar ein Zeugnisverweigerungsrecht für eine ganze Reihe von Berufen (wie Ärzte, Apotheker, Abgeordnete, Geistliche, Rechtsanwälte u.a.) vor, nicht aber für Psychologen. Psychologen der Berufsberatung müssen also u.U. eignungsdiagnostische Prozesse und Ergebnisse offenlegen, sofern ein Gericht hier Einsicht verlangt. Psychologen müssen vor Gericht aussagen, falls Sie dazu aufgefordert werden.

Es besteht eine Schweigepflicht, aber *kein Zeugnisverweigerungsrecht.* Auch für Nichtpsychologen in Organisationen und Unternehmen sind einige Gesetze bindend (Unwissenheit schützt vor Strafe nicht!). Die §§ 94 und 95 Betriebsverfassungsgesetz (BetrVG) gehören dazu: § 94 betrifft Personalfragebögen, diese bedürfen der Zustimmung des Betriebsrates. Dies gilt entsprechend auch für persönliche Angaben in schriftlichen Arbeitsverträgen, die allgemein für den Betrieb verwendet werden sollen, sowie für die Aufstellung allgemeiner Beurteilungsgrundsätze. § 95 des Betriebsverfassungsgesetzes regelt auch den Umgang mit Richtlinien über die personelle Auswahl bei Einstellungen etc. sowie Kündigungen, diese bedürfen der Zustimmung des Betriebsrats, soweit vorhanden.

Im Allgemeinen gilt also, dass im öffentlichen Dienst sowie entsprechenden Unternehmen Personalräte und Gleichstellungsbeauftragte beteiligt werden müssen. Auch die

Aufbewahrung der Daten von Kandidaten ist nur unter bestimmten Umständen zulässig, beispielsweise wenn jemand eingestellt wurde oder ein Rechtsstreit anhängig ist. Unterlagen, wie beispielsweise Gesprächsprotokolle des Einstellungsinterviews, müssen nach Ablauf des Prozesses vernichtet werden (max. nach 6 Monaten, Näheres regelt das Bundesdatenschutzgesetz; BDSG). Bei Missachtung der Geheimhaltungspflichten kann ein Schadensersatzanspruch begründet werden (§ 823 Abs. 1 des Bürgerlichen Gesetzbuchs, BGB). Auch das unbefugte Übermitteln der Daten an Dritte ist strafbar (§ 43 BDSG): „Hallo Heinz, ich schick' dir mal das Persönlichkeitsprofil von der Frau Holle, bei uns is' grad' keine Stelle frei..." – ist also unzulässig, sofern Frau Holle nicht ausdrücklich und schriftlich zugestimmt hat!

Es gibt diverse gesetzliche Regelwerke, die für die Personalauswahl relevant sind. Dazu gehören beispielsweise das Grundgesetz, das Strafgesetzbuch, das Betriebsverfassungsgesetz, das Allgemeine Gleichbehandlungsgesetz sowie das Bundesdatenschutzgesetz. Es empfiehlt sich, einen Rechtsbeistand bei der (Neu-) Implementierung und Durchführung von Personalauswahlprozessen hinzuzuziehen. Nachgewiesene Rechtsverletzungen können ggf. Schadensersatzforderungen nach sich ziehen.

Das Allgemeine Gleichbehandlungsgesetz (AGG) setzt weitere Grenzen der Willkür im Umgang mit personbezogenen Daten. Dazu zählt das Verbot jeglicher Benachteiligung von Mitarbeitern und Bewerbern aus Gründen der Rasse, der ethnischen Herkunft, des Geschlechts, der Religion oder Weltanschauung, einer Behinderung, des Alters oder der sexuellen Identität.

Jetzt könnte man einwenden, dass in vielen Betrieben gar keine Personalvertretung existiert. Abgesehen davon, dass das eine problematische Praxis ist, findet sich in keinem bundesdeutschen Betrieb/Organisation ein rechtsfreier Raum.

4   Verfahren und Interpretation von Ergebnissen

Mittlerweile ist der Markt der Anbieter von mehr oder weniger seriösen Verfahren zur Personalauswahl für Laien völlig unübersichtlich. Wir haben daher weiter unten eine Checkliste für einen Anbietervergleich zusammengestellt, die dabei helfen kann, „die Spreu vom Weizen zu trennen". Detailliertere Informationen zu Verfahren finden Sie beispielsweise bei Sarges und Wottawa (2004) und – aktueller – bei Hossiep und Mühlhaus (2015; wenngleich beschränkt auf einige wenige explizite Verfahren). Einen sehr umfangreichen Überblick über das Thema Managementdiagnostik gibt Sarges (2013) im gleichnamigen Herausgeberwerk.

Die Interpretation von Ergebnissen jeglicher psychometrischer Verfahren sollte durch *Experten* oder zumindest *trainierte Personalverantwortliche* geschehen. Es liegt mittlerweile die DIN-Norm 33430 in überarbeiteter Form vor (vgl. Westhoff et al., 2004; DIN 2016), die den gesamten Prozess der Eignungsdiagnostik umfasst und von der Ablauforganisation der Verfahrensanwendung bis zu Ergebnisrückmeldung Standards festlegt. Aber auch ohne die exakte Kenntnis dieser DIN-Norm sollten generell folgende Regeln beachtet werden:

1. Eignungsdiagnostik (und i.w.S. Personalauswahl) muss transparent (was wird wie warum von wem wann für wie lange und wo erhoben) und fair sein. (s.o.).
2. Die Verfahren müssen gängigen wissenschaftlichen Standards genügen (vgl. Gütekriterien) und einen Bezug zur beruflichen Tätigkeit empirisch nachweisen.

3. Die Ergebnisse müssen richtig, verständlich, ethisch vertretbar und zeitnah rückgemeldet werden.
4. Aufwand und Nutzen der Verfahren müssen in guter Relation zueinanderstehen.
5. Der Datenschutz muss gewährleistet sein.

Intelligenztests sind häufig genormt auf einen Mittelwert von 100 und eine Standardabweichung (SD; standard deviation) von 15, beispielsweise im Hamburg-Wechsler-Intelligenztest oder SD = 10 beim Intelligenz-Strukturtest (IST 2000R nach Liepmann, Beauducel, Brocke & Amthauer, 2007). Alle guten Verfahren zur Messung von Intelligenz oder deren Teilaspekte weisen Normgruppen aus. Man möchte ja (wenn überhaupt) mit Menschen verglichen werden, die einem selbst beispielsweise in punkto Ausbildung und Alter ähnlich sind. Es liegen also i.d.R. Normgruppen etwa für Schüler, Auszubildende, Hochschulabsolventen sowie unterschiedliche Branchenhintergründe vor.

Abbildung 13 zeigt die Normalverteilung mit ihren charakteristischen Merkmalen. z-Werte haben per Definition einen Mittelwert von 0 und eine Standardabweichung (SD) von 1. Die Werte streuen normal um den Mittelwert und im Falle der z-Werte finden wir also zwischen z = -1 und z = +1 68% aller Werte wieder. In IQ-Werten ausgedrückt heißt das: 68% der Normgruppe (z.B. deutsche Männer zwischen 20-50 Jahren) haben IQ-Werte zwischen 85 und 115. Hat man also einen IQ-Wert von 105 ermittelt, bedeutet dies einen Wert, der dem Durchschnitt der Normgruppe entspricht innerhalb eines bestimmten „Vertrauensintervalls", welches ebenfalls rechnerisch bestimmbar ist. Dies ist der Bereich, in dem der Wert des Probanden mit großer Sicherheit liegt, denn eine einmalige Testung ist immer fehleranfällig. Werte unter z = -1 oder z = +1 sind demnach als unter- bzw. überdurchschnittlich zu bezeichnen.

Häufig werden ebenfalls Prozentränge angegeben. Was bedeutet beispielsweise ein Prozentrang von 90? Das heißt, dass nur 10% der Personen einer Vergleichs- oder Norm-

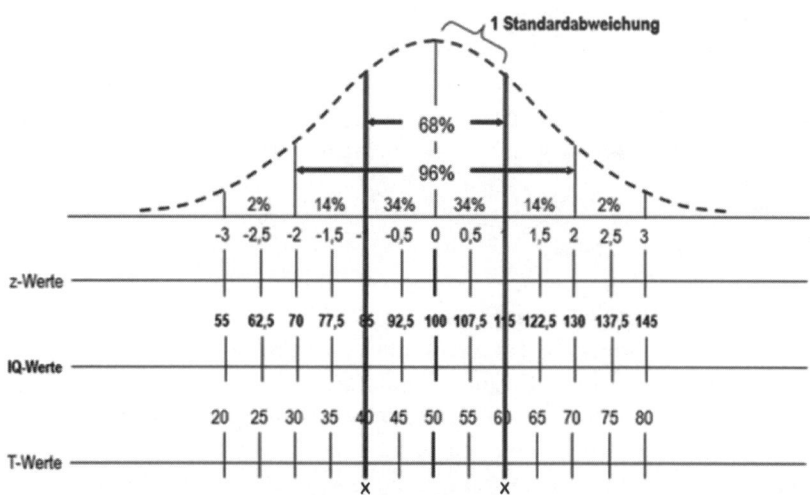

Abb. 13: Unterschiedliche Maße der Normalverteilung. Die Normalverteilung des Merkmals vorausgesetzt, lassen sich alle Maße in jeweils andere durch lineare Transformation überführen. Markierte Linie (X): Streuung um den Mittelwert (= 1 Standardabweichung; nach Amelang & Bartussek, 1994, S. 80)

gruppe einen höheren Wert haben. Ob das „besser" oder „schlechter" bedeutet, ist im Falle von Persönlichkeitseigenschaften natürlich nicht bestimmbar. Im Falle der Intelligenz- oder Leistungsmessung bedeutet dieser Wert, dass 90% der Vergleichspersonen einen geringeren oder gleichen Wert erreichen und nur 10% eine höhere Leistung erzielt haben. Die Leistung wäre demnach als überdurchschnittlich zu werten. Prozentränge geben die Werte der Normalverteilung verzerrt (um das Mittel gestaucht) wieder, daher sollte man bei der Interpretation vorsichtig sein und weitere Parameter nutzen (z-Werte, T-Werte oder Standard-Ten-Werte = Sten-Werte. Sten-Werte teilen die Normalverteilung in zehn Teile auf).

Generell gilt, dass Feedbacks zu Tests bzw. Persönlichkeitsverfahren nur von geschulten Anwendern (HR-Profis) bzw. Psychologen gegeben werden sollten. Bedeutsam ist jedenfalls, dass man nicht „einfach so" psychometrische Verfahren einsetzen darf, eine profunde und transparente Prozessgestaltung ist unbedingt zu gewährleisten und eine Grundlage bietet hier die erwähnte DIN 33430 bzw. diesbezügliche Kurzformen oder Checklisten (Kersting, 2006; DIN, 2016).

5   Zusammenfassung des Kapitels

Zu Beginn des Kapitels lernten Sie etwas über die Geschichte der Eignungsdiagnostik und wir stellten frühe Typenkonzepte dar. Ferner führten wir ein in das Thema der Beurteilung von Menschen mit all ihren Herausforderungen. Hier konnten wir deutliche Hinweise darauf geben, dass uns die Beurteilung von Personen meist nur sehr ungenügend gelingt, ein Problem für die Personalauswahl und -beurteilung. Eine gute Vorhersage, Passung und Auswahl erlangt man durch die Kombination expliziter und impliziter Verfahren der Personalauswahl, so unser ausführlich dargelegtes Plädoyer. Schließlich erfuhren sie etwas über unterschiedliche Gütekriterien sowie über Arten und Strategien der Eigenschafts- und Verhaltensdiagnostik. Sie lernten verschiedene Fehlerarten kennen sowie deren wechselseitige Bedingtheit. Gute Verfahren und Prozesse der Personalauswahl sind stets transparent, valide, reliabel und fair. Am Ende verwiesen wir auf die für uns wichtigen gesetzlichen Rahmenbedingungen und gaben zum Ende Hinweise auf die Interpretation von Ergebnissen im Falle normalverteilter Daten.

6   Vertiefende Fragen

1. Was versteht man unter Eignungsdiagnostik?
2. Was bedeutet kriteriumsbezogene Validität und warum ist diese Form der Gültigkeit für Verfahren der Personalauswahl besonders wichtig?
3. Wie heißen die „Big Five"-Persönlichkeitsmerkmale, was bedeuten sie und warum sollte man diese auch in der Personalauswahl berücksichtigen?
4. Warum sollte die kognitive Leistungsfähigkeit (Intelligenz) im Rahmen von Personalauswahlprozessen erfasst werden?
5. Welche Vorteile bieten explizite Verfahren zur Erfassung berufsrelevanter Persönlichkeitsmerkmale und welche Vorteile bieten operante oder implizite Verfahren?

6. Wozu gibt es im Rahmen von Personalauswahl Normgruppenvergleiche?
7. Sie sollen einem psychologischen Laien die Vorteile wissenschaftlich fundierter Personalauswahl erklären. Wie argumentieren Sie und warum?

Internetquellen zum Nachschauen (Stand Mai 2017, für Inhalte keine Gewähr)

- Im Kontext der Personalauswahl wichtige Gesetzestexte im Internet unter https://www.gesetze-im-internet.de/
- Die Webseite des Berufsverbandes Deutscher Psychologinnen und Psychologen (BDP) mit Hinweisen zur DIN 33430 finden Sie unter http://www.bdp-verband.org/
- Hinweise zur Qualitätssicherung in der Personalarbeit gibt auch der Arbeitskreis Assessment Center unter http://www.arbeitskreis-ac.de/
- Hinweise und weitere Literaturvorschläge zum Thema Personalauswahl gibt auch die Deutsche Gesellschaft für Personalführung (DGFP) unter http://www.dgfp.de/

Literatur

Allport, G. W. (1937*). Personality: A psychological interpretation.* New York: Holt.

Amelang, M. & Bartussek, D. (1994). *Differentielle Psychologie und Persönlichkeitsforschung.* 3. Aufl. Stuttgart, Berlin, Köln: Kohlhammer.

Ariely, D. (2010). *Denken hilft zwar, nützt aber nichts: Warum wir immer wieder unvernünftige Entscheidungen treffen.* München: Droemer-Knaur.

Asendorpf, J. B. (2009). *Persönlichkeitspsychologie für Bachelor.* Berlin: Springer.

Barrick, M. K. & Mount, M. R. (2009). Select on Conscientiousness and Emotional Stability. In E. A. Locke (Ed.), *Handbook of Principles of Organizational Behavior* (pp. 19-39). Chichester: Wiley.

Bandura, A. (1982). Self-Efficacy Mechanisms in Human Agency. *American Psychologist, 37*(2), 122-147.

Baron, H., Bartram, D. & Kurz, R. (2003). The Great Eight as a framework for validation research. *Occupational Psychology Conference 2003 Book of Proceedings,* 71-74. Bournemouth: The British Psychological Society.

Bierhoff, H.-W. (2014). Narzisstische Persönlichkeit. Eindrucksbildung und Selbstdarstellung im Internet. *Report Psychologie, 39*(10), 394-404.

Bildat, L. & Remdisch, S. (2008). Personality and New Media: Predictors of PC and Internet Literacy. In: Juergen Deller (Ed.), *Research Contributions to Personality at Work* (pp. 239-256). Muenchen und Mehring: Rainer Hampp.

Blickle, G. & Kramer, J. (2012). Intelligenz, Persönlichkeit, Einkommen und Fremdbeurteilungen der Leistung in sozialen Berufen. Eine Validierungsstudie. *Zeitschrift für Arbeits- und Organisationspsychologie, 56,* 14-23.

Borkenau, P. & Ostendorf, F. (2008). *NEO-FFI. NEO-Fünf-Faktoren-Inventar nach Costa und McCrae.* 2., neu normierte und vollständig überarbeitete Auflage. Manual. Göttingen: Hogrefe.

Brunstein, J. C., Schultheiss, O. C. & Grässmann, R. (1998). Personal goals and emotional well-being: The moderating role of motive dipositions. *Journal of Personality and Social Psychology, 75,* 494-508.

Burckhardt, L. (2008). *Militärgeschichte der Antike.* München: C.H. Beck.

Burke, E. (2005). *The return on investment from personality testing.* Business issues series, 7. SHL Group plc.

Camerer, C. Loewenstein, G. & Prelec, D. (2005). Neuroeconomics: How neuroscience can inform economics. *Journal of Economic Literature,* XLIII, 9-64.

Campbell, W. K., Hoffman, B. J., Campbell, S. M. & Marchisio, G. (2011). Narcissism in organizational contexts. *Human Resource Management Review, 21,* 268-284.

Chatterjee, A. & Hambrick, D. C. (2007). It's all about me: Narcissistic chief executive officers and their effects on company strategy and performance. *Administrative Science Quarterly, 52,* 351-386.

Costa, P. T. & McCrea, R. R. (1992[a]). Four ways five factors are basic. *Personality and Individual Differences, 13,* 653-665.

DIN (2016). *DIN 33430: Anforderungen an berufsbezogene Eignungsdiagnostik.* Berlin: Beuth.

Dormann, C. & Krumm, S. (2011). TBS-TK Rezension: "OPQ32". *Report Psychologie, 36*(3), 125-127.

Fisseni, H.-J. (2004). *Lehrbuch der psychologischen Diagnostik. Mit Hinweisen zur Intervention.* 3. Auflage. Göttingen: Hogrefe.

Flanagan, J. C. (1954). The Critical Incident Technique. *Psychological Bulletin, 51*(4), 327-358.

Frey, S. (1999). Die Macht des Bildes. *Der Einfluss der nonverbalen Kommunikation auf Kultur und Politik.* Bern: Huber.

Furnham, A. (2008). *The psychology of behaviour at work. The individual in the Organization.* Hove: Psychology Press.

Geuter, U. (1984). Psychologie im Nationalsozialismus. In H. E. Lück, R. Miller & W. Rechtien (Hrsg.), *Geschichte der Psychologie* (S. 22-28). München: Urban & Schwarzenberg.

Gigerenzer, G. (2007). *Bauchentscheidungen.* München: Bertelsmann.

Görlich, Y. & Schuler, H. (2006). Personalentscheidungen, Nutzen und Fairness. In H. Schuler (Hrsg.), *Lehrbuch der Personalpsychologie* (S. 797-840), Göttingen: Hogrefe.

Greenwald, A. G., McGhee, D. E. & Schwartz, J. K. L. (1998). Measuring individual differences in implicit cognition: The Implicit Association Test. *Journal of Personality and Social Psychology, 74,* 1464-1480.

Höft, S. & Funke, U. (2006). Simulationsorientierte Verfahren in der Personalauswahl. In H. Schuler (Hrsg.), *Lehrbuch der Personalpsychologie* (S. 145-187). Göttingen: Hogrefe.

Höft, S. & Obermann, C. (2010). Der Praxiseinsatz von Assessment Centern im deutschsprachigen Raum: eine zeitliche Verlaufsanalyse basierend auf den Anwenderbefragungen des Arbeitskreises Assessment Center e.V. von 2001 und 2008. *Wirtschaftspsychologie, 2,* 5–16.

Hosoda, M. Nguyen, L. M. & Stone-Romero, E. F. (2012). The effects of Hispanic accents on employment decisions. *Journal of Managerial Psychology, 27*(4), 347-364.

Hossiep, R. & Mühlhaus, O. (2015). *Personalauswahl und -entwicklung mit Persönlichkeitstests.* Reihe Praxis der Personalpsychologie. 2. Auflage. Göttingen: Hogrefe.

Hough, L. & Dilchert, S. (2010). Personality. Its Measurement and Validity for Employee Selection. In J. L. Farr & N. T. Tippins (Eds.), *Handbook of Employee Selection* (pp. 299-319). New York: Routledge.

Huselid, M. (1995). The impact of human resource management practices on turnover, productivity, and corporate financial performance. *Academy of Management Journal, 38*(3), 635-672.

Johnson M. K., Rowatt, W. C. & Petrini, L. (2011). A new trait on the market: Honesty–Humility as a unique predictor. *Personality and Individual Differences, 50,* 857-862.

Jung, C. G. (1986). *Psychologische Typen.* Olten: Walter.

Kahneman, D. (2012). *Schnelles Denken, langsames Denken.* München: Siedler.

Kanning, U. W. (2004). *Standards der Personaldiagnostik.* Göttingen: Hogrefe.

Kanning, U. P. (2014). Prozess und Methoden der Personalentwicklung. In H. Schuler & U. P. Kanning (Hrsg.), *Lehrbuch der Personalpsychologie* (S. 501-562). Göttingen: Hogrefe.

Kanning, U. P. (2010). *Von Schädeldeutern und anderen Scharlatanen. Unseriöse Methoden der Psychodiagnostik.* Lengerich: Pabst.

Kanning, U. P. & Schuler, H. (2014). Simulationsorientierte Verfahren in der Personalauswahl. In H. Schuler & U. P. Kanning (Hrsg.), *Lehrbuch der Personalpsychologie* (S. 216-256). Göttingen: Hogrefe.

Kersting, M. (2006). *„DIN Screen". Leitfaden zur Kontrolle und Optimierung der Qualität von Verfahren und deren Einsatz bei beruflichen Eignungsbeurteilungen.* Lengerich: Pabst.

Kersting, M. & Püttner, I. (2006). Personalauswahl: Qualitätsstandards und rechtliche Aspekte. In H. Schuler (Hrsg.), *Lehrbuch der Personalpsychologie* (S. 841-861), Göttingen: Hogrefe.

Kish-Gephart, J., Harrison, D. A. & Trevino, L. K. (2010). Bad apples, bad cases, and bad barrels: Meta-analytic evidence about sources of unethical decisions at work. *Journal of Applied Psychology, 95,* 1-31. doi: 10.1037/a0017103

Klauer, K. J. (2006). Förderung kognitiver Fähigkeiten. In D. H. Rost (Hrsg.), *Handwörterbuch Pädagogische Psychologie* (S. 201-211). 3. Auflage. Weinheim: Beltz PVU.

Kramer, J. (2009). Allgemeine Intelligenz und beruflicher Erfolg in Deutschland. Vertiefende und weiterführende Metaanalysen. *Psychologische Rundschau, 60*(2), 82-98.

Kristof-Brown, A. L., Zimmermann, R. D. & Johnson, E. C. (2005). Consequences of individual's fit at work: A meta-analysis of person-job, person-organization, person-group, and person-supervisor fit. *Personnel Psychology, 58,* 281-342.

Kuhl, J. (2001). *Motivation und Persönlichkeit. Die Interaktion psychischer Systeme.* Göttingen: Hogrefe.

Kuhl, S. & Krug, U. (2006). *Macht, Leistung, Freundschaft: Motive als Erfolgsfaktoren in Wirtschaft, Politik und Spitzensport.* Stuttgart: Kohlhammer.

Lazarus, R. S. & Launier, R. (1981). Stressbezogene Transaktion zwischen Person und Umwelt. In J. R. Nitsch (Hrsg.), *Stress*. Bern: Huber.

Lehmann, R., Allemand, M. Zimprich, D. & Martin, M. (2010). Persönlichkeitsentwicklung im mittleren Erwachsenenalter. *Zeitschrift für Entwicklungspsychologie und Pädagogische Psychologie, 42*(2), 79-89.

Liepmann, D., Beauducel, A., Brocke, B. & Amthauer, R. (2007). *Intelligenz-Struktur-Test 2000 R (I-S-T 2000 R)*. Manual (2. erweiterte und überarbeitete Aufl.). Göttingen: Hogrefe.

Lohaus, D. (2009). *Leistungsbeurteilung*. Göttingen: Hogrefe.

Lohff, A. & Wehrmaker, M. (2008). Adalloc™ - adaptive Skalierung für Online-Fragebögen. In W. Sarges & D. Scheffer, *Innovative Ansätze für die Eignungsdiagnostik* (S. 239-251). Göttingen: Hogrefe.

Lurija, A. R. (1993). *Das Gehirn in Aktion. Einführung in die Neuropsychologie*. Reinbek: Rowohlt.

Mayer, J. D. & Salovey, P. (1993). The Intelligence of Emotional Intelligence. *Intelligence, 17*, 433-442.

McClelland, D. C. (1975). *Power: The inner experience*. New York: Irvington.

McClelland, D. C. & Boyatzis, R. E. (1982). The leadership motive pattern and long term success in management. *Journal of Applied Psychology, 67*, 737-743.

McClelland, D. C., Koestner, R. & Weinberger, J (1989). How do self-attributed and implicit motives differ? *Psychological Review, 96*, 690-702.

Mischel, W. (2015). *Der Marshmallow-Test*. München: Siedler.

Morgeson, F. P., Campion, M. A. Dipboye, R. L., Hollenbeck, J. R., Murphy, K. & Schmitt, N. (2007a). Reconsidering the use of personality tests in personnel contexts. *Personnel Psychology, 60*, 683-729.

Moshagen, M., Hilbig, B. E. & Zettler, I. (2014). Faktorenstruktur, psychometrische Eigenschaften und Messinvarianz der deutschsprachigen Version des 60-Item HEXACO Persönlichkeitsinventars. *Diagnostica, 60*(2), 86-97.

Murray, H. A. (1938). *Exploration in personality*. New York: Oxford University Press.

Mussel, P. (2012). Persönlichkeitsaspekte intellektueller Leistungen. *Report Psychologie, 37*(12), 440-448.

Nisbett, R. E. & Wilson, T. D. (1977). Telling more than we can know: Verbal reports on mental processes. *Psychological Review, 84*, 231-259.

O'Boyle, E. H. Jr., Forsyth, D. R., Banks, G. C. & McDaniel, M. A. (2012). A metaanalysis of the Dark Triad and work behavior: A social exchange perspective. *Journal of Applied Psychology, 97*, 557-579.

Ones, D. S., Dilchert, S., Viswesvaran, C., Salgado, J. F. (2010). Cognitive Abilities. In J. L. Farr & N. T. Tippins (Eds.), *Handbook of Employee Selection* (pp. 255-275). New York: Routhledge.

Paulhus, D. L. & Williams, K. M. (2002). The Dark Triad of personality: Narcissism, Machiavellianism, and psychopathy. *Journal of Research in Personality, 36*, 556-563.

Petrides, K. V. (2009). Psychometric Properties of the Trait Emotional Intelligence Questionnaire. In C. Stough, D. H. Saklofske & J. D. Parker (Eds*.)*, *Advances in the assessment of emotional intelligence*. New York: Springer.

Richardson, K. & Norgate, S. H. (2015). Does IQ Really Predict Job Performance? *Applied Developmental Science, 19*(3), 153-169, DOI: 10.1080/10888691.2014.983635

Rost, D. (2009). *Intelligenz. Fakten und Mythen*. Weinheim: Beltz PVU.

Salgado, J. F. & Táuriz, G. (2014). The Five-Factor Model, forced choice personality inventories and performance: A meta-analysis of academic and occupational validity studies. *European Journal of Organizational Psychology, 23*(1), 3-10.

Sarges, W. (2003). *Psychologische Diagnostik im Managementbereich: Vom Nutzen der Wissenschaft für die Praxis - und vice versa*. Helmut-Schmidt-Univeristät Hamburg: Unveröffentlichtes Manuskript.

Sarges, W. (2011). Biographisches Interviewen in der Eignungsdiagnostik. In G. Jüttemann (Hrsg.), *Biographische Diagnostik* (S. 169-177). Lengerich: Pabst.

Sarges, W. & Scheffer, D. (2008a). *Computergestützte Auswertung operanter Testdaten zu impliziten Motiven*. Vortrag auf der 10. Arbeitstagung der Fachgruppe Differentielle Psychologie, Persönlichkeitspsychologie und Psychologische Diagnostik der Deutschen Gesellschaft für Psychologie.

Sarges, W. & Scheffer, D. (2008b). *Innovative Ansätze für die Eignungsdiagnostik*. Göttingen: Hogrefe.

Sarges, W. & Wottawa, H. (Hrsg.) (2004). *Handbuch wirtschaftspsychologischer Testverfahren*. 2. Auflage. Lengerich: Pabst.

Scheffer, D. (2005). *Implizite Motive*. Göttingen: Hogrefe.

Scheffer, D. & Heckhausen, H. (2010). Eigenschaftstheorien der Motivation. In J. Heckhausen & H. Heckhausen (Hrsg.), *Motivation und Handeln* (S. 43-72). 4. Auflage. Heidelberg. Springer.

Scheffer, D. & Kuhl, J. (2006). *Erfolgreich Motivieren*. Göttingen: Hogrefe.

Scheffer, D. & Loerwald, D. (2008). Messung von Persönlichkeitseigenschaften mit dem Visual Questionnaire (ViQ) – Attraktivität als Nebengütekriterium. In W. Sarges & D. Scheffer (Hrsg.), *Innovative Ansätze für die Eignungsdiagnostik* (S. 51-63). Göttingen: Hogrefe.

Scheffer, D. & Manke, B. (2017). The Significance of Implicit Personality Systems and Implicit Testing: Perspectives From PSI Theory. In N. Baumann and S. Koole (Hrsg.), *Why People Do the Things They Do*. (S.281-300). Göttingen: Hogrefe.

Schmalt, H.-D. (1976). *Die Messung des Leistungsmotivs*. Göttingen: Hogrefe.

Schmidt, F. L. & Hunter, J. E. (1998). The validity and utility of selection methods in personnel psychology. Practical and theoretical implications of 85 years of research findings. *Psychological Bulletin, 124*, 262–274.

Schmitt, N. (1996). Uses and Abuses of Coefficient Alpha. *Psychological Assessment, 8*(4), 350-353.

Schuler, H. (2002). *Das Einstellungsinterview*. Göttingen: Hogrefe.

Schuler, H. (2014). Biografieorientierte Verfahren der Personalauswahl. In H. Schuler & U. P. Kanning (Hrsg.), *Lehrbuch der Personalpsychologie* (S. 257-299). 3. Auflage. Göttingen: Hogrefe.

Schuler, H., Höft, S. & Hell, B. (2014). Eigenschaftsorientierte Verfahren der Personalauswahl. In H. Schuler & U.P. Kanning (Hrsg.), *Lehrbuch der Personalpsychologie* (S. 149-213). 3. Auflage. Göttingen: Hogrefe.

Schultheiss, C. & Brunstein, J. C. (2010). *Implicit motives*. Oxford University Press.

Schwarzkopf, D. S., Song, C. & Rees, G. (2010). *The surface area of human V1 predicts the subjective experience of object size*. Nature Neuroscience (Published online 05 December).

Stegmann, S., van Dick, R., Ullrich, J. Charalambous, J., Menzel, B., Egold, N., Tai-Chi Wu, T. (2010). Der Work Design Questionnaire. Vorstellung und erste Validierung einer deutschen Version. *Zeitschrift für Arbeits- und Organisationspsychologie, 54*(1), 1-28.

Stemmler, G., Hagemann, D. Amelang, M. & Spinath, F. M. (2016). *Differentielle Psychologie und Persönlichkeitsforschung*. 8. Auflage. Stuttgart: Kohlhammer.

Süßmair, A. & Rowold, J. (2007). *Kosten-Nutzenanalysen und Human Resources*. Weinheim: Beltz.

Treier, M. (2011). *Personalpsychologie kompakt*. 1. Aufl. Weinheim: Beltz.

Westhoff, K., Hellfritsch, L. J., Hornke, L. F., Kubinger, K. D., Lang, H. Moosbrugger, A. & Püschel, G. (Hrsg.) (2004). *Grundwissen für die berufsbezogene Eignungsbeurteilung nach DIN 33430*. Lengerich: Pabst.

Zajonc, R. B. (1980). Feeling and Thinking: Preferences Need No Inferences. *American Psychologist, 35*(2), 151-75.

Zajonc, R. B. (1984). On the Primacy of Affect. *American Psychologist*, 39, 117-23.

Zajonc, R. B. (1998). Emotions. In D. T. Gilbert, S. T. Fiske & G. Lindzey (eds.), *Handbook of Social Psychology* (pp. 591-632). New York: Oxford University Press.

Zaltman, G. (2003). *How customers think*. Boston: Harvard Business School Press.

7 Anhang

Infokasten 1 zur methodischen Vertiefung

In vielen metaanalytischen Studien werden sogenannte *Minderungskorrekturen* der zugrundeliegenden Primärstudien vorgenommen. Das bedeutet schlicht, dass man mit Hilfe mathematischer „Kunstgriffe" entweder die mangelnde Messgenauigkeit eines oder mehrerer Verfahren ausgleicht. Nehmen wir an, man untersucht die Korrelation zwischen Extraversion und später erhobenem Berufserfolg in einer Stichprobe von 100 VerkäuferInnen (Kriterium: Vorgesetztenbeurteilungen). Die Messgenauigkeit besonders des Kriteriums lässt i.d.R. zu wünschen übrig, da Vorgesetzte meist wenig geschult sind in der Beobachtung von Personen. Die gefundene Korrelation sei .20, also eher gering. Der Anteil gemeinsam aufgeklärter Varianz (Quadrieren des Korrelationskoeffizienten) wäre 4%. Mit einer Korrektur der Unreliabilität beider Variablen könnte der Koeffizient .45 erreicht werden – das wären immerhin 20% Varianzanteil.

Die Frage ist nun, ob diese Korrekturen immer gerechtfertigt sind. In der Praxis wird ja durch einen forschungsmethodischen Kunstgriff – wie im Beispiel – die Fähigkeit zur validen Beobachtung durch die Vorgesetzten nicht besser. Praktische Bedeutung erlangte das Ergebnis der Untersuchung tatsächlich erst dann, wenn die Beobachtungsleistung der Führungskräfte verbessert würde. Dies kann beispielsweise mit Hilfe einer Schulung gelingen.

Eine erneute Bewertung der Befunde von Schmidt & Hunter (1998) unternahmen jüngst Richardson und Norgate (2015). Schmidt und Hunter errechneten einen generalisierbaren Korrelationskoeffizienten zwischen Maßen akademischer Intelligenz und unterschiedlichen Maßen des beruflichen Erfolgs von rd. .50, das wären etwa 25% Varianzaufklärung. Richardson und Norgate nun gehen mit der üblichen Methode der Minderungskorrekturen sehr kritisch um und geben diverse Einblicke in diese Vorgehensweise inklusive der Hinweise auf die z.T. zweifelhafte Güte der Primärdatenquellen. Aus Platzgründen verzichten wir auf Details, für Interessierte hier die Literaturangabe:

- Richardson, K. & Norgate, S. H. (2015). Does IQ Really Predict Job Performance? *Applied Developmental Science, 19*:3, 153–169, DOI: 10.1080/10888691.2014.983635

Ferner wollen wir an dieser Stelle auch gegenteilige Befunde und Einsichten erwähnen, die beispielsweise betonen, dass die Zusammenhänge zwischen Big-Five-Variablen und Maßen des Berufserfolges z.T. eher dürftig ausfallen und dass das Problem der sozialen Erwünschtheit im Kontext der Personalauswahl besteht (Morgeson et al., 2007a). In der o.g. Studie von Salgado und Táuriz (2014) wird darauf Bezug genommen und wie erwähnt mitgeteilt, dass bestimmte Antwortformate a) die bewusst geschönte Selbstdarstellung nahezu unmöglich machen und b) so erhobene Merkmale der Person einen relativ hohen Vorhersagebeitrag leisten. Hinzu kommt, dass in vielen (fundierten) Verfahren der Personalauswahl beispielsweise die Big-Five-Taxonomie nur indirekt erfasst wird, dies gilt insbesondere für Verfahren zur berufsbezogenen Selbstbeschreibung der Persönlichkeit.

Es gilt außerdem zu bedenken, dass auch mäßig valide Verfahren die „Trefferquote", also eine korrekte Auswahlentscheidung (richtig negativ oder positiv) deutlich verbessern können, besonders im Falle einer geringen Selektionsquote (Wenige werden ausgewählt) und einer wenigstens mittleren Basisrate (Anteil der Geeigneten in der Grundgesamtheit aller Bewerber, zur Vertiefung s. Fisseni, 2004).

Infokasten 2 zur methodischen Vertiefung

Eine Methode, um herauszufinden, was erfolgreiche Mitarbeiter so erfolgreich macht, ist die Methode der „kritischen Ereignisse" (Critical Incidents Technique, Flanagan, 1954). Hier werden objektive Indikatoren für „gutes" Arbeitsverhalten gesucht. Gefragt werden (am besten überdurchschnittlich gute) Stelleninhaber beispielsweise danach, was in einer erfolgskritischen Situation geholfen und zur Lösung eines berufsbezogenen Problems beigetragen hat. Ebenso wird gefragt, was wenig hilfreich oder falsch war.

Es könnte z.B. sein, dass in einer schwierigen, berufsbezogenen Kommunikationssituation Beharrlichkeit, und Durchsetzungsfähigkeit zum Erfolg geführt haben. In einem weiteren Schritt werden dann Verhaltenskategorien und Verhaltensanker festgelegt, damit man zu einer Dokumentation und Quantifizierung gelangt. Dies kann schließlich in einem Einstellungsinterview in einem Gesprächsleitfaden genutzt werden. Ein Unternehmen kann in dieser Weise eine ganze „Kompetenz-Datenbank" für unterschiedliche Funktionsbereiche generieren, die regelmäßig, etwa alle 2 Jahre aktualisiert werden sollte (mehr dazu auch im Kapitel Arbeitsanalyse und Kompetenzmodellierung in diesem Band).

Infokasten 3 zur methodischen Vertiefung

Cronbachs α ist ein gängiges und beliebtes Maß der internen Konsistenz von Tests, aber kein gutes Maß zur Bestimmung der Homogenität eines Konstruktes. Wenn Items eines Tests insgesamt hoch korrelieren, ist das Alpha hoch. Aber die Korrelationen können sehr stark variieren. Ist das der Fall, so könnte das ein Hinweis darauf sein, dass das Konstrukt aus weiteren „Teilen" besteht - wie oben im Falle der Offenheit für Neues beschrieben.

Ein eher niedriges Alpha (beispielsweise .60) könnte in diesem Fall dennoch „ok" sein. Genaueres liefert dann eine (konfirmatorische) Faktorenanalyse. In jedem Fall sollten auch Item-Interkorrelationen berichtigt, ggf. eine Minderungskorrektur vorgenommen werden (s. Infokasten 1). Minderungskorrekturen müssen aber sehr gut begründet sein, da sie i.d.R die Korrelationen „künstlich" erhöhen. Mehr dazu: Schmitt, N. (1996). Uses and Abuses of Coefficient Alpha. *Psychological Assessment, 8*(4), 350-353.

4

Onboarding –
Integration neuer Mitarbeiter

Daniela Lohaus & Wolfgang Habermann

Lernziel/Advanced organizer

Für eine spätere Tätigkeit in einer Personalabteilung oder in der Personalberatung sind fundierte Kenntnisse im Integrationsmanagement unabdingbar und werden immer wichtiger. Das Kapitel Onboarding zeigt Bedeutung und Nutzen der erfolgreichen Integration neuer Mitarbeiter auf und vermittelt eine Gesamtschau ihrer theoretischen Fundierung mit aktuellen Forschungsergebnissen. Es erläutert wichtige Integrationsprogramme und Einzelmaßnahmen bis hin zu Evaluierungsmöglichkeiten. Das Verstehen und Aneignen der vorgestellten Inhalte befähigt zur qualifizierten Mitwirkung an bestehenden Integrationsprogrammen, der Einführung organisationsspezifischer Maßnahmen und der Etablierung eines vollständigen Integrationsmanagement-Systems. Die Präsentation der Thematik soll anregen, vertiefende Literatur zu sichten und Schwerpunkte nach individueller Neigung zu setzen.

1   Bedeutung der Integration neuer Mitarbeiter

Organisationale Integration gewinnt zunehmend an Bedeutung (vgl. Bauer, Bodner, Erdogan, Truxillo & Tucker, 2007). Ein Grund dafür liegt in der wachsenden Mobilität von Arbeitnehmern, die Arbeitsplätze heute deutlich häufiger als früher auf eigene Initiative hin wechseln, um z. B. das Einkommen zu verbessern oder Entwicklungsmöglichkeiten zu nutzen. Auch unternehmensseitig wird stärker als zuvor eine sog. „atmende Belegschaft" angestrebt, mit der der Personalbestand flexibel und kurzfristig, z.B. durch befristete Arbeitsverträge und Einsatz von Zeitarbeitskräften, an die aktuellen Bedürfnisse der Organisation angepasst werden kann. Von mindestens ebenso großer Bedeutung dürfte aber der Druck auf Unternehmen sein, als Reaktion auf den demografischen Wandel und den „Kampf um Talente" die produktivsten und innovativsten Mitarbeiter zu gewinnen und an sich zu binden.

Das bedeutet, Arbeitnehmer durchlaufen in ihrem Arbeitsleben mehr betriebliche Integrationsprozesse und Unternehmen haben sie häufiger zu gestalten als früher. Die Integration neuer Mitarbeiter hat großen Einfluss auf ihre Einstellungen und ihr Verhalten sowie auf ihre Fluktuation. Effektiv gestalte Integration erzeugt hohe Produktivität und Bindung der neuen Mitarbeiter an die Organisation und beeinflusst deren Anpassung an das Unternehmen. Studien zeigen, dass speziell die ersten Monate über die mittel- und langfristige Entwicklung entscheiden. Neue Mitarbeiter passen sich insbesondere in den ersten Wochen stark an, und Kriterien für eine erfolgreiche Integration verändern sich danach nicht mehr sehr stark (Cooper-Thomas & Anderson, 2005). Misslungene Integration kann dagegen einen Kreislauf von Misserfolgen in Gang setzen (Gruman & Saks, 2011).

Der demografische Wandel verlangt die Ausnutzung aller Möglichkeiten der Nachwuchs- und Ersatzgewinnung von Arbeitskräften. Integration und Bindung werden immer wichtiger.

Die Theorienbildung zur Integration hat in den letzten Jahren zugenommen und im Vergleich zu früher zu differenzierteren Beschreibungen des Prozesses geführt. Inzwischen liegt eine Vielzahl von Studienergebnissen zu einem ganzen Bündel wichtiger Faktoren für den Erfolg der Integration neuer Mitarbeiter vor. Hierzu gehören Merkmale von Unternehmen und der zu besetzenden Position, Einstellungen, Eigenschaften und

Verhaltensweisen der neuen Mitarbeiter, das Verhalten von Vorgesetzten und Kollegen sowie die Bedeutung systematischer Maßnahmen zur Integration. Als Erfolgsmerkmale gelten zumeist die Arbeitsleistung in der neuen Position, die Integration in das Team der Kollegen, die Identifikation mit der Organisation und die Gewandtheit, mit der im Unternehmen agiert wird; ferner Arbeitszufriedenheit und Fluktuation(-sabsicht). Moser, Soucek und Hassel (2014) weisen allerdings darauf hin, dass Arbeitsleistung und Zufriedenheit keineswegs allein von Integrationsmaßnahmen abhängen, sondern von weiteren wesentlichen Faktoren beeinflusst werden. Das sind im Fall der Leistung u.a. Fähigkeiten und Ausbildung und in Bezug auf die Zufriedenheit persönliche Lebensumstände.

Trotz der Fülle an Studien zu den genannten Merkmalen fehlt eine einheitliche Theorie der beruflichen Integration noch immer (vgl. Saks & Ashforth, 1997). Während zu Beginn der Forschung zu diesem Thema der Fokus überwiegend auf die Effizienz der Arbeitgebermaßnahmen gerichtet wurde, die auf Anpassungen der neuen Mitarbeiter abzielen, gilt heute die Integration als Interaktionsprozess zwischen Unternehmensvertretern und neuen Mitarbeitern. Entsprechend werden Individuen nicht mehr isoliert betrachtet, sondern Interaktionen zwischen den Beteiligten analysiert. Im Rahmen dieser interaktionistischen Sichtweise auf den Prozess der organisationalen Sozialisation sind Initiative und Verhalten der neuen Mitarbeiter stark ins Blickfeld gerückt (Harrison, Sluss & Ashforth, 2011). Außerdem sollten bei der Bewertung der Integration neuer Mitarbeiter die zwischenmenschliche Ebene und konkrete Interaktionen stärker berücksichtigt werden (vgl. Changhong Lu & Tjosvold, 2013). Abbildung 1 stellt die Variablen und Zusammenhänge dar, die Gegenstand der Forschung zur Integration neuer Mitarbeiter sind.

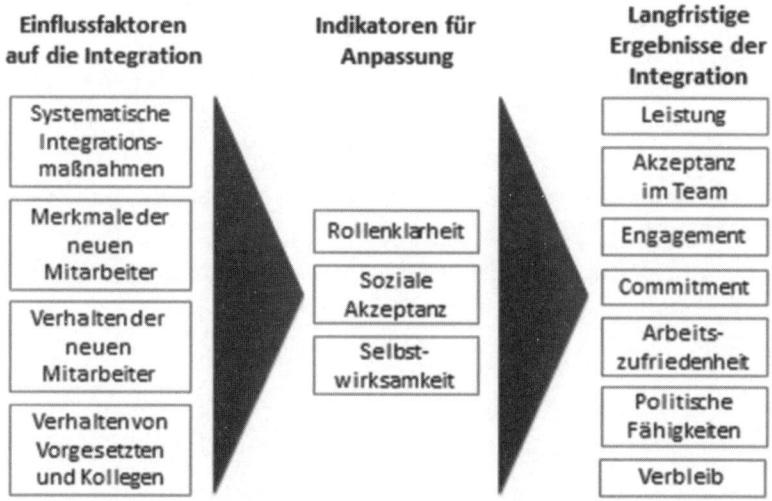

Abb. 1: Übersicht des Wirkungsprozesses betrieblicher Integration (siehe auch Lohaus & Habermann: Integrationsmanagement – Onboarding neuer Mitarbeiter, Vandenhoeck & Ruprecht, Göttingen 2015, S. 12)

2   Begriffsklärung und Einordnung in die Personalbedarfsdeckungskette

Organisationale Integration bezeichnet den Wechsel (die Transition) neuer Mitarbeiter von Unternehmensexternen zu Unternehmensinternen (Bauer et al., 2007). Bei dieser Eingliederung werden eine fachliche und eine soziale Komponente unterschieden (Becker, 2004). Fachliche Integration ist die tätigkeitsbezogene Einarbeitung, durch die neue Mitarbeiter die ihnen zugewiesenen Arbeitsaufgaben so rasch wie möglich beherrschen und ihre Position erfolgreich ausfüllen. Dafür übernehmen sie die bestehenden Strukturen und Prozesse. Mit sozialer Integration ist die Eingliederung in das Team aus Kollegen und Vorgesetzten gemeint. Die neuen Mitarbeiter akzeptieren und übernehmen die Unternehmenskultur. Die soziale Integration zielt darauf ab, dass die neuen Mitarbeiter von den übrigen Unternehmensangehörigen akzeptiert werden, sich wohlfühlen und im Unternehmen bleiben.

Wesentliche Schritte der Personalbedarfsdeckungskette liegen zeitlich vor der Integration neuer Mitarbeiter (vgl. Becker, 2004, S. 514 und Abbildung 2). Allerdings beginnt der tatsächliche Integrationsprozess neuer Mitarbeiter nicht erst am ersten Arbeitstag, sondern bereits während des Personalauswahlprozesses, sobald sich abzeichnet, dass Unternehmen und Bewerber zusammenarbeiten werden. Er setzt spätestens aber mit Unterzeichnung des Arbeitsvertrags ein, indem Neuen vorab Informationen über das Unternehmen zugänglich gemacht werden, sie ggf. auch bereits zu Veranstaltungen eingeladen werden und ihnen auf unterschiedlichen Wegen signalisiert wird, dass sie im Unternehmen willkommen sind.

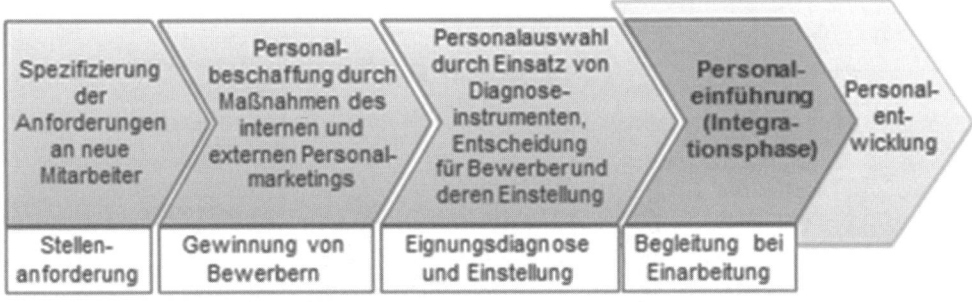

Abb. 2: Position der Personaleinführung, d.h. der Integrationsphase, innerhalb der Personalbedarfsdeckungskette (Berthel & Becker, 2007, S. 246)

3 Ziele und Nutzen der Integration

3.1 Kriterien für Anpassung und langfristige Ergebnisse

Im Hinblick auf die angestrebten Ergebnisse einer gelungenen Integration besteht große Übereinstimmung zwischen den meisten Autoren. Es lassen sich mehrheitlich die folgenden und in Abbildung 3 aufgeführten Faktoren identifizieren (vgl. z.B. Bauer et al., 2007; Feldman, 1981; Gruman & Saks, 2011; Kammeyer-Mueller & Wanberg, 2003):

- **Beherrschung der Aufgaben:** Wichtigstes Ergebnis der Integration aus Sicht der Organisation ist die Beherrschung der Arbeitsaufgaben und deren zuverlässige Erfüllung in quantitativer und qualitativer Sicht auf dem erwarteten Leistungsniveau.
- **Rollenklarheit:** Neue Mitarbeiter verstehen, welche Arbeitsaufgaben mit welcher Priorität und welchem Umfang zu ihrer Stelle gehören. Sie können sie von Aufgaben, die nicht dazugehören, abgrenzen.
- **Integration in die Arbeitsgruppe:** Den neuen Mitarbeitern gelingt es, eine positive Beziehung zu Teamkollegen und Vorgesetzen aufzubauen. Sie werden von ihnen akzeptiert und nehmen an sozialen Aktivitäten teil.
- **Engagement:** Von den zuvor genannten erwarteten Effekten von Integration, d.h. der korrekten Bearbeitung der Aufgaben und der Integration in das Team, wird angenommen, dass sie sich auf das Engagement des neuen Mitarbeiters auswirken. Beispielsweise sind mit hohem Engagement Erfolg bei der Bewältigung der neuen Arbeitsaufgaben und gute Leistungen verbunden.
- **Generelle Arbeitszufriedenheit:** Für die Zufriedenheit neuer Mitarbeiter ist die Möglichkeit wichtig, ihre neue Arbeitsrolle gestalten zu können. Die Chance, die Rolle nach eigenen Vorstellungen zu definieren und abzugrenzen, trägt zur Zufriedenheit bei.
- **Commitment/Loyalität:** Die ersten Wochen und Monate der Tätigkeit auf einer neuen Stelle sind entscheidend für die Stärke der Verbundenheit, die neue Mitarbeiter zum Unternehmen entwickeln, d.h. seine Ziele und Werte akzeptieren und sich für diese einsetzen. Verbundenheit entsteht, wenn neue Mitarbeiter überzeugt sind, durch die Zugehörigkeit zur Organisation auch ihre eigenen Ziele verwirklichen zu können. Sie schließt die emotionale Bindung an das Unternehmen, den Grad, in dem sich neue Mitarbeiter dem Unternehmen verpflichtet fühlen, und die Abwägung der Kosten eines Wechsels für den Mitarbeiter ein (Meyer & Allen, 1997; van Dick, 2004).
- **„Politische" Fertigkeiten:** Neue Mitarbeiter haben auch die Aufgabe, die Machtstrukturen und die informellen Netzwerke im Unternehmen kennen und nutzen zu lernen. Derartige „politische" Fertigkeiten fördern die Bindung an die Organisation und begünstigen eine spätere positive Gehaltsentwicklung wie auch Zufriedenheit mit der beruflichen Entwicklung und Karriere (vgl. Kammeyer-Mueller & Wanberg, 2003).
- **Verbleib in der Organisation:** Studien belegen einen Zusammenhang zwischen dem Verbleib neuer Mitarbeiter in der Organisation und ihrer generellen Zufriedenheit mit der Arbeitsaufgabe sowie mit der von ihnen ausgehandelten Arbeitsrolle.

Abb. 3: Risiken suboptimaler oder misslungener Integration (siehe auch Lohaus & Habermann: Integrationsmanagement – Onboarding neuer Mitarbeiter, Vandenhoeck & Ruprecht, Göttingen 2015, S. 31)

Die systematische Integration neuer Mitarbeiter soll gewährleisten, dass sich die in die Neuen getätigte Personalinvestition lohnt (Becker, 2004). Eine verzögerte, suboptimale oder gar gescheiterte Integration hat negative (auch finanzielle) Auswirkungen, die in Abbildung 3 zusammengefasst sind. Erfüllt ein neuer Mitarbeiter die Leistungsanforderungen nicht, muss das unter Umständen durch Kollegen kompensiert werden, wodurch Demotivation und ein schlechtes Arbeitsklima entstehen können. Das Innovationspotenzial, das mit einer Neueinstellung verbunden ist, wird nicht genutzt. Die Neuen ziehen sich innerlich zurück oder verlassen das Unternehmen wieder. In diesem Fall wird eine Nachbesetzung notwendig, was mit finanziellem Aufwand für die erneute Personalsuche, -auswahl, -einstellung und -integration verbunden ist. Natürlich besteht außerdem das Risiko, dass die Wirkungen der misslungenen Integration außerhalb des Unternehmens bekannt werden und so die Arbeitgeberattraktivität negativ beeinflussen.

3.2   Finanzieller Nutzen systematischer Integration

Maßnahmen zur Integration von Mitarbeitern lohnen sich finanziell für ein Unternehmen, wenn der monetäre Ertrag höher ist als der monetäre Aufwand für diese Maßnahmen. Wenn der Ertrag gerade die Kosten deckt, dann könnten die Maßnahmen auch entfallen, ohne dass das negative Auswirkungen auf den Unternehmenserfolg hätte.

Da es keine unmittelbare Möglichkeit zur Ermittlung des direkten Erfolgsbeitrags von Integration gibt, kann sie nur indirekt vorgenommen werden. Anhaltspunkte für die monetäre Bewertung des Integrationsnutzens können über eine Eingrenzung der Kosten gewonnen werden, die entstehen, wenn Integration nicht gelingt (im Detail siehe Lohaus & Habermann, 2015; Habermann & Lohaus, 2015). Hierzu werden die beiden Fälle „gelungene Integration" und „misslungene Integration" mit den jeweils für sie anfallenden Kosten für die Alternativen einander gegenübergestellt, dass der Mitarbeiter trotz einer misslungenen Integration im Unternehmen bleibt oder er es nach der Probezeit verlässt (siehe Tabelle 1).

Tab. 1: Gegenüberstellung der Kosten gelungener Integration und der Kosten misslungener Integration (vgl. Lohaus & Habermann, 2015)

Integrationserfolg	Kostenkategorien
Gelungene Integration	• Kosten aller eingesetzten Maßnahmen
Misslungene Integration: Mitarbeiter/-in bleibt im Unternehmen	• Kosten aller (vergeblich) eingesetzten Maßnahmen • Äquivalent für seine/ihre Produktivitätsminderung über die Dauer der Unternehmenszugehörigkeit
Misslungene Integration: Mitarbeiter/-in verlässt das Unternehmen nach der Probezeit	• Kosten aller (vergeblich) eingesetzten Maßnahmen • Monetäres Äquivalent für nicht kalkulierte Produktivitätsminderung in der Probezeit • Erneute Rekrutierungs- und Einarbeitungskosten • Kosten der Integrationsmaßnahmen für den als Ersatz Eingestellten

4 Zielgruppen der Integration

Die Integration neuer Mitarbeiter wird in der einschlägigen Literatur meist ohne Differenzierung nach Zielgruppen behandelt (vgl. Nikolai, 2009). Es ist aber notwendig, nach Erfahrungsbereich, Qualifikation und besonderer Situation der „Neuen" zu differenzieren, damit eine möglichst erfolgreiche Integration erreicht wird. Tabelle 2 stellt die relevanten Qualifikationen, Erfahrungsbereiche und Besonderheiten einander gegenüber. In Abhängigkeit von den jeweils betrachteten Feldern sind im Sinne einer optimalen Integration andere Integrationsmaßnahmen bzw. andere Maßnahmenintensitäten sinnvoll (für eine ausführliche Darstellung siehe Lohaus & Habermann, 2015).

Tab. 2: Qualifikationen, Erfahrungsbereiche und Besonderheiten der Zielgruppen organisationaler Integration

Qualifikation	Erfahrungsbereich bzw. Besonderheit der Mitarbeiter							
	Berufs-erfahrene	Berufs-einsteiger	Wieder-einsteiger	Rückkehrer aus dem Ausland	Im Ausland Angewor-bene	Interne Wechsel	Mitarbeiter mit Behin-derung	Flüchtlinge
Führungskraft								
Fachkraft								
Hilfskraft								
Auszubildende/r								

5 Theoretische Grundlagen der Integration

5.1 Phasenmodell der Integration

Neuberger (1994) beschreibt die Integration neuer Mitarbeiter in die Organisation in drei Phasen, die für Organisation und neue Mitarbeiter durch unterschiedliche Aktivitäten gekennzeichnet sind. Die Vor-Eintrittsphase umfasst die gesamte Lebenszeit von Bewerbern mit einem besonderen Fokus auf dem Zeitraum der Stellensuche bis einschließlich des Personalauswahlprozesses. Die Eintrittsphase bezieht sich auf die ersten Tage bis Monate in der neuen Organisation. Die Metamorphose-Phase ist zeitlich nicht festgelegt. Sie liegt auf jeden Fall nach Ende der Probezeit und kann auf einige Monate bis zu einem Jahr nach Eintritt datiert werden.

Vor-Eintrittsphase

Auf Seiten der Bewerber spielen in der Phase vor dem Eintritt in eine Organisation der Einfluss der Vorsozialisation und der Einfluss der antizipatorischen Sozialisation eine Rolle (Neuberger, 1994). Die Vorsozialisation bezieht sich auf die gesamte Lebensspanne der Bewerber, in der sich Wertvorstellungen, Haltungen, Sprache, Umgangsformen und Gewohnheiten von Menschen ausbilden, die sich auch im Kontakt mit Unternehmen auswirken. Die antizipatorische Sozialisation liegt zeitlich relativ nah am Eintritt in die Organisation. Sie fängt meist schon mit der Entscheidung, sich auf eine bestimmte Stelle bzw. für eine Art von Organisation zu bewerben, spätestens allerdings mit der Unterschrift auf dem Arbeitsvertrag. Während der Phasen der Bewerbung und der Personalauswahl entstehen durch die Interaktion mit Unternehmensvertretern und gegebenenfalls vorherige berufliche Tätigkeiten Erwartungen zur Zusammenarbeit mit dem Unternehmen (Noe, Hollenbeck, Gerhart & Wright, 2012) und spätestens nach Vertragsabschluss stellen sich neue Mitarbeiter gedanklich und praktisch auf die mit der neuen Stelle verbundenen Herausforderungen ein.

Für die Organisation zeichnet sich diese erste Phase dadurch aus, dass sie die Aufmerksamkeit ihrer Zielgruppe am Arbeitsmarkt gewinnen und für diese Personen attraktiv wirken muss. Diese Aufgabe wird im Unternehmen normalerweise vom Personalmarketing erfüllt. Das Unternehmen muss die Erwartungen von Bewerbern korrekt einschätzen und zu ihren Vorstellungen passende Angebote machen. Ausführliche Hinweise zu derartigen Angeboten bzw. Arbeitgeberattraktivitätsfaktoren finden sich bei Lohaus, Rietz und Haase (2013). Gleichzeitig muss darauf geachtet werden, den Kandidaten eine realistische Vorschau auf die Tätigkeit und das Unternehmen zu geben, damit sie nach Eintritt in die Organisation keinen Realitätsschock erleben, der sich negativ auf Leistung, Zufriedenheit und Verbleib in der Organisation auswirken kann (Phillips, 1998). Dabei ist aber auch zu vermeiden, dass sehr gute Bewerber abgeschreckt werden und sich aus dem Auswahlverfahren zurückziehen (Morse & Popovich, 2009).

Eintrittsphase

Der erste Arbeitstag der neuen Mitarbeiter kennzeichnet den Beginn der Eintrittsphase. Neue Mitarbeiter sind zu diesem Zeitpunkt und für die nächsten Wochen und Monate für die Teile der Belegschaft, mit denen sie direkt interagieren, als „Neue" erkennbar, weil sie sich noch nicht auskennen und Hilfe beanspruchen. In dieser Situation empfinden die Neuen oft nicht nur positive Gefühle, wie Neugier und Freude, sondern auch negative Emotionen wie Unsicherheit und Angst, den an sie gestellten Herausforderungen nicht angemessen entsprechen zu können. Vielfach erleben sie Überraschungen und in extremen Fällen einen Realitätsschock und sogar destabilisierende Erfahrungen (vgl. Noe et al., 2012).

Zur Unterstützung neuer Mitarbeiter während der Eintrittsphase setzen Unternehmen verschiedene Strategien ein. Das sind die „Schonstrategie", das „Ins-kalte-Wasser-Werfen" und die Strategie des „Grenzen aufzeigen". Die „Schonstrategie" stellt die geringsten Anforderungen an neue Mitarbeiter. Bei Arbeitsantritt absolvieren neue Mitarbeiter häufig zunächst Trainingsmaßnahmen und übernehmen die künftige Arbeitsaufgabe schrittweise. Das „Ins-kalte-Wasser-Werfen" ist das häufigste Muster der Integration, speziell bei kleineren Unternehmen, die weniger neue Mitarbeiter einstellen und oft keine speziellen Integrationsprogramme anbieten. Bei dieser Strategie übernehmen neue Mitarbeiter ihre Tätigkeit bereits am ersten Arbeitstag in vollem Umfang.

In der Eintrittsphase können Unternehmen Integration mit einer Schonstrategie oder durch „Ins-kalte-Wasser-Werfen" oder mit der Strategie des „Grenzen aufzeigen" angehen.

Sie erlernen die Beherrschung ihrer Aufgaben, während sie diese bearbeiten. Entsprechend dauert die Aufgabenerfüllung, zumindest zu Beginn, länger und ist möglicherweise teilweise auch fehlerhaft. Flankierendes Feedback von Vorgesetzten und Kollegen ist notwendig, damit neue Mitarbeiter aus ihren Erfahrungen lernen können. Der Vorteil dieser Vorgehensweise liegt aber darin, dass die neuen Mitarbeiter Selbstvertrauen aufbauen und Änderungen einführen können. Das heißt, sie haben die Chance, ihre Kreativität und ihr Innovationspotenzial einzubringen und so Prozesse und Aufgaben zu optimieren. Wird die Strategie „Grenzen aufzeigen"/„Entwurzeln" angewendet, erhalten die neuen Mitarbeitern sehr schwere und unter Umständen kaum lösbare Aufgaben. Deren Bewältigung zwingt sie, sich sehr stark anzustrengen und Hilfe von Vorgesetzen oder Kollegen zu erfragen. Das damit verbundene Gefühl der Unzulänglichkeit soll ihr Selbstvertrauen schwächen und sie anpassungswilliger machen. Dieses Vorgehen bedeutet für die meisten Neuen ein hohes Ausmaß an Stress.

Metamorphose-Phase

In der Metamorphose-Phase ist der Integrationsprozess abgeschlossen. Neue Mitarbeiter sind nicht mehr als solche erkennbar, weil sie sich bis dahin voll in das Unternehmen und die Arbeitsgruppe integriert haben, akzeptiert sind und ihre Aufgaben sehr weitgehend ohne Unterstützung erledigen. Auch Vorgesetzte wenden ihnen inzwischen weniger Zeit und Aufmerksamkeit zu. Bis sie vollständig abgeschlossen ist, können mehrere Monate vergehen.

5.2 Gegenläufige Prozesse von Sozialisation und Individuation

Ziel bei der Einführung neuer Mitarbeiter muss es sein, ein Gleichgewicht zwischen beiden gegenläufigen Prozessen der Sozialisation und der Individuation herzustellen (Jones, 1986; Neuberger, 1994).

Der Prozess der Sozialisation umfasst zwei Aspekte. Von Neuen wird erwartet, dass sie die vorgegebene Arbeitsrolle erfüllen. Sie sollen die Aufgaben und die dazugehörige Verantwortung rasch übernehmen und, zumindest bei Nachbesetzungen, die Arbeitstätigkeit möglichst unverändert weiterführen. Das bedeutet, sie orientieren sich an den vorgegebenen Strukturen und Prozessen, ohne diese in Frage zu stellen oder zu verän-

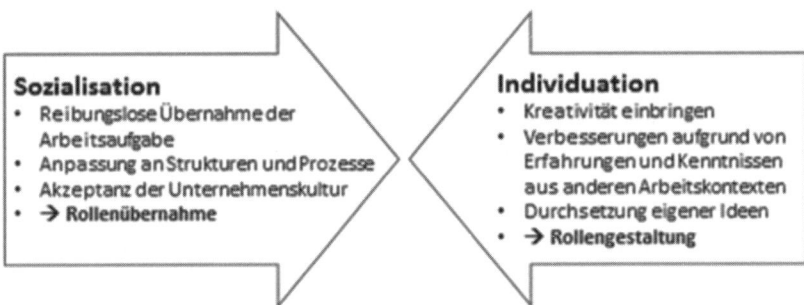

Abb. 4: Gegenläufige Prozesse von Sozialisation und Individuation (nach Neuberger, 1994)

dern. Ferner wird als Zeichen der erfolgreichen Sozialisation gesehen, wenn sich Neue an die Kultur des Unternehmens anpassen.

Parallel dazu wird von neuen Mitarbeitern auch ein Prozess der sog. Individuation erwartet, d.h., aus Sicht des Unternehmens soll durch die Neusteinstellung ein Innovationsschub ausgelöst werden, der zur Veränderung bzw. Optimierung der Aufgabenerledigung führt (Harris, Li, Boswell, Zhang & Xie, 2013). Durch Rollenverhandlung mit Vorgesetzten und Kollegen sollen sie Änderungen in ihrem Aufgabenbereich durchsetzen und ihr Innovationspotenzial zum Nutzen des Unternehmens einsetzen. Die Prozesse der Rollenübernahme und der Rollengestaltung sind offensichtlich gegenläufig (siehe Abbildung 4).

Von Neuen werden sowohl Anpassung an bestehende Prozesse als auch Innovationen erwartet. Es muss eine Balance zwischen beiden Anforderungen gefunden werden.

5.3 Bedeutung des psychologischen Vertrags

Für die Integration neuer Mitarbeiter ist auch das Konzept des psychologischen Kontrakts relevant. Der psychologische Vertrag umfasst die gegenseitigen Erwartungen, die (potenzielle) Mitarbeiter und Unternehmen in Bezug auf ihre zukünftige Zusammenarbeit entwickelt haben (Rousseau, 1990). Er besteht einerseits aus den im formalen Arbeitsvertrag nicht enthaltenen und häufig auch nicht anders ausdrücklich formulierten Zusicherungen des Arbeitgebers gegenüber dem Arbeitnehmer (z.B. positive Entgeltentwicklung, interessante Aufgaben mit viel Handlungsspielraum, Sicherheit des Arbeitsplatzes, Entwicklungs- und Karrieremöglichkeiten) und andererseits den Erwartungen des Unternehmens gegenüber dem neuen Mitarbeiter, z.B. Loyalität und besonderes Engagement (Raeder & Grote, 2012).

Im Gegensatz zum Arbeitsvertrag ist für den psychologischen Vertrag auch kennzeichnend, dass er bei Nichterfüllung nicht einklagbar ist. Sein Bruch hat also keine juristischen Folgen. Studienergebnisse belegen aber, dass ein Vertragsbruch erhebliche negative Konsequenzen im Verhalten der neuen Mitarbeiter nach sich zieht. So wird nach Ansicht von Rousseau das Nichteinlösen eines vermeintlich gegebenen Versprechens seitens des Arbeitgebers von Neuen als Einbuße bzw. Verlust erlebt. Nachgewiesen wurden in diesem Zusammenhang z.B. Leistungsrückgang, Kündigungsabsichten und verringerte Loyalität der Mitarbeiter (Orvis, Dudley & Cortina, 2008), abnehmende emotionale Bindung an das Unternehmen und ein Rückgang innovativen Verhaltens (Ng, Feldman & Lam, 2010) sowie Rachegefühle und Fehlverhalten der Mitarbeiter (Bordia, Restubog & Tang, 2008; Jensen, Opland & Ryan, 2010).

5.4 Person-Organisation-Fit

Die Einhaltung des psychologischen Vertrags bzw. die subjektive Wahrnehmung der Einhaltung hängt vom Ausmaß der Übereinstimmung von Personen und den Organisationen ab, für die die neuen Mitarbeiter arbeiten. Diesem Umstand trägt das Modell des Person-Organisation-Fit (P-O-Fit) Rechnung. Die darin beschriebene Passung zwischen Mitarbeiter und Unternehmen wird mehrheitlich in Bezug auf Werte verstanden (Leung & Chaturvedi, 2011), kann sich aber ebenso gut auf Ziele, Persönlichkeitsaspekte und Bedürfnisse beziehen (z.B. Kammeyer-Mueller, Livingston & Liao, 2011, siehe Abbildung 5). Es wird zwischen der subjektiven Wahrnehmung neuer Mitarbeiter, wie gut sie zur Organisation passen, und der objektiven Passung, also der Fremdeinschätzung, wie gut Merkmale der Organisation und die Merkmale eines neuen Mitarbeiters zueinander passen, unterschieden. Objektiver Fit beeinflusst den subjektiven Fit, der wiederum die wahrgenommene Arbeitgeberattraktivität bestimmt (vgl. Dineen, Ash & Noe, 2002; Piasentin & Chapman, 2006).

In mehreren Studien hat sich ein bereits während der Personalgewinnungsphase subjektiv empfundener Fit als wichtige Determinante für wünschenswerte Ergebnisse bei neuen Mitarbeitern erwiesen (vgl. Highhouse, Thornbury & Little, 2007; Ployhart, 2006; Uggerslev, 2012). So belegen Forschungsergebnisse eine deutliche Korrelation zwischen P-O-Fit und verschiedenen Einstellungen und Verhaltensweisen der Mitarbeiter, die aus Sicht des Arbeitgebers relevant sind. Dazu gehören die Merkmale Arbeitgeberattraktivität, Commitment, Arbeitszufriedenheit und Fluktuation (vgl. Backhaus, 2003; Cooman, De Gieter, Pepermans, Hermans, Du Bois, Caers & Jegers, 2009; Piasentin & Chapman, 2006) sowie aufgaben- und umfeldbezogene Leistung (Goodman & Svyantek, 1999). Meta-Analysen zeigen einen positiven Zusammenhang der subjektiv empfundenen Korrespondenz von eigenen Werten und denen der Organisation mit Commitment und Arbeitszufriedenheit sowie eine negative Korrelation mit Kündigungsabsichten (Verquer, Behr & Wagner, 2003). Hoffman und Woehr (2006) berichten einen moderaten Zusammenhang der Passung mit Arbeitsleistung, Organizational Citizenship Behavior und Fluktuation.

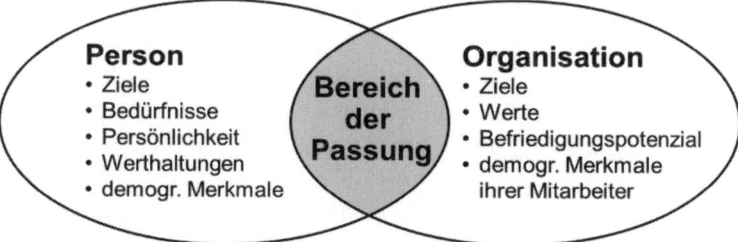

Abb. 5: Person-Organisation-Fit

Person-Organisation-Fit entsteht in erster Linie während der Einarbeitungszeit. Zu Beginn ihrer Tätigkeit in der Organisation müssen neue Mitarbeiter vielfältige Herausforderungen gleichzeitig bewältigen. Da sie noch keine Routine in der Erledigung ihrer Aufgaben und im Umgang mit relevanten Ansprechpartnern besitzen, sind sie unsicher, ob ihre Leistungen den Erwartungen ihrer Vorgesetzten entsprechen. Sie wissen zu diesem Zeitpunkt auch nicht, ob und wie gut sie von anderen akzeptiert werden und wie diese auf ihren Arbeitsstil und ihre Vorschläge reagieren. Zudem ist ihnen meist noch nicht klar, welche Aufgaben ihre Stelle umfasst. Auch haben sich die neuen Mitarbeiter noch nicht mit ihrer Arbeitsaufgabe und dem Unternehmen identifiziert. Eine weitere Aufgabe ist der Abgleich ihrer Erwartungen mit der im Unternehmen vorgefundenen Realität. Diese Unsicherheit erfordert für die Neuen eine unablässige Überprüfung ihrer Einschätzung, ob sie auf die neue Stelle und in das Unternehmen passen. Die Passung zur Tätigkeit ist ein Teilaspekt des P-O-Fit und wird als Person-Job-Fit (P-J-Fit) bezeichnet. Die subjektive Einschätzung der Passung zur Stelle wird auf der Grundlage von selbst wahrgenommenen Fähigkeiten und Fertigkeiten zur erfolgreichen Bewältigung der Anforderungen der Position vorgenommen (Saks, Uggerslev & Fassina, 2007). Integrationsmaßnahmen zielen darauf ab, neue Mitarbeiter dabei zu unterstützen, ihre Unsicherheit zu bewältigen und so rasch wie möglich eine zutreffende Einschätzung ihrer Passung zum Arbeitsplatz und zur Organisation treffen zu können. Studienergebnisse belegen, dass der Einsatz systematischer Integrationsmaßnahmen sowohl P-O-Fit als auch P-J-Fit fördert. Beide Arten des Fits korrelieren positiv mit den angestrebten Ergebnissen der Integration, wie Bindung an das Unternehmen und Arbeitszufriedenheit, sowie negativ mit Kündigungsabsichten und tatsächlichen Kündigungen (Kristof-Brown, Zimmerman & Johnson, 2005).

6   Integrationsmaßnahmen

6.1   Formale Gestaltungsmerkmale von Integrationsmaßnahmen

Die formalen Aspekte von Integrationsprogrammen werden üblicherweise mithilfe der dichotomen Systematik von van Maanen und Schein (zit. nach Neuberger, 1994) beschrieben (Tabelle 2).

Die Systematik von van Maanen und Schein ist verbreitet, allerdings wird die Auswahl und Benennung der sechs Beschreibungsdimensionen als willkürlich kritisiert. Jones (1986) bietet eine stärker zusammenfassende Darstellung mit den drei Beschreibungsdimensionen Kontext, Inhalt und soziale Aspekte. In ihnen fasst er jeweils zwei der ursprünglichen sechs Dimensionen zusammen. Abbildung 6 verdeutlicht den Zusammenhang zwischen seiner Systematik und der von van Maanen und Schein.

Wesson und Corgus (2005) haben untersucht, wie sich zwei verschiedene Vermittlungsmethoden von Integrationsinhalten auf die Teilnehmer auswirkten. Sie verglichen den Erfolg bei neuen Mitarbeitern, die die Integrationsmaßnahme in einer Gruppe durchliefen und die Inhalte von Personen vermittelt bekamen, mit dem Erfolg neuer Mitarbeiter bei Einsatz eines computerbasierten Integrationsprogramms, das individuell absolviert wurde. Sie berichten unterschiedliche Ergebnisse für die formalen Lernfelder (Leistung, Sprache, Historie, vgl. Chao, O'Leary-Kelly, Wolf, Klein & Gardner, 1994)

Tab. 2: Beschreibung der formalen Aspekte von Integrationsprogrammen nach der Systematik von van Maanen und Schein (Neuberger, 1994)

Kollektiv – Individuell	Kollektive Programme finden in der Gruppe statt. Das bedeutet, alle zu integrierenden Mitarbeiter werden zusammengefasst und ihnen werden die gleichen Inhalte gemeinsam vermittelt. Vorteile der Vorgehensweise sind rationelle Durchführung und die Gewährleistung eines einheitlichen Informationsstands. Die Neuen lernen sich gegenseitig kennen und können ein Netzwerk aufbauen. Kollektive Programme sind jedoch meist auf Inhalte beschränkt, die für alle wichtig sind. Die Einführung in die individuelle Arbeitsaufgabe und die Integration in die eigene Arbeitsgruppe ist anderweitig zu realisieren. Kernmerkmal individueller Programme ist, dass neue Mitarbeiter sie einzeln durchlaufen. Sie können inhaltlich gut auf deren spezifische Arbeitsaufgabe abgestimmt werden und schließen die fachliche Integration und die Einführung in das eigene Team ein. Entsprechend werden sie dezentral, meist am Arbeitsplatz von den direkten Vorgesetzten und Kollegen, durchgeführt.
Formell – informell	Formelle Integration bietet Neuen ein spezifisches Programm zu ihrer systematischen Integration. Es wird typischerweise zentral für alle neuen Mitarbeiter organisiert und findet daher getrennt von ihren zukünftigen Kollegen statt. Bei der informellen Integration werden die Neuen von ihren Kollegen nach deren Ermessen eingearbeitet. Die Kollegen können dafür aber durchaus auch geschult worden sein.
Systematisch – zufällig	Bei systematischen Programmen stehen Vorgehen und Inhalte im Vorhinein in Umfang und Abfolge fest. Diese für die Neuen nachvollziehbare Struktur soll einheitliche Kenntnisse und das Verständnis von Zusammenhängen sicherstellen. Inhalte, Umfang der Vermittlung und zeitliche Abfolge können bei unsystematischer Integration von Mitarbeiter zu Mitarbeiter variieren. Sie ist mit dem Risiko von Behaltens-, Verstehens- und Verständnislücken bei den Neuen verbunden.
Fix – variabel	Die Unterscheidung von fixer und variabler Integration bezieht sich auf deren zeitliche Gestaltung. Bei fixer Durchführung sind Beginn, Dauer und Endzeitpunkt der einzelnen Bausteine den Neuen im Vorhinein bekannt. Sie können sich auf die Programmpunkte einstellen. Die variable Integration verzichtet zugunsten von Flexibilität auf diese Vorschau, was zu Unsicherheit führen kann.
Seriell – disjunktiv	Serielle Integration strebt nach einer systematischen Fortführung der bisherigen Berufserfahrungen der neuen Mitarbeiter, sodass diese sich schnell zurechtfinden. Bei der disjunktiven Integration wird bewusst auf die Anknüpfung an Bekanntes verzichtet. Durch den Einsatz für die Neuen fremder und unvorhergesehener Elemente soll eine Änderung bisheriger Gewohnheiten erreicht werden.
Aufbauend – umlenkend	Aufbauende Integration soll neue Mitarbeiter bestärken. Ihre Teamkollegen unterstützten sie aktiv und fördern ihre Zuversicht, in der neuen Situation gut zurechtkommen zu können. Bei Einsatz umlenkender Strategien sind Neue weitgehend auf sich gestellt und müssen eigene Lösungen finden. Das führt zu Unsicherheit, kann aber auch Innovation fördern.

und die sozialen Lernfelder (Personen, Politik, Werte und Ziele der Organisation). In Bezug auf die formalen Lernfelder gab es keinen Unterschied in Abhängigkeit von der Vermittlungsmethode. Für die sozialen Lernfelder hingegen war die Vermittlung in der Gruppe und durch eine lebende Person deutlich erfolgreicher.

Die Integration neuer Mitarbeiter zielt darauf ab, sie dauerhaft an das Unternehmen zu binden. Gleichwohl ist speziell unter neuen Mitarbeitern die Fluktuation sehr hoch. Das wird im Allgemeinen darauf zurückgeführt, dass ihre Integration nicht erfolgreich

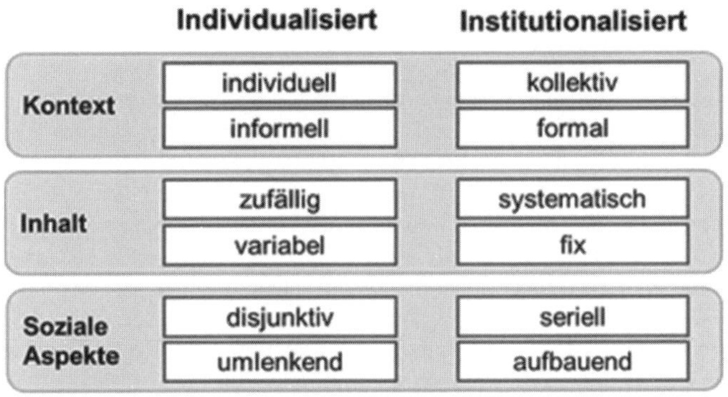

	Individualisiert	Institutionalisiert
Kontext	individuell	kollektiv
	informell	formal
Inhalt	zufällig	systematisch
	variabel	fix
Soziale Aspekte	disjunktiv	seriell
	umlenkend	aufbauend

Abb. 6: Klassifikation der Gestaltungsdimensionen von Integrationsprogrammen (Jones, 1986, S. 263)

war (vgl. Allen, 2006). Um die Bindung neuer Mitarbeiter zu forcieren, werden die Integrationstechniken Involvement und Investment eingesetzt. Sie dienen dazu, hohe Hürden für das Verlassen des Unternehmens aufzubauen. Investment bezeichnet das Vorgehen, neuen Mitarbeitern in der Einarbeitungsphase sehr viel abzuverlangen. Sie müssen sich sehr anstrengen, um die Arbeitsaufgaben angemessen zu erfüllen. Dazu gehört beispielsweise, fachlich sehr viel Neues zu lernen, viele Überstunden zu machen und um die Akzeptanz von Vorgesetzten und Kollegen kämpfen zu müssen. Diesem Vorgehen liegt die Annahme zugrunde, dass Personen, die so viel für ihre neue Stelle investieren mussten, angemessenen Nutzen aus ihren Anstrengungen ziehen wollen und den Aufwand vermeiden möchten, sich bei einem nochmaligen Arbeitgeberwechsel wieder so stark einbringen zu müssen. Involvement bedeutet im Rahmen der sozialen Integration, dass Mitarbeiter sehr stark in das Unternehmensnetzwerk eingebunden werden, sodass ihnen bei einem Arbeitgeberwechsel auch gleichzeitig der Verlust wichtiger sozialer Bindungen droht.

> Um Mitarbeiter zu binden und nicht schon bald nach der Probezeit zu verlieren, werden die Vorgehensweisen Investment und Involvement eingesetzt.

6.2   Inhalte und zeitliche Abfolge von Integrationsmaßnahmen

Um neuen Mitarbeitern den Einstieg in die Organisation zu erleichtern, nutzen inzwischen sehr viele Unternehmen systematisch Integrationsmaßnahmen. Sie werden zu unterschiedlichen Zeitpunkten des Integrationsprozesses (siehe Abbildung 7) eingesetzt und sind an den in Abschnitt 5.1 dargestellten drei Phasen orientiert. Das ist der Zeitraum vor Eintritt in die Organisation, d.h. zwischen Abschluss des Arbeitsvertrags und Stellenantritt, die ersten ein bis drei Tage zu Beginn der Arbeitstätigkeit und die Wochen bzw. Monate zwischen Arbeitsaufnahme und Abschluss der Integration. Die typischen Maßnahmen werden im Folgenden dargestellt.

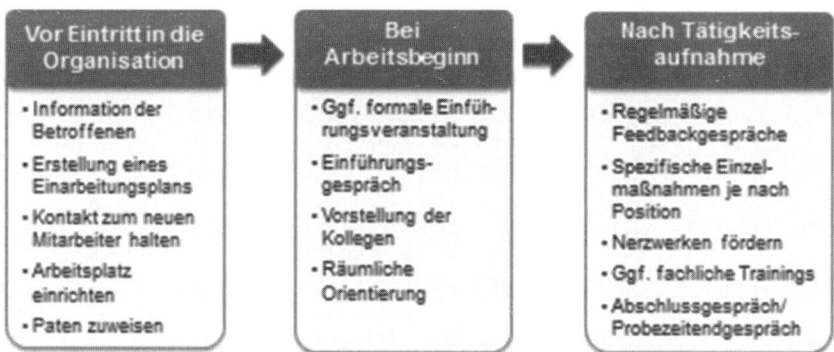

Abb. 7: Sinnvolle Maßnahmen zur Integration neuer Mitarbeiter nach Zeitraum der Maßnahmen
(siehe auch Lohaus & Habermann: Integrationsmanagement – Onboarding neuer Mitarbeiter, Vandenhoeck & Ruprecht, Göttingen 2015, S. 127)

Maßnahmen vor Eintritt in die Organisation

Die vom Neueintritt betroffenen Personen sind zu informieren. Das sind die direkten Kollegen im Team, die auf Arbeitsbeginn, Einsatzgebiet und Aufgaben der Neuen, wie auch deren Qualifikationen und Vorkenntnisse, hingewiesen werden, um sie angemessen einarbeiten zu können. Weitere Ansprechpartner neuer Mitarbeiter (z.B. höhere Vorgesetzte, Kontaktpersonen in anderen Abteilungen, ggf. auch Kunden) werden gebeten, die Neuen bei der Einarbeitung zu unterstützen.

Ein möglichst früher und möglichst intensiver Kontakt zu den ins Auge gefassten Mitarbeitern erhöht die Chance, sie zu gewinnen.

Auf Basis der Ziele und Prioritäten der Einarbeitung und des Arbeitsgebietes wird vor dem ersten Arbeitstag ein Einarbeitungsplan erstellt, der die Reihenfolge der Aufgabenübernahme festlegt und bestimmt, zu welchen Zeitpunkten ihre Erledigung beherrscht werden soll. Dafür sollten alle betroffenen Mitarbeiter einbezogen werden.

Zwischen Vertragsabschluss und Eintritt soll zu neuen Mitarbeitern Kontakt gehalten werden, um ihnen zu signalisieren, dass sie im Unternehmen willkommen sind. Konkrete Information reduziert die Unsicherheit, die mit der Aufnahme einer neuen Arbeitsstelle einhergeht. Sobald der Plan für Einarbeitung und formelle Integration steht, werden neue Mitarbeiter über den Ablauf informiert.

Vor Arbeitsbeginn ist der Arbeitsplatz einzurichten, d.h. bereitzustellen und mit notwendigen Einrichtungsgegenständen und Arbeitsmitteln auszustatten, wie Zutrittsberechtigungen, Namensschildern, Aufnahme in Organigramm und Informationsverteiler sowie Computern mit Zugängen zum Inter- und Intranet.

Die Aufgabe von Paten besteht darin, über die Unterstützung bei alltäglichen Aufgaben hinaus politische Fertigkeiten zu vermitteln und dabei zu helfen, informelle Netzwerke aufzubauen. Sie zielt darauf ab, die Akzeptanz der Neuen in der Organisation zu fördern (Verfürth, 2006). Die Zuweisung eines Paten für die Anfangszeit in der neuen Organisation wird allerdings kontrovers gesehen. Sie dient zwar einerseits der Unterstützung der Neuen, birgt aber auch das Risiko, dass sich die direkten Vorgesetzten dadurch von ihrer Verantwortung für die Integration neuer Mitarbeiter entbunden sehen könnten (Kieser, 1995).

Maßnahmen bei Arbeitsantritt

Meist werden formale Orientierungsveranstaltungen inhaltlich wie zeitlich sehr umfassend gestaltet und beziehen typischerweise Vertreter unterschiedlicher Unternehmensbereiche ein. Derartige Programme lohnen sich daher besonders, wenn mehrere neue Mitarbeiter annähernd zum selben Zeitpunkt in die Organisation eintreten. Sie werden dann monatlich, viertel- oder halbjährlich durchgeführt. Das bedeutet aber, einige Teilnehmer nehmen ab dem ersten oder zweiten Arbeitstag, andere deutlich nach ihrem ersten Arbeitstag am Einführungsprogramm teil.

Am ersten Arbeitstag ist es die Aufgabe der unmittelbaren Vorgesetzten, ihre neuen Mitarbeiter zu begrüßen und ihnen einen Überblick über Struktur, Strategie und Geschichte des Unternehmens zu geben sowie die Grundsätze der im Unternehmen geltenden Führungsprinzipien zu erläutern (Kieser, 1995). Sie stellen die neuen Mitarbeiter ihren eigenen Vorgesetzen und Kollegen vor und bitte diese, die Neuen bei der Einarbeitung zu unterstützen und auch in informelle Aktivitäten zu integrieren. Außerdem sollte ein Kollege dem neuen Mitarbeiter eine räumliche Orientierung bieten. Am Abschluss des ersten Arbeitstages können die Vereinbarung von weiteren Gesprächsterminen und die Übertragung einer ersten positionsbezogenen Aufgabe stehen.

Maßnahmen nach Aufnahme der Tätigkeit

Wann immer ein im Einarbeitungsplan terminlich oder inhaltlich festgelegter Meilenstein erreicht ist, sollte der Vorgesetzte ein Feedbackgespräch mit dem neuen Mitarbeiter führen. Im Vorfeld bilden sich Vorgesetzte ihr eigenes Urteil von den Leistungen der Neuen und holen auch Feedback der betroffenen Kollegen ein. Hat der neue Mitarbeiter einen Paten, kann auch dieser in das Gespräch eingebunden werden.

Insbesondere bei neuen Führungskräften muss sichergestellt werden, dass sie relevante Ansprechpartner der eigenen Einheit und kooperierender Bereiche sowie Kollegen persönlich kennen lernen, um Akzeptanz und Zusammenarbeit zu fördern. Für ihre Gewinnung wird in der Regel ein deutlich höherer finanzieller Aufwand betrieben als bei Mitarbeitern ohne Führungsverantwortung, deshalb sollte auch besonderes Gewicht auf ihre erfolgreiche Integration gelegt werden.

Da informelle Kontakte wichtig sind, um sich optimal in eine neue Organisation zu integrieren, ist es in jedem Fall sinnvoll, neue Mitarbeiter dabei zu unterstützen, diese Verbindungen zu schaffen, z.B. durch einen regelmäßigen Stammtisch für neue Mitarbeiter.

Neue Mitarbeiter sollten zu Beginn ihrer Tätigkeit notwendige Weiterbildungen erhalten, z. B. zu Produkten, Verfahren oder Standards im Qualitätsmanagement des Unternehmens, um aufgabenrelevante Kenntnisse aufzubauen.

Das Ende der Probezeit stellt formal einen Einschnitt dar, weil zu diesem Zeitpunkt unternehmensseitig über die Weiterbeschäftigung entschieden wird. Die Integration gilt dann häufig als weitgehend abgeschlossen, und es sollte ein Mitarbeitergespräch stattfinden, in dem klare Leistungseinschätzungen und die Entscheidung bezüglich der weiteren Zusammenarbeit mitgeteilt werden.

7   Empirische Befunde zur Integration neuer Mitarbeiter

7.1   Vergleiche zwischen Unternehmen

In den USA hat die Aberdeen Group mehr als 600 Unternehmen zu ihren Integrationspraktiken und dem Erfolg ihrer Integrationsmaßnahmen befragt (Martin & Lombardi, 2009). Der Integrationserfolg wurde mit den vier Kriterien Bindung neuer Mitarbeiter, ihr Engagement, time to productivity und Kosten für die Integration gemessen. Auf dieser Grundlage wurden die Unternehmen in die drei Gruppen „Best-in-Class", Durchschnitt und „Nachzügler" eingeteilt. Der Vergleich der Integrationspraktiken dieser drei Gruppen brachte interessante **Von den besten Unternehmen hatten fast alle einen standardisierten Integrationsprozess.** Ergebnisse: Von den Best-in-Class-Unternehmen hatten 84 % einen standardisierten Integrationsprozess, bei den Nachzüglern nur 68 % (Martin & Lombardi, 2009, p. 16). Bei ebenfalls 84 % der Best-in-Class-Unternehmen arbeiteten Personalabteilung und rekrutierende und einstellende Manager kontinuierlich zusammen. Bei den Nachzüglern gaben das nur 39 % an (Martin & Lombardi, 2009, p. 16). 67 % der Besten begannen den Integrationsprozess schon vor dem ersten Arbeitstag der neuen Mitarbeiter, unter den Nachzüglern waren dies nur 37 % (Martin & Lombardi, 2009, p. 11).

7.2   Einfluss des Verhaltens von Vorgesetzen und Kollegen

Den Interaktionen neuer Mitarbeiter mit ihren Kollegen und Vorgesetzten wird eine besondere Bedeutung für den Erfolg der Integration neuer Mitarbeiter zugeschrieben, da sie sich rasch entwickeln und dann relativ stabil sind (Korte, 2010). Es existiert eine Vielzahl von Studien, in denen weltweit und in unterschiedlichen Branchen der Einfluss der Beziehung von Vorgesetzten und Kollegen zu den neuen Mitarbeitern auf den Erfolg von Integration untersucht wurde (Fang, Duffy & Shaw, 2011; Harris, Li, Boswell, Zhang & Xie, 2013; Jokisaari, 2013; Jokisaari & Nurmi, 2009; Kammeyer-Mueller, Wanberg, Rubenstein & Song, 2013; Li, Harris, Boswell & Xie, 2011; Morison, 2002; Nifadkar, Tsui & Ashforth, 2012; Sluss, Ployhart, Cobb & Ashforth, 2012; Sluss & Thompson, 2012). Für eine ausführliche Darstellung wird auf Lohaus & Habermann (2015) verwiesen.

Die Studienergebnisse lassen sich zusammenfassend so beschreiben, dass Vorgesetzte wie auch Kollegen eine große Rolle für den Erfolg der Integration neuer Mitarbeiter ins Unternehmen spielen. Dabei ist deutlich, dass der Einfluss der Vorgesetzten noch größer ist als der der Kollegen. Deshalb sollten Unternehmen durch entsprechende Vorbereitung, wie zum Beispiel Führungskräftetrainings, gewährleisten, dass sich Vorgesetzte ihrer entscheidenden Wirkung im Integrationsprozess bewusst sind und sich dieser Aufgabe angemessen stellen.

In der ersten Zeit sind Unterstützung und entwicklungsförderliches Feedback besonders wichtig für Anpassung, Rollenklarheit, Leistung, Arbeitszufriedenheit und Stimmung der Neuen, ihre Identifikation mit ihrer Aufgabe und die von ihnen empfundene Passung zum Unternehmen. Vorgesetzte können den Lernprozess der Neuen optimal fördern, indem sie ihnen viel Freiheit bei der Aufgabenerledigung lassen und so ihre Kreativität fördern und ihre Bindung an das Unternehmen stärken. So gewinnen diese die notwendige Sicherheit und das Selbstvertrauen, um dauerhaft gute Leistungen zu erbringen.

Ferner sollten Vorgesetzte rasch den Kontakt zwischen ihren neuen Mitarbeitern und anderen relevanten Unternehmensangehörigen herstellen, die ihnen Unterstützung bieten können. Wichtig ist aber auch, neue Mitarbeiter zu Beginn ihrer Beschäftigung darauf hinzuweisen, dass die Unterstützung durch Vorgesetzte nur begrenzte Zeit zur Verfügung steht. Auch die Kollegen sollten auf ihren Beitrag zur Integration vorbereitet werden, damit sie verstehen, dass die Einarbeitung und Unterstützung neuer Kollegen fester Bestandteil ihrer Arbeitsaufgabe ist. Sie können die Neuen bei dem so wichtigen Aufbau eines informellen Netzwerks unterstützen, das positiv mit Rollenklarheit und Arbeitsleistung zusammenhängt. Vorgesetzte und Kollegen profitieren zumindest mittel- und langfristig auch finanziell von ihrem diesbezüglichen Einsatz, weil sich erfolgreiche Integration auch auf das wirtschaftliche Unternehmensergebnis auswirkt.

Vorgesetzte und Kollegen haben entscheidenden Einfluss auf das Gelingen von Integration. Sie müssen rechtzeitig einbezogen werden.

7.3   Einfluss von Persönlichkeit und Verhalten der neuen Mitarbeiter

In den letzten Jahren wurde zunehmend untersucht, wodurch neue Mitarbeiter ihre Anpassung an das Unternehmen möglichst gut gestalten (Cooper-Thomas & Wilson, 2011). Dabei werden die Einflüsse von Verhaltensweisen der neuen Mitarbeiter (z.B. aktive Informationssuche, Aufbau eines Netzwerks) und die Wirkung stabiler Persönlichkeitsmerkmale (z.B. Kreativität, Gewissenhaftigkeit, Selbstwirksamkeit) unterschieden. In Abbildung 8 werden die untersuchten Variablen dargestellt. Bemerkenswert diesbezüglich ist, dass Proaktivität einerseits als Persönlichkeitsmerkmal, andererseits als Verhaltensweise verstanden wird. Für Selbstwirksamkeit gilt einerseits, dass sie ein Persönlichkeitsmerkmal ist, das Einfluss auf den Integrationserfolg nimmt, und anderer-

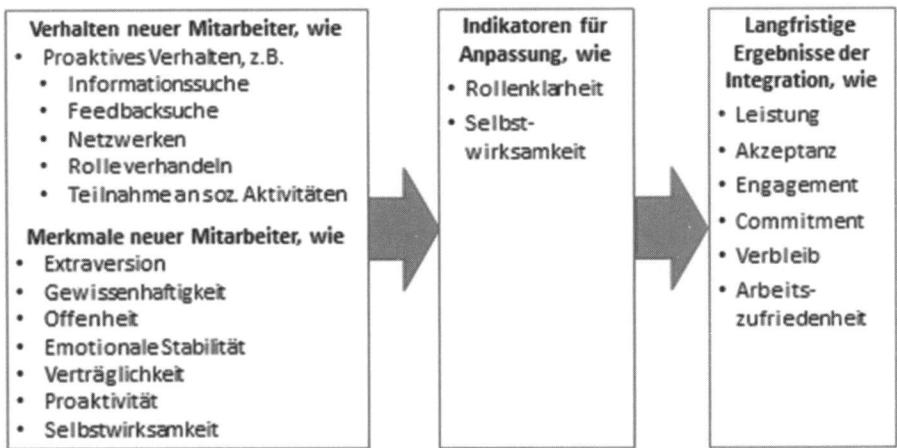

Abb. 8: Verhaltensweisen und Persönlichkeitsmerkmale neuer Mitarbeiter, die Einfluss auf den Erfolg der Integration haben (siehe auch Lohaus & Habermann: Integrationsmanagement – Onboarding neuer Mitarbeiter, Vandenhoeck & Ruprecht, Göttingen 2015, S. 91)

seits, dass die Entwicklung von Selbstwirksamkeit durch Merkmale und Verhaltensweisen der neuen Mitarbeiter gefördert werden soll.

Auf der Grundlage verschiedener Studien (Ashforth & Saks, 1996; Cable, Gino & Staats, 2013; Gruman & Saks, 2011; Kim, Cable & Kim, 2005; Kim, Hon & Crant, 2009; Saks, Gruman & Cooper-Thomas, 2011; Sluss, Ashforth & Gibson, 2012; Wang, Zhang, Mccune & Truxillo, 2011) lassen sich folgende Aussagen zusammenfassen:

Neueinsteiger in Organisationen scheinen institutionalisierte Integrationstaktiken zu bevorzugen, bei denen alle neuen Mitarbeiter gemeinsam ein zuvor festgelegtes und für sie transparentes Programm durchlaufen, das an ihre bisherigen Erfahrungen und an ihre Erwartungen anknüpft (siehe Abschnitt 6.1, Abbildung 6). Das gilt insbesondere für Personen mit einer höheren Ausprägung in Umgänglichkeit und Offenheit, aber auch einem geringen Ausmaß an Proaktivität. Das könnte darauf zurückzuführen sein, dass diese Vorgehensweise Mehrdeutigkeit und Leistungsdruck auf Seiten der Neuen reduziert. Proaktive Mitarbeiter gestalten ihr Arbeitsumfeld stärker, sind zufriedener und fühlen sich stärker zugehörig. Das bedeutet, Unternehmen sollten proaktives Verhalten in jedem Fall fördern. Die wahrgenommene Passung der neuen Mitarbeiter zum Unternehmen, zur Tätigkeit und zur Arbeitsgruppe korreliert mit der durch die Vorgesetzten beurteilte Leistung der neuen Mitarbeiter, ihrer Lernbereitschaft, ihrer Arbeitszufriedenheit und ihren Kündigungsabsichten. Weiter ist die Möglichkeit, sich so zu präsentieren, wie man ist, wichtig für den Verbleib neuer Mitarbeiter im Unternehmen. Bei Hochschulabsolventen zeigte sich, dass die generelle Selbstwirksamkeit den positiven Zusammenhang zwischen der Bedeutsamkeit der Tätigkeit einerseits und andererseits der Arbeitszufriedenheit sowie der Bindung an das Unternehmen und den negativen Zusammenhang ersterer mit den Kündigungsabsichten verstärkte.

7.4 Befunde zur Gestaltung von Integrationsmaßnahmen

Der Eintritt in eine neue Organisation wird durch die Vielzahl an Unwägbarkeiten und Herausforderungen aus dem neuen Arbeitskontext von den meisten neuen Mitarbeitern als stressig wahrgenommen. Wird dieser Stress als extrem und langanhaltend empfunden, ist damit zu rechnen, dass Integration und Anpassung suboptimal verlaufen (vgl. Fan & Wanous, 2008).

Frühe Stressoren, wie Unklarheit bzgl. der Arbeitsrolle, Rollenkonflikte, Überlastung und enttäuschte Erwartungen, zeigen negative Wirkungen auf wichtige Kriterien erfolgreicher Integration, wie Arbeitszufriedenheit, Frustration, Commitment und Identifikation (Saks & Ashforth, 2000). Personen, die stärkere Belastungen empfanden, erlebten eine höhere Zahl an Stresssymptomen und beurteilten ihre Arbeitsleistung als schwächer als Personen, die ein niedriges Ausmaß an Stressoren bei sich wahrnahmen.

Wanous und Reichers (2000) vertreten die Ansicht, dass eine wesentliche Funktion von Integrationsprogrammen darin liegt, Fertigkeiten im Umgang mit Stress zu vermitteln, d.h., durch Inhalte und Gestaltungsaspekte der Integrationsmaßnahmen die mit dem Eintritt in ein neues Unternehmen einhergehende Anspannung zu reduzieren. Dazu gehört maßgeblich, den Neuen eine realistische Tätigkeitsvorschau zu geben und sie möglichst auch durch ein Stressbewältigungstraining zu unterstützen, das ihnen den

Umgang mit Problemen und Enttäuschungen erleichtert und das Verlassen der Organisation weniger wahrscheinlich macht (Becker & Brinkkötter, 2005).

Außerdem werden Selbstwirksamkeitstrainings als Baustein der Integration empfohlen, da eine hohe Selbstwirksamkeit auch dabei hilft, mit Unsicherheit, Stress, Informationsüberflutung, Realitätsschock und destabilisierenden Erfahrungen, die oft mit der Aufnahme einer Tätigkeit in einer neuen Organisation einhergehen, gut umzugehen. Personen, die über ein stärkeres Ausmaß an Selbstwirksamkeit verfügen, reagieren in stressigen Situationen gelassener. Sie sind besser in der Lage, derartige Situationen aktiv zu bewältigen. Außerdem haben sie ein stärkeres Gefühl der Verbundenheit gegenüber der Organisation und berichten eine höhere Arbeitszufriedenheit (vgl. McNatt & Judge, 2008).

Selbstwirksamkeit ist ein entscheidendes Element, Integration erfolgreich verlaufen zu lassen.

Fachliche und soziale Trainings für Neueinsteiger können die Anpassung an die Arbeitsrolle deutlich unterstützen (Saks, 1993). Sie steigern die Selbstwirksamkeit und die Fähigkeit, mit den anfänglich auftretenden Problemen besser umzugehen, und haben positive Auswirkungen auf Arbeitszufriedenheit und Commitment. Offenbar profitieren speziell Personen mit einem geringen Selbstwirksamkeitsgefühl stark von Einsteigertrainings.

Institutionalisierte Programme (siehe Abschnitt 6.1, Abbildung 6) begünstigen das Rollenübernahmeverhalten bei neuen Mitarbeitern, während eine individualisierte Vorgehensweise stärker zu Rolleninnovation führt (Allen & Meyer, 1990). Institutionalisierte Programme wirken sich positiv auf die Identifikation mit dem Unternehmen aus (Yi & Uen, 2006).

8   Evaluation von Integrationsmaßnahmen

Die Bewertung des Erfolgs von Integration ist ein wichtiges Element des Personalentwicklungscontrollings. Die Evaluation kann sich auf Inhalte und Methoden beziehen sowie den Effekt im Hinblick auf die zuvor festgelegten Ziele. Davon zu unterscheiden sind die Bewertung ihres monetären Nutzens und ihrer Kosten. Evaluiert werden können beispielsweise der Erfolg der vollständigen Integration, d.h. von deren Vorbereitung bis zum Ende der Probezeit, wie auch die einzelnen Bausteine, wie beispielsweise die Orientierungsveranstaltung, der Einarbeitungsplan oder die Zusammenarbeit mit Paten.

Das bekannteste und in der Unternehmenspraxis am häufigsten verwendete Modell der Evaluation ist das Vier-Ebenen-Modell von Kirkpatrick (Kirkpatrick & Kirkpatrick, 2006). Es klassifiziert die Wirkungen von Personalentwicklungsmaßnahmen nach Schwerpunkt und zeitlichem Abstand zur betrachteten Maßnahme. Kirkpatrick postuliert eine Abhängigkeit zwischen den vier Evaluationsebenen, von denen Ebene 1 die unterste Stufe der Evaluation und Ebene 4 die höchste Stufe darstellt. Je höher die Stufe, desto größer ist die Bedeutung für den Erfolg der Organisation. Die vier Ebenen der Maßnahmenevaluation sind in Abbildung 9 dargestellt.

Ebene 1, die der Reaktionen, betrifft die unmittelbare subjektive Einschätzung der Personalentwicklungsmaßnahme durch die Teilnehmer, d.h. ihre Zufriedenheit mit verschiedenen Aspekten, wie Organisation, Atmosphäre, Inhalte, Methoden, Trainer. Auf der zweiten Ebene, der Ebene des Lernens, werden der Erwerb von Kenntnissen und

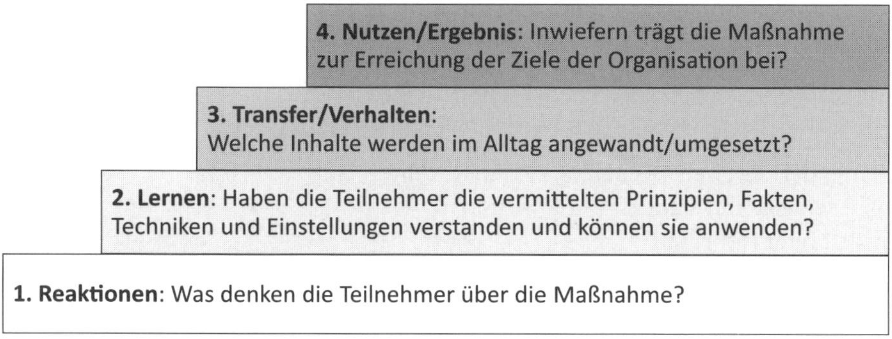

| 4. Nutzen/Ergebnis: Inwiefern trägt die Maßnahme zur Erreichung der Ziele der Organisation bei? |
| 3. Transfer/Verhalten: Welche Inhalte werden im Alltag angewandt/umgesetzt? |
| 2. Lernen: Haben die Teilnehmer die vermittelten Prinzipien, Fakten, Techniken und Einstellungen verstanden und können sie anwenden? |
| 1. Reaktionen: Was denken die Teilnehmer über die Maßnahme? |

Abb. 9: Vier-Ebenen-Modell der Evaluation von Entwicklungsmaßnahmen (Kirkpatrick & Kirkpatrick, 2006)

Fertigkeiten sowie die Änderung von Einstellungen in Bezug auf die im Vorhinein festgelegten Lernziele bewertet. Der Lernerfolg sollte mittels Fremdeinschätzung oder Wissenstests ermittelt werden. Auf der Transfer- bzw. Verhaltensebene, der dritten Ebene, wird die Anwendung des Erlernten im Arbeitsalltag bewertet, d. h., wie stark die Teilnehmer die gelernten Inhalte bei der Erledigung ihrer Arbeitsaufgaben anwenden. Die Wirkungen werden mit zeitlichem Abstand von der Maßnahme durch Interviews mit Teilnehmern, Vorgesetzten und/oder Kollegen oder mittels Beobachtungen der Teilnehmer bei ihren Tätigkeiten ermittelt. Auf der vierten Ebene wird der Nutzen der Personalentwicklungsmaßnahme auf Unternehmensebene bewertet. Das Ausmaß, in dem Ziele der Organisationsleitung durch die Maßnahme erreicht wurden, wird durch betriebliche Kennzahlen ermittelt (z.B. zu Quantität und Qualität der Arbeitsleistung, Kosten und Erlösen).

Entscheidend ist am Ende, ob sich die Integration auch finanziell lohnt. Gerade dies ist aber am Schwierigsten zu belegen.

9   Zusammenfassung

In Zeiten zunehmender Knappheit an qualifiziertem Personal wird die erfolgreiche Integration neuer Mitarbeiter immer wichtiger. Dieses Ziel wird erreicht, wenn neue Mitarbeiter ihre Arbeitsaufgabe rasch und erfolgreich bewältigen, sie die Unternehmenskultur übernehmen und gern im Unternehmen bleiben.

Es lässt sich zeigen, dass auch der monetäre Nutzen systematischer Integration berechnet werden kann, wenn man die Kosten gelungener Integration dem Aufwand bei fehlgeschlagener Integration gegenüberstellt.

Voraussetzung für gelingende Integration sind die Übereinstimmung von zu integrierender Person und Organisation im Hinblick auf Werthaltungen und Ziele sowie die Einhaltung des psychologischen Vertrags, d.h. der Erfüllung unausgesprochener gegenseitiger Erwartungen.

Studienergebnisse legen nahe, dass der Erfolg von Integrationsbemühungen neben der Passung von Person und Organisation wesentlich davon abhängt,
• wie stark Vorgesetzte und Kollegen neue Mitarbeiter unterstützen und fördern,

- welche Integrationstaktiken neue Mitarbeiter zeigen und
- welches Maß an Selbstwirksamkeitsüberzeugung bei den neuen Mitarbeitern vorliegt.

Die praktizierten Integrationsmaßnahmen können auf verschiedenen Ebenen in Gegensatzpaaren beschrieben werden. Sie können sein:
- kollektiv oder individuell
- formell oder informell
- systematisch oder zufällig
- fix oder variabel
- seriell oder disjunktiv
- aufbauend oder zerstörend/umlenkend.

Quer zu diesen Kategorien sollten Integrationsmaßnahmen auch die jeweils speziellen Mitarbeitergruppen berücksichtigen, also z.B. Führungskräfte, behinderte Menschen und ausländische Arbeitskräfte.

Systematische Integration verläuft in drei Phasen: Maßnahmen vor Eintritt in die Organisation, Maßnahmen in der Einarbeitungsphase und der Abschluss der Integration. Die konkreten Programme auf der Zeitschiene reichen von Kontakten vor Eintritt über Einführungsgespräche und formale Einführungsveranstaltungen bei Arbeitsbeginn bis zu regelmäßigen Feedbackgesprächen und einem Probezeitendgespräch.

Der Erfolg von Integration kann durch eine Evaluation auf vier Ebenen bewertet werden: Was denken die Teilnehmer über die Maßnahme? Was haben die Teilnehmer gelernt? Welche Inhalte setzen die Teilnehmer im Alltag um? Welchen Nutzen hat die Organisation von der Maßnahme?

10   Vertiefende Hinweise für Masterstudierende

Ein wichtiges Thema für die Zukunft ist die Frage danach, wie Flüchtlinge in Unternehmen integriert werden können. Dafür gilt es, zunächst die fachlichen Voraussetzungen und kulturellen Bedingtheiten zu klären, um die fachliche und soziale Integration in Organisationen für beiden Seiten angemessen gestalten zu können.

Eine weitere offene Forschungsfrage ist, ob die mit einer amerikanischen Stichprobe gefundenen Präferenzen bzgl. Integrationsmaßnahmen (Gruman & Saks, 2011) auch für andere Kulturkreise gelten.

Wer sich mit dem Thema Integration neuer Mitarbeiter intensiver beschäftigen möchte, findet die umfassendste Darstellung bei Lohaus und Habermann (2015).

11   Kontrollfragen

K1: Was ist mit den Begriffen fachlicher und sozialer Integration gemeint und welche Ziele werden damit verfolgt?

K2: Wie grenzen sich die gegenläufigen Prozesse von Sozialisation und Individuation voneinander ab und mit welchen Konsequenzen sind sie verbunden?

K3: Nennen und erläutern Sie drei Risiken, die unternehmensseitig mit misslungener Integration verbunden sind. Gehen Sie dabei auf Kosten und Betriebsklima ein.

K4: Wie sollten sich neue Mitarbeiter verhalten, um möglichst rasch die Leistungsanforderungen zu erfüllen und sich im Unternehmen und im Team wohlzufühlen?

Literatur

Allen, D. G. (2006). Do Organizational Socialization Tactics Influence Newcomer Embeddedness and Turnover? *Journal of Management, 32,* 237-256.

Allen, N. J. & Meyer, J. P. (1990). Organizational socialization tactics: A longitudinal analysis of links to newcomers' commitment and role orientation. *Academy of Management Journal, 33*(4), 847-858.

Ashforth, B. E. & Saks, A. M. (1996). Socialization tactics: Longitudinal effects of newcomer adjustment. *Academy of Management Journal, 39*(1), 149-178.

Backhaus, K. (2003). Importance of person-organization fit to job seekers. *Career Development International, 8,* 21-26.

Bauer, T. N., Bodner, T., Erdogan, B., Truxillo, D. M. & Tucker, J. S. (2007). Newcomer adjustment during organizational socialization: A meta-analytic review of antecedents, outcomes, and methods. *Journal of Applied Psychology, 92*(3), 707-721.

Becker, F. G. (2004). Personaleinführung. *Wirtschaftswissenschaftliches Studium, 33,* 514-519.

Becker, F. G. & Brinkkötter, C. J. (2005). Realistische Rekrutierung. *Wirtschaftswissenschaftliches Studium, 34,* 662-667.

Berthel, J. & Becker, F. G. (2007). *Personal-Management. Grundzüge für Konzeptionen betrieblicher Personalarbeit* (8. Aufl.). Stuttgart: Schäffer-Poeschel.

Bordia, P., Restubog, S. L. D. & Tang, R. L. (2008). When employees strike back: Investigating mediating mechanisms between psychological contract breach and workplace deviance. *Journal of Applied Psychology, 93,* 1104-1117.

Cable, D. M., Gino, F. & Staat, B. R. (2013). Breaking Them in or Eliciting Their Best? Reframing Socialization around Newcomers' Authentic Self-expression. *Administrative Science Quarterly, 58*(1), 1-36.

Changhong Lu, S. & Tjosvold, D. (2013). Socialization tactics: Antecedents for goal interdependence and newcomer adjustment and retention. *Journal of Vocational Behavior, 83,* 245-254.

Chao, G. T., O'Leary-Kelly, A. M., Wolf, S., Klein, H. J. & Gardner, P. D. (1994). Organizational Socialization: Its Content and Consequences. *Journal of Applied Psychology, 79*(5), 730-743.

Cooman, R. de, Gieter, S. D., Pepermans, R., Hermans, S., Du Bois, C., Caers, R. & Jegers, M. (2009). Person–organization fit: Testing socialization and attraction–selection–attrition hypotheses. *Journal of Vocational Behavior, 74,* 102-107.

Cooper-Thomas, H. D. & Anderson, N. (2005). Organizational Socialization: A Field Study into Socialization Success and Rate. *International Journal of Selection and Assessment, 13*(2), 116-128.

Dick, R. van (2007). Identifikation und Commitment. In H. Schuler & K. Sonntag (Hrsg.), *Handbuch der Arbeits- und Organisationspsychologie* (S. 287-293). Göttingen: Hogrefe.

Dineen, B. R., Ash, S. R. & Noe, R. A. (2002). A web of applicant attraction: Person-organization fit in the context of web-based recruitment. *Journal of Applied Psychology, 87,* 723-734.

Fan, J. & Wanous, J. P. (2008). Organizational and Cultural Entry: A New Type of Orientation Program for Multiple Boundary Crossings. *Journal of Applied Psychology, 93*(6), 1390-1400.

Fang, R., Duffy, M. K. & Shaw, J. D. (2011). The Organizational Socialization Process: Review and Development of a Social Capital Model. *Journal of Management, 37,* 127-152.

Feldman, D. C. (1981). The Multiple Socialization of Organization Members. *Academy of Management Review, 6*(2), 309-318.

Goodman, S. A. & Svyantek, D. J. (1999). Person-Organization Fit and Contextual Performance: Do Shared Values Matter. *Journal of Vocational Behavior, 55,* 254-275.

Gruman, J. A. & Saks, A. M. (2011). Socialization preferences and intentions: Does one size fit all? *Journal of Vocational Behavior, 79,* 419-427.

Habermann, W. & Lohaus, D. (2015). Lohnt sich die systematische Integration neuer Mitarbeiter/-innen auch finanziell? *Zeitschrift für Evaluation, 14*(1), 35-55.

Harris, T. B., Li, N., Boswell, W. R., Zhang, X. &, Xie, Z. (2013). Getting what's new from newcomers: Empowering leadership, creativity, and adjustment in the socialization context. *Personnel Psychology, 100,* 1-38.

Harrison, S. H., Sluss, D. M. & Ashforth, B. E. (2011). Curiosity Adapted the Cat: The Role of Trait Curiosity in Newcomer Adaptation. *Journal of Applied Psychology, 96*(1), 211-220.

Highhouse, S., Thornbury, E. E. & Little, I. S. (2007). Social-identity functions of attraction to organizations. *Organizational Behavior and Human Decision Processes, 103,* 134-146.

Hoffman, B. J. & Woehr, D. J. (2006). A quantitative review of the relationship between person–organization fit and behavioral outcomes. *Journal of Vocational Behavior, 68,* 389-399.

Jensen, J. M., Opland, R. A. & Ryan, A. M. (2010). Psychological contracts and counterproductive work behaviors: Employee responses to transactional and relational breach. *Journal of Business and Psychology, 25,* 555-568.

Jokisaari, M. (2013). The role of leader–member and social network relations in newcomers' role performance. *Journal of Vocational Behavior, 82,* 96-104.

Jokisaari, M. & Nurmi, J.-E. (2009). Change in newcomers' supervisor support and socialization outcomes after organizational entry. *Academy of Management Journal, 52*(3), 527-544.

Jones, G. (1986). Socialization tactics, self-efficacy, and newcomers' adjustments to organizations. *Academy of Management Journal, 29*(2), 262-279.

Kammeyer-Mueller, J. D., Livingston, B. A. & Liao, H. (2011). Perceived similarity, proactive adjustment, and organizational socialization. *Journal of Vocational Behavior, 78,* 225-236.

Kammeyer-Mueller, J. D. & Wanberg, C. R. (2003). Unwrapping the Organizational Entry Process: Disentangling Multiple Antecedents and Their Pathways to Adjustment. *Journal of Applied Psychology, 88*(5), 779-794.

Kammeyer-Mueller, J., Wanberg, C., Rubenstein, A. & Song, Z. (2013). Support, undermining, and newcomer socialization: Fitting in during the first 90 days. *Academy of Management Journal, 56*(4), 1104-1124.

Kieser, A. (1995). Einarbeitung neuer Mitarbeiter. In L. von Rosenstiel, E. Regnet & M. Domsch (Hrsg.), *Führung von Mitarbeitern* (3. Auflage, S. 149-160). Stuttgart: Schäffer-Poeschel.

Kim, T., Cable, D. M. & Kim, S. (2005). Socialization Tactics, Employee Proactivity, and Person–Organization Fit. *Journal of Applied Psychology, 90*(2), 232-241.

Kim, T.-Y., Hon, A. H. & Crant, J. M. (2009). Proactive Personality, Employee Creativity, and Newcomer Outcomes: A Longitudinal Study. *Journal of Business and Psychology, 24*(1), 93-103.

Kirkpatrick, D. L. & Kirckpatrick, J. D. (2006). Evaluating training programs, the four levels (3rd ed.), San Francisco: Berrett-Koehler Publishers Inc.

Korte, R. (2010). First, get to know them': a relational view of organizational socialization. *Human Resource Development International, 13*(1), 27-43.

Kristof-Brown, A. L., Zimmerman, R. D. & Johnson, E. C. (2005). Consequences of indiviudals' fit at work: a meta-analysis of person-job, person-organization, person-group, and person-supervisor fit. *Personnel Psychology, 58,* 281-342.

Leung, A. & Chaturvedi, S. (2011). Linking the fits, fitting the links: Connecting different types of PO fit to attitudinal outcomes. *Journal of Vocational Behavior, 79,* 391-402.

Li, N., Harris, T. B., Boswell, W. R. & Xie, Z. (2011). The Role of Organizational Insiders' Developmental Feedback and Proactive Personality on Newcomers' Performance: An Interactionist Perspective. *Journal of Applied Psychology, 96*(6), 1317-1327.

Lohaus, D. & Habermann, W. (2015). *Integrationsmanagement – Onboarding neuer Mitarbeiter.* Göttingen: Vandenhoeck & Rupprecht.

Lohaus, D., Rietz, C. & Haase, S. (2013). Was Arbeitgeber attraktiv macht. *Wirtschaftspsychologie aktuell, 20*(3), 12-15.

Martin, K. & Lombardi, M. (2009). *Fully on-board. Getting the most from your talent in the first year.* Boston, MA: Aberdeen Group.

McNatt, D. B. & Judge, T. A. (2008). Self-efficacy intervention, job attitudes, and turnover: A field experiment with employees in role transition. *Human Relations, 61*(6), 783-810.

Meyer, J. P. & Allen, N. J. (1997). *Commitment in the workplace: Theory, research and application.* Thousand Oaks, CA: Sage Publication.

Morse, B. J. & Popovich, P. M. (2009). Realistic recruitment practices in organizations: The potential benefits of generalized expectancy calibration. *Human Resource Management Review, 19,* 1-8.

Moser, K., Soucek, R. & Hassel, A. (2014). Berufliche Entwicklung und organisationale Sozialisation. In H. Schuler & U. Kanning (Hrsg.), *Lehrbuch der Personalpsychologie* (3. überarb. u. erw. Aufl., S. 449–500). Göttingen: Hogrefe.

Neuberger, O. (1994). *Personalentwicklung* (2. Aufl.). Stuttgart: Enke.

Ng, T. W. H., Feldman, D. C. & Lam, S. S. K. (2010). Psychological contract breaches, organizational commitment, and innovation-related behaviors: A latent growth modeling approach. *Journal of Applied Psychology, 95*, 744-751.

Nifadkar, S., Tsui, A. S. & Ashforth, B. E. (2012). The way you make me feel and behave: Supervisor-triggered newcomer affect and approach-avoidance behavior. *Academy of Management Journal, 55*(5), 1146-1168.

Noe, R. A., Hollenbeck, J. R., Gerhart, B. & Wright, P. M. (2012). *Human Resource Management – Gaining a competitive advantage* (10th ed.). NY: McGraw-Hill.

Orvis, K. A., Dudley, N. M. & Cortina, J. M. (2008). Conscientiousness and reactions to psychological contract breach: A longitudinal field study. *Journal of Applied Psychology, 93*, 1183-1193.

Philipps, J. M. (1998). Effects of realistic job previews on multiple organizational outcomes. A meta-analylisis. *Academy of Management Journal, 41*(6), 673-690.

Piasentin, K. A. & Chapman, D. S. (2006). Subjective person–organization fit: Bridging the gap between conceptualization and measurement. *Journal of Vocational Behavior, 69*, 202-221.

Ployhart, R. E. (2006). Staffing in the 21st Century: New Challenges and Strategic Opportunities. *Journal of Management, 32*(6), 868-897.

Raeder, S. & Grote, G. (2012). *Der psychologische Vertrag.* Göttingen: Hogrefe.

Rousseau, D. M. (1990). New hire perceptions of their own and their employer's obligations: A study of psychological contracts. *Journal of Organizational Behavior, 11*, 389-400.

Saks, A. M. (1993). Moderating and mediating effects of self-efficacy for the relationship between training and newcomer adjustment. *Academy of Management Proceedings*, 126-130.

Saks, A. M. & Ashforth, B. E. (1997). Organizational Socialization: Making Sense of the Past and Present as a Prologue for the Future. *Journal of Vocational Behavior, 51*, 234-279.

Saks, A. M. & Ashforth, B. E. (2000). The Role of Dispositions, Entry Stressors, and Behavioral Plasticity Theory in Predicting Newcomers' Adjustment to Work. *Journal of Organizational Behavior, 21*(1), 43-62.

Saks, A. M., Gruman, J. A. & Cooper-Thomas, H. (2011). The neglected role of proactive behavior and outcomes in newcomer socialization. *Journal of Vocational Behavior, 79*, 36-46.

Saks, A. M., Uggerslev, K. L. & Fassina, N. E. (2007). Socialization tactics and newcomer adjustment: A meta-analytic review and test of a model. *Journal of Vocational Behavior, 70*, 413-446.

Sluss, D. M., Ashforth, B. E. & Gibson, K. R. (2012). The search for meaning in (new) work: Task significance and newcomer plasticity.

Sluss, D. M., Ployhart, R. E., Cobb, M. G. & Ashforth, B. E. (2012). Generalizing newcomers' relational and organizational identifications: Processes and Prototypicality. *Academy of Management Journal, 55*(4), 949-975.

Sluss, D. M. & Thompson, B. S. (2012). Socializing the newcomer: The mediating role of leader–member exchange. *Organizational Behavior and Human Decision Processes, 119*, 114-125.

Verfürth, C. (2006). Einarbeitung, Integration und Anlernen neuer Mitarbeiter. In R. Bröckermann, M. Müller-Vorbrüggen, *Handbuch Personalentwicklung* (2. Aufl., S. 89-108). Stuttgart: Schäffer-Poeschel.

Verquer, M. L., Beehr, T. A. & Wagner, S. H. (2003). A meta-analysis of relations between person–organization fit and work attitudes. *Journal of Vocational Behavior, 63*, 473-489.

Wang, M., Zhan, Y., Mccune, E. & Truxillo, D. (2011). Understanding newcomers' adaptability and work-related outcomes: Testing the mediating roles of perceived P-E Fit variables. *Personnel Psychology, 64*, 163-189.

Wanous, J. P. & Reichers, A. E. (2000). New employee orientation programs. *Human Resource Management Review, 10*(4), 435-451.

Wesson, M. J. & Gogus, C. I. (2005). Shaking Hands With a Computer: An Examination of Two Methods of Organizational Newcomer Orientation. *Journal of Applied Psychology, 90*(5), 1018-1026.

Yi, X. & Uen, J. F. (2006). Relationship between Organizational Socialization and Organization Identification of Professionals: Moderating Effects of Personal Work Experience and Growth Need Strength. *The Journal of American Academy of Business, 10*(1), 362-371.

Leistungsbeurteilung in der Praxis

Arne Voigt

1 Einleitung

Leistungsbeurteilungen werden inzwischen von einer Vielzahl mittlerer und großer Unternehmen eingesetzt, um im Sinne der Personalökonomie den Wertschöpfungsbeitrag von Mitarbeitern sichtbar, vergleichbar und planbar zu machen. Daneben steht zugleich das Ziel, Informationen zur Förderung von Talenten und die Planung von Entwicklungsmaßnahmen der Mitarbeiter zu erheben. So wird der Leistungsbegriff in modernen Organisationen heute nicht nur im Sinne einer erfüllten Ergebniserwartung verstanden. Die Perspektive auf Leistung schließt in der Regel auch das Verhalten selbst ein, das am Ende zu bestimmten Ergebnissen führt. Dies bringt hohe Anforderung an das Beurteilungssystem und an die Kompetenz derer mit sich, die für die praktische Umsetzung verantwortlich sind.

Verfahren zur Erhebung von Mitarbeiterleistungen sind umstritten, da unterschiedliche Zwecke verfolgt werden. Nicht selten ist die Skepsis von Mitarbeitern begründet, wenn Verfahren wenig Transparenz aufweisen und die Objektivität der Beurteilungsergebnisse fragwürdig ist.

In Unternehmen ist bereits seit Jahren eine verstärkte Entwicklung hin zur Entformalisierung und einer zunehmenden Individualisierung des Beurteilungssystems zu beobachten (Steinmann & Schreyögg, 2005, S. 793). Mit dem Anspruch motivationale Aspekte sowie soziale und entwicklungsorientierte Zwecke deutlicher in den Vordergrund treten zu lassen, müssen zugleich Abstriche beim Versuch gemacht werden, Leistung im klassischen Sinne „messen" zu können. Darin liegt aber auch die Chance, Beurteilungssysteme und Instrumente der Personalentwicklung besser aufeinander abstimmen zu können. In diesem Kapitel wird empfohlen, die Rückmeldung der Leistungsbeurteilung im formalen Mitarbeitergespräch vom Folgeprozess des Entwicklungsdialogs mit der verantwortlichen Führungskraft zumindest zeitlich zu entkoppeln, um Rollenkonflikte auf Seiten der Vorgesetzten zu minimieren.

Zudem soll dargestellt werden, welcher erwartete Nutzen der Einführung eines Leistungsbeurteilungssystems von Unternehmensseite zugrunde liegt. Hierzu soll zunächst der Begriff der Leistung selbst beschrieben und eingegrenzt werden. Des Weiteren soll ein Überblick vermittelt werden, welche Verfahren der Leistungsbeurteilung in Wirtschaftsunternehmen relevant sind, wie diese funktionieren und welche Herausforderungen bei der Implementierung entsprechender Systeme in Organisationen zu meistern sind. Hierbei wird bewusst auf die Beschreibung der eher seltenen „freien", d.h. nicht standardisierten Verfahren der Beurteilung verzichtet, da sie bei großen Unternehmen über 250 Mitarbeitern in der Regel nicht zum Einsatz kommen. Stattdessen sollen die in Dax-Unternehmen verbreiteten standardisierten bzw. normierten Beurteilungsverfahren kritisch betrachtet werden. Ein detailliertes Fallbeispiel aus der Praxis soll helfen, die an den Verfahren häufig geäußerte Kritik verständlicher zu machen. Abschließend sollen die wesentlichen Voraussetzungen für eine als fair und motivierend empfundene Leistungsbeurteilung auf Basis der gängigen Praxis in Unternehmen zusammengefasst werden.

2   Was verbirgt sich hinter dem Begriff „Leistung"?

Nach einer Definition von Schuler (1990) erklärt sich Leistung als individueller Leistungsbeitrag zu den Zielen einer Organisation. Die Leistungsbeurteilung oder -bewertung sei der Versuch, diesen Beitrag zu quantifizieren (Schuler, 1990, S. 177). Obwohl Leistung, dem betriebswirtschaftlichen Sinn nach auf ein messbares Ergebnis hindeutet, ist sie dennoch als Prozessvariable zu verstehen, d.h. Leistungsergebnisse werden im Rahmen einer ausgeführten Tätigkeit im Betrieb erst mittel- oder langfristig sichtbar. Zudem ist Leistung nach Becker (2002) nicht losgelöst von anderen Aspekten des Arbeitskontextes und Arbeitsprozesses zu sehen. Motivation, Wille, Fähigkeiten, Talente und weitere externale Faktoren wie Entwicklungsmöglichkeiten, das Arbeitsklima und die Interaktion mit dem Vorgesetzten wirken auf das ein, was schließlich als Leistung zu beurteilen ist (Becker, 2002, S. 333).

Lohaus (2009) nimmt eine sinnvolle Unterscheidung zwischen einer Ergebnis- und einer Prozessperspektive auf Leistung vor (Lohaus, 2009, S. 4). Mit dem Fokus auf das Ergebnis erreicht eine Person im Zeitraum X eine bestimmte Leistung z.B. in Form eines Abschlusses oder – bezogen auf die Produktion – in Form einer bestimmten Anzahl hergestellter Teile. Schauen wir auf Leistung aber aus der Prozess- und Verhaltensperspektive, so definiert sie sich als Verhalten, das dazu geeignet ist, gesetzte Unternehmensziele zu erreichen. Dazu gehört zum Bespiel die Freundlichkeit, mit der Kunden betreut werden, die Geduld gegenüber Lernenden oder die Geschwindigkeit, mit der Montagen ausgeführt werden (Lohaus, 2009). Auch die Autoren Bormann und Motowidlo (1997) unterscheiden zwischen der aufgaben- und der umfeldbezogenen Leistung. Bei der aufgabenbezogenen Leistung wird ein Verhalten beschrieben, das sich exklusiv auf eine bestimmte Tätigkeit beschränkt, sodass es von Job zu Job variieren kann. Diese Art von Leistungsverhalten erfordert spezifische Fähigkeiten und Fertigkeiten, deklaratives Wissen im Sinne von „gewusst was" und prozedurales Wissen im Sinne von „gewusst wie". Demgegenüber steht die umfeldbezogene Leistung, die sich in einem Verhalten äußert, das unabhängig von spezifischen Tätigkeiten und somit übertragbar ist.

> Von intrinsischen Motiven spricht man, wenn eine Tätigkeit aus einem inneren Antrieb heraus durchgeführt wird, weil sie Spaß macht, sinnvoll erscheint oder die betreffende Person interessiert. Hier wird eine Tätigkeit also um ihrer selbst willen ausgeführt. Beim Handeln aus extrinsischen Motiven wird der wesentliche Treiber außerhalb der Persönlichkeit gesehen, z.B. in Form von Belohnung, Statuszuwachs, drohende Bestrafung. Beschäftigte in Unternehmen handeln i.d.R. aus einer Kombination intrinsischer und extrinsischer Motive heraus.

Die wesentliche Grundlage für das gezeigte Verhalten besteht hier in der Persönlichkeit selbst und in intrinsischen wie extrinsischen Motiven (Borman & Motowidlo, 1997).

Der Leistungsbegriff, den Unternehmen für entsprechende Beurteilungen heranziehen, setzt sich in der Regel sowohl aus aufgabenbezogenen als auch umfeldbezogenen Anteilen zusammen. Die etablierten Verfahren zur Leistungsbeurteilung versuchen, Leistung aus der Ergebnisperspektive zu betrachten, wenn zu Beginn eines Beurteilungsjahres konkrete quantitative Ziele gesetzt wurden. Die Prozess- und Verhaltensperspektive, bei der Leistung zumeist nur durch dokumentierte Beobachtungen „messbar", wird bei qualitativen Zielen berücksichtigt. Sie richtete sich zum Beispiel auf das Führungs- oder Kooperationsverhalten von Personen.

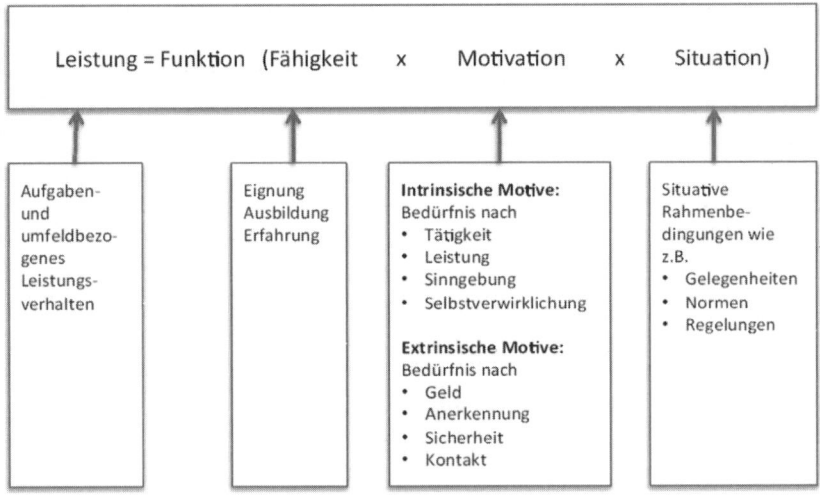

Leistung = Funktion (Fähigkeit   x   Motivation   x   Situation)

Aufgaben- und umfeldbezogenes Leistungsverhalten	Eignung Ausbildung Erfahrung	**Intrinsische Motive:** Bedürfnis nach • Tätigkeit • Leistung • Sinngebung • Selbstverwirklichung **Extrinsische Motive:** Bedürfnis nach • Geld • Anerkennung • Sicherheit • Kontakt	Situative Rahmenbedingungen wie z.B. • Gelegenheiten • Normen • Regelungen

Abb. 1: Zusammenhang von Fähigkeiten bzw. Fertigkeiten, Motivation und situativen Bedingungen für die Entstehung von Leistung (Lohaus, 2009, S. 7)

3   Ziele und Funktionen der Leistungsbeurteilung

Mit der Leistungsbeurteilung werden in Unternehmen verschiedene Ziele verfolgt. Grundsätzlich soll „(…) festgestellt werden, wie gut die Mitarbeiter ihre Aufgabenstellung auf ihrem derzeitigen Arbeitsplatz erfüllen" (Mentzel, 1997, S. 83). Die Beurteilung soll aber auch darüber Aufschluss geben, ob Mitarbeiter weitergehende Aufgabenstellungen übernehmen könnten und in welcher Hinsicht sie sich hierfür weiterentwickeln sollten. Leistungsbeurteilungen unterliegen als personalpolitisches Instrument auch der Mitbestimmung. In diesem Kapitel soll auf die rechtlichen Regelungen bei der Leistungsbeurteilung nicht vertieft eingegangen werden. In diesem Zusammenhang sei aber auf einen hilfreichen Artikel von Oechsler (2000) verwiesen, der die entsprechenden juristischen Implikationen und Prozessschritte detailliert darstellt.

3.1   Leistungsdifferenzierung im Sinne der Personalökonomie

Bei der Zielsetzung der Leistungsdifferenzierung im Sinne der Personalökonomie geht es um den Vergleich von Leistungen, die als Faktor Arbeit von den Mitarbeitern eines Unternehmens im Sinne bestimmter Gewinnziele erbracht werden. Hier steht der Gedanke eines wirksamen ökonomischen Steuerungsinstruments im Vordergrund, um eine bessere Erfüllung des Grundsatzes der Äquivalenz von Lohn und Leistung zu gewährleisten (Steinmann & Schreyögg, 2005). Zudem sollen durch die Leistungsmessung auch „harte" Fakten geschaffen werden, die personelle Entscheidungen (Auswahl, Versetzung, Beförderung, Entlassung) fundieren. Die Effizienz personalpolitischer Instrumente wie zum Beispiel die Bewerberauswahl oder Wirksamkeit von Verfahren der Aus- und Weiterbildung soll mit der Leistungsbeurteilung evaluiert werden. Analog hierzu sollen durch die Leistungsbeurteilung auch Fort- und Weiterbildungsbedarfe ermittelt und Maßnahmen der Personalentwicklung zielgerichteter gestaltet werden.

3.2 Motivation und individuelle Förderung

Auf der anderen Seite sehen Unternehmen in der Leistungsbeurteilung auch ein Instrument, um Einfluss auf die Mitarbeitermotivation zu nehmen und die individuelle Talentförderung zu ermöglichen, indem Mitarbeitern ihre Stärken und Schwächen aufgezeigt und Entwicklungsprozesse mit Blick auf Einstellungen, Wissen und Fähigkeiten angestoßen werden (Murphy & Cleveland 1995, S. 87 ff.). Für diese Zielsetzung stellt das Mitarbeitergespräch am Ende einer Beobachtungs- und Beurteilungsphase ein entscheidendes Element im Gesamtprozess dar.

3.3 Manifeste und latente Zwecke

Becker (2002) differenziert zwischen manifesten und latenten Zwecken der Leistungsbeurteilung. Während sich die manifesten Ziele mit den oben genannten zwei Bereichen decken, nennt er als latente Ziele, also solche, deren Funktion entweder nicht genannt oder nicht erkennbar ist

- den Einsatz als Disziplinierungsinstrument
- die Kommunikationsverbesserung
- die Erhöhung der Arbeitszufriedenheit und
- die gerechtere Entscheidungsfindung (Becker, 2002, S. 334).

In den von Becker angesprochenen latenten Zielen liegt ein wesentlicher Teil des Konfliktpotenzials, das die Einführung und Umsetzung der Leistungsbeurteilung im Unternehmen erschweren kann.

Becker differenziert zudem zwischen inter- und intrapersonalen Entscheidungen, die mit Leistungsbeurteilungen verknüpft sind. So geht es bei entsprechenden Verfahren eben nicht nur um die Ermittlung von Referenzwerten für die Entgeltfindung, Beförderung und Kündigung von Mitarbeitern (interpersonale Entscheidung), sondern dem Anspruch nach auch um die Identifizierung und das Feedback individueller Stärken und Schwächen und die Verhaltenssteuerung (intrapersonale Entscheidung) und die Planung von Entwicklungsbedarfen (vgl. Abb. 2).

Unter betrieblicher Mitbestimmung versteht man die Einbeziehung von Mitarbeitern in puncto Betriebsordnung, Aufbau- und Ablauforganisation, Arbeitsplatzgestaltung, Arbeitszeiten, Personalplanung und –auswahl, Zeiterfassung und Leistungsbeurteilung. Die Mitbestimmung ist in Deutschland im Betriebsverfassungsgesetz geregelt. Organe der betrieblichen Mitbestimmung sind der Betriebsrat bzw. Personalrat. Für leitende Angestellte dient der Sprecherausschuss als Interessenvertretung. Die Rechte dieser Gruppe sind im Sprecherausschussgesetz verankert. Leitende Angestellte sind nach der Definition Personen, die der Sphäre der Unternehmensleitung zuzuordnen sind und im Wesentlichen frei von Weisungen handeln.

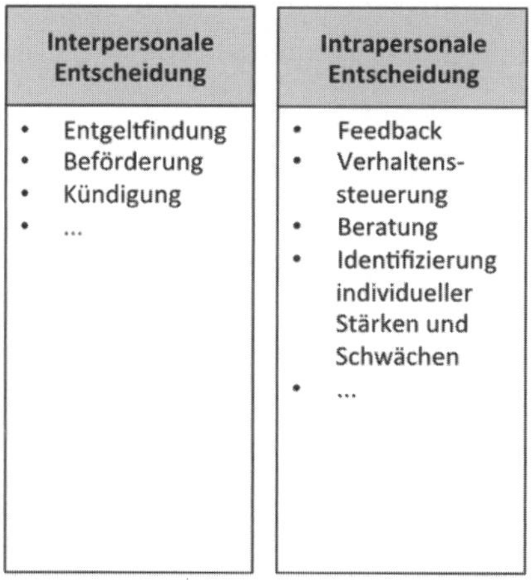

Interpersonale Entscheidung	Intrapersonale Entscheidung

• Entgeltfindung
• Beförderung
• Kündigung
• ...
	• Feedback
	• Verhaltens-
	  steuerung
	• Beratung
	• Identifizierung
	  individueller
	  Stärken und
	  Schwächen
	• ...

Abb. 2: Zwei Entscheidungsarten, die mit Leistungsbeurteilungen verknüpft sind (bearbeitet nach Becker, 2008, S. 170)

4   Die Wahl des geeigneten Instruments zur Leistungsbeurteilung

Die Wahl des geeigneten Instruments zur Leistungsbeurteilung richtet sich bei Unternehmen vor allem nach folgenden Faktoren:
- Faktor Größe der Organisation
- Faktor Kultur und Leitbilder

4.1   Faktor Größe der Organisation

In der Regel wird in großen Unternehmen, also beispielsweise in Kapitalgesellschaften mit einer Bilanzsumme von ≥ 20 Mio EURO und mindestens 250 Mitarbeitern (vgl. Definition nach www.haufe.de), ein standardisiertes Verfahren zur Leistungsbeurteilung bevorzugt. Hierdurch soll die Reliabilität, sprich Zuverlässigkeit der Einschätzung und damit die Vergleichbarkeit der Leistungsbeurteilung innerhalb einer Mitarbeitergruppe gewährleistet werden (Lohaus & Schuler, 2013, S. 369).

In kleineren Unternehmen werden dagegen häufiger nicht formgebundene Verfahren eingesetzt, die sich kaum an Messvorschriften zur Bewertung von Leistungen und objektiven Dokumentationen orientieren, sondern eher der freien Eindrucksschilderung zuzuordnen sind. Solche freien Verfahren sind vor allem dann sinnvoll, wenn es keine Notwendigkeit gibt, Mitarbeiter in ihrem Leistungsverhalten miteinander vergleichbar zu machen – beispielsweise, wenn an die Leistungsbeurteilung keine Entgeltregelung geknüpft ist. Wenngleich bei dieser nicht-standardisierten Vorgehensweise nur eine geringe Reliabilität der Einschätzungen erzielt wird, erzeugt sie doch auf Mitarbeiterseite deutlich weniger Widerstände. In Verbindung mit einem strukturierten System von aufgabenbezogenem und entwicklungsorientiertem Feedback durch zuvor geschulte Führungskräfte kann das nicht-standardisierte Beurteilungsverfahren in bestimmten Organisationen sogar zur Erhöhung der Leistungsbereitschaft und Leistungsfähigkeit bei

Mitarbeitern führen (vgl. zum Einfluss von Feedback auf das Leistungsverhalten: Manuel & Edward, 2015).

Bei nicht-standardisierten Verfahren werden hohe Anforderungen an die einschätzende Führungskraft gestellt, und zwar in puncto Strukturierung, der Beurteilung selbst, der Dokumentation sowie hinsichtlich des Feedbacks des Beurteilungsergebnisses. Zudem nehmen freie Verfahren im Vergleich zu standardisierten Prozessen deutlich mehr Zeit in Anspruch und sind dadurch letztlich kostenaufwändiger. Beckers generelle Aussage, dass freie Verfahren eine „differenziertere und damit realistischere Beurteilung des betreffenden Mitarbeiters" (Becker, 2008, S. 172) ermöglichen würden, wird daher durch zahlreiche qualitative Bedingungen auf Seiten des Beurteilers eingeschränkt.

> **Reliabilität beschreibt die Zuverlässigkeit einer wissenschaftlichen Messung. Als reliabel kann eine Messung gelten, die auch bei wiederholter Durchführung unter gleichen Bedingungen zum gleichen Ergebnis führt, also weitgehend frei von Zufallsfehlern ist. Der Begriff ist im Zusammenhang mit Leistungsbeurteilungen allerdings lediglich im übertragenen Sinne und nicht gemäß der klassischen Testtheorie zu verwenden, da bei der Einschätzung von Mitarbeiterleistungen, insbesondere bei verhaltensorientierten Beurteilungen, nicht von einer wissenschaftlichen Messung gesprochen werden kann.**

4.2   Faktor Kultur und Leitbilder

Die Form der Leistungsbeurteilung, die in einem Unternehmen genutzt wird, sagt viel über die Leitbilder und die Kultur aus, die in einer Organisation vorherrschen. Bei der Unternehmenskultur handelt es sich um fundamentale Überzeugungen und Werte, die in der Organisation verwurzelt sind (Puppatz & Deller, 2016, S. 54). Nach einer gängigen Definition von Edgar Schein kann diese Kultur als „Muster von innerhalb einer Gruppe gelernten und geteilten grundsätzlichen Überzeugungen" gesehen werden, „(...) die sich als valide genug erwiesen haben, um sie an neue Mitglieder dieser Gruppe weiterzugeben" (Schein, 2010, S. 18 übersetzt in: Puppatz & Deller, 2016).

Das vorherrschende Leitbild eines Unternehmens definiert mit seinen Wertaussagen zur Art der Kooperation, dem Führungsstil, dem Verständnis von Verantwortung gegenüber der Gesellschaft und der Umwelt, dem Stellenwert des Kunden etc. wesentlich auch die Frage: „Was bedeutet bei uns im Unternehmen Leistung?" und „Wie entsteht bei uns Leistung?" Die Form der Leistungsbeurteilung sollte kongruent zum tatsächlichen Leistungsbegriff eines Unternehmens sein. Der Leistungsbegriff sollte sich wiederum an der proklamierten Kultur und den Werten einer Organisation orientieren. Ein System der Leistungsbeurteilung, das seitens der Mitarbeiter als inkongruent in Bezug auf die nach innen und nach außen proklamierte Unternehmenskultur wahrgenommen wird, kann zu Akzeptanzproblemen, Misstrauen, Konflikten und zu Motivationsdefiziten in der Belegschaft führen.

Hofstede, Hofstede & Minkov (2010) ergänzen hier zudem den interessanten Aspekt, dass letztlich auch die jeweilige Landeskultur einen starken Effekt auf die Wahl des Beurteilungssystems hat. Ihre Untersuchung zeigt, dass ein Zusammenhang zwischen den Merkmalen der Landeskultur und Elementen der Leistungsbeurteilungssysteme in Unternehmen besteht. Die Autoren nennen vier Indikatoren für landeskulturelle Unterschiede, die direkte Konsequenzen für die Wahl des Leistungsbeurteilungssystems und damit für die Organisation mit sich bringen: Power Distance (PD), Future Orientation (FO), Individualism/Collectivism (IO/CO) und Uncertainty Avoidance (UA). Elemente von Leistungsbeurteilungssystemen sollten somit nicht nur kongruent zu Leitwerten einer Organisation, sondern auch zu Merkmalen der Landeskultur gestaltet werden, da dies auf Mitarbeiterseite tendenziell mit geringerem Absentismus und geringerer Fluktuation einhergeht (Hofstede, Hofstede & Minkov, 2010).

5   Standardisierte Beurteilungssysteme

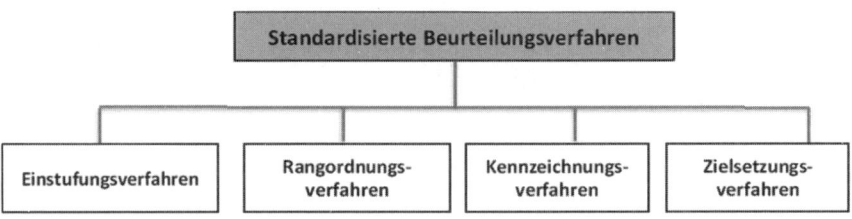

Abb. 3: Standardisierte Beurteilungsverfahren

5.1   Einstufungsverfahren

Bei kriterien- oder auch merkmalsorientierten Einstufungsverfahren handelt es sich um die in Unternehmen nach wie vor am häufigsten verwendete standardisierte Form der Leistungsbeurteilung (Cascio & Aguinis, 2011).

In solchen Einstufungsverfahren werden Merkmalsdimensionen wie „Arbeitsverhalten", „Leistungsverhalten" oder „Ergebnisorientierung" auf mehrstufigen Skalen eingeschätzt. Dem Beurteiler helfen Merkmalskataloge, die mit entsprechenden Verhaltenserwartungen ausgestattet sind. Insbesondere in der Gestaltung der allgemeinen Verhaltensanker, die den jeweiligen Stufen der Skala bereits zugeordnet sind, manifestieren sich die im Unternehmen proklamierten Werte und Kulturmerkmale. Die verwendeten Kriterien können bei rein merkmalsorientierten Verfahren sehr allgemein gehalten sein und für Mitarbeiter über alle Besoldungsgruppen hinweg gelten. Dies kann bei den einschätzenden Vorgesetzten dazu führen, dass Leistungen mit Blick auf die Merkmale recht unterschiedlich interpretiert und beurteilt werden (Becker, 2008, S. 177) (siehe Abbildung 4).

Verhaltenserwartungsskalen werden in der Regel in einem mehrstufigen Prozess ermittelt (siehe hierzu Tabelle 1). Diese sind jeweils einer Leistungsdimension wie zum Beispiel „Sicherstellung der Kundenzufriedenheit" zugeordnet. Es sollen die tatsächlich beobachteten Verhaltensfacetten von Mitarbeitern beurteilt werden. Hier gibt der Beobachter auf einer entsprechenden (z.B. 10-stufigen) Skala an, wie häufig ein bestimmtes Verhalten sichtbar war, i.S.v.: „nie", „fast nie" bis „fast immer" und „immer".

In der unternehmerischen Praxis wird in den meisten Fällen eine merkmalsorientierte Leistungsbeurteilung vorgenommen, wobei Verhaltensanker für einzelne Hierarchiestufen oder Besoldungsgruppen angepasst werden können. Entscheidend ist hierbei, dass am Ende eines Beurteilungszeitraums dem Mitarbeiter im Feedbackgespräch nicht

Ergebnisorientierung	1	2	3	4	5
Definiert klar und präzise die Ziele des eigenen Handelns.					
Trifft verbindliche Vereinbarungen im Sinne der Zielsetzung.					
Verfolgt die eigenen Ziele konsequent und ausdauernd.					
Berücksichtigt beim Handeln übergeordnete unternehmerische Aspekte.					

Abb. 4: Beispiel einer Merkmalsdimension mit verhaltensverankerter Skala

Tab. 1: Entwicklung von verhaltensankerten Einstufungsskalen (Lohaus & Schuler, 2013, S. 370)

Nr.	Entwicklungsschritt	Beschreibung der Tätigkeit
1.	Identifikation und Definition von Leistungsdimensionen	Die erste Expertengruppe identifiziert alle für die Position relevanten Leistungsdimensionen (z.B. nach der Methode der kritischen Ereignisse von Flanagan (1954). Sie definiert die einzelnen Leistungsdimensionen mit niedrigem, durchschnittlichem und hohem Leistungsniveau.
2.	Entwicklung von Verhaltensbeispielen	Die zweite Gruppe von Experten sammelt Verhaltensbeispiele für jede Leistungsdimension aus Schritt 1 auf den drei Niveaustufen.
3.	Erneute Zuordnung der Verhaltensbeispiele	Der dritten Expertengruppe werden die Verhaltensbeispiele aus Schritt 2 in zufälliger Abfolge vorgelegt. Sie ordnet die Beispiele den vorgegebenen Leistungsdimensionen aus Schritt 1 wieder zu. Nur Beispiele, die mit hoher Übereinstimmung derselben Dimension zugeordnet wurden, verbleiben im Pool.
4.	Skalierung	Die vierte Expertengruppe legt für jedes Verhaltensbeispiel auf einer vorgegebenen Skala (z.B. 10-stufig) fest, welchem Leistungsniveau es entspricht.
5.	Auswahl der Skalenanker	Zuletzt werden die Mittelwerte und Streuungen der Einschätzungen für jedes Verhaltensbeispiel ermittelt. Verhaltensbeispiele, die von den Experten ähnlich eingeschätzt werden (d.h. geringe Streuungen aufweisen), werden nach ihrem Mittelwert an der entsprechenden Stelle der Skala positioniert.

einfach der Skalenwert eines Leistungsmerkmals rückgemeldet wird. Vielmehr sollte die Einschätzung stets auf beobachtetem Verhalten während der Arbeit erfolgen. Einstufungsverfahren ermöglichen eine gute Vergleichbarkeit der Beurteilungsergebnisse. Zugleich räumt Becker ein, dass bei diesem Verfahren auf die einschätzende Führungskraft durchaus methodische Herausforderungen zukommen, die auch zu Überforderungen führen können (Becker, 2008, S. 177). Einige Unternehmen erstellen für die Leistungsbeurteilung Kataloge mit enorm vielen Merkmalen. Hier müssen die Beobachter gut geschult sein, um zu trennscharfen Ergebnissen zu kommen. Zudem müssen sie darauf achten, die Einschätzung in einem Merkmal nicht durch die in einem ähnlichen klingenden überstrahlen zu lassen – wie zum Beispiel bei den Merkmalen „Initiative" und „Selbständigkeit".

5.2   Rangordnungsverfahren

In vielen Kapitalgesellschaften wird davon ausgegangen, dass Leistungen größerer Gruppen zufallsverteilt der Normalverteilung folgen, sich schlechten, mittleren und guten Leistungen also eine bestimmte Anzahl von Mitarbeitern zuordnen lässt. Mit einem entsprechenden Quotenverfahren sollen demnach klassische Beurteilungsfehler wie die Tendenz zur Milde, zur Härte oder zur Mitte vermieden werden.

Das Rangordnungsverfahren funktioniert folgendermaßen: Sobald die Vorgesetzten für ihre zugeordneten Mitarbeiter die summierten Gesamteinschätzungen auf den einzelnen Merkmalsskalen vorgenommen haben, treffen sie sich zu Kalibrierungsgesprächen. Hier werden alle Mitarbeiter einer Stufe innerhalb einer Unternehmenseinheit – fachbereichsübergreifend – bezogen auf ihre Leistungen in eine Rangordnung gebracht. Zur Erstellung einer summarischen Rangordnung werden (entweder für jedes Merkmal oder aber bezogen auf einen Gesamtwert) zunächst der Mitarbeiter mit dem besten und der mit dem schlechtesten Ergebnis bestimmt. Aus der verbleibenden Gruppe werden wiederum der Beste und der Schlechteste erhoben, bis alle Mitarbeiter in eine Leistungsrangordnung gebracht wurden. Nun wird sichtbar, welche Mitarbeiter sich mit ihren Leistungsbeurteilungen im Hauptfeld befinden, welche im unteren Bereich liegen und welche darüber. Orientiert an der Annahme, dass die Gesamtleistung von Mitarbeitern einer Normalverteilung folgt, werden in der Regel Quoten festgelegt, wie hoch der Anteil von Personen mit einem sehr guten, guten, mittleren, schlechten und sehr schlechten Gesamtergebnis zu sein hat. Ausgehend von einer 5-stufigen Skala werden beispielsweise die oberen und die unteren 3% der Mitarbeiter in der Rangordnung der Beurteilung 5 bzw. 1 zugeordnet. Jeweils 15% fallen auf die Beurteilung 2 und 4 und 64% der beurteilten Personen, das Hauptfeld, liegt am Ende bei einer 3. Den Unternehmen geht es hier in erster Linie darum, Leistung schärfer voneinander abzugrenzen. Diese Methode wird vor allem dann angewendet, wenn die einzelnen Einheiten, in denen Rangordnungen gebildet werden, sehr mitarbeiterstark und wenig leistungshomogen sind.

Beurteilungsfehler beschreiben in der Eignungsdiagnostik Fehler, die bei der Einschätzung von Menschen im Rahmen der sozialen Interaktion geschehen. Zu diesen gehören die Tendenz zur Milde, zur Härte oder zur Mitte, der Sympathieeffekt, der Überstrahlungseffekt durch eine besondere Eigenschaft, der Kontrasteffekt, implizite Persönlichkeitstheorien, systematische Verzerrung und projektive Ähnlichkeit.

Problematisch ist dieses Verfahren aus vielerlei Gründen: Die Annahme der Normalverteilung von Leistung setzt voraus, dass die Einzelbeurteilungen, die zur entsprechenden statistisch fundierten Verteilung führen, auf tatsächlichem „Messen" beruhen. Messen heißt, dass eine quantitative Aussage über eine Messgröße im Vergleich zu einer Messeinheit vorgenommen wird. Dies funktioniert beispielsweise bei Schuh- und Körpergrößen und sogar für Aussagen über den IQ von Menschen. Hier zeigt sich bei Populationen in der Tat eine Normalverteilung der Messwerte. Bei der Leistungsbeurteilung kann aber nicht von einer Messung im eigentlichen Sinne gesprochen werden, da...

- ...die Vorgesetzten Leistungsdimensionen häufig unterschiedlich auslegen
- ...qualitative Verhaltensbeurteilungen auch bei einer differenzierten verhaltensorientierten Skala viel Spielraum für Unterschiede in den Einschätzungen bieten
- ...in der Regel der Leistungsbegriff in Unternehmen nicht klar definiert ist, sondern sich dynamisch entwickelt und nicht stetig angepasst wird

- ...Leistung von Vorgesetzten häufig nicht an unternehmensweit geltenden Standards „gemessen" wird, sondern im Teamvergleich und innerhalb des Unternehmens somit eine Vielzahl von Bereichs- und Teamstandards existieren
- ...mit einer Normalverteilung von Leistung in kleineren Teams unter 30 Personen ohnehin nicht zu rechnen ist
- ...es in den Kalibrierungsgesprächen zur Bildung der Rangordnung nicht selten zum Phänomen des „Kuhhandels" kommt und der Einfluss, den einzelne Führungskräfte in der Runde besitzen, von diesen zugunsten ihrer Mitarbeiter im Sinne eines möglichst hohen Rangplatzes genutzt wird.

(Zur Kritik des Rangordnungsverfahrens vgl. https://www.haufe.de/personal/hr-management/psychologie-leistungsbeurteilung-falsch-gemacht_80_227828.html, Oktober 2016)

5.3 Kennzeichnungsverfahren

Im Kennzeichnungsverfahren findet die Beurteilung über eine Anzahl von arbeitsrelevanten Leistungs- und Eigenschaftsmerkmalen statt. Die einschätzende Führungskraft überprüft, bezogen auf eigene Beobachtungen zum Arbeitsverhalten des Mitarbeiters, ob bestimmten Aussagen entweder „zutreffen" oder „nicht zutreffen". Dies kann entweder in Form von Checklisten geschehen, die der Beurteilende ankreuzt oder aber über sogenannte Zwangswahlverfahren, bei denen sich der Beurteilende zwischen mehreren alternativen Aussagen zu entscheiden hat. Schließlich wird in diesem Zusammenhang auch die auf Flanagan (1954) zurückgehende Methode der „kritischen Ereignisse" (Critical Incident Technique) verwendet.

Allerdings entsteht hier das Problem, dass kritische Ereignisse nicht zwingend für die Gesamtleistung und das Fähigkeitsspektrum eines Mitarbeiters generalisierbar sind. Hier werden nur die Verhaltensweisen eingeschätzt, die nachweislich zum Erfolg oder Misserfolg in einem bestimmten Tätigkeitsbereich geführt haben. Ein Nachteil des Kennzeichnungsverfahrens besteht darin, dass die Leistungseinschätzungen wenig vergleichbar sind (Becker, 2008, S. 182). Der Einsatz dieser Methode lohnt sich daher wenig für die Einschätzungen von Mitarbeitern in der Fläche, da die Leistungsfähigkeit bei der Bewältigung von Routineaufgaben praktisch nicht berücksichtigt wird. Gleichwohl kann das Verfahren eine hilfreiche zusätzliche Struktur bei der Einschätzung von neu eingestelltem Führungspersonal nach einem bestimmten Zeitraum (z.B. 6 Monaten oder einem Jahr) bieten. In diesem Falle sollten vor Beginn des Beobachtungszeitraums bereits erfolgskritische Herausforderungen definiert sein, die vom neuen Stelleninhaber gemeistert werden müssen, z.B. Initiierung des wirtschaftlichen Turnarounds oder Implementierung eines kritischen Veränderungsvorhabens.

5.4 Zielsetzungsverfahren

Häufig werden Einstufungsverfahren mit der Orientierung an konkreten Zielen verknüpft und dies – wie Schuler hinweist – obwohl es sich dabei ursprünglich um ein Verfahren zur Förderung von Leistung und Motivation handelte und nicht der Überprüfung von Leistungen dienen sollte (Schuler & Marcus, 2004). Mit der Einführung des Konzepts *Management by Objectives* von Drucker (1954) hat sich ein Paradigmenwechsel in der rasch wachsenden Weltwirtschaft nach dem Zweiten Weltkrieg vollzogen. Der Ansatz sollte nicht zuletzt ein Weg aus einem eher bevormundenden tayloristischen Führungsstil hin zu mehr Eigenverantwortung der Beteiligten sein (Schrader, 2010). In Folge hat sich in vielen Unternehmen aller Größen die Orientierung an gesetzten Zielen zu einem relevanten, in vielen Fällen zum entscheidenden Beurteilungsfaktor entwickelt.

Leistungsrückmeldungen, die aufgabenbezogen und zielorientiert erfolgen, stoßen bei Mitarbeitern auf deutlich höhere Akzeptanz und unterstützen das Gefühl von Selbstwirksamkeit sowie die Bereitschaft, sich in ihren Kompetenzen weiterzuentwickeln.

Unter *tayloristischem* **Führungsstil wird ein am Modell des Scientific Management orientiertes Vorgehen verstanden, das sich durch exakte Vorgaben, extrem zerlegte Arbeitsaufgabenplanung, genaue Zielvorgaben mit der Maßgabe des „einen richtigen Weges" bei der Arbeitsausführung und eine in der Konsequenz direktive Kommunikation beim Führen auszeichnet. Der Taylorismus geht auf den US-amerikanischen Ingenieur F.W. Taylor (1856-1915) zurück.**
Management by Objectives, **das Führen mit Zielvereinbarungen geht auf den US-amerikanischen Managementtheoretiker P.F. Drucker (1909-2005) zurück. Hiernach sollen sich die Ziele der Mitarbeiter an den Unternehmenszielen orientieren. Das operative Handeln der Mitarbeiter sollte sich an mit diesen zuvor vereinbarten Zielen ausrichten. Für die Art, wie diese von Mitarbeitern erreicht werden, wird seitens der Führungskraft Flexibilität gewährt. Ziele sollten spezifisch definiert, messbar, erreichbar, realistisch und mit einem klaren Zeitlimit versehen sein.**

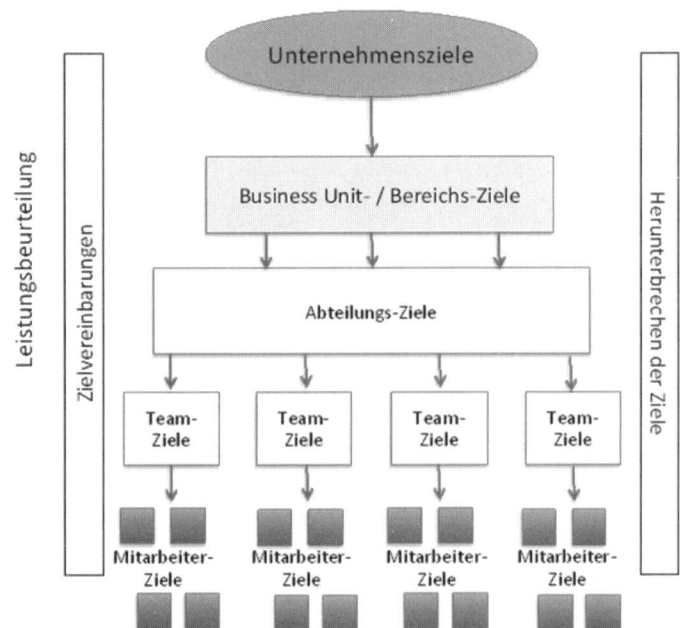

Ein gegenteiliger Effekt lässt sich beobachten, wenn sich Leistungsrückmeldungen auf Eigenschaften oder reine Verhaltensbeobachtungen ohne klaren Aufgaben- oder Zielbezug stützen (London, Mone, 2015). Anspruchsvolle Ziele, solange sie differenziert und aufgabenbezogen formuliert sind und der Mitarbeiter Zutrauen in seine Fähigkeiten hat, können sich somit positiv auf das Leistungsverhalten des Mitarbeiters auswirken (Locke & Latham, 1990).

Ziele können quantitativ im Sinne von Schlüsselindikatoren für die Leistung (Key Performance Indicators) oder auch qualitativ im Sinne von Verhaltenszielen formuliert werden. Wesentlich für das Funktionieren dieses Verfahrens und für seine Akzeptanz im Rahmen der Leistungsbeurteilung ist, dass sich Ziele tatsächlich operationalisieren lassen und dass Erfolge und gezeigtes Verhalten tatsächlich gesetzten Zielen zugeordnet werden können.

Die Ziele werden zumeist in einem Top-Down-Ansatz von der Unternehmensleitung auf die operativen Ebenen heruntergebrochen. Damit dient die Zielvereinbarung auch der Unternehmenssicherung. Stellgrößen, Messpunkte und Bewertungsverfahren der Mitarbeiterleistung werden damit systematisch festgelegt (Becker, 2008). Der Begriff „Zielvereinbarung" deutet darauf hin, dass viele Organisationen die Ziele im Sinne eines „Gegenstromverfahrens" von Vorgesetzten und Mitarbeitern gemeinsam und individuell entwickeln und abstimmen lassen.

Während des Geschäftsjahres sind die Vorgesetzten dazu angehalten, regelmäßig Gespräche zum Stand der Zielerreichung mit dem Mitarbeiter zu führen. Ein häufiger Kritikpunkt gegenüber der zielorientierten Leistungsbeurteilung ist, dass das Setzen von statischen Zielen am Jahresanfang der Veränderungsdynamik in Unternehmen und dem Markt einfach nicht gerecht werde. Auf die Zielerreichung wirken eben nicht nur die Mitarbeiter mit ihren Fähigkeiten und ihrem Engagement ein. Vielmehr spielen nicht selten Kontextfaktoren wie die wirtschaftliche Situation des Bereichs oder der Firma, Marktveränderungen, Verhalten von internen und externen Partnern, der Einsatz von Technologien etc. eine erhebliche Rolle. Um diesen Umstand zu berücksichtigen, können Unternehmen den Vorgesetzten beispielsweise mehr Autonomie geben, einzelne Ziele über das Geschäftsjahr hinweg zu justieren und zu ergänzen.

> Das Konzept der *Selbstwirksamkeitserwartung* (SWE) nach A. Bandura beinhaltet, dass eine Person daran glaubt, in schwierigen Situationen selbst Einfluss nehmen und eigenständig wirksam handeln zu können. Eine hohe Selbstwirksamkeitserwartung führt bei Personen zu höheren inneren Ansprüchen, die wiederum die Bereitschaft erzeugen, sich schwierigen Herausforderungen zu stellen

> Im *Gegenstromverfahren* wird bei der Ermittlung von Unternehmenszielen der Top-Down- und Bottom-up-Ansatz kombiniert. Die vom Management vorläufig formulierten Ziele werden auf der nächsten Ebene geprüft und entsprechende Vorschläge zur Optimierung der Ziele werden wiederum nach oben gespielt.

6 Rollenabgrenzung im strukturierten Mitarbeitergespräch

Wie aus Tabelle 2 hervorgeht, liegt das Mitarbeitergespräch als formale Rückmeldung zwischen der Leistungserbringung des Mitarbeiters und dem Entwicklungsdialog. Die Erfahrung zeigt, dass es sich lohnt, die Leistungsrückmeldung als Teil des Beurteilungsprozesses klar von Instrumenten der Personalentwicklung zu trennen. Während der Vorgesetzte nämlich im Rahmen des Beurteilungsprozesses eine stark direktive und kontrollierende Rolle einnimmt, wird von ihm mit Blick auf den Folgeprozess verlangt, gegenüber dem Mitarbeiter als Unterstützer bei der persönlichen Weiterentwicklung und sogar als Coach aufzutreten. Beide Rollen innerhalb desselben Gesprächs authentisch zu bedienen, stellt ein hohes Maß an Erfahrung und Geschick in der Gesprächstechnik auf Seiten des Vorgesetzten dar.

Um Intrarollenkonflikte zu minimieren, ist daher zu empfehlen, dass der Vorgesetzte während des Mitarbeitergesprächs vor allem seiner betriebswirtschaftlichen Rolle als Vertreter des Unternehmens in klarer und verantwortungsvoller Form versucht gerecht zu werden. Zugleich ist der Ausblick auf den Folgeprozess – beispielsweise in Form des

Rollenkonflikte entstehen, wenn es entweder innerhalb einer Rolle (Intrarollenkonflikt) oder zwischen verschiedenen Rollen (Interrollenkonflikt), die eine Person einnimmt, zur Unvereinbarkeit konkurrierender Erwartungen kommt. So kann der Anspruch eines Vorgesetzten, zugleich die Rolle des „Leistungsbeurteilers" und die des „Coaches" gegenüber dem Mitarbeiter einzunehmen, dazu führen, dass das Vorgesetztenverhalten als widersprüchlich und weniger berechenbar wahrgenommen wird.

Entwicklungsdialogs zwischen Mitarbeiter und Vorgesetztem – enorm wichtig. Die Rückmeldung kritischer Leistungen anhand von verhaltensbezogenen Beispielen in respektvoller und wertschätzender Weise erfordert Geschick und Übung vom Vorgesetzten. Unternehmen sind gut beraten, wenn sie die Standards für derlei Gespräche sorgfältig festlegen und die Führungskräfte darin entsprechend schulen. In besonders kritischen Fällen negativer Leistungsrückmeldung kann, nach vorhergehender genauer Absprache, die Anwesenheit eines Vertreters der Mitbestimmungsorgane und/oder der Personalabteilung sinnvoll sein. Vertreter der Personalabteilung sollten jedoch darauf achten, dass sich der Vorgesetzte durch deren Anwesenheit nicht von der Pflicht entbunden fühlt, die kritische Rückmeldung *selbst* vorzutragen und diese auch zu begründen.

Tab. 2: Prozessschritte des strukturierten Mitarbeitergesprächs zur Leistungsrückmeldung

Schritte des strukturierten Mitarbeitergesprächs	
1.	**Einleitung** • Erklärung des Gesprächsziels: Rückmeldung der Ergebnisse der Leistungsbeurteilung • Klärung des Ablaufs und der Dauer des Gesprächs
2.	**Rückmeldung der Beurteilung,** ggf. zielbezogen • Ggf. Darstellung der gesetzten Ziele, die zur Beurteilung standen • Stärkenfelder zuerst • Dann Lernfelder darstellen • Klare Botschaften zur Einschätzung: Skalenwerte, Was bedeuten die Skalenwerte? • Belege für die Einzeleinschätzungen, ggf. Dokumentation von Verhaltensbeispielen, Bezugnahme auf frühere Rückmeldegespräche • Soll-Ist-Vergleich bezogen auf die gesetzten Ziele und den Erreichungsgrad • Was bedeuten die Einzeleinschätzungen für die Beurteilung der Gesamtleistung?
3.	**Stellungnahme des Mitarbeiters** • Gibt es Verständnisfragen? • Welche Anteile der Rückmeldung kann der Mitarbeiter annehmen? • Welche Anteile kann er ggf. nicht annehmen? • Ggf. weitere Belege und Beispiele für die schwerer anzunehmenden Anteile der Rückmeldung
4.	**Entwicklungsfokus** • Welche Potenziale sind erkennbar? • Welche Entwicklungsziele leiten sich aus der Rückmeldung für den Mitarbeiter ab? • Welche Erwartungen hat der Mitarbeiter bezogen auf das Arbeitsbündnis mit dem Vorgesetzten mit Blick auf die kritischen Anteile der Rückmeldung? • An welcher Stelle kann der Vorgesetzte den Mitarbeiter bei zukünftigen Zielen unterstützen?
5.	**Zusammenfassung der Gesprächsergebnisse** durch den Vorgesetzten • Vereinbarung eines Termins für den Entwicklungsdialog • Gesprächsabschluss

7 Praxisbeispiel: Leistungsbeurteilungssysteme im Unternehmen

Die oben beschriebenen Konfliktfelder bei standardisierten und normierten Beurteilungsverfahren werden am besten durch das Praxisbeispiel eines fiktiven Maschinenbauunternehmens deutlich.

Der Fall von Herrn M., Teamleiter Produktmanagement der Schraubendreher AG

Als Teamleiter Produktmanagement Fassadenbau ist Herr M. seit Jahresanfang für die fachliche und disziplinarische Führung des Produktmanagement Teams mit rund 10 Mitarbeitern verantwortlich.

Zuvor war er selbst Teammitglied. Sein Aufstieg war möglich geworden, da der vorherige Teamleiter das Unternehmen auf eigenen Wunsch verlassen hatte.

Zu den Aufgaben seines Teams gehört das Management des Produkt-Lebenszyklus im Bereich Fassadenbau sowie die technologische Betreuung und Weiterentwicklung des Produktspektrums.

Herr M. koordiniert auch externe Dienstleister, mit denen neue Vermarktungsstrategien erarbeitet werden. Der Entwicklungsabteilung, dem Marketing und dem Vertrieb dient er als wichtiger Schnittstellenpartner.

In der Schraubendreher AG wurde vor zwei Jahren ein neues System der Leistungsbeurteilung für außertarifliche Führungskräfte (AT), leitende Mitarbeiter und für einen Teil der nach Tarifvertrag Beschäftigten eingeführt. Letzteren wurde freigestellt, ob sie am Programm der ziel- und leistungsorientierten Beurteilung teilnehmen wollen. Alle neuen Regelungen wurden in einer Betriebsvereinbarung zum Zeitentgelt mit Leistungszulage zwischen der Geschäftsleitung und den Mitbestimmungsorganen (Betriebsrat und Sprecherausschuss) verankert. Ziel war es, die Leistungskraft der Mitarbeiter im Unternehmen sinnvoll und fair messen und vergleichen zu können. Dadurch sollte auch erreicht werden, zukünftig besser zwischen „Talenten" und „Normalleistern" zu differenzieren.

In der Vergangenheit haben die Vorgesetzten bei der Leistungsbeurteilung sehr unterschiedliche Standards und Kriterien für ihre Einschätzungen genutzt. Dies soll sich durch das neue System ändern. Es gibt klare Beurteilungsstandards und ein differenziertes Kompetenzmodell mit Beschreibungen der nach dem Leitbild der Schraubendreher AG erwünschten Fähigkeiten. Die einzelnen Fähigkeiten wurden in drei Dimensionen unterteilt: Fachliche Qualität, Kooperation/Führungsverhalten, Ergebnisorientierung/Arbeitsverhalten. Entsprechende Verhaltensanker sollen den Beurteilern helfen, das beobachtete Leistungsverhalten ihrer Mitarbeiter am Kompetenzprofil orientiert einzuschätzen. Dies wurde in eigens dafür entwickelten Trainings mit allen Führungskräften geschult. Zudem wurden sie in einer weiteren Schulung mit dem hierfür entwickelten elektronischen System vertraut gemacht.

Der Prozess sieht nun so aus, dass die Vorgesetzten mit ihren Mitarbeitern am Anfang des Beurteilungsjahres, i.d.R. im Februar, eine Zielvereinbarung durchführen. Dabei wird zwischen Geschäftszielen, die quantifizierbar sind, und qualitativen Zielen, die eher verhaltensorientiert sind, unterschieden. Alle vereinbarten Ziele werden im internen elektronischen System dokumentiert. Hier haben sowohl der Vorgesetzte als auch der Mitarbeiter jederzeit Einsicht. Es können über das Jahr hinweg auch Ziele justiert werden, um den Beurteilern höhere Flexibilität zu gewährleisten. Zusätzlich zur Zielbeschreibung sind die Vorgesetzten angehalten, im System einzutragen, welche Fähigkeiten des Kompetenzprofils in den einzelnen Zielen abgebildet werden sollen.

Herr M. hat mit seinem Vorgesetzten drei Geschäftsziele vereinbart. Die entsprechenden KPIs (Key Performance Indicators) wurden dazu gemeinsam festgelegt. Daneben hat Herr M. auch qualitative Ziele erhalten. Ein solches, qualitatives Ziel ist dieses: „Weiterentwicklung der Fähigkeiten in seinem Team, Konflikte mit Vertretern des Vertriebs, Marketings und Dienstleistern schneller und eigenständiger anzugehen und zu lösen." Viele Konflikte mit internen Partnern sind unter dem Vorgänger von Herrn M. an seinen Vorgesetzten einfach eskaliert worden. Dies hat immer wieder zu Reibungsverlusten geführt und dem Ansehen des Teamleiters Produktmanagement als eigentlich Verantwortlichem gegenüber den anderen Fachbereichen eher geschadet. Nun sollen weniger Konflikte auf dem Tisch des Vorgesetzten von Herrn M. landen. Er soll sein Team in die Lage versetzen, eigenverantwortlicher mit Störungen umzugehen. Herr M. soll sich nun im Laufe des Beurteilungsjahres Maßnahmen überlegen, wie er seine Mitarbeiter eben dazu befähigen kann.

Es ist vorgesehen, dass die Mitarbeiter nach der Zielvereinbarung mit dem Vorgesetzten einmal pro Quartal ein Controlling-Gespräch zum Stand der Zielerreichung führen. Daneben wird von den Vorgesetzten aber erwartet, dass sie ihren Mitarbeitern regelmäßig und anlassbezogen Feedback zu deren Leistungen und Verhalten geben.

Die Leistungsbeurteilung selbst erfolgt anhand einer fünfstufigen Skala, die folgendermaßen aussieht:

1. Das Leistungsergebnis entspricht durchgehend nicht den Erwartungen.
2. Das Leistungsergebnis entspricht überwiegend den Erwartungen.
3. Das Leistungsergebnis entspricht vollständig den Erwartungen.
4. Das Leistungsergebnis übertrifft überwiegend die Erwartungen.
5. Das Leistungsergebnis übertrifft durchgehend die Erwartungen. Durchgehend außerordentliche Leistungen.

Aus den Einzeleinschätzungen zur Zielerreichung wird seitens des Vorgesetzten am Ende des Beurteilungsjahres ein Gesamtscore ermittelt. Hier hat der Vorgesetzte gewisse Freiräume, wie er die Beurteilung der einzelnen Ziele gewichtet. Der Gesamtscore soll aus gutem Grund nicht arithmetisch, also nicht als Durchschnittswert, errechnet werden. Vielmehr soll die Bedeutung der einzelnen Leistungen für das Gesamtergebnis vom Vorgesetzten individuell gewichtet werden. Ziel eines jeden Mitarbeiters ist es, am Ende des Beurteilungsjahres mindestens eine 3 als Gesamtscore zu erhalten, um den für das volle Erreichen der Leistungsziele vorgesehenen Bonus ausgezahlt zu bekommen. Man ist aber aus früheren Jahren vor der Einführung des neuen Systems gewohnt, seine Ziele eher zu übererfüllen. Die inflationäre Verteilung von 4-er und 5-er Beurteilungen hat letztlich dazu geführt, dass man sich dazu entschlossen hat, das Beurteilungssystem zu verschärfen, weil die echten Talente durch die überwiegend guten und sehr guten Beurteilungen kaum noch sichtbar waren. Eine solche Verschärfung ist die Einführung der Kalibrierungsgespräche am Ende des Beurteilungsjahres. Kalibriert wird auf allen Stufen bis in die Bereichsleiterebene.

Wie ging es nun bei Herrn M. weiter?

Die Dinge sehen gut aus. Er erreicht seine Geschäftsziele und übertrifft die Erwartungen bei einem davon sogar. Ein rundes Ergebnis. Auch bei dem qualitativen Ziel, die Mitarbeiter stärker in die Verantwortung zu nehmen, ihre Konflikte mit den Fachbereichen und Dienstleistern nicht sofort zu eskalieren, sondern diese aktiver selbst anzugehen, zeigen sich Fortschritte. So hat Herr M. dafür gesorgt, dass Personen in zentralen Projektpositionen mit Nähe zu internen Partnern eine Weiterbildung in Konfliktmanagement erhalten. In den von ihm wöchentlich durchgeführten Teammeetings ermuntert er seine Leute dazu, Schwierigkeiten im Kontakt mit anderen Fachbereichen anzusprechen und liefert oft Hilfestellung. Viele Konflikte können von den Mitarbeitern nun tatsächlich in der Frühphase adressiert und eigenständiger geklärt werden. Darauf sind sowohl die Mitarbeiter als auch Herr M. stolz.

Im dritten Quartal ändert sich die Situation jedoch, als das Team aufgrund von Sonderprojekten und einem recht hohen Krankenstand zunehmend darüber klagt, dass Ressourcen fehlen, um den internen Partnern gleichbleibend hohe Qualität zu liefern. Die Konflikte häufen sich, die Mitarbeiter fallen aus Frust schnell wieder in ihr altes Muster zurück und eskalieren die Scharmützel mit den internen Partnern und einem problematischen Dienstleister fleißig nach oben. Die Themen landen nicht selten direkt auf dem Tisch von Herrn M.s Vorgesetzten. Im Controlling-Gespräch Ende des dritten Quartals erhält Herr M. von seinem Vorgesetzten eine kritische Rückmeldung zu der Situation. Aus Sicht von Herrn M.s Vorgesetzten rechtfertigt der Umgang des Teams von Herrn M. derzeit noch keine Beurteilung der Zielerreichung mit 3 – obgleich er in den Monaten zuvor bereits viel getan habe, um den Umgang der Mitarbeiter mit Konflikten zu verbessern. Mit Blick auf die guten Ergebnisse in den Geschäftszielen solle sich Herr M. aber auf einen Gesamtscore von 3 einstellen. Das sei ja auch was! Und im nächsten Jahr würde er mit seinem Team auch bei dem qualitativen Ziel sicher die Wende hinkriegen und auf 3 „landen". Im Übrigen solle man auch sehen, dass er die Rolle ja erst in diesem Jahr übernommen habe und er sich da erst einmal einarbeiten müsse. Insofern könne er insgesamt gar nicht mit mehr als einem Score von 3 rechnen. Das sei bei anderen Einsteigern in eine disziplinarische Führungsposition im Unternehmen nicht anders. Herr M. ist trotzdem enttäuscht, gibt sich aber mit der Ankündigung der 3 zufrieden. Immerhin heißt dies ja, dass er die Leistungserwartungen in diesem Jahr aus Sicht seines Vorgesetzten vollständig erfüllt hat. Sein Vorgesetzter fügt in dem Gespräch allerdings noch hinzu, dass die Entscheidung natürlich noch im Kalibrierungsgespräch mit seinen Kollegen „abgesegnet" werden müsse. Die Kalibrierung der Ergebnisse soll Mitte des 4. Quartals stattfinden. Sein Chef sagt zu Herrn M. noch: „Machen Sie sich mal keine Sorgen deswegen. Da werde ich schon für Ihre 3 eintreten. Lassen Sie jetzt einfach nicht auf den letzten Metern nach und dann wird das mit der Beurteilung schon alles gut gehen."

Alternierendes Ranking: **Hierbei werden aus der Gesamtgruppe der Mitarbeiter jeweils der oder die mit dem besten und mit dem schlechtesten Ergebnis herausgesucht und platziert. Von der verbleibenden Gruppe wird wiederum der- oder diejenige mit dem besten und dem schlechtesten Ergebnis identifiziert. So geht es weiter, bis alle Mitarbeiter in eine Rangordnung mit ihrem Ergebnis gebracht wurden.**

In der Kalibrierungsrunde Mitte des 4. Quartals stellt auch der Vorgesetzte von Herrn M. die Scores seiner Mitarbeiter vor, die für eine Leistungsbeurteilung in Frage kommen. Neben Herrn M. führt er noch drei weitere Teamleiter – alle sehr erfahren und mit hervorragenden Ergebnissen.

Die Beurteilungsergebnisse der Mitarbeiter werden von den jeweiligen Vorgesetzten kurz vorgestellt. Der Prozess, um alle in Frage kommenden Mitarbeiter in die richtige Rangordnung zu bringen, ist ein mühsamer Prozess. Hier geht man nach der Methode des *alternierenden Rankings* vor (s.o.).

Natürlich wird zu einzelnen Ergebnissen und Einschätzungen im Kreis der Vorgesetzten auch heiß diskutiert. Jeder möchte seine Talente im oberen Drittel sehen und die weniger erfolgreichen Mitarbeiter vor einer schlechten Beurteilung so gut schützen, wie es eben geht. Nicht selten spielt auch die Machtposition einzelner Vorgesetzter und ihre Nähe zum Management oder zu den Eigentümern eine wesentliche Rolle beim Entstehen der Rangfolge. Das Zünglein an der Waage bei den Ergebnissen sind stets die Beurteilungen der qualitativen Ziele, da hier die fundierte Begründung des Vorgesetzten sowie Beispiele für besondere Leistungen und konkrete Beobachtungen die größte Rolle spielen, um kritische Kollegen davon zu überzeugen, dass ein Mitarbeiter in der Rangordnung besonders weit oben liegen sollte. Methodisch wird das Kalibrierungsgespräch von einem Vertreter der Personalabteilung begleitet. Er hat darauf zu achten, dass bei der Kalibrierung die vereinbarten Regeln eingehalten werden und er moderiert durch den Prozess.

Im Zuge der Rangordnungsbildung stellt der Vorgesetzte von Herrn M. nun fest, dass sein Mitarbeiter kontinuierlich nach unten rutscht und am Ende auf einer Grenzposition zwischen der 2 und der 3 landet. Herrn M.s Vorgesetzter kämpft. Doch am Ende muss er feststellen, dass seine Kollegen für ihre Einschätzung teilweise bessere Arbeitsproben der Mitarbeiter liefern können. Auch hat er die Zwischenerfolge von Herrn M. nicht immer sauber im System dokumentiert. Das war ihm einfach zu aufwendig. Er war in seinen Darstellungen oft nicht konkret genug. Ein Kollege weist ihn darauf hin, dass man ihm ja bei seinem anderen Teamleiter Herrn K. nun schon entgegengekommen sei. Der habe nach Diskussionen in der Runde schließlich eine 4 als Gesamteinschätzung erhalten. Es sei doch normal, dass ein Führungseinsteiger wie Herr M. im ersten Jahr nicht gleich einen Orden für seine Arbeit erwarten dürfe. Das müsse er sich eben erst erarbeiten. Herrn M.s Vorgesetzter gibt sich seinen Kollegen gegenüber geschlagen und Herr M. erhält als Gesamtergebnis der Kalibrierungsrunde eine 2, was bedeutet, dass er die Leistungserwartungen in diesem Jahr nur „überwiegend", aber eben nicht voll erfüllt hat. Aber in Summe hatte er seine Ziele doch erfüllt, da die Leistungen in den anderen Zielen die 2 in dem einen qualitativen Ziel aus Sicht seines Vorgesetzten ja eigentlich ausgeglichen haben. Oder?

In der Individualbetrachtung führt diese Einschätzung zu einer 3. Aber in der Schraubendreher AG hat man sich nun einmal dazu entschlossen, ein Verfahren der normorientierten Leistungsbeurteilung mit Quotenvorgaben und Personenrangordnungen einzuführen, bei dem erst der Vergleich der Leistungen aller letztlich über das Individualergebnis entscheidet. Die Mitarbeiter der Schraubendreher AG hatten für den Fall von Herrn M. bereits eine gängige Formulierung: „Dem ist sein Bonus wegkalibriert worden!"

Als nächstes besteht die Aufgabe von Herrn M.s Vorgesetzten darin, diesem im Mitarbeitergespräch – Anfang der Weihnachtszeit – zu verkünden, dass er für dieses Jahr eine 2 als Gesamtbeurteilung für seine Leistungen erhält. Das Mitarbeitergespräch kommt und der Vorgesetzte kann Herrn M. kaum ins Gesicht sehen, so unangenehm ist ihm die Rückmeldung des Ergebnisses. Herr M. ist seinerseits geschockt. Eine 2 hätte er nicht erwartet – nicht im Hinblick auf seine hervorragenden Geschäftsergebnisse. Irgendwann verliert er im Gespräch die Geduld und sagt zu seinem Vorgesetzten, dass ja bereits die 2 für das qualitative Ziel viel zu streng gewesen sei, weil er doch vorher etliche Maßnahmen ergriffen hätte, um sein Team konfliktfähiger zu machen. Das müsse doch irgendwie honoriert werden. Stattdessen werde er für die besonders schwierige Situation in einem einzigen Quartal – für die er im Übrigen nichts könne – in der Gesamtbeurteilung bestraft. Das sei nicht mehr verhältnismäßig. Herr M. ist so aufgebracht, dass er schließlich das Gespräch abbrechen möchte, um es gemeinsam mit einem Vertreter des Sprecherausschusses (Interessenvertretung der leitenden Angestellten) fortzusetzen. Dem gibt der Vorgesetzte nach und stellt sich auf zähe Verhandlungen mit dem Mitglied des Sprecherausschusses ein. Für Januar ist ein formaler Entwicklungsdialog zwischen Herrn M. und seinem Vorgesetzten geplant. Mit dem Konflikt der Beurteilung im Rücken wird es nicht leicht sein, mit Herrn M. Personalentwicklungsmaßnahmen zu planen. Der Teamleiter M. vermeidet es, mit seinen Kollegen über seine Leistungsbeurteilung zu sprechen – obwohl natürlich bereits jeder über den „Flurfunk" davon weiß – und geht höchst demotiviert in den Weihnachtsurlaub.

Fragen zum Fall

- Wie bewerten Sie den im Fall dargestellten Prozess der Leistungsbeurteilung?
- Welche Elemente im Prozess halten Sie für methodisch sinnvoll, welche sehen Sie eher kritisch?
- Wie würden Sie den Prozess verändern?
- Wie bewerten Sie die Arbeit des Vorgesetzten? Welche Empfehlung würden Sie ihm auf den Weg geben?

8   Fazit

Wir erinnern uns: Die wesentlichen Ziele der Leistungsbeurteilung im Unternehmen sind
1. Die Leistungsdifferenzierung im Sinne der Personalökonomie und
2. Die Motivation und Förderung von Mitarbeitern.

Warum stehen die Zielsetzungen der Leistungsdifferenzierung im Sinne der Personalökonomie und die der individuellen Talentförderung aber häufig im Konflikt zueinander?

Aus Sicht von Steinmann und Schreyögg existiert zwischen den unterschiedlichen Zwecken der Leistungsbeurteilung im Unternehmen ein konfliktäres Verhältnis (Steinmann &Schreyögg, 2005, S. 794). So werde zum einen angestrebt, dass das unterschiedliche Leistungsverhalten von Mitarbeitern möglichst trennscharf abgegrenzt wird. Zum anderen sollen die Beschäftigten diesen Vorgang als fördernd und motivierend erleben. Rangordnungsverfahren mit einer ausschließlich vergleichenden Beurteilung wirken sich auf das Empfinden von Selbstwirksamkeit bei Mitarbeitern oft deshalb so verheerend aus, weil hier individuelle Erfolge der persönlichen und fachlichen Weiterentwicklung durch das Beurteilungssystem nicht immer angemessen gewürdigt werden können.

Es gehört zu den Herausforderungen bei der Einführung eines Beurteilungssystems, den strukturellen Konflikt der Ziele und Zwecke der Leistungsbeurteilung zu erkennen und in angemessener Weise zu adressieren. Dies erfordert eine enge Abstimmung zwischen den beteiligten Interessenvertretern: Führungskräften als Vertreter des Managements, dem Personalmanagement als interne Dienstleister und methodische Experten und den Mitbestimmungsorganen eines Unternehmens als Vertreter der Beschäftigten. In diesem Abstimmungsprozess treten in der Regel sehr deutlich die unternehmenspolitischen Interessensphären in einer Organisation zutage. Vergleichbar mit jeder Reorganisation im Unternehmen erfordert die Einführung der Leistungsbeurteilung nicht allein ein stringentes Management der Umsetzung, sondern auch sorgfältiges und achtsames Veränderungsmanagement. Informationssicherheit, Transparenz und Fairness bilden die Voraussetzung für die Akzeptanz des Systems auf Seiten der Mitarbeiter.

Mit Blick auf die oben dargestellten unterschiedlichen Verfahrensweisen zur Leistungsbeurteilung in Unternehmen lassen sich zwei fundamentale Voraussetzungen erkennen, die darüber entscheiden, ob ein Verfahren von der Belegschaft als fair, realistisch, fördernd und zumindest nicht demotivierend wahrgenommen wird:

1. **Strukturelle Voraussetzungen**
   - Es gelten definierte Kriterien für die Beurteilung von Leistungen
   - Leistungen werden anhand individuell dokumentierter Beobachtungen oder Arbeitsproben sichtbar gemacht
   - Merkmals- und verhaltensorientiert begründete Beurteilungen werden individuell anhand transparenter Standards vorgenommen und nicht im Sinne von kalibrierten Rangordnungen oder erzwungenen Verteilungen
   - Beurteilungen beziehen sich auf konkrete Ergebnisse bei der Aufgabenbewältigung und eindeutig definierte Ziele

2. **Personale und interpersonale Voraussetzungen**
   - Die Vorgesetzten verstehen und teilen die für die Leistungsbeurteilung entwickelten Standards
   - Die Vorgesetzten sind in der Beobachtung, Einschätzung von Leistungen und der Rückmeldung von Beurteilungen geschult
   - Vorgesetzte beziehen Mitarbeiter in die Zielfindung als Basis der Leistungsbeurteilung ein und vereinbaren realistische und entwicklungsorientierte Ziele mit den Mitarbeitern
   - Vorgesetzte melden die Ergebnisse der Beurteilung ihren Mitarbeitern in einem strukturierten Mitarbeitergespräch zurück und trennen die Beurteilungsrückmeldung vom Folgeprozess des Entwicklungsdialogs, um Rollenkonflikten vorzubeugen.

Die betriebliche Praxis zeigt, dass sich viele Dax-Unternehmen weiterhin damit schwertun, im Bereich der Leistungsbeurteilung neue Wege zu gehen und beispielsweise die Beurteilung von schwer messbaren qualitativen Zielen vom Gruppenvergleich und Quoten zu entkoppeln. Letztlich ist zu hoffen, dass Unternehmen vor dem Hintergrund der bisher gesammelten Erkenntnisse weiter in die Entwicklung fairer und dennoch differenzierter Verfahren investieren und deren Wirksamkeit in der Praxis testen.

9   Fragen zur Vertiefung des Gelernten

1. Wie kann Leistung in Unternehmen definiert und differenziert werden, um sie für Vorgesetzte einschätzbar zu machen?
2. Welche Zwecke und Funktionen verknüpfen Unternehmen mit dem Einsatz von Leistungsbeurteilungssystemen?
3. Welche Faktoren sollten bei der Entwicklung eines Beurteilungssystems im Unternehmen berücksichtigt werden?
4. Welche Verfahren zur Leistungsbeurteilung kommen in Unternehmen zur Anwendung und welche Vor- und Nachteile sind aus Ihrer Sicht damit verbunden?
5. Was sollte beachtet werden, um ein Leistungsbeurteilungssystem aus Sicht der Mitarbeiter und Vorgesetzten fair, transparent und motivationsförderlich zu gestalten?

10   Kurzzusammenfassung

Mit Leistungsbeurteilungen werden in Unternehmen zwei zentrale Ziele verfolgt. Zum einen dienen sie als Steuerungsinstrument zur Leistungsdifferenzierung im Sinne der Personalökonomie, verfolgen somit also eine klar betriebswirtschaftliche Zielsetzung. Zum anderen besteht der Anspruch, dass von der Leistungsdifferenzierung auch ein motivierender und talentfördernder Impuls für die Beschäftigten ausgeht. Insbesondere größere Firmen setzen zur Leistungsbeurteilung vor allem standardisierte Verfahren ein. Einstufungs-, Rangordnungs-, Kennzeichnungs- und Zielsetzungsverfahren sollen sicherstellen, dass der Prozess der Beurteilung von Leistungen bei Mitarbeitern strukturiert, reliabel und fair abläuft und sich an klaren, mit den Mitbestimmungsorganen vereinbarten Standards orientiert. Allerdings stellt die Umsetzung dieser Ansprüche Organisationen oft vor ähnliche Herausforderungen, wie sie typischerweise beim Managen von Veränderungsprozessen auftreten. Normierte Beurteilungssysteme wie das Rangordnungsverfahren sorgen zwar durchaus dafür, dass Leistungen im Unternehmen vergleichbarer und die Standards transparenter werden. Zugleich erzeugen sie in der Umsetzung aber häufig auch große Widerstände und Konflikte in der Belegschaft. Das Mitarbeitergespräch dient den Führungskräften als formales Instrument, um Personen in strukturierter und wertschätzender Form die Ergebnisse der Leistungsbeurteilung rückzumelden. Um auf Vorgesetztenseite Rollenkonflikte zu vermeiden, sollte der Rückmeldeprozess aber vom Entwicklungsdialog mit dem Mitarbeiter klar entkoppelt werden.

Literatur

Becker, M. (2002). *Personalentwicklung – Bildung, Förderung und Organisationsentwicklung in Theorie und Praxis.* Stuttgart: Schäffer-Poeschel.

Becker, M. (2008). *Messung und Bewertung von Humanressourcen – Konzepte und Instrumente für die betriebliche Praxis.* Stuttgart: Schäffer-Poeschel.

Borman, W. C. & Motowidlo, S. J. (1997). Task performance and contextual performance: The meaning for personnel selection research. *Human Performance, 10,* 99-109.

Cascio, W. F. & Aguinis, H. (2011). *Applied psychology in human resources management* (7. Aufl.), Englewood Cliffs, NJ; Prentice Hall.

Flanagan, J. C. (1954). The Critical Incident Technique. *Psychological Bulletin, 51*(4), 327-358.

Hofstede, G., Hofstede, G. J. & Minkov, M. (2010). Cultures and organizations. New York: McGraw-Hill. In D. Lohaus & H. Schuler (2013). *Leistungsbeurteilung,* Kapitel 10, S. 357-411. S. 392f. In: Schuler, H. & Kanning, U. P. Lehrbuch der Personalpsychologie. Göttingen: Hogrefe.

Kanning, U. P. (2014). https://www.haufe.de/personal/hr-management/psychologie-leistungsbeurteilung-falsch-gemacht_80_227828.html, Oktober 2016.

Locke, E. & Latham, G. (1990). *A theory of goal setting and task performance.* Englewood Cliffs: Prentice Hall.

Lohaus, D. (2009). *Leistungsbeurteilung.* Göttingen: Hogrefe.

Mentzel, W. (1997). *Unternehmenssicherung durch Personalentwicklung. Mitarbeiter motivieren, fördern und weiterbilden.* Feiburg i. Breisgau.

Murphy, K. R. & Cleveland, J. N. (1995). Understanding performance appraisal, Thousand Oaks. In H. Steinmann & G. Schreyögg (2005), *Management – Grundlagen der Unternehmensführung* (S. 794). Wiesbaden: Gabler.

Puppatz, M. & Deller, J. (2016). Unternehmenskultur als Führungsaufgabe. In J. Felfe & R. van Dick, *Handbuch Mitarbeiterführung Wirtschaftspsychologisches Praxiswissen für Fach- und Führungskräfte* (S. 54). Springer.

Schrader, O. (2010). http://www.personalmanagement.info/hr-know-how/fachartikel/detail/drowning-by-targets-ueber-den-sinn-und-unsinn-von-zielen, Oktober 2016.

Schuler, H. (1990). Mitarbeiterbeurteilung und Leistungsbewertung. In S. G. Hoyos u.a. (Hrsg.), Wirtschaftspsychologie in Grundbegriffen (S. 171-187). München.

Schuler, H. & Marcus, B. (2004). Leistungsbeurteilung. In H. Schuler (Hrsg.), *Organisationspsychologie - Grundlagen und Personalpsychologie* (S. 947-1006). Göttingen: Hogrefe.

Steinmann, H. & Schreyögg, G. (2005). *Management – Grundlagen der Unternehmensführung.* Wiesbaden: Gabler.

Quelle der Definition "große Unternehmen":
https://www.haufe.de/finance/jahresabschluss-bilanzierung/bilrug-geplante-aenderungen-im-detail/neue-grenzwerte-fuer-groessenklassenzuordnung_188_177726.html , Dezember 2016.

Weiterführende Literatur zur Vertiefung

Oechsler, W. A. (2000). *Personal und Arbeit. Grundlagen des Human Resources Management und der Arbeitgeber-Arbeitnehmer-Beziehungen.* München/Wien: Oldenbourg Wissenschaftsverlag.

Manuel, L. & Edward, M. M. (2015). Designing Feedback to Achieve Performance Improvement. In *The Wiley Blackwell Handbook of the Psychology of Training, Development, and Performance Improvement,* First Edition (S. 462-485). John Wiley & Sons.

Kanning, U. P., Möller, J. H., Kolev, K. & Pöttker, J. (2013). *Systematische Leistungsbeurteilung: Leitfaden für die HR- und Führungspraxis.* Stuttgart: Schäffer-Poeschel.

Drucker, P. F. (1998). *Die Praxis des Managements.* Düsseldorf: Econ. Original: The Practice of Management. Harper & Row, New York 1954.

6

Arbeitszufriedenheit und Arbeitsmotivation

Johannes Moskaliuk & Lothar Bildat

1   Motivation: Zentrale Begriffe und Konzepte

In diesem Abschnitt wird zunächst ein grundlegender Überblick zum Konzept Motivation gegeben, die Unterscheidung zwischen Motiven und Anreizen vorgestellt sowie auf Unterschiede impliziter und expliziter Motive eingegangen. Dann werden die intrinsische und die extrinsische Motivation als zwei Aspekte der Motivation eingeführt sowie die Selbstregulationstheorie, die unterschiedliche Arten intrinsischer und extrinsischer Motivation unterscheidet.

1.1   Überblick über das Konzept Motivation

Der Begriff **Motivation** lässt sich am einfachsten auf Basis seines lateinischen Ursprungs definieren. Das Verb *movere* bedeutet bewegen oder antreiben. Motivation bezeichnet das Streben von Menschen nach bestimmten Zielen oder Zielobjekten. Rheinberg und Vollmeyer (2012, S. 15) definieren Motivation als „aktivierende Ausrichtung des momentanen Lebensvollzuges auf einen positiv bewerteten Zielzustand." Diese Aktivierung macht unser Handeln erst möglich. Motivationstheorien beschreiben und erklären, was Menschen antreibt, zu handeln und einmal begonnene Handlungen auch bei Widerständen oder Misserfolg aufrechtzuerhalten.

Die Psychologie des 19. Jahrhunderts versuchte menschliches Verhalten auf Basis von Instinkten und Trieben zu erklären. Instinkte sind Verhaltensweisen, die immer dann „automatisch" ausgelöst werden, wenn ein bestimmter Schlüsselreiz vorliegt. Instinktive Verhaltensweisen sind beim Menschen eher selten und i.d.R. auch steuerbar (im Gegensatz zu tierischem Verhalten). Das Triebkonzept wird besonders in der Psychoanalyse diskutiert. Deren Begründer, Sigmund Freud, hat den Lebenstrieb *Libido* als zentrale psychische Energie beschrieben, der Wahrnehmung, Erleben und Verhalten von Menschen steuert. Kurt Lewin beschreibt in einer Feldtheorie Vektorkräfte, die menschliches Verhalten in eine bestimmte Richtung steuern. Unterschiedliche Möglichkeiten (z.B. dieses Buchkapitel lesen oder eine Pause machen) im Lebensraum eines Menschen haben dabei eine bestimmte Valenz, also einen Wert, den eine Person der Möglichkeit zumisst. Verhalten lässt sich dann mathematisch beschreiben als Funktion von Personen- und Umweltfaktoren.

Instinkte führen zu Verhalten, welches durch sehr spezifische Reize ausgelöst wird. Biologische Triebe bereiten Verhalten vor, in dem sie die Wahrnehmung lenken. Sie lösen neurobiologische Prozesse aus, die in einer Art von homöostatischem Regelkreis nach Befriedigung die aufsuchenden Verhaltensweisen beenden bzw. unwahrscheinlich machen.

Zentrales Prinzip hinter diesen Modellen ist das Prinzip der **Homöostase**. Wird ein bestimmtes Bedürfnis geweckt (z.B. Hunger und Durst) muss dieses gestillt werden. Das führt zu motiviertem Handeln, um das Gleichgewicht wiederherzustellen. In der Folge ist der Trieb (hier gleich biologisch begründetes Bedürfnis) vorübergehend reduziert. Auch die moderne akademische Psychologie geht von neuronalen Grundlagen der Motivation aus. In Teilen des limbischen Systems finden sich Areale, die besonders auf Belohnung ansprechen (Belohnungssystem; Birbaumer & Schmidt, 2006). Dieses limbische System ist eine weit verzweigte Hirnregion, die an der Verhaltenssteuerung beteiligt ist. Ein Reiz von außen (*ein Stück Torte*) beispielsweise führt dazu, dass dieses System aktiviert wird, was vom Großhirn als Bedürfnis interpretiert wird (*„Ich möchte gerne eine Torte essen"*) und entsprechende Verhaltensweisen einleitet (*„Ich nehme den ersten Bissen"*). Das generiert eine Rückmeldung an das limbische System und regt damit eine Ausschüttung eines Botenstoffes (Dopamin) an. Im Hippocampus, einer weiteren Zentralstelle des Hirns, werden die unterschiedlichen Informationen integriert und verarbeitet und dann wieder an das Großhirn zurückgesandt. Dadurch werden Lernprozesse angestoßen: Die Verknüpfung eines Reizes mit entsprechenden Verhaltensweisen und den daraus resultierenden Emotionen wird gestärkt.

Dieser Erklärungsansatz lässt sich auf psychologische Bedürfnisse, sogenannte Motive, übertragen. Statt einem Stück Torte ist es dann z.B. eine leistungsbezogene Situation, die das Leistungsmotiv eines Menschen anregt und zu Leistung motiviert. Die Beschreibung spezifischer Triebe und Instinkte oder die Analyse neuronaler Vorgänge im Gehirn eines Menschen sind aber nicht ausreichend, um komplexes menschliches Verhalten zu erklären. So sind Menschen in der Regel in der Lage, die eigenen Triebe und Instinkte zu steuern und bewusste Entscheidungen zu treffen, welche Verhaltensweise in welcher Situation angemessen und zielführend ist. Deshalb werden Sie in diesem Kapitel grundlegende Theorien kennen lernen, die beschreiben und erklären, „wie Motivation funktioniert". Im Folgenden werden zunächst die Begriffe Motive, Motivation und Anreize definiert, drei grundlegende Motive (Anschluss, Leistung und Macht) beschrieben sowie die Unterscheidung von expliziten und impliziten Motiven diskutiert.

Bei der Motivation lässt sich eine Richtung beschreiben (hin zu etwas, z.B. die Motivation, eine bestimmte Aufgabe erfolgreich zu erledigen oder weg von etwas, z.B. die Motivation, die negativen Konsequenzen, die mit der Nichterledigung einer Aufgabe verbunden sind, zu vermeiden). Außerdem kann die Intensität oder Stärke der Motivation beschrieben werden und die Ausdauer, die bei der Umsetzung gezeigt wird. Motivation lässt sich erklären als Produkt aus Personen- und Umweltfaktoren. Anreize aus der Umwelt wie z.B. eine Bewertung der eigenen Leistung regen vorhandene Motive einer Person an und führen zu einer entsprechenden Ausrichtung des Verhaltens auf ein Handlungsziel, z.B. besser zu sein als die anderen. Motive sind Klassen von Handlungszielen, die als relativ stabile Merkmale von Personen beschreiben, wie diese typischerweise in bestimmten Situationen auf die vorhandenen Anreize reagieren. Motive erklären, warum unterschiedliche Menschen sich in ähnlichen Situationen unterschiedlich verhalten. Während sich z.B. der eine Mitarbeiter besonders anstrengt, wenn die Bewertung der eigenen Leistung in Aussicht gestellt wird, wird der andere eher durch die Zusammenarbeit und den Austausch mit anderen motiviert.

Zahlreiche Theorien der Motivation beschreiben, welche Klassen von Handlungszielen es gibt. Neben spezifischen Theorien z.B. zur Lernmotivation (Krapp & Ryan, 2002) oder zum Kaufverhalten (Gutman, 1982) hat sich die Unterscheidung von drei Hauptmotiven durchgesetzt.

Das Anschlussmotiv meint die Suche nach Beziehungen zu anderen Personen, das Gefühl, sozial eingebunden zu sein und wichtiges und wertvolles Mitglied einer Gruppe oder Gemeinschaft zu sein. Das Leistungsmotiv bezieht sich auf das Erreichen oder Übertreffen eigener oder fremder Gütemaßstäbe. Es geht darum, Dinge zu verbessern, die eigenen Fähigkeiten unter Beweis zu stellen und sich dabei auch mit anderen Personen zu messen. Das Machtmotiv bezieht sich darauf, andere zu beeinflussen und zu überzeugen. Es geht darum, Kontrolle zu erlangen und beizubehalten und darum, den

Verlust von Kontrolle und Ansehen zu vermeiden. Dabei geht es auch um die Demonstration von mentaler oder physischer Überlegenheit.

Motive beschreiben die Disposition von Individuen, auf charakteristische Weise Situationen zu bewerten und auf situative Anreize zu reagieren. Anreize beschreiben die Merkmale einer Situation, die geeignet sind, ein bestimmtes Motiv anzuregen. Motivation meint das Produkt aus Person und Situation, also die durch Anreize der Situation anregten Motive, die zu entsprechendem Erleben und Verhalten führen. Die Umwelt liefert also Anreize, die die Verwirklichung der Motive möglich machen. Dies geht meist mit positiven Gefühlszuständen einher (Freude). Menschen mit einem hohen *Anschlussmotiv* suchen also (mehr oder weniger bewusst) auch in der Arbeitswelt Situationen auf, in denen sie mit anderen engen Austausch und Freundschaften pflegen. Personen mit einem hohen *Machtmotiv* suchen sich Situationen oder Tätigkeiten aus, in denen sie andere überzeugen oder beeinflussen können.

Neben einer solchen inhaltlichen Unterscheidung von Motiven wird auch zwischen impliziten und expliziten Motiven differenziert. *Explizite Motive* sind bewusst zugänglich, sie beziehen sich auf konkrete Ziele, die benannt werden können, z.B. „Es ist wichtig, dass ich für den erfolgreichen Abschluss meines Studiums gute Leistungen erbringe." In diesem Fall ist das eigene oder fremdgesetzte Ziel der äußere Anreiz, der das Leistungsmotiv anregt und zu Motivation führt. Explizite Motive können auch als stabile und positive Selbstbilder interpretiert werden, sie beschreiben, wie ein Mensch sich selbst sieht und welche Merkmale, Eigenschaften und Werthaltungen er sich zuschreibt. Explizite Motive kommen insbesondere in strukturierten und sozial kontrollierten Situationen zum Ausdruck, wenn es darum geht zu planen, eigenes Verhalten zu reflektieren und sich an kulturelle und soziale Normen anzupassen. Das eigene Selbstbild stimmt aber nur teilweise mit den impliziten, also unbewussten Motiven überein. *Implizite Motive* (Schultheiss & Brunstein, 2010) sind stark von der eigenen Biografie geprägt, eng mit Emotionen verknüpft und nichtsprachlich repräsentiert. So zeigt sich, dass sich Menschen insbesondere dann wohl fühlen, wenn bewusst gesetzte Ziele zu den eigenen impliziten Zielen passen (Brunstein, Schultheiss, & Grässman, 1998). So können Interaktionsmuster zwischen Eltern und Kindern (z.B. feste Tagesstrukturen oder die Toleranz der Eltern) in der frühen Kindheit die Ausprägung von Leistungs- und Machtmotivation im Erwachsenenalter vorhersagen (zum Thema Erfassung impliziter und expliziter Aspekte der Motivation vgl. auch das Kapitel Personalauswahl in diesem Band).

> **Bekannte Motivklassen sind Anschluss, Macht und Leistung. Bestimmte Situationen regen – je nach Ausprägung – manche Personen mehr zum Handeln an als andere. Die Interaktion von Motiven und Situationen bestimmt die aktuelle Motivation.**

Vertiefende Hinweise für Masterstudierende: Wie lassen sich Motive messen?

Explizite Motive können mit einem Fragebogen gemessen werden, beispielsweise mit der Erfassung der Zustimmung oder Ablehnung zu solchen Aussagen: „Mir ist es wichtig, mehr zu leisten als andere Personen." Implizite Motive sind zumindest indirekt messbar. Dazu werden in der Regel so genannte „projektive Verfahren", beispielsweise der Thematische Apperzeptionstest (TAT; Murray, 1943) genutzt. In projektiven Verfahren geht es darum, möglichst frei und völlig subjektiv zu schildern, was man erkennt. Das Bildmaterial zeigt Personen in *nicht eindeutigen* Situationen. Die Antworten werden nach vorgegebenen Auswertungsschlüsseln ausgewertet. Ein Beispiel aus dem TAT: Es wird ein Bild gezeigt, auf dem zwei Personen in einer Art Werkstatt agieren. Hoch Leistungsmotivierte sehen hier rasch eine Leistungsthematik und beschreiben dann beispielsweise das Gesehene als „Schüler-Meister-Beziehung" oder sie erkennen eine Situation, in der der Schüler etwas besonders gut machen soll. Wer *ohne Beeinflussung von außen* in einem solchen Bild rasch eine Leistungsthematik erkennt, besitzt vermutlich ein entsprechend stark ausgeprägtes Leistungsmotiv. Modernere Verfahren kombinieren projektive und nicht projektive Anteile – sie arbeiten dabei mit Bildern wie im Operanten Motivtest (Kuhl, Scheffer & Eichstaedt, 2003) oder dem Multimotivgitter (Schmalt, Sokolowski & Langens, 2000). Auch hier werden *nicht ganz eindeutige Situationen* gezeigt und Aussagen, denen man zustimmen oder die man ablehnen kann. Auf Basis der Antworten werden dann Kennwerte berechnet, die Aussagen über die Ausprägung einzelner Motive zulassen.

Diskutieren Sie:
- Welche Einschränkungen im Blick auf die Gütekriterien psychologischer Messungen sehen Sie bei projektiven Verfahren? Welche Lösungsmöglichkeiten gibt es?
- Wie könnte festgestellt werden, ob ein projektives Verfahren tatsächlich implizite Motive misst?
- Welche Bedeutung hat die Messung impliziter Motive für das Human Resource Management? Ist es aus Ihrer Sicht vertretbar, die Ausprägung impliziter Motive als Grundlage für Personalauswahlentscheidungen zu nehmen?

1.2   Extrinsische/Intrinsische Motivation: Energie von außen und innen

Die Begriffe intrinsische und extrinsische Motivation gehen zurück auf die US-amerikanischen Forscher Edward L. Deci und Richard M. Ryan (vgl. Ryan & Deci, 2000). Intrinsische Motivation entsteht von innen heraus. Menschen tun etwas, weil es Spaß macht, sinnvoll oder interessant ist. Diese Handlungen werden um ihrer selbst willen ausgeführt. Demgegenüber steht die extrinsische Motivation, die Handlungen beschreibt, die durch Belohnungen oder Bestrafungen von außen motiviert sind. In der Realität ist die intrinsische und extrinsische Motivation nicht klar voneinander getrennt, viele Handlungen sind sowohl intrinsisch als auch extrinsisch motiviert. Es handelt sich also eher um einen Übergang von extrinsischer zu intrinsischer Motivation: Auch innerhalb der extrinsischen Motivation gibt es selbstbestimmte Elemente und umgekehrt. Um das zu beschreiben, haben Ryan und Deci (2000; Deci & Ryan, 1993) mit ihrer Selbstbestimmungstheorie der Motivation ein Modell mit unterschiedlichen Regulationsstilen entwickelt.

Abbildung 1 visualisiert das Modell. Von links nach rechts findet sich eine *zunehmende Beteiligung des Selbst* am Motivationsgeschehen. Die *externale Regulation* bezieht sich auf Verhalten, das ausschließlich Konsequenz von Furcht vor Bestrafung oder Hoffnung auf Belohnung ist. *Introjektion* bezieht sich auf Verhalten, welches immer noch unter einem gewissen Druck ausgeführt wird, vor allem um den Selbstwert zu erhalten oder eine Bedrohung dessen abzuwenden (z.B. Sie bereiten sich gut auf ein Referat vor, weil

Qualität des Verhaltens	Nicht selbst-bestimmt	←————————————————————→				Selbst-bestimmt
Motivationstyp	Amotivation	Extrinsische Motivation				Intrinsische Motivation
Regulationstyp	Nichtreguliert	Externale Regulation	Introjizierte Regulation	Identifizierte Regulation	Integrierte Regulation	Intrinsische Regulation
Wahrgenommener Ort der Verursachung	Nicht in Person	External	Etwas external	Etwas internal	Internal	Internal

Abb. 1: Selbstbestimmungstheorie der Motivation nach Ryan und Deci (2000, Übers. LB)

Sie sich nicht vor anderen blamieren möchten.) Eine bereits selbstbestimmtere Form der Motivation ist die sogenannte *Identifikation*. Hier wird persönliche Bedeutung eines Verhaltens erkannt und ein gewisses Maß an Fremdbestimmtheit akzeptiert (z.B. Sie haben zwar eigentlich keine Lust, kommen aber trotzdem zur Vorlesung, weil Sie erwarten, wichtige Inhalte zu lernen, die relevant für die Klausur sind.). *Integration* liegt vor, wenn im Zuge von Selbstreflexion zunächst fremdgesteuertes Verhalten immer mehr internalisiert wird und die innere Beteiligung am Verhalten zunimmt. Irgendwann kann es dann dazu kommen, dass instrumentelles Verhalten mit den Zielen des Individuums übereinstimmt und schließlich intrinsische Motivation vorliegt. Dann hat sich die Motivation „verwandelt". Ein Beispiel für die *Integration* ist das Sich-Kümmern um neue Kollegen in der Abteilung, obwohl man eigentlich keine Zeit hat. Allerdings hält man dies vielleicht prinzipiell für wichtig und das Verhalten wird auch so vom Vorgesetzten erwartet und belohnt. Am Ende des Kontinuums steht dann die intrinsische Motivation. Hier ist *die Tätigkeit selbst* der Anreiz für das Verhalten.

> Intrinsische Motivation meint die freudvolle und ausdauernde Aktivierung einer Handlung durch den Handlungsvollzug selbst. Die „Freude am Tun" kann u.U. durch das häufige Setzen externer Belohnungen verdrängt werden, da ggf. der wahrgenommene Ort der Handlungsverursachung von innen nach außen „wandert".

In einer jüngeren Metaanalyse konnten Cerasoli, Nicklin und Ford (2014) zeigen, dass intrinsische Motivation besonders bei Aufgaben, die hohe Qualität (versus Quantität) fordern, leistungssteigernd ist. Ebenso spielt die Frage eine Rolle, ob eine direkte (versus indirekte) Verbindung zwischen einer Handlung und einer Belohnung existiert. Bei indirekter Belohnung wirkt intrinsische Motivation stärker positiv auf die gezeigte Leistung. Wenn also eine Arbeitshandlung (beispielsweise einen Kunden zum Kauf bewegen) direkt belohnt wird (sofortiger Bonus), dann kann intrinsische Motivation (per se gerne verkaufen) weniger stark wirken. Der motivationale Effekt wird dann eher durch die direkte Belohnung bestimmt, der „intrinsische Antrieb" verdrängt („crowding-out"; ebenda, S. 4).

Bezug zur Praxis: Wie motiviere ich meine Mitarbeitenden?

Motivieren Arbeitstätigkeiten lediglich extrinsisch, wird sich eine Führungskraft fragen müssen, wie lange die Motivation von Mitarbeitenden aufrechterhalten werden kann. Hier sind Belohnungssysteme von besonderer Bedeutung (vgl. das Kapitel Leistungsbeurteilung in der Praxis in diesem Band), diese sollten transparent und fair sein. Neben dem Gehalt kann auch die Erledigung unangenehmer Aufgaben durch sehr wertvolle, also intrinsisch motivierende Aufgaben, belohnt werden. Dies können Mitarbeiter teilweise selbst steuern. Beispielsweise kann man *vor* dem als angenehm und herausfordernd erlebten Telefonat mit einem (Lieblings-)Kunden das unbeliebte Customer-Management-System bedienen. Tätigkeiten, die nicht aus dem Stadium der externalen Regulation herauskommen, sollte kein Mitarbeiter auf Dauer durchführen müssen. Der Lerngehalt, die Handlungsspielräume und die Persönlichkeitsförderlichkeit sind meist gering, Personen werden u.U. rasch den Arbeitgeber wechseln, sobald ein neuer auch nur ein wenig mehr Gehalt anbietet als der bisherige.

In diesem Abschnitt haben Sie einen ersten Einblick in psychologische Theorien zur Motivation erhalten. Sie haben Definitionen der grundlegenden Begriffe Anreiz, Motiv und Motivation kennengelernt, sowie die drei zentralen Motivklassen Anschluss, Leistung und Macht. Weiter wurde die Unterscheidung zwischen impliziten und expliziten Motiven diskutiert: Während sich explizite Motive auf bewusst und konkrete Ziele beziehen, sind implizite Motive enger mit Emotionen und der eigenen Biografie verbunden und nichtsprachlich repräsentiert.

Unterschieden wurde außerdem zwischen extrinsischer und intrinsischer Motivation. Extrinsische Motivation beschreibt Verhalten, das eher durch Belohnungen oder Bestrafung von außen motiviert ist. Intrinsische Motivation entsteht dagegen von innen heraus. Hier wurde die Selbstbestimmungstheorie der Motivation mit unterschiedlichen Regulationsstilen vorgestellt. Im nächsten Abschnitt geht es um die Anwendung der Motivationspsychologie im Bereich des Human Resource Managements. Sie werden zentrale Modelle und Theorien zur Arbeitsmotivation kennenlernen.

Diskutieren Sie:

*   Wie können Sie im Alltag ohne komplizierte psychologische Verfahren implizite Motive erfassen? Woran erkennen Sie als Führungskraft, welche Motive bei Ihren Mitarbeitenden handlungswirksam sind?
*   Welche konkreten Maßnahmen können Sie als Führungskraft nutzen, um das Leistungsmotiv, das Anschlussmotiv und das Machtmotiv Ihrer Mitarbeitenden anzuregen?
*   Welche Tätigkeiten in Ihrem Studium oder Ihrem Beruf sind eher intrinsisch motiviert, welche eher extrinsisch? Welche Konsequenzen hat das für Ihre Leistungsfähigkeit?

---

2   Modelle und Theorien zur Arbeitsmotivation

Motivation bzw. Arbeitsmotivation ist für die Personalpsychologie ein wichtiges theoretisches Konstrukt. Es erlaubt leistungsbezogene Unterschiede zwischen Mitarbeitenden zu erklären. Neben der Situation (z.B. „Wie schwierig ist die gestellte Arbeitsaufgabe?" oder "Welche äußeren Faktoren beeinflussen den Erfolg?") und der Person (z.B. „Welche Kompetenzen oder Erfahrung hat eine Person"? oder „Wie ist die Intelligenz einer Person ausgeprägt?") spielt die Motivation für eine Arbeitsaufgabe eine wichtige Rolle (vgl. das Kapitel Tätigkeitsanalyse und Kompetenzmodellierung in diesem Band). Motivation ist keine Persönlichkeitseigenschaft, die eine Person beschreibt, sondern von den gestellten Arbeitsaufgaben und der Passung zu vorhandenen Motiven abhängig. Motivation, insbesondere intrinsische Motivation, kann deshalb nicht von außen „erzeugt" werden. Dennoch ist die Frage nach der motivationsförderlichen Arbeitsgestaltung eine zentrale Frage für die Praxis. Was Führungskräfte tun können, um die Motivation ihrer Mitarbeitenden zu fördern – oder mindestens nicht zu stören – wird in diesem Kapitel immer wieder eine Rolle spielen.

Zunächst werden in diesem Kapitel Inhaltsmodelle, dann Prozessmodelle der Arbeitsmotivation vorgestellt. Während Inhaltsmodelle eher das „Was" der Motivation beschreiben, also unterschiedliche Handlungsklassen bzw. Motive definieren und diese voneinander abgrenzen, fokussieren Prozessmodelle eher das „Wie" der Motivation, erklären also, welche Prozesse für das Entstehen von Motivation verantwortlich sind und wie Motivation aufrechterhalten wird. Weiter werden in diesem Kapitel Erwartungmal-Wert-Modelle der Motivation dargestellt, die Motivation als Produkt aus der subjektiven Einschätzung des Erfolgs und aus dem Wert eines Ziels beschreiben. Außerdem wird der Zusammenhang zwischen Zielen und Leistung diskutiert, und es werden unterschiedliche Arten von Zielen beschrieben.

2.1 Inhaltsmodelle der Arbeitsmotivation

Zu den bekanntesten Inhaltsmodellen der Arbeitsmotivation gehört die Bedürfnispyramide von Abraham Maslow, ein humanistischer Psychologe, der physiologische Bedürfnisse und weitere die Motivation betreffende Faktoren beschreibt. Hier stehen weniger Handlungs- und Bewertungs*prozesse* im Vordergrund, sondern einzelne *Motivklassen*. Abbildung 2 zeigt die unterschiedlichen Motive. Die hierarchische Anordnung zeigt eine zentrale Annahme Maslows: Die Befriedigung von Defizitmotiven, wie z.B. physiologische Motive oder Sicherheit, steht vor der Entwicklung komplexer Wachstumsmotive wie beispielsweise der Selbstverwirklichung. Das Modell wird breit rezipiert, wohl auch, weil sich daraus einfache und klare Empfehlungen für die Praxis ableiten lassen. So kann z.B. in schlechten Zeiten der Fokus auf guter Bezahlung liegen, in Zeiten, in denen grundlegende Bedürfnisse längst erfüllt werden, reicht gute Bezahlung nicht aus, denn nun wollen viele Menschen sich weiterentwickeln. Gleichzeitig gibt es grundlegende Kritik am Modell der Bedürfnispyramide (Kirchler, Meier-Pesti und Hofmann, 2011): *Wann* Personen bestimmte Bedürfnisse als befriedigt erleben, ist z.B. individuell sehr verschieden. Außerdem sind die Bedürfnisklassen teilweise nicht sauber trennbar, manche können ersetzt werden, auch die hierarchische Abfolge kann in Frage gestellt werden.

Auch die zuvor bereits vorgestellte Unterscheidung von Leistungs-, Macht-, und Anschlussmotiv ist den Inhaltsmodellen zuzuordnen. Es gibt weitere Theorien, die versuchen Motive inhaltlich zu klassifizieren. So schlagen Deci & Ryan (2008) in der oben schon vorgestellten Selbstbestimmungstheorie drei psychologische Grundbedürfnisse vor, die eine Grundlage für intrinsische Motivation sind: das Bedürfnis nach Kompetenz, das Bedürfnis nach Autonomie und das Bedürfnis nach sozialer Eingebundenheit. Kompetenz meint dabei die Möglichkeit, auf die eigene Umwelt einwirken zu können und gewünschte Ergebnisse effizient erreichen zu können (z.B. Ich bin zufrieden mit meiner

Abb. 2: Motivpyramide nach Maslow (1954, zit. in Nerdinger, 2003, S. 16, bearbeitet)

Leistung.). Autonomie bezieht sich darauf, freiwillig und eigenständig zu handeln (z.B. Ich entscheide, womit ich mich beschäftige. Soziale Eingebundenheit bezieht sich auf das Gefühl, Teil einer sozialen Gruppe zu sein, von anderen gebraucht zu werden und sich auf andere verlassen zu können (z.B. „Ich habe das Gefühl, dazuzugehören".). Wenn diese Grundbedürfnisse erfüllt sind, sind Personen intrinsisch motiviert. Sie beteiligen sich dann z.B. stärker am Wissensaustausch mit anderen (Kimmerle, 2010), nutzen nicht nur die von anderen bereitgestellten Informationen, sondern tragen auch aktiv eigenes Wissen bei (Osterloh & Frey, 2002) und zeigen höhere Lernleistungen (Schiefele & Schreyer, 1994). Eine ähnliche Unterscheidung schlägt die sozioanalytische Theorie von Hogan und Holland (2003) vor. Diese Theorie geht von den drei Grundbedürfnissen nach Zuwendung und Beachtung (to get along), nach Einfluss und Status (to get ahead) und der Suche nach Sinn (to find meaning) aus und beschreibt auf dieser Grundlage den Zusammenhang zwischen Persönlichkeit und Arbeitsleistung.

2.2 Prozessmodelle zur Arbeitsmotivation

Während Inhaltsmodelle der Motivation versuchen, unterschiedliche Motive bzw. Motivklassen voneinander abzugrenzen und diese detailliert zu beschreiben, beschreiben Prozessmodelle der Motivation, wie Motivation entsteht und wie diese sich entwickelt. Es steht beispielsweise die Frage im Mittelpunkt, wie sich Handlungen, die mit Motivation verknüpft sind, entwickeln. Ein weit verbreitetes Modell ist das Rubikon-Modell von Gollwitzer und Heckhausen (Heckhausen, 1989). Der Begriff Rubikon geht dabei auf den gleichnamigen Fluss zurück. Julius Cäsar musste eine schwierige Entscheidung treffen, als er im Jahre 49 v. Chr. mit seinen Truppen vor dem Fluss Rubikon stand: Würde er den Rubikon überqueren, gab es kein Halten mehr, Bürgerkrieg wäre die Folge. Denn mit dem Überschreiten des Rubikon befand er sich im feindlichen Gebiet – eine Kriegserklärung ohne Rückzugsoption. Er entschied sich dafür, siegte und wurde einer der einflussreichsten Männer der Geschichte. Im Rubikon-Modell kennzeichnet der Rubikon die Entscheidung für eine Handlungsalternative. Vor dem Rubikon in der Abwägephase werden Handlungsalternativen abgewogen. Es wird gezielt nach Informationen zu Erwartung und Wert einer Alternative gesucht. Es geht darum, möglichst viele Informationen zu sammeln und auch Neues und Unbekanntes mit in die Suche einzubeziehen. Sobald der Rubikon überschritten ist, der zwischen der Phase des Abwägens und der Planungsphase liegt, werden andere mentale Prozesse wirksam. In der Planungsphase geht es darum zu planen, wie die gewählte Handlungsalternative erreicht werden kann. Hier verschiebt sich der Fokus der Aufmerksamkeit auf Informationen, die für die Umsetzung des Ziels notwendig sind. In der Planungsphase sind Menschen mental eingeengt und „immun" gegen neue Informationen. Damit wird verhindert, ein einmal gefasstes Ziel wieder in Frage zu stellen. Es handelt sich nicht mehr um Motivation (Möchte ich das Ziel erreichen?), sondern um Volition (Wie erreiche ich das Ziel?). Diese Phase wird auch präaktional genannt. Sie liegt vor der eigentlichen Handlung. Informationen, die eine Person vom Ziel abbringen könnten, werden ausgeblendet. In der Handlungsphase wird das Ziel umgesetzt. Jetzt geht es nicht mehr um Planen, sondern um Handeln. Dazu muss einerseits das Ziel im Auge behalten werden, andererseits muss

Inhaltsmodelle der Motivation versuchen, unterschiedliche Motive bzw. Motivklassen voneinander abzugrenzen und diese detailliert zu beschreiben. Prozessmodelle beschreiben motivationale Abläufe sowie Variablen, die den Gang des Geschehens möglich machen (Mediatoren) oder mit beeinflussen (Moderatoren). Im sog. Rubikonmodell beispielsweise kommt man nicht zur Handlung, wenn eine Entscheidung nicht getroffen wird und die Handlung wird nicht umgesetzt, wenn diese nicht durch „Willenskraft" aufrechterhalten wird.

auf Schwierigkeiten und Unvorhergesehenes flexibel reagiert werden. Außerdem müssen Strategien entwickelt werden, mit Misserfolg umzugehen, die Anstrengung zu erhöhen oder das Ziel zu verändern. In der Bewertungsphase wird bewertet, ob ein Ziel erreicht wurde oder nicht. Außerdem wird auf die Ursache von Erfolg oder Misserfolg attribuiert, also Erklärungen für Erfolg oder Misserfolg gesucht. Das Ergebnis der Bewertung hat auch Einfluss darauf, wie in Zukunft Ziele geplant und umgesetzt werden. Abbildung 3 veranschaulicht die genannten Phasen.

Nicht alle Phasen des Modells laufen bewusst ab. Die Übergänge zwischen den Phasen nach dem Überschreiten des Rubikons sind außerdem meist fließend. Das Modell aber z.B. kann bei Coaching- und Beratungsprozessen dabei helfen, die richtigen Strategien auszuwählen. In den beiden motivationalen Phasen Abwägen und Bewerten geht es darum, möglichst viele Informationen zu berücksichtigen.

In den volitionalen Phasen Planen und Handeln können die folgenden Strategien helfen, die Volition aufrechtzuerhalten: *Aufmerksamkeit kontrollieren* meint, Informationen zu identifizieren, die dabei unterstützen das Ziel zu erreichen (z.B. „Wie viel habe ich schon geschafft?") und Informationen, die das Erreichen des Ziels beinträchtigen, eher auszublenden (z.B: „Vor mir sind auch schon einige gescheitert."). *Motivation kontrollieren* bedeutet, daran zu denken, wie wichtig und wertvoll das Erreichen der gewählten Alternative ist („Ich habe mir fest vorgenommen, das Ziel zu erreichen."). Auch das *Kontrollieren* der eigenen *Emotionen* in Bezug auf das Ziel ist wichtig. Die Aufmerksamkeit sollte auf Aspekten liegen, die zufrieden und zuversichtlich stimmen. Zuletzt lässt sich auch die *Umwelt kontrollieren*. Es geht darum, Umgebungen zu identifizieren, in denen es schwerfällt das Ziel zu erreichen und diese zu meiden, und stattdessen Umgebungen zu schaffen, die das Erreichen eines Ziels unterstützen.

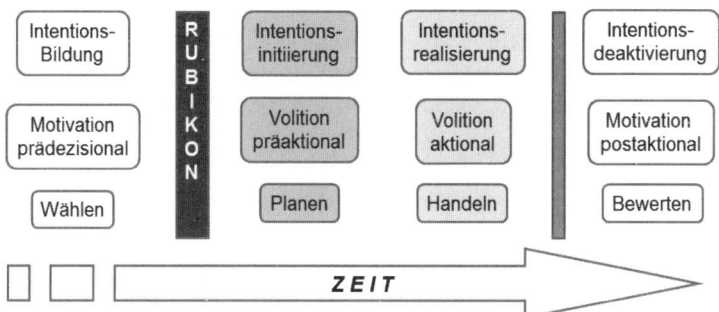

Abbildung 3: Das Rubikon-Modell der Handlungsphasen (bearbeitet nach Heckhausen, 1989)

2.3   Erwartung-mal-Wert-Modelle

Der Begriff Motivation beschreibt das Bestreben, einen Ist-Zustand hin zu einem bestimmten Soll-Zustand zu verändern. Die Motivationspsychologie möchte die Frage beantworten, welche Faktoren Motivation fördern bzw. hindern und was also Menschen „antreibt" bestimmte Verhaltensweisen zu zeigen. Eine zentrale theoretische Idee der Motivationspsychologie sind Erwartung-mal-Wert-Modelle. Mit der Formel *Motivation ist gleich Erwartung mal Wert* lässt sich die Stärke der Motivation beschreiben. Die Erwartung bezieht sich dabei auf die subjektive Einschätzung, ob mit einem bestimmten Verhalten ein bestimmtes Ziel erreicht werden kann. Der Wert beschreibt die Bedeutung, die dieses Ziel für eine Person hat, subjektiv oder objektiv. Erwartung und Wert sind also multiplikativ verknüpft. Das bedeutet: Wenn das Ziel einen sehr hohen Wert hat, kann dieser Umstand eine niedrige Erwartung kompensieren. Eine Person ist motiviert, obwohl die Wahrscheinlichkeit gering ist, das Ziel auch tatsächlich zu erreichen. Gleiches gilt, wenn der Wert zwar gering ist, die Chance, das Ziel zu erreichen, aber hoch ist. Wenn die Erwartung, das Ziel zu erreichen, allerdings gleich null ist, kann der Wert eines Ziels noch so hoch sein: Es kann keine Motivation aufgebracht werden, das Ziel zu erreichen. Gleiches gilt, wenn zwar die Erwartung vorhanden ist, ein Ziel erreichen zu können, aber der Wert, dieses Ziel auch tatsächlich zu erreichen, gleich null ist. Die Grundidee der Erwartung-mal-Wert-Modelle ist von hoher praktischer Relevanz: Motivation ergibt sich aus der subjektiven Bedeutung eines Ziels für eine Person (Wert) und der Wahrnehmung der eigenen Fähigkeiten und Ressourcen (Erwartung). Motivation lässt sich deshalb nicht erzeugen, auslösen oder herstellen. Sie ist das Ergebnis bewusster und unbewusster Bewertungsprozesse, die neben der eigenen Persönlichkeit, Überzeugungen und Werten auch äußere Rahmenfaktoren (z.B. Annahmen darüber, was andere über ein Ziel sagen) mit einbezieht. Die Möglichkeiten von z.B. Führungskräften, andere Menschen zu motivieren, sind deshalb sehr beschränkt.

Eine weitere Komponente der Motivation stellt die Selbstwirksamkeitserwartung dar, also der Glaube an die erfolgreiche Ausführung einer Handlung. Albert Bandura (1982, 1997), ein amerikanischer Forscher, der auch durch seine Arbeiten über das Lernen am Modell bekannt wurde, unterschied *zwei wichtige Teilkomponenten der Selbstwirksamkeit*. Die Wirksamkeits-Erwartung bezieht sich auf die Erwartung, eine bestimmte Handlung erfolgreich ausführen zu können (z.B. bei einem Bewerbungsgespräch den eigenen Lebenslauf überzeugend darstellen zu können.). Die Ergebniserwartung bezieht sich auf die Bedeutung des Ergebnisses für das angestrebte Ziel (z.B. durch die Darstellung des eigenen Lebenslaufs tatsächlich auch die gewünschte Stelle zu erhalten). Die Forschung zur Selbstwirksamkeit ist mittlerweile sehr weit fortgeschritten, es gibt zur Selbstwirksamkeit und ihren spezifischen Subfacetten unzählige Studien. Selbstwirksamkeit erweist sich im Unternehmenskontext (Chen, Casper & Corina, 2001; Judge, Jackson, Shaw, Scott & Rich, 2007) sowie im Kontext von Schule und Hochschule (Pajares, 1996; Schmitz & Schwarzer, 2002) als bedeutsam zur Vorhersage unterschiedlichster Leistungsvariable. Auch im Zusammenhang mit Burnout ist die Rolle der Selbstwirksamkeit gut belegt (moderater, negativer Zusammenhang, Shoiji et al., 2015).

Menschliches Verhalten ist aber nicht nur von den zugrundliegenden Motiven und der Selbstwirksamkeitserwartung einer Person abhängig, sondern wird auch durch die Situation beeinflusst, in die das Verhalten eingebettet ist. Diese Idee greift das erweiterte Kognitive Motivationsmodell nach Heinz Heckhausen und Falko Rheinberg (1980) auf, das in Abbildung 4 dargestellt ist.

Im Modell sind, in Erweiterung der Selbstwirksamkeitserwartung, drei unterschiedliche Erwartungen genannt. Die *Situations-Ergebnis-Erwartung* (S→E) bezieht sich auf die Frage, ob das Ergebnis einer Handlung bereits durch die Situation festgelegt ist. In diesem Fall ist die Motivation gering: Die gegebene Situation führt unabhängig vom eigenen Verhalten mit hoher Wahrscheinlichkeit zum erwarteten Ergebnis (vgl. das VIE-Modell von Vroom, 1964, weiter unten). Die *Handlungs-Ergebnis-Erwartung* (H→E) betrifft die schon im Zuge der Selbstwirksamkeit erörterte Frage, ob eine Person glaubt, dass ein bestimmtes Verhalten auch zum gewünschten Ergebnis führt. Die *Ergebnis-Folge-Erwartung* (E→F) betrifft die Frage, ob die erzielten Ergebnisse dann auch die gewünschten Folgen haben (z.B. mit der Zusage zur gewünschten Stelle dann auch einen zufriedenstellenden Beruf gefunden zu haben). Die Idee der Selbstwirksamkeitserwartung lässt sich mit dem Rubikon-Modell verknüpfen. Personen werden den Rubikon nur überschreiten, wenn die selbst eingeschätzte Wahrscheinlichkeit, die Handlung erfolgreich abschließen zu können, hoch genug ist (Erwartung) und gleichzeitig die individuelle Bedeutung des Handlungsergebnisses für die handelnde Person (Wert) groß genug ist.

Diesen Aspekt greift das **Risikowahl-Modell** von Atkinson (1957) auf, das als Erwartung-mal-Wert-Modell ebenfalls zwei Komponenten von Motivation beschreibt: die

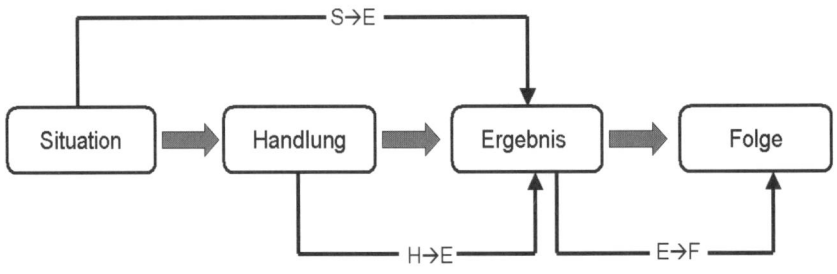

S→E = Situations-Ergebnis-Erwartung

H→E = Handlungs-Ergebnis-Erwartung

E→F = Ergebnis-Folge-Erwartung

Abb. 4: Erweitertes Kognitives Motivationsmodell (bearbeitet nach Rheinberg & Vollmeyer, 2012)

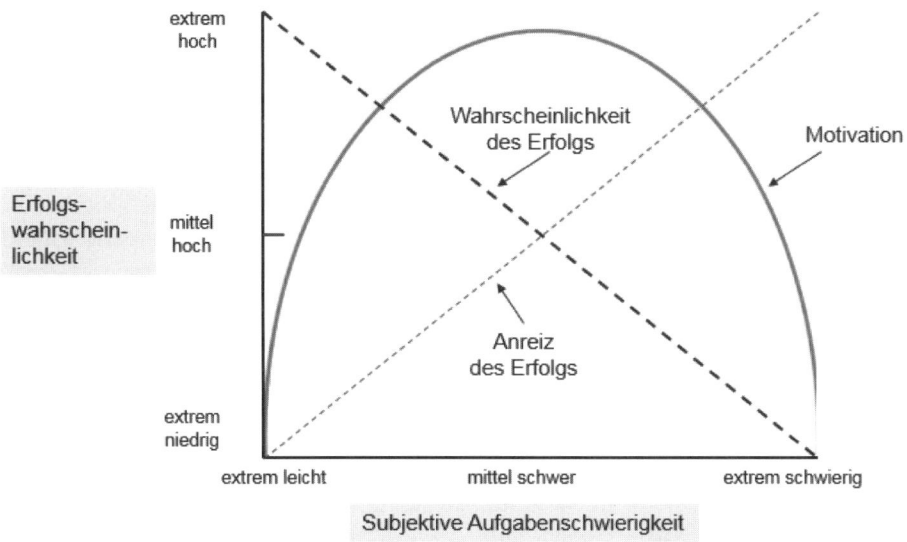

Abb. 5: Zusammenhang zwischen Aufgabenschwierigkeit, Erfolgswahrscheinlichkeit und Motivationstendenz (bearbeitet nach Atkinson, 1957, in Rheinberg & Vollmeyer, 2012, S. 72)

Erfolgswahrscheinlichkeit („Kann ich es schaffen?") und den Anreiz des Ziels, also seinen Wert. Beide Komponenten, die Erfolgserwartung und der Wert einer Handlung, werden multiplikativ verknüpft: E x W = M (Motivationstendenz). Atkinson berücksichtigt in seinem Modell nun die **subjektive Aufgabenschwierigkeit**. Bei sehr leichten Aufgaben ist der Anreiz nicht sehr groß (das kann ja jeder), bei extrem schwierigen Aufgaben ebenso wenig (das schafft ja kaum jemand). Besonders attraktiv sollten demnach Aufgaben sein, die eine **mittlere Schwierigkeit** aufweisen. Abbildung 5 stellt diese Gedanken schematisch dar. Hier erhalten Personen besonders viel Rückmeldung zur eigenen Leistungsfähigkeit.

Das Risikowahl-Modell postuliert, dass dieser Zusammenhang vor allem für Personen mit erfolgsorientierter Leistungsmotivation gilt. Diese Personen streben nach Erfolg (Hoffnung auf Erfolg) und werden Erfolg eher ihrer eigenen Kompetenz, Misserfolg eher den äußeren Umständen zu schreiben. Dem gegenüber stehen misserfolgsorientierte Personen, die Erfolg eher äußeren Faktoren (z.B. Zufall oder eine leichte Aufgabe) zu schreiben, Misserfolg eher den mangelnden eigenen Kompetenzen (Furcht vor Misserfolg). Misserfolgsorientierte Personen sollten dem Risikowahl-Modell zufolge eher zu leichte oder zu schwere Aufgaben wählen: Leichte Aufgaben lassen sich einfach lösen, bei sehr schwierigen Aufgaben ist das Scheitern weniger selbstwertbedrohend, da es der hohen Aufgabenschwierigkeit zugeschrieben werden kann und nicht mit fehlenden Kompetenzen erklärt werden muss.

> **Erwartung-mal-Wert-Modelle der Motivation beschreiben die Variable Selbstwirksamkeit und Wert einer Handlung als multiplikativ verknüpft. Ist eine der Komponenten nicht ausgeprägt, kann demnach keine Motivation entstehen. Im VIE-Modell (Vroom) kommt die Variable der Instrumentalität hinzu. Dabei geht es um die Frage, ob das Ergebnis einer Handlung auch zu einer gewünschten Folge führt oder nicht.**

Insgesamt bestätigen empirische Studien die Aussagen des Modells (z.B. Atkinson & Litwin, 1960; Moulton, 1965). Allerdings sind die Ergebnisse für erfolgsorientierte Personen stabiler, bei misserfolgsorientierten Personen lassen sich die Vorhersagen des Modells nur eingeschränkt bestätigen.

Die VIE-Theorie von Vroom (1964) – die drei Buchstaben stehen für Valenz, Instrumentalität und Erwartung – gehört ebenfalls zu den Prozessmodellen der Motivation. Hier werden die Komponenten Erfolgswahrscheinlichkeit (Erwartung) und Wert (Valenz) noch um die Komponente *Instrumentalität* ergänzt. Diese Komponente entspricht der im erweiterten kognitiven Motivationsmodell vorgestellten „Ergebnis-Folge-Erwartung". Wenn ein Handlungsziel attraktiv (Wert) ist und eine Person sich außerdem für kompetent hält, ein Ziel auch zu erreichen (Erwartung), geht es zusätzlich um die Frage, ob eine Handlung tatsächlich zum erwünschten Ergebnis führt.

Bezug zur Praxis: Wie erkläre ich mir Erfolg und Misserfolg?

Eine zentrale Aufgabe von Führungskräften ist, die Leistungen ihrer Mitarbeitenden zu erhalten und zu steigern. Aus den einzelnen vorgestellten Modellen lassen sich jeweils konkrete Empfehlungen für die Praxis ableiten. So weist z.B. die VIE-Theorie auf die Bedeutung der Instrumentalität hin. Mitarbeitende, die wenig leisten, glauben möglicherweise nicht daran, dass sich Anstrengung lohnt, z. B. wenn Leistung nicht oder selten zum Aufstieg führt, sondern lediglich die guten Beziehungen zur Geschäftsführung entscheidend sind. Führungskräfte sollten also z.B. mit dafür Sorge tragen, dass die Instrumentalität des Leistungsverhaltens hoch ist, Mitarbeiter also ihre Handlungen als „Instrumente" ihres Fortkommens wahrnehmen.

Diskutieren Sie:
- Was können Führungskräfte aus dem Rubikon-Modell für ihr eigenes Führungsverhalten ableiten?
- Worauf sollten Sie auf Basis des Erweiterten Kognitiven Motivationsmodells bei der Gestaltung von Feedback-Gesprächen achten?
- Welche Empfehlungen ergeben sich aus der Selbstbestimmungstheorie der Motivation für unternehmerische Entscheidungen und die Einbeziehung der Mitarbeitenden?
- Welche Konsequenzen können Sie aus dem Risikowahl-Model für die Gestaltung von Arbeitsaufgaben und damit verbundenen Anreizen ableiten?

2.4 Ziele und Leistung

Motivation und Leistung hängen eng zusammen. Dieser Aspekt wurde bereits im vorherigen Kapitel diskutiert. Dabei wurde auch der Begriff des Ziels verwendet. Ein Ziel ist eine mentale Präsentation eines zukünftigen Ereignisses oder Zustands (z.B. „Ich habe meinen Traumjob gefunden und bin glücklich".). Aus theoretischer Perspektive lassen sich unterschiedliche Arten von Zielen unterscheiden (vgl. Grant, 2012). Denn die Art des Ziels und die dahinterliegende Motivation beeinflussen Wahrnehmung, Erleben und Verhalten.

Leistungsziele fokussieren auf die möglichst erfolgreiche Ausführung einer bestimmen Aufgabe und beziehen sich darauf, „besser zu sein als andere". Angestrebt wird, im Vergleich zur Leistung anderer, eine positive Rückmeldung über die eigene Leistung, verbunden mit dem Ziel, die Leistung anderer zu übertreffen. Leistungsziele richten die Aufmerksamkeit einer Person auf die eigenen Fähigkeiten und Kompetenzen. Sie können eine hohe Motivation erzeugen, wenn eine Person sich als leistungsfähig erlebt. Leistungsziele können sich negativ auf die Leistungsfähigkeit auswirken, wenn ein Ziel zu komplex ist oder als sehr herausfordernd wahrgenommen wird, wenn sich eine Person als wenig kompetent wahrnimmt, oder wenn die notwendigen Fähigkeiten für das Erreichen des Ziels fehlen und die Personen keinen Zugriff auf die für das Erreichen des Ziels notwendigen Ressourcen hat. Außerdem könnten sich Leistungsziele in sehr kompetitiven Situationen negativ auf die Bereitschaft zur Kooperation (z.B. in einem Arbeitsteam) auswirken und zu Betrugsversuchen und unehrlichem Verhalten führen.

Lernziele richten die Aufmerksam auf die persönliche Entwicklung und den Lernzuwachs, der mit Lösung einer Arbeitsaufgabe oder dem Erreichen eines Ziels verbunden ist (Stiensmeier-Pelster, Balke & Schlangen, 1996). Lernziele (Manchmal werden sie auch Entwicklungsziele oder Mastery Goals genannt.) können deshalb zur Steigerung der Leistungsfähigkeit beitragen und das Erreichen eines Ziels begünstigen. Lernziele führen dazu, dass eine komplexe und schwierige Aufgabe im positiven Sinne als Herausforderung verstanden wird. Darüber hinaus führen Lernziele zu einer Steigerung des Wohlbefindens. Außerdem steigt die intrinsische Motivation, was sich wiederum positiv auf die Leistungsfähigkeit auswirkt.

Weiter kann zwischen *ergebnisbezogenen Zielen* und *Haltungszielen* unterschieden werden. Ergebnisbezogene Ziele legen den Fokus auf ein Ergebnis, das sich klar und präzise benennen lässt („Ich möchte mein Einkommen im nächsten Jahr verdoppeln."). Psychologische Experimente im beruflichen Kontext (Locke, 1996) zeigen, dass solche herausfordernden sowie ergebnisbezogen formulierten Ziele zu einer Steigerung der Leistung führen. Die Idee der darauf formulierten Zielsetzungstheorie von Locke und Latham (2002) hat sich in der Praxis unter dem Akronym SMART etabliert. Ziele sollten spezifisch, messbar, akzeptiert, realistisch und terminiert, also zeitlich eingegrenzt sein. Damit wird die Wahrscheinlichkeit erhöht, das Ziel zu erreichen. Voraussetzung dafür ist, dass die entsprechenden Kompetenzen, das Wissen und die Ressourcen (z.B. Zeit, Arbeitsmaterial, Werkzeuge), die für das Erreichen des Ziels notwendig sind, zur Verfügung stehen. Allerdings kann ein zu spezifisches Ziel auch dazu

Ziele sollten hoch, spezifisch, messbar und zeitlich terminiert sein. Man kann ferner in Leistungsziele (besser sein als andere) und Lernziele (persönlicher Lernzuwachs) unterscheiden. Vermeidungsziele sind häufig nicht sehr spezifisch und wenig geeignet, Handlungen zu verbessern. Ziele sollten daher positiv formuliert sein, damit sie motivieren können.

führen, dass sich eine Person nicht mehr für das eigene Ziel verantwortlich fühlt oder die Festlegung zu anspruchsvoll und sogar bedrohlich wirkt. Dadurch kann die Leistungsfähigkeit beeinträchtigt werden. Die Strategie ist deshalb eher bei *ergebnisbezogenen Zielen* hilfreich. Haltungsziele beschreiben die Einstellung („Wertschätzung und Fairness garantieren meine Leistungsfähigkeit."), die mit einem bestimmten Ziel verknüpft ist und das Verhalten wirksam beeinflusst. Hier gibt es anders als bei den ergebnisbezogenen Zielen in vielen Fällen kein konkretes, eindeutiges Verhalten, das immer zum Ziel führt. Haltungsziele erfordern, sich flexibel an neue und komplexe Situationen anzupassen und sich kongruent (übereinstimmend) zu eigenen Werten und Normen zu verhalten.

Vermeidungsziele („Weg-von"-Ziele, engl. avoidance) beziehen sich auf das Vermeiden eines unerwünschten Zustands („Ich möchte weniger gestresst sein."). Ein Vermeidungsziel ist in der Regel nicht mit einer spezifischen und detaillierten Vorstellung vom erwünschten Zielzustand verbunden. Außerdem gibt es meistens viele unterschiedliche Möglichkeiten, wie der unerwünschte Zustand verändert werden könnte. Deshalb lassen sich aus Vermeidungszielen selten direkte konkrete Verhaltensweisen oder Handlungsschritte ableiten. *Annäherungsziele* („Hin-zu"-Ziele, engl. approach) beschreiben die Bewerbung hin zu einem gewünschten Zustand oder Ergebnis („Ich möchte mehr Freizeit haben."). Aus Annäherungszielen ergeben sich meistens direkt konkrete Verhaltensweisen, die das Erreichen des Ziels unterstützen. Menschen, die sich Vermeidungsziele setzen, erleben eher negative Emotionen und fühlen sich weniger wohl. Insbesondere das langfristige Verfolgen eines Vermeidungsziels führt zu einem niedrigeren Wohlbefinden. Das Setzen von Annährungszielen erhöht dagegen das Wohlfinden, außerdem steigt die Leistungsfähigkeit.

2.5 Attribution und Leistung

Neben den selbst oder von anderen gesetzten Zielen, die leistungsbezogenem Verhalten zugrundeliegen ist ein zweiter wichtiger Aspekt die Zuschreibung eigener Leistung. Menschen haben das Bedürfnis, das eigene Verhalten und das Verhalten anderer Menschen zu verstehen. Dafür müssen sie nach Ursachen suchen, die erklären, warum sie selbst oder eine Person sich in einer bestimmten Art und Weise verhält. Die Art und Weise, wie Personen über die eigene Leistung nachdenken, wird Leistungsattribution genannt. Der Begriff Attribution geht auf den Psychologen Fritz Heider zurück. Er beschreibt den Menschen als Wissenschaftler, der die Welt verstehen und erklären möchte und deshalb für Beobachtungen in seiner Umwelt subjektive Erklärungen sucht. Ziel von Attributionen ist es, die Umwelt zu strukturieren, Ereignissen und Verhaltensweisen Bedeutung zu geben und sie vorhersagbar zu machen. Attributionen haben deshalb große Bedeutung für den Einzelnen. Um zu überleben, müssen Menschen den Zusammenhang zwischen Ursachen und Wirkungen einzelner Verhaltensweisen und den Konsequenzen, die sich daraus ergeben, verstehen.

Bei der Attribution von Verhalten lassen sich formal zwei Dimensionen unterscheiden (Weiner, 1986). Zum einem die internale oder externale Attribution (Lokalisation): Bei der internalen Attribution machen Personen sich selbst, eigene Kompetenzen, die eigene Persönlichkeit, die eigene Leistung verantwortlich für ihr Verhalten und das Ergebnis. Bei der externalen Attribution verstehen Personen andere Menschen, die Situation, das Umfeld oder den Zufall als Ursache für ihr Verhalten. Zum anderen die stabile oder variable Attribution (zeitliche Stabilität). Bei der stabilen Attribution gehen Personen davon aus, dass Verhalten über die Zeit stabil und unveränderlich ist. Bei der variablen Attribution werden Schwankungen und Unterschiede je nach Situation und Umfeld mit einbezogen. Von Bedeutung ist also die Frage, worauf Personen eigene Leistungen zurückführen, also attribuieren. Eine *stabile und internale Attribution* findet statt, wenn man die eigene Fähigkeit bei der Lösung einer Aufgabe als Ursache annimmt, wie

Stabilität über Zeit	Lokalisation	
	internal	**external**
stabil	Fähigkeit	Aufgabenschwierigkeit
variabel	Anstrengung, Stimmung, Müdigkeit, Krankheit	Zufall, Glück

Abb. 6: Vier unterschiedliche Formen der Leistungsattribution (nach Weiner, 1986)

Abbildung 6 zeigt. Eine Zuschreibung eigener Leistung auf Anstrengung oder Fähigkeit ist bei Erfolg selbstwertdienlich: Eine Person hat sich angestrengt und kann deshalb stolz auf sich selbst sein. Bei Misserfolg ist dagegen die Attribution auf die Aufgabenschwierigkeit oder Zufall gut für den eigenen Selbstwert. Wichtig für die Entwicklung arbeitsbezogener Kompetenzen ist die realistische Einschätzung eigener (Fehl-) Handlungen.

In diesem Kapitel wurden Modelle und Theorien zur Arbeitsmotivation vorgestellt und dabei zwischen Inhalts- und Prozessmodellen unterschieden. Als wichtiges Inhaltsmodell wurde die Bedürfnispyramide nach Maslow vorgestellt, wobei auch Kritikpunkte am Modell kurz diskutiert wurden. Zu den Inhaltsmodellen der Motivation gehören auch die Unterscheidung von Leistungs-, Macht- und Anschlussmotiv sowie die Unterscheidung der Grundbedürfnisse nach Kompetenz, Autonomie und sozialer Eingebundenheit. Als wichtiges Prozessmodell wurde das Rubikon-Modell dargestellt, das vier Handlungsphasen beschreibt: die Abwägephase, die Planungsphase, die Handlungsphase und die Bewertungsphase. Während die erste und die letzte Phase als motivational bezeichnet werden, sind die Phasen zwei und drei als volitional zu bezeichnen. Nach dem Überschreiten des Rubikons (zwischen der Abwägephase und der Planungsphase) sind andere Strategien notwendig, um die Volition aufrechtzuerhalten. Als weitere Klasse von Modell wurden Erwartung-mal-Wert-Modelle vorgestellt. Die Motivation einer Person ergibt sich aus der Multiplikation des Wertes eines Ziels und der Erwartung, dieses Ziel auch erreichen zu können. Eine weitere Komponente ist die Selbstwirksamkeitserwartung, im Detail die Frage, ob eine Situation bereits zu einem bestimmten Ergebnis führt, ob eine durchgeführte Handlung das gewünschte Ergebnis unterstützt, und ob das erzielte Ergebnis dann auch die gewünschten Folgen hat (Instrumentalität). Außerdem wurde in diesem Kapitel das Risikowahl-Modell vorgestellt, das die subjektive Aufgabenschwierigkeit als wichtigen Faktor einführt und zwischen erfolgsorientierten und misserfolgsorientieren Personen unterscheidet. Dargestellt wurde auch, welchen Einfluss die Leistungsattribution (mit den Dimensionen Lokalisation und zeitliche Stabilität) auf Leistung und Motivation hat.

Am Ende des Kapitels steht die Frage, welchen Einfluss Führungskräfte auf die Arbeitsmotivation von Mitarbeitenden nehmen können. Auf den ersten Blick zeigen die dargestellten Modelle: Motivation ist in hohem Maß von individuellen Faktoren abhängig, also z.B. der Frage, ob eine Arbeitsaufgabe zu vorhandenen Motiven passt, eine Person in der Lage ist „den Rubikon zu überschreiten", sich selbst eine Aufgabe zutraut oder ein Ergebnis instrumentell für die gewünschten Folgen ist. Das Verhalten einer Führungskraft in einer bestimmten Situation hat möglicherweise weniger Einfluss als bereits bestehende Erfahrungen einer Person mit ähnlichen Situationen. Wenn ein Mitarbeiter sich eine Aufgabe selbst nicht zutraut, oder diese nicht zu den eigenen Interessen und Motiven passt, wird eine Führungskraft das nur schwer ändern können. Im Gegenteil: Die mangelhafte Arbeitsleistung des Mitarbeiters, die sich auf der fehlenden Motivation ergibt, wird sich auf das Verhalten der Führungskraft auswirken, was wiederum die Einschätzung des Mitarbeiters in Bezug auf die eigene Leistungsfähigkeit beeinflusst und sich dann weiter negativ auf die Motivation auswirkt. Ein wichtiger Einflussfaktor ist deshalb das regelmäßige Feedback (vgl. das Kapitel Leistungsbeurteilung in der Praxis in diesem Band), das die Führungskräfte ihren Mitarbeitenden geben. Das geht weit über formalisierte Mitarbeitergespräche hinaus. Gemeint ist eine zeitnahe und regelmäßige Rückmeldung, die – langfristig – Einfluss auf die Selbstwirksamkeitserwartung der Mitarbeitenden, motivationsförderliche Attributionen und die Auswahl geeigneter Aufgaben und Strategien nimmt. Auch Rückmeldungen der Mitarbeitenden an die Führungskraft sollten in diesen Feedbackprozess eingeschlossen sein. Die Einbeziehung der Mitarbeitenden in Planungs- und Entscheidungsprozesse ist eine Voraussetzung, um die Motivation zu fördern und damit Einfluss auf die Leistung der Mitarbeitenden zu nehmen (vgl. dazu auch Fiege, Muck & Schuler, 2014). Die Modelle und Theorien zur Arbeitszufriedenheit, die im nächsten Kapitel vorgestellt werden, greifen diesen Gedanken auf und gehen insbesondere den Aspekt der Arbeitsgestaltung ein.

Die Zuschreibung eigener Leistung wird Attribution genannt. Diese kann selbstwertdienlich oder -schädlich erfolgen. Eine Zuschreibung eigener Leistung auf Anstrengung oder Fähigkeit beispielsweise ist bei Erfolg selbstwertdienlich. Bei Misserfolg ist eine externale oder internal-variable Attribution hilfreicher.

3 Modelle und Theorien zur Arbeitszufriedenheit

In diesem Kapitel geht es darum zu verstehen, was Arbeitszufriedenheit ist und wie sie erreicht wird. Dabei werden verschiedene Ansätze zur Erklärung von Arbeitszufriedenheit vorgestellt. Zunächst wird das klassische Modell von Herzberg vorgestellt, dass weitere Theorien zur Arbeitszufriedenheit maßgeblich geprägt hat, auch wenn die empirische Basis des Modells umstritten ist. Im Weiteren wird das Modell zur Arbeitszufriedenheit von Bruggemann vorgestellt, das unterschiedliche Formen der Arbeitszufriedenheit differenziert betrachtet. Ein Schwerpunkt des Kapitels liegt auf dem Aspekt der Arbeitsgestaltung. Hier wird das Job Characteristics Model von Hackman und Oldham diskutiert, das Kerndimensionen der Arbeit und daraus resultierende mentale Prozesse als Ursache für Motivation beschreibt und daraus konkrete Strategien für die Arbeitsgestaltung ableitet. Ferner soll klarwerden, dass und wie Arbeitszufriedenheit und Arbeitsmotivation sowie Leistung zusammenhängen.

3.1 Arbeitszufriedenheit nach Herzberg: Hygienefaktoren und Arbeitsmotivation

Bereits gegen Ende der Fünfziger Jahre hat der US-amerikanische Psychologe Frederick Herzberg (Herzberg, Mausner, & Snyderman, 1959) die Zwei-Faktoren-Theorie der Motivation beschrieben (vgl. Weinert, 2004). Er definiert zwei Faktoren, die bei Anwesenheit Zufriedenheit auslösen bzw. deren Abwesenheit Unzufriedenheit auslöst. Zufrieden macht nach Herzberg das adäquate Gefordert-Werden durch die Arbeit. Das bedeutet, dass Mitarbeitende weder über- noch unterfordert wird. Zufrieden macht auch, für Ergebnisse selbst verantwortlich zu sein und Handlungsspielraum zu besitzen. Hinzu kommt ausreichender Entscheidungsspielraum für die Gestaltung und Umsetzung von Arbeitsprozessen. Herzberg nannte diese Aspekte *Motivationsfaktoren*. Sie betreffen mehr oder weniger direkt die Motivation. Herzberg unterschied weiterhin *Hygienefaktoren*. Dazu gehört z.b. das Verhältnis zu Kollegen und die (äußeren) Arbeitsbedingungen. Er nahm an, dass ihre <u>Ab</u>wesenheit zwar unzufrieden macht, ihre <u>An</u>wesenheit aber nicht automatisch Zufriedenheit auslöst. Herzberg ging davon aus, dass Arbeitsmotivation sich nur durch Aspekte beeinflussen lässt, die Zufriedenheit im Sinne der Motivationsfaktoren auslösen. Nette Mitarbeitende, das neueste PC-Programm und schöne Büromöbel sind wichtig, um Unzufriedenheit zu verhindern. Spaß an der Arbeit, innere Beteiligung und tiefe Zufriedenheit erlangen Personen aber erst, wenn sie z.B. die Arbeit selbst einteilen können, Entscheidungen fällen, sich weiterentwickeln können. Wenn lediglich die Hygienefaktoren gegeben sind, dann sind Personen zwar nicht unzufrieden. Der Zustand wäre „neutral" zu nennen. Arbeitszufriedenheit aber speist sich nach diesen Überlegungen ausschließlich aus *Motivations*faktoren. Insgesamt hat sich diese Betrachtung empirisch nur bedingt bestätigt. Einige Forscher (z.B. House & Wigdor, 1967) vermuten, dass das Ergebnis der Befragungsmethode geschuldet ist: Werden Personen befragt, was zufrieden macht, sind die Antworten darauf meist selbstwertdienlich verzerrt. Personen finden das gut, was mit der eigenen Personen zu tun hat. Unzufrieden macht das, was auf andere (oder die Umstände) zurückzuführen ist (externale Attribution).

3.2 Arbeitszufriedenheit nach Bruggemann

Eine komplexere Betrachtung der Arbeitszufriedenheit hat die Arbeitspsychologin Agnes Bruggemann Mitte der siebziger Jahre vorgenommen. Sie unterscheidet insgesamt sechs Arten von Arbeitszufriedenheit beziehungsweise Arbeitsunzufriedenheit (Bruggemann, 1974). Grundlage ist dabei ein Soll-Ist-Vergleich: Mitarbeitende vergleichen die eigenen Erwartungen und Bedürfnisse mit der Möglichkeit, diese realisieren zu können.

Wenn Soll-Ist-Vergleiche positiv ausfallen, Personen also die erwarteten oder sogar besseren Bedingungen vorfinden, entsteht Zufriedenheit. Das Anspruchsniveau kann dann gleichbleiben (*stabilisierte Zufriedenheit*) oder sich erhöhen (*progressive Arbeitszufriedenheit*). Dann erwarten Mitarbeitende z.B. komplexeren Aufgaben als bisher gewachsen zu sein und mehr Verantwortung übernehmen zu dürfen. Wenn der Soll-Ist-Vergleich jedoch negativ ausfällt, entsteht zunächst einmal diffuse Unzufriedenheit.

Senken Mitarbeitende das eigene Anspruchsniveau, entsteht *resignierte Unzufriedenheit*. Das ist z.B. der Fall, wenn wiederholt Verbesserungsvorschläge nicht umgesetzt werden. Möchten Mitarbeitende weiterhin die gleiche Leistung bringen, kann es zu einer *produktiven Unzufriedenheit* kommen.

Nach Bruggemann gibt es verschiedene Formen der Arbeitszufriedenheit. Dazu zählt z.B. die progressive Zufriedenheit. Hier sind Mitarbeiterinnen und Mitarbeiter zufrieden, erwarten aber mehr. Produktiv Unzufriedene sind (noch) an der Lösung arbeitsbezogener Probleme interessiert und wollen Dinge voranbringen. Resignativ Zufriedene haben „aufgegeben" und entsprechend ihr Anspruchsniveau gesenkt.

Das ist dann der Fall, wenn die Betroffenen z.B. an einer Verbesserung eines Arbeitsablaufes mitwirken und das auch Erfolg hat. Mitarbeitende können dann lernen, dass ihre Unzufriedenheit eine Quelle der Innovation sein kann. Dazu ist natürlich eine entsprechend an der Verbesserung interessierte Führungskraft und/oder Organisation nötig (vgl. das Kapitel Führung in diesem Band). Erfolgt die Problemlösung unproduktiv, entsteht nach diesem Modell *fixierte Unzufriedenheit* (Mitarbeitende sind unzufrieden, versuchen aber nicht, die Umstände zu ändern) oder es kommt zu einer *Pseudo-Zufriedenheit*. Mitarbeitende glauben dann, zufrieden zu sein, obwohl sie es auf Basis ihrer Erwartungen und den vorgefundenen Bedingungen nicht sind. Abbildung 7 zeigt die verschiedenen Formen der Zufriedenheit und ihre Entstehung.

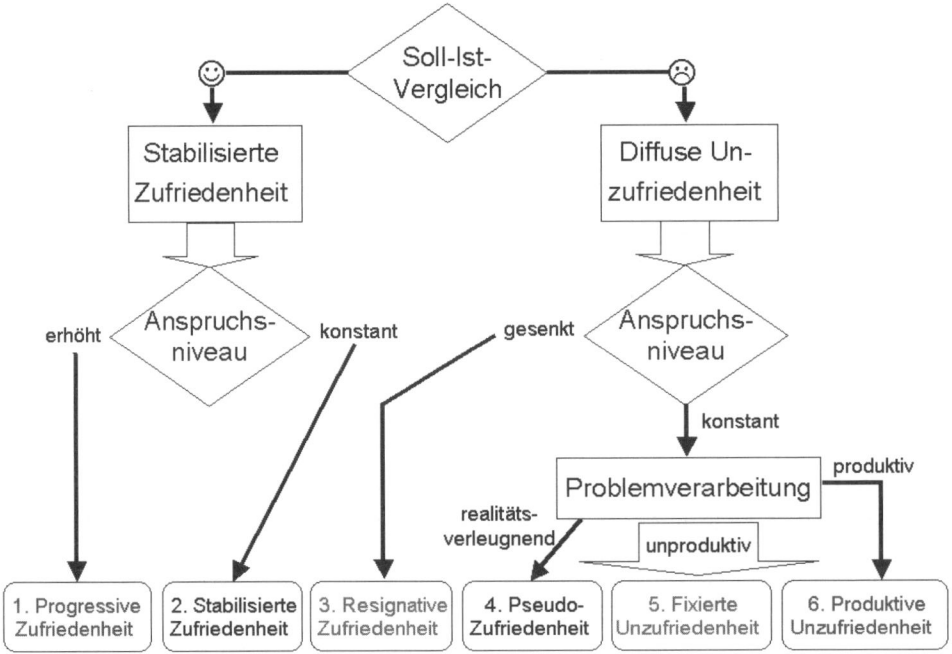

Abb. 7: Formen der Arbeitszufriedenheit (bearbeitet nach Bruggemann, 1974)

3.3   Arbeitszufriedenheit und Arbeitsgestaltung

Aus einer Praxisperspektive ist eine zentrale Frage, wie Arbeit bzw. Tätigkeiten gestaltet werden sollten, damit sie ein hohes Motivationspotenzial entfalten und zur Arbeitszufriedenheit führen. Ein Modell, das bei der Beantwortung dieser Frage hilfreich sein kann, haben die beiden US-amerikanischen Psychologen J. Richard Hackman und Greg R. Oldham (1976) mit ihrem *Job Characteristics Model* vorgeschlagen. Dieses Modell zeigt *Kerndimensionen der Arbeit*, die auf Personen wirken und dadurch die Ergebnisse von Arbeit beeinflussen. Das Modell ist in Abbildung 8 dargestellt.

Zu den *Kerndimensionen der Arbeit* gehört z.B. die Vielfalt der Fertigkeiten, die eine Person einsetzen muss, um eine Arbeitsaufgabe als sinnvoll zu erleben. Hier handelt sich um einen mentalen Prozess, um eine *innerpsychische Variable*. Die Arbeitsmotivation als *Outcome* wird davon beeinflusst. Ebenso beeinflusst die erlebte Autonomie die empfundene Verantwortlichkeit. Personen, die keinen Handlungsspielraum haben, werden weniger Verantwortung für die eigenen Ergebnisse übernehmen. Auch diese **Autonomie** kann vermittelt über die Verantwortlichkeit zu höherer Arbeitsmotivation und mehr Arbeitszufriedenheit führen. *Wachstumsbedürfnisse* beziehen sich z.B. auf den Wunsch, etwas Neues zu lernen. Wenn dieses Bedürfnis nicht vorhanden ist, werden Verbesserungen der entsprechenden Kerndimensionen nur geringe positive Auswirkungen haben. Um die positiven Ergebnisse auf der rechten Seite des Modells zu erreichen, muss die Arbeit bzw. die Tätigkeitsstruktur entsprechend angepasst werden. Dazu gibt es nach Hackman und Oldham (1976) zwei Wege. Beim *Job Enrichment* werden Arbeitsabläufe qualitativ verbessert und erweitert (z.B. Tätigkeiten selbständig planen, Mitarbeiter einteilen, weitere Verant-

> Das Job Characteristics Model von Hackman & Oldham (1976) zeigt Kerndimensionen der Arbeit, die auf Personen wirken und dadurch die Ergebnisse von Arbeit beeinflussen. Dazu zählen beispielsweise Autonomie und Identifizierung mit der Aufgabe, die über erlebte Sinnhaftigkeit und Verantwortung für Arbeitsergebnisse ggf. zu einer erhöhten Arbeitszufriedenheit und Arbeitsmotivation führen.

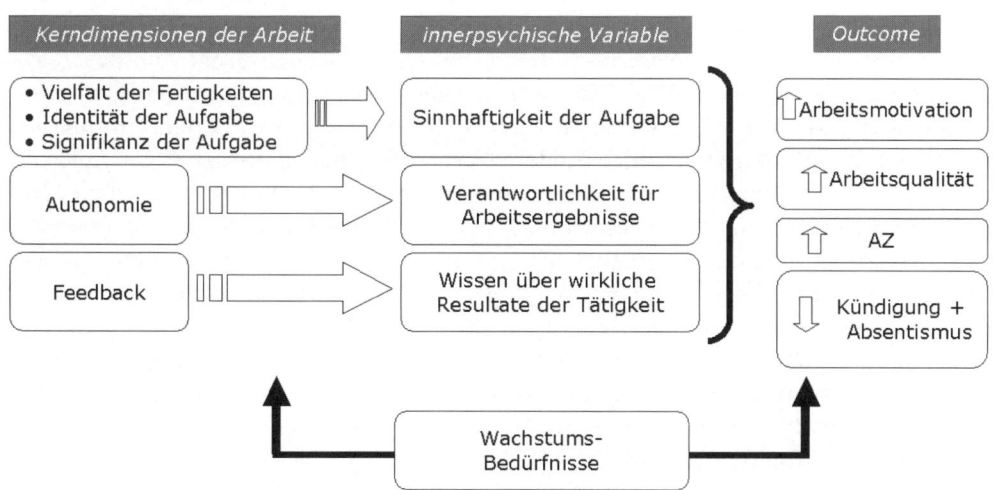

Abb. 8: Wirkung von Arbeitscharakteristika (nach Hackman & Oldham, 1976)

wortung übernehmen). *Job Enlargement* bedeutet die Veränderung quantitativer Merkmale. Hier wird Tätigkeit abwechslungsreicher gestaltet. Diese Maßnahme wirkt weniger positiv auf die Persönlichkeits- und Kompetenzentwicklung als das Job Enrichment (vgl. auch das Kapitel Anforderungsanalyse und Kompetenzmodellierung in diesem Band).

Arbeitszufriedenheit und Arbeitsmotivation hängen zusammen, so viel dürfte klargeworden sein. Es gibt Merkmale der Arbeit, die Arbeitszufriedenheit auslösen und ebenfalls motivieren. So sind z.B. Personen, die viel Gestaltungs- und Handlungsspielraum haben, regelmäßiges, professionelles Feedback erhalten und Möglichkeiten der Karriere-Entwicklung aufgezeigt bekommen, eher motiviert, gute Arbeit zu leisten. Arbeitszufriedenheit kann verschiedene „Gesichter" haben, besonders wichtig sind Mitarbeitende, die produktiv unzufrieden sind. Sie sind meist noch motiviert, Dinge voranzutreiben und zu verändern (s.o.).

Ein weiterer Aspekt der Arbeitszufriedenheit ist die Passung zwischen Tätigkeit und Person. Personen suchen sich im Normalfall diejenigen Tätigkeiten aus, die zu ihnen passen. Das beginnt bereits mit der Berufswahl. Die Idee der Passung hat insbesondere John L. Holland (1996) erarbeitet. In seinem Modell wird gezeigt, wie bestimmte Merkmale der Persönlichkeit und Job-Charakteristika zusammenhängen bzw. zueinander passen. Holland unterscheidet sechs berufsbezogene Persönlichkeits-Typen: den realistischen, den künstlerischen, den unternehmerischen, den sozialen, den konventionellen und den Forschertypen. Hierzu lassen sich dazu passende Arbeitsumgebungen beschreiben (z.B. eher sozial oder eher unternehmerisch). Mit Hilfe der Erfassung der arbeits- und personbezogenen Typen lässt sich Übereinstimmung messen. Personen sind zufriedener und entwickeln seltener die Neigung, den Arbeitsplatz zu verlassen, wenn Person- und Umweltmaße hoch übereinstimmen. Das Modell wurde noch um weitere Aspekte außerberuflicher Aktivitäten sowie der Anwendbarkeit der eigenen Fähigkeiten im Beruf erweitert.

Insgesamt ist eine gute Passung zwischen Person und Tätigkeits- und Organisationsmerkmalen (*person-environment-fit*) eine Bedingung für Arbeitszufriedenheit (Kristof-Brown, Zimmermann, Johnson, 2005). Gleichzeitig findet sich eine hohe Zeitstabilität von Arbeitszufriedenheit (Weinert, 2004). Auch das eigene Anspruchsniveau scheint für Arbeitszufriedenheit bedeutsam zu sein (Wiswede, 2007). Es hängt vom Bezugssystem ab, in dem Personen Vergleiche ziehen. Hier sind wichtig die bisher gemachten Erfahrungen und Arbeitsergebnisse in vergleichbaren Situationen (Erfahrungsniveau), die Maßstäbe, die durch wichtige Andere zustande kommen (Soziales Vergleichsniveau), die Bewertung alternativer Tätigkeiten, z.B. andere Positionen und Arbeitstätigkeiten (Vergleichsniveau für Alternativen), und die Abweichung vom gewohnten Standard, der als angenehm oder unangenehm empfunden wird (Adaptationsniveau). Das Adaptationsniveau hängt eng mit der Arbeitsmotivation zusammen. Ob eine Person sich selbst für geeignet für eine bestimmte Aufgabe hält oder diese als zu leicht oder zu schwer wahrnimmt, ist vom intern gesetzten Standard beeinflusst. Dieser Standard kann realistisch oder unrealistisch sein. Ein unrealistisch niedriges Konzept eigener Begabung („Ich bin so untalentiert!") führt bei anspruchsvollen Tätigkeiten vermutlich mittelfristig zu geringer Arbeitszufriedenheit.

4   Zusammenfassung

In diesem Kapitel haben Sie etwas über das Konzept der Arbeitszufriedenheit gelernt. Dabei wurde zuerst das Modell von Herzberg vorgestellt, das zwischen Hygiene- und Motivationsfaktoren unterscheidet. Menschen sind nicht unzufrieden, wenn die äußeren Bedingungen in Ordnung sind, und zufrieden, wenn sie die eigene Arbeit als selbstbestimmt, zufriedenstellend und sinnvoll erleben. Außerdem wurden unterschiedliche Arten der Arbeitszufriedenheit nach Bruggemann vorgestellt. Die wesentliche Idee dieses Modells ist ein Soll-Ist-Vergleich zwischen den Erwartungen und den tatsächlich vorgefundenen Bedingungen. Die differenzierte Betrachtung unterschiedlicher Formen der Arbeitszufriedenheit zeigt, dass unzufriedene Mitarbeitende aus Sicht des Human Resource Managements hohes Innovationspotential bieten, wenn es gelingt deren Unzufriedenheit produktiv zu nutzen.

Zu diskutieren ist der Unterschied zwischen den Konzepten Arbeitsmotivation und Arbeitszufriedenheit. Das Konzept der Arbeitsmotivation fokussiert eher die inneren Bedingungen, beschreibt also, wie die unterschiedlichen Motive von Personen angeregt werden. Aus Sicht des Human Resource Management ist hier eine zentrale Frage, wie bei der Personalauswahl die entsprechende Motivstruktur von Personen berücksichtigt werden kann, dass also z.B. eine Führungskraft über eine gewisse Ausprägung des Machtmotivs verfügen sollte (vgl. die Kapitel Führung und Personalauswahl in diesem Band). Außerdem geht es darum, wie Führung und Kommunikation innerhalb eines Unternehmens die unterschiedlichen Motivstrukturen der Mitarbeitenden berücksichtigen kann. Das Konzept der Arbeitszufriedenheit fokussiert eher die äußeren Bedingungen. Aus Sicht des Human Resource Management geht es hier um Maßnahmen der Arbeitsgestaltung. Unternehmen und Führungskräfte stehen hier vor der Herausforderung, die Arbeitsbedingungen so zu gestalten, dass Mitarbeitende zufrieden sind und auf dieser Basis gute Arbeitsleistung erbringen können. Das ebenfalls in diesem Kapitel vorgestellte Job Characteristics Model macht hier konkrete Vorschläge zur Arbeitsgestaltung. Dabei werden Kerndimensionen der Arbeit, die vermittelnden innerpsychischen Variablen und entsprechende Outcomes beschrieben. Als weiterer Aspekt wurde das Konzept der Passung zwischen Person und Umwelt vorgestellt. Mitarbeitende sind dann zufrieden und leistungsfähig, wenn Merkmale der Persönlichkeit und Job-Charakteristika zusammenhängen. Mit Blick auf das Human Resource Management geht es hier einerseits um die interne und externe Personalauswahl, also um die Frage, welche Mitarbeitende eingestellt werden, und welche konkreten Aufgaben sie in einer Organisation übernehmen. Andererseits geht es um Maßnahmen zur Personalentwicklung (vgl. das gleichnamige Kapitel in diesem Band). Mitarbeitende müssen die entsprechenden Kompetenzen und Fähigkeiten haben, um die gestellten Aufgaben erfolgreich erledigen zu können. Nur dann werden Mitarbeitende zufrieden sein und auf dieser Basis langfristig auch leistungsfähig bleiben.

5   Vertiefung für Masterstudierende: Wie hängen Arbeitszufriedenheit und Leistung zusammen?

Wie hängen Leistung und Arbeitszufriedenheit zusammen? Die Frage ist von hoher praktischer Relevanz. Judge und Klinger (2009) diskutieren den Zusammenhang zwischen Arbeitszufriedenheit und Leistung. Sie konnten zeigen: Arbeitszufriedenheit hängt mit Leistung zusammen. Die Korrelationen sind aber auch nach metaanalytischer Befundlage geringer als beispielsweise die zwischen der Passung eines Mitarbeiters und der Leistung oder die Korrelation zwischen kognitiven Fähigkeiten und Berufserfolg. Dabei sind unterschiedliche Erklärungsmodelle möglich:

1. Arbeitszufriedenheit führt zu Arbeitsleistung: Mitarbeitende, die zufrieden sind, leisten auch mehr.
2. Es gibt Moderatorvariablen, die den Zusammenhang beeinflussen, z.B. das Selbstwertgefühl oder die Leistungsmotivation eines Mitarbeiters oder einer Mitarbeiterin.
3. Arbeitsleistung führt zu Arbeitszufriedenheit: Mitarbeitende, die mehr leisten erhalten mehr Belohnungen, was sich wiederum auf die Arbeitszufriedenheit auswirkt.
4. Es gibt eine dritte Variable, die den Zusammenhang erklärt. So führt z.B. Commitment sowohl zu höherer Arbeitszufriedenheit als auch zu höherer Leistung. Statistisch gesehen handelt sich hier um eine Mediation.
5. Arbeitszufriedenheit und Arbeitsleistung beeinflussen sich gegenseitig. Die kausalen Beziehungen sind nicht eindeutig zu klären.

Diskutieren Sie, welches Modell Sie überzeugt!
- Welche praktischen Konsequenzen ergeben sich daraus?
- Wie würden Sie empirisch untersuchen, welches Modell gültig ist?

---

6   Fragen zum Verständnis

1. Erklären Sie das Konzept Motivation und gehen Sie auf die Begriffe Anreiz, Motiv und Motivation ein. Welche drei Hauptmotive lassen sich unterscheiden?
2. Welche Rolle spielt die Unterscheidung von expliziten und impliziten Motiven für die wirtschaftspsychologische Praxis? Welche Konsequenzen ergeben sich aus dieser Unterscheidung für die Messung von Motiven?
3. Was ist der Unterschied zwischen extrinsischer und intrinsischer Motivation? Erklären Sie die Selbstbestimmungstheorie der Motivation.
4. Welche zentralen Modelle zur Arbeitsmotivation kennen Sie? Unterscheiden Sie Inhalts- und Prozessmodelle.
5. Erklären Sie das Rubikon-Modell.
6. Welche zentralen Aussagen ergeben sich aus Erwartung-mal-Wert-Modellen der Motivation?
7. Wie hängen Ziele und Leistung zusammen?
8. Welche unterschiedlichen Arten von Zielen kennen Sie?
9. Welche Rolle spielt die Leistungsattribution für Leistung und Zufriedenheit?

10. Erklären Sie die Zwei-Faktoren-Theorie der Arbeitszufriedenheit von Herzberg.
11. Welches sind die zentralen Ideen des Modells der Arbeitszufriedenheit nach Bruggemann?
12. Erläutern Sie die zentralen Ideen des Job Characteristics Models.
13. Wie hängen Arbeitsmotivation und Arbeitszufriedenheit zusammen?
14. Welche Rolle spielt die Passung zwischen Person und Arbeitsaufgabe für die Arbeitszufriedenheit?

Literatur

Atkinson, J. W. (1957). Motivational determinants of risk-taking behavior. *Psychological Review, 64*, 359-372.

Atkinson, J. W. & Litwin, G. H. (1960). Achievement motive and test anxiety conceived as motive to approach success and motive to avoid failure. *The Journal of Abnormal and Social Psychology, 60*, 52-63

Bandura, A. (1982). Self-Efficacy Mechanisms in Human Agency. *American Psychologist, 37*, 122-147.

Bandura, A. (1997). *Self-Efficacy: The exercise of control.* New York: W.H. Freeman.

Birbaumer, N. & Schmidt, R. F. (2006). *Biologische Psychologie.* 6. Auflage. Berlin: Springer.

Bruggemann, A. (1974). Zur Unterscheidung verschiedener Formen von Arbeitszufriedenheit. *Arbeit und Leistung, 28*, 281-284.

Brunstein, J. C., Schultheiss, O. C. & Grässman, R. (1998). Personal goals and emotional well-being: the moderating role of motive dispositions. *Journal of personality and social psychology, 75*, 494-508.

Cerasoli, C. P., Nicklin, J. M. & Ford, M. T. (2014). Intrinsic Motivation and Extrinsic Incentives Jointly Predict Performance: A 40-Year Meta-Analysis. *Psychological Bulletin, 14*, 980-1008.

Deci, E. L. & Ryan, R. M. (1993). Die Selbstbestimmungstheorie der Motivation und ihre Bedeutung für die Pädagogik. *Zeitschrift für Pädagogik, 39*, 223-239.

Deci, E. L. & Ryan, R. M. (2008). *Self-Determination Theory: A Macrotheory of Human Motivation, Development, and Health. Canadian Psychology, 49*, 182-185.

Fiege, R., Muck, P. M. & Schuler, H. (2014). Mitarbeitergespräche. In H. Schuler (Hrsg.), *Lehrbuch der Personalpsychologie* (S. 765-811). Göttingen: Hogrefe.

Grant, A. M. (2012). An integrated model of goal-focused coaching: An evidence-based framework for teaching and practice. *International Coaching Psychology Review, 7*, 146-165.

Gutman, J. (1982). A means-end chain model based on consumer categorization processes. *The Journal of Marketing, 46*, 60-72.

Hackman, J. R. & Oldham, G. R. (1975). Development of the job diagnostic survey. *Journal of Applied Psychology, 60*, 159-170.

Hackman, J. R. & Oldham, G. R. (1976). Motivation through the design of work: Test of a theory. *Organizational Behavior and Human Performance, 16*, 250-279.

Heckhausen, H. & Rheinberg, F. (1980). Lernmotivation im Unterricht, erneut betrachtet. *Unterrichtswissenschaft, 8*, 7-47.

Herzberg, F., Mausner, B. & Snyderman, B. (1959). *The motivation to work.* New York: Wiley.

Hogan, J. & Holland, B. (2003). Using theory to evaluate personality and job-performance relations: a socioanalytic perspective. *Journal of Applied Psychology, 88*, 100-112.

House, R. J. & Wigdor, L. A. (1967). Herzberg's dual-factor theory of job satisfaction and motivation: A review of the evidence and a criticism. *Personnel psychology, 20*, 369-390.

Holland, J. L. (1996). Exploring careers with a typology: What we have learned and some new directions. *American Psychologist, 51*, 397-406.

Judge, T. A., Jackson, C. L., Shaw, J. C., Scott, B. A. & Rich, B. L. (2007). Self-Efficacy and Work-Related Performance: The Integral Role of Individual Differences. *Journal of Applied Psychology, 92*(1), 107-127. DOI: 10.1037/0021-9010.92.1.107

Judge, T. A. & Klinger, R. (2009). Promote Job Satisfaction through Mental Challenge. In E. A. Locke (Hrsg.) *Handbook of Principles of Organizational Behavior. Indispensable Knowledge for Evidence-Based Management* (S. 107-122). Chichester: Wiley.

Kimmerle, J. (2010). Supporting participation in organizational information exchange: Psychological recommendations. *Development and Learning in Organizations, 24*, 14-16.

Kirchler, E., Meier-Pesti, K. & Hofmann, E. (2011). Menschenbilder, Arbeit und Organisationen. In E. Kirchler (Hrsg.), *Arbeits- und Organisationspsychologie* (S. 17-23). Wien: facultas.wuv.

Krapp, A. & Ryan, R. M. (2002). Selbstwirksamkeit und Lernmotivation. *Zeitschrift für Pädagogik. Selbstwirksamkeit und Motivationsprozesse in Bildungsinstitutionen, 44*, 54-82.

Kristof-Brown, A. L., Zimmermann, R. D. & Johnson, E. C. (2005). Consequences of individual's fit at work: A meta-analysis of person-job, person-organization, person-group, and person-supervisor fit. *Personnel Psychology, 58*, 281-342.

Kuhl, J., Scheffer, D. & Eichstaedt, J. (2003). Der Operante Motiv-Test (OMT): ein neuer Ansatz zur Messung impliziter Motive. In J. Stiensmeier-Pelster & F. Rheinberg (Hrsg.*), Diagnostik von Motivation und Selbstkonzept* (S. 129-149). Göttingen: Hogrefe.

Locke, E. A. (1996). Motivation through conscious goal setting. *Applied and Preventive Psychology, 5*, 117-124.

Locke, E. A. & Latham, G. P. (2002). Building a practically useful theory of goal setting and task motivation: A 35-year odyssey. *American Psychologist, 57*, 705-717

Moulton, R. W. (1965). Effects of success and failure on level of aspiration as related to achievement motives. *Journal of Personality and Social Psychology, 1*, 399-406.

Murray, H. A. (1943). *Thematic apperception test manual.* Cambridge: Harvard University Press.

Nerdinger, F. W. (2003). *Motivation von Mitarbeitern.* Göttingen: Hogrefe.

Osterloh, M. & Frey, B. S. (2000). Motivation, knowledge transfer, and organizational forms. *Organization Science, 11*, 538-550.

Pajares, F. (1996). Self-Efficacy Beliefs in Academic Settings. *Review of Educational Research, 3*(4), 543-578.

Ryan, M. R. & Deci, E. L. (2000). Intrinsic and Extrinsic Motivations: Classic Definitions and New Directions. *Contemporary Educational Psychology, 25*, 54-67.

Rheinberg, F. & Vollmeyer, R. (2012). *Motivation.* Stuttgart: Kohlhammer.

Schiefele, U. & Schreyer, I. (1994). Intrinsische Lernmotivation und Lernen. Ein Überblick zu Ergebnissen der Forschung. *Zeitschrift für Pädagogische Psychologie, 8*, 1-13.

Schmalt, H. D., Sokolowski, K. & Langens, T. (2000). *Das Multi-Motiv-Gitter für Anschluss, Leistung und Macht.* Frankfurt am Main: Swets & Zeitlinger.

Schmitz, G. S. & Schwarzer, R. (2002). Individuelle und kollektive Selbstwirksamkeitserwartungen von Lehrern. *Zeitschrift für Pädagogik, 44. Beiheft: Selbstwirksamkeit und Motivationsprozesse in Bildungsinstitutionen*, 192-214.

Schultheiss, O. & Brunstein, J. (2010). *Implicit motives.* Oxford: Oxford University Press.

Shoji, K., Cieslak, R., Smoktunowicz, E., Rogla, A., Benight, C. C. & Luszczynska, A. (2015). Associations between job burnout and selfefficacy: a meta-analysis. *Anxiety, Stress, & Coping, 29*, 367-386

Stiensmeier-Pelster, J., Balke, S. & Schlangen, B. (1996). Lern- versus Leistungszielorientierungen als Bedingungen des Lernfortschritts. *Zeitschrift für Entwicklungspsychologie und Pädagogische Psychologie, 2*, 169-187.

Vroom, V. (1964). *Motivation and work.* New York: Wiley.

Weinert, A. B. (2004). *Organisations- und Personalpsychologie.* Weinheim: Beltz.

Weiner, B. (1986). *An attributional theory of motivation and emotion.* New York: Springer.

Wiswede, G. (2007). *Einführung in die Wirtschaftspsychologie.* München: E. Reinhardt.

Personalentwicklung und Training

Lothar Bildat

1   Personalentwicklung und Training

Personalentwicklung in Unternehmen umfasst i.d.R. alle konzertierten und systematischen Maßnahmen zur Entwicklung von Kompetenzen der Mitarbeiter aller Statusgruppen zum Zwecke der Erreichung von Unternehmenszielen. Diese Maßnahmen können individuen- oder gruppenzentriert sein. Im Regelfall werden Bedarfe durch das Human Resource Management festgestellt, beispielsweise auf Basis der Rückmeldungen von Führungskräften aus anderen Unternehmensbereichen. Es liegt auf der Hand, dass z.B. die Übernahme einer Führungsrolle der Begleitung bedarf oder dass bei der Einführung einer neuen Unternehmenssoftware der Umgang damit trainiert werden muss. Personalentwicklung findet ebenfalls statt, wenn aufgrund einer Potenzialbeurteilung Mitarbeiter bestimmte Entwicklungsmaßnahmen durchlaufen oder wenn Vertriebsmitarbeiter in Sachen Verkaufstechniken geschult werden (Miller, Heiman & Tuleja, 2004).

Seyda & Werner (2014) berichten in einer Veröffentlichung des Instituts der deutschen Wirtschaft in Köln von einer Weiterbildungsquote von 86% (zu 83,2% in 2010) aller befragten Unternehmen. Hierunter fallen alle möglichen Arten von Weiterbildung, von informellen Informationsangeboten der Unternehmen bis hin zu externen, formellen Lernangeboten. 1.845 Unternehmen mit 1,54 Mio. Arbeitnehmerinnen und Arbeitnehmern nahmen an der Umfrage teil (Stichprobenziehung repräsentativ für die Gesamtwirtschaft). Insgesamt resümieren die Autoren (ebenda, S. 1):

> „Verbrachten die Beschäftigten im Jahr 2010 noch 29,4 Stunden in Lehr- und Informationsveranstaltungen, waren es 2013 bereits 32,7 Stunden. Damit verbunden ist ein Anstieg der Investitionen in Weiterbildung, die mit 1.132 Euro je Mitarbeiter gut 9 Prozent höher ausfallen als drei Jahre zuvor. Da auch die Beschäftigtenzahl gestiegen ist, investierten die Unternehmen knapp 16 Prozent mehr als noch vor drei Jahren. Das gesamte Investitionsvolumen beläuft sich auf 33,5 Milliarden Euro im Jahr 2013. Die Unternehmen wollen ihr Engagement in Zukunft noch ausbauen. Sie sehen in Weiterbildung auch ein probates Mittel zur Fachkräftesicherung."

Ferner wird auf das große Potential im Bereich der Entwicklung sogenannter An- und Ungelernter hingewiesen – mit Blick auf die Situation rund um das Thema Geflüchtete ein bedeutsames Feld. Das Institut der deutschen Wirtschaft betont außerdem die Rolle einer positiven Weiterbildungskultur, wir kommen darauf zurück.

Der volkswirtschaftliche Nutzen von Personalentwicklung ist nicht leicht zu bestimmen. Dennoch gibt es mittlerweile Metaanalysen, die zumindest die Wirkung von Personalentwicklung auf den Unternehmenserfolg als hoch wirksam ausweisen (Jiang, Lepak, Hu & Baer, 2012; vgl. auch das Kapitel HR-Controlling in diesem Band). In vergleichbar entwickelten Ländern, beispielsweise den USA, beliefen sich die Ausgaben für Personalentwicklungsmaßnahmen im Jahr 2010 auf 135 Mrd. US-Dollar (Salas, Tannenbaum, Kraiger & Smith-Jentsch, 2012). Zum Vergleich: Die USA gaben im Jahr 2014 rd. 14,8 Mrd. US-Dollar für Entwicklungshilfe aus (Quelle: OECD; https://data.oecd.org/oda/country-programmable-aid-cpa.htm, Abruf September 2016).

Der Begriff Training wird in Deutschland in Bezug auf *Training von Fertigkeiten* (neues PC-Programm, Kommunikationstechniken etc.) verwendet. Im angelsächsischen

Raum kann der Begriff *Training* u. U. etwas weiter gefasst sein. Trainings umfassen nach dieser Lesart auch Veränderungen von Einstellungen und Verhalten. Personalentwicklung umfasst aber auch durch Feedback gewonnene Erkenntnisprozesse (Einsicht) sowie den Erwerb reinen Faktenwissens im Rahmen von Fort- und Weiterbildungen, ein in Deutschland gebräuchliches Begriffspaar. Diese ist gesetzlich geregelt beispielsweise im Berufsbildungsgesetz (vgl. das Bundesministerium der Justiz und für Verbraucherschutz, www.bmjv.de, sowie unter http://www.gesetze-im-internet.de/bbig_2005/, Abruf August 2016). Deshalb sollte der Begriff *Training nicht synonym für Personalentwicklung* gebraucht werden.

Training ist Teil der Personalentwicklung. Für unterschiedliche Arten der Personalentwicklung gaben deutsche Unternehmen in 2013 rd. 33,5 Mrd. EUR aus. Vollständige Arbeit ist gekennzeichnet durch Ganzheitlichkeit, Vielfalt der Anforderungen, soziale Interaktion, Autonomie sowie Lern- und Entwicklungsmöglichkeiten. Dies kann die Umsetzbarkeit von Personalentwicklung erleichtern.

Salas und Kollegen (2012, S. 1) fassen zusammen und betonen, dass ständige Lernprozesse nunmehr zum Leben moderner Organisationen dazugehörten, denn:

"To remain competitive, organizations must ensure their employees continually learn and develop. Training and development activities allow organizations to adapt, compete, excel, innovate, produce, be safe, improve service and reach goals."

Im Folgenden geht es um die Frage, wie Personalentwicklung gelingen und gedeihen kann.

Voraussetzungen guter Personalentwicklung

Grundsätzlich müssen organisationale Rahmenbedingungen geschaffen sein, die die Wirkung von Personalentwicklung unterstützen, hier hilft beispielsweise das *Konzept der Vollständigkeit der Arbeit* von Ulich (2005; vgl. auch das Kapitel Tätigkeitsanalyse und Kompetenzmodellierung in diesem Band).

Vollständigkeit der Arbeit (Ulich, 2005) als eine Voraussetzung wirksamer Personalentwicklung:
1. *Ganzheitlichkeit:* Mitarbeiter und Mitarbeiterinnen erkennen die Bedeutung ihres Tuns. Damit verbunden kann beispielsweise die Nützlichkeitserwartung eines Trainings/einer Schulung einhergehen – oder eben nicht im Falle eines komplett taylorisierten, „durchgetakteten" Arbeitens.
2. *Vielfalt der Anforderungen:* Unterschiedliche Qualifikationen und Kompetenzen können genutzt werden, einseitige Beanspruchungen werden vermieden. Möglicherweise werden bei mangelnder Vielfalt der Tätigkeit (Monotonie) hinzugewonnene Qualifikationen kaum anwendbar sein.
3. *Soziale Interaktion:* Herausforderungen können gemeinsam gelöst werden: Soziale Unterstützung hilft beispielsweise Belastungen besser zu ertragen. Und, so könnte in diesem Kontext ergänzt werden, sie ermutigt möglicherweise zum Ausbau von Fähigkeiten und der Umsetzung von Gelerntem.

4. *Autonomie*: Dies unterstützt die Entwicklung von Selbstwirksamkeit (Überzeugung der Wirksamkeit eigener Handlungen) und die Bereitschaft zur Verantwortungsübernahme, beispielsweise für das selbstständige Anwenden neuer Fertigkeiten.
5. *Lern- und Entwicklungsmöglichkeiten*: Geistige Flexibilität bleibt erhalten und Qualifikationen werden erhalten oder verbessert. Der Zusammenhang mit Trainingswirkung liegt auf der Hand, ein positives Lernklima ist von größtem Nutzen (Salas, Tannenbaum, Kraiger & Smith-Jentsch, 2012).

Im Folgenden geht es um mögliche Ziele der Personalentwicklung.

1.1 Ziele der Personalentwicklung

Bevor Personalentwicklung sinnvoll eingesetzt werden kann, ist eine Analyse der Tätigkeiten und ihrer Anforderungen von Bedeutung (Nerdinger, Blickle & Schaper, 2014; Kals & Gallenmüller-Roschmann, 2011; vgl. besonders das Kapitel Tätigkeitsanalyse und Kompetenzmodellierung in diesem Band). Arbeitsanalysen geben Antworten auf Fragen wie: Was müssen Mitarbeiter für welche Tätigkeit können? Welche Voraussetzungen müssen gegeben sein? Was ist dann Trainingserfolg und wie misst man dies? Auf der einen Seite steht die *arbeitsorientierte Evaluation,* eine systematische Bewertung. Hier geht es um Merkmale der Organisation wie beispielsweise Aufgaben, Pflichten und Verantwortlichkeiten. Man sollte aber auch eine *mitarbeiterorientierte Evaluation* durchführen, die Charakteristika wie Fachwissen, Fähigkeiten, Fertigkeiten, Erfahrung und Ausbildung umfasst. Insgesamt ist damit das ganze Spektrum der *Potenzialanalyse* gemeint. Durch diese Evaluationen kann man Arbeitsleistung besser einstufen, Leitlinien zur Auswahl neuer Mitarbeiter gewinnen oder Trainings planen und gestalten, davon ist nun weiter die Rede.

Personalentwicklung und Veränderbarkeit

Das Ziel von Mitarbeiter-Entwicklung ist i.d.R. eine nachhaltige Veränderung in den Bereichen Verhalten und Kognition zu erreichen, um diejenigen Kompetenzen zu entwickeln, die zur Tätigkeitsausführung notwendig sind (Salas, Tannenbaum, Kraiger & Smith-Jentzsch, 2012, S. 77). Entwicklungsmaßnahmen verfolgen beispielsweise folgende wichtige, messbare Ziele (Weinert, 2004, S. 710):
1. Verbesserung des Verhältnisses zwischen Mitarbeiter und Organisation.
2. Weiterentwicklung von Fachwissen, Können und Verhaltensweisen.
3. Modifizierung von Einstellung und Motivation.
4. Weiterqualifizierung von Mitarbeiter und Führungskraft zur Übernahme neuer Aufgabenfelder.
5. Förderung der Einsatzfähigkeit für teamübergreifende Problemstellungen.
6. Verbesserung der Passung zwischen Person und Anforderungen.

Diese Liste ließe sich sicher leicht verlängern. Berufsbezogenes Verhalten jedenfalls ist grundsätzlich trainierbar, Persönlichkeitseigenschaften allerdings sind kaum durch Maßnahmen wie Trainings veränderbar. Aber beeinflusst nicht auch unsere Persönlich-

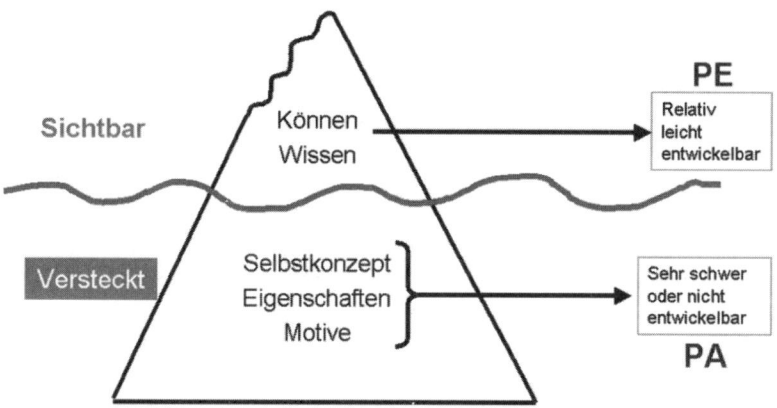

Abb. 1: Das Eisberg-Modell nach Spencer & Spencer (1993) in eigener Darstellung (PA = Personalauswahl; PE = Personalentwicklung)

keit das Verhalten? Ja, das tut sie. In der Abbildung 1 ist dieser Gedanke (nach Spencer & Spencer, 1993) noch einmal verdeutlicht.

Können und Wissen sind durch Trainings oder Schulungsmaßnahmen veränderbar, der Erfolg ist prinzipiell messbar (vgl. Abschn. 2). Fachleute sind bezüglich der Trainierbarkeit berufsbezogenen Verhaltens jedoch unterschiedlich optimistisch. So ist es beispielsweise unwahrscheinlich, dass ein sehr introvertierter Mitarbeiter nach einem Kommunikationstraining plötzlich sehr viel und gerne mit Kunden spricht, obwohl er dies natürlich lernen kann. Hier wäre die Frage zu stellen, ob der Mitarbeiter in einem Bereich, der sehr viel Kundenkontakt erfordert, wirklich zufrieden und erfolgreich wird oder ob eine passendere Tätigkeit gefunden werden kann. Auch die Persönlichkeit bestimmt die Grenzen einer Personalentwicklungsmaßnahme.

Personalentwicklung ist manchmal mit *Widerständen* verbunden. Dies kann mehrere Gründe haben, einige möchten wir schon hier aufführen, später werden weitere dazukommen:

1. *Ziel und Nutzen der Maßnahme sind unklar*: Mitarbeiter machen z.B. zum wiederholten Male eine Complianceschulung trotz andauernder ethisch fragwürdiger Geschäftspraktiken der Führungskräfte... (vgl. das Kapitel Compliance Management und Human Resource Management in diesem Band).
2. *Mitarbeiter werden an der Planung nicht beteiligt* und bekommen schlimmstenfalls ein Training „verordnet".
3. *Mitarbeiter benötigen die Maßnahme eigentlich nicht*, nach dem Motto: „Ach, ich könnte ja mal wieder eine Weiterbildung machen!"
4. *Persönlichkeitsmerkmale verhindern Veränderung* beispielsweise durch ein hohes Maß an Narzissmus und Überheblichkeit.
5. *Mitarbeiter werden an den Kosten beteiligt*, dies kann die Bindung an die Maßnahme erhöhen, es kann aber auch abschrecken.
6. *Negative Erfahrungen mit Trainings in der Vergangenheit*: Mitarbeiter haben keinen Transfer erlebt, keine Nachbereitung, keine positive Resonanz der Kollegen etc.

Die Widerstände sind möglicherweise geringer, wenn es sich bei den Trainings um die *Vermittlung reinen Fachwissens* handelt (Neuerungen im Steuerrecht, Statistik-Workshop etc.), der Nutzen liegt hier oft deutlicher auf der Hand. Sobald eher verhaltensorientierte oder Selbsterkenntnis fördernde Maßnahmen im Mittelpunkt stehen, können die Widerstände stärker ausfallen (Selbstschutzmotiv). Aus dem Gesagten lässt sich freilich schlussfolgern, was helfen könnte: Kosten und Nutzen müssen für den Mitarbeiter in ausgewogenem Verhältnis stehen, bedeutsame Andere (Peers) können Bedenken zerstreuen. Trainings und andere Maßnahmen bedürfen der „Nachsorge" beispielsweise durch Aufnahme der Themen in Mitarbeitergesprächen oder „Follow-Ups". Trainings etc. bedürfen ferner der *Akzeptanz in Teams,* denn Mitarbeiter kommen u.U. verändert wieder, wissen mehr usw. Dies kann zu Verwerfungen führen. Tritt ein solcher Fall auf, gehört es zu den Aufgaben der Führungskräfte, hier Klärung zu schaffen.

Wissen und Können lassen sich durch Trainings verbessern. Widerstände gegen Personalentwicklung entstehen beispielsweise, wenn Sinn und Zweck unklar sind oder negative Erfahrungen gemacht wurden, eine Beteiligung der Mitarbeiter an der Planung ist sehr sinnvoll.

Im Folgenden werden einige typische Trainingsarten vorgestellt.

1.2   Trainingsarten

Weinert (2004, S. 717) gibt einen umfassenden *Überblick über Personalentwicklungsmaßnahmen.* Wir geben dies hier aus Platzgründen stark gekürzt und aktualisiert wieder. Er unterteilt diese Maßnahmen in:

1. *Training on-the-job* (Verhalten wird am Arbeitsplatz eingeübt, Wissen dort erworben). Dazu zählen beispielsweise auch Job Enrichment (qualitative Veränderung des Tätigkeitsspielraums: der Sekretär darf entscheiden, welcher Kunde wann einen Termin bekommt) oder Job Enlargement (quantitative Veränderung; der Sekretär darf nicht bloß Diktate aufnehmen, sondern auch Newsletter versenden). Es zählen dazu auch Dinge wie eine planmäßige Einweisung (Unterweisung) am Arbeitsplatz, ein Traineeprogramm für junge Führungskräfte oder kollegiales Coaching, E-Learning oder Computersimulationen etc. (vgl. Abschnitt 3).

2. *Training off-the-job* (Verhalten wird außerhalb des Arbeitsplatzes trainiert bzw. Wissen angeeignet). Dazu zählen beispielsweise Fachlehrgänge, Planspiele, Workshops oder Simulationen wie Business-Planspiele – häufig außerhalb des Unternehmens.

3. *Training near-the-job* (Verhalten wird zwar am Arbeitsplatz, aber unter „entschärften" Bedingungen durchgeführt). Dazu zählen beispielsweise Praktika, Teamentwicklung und E-Learning – vor allem aber Webinare, also digitale, mediengestützt ablaufende und tutoriell unterstützte Seminare (s. Abschn. 3).

Die Trennung der – zur Orientierung immer noch nützlichen – Kategorien ist mittlerweile tatsächlich nicht mehr sehr scharf, es gibt a) Übergänge und b) Methoden, die in mehrere Kategorien gehören (Beispiel E-Learning, dazu weiter unten ausführlicher). Die Trennung in on-, off- und near-the-job verliert möglicherweise auch dort zunehmend an Bedeutung, wo es „den" Arbeitsplatz im eigentlichen Sinne gar nicht mehr gibt (Stichwort virtuelle Teams, Führen auf Distanz, mobile Telearbeit). Hier verwischen die anscheinend klaren Unterscheidungen, da beispielsweise überall gearbeitet werden kann und Mitarbeiter mehr oder weniger permanent informationstechnisch vernetzt und erreichbar sind – ein Zustand, für den möglicherweise ein hoher Preis bezahlt wird mit Blick auf die Mitarbeitergesundheit (vgl. auch die Kapitel Arbeit 4.0 als Herausforderung einer psychologisch fundierten Arbeitsanalyse und -gestaltung in diesem Band).

Trainings können off-, near- oder on-the-job erfolgen, die Trennung ist aber zunehmend unscharf. On-the-job-Training kann beispielsweise Job-Enlargement umfassen, off-the-job findet beispielsweise in Trainingscentern statt und near-the-job kann durch E-Learning unterstützt werden.

Wichtig ist insgesamt, dass das Format und die Methoden der Maßnahme/eines Trainings sich nach Inhalt und Anwendungsbezug richten sollten und nicht nach einer „Methodenverliebtheit". Management-Coaching einzig per Fachbuchlektüre durchzuführen ist ebenso unsinnig wie Elfmeterschießen beim Tischfußball trainieren zu wollen.

Ob und wie beispielsweise Trainings wirken können, hängt von vielen Faktoren ab, davon ist nun die Rede.

1.3   Wie wirkt Training?

Viele kennen das: Man kommt von einer Weiterbildung zurück, es hat Spaß gemacht, man hat seit langem mal wieder mit netten Kollegen gesprochen – und es ändert sich gar nichts am Verhalten „on the job". Das ist gerade dann bitter, wenn ausdrücklich Verhaltensänderungen im Fokus standen, beispielsweise nach einem Interviewtraining zur Verbesserung der Personalauswahl. Warum ist das so? Die vielen Fallstricke der Umsetzung des Gelernten in die Praxis (Transfer) verdeutlicht Abbildung 2:

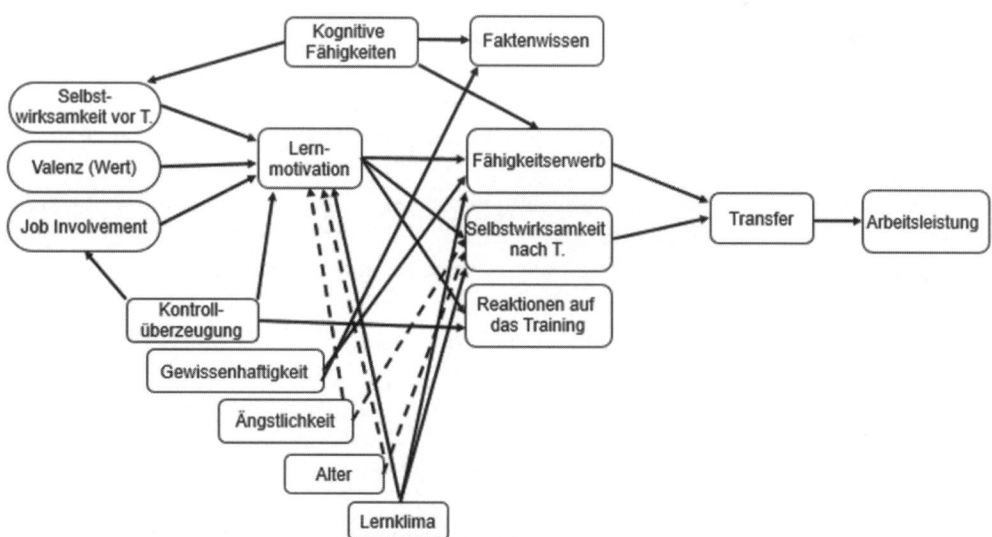

Abb. 2: Wirkmodell von Trainings. Gestrichelte Linien stehen für negative, durchgezogene für positive Assoziationen (Gekürzte Darstellung nach Colquitt, LePine und Noe, 2000)

Links im Schema von Colquitt, LePine und Noe (2000) finden wir die Variable Selbstwirksamkeit (vor dem Training), Valenz (der Wert, der dem Training beigemessen wird) sowie das Job Involvement (Identifikation mit der Arbeit). Diese haben Einfluss auf die Lernmotivation. Die Persönlichkeit spielt weiterhin in Form interner Kontrollüberzeugung und Gewissenhaftigkeit eine Rolle, diese Variable sind positiv mit Lernmotivation und Faktenwissen assoziiert. Internale Kontrollüberzeugung bedeutet, dass Personen in der Hauptsache sich selbst als Verursacher von Handlung und Handlungsergebnissen sehen und nicht etwas das Schicksal. Ängstlichkeit sowie Alter sind negativ beispielsweise mit der Selbstwirksamkeit nach dem Training verbunden, Ängstlichkeit ist ebenfalls negativ mit Lernmotivation assoziiert. Eher ängstliche und ältere Personen weisen daher weniger Lernmotivation auf.

Trainingswirkung zu verstehen, erlaubt eine gezielte Trainingsentwicklung und -evaluation. Wichtige Komponenten sind die Selbstwirksamkeit und Lernmotivation der Teilnehmer sowie Umfeldvariable der Organisation wie etwa das Lernklima, die den Transfer beeinflussen.

Letztgenannte Variable spielt eine Schlüsselrolle, ist sie doch positiv mit dem Fähigkeitserwerb, der Selbstwirksamkeit nach dem Training sowie den Reaktionen auf das Training (wie hat es gefallen) verbunden. Fähigkeitserwerb und Selbstwirksamkeit schließlich führen über den Transfer (konkrete Anwendung) zu erhöhter Arbeitsleistung. Auch kognitive Fähigkeiten sind von Bedeutung, sie sind positiv korreliert mit der Selbstwirksamkeit vor dem Training und dem Fähigkeitserwerb. Schließlich beeinflusst auch das Lernklima einer Organisation die Lernmotivation, die Selbstwirksamkeit und den Fähigkeitserwerb positiv.

Das Schema eignet sich zur *Diagnose von Transferproblemen*. Wenn also das Gelernte nicht umgesetzt wurde, dann kann anhand dieses Prozessmodells eine Fehlerdiagnose betrieben werden (zum Thema Transferprobleme vgl. auch den Abschn. 2.2 und das pessimistisch gehaltene Buch von Richard Gris: Die Weiterbildungslüge, 2008).

1.4   Wann nutzen Mitarbeiter Trainings (nicht)?

Die Teilnahme an Trainings (und anderen Personalentwicklungsmaßnahmen) ist wahrscheinlich, wenn folgende *organisationale* Variable vorliegen (nach Tharenou, 2010, S. 159ff).

- Strategieverzahnung: Trainings werden eher angeboten, wenn diese mit der Unternehmensstrategie verzahnt sind.
- Es stehen bedeutsame organisationale Veränderungen bevor oder sind spürbar im Gange („Changeprozesse").
- Innovative Arbeitstechniken (i.w.S.) werden eingeführt, beispielsweise Verbesserungswesen etc.
- Sogenannte *High Performance Work Systems* werden genutzt, einfach ausgedrückt: es liegt eine hochwertige, strategisch ausgerichtete HR-Arbeit vor, die Maßnahmen verzahnt, systematisch konzipiert, ausrollt und evaluiert. In der Praxis dürfte dies vor allem in Großunternehmen vorzufinden sein.
- Großunternehmen führen i.d.R. wesentlich mehr und öfters Trainings durch als Klein- und Mittelständische Unternehmen.

- Die Anwesenheit von Betriebsräten/Personalvertretungen geht eher mit mehr Trainingsangeboten einher, vermutlich durch die Unterstützung der Weiterbildung durch die Sozialpartner.
- Organisationen/Unternehmen, in denen Mitarbeiter die Unterstützung durch Vorgesetzte positiv einschätzen und in denen ein Klima der Unterstützung für Entwicklung herrscht, weisen eine höhere Trainingsquote auf.
- Personen auf höherer Ebene mit ausgeprägter und umfassender Berufsausbildung (Manager) erhalten i.d.R. mehr Trainings als andere Mitarbeiter.

Die Teilnahme an Trainings (und anderen Personalentwicklungsmaßnahmen) ist wahrscheinlich, wenn folgende *individuelle* Variable vorliegen:
- Jüngere Mitarbeiter nehmen öfters teil als Ältere.
- Personen, die häufig an Trainings/Personalentwicklung teilnehmen, sind stärker lernmotiviert und eher am eigenen Lernfortschritt interessiert als andere.
- Außerdem werden Mitarbeiter, die komplexe und schwierige Aufgaben haben, eher durch Trainings gefördert, insbesondere Manager/Führungskräfte.
- Das Geschlecht spielt hier keine (große) Rolle.

Insgesamt stellt Tharenou (ebenda) eine Selektionshypothese auf: Vermutlich würden Unternehmen diejenigen Personen auswählen, die klüger, jünger und lernbereiter sind, da sich dann die Investition in Trainings am wahrscheinlichsten amortisiert. In Zeiten des demografischen Wandels und des Fachkräftemangels wäre dies eine problematische Situation. Es liegen allerdings Studien vor, die auch bei eher frustrierten, wenig motivierten Personen (langzeitarbeitslose Jugendliche) durch Selbstwirksamkeitstrainings Erfolge verbuchen können (hohe Vermittlungsquoten, Schmidt & Bildat, 2012).

Im nächsten Abschnitt geht es um die Darstellung weiterer Formen der Personalentwicklung.

1.5   Weitere Maßnahmen (Auswahl)

Hier wird eine kleine Auswahl weiterer Maßnahmen der Personalentwicklung vorgestellt.

Coaching

Nach Rauen (2008, S. 2) handelt es sich um eine zweckvolle Beziehungsgestaltung zur Lösung arbeitsbezogener Herausforderungen, die auf Freiwilligkeit, beiderseitiger Akzeptanz, Vertrauen und Diskretion fußt. Coaching ist eine Kombination individueller Hilfen, eine persönliche Beratung auf Prozessniveau, die keine Lösungsangebote macht, sondern den Versuch der Selbstregulation und der Findung eigener Lösungswege unternimmt. Coaches bedienen sich i.d.R. eines umfangreichen Methodenrepertoires von Gesprächsführungstechniken bis hin zu Methoden der Visualisierung und Kreativitätstechniken. Die Ausbildung ist in unterschiedlichen Verbänden organisiert, hier werden Standards der Ausbildung thematisiert (ebenda sowie Deutscher Bundesverband Coaching e.V. unter http://www.dbvc.de/, Abruf August 2016).

Im Coachingprozess dürfen keine klinischen Störungen (beispielsweise Depression) „behandelt" werden, denn meistens sind Coaches keine Psychotherapeuten (= Psychiater oder klinische Psychotherapeuten, also Diplompsychologen oder Psychologen mit Masterabschluss). Coaches unterliegen dem Neutralitätsgebot, sie befinden sich ferner auf „Augenhöhe" mit den Klienten (häufig Führungskräfte). Im Fokus der Analyse stehen i.d.R. die Rolle, die Funktion, das Arbeitsverhalten und die Arbeitsergebnisse sowie die Karriere-Entwicklung von Berufstätigen. Eine Coachingstunde kostet etwa zwischen 100,00 – 150,00 EUR, gewöhnlich werden zwischen 3 und 5 Sitzungen angeboten (Stand 2016).

Supervision

Supervision ist i.d.R ein länger andauernder Prozess (Rauen, 2008), sie fokussiert die Beziehungsebenen im Arbeitskontext sowie z.T. unbewusste Prozesse (soweit möglich). Besonders wichtig ist dies im Rahmen von Tätigkeiten in der Sozialarbeit oder Psychotherapie. Sie zielt auf die gesamte Person ab, klärt und hilft zur Selbsterkenntnis bezüglich eigenen Verhaltes und Erlebens (beispielsweise Übertragungsphänomene in der Therapie). Supervision ist eine hilfreiche Unterstützung für „Beziehungsarbeiter", die Ausbildung unterliegt ebenfalls einem Regelwerk (vgl. Deutsche Gesellschaft für Supervision e.V. unter http://www.dgsv.de/, Abruf August 2016).

Mentoring

Mentoring (ebenda, S. 9ff.) beschreibt eine Art Patenschaft zwischen Experten und Novizen in Organisationen mit dem Ziel der beruflichen Sozialisation (vgl. das Kapitel Onboarding in diesem Band). Ein Mentor ist demnach nicht neutral, denn er oder sie arbeitet explizit für das Unternehmen, in welches der Neuankömmling eingetreten ist. Meist ist die Beziehung zwischen Mentor und Mentee hierarchischer Natur, häufig sind es Senior-Experten, die diese Patenschaft übernehmen. Viele Großunternehmen haben ausgefeilte Mentorenprogramme.

Wie man die Wirkung von Personalentwicklung untersuchen kann, zeigt der nächste Abschnitt.

2   Evaluation und Transfer von Personalentwicklung

Die legitimste Frage, die sich Entscheider in Unternehmen in diesem Zusammenhang stellen können, lautet vermutlich: Was bringt das Ganze in der Praxis? Darum geht es nun.

2.1   Evaluation

Hier können aus Platzgründen nur auszugsweise einige Aspekte einer (praktikablen) Evaluation skizziert werden (ausführlich etwa bei Bortz & Döring, 2006).

Evaluation ist die Bewertung einer Maßnahme, die sich um diese zentrale Frage rankt: Hat es was gebracht – und wenn ja, was genau hat es gebracht? Kleinere Unternehmen können sich eine umfangreiche wissenschaftliche Evaluation kaum leisten. Das hat nicht nur finanzielle, sondern ganz pragmatische Gründe. Ergebnisse müssen rasch, effizient und effektiv erzielt werden. So muss beispielsweise das Wissen um neue PC-Anwendungen bzw. Produktneuheiten innerhalb weniger Wochen in Form einer Personalentwicklungsmaßnahme umgesetzt werden. In dieser Zeit sind in wissenschaftlichen Zusammenhängen kaum die Fragebögen zur Evaluation erstellt, geschweige denn ein Trainingsprogramm durchgeführt. Die „normative Macht des Faktischen" (Kant) bestimmt also oftmals das Tun in Unternehmen.

Dennoch gibt es natürlich *Standards der Evaluation*, die zu beachten sind. Die Praxis, Maßnahmen nicht oder völlig unzureichend zu evaluieren („War's schön?"), ist nicht deshalb gut, weil es so viele tun. Zu den Standards der Evaluation gehören u.a.:
1. *Bestimmung der praktischen Bedeutsamkeit* der Kriterien (Was genau ist Lernerfolg? Wie kann man sinnvoller Weise Transfer messen?)
2. *Genaue Operationalisierung* der Kriterien (Umsetzung von Kriterien in messbare Größen)
3. *Eindeutigkeit der Fragen* (Gutes Fragebogen-Design)
4. *Einfachheit der Beantwortung und Bearbeitung* (geringer Zeitaufwand für Mitarbeiter)
5. *Einfachheit* (Automatisierung) *der Auswertung*
6. *Schnelle Ergebnisrückmeldung* (zur Führungskraft und zum Mitarbeiter)
7. *Beachten der Datenschutzbestimmungen* und weiterer rechtlicher Regelungen

Einen Überblick liefern zahlreiche Veröffentlichungen der *Deutschen Gesellschaft für Evaluation* (http://www.degeval.de/home/, Abruf August 2016).

Wahl der Kriterien

Klassischer Weise unterscheidet man nach Kirkpatrick (1996) 4 Kriterien für eine Evaluation:
1. Die *Reaktion auf das Training* („Wie hat es Ihnen gefallen?")
2. Das *Lernen* („Nennen Sie bitte...", „Was haben Sie behalten...?")
3. Das *Verhalten* („Was haben Sie konkret an Ihrem Arbeitsverhalten geändert?")
4. Die *Resultate* („Was hat die Änderung des Verhaltens bewirkt?")

Eigentlich sind nur *die beiden letzten Kriterien* Verhalten und Resultate von Bedeutung. Denn auch wenn alle „Happy Sheets" nach dem Training ein ganz wunderbares Erlebnis vermuten lassen, wissen wir noch lange nicht, ob etwas umgesetzt wird und ob sich dann etwas zum Positiven verändert. Stellen Sie sich vor, Sie versuchen den Führerschein bei einem Fahrlehrer zu machen, der unglaublich witzig ist und charmant obendrein. Das Fahren mit ihm ist das reinste Vergnügen, besonders weil er Kuppeln, Schalten und Lenken übernimmt. Schön kann das sein, bloß fahren lernen Sie dann nicht...

Evaluation fragt nach der Wirkung und den Ergebnissen von Maßnahmen. Wichtige Elemente sind die Reaktion auf die Maßnahme, das Gelernte, die Umsetzung in Verhalten sowie dessen Wirkung. Zentral sind die beiden letzten Elemente.

Damit sind wir beim schon genannten Transferproblem: Ob und wie das neu erlernte Verhalten im Unternehmen angewandt wird, hängt nicht nur vom Trainingsleiter bzw. der Trainingsmethode ab, sondern auch von organisationalen Bedingungen (kann das Gelernte umgesetzt werden?). Außerdem kann es das Ziel eines Seminars oder Workshops sein, *Einsichten und Einstellungen zu modifizieren*, welche grundsätzlich nicht „automatisch" in geändertes Verhalten münden. Das gilt ganz besonders für Coaching bzw. coachingähnliche Ansätze (s.o.). Das Thema Transfer wird in Abschnitt 2 noch einmal aufgegriffen. Nimmt man Evaluation ernst, sind folgende *Designs der Untersuchung* denkbar:

Messung mit einer Kontrollgruppe

Angenommen, es soll die Wirkung eines Trainings zum Zeitmanagement geprüft werden. Zwei Arbeitsgruppen, die sich bezüglich arbeitsrelevanter und soziodemografischer Merkmale stark ähneln, werden ausgesucht. Gruppe A macht das Zeitmanagement-Training, Gruppe B nicht. Nun wird bei beiden Gruppen zu zwei Zeitpunkten erhoben, wie mit Zeitdruck umgegangen wird, wie die Arbeit organisiert ist etc. Es findet also bei beiden Gruppen eine Vorher-Nachher-Messung statt. In Abbildung 11 sieht das wie folgt aus (nach Bortz & Döring, 2006):

Evaluationsdesign: Eine Kontrollgruppe

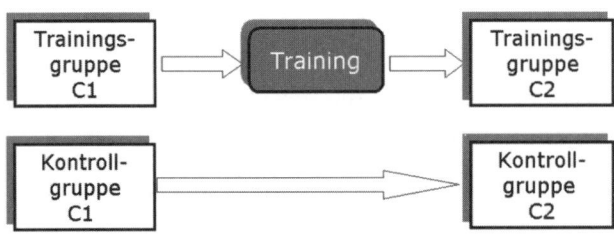

Abb. 3: Schematische Darstellung eines Evaluationsdesigns mit einer Kontrollgruppe (nach Bortz & Döring, 2006)

Findet man jetzt Unterschiede in der Messung der Kriterien (C2), dann kann man mit einiger Sicherheit davon ausgehen, dass das Training „gewirkt" hat. Was man aber nicht weiß ist, ob vielleicht bei der Trainingsgruppe die „Messung an sich" stärker gewirkt hat als bei der Kontrollgruppe. Dann wäre das Ergebnis nicht nur auf das Training, sondern auf die (wissenschaftliche) Messung mit all den Fragebögen und E-Mails etc. zurückzuführen („Hawthorne-Effekt"). Wenig weiß man auch, wenn die Ergebnisse bei beiden Gruppen zum 2. Messzeitpunkt (C2) gleich ausfallen: Warum gab es hier keine Unterschiede? War das Training nicht gut? Um sicher zu gehen, müsste man eigentlich so vorgehen, wie es Abbildung 4 zeigt:

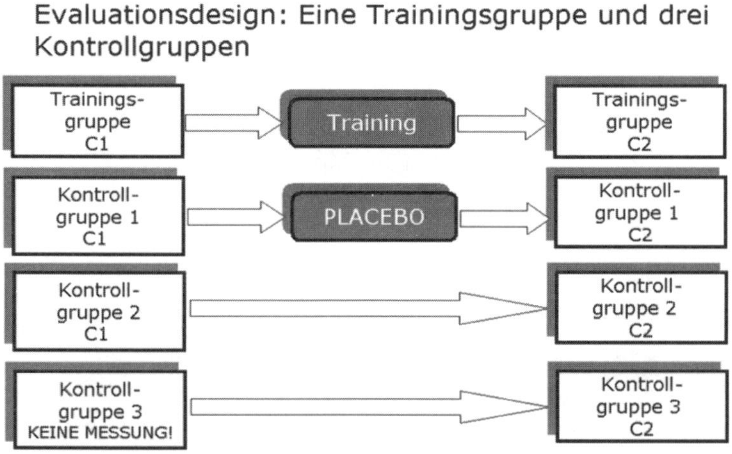

Evaluationsdesign: Eine Trainingsgruppe und drei Kontrollgruppen

Trainings-gruppe C1	→ Training	Trainings-gruppe C2
Kontroll-gruppe 1 C1	→ PLACEBO	Kontroll-gruppe 1 C2
Kontroll-gruppe 2 C1	→	Kontroll-gruppe 2 C2
Kontroll-gruppe 3 KEINE MESSUNG!	→	Kontroll-gruppe 3 C2

Abb. 4: Schematische Darstellung eines Evaluationsdesigns mit drei Kontrollgruppen (nach Bortz & Döring, 2006)

Hier sehen wir 3 Kontrollgruppen: Die erste Gruppe macht ein „Placebo-Training" (beispielsweise eine Informationsveranstaltung ohne Bezug zum Zeitmanagement). Die zweite Kontrollgruppe wird zwar zu Beginn gemessen, macht aber ansonsten überhaupt nichts (wie im Beispiel oben). Die dritte Kontrollgruppe wird überhaupt nur ein einziges Mal gemessen. Jetzt kann man Placebo-Effekte ebenso ausschließen wie die Wirkung der Untersuchung an sich (Vergleich der Ergebnisse aller Kontrollgruppen).

Aspekte des Controllings von Personalentwicklung finden sich ausführlich im Kapitel HR Controlling und Messung von Humanressourcen in diesem Band.

Im Folgenden geht es um die Frage, wie der Transfer von Personalentwicklung gelingen kann.

Einschub Methodenkompetenzen der Mitarbeiter im Human Resource Management

Die Methodenkompetenzen derjenigen, die im Bereich der Personalarbeit Evaluationen durchführen, müssen sehr gut sein (= Mitarbeiterbefragung! Vgl. Borg & Mastrangelo, 2008). Wer nicht sauber empirisch arbeiten kann, wird auch keine guten Daten erhalten und entsprechend schlecht entscheiden können, wer Daten falsch erhebt und auswertet, stiftet in Unternehmen Schaden. Zu den Methodenkompetenzen zählen beispielsweise Kenntnisse in deskriptiver Statistik (wie stark streut beispielsweise die Zustimmung um einen Mittelwert?). Auch die schlussfolgernde Statistik gehört dazu (unterscheiden sich Vertriebsmitarbeiter in der Zustimmung von Marketing-Mitarbeitern?) und Kenntnisse in Interviewführung (beispielsweise für eine Führungskräftebefragung).

2.2 Transfer

Transfer von Lernerfolg ist eine zentrale Herausforderung für alle Personalentwicklungsmaßnahmen. Insgesamt liegen zahlreiche Hinweise vor, dass Trainings und andere Maßnahmen der Personalentwicklung wirken (im Überblick Salas, Tannenbaum, Kraiger & Smith-Jentsch, 2012 sowie Brandt & Kallus, 2014). In Abschnitt 5 wird auch darauf zusammenfassend noch einmal eingegangen. Aus praktischen Überlegungen heraus ist es freilich wenig wahrscheinlich, dass Unternehmen die o.g. Mehrkontrollgruppen-Designs umsetzen. Dennoch möchte man wissen, ob Maßnahmen in den Alltag eingebracht werden. Kals und Gallenmüller-Roschmann (2011, S. 169, ergänzt und bearbeitet) skizzieren Maßnahmen, die den Transfer erleichtern sollen (vgl. auch Salas & Stagl, 2009 sowie das o.g. Wirkmodell von Colquitt, LePine und Noe, 2000, in Abschnitt 1.3):

Der Transfer von Maßnahmen gelingt beispielsweise besser, wenn das Top-Management dahintersteht, die Umsetzung zeitlich nah erfolgt und begleitet wird, die Konzeption realitäts- bzw. anforderungsnah erfolgte.

1. Es fand eine realitäts- und anforderungsbezogene Konzeption der Personalentwicklung statt unter Berücksichtigung aller Rahmenbedingungen.
2. Es findet sich ein geringer zeitlicher Abstand zwischen Lernen und Umsetzen.
3. Die Begleitung der Übertragung des Gelernten in die Tätigkeit ist wichtig, beispielsweise durch ein Rollenvorbild/Mentor/Tutor, auch durch Coaching und entsprechende Feedbacks.
4. „Tone from the Top": Die Unterstützung durch das Management ist sehr wichtig. Ggf. sollten hier Anreizsysteme geschaffen werden. Mitarbeiter müssen die (hoffentlich positive) Einstellung des Top-Managements zur Personalentwicklung kennen.

Der Transfer wird insgesamt gelingen, wenn die in Kapitel 5 dargestellten, evidenzbasierten Prinzipien und Aspekte berücksichtigt werden. Nun aber soll es um einen Sonderfall der Personalentwicklung gehen, das Training mit Hilfe digitaler Medien.

3   E-Learning

Die Literatur zum Thema E-Learning, dem Lernen mit digitalen Medien, ist mittlerweile eher unüberschaubar, deshalb wird auch hier nur auf einige Punkte hingewiesen (Niegemann et al., 2004; Erpenbeck, Sauter & Sauter, 2015). Studien kommerzieller Anbieter (mmb Institut für Medien- und Kompetenzforschung, 2014) zeigen beispielsweise, dass 55% der befragten Klein- und Mittelständischen Unternehmen und 66% der untersuchten Großunternehmen E-Learning einsetzen (je etwa 100 befragte Unternehmen). Diese Zahlen sind zwar mit Vorsicht zu behandeln, dennoch scheint die hier und da postulierte „Revolution des Lernens" (Scheffer & Hesse, 2002) in vielen Unternehmen ausgeblieben zu sein. Hier spielen Branchen- und Unternehmensspezifika eine Rolle sowie die Tatsache, dass Nicht-Nutzer offenbar häufiger an Personalentwicklungs-Themen interessiert sind, die kommunikative Kompetenzen fokussieren und daher eher in nicht-digitalen Szenarien stattfinden (mmb Institut für Medien- und Kompetenzforschung, 2014).

3.1 Definitionen und Begriffe

E-Learning meint Lernprozesse, die mit Hilfe computergestützter, digitaler Medien unterstützt werden (Niegemann et al., 2004, auch das Folgende). Darunter fallen beispielsweise Lern-CDs (Computer Based Training; CBT) ebenso wie Online-Lernprogramme (Web Based Training; WBT). Sogenannte *Blended-Learning-Ansätze* umfassen die sinnvolle Mischung aus traditionellem Präsenzlernen und digitalen Medien. So könnte beispielsweise per Online-Lernen ein Kurs zum Steuerrecht vor- und nachbereitet werden. Mittlerweile setzen Unternehmen auch gerne sogenannte Webinare ein, mehrere Teilnehmer sitzen am PC und werden durch einen Online-Tutor durch ein Lernprogramm geleitet. Mit multimedialen, digitalen Medien sind Dinge gemeint wie eingebundene Video- und Audiodateien, Animationen, Hypertext-Dokumente (mit Links versehene Dokumente) oder gar Simulationen (Pilotenausbildung). Prinzipiell sind alle erdenklichen Inhalte auch per E-Learning oder Blended Learning vermittelbar, einschließlich kommunikativer Kompetenzen oder Zeitmanagement. Die Vorteile liegen auf der Hand: es können viele Teilnehmerinnen und Teilnehmer orts- und zeitunabhängig meist in der eigenen Lerngeschwindigkeit lernen. Damit spart eine Organisation i.d.R. Kosten, die ggf. für ein klassisches Seminarangebot anfallen würden (Räume, Trainer etc.). Demgegenüber stehen u.U. eigene Entwicklungskosten oder Kosten für kommerzielle Anbieter (Entwicklung und/oder Lizenzkosten).

Wie müssen gute E-Learning-Angebote „gestrickt" sein? Darüber gibt der nächste Abschnitt Auskunft.

3.2 Kriterien guter E-Learning-Angebote

E-Learning-Systeme müssen wichtige Evaluations-Kriterien erfüllen (adaptiert nach Niegemann et al., 2004):

1. *Benutzerfreundlichkeit* (Usability): Einfache, übersichtliche Bedienung, gutes Navigieren (via Sitemaps etc.), immer wissen „wo man gerade ist", Wege zurückverfolgen können etc.
2. *Technische Stabilität und Kompatibilität*: Fehlertoleranz des Systems, hohe Stabilität (keine „Abstürze"), keine Bugs – also fehlerhafte Programmierung (Links tot, funktionslose Buttons etc.). Inhalte oder Ergebnisse sollten in andere Systeme übertragbar sein (beispielsweise in HR-Managementsysteme).
3. *Kosten-Nutzen-Relation*: Der Entwicklungsaufwand sollte geringer sein als der Nutzen (Analyse vor Erwerb oder Programmierung wichtig).
4. *Lernunterstützung durch Instruktionsdesign*: Gute E-Learnings sind nach instruktionstheoretischen Grundsätzen strukturiert (beispielsweise advance organizer, also strukturierende Zusammenfassungen vorab, Sequenzierung der Lernschritte, Feedbacks etc.).
5. *Mehrwert im Vergleich zum traditionellen Lernen:* Es kann gute Gründe für die Beibehaltung traditioneller Lernformen geben. Dies ist beispielsweise dann der Fall, wenn Verhaltenstrainings unter Supervision eines oder mehrerer Experten im Vordergrund stehen.

6. *Umsetzbarkeit im Berufsalltag:* Ergebnisse sollten in den Berufsalltag integrierbar sein (vgl. Punkt Evaluation).

7. *Einbindung in eine Management-Strategie* (Wissensmanagement): Die strategische Einbindung in die Personalentwicklung ist sinnvoll, damit ein nachhaltiges Bildungs-Controlling ermöglicht wird (Leitfrage: „Bilden wir die richtigen Leute richtig aus und sorgen wir dafür, dass das E-Learning einen hohen Return on Investment liefert?").

8. *Medienkompetenz der User:* So trivial dieser Punkt scheinen mag, auch hier können sich Mitarbeiter erheblich voneinander unterscheiden, beispielsweise entlang sozio-demographischer Trennlinien. Es spielen aber auch medienbezogene Ausdauer, Selbstwirksamkeit sowie Selbstregulationsfähigkeit eine große Rolle (beispielsweise ablenkungsfrei bei der Sache bleiben; Bildat & Remdisch, 2008). Es steht zu befürchten, dass das medienspezifische Begabungskonzept bei männlichen Nutzern (immer noch) stärker ausgeprägt ist als bei weiblichen (ebenda; 2007; Dickhäuser, 2001).

9. Lernerkontrolle: E-Learning sollte Lernenden die Kontrolle über die eigene Lernge-schwindigkeit, ggf. auch über die Schwierigkeitsstufen des zu Lernenden, geben.

Weitere nützliche Tipps rund ums E-Learning (wenn auch auf Hochschulen bezogen) finden Sie unter www.e-teaching.org (Abruf August 2016).

Medienvergleiche: „Klassisch" versus „Digital"

Diese Art von Vergleichen ist komplizierter, als es den Anschein haben mag, denn leicht werden Äpfel mit Birnen verglichen. Vergleicht man beispielsweise ein Web-Based-Training zum Thema „Inferenzstatistik" mit einer klassischen Vorlesung dazu an einer Hochschule, so weiß man zunächst wenig, wenn später die gemessene Leistung im Wissenstest herangezogen wird. Unterschiede könnten zurückzuführen sein auf...

a) Vorwissensunterschiede der Teilnehmerinnen und Teilnehmer,

b) Unterschiede in der Motivation, Selbstregulations- und Lernfähigkeit, der Lerntechniken (Abschirmen aufgabenirrelevanter Gedenken, Notizen machen; Memorieren etc.), der Intelligenz sowie der Medienbegabung (s.o.) der Teilnehmerinnen und Teilnehmer,

c) unterschiedliches Instruktionsdesign (mehr Textaufgaben oder Übungen im Einsatz?),

d) unterschiedliche Expertise der Dozenten/Tutoren einschl. Sympathieeffekte etc.,

e) Kontextfaktoren (wo gelernt – ungestört?) und

f) technische Aspekte inkl. unterschiedlicher Endgeräte und Datenübertragungsmodi etc.

Methodisch anspruchsvolle Studien dazu sind i.d.R. teuer und selten in Unternehmenskontexten realisiert worden. In einer Metaanalyse, die o.g. Aspekte mit einbezog, fanden Sitzmann et al. (2006) heraus, dass das Mehr an Effektivität der webbasierten (WBI) gegenüber klassischen Lernsettings (CI) bezüglich des Erwerbs reinen Faktenwissens ca. 6% beträgt (=geringer Effekt). Für den Erwerb prozeduralen Wissens (Prozessabläufe) fanden sich keine Unterschiede, auch nicht bezüglich der Zufriedenheit der Teilnehmer. Eine wichtige Erkenntnis hier war, dass WBI und CI gleich effektiv waren, wenn die Instruktionsmethode (didaktisches Design) gleich war. WBI war um 19% effektiver als CI bezüglich deklarativen Faktenwissens, wenn Teilnehmer Lernprozesse stark kontrollieren konnten, in längeren Kursen beschäftigt waren, üben konnten und Feedback erhielten während des Trainings. Insgesamt also kann nicht unbedingt von einer Überlegenheit digitaler Medien gesprochen werden.

Dass der Einsatz von E-Learning in der betrieblichen Wirklichkeit kein Selbstläufer ist, zeigt der nächste Abschnitt.

3.3 Einsatz in Organisationen und Betrieben

Heidemann (2011, auch das Folgende) betont in einer Schrift der Hans-Böckler-Stiftung zu Betriebsvereinbarungen in Sachen digitaler Medien, dass E-Learning *neben* der eigentlichen Arbeit nicht funktioniere. Daher seien Betriebsvereinbarungen in diesem Bereich sinnvoll, zusammenfassend stellt Heidemann (ebenda, S. 5) fest, dass in neueren Vereinbarungen E-Learning als Regelform der betrieblichen Bildung etabliert sei. E-Learning müsse in die betriebliche Bildungsarbeit insgesamt integriert werden. Betriebliche Regelungen zum E-Learning umfassen i.d.R. Ziele von Programmen und technischen Einrichtungen, Rahmenbedingungen, Qualitätsmerkmale von Lernprogrammen, Leistungs- und Ergebniskontrollen, Datenschutz und die Beteiligung des Betriebsrates. Eine Beispiel-Vereinbarung (ebenda, S. 14.):

> „Außendienstkräfte, die eine spezifische betriebliche Weiterbildung absolvieren, werden laut folgender Vereinbarung mit Hard- und Software am Heimarbeitsplatz bzw. im Betrieb ausgestattet. „Die [...] erforderliche Hard- und Software [...] wird einschließlich der erforderlichen Intranet-Zugänge den Arbeitnehmern/innen zum Ausbildungsbeginn vom Arbeitgeber kostenlos zur Verfügung gestellt. Bei der Ausbildung in der Niederlassung stellt der Arbeitgeber sicher, dass die Arbeitnehmer/innen an einem geeigneten Büroarbeitsplatz mit der erforderlichen Hard- und Software arbeiten können und ihnen die erforderliche Zeit zur Verfügung steht.""

Wie funktioniert E-Learning, wie und wann wirkt es? Dazu empfiehlt sich die Lektüre des folgenden Abschnittes.

Ein Modell zur Erklärung der E-Learning-Nutzung

Liaw (2008) schlägt auf der Basis diverser theoretischer und empirischer Vorarbeiten ein Modell der E-Learning-Nutzung vor, Abbildung 5 visualisiert dies.

Personvariablen wie Selbstwirksamkeit wirken auf die wahrgenommene Nützlichkeit und Zufriedenheit mit E-Learning, letztere wiederum sagt die Nutzungsabsicht voraus, welche mit der Effektivität des Angebotes korreliert. Umwelt- und Kontextfaktoren wirken auf die Zufriedenheit und die wahrgenommene Nützlichkeit ein, welche die Nutzungsabsicht vorhersagt. Schließlich wirken Umweltfaktoren auch direkt auf die Effektivität ein, beispielsweise im Falle eines schlechten Instruktionsdesigns.

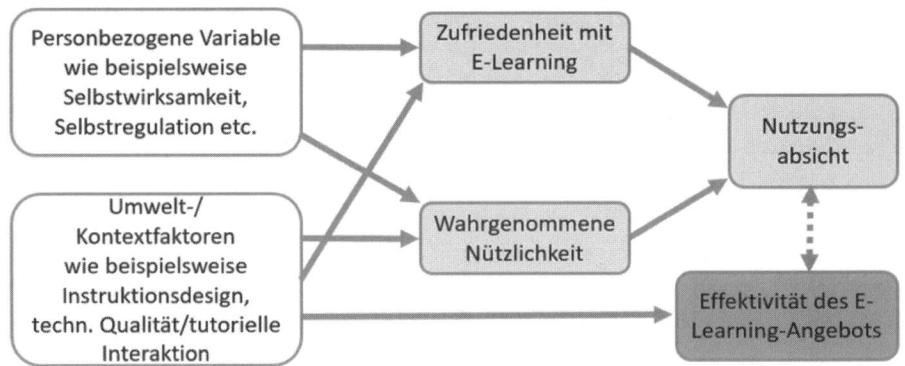

Abb. 5: Konzeptionelles Modell der Vorhersage der Nutzungsabsicht und Effektivität von E-Learning-Angeboten (bearbeitet nach Liaw, 2008, S. 872, durchgezogene Pfeile = Vorhersage; gestrichelt: Korrelation)

Bedeutung für Unternehmen und Anbieter

Dieses schlichte Modell hat eine große Bedeutung für Unternehmen und Anbieter gleichermaßen. Unternehmen müssen sicherstellen, dass die IT-Infrastruktur mit den Angeboten kompatibel ist und die Mitarbeiter o.g. Voraussetzungen erfüllen. Davon ist i.d.R. auszugehen, es kann aber sehr wohl große Unterschiede in der Belegschaft geben.

E-Learning muss bestimmen Bedingungen genügen, dazu gehören u.a. Nutzerfreundlichkeit, Einbindung in betriebliches Lernen sowie ein gutes didaktisches Design. Digital vermitteltes Lernen ist klassischen Settings nicht generell überlegen. Kontext- und Personvariable spielen eine große Rolle bezüglich der subjektiven Nützlichkeit.

Ferner sind die oben beschriebenen betrieblichen Aspekte wie Betriebsvereinbarungen etc. zu bedenken. Anbieter kommen ohne einen profunden Einblick in die Unternehmens- und Lernkultur kaum aus: E-Learnings „von der Stange" anzubieten kann demnach problematisch sein, die Bedingungen in Unternehmen sind häufig sehr unterschiedlich, abgesehen von den genannten Lernereigenschaften.

Der nächste Abschnitt entfernt sich von digitalen Medien und nähert sich einem zentralen Thema des Human Resource Managements, der Entwicklung von Führungskräften in Unternehmen.

4   Personalentwicklung für Führungskräfte

Personalentwicklung für Führungskräfte spielt eine besondere Rolle. Dies zum einen, weil Führungskräfte qua Definition mehr Einfluss in Organisationen zugesprochen wird als anderen Personen, zum anderen, weil die Wirkung von Führungsverhalten auf diverse organisationale Variable sehr gut belegt ist (s. unten). Das gilt beispielsweise für den Einfluss auf die Gesundheit der Mitarbeiter (vgl. dazu besonders das Kapitel Führung sowie Positive Psychologie in diesem Band sowie beispielsweise Kuoppala, Lamminpää, Liira & Vainio, 2008). Insgesamt gibt es viele Belege dafür, dass Management- oder Führungstrainings wirken (Salas, Tannenbaum, Kraiger & Smith-Jentsch, 2012). Die weniger gute Nachricht ist, dass im Bereich der Führungskräfte-Entwicklung deutschsprachiger Provenienz darüber Unklarheit herrscht, wer wie und in welchem Umfang überhaupt evidenzbasiert trainiert. Es besteht Grund zur Annahme, dass viele Trainings häufig entweder nicht evidenzbasiert durchgeführt werden oder schlimmstenfalls „Blender" ihr Werk verrichten (Kanning, 2013).

4.1 Rahmenmodelle und Beispiele

DeRue und Myers (2014, S. 835ff.) zeigen auf Basis umfangreicher Studien ein Konzept für die Entwicklung und Strukturierung von Maßnahmen der Führungskräfte-Entwicklung im US-amerikanischen Kontext. Das Rahmenwerk trägt das sinnreiche Akronym PREPARE. Es besteht aus 7 Kernelementen, die Abbildung 6 zeigt.

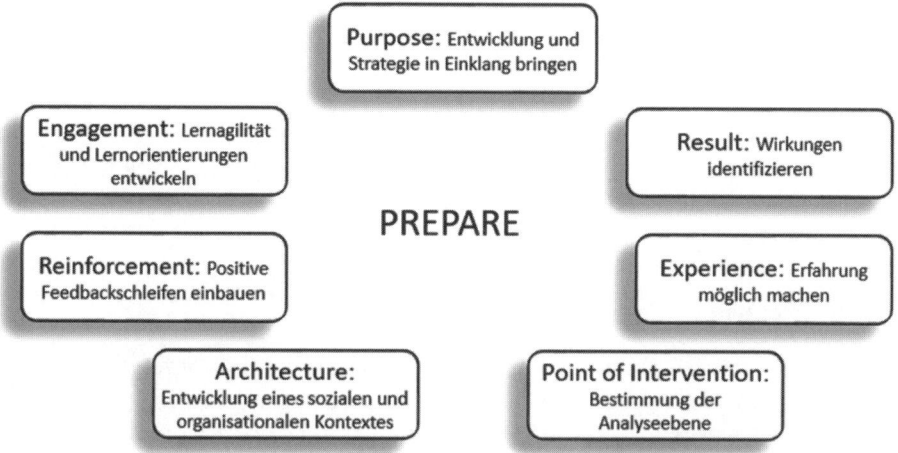

Abb. 6: Kernelemente des Rahmenwerkes PREPARE zur Führungskräfte-Entwicklung (nach DeRue & Myers, 2014, Übers. LB)

Das Modell ist nicht zwangsläufig als starre Abfolge der Punkte von rechts nach links zu lesen, da viele Bereiche interdependent und ggf. parallel zu betrachten sind.

Purpose

Hier sollen zunächst der Sinn und Zweck der Maßnahme eruiert sowie die Einbindung in die Unternehmensstrategie ermöglicht werden. Das mag trivial anmuten, in der Praxis ist es aber sehr bedeutsam, die Entwicklung von Führungskräften mit einer langfristigen Unternehmensstrategie in Einklang zu bringen.

Result

Hier stehen zu evaluierende Resultate im Vordergrund (vgl. Abschnitt 2.1). Resultate werden von DeRue und Myers in kognitive, affektiv-motivationale und behaviorale Bereiche unterteilt. Diese Unterteilung ist hilfreich in der Planung, Durchführung und Interpretation der Evaluation (vereinfachte Trilogie: Kopf, Herz und Hand).

Experience

Auf den Bereich Erfahrung soll auf Grund der evidenten Praxisbedeutung etwas näher eingegangen werden. Die Autoren zitieren die in praxi häufig gebrauchte Formel 70:20:10 bezüglich des wünschenswerten Verhältnisses zwischen Erfahrungslernen in der täglichen Arbeit, Beobachtunglernen (Vorgesetzte(r) oder Kollegen) und formalen Maßnahmen wie Training, Mentoring etc. Sehr zu recht stellen sie diese Formel in Frage, in dem beispielsweise auf die konzeptionelle Unschärfe hingewiesen wird, die Bereiche sind ja nicht unabhängig voneinander. Ferner werde diese relative Geringschätzung formaler Maßnahmen empirisch nicht gestützt und damit einer gewissen Willkürlichkeit Tor und Tür geöffnet, wenn lediglich On-the-Job-Maßnahmen (irgendwie) in den Vordergrund rückten.

DeRue und Myers zitieren diverse Studien, die klären, wann die stärkste Entwicklung zu erwarten ist. Besonders entwicklungsförderlich sind demnach Erfahrungen von Führungskräften mit Veränderungen der Tätigkeit wie beispielsweise neue Zuständigkeiten, das Erleben organisationaler Veränderungsprozesse und interessanter Weise die Einflussnahme anderer Personen ohne formale Funktionsmacht. Führungskräftetrainings haben dann *wenig* Entwicklung zur Folge, wenn beispielsweise die Beziehung zum eigenen Vorgesetzten schlecht ist oder wenn die Entwicklungsanforderungen viel zu hoch bzw. unrealistisch sind.

Point of Intervention

Hier steht die Analyseeinheit der Entwicklungsmaßnahme im Vordergrund. Was eher akademisch klingt, hat – auch nach Aussagen der genannten Autoren – sehr praktische Relevanz: Häufig werden z.B. Evaluationen von Trainings eher auf individueller Ebene auf wenig aussagefähigem Niveau durchgeführt (vgl. Abschnitt 2.1 und 4.2). Bedeutsamer wäre allerdings der Blick auf die „relationale und kollektive Seite" des Führungsverhaltens (ebenda, S. 844). Tatsächlich findet ja Führungsverhalten immer in sozialen Bezügen statt. Häufig sollen Wechselwirkungen auf ganze Teams initiiert werden bzw. wechselseitig bedingte Veränderungen im Vordergrund stehen. Unternehmen sollten ergo ein Interesse daran haben besser zu verstehen, wie beispielsweise Teameffektivität gesteigert werden kann (vgl. dazu auch das Kapitel Teamdiagnostik und Teameffektivität in diesem Band).

Architecture

Wenn die Organisation das Lernen nicht unterstützt, kann eine Intervention gleich welcher Art nicht wirken. Hier weisen die Autoren besonders auf die Bedeutung und Wirkung von Coaching und Mentoring hin (ebenda, S. 845):

> „The current literature has only begun to unpack the mechanisms through which coaching and mentoring influence leadership development, and future research is needed to inform how individuals and organizations can fully realize the value of practices such as mentoring and coaching."

Schließlich seien Organisationen gut beraten, Reflexion über das eigene Führungsverhalten zu ermöglichen und systematisch zu unterstützen, dies habe sich als wirksam erwiesen.

Reinforcement

Es liegt auf der Hand, dass Verhalten, welches etabliert werden soll, verstärkt werden muss. Ergo betonen die Autoren die Bedeutung einer systematischen Feedback-Gestaltung und einer wiederholten Belohnung erwünschter Verhaltensweisen. Im Grunde geht es hier um die Nachhaltigkeit von Entwicklung, dies sei ebenfalls ein noch zu erforschendes Gebiet. Es geht in diesem Bereich auch um die *Passung* der Lernerfahrungen in die Entwicklung der Führungskräfte: Manche Erfahrungen können Personen überfordern, kommen zu früh, werden nicht gut aufgefangen etc. Individualisierung von Lernerfahrungen werden in diesem Rahmen ebenfalls betont, damit Über- oder Unterforderung unwahrscheinlich werden (hier finden sich Parallelen zum Kapitel Onboarding in diesem Band).

Engagement

Hier stehen Konzepte wie Lernagilität und Lernorientierungen im Vordergrund. Was die Autoren nicht konnotieren, ist, dass sich erstaunliche Parallelen zu Forschungsergebnissen der Pädagogischen Psychologie sowie Motivationspsychologie zeigen. Seit 15-20 Jahren werden Konstrukte wie Lern- und Leistungszielorientierung näher untersucht – Bereiche, die erheblich zur Aufklärung schulischer und akademischer Leistungen jenseits kognitiver Fähigkeiten beitragen (etwa Försterling, Stiensmeier-Pelster & Silny, 2000). Eine Lernzielorientierung kennzeichnet sich durch ein hohes Maß an Lernfreude und durch das Lernen um des Lernens willen. Lernzielorientierung geht einher mit tieferem Verständnis für den Lerngegenstand (ebenda). Das wäre wohl auch für den hiesigen Kontext von Bedeutung, ist aber bisher wenig erforscht. Das Konzept der Lernagilität (DeRue & Myers, 2014) hat mit dem Willen zur raschen Umsetzung des Gelernten in die Praxis zu tun, also der Transferleistung. Diese ist – so viel sei hier ergänzt – vermutlich eine Funktion der Interaktion personaler wie organisationaler Variablen.

> **Führungskräfte-Entwicklung bedarf einer systematischen Konzeption. Dazu zählen Dinge wie Sinn und Zweck sowie erwartete Ergebnisse der Maßnahme. Hinzu kommen die Bestimmung der Analyseebene, der Lernorientierung der Teilnehmer sowie Rahmenbedingungen und systematische Verstärkung des Erlernten.**

Evidenzbasierte Modellierung von Führungskompetenzen deutschsprachiger Provenienz

Führungskräftetrainings sollten evidenzbasiert stattfinden (vgl. Kapitel Führung in diesem Band), ein solchermaßen entwickeltes Kompetenzmodell stellen Schmidt-Huber, Dörr und Maier (2014) vor. Das Modell wird hier etwas weiter vertieft, es handelt sich um die Zusammenstellung vieler für das Management wichtiger Kompetenzen. Im Zentrum stehen die Wirksamkeit sowie die Messbarkeit und Entwicklung von Führungskompetenzen, daher der Titel des Modells: Leadership Effectiveness and Development

(LEaD). Es ähnelt in Teilen einem in der Praxis durch einen kommerziellen Anbieter eingesetzten Führungsmodell (Bartram, 2012). Dörr und Maier betonen (ebenda, S. 81): „Das Modell ist für die Diagnose und Entwicklung von Führungsverhalten konzipiert und auf individueller wie organisationaler Ebene einsetzbar."

Neben der theoretischen Verankerung des Modells („eklektische Integration verschiedener Führungsansätze und -konstrukte", ebenda, S. 91) zeigen die Forscher auch Studien zur Validierung und berichten eine zufriedenstellende bis gute Konstrukt- und Kriteriumsvalidität (die Ergebnisse zur zusätzlich zu gängigen Verfahren aufgeklärten Varianz – bis zu 5% – der Erfolgskriterien stimmen allerdings wenig euphorisch). Im LEaD-Kompetenzmodell finden sich folgende Konstrukte wieder (hier gekürzt mit Beispielen von Sub-Kategorien und Beispiel-Items dargestellt, ebenda, S. 85):

- *Strategieorientierung* (Innovationen treiben; Zukunftsperspektiven formulieren – „Die Führungskraft zeigt überzeugende strategische Ziele auf.")
- *Ergebniserreichung* (Ziele vereinbaren; Probleme analysieren; Ergebnisse bewerten – „Die Führungskraft verfolgt Fehler konsequent und konfrontiert betroffene Mitarbeiter."). Es darf allerdings kritisch angemerkt werden, dass das „Konfrontieren" von Mitarbeitern nach der Fehlerentdeckung alleine sicher kein probates Mittel des Umgangs damit darstellt. Hier kann aus Platzgründen nur auf die Bedeutung eines positiven Fehlermanagements verwiesen werden (Dormann & Frese, 1994). Fairer Weise muss die *Ergebniserreichung* im Kontext aller anderen Kriterien gesehen werden, beispielsweise der...
- *Mitarbeiterentwicklung* (Delegieren; Mitarbeiter coachen; Feedback geben, Perspektiven übernehmen – „Die Führungskraft zeigt Interesse an den Bedürfnissen ihrer Mitarbeiter.")
- *Umfeldgestaltung* (effektiv kommunizieren; Ressourcen bereitstellen; Konflikte managen; Arbeitsbeziehungen gestalten – „Die Führungskraft versteht es, mit unterschiedlichen Personen und Fachabteilungen effektiv zusammenzuarbeiten.")
- *Personale Einflussnahme* (Selbstvertrauen ausstrahlen; Ambiguität managen – „Die Führungskraft behält in widersprüchlichen und unsicheren Situationen ihre Handlungsfähigkeit und kann mit anderen Meinungen und Wertvorstellungen umgehen.")

Das Modell kann genutzt werden, falls eine eigene Kompetenzmodellierung nicht möglich oder sinnvoll ist (vgl. auch das Kapitel Tätigkeitsanalyse und Kompetenzmodellierung in diesem Band). Einsatzmöglichkeiten sehen wir in den Bereichen Personalauswahl, Personalentwicklung sowie Management-Audits in Unternehmen (Wübbelmann, 2005). Ethisch-moralische Aspekte oder Kriterien gesund erhaltender Führung sucht man auf der expliziten Ebene allerdings vergebens, hier müssen Unternehmen ggf. nachsteuern (vgl. auch die Kapitel Führung, Positive Organisationspsychologie sowie Betriebliches Gesundheitsmanagement in diesem Band sowie Abschn. 4.3 unten).

Im nächsten Abschnitt geht es um ein konkretes Beispiel einer Führungskräfte-Entwicklungsmaßnahme.

Führen auf Distanz

Der Autor konnte gemeinsam mit Arne Voigt (Autor des Kapitels Leistungsbeurteilung in diesem Band) zwischen 2010 und 2014 diverse selbst konzipierte Trainings zum Führen auf Distanz für Vertriebs-Führungskräfte in einem Großunternehmen durchführen und evaluieren. Kernpunkte waren hier beispielsweise...

- eine Fallarbeit aus der Praxis,
- die Reflexion bisheriger Erfahrungen,
- die Nutzung unterschiedlicher Kommunikationsmedien und der effiziente Umgang damit (Führungskräfte nutzten bis zu 6 unterschiedliche digitale, interne Informationssysteme gleichzeitig),
- Unterschiede in der Face-to-face- und der computervermittelten Kommunikation (Döring, 2003),
- der Aufbau von Vertrauen auf Distanz und der damit verbundene Einsatz eines Modells zur Vorhersage von Leistung in verteilt arbeitenden Teams (Hertel & Lauer, 2012) sowie
- die Implementierung der Erkenntnisse in die Planung eines anstehenden Face-to-Face-Treffens.

Die Trainingsreihe wurde in enger Absprache mit Experten des Human Resource Managements geplant und durchgeführt. Zu Beginn wurden u.a. umfangreiche Informationen zur Zielgruppe eingeholt, beispielsweise mit Hilfe eines halbstündigen, teilstrukturierten Telefoninterviews mit fünf Führungskräften.

Schließlich wurden zwei Trainingstage konzipiert und entsprechende Materialien erarbeitet (Übungen, Checklisten, Input-Vorträge etc.). Ein prototypisches Training wurde realisiert und nach geringfügigen Korrekturen unternehmensweit implementiert. Insgesamt wurden ca. 150 Führungskräfte auf diese Weise trainiert. Als besondere Herausforderung ist die Zusammenarbeit mit internen HR-Businesspartnern zu sehen, die i.d.R. mit uns als externen Anbietern gemeinsam in den Workshops/Trainings agierten. Hier bedarf es einer vertrauensvollen, häufigen und transparenten Kommunikation sowie des Kennenlernens vor Ort.

Die Evaluation fand allerdings vor allem auf der Ebene der Reaktionen auf das Training statt. Ferner wurde am Ende der zweitägigen Workshops per Kartenabfrage nachgehakt, welche konkreten Inhalte wer wie und wann in nächster Zukunft umzusetzen gedenkt. Die Ergebnisse waren vielversprechend. Eine weitergehende Evaluation war seitens des Unternehmens nicht gewünscht. Wir können an dieser Stelle nur spekulieren, vielleicht waren hier organisatorische und/oder mikropolitische Gründe ausschlaggebend (Neuberger, 2006).

Im Folgenden werden einige Erfolgsfaktoren von Führungskräftetrainings angesprochen.

Was Trainer können und kennen müssen

Die Entwicklung von Führungskräften zählt sicher zu den langfristigen Überlebensstrategien von Unternehmen: positive Effekte auf Arbeitszufriedenheit, Commitment, Leistung sowie Gesundheit (!) der Mitarbeiter sind metaanalytisch gut belegt – zumindest für den Bereich der transformationalen Führung (Sturm et al., 2011; Zwingmann et al., 2014; vgl. das Kapitel Führung in diesem Band). Frese, Beimel und Schoenborn (2003) konnten eindrucksvoll die Wirkung von Trainings zum Erwerb von Teilfähigkeiten transformationaler Führung nachweisen.

Auf *Basis der eigenen Praxiserfahrung* ist für den *Erfolg von Führungskräftetrainings* (neben dem in Abschnitt 4.2 und 5 Dargestellten) auch das Folgende von Bedeutung:

1. Trainer kennen die unternehmensbezogene Wertschöpfung (mit was verdient der Kunde sein Geld?).
2. Trainer nutzen elaborierte Modelle der Veränderung menschlichen Verhaltens und der Trainingswirkung.
3. Trainer haben aktuelles, wirtschaftsbezogenes Allgemeinwissen (große Merger, Skandale, Führungswechsel etc., besonders wichtig für „Smalltalk" und Beziehungsaufbau).
4. Trainer haben Prozess- (wie arbeiten Business Units zusammen?) und Strukturwissen (Organigramm), ggf. Branchenerfahrung, letzteres kann, muss aber nicht von Bedeutung sein.
5. Trainer haben ein „gutes Standing" – d.h. sie sind berufs-, lebens- und führungserfahren, gebildet, eloquent und auch unterhaltsam sowie selbstkritisch.
6. Trainer kennen das Scheitern und Niederlagen (sie haben also mentale Modelle von Misserfolgen und dem Umgang damit).
7. Trainer sind emotional stabil und resilient (ihnen fliegen nicht immer die Herzen zu...) und eher extravertiert (sie sind per se viel unter Leuten) sowie gewissenhaft (sie halten Deadlines ein und sorgen für einen guten Trainingsablauf inkl. Zeitmanagement) und verträglich (sie müssen mit sehr vielen Typen von Menschen auskommen). Sie haben Spaß daran, andere zu beeinflussen und zu entwickeln.
8. Trainer sprechen fließend Englisch (ggf. noch eine weitere Sprache), sofern sie jemals auf internationalem Parkett reüssieren wollen.
9. Trainer kennen und können Moderationstechniken, Übungen, Metaphern etc. und setzen diese wirksam ein.
10. Trainer reisen viel und haben tolerante Partner/Familien.

4.2 Evaluation von Führungskräftetrainings

In Kapitel 2 wurden die wichtigsten Themen der Evaluation bereits aufgeführt. Im Falle von Führungskräfte-Entwicklung ist die Wirkungsmessung sicher noch schwieriger als im Fall von Mitarbeitertrainings beispielsweise einzelner Fertigkeiten. Effekte, die sich unmittelbar nach Maßnahmen der Führungskräfte-Entwicklung in Euro und Cent messen lassen, sind nicht immer zu erwarten. Hier kommt es natürlich sehr auf das Kriterium an: Wenn Maßnahmen zur Schulung kommunikativer Kompetenzen eingesetzt wurden, kann sich ein Effekt sehr wohl messen lassen, beispielsweise in einer Veränderung der Vorgesetztenbeurteilung im 360-Grad-Feedback (Atwater, Brett & Charles, 2007).

Blessin und Wick (2014, S. 230ff.) skizzieren besondere Herausforderungen der Kriterienfindung für „gute" Führungsarbeit (vgl. auch das Kapitel Führung in diesem Band). Welche sind das? Abgesehen von der Schwierigkeit, Führung zufriedenstellend zu definieren, gibt es weitere Zweifel an der Grundlage von Führung: Führung ist nämlich für unterschiedliche Stakeholder u.U. sehr unterschiedlich konnotiert. Hinzu kommt, dass realiter die Vielzahl dynamisch interagierender Variable, die Führungserfolge mitbestimmen, kaum erfassbar ist. Dies sollte vorausgeschickt werden, um der Verwendung von Plattitüden vorzubeugen. Generell ist bei der Kriterienfindung zu fragen, ob die verwendeten Kenngrößen beispielsweise

- objektiv (wie misst man eindeutig Arbeitszufriedenheit?)
- zuverlässig (wie genau und zeitlich stabil kann man Commitment erfassen?)
- voneinander unabhängig (Arbeitszufriedenheit und Commitment korrelieren hoch!) und
- differenzierend (darüber lassen sich dann gute von schlechten Führungskräfte unterscheiden?) sind (ergänzt nach ebenda, S. 232)

Noch verwirrender wird es, wenn man versucht zu definieren, was der Begriff Kriterium bedeutet:

„Das Kriterium ist das Entscheidende (Maßstab, Messlatte, Bezugsstandard) mit der Funktion, das Eine vom Anderen unterscheiden und ihm einen spezifischen Wert zuschreiben zu können." (ebenda, S. 234). Und weiter schlussfolgern Blessin und Wick, dass man das aktuelle Kriterium (beispielsweise Kundenzufriedenheit) vom ultimativen trennen sollte. Das ultimative Kriterium sei nämlich nur rückblickend exakt zu erfassen, nämlich nachdem das Unternehmen aufgehört habe zu existieren. Erst dann könne eine abschließende Bestandsaufnahme geschehen.

Im Kapitel Führung in diesem Band werden diverse Kriterien des Führungserfolgs dargestellt, wir wollen hier aus Platzgründen lediglich die von Blessin und Wick vorgeschlagene fünfstufige Taxonomie der Kriteriumsanalyse skizzieren (ebenda, S. 245). Wir beginnen von oben nach unten mit Stufe 5.

- Ebene 5: Geschaffene oder vernichtete Werte (beispielsweise Unternehmenswert oder auch Nachhaltigkeit, Mitarbeiterqualifikation etc.).
- Ebene 4: Erreichte oder verfehlte Unternehmensziele (beispielsweise Marktanteil, ROI, neue Produkte etc.).
- Ebene 3: Vorgesetzten-Erfolge und Misserfolge (Mitarbeiterfehlzeiten, Produktivität der Mitarbeiter oder Arbeitszufriedenheit der Mitarbeiter etc.).
- Ebene 2: Merkmale sowie Kompetenzen der Führungskräfte (Testdaten, Interviews, Ratings, Ergebnisse von Assessment Centern etc.).
- Ebene 1: Bedingungen des Erfolges (Kapitalausstattung, Personal, Konkurrenzsituation, Wirtschafts- und Rechtsordnung, Konjunktur etc.).

Die Kernaussage also lautet zusammenfassend, dass die Wahl der Erfolgskriterien alles andere als trivial ist und sehr gut begründet werden muss, will man sich nicht der Kritik mangelnder Professionalität aussetzen.

Ob und wie professionell kommerzielle Anbieter von Führungskräftetrainings aufgestellt sind, kann auch durch folgende Übersicht ermittelt werden.

Anbieter-Check: Auf was muss man im Falle externer Trainingsanbieter achten?

Hier werden wichtige Aspekte aufgelistet (vgl. auch Felfe & Franke, 2014):

- Anbieter sollten erfahren sein und evidenzbasiert arbeiten: „Das machen wir immer so" ist ungenügend, denn es müssen wissenschaftliche Modelle zugrunde liegen, die ihre Wirksamkeit erwiesen haben.
- Ein Hintergrund in Wirtschaftspsychologie ist ein Muss, oder würden Sie sich von einem Bäcker die Zähne ziehen lassen?
- Damit zusammenhängend müssen Anbieter hierzu Stellung nehmen: Warum diese und jene Methode? Gibt es Belege der Wirksamkeit jenseits beeindruckender „Testimonials" von Kundenunternehmen auf Hochglanzflyern (s.o.)?
- Das Evaluationskonzept sollte mehr als „Wie hat es Ihnen gefallen?" umfassen. Folgemaßnahmen sind hier ebenfalls wichtig: wann wird wie warum was wiederholt/vertieft?
- Trainingstransfer: Gute Anbieter stellen die Anwendung des Gelernten in den Vordergrund.
- Gute Anbieter bieten Maßnahmen *im* Unternehmen an (sofern nicht anders gewünscht), der Transfer kann dadurch erleichtert werden.

„Wenn Manager auf Bäume klettern" (Kanning, 2013), mag das in vielen Fällen albern, wenig nutzbringend und unprofessionell sein. Wir sind dennoch der Meinung, dass neben den Managementtrainings, die Führungskompetenzen auf kognitiv-behavioraler Art umsetzen, auch körperliche Aktivitäten bzw. Outdoormaßnahmen sinnvoll sein können, *wenn* sie systematisch in ein schlüssiges Gesamtkonzept eingebettet sind. Hier kann auch der vielbeschworene „Hochseilgarten" Nutzen stiften, Gemeinschaft stärken, informellen Austausch befördern und schlicht Spaß bereiten, zumal auch weniger sportliche Personen bei vielen dieser Angebote besondere Berücksichtigung finden. Bedeutsam ist hier nicht „das Klettern", sondern die *Reflexionsarbeit* über das gemeinsame Tun und der Versuch, den *Transfer* der (im Unternehmen) reflektierten Erkenntnisse zu realisieren.

Natürlich kann der Markt der Trainingsanbieter auch ein Tummelplatz für Scharlatane sein (ebenda). Besondere Vorsicht ist geboten bei neuen Ansätzen, die beispielsweise vom Umgang mit Tieren (Pferden, Hunden etc.) auf den Umgang mit Menschen schließen. Wer beispielsweise ein Pferd gut führen kann, eignet sich möglicherweise zum Kavallerieoffizier (obsolet), das Führen eines Hochleistungsteams dürfte aber nach anderen Gesetzmäßigkeiten erfolgen (vgl. das Kapitel Teamdiagnostik und Teameffizienz in diesem Band). Und auf einem Segelschiff lernt man zunächst einmal eines grundlegend kennen: das Segeln.

Im nächsten Kapitel wird ein kurzer Blick in eine mögliche Zukunft der Führungskräfte-Entwicklung geworfen.

4.3 Zukunft der Führungskräfte-Entwicklung?

Wir wollen hier aufgrund eigener Erfahrungen und der Einschätzung weiterer Experten einmal „den Blick in die Glaskugel" wagen. Schaut man sich die Einschätzung der Führungsthemen der Zukunft an (Grote, 2012), dann müssten Trainings in naher

Zukunft vermehrt Themen wie authentische Führung, Servant Leadership und Führen auf Distanz umfassen. Felfe, Ducki und Franke (2014) zeigen Führungsbereiche, die vermutlich in Zukunft immer wichtiger werden, beispielsweise aufgrund demografischer Entwicklungen und oder fortschreitender Globalisierung (vgl. Kapitel Führung in diesem Band):

- Bindung an Unternehmen/Organisationen schaffen
- Altersgerecht und alternsgerecht führen
- Innovationsfähigkeit fördern
- Gesundheitsförderliches Führen
- Ressourcenstärkende Führung

Zusätzlich dürften weitere Herausforderungen in Sachen Diversity Management kommen (Wegge et al., 2012), besonders angesichts der aktuellen Lage (2016), in der langfristig mit einem Anstieg der Mitarbeiter mit Migrationshintergrund zu rechnen ist. Wie aber führt man Teams mit möglicherweise einstmals verfeindeten Mitarbeitern? Wie geht man um mit Menschen, die traumatisiert wurden? Im Zuge von Personalentwicklung im Führungskräftebereich werden ggf. auch solche psychologischen Wissensbestände wichtig.

Führungskräfte auch gezielt in Richtung „gesundes Führen" zu trainieren (Felfe, Ducki & Franke, 2014) ist ein wichtiges Thema, wie oben erwähnt und ein Return-on-Investment liegt auf der Hand. Dazu wurden bereits im Kapitel Führung in diesem Band vielfältige empirische Belege gezeigt und das Kapitel Betriebliches Gesundheitsmanagement beschäftigt sich ebenfalls damit.

4.4 Führungskräfte-Entwicklung für Studierende an Hochschulen?

Sollte man Führungskräfte-Entwicklung bereits in der Hochschule systematisch angehen? Vieles spricht dafür, beispielsweise die Tatsache, dass die inhaltlich-didaktische Güte der Trainings, die unsere angehenden Führungskräfte später in Unternehmen erleben werden, völlig unklar ist. Viele Absolventen gelangen früher oder später in eine erste Führungsrolle, sie erleben mithin also einen beruflichen Rollenwechsel. Damit einhergehende, ungelöste Konflikte können eine Gesundheitsgefährdung bedeuten (Örtquist & Wincent, 2006, vgl. auch für alle folgenden Ausführungen das Kapitel Führung in diesem Band).

Führungskräfte-Entwicklung kann bereits an den Hochschulen systematisch und evidenzbasiert erfolgen. Vorteile wären gute Vorbereitungen auf die Führungsrolle, ein Mehr an Selbsterkenntnis sowie Verständnis für die Komplexität des Führungshandelns und der erste Einsatz bewährter Techniken zur wirksamen Führung.

Hinzu kommt, dass manche Studierende bereits auf Bachelor-Niveau sehr von ihren Führungskompetenzen überzeugt sind, zumindest, wenn sie hohe Werte in subklinischem Narzissmus aufweisen (Bildat & Martin, 2015). In der erwähnten Studie allerdings fand sich keinerlei Zusammenhang zwischen selbst eingeschätztem Narzissmus und der Intelligenz der befragten 95 Studierenden. Der Glaube an die Wirksamkeit eigener Führung könnte „auf tönernen Füßen stehen". Angebote in Richtung Führungskräfte-Entwicklung sollten besonders bei sehr von sich überzeugten Personen Interesse auslösen und dürften auch für diesen

Personenkreis nutzbringend sein. Natürlich bedarf es hier glaubwürdiger Rollenmodelle und den Zugang zur Führungspraxis in Unternehmen, dazu später mehr.

Einen Ansatz für eine theoriebasierte Entwicklung von Führungskompetenzen liefern Komives und Dugan (2014), die richtiger Weise davon ausgehen, dass jeder Studierende an Hochschulen bereits die ein oder andere Führungserfahrung gemacht hat (passiv oder aktiv in Schule, Sport, Freizeit, Kirchen und Vereinen etc.). Sie beziehen sich u.a. auf das Modell der Reifeentwicklung in der Lebensspanne nach Erik Erikson (1991), der im Bereich der Entwicklungspsychologie Bahnbrechendes leistete. Ebenso stehen die umfangreichen Beiträge Uri Bronfenbrenners Pate, der die Rolle sozialer Mikro-, Exo-, Meso- und Makrosysteme in der Persönlichkeitsentwicklung des Menschen betonte (Bronfenbrenner, 1986; 19945). Basierend auf diesen Modellen kann die Entwicklung theoriebasiert begleitet werden.

Es liegt auf der Hand, dass Studierende auf Bachelorniveau andere, möglicherweise einfachere Vorstellungen von „guter Führung" aufweisen als erfahrene Führungskräfte. Diese Unterschiede in der Wahrnehmung von Führung können systematisch genutzt werden, um durch Reflexionsarbeit und Trainings zu realistischen Erwartungen bezüglich der Entwicklung der eigenen Führungsrolle zu kommen. Führungskräfte-Entwicklungsprogramme für Studierende, die Konzepten der Lebensspanne sensu Erikson und der Entwicklungsökologie sensu Bronfenbrenner folgen, werden von Komives und Dugan (2014) skizziert. *Führungsbezogene Reife* kann sich beispielsweise in der Zuschreibung von Führungserfolg manifestieren. In einem ersten Stadium mag der Betreffende den Erfolg entlang einer eigenen „Great-Man/Woman"-Theorie stabil internal attribuieren. Eine reifere Einschätzung von Führungshandeln würde die Reziprozität der Interaktion sowie damit verbundene Teamprozesse mit einbeziehen (vgl. das Kapitel Teamdiagnostik und Teameffektivität in diesem Band).

Ein Kern-Curriculum zur Entwicklung führungsrelevanter Kompetenzen sollte sich neben den oben genannten Ansätzen von Schmidt-Huber, Dörr und Maier (2014) auch auf weitere, erprobte generische Kompetenzmodelle stützen (Bartram, 2012). Ein solches Konzept frühzeitiger Personalentwicklung könnte wie folgt aussehen.

1. Bestandsaufnahme aktiver und passiver Erfahrungen mit Führung. Reflexion der eigenen Rolle(n) in Arbeit, Schule und Freizeit. Analysieren kritischer Ereignisse.
2. Wissenschaftlicher Input: Ergebnisse zur Führungswirkung und Führungsverhalten.
3. Arbeit mit Praktikern und Identifikation wirksamen Führungshandelns im Alltag, Abgleich mit eigenem Verhalten.
4. Trainingseinheit(en), Üben kommunikativer Sequenzen entlang typischer Interaktionen wie beispielsweise Mitarbeitergespräch (als Führungskraft und Mitarbeiter). Planung eigener Vorgehensweisen.
5. Go live: Studierende erproben in Praktika oder nach Verlassen der Hochschule Verhaltensweisen, (online) begleitet durch Mentoren.
6. Erstes Follow-Up 4 Monate später, ggf. Online-Coaching.
7. Zweites Follow-Up nach 6 Monaten: ein Workshop-Tag zur Auffrischung/Austausch/Planung.
8. Drittes Follow-Up nach einem Jahr auf Basis rückgemeldeter Erfahrungen der Teilnehmerinnen und Teilnehmer.

Abbildung 7 verdeutlicht einige Schritte des Konzeptes.

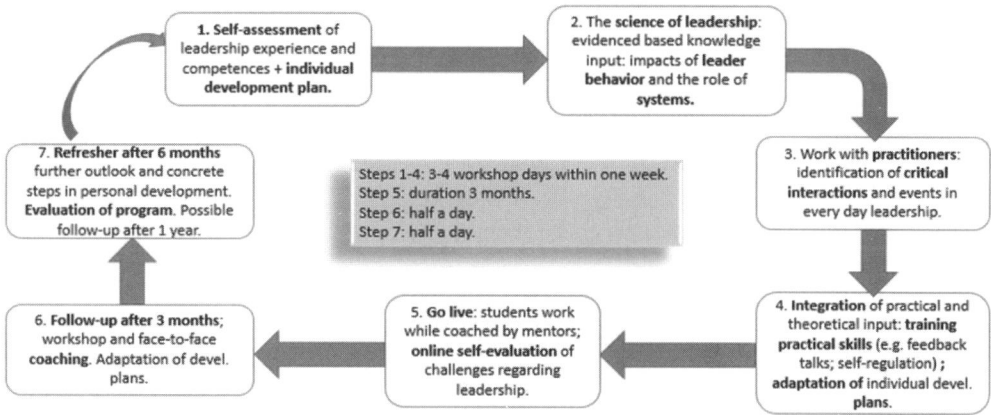

Abb. 7: Entwurf eines Programms zur Entwicklung von Führungskompetenzen bei Studierenden (adaptiert nach Komives & Dugan, 2014)

Das Ganze bedarf einer wissenschaftlichen Evaluation und Begleitung – hier böte sich eine sehr interessante Zusammenarbeit zwischen Unternehmen und Hochschulen an. Es bleibt abzuwarten, ob Hochschulen in Sachen Führungskräfte-Entwicklung für Studierende selbst tätig werden oder mehr oder weniger professionellen Entwicklungsmaßnahmen in Unternehmen hinterherlaufen.

5 Was wichtig für die Praxis ist: Eine Synopse gesicherter Erkenntnisse

Salas, Tannenbaum, Kraiger & Smith-Jentsch (2012) zeigen in einer umfangreichen Zusammenschau sehr vieler Studien diejenigen Maßnahmen, die – wissenschaftlich abgesichert – vor, während und nach Trainings von Bedeutung sind. Wir stellen dies zusammen mit weiteren Erkenntnissen (Salas & Stagl, 2009; Kraiger & Cavanagh, 2015) leicht gekürzt und bearbeitet tabellarisch vor. Diese Tabellen können leicht in Checklisten transformiert werden, die helfen, die wichtigsten Aspekte gelungener Trainings im Blick zu behalten (s. Tab. 1-3).

Tab. 1: Was *vor* einem Training zu tun ist (ergänzt und bearbeitet nach Salas, Tannenbaum, Kraiger & Smith-Jentsch, 2012 sowie Salas & Stagl, 2009; Übersetzung: LB)

Schritte (absteigend)	Handlungen	Wirkungen
Bedarfsanalyse	Bestimmung dessen, was trainiert werden soll, und Klärung der Art des organisationalen Systems (offen/geschl. etc.).	Klärt zu erwartende Lernergebnisse; richtungsweisend für Trainingsdesign und Evaluation; erhöht Effektivität.
Definition der Personalentwicklungs-Voraussetzungen	Klärung des Ist-Standes beispielsweise von Sprachkompetenzen.	
Tätigkeitsanalyse	Spezifizierung der Kompetenzerfordernisse; Klärung der Notwendigkeit von Teamarbeit; Identifizierung dessen, was Teilnehmerinnen und Teilnehmer wissen müssen bzw. erreichen sollen; ggf. eine Analyse kognitiver Tätigkeitselemente durchführen.	Sicherstellung der Realitätsnähe der Trainings – reale Anforderungen und Voraussetzungen werden ermittelt.
Organisationsdiagnose	Strategische Ausrichtung und Organisationskultur klären inkl. Ressourcen, Normen sowie Unterstützung für das Training; Klärung, ob gegenwärtige Firmenpolitik etc. Trainings unterstützt.	Ermöglicht Entscheidung über strategische Ressourcenzuweisung.
Person-/ Potenzialanalyse	Ermitteln, wer genau welche Maßnahme benötigt; Klärung, ob ggf. Trainings für manche Teilnehmer adaptiert werden muss.	Klärt Trainingsbedarfe und Bedürfnisse. Maximiert Nutzen des Trainings durch Abgleich der Bedarfe mit Angebot.
Instruktionsdesign realisieren		
Definition kognitiver und affektiver Elemente der Maßnahme	Klären, welche „mentalen Modelle" (innere Ablaufschemata, Prozesswissen etc.) entwickelt werden sollen; Klären, welche behavioralen und affektiven Elemente enthalten sind (beispielsweise Abbau von Ängsten).	Macht Lernerfolg wahrscheinlicher.
Wissen, Kompetenzen und Einstellungen klären	Klären, welches Wissen wie angeeignet werden soll oder welche Einstellungen sich wie ändern sollen.	Macht Lernerfolg wahrscheinlicher und führt zu besserer Messbarkeit.
Lernziele definieren	Lernziele begründen, ggf. vorgeschriebene Qualifikationsrahmen nutzen; das Human Resource Management arbeitet mit Fachexperten zusammen.	Erhöht Realitätsnähe und die Akzeptanz.
Vorbereitung eines förderlichen Lernklimas		
Training zeitlich planen	Zeitnah an die Verwendungsmöglichkeit planen (rasche Umsetzung ermöglichen); „Auffrischer" einplanen, wenn Einsatz zeitverzögert erfolgen muss.	Reduziert „Fertigkeitenatrophie" – also das Brachliegenlassen des Erlernten.

Mitarbeiter transparent informieren	Klärung der Erwartungen bzgl. des Trainings; Maßnahme als „Gelegenheit" anbieten, nicht übertreiben/keine falschen Versprechungen machen; Teilnehmer über „Nachsorge" informieren; Bedeutsamkeit des Trainings restlos klären.	Ermutigt „passende" Teilnehmer; stellt sicher, dass Erwartungen klar sind, was die Bereitschaft zum Training erhöhen kann.
Teilnahmepflicht klären	Festlegen, ob Teilnahme verpflichtend ist oder nicht.	Hilft, Lernmotivation und Anwesenheit zu unterstützen (kann aber auch Widerstände auslösen!).
(Externe) Trainer vorbereiten	Besonders im Falle externer Anbieter sehr ausführliche, wechselseitige Kommunikation realisieren	Beugt (teuren) Missverständnissen vor.
Führungskräfte der zu Trainierenden informieren und einbinden	Führungskräfte/Vorgesetzte vorbereiten und entsprechende Signale setzen (Bedeutung für das Unternehmen).	Erhöht Lernmotivation.
Entwicklung von Methoden der Überprüfung von Lernerfolg	Tests, Feedbackbögen etc. erarbeiten.	Spart Zeit und macht Grundlagen für den Transfer sichtbar.
Implementierung von Training	Dazu zählt die Einbettung des Konzeptes in den Unternehmenskontext mit allem, was dafür notwendig ist (beispielsweise Arbeitszeitregelung: Training = Arbeitszeit!).	Schafft Akzeptanz, motiviert ggf. und nutzt der Beziehung zu Sozialpartnern (Personalvertretungen).

Tab. 2: Was *während* eines Trainings zu tun ist (ergänzt und bearbeitet nach Salas, Tannenbaum, Kraiger & Smith-Jentsch, 2012 sowie Salas & Stagl, 2009; Übersetzung: LB)

Schritte (absteigend)	Handlungen	Wirkungen
Ermöglichen einer lernförderlichen Einstellung der Teilnehmer		
Aufbau von Selbstwirksamkeit	Training so aufbauen und anbieten, dass der Glaube an erfolgreiche Handlungsausführung des Gelernten gestärkt wird; Gelerntes im Training positiv verstärken.	Erhöht Motivation und Ausdauer in der operativen Umsetzung.
Fördern einer Lernzielorientierung	Teilnehmer auf den Lernprozess, weniger auf die Ergebnisse oder Fertigkeiten im „Konkurrenzmodus" fokussieren. Falls die meisten Teilnehmer eine starke Leistungszielorientierung zeigen, Training noch stärker strukturieren.	Verbessert Lernergebnisse (Tiefenlernen durch inhaltlich wertvolle Auseinandersetzung/Reflexion).
Lernmotivation fördern	Teilnehmer müssen Relevantes einüben, Interesse sollte geweckt werden; Sicherstellen, dass das Training als relevant und nützlich wahrgenommen wird; Aufzeigen des konkreten Nutzens.	Unterstützt Lernen und führt ggf. zu positiven Reaktionen auf das Training; kann Transfer unterstützen.
Angemessenes Instruktionsdesign verwenden		
Valide Trainingsstrategie und Designs nutzen	Diese Elemente gehören ins Training: Alle Informationen liefern, die notwendig sind; gutes/unpassendes Verhalten aufzeigen; Teilnehmer üben lassen; bedeutsames und diagnostisch wertvolles Feedback geben.	Hilft Trainierten, das Wissen, die Fertigkeiten und die Kompetenzen, die nötig sind, zu verstehen und anzuwenden und ggf. nachzusteuern.
Gelegenheiten einbauen, um Transfer wahrscheinlich zu machen	Inhalte und Übungen einbauen, die die gleichen kognitiv-emotionalen Prozesse ansprechen wie in der Kerntätigkeit im Alltag. Schwierigkeitsgrade anpassen; bewusstmachen, dass das Verhalten im Training nicht genau dem entspricht, was in praxi geleistet wird.	Versetzt Teilnehmer potenziell in die Lage, das Gelernte im Berufsalltag anzuwenden.
Selbstregulation fördern	Aufmerksamkeit der Teilnehmer aufrecht-halten (inklusive Pausenregelung!); Selbstaufmerksamkeit fördern.	Erlaubt Trainierten, sich selbst zu beobachten und den Lernfortschritt einzuschätzen; erhöht Lernerfolg.
Fehler einbauen statt zu vermeiden	Teilnehmer ermutigen, Fehler zu machen, und selbige angeleitet korrigieren.	Verbessert Lernerfolg und Transfer; verbessert Umgang mit Problemen im Alltag.

Angemessenes Instruktionsdesign verwenden		
Technologiebasiertes Training sparsam und weise einsetzen	Digitale Technologie kann wertsteigernd sein, aber mit Vorsicht anwenden; erkennen, dass es teuer und ineffektiv ist, Teilnehmer lediglich zu unterhalten.	Optimiert individuelles Lernen.
Computerbasiertes Lernen korrekt einsetzen	Sicherstellen, dass CBT oder WBT ein didaktisch hochwertiges Design besitzt; Trainierte unterstützen und Feedback geben; erkennen, dass nicht alles per digitaler Technologie trainiert werden kann.	Erlaubt, eigene Lerngeschwindigkeit zu realisieren.
Nutzerkontrolle (bes. CBT) weise einsetzen	Struktur und Hilfe fördern und Lernern Entscheidungsspielraum für eigene Lernerfahrungen einräumen.	Erlaubt individuelle und angemessene Trainingserfahrungen zu machen.
Simulationen passend einsetzen	Am besten nutzen, um komplexe, dynamische oder gefährliche Situationen zu trainieren; sicherstellen, dass die Simulation tätigkeitsrelevant ist, sie muss nicht identisch sein; psychologische Relevanz sollte umgesetzt sein; Leistungsdiagnose und Feedback ermöglichen; Handlungen in der Simulation überwachen.	Verbessert Lernen und Lernleistung; erlaubt auch gefährliche oder sehr schwierige Situationen sicher zu üben.
Transfer sicherstellen		
Transferhindernisse beseitigen	Sicherstellen, dass Trainierte genügend Zeit und Gelegenheit haben, Trainiertes einzusetzen.	Erhöht Transferwahrscheinlichkeit und reduziert den „Verfall" von Fertigkeiten; erhält Selbstwirksamkeit und Motivation der Mitarbeiter.
Werkzeuge und Rat für Führungskräfte bereitstellen	Sicherstellen, dass Vorgesetzte den Einsatz des Gelernten im Berufsalltag unterstützen.	Ermöglicht Mitarbeitern, das Gelernte wachzuhalten und ggf. zu erweitern.
Zu Nachbesprechungen im Berufsalltag ermutigen, diese fördern	Über trainingsnahe Tätigkeiten reflektieren; Gelerntes verstärken, ausbauen und planen, wie mit Situationen in Zukunft umgegangen wird.	Fördert Erhalt von Fertigkeiten und Selbstwirksamkeit sowie Motivation.
Weitere Verstärkung und Unterstützung fördern	Überlegen, wie Trainierte nachhaltig unterstützt werden können oder Zugang zu entsprechenden Wissens-/Kompetenz-datenbanken erhalten; Expertenaustausch fördern.	Verbessert Arbeitsleistung.

Tab. 3: Was *nach* einem Training zu tun ist (ergänzt und bearbeitet nach Salas, Tannenbaum, Kraiger & Smith-Jentsch, 2012 sowie Salas & Stagl, 2009; Übersetzung: LB)

Schritte (absteigend)	Handlungen	Wirkungen
Training evaluieren		
Zweck der Evaluation klären	Bestimmen, was man mit der Evaluation erreichen möchte; alle folgenden Entscheidungen mit dem Zweck der Evaluation in Einklang bringen.	Stellt sicher, dass die Evaluation ihren Zweck erfüllt und interpretierbare Resultate liefert.
Stakeholder der Evaluation bestimmen und Kommunikation sichern	Evaluations-Meeting so früh wie möglich (vor Training!) umsetzen.	Macht anschließende Verbesserungen und Langlebigkeit der Maßnahmen wahrscheinlicher.
Adäquate Evaluations-Tools adäquat einsetzen	Nutzung der State-of-the-Art-Kenntnisse der Mitarbeiterbefragung; reliable und valide Verfahren einsetzen oder entwickeln. Fachleute dafür nutzen.	Sichert die Gewinnung brauchbarer Daten.
Evaluation auf verschiedenen Ebenen ermöglichen	Erheben: Reaktionen, Lernprozess, Verhalten und Ergebnisse; Präzise einsetzen: Indikatoren für affektive, verhaltensbezogene und kognitive Indikatoren um Lernergebnisse zu erfassen auf Basis früherer Bedarfsanalyse(n).	Erlaubt wohlbegründete Entscheidungen bzgl. des Trainings inkl. Modifikationen; ermöglicht Nachhaltigkeit effektiver Trainings.

6   Zusammenfassung des Kapitels

Personalentwicklung umfasst eine Reihe von Maßnahmen, die u.a. auf die Verbesserung des Verhältnisses zwischen Mitarbeiter und Organisation, die Weiterentwicklung von Fachwissen, Können und den Erwerb von berufsbezogenen Verhaltensweisen fokussieren. Widerstände gegen Personalentwicklung entstehen beispielsweise, wenn Sinn und Zweck unklar sind oder negative Erfahrungen gemacht wurden. Eine Beteiligung der Mitarbeiter an der Planung ist sehr sinnvoll. Trainingswirkung zu verstehen, erlaubt eine gezielte Trainingsentwicklung und -evaluation. Wichtige Komponenten sind die Selbstwirksamkeit und Lernmotivation der Teilnehmer sowie Umfeldvariable der Organisation wie etwa das Lernklima, die den Transfer beeinflussen.

Häufig eingesetzte Maßnahmen jenseits des Trainings sind Coaching, Supervision und Mentoring. Alle Formate weisen Gemeinsamkeiten und Unterschiede auf. Evaluation fragt nach der Wirkung und den Ergebnissen von Maßnahmen. Wichtige Elemente sind die Reaktion auf die Maßnahme, dem Gelernten, der Umsetzung in Verhalten sowie dessen Wirkung. Zentral sind die beiden letzten Elemente. Der Transfer von Maßnahmen gelingt besser, wenn das Top-Management dahintersteht, die Umsetzung zeitlich nah erfolgt und begleitet wird, die Konzeption realitäts- bzw. anforderungsnah erfolgte. Die digitale Unterstützung von Lernprozessen muss bestimmen Bedingungen genügen, dazu gehören u.a. Nutzerfreundlichkeit, Einbindung in betriebliches Lernen sowie ein gutes didaktisches Design. Digital vermitteltes Lernen ist klassischen Settings nicht generell überlegen. Führungskräfte-Entwicklung bedarf einer systematischen Konzeption. Dazu zählen Dinge wie Sinn und Zweck sowie erwartete Ergebnisse der Maßnahme. Hinzu kommen die Bestimmung der Analyseebene, der Lernorientierung der Teilnehmer sowie Rahmenbedingungen und systematische Verstärkung des Erlernten.

Anbieter von Entwicklungsmaßnahmen sollten sehr genau auf ihre Basis hin geprüft werden. Die Erfolgsfaktoren von Trainings sind bekannt, diese können eingesetzt werden, um entsprechende Maßnahmen zu planen, durchzuführen und zu bewerten.

7   Verständnisfragen

1. Welche Maßnahmen sind zur Vorbereitung einer Personalentwicklungsmaßnahme generell durchzuführen?
2. Was sind Kennzeichen guter Trainings mit dem Schwerpunkt der Veränderung von Verhalten?
3. Was kennzeichnet gute Anbieter im Bereich der Personalentwicklung?
4. Argumentieren Sie evidenzbasiert für und gegen den Einsatz von E-Learning.

Literatur

Atwater, L. E., Brett, J. F & Charles, A. C. (2007). Multisource Feedback: Lessons Learned and Implications for Practice. *Human Resource Management, 46* (2), 285-307.

Bartram, D. (2012). *The SHL Universal Competency Framework.* SHL White Paper. Thames Ditton: SHL Group Ltd.

Bortz, J. & Döring, N. (2006). *Forschungsmethoden und Evaluation für Human- und Sozialwissenschaftler.* 4. Auflage. Berlin: Springer.

Bildat, L. & Martin, C. (2016). *Spieglein, Spieglein an der Wand: Narzissmus, führungsrelevante Personvariable und Intelligenz. Eine Untersuchung bei Studierenden wirtschaftsnaher Studiengänge.* Vortrag zur 20. Fachtagung der GWPs, 26.-27.02. Euro-FH Hamburg.

Bildat, L. & Remdisch, S. (2008). Personality and New Media: Predictors of PC and Internet Literacy. In J. Deller (Ed.), *Research Contributions to Personality at Work* (pp. 239-256). München und Mehring: Rainer Hampp.

Blessin, A. & Wick, A. (2014). *Führen und führen lassen.* 7. Auflage. Konstanz und München: UVK Verlagsgesellschaft.

Borg, I. & Mastrangelo, P. M. (2008). *Employee Surveys in Management. Theories, Tools, and Practical Applications.* Göttingen: Hogrefe & Huber.

Brandt, J. & Kallus, W. (2014). Seminarevaluation und Transfersicherung: Weiterentwicklung des Evaluationskonzeptes nach Kirkpatrick. *Wirtschaftspsychologie, 2,* 5-15.

Bronfenbrenner, U. (1986). Ecology of the Family as a Context for Human Development: Research Perspective. *Developmental Psychology, 22*(6), 723-742.

Bronfenbrenner, U. (1994). Ecological models of human development. In M. Gauvin & M. Cole (Eds.), *Readings on the development of children,* 2nd Ed. (pp. 37-43). New York: Freeman.

Colquitt, J. A., LePine, J. A. & Noe, R. A. (2000). Toward an Integrative Theory of Training Motivation: A Meta-Analytic Path Analysis of 20 Years of Research. *Journal of Applied Psychology, 85*(5), 678-707.

DeRue, D. S. & Myers, C. G. (2014). Leadership Development: A Review and Agenda for Future Research. In D. V. Day (Ed.), *The Oxford Handbook of Leadership in Organizations* (pp. 832-855). Oxford: Oxford University Press.

Dickhäuser, O. (2001). *Computernutzung und Geschlecht. Ein Erwartung-Wert-Modell.* Münster: Waxmann.

Dormann, T. & Frese, M. (1994). Error Training: Replication and the Function of Exploratory Behavior. *International Journal of Human-Computer Interaction, 6*(4), 365-372.

Döring, N. (2003). *Sozialpsychologie des Internet. Die Bedeutung des Internet für Kommunikationsprozesse, Identitäten, soziale Beziehungen und Gruppen.* Hogrefe: Göttingen.

Erikson, E. H. (1991). *Identität und Lebenszyklus.* Frankfurt am Main: Suhrkamp.

Erpenbeck, J., Sauter, S. & Sauter, W. (2015). *E-Learning und Blended Learning. Selbstgesteuerte Lernprozesse zum Wissensaufbau und zur Qualifizierung.* Berlin: Springer-Gabler.

Grote, S. (Hrsg.) (2012). *Die Zukunft der Führung.* Berlin: Springer Gabler.

Felfe, J., Ducki, A. & Franke, F. (2014). Führungskompetenzen der Zukunft. In B. Badura et al. (Hrsg.), *Fehlzeiten-Report 2014* (S. 139-148). Berlin: Springer.

Felfe, J. & Franke, F. (2014). *Führungskräftetrainings. Mit Arbeitsmaterialien und Fallbeispielen.* Göttingen: Hogrefe.

Försterling, F., Stiensmeier-Pelster, J. & Silny, L.-M. (Hrsg.) (2000). *Kognitive und emotionale Aspekte der Motivation.* Göttingen: Hogrefe.

Gris, R. (2008). *Die Weiterbildungslüge. Warum Seminare und Trainings Kapital vernichten und Karrieren knicken.* Frankfurt am Main: Campus.

Grote, S. (Hrsg.) (2012). *Die Zukunft der Führung.* Berlin: Springer Gabler.

Heidemann, W. (2011). *E-Learning im Betrieb.* Düsseldorf: Hans-Böckler-Stiftung.

Hertel, G. & Lauer, L. (2012). Führung auf Distanz und E-Leadership – die Zukunft der Führung? In S. Grote (Hrsg.), *Die Zukunft der Führung* (S. 103-118). Berlin: Springer.

Jiang, K., Lepak, D., Hu, J. & Baer, J. C. (2012). How does human resource management influence organisational outcomes? A meta-analytic investigation of mediating mechanisms. *Academy of Management Journal, 55,* 1264–1294.

Kals, E. & Gallenmüller-Roschmann, J. (2011). *Arbeits- und Organisationspsychologie kompakt. Mit Online-Materialien.* 2. Auflage. Weinheim: Beltz.

Kanning, U. P. (2013). *Wenn Manager auf Bäume klettern. Mythen der Personalentwicklung und Weiterbildung.* Lengerich: Pabst.

Kirkpatrick, D. (1996). Techniques for evaluating training programs. *Training & Development, 50,* 54-59.

Komives, S. R. & Dugan, J. P. (2014). Student Leadership Development. Theory, Research and Practice. In D. V. Day (Ed.), *The Oxford Handbook of Leadership and Organizations* (pp. 805-831). Oxford: Oxford University Press.

Kraiger, K. & Cavanagh, T. M. (2015). Training and Personal Development. In K. Kraiger, J. Passmore, N. Rebelo dos Santos & S. Malvezzi, *The Wiley Blackwell Handbook of the Psychology of Training, Development, and Performance Improvement* (pp. 227-246). Chichester: John Wiley & Sons.

Kuoppala, J., Lamminpää, A., Liira, J. & Vainio, H. (2008). Leadership, Job Well-Being, and Health Effects – A Systematic Review and a Meta-Analysis. *Journal of Occupational and Environmental Medicine, 50*(8), 904–915. DOI: 10.1097/JOM.0b013e31817e918d

Liaw, S.-S. (2008). Investigating students' perceived satisfaction, behavioral intention, and effectiveness of e-learning: A case study of the Blackboard system. *Computers & Education, 51,* 864-873.

Miller, R. B., Heiman, S. E. & Tuleja, T. (2004). *The New Strategic Selling.* 3rd Edition. London: Kogan Page.

mmb Institut für Medien- und Kompetenzforschung & Haufe Akademie (2014). *Ergebnisbericht Studie 2014. Der Mittelstand baut beim e-Learning auf Fertiglösungen. Repräsentative Studie zu Status Quo und Perspektiven von e-Learning in deutschen Unternehmen.* Essen und Freiburg: mmb Institut und Haufe Akademie.

Nerdinger, F. W., Blickle, G. & Schaper, N. (2014). *Arbeits- und Organisationspsychologie.* 3. Auflage. Berlin: Springer.

Neuberger, O. (2006). *Mikropolitik und Moral in Organisationen.* 2. Auflage. Stuttgart: Lucuis & Lucius.

Niegemann, H. M., Hessel, S., Hochscheid-Mauel, D., Aslanski, K., Deimann, M. & Kreuzberger, G. (2004). *Kompendium E-Learning.* Berlin: Springer

Örtquist, D. & Wincent, J. (2006). Prominent Consequences of Role Stress: A Meta-Analytic Review. *International Journal of Stress Management, 13*(4), 399-422.

Rauen, C. (2008). *Coaching.* 2. Auflage. Göttingen: Hogrefe.

Salas, E. & Stagl, K. C. (2009). Design Training Systematically and Follow the Science of Training. In E. A. Locke (Ed.), *Handbook of Organizational Behavior. Indispensable Knowledge for Evidence-Based Management* (pp. 59-84), 2nd Edition. Chichester: Wiley.

Salas, E., Tannenbaum, S. I., Kraiger, K. & Smith-Jentsch, K. A. (2012). The Science of Training and Development in Organizations: What Matters in Practice. *Psychological Science in the Public Interest, 13*(2), 74–101.

Scheffer, U. & Hesse. F. W. (Hrsg.) (2002). *E-Learning. Die Revolution des Lernens gewinnbringend einsetzen.* Stuttgart: Klett-Cotta.

Seyda, S. & Werner, D. (2014). IW-Weiterbildungserhebung 2014 – Höheres Engagement und mehr Investitionen in betriebliche Weiterbildung. *IW-Trends – Vierteljahresschrift zur empirischen Wirtschaftsforschung aus dem Institut der deutschen Wirtschaft Köln, 41*(4).

Schmidt, M. & Bildat, L. (2012). Transfermessung von Coaching. *Organisationsberatung, Supervision, Coaching, 19*(4), 473-486.

Schmidt-Huber, M., Dörr, S. & Maier, G. (2014). Die Entwicklung und Validierung eines evidenzbasierten Kompetenzmodells effektiver Führung (LEaD: Leadership Effectiveness and Development). *Zeitschrift für Arbeits-und Organisationspsychologie, 58*(2), 80-94.

Sitzmann, T., Kraiger, K. Steward, D. & Wisher, R. (2006). The comparative effectiveness of web-based and classroom instruction: A meta-analysis. *Personnel Psychology, 59,* 623-664.

Spencer, L. M. & Spencer S. M. (1993). *Competence at Work: Models for Superior Performance.* New York: John Wiley & Sons.

Sturm, M., Reiher, S., Heinitz, K. & Soellner, R. (2011). Transformationale, transaktionale und passiv-vermeidende Führung. Eine metaanalytische Untersuchung ihres Zusammenhangs mit Führungserfolg. *Zeitschrift für Arbeits- und Organisationspsychologie, 55*(2), 88-104.

Tharenou, P. (2010). Training and Development in Organizations. In A. Wilkinson, N. Bacon, T. Redman & S. Snell (eds.), *The SAGE Handbook of Human Resource Management* (pp. 155-172). Los Angeles: Sage.

Ulich, E. (2005). *Arbeitspsychologie.* 6. Auflage. Stuttgart: Schäfer Poeschel.

Wegge, J., Schmidt, K.-H., Piecha, A., Ellwart, T, Jungmann, F. & Liebermann, S. C. (2012). Führung im demografischen Wandel. *Report Psychologie, 37*(9), 344-354.

Weinert, A. B. (2004). *Organisations- und Personalpsychologie.* 5. Auflage. Weinheim: Beltz.

Wübbelmann, K. (Hrsg.) (2005). *Handbuch Management Audit.* Göttingen: Hogrefe.

Zwingmann, I., Wegge, J. Wolf, J., Wolf, S. Rudolf, M., Schmidt, M. & Richter, P. (2014). Is transformational leadership healthy for employees? A multilevel analysis in 16 nations. *Zeitschrift für Personalforschung, 28*(1-2), 24-51.

Führung

Lothar Bildat, David Scheffer & Jens Eisermann

„I always thought that the function of leadership was to produce more leaders, not more followers."
(Ralph Nader, 1976 in Barling, 2014, p. 7)

1   Einführung

In diesem Kapitel sollen einige der bekannteren, theoretisch und empirisch gesicherten Ansätze skizziert werden, die auch ihre praktische Bedeutung unter Beweis gestellt haben. Der Zweck dieses Kapitels ist eine *erste Heranführung* an das sehr komplexe und seit langem „beackerte" Forschungsfeld Führung. Leser[1] sollen nicht nur wichtige klassische und rezente Ansätze der Führungsforschung kennen lernen, sondern auch einen kritischen Blick darauf werfen. Dazu werden beispielsweise immer wieder Vertiefungen angeboten.

Zu Beginn werden in Abschnitt 2 einige Definitionen des Führungsbegriffes vorgestellt, Abschnitt 3 beschäftigt sich mit Eigenschaftsansätzen und Abschnitt 4 mit verhaltenswissenschaftlichen Theorien, also dem „Wie" der Führung. Abschnitt 5 widmet sich einigen Kontingenzansätzen, die die Rolle der Situation, in der Führung stattfindet, betonen. Abschnitt 6 beleuchtet Forschungsergebnisse rund um das Thema transformationale Führung. Um Führungswirkung und Mitarbeitergesundheit geht es in Abschnitt 7 und zum Schluss stellen wir in Abschnitt 8 kurz einige neue (?) Ansätze der Führungsforschung dar. Wer sich nach Lektüre noch intensiver mit dem Thema Führung beschäftigen mag, dem seien die am Schluss dieses Kapitels genannten Übersichtswerke ans Herz gelegt[2]. Im Anhang findet sich ein Text zum Thema transformationale Führung aus Praktikersicht von Huw Wynn Jones.

2   Was ist Führung (nicht)?

Die Führungswelt ist offenkundig komplex und die vielfältigen Beziehungsmuster und Interaktionen lassen sich nur ansatzweise darstellen. Neben den klassisch-hierarchischen Beziehungen gibt es auch „laterale Einflussnahmen" beispielsweise zu Kollegen und solche von außerhalb der Organisation, die mehr oder weniger stark auf Führungskräfte einwirken. Alle Muster können sich gegenseitig beeinflussen und sie sind dynamischer Natur.

Was Menschen für „gute Führung" halten, ist kulturellen Einflüssen unterworfen. Führung ist immer auch sozial konstruiert. In Deutschland gelten Attribute wie vorausschauend, Vertrauen schaffend, dynamisch, ermutigend, motivierend, entscheidungsfreudig, verbesserungsorientiert, leistungsorientiert, intelligent etc. dazu (Eckloff & von

---

[1]   Anmerkung: Die Verwendung der männlichen Form geschieht ausschließlich der besseren Lesbarkeit halber, hier kommt in keiner Weise eine geschlechterdiskriminierende Haltung zum Ausdruck.

[2]   Wir sind uns darüber im Klaren, dass die allermeisten hier referierten wissenschaftlichen Quellen und Befunde rund um das Thema Führung unter einem gewissen „Eurozentrismus" leiden. Auch heute noch wird ein großer Teil der Führungsstudien in westeuropäischen und/oder angelsächsischen Kontexten durchgeführt. Selbst Studien außerhalb des westlichen Kulturkreises werden vielfach in global agierenden, multinationalen Unternehmen durchgeführt, die einen „westlichen Stempel" tragen. Wer diese Perspektive verlassen möchte, dem seien die Verweise am Ende des Kapitels unter dem Stichwort „Führen im internationalen Kontext" empfohlen.

Quakebeke, 2008, S. 173). Die Vorstellung von „guter Führung" jedenfalls beeinflusst die Bereitschaft, überhaupt den Einfluss von Führungskräften zuzulassen. Eckloff und von Quakebeke (2008) konnten zeigen, dass „die Einflussoffenheit von Untergebenen umso größer ist, je stärker Führungskräfte in der Wahrnehmung der Untergebenen deren idealen Führungsprototypen entsprechen." (ebenda, S. 169). Die Autoren folgerten auf Basis ihrer umfangreichen Fragebogenstudie:

> „Das heißt, die Bereitschaft von Untergebenen, sich freiwillig und gerne von ihren Führungskräften beeinflussen zu lassen, ist stark davon abhängig, wie sehr diese dem in Deutschland sozial geteilten Prototyp idealer Führung entsprechen."

Je stärker sich also Mitarbeiter mit ihren Führungskräften identifizieren, umso eher lassen sie sich von diesen beeinflussen (ebenda, S. 174). Wir sollten diese Befunde im Kopf behalten, besonders wenn es um die Frage der Wirkung von Personeigenschaften und Führungshandeln geht, dies wird vielfach thematisiert werden. Wenden wir uns nun einigen Definitionsversuchen in Sachen Führung zu.

Definitionen

Es existieren etliche Definitionen rund um den Begriff der Führung. Fischer und Wiswede (2002, S. 511) definieren Führung unter Verweis auf weitere Quellen wie folgt: „Unter Führung versteht man meist die zielorientierte soziale Einflussnahme zur Erfüllung von Aufgaben in mehr oder weniger strukturierten Aufgabensituationen." Es geht hier um soziale Macht im Dienst der Gruppen- bzw. Unternehmensziele. Natürlich haben Führungskräfte weitere Möglichkeiten der Einflussnahme bzw. Machtausübung, dazu zählen beispielsweise die Belohnungsmacht (etwa: Beförderungen ermöglichen), die Bestrafungsmacht (etwa: Abmahnungen aussprechen) oder auch die Expertenmacht (Entscheidungen auf Grund von Fachwissen fällen).

Andere betonen beispielsweise das Wozu der Führung und die damit verbundenen Erfolgsindikatoren eines Unternehmens oder einer Organisation (Nerdinger, Blickle & Schaper, 2014). Man kann Führung auch wie folgt definieren: Führung bedeutet, Mitarbeiter, Kollegen, Klienten oder Kunden wirkungs- und respektvoll sowie wertschätzend zu unterstützen und zu befähigen, diejenigen organisatorischen Ziele zu erreichen, die für alle Beteiligten von hoher Bedeutung sind. Spätestens an dieser Stelle wird die Unterscheidung zwischen *Management* (Anwendung von Techniken qua Funktionsrolle) und *Führung* wichtig (Barling, 2014, S. 2). Führung bedeutet in unserem Kontext stets eine mehr oder weniger klar ausgerichtete und zielorientierte Beziehungsgestaltung.

Führungsaufgaben

Für manche Autoren ist Führung von Management nicht gut trennbar. Mintzberg (2011, S. 121) beispielsweise sieht Führung deutlich als Teil von Managementaufgaben, er nennt dies die „zwischenmenschliche Ebene" mit den Aufgaben, Mitarbeiter zu motivieren, zu entwickeln, Teams zusammenzustellen etc.

Bartram und Ingeoglu (2011) zeigen Führungsaufgaben auf unterschiedlichen Funktionsebenen auf. So haben beispielsweise Fachkräfte, Abteilungsleiter, junge Führungskräfte oder Gruppenleiter die Aufgabe, Mitarbeiter bzw. Arbeitsabläufe operativ zu kontrollieren – bei eingeschränkter Ressourcenverantwortung und Handlungsspielräumen. Sie müssen kompetent sein in einer Vielzahl von Bereichen und haben komplexe und routinemäßige Arbeitsanforderungen in vielen Kontexten zu meistern. Häufig ist das Arbeiten in einem Team gefordert. Gerade dem mittleren Management (beispielsweise Betriebs- oder Bereichsleiter) aber kommen sehr viele Führungsaufgaben zu. Komplexe Arbeitsanforderungen in vielen Kontexten sowie relativ viel Entscheidungsspielraum erfordern ein weites Spektrum von Kompetenzen. Personen im mittleren Management sind meist direkt verantwortlich für Ergebnisse von Mitarbeitern und sie besitzen i.d.R. viel Führungs- und oft Ressourcenverantwortung. Direktoren, Senior Manager, Senior-Berater, Top-Führungskräfte, Top-Executives, Geschäftsführer usw. führen dagegen häufig kaum noch direkt, hier spielen hohe Dynamik der Arbeit, sehr hoher Entscheidungsspielraum, viel Planung und Überwachung eine große Rolle. Informationsweitergabe und Kommunikation gehören zu den Hauptaufgaben der Führung. Sie haben viel Verantwortung für Unternehmensergebnisse, Zuweisung von Ressourcen, Analyse, Diagnose, strategisches Design, Planung, Ausführung und Bewertung – und dies häufig unter Zeitdruck, getrieben von z.T. hohen Marktdynamiken. In modernen Managementratgebern werden folgerichtig immer wieder Tipps zum besseren Zeitmanagement gegeben (beispielsweise Harvard Business Manager, 2014).

So oder so, Führung ist ohne Macht nicht vorstellbar. Dazu Knoblach und Fink (2012, S. 14): „Macht ist [...] keine spezifische Eigenschaft des Menschen, sondern eine Aussage über eine bestimmte soziale Relation zwischen mindestens einer Person - eine Relation, die dadurch gekennzeichnet ist, dass eine Person über ein größeres Ausmaß ermächtigender Ressourcen verfügt als die andere(n)." An dieser Stelle muss relativierend konstatiert werden, dass es sehr wohl menschliche Eigenschaften gibt, in deren Zentrum die Vermehrung der eigenen Macht, bzw. das Verhindern des Machtverlustes steht (dazu ausführlich etwa O'Boyle, Forsyth, Banks & McDaniel, 2012 sowie bes. Abschnitt 3 dieses Kapitels). In manchen rezenten Managementzeitschriften findet man allerdings auch immer wieder Artikel oder Interviews, in denen die Auffassung vertreten wird, man könne ohne Macht führen (Collins & Haas, 2015). Vermutlich jedoch verspricht schlichtes, autoritäres Machtgehabe heutzutage wenig Erfolg. Dennoch haben auch in den vielfach beschworenen Netzwerkorganisationen bestimmte „Stakeholder" mehr Einfluss als andere, es gibt unterschiedliche Abhängigkeiten und Druckmittel, wie vermutlich jede Führungskraft eines Zulieferbetriebes berichten kann.

Was unter Führung verstanden wird, unterliegt kulturellen und sozialen Einflüssen. In unserem Kulturkreis verstehen wir i.d.R. darunter eine akzeptierte, soziale Einflussnahme im Kontext einer Organisation. Mitarbeiter, Kollegen, Klienten oder Kunden werden unterstützt und dazu befähigt, organisationale Ziele zu erreichen. Führungskräfte unterschiedlicher Hierarchieebenen haben häufig auch unterschiedliche Aufgaben und Anforderungen. Führung kann in Teilen ersetzt werden beispielsweise durch einen hohen Grad an Qualifikationen der Mitarbeiter.

In der heutigen Arbeitswelt ist Führung vielfach auch nicht einfach substituierbar. Dazu sind die Umwelten und Strukturen, in denen sich Unternehmen bzw. Organisationen befinden, zu komplex und zu dynamisch. Hinzu kommt, dass Entscheidungen teilweise sehr rasch getroffen werden müssen, oftmals schneller, als es basisdemokratische Prozesse erlauben würden. Wie weiter unten noch angesprochen wird, ist hier das Vertrauen in die Führungsperson wichtig. Entscheidungen können sehr wohl „einsam" gefällt werden und sollten dennoch von einem hohen Maß an Vertrauen *in* diejenigen begleitet sein, die „ermächtigt" wurden.

Führung und berufliche Sozialisation

Eine Führungskraft kann besonders in der ersten Phase der beruflichen Sozialisation nachhaltig positiv oder negativ auf Mitarbeiter einwirken. Manche Führungskräfte agieren als „gütige Mentoren", andere lassen sich vielleicht als „unbeherrschte Generäle" beschreiben, wieder andere handeln wie „faire Coaches" etc. (vgl. dazu auch das Kapitel Onboarding – Integration neuer Mitarbeiter in diesem Band) Dabei kommt dem *Handlungsspielraum der Geführten* eine Schlüsselrolle zu (Gebert & von Rosenstiel, 2002, S. 102):

> „Führt der Vorgesetzte den Mitarbeiter in gängelnd-bevormundender Weise, so kann sich dies auf die Motivation des Mitarbeiters, sich intellektuell mit seiner Aufgabenstellung auseinanderzusetzen, nachteilig auswirken; eine Kompetenzerweiterung unterbleibt, da dem Betreffenden keine Situationskontrolle zugestanden wird."

Führung und Arbeitsorganisation

Die Beziehung zwischen der Arbeitsorganisation und den Bedürfnissen der Mitarbeiter ist teilweise problematisch. Die meisten Mitarbeiter möchten ihr Arbeitsumfeld aktiv mitgestalten. Dem steht allerdings die Struktur vieler Unternehmen entgegen (ebenda, S. 104 f., auch das Folgende). Unternehmen sind i.d.R. „verhaltensrational" gesteuert, d.h. sie haben die Steigerung von Umsatz und Gewinn im Blick. Daraus kann „Entfremdung" entstehen: Der Mensch wird schließlich von seinen Bedürfnissen, Wünschen und Motiven entfremdet – eine Erkenntnis, die sich seit Marx nicht allzu sehr verändert hat.

Wenn auch viele Tätigkeiten heutzutage weniger „entfremdet" sind als zu Beginn des Industriezeitalters, so lassen sich dennoch mit Volpert (1975, zit. in Gebert & von Rosenstiel, 2002, S. 104) leicht zwei Hauptaspekte der Entfremdung zeigen: Lohnabhängige produzierten erstens oftmals Gegenstände, die nichts mit ihnen zu tun haben und die keine persönliche Bedeutung besitzen (das „Was"). Zweitens unterliege, so Volpert, auch das Tun selbst nicht ihrer Kontrolle, etwa durch strenge Zeit- und Prozessvorgaben etc. (das „Wie"). Leider finden sich auch aktuelle Entwicklungen im Bereich digitaler Dienstleistungen, die mit einer Entfremdung der Arbeit und einem Mehr an Taylorisierung einhergehen können. Diese Prozesse können sich beispielsweise im Rahmen digitaler, oft in Solo-Selbstständigkeit eingebetteter Arbeit manifestieren (vgl. das Kapitel Arbeit 4.0 in diesem Band).

Wie auch immer, in vielen Fällen besteht auch heute ein Widerspruch zwischen der Art der Arbeitsorganisation und den Bedürfnissen des Einzelnen. Mehr dazu wird auch in den nächsten Kapiteln berichtet. Betont werden hier nicht die strategisch-betriebswirtschaftlichen Führungsaufgaben (Management i.e.S.). Es geht vielmehr um die direkte und/oder indirekte Einflussnahme von Führungskräften auf das Erleben und Verhalten der Mitarbeiter in Organisationen.

Limitierungen von Führung – Substitute

Bestimmte Merkmale von Aufgaben, bei Mitarbeitern und in Teams, aber auch in der Organisation selbst führen allerdings bereits im Vorhinein zu einer Neutralisierung von Führung. Das bedeutet, dass die angenommene Funktion von Führung nicht zur Anwendung gelangen kann oder auch soll. Kerr und Jermier (1978, S. 378) setzten 14 derartige Limitierungen in Beziehung zu mitarbeiter- und aufgabenorientiertem Führungsstil als sogenannte Substitute für Führung. So kann ein hoher Spezialisierungsgrad von Mitarbeitern wie etwa bei Besatzungen von Rettungswagen aufgabenorientierte Führung ersetzten, mitarbeiterorientierte Führung ist jedoch in dieser Konstellation sinnvoll. Im Gegensatz dazu erübrigt sich mitarbeiterorientierte Führung, wenn Mitarbeiter die Erfüllung ihrer Aufgaben als Befriedigung intrinsischer Motivation empfinden. Aufgabenorientierte Führung im Sinne der Koordinierung im Team kann sich trotzdem aber als notwendig erweisen. Obsolet sind beide Führungsstile beispielsweise, wenn sich Anreize außerhalb der Kontrolle der Führung befinden.

Howell et al. (1990) schlagen vor, Substitute gezielt zu etablieren, um alltägliche Führungsprobleme zu umgehen („effective alternatives to ineffective leadership", S. 21). Gestützt werden diese Überlegungen durch eine umfassende Metaanalyse von Podsakoff et al. (1996), bei der Zusammenhänge von Substituten mit Arbeitszufriedenheit, Commitment und Rollenerleben mit denen zu Führungsmerkmalen verglichen werden. Tatsächlich ergibt sich eine deutlich höhere durchschnittliche Effektstärke für die Substitute (20,2% aufgeklärte Varianz) gegenüber Führung (7,2 %). Dieser Befund bezieht sich allerdings vor allem auf Effekte bezogen auf die Arbeitseinstellung von Mitarbeitern und deren Rollenverständnis und weniger auf Leistungsparameter. Außerdem geben die Autoren zu bedenken, dass eine ganze Reihe der Substitute wiederum durch Führung ausgestaltet werden. Vor diesem Hintergrund kann festgestellt werden, das Substitute Führungsaufgaben gegebenenfalls sehr gut unterstützen können, aber im Gegensatz zur eigentlichen Bedeutung des eingeführten Begriffs „Substitute" keinen vollständigen Ersatz darstellen.

3   Eigenschaftsansätze

Hier werden einige Ansätze vorgestellt, die die Rolle von Personeigenschaften für die Arbeit als Führungskraft betonen. Es geht also um die Frage, ob und ggf. welche zentralen, eher wenig veränderbaren Merkmale einer Person eine Beziehung zu Führungsverhalten und -erfolg aufweisen.

3.1   Die „Klassiker"

Fragt man Laien, was eine gute Führungskraft ausmacht, so findet man häufig Nennungen bestimmter Charaktereigenschaften, dazu zählen etwa Durchsetzungsfähigkeit oder Ausdauer (s.o.: „Gute Führung"). Dies ist auch ein Ansatz unterschiedlicher Eigenschaftstheorien, der sich zu Beginn des letzten Jahrhunderts großer Beliebtheit erfreute und der gerade eine Renaissance erlebt.

Ein recht guter Weg, um den Zusammenhang zwischen Führungspersönlichkeit und Erfolg aufzuzeigen, sind verlässliche Messungen sogenannter Persönlichkeitsfaktoren,

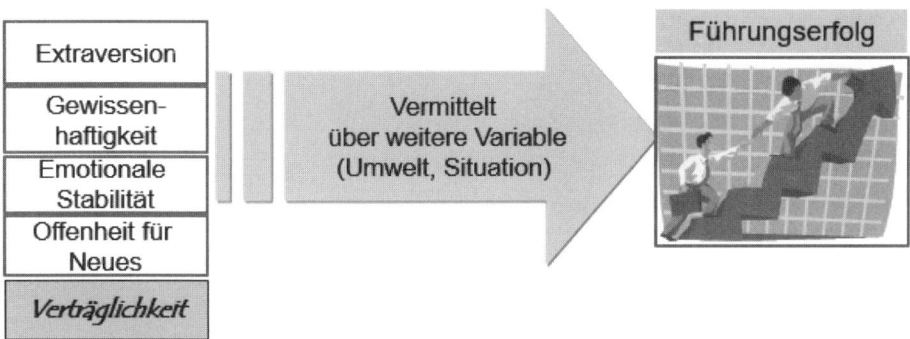

Abb. 1: Zusammenhänge zwischen Persönlichkeit und Führungserfolg (nach Judge, Ilies, Bono & Gerhardt, 2002)

beispielsweise der „Big Five"-Faktoren auf Seiten der Führungskräfte (und ggf. der Mitarbeiter). Diese Faktoren sind: emotionale Stabilität, Verträglichkeit, Offenheit für Neues, Gewissenhaftigkeit und Extraversion (vgl. auch das Kapitel Personalauswahl in diesem Band). Man kann nun diese Faktoren mit Kriterien guter Führung (Umsatz, Karrieregeschwindigkeit, aber auch Mitarbeiter-Bewertungen) korrelieren und erhält so einen Eindruck über die Zusammenhänge. Judge et al. (2002) konnten beispielsweise zeigen, dass Führungserfolg einhergeht mit emotionaler Stabilität (negativ erhoben über Neurotizismus), mit Extraversion, Offenheit für neue Erfahrungen und Gewissenhaftigkeit, dies zeigt Abbildung 1. Keinen Zusammenhang zeigte in dieser Studie der Führungserfolg mit Verträglichkeit. Was heißt das? Das heißt lediglich, dass erfolgreiche Führungskräfte vielfach...

a) nicht permanent ängstlich und unsicher,

b) eher gerne unter Leuten sowie

c) neugierig sind und

d) ihre Tätigkeiten meist gewissenhaft ausführen (Pünktlichkeit und Verlässlichkeit).

Nichts zu tun hat Führungserfolg nach dieser Lesart offenbar mit einem hohen Maß an Freundlichkeit und dem Wunsch, gut mit anderen Personen auszukommen. Vereinfacht könnte man hier argumentieren, dass Verträglichkeit beim „Nach-oben-Kommen" nutzlos ist. Ganz so einfach ist es aber nicht: neuere Befunde „rehabilitieren" gewissermaßen die Verträglichkeit. Diese kann auf Leistungsbeurteilungen über (mikro-) politische Fertigkeiten sehr wohl positiv einwirken. Verträgliche Führungskräfte sind also nur dann wirksam, wenn sie ihr Verhalten sehr klug an die Umstände anpassen, insbesondere durch die Entwicklung wichtiger beruflicher Netzwerke (Diekmann & Blickle, 2012), dies zeigt Abbildung 2.

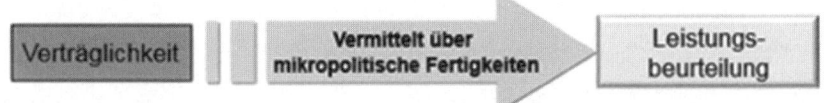

Abb. 2: Mediatorwirkung mikropolitischer Fertigkeiten im Rahmen von Führungshandeln (nach Diekmann & Blickle, 2012)

Insgesamt sind die Zusammenhänge hier genannter Personvariable mit Führungserfolg eher gering, bestenfalls moderat. Der Blick auf Personeigenschaften, die deutlich negativ konnotiert sind, öffnet unser Verständnis für die Zusammenhänge zwischen Eigenschaften der Führungskraft und organisationalen Variablen weiter.

3.2 „Dunkle" Eigenschaften

Verhindern bestimmte Personmerkmale und arbeitsbezogene Verhaltensweisen verantwortungsvolle Führung? „Narkissos verliebte sich in sein Spiegelbild und verschmachtete oder er tötete sich aus unerfüllter Liebe." (Kerényi, 1988, S. 138[3]). Hier ist einer derjenigen Faktoren angesprochen, der in den letzten 15 Jahren gemeinsam mit zwei weiteren sehr intensiv beforscht wurde. Die sogenannte „Dunkle Triade" („The Dark Triad", Paulhus & Williams, 2002) besteht aus diesen Variablen:

- **Narzissmus (nicht klinisch auffällig):** Extreme Ichbezogenheit, Glaube an eigene Grandiosität, Einzigartigkeit und Überlegenheit anderen gegenüber, starke Aggressionsneigung im Falle der Ich-Bedrohung und Empathiemangel.
- **Machiavellismus:** Starke mikropolitische Manipulationen, Hang zu illegalen und/oder illegitimen Methoden zur Machtstärkung, Zynismus, Kaltherzigkeit, strategische Instrumentalisierung anderer Personen.
- **Psychopathie (nicht klinisch auffällig):** Hohe Impulsivität, geringe Empathie und Ängstlichkeit, parasitärer Lebensstil, Ausbeutung, brutale Rücksichtslosigkeit ohne Reueempfinden, Menschenverachtung, aber auch Charisma und Charme.

Insgesamt ist es um Organisationen, in denen Führungskräfte hohe Ausprägungen dieser Eigenschaften aufweisen, nicht gut bestellt, wie zu zeigen sein wird. Mit was also hängt „die dunkle Seite der Macht" zusammen? Verschiedene Autoren (O'Boyle, Forsyth, Banks & McDaniel, 2012; Kish-Gephart, J., Harrison, D. A., & Trevino, L. K., 2010; Chatterjee & Hambrick, 2007) fanden diese Korrelate wie Veruntreuung, Unterschlagung, mangelnde Compliance, Aggression und starke Risikoneigung, welche sich je nach Marktsituation durchaus als positiv erweisen kann. Dass eine übersteigerte Selbstliebe von Führungskräften problematisch sein kann, scheint mittlerweile auch in der Management-Ratgeberliteratur angekommen zu sein, dort wird „das Ego der Entscheider" gelegentlich als „gefährliche Stärke" dargestellt (im Titel der Zeitschrift managerSeminare, 2014).

In einer eigenen Untersuchung an der EBC Hochschule Hamburg im Jahr 2015 (Bildat & Martin, 2016) konnten wir zeigen, dass sich bereits manche Studierende auf Bachelorniveau als begabte Führungskräfte der Zukunft einschätzen – und das, obwohl dazu eigentlich (noch) kein Anlass besteht. In dieser quantitativen Querschnittstudie wurde ein

Persönlichkeitseigenschaften im Kontext des „Big-Five"-Modells korrelieren schwach bis moderat mit Maßen des Berufserfolges. Im Führungskontext können weitere Merkmale einer Person als dysfunktional bezeichnet werden, weil sie substanziell negativ mit arbeitsbezogenen Variablen wie beispielsweise Veruntreuung, Unterschlagung, mangelnder Compliance, Aggression und starker Risikoneigung korrelieren. Letztere kann zumindest kurzfristig mit dem Erfolg eines Unternehmens einhergehen.

---

4 Kerényi, K. (1988). Die Mythologie der Griechen. Band I: Die Götter- und Menschheitsgeschichten. München: dtv.

Fragebogen mit 53 Items an einer Stichprobe von 95 Studierenden aus vier Studienrichtungen der EBC Hochschule eingesetzt (25 Männer, 69 Frauen, 1 Angabe fehlend; Altersdurchschnitt 21,87, SD = 2,19; Semesterdurchschnitt 4,68, SD = 1,50).

Untersucht wurden u.a. Zusammenhänge des selbst eingeschätzten Narzissmus mit Machiavellismus, selbst eingeschätzter Führungskompetenz, Mitarbeiterorientierung, dem Belastet-Sein durch selbst begangene Fehler sowie der Intelligenz (Faktenwissen-Allgemeinbildung). Es wurden unterschiedliche Hypothesen aufgestellt und getestet, einige Ergebnisse in Kürze:

- Narzissmus korrelierte moderat positiv mit Machiavellismus und führungsspezifischer Selbstwirksamkeit (selbst eingeschätzte Führungskompetenz).
- Narzissmus korrelierte ebenfalls moderat positiv mit dem generellen Glauben an erfolgreiches Handeln (Selbstwirksamkeit).
- Narzissmus ging ebenfalls moderat einher mit geringen Werten in Fehlerbelastetheit (d.h. Narzissten kümmert es tendenziell wenig, Fehler zu begehen).
- Narzissmus zeigte keinerlei Zusammenhänge mit Intelligenz (und Studienleistungen).
- Der geringe negative Zusammenhang mit Mitarbeiterorientierung war statistisch nicht signifikant.

Es fand sich für Feldforschungsverhältnisse eine hohe Korrelation zwischen Narzissmus und führungsspezifischer Selbstwirksamkeit (r = .69; knapp 50% Varianzaufklärung). Im Grunde verwundert dies nicht, sehen doch manche Autoren die Selbstüberschätzung als ein zentrales Merkmal des Narzissmus (Morf, Horvarth & Torchetti, 2011). Andere Autoren betonen, dass gerade der Führungsanspruch („Claim to Leadership") ein zentrales Element des Narzissmus sei (Leising et al., 2013). Hier sei noch einmal darauf verwiesen, dass sich in dieser relativ kleinen Stichprobe überhaupt kein Zusammenhang zwischen Narzissmus und objektiven Leistungsdaten (Intelligenztest und Noten im Studium) fand, der Führungsanspruch also „auf tönernen Füßen" zu stehen scheint.

Männer beschreiben sich i. Ggs. zu Frauen i.d.R. als signifikant narzisstischer (Paulhus & Williams, 2002; Austin, E. J., Farrelly, D. Black, C. & Moore, H., 2007; Bildat & Martin, 2015) und sie zeigen i.d.R. auch weniger Führungsverhaltensweisen, die sich als wirksam und gleichzeitig eher mitarbeiterorientiert erweisen. Brosi und Spörrle (2012) fassen verschiedene Befunde zusammen und weisen beispielsweise darauf hin, dass hoch narzisstische Führungskräfte durch Zurückhalten wichtiger Informationen Teamleistung erschweren können, sich weniger um Interessen der Mitarbeiter bemühen und risikoreichere Entscheidungen fällen. Die Autoren folgern mit Verweis auf weitere Studien (ebenda, S. 276):

> „Diese Ergebnisse wären für die Praxis wenig beunruhigend, wenn Menschen mit narzisstischen Persönlichkeitszügen selten in Führungspositionen wären. Leider spricht die Literatur jedoch dafür, dass narzisstische Personen auf Grund ihres Machtstrebens leichter in Führungspositionen gelangen [...]"

Ist Narzissmus „heilbar"? Nun, Empathie ist in Grenzen erlernbar (Hepper, Hart & Sedikides, 2014) und nicht jede Form milden Narzissmus' ist per se schädlich, auch nicht in Führungsetagen. Hier gilt sicher: „Die Dosis macht das Gift." Kommen allerdings Narzissmus, Machiavellismus und andere eher negativ konnotierte Eigenschaften bei einer Führungskraft zusammen, besteht Anlass zur Sorge, wie oben erwähnt. Einflüsse selbstzentrierter Verhaltensweisen von Führungskräften auf Mitarbeitergesundheit werden ausführlich in Abschnitt 7.2 detaillierter berichtet. Mehr Informationen zum Thema Management Derailment („Managementversagen") finden Sie im folgenden Themenheft der Zeitschrift für Psychologie:

- Westermann, F. & Dick, M. (Hrsg.) (2014). Themenheft „Managerversagen/Derailment (MvD)". *Wirtschaftspsychologie, 3(16).*

3.3   Motive, Befinden und Genetik

Warum werden Personen Führungskraft, was motiviert sie? Eine Antwort darauf geben Felfe und Schyns (2014, auch im Folgenden) mit Bezug auf diverse Forschungsarbeiten. Abbildung 3 zeigt, dass sich die Führungsmotivation aus den Bereichen der sozialen Norm (man fühlt sich verpflichtet zu führen), dem individuellen Nutzen (es bringt etwas ein zu führen) und aus einem affektiven Element (man führt gerne, es macht Spaß) zusammensetzt. Der letztgenannte Bereich wiederum ist insbesondere mit den Persönlichkeitsmerkmalen emotionale Stabilität, Offenheit für Neues und Extraversion verbunden.

Ferner spielen implizite, also oftmals nicht bewusste Motive eine Rolle (Macht-, Anschluss- und Leistungsmotiv, mehr dazu weiter unten zum „Leadership Pattern"). Hinzu kommen Selbstwirksamkeit (die Überzeugung, dass eigenes Handeln erfolgreich sein wird), Eigeninitiative sowie „Romance of Leadership" (RoL). Letzteres meint den (überzogenen) Glauben an die Wirkmächtigkeit von Führungshandeln (jenseits von Marktbeschaffenheit, Mitarbeiterverhalten etc.). Gerade der letzte Punkt ist wichtig: Glaubt man als Führungskraft selbst an einen unrealistisch hohen Grad des Führungseinflusses, so ist dies besonders bei „Versagen" problematisch, man attribuiert dann allzu leicht stabil internal: „Alles meine Schuld." Ist RoL hoch ausgeprägt, bevor man eine

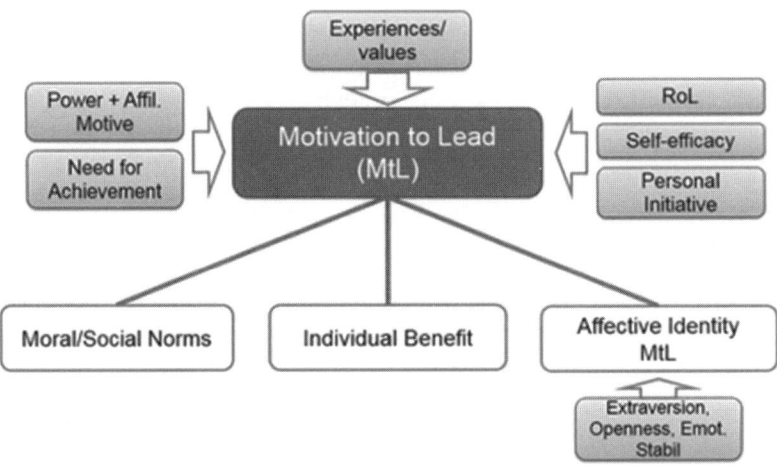

Abb. 3: Bestimmungsstücke der Motivation zur Führung (bearbeitet nach Felfe, & Schyns, 2014)

Führungsrolle übernimmt, hindert dies vielleicht am Handeln, weil man Misserfolg fürchtet, dies dürfte allerdings nicht für die o.g. Narzissten gelten. Hier kommt es also auf eine *realistische Vorbereitung auf die Führungsrolle* an (vgl. dazu auch das Kapitel Personalentwicklung in diesem Band).

Was aber geschieht, wenn auf Seiten der impliziten (nicht bewussten) Motive „Defizite" auftauchen, wenn also beispielsweise die „inneren Antreiber" dürftig ausgeprägt sind, man selbst aber (warum auch immer) glaubt, eine Führungsrolle einnehmen zu müssen? Dies behandelt der nächste Abschnitt.

Motivdiskrepanzen als Prädiktoren von Befinden bei Managern

Hier steht die Frage im Mittelpunkt, ob man ohne ausreichende „motivationale Antreiber", die aus dem Selbst der Führungskräfte kommen sollten, überhaupt erfolgreich sein kann. *Man kann explizite und implizite Motive unterscheiden,* das wird weiter unten vertieft werden. Erstere werden als bewusste Selbstbilder und Zielvorstellungen interpretiert, letztere sind teilweise nicht bewusste Anteile des Selbst, die nur in ganz bestimmten Umwelten angeregt werden (vgl. auch das Kapitel Arbeitsmotivation und Arbeitszufriedenheit in diesem Band). Kazen und Kuhl (2011) sowie Kehr (2004b) untersuchten, ob sich Diskrepanzen in gleichthematischen expliziten und impliziten Motiven auf das Befinden von Managern (mit Führungsverantwortung) auswirken. Abbildung 4 verdeutlicht den Gedanken.

Der obere Bereich zeigt den Fall der guten Passung zwischen impliziten und expliziten (Macht-) Motiven. Führungskräfte würden also hier das Führen an sich als wichtig und zu ihrem Selbst passend einschätzen. Gleichzeitig würden diese bewussten Motive „von innen" gespeist, also durch implizite Anteile unterstützt. Anders in der Abbildung unten: Hier wäre der „innere Antreiber" schwach ausgeprägt, bewusst aber wären führungsspezifische Ziele gewählt worden, ggf. durch wichtige Andere beeinflusst (Peers, Eltern, Partner). Das kann auf Dauer nicht gutgehen, da bewusste Handlungen, die wenig „implizite Quellen" anzapfen können, nicht ausreichend energetisiert werden können. Handeln entgegen „meinem Antreiber" verbraucht sehr viel psychische Energie

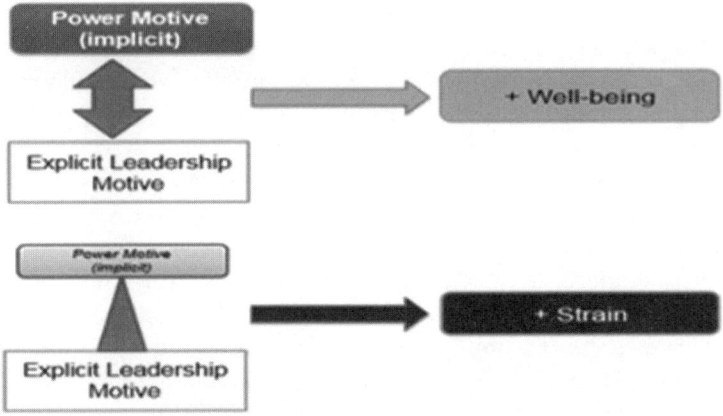

Abb. 4: Motivdiskrepanzen als Prädiktoren von Befinden (nach Kazen & Kuhl, 2011)

und fordert anhaltende Willensanstrengung. Folgerichtig zeigten sich in diesen Fällen Beeinträchtigungen des Befindens (ebenda; auch Kuhl, 2006).

Im nächsten Abschnitt wird das Zusammenspiel zwischen bewussten und unbewussten Motiven weiter vertieft.

„The Leadership Pattern"

Wie bereits im Kapitel über die Personalauswahl angedeutet wurde, sind für Führungskräfte in besonderem Ausmaß die unbewussten Antriebskräfte bzw. implizite Motive wichtig. Warum das so ist, verdeutlichen Studien der Arbeitsgruppe um Oliver Schultheiss (Schultheiss & Rohde, 2002; Wirth, Welsh & Schultheiss, 2006): Personen mit einem hohen impliziten Machtmotiv weisen als Gewinner von Wettbewerben und in Situationen, die machtthematische Herausforderungen beinhalten, erhöhte Testosteronwerte auf. Der positive Einfluss von Testosteron auf Dominanzverhalten und Aggression wiederum ist ebenfalls sehr gut belegt (zusammenfassend Pinnow, 2009). Hieran wird deutlich, wie stark implizite Motive mit grundlegenden biologischen Reaktionen verbunden sind – sie können als eine Schnittstelle zwischen den unbewussten Prozessen der Neurobiologie, dem bewussten Erleben und dem beobachtbaren Verhalten angesehen werden (Scheffer, 2005).

Führungsmotivation setzte sich zusammen aus sehr unterschiedlichen Bereichen der Persönlichkeit. Dazu zählen bewusste, explizite Selbstbilder inklusive selbst eingeschätzter Persönlichkeitsmerkmale ebenso wie unbewusste, also implizite Motive. Besonders das implizite Macht- und das Leistungsmotiv sind hier bedeutsam. Diskrepanzen zwischen den impliziten und expliziten Bereichen der Persönlichkeit können zu Problemen führen. Für die Diagnostik von Führungsmotivation und -kompetenzen empfiehlt sich eine Kombination aus expliziten und impliziten Verfahren.

Führung hat sich in der menschlichen Evolution über viele Jahrtausende entwickelt, denn nach allem, was wir über die Geschichte der Menschheit wissen, haben Menschen schon immer in relativ komplexen sozialen Beziehungen gelebt, in denen Konflikte um Ressourcen gelöst werden mussten (Harari, 2014). Eine Strategie, widerstrebende Ziele unterschiedlicher Gruppenmitglieder aufeinander abzustimmen, ist Führung. Der *Universal Competency Framework,* den Bartram 2012 für die Firma SHL entwickelt hat, rechnet daher *Leading and Deciding* zu den „Great Eight Competencies" (vgl. Kapitel Personalauswahl). Das soziale Zusammenleben und -arbeiten erfordert es, dass eine Person kontrolliert, Aktionen initiiert, dabei die Richtung vorgibt und im Konfliktfall Entscheidungen trifft, für die sie dann – hoffentlich – auch die Verantwortung übernimmt. Leider wissen wir aus dem Geschichtsunterricht, dass viele historische Führer bei der Übernahme von Verantwortung in extremer Weise versagt haben.

Führen soll hier jedoch als eine Kompetenz verstanden werden, die neben Initiative und Durchsetzungsvermögen auch die Übernahme von Verantwortung und daher ein hohes Maß an Selbstkontrolle voraussetzt; diese verschiedenen Facetten der Führungskompetenz, insbesondere der Aspekt der Selbstkontrolle, erfordert viel Energie und Selbstreflexion (Baumann & Kuhl, 2002). Um diese Energie zu mobilisieren, helfen basale biologische Prozesse, die u.a. mit der Ausschüttung von Testosteron assoziiert sind; sie geben die Energie und Motivation, auch bei Widerständen den Führungsanspruch aufrechtzuerhalten. Bei der Selbstreflexion hilft es, dass die unbewussten (impliziten) Motive und bewussten (expliziten) Absichten miteinander übereinstimmen (Kazen &

Kuhl, 2011). Die Basis der unbewussten Motive, also die leichte Aktivierbarkeit biologischer Prozesse in machthematischen Situationen, entwickelt sich offenbar schon durch Erfahrungen in der frühen Kindheit und ist relativ zeitstabil, kann also auch als Persönlichkeitsmerkmal aufgefasst werden, was allerdings nicht mit Unveränderlichkeit gleichgesetzt werden darf (Scheffer & Heckhausen, 2010). Das Machtmotiv scheint übrigens, wie auch das Affiliationsmotiv, aus einem erlebten Defizit herzurühren, also interpretierte Ohnmacht beim Macht- und erlebte Einsamkeit beim Affiliationsmotiv (Scheffer, 2005; Scheffer & Kuhl, 2005).

McClelland (1985) hat sich für die stabilen Persönlichkeitsmerkmale, die mit Führung und Dominanz assoziiert sind, interessiert, in einer Vielzahl von Studien erforscht und ein bestimmtes Motivprofil identifiziert, welches u.a. den Erfolg von Managern, definiert als Aufstieg in hierarchischen Organisationen, vorhersagen kann. Dieses Motivprofil nennt er das „Leadership Motive Pattern", und es besteht aus einem hohen Machtmotiv, einem niedrigen Affiliationsmotiv und einer hohen Selbstkontrolle.

Seine Motivation selbst einzuschätzen, ist offenbar nur bedingt möglich, worauf Sozialpsychologen (Nisbett & Wilson, 1977) und Motivationsforscher (McClelland, Koestner & Weinberger, 1989) wiederholt hingewiesen haben: Mit Fragebögen kommt man nicht an alle Aspekte der Motivation von Mitarbeitern heran. Man braucht auch sogenannte nicht-respondente, implizite Verfahren, die Motivation indirekt erfassen (Sarges, 2003). Obwohl einige Menschen ihre unbewusste Motivation recht realistisch einschätzen können, haben andere ganz unrealistische Vorstellungen von ihrer eigenen Motivation. Woran liegt das? Eine mögliche Antwort finden wir in einem klassischen Feldexperiment von Atkinson und McClelland (1948). Sie wählten dabei bewusst eine sehr elementare Motivation, und zwar „Hunger". Den Istwert für Hunger, nämlich die Dauer des Nahrungsentzugs konnten sie exakt messen, da sie mit Matrosen arbeiteten, von denen man aufgrund ihrer Kasernierung und eines Schichtplans genau sagen konnte, wie viel Stunden sie nichts mehr gegessen hatten. Sie ließen Matrosen nach einer Fastenperiode, deren Länge je nach Dauer des Einsatzes zwischen einer Stunde und 16 Stunden schwankte, ein implizites Motivmaß (den Thematischen Apperzeptionstest, TAT; Erklärung siehe Kasten) und ein bewusstes Motivationsmaß (einen Fragebogen) ausfüllen. Es zeigte sich, dass nur im impliziten Motivmaß (TAT) nahrungsbezogene Inhalte linear mit zunehmender Fastendauer zunahmen. Im Fragebogen zeigte sich dagegen ein umgekehrt U-förmiger Zusammenhang. Die bewusste Selbsteinschätzung des eigenen Hungers stieg mit zunehmendem Nahrungsentzug zunächst an, fiel dann jedoch wieder ab. Nach einem ungewöhnlich langen Nahrungsentzug von 16 Stunden dachten die Matrosen offenbar nicht mehr so stark bewusst an den Hunger. Das Bedürfnis nach Nahrungsaufnahme war jedoch objektiv weiter gewachsen, was sich nur im impliziten Motivmaß (dem TAT) offenbarte.

Dieses Feldexperiment lehrt uns folgendes: Erstens waren die Matrosen in der Lage, ihren Hunger aufgrund der vielfältigen Aufgaben zu verdrängen, denn ansonsten hätten sie diesen in den Fragebögen zugegeben. Zweitens wurde im TAT deutlich, dass ihre Wahrnehmung sehr wohl durch den Hunger beeinflusst wurde, denn sie sahen in den mehrdeutigen sozialen Situationen vor allem Szenen in Restaurants und Lebensmittelläden, undeutliche Striche im Bild wurden zu Messer und Gabel usw. Dies zeigt, dass selbst bei einer elementaren Motivation wie dem Hunger eine bewusste Selbsteinschätzung des Ist-Zustandes ungenau sein kann, d.h. nicht den objektiven Tatsachen entspricht.

> **Der Thematische Apperzeptionstest (TAT)**
>
> Mit Hilfe des TAT werden systematisch implizite Bedürfnisse gemessen, indem Teilnehmer zu mehrdeutigen Szenen Fantasiegeschichten schreiben, die dann durch wohldefinierte Auswertungsschlüssel auf darin vorkommende Bedürfnisse hin kodiert werden. Dieser Messansatz beruht auf der Idee, dass Motive sich am klarsten durch selektive Wahrnehmungstendenzen erkennen lassen. Wer bspw. ein sehr ausgeprägtes Machtmotiv hat, wird Situationen vor allem vor dem Hintergrund von Hierarchie (bzw. Über-/Unterordnung) interpretieren. Hoch Bindungsmotivierte sehen genau dieselben bildlich dargestellen Situationen dagegen vor dem Hintergrund vorhandener oder nicht vorhandener Sympathie, Harmonie und Nähe. Leistungsmotivierte schließlich interpretieren diese Situationen gar nicht in einem sozialen Rahmen, sondern vor dem Hintergrund einer Aufgabenstellung (s. Scheffer, 2005).

Erst recht gilt dies für sozial nicht immer besonders erwünschte Bedürfnisse wie bspw. der Anschlussmotivation. Shipley & Veroff (1952) haben gezeigt, dass diese implizite Motivation entsteht, wenn man aus einer persönlich bedeutsamen Gruppe ausgeschlossen wird (z.B. bei amerikanischen Studenten, denen zuvor die Aufnahme in einer begehrten Burschenschaft („fraternity") verwehrt worden war). Sozial ebenso unerwünscht und oft verdrängt ist das Machtmotiv (siehe nächsten Kasten). Wie nicht anders zu erwarten, ist gerade dieses Motiv nicht immer nur edler Natur, auch wenn es für den Aufstieg in großen Organisationen unbedingte Voraussetzung zu sein scheint (McClelland, 1975; McClelland & Boyatzis, 1982).

Generell kann man heute feststellen, dass die Motivationsforschung drei große Motivbereiche gefunden hat, von denen einige Aspekte sehr konstruktiv und positiv sind, und die daher in Befragungen auch gerne zugegeben werden. Alle drei Motive weisen aber auch negative Aspekte auf, die Menschen vor sich und anderen zu verbergen suchen, und die sich daher nicht ohne weiteres erfragen lassen (selbst wenn eine Person diese vorsprachlich, eher gefühlsmäßig repräsentierten Motive im Prinzip klar ausdrücken könnte). Der folgende Kasten informiert über die „Big 3" der Motivationsforschung.

Es gibt heute zahlreiche Nachweise, dass die implizite, *nicht immer aber* die bewusste Motivation mit tatsächlich beobachtbarem Verhalten, mit messbarer Hormonaktivität und langfristigem Karriereerfolg korreliert (zusammenfassend Schultheiss & Brunstein, 2010). Aus der Sicht der Motivationsforschung ist es daher heute klar, dass die Diagnose der Motivation – und die stellt die notwendige erste Maßnahme vor der Implementierung eines Motivationsprogramms dar – *nicht* nur auf der Befragung subjektiver, bewusster Einstellungen beruhen darf, sondern in erster Linie auf objektiven, indirekten Methoden aufbauen sollte. Wir sind uns darüber im Klaren, dass dies für Praktiker einen nicht unerheblichen Mehraufwand bedeutet, denn indirekte Methoden sind immer unbequemer als Mitarbeiterbefragungen. Dennoch macht es aus Sicht der Motivationsforschung keinen Sinn, sich immer wieder mit subjektiven Befragungen zur Motivation zu begnügen, wenn diese nicht valide sind. Der Mediziner wird sich ja auch nicht mit Abhören begnügen, wenn Röntgen zur präzisen Diagnose angesagt ist.

Wie kann man dieses durch den TAT gemessene „Leadership-Motivmuster" interpretieren? Das hohe implizite Machtmotiv lässt Menschen auf machtthematische Situationen

Die „Großen Drei" impliziten Motivationen

1. *Macht:* Menschen, die sich aufgrund einer früh erworbenen Veranlagung und einer vorhandenen Gelegenheit im Zustand der Machtmotivation befinden, versuchen, andere zu etwas zu bringen, was diese von sich aus nicht einfach so tun würden. Hierzu gehört zum einen, ihnen etwas beizubringen, sie zu motivieren, nach Fehlschlägen wiederaufzubauen. Hierzu gehörten jedoch oft auch die Manipulation und der verbissene Machtkampf. Das Machtmotiv ist ein alter Überlebensinstinkt, der Menschen enorme Kraft, Ausdauer und soziale Intelligenz gibt, diese aber auch zu skrupellosen Egomanen machen kann. Leider liegen diese Facetten beim Menschen nicht immer so klar sortiert nebeneinander, sondern vermischen sich. Und dies ist ein Grund dafür, dass Machtmotivation als einer der wichtigsten Wahrnehmungsfilter der Arbeitswelt zum Teil implizit bzw. unbewusst bleibt.

2. *Leistung:* Menschen, die sich aufgrund einer früh erworbenen Veranlagung und einer vorhandenen Gelegenheit im Zustand der Leistungsmotivation befinden, wollen immer besser werden, immer dazu lernen, immer höhere Ansprüche an ihre eigene Leistungsstärke befriedigen. Dies könnte die Leistungsmotivation sozial recht erwünscht machen, wäre da nicht der extreme Ehrgeiz, der meistens mit hoher Leistungsmotivation einhergeht, und der andere durch sein stets auf Effizienz und selten auf soziale Belange ausgerichtetes Streben durchaus abstoßen kann.

3. *Bindung:* Menschen, die sich aufgrund einer früh erworbenen Veranlagung und einer vorhandenen Gelegenheit im Zustand der Bindungsmotivation befinden, wollen nicht aus der Gemeinschaft ausgestoßen werden. Sie bemühen sich daher, den Erwartungen anderer Folge zu leisten und gehen mit anderen durch alle Höhen und Tiefen. Dieser positive Aspekt der Bindungsmotivation kann jedoch durch ein hartnäckiges Harmoniestreben getrübt werden, das selten Kritik und Unabhängigkeit verträgt. Eine positive Form der Bindungsmotivation ist auf die persönliche, akzeptierende oder sogar liebevolle Begegnung mit anderen Personen ausgerichtet, und zwar so, dass gegenseitig die Autonomie des anderen respektiert und gefördert wird.

mit Durchsetzungswillen reagieren. U.a. Testosteron, aber auch geringe Cortisolwerte stellen die dafür benötigte Energie bereit (Wirth et al., 2006). Das niedrige Affiliationsmotiv hemmt die Rücksichtnahme und persönliche Betroffenheit, welche harte Entscheidungen, die in Ressourcenkonflikten notwendigerweise getroffen werden müssen, erschweren würden. Auch hierbei spielen übrigens neurobiologische Prozesse eine wichtige Rolle (Pinnow, 2009). Und die Selbstkontrolle sorgt dafür, dass Dominanz und Aggression nicht so eskalieren, dass das Führungsverhalten „entgleisen" würde.

Dieses „leadership motive pattern" war in einer Längsschnittstudie, die beginnend mit einem Assessment Center beim amerikanischen Konzerns AT&T (American Telephone and Telegraph Company) die Karriere der Nachwuchsmanager 16 Jahre verabfolgte, als einzige Variable in der Lage, den Management-Erfolg statistisch signifikant vorherzusagen (McClelland & Boyatzis, 1982). Das Leistungsmotiv war ebenfalls signifikant mit dem Management-Erfolg assoziiert, allerdings nur in mittleren Hierarchieebenen, wo es mehr auf individuelle Beiträge der Manager als um die Beeinflussung von

Mitarbeitern ging. Die höchsten Karrierestufen erreichten überwiegend die stark Macht-motivierten, während die Affiliationsmotivierten kaum in der Hierarchie aufstiegen. Dieses Befundmuster, das jedoch nicht für technische Manager mit Ingenieursaufgaben gilt, konnte für alle anderen Führungskräfte mehrfach repliziert werden, zumindest für die Kombination hohes Macht- und niedriges Affiliationsmotiv (Winter, 1991; Jacobs & McClelland, 1994).

Besonders in Deutschland, wo Management oft viele technische Aspekte aufweist, ist auch das Leistungsmotiv ein bedeutsamer Prädiktor für Führungserfolg, freilich ebenfalls in Kombination mit starkem Macht- und geringem Affiliationsmotiv (Dörr, Hund & Inderst, 2016). Diese Autoren weisen zudem darauf hin, dass auch das Affiliations- bzw. Kontaktmotiv eine entscheidende Rolle beim Führungserfolg spielen kann. Sie begründen das damit, dass in Zeiten von Wandel und Veränderungen die Fähigkeit zur sozialen Integration bedeutsamer wird. Stärker mitarbeiterorientierte und transformationale Führungskräfte sind in diesen unsicheren Zeiten vielleicht wirklich auf dem Vormarsch.

Dies unterstreicht auch eine weitere Studie von Jacobs und McClelland (1994): Weibliche Führungskräfte, die ja glücklicherweise immer häufiger werden, sind dann erfolgreicher, wenn sie eher positive Komponenten von Macht (Helfen, Unterstützen, Inspirieren, Lehren etc.) in ihren Geschichten betonen, wohingegen männliche Führungskräfte dann aufsteigen, wenn sie zuvor die negativen Seiten der Macht (Aggression, Ärger, Feindseligkeit, Ungeduld etc.) im TAT betont haben. Vielleicht erleben wir mit dem Abbau von Hierarchien in vielen Unternehmen ja auch, dass diese uralte männliche Dominanzstrategie sich ebenfalls ändern muss, wobei das Affiliationsmotiv sicher helfen kann.

Wie passt das von Judge et al. (2002) im „Big Five" gefundene Persönlichkeitsprofil von erfolgreichen Führungskräften zum „Leadership Motive Pattern" von McClelland? Es gibt Parallelen, aber auch Unterschiede, die mit der weniger bewussten, impliziten Natur von Letzterem erklärt werden können. Das „Big Five"-Profil mit hoher Extraversion und Gewissenhaftigkeit, leicht erhöhter Offenheit für Neues und Verträglichkeit sowie geringem Neurotizismus entspricht sicherlich der modernen Vorstellung von „Laien" bzw. uns allen als normalen, demokratischen Mitarbeitern als Idealvorstellung einer Führungskraft (s.o.; Eckloff & van Quakebeke, 2008). Dieses „Big Five"-Profil bedeutet ja, dass solche Führungskräfte zwar als durchsetzungskräftig (durch die hohe Extraversion), aber auch mitarbeiterorientiert und selbstkontrolliert wahrgenommen werden. Und diese „demokratische Erwartung" wird in Unternehmen immer mehr zur Realität und damit auch wirklich ein Prädiktor für Führungserfolg.

„Auszeiten" von Führungskräften und deren mögliche Folgen

Führungskräfte sind sicher nicht nur Auslöser diverser Verhaltensweisen anderer Personen, sie wirken nicht nur mehr oder weniger positiv auf Menschen und Systeme ein, sie selbst sind oft genug beeinflusst von äußeren Kräften. Führungskräfte werden beispielsweise auch unfreiwillig freigestellt, beispielsweise nach Firmenzusammenschlüssen und -übernahmen oder in wirtschaftlich schwierigen Zeiten. Auch Managerposten „fallen dem Rotstift zum Opfer". Brands und Kollegen (2015) konnten in einer aufwändigen Interviewstudie zeigen, dass es allerdings nach dem vorzeitigen Ende einer Tätigkeit im Top-Management häufig nicht „schnurgerade nach oben" geht. Manchmal geht es auch relativ lange abwärts. Freigesetzte Manager, die nicht in kurzer Zeit (< ½ Jahr) wieder einer vergleichbaren Tätigkeit nachgehen, erleben oft einen typischen Phasenverlauf. Die Entlassung wirkt häufig wie ein Schock, ein erstes „Tief", es kommt allerdings nach einigen Tagen oder Wochen oft zu einem kurzen Zwischenhoch, in dem die Chancen für einen raschen Wiedereinstieg (zu) positiv eingeschätzt werden.

Diese Phase wird gefolgt von einem zweiten „Tief", begleitet von der u.U. bitteren Erkenntnis, dass man länger suchen muss als gedacht, um wieder im Management arbeiten zu können. Man stelle sich einen 55-jährigen Vertriebschef eines Handelsunternehmens vor, der nach einem Merger mit einem Mitbewerber-Unternehmen „redundant" wurde. Top-Positionen in diesem Bereich sind i.d.R. selten lange vakant. Wer sehr lange sehr spezialisiert gearbeitet hat, wird schwerlich „einfach so" in einen völlig anderen Bereich wechseln können, zumal dort häufig kompetentere und jüngere (!) Bewerber „mitbieten". Jetzt könnte man etwas ironisch anmerken, dass ja Top-Manager i.d.R. „weich fallen". Es kommt aber nicht selten vor, dass gerade dieser Personenkreis erhebliche Verbindlichkeiten auf sich genommen hat und einen „unorthodoxen Lebensstil" pflegt. Dies alles droht u.U. abzurutschen, inklusive des plötzlichen Rollenwandels im Freundeskreis und in der Familie.

Es kann sehr sinnvoll sein, sich als Führungskraft in der Freistellung professionell beraten zu lassen. Dabei geht es nicht nur um Netzwerkpflege, sondern beispielsweise auch um Hilfe zur beruflichen Neu-Orientierung. Eine plötzliche, ungewollte „Auszeit" kann sowohl Ursache als auch Folge erheblicher Belastung durch Stressoren sein. Manche Personen sind allerdings bezüglich der Stressfolgeerkrankungen besonders gefährdet, davon berichtet der nächste Abschnitt.

Gene und Burnout: Wenn psychobiologische Systeme wanken

Sind unser Verhalten und unsere Persönlichkeit abhängig von unseren Genen, sind wir also „Marionetten an den Fäden der Erbanlagen"? Die Antwort lautet nein, das sind wir sicher nicht. Dennoch müssen wir Befunde aus der Genetik und der Verhaltensforschung ernst nehmen (hierzu finden Sie weitere Informationen im Anhang des Kapitels; Infokasten 1). Generell ist in den letzten Jahren das „Gen-Umwelt-Konzept" in den Vordergrund vieler Forschungsarbeiten gerückt, die alte Anlage-Umwelt-Debatte wurde abgelöst durch eine differenziertere Betrachtung des Zusammenspiels zwischen Genetik und Umwelt.

Caspi et al. (2002) konnten beispielsweise zeigen, dass nur im Falle des Vorliegens einer bestimmten Genvariante, die für einen bestimmten Stoff im Gehirn zuständig ist, schwerste Misshandlungen in der Kindheit auch zu massiven Verhaltensproblemen führen. Dies wird in Abbildung 5 verdeutlicht.

Liegt ein bestimmtes Enzym in nicht ausreichender Menge vor, so werden in diesem Fall weitere, erregende Botenstoffe im Gehirn nur unzureichend abgebaut, die Verhaltenskontrolle wird somit erschwert. Das Ausmaß der Enzymproduktion (niedrig versus hoch) alleine macht allerdings keinen Unterschied! Hier müssen also besonders schlechte Umweltbedingungen hinzukommen, um schädliches Verhalten vorhersagen zu können. Die Ergebnisse wurden in der Arbeitsgruppe um Frazzetto (2007) an Psychiatriepatienten (für Männer) bestätigt.

Burnout kann nun ebenfalls durch ein perfides Zusammenspiel zwischen Anlage und Umweltfaktoren mit ausgelöst werden. Der Prozess wird hier aufgrund der Brisanz des

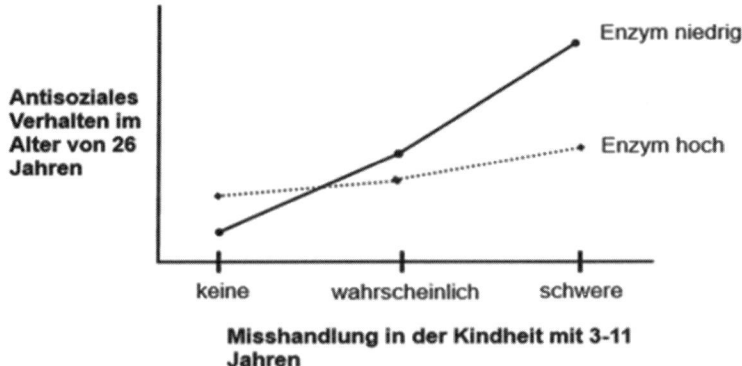

Abb. 5: Gen-Umwelt-Konzept am Beispiel antisozialen Verhaltens in Abhängigkeit von Genen und Umwelt (eigene Darst. nach Caspi et al., 2002). Anmerkung: Das MAOA-Gen produziert das Enzym Monoaminoxidase-A (MAO-A), welches die Produktion der Neurotransmitter Serotonin, Noradrenalin und Dopamin reguliert. N in ursprünglicher Studie = 163 in Gruppe Enzym *niedrig* und n = 279 in Gruppe Enzym *hoch*.

Themas kurz beschrieben (vgl. auch das Kapitel Stress und Gesundheitsmanagement in diesem Band): Burnout kennzeichnet sich durch Depersonalisation, Leistungsabfall und emotionale Erschöpfung (auch bei Managern, vgl. Spreiter, 2014). Epigenetische Marker, die „Burnoutanfälligkeit" anzeigen, konnten von Reuter (2016) identifiziert werden. Epigenese umfasst Veränderungen des Erbgutes zu Lebzeiten eines Organismus. Dazu zählen beispielsweise „Ablesefehler" bei der Herstellung bestimmter Enzyme oder Hormone durch äußere Einflüsse wie etwa Strahlung oder andere „Störfaktoren". Reuter konnte zeigen, dass bei manchen Personen, die erhöhtem Stress ausgesetzt sind, psychobiologische Mechanismen „außer Rand und Band" geraten können. Eine schnelle Heilung ist hier unwahrscheinlich, Gesundung braucht Zeit (mehr dazu natürlich im Kapitel Stress und Gesundheit in diesem Band).

Führen, Gene und biografische Elemente

Wie gerade ausgeführt, spielen Gene eine Rolle, wenn es darum geht, wie wir mit Belastungen aus der Umwelt klarkommen. Mittlerweile gilt der Einfluss der Gene bezüglich der Frage, ob man überhaupt eine Führungskraft wird oder nicht, als belegt. Für Frauen und Männer gelten hier ähnliche Einflüsse genetischen Hintergrundes. Für beide gilt aber auch, dass es immer ganz spezifische und schlecht verallgemeinerbare Einflüsse aus der Umwelt gibt, die hier wirken (im Überblick, Barling, 2014).

Um es kurz zu machen, rund 25% der Variation der Führungsrollenübernahme „gehen auf das Konto" der Gene. Das bedeutet auch, dass 75% der Variation dieser Variable durch nicht-genetischen Einfluss erklärbar sind. Gene und Umwelt wirken immer gemeinsam, wie gezeigt. Diese Angaben beziehen sich ferner auf untersuchte Populationen (Grundgesamtheiten), daher sind *Rückschlüsse auf Einzelpersonen unzulässig*. Es wäre also falsch zu sagen: „Bei Peter ist die Entscheidung zur Arbeit als Führungskraft zu einem Viertel genetisch bedingt!". Der Einfluss der Gene ist also überschaubar (mehr dazu im Infokasten 1 zu diesem Kapitel im Anhang). Es sind sehr viele weitere Faktoren wichtig, wenn es um die Frage der Übernahme einer Führungsrolle geht (Rollenmodelle wie Eltern oder Lehrer; besondere Situationen und Gelegenheiten etc.). Dazu gibt es bereits seit den 60er Jahren des letzten Jahrhunderts eine Reihe von Studien (hierzu besonders Avolio & Vogelgesang, 2011).

Denkanstoß: Fallen Ihnen Personen ein, die in Ihrem Leben als positives Rollenvorbild in Sachen Führung aufgetreten sind? Warum waren diese Personen Vorbilder? Was hat sie ausgemacht, was finden oder fanden Sie hier beeindruckend?

Möglicherweise „stählen" auch frühe, negative Erfahrungen in der Kindheit manche Personen. Man spricht hier von „Resilienz", also einer Fähigkeit, schwierige Ereignisse zu meistern („die harte Schule des Lebens"). „Resiliente" könnten aus Krisen ihrer frühen Jugend oder Kindheit gestärkt hervorgehen, empirische Untersuchungen genau zu diesem Thema gibt es offenbar noch nicht allzu viele (mehr dazu: Barling, 2014).

Interessanter Weise begünstigt ein höherer Sozialstatus die Führungs-Rollenübernahme bei Männern, jedoch nicht bei Frauen (ebenda). Dies wird beispielsweise damit erklärt, dass gerade auf junge Männer in höheren sozialen Schichten mehr Druck in Richtung (Management-) Erfolg ausgeübt wird. Die Entwicklung eines positiven Selbstbildes hängt also auch mit elterlichem Verhalten zusammen. So konnte gezeigt werden, dass konstruktiv-unterstützende Eltern-Kind-Interaktionen positiv mit Lehrerurteilen des „Führungsverhaltens" von Kindern im schulischen Kontext korrelieren.

Führungsrollenübernahme weist auch einen moderaten genetischen Anteil auf. Hier werden Ergebnisse aus Studien mit eineiigen und zweieiigen, getrennt und gemeinsam aufgewachsenen Zwillingen herangezogen. Schlichte Übertragungen der Ergebnisse auf Einzelpersonen ist unseriös. Besonders wichtig sind auch frühe Sozialisationserfahrungen: konstruktiv-unterstützendes Verhalten von Eltern kann eine frühe Übernahme von Führungsrollen begünstigen.

Was diese Untersuchungen aber nicht (explizit) abbilden, ist die *Art und Güte* der Beziehungen zwischen Mitarbeiter und Führungskraft. Es fehlt u.a. der Blick auf das *Wie* guter Führung und auf die unterschiedlichen Situationen, in denen ein bestimmtes Führungsverhalten sinnvoll oder eben unangebracht ist. Dies wird nun in den Abschnitten 4, 5 und 6 noch detaillierter besprochen.

4 Verhaltenswissenschaftliche Theorien

Diese beschäftigten sich u.a. mit der oben gestellten Frage danach, wie sich Führungskräfte verhalten sollten, um erfolgreich zu sein. In den sogenannten Ohio-Studien wurden in den 50er Jahren durch Hemphill, Fleishman, Stogdill & Startle (zit. in Weinert, 2004, S. 471 ff.) zwei Faktoren des Führungsverhaltens identifiziert: Consideration und Initiation of Structure, also Mitarbeiterorientierung und Aufgabenorientierung. Das erstgenannte Verhalten umfasst das Sich-Kümmern, es betont den emotionalen Zugang zu den Mitarbeitern. Aufgabenorientierung meint sachliche Unterstützung zur Bewältigung von Aufgaben, das Einhalten von Zeitplänen etc. Die eingesetzte Methode war eine Fragebogenstudie von Mitarbeitern (Verhalten und Stil des Vorgesetzten sollten in verschiedenen Situationen beschrieben werden). Problematisch war hier von Anfang an, dass die Unabhängigkeit der Faktoren nicht unbedingt gegeben ist. Das heißt, dass man u.U. einmal so und einmal so führen kann.

In frühen Studien fand sich, dass im Verwaltungsbereich Consideration erfolgreicher war als Initiating Structure und im Industriebereich schien es umgekehrt zu sein. Allerdings steigerte Consideration nicht automatisch die Zufriedenheit und Initiating Structure die Leistung. Meist handelte es sich um Korrelationsstudien und die Ergebnisse waren z.T. uneinheitlich, ferner waren die Koeffizienten meist gering und die Kausalität war wie in allen Korrelationsstudien unklar: Denkbar ist beispielsweise, dass eine Führungskraft sich eher „erlaubt", mitarbeiterorientiert zu führen, wenn alles „gut läuft", wenn beispielsweise ein Team erfolgreich ist. Dieser Gedanke wird in den Kontingenzansätzen vertieft.

Bereits Ende der 30er Jahre des letzten Jahrhunderts stellten Forscher die tendenzielle Überlegenheit eines demokratischen gegenüber einem autokratischen und einem passiven Führungsverhalten, dem sogenannten „Laissez-faire"-Führungsstil heraus. In dem von Mitsprachemöglichkeiten der Teilnehmer und freundlicher Rückmeldung durch den Führenden geprägten demokratischen Führungsstil zeigt sich die Zufriedenheit der Gruppenmitglieder am stärksten, gefolgt vom „Laissez-faire" (Lewin, Lippitt & White, 1939; Lippitt & White, 1943 zit. in Fischer & Wiswede, 2002, S. 512 ff.). Manchmal wird auch vergessen zu erwähnen, dass in diesen Studien bei einigen Gruppenmerkmalen die autokratische Alleinentscheidung dem demokratischen Einbeziehen der Gruppenmitglieder tendenziell überlegen war, etwa wenn es um Effizienzkriterien ging (wenn auch dieses Maß über die Zeit abnahm) oder aber bei aggressiven Verhaltensweisen. Die werden in einem Teil autokratischer Gruppen nämlich stark unterdrückt. Lewin, Lippit und White (1939) bezeichnen dieses Phänomen jedoch als „apatic reaction", da damit auch die Anzahl von Interaktionen unter den Gruppenmitgliedern und des emotionalen Ausdrucksverhaltens wie etwa Lächeln zurückgeht. In den anderen Gruppen mit autokratischem Führungsstil liegt die Anzahl von Aggressionen jedoch deutlich über denen mit demokratischem Führungsstil. Mehrheitlich richten sich diese Aggressionen dabei gegen immer dieselben Gruppenmitglieder, die deswegen von den Autoren auch „scape goats" genannt werden. Die höchste Aggressionsrate ergab sich jedoch überraschenderweise bei „Laissez-faire". Das stellt insofern einen erstaunlichen Befund dar, weil man diesen Führungsstil auf den ersten Blick als eine Art neutralen Übergang zwischen dem partizipativen demokratischen und dem repressiven autokratischen Führungsstil verstehen könnte. Dem ist offensichtlich nicht so, vielmehr muss „Laissez-faire" als destruktiver Führungsstil verstanden werden.

Einschränkend muss betont werden, dass diese Studien auf sogenannten „Hobby-Groups" von 10-jährigen Jungen basieren, also auf Freizeitaktivitäten von Kindern. Obwohl die Studien in einem aufwendigen Design und mit vielfältigen abhängigen Variablen durchgeführt worden sind, können die Ergebnisse nicht direkt verallgemeinert werden. Ungeachtet dessen sind diese Studien wichtige Anregungen für rezente Untersuchungen zum Verhältnis von Führungsstil zum Gruppenklima und zu antisozialem Verhalten in Gruppen wie etwa Mobbing. Modernere Ansätze betrachten das Verhalten von Führungskräften auch differenzierter und setzen es in Beziehung zu Kontextvariablen, davon ist im Folgenden und bes. in Abschnitt 6 die Rede.

5   Kontingenzansätze/Interaktionstheorien

Kontingenz- oder Interaktionstheorien betonen das Wechselspiel von Führungskräften Mitarbeiterreaktionen und Umwelt- bzw. Situationsbedingungen, man kann nicht oft genug betonen, dass Führung nicht im „luftleeren Raum" stattfindet, sondern in diverse Kontexte eingebettet ist, davon ist nun die Rede.

Fiedlers Ansatz

Die zentrale Annahme ist hier, dass der Erfolg einer Führungskraft von der Interaktion zwischen Mitarbeitern und der Führungskraft in einer bestimmten Situation abhängt (Fiedler, 1967, zit. nach Weinert, 2004, S. 484 ff., auch das Folgende). In einer wirtschaftlich sehr angespannten Lage wird eine Führungskraft vielleicht eher „streng" agieren. Gleichzeitig mag dieses Verhalten aber gerade durch die Lage bzw. Situation bei den Mitarbeitern schlecht „ankommen", da diese beispielsweise genug mit sich selbst zu tun haben (Angst vor Arbeitsplatzverlust etc.).

Interaktionsansätze betonen besonders die Rolle der Situation und des Zusammenspiels von Personeigenschaften der Führungskräfte und der Geführten. Das Modell von Hersey und Blanchard ähnelt den besprochenen Ansätzen der Substitution von Führung. Interaktionsansätze weisen deutlich die Schranken stark personenzentrierter Modelle auf, indem sie die vielfältigen Bedingungen und Kräfte hervorheben, die die Ergebnisse von Führung mit beeinflussen (z.B. Marktdynamiken).

Zusammengefasst kann man für Fiedlers Ansatz sagen, dass der Führungserfolg ein Resultat von Führungsstil und Situation darstellt. Wenn die Situation für die Führungskraft ungünstig ist, sollte eher leistungsorientiert geführt werden (Mitarbeiterorientierung sichert hier u.U. nicht das Überleben), wenn die Situation sehr günstig ist ebenfalls, die Führungskraft kann sich das hier leisten. Nur wenn die Situation mittelgünstig ist, „lohnt sich" die Mitarbeiterorientierung nach dieser Lesart (vielleicht deshalb, weil die Positionsmacht der Führungskraft in diesem Fall nicht allzu hoch ist).

Die Kritik an Fiedlers Ansatz macht sich z.T. an methodischen Schwächen der Studien fest. Ferner ist die theoretische Fundierung unklar. Ein Hauptkritikpunkt ist die Frage nach der Unabhängigkeit der Situation vom Führungsstil. Schafft nicht auch ein bestimmter Führungsstil auch bestimmte Situationen? Vermutlich ja, hier bleibt also im Dunkeln, was hier Ursache und was Wirkung ist. Etwas mehr Licht sehen wir bald im Abschnitt 6 (transformationales Führen).

Ein weiterer Interaktionsansatz beschreibt den Zusammenhang zwischen dem Reifegrad des Mitarbeiters und der Führung (Hersey und Blanchard, 1984). Der aufgabenbezogene Reifegrad ist dann hoch,

- wenn der Mitarbeiter in der Lage ist, sich hohe, aber erreichbare Ziele zu setzen,
- sich auf dem Weg der Zielerreichung verantwortlich fühlt,
- die für die Aufgabenerfüllung erforderliche formale Qualifizierung besitzt und
- über On-the-Job-Erfahrung verfügt.

In dieser Konstellation kann eine Führungskraft also beispielsweise vieles an Mitarbeiter delegieren.

Das Modell von Vroom & Yetton

Zu den Interaktionstheorien gehört auch das Modell von Vroom & Yetton (1973). Hier wurde ein sogenannter Entscheidungsbaum entwickelt, in welchem die Abhängigkeit der Führungsentscheidung von situativen Merkmalen dargestellt ist. Handlungsalternativen sind je nach vorangegangener Situationseinschätzung beispielsweise eine autoritäre Alleinentscheidung, eine eher konsultative Entscheidung oder eine Problemlösung und Entscheidung durch das Team. Es geht hier um die Frage, wie viel Partizipation ein Vorgesetzter zulassen soll bzw. darf. Insgesamt wird in dem immer noch aktuellen Ansatz ebenfalls konstatiert, dass das Führungsverhalten immer situationsabhängig ist. Vroom & Jago (2007, S. 22) stellen eine kurze Taxonomie situativer Einflüsse dar, nachdem sie klargemacht haben, dass Führung einen Prozess und keine Eigenschaft darstellt: Erstens sei organisationale Effektivität durch Kräfte von außen beeinflusst, auf die Führungskräfte kaum Einfluss hätten (Markteffekte, Zinsentwicklung etc., vgl. das Konzept der „Situationsgünstigkeit" bei Fiedler). Zweitens beeinflussten Situationen das Verhalten von Führungskräften. Situationen erklärten drei Mal so viel Varianz im Führungsverhalten wie interindividuelle Unterschiede (ebenda). Die Autoren betonen allerdings die Bedeutsamkeit von Eigenschaften der Führungskräfte insofern, als man deren Einflüsse in *spezifischen Situationen* besser verstehen müsse. Schließlich wirkten drittens Situationen auch auf die Ergebnisse von Führungsverhalten. So kann in einer Situation das Anwenden mitarbeiterorientierter Verhaltensweisen positiv wirken, wenn beispielsweise dieses Verhalten durch ein positives Organisationsklima unterstützt wird. In einer autoritär-hierarchischen Umgebung wird dies aber möglicherweise schwieriger umsetzbar sein. Schließlich argumentieren Vroom und Jago bezüglich der Rolle der Kontingenzansätze (ebenda, S. 23):

> „The task confronting contingency theorists is to understand the key behaviors and contextual variables involved in this process. Looking at behavior in specific classes of situations rather than averaging across situations is more consistent with contemporary research on personality and more conducive to valid generalizations about effective leadership. "

Der LMX-Ansatz

Im sogenannten Leadership-Member-Exchange-Ansatz geht es um die Beziehung zwischen Führungskräften und Mitarbeitern (im Folgenden Barling, 2014, S.14f. sowie Grean & Uhl-Bien, 1995). Hier wird also weniger das Verhalten der Führungskräfte per se fokussiert, sondern die wechselseitigen Interaktionen zwischen Geführten und Vorgesetzten bzw. die Wahrnehmung dieser Beziehung. Wichtig ist, dass nicht nur aggregierte Maße aufsummierter Beziehungswahrnehmung auf Gruppenebene, sondern die Ebene von Zweierbeziehungen im Vordergrund steht. So konnte in Studien gezeigt werden, dass die Qualität der Dyaden-Beziehungen das Verlassen eines Unternehmens besser vorhersagt als o.g. Gruppenmaße. Qualitativ hochwertige Mitarbeiter-Vorgesetzten-Beziehungen sind gekennzeichnet durch ein hohes Maß an wechselseitigem Vertrauen, Verständnis, Unterstützung, Informationsweitergabe sowie Handlungsspielraum. Schlechte LMX-Beziehungen kennzeichnen sich nicht einfach durch die Abwesenheit o.g. Faktoren, sondern insbesondere durch Einweg-Kommunikation, soziale Distanz, Pochen auf Vertragsverpflichtungen und formale Transaktionen, die eher auf Misstrauen hindeuten (beispielsweise reine Anweisungen und ständige Kontrolle).

Methodisch ist dieser Ansatz u.a. deshalb in die Kritik geraten, weil i.d.R. nur die Mitarbeiter zu dieser Beziehungswahrnehmung befragt werden. Klar ist, dass hier einer der Interaktionspartner außen vor bleibt – somit wird die Beziehung eigentlich nur zur Hälfte erfasst. Hinzu kommt, dass hier im Grunde nicht Führung per se erhoben wird, sondern vielmehr Führungs*wirkung*. Es handelt sich also eher um die Erfassung mehrerer „Outcome-Variable", die in vielen anderen Theorien als *Ergebnis* guter Führung behandelt werden (vgl. insbesondere Abschnitte 6 und 7).

Toxic Triangle

Ähnlich wie der LMX-Ansatz fokussiert der Ansatz von Padilla, Hogan und Kaiser (2007) auf das „Outcome", also das Ergebnis von Führung. Im Mittelpunkt der Betrachtung steht die zerstörerische Führung („destructive leadership"). Sie geben Beispiele dafür, dass positives Führungsverhalten negative Konsequenzen zur Folge haben kann, dass aber auch unethisches Führungsverhalten das Erreichen von Gruppenzielen sichern kann. Deshalb entscheiden sich die Autoren für „Outcome" als Kriterium dafür, destruktive Führung zu ermitteln. Dabei stellen sie fünf Postulate auf:

1. Destruktive Führung ist selten absolut negativ, es ergeben sich unter Umständen auch eben sowohl gute als auch schlechte Resultate dieses Fühungsverhaltens.
2. Der Ablauf destruktiver Führung geht eher mit Dominanz, Zwang und manipulativem Verhalten einher als mit Überzeugung und Gemeinsinn.
3. Egoistische Ziele stehen im Mittelpunkt destruktiver Führung, Bedürfnisse der Führungskraft werden über die der Gruppe gestellt.
4. Destruktive Führung steht letztlich im Widerspruch zu Organisationszielen und beeinflusst die Lebensqualität von Organisationsmitgliedern negativ.
5. Nicht nur destruktive Führung allein führt zu unerwünschten Folgen, beeinflussbar Geführte (Konformität und Mithelferschaft) und ungünstige Rahmenbedingungen stellen ebenfalls Risiken dar.

Als maßgebliche Merkmale von destruktiver Führung auf Seiten der Führungskräfte an sich werden Charisma, starkes persönliches Machtmotiv, Narzissmus, Pessimismus und die Legitimation von Strafe und auch Gewalt benannt (s.o. Abschnitt 3.2). Liegen auf Seiten der Geführten unerfüllte Bedürfnisse, ein geringer Selbstwert oder eine geringe Reife vor, so kann dies in konformes Verhalten münden. Werden dagegen die pessimistischen und gewaltbezogenen Werte geteilt oder liegen instrumentelle Ambitionen vor, so kann dies zu Mithelfer- und bis zu Mittäterschaft führen. Ungünstige Rahmenbedingungen ergeben sich aus allgemeiner Instabilität, aus einer bedrohlichen Situation, Kulturaspekten wie Kollektivismus und geringer Machtdistanz und mangelnden übergeordneten sozialen Kontrollinstanzen wie etwa der Gesetzeslage. Als Prävention destruktiver Führung wird insbesondere auf ethische Führung, also insbesondere auf die Stärkung von Verantwortungsbewusstsein verwiesen. Dies wird auch im Kapitel Compliance und Human Resource Management in diesem Band noch weiter vertieft.

Fazit der Interaktionstheorien

Das gleiche Führungsverhalten wirkt je nach Rahmenbedingungen unterschiedlich. Die Theorien geben Auskunft darüber, wann ein bestimmtes Führungsverhalten angebracht ist und wann nicht. Den einen guten/richtigen/erfolgreichen Führungsstil nach dem Motto „one size fits all" gibt es wohl nicht. Manche Ansätze (z.B. LMX) beschreiben auch die Qualität der Geführten-Vorgesetzten-Beziehung detailliert, ohne jedoch darauf Rekurs zu nehmen, wie genau diese erreicht wird. Es gibt aber sehr wohl Verhaltensweisen, die Führungskräfte an den Tag legen sollten, wenn sie auf Dauer erfolgreich führen wollen, mehr dazu in Abschnitt 6.

Symbolische Führung

Hier geht es um die Stärkung des Glaubens an die Wirksamkeit von Führung und Führungshandeln (Meindl et al., 1985, zit. in Fischer & Wiswede, 2002, S. 535 ff.). Mitarbeiter sind möglicherweise zufriedener, wenn sie das Schicksal des Unternehmens in guten Händen wissen. Betont werden auch Showeffekte, Imagepflege und die Symbolik von Handlungen als (wichtige) „Begleitmusik" von Führung. Symbolische Führung ist verbunden mit Organisationskultur, dem Symbolisieren von „Fairness", Leistungsorientierung, Pflege von Mythen etc. Besonders der Beziehungsaspekt und der Selbstoffenbarungsaspekt der Kommunikation der Führungskraft werden betont[5].

6 Transformationales Führen

In diesem Abschnitt geht es um ein sehr gut untersuchtes und immer noch aktuelles Thema der Führungsforschung. Kaum ein anderes Konstrukt hat in den letzten 35 Jahren so viel Aufmerksamkeit erfahren, deshalb widmen wir diesem Führungsstil etwas mehr Raum. Beginnen wir zunächst mit dem „konzeptionellen Bruder" der Transformationalen Führung.

Transaktionales Führen

Den Hintergrund bilden sogenannte Wege-Ziel-Ansätze der Führungsforschung (Avolio, Bass & Jung, 1999). Die Führungskraft fragt sich, wie Mitarbeiter konkret unterstützt werden können, um das Ziel zu erreichen. Es herrscht das Prinzip der Rationalität. Auf operativer Ebene ist das mit unterschiedlichen Tätigkeiten verbunden. Dazu zählen etwa das Verfassen von Berichten, das Erstellen von Präsentationen, Prozesse konkret umsetzen und Zusammenarbeit fördern, planen, organisieren sowie das Umsetzen von Ergebnissen. Transaktionales Führen lässt sich in drei Bereiche aufteilen:
- Leistungsorientierte Belohnung (Contingent Reward)
- Führung durch Kontrolle (Active Management by Exception)
- Passiv-vermeidende Führung („Laissez-faire")

---

[5] Schulz von Thun, F. (1992). Miteinander Reden 2. Stile, Werte und Persönlichkeitsentwicklung. Differentielle Psychologie der Kommunikation. Reinbek: Rowohlt.

Barling (2014, S. 9) betont, dass es sich bei diesem Ansatz eigentlich nicht um Führung i.e.S. handele, sondern um Management, wie bereits in der Einleitung dargelegt: „While many of these behaviors are necessary [...], they derive from one's formal position and reflect good managment, not leadership."

Transformationales Führen

Hier geht es eher darum, Ziele auf den Mitarbeiter zu übertragen, sodass Mitarbeiter sich damit identifizieren. Die Führungskraft macht die Ziele des Unternehmens zu ihren eigenen Zielen (sehr hohes Commitment) und Ziele und Werte des Unternehmens werden in Ziele und Werte des Mitarbeiters transformiert. Es geht also darum, Mitarbeiter zu verändern ("transform") und zu führen ("leadership"). Zu einem gemeinsamen Ziel hin wird man als Mitarbeiter nach dieser Lesart eher durch hohe Emotionalität geführt („mitgerissen werden"). Die Führungskraft soll ein Rollenmodell sein für Verhalten, Werte, Ziele und Moralvorstellungen. Überzeugungen, Werte, Selbstkonzept etc. der Geführten werden ebenfalls „transformiert". Auf operativer Ebene heißt das beispielsweise, dass die Führungskraft über Rückschläge hinwegführt, bei der Veränderung von Prozessen hilft, hohe Ziele setzt, Visionen schafft etc. Transformationales Führen (Avolio, Bass & Jung, 1999) ist durch vier recht gut unterscheidbare Führungs-Verhaltensweisen gekennzeichnet und somit konkret messbar:

- **Idealisierter Einfluss** („moralische" oder „ethische" Führung, Rollenmodell sein)
- **Inspirierende Motivation** (visionäre Ideen, Vertrauen in Mitarbeiter, hohe, aber realistische Ziele)
- **Intellektuelle Stimulation** (unterschiedliche Wege aufzeigen, neue Sichtweisen vorschlagen)
- **Individualisierte Behandlung** (Stärken des Mitarbeiters fokussieren, coachen)

Denkanstoß: Denken Sie an diejenige Führungskraft, die Sie am meisten und diejenige, die Sie am wenigsten beeindruckt hat. Welche der o.g. Verhaltensweisen wurden von welcher Person häufig gezeigt?

Eine Führungskraft kann – je nach Situation – sowohl transaktional als auch transformational führen. Allerdings dürften bestimmte Persönlichkeitsfaktoren den einen oder anderen Stil unterstützen bzw. behindern (sehr geringe Extraversion gepaart mit sehr wenig Offenheit für Neues dürfte transformationale Führung unwahrscheinlich werden lassen).

> **Transformationale Führung umfasst vier unterscheidbare Verhaltensweisen: Idealisierter Einfluss, inspirierende Motivation, intellektuelle Stimulation und individualisierte Behandlung. Diese Verhaltensweisen sind assoziiert mit einer Vielzahl positiver Ergebnisvariable auf individueller sowie organisationaler Ebene, beispielsweise Arbeitszufriedenheit und Umsatz. Transaktionale Führung (besonders leistungsgerechte Belohnung) weist ebenfalls Korrelationen mit Maßen unternehmerischen Erfolges auf, jedoch etwas schwächer, als dies für Transformationale Führung der Fall ist.**

Transformationales Führungsverhalten hat insgesamt nachweislich positive Wirkung auf unterschiedliche Variable, die im Kontext von Organisationen wichtig sind, hier eine Auswahl aus einer Metaanalyse von Sturm, Reiher, Heinitz und Soellner (2011) mit rd. 31.000 Personen aus 56 Primärstudien aus den Jahren 2001- 2006: Untersucht wurden Zusammenhänge mit subjektiven Größen wie Commitment, Arbeitszufriedenheit oder Fairness der Interaktion und objektive Kennzahlen wie Umsatz, Gewinn und Fluktuati-

	Hohe Kontext-Unsicherheit	Geringe Kontext-Unsicherheit
Hoher externer Änderungsdruck → **Transformationen**	Hohe Risiken, schneller Wandel, Veränderung durch „Revolution" (IT-Branche)	Mittlere Risiken, schneller Wandel durch Innovation und Paradigmenwechsel (Energiebranche)
Geringer externer Änderungsdruck → **Verbesserungen**	Mittlere Risiken, langsamer Wandel, Veränderung durch „Evolution", ständige Verbesserung (Stahlbranche)	Geringes Risiko, Beibehaltung des Status Quo, eventuell Prozessveränderung/-pflege (Bestattungsbranche)

Abb. 6: Kontext-Unsicherheit und externer Änderungsdruck. Bartram und Ingeoglu (2011, S. 12, bearbeitet)

on. Transaktionale und Transformationale Führung wirkten sich positiv auf subjektive und objektive Unternehmensgrößen aus, transformationales Führen zeigte aber stärkere Effekte. Das sogenannte Laissez-faire-Führungsverhalten (Quasi-Abwesenheit von Führung) allerdings hatte *negative Effekte* auf die genannten Kriterien.

Transformationale Führung hat vermutlich dort eine große Wirkung, wo häufige Veränderungen angezeigt bzw. notwendig sind (Bartram & Ingeoglu, 2011), die Idee veranschaulicht Abbildung 6.

Gerade in der Kombination hohen Änderungsdruckes mit hoher Kontext-Unsicherheit wie beispielsweise in der IT-Branche, mag es sehr hilfreich sein, klare Leitbilder (Visionen), Zukunftsvorstellungen gepaart mit dem Aufzeigen neuer Wege etc. zu entwickeln und Mitarbeiter entsprechend zu fördern. Die Wirkung von Transformationaler Führung auf die Gesundheit von Mitarbeitern ist Thema des Abschnittes 7.2. Sie finden weitere Hinweise zum Thema transformationale Führung auch im Anhang des Buches: Führung in unsicheren Zeiten: Praxistipps für transformationale Führungskräfte von Huw Wynn Jones.

Transformationales Führen und Geschlecht

Eine Metaanalyse von Eagly, Johannesen-Schmidt & van Engen (2003) mit mehreren zehntausend untersuchten Personen konnte zeigen, dass Frauen tendenziell eher transformational führen, Männer eher durch Kontrolle passiv oder aktiv, insgesamt also weniger effektiv. Die statistischen Unterschiede waren zwar gering (Effektstärken um d = .20), dennoch kann dies in der Praxis von Bedeutung sein. Frauen finden sich aber immer noch selten im Top-Management (Felfe & Gatzka, 2012). Einer der vielen Gründe könnte darin liegen, dass beispielsweise in Assessment Centern zur Auswahl von Führungskräften insbesondere attraktive Frauen bei gleichem Führungsverhalten schlechter beurteilt werden als Männer (im Überblick Barling, 2014). Man nennt dies im angelsächsischen Sprachraum „punishment for out-role-behavior" – also eine Art Bestrafung des „Aus-der-Rolle-Fallens". Dies kann freilich nur dort auftreten, wo das klassische weibliche Stereotyp vorherrscht. Eine attraktive Frau als Führungskraft, dies scheint ein innerer Widerspruch zu sein, der in den Köpfen der (oft männlichen) Assessoren in Assessment Centern eine „kognitive Unstimmigkeit" auslöst, die in einer schlechteren Bewertung münden kann (Sie finden Hinweise auf das im Rahmen von Führungskräftebeurteilung häufig verwendete 360-Grad-Feedback im Infokasten 2 im Anhang des Kapitels).

Transformationales Führen und ethisches sowie Sicherheitsverhalten

Barling (2014 sowie Barling, Loughlin & Kelloway, 2002) zeigt diverse Befunde zum Thema sicherheitsrelevantes, Transformationales Führen. Darunter wird verstanden, dass Führungskräfte sich intensiv um Mitarbeiter in Sachen betriebliche Sicherheit kümmern. Es konnte in verschiedenen Untersuchungen gezeigt werden, dass auch hier transformationales Verhalten einen Vorhersagebeitrag zur Unfallverhütung und -vermeidung sowie des generellen Sicherheitsklimas leisten kann. Letzteres hängt signifikant mit Verletzungen am Arbeitsplatz zusammen, beispielsweise in der Gastronomie.

Trainierbarkeit der transformationalen Führung

Die gute Nachricht ist, dass Transformationales Führen erlernbar ist, trotz oben angedeuteter genetischer Komponenten (die sich vermutlich vor allem auf Extraversion beziehen, hier liegen Studien zur psychobiologischen Verankerung dieses Merkmals vor[6]). So konnten Frese, Beimel & Schoenborn (2003) zeigen, dass besonders der Faktor *inspirational motivation* (eine mitreißende Rede halten) trainierbar und relativ zeitstabil ist.

Die weniger gute Nachricht ist, dass im Bereich der Führungskräfte-Entwicklung deutschsprachiger Provenienz Unklarheit darüber herrscht, wer wie und in welchem Umfang überhaupt evidenzbasiert trainiert. Insgesamt besteht Grund zur Annahme, dass Trainings häufig entweder nicht evidenzbasiert durchgeführt werden, oder schlimmstenfalls „Blender" ihr Werk verrichten (Gris, 2008; Kanning, 2013; vgl. auch das Kapitel Personalentwicklung und Training in diesem Band).

Kritik

Die Kritik am Konzept der Transformationalen Führung bezieht sich beispielsweise auf die implizite Manipulation der Mitarbeiter durch die Führungskraft, die beispielsweise im Rahmen der „inspirierenden Motivation" ausgeübt werden könnte. Der Übergang vom Einfluss zur Manipulation ist sicher fließend. Mitarbeiter stört vielleicht auch die absolute Überzeugtheit, mit der manche transformational Führenden auftreten. Es besteht mithin die Gefahr, dass solche Führungskräfte an mangelnder Kritikfähigkeit leiden bzw. ihre Umwelt leiden lassen. Das dürfte besonders für Narzissten auf Führungsebene der Fall sein (etwa O'Boyle et al., 2012; vgl. Abschnitt 3). Es schwingt aber auch etwas Überforderung der Führungskraft mit: Teams scheitern – so könnte der vielleicht unzutreffende Vorwurf lauten – weil die Führungskraft nicht genügend Visionen geschaffen, Leute begeistert oder energisch genug die Unternehmenswerte vertreten hat. Eine einseitige „Rechnungslegung" in Richtung Führungskräfte wird der Komplexi-

---

[6] Stemmler, G., Hagemann, D. Amelang, M. & Bartussek, D, (2010). Differentielle Psychologie und Persönlichkeitsforschung. 7. Auflage. Stuttgart: Kohlhammer.

tät des Zusammenspiels zwischen umwelt- und personenbezogenen Faktoren sicher nicht gerecht (dazu auch Felfe & Schyns, 2014 sowie Abschnitt 7).

Im nächsten Abschnitt geht es darum, die Vielfalt der o.g. Ansätze zu vereinen, also brauchbare Modelle des Führungshandelns vorzustellen.

7   Führungswirkung und Mitarbeitergesundheit

Hier wird ein Modell der Wirkung von Führung skizziert und es werden Forschungsergebnisse rund um die Frage, wie Führung auf die Gesundheit von Mitarbeitern wirkt, dargestellt.

7.1   Ein Modell der Führungswirkung

Das Modell der Führungswirkung nach Barling (2014, S. 64) zeigt Abbildung 7. Hier finden sich rechts im Schema Ergebnisse der Führungsarbeit auf verschiedenen Ebenen. Mediatoren qualitativ hochwertiger Führung aber sind hier beispielsweise die Selbstwirksamkeit oder Arbeitserfahrung der Geführten sowie die Beziehung zwischen Mitarbeitern und Führungskräften. Was ist mit „qualitativ hochwertiger Führung" gemeint? Darunter fallen alle o.g. Aspekte transformationalen Führens (beispielsweise individuelle Unterstützung), ethisch fundiertes Führen etc. sowie Verhaltensweisen, die generell eine positive Beziehung im Sinne des LMX-Ansatzes schaffen. Besonders diejenigen Maßnahmen und Verhaltensweisen, die Vertrauen zwischen Führungskräften und Mitarbeiter möglich machen, stehen hier im Vordergrund (vgl. dazu auch das Kapitel Positive Psychologie in diesem Band).

Variable, die die Beziehung zwischen hochwertigem Führungskräfteverhalten und den Mediatoren sowie zwischen diesen Variablen und Erfolgskriterien beeinflussen, sind beispielsweise die Persönlichkeit der Führungskräfte sowie Umweltfaktoren (z.B.

Abb. 7: Führungsprozess nach Barling (2016, S. 64, übersetzt und bearbeitet durch LB)

Marktsituation). Hier wird der Beziehungsaspekt in den Mittelpunkt gerückt: Führungsarbeit ist Interaktion und Kommunikation, heißt Rollenvorbild sein, bedeutet Einwirken auf Menschen etc. Weiterhin wird hier besonderer Wert auf die Glaubenssysteme der Geführten gelegt, ein Aspekt, der ja bereits im Konzept des *Romance of Leadership* (Felfe & Schyns, 2014) angesprochen wurde. Besonders der Glaube an die Wirksamkeit eigener Handlungen ist ein „mächtiger Hirte", diese Selbstwirksamkeit ist ein guter Prädiktor vieler Leistungs- und Gesundheitsvariable (Pajares, 1996; Schwarzer, 1992) sowie auch ein brauchbarer „Mittler" zwischen Intelligenz, Gewissenhaftigkeit und Arbeitsleistung (Chen, Casper, & Cortina, 2001).

Ob und wie Führungsverhalten wirksam ist, hängt natürlich auch damit zusammen, wie gut entsprechende Kompetenzen trainiert werden. Führungskräftetrainings sollten evidenzbasiert stattfinden (zum Problem der Kriterienmessung vgl. Infokasten 3 im Anhang zu diesem Kapitel). Ein solchermaßen entwickeltes Kompetenzmodell stellen beispielsweise Schmidt-Huber, Dörr und Maier (2014) vor. Das Modell wird im Rahmen des Kapitels Personalentwicklung noch weiter vertieft, kritisch anzumerken bleibt bereits hier, dass dieser Ansatz ohne einen expliziten Bezug zum Thema ethisches Führen sowie Mitarbeitergesundheit auskommt. Zum Schluss dieses Kapitels soll nun kurz auf diese letztgenannte „Messgröße" im Human Resource Management eingegangen werden. Wie stark diese vom Verhalten der Führungskräfte abhängt, wird nun berichtet.

7.2 Führen und Gesundheit

Hier steht die Frage im Mittelpunkt, ob und wie das Verhalten von Führungskräften direkt oder indirekten Einfluss auf die Gesundheit von Mitarbeitern hat. Der Zusammenhang zwischen Führungsverhalten und Gesundheit wird beispielsweise in einer sehr anspruchsvollen Fragebogenstudie von Zwingmann et al. (2014) aufgezeigt. Sie fanden:

> "[...] strong support for the health promoting effect of transformational leadership (r = .16 to r = .50), contingent reward (r = .14 to r = .48) and health hampering effect of laissez-faire leadership (r = -.15 to r = -.43) within the analyzed 16 nations." (Zwingmann et al., 2014, S. 1, n = 93.576 (sic); 11.177 Teams)

Transformationale Führung zeigte also einen positiven Zusammenhang mit Mitarbeitergesundheit, das Gleiche galt für den transaktionalen Prozess der Belohnung durch leistungsgerechte Bezahlung. Laissez-faire-Führung war assoziiert mit schlechtem Befinden. Ebenfalls erfasst wurden die Effekte unterschiedlicher Machtdistanz, einer Kenngröße, die beispielsweise angibt, wie groß der Abstand zwischen Hierarchieebenen im untersuchten Kulturraum ist. In hierarchiestarken Kulturen, wie sie beispielsweise in Asien vorzufinden sind, wirkte transformationales Führen etwas stärker als in Nordeuropa.

Madsen et al. (2014) allerdings fanden den o.g. Zusammenhang nicht: „Good leadership does not substantially ameliorate any effects of emotional demands at work on employee mental health." (Madsen et al., 2014, in einer prospektiven Studie in Skandinavien mit rd. 6.100 Personen). Hier wurde allerdings methodisch anders vorgegangen: es wurde beispielsweise untersucht, ob sich Führungsverhalten auf die Einnahme von

Antidepressiva bei Mitarbeitern im Industriebereich auswirkt. In dieser Stichprobe könnte ein Grad der Gesundheitsbeeinträchtigung vorgelegen haben, der für Einflüsse von außen „nicht mehr erreichbar" ist.

Wenn man fragen kann, wie gut gute Führung ist, dann könnte auch umgekehrt interessieren, *wie schlecht schlechte Führung ist*. Schyns & Schilling (2013) fanden in einer rezenten Studie darauf einige Antworten, die zentrale Tendenz ist: schlechte Führung ist sehr schlecht. Die Vielzahl der Befunde dieser Metanalyse kann aus Platzgründen nicht wiedergegeben werden, eine Auswahl: Destruktives Verhalten von Führungskräften (Beleidigungen, soziales Unterminieren, tyrannisches Verhalten etc.) ging einher mit geringer Arbeitszufriedenheit und Mitarbeitergesundheit, mit geringem Gerechtigkeitsempfinden und Arbeitsleistung sowie geringem Commitment zur Organisation. Ferner fanden sich Zusammenhänge mit Stress und vor allem mit kontraproduktiven Verhaltensweisen von Mitarbeitern (Sabotage, Diebstahl etc., vgl. auch Abschnitt 2.3). Der volkswirtschaftliche Schaden durch schlechte Führung dürfte groß sein – abgesehen von den ethischen Implikationen. Umso wichtiger ist hier eine professionelle Personalauswahl (vgl. dazu das gleichnamige Kapitel in diesem Band).

Theorell et al. (2012) konnten in einer umfangreichen und aufwändigen Studie mit über 5.000 Teilnehmern den Einfluss von „non-listening leadership" und „self-centered leadership" auf Gesundheitsvariable wie depressive Symptome nachweisen. Ersterer Führungsstil kommt dem bereits eingeführten Laissez-fair-Stil gleich, letztgenannter den bereits behandelten Verhaltensweisen narzisstischer Führungskräfte (O'Boyle, Forsyth, Banks & McDaniel, 2012). Es zeigte sich, dass sich besonders ein selbstbezogener, narzisstischer Führungsstil stabil negativ auf Mitarbeitergesundheit über zwei Jahre auch bei statistischer Kontrolle soziodemografischer und einkommensbezogener Variable auswirkte. Auch ein geringer Bildungsgrad hing mit dem Vorhandensein beider Führungsstile zusammen: Je geringer dieser war, desto höher waren die eingeschätzten Ausprägungen dieser problematischen Verhaltensweisen und desto stärker war die emotionale Erschöpfung der Mitarbeiter.

Elovainio et al. (2008) konnten an einer relativ kleinen Stichprobe (n=57) von im Gesundheitswesen tätigen, weiblichen Personen zeigen, dass organisationale Ungerechtigkeit mit objektiv messbaren, physiologischen Indikatoren von Gesundheitsbeeinträchtigungen zusammenhing. Genau darin liegt die Stärke solcher Untersuchungen. Fragebogenstudien haben z.T. mit mangelnder Reliabilität, sozialer Erwünschtheit etc. zu kämpfen, die Ableitung physiologischer Parameter ist „unbestechlich", valide und reliabel – ergo auch im Rahmen kleiner Stichproben gut einsetzbar. Als Maß der psychophysiologischen Beanspruchung verwendete die finnische Arbeitsgruppe die Variabilität zweier biologischer Systemkomponenten (Schwankungen des systolischen Blutdrucks und der Herzfrequenz). Bei Gesunden halten sich die Blutdruckschwankungen in Grenzen, die Herzfrequenz jedoch ist recht variabel, bei „dauergestressten" Personen ist es genau umgekehrt. Bei empfundener starker organisationaler Ungerechtigkeit war das Risiko einer erhöhten Blutdruckvariabilität um bis zu 6 Mal höher als im umgekehrten Fall! Ein deutlicher Hinweis der Wirkung organisationaler (Un-) Gerechtigkeit und Führungsverhalten.

Westerlund et al. (2010) konnten an einer sehr großen, internationalen Stichprobe von über 12.000 Personen im forstwirtschaftlichen Bereich ebenfalls Effekte von Führungsverhalten auf Mitarbeitergesundheit (Stressempfinden und Gesundheitsstatus) belegen. Interessant ist hier sicher auch das Hinzuziehen eines „harten Datums", der Krankheitstage. Führungsverhalten wurde als Index erfasst, zusammengesetzt aus Verhaltensweisen, die man insgesamt als „aufmerksames Führen" bezeichnen kann (*attentive managerial leadership*, ebenda). Dazu zählte beispielsweise, dass Führungskräfte für die Gesundheit der Mitarbeiter interessierten oder die Frage, ob Führungskräfte die Arbeit der Mitarbeiter wertschätzten. Ein geringes Ausmaß an „aufmerksamer Führung" war (in allen Subgruppen) verbunden mit einem Mehr an erlebtem Stress (bei Kontrolle weiterer potenzieller Einflüsse). Auch die Zusammenhänge zwischen diesem Führungsverhalten und selbst eingeschätzter Gesundheit und Abwesenheit durch Krankheit waren statistisch signifikant, wenn auch schwächer. Verwandte Themen wurden ja bereits weiter oben im Themenbereich „Toxic Triangle" bzw. „Dunkle Triade" angesprochen (Abschnitt 3.2).

Schließlich gibt es interessante Befunde, die belegen, dass Entschuldigungen nach Fehltritten oder Verstößen von Führungskräften positiv auf das Befinden von Mitarbeitern *und* Führungskräften selbst wirken (Byrne, Barling & Dupré, 2013). Entschuldigungen nach Verstößen können dabei beispielsweise Verzeihen im Gegenüber auslösen und Mitarbeiterorientierung sowie ethisch vertretbare Haltungen aufzeigen. In den Fragebogenstudien waren offenbar die Art und Schwere des Fehltrittes wichtig: Die Schwere des Missverhaltens beeinflusste die Wirkung der Entschuldigung durch Führungskräfte auf das Befinden der Mitarbeiter. Eine umfassende, starke Entschuldigung hatte bei schweren Fehltritten positive Wirkungen auf die Mitarbeitergesundheit (Wohlbefinden wie z.B. die Abwesenheit depressiver Gedanken). Keine Wirkung mehr hatte allerdings eine umfassende Entschuldigung nach schweren Fehltritten bezüglich der Emotionen im Arbeitskontext wie beispielsweise das Gefühl, voller Enthusiasmus zu sein. Führungskräfte konnten aber offenbar durch ihre Entschuldigungen auch *bei sich selbst* Wirkungen erzielen: Je nach Art (unethisch oder inkompetent) und Schwere des Fehlers hatten umfassende Entschuldigungen positiven Einfluss auf die eigenen Emotionen und den Selbstwert der Führungskräfte. Es gab Hinweise darauf, dass umfassende Entschuldigungen eher nach inkompetentem als unethischem Verhalten positiv auf Emotionen und Selbstwert wirken. Unethisches Verhalten wiegt somit schwerer, verursacht u.U. mehr „Gewissensbisse".

In einer Metaanalyse der finnischen Wissenschaftler Kuoppala, Lamminpää, Liira und Vainio (2008) konnte ebenfalls gezeigt werden, dass positives Verhalten („consideration"; „support"; „transformative") von Führungskräften moderat mit Variablen der Mitarbeitergesundheit (wie Erschöpfung, Ängstlichkeit oder Arbeitsstress) sowie Krankheitsfehltagen, Frühberentung und Arbeitszufriedenheit zusammenhängt. In die Analyse gingen rund 35 Jahre Forschungsarbeiten mit ein (von 1970–2005). Auch hier wird deutlich, dass das Verhalten von Führungskräften einen entscheidenden Beitrag zur Erklärung dieser wichtigen Kenngröße organisationalen Erfolges hat: „Good managerial practices and leadership

> **Führungsverhalten hängt offenbar moderat bis stark mit unterschiedlichen Maßen der Mitarbeitergesundheit zusammen. Dabei kann über viele Branchen und Unternehmen hinweg immer wieder eindrucksvoll belegt werden: Negative Auswirkungen sind zu erwarten im Falle unterstützend-illoyaler, entgleister sowie tyrannischer Verhaltensweisen. Positive Wirkungen sind bei konstruktiver Führung (humorvoll, selbstkritisch, mitarbeiterorientiert) wahrscheinlich. Manche Studien legen kausale Einflüsse nahe, Mobbing geht beispielsweise Suizidgedanken voraus.**

skills will support employability of workers in all age groups, not just the aged and most experienced." (ebenda, S. 904)

Ein *Beschreibungssystem* für dysfunktionale Führung führen Einarsen, Aasland und Skogstad (2007) ein. Letztlich lässt sich dieses Konzept aus den Dimensionen mitarbeiter- und aufgabenorientierter Führung ableiten, indem diese in den negativen Bereich weiterverfolgt werden (vgl. Abbildung 8). In diesem Sinne werden die positiven Konzepte der Ohio-Studie im Quadranten Konstruktive Führung übernommen (s. Abschnitt 4). Neu ist allerdings der Gedanke, die bekannten Dimensionen zur Lokalisation von Schaden durch Führung bei Organisation und Mitarbeitern zu nutzen. So mit der Tyrannischen Führung, bei der die Führungskräfte ihre eigenen Mitarbeiter systematisch demütigen und abwerten, um Organisationsziele zu erreichen. Dabei gehen diese Führungskräfte offensichtlich sehr selektiv vor, denn gegenüber Kunden, Geschäftspartnern und Vorgesetzten würde ein solches Sozialverhalten die Zielerreichung unmöglich machen. Leistungsfähigkeit scheint den Blick auf tyrannische Führung bisher verstellt zu haben, langfristige Kosten für die Organisation durch Krankenstand, intention-to-leave und Fluktuation wurden lange nicht direkt mit diesem Führungsverhalten in Beziehung gesetzt.

Bei unterstützend-illoyaler Führung gewähren Führungskräfte ihren Mitarbeitern Zugang zu mehr Ressourcen, als es im Rahmen der Organisation angemessen und vereinbart ist. Dieses Verhalten fand bisher eher juristische Beachtung bei Unterschlagungs- und Diebstahlsdelikten als in der Organisationspsychologie. Aber auch mangelnde strategische Kompetenzen, Missverständnisse von Unternehmenszielen oder Wertekonflikte können mit einer positiven Beziehung mit Mitarbeitern einhergehen, aber letztlich zur Schädigung der Organisation führen. Schließlich richtet sich entgleiste Führung sowohl gegen Mitarbeiter als auch Organisationen. Dabei verbindet sich etwa Abwertung von Mitarbeitern mit häufigem Fernbleiben vom Dienst und Täuschungsversuchen. Bei diesem Verhalten mischt sich Unvermögen, neuen Anforderungen gerecht zu werden mit einem rüden Umgang mit Mitarbeitern. Aber auch passives Führungsverhalten und Laissez-faire fallen in diese Klasse von Führung, da Schaden durch Unterlassung entsteht.

Aasland et al. (2010) untersuchten die Prävalenzraten dieser vier Formen des Führungsverhaltens anhand einer für Norwegen repräsentativen Umfrage bei N=2539 berufstätigen Teilnehmern. Lediglich 40% aller Befragten berichteten, bisher noch nicht mit dysfunktionaler Führung in Berührung gekommen zu sein. Für das letzte halbe Jahr ergeben sich Raten von 3,5% tyrannischer Führung, 9% entgleister Führung, 11,5% unterstützend-illoyaler Führung und 21,2% Laissez-faire (S. 447). Angesichts dieser Verbreitung von dysfunktionaler Führung muss fast von der Regel als von Ausnahmen gesprochen werden. Aber welche Auswirkungen für die unterschiedlichen Formen lassen sich auf die Mitarbeiter feststellen? In einem Panel auf der Basis der bei Aasland et al. (2010) beschriebenen Stichprobe wurde im Zeitverlauf von drei Messzeitpunkten innerhalb von fünf Jahren durch Skogstad et al. (2014) der Zusammenhang von Laissez-faire-Führung und einer erhöhten Unklarheit im Rollenverständnis bei den Mitarbeiten festgestellt. Reknis et al. (2014) belegen an diesen Daten, dass mit einer unklaren Rolle die Wahrscheinlichkeit für Mobbing am Arbeitsplatz einhergeht. Schließlich zeigen Nielsen et al. (2016) an derselben Stichprobe das Entstehen von Suizidgedanken unter Berücksichtigung von Mobbing am Arbeitsplatz. Obwohl Mobbingerleben und Suizidge-

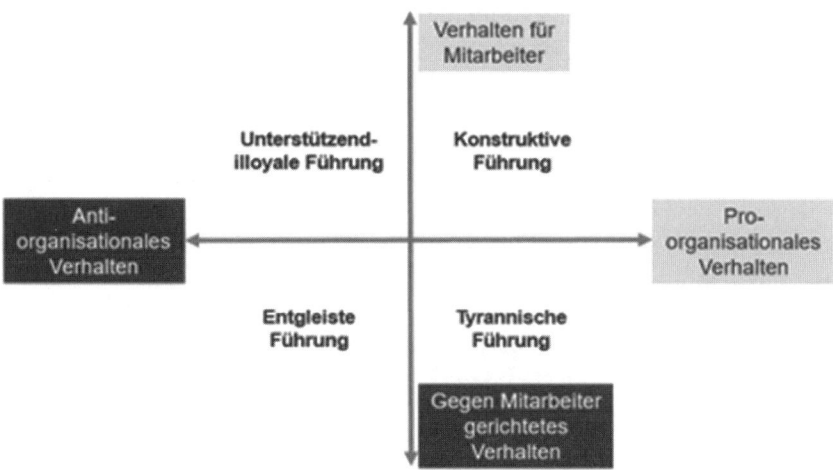

Abb. 8: Gegenüberstellung von konstruktiver und destruktiver Führung nach Einarsen et al. (2007, S. 211, sowie Aasland et al., 2010; übersetzt durch JE)

danken bei Start der Untersuchung unkorreliert waren, erhöhte sich die Wahrscheinlichkeit für Suizidgedanken nach fünf Jahren um das Doppelte, wenn Mobbing vorher erlebt werden musste. Im Gegensatz dazu ergibt sich kein Zusammenhang von Suizidgedanken auf späteres Mobbingerleben. Die Autoren interpretieren diese Effekte als ein Argument dafür, dass Mobbing am Arbeitsplatz Suizidgedanken hervorrufen kann.

Fazit der Befunde rund um Mitarbeitergesundheit

Unternehmen sollten nicht nur darauf achten, keine „Egomanen" für die Führungsetagen einzustellen (Dammann, 2007; vgl. das Kapitel Personalauswahl in diesem Band), sondern Führungskräfte auch gezielt in Richtung „gesundes Führen" trainieren (Felfe, Ducki & Franke, 2014). Ein Return-on-Investment liegt hier auf der Hand (vgl. das Kapitel Personalentwicklung in diesem Band). Zum Schluss soll noch die Wirkung zweier weiterer Verhaltensweisen im Führungskontext skizziert werden: Ausdruck der Dankbarkeit/Wertschätzung und humorvoller Umgang miteinander.

Danke – sehr lustig!

Barling (2014, S. 310) verweist auf erstaunliche Studien, die zeigen konnten, dass in einer gewöhnlichen E-Mail von Seiten einer Führungskraft an Mitarbeiter ein Ausdruck des Dankes/der Wertschätzung die Bereitschaft zu freiwilliger Zusatzarbeit mehr als verdoppeln konnte gegenüber eines „danklosen" Kontextes. Daraus schlussfolgert er (ebenda):

> „Returning to the question [...] as to how much leadership is necessary, high-quality leadership is not simply dependant on huge investments in time and resources, but on remembering that people are remarkably sensitive to the smallest behaviors, and then choosing to act accordingly."

Schließlich beschäftigt sich immerhin eine Metaanalyse mit der Frage, wie Humor von Seiten der Führungskräfte auf Mitarbeiter wirkt. Mesmer-Magnus, Glew und Viswesvaran (2012) fanden positive Effekte für Humor, der per se darauf gerichtet war, Positives zu bewirken i. Ggs. zu beispielsweise zynischem, sexistischem oder sonstwie herabsetzendem Humor. Die untersuchten Studien umfassten rund 8.500 Mitarbeiter unterschiedlicher Branchen und Unternehmen. Sie fanden, dass der von Führungskräften eingesetzte Humor assoziiert war mit erhöhter Arbeitsleistung, Arbeitszufriedenheit, wahrgenommener Leistung der Führungskräfte und Zufriedenheit mit ihnen, erhöhtem Teamzusammenhalt und reduzierter Abwesenheit vom Arbeitsplatz. Die Autoren betonen insbesondere den Wert des „self-directed" Humors, also der Fähigkeit von Führungskräften über sich selbst lachen zu können. Mehr dazu finden Sie im Kapitel Positive Organisationspsychologie in diesem Band.

8   Weitere, neue (?) Ansätze und „ein Blick in die Glaskugel"

Wie die Managementliteratur insgesamt, so unterliegt auch das Thema Führung gewisser Moden. Eine Zeitlang lang war es „chic", alles „systemisch" zu betrachten und dabei die Personvariable (Emotionen, Eigenschaften) inklusive verhaltensrelevanter Anteile selbiger aus den Überlegungen herauszuhalten. Aktuell scheint das Pendel etwas umzuschwenken, wie wir oben beispielsweise für den Bereich destruktiver Führung gezeigt haben. Im Folgenden skizzieren wir ausgewählte Themen, vielleicht können wir hier Leserinnen und Leser ein wenig neugierig machen.

Authentische Führung

„Sei echt!", könnte man den hier zugrundeliegenden Imperativ nennen. Es handelt sich bei diesem Ansatz um eine Sammlung von Eigenschaften und Führungsverhaltensweisen wie beispielsweise Selbsterkenntnis der Führungskräfte, transparente Beziehungsgestaltung und moralische Werthaltungen (Peus, Wesche & Braun, 2015). Es liegen Befunde zu Zusammenhängen zwischen Authentischer Führung und Einstellung zur Arbeit sowie Leistung von Mitarbeitern vor (ebenda, S. 22f.). Ein Kritikpunkt besteht darin, dass die Forderung nach dem Kongruent-Sein zwischen Verhalten und Selbstkonzept einer Person nicht immer durchführbar ist. Die Übernahme von Führungs*rollen* geht oft auch damit einher, Verhalten an den Tag zu legen, das nur bedingt zum Selbstbild passt. Hier kommt es sicher mehr auf *den Grad der Übereinstimmung* als auf das Vorhandenversus Nichtvorhandensein an (vgl. auch das Thema Motivdiskrepanzen oben). Allzu starke Rollenkonflikte jedoch können tatsächlich negative Folgen haben (Örtquist & Wincent, 2006). Mehr zum Thema Authentische Führung finden Sie auch im Kapitel Positive Psychologie in diesem Band.

Servant Leadership

Grundlage ist hier die Überlegung, dass Manager weniger aus Machtstreben heraus eine Führungsposition einnehmen sollten, sondern aus mehr oder weniger altruistischen Motiven. Es steht das Dienen im Vordergrund, der *Dienst am Unternehmen* beispielsweise (urspr. Greenleaf, 1970, in Pircher Verdorfer & Peus, 2015). Insgesamt besteht wohl noch Uneinigkeit über die Zusammensetzung dieses Konstruktes (ebenda). Darunter werden so unterschiedliche Dinge wie „Entwicklung von Mitarbeitern" oder „Vertrauen" und „Demut" verstanden. Insgesamt soll aber Einigkeit darüber herrschen, dass in diesem Ansatz Führungskräfte bzw. deren Rolle entmystifiziert werden. Hier bestehen Bezüge zum Konzept des „ehrbaren Kaufmanns" (Behringer, 2012). Insgesamt „…zeigen empirische Befunde, dass Servant Leadership insbesondere über die Konsolidierung nachhaltiger Vertrauensverhältnisse positive Effekte auf das Wohlbefinden und die Leistungsstärke der Geführten hat." (ebenda, S. 74.)

E-Leadership

Hertel und Lauer (2012) beschreiben verschiedene Herausforderungen moderner Führung, beispielsweise das Führen auf Distanz (vgl. dazu das Thema Personalentwicklung in diesem Band). Die Autoren verweisen auf diese theoretischen Aspekte des Führens von standortverteilten Teams über elektronische Medien im Modell des *Management by Interdependence* bezüglich der Teameffektivität. In diesem Modell spielen wichtige, individuelle Motivations-Kenngrößen eine Rolle, beispielsweise *Valenz, Instrumentalität, Selbstwirksamkeit und das Teamvertrauen*. Valenz meint die Wichtigkeit des Teamzieles für den Einzelnen, Instrumentalität bezieht sich auf die Wichtigkeit des Einzelbeitrages für die Erreichung der Teamziele. Alle Komponenten sind hier multiplikativ verknüpft, ist ein Multiplikator nicht ausgeprägt, sinkt die Arbeitsmotivation auf Null ab. Insgesamt skizzieren die Autoren wichtige Grundprinzipien des *E-Leadership* (Auswahl): Es wird in Zukunft ein Wechsel vom direktiven hin zu partizipativen Führungsstilen kommen (müssen), es müssen ferner Konflikte (gerade in verteilt arbeitenden Teams aufgrund von Eskalationsdynamiken) frühzeitig erkannt werden. Medienkompetenz spielt eine entscheidende Rolle, außerdem müssen Mitarbeiter, die über Distanz geführt werden, ein hohes Maß an Selbstmanagement und -motivation aufbringen.

Führen im internationalen Kontext

Dieses Thema bedarf im Grunde eines eigenen Kapitels bzw. ganzen Buches. Dem geneigten Leser sei hier als Einstieg empfohlen:
- Brodbeck, F. & Eisenbeiss, S. A. (2014). Cross-Cultural and Global Leadership. In D. V. Day (Ed.), *The Oxford Handbook of Leadership and Organizations* (657-682). Oxford: Oxford University Press.

Wir beschränken uns auf wenige Anmerkungen zu diesem umfangreichen Thema. Natürlich macht es einen Unterschied, ob Sie eine Gruppe von Menschen in China oder in den Niederlanden führen. Die Wirkung von Führungsstereotypen auf die Einflussbereitschaft von Mitarbeitern in Deutschland wurde bereits eingangs geschildert (Eckloff und von Quakebeke, 2008). In Sachen transformationales Führen konnten aber beispielsweise Zwingmann et al. (2014) zeigen, dass dieses Verhalten über relativ disparate Kulturräume hinweg positive Wirkung hat (s.o.).

Hier sei nur kurz auf eine spannende und in Teilen beantwortete Frage hingewiesen: Gibt es Führungsverhalten, das in (so gut wie) allen Kulturen als effektiv wahrgenommen wird? In der Tat erwies sich *charismatisches werte- und teamorientiertes Führungs-verhalten* als interkulturell effektiv. Hinsichtlich der Einschätzung beispielsweise hierar-chischer Führung fanden sich große interkulturelle Unterschiede (Brodbeck & Eisen-beiss, 2014). Lesenswert in diesem Zusammenhang ist auch das folgende Kapitel von Lang (2014):

- Lang, R. (2014): Globale Führung. „Leadership is going global." In R. Lang und I. Ryb-nikova, *Aktuelle Führungstheorien und -konzepte* (S. 419-454). Wiesbaden: Springer Gabler. Hier finden sich auch zahlreiche Querverweise auf Studien und Internetquel-len zum Thema globale/international agierende Führung.

Systemische Führung

Es ist ausgeschlossen an dieser Stelle auch nur annähernd einen Überblick über das Feld systemischer Führungsansätze zu schaffen, Leser werden auch hier bestenfalls neugierig gemacht. Blessin und Wick (2014) betonen einige Grundannahmen derjenigen Ansätze, die man als „systemisches Führen" bezeichnen kann: die Komplexität und Dynamik sozialer Systeme (beispielsweise Organisationen) sind prinzipiell sehr hoch, einfache Ursache-Wirkungszusammenhänge daher unwahrscheinlich (Beispiel: Transformatio-nale Führung führt zu Mitarbeitergesundheit). Hinzu kommt, dass Systeme i.d.R. blind sind für sich selbst, Lernfähigkeit also bestenfalls durch „Verstörungen" von außen oder aber interne „Erschütterungen" entstehen kann. Systeme neigen außerdem, so die Quintessenz vieler Ansätze, zur Selbsterhaltung und -steuerung (Autopoiesis). Insge-samt gibt es eine große Vielzahl von Quellen und Wurzeln systemischer Theorien (bei-spielsweise Soziologie; Biologie; Psychotherapie; Entwicklungspsychologie). Viele syste-mische Ansätze sind „konstruktivistischer Natur", d.h. sie betonen die Tatsache, dass es keine objektive Wahrneh-mung sozialer Prozesse geben kann (ist ein Mitarbeiter faul oder reagiert er hoch kompetent auf Zumutungen?). Für Führungskräfte ergibt sich u.a. daraus (ebenda, S. 217):

Neuere Führungsansätze wie Ser-vant Leadership, geteilte oder authentische Führung stellen ent-weder Altbekanntes pointiert und empirisch abgesichert dar, oder sie fokussieren aktuelle und sich ver-ändernde Rahmenbedingungen, in denen Führung adaptiert werden muss, wie im Falle des sogenannten E-Leadership. Beinahe völlig losge-löst von den Eigenschaften und Ver-haltenstendenzen der Akteure, kon-zentrieren sich systemische Ansätze auf die Bedingungsgefüge, die Füh-rungshandeln ermöglichen oder erschweren. Im Vordergrund steht kommunikatives Handeln.

„Führungskräfte sind als Produzenten oder Adressaten von Kommunikation Teil eines Kommunikationssystems [...]. Ihre kommunikativen Handlungen beziehen sich nicht nur auf die Geführten, sondern wirken immer auch auf sie selbst zurück [...]. Eine Führungskraft ist unausweichlich Teil des Systems und kann sich nicht außerhalb oder gegenüberstel-len, sie ist keine unabhängige Gestalterin oder Beeinflusse-rin."

Eine Selbstdefinition als „Macherin", die andere forme, aber selbst unberührt bleibe, sei daher zu relativieren. In vielen systemischen Ansätzen steht eine ganzheitliche Betrachtung sozialer Systeme im Vordergrund. Das „Herumdoktern" an einer Stelle eines Unternehmens („Wir brauchen transformationale Führung!") kann aus dieser Perspektive nur scheitern, weil alle Elemente des Systems (vom Pförtner zum Marketingleiter) vernetzt sind und sich wechselseitig beeinflussen.

Geteilte Führung

Das Thema geteilte Führung oder „laterales Führen" wird vermutlich ebenfalls dort wichtiger werden, wo Organisationen auf sich selbst steuernde Teams setzen. Hier stehen Prozesse im Vordergrund, die Führung nicht auf *eine* Führungskraft bezogen diskutieren, sondern die Verteilung von Führungsverantwortung auf mehrere Akteure fokussieren (Lang & Rybnikova, 2014, S.151ff.). Es geht in diesem Zusammenhang um den „überindividuellen Charakter des Führungsprozesses" (ebenda, S. 162). Im Idealfall werden alle Mitglieder eines Teams dazu befähigt, eine Führungsrolle einzunehmen („Empowerment"). Lang und Rybnikova geben einen umfassenden Überblick über die Ursprünge und Befunde zum Thema geteilte Führung.

Wie man sich leicht denken kann, gelingt dies nur unter ganz bestimmten Umständen und Bedingungen. Dazu zählen beispielsweise Gruppen- und Aufgabenmerkmale sowie die Organisationskultur (s.u.) und das kulturelle Umfeld. Insgesamt kommt der sogenannten *team leadership capacity* (ebenda, S. 164) eine große Bedeutung zu. Hierunter wird u.a. die Fähigkeit des Teams zur Selbststeuerung verstanden. Diese Fähigkeit hängt beispielsweise ab vom Humankapital (fachliche und überfachliche Kompetenzen des Teams), den Führungsressourcen (Einflusskompetenzen) und der Fähigkeit zur Kooperation und dem Lernen des Teams. Diese Themen werden im Kapitel Teamarbeit und Teameffektivität in diesem Band weiter vertieft.

Eine lösungsorientierte und praktisch bewährte Methode zur operativen Unterstützung lateraler Führung steht mit dem Konzept der *kollegialen Beratung* zur Verfügung. Aus Platzgründen können wir hier nicht weiter darauf eingehen, zur Vertiefung empfehlen wir:

- Tietze, K. O. (2010). *Wirkprozesse und personenbezogene Wirkungen von kollegialer Beratung*. Wiesbaden: VS-Verlag.

Organisationskultur und Führung

Aus der empirischen Analyse von Effektivitätskriterien von Organisationen entwickelte Quinn und Rohrbaugh (1981) ein System konkurrierender Organisationswerte (Competitive Value Framework, CVF). Um Ziele und Anforderungen zu vereinen, müssen in Organisationen auch widersprüchliche Funktionen verbunden werden. Diese lassen sich an zwei Dimensionen beschreiben: flexible versus stabile Strukturen und interner versus externer Fokus. Anhand dieser Dimensionen lassen sich die Werte einer Organisation erfassen und damit die Organisationskultur. Cameron et al. (2006) überführen dieses Konzept auf das individuelle Level, um Rollen für Führungskräfte als Träger der Organisationskultur zu beschreiben. Führungstätigkeit stellt sich demnach als „Umsetzung mehrfacher Rollen und Verhaltensweisen, die sich aus dem organisationalen und Umgebungskontext ergeben", dar (Denison, Hooijberg, & Quinn, 1995, S. 526, übersetzt durch JE). Allgemein lassen sich globale Rollen hinsichtlich vier allgemeiner Werte unterscheiden: Wettbewerb (compete), Zusammenarbeit (collaborate), Kontrolle (control) und Organisationsentwicklung (create). In der Hierarchie von Führungskräften erhöht sich dabei die Verhaltenskomplexität, indem zunehmend unterschiedliche und gegebenenfalls widersprüchliche Rollen beherrscht werden müssen und rasch zwischen diesen Rollen entsprechend der sich verändernden Anforderungen gewechselt werden muss.

Anhand von Verhaltenskomplexität kann zwischen Management im engeren Sinne und unternehmerischer Führung (management versus leadership) differenziert werden. Die Verhaltenskomplexität kann durch den Fragebogen zum Führungskräfteverhalten von Lawrence, Lenk und Quinn (2009) erfasst werden.

Welche Führungskompetenzen werden in Zukunft wichtig sein?

Felfe, Ducki und Franke (2014) fokussieren Führungsbereiche, die vermutlich in Zukunft immer wichtiger werden, weil beispielsweise demografische Entwicklungen und oder die fortschreitende Globalisierung dazu zwingen. Hierzu gehören Kompetenzen in den folgenden Bereichen:

- **Bindung ans Unternehmen schaffen** (Führungskräfte müssen hier gerade in Zeiten des Fachkräftemangels aktiv werden)
- **Altersgerecht und alternsgerecht führen** (Führungskräfte müssen auch hier Wege finden, beispielsweise altersgemischte Teams zu führen, Wegge et al., 2012)
- **Innovationsfähigkeit fördern** (im Lichte der Globalisierung ist Innovationsfähigkeit enorm wichtig: Führungskräfte sollten wissen, wie man diese fördert)
- **Gesundheitsförderliches Führen** (wie oben erwähnt, ist dies von großer Wichtigkeit. Führungskräfte können hier durch überschaubare Interventionen große Wirkung erzielen, Stichworte Vertrauen, Feedback und transformationales Führen)
- **Ressourcenstärkende Führung** (dazu zählt auch die Stärkung der „Widerstandskraft" der Mitarbeiter durch das Einwirken auf Optimismus und Zuversicht)

Angesichts der Situation im Jahre 2017 müssen wir auch ggf. das Thema Diversity neu oder intensiver angehen (Frintrup & Flubacher, 2014): Mit nun vermutlich über einer Millionen Flüchtlingen aus aller Welt in unserem Land ist es eine Frage der Zeit und Wahrscheinlichkeit, bis manche Arbeitsteams bunter werden als bisher (vgl. das Kapitel Interkulturelle Handlungskompetenz als Ansatz für die betriebliche Integration von Menschen mit Migrationshintergrund in diesem Band).

Empfohlene Übersichtswerke und Journals zum Thema Führung:

- Barling, J. (2014). *The Science of Leadership. Lessons from Research for Organizational Leaders.* New York: Oxford University Press.
  - Hier werden die wichtigsten empirischen Befunde der Führungsforschung der letzten 15-20 Jahre sehr gut aufbereitet und profund zusammengefasst.
- Blessin, A. & Wick, A. (2014). *Führen und führen lassen.* 7. Auflage. Konstanz und München: UVK Verlagsgesellschaft.
  - Dies ist die Neuauflage des gleichnamigen Werkes von Oswald Neuberger, in der „traditionell" kritisch mit unterschiedlichen Führungsthemen umgegangen wird.
- Felfe, J. (Hrsg.) (2015). *Trends der psychologischen Führungsforschung. Neue Konzepte, Methoden und Erkenntnisse.* Göttingen: Hogrefe.
  - Sehr viele lesenswerte Kapitel namhafter Forscherinnen und Forscher zu aktuellen Themen und Methoden.
- Lang, R. & Rybnikova, I. (2014). *Aktuelle Führungstheorien und -konzepte.* Wiesbaden: Springer Gabler.

– Dieses Buch inkludiert u.a. auch ein Kapitel zur psychoanalytischen Führungssicht sowie eine paradigmatisch-historische Einordnung der vielfältigen Theorien und Konzepte zum Thema Führung.

Eines der wichtigsten wissenschaftlichen Journale zum Thema Führung ist *The Leadership Quarterly. An International Journal of Political, Social and Behavioral Science*. Es erscheint im US-amerikanischen Elsevier-Verlag und ist kostenpflichtig bestellbar beispielsweise über *Subito*, einem Lieferdienst der Bibliotheken. Hier der aktuelle Link zum Journal (Stand Mai 2017): https://www.journals.elsevier.com/the-leadership-quarterly/

Ein weiteres, anerkanntes Journal, in welchem auch Führungsthemen veröffentlicht werden, ist das *Journal of Occupational and Organizational Psychology* (Hrsg. ist die British Psychological Society, erscheint im Wiley-Verlag). Der aktuelle Link zum Journal (Stand Mai 2017): http://onlinelibrary.wiley.com/journal/10.1111/(ISSN)2044-8325

Das *German Journal of Human Resource Management* (GHRM), ehemals die *Zeitschrift für Personalforschung*, ist ebenfalls ein weithin anerkanntes Journal. Es erscheint im Sage-Verlag (u.a. USA). Interessant ist, dass sowohl englisch- als auch deutschsprachig veröffentlicht wird. Theoretische und empirische Beiträge stehen im Fokus. Hier der Link zur Zeitschrift (Stand Mai 2017): http://journals.sagepub.com/home/gjh

Ein empfehlenswertes, deutschsprachiges Praktiker-Journal ist beispielsweise die *Zeitschrift Führung und Organisation* (ZFO). Die ZFO ist das offizielle Organ der Gesellschaft für Organisation e.V. (gfo), der Schweizerischen Gesellschaft für Organisation und Management (SGO) und der Österreichischen Vereinigung für Organisation und Management (ÖVO). Das Journal erscheint im Schäffer-Poeschel Verlag und hat u.a. das Ziel, den Wissenstransfer zwischen Theorie und Praxis zu unterstützen. Hier der Link zum Journal (Stand Mai 2017). https://www.zfo.de/die-zfo/herausgeber/

Zum Schluss sei für den deutschsprachigen Raum noch auf die *Deutsche Gesellschaft für Personalführung e.V.* hingewiesen. Nach eigenen Angaben ist sie die größte Fachorganisation für Personalmanagement und Personalführung in Deutschland. Hier sind zahlreiche, wissenschaftlich fundierte und sehr praxisnah aufbereitete Informationen rund um das Thema Führung und weitere HR-Themen erhältlich. Hier der Link zur Website (Stand Mai 2017): http://www.dgfp.de/die-dgfp/ueber-uns

9   Zusammenfassung des Kapitels

Ausgehend von einigen Definitionsvorschlägen des Konstruktes Führung fokussierte das Kapitel zunächst Eigenschaftsansätze. Dazu zählt der Versuch, stabile Eigenschaften mit Führungserfolg zu korrelieren. „Dunkle" Eigenschaften wie Machiavellismus und Narzissmus von Führungskräften sind mit teilweise wenig wünschenswerten Ausprägungen organisationaler Variable verbunden. Schließlich wurden im vorliegenden Kapitel bewusste Selbstbilder und unbewusste Motive angesprochen. Diese sind verbunden mit dem Verhalten von Führungskräften und sollten in der Personalauswahl und ggf. der Personalentwicklung selbiger mit beachtet werden. Ferner wurden verhaltenswissenschaftliche Theorien betrachtet. Hier geht es um das Zusammenspiel von Situationen, Bedingungen und Führungsverhalten. Der Ansatz der Transformationalen Führung wurde etwas ausführlicher beleuchtet, dort wird beispielsweise die Bedeutung der intellektuellen Stimulierung und der inspirierenden Motivierung betont. Führungsverhalten hängt auf unterschiedliche Art und Weise mit der Gesundheit von Mitarbeitern zusammen, wobei gezeigt wurde, dass ein „Nicht-Führen" mit erheblichen Problemen verbunden ist. Schließlich wurden weitere, z.T. neue Ansätze und ihre Implikationen diskutiert.

10   Vertiefende Fragen

1. Was bedeutet es zu sagen, dass Führung auch „sozial konstruiert" ist?
2. Was sind zentrale Annahmen der Eigenschaftstheorien?
3. Was sind Kernaussagen der verhaltenswissenschaftlichen Ansätze?
4. Welche Substitute von Führung sind denkbar?
5. Wie kann man Führungsmotivation erklären und welche Rolle spielen hier implizite Motive?
6. Warum und unter welchen Bedingungen wirkt Transformationale Führung positiv?
7. Welche Auswirkungen kann destruktives Verhalten von Führungskräften haben und was kann man hier tun?
8. Wie kann man generell die Wirkung von Führung modellhaft skizzieren?

Literatur

Aasland, M. S., Skogstad, A., Notelaers, G., Nielsen, M. B. & Einarsen, S. (2010). The Prevalence of Destructive Leadership Behaviour. *British Journal of Management, 21*, 438-452.

Atkinson, J. W. & McClelland, D. C. (1948). The projective expression of needs: II. The effect of different intensities of the hunger drive on thematic apperception. *Journal of Experimental Psychology, 33*, 643-658.

Atwater, L. E., Brett, J. F & Charles, A. C. (2007). Multisource Feedback: Lessons Learned and Implications for Practice. *Human Resource Management, 46*(2), 285-307.

Austin, E. J., Farrelly, D. Black, C. & Moore, H. (2007). Emotional Intelligence, Machiavellianism and emotional manipulation: Does EI have a dark side? *Personality and Individual Differences, 43*, 179-189.

Avolio, B. J., Bass, B. M. & Jung, D. I. (1999). Re-examining the components of transformational and transactional leadership using the Multifactor Leadership Questionnaire. *Journal of Occupational and Organisational Psychology, 72*, 441-462.

Avolio, B, J. & Vogelgesang, G. R. (2011). Beginnings Matter in Genuine Leadership Development. In S. E. Murphy & R. J. Reichard (Eds.), *Early Development and Leadership. Building the Next Generation of Leaders* (pp. 179-204). New York: Routledge.

Barling, J. (2014). *The Science of Leadership. Lessons from Research for Organizational Leaders*. New York: Oxford University Press.

Barling, J., Loughlin, C. & Kelloway, E. (2002). Development and Test of a Model linking Safety Specific Transformational Leadership and Occupational Safety. *Journal of Applied Psychology, 81*, 488-496. http://dx.doi.org/10.1037/0021-9010.87.3.488

Bartram, D. & Ingeoglu, I. (2011). *The SHL Corporate Leadership Model*. SHL White Paper 2011. Thames Ditton: SHL Group Ltd.

Baumann, N. & Kuhl, J. (2002). Intuition, affect, and personality: Unconscious coherence judgments and self-regulation of negative affect. *Journal of Personality and Social Psychology, 83*, 1213-1223.

Behringer, S. (Hrsg.) (2012). *Compliance für KMU. Praxisleitfaden für den Mittelstand*. Berlin: Erich Schmidt.

Bildat, L. (2012). Motives as predictors of role conflicts in entry-level managers. Some conceptual insights and a research proposal. In R. Štefko, M. Frankovsky & J. Vravec (Eds.), *Management 2012.*

Research in Management and Business in the Light of Practical Needs (pp. 487-495). Prešov: University of Prešov in Prešov. Faculty of Management.

Bildat, L. & Martin, C. (2016). *Spieglein, Spieglein an der Wand: Narzissmus, führungsrelevante Personvariable und Intelligenz. Eine Untersuchung bei Studierenden wirtschaftsnaher Studiengänge.* Vortrag zur 20. Fachtagung der GWPs 2016, Euro-FH Hamburg.

Blessin, A. & Wick, A. (2014). *Führen und führen lassen.* 7. Auflage. Konstanz und München: UVK Verlagsgesellschaft.

Brands, J., Heidbrink, M. & Debnar-Daumler (2015). Die Illusion des Wiedereinstiegs: Zur Psychologie entlassener Manager. *Wirtschaftspsychologie aktuell, 1,* 54-57.

Brodbeck, F. & Eisenbeiss, S. A. (2014). Cross-Cultural and Global Leadership. In D. V. Day (Ed.), *The Oxford Handbook of Leadership and Organizations* (pp. 657-682). Oxford: Oxford University Press.

Brodbeck, F. & Eisenbeiss, S. A. (2015). Führung im interkulturellen Kontext. In J. Felfe (Hrsg.), *Trends der psychologischen Führungsforschung. neue Konzepte, Methoden und Erkenntnisse* (S. 455-465). Göttingen: Hogrefe.

Brosi, P. & Spörrle, M. (2012). Die dunkle Seite der Führung: Negatives Führungsverhalten, dysfunktionale Persönlichkeitsmerkmale und situative Einflussfaktoren. In S. Grote (Hrsg.), *Die Zukunft der Führung* (S. 269-290). Berlin: Springer.

Caspi, A., McClay, J., Moffitt, T. E., Mill, J., Martin, J. Craig, I. W., Taylor, A. & Poulton, R. (2002). Role of Genotype in the Cycle of Violence in Maltreated Children. *Science,* 297(5582), 851-854. DOI: 10.1126/science.1072290

Cameron, K., Quinn, R. DeGraff, J. & Thakor, A. (2006). *Competing values leadership: Creating value in organizations.* Northampton MA: Edward Elgar Publishing

Chatterjee, A. & Hambrick, D. C. (2007). It's all about me: Narcissistic chief executive officers and their effects on company strategy and performance. *Administrative Science Quarterly, 52,* 351-386.

Chen, G., Casper, W. J. & Cortina, J. M. (2001). The Roles of Self-Efficacy and task Complexity in the Relationships between Cognitive Abilities, Conscientiousness, and Work-Related Performance: A Meta-Analytic Investigation. *Human Performance,* 14(3), 209-230.

Collins, J. & Haas, O. (2015). Worum geht es hier eigentlich? Ein Gespräch mit Jim Collins über Organisationsprinzipien, Führung und Minibusse. *OrganisationsEntwicklung, 1,* 4-8.

Dammann, G. (2007). *Narzissten, Egomanen, Psychopathen in der Führungsetage. Fallbeispiele und Lösungswege für ein wirksames Management.* Bern: Haupt.

Denison, D. R., Hooijberg, R. & Quinn, R. E. (1995). Paradox and performance: Toward a theory of behavioral complexity in managerial leadership. *Organizational Science,* 6(5), 524-540.

Dieckmann, C. & Blickle, G. (2012). Persönlichkeit, mikropolitische Macht und Performanz. In B. Knoblach, T. Oltmanns, I. Hajnal & D. Fink (Hrsg.), *Macht in Unternehmen. Der vergessene Faktor* (S. 235-251). Wiesbaden: Gabal.

Dörr, S. , Hund, A., & Inderst, F. (2016). Motiv-Profil-Analyse: Ein wirksames Instrument für die Diagnose und Entwicklung von Führungskompetenzen im Wissenschaftskontext. *Personal-und Organisationsentwicklung, 2,* 47-54. UVW Verlag.

Eagly, A. H., Johannesen-Schmidt, M. C. & van Engen, M. L. (2003). Transformational, Transactional, and Laissez-Faire Leadership Styles: A Meta-Analysis Comparing Women and Men. *Psychological Bulletin,* 129(4), 569-591.

Eckloff, T. & van Quaquebeke, N. (2008). „Ich folge Dir, wenn Du in meinen Augen eine gute Führungskraft bist, denn dann kann ich mich auch mit Dir identifizieren." *Zeitschrift für Arbeits- u. Organisationspsychologie,* 52(4), 169-181.

Einarsen, S., Aasland, M. & Skogstad, A. (2007). Destructive leadership behaviour: A definition and conceptual model. *The Leadership Quartely,* 18(3), 207-216.

Elovainio, M., Kivimäki, M., Puttonen, S., Lindholm, H., Pohjonen, T. & Sinervo, T. (2008). Organisational injustice and impaired cardiovascular regulation among female employees. *Occupational and Environmental Medicine, 63,* 141-144.

Felfe, J. (Hrsg.) (2015). *Trends der psychologischen Führungsforschung. Neue Konzepte, Methoden und Erkenntnisse.* Göttingen: Hogrefe.

Felfe, J., Ducki, A. & Franke, F. (2014). Führungskompetenzen der Zukunft. In B. Badura et al. (Hrsg.), *Fehlzeiten-Report 2014* (S. 139-148). Berlin: Springer.

Felfe, J. & Franke, F. (2014). *Führungskräftetrainings. Mit Arbeitsmaterialien und Fallbeispielen.* Göttingen: Hogrefe.

Felfe, J. & Gatzka, M. (2013). Führungsmotivation. In W. Sarges (Hrsg.). *Managementdiagnostik* (S. 308-315). Göttingen: Hogrefe.

Felfe, J. & Schyns, B. (2014). Romance of Leadership and motivation to lead. *Journal of Managerial Psychology, 29*(7), 850-865.

Fischer, L. & Wiswede, G. (2002). *Grundlagen der Sozialpsychologie*. München: Oldenbourg.

Frazzetto G., Di Lorenzo G., Carola V., Proietti L., Sokolowska E., Siracusano, A., Gross, C. & Troisi, A. (2007). Early Trauma and Increased Risk for Physical Aggression during Adulthood: The Moderating Role of MAOA Genotype. *PLoS ONE 2*(5): e486. doi:10.1371/journal.pone.0000486

Frese, M., Beimel, S. & Schoenborn, S. (2003). Action Training for Charismatic Leadership: Two Evaluations of Studies of a Commercial Training Module on Inspirational Communication of a Vision. *Personnel Psychology*, 56, 671-697.

Frintrup, A. & Flubacher, B. (2014). *Diversity Management in der Personalauswahl. Kulturelle Vielfalt in Unternehmen und Behörden ermöglichen*. Berlin: Springer.

Gebert, D. & Rosenstiel, L. von (2002). *Organisationspsychologie*. Stuttgart: Kohlhammer.

Gris, R. (2008). *Die Weiterbildungslüge. Warum Seminare und Trainings Kapital vernichten und Karrieren knicken*. Frankfurt am Main: Campus.

Graen, G. B. & Uhl-Bien, M. (1995). Relationship-based approach to leadership: Development of leader-member exchange (LMX) theory of leadership over 25 years: Applying a multi-level multi-domain perspective. *The Leadership Quarterly, 6*, 219-247.

Grote, S. (Hrsg.) (2012). *Die Zukunft der Führung*. Berlin: Springer Gabler.

Harari, Y. N. (2013). *Eine kurze Geschichte der Menschheit. DVA. Harvard Business Manager (2014). Zeit effektiver managen. Was Psychologen und Organisationsforscher Führungskräften und Mitarbeitern raten*. Oktober. Hamburg: manager magazin Verlagsgesellschaft.

Harvard Business Manager (2014). *Zeit effektiver managen. Was Psychologen und Organisationsforscher Führungskräften und Mitarbeitern raten*. Oktober. Hamburg: manager magazin Verlagsgesellschaft.

Hepper, E. G., Hart, C. M. & Sedikides, C. (2014). Moving Narcissus: Can Narcissists Be Empathic? *Personality and Social Psychology Bulletin, 40*(9), 1079-1091.

Hersey, P. & Blanchard, K. H. (1984). *Management of organizational behavior: Utilizing human resources*. Englewood-Cliffs, N. J.: Prentice-Hall.

Hertel, G. & Lauer, L. (2012). Führung auf Distanz und E-Leadership – die Zukunft der Führung? In S. Grote (Hrsg.), *Die Zukunft der Führung* (S. 103-118). Berlin: Springer.

Howell, J., Bowen. D., Dorfman. P. Kerr, S. & Podsakoff, P. (1990). Substitutes for leadership: Effective alternatives to ineffective leadership. *Organizational Dynamics, 19*(1), 21-38.

Jacobs, R. L., & McClelland, D. (1994). Moving up the corporate ladder: A longitudinal study of the leadership motive pattern and managerial success in women and men. *Consulting Psychology Journal: Practice and Research, 46*, 32–41. doi: 10.1037/1061-4087.46.1.32

Judge, T. A., Bono, J. E., Ilies, R. & Gerhardt, M. W. (2002). Personality and Leadership: A qualitative and quantitative review. *Journal of Applied Psychology, 87*, 765-780.

Kazen, M. & Kuhl, J. (2011). Directional discrepancy between implicit and explicit power motives is related to well-being among managers. *Motivation and Emotion, 35*, 317-327.

Kanning, U. P. (2013). *Wenn Manager auf Bäume klettern. Mythen der Personalentwicklung und Weiterbildung*. Lengerich: Pabst.

Kehr, H. (2004b). Implicit/explicit motive discrepancies and volitional depletion among managers. *Personality and Social Psychology Bulletin, 30*(3), 315-327.

Kerr, S. & Jermier, J. (1978). Substitutes for leadership: Their meaning and measurement. *Organizational Behavior & Human Performance, 22*(3), 375-403.

Kish-Gephart, J., Harrison, D. A. & Trevino, L. K. (2010). Bad apples, bad cases, and bad barrels: Meta-analytic evidence about sources of unethical decisions at work. *Journal of Applied Psychology, 95*, 1-31. doi: 10.1037/a0017103

Knoblach, B. & Fink, D. (2012). Konstruktivismus, Macht und die Realität der Manager. In B. Knoblach, T. Oltmans, I. Hajnal & D. Fink (Hrsg.), *Macht in Unternehmen. Der vergessene Faktor* (S. 13-25). Wiesbaden: Gabler.

Kuhl, J. (2006). Individuelle Unterschiede in der Selbststeuerung. In J. Heckhausen & H. Heckhausen (Hrsg.), *Motivation und Handeln*. 3. Auflage (S. 303-329). Berlin: Springer.

Lang, R. (2014): Globale Führung. „Leadership is going global." In R. Lang & I. Rybnikova, *Aktuelle Führungstheorien und -konzepte* (S. 419-454). Wiesbaden: Springer Gabler.

Lang, R. & Rybnikova, I. (2014). *Aktuelle Führungstheorien und -konzepte*. Wiesbaden: Springer Gabler.

Lawrence, K., Lenk, P. & Quinn, R. (2009). Behavioral complexity in leadership: The psychometric properties of a new instrument to measure behavioral repertoire. *The Leadership Quarterly, 20,* 87-102.

Leising, D., Borkenau, P., Zimmermann, J., Roski, C., Leonhardt, A. & Schütz, A. (2013). Positive Self-regard and Claim to Leadership: Two Fundamental Forms of Self-evaluation. *European Journal of Personality, 27,* 565-579.

Lewin, K., Lippitt, R. & White, R. (1939). Patterns of aggressive behavior in experimentally created 'social climates'. *The Journal of Social Psychology, 10,* 271-299.

Madsen, I., Magnusson Hanson, L. L., Regulies, R., Theorell, T., Burr, H., Diderichsen, F. & Westerlund, H. (2014). Does good leadership buffer effects of high emotional demands at work on risk of antidepressant treatment? A prospective study from two Nordic countries. *Social Psychiatry and Psychiatric Epidemiology, 49,* 1209-1218.

ManagerSeminare (2014). *Das Ego der Entscheider: Die gefährliche Stärke.* 191(2). Bonn: ManagerSemniare Verlags GmbH.

McClelland, D.C. (1975). *Power: The inner experience.* New York: Irvington.

McClelland, D. C. (1985). *Human motivation.* Glenview, IL: Scott, Foresman & Co.

McClelland, D. C. & Boyatzis, R. E. (1982). The leadership motive pattern and long term success in management. *Journal of Applied Psychology, 67,* 737-743.

McClelland, D. C., Koestner, R. & Weinberger, J. (1989). How do self-attributed and implicit motives differ? *Psychological Review, 96,* 690-702.

Mesmer-Magnus, J., Glew, D. J. & Viswesvaran C. (2012). A meta-analysis of positive humor in the workplace. *Journal of Managerial Psychology, 27*(2), 191-209.

Mintzberg, H. (2011). *Managen.* Offenbach: Gabal.

Morf, C. C., Horvath, S. & Torchetti, L. (2011). Narcissistic Self-Enhancement. Tales of (Successful?) Self-Portrayal. In M. D. Alicke & C. Sedikides (Eds.), *Handbook of Self-Enhancement and self-protection* (pp. 399-424). New York: The Guilford Press.

Nerdinger, F. W., Blickle, G. & Schaper, N. (2014). *Arbeits- und Organisationspsychologie.* 3. Auflage. Berlin: Springer.

Neuberger, O. (2000). *Das 360°-Feedback. Alle fragen? Alles sehen? Alles sagen?* Schriftenreihe Organisation & Personal, Band 9. München und Mering: Rainer Hampp.

Neuberger, O. (2006). *Mikropolitik und Moral in Organisationen.* 2. Auflage. Stuttgart: Lucuis & Lucius.

Nielsen, M., Einarsen, S., Notelaers, G. & Nielsn, G. (2016). Does exposure to bullying behaviors at the workplace contribute to later suicidal ideation? A three-wave longitudinal study. Scandinavian Journal of Work, *Environment and Health, 42,* 246-250.

Nisbett, R. E. & Wilson, T. D. (1977). Telling more than we can know: Verbal reports on mental processes. *Psychological Review,* 84, 231-259.

O'Boyle, E. H. Jr., Forsyth, D. R., Banks, G. C. & McDaniel, M. A. (2012). A meta analysis of the Dark Triad and work behavior: A social exchange perspective. *Journal of Applied Psychology, 97,* 557-579.

Örtquist, D. & Wincent, J. (2006). Prominent Consequences of Role Stress: A Meta-Analytic Review. *International Journal of Stress Management, 13*(4), 399-422.

Padilla, A., Hogan, R. & Kaiser, R. (2007). The toxic triangle: Destructive leader, susceptiple followers, and conductive environments. *The Leadership Quarterly, 18*(3),176-194.

Pajares, F. (1996). Self-Efficacy Beliefs in Academic Settings. *Review of Educational Research, 3*(4), 543-578.

Paulhus, D. L. & Williams, K. M. (2002). The Dark Triad of personality: Narcissism, Machiavellianism, and psychopathy. *Journal of Research in Personality, 36,* 556-563.

Pinnow, M. (2009). Endokrinologische Korrelate von Motiven. In V. Brandstätter & J.H. Otto (Hrsg.), *Handbuch der Allgemeinen Psychologie – Motivation und Emotion* (S. 298-305). Göttingen: Hogrefe.

Peus, C., Wesche, J. & Braun, S. (2015). Authentic Leadership. In J. Felfe (Hrsg.), *Trends der psychologischen Führungsforschung. Neue Konzepte, Methoden und Erkenntnisse* (S. 15-26). Göttingen: Hogrefe.

Pircher Verdorfer, A. & Peus, C. (2015). Servant Leadership. In J. Felfe (Hrsg.), Trends der psychologischen Führungsforschung. *Neue Konzepte, Methoden und Erkenntnisse* (S. 67-77). Göttingen: Hogrefe.

Podsakoff, P., MacKenzie, S. & Bommer, W. (1996). Meta-analysis of the relationship between Kerr and Jermiers's substitutes for leadership and employee job attitudes, role perceptions, and performance. *Jounal of Applied Psychology, 81*(4), 380-399.

Purvanova, R. K. & Bono, J. E. (2009). Transformational leadership in context: Face-to-face and virtual teams. *The Leadership Quarterly, 20,* 343-357.

Quinn, R. E. & J. Rohrbaugh (1983). A Spatial Model of Effectiveness Criteria: Towards a Competing Values Approach to Organizational Analysis. *Management Science, 29*(3), 363-377.

Reknis, I., Einarsen, S. & Knardahl, S. (2014). The prospective relationship between role stressors and new cases of self-reported workplace bullying. *Scandinavian Journal of Psychology, 55*(1), 45-52.

Scheffer, D. (2005). *Implizite Motive.* Göttingen: Hogrefe.

Scheffer, D. & Heckhausen, H. (2010). Eigenschaftstheorien der Motivation. In J. Heckhausen & H. Heckhausen (Hrsg.), *Motivation und Handeln* (S. 43-72). 4. Auflage. Heidelberg. Springer.

Scheffer, D. & Kuhl, J. (2005). *Erfolgreich Motivieren.* Göttingen: Hogrefe.

Schmidt-Huber, M., Dörr, S. & Maier, G. (2014). Die Entwicklung und Validierung eines evidenzbasierten Kompetenzmodells effektiver Führung (LEaD: Leadership Effectiveness and Development. *Zeitschrift für Arbeits-und Organisationspsychologie, 58*(2), 80-94.

Scherm, M. & Sarges, W. (2002). *360°-Feedback.* Reihe Praxis der Personalpsychologie. Göttingen: Hogrefe.

Schultheiss, O. C., & Rohde, W. (2002). Implicit power motivation predicts men's testosterone changes and implicit learning in a contest situation. *Hormones and Behavior, 41,* 195-202.

Schultheiss, O. C. & Brunstein, J. C. (2010). *Implicit motives.* Oxford: Oxford University Press.

Schwarzer, R. (Ed.) (1992). *Self-Efficacy: Thought Control of Action.* Washington, Philadelphia, London: Hemisphere Publishing Cooperation.

Schyns, B. & Schilling, J. (Eds.) (2014). Destructive Leadership. *Zeitschrift für Psychologie.* Göttingen: Hogrefe.

Schyns, B. & Schilling, J. (2013). How bad are the effects of bad leaders? A meta-analysis of destructive leadership and its outcomes. *The Leadership Quarterly, 24,* 138-158.

Shipley, T. E. & Veroff, J. (1952). A projective measure of need for affiliation. *Journal of Experimental Psychology, 43,* 349-356.

Skogstad, A., Helland, J., Glasoe, L. & Einarsen, S. (2014). Is avoidant leadership a root cause of subordinate stress? Longitudinal relationship between laissez-faire leadership and role ambiguity. *Work & Stress, 28*(4), 323-341.

Sturm, M., Reiher, S., Heinitz, K. & Soellner, R. (2011). Transformationale, transaktionale und passiv-vermeidende Führung. Eine metaanalytische Untersuchung ihres Zusammenhangs mit Führungserfolg. *Zeitschrift für Arbeits- und Organisationspsychologie, 55*(2), 88-104.

Theorell, T., Nyberg, A., Leineweber, C., Magnusson Hanson, L. L. Oxenstierna, G. & Westerlund, H. (2012). Non-Listening and Self-Centered Leadership – Relationships to Socioeconomic Conditions and Employee Mental Health. *PLOS One, 7*(9), e444119.

Vroom, V. H. & Yetton, P. W. (1973). *Leadership and decision making.* Pittsburgh, Pa.: University of Pittsburgh Press.

Wegge, J., Schmidt, K.-H., Piecha, A., Ellwart, T, Jungmann, F. & Liebermann, S. C. (2012). Führung im demografischen Wandel. *Report Psychologie, 37*(9), 344-354.

Westerlund, H., Nyberg, A., Bernin, P., Hyde, M., Oxenstierna, G., Jäppinen, P., Väänänen, A. & Theorell, T. (2010). Managerial leadership is associated with employee stress, health, and sickness absence independently of the demand-control-support model. *Work, 37*(1), 71-79.

Westermann, F. & Dick, M. (Hrsg.) (2014). Themenheft „Managerversagen/Derailment (MvD)". *Wirtschaftspsychologie, 3*(16).

Winter, D. G. (1991). A motivational model of leadership: Predicting long-time management success from TAT measures of power motivation and responsibility. *Leadership Quarterly, 2,* 67-80.

Wirth, M. M., Welsh, K. M. & Schultheiss, O. C. (2006). Salivary cortisol changes in humans after winning or losing a dominance contest depend on implicit power motivation. *Hormones and Behavior, 49*(3), 346-52.

Zwingmann, I., Wegge, J. Wolf, J., Wolf, S. Rudolf, M., Schmidt, M. & Richter, P. (2014). Is transformational leadership healthy for employees? A multilevel analysis in 16 nations. *Zeitschrift für Personalforschung, 28*(1-2), 24-51.

11 Anhang

Infokasten 1 zur methodischen Vertiefung

Homo- und heterozygote Zwillinge: Wie findet man eigentlich heraus, wie stark der genetische Anteil an einem bestimmten Verhalten ist? Die „Wunderwaffe" ist hier die Methode der Zwillingsstudie. Diese liefern ja gewissermaßen forschungsbezogene „Geschenke der Natur". Besonders der Vergleich zwischen eineiigen und zweieiigen, getrennt und gemeinsam aufgewachsenen Zwillingen (homo- und heterozygote Z.) ist hier von Nutzen. Eineiige Zwillinge, die in unterschiedlichen Umwelten aufgewachsen sind, haben i.d.R. nur eines gemeinsam: den Chromosomensatz.

Finden sich also bei diesen Personen weitgehende Übereinstimmungen in Erlebens- und Verhaltensmustern, kann der genetische Anteil daran gut geschätzt werden (Heritabilitätskoeffizient). In der Regel zeigen sich größere Übereinstimmungen in Persönlichkeitsmerkmalen zwischen eineiigen, getrennt aufgewachsenen Personen als bei zweieiigen, gemeinsam aufgewachsenen Personen (vgl. dazu die Forschung zur Erblichkeit akademischer Intelligenz bei Rost, 2009). Alle modernen Zwillingsstudien haben sich an sehr strenge Kriterien zu halten: so gilt z.B., dass Babys sehr früh nach der Geburt getrennt wurden müssen und tatsächlich in unterschiedlichen Umwelten (Kulturen) aufwachsen. Nur dann können die Ergebnisse verwendet werden.

Infokasten 2 zur methodischen Vertiefung

Das 360°-Feedback: Zumindest in großen Unternehmen hat sich die teilanonyme, systematische, multiperspektivische Beurteilung von Fach- und Führungskräften mittels 360°-Feedback durchgesetzt, welches meist computerbasiert appliziert wird. Es dient der Personalentwicklung durch die Evaluation von Schlüsselkompetenzen. Auch ein Initiieren von Entwicklung durch Coaching kann hier seinen Ursprung haben, ferner lassen sich Management-Audits damit unterstützen. Problematisch bezüglich des 360°-Feedbacks ist u.a. (bes. Neuberger, 2000; die zentralen Probleme sind auch 16 Jahre nach Erscheinen des Buches nicht „vom Tisch"):

- Das 360°-Feedback ist kein Instrument zur Erfassung objektiver Kriterien, die unmittelbar in Systeme leistungsbezogener Bezahlung münden! Das wäre ein Kunstfehler.

- Die Mittelwertbildung vieler subjektiver Kriterien macht kein objektives Urteil.

- Die Skalen erreichen kein Intervallniveau, insofern ist die Mittelwertbildung im Grunde mathematisch nicht zulässig.

- Verhalten der Führungskraft wird „gestreamlined" über die Zeit (Varianzeinschränkung). Das Verhalten orientiert sich ausschließlich an dem Kompetenzmodell, welches gerade „chic" ist und schlimmstenfalls evidenzfrei entwickelt wurde. Authentische Führung und ggf. Mut zur Eigenständigkeit werden hier unwahrscheinlich.

- Es wird leicht zum Instrument mikropolitischer Verwerfungen.

- Oft ist unklar, welche Feedback-Gruppe nun ausschlaggebend ist (Mitarbeiter? Kollegen? Welche?)

- Die Häufigkeit der Verhaltensbeobachtungen kann sehr heterogen sein (Mitarbeiter und Führungskräfte sehen sich oft, oder? Wie oft? Alle zwei Wochen? Wie gut kann dann die Vorgesetztenbeurteilung sein?

Ein 360°-Feedback sollte immer mit ausführlicher Beratung durch ausgewiesene (!) Fachleute geplant, implementiert, ausgeführt und rückgemeldet werden.

Infokasten 3 zur methodischen Vertiefung

Was Führungserfolg ist, oder als solcher deklariert wird, ist mitnichten klar. Unter Bezugnahme auf verschiedene andere Autoren verweisen Blessin und Wick (2014, Kapitel 6) auf diverse Probleme der Definition von Führungserfolg. Einige Herausforderungen in Kürze (bearbeitet):

- Ist Führungserfolg immer objektiv, reliabel, gültig und relevant erfasst? In vielen Studien beispielsweise sind Karrieregeschwindigkeit und Gehalt die Messgrößen auf der „Outputseite". Wie aber hat die Führungskraft dies erreicht? Vielleicht durch Mobbing, Intrigen und Betrug?

- Mitarbeiter urteilen immer in ihren organisationalen Systemen, wie gut ist zum Zeitpunkt der Untersuchung das Klima im Unternehmen? Wie offen darf überhaupt bewertet werden, wie steht es also um die Unternehmenskultur? Im Grunde sollten diese Faktoren immer mit kontrolliert werden!

- Führungskräfte werden oft durch Führungskräfte beurteilt. Können diese das gut? Wie häufig haben die Vorgesetzten der Führungskräfte diese gesehen, erlebt, ihnen zugeschaut? Wie stark spielt hier Mikropolitik eine Rolle, wie sehr „Seilschaften"?

- Wem ist Führungserfolg zuzurechnen? Den Führungskräften? Das dürfte beispielsweise mit Blick auf die Beteiligung der jeweiligen Mitarbeiterteams schwierig sein, wollte man das Team nicht zu willfährigen Robotern degradieren.

- Ist in allen Studien den untersuchten Führungskräften glasklar, was wichtig ist, ist das Kriterium eindeutig, offen und transparent gemacht worden? Oder fließt auch in diesen Untersuchungen beispielsweise soziale Erwünschtheit mit ein?

- …

9

Stress und Gesundheit

Lothar Bildat

1   Einführung in die Psychologie der Arbeitsbelastung

In diesem Kapitel geht es um die Frage, was uns in der Arbeitswelt belastet und wie wir damit umgehen können. Betrachtet werden objektiv-physiologische *und* subjektive Komponenten des Stressgeschehens. Es wird auf unterschiedliche Stress-Modelle sowie auf Ressourcen des Einzelnen und der Organisation eingegangen, die im Umgang mit Stress hilfreich sind. Schließlich geht es um das Thema der Stressbewältigung und zum Schluss werden einige praxisnahe Beispiele geschildert. Zunächst aber werden drei Szenarien zur Illustration vorgestellt.

Stellen Sie sich vor, Sie kommen am Nachmittag durch die Nutzung des öffentlichen Nahverkehrs verspätet nach Hause. Sie wollen gerade heute mit dem Lernen für eine schwierige Statistik-Klausur beginnen, die Sie in drei Tagen zum zweiten Mal wiederholen. Dann setzen Sie sich gehetzt an Ihren Laptop/Ihr Tablet-PC und öffnen Ihre E-Mail-Inbox. Sie finden – seit gestern – 20 neue Mails vor, von denen 8 mit „Priorität hoch" gekennzeichnet sind, von neuen Posts auf Facebook ganz zu schweigen. Außerdem klingelt ununterbrochen das Telefon (Festnetz Ihrer WG). Schließlich klingelt es an der Tür, eine ältere Nachbarin möchte sich bei Ihnen wegen der Lautstärke gestern Nacht beschweren. Auf Facebook hat Ihnen außerdem eine attraktive Kommilitonin (bzw. Kommilitone) eine Verabredung abgesagt…

Im nächsten Szenario finden Sie sich alleine um 1.30 Uhr in der U-Bahnstation einer Großstadt wieder, in der Sie sich nicht auskennen. Ihnen gegenüber stehen vier junge, kräftig wirkende und alkoholisierte Männer, die sich offenbar lautstark über Sie „unterhalten". Sonst ist niemand zugegen. Die Herren fassen nun einmütig den Entschluss, direkt mit Ihnen in Kontakt zu treten, indem sie leere Bierflaschen in Ihre Richtung werfen…

Im dritten Szenario arbeiten Sie im Bereich der Logistik als Lagerarbeiter, der permanent unter Zeitdruck Pakete aus LKWs entladen muss und das bei Nacht, zum Teil im Freien und unter der Aufsicht eines cholerischen Vorgesetzten, der jeden Fehler mit einer Schimpftirade quittiert…

Diese Beispiele sind vielleicht etwas übertrieben, im Kern gehören sie aber leider zum Erfahrungsschatz vieler Mitbürger. In den geschilderten Fällen erleben Sie Stress. Im Falle der häuslichen Situation spielen Zeitdruck und möglicherweise Frustration oder Ärger eine Rolle. In der U-Bahn-Situation kommen möglicherweise noch Gefühle wie Ohnmacht oder Angst hinzu. Szenario 3 enthält gleich eine Vielzahl von Faktoren, die die Stressreaktion begünstigen, darüber wird noch zu schreiben sein.

Die Stressreaktion läuft auf physiologischer Ebene zunächst automatisiert ab. Sie ist aus evolutionärer Sicht sinnvoll, denn es wird i.d.R. Energie bereitgestellt. Viele unterschiedliche Situationen können diese Reaktion auslösen.

Eine wahrscheinliche Reaktion auf die subjektive Bedrohung von Leib und Leben oder das Erleben extremen Zeitdrucks in Kombination mit geringem Handlungsspielraum ist die Stressreaktion. Sie ist entwicklungsgeschichtlich sehr alt, läuft zum Teil automatisiert ab und ohne Training nur schwer beeinflussbar. Dieser Automatismus ist evolutionär sinnvoll, denn so wird Energie zum Kämpfen oder Fliehen mobilisiert. So wie es Ihnen ergehen mag, wenn Sie vom Dozenten vor allen Kommilitonen kritisiert werden oder Ihre Lerntätigkeit permanent unterbrochen wird, so erging es unseren Vorfahren vor – sagen wir – 150.000 Jahren beim Anblick eines Säbelzahntigers im nahen Gebüsch. Nun fressen einen normalerweise Arbeitsaufgaben nicht wirklich auf, obwohl wir ja umgangssprachlich durchaus mit diesem Gedanken spielen. Wir können einiges tun, um mit Stressbelastungen umzugehen. Bevor wir darauf näher eingehen, stellen wir einige Forschungsansätze vor, die das Verständnis für das Stressgeschehen verbessern.

1.1 Psychologische Stressmodelle

Hier werden einige bekannte Modelle des Stressgeschehens vorgestellt, die für Forschung und Praxis hohe Bedeutung hatten bzw. haben.

1.1.1 Selyes Stressmodell

Frühe Stresstheorien fokussierten beinahe ausschließlich physiologische Reaktionen. Ein bekannter Vertreter dieser Richtung war Hans Selye (1953, zit. in Richter & Hacker, 1998, S. 18ff.). Er beschrieb anhand von Laborversuchen mit Ratten und Mäusen ausführlich das „Allgemeine Adaptationssyndrom" (AAS). Er konnte zeigen, was auf körperlicher Ebene geschieht, wenn man die Versuchstiere „stresst" – indem man beispielsweise den Käfigboden unter Strom setzt.

Es wird die Stressreaktion ausgelöst, die im Prinzip immer in drei Stadien abläuft. Zunächst findet eine Alarmreaktion statt (Stadium 1). Innerhalb dieser finden wir zwei Phasen vor. Es beginnt die Schockphase mit hormonellen und vegetativen Veränderungen (Herzrasen, erhöhte Atemfrequenz, Hormonausschüttung). Danach findet die Gegenschockphase statt. Hier versucht der Körper, die Reaktionen in der Alarmphase stabil zu halten. Im Stadium des Widerstandes (Stadium 2) „chronifiziert" die Anpassungsreaktion, es finden – sofern der Stress nicht nachlässt – körperliche Veränderungen statt (Organveränderungen). Schließlich kommt es bei Dauerstress zum dritten Stadium, dem der Erschöpfung. Hier kann es zu einem Organversagen und dem Tod des Organismus kommen.

Wie erwähnt, dies ist zunächst in Tierversuchen so nachgewiesen worden. Im Großen und Ganzen finden sich solche Prozesse aber auch beim Menschen. So ist bekannt, dass langfristige Stressfolgen (Erschöpfungsphase) durchaus krankhafte Veränderungen wie Dauerverspannungen, Kopfschmerzen, Schlafstörungen, starke Gereiztheit etc. hervorrufen können, dazu mehr weiter unten. Ein wesentlicher Unterschied zeigt sich aber: Menschen können bedrohliche Reize bzw. Situationen gedanklich bewerten und häufig aktiv dagegen vorgehen, davon handelt der nächste Abschnitt.

1.1.2 Stress im menschlichen Kontext

Selye beschrieb die *unspezifische Wirkung* von Stressoren (= die Stressreaktion auslösende Faktoren). Irgendwie kann also alles, was von außen kommt, die Stressreaktion auslösen. Ganz so einfach ist es aber im Bereich menschlichen Erlebens und Verhaltens nicht. Hier hat Siegfried Greif (1991, S.13) eine wichtige Definition von Stress geliefert:

"Stress ist ein subjektiv intensiv unangenehmer Spannungszustand, der aus der Befürchtung entsteht, dass eine
– stark aversive
– subjektiv zeitlich nahe (oder bereits eingetretene)
– subjektiv lange andauernde Situation
sehr wahrscheinlich nicht vollständig kontrollierbar ist, deren Vermeidung aber subjektiv wichtig erscheint."

Deutlich wird, dass Stress oft von der subjektiven Bewertung des Einzelnen abhängt. Allerdings gibt es Stressoren, also Einwirkungen der Umwelt auf das Individuum, die relativ unabhängig von ihrer Bewertung Stress auslösen. Dazu gehört beispielsweise (ständiger) Zeitdruck oder Enge (geringer Sozialabstand). Weitere in ihren Wirkungen gut untersuchte Stressoren sind etwa

• Unsicherheit und Verantwortung,
• neue Anforderungen bei subjektiver Inkompetenz,
• Lärm,
• Staub,
• Hitze,
• Arbeitslosigkeit,
• Todesfälle und Hochzeiten

Wir sehen hier eine gewisse *Beliebigkeit in der Aufzählung*, das wurde auch früh von Seiten der Forschung erkannt. Wenngleich man sicher nachvollziehen kann, dass Todesfälle im Bekanntenkreis mit Stress einhergehen können, so ist das im Falle der Hochzeit vielleicht weniger klar.

Die gelegentlich vorgebrachte Unterscheidung in Distress („negativer Stress") und Eustress („guter Stress") halte ich mit Richter und Hacker (1998) für unproduktiv und sinnfrei. Es gibt m.E. keinen „guten Stress", vermutlich ist damit häufig eine generelle Aktivierung zentralnervöser Systeme gemeint. Dazu zählt beispielsweise das aufsteigende, retikuläre Aktivationssystem (ARAS). Diese Aktivitätssteigerung bei Anstrengung schädigt aber i. Ggs. zu langfristigen Stressfolgen nicht per se, sondern mobilisiert Energie. Vigilanz, also Daueraufmerksamkeit, ist auch nicht ohne weiteres schädlich, solange rechtzeitig Arbeitspausen eingelegt werden.

Von Stressreaktionen ist auch das *Konzept der Ermüdung* abzugrenzen. Sonntag, Frieling und Stegmaier (2012, S. 264) beschreiben dies wie folgt:

„Arbeitsbedingte psychische Ermüdung meint die reversible Minderung personeller Leistungsvoraussetzungen, die zu Effizienzminderung der Tätigkeit führt. Psychische Ermüdung ist gekennzeichnet durch eine anfängliche kompensatorische Anspannungssteigerung, später durch das Erleben von Anstrengung, Mühe, Konzentrationsverlust und Müdigkeit."

Reversibel bedeutet, dass die Ermüdung nach ausreichender Erholung nicht mehr vorhanden ist. Daraus würde aber nicht einfach so eine komplexe Stressreaktion mit entsprechendem Verhalten entstehen. Langes Autofahren etwa ist u.U. ermüdend, aber wenn Sie in den Urlaub fahren und keine größeren Störungen auf der Fahrt auftreten, dürfte es nicht zur Stressreaktion kommen. Anders sieht das aus, wenn Sie LKW-Fahrerin sind und verderbliche Ware unter Zeitdruck transportieren müssen. Auch dies ist ermüdend – und es setzt Sie gehörig unter Druck.

Belastung versus Beanspruchung

In der Stressforschung hat sich ferner die Unterscheidung in Belastung (= Stressoren) und Beanspruchung (das, was auf körperlich-emotionaler Ebene geschieht) durchgesetzt. Die Bundesanstalt für Arbeitsschutz und Arbeitsmedizin (2014) verweist hier auf die Norm DIN EN ISO 10075-1 [1a]. Darin wird Belastung wie folgt definiert: Psychische Belastung bedeutet die Gesamtheit aller erfassbarer Einflüsse, die von außen auf Personen psychisch einwirken. Psychische Beanspruchung hingegen bezeichnet die unmittelbare, aber nicht langfristige Auswirkung der psychischen Belastung. Diese Beanspruchung ist auch abhängig von individuellen Voraussetzungen (beispielsweise der emotionalen Stabilität) und der aktuellen „Tagesform". Außerdem hängt die Beanspruchung ab von der Lerngeschichte des Umgangs mit Stressoren, davon ist im Folgenden die Rede.

Das Modell von Lazarus und Launier

Richard Lazarus und Kollegen beschrieben Anfang der 1980er Jahre kognitive Komponenten des Stressgeschehens ausführlich (Lazarus & Launier, 1981). Die Ideen sind in Abbildung 1 grafisch veranschaulicht. Am Anfang steht die Frage, ob etwas (oder jemand) bedrohlich wirkt oder nicht. Falls nicht, wird keine Stressreaktion in Gang gesetzt. Das ist die primäre Einschätzung (engl. *primary appraisal*).

Danach schätzt das Individuum vorhandene Bewältigungsmöglichkeiten ab (sekundäre Einschätzung oder *secondary appraisal*). Nach einem internen Abgleich zwischen den Anforderungen und Fähigkeiten oder Ressourcen (d.h. Zugang zu Hilfsquellen,

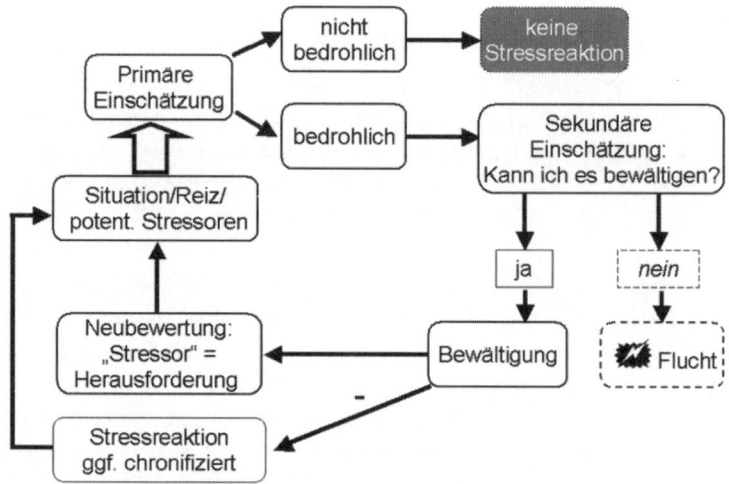

Abb. 1: Transaktionales Stressmodell nach Lazarus/Launier (1981 bearbeitet nach Richter & Hacker, 1998, S. 21)

soziale Kompetenzen, Wissen und dergleichen), findet der sogenannte Coping- oder Bewältigungsprozess statt. Die Situation wird im positiven Falle bewältigt. Nun kann der frühere Stressor (beispielsweise ein neues, ungewohntes Projekt) neu betrachtet werden. Das Individuum kann die Situation jetzt als Herausforderung wahrnehmen, der man sich gerne stellt. Es könnte z.B. sein, dass einstmals Furcht auslösende Situationen durch die Erfahrung, sie gut bewältigt zu haben, als nicht mehr bedrohlich erlebt werden.

Der o.g. zweite Prozess und der damit verbundene Vergleich zwischen Anforderungen und subjektiv eingeschätzten Fähigkeiten/Ressourcen können jedoch negativ ausfallen. Wenn also die Ressourcen zur Bewältigung subjektiv oder objektiv nicht ausreichen, kann auch die Situation nicht bewältigt werden. Es entsteht für die Dauer der Stressorenwirkung die Stressreaktion. 'Lösbar' ist dann die Situation u.U. nur durch Flucht und/oder Vermeidung. Hier würde also in der primären Einschätzung die Situation als bedrohlich wahrgenommen, denn es fehlen Bewältigungsmöglichkeiten und -fähigkeiten. Die Situation würde dann nicht erfolgreich bewältigt werden. Schlimmstenfalls fällt die Neubewertung oder „Nachbereitung" extrem negativ aus und die Situation wird als 'Niederlage' oder 'Versagen' erinnert. Scheitern Bewältigungsversuche allerdings dauerhaft, kann die Stressreaktion chronifizieren.

> **Eine Dauerbeanspruchung des Organismus ist schädlich. Es gibt sehr unterschiedliche Stressoren, also beispielsweise Einflüsse von außen, die die Stressreaktion auslösen können. Zu physiologischen Komponenten der Erregung und Hormonausschüttung kommt i.d.R. das aversive Erleben hinzu. Die kognitive Bewertung von Situationen als bedrohlich und nicht rasch änderbar spielt hier eine wesentliche Rolle. Stress hat kurz- und langfristige Folgen und ist mit diversen Krankheiten assoziiert.**

Lazarus und Launier (1981) bezeichnen ihr Stressmodell als „transaktional". Das bedeutet, dass man das Stressgeschehen weder ausschließlich durch das Verhalten und Erleben des Individuums noch durch bloße Beschreibung von Umweltreizen erklären kann. Es findet also eine Transaktion – ein Austausch – zwischen Organismus und Umwelt statt.

Einschub: Gibt es typisch weibliche Reaktionen auf Stressoren?

Barling (2014, S. 212ff.) zitiert Befunde, die genau das nahelegen. So konnte in verschiedenen Studien gezeigt werden, dass Männer unter der Wirkung von Stressoren eher „Flucht oder Kampf" an den Tag legen, Frauen aber eher sozialen Rückhalt suchen („tend and befriend").

Anforderungen können auch in uns selbst entstehen und ebenfalls bedrohlich oder schlecht zu bewältigen sein. Das ist beispielsweise bei stark leistungsmotivierten Personen der Fall, die sich oft verausgaben und die ihre hochgesteckten Ziele nicht erreichen. Nicht bewältigte Anforderungen können schädigen. Aus Dauerstress kann unter bestimmten Bedingungen das Burnout-Syndrom entstehen oder das Auftreten von Depressionen begünstigt werden, darauf wird weiter unten noch ausführlicher eingegangen.

Kurz- und langfristige Wirkungen von Stress

Auf physiologischer, psychologischer und der Ebene des Verhaltens lassen sich kurz- und langfristige Stressfolgen aufzeigen.

- Kurzfristig physiologisch: Anstieg von Herzrate und Blutdruck, ggf. schwitzen.
- Langfristig physiologisch: Ggf. psychosomatische Beschwerden.
- Kurzfristig psychologisch: Gefühl der Überforderung, Gereiztheit, Ärger oder Müdigkeit.
- Langfristig psychologisch: Resignation, Unzufriedenheit.
- Kurzfristig verhaltensbezogen: Fehlerhäufung, schlechte motorische Koordination, Hast.
- Langfristig verhaltensbezogen: Aggression, Streit, Rückzug, vermehrte Fehltage, Drogenmissbrauch.

Ferner sind zahlreiche Erkrankungen bekannt, die mit einem erhöhten Stresslevel assoziiert sind. Dazu eine Anmerkung: Es ist methodisch u.U. schwierig, hier Ursache und Wirkung zu trennen, da Erkrankungen wiederum Stress auslösen können!

Chronischer Stress kann mit diesen Erkrankungen einhergehen (Auswahl nach Bartholdt & Schütz, 2010, S. 47ff.): Schlaganfall, kardiovaskuläre Erkrankungen (Verengung von Herzkranzgefäßen, erhöhte Blutfettwerte); Asthma bronchiale; Hauerkrankungen (beispielsweise Ekzeme); Kopf- und Rückenschmerzen; Schilddrüsenfunktionsstörungen; Verdauungsprobleme; Diabetes; Immunschwäche und Impotenz.

2 Neurophysiologische Aspekte des Stressgeschehens

Kann es sein, dass manche Menschen gar nicht merken, wie „gestresst" sie sind? Erleben wir nicht manchmal Mitarbeiter bzw. Kollegen, die „unter Strom" zu stehen scheinen, selbst aber behaupten, recht entspannt zu sein? Richter und Hacker (1998, S. 159, mit Bezugnahme auf Schallberger, 1995) weisen auf Personen mit sogenanntem Typ-A-Verhalten hin. Dies sind i.d.R. Männer, die stark kompetitiv ausgerichtet sind. Das bedeutet, dass sie meist unter Konkurrenz- und Zeitdruck arbeiten, sie sind energisch sowie extrem leistungsorientiert. Außerdem sind sie vielbeschäftigt und oft aggressiver als andere. Diese Personen merken manchmal nicht, wie sehr sie unter Druck stehen. Hier kann man in Forschungszusammenhängen nicht alleine mit Fragebogen arbeiten. Physiologische Ableitungen bestimmter Stressparameter sind der Königsweg. Dazu gehören beispielsweise das EKG (Elektrokardiogramm), die Messung der Hautleitfähigkeit (PGR; Psychogalvanische Hautreaktion) sowie die Messung des Blutdrucks.

Warum scheinen manche Menschen nicht zu merken, dass und wie sehr sie belastet sind? Darauf gibt ein kurzer Exkurs eine Antwort (siehe folgende Seite).

Nachdem oben auf die bedeutsame Rolle der kognitiv-emotionalen Verarbeitung hingewiesen wurde, sollte nicht vergessen werden, dass diese Reaktionen physiologisch verankert sind. Abbildung 2 zeigt zwei Stressachsen, die bei akutem (Achse 1) oder chronifiziertem (Achse 2) Stress in Gang kommen.

Achse 1 beschreibt die durch den sympathischen Teil des Nervensystems (unter Beteiligung der Amygdala, des Mandelkerns) „getriggerte" Reaktion der Ausschüttung von Noradrenalin. Dieses wiederum setzt im Nebennierenmark Adrenalin frei, welches an den „Effektoren", beispielsweise der Skelettmuskulatur, energiefreisetzend wirkt.

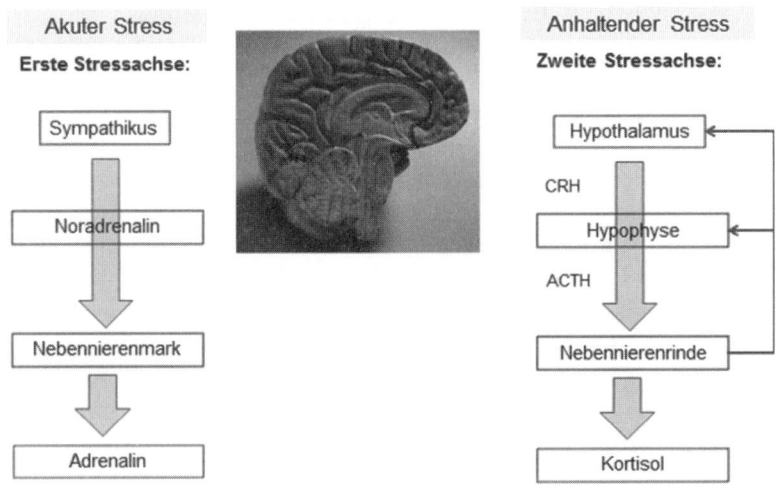

Abb. 2: Zwei hormonelle Stressachsen (nach Renneberg, Erken & Kaluza, 2009, S. 142, bearbeitet)

Exkurs: Ein verhaltensmedizinischer Mechanismus des Bluthochdrucks

Bluthochdruck bei chronischem Stresserleben kann durch einen Prozess ausgelöst werden, den man *kortikale Dämpfung* nennt (Birbaumer & Schmidt, 2006, S. 205, auch für das Folgende). Bluthochdruck wird dann mittel- und langfristig biopsychologisch verstärkt: Bei starkem Blutdruckanstieg werden biologische „Messfühler" (Barosensoren) in großen blutführenden Adern im Halsbereich (an der Karotis) aktiviert. Diese sorgen dafür, dass im Gehirn eine Art Schutzmechanismus ausgelöst wird, der eingehende („stressige") Reize dämpft. Diese automatisierte Dämpfung ist zwar kurzfristig gut, da zunächst die Wirkung von stressauslösenden Reizen gemildert ist. Mittel- und langfristig allerdings kann ein Teufelskreis entstehen: Betroffene merken nicht mehr, wie stark sie „unter Strom" stehen, und entziehen sich den schädigenden Reizen folglich nicht konsequent genug bzw. ändern nichts am Verhalten. Stressauslöser wie beispielsweise permanenter Zeitdruck mit hoher Verantwortung und wenig Kontrollmöglichkeiten sorgen weiter für hohen Blutdruck. Dieser wiederum sorgt für eine subjektive Dämpfung eingehender Reize und der ganze Mechanismus verstetigt sich. Die Dauerbelastung des Herz-Kreislauf-Systems mit hohem (diastolischem) Blutdruck ist gefährlich. Sie führt u.U. zu kardiovaskulären Erkrankungen, also Herz-Kreislauferkrankungen) mit teilweise schwerwiegenden Folgeschäden (Infarkte, Schlaganfall). Diese Erkrankungen zählen zu den häufigsten Todesursachen (Statistisches Bundesamt, 2016). Weiter unten werden Mittel und Wege aus der Stressfalle angesprochen.

Vertiefend: Birbaumer, N. & Schmidt, R. F. (2006). *Biologische Psychologie.* 6. Auflage. Berlin: Springer.

Anders ist die physiologische Reaktion, wenn Stressoren dauerhaft wirken und der Beanspruchung nicht mehr wirkungsvoll begegnet werden kann. Hier wirkt über einen zentralnervösen Teil (Hypothalamus) ein Hormon (CRH - Corticotropin Releasing Hormone) auf einen weiteren Teil des Hirns (Hypophyse) und sorgt dort für die Freisetzung des Hormons ACTH (Adrenocorticotropes Hormon), welches wiederum über die Nebennierenrinde das wirksame Hormon Kortisol ausschüttet. Dieses Hormon mobilisiert dauerhaft Energie (Ausschüttung von Blutzucker), es schädigt aber auch diverse Organe, ein andauernd hoher Spiegel ist außerdem schädlich für das Immunsystem. Das Problem ist hierbei, dass die einstmals sinnvolle Bereitstellung von Energie heutzutage häufig nicht mehr (körperlich) abgebaut werden kann.

3   Stress und Leistung

Der oben erwähnte Hans Selye soll einmal gesagt haben, dass es ohne Stress kein Leben gäbe. Ein gewisses Maß an Erregung bzw. Anspannung ist sicher für die optimale Bearbeitung herausfordernder Aufgaben vonnöten. Das ist im genannten Yerkes-Dodson-Gesetz beschrieben, dessen Grundidee die Abbildung 3 zeigt (nach Robert M. Yerkes und John D. Dodson, zit. in Rheinberg & Vollmeyer, 2012, S. 79[1]).

Ein mittlerer Grad an Erregung ist leistungsförderlich, weder zu große noch zu geringe Erregung ist von Nutzen. Einschränkend muss betont werden, dass diese Zusammenhänge in *Versuchen mit Mäusen* entdeckt wurden. Übertragbar auf den Menschen ist dies sicher für sportliche Aktivitäten. In anderen Zusammenhängen ist die Sachlage komplizierter, weil weiter spezifiziert werden muss, was genau unter Leistung und Erregung verstanden wird (Rheinberg & Vollmeyer, 2012, auch das Folgende). Wenn damit Vigilanz (Daueraufmerksamkeit) gemeint ist, gilt diese Kurve im Großen und Ganzen auch für Menschen. Ist damit die Aktivität der zweiten Stressachse gemeint, so sollte diese nicht dauerhaft „erregt" sein, wie oben erwähnt. Weiterhin ist der Begriff der Leistung nicht ganz klar: Das, was im Sport eine gute Leistung kennzeichnet, ist sicher nicht einfach auf eine gute Arbeit als - sagen wir Marketingleiter oder Hochschullehrer - übertragbar. Es muss also zwischen *Leistung und Leistungsgüte* unterschieden werden. Viel Leistung bei hoher Anstrengung kann auf Kosten der Güte der Arbeit gehen, beispielsweise, wenn man hoch angestrengt Kisten schleppt, anstatt klugerweise eine Schubkarre zu nutzen (ebenda).

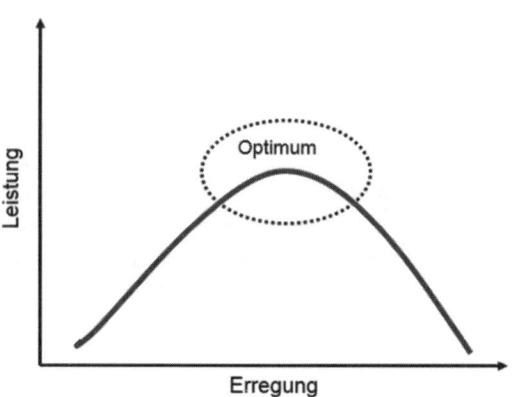

Abb. 3: Yerkes-Dodson-Gesetz
(zit. nach Rheinberg, 2002, eigene Darstellung)

---

[1]   Rheinberg, F. & Vollmeyer, R. (2012). Motivation. 8. Auflage. Stuttgart: Kohlhammer.

Psychische Kosten der Selbstkontrolle unter Stress

Bei starker Beanspruchung durch Stressoren dennoch ruhig zu bleiben und effizient zu arbeiten, kostet sehr viel psychische Energie, man nennt dies Selbstkontrolle. Muraven und Baumeister (2000, auch im Folgenden) weisen in einem Literaturüberblick darauf hin, dass Selbstkontrolle anstrengend und „teuer" ist. Teuer bedeutet, dass die psychischen Kosten der Anstrengung hoch sind, um sich auf wichtige Aufgaben zu konzentrieren. Zahlreiche Beispiele illustrieren dies: Die Autoren zitieren beispielsweise Studien, die zeigten, dass die Leistung bei einfachen Korrekturleseaufgaben durch schlechte Gerüche beeinträchtigt wurde, soweit, so trivial.

Spannender ist, dass diese Beeinträchtigung (Fehlerhäufigkeit) *nur dann* eintrat, wenn Teilnehmer *keine Kontrolle über den Geruch zu haben glaubten*. Gab man ihnen allerdings die potenzielle Möglichkeit der Geruchskontrolle („Sie können jederzeit das Fenster öffnen."), wurde die Leistung selbst dann nicht schlechter, wenn die Fenster geschlossen blieben! Stress kann also in diesem Falle die Nichtkontrollierbarkeit eines unangenehmen Reizes sein. Dies „frisst Arbeitsspeicher", d.h. es kommt vermehrt zu Gedanken, die die eigentliche Aufgabenerledigung beeinträchtigen (aufgabenirrelevante Kognitionen). Außerdem konnte gezeigt werden, dass die Selbstkontrolle bei diäthaltenden Personen durch erhöhten Alltagsstress stark beeinträchtigt war. Dies galt auch für (noch trockene) Alkoholiker und (Nicht-mehr-) Raucher. Alle diese Personen wurden dann leicht rückfällig, wenn sie starken Stressoren ausgesetzt wurden. Das „innere Kraft-Reservoir" leert sich dann und steht für die Selbstkontrolle nicht mehr zur Verfügung, beispielsweise während einer Diät.

Auch potenziell nicht abstellbarer Lärm beeinträchtigte die Leistungsfähigkeit stark. Es konnte gezeigt werden, dass bei als kontrollierbar oder vorhersehbar wahrgenommenem Lärm die Leistung weniger stark absank als bei unkontrollierbarem Lärm. Im ersten Fall musste weniger Selbstkontrolle während der Verrichtung einer Tätigkeit ausgeübt werden. Copingmechanismen (s. o.), die bei Stressbelastung eingesetzt werden, gehen oft einher mit dem bewussten Blockieren von Gedanken und Gefühlen bzw. Impulsen – und das ist energiezehrend. Muraven und Baumeister fanden mehr als genug Indizien dafür, dass Selbstkontrolle eine „endliche" Ressource darstellt und sich ähnlich wie ein Muskel verhält: nach starker und langanhaltender Anspannung braucht es Zeit, bis man wieder erholt ist.

> Es gibt zwei Stressachsen, die erste setzt über Zwischenstationen Adrenalin frei, welches wiederum zur Energiebereitstellung dient. Die zweite Achse triggert Cortisol, ein Hormon, welches entzündungshemmend wirkt, aber bei „Dauerflutung" im Körper Schaden anrichtet. Ein mittlerer Grad an Aktiviertheit ist leistungsförderlich, eine hohe Aktiviertheit aber sagt noch nichts über die Leistungsgüte aus. Besonders die subjektive Unkontrollierbarkeit von Situationen bzw. Reizen macht uns zu schaffen.

Vertiefend:
- Muraven, M. & Baumeister, R. F. (2000). Self-Regulation and Depletion of Limited Resources: Does Self-Control resemble a Muscle? *Psychological Bulletin*, 126 (2), 247-259.

4 Burnout: Schlagwort oder echt gefährlich?

Der Begriff Burnout geht auf Arbeiten von Maslach und Kollegen zurück (vgl. etwa Maslach & Victor, 1988). Burnout kennzeichnet sich durch Depersonalisation, Leistungsabfall und emotionale Erschöpfung inklusive mangelnder Erholungsfähigkeit (vgl. Spreiter, 2014). Besonders der letzte Punkt ist wichtig: Menschen mit Burnout haben kaum eine Chance auf Erholung, auch wenn sie beispielsweise zwei Wochen lang in den Urlaub gehen.

Burnout ist nicht als eigenständiges Krankheitsbild anerkannt, vielleicht ändert sich dies aber noch in den nächsten Jahren. Es wird vermutlich bei Managern eher diagnostiziert als die düsterer klingende Depression. Die Differentialdiagnostik (z. B. Abgrenzung von Depression) des Syndroms ist mithin schwierig. Burnout findet sich nicht in der üblichen Kodierung psychischer Erkrankungen, sondern es wird in einer „Restkategorie" geführt[2].

Burnout ist „echt gefährlich", denn es kann als ein „Prodromalstadium" (vorangehender Prozess) der Depression verstanden werden. Burnout ist kein Zustand, sondern ein Prozessgeschehen (ebenda) und es „fällt nicht vom Himmel", sondern ist das Ergebnis komplexer Geschehnisse eines meist schmerzvollen Leidensweges der Betroffen. Neue Ergebnisse aus der Grundlagenforschung zeigen, dass es möglich ist, „epigenetische" Marker zu identifizieren, die Burnout vorhersagen. Epigenese umfasst Veränderungen des Erbgutes zu Lebzeiten eines Organismus. Dazu zählen beispielsweise „Ablesefehler" bei der Herstellung bestimmter Hormone durch äußere Einflüsse wie etwa Strahlung oder andere „Störfaktoren". Martin Reuter (2016) konnte gemeinsam mit seiner Arbeitsgruppe zeigen, dass bei manchen Personen, die erhöhtem Stress ausgesetzt sind, bestimmte Prozesse der Entwicklung von „Stresshormonen" nachhaltig gestört sind.

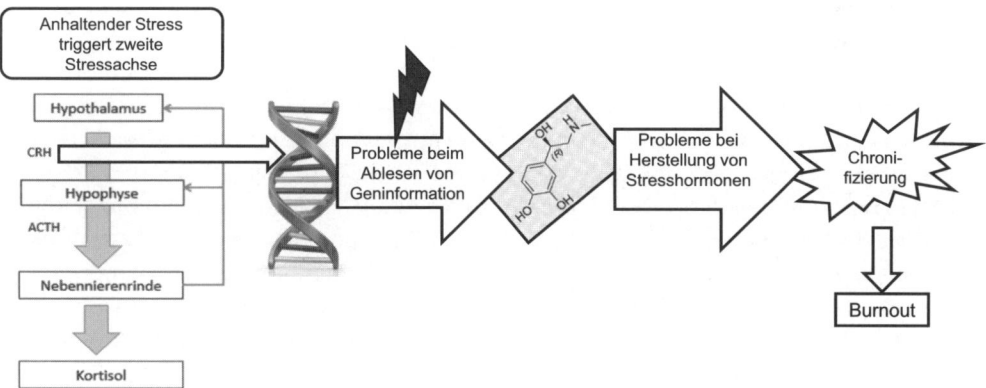

Abb. 4: Vereinfachte Darstellung der Epigenese von Burnout (nach Reuter, 2016)

---

[2] Kapitel V Psychische und Verhaltensstörungen (F00-F99) des Diagnosekompendiums ICD-10 (International Classification of Diseases) der WHO, hier kodiert unter Z 73, https://www.dimdi.de/static/de/klassi/icd-10-gm/kodesuche/onlinefassungen/htmlgm2016/index.htm, Abruf am 10.03.16.

Abbildung 4 zeigt, dass bei genetisch vorbelasteten Personen durch Stressoren wie beispielsweise andauerndem Zeitdruck bei hoher Verantwortung und geringer sozialer Unterstützung die genannten „Ablesefehler" bei der Herstellung körpereigener Stresshormone entstehen können. Diese führen dann durch verschiedene Zwischenschritte zu einem Zuviel oder Zuwenig an bestimmten Hormonen, das ganze System (bes. die 2. Stressachse) kann dereguliert sein, also „aus den Gleisen springen".

Exkurs: Ein rezenter Einzelbefund zur Schichtarbeit

Weitere Hinweise auf Deregulation psychobiologischer Systeme durch Schichtarbeit fanden Morita und Kollegen (2014) an zwei Stichproben japanischer Krankenschwestern. Hier konnte gezeigt werden, dass nicht nur „klassische" Stressmarker wie Cortisol (gemessen durch Speichelproben), sondern auch die Produktion weiterer Stoffe (beispielsweise α-Amylase) durcheinandergeraten und untypische Tages- bzw. Nachtverläufe aufweisen. Alles in allem ist dies ein weiterer Hinweis auf die potenzielle Schädlichkeit der Schichtarbeit (s. auch Abschnitt 5.2 dieses Kapitels).

Die *Metapher des entgleisten Zuges* mag helfen: Genau wie ein entgleister Güterzug nicht rasch wieder fahren kann, so kann man auch den Burnout-Prozess nicht „auf Knopfdruck" rückgängig machen. Hier braucht man „schweres Gerät" und das, was besonders Manager meist nicht haben: Zeit. Einen Mitarbeiter, der von Burnout betroffen ist, „mal kurz" in den Urlaub zu schicken, ist sinnlos, wie bereits gezeigt. Im Gegenteil, die oben erwähnte mangelnde Erholungsfähigkeit lässt Mitarbeiter wie auch indirekt Betroffene manchmal hilflos zurück. Es kann dann zu internal stabilen Zuschreibungen kommen wie: „Der kann ja nichts ab, jetzt ist er nicht mal nach zwei Wochen Urlaub wieder auf dem Damm..."

Nicht behandelter Burnout kann u.U. in eine Depression münden, einer noch gravierenderen psychischen Störung. Daher muss auch die Diagnose Burnout sehr ernst genommen werden, verschiedene Kliniken sind auf die Behandlung spezialisiert. *Depressionen müssen unbedingt professionell behandelt werden*, dies inkludiert häufig eine medikamentöse Behandlung sowie eine Psychotherapie. 3% – 4% aller depressiv Erkrankten begehen Selbstmord (Robert Koch-Institut, 2010). Es gibt mittlerweile Spezialkliniken, die sich um die individuelle Heilung bemühen, hier Lösungen „von der Stange" anzubieten, wäre höchst unseriös.

Ob die Prävalenz – das Vorkommen in der Bevölkerung – von Burnout im letzten Jahrzehnt tatsächlich gestiegen ist oder nicht, darüber streiten sich die Gelehrten. Für die Depression ist die Sachlage klarer. Dazu schreibt das Robert Koch-Institut (2010, S. 19), dass die Lebenszeitprävalenz (vorkommen einer Depression zu irgendeinem Zeitpunkt im Leben) bei 19 % liegt (Frauen: 25%; Männer: 12%). Und weiter: „Die 12-Monats-Querschnittsprävalenz depressiver Störungen [...] bei 18- bis 65-jährigen Personen in der Allgemeinbevölke-

Burnout mag ein medial verstärktes Schlagwort sein, dennoch gilt es, Anzeichen dafür ernst zu nehmen. Burnout kennzeichnet sich u.a. durch emotionale und körperliche Erschöpfung, mangelnde Erholungsfähigkeit, ggf. Zynismus und stark geminderte Leistungsfähigkeit. Es kann mit Grübeln, Unzufriedenheit und Schlafmangel einhergehen. Burnout kann die Vorstufe einer Depression sein, diese ist dringend behandlungsbedürftig. Es gibt eine Reihe von Anlaufstationen (auch online), die Betroffenen helfen können.

rung beträgt 11 % [...] D. h. in Deutschland sind zwischen 5 und 6 Millionen Menschen in diesem Altersbereich in den letzten 12 Monaten an Depression erkrankt." Diese Zahlen sind über Jahrzehnte relativ stabil geblieben.

Mehr Informationen gibt auch die Stiftung Deutsche Depressionshilfe unter
* http://www.deutsche-depressionshilfe.de/
oder das *Bundesministerium für Gesundheit* unter
* http://www.bmg.bund.de/themen/praevention/gesundheitsgefahren/depression. html
Hier findet sich auch ein pdf als Download des *Robert-Koch-Institutes* (oben zitiert), welches gut und ausführlich über Depression informiert:
* http://www.rki.de/DE/Content/Gesundheitsmonitoring/Gesundheitsberichterstattung/Themenhefte/Depression_inhalt.html?nn=2370692

Manche Daten scheinen jedenfalls die Zunahme der psychischen Erkrankungen in der arbeitenden Bevölkerung zu belegen (Bartholdt & Schütz, 2010). Möglicherweise liegen die Ursachen hierfür in der Zunahme der Arbeitsverdichtung (immer mehr immer schneller erledigen müssen), des subjektiv hohen Zeitdruckes für viele (s. Abschn. 5.4) sowie eines Anstieges der Zeitverträge und unsicheren Beschäftigungsverhältnisse. Gründe dafür können aber auch in einer erhöhten Sensibilisierung und Änderung der Diagnosepraxis von Ärzten und einer größeren Aufmerksamkeit für diese Themen in der Allgemeinbevölkerung liegen.

Das folgende Kapitel beschäftigt sich mit Faktoren, die im Arbeitsleben die Stressreaktion auslösen können.

5   Quellen der Belastungen in der Arbeitswelt

Das weiter oben vorgestellte Modell von Lazarus und Launier zeigte die subjektiven Komponenten des Stressgeschehens. Dennoch gibt es auch objektive Stressoren, die früher oder später bei den Betroffenen psychische und/oder physische Schädigungen mit sich führen. Dazu zählen beispielsweise Lärm, Staub und/oder Hitze. Die folgenden Darstellungen zeigen im Überblick die hauptsächlichen Belastungen psychischer *und* physischer Art in der Arbeitswelt.

5.1   Typische Auslöser der Stressreaktion

Das, was uns typischer Weise „stresst", kann aus verschiedenen Quellen stammen, diese werden nun systematisch dargestellt (nach Richter & Hacker, 1998, gekürzt und aktualisiert).

Belastungen aus der Arbeitsaufgabe
* Zu hohe qualitative und quantitative Anforderungen
* Unvollständige („zergliederte") Aufgaben
* Zeit- und Termindruck sowie Informationsüberlastung

- Unklare, widersprüchliche Anweisungen
- Unerwartete Unterbrechungen und Störungen

Belastungen aus der Arbeitsrolle
- Verantwortung (gepaart mit geringer Kontrolle)
- Konkurrenz-Verhalten unter den Mitarbeitern
- Fehlende Unterstützung und Hilfeleistung
- Enttäuschung, fehlende Anerkennung
- (Dauer-) Konflikte, dazu zählen auch Rollenkonflikte (vgl. Blessin & Wick, 2014)

Belastungen aus der materiellen Umgebung
- Lärm, mechanische Schwingungen, Kälte, Hitze, giftige Stoffe (besonderes Problem: Unkontrollierbarkeit)

Belastungen aus der sozialen Umgebung
- Schlechtes Betriebsklima sowie (häufiger) Wechsel der Umgebung, der Mitarbeiter und des Aufgabenfeldes
- Strukturelle Veränderungen in Unternehmen (häufige „Change-Prozesse")

Belastungen aus der direkten Arbeitssituation
- Isolation oder Zusammengedrängtheit (zu geringer Sozialabstand)

Belastungen aus der Person heraus
- Furcht vor Misserfolg, Tadel etc., geringe emotionale Stabilität
- Ineffiziente Handlungsstile („Inkompetenz") und fehlende Eignung (etwa geringe kognitive Ressourcen)
- Familiäre Konflikte, Drogenprobleme (→ Konzentrationsmangel), Kinder (beispielsweise erste Erfahrungen mit Elternschaft → Schlafmangel → Konzentrationsprobleme)

Belastungen aus der Arbeitsaufgabe und -rolle sowie der sozialen Umgebung sind insbesondere Gegenstand von Führungsaufgaben. Hier müssen Führungskräfte dafür Sorge tragen, dass keine groben Fehler begangen werden: dazu zählen unklare oder widersprüchliche Anweisungen („Arbeite schnell und fehlerfrei!"), fehlende Anerkennung (ein Nicht-Kritisieren ist kein Lob!) sowie eine von der Führungskraft ausgehende Arbeitsüberlastung. Die gesundheitsschädigende Wirkung schlechten Führungsverhaltens (beispielsweise „laissez-faire" oder aggressive Führung) ist durch viele sehr umfangreiche und methodisch anspruchsvolle Studien gut belegt (im Überblick Barling, 2014, vgl. auch das Kapitel Führung in diesem Band). Klarheit in der Kommunikation, Wertschätzung, Fairness und Respekt kommen demnach eine große Bedeutung zu.

Gerade Belastungen aus der materiellen Umgebung lassen sich durch geeignete (und vorgeschriebene!) Arbeitsschutzmaßnahmen mildern (beispielsweise Lärmschutz). Mitarbeiter sind aber besonders in den Bereichen der Belastungen aus sich heraus gefordert. Beispielsweise können ineffiziente Handlungsstile bzw. mangelndes Training mindestens indirekt Stress auslösen. Ineffizientes Handeln kostet nämlich meist Zeit und löst u.U. Zeit- bzw. Termindruck erst aus. Das zeigt sich besonders bei Anfängern in der

Arbeit, die noch kaum Routinen ausgebildet haben (vgl. auch Hacker & Sachse, 2014). Hier sind u.U. Trainings geeignet, ineffiziente Handlungsabläufe zu verbessern. Ist dann eine Fehleignung erkannt, kann ein (interner) Arbeitsplatzwechsel angezeigt sein. Um Fehleignungen zu vermeiden, muss besonders auf eine professionelle Personalauswahl geachtet werden (vgl. das Kapitel Personalauswahl in diesem Band). Unter diesem Aspekt kann auch der Trend zum „Dauer-Change" (Mergers, Übernahmen, etc.) als potenziell schädigend erkannt werden: hier werden (mühsam) aufgebaute Arbeitsroutinen regelmäßig zerstört und damit wird die Wahrscheinlichkeit des Auftretens der Stressreaktion u.U. erhöht.

Vertiefend:
* Hacker, W. & Sachse, P. (2014). *Allgemeine Arbeitspsychologie. Psychische Regulation von Tätigkeiten.* 3. Aufl. Göttingen: Hogrefe.

Natürlich können auch familiäre Konflikte eine Belastung darstellen, die in die Arbeitswelt hineinreicht. Allerdings sind auch umgekehrte Fälle denkbar (denkbar und belegt, Barling, 2014) sowie eine kompensatorische Wirkung der Arbeit: Die Arbeit kann auch einen gewissen Ausgleich familiärer Konflikte mitbedingen. Schlimmstenfalls summieren sich familiäre und arbeitsbezogene Konflikte, was auf Dauer sicherlich die Möglichkeiten des konstruktiven Umganges einschränkt (Byron, 2005).

5.2 Erkrankungsrisiken durch psychische Arbeitsbelastungen

In einem systematischen Review über psychische Arbeitsbelastungen zeigen Rau und Buyken (2015) diejenigen arbeitsbezogenen Variablen auf, die nachweislich *gesundheitsschädigende Wirkungen* haben und nicht, wie oben angedeutet, lediglich eine Stressreaktion auslösen können. Kriterien waren hier Depression, kardiovaskuläre Erkrankungen, Angst, Panik und Typ-2-Diabetes. Die folgende Aufzählung gibt die Ergebnisse leicht gekürzt wieder:

Arbeit ist auch eine Quelle von Kompetenzerleben und sozialem Austausch. Dennoch gibt es Faktoren, die belastend und beanspruchend sind. Dazu zählen beispielsweise mangelnde organisationale Unterstützung, ständiger Termindruck, Lärm, Vibration und Enge. Besonders das Verhalten von Führungskräften kann sehr nachhaltig negativ auf das Befinden der Mitarbeiter wirken, ebenso Rollenkonflikte und -unklarheiten.

1. Arbeitsplatzunsicherheit
2. Job Strain (hohe Arbeitsintensität gepaart mit geringem Handlungsspielraum)
3. ISO-Strain (hohe Arbeitsintensität gepaart mit geringem Handlungsspielraum und gleichzeitiger geringer sozialer Unterstützung)
4. Effort-Reward-Imbalance (mehr Aufwand/Anstrengung investieren, als belohnt wird, s.u.)
5. Rollenstress (Rollenunklarheit/-konflikte)
6. Überstunden und lange Arbeitszeiten
7. Bestimmte Formen von Schichtarbeit (lange Verweildauer im Schichtsystem)
8. Bullying (aggressives Verhalten von Kolleginnen und Kollegen)
9. Emotionsarbeit (i.S.v. Inkongruenz gezeigter zu empfundener Emotion)

Eine *Einschätzung des tatsächlichen Gefährdungspotenzials* im Arbeitskontext geschieht sinnvollerweise durch wissenschaftlich gut validierte Instrumente. Dazu zählt im Kontext der Arbeitsanalyse beispielsweise der *Work Design Questionnaire* von Stegmann et al. (2010, urspr. Morgeson & Humphrey, 2006) oder das Verfahren *SALSA* zur subjektiven Arbeitsanalyse (Riemann & Udris, 1997). Diese Verfahren erfassen valide und reliabel bedeutsame Aspekte der Arbeitsgestaltung und Gefährdungspotenziale (beispielsweise Informationsüberlastung). Mehr dazu finden Sie in den Kapiteln Tätigkeitsanalyse und Kompetenzmodellierung sowie Gesundheitsmanagement in Organisationen in diesem Band..

5.3 Gratifikationskrisen: Mehr hineinstecken, als herauskommt

Besondere Erwähnung verdient das Konzept der Gratifikationskrise (Siegrist, Wege, Pühldorfer, & Wahrendorf, 2009). Der Grundgedanke ist einfach: es schadet der Gesundheit, wenn Anstrengungen im Arbeitskontext nicht ausreichend belohnt werden (sogenannte Effort-Reward-Imbalance). Dabei handelt es sich um eine Spielart sozialer Austauschtheorien (vgl. Bartholdt & Schütz, 2010). Im Regelfall achten Menschen darauf, dass Investitionen (gleich welcher Art) sich auszahlen, dass etwas zurückkommt, wenn man in Vorleistung tritt. Diese soziale Norm der Reziprozität ist beeinträchtigt, wenn Personen den Eindruck gewinnen, sie steckten mehr (Zeit, Engagement etc.) in die Arbeit, als belohnt wird. Belohnung meint hier sowohl das Bezahlt-Werden als auch immaterielle Verstärker wie positives Feedback durch Führungskräfte und/oder Kunden bzw. Kollegen. Hierzu zählen auch beispielsweise Karrierewege, die bestritten werden können oder nicht.

Es scheint bedeutsam zu sein, *welche Art der Belohnung* als ungenügend wahrgenommen wird. Eine Studie konnte zeigen, dass die stärksten, negativen Effekte auf das Befinden von Mitarbeitern durch unzureichende Anerkennung entstehen (van Vegchel et al., 2002), nicht durch mangelnde Bezahlung.

> **Gratifikationskrisen entstehen durch eine subjektive Ungleichheit zwischen Aufwand und Ertrag in der Arbeitswelt. Das Gefühl, mehr „hineinzustecken", als „herauskommt", macht unzufrieden und ggf. krank. Besonders empfindlich reagieren viele Personen auf mangelnde Anerkennung. Allerdings scheint es auch eine gewisse Disposition zur Verausgabung zu geben durch extremen Ehrgeiz und „Härte" gegen sich selbst.**

Verausgabung (durch hohe Anforderungen und Verpflichtungen) kann also durch adäquate Belohnung (Anerkennung, Arbeitsplatzsicherheit und Karrierewege) kompensiert werden. Ein weiterer, individueller Aspekt kommt hinzu, die *Verausgabungsneigung*. Manche Personen neigen dazu, extrem ehrgeizig und „unerbittlich gegen sich selbst" zu sein, sie achten nicht auf sich und können generell schlecht „abschalten". Sie sind ununterbrochen in die Arbeit involviert und können sich so gut wie nicht von Arbeitsverpflichtungen freimachen (ebenda, S. 78). Ferner können sie wohl auch nicht gut das Verhältnis von Kosten zu Nutzen einschätzen. Insgesamt erhöht eine solche Verausgabungsneigung die Gefahr gesundheitlicher Beeinträchtigungen bei vorliegendem Verausgabungs-Belohnungsungleichgewicht.

5.4   Arbeitszeit und Gesundheit

In einer groß angelegten und für die arbeitende Bevölkerung repräsentativen Untersuchung nahm sich die Bundesanstalt für Arbeitsschutz und Arbeitsmedizin (2016) des Themas Arbeitszeit und Gesundheit an. Es konnten per Telefoninterview rund 18.000 Personen befragt werden. Zunächst einmal ist zu konstatieren, dass die Beschäftigten zu 91% angeben, zufrieden mit ihrer Arbeit zu sein, 77% sind zufrieden damit, wie Arbeit und Privatleben zusammenpassen. In der Tat ist ja für sehr viele Menschen die Arbeit nicht Bürde oder Last per se, sondern vielfach positiv besetzt, da hier beispielsweise soziale Kontakte stattfinden und Personen sich als kompetent erleben können.

Insgesamt arbeiten abhängig Beschäftigte in Deutschland mit durchschnittlich 43,5 Wochenstunden. Das sind etwa fünf Stunden pro Woche länger als vertraglich vereinbart (38,6 Stunden). Teilzeitarbeit ist deutlich von Frauen dominiert (85 %). 42 % der Frauen, aber nur 7 % der befragten Männer arbeiten in Teilzeit. Längere Arbeitszeiten und Überstunden sind oft assoziiert mit Termin- oder Leistungsdruck und/oder einer Überforderung durch die Arbeitsmenge. Hinzu kommt, dass bei Überstunden auch noch Arbeitspausen ausfallen, wie Abbildung 5 zeigt. Dies ist ein sehr bedenklicher Befund, da Pausen für die Gesunderhaltung sehr wichtig sind (s. Abschnitt 6 und im Überblick bei Bamberg, Mohr & Busch, 2012).

Ferner zeigte sich, dass mit zunehmender Länge der Arbeitszeit der Anteil der Beschäftigten sinkt, die mit ihrer Work-Life-Balance zufrieden sind, außerdem steigt der Anteil der Beschäftigten, die gesundheitliche Beschwerden berichten. Eine Zunahme gesundheitlicher Beschwerden zeigt sich bereits ab zwei Überstunden. Ein Mehr an Überstunden geht außerdem einher mit körperlicher Erschöpfung und Schlafstörungen. Abbildung 6 verdeutlicht die Befunde grafisch.

Die Befunde rund um die Gruppe der 20-34h Arbeitenden erklären sich zum einen durch Selbstselektion (gesundheitlich Angeschlagene arbeiten per se weniger) und ein genderspezifisches Antwortverhalten, da Frauen (in der Gruppe überrepräsentiert)

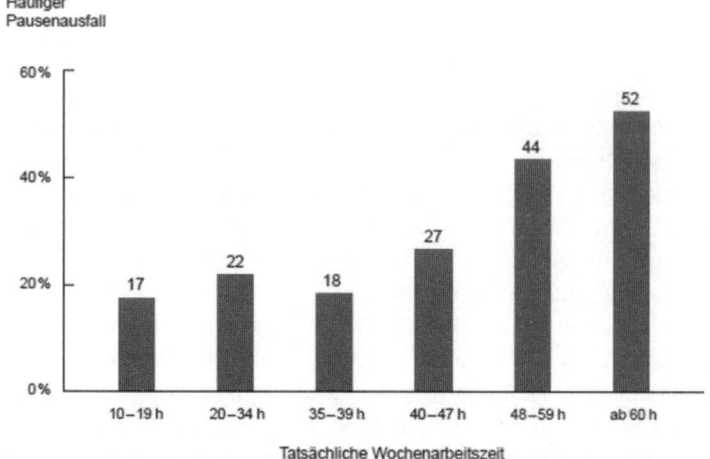

Abb. 5: Ausfallende Arbeitspausen und Länge der Arbeitszeit (abhängig Beschäftigte; n = 17.841; BAuA, 2016, S. 30, mit freundlicher Genehmigung)

Tatsächliche Wochenarbeitszeit

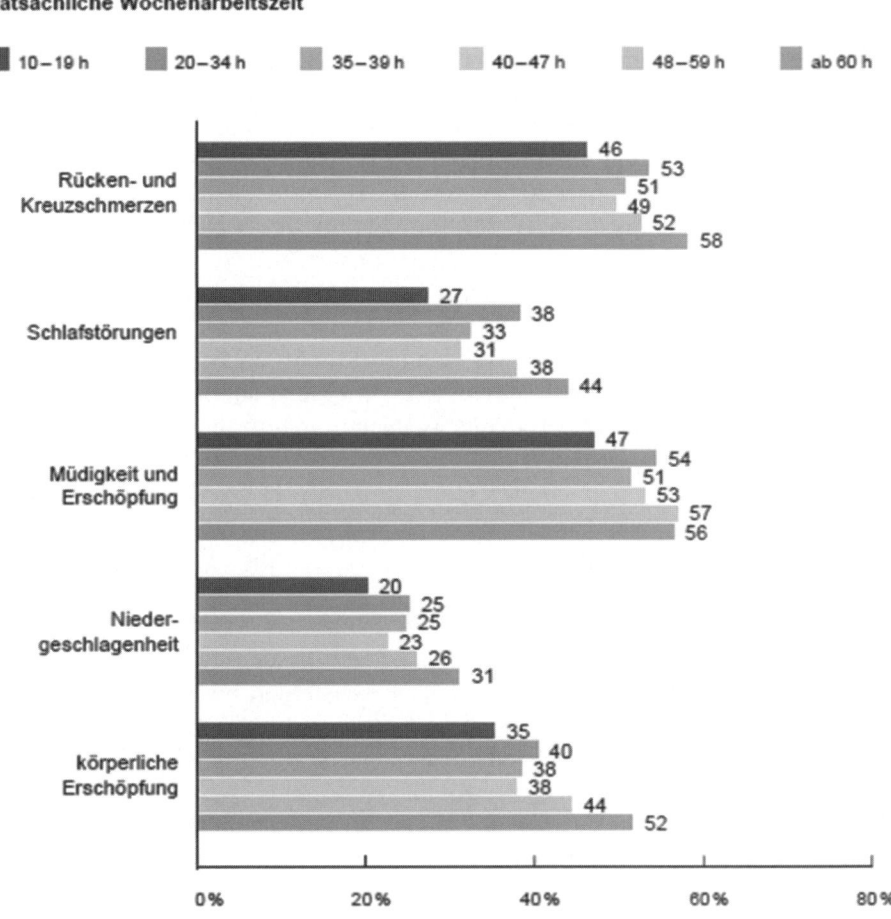

Abb. 6: Gesundheitliche Beschwerden nach Länge der Arbeitszeit (abhängig Beschäftigte; 17.910 ≤ n ≤ 17.926, BAuA, 2016, S. 32, mit freundlicher Genehmigung)

generell mehr Beschwerden angeben (ebenda, S. 31). Hinzu kommt, dass womöglich diese Gruppe auch mehr Herausforderungen erlebt, um Arbeit und Familie in Einklang zu bringen (Byron, 2005.).

Mindestens einmal im Monat arbeiten 43% der Beschäftigten auch am Wochenende. Dies geht einher mit geringeren Arbeitszufriedenheitswerten und einem höheren Maß an Beanspruchung. Wechselschicht und Wochenendarbeit sind außerdem mit einer geringeren Work-Life-Balance assoziiert.

38 % der Beschäftigten haben Einfluss darauf, wann sie mit ihrer Arbeit beginnen, sie beenden oder wann sie einige Stunden freinehmen (44 %). Im BAuA-Report wird allerdings auch auf Effekte der Tätigkeit hingewiesen: Möglicherweise sind es gerade diejenigen, die anspruchsvolle, komplexe und tendenziell persönlichkeitsfördernde Tätigkeiten ausüben, die mehr Flexibilität in Sachen Arbeitszeitgestaltung erhalten (ebenda, S. 10). Diese Flexibilitätsmöglichkeiten sind verbunden mit besserer Gesundheit und Work-Life-Balance.

Mehr als jeder siebte Beschäftigte erlebt häufig (und ca. jeder vierte manchmal) Änderungen der Arbeitszeit aus betrieblichen Gründen. 7% der Beschäftigten arbeiten auf Abruf (beispielsweise Rufbereitschaft), was mit einem schlechteren, selbstberichteten Gesundheitszustand einhergeht. Nicht-Vorhersehbarkeit von Arbeitszeit stellt eine besondere Belastung für Beschäftigte dar, wenn sie erst am Vortag oder am gleichen Tag angekündigt werden, das ist für 23 % respektive 26% der Befragten der Fall.

22 % der Befragten geben an, auch im Privatleben für dienstliche Angelegenheiten erreichbar zu sein, weil dies erwartet werde. 12 % der Beschäftigten werden auch tatsächlich häufig oder manchmal (23%) kontaktiert. Ständige Erreichbarkeit hängt mit zunehmender Arbeitszeitlänge zusammen und geht einher mit hoher Arbeitsintensität (Termin- und Leistungsdruck/Überforderung durch die Arbeitsmenge). In Großunternehmen wird ständige Erreichbarkeit weniger erwartet, Beschäftigte werden auch seltener kontaktiert als in Klein- und Mittelständischen Unternehmen. Bei Führungskräften ist ständige Erreichbarkeit erwartungsgemäß höher ausgeprägt als bei Beschäftigten ohne Führungsverantwortung. Allerdings sind es oft Beschäftigte in einfacheren (Dienstleistungs-) Tätigkeiten, von denen Erreichbarkeit außerhalb der Arbeitszeit erwartet wird und die oft kontaktiert werden. Diese Formen der Erreichbarkeit und Kontaktierung gehen einher mit einem schlechteren, selbst berichteten Gesundheitszustand und einer geringeren Arbeitszufriedenheit. Hier spielt die subjektiv empfundene Zumutbarkeit der ständigen Erreichbarkeit eine wichtige Rolle.

Die Arbeitszeitstudie der BAUA (2016) zeigt einen eindeutigen und negativen Zusammenhang zwischen Mehrarbeit und Befinden. Müdigkeit, Erschöpfung, Kreuz- und Rückenschmerzen treten bei tatsächlich geleisteter Mehrarbeit vermehrt auf. Tragischer Weise geht Mehrarbeit auch einher mit der Verringerung von Pausenzeiten. Dauererreichbarkeit ist besonders in einfacheren Dienstleistungsberufen assoziiert mit einer schlechten, selbstberichteten Gesundheit.

Fast die Hälfte der Befragten (47%) würde gerne die Arbeitszeit reduzieren (davon 55% Vollzeitbeschäftigte), wohingegen 35% der Teilzeitbeschäftigten selbige erhöhen möchten. Hier muss man natürlich mitbedenken, dass viele Teilzeitbeschäftigte weniger qualifizierte Tätigkeiten ausüben („Teilzeit-Führungskräfte" sind rar), also finanzielle Gründe eine Rolle spielen können. Beim Wunsch nach Verringerung der Arbeitszeit spielen aber beispielsweise Kinder nicht immer eine Rolle.

8% der Befragten sind selbstständig, diese Gruppe teilt sich auf jeweils zur Hälfte auf Solo-Selbstständige und Selbstständige mit Beschäftigten. Letztere Gruppe berichtet am häufigsten über lange Arbeitszeiten (> 48 Wochenstunden). Dies gilt nur für einen Teil der Solo-Selbstständigen. Schichtarbeit findet sich bei Selbstständigen seltener als bei abhängig Beschäftigten, Wochenendarbeit findet hier aber regelmäßig statt (46 % arbeitet regelmäßig samstags und sonntags). Selbstständige haben gegenüber abhängig Beschäftigten höhere Flexibilitätsmöglichkeiten, gleichzeitig aber auch höhere Flexibilitätsanforderungen in Form von häufigen betriebsbedingten Änderungen der Arbeitszeit und ständiger Erreichbarkeit. 7% der Befragten gehen mehreren Beschäftigungen nach, in der Mehrheit Frauen. Die gesamte Gruppe weist in ihrer Gesamtwochenarbeitszeit häufiger überlange Arbeitszeiten auf. Es sind vor allem finanzielle Gründe, die zu Mehrfachbeschäftigungen führen, vielfach zur Sicherung des Lebensunterhalts. Allerdings ist bei den Vollzeitbeschäftigten auch Spaß an der Tätigkeit ein häufiger Grund.

Als Fazit ist hier zu resümieren, dass lange Arbeitszeiten, ständige Erreichbarkeit, Wochenendarbeit und Mehrfachbeschäftigung in der Tendenz der Gesundheit und dem

Wohlbefinden abträglich sind. Es sind also auch und besonders von gesellschaftlicher Marginalisierung Bedrohte, die eine hohe Anzahl an Stressoren aufweisen und eher stark beansprucht sind.

6   Stressbewältigung und Ressourcen

Neben den organisationalen Maßnahmen zur Unterstützung gesundheitsförderlichen Arbeitens ist der individuelle Umgang mit Belastungen und Beanspruchung wichtig. Hier spricht man von Coping, also dem Einsatz von Bewältigungsstrategien. Darunter fallen aktive und passive Strategien. Zu den passiven Strategien zählt beispielsweise das Sich-stur-Stellen im Falle einer drohenden Überforderung durch (überzogene) Anforderungen seitens einer Führungskraft. Zu den aktiven Strategien würde zum Beispiel gehören, dass man das Gespräch sucht und um eine Lösung bemüht ist. Ferner zählen Trainings zur Kompetenzsteigerung oder Coachingmaßnahmen dazu.

Auch das Trinken von Alkohol ist eine temporäre Möglichkeit, Stressfolgen zu mildern. Kurzfristig funktioniert das, wie man selbst leicht feststellen kann. Dass diese Strategie mittel- und langfristig nicht besonders konstruktiv ist, dürfte klar sein. Alkohol wirkt hemmend auf ein zentralnervöses Hemmsystem. Diese doppelte Hemmung bewirkt – einfach dargestellt – eine Abnahme der Angst (Wesnes & Warburton, 1983, auch das Folgende). Auch das Rauchen kann als Bewältigungsversuch angesehen werden – und das obwohl Nikotin im Prinzip all die Symptome hervorruft, die man eigentlich vermeiden will. Das Herz schlägt schneller, die Gefäße verengen sich, das Magen-Darm-System wird aktiviert etc. Worin besteht also der Nutzen? Es scheint so zu sein, dass das Rauchen die Fähigkeit steigert, ablenkende Reizinformationen zu filtern. Die Konzentrationsfähigkeit, um beispielsweise einen Gedanken zu fokussieren, steigt an, dies wurde bereits vor Jahren festgestellt.

Zu weiteren stressmildernden Stoffen gehört beispielsweise das Diazepam (Valium). In Tierversuchen wurde deutlich, dass diese so genannten Tranquilizer bestimmte Angstreaktionen hemmen. Es sind vor allem solche, die – ähnlich wie bei Alkoholkonsum – in passiven Vermeidungsreaktionen auftreten (Birbaumer & Schmidt, 2006). Erwähnenswert scheint mir die Rolle solcher stoffgebundenen Bewältigungsmechanismen, weil sie a) in ihrer Wirkung gut untersucht und b) die Mittel schnell und relativ einfach zu beschaffen sind. Es sei noch einmal darauf hingewiesen, dass der Gebrauch leistungssteigernder oder Stresserleben mindernde Stoffe aus dem Baukasten findiger Pharmaprodukten bestenfalls eine vorübergehende Erleichterung sein kann. Um Verhalten und Einstellungen sowie Gewohnheiten langfristig zu verändern, bedarf es etwas komplexerer Vorgehensweisen.

Schauen wir zurück auf die Arbeitswelt: Ressourcen beziehen sich auf Möglichkeiten, die ein Individuum nutzen kann, um mit den Stressfolgen besser umgehen zu können. Handlungsspielraum beispielsweise gehört dazu. Mit Handlungsspielraum bei der Arbeit kann der Einzelne entscheiden, wie und wann er eine „stressige" Aufgabe erledigt. Ein zentrales Element ist die Rolle der Steuerung und Kontrolle des Geschehens. Wer sich als hilfloser Spielball erlebt, wird auf Dauer keine gute Arbeit leisten können, man wird krank und/oder entzieht sich vielleicht durch Kündigung.

		Arbeitsanforderungen	
		niedrig	hoch
Entscheidungsspielraum	hoch	niedrig beanspruchende Tätigkeit *Hobby-Autor*	aktive Tätigkeit *Hochschullehrer, Berater, Erzieher*
	niedrig	passive Tätigkeit *Pförtner, einfache Hilfsarbeiten*	hoch beanspruchende Tätigkeit *Lokführer, Pilot OP-Schwester*

Abb. 7: Job-Strain-Modell (auch „Demand-Control-Model" nach Karasek et al., 1998, bearbeitet). Berufsbeispiele *kursiv*

Tätigkeitsprofile lassen sich nach dem Ausmaß des Handlungs- oder Entscheidungsspielraumes und dem Grad der Arbeitsanforderungen einordnen (vgl. beispielsweise Karasek et al., 1998). Abbildung 7 zeigt die entsprechende Matrix.

Das Modell ist ein grober Rahmen, es gibt Berufe, die sich nicht so eindeutig zuordnen lassen. So ist die Arbeit als (angestellter) Unternehmensberater im Bereich der Personalauswahl und Personalentwicklung mit viel Entscheidungsspielraum „angereichert", aber es gibt bestimmte Abläufe (etwa das Verfassen von Angeboten etc.), die streng geregelt sind. Dennoch: Für die im rechten unteren Quadranten abgebildeten Tätigkeiten ergeben sich – empirisch gesichert – die größten Gefährdungspotenziale. Interessanterweise ergeben sich auch stressbedingte Gefährdungspotenziale aus dem linken unteren Quadranten der Abbildung 2: Es kann zu einer chronischen Unterforderung kommen, die sich in (quälender) Langeweile äußern kann. Das Modell von Karasek und Theorell (1990) zeigt eher objektive Faktoren, die Stress auslösen können. Individuelle Faktoren wie beispielsweise die Bereitschaft, sich zu verausgaben[3], wie oben angedeutet, sind hier nicht einbezogen. Die unterschiedlichen Arten von Bewältigung werden im Folgenden noch einmal systematisch dargestellt.

Individuelles Coping

Dazu zählen beispielsweise sportlicher Ausgleich, Entspannungsübungen oder Zeitmanagement (vgl. Weinert, 2004, S. 293 ff., auch das Folgende). Man kann im Rahmen der Bewältigung drei verschiedene Einflussfaktoren unterscheiden:
1. Situative und personelle Faktoren: Charakteristika des Umfeldes (beispielsweise viel oder wenig Unterstützung) und Persönlichkeitsfaktoren (beispielsweise emotionale Stabilität oder Ängstlichkeit).

---

[3] Schaarschmidt, U. & Fischer, A. W. (2003). AVEM – Arbeitsbezogenes Verhaltens- und Erlebensmuster. Frankfurt am Main: Swets Test Services.

2. Kognitive Bewertung von Stressoren: Man kann lernen, manche Stressoren (ausgelöst beispielsweise durch Mitarbeiter oder eine Führungskraft) nicht mehr allzu ernst zu nehmen, sie umzudeuten und sich nicht „verrückt" machen zu lassen.

3. Die gewählte Strategie an sich: Dazu zählen Verhaltensweisen wie Davonlaufen, an den Symptomen arbeiten (z.B. Schlafmittel nehmen) oder konstruktive Lösung des Problems. Abgesehen davon kann das „Davonlaufen" u.U. die richtige Strategie sein, sofern man beispielsweise in sehr „ungesunden Organisationen" arbeitet...

Bedrohlich und tatsächlich schädlich ist aber nicht ein einziger „stressiger" Arbeitstag oder ein „stressiges" Projekt. Problematisch wird es aber, wenn Stressoren dauerhaft auftreten, kein Ende in Sicht ist und die die Betroffenen beispielsweise keinerlei soziale Unterstützung erhalten (etwa durch Freunde, Arbeitskollegen oder Familie). „Dauerstress" kann also, wie ausführlich erwähnt, zu Burnout führen, dann kommt zum Stresserleben noch Hilf- und Perspektivlosigkeit dazu. Körperliche Symptome können auftreten, wie beispielsweise Schlafstörungen, Antriebslosigkeit, eventuell Kopf- und Rückenschmerzen sowie Verdauungsprobleme und der Verlust sexuellen Verlangens. Auch kann sich extremer Zynismus gegenüber Kunden oder Patienten einstellen. Das wurde besonders in Heil-, Sozial- und Pflegeberufen nachgewiesen (Burisch, 1994).

Methode der Stressimpfung

Eine umfangreiche Methode der Stressbewältigung bietet die (aufwändige) Stressimpfung nach Meichenbaum (1991 zitiert in Nerdinger, Blickle & Schaper, 2008 S. 527). Hier werden verschiedene Phasen durchlaufen, die die Betroffenen gewissermaßen „immun" gegen Stress machen sollen. Das Prozedere in Kürze:

1. Informationsphase: Teilnehmern wird das o.g. transaktionale Stressmodell erklärt, ferner werden sie über das Zusammenspiel von Gefühlen und Gedanken bei der Stressentstehung in Kenntnis gesetzt. Außerdem werden die Umgangsweisen mit belastenden Ereignissen analysiert (Übungen, Fragebogen).

2. Lern- und Übungsphase: Es werden neue Strategien erprobt und eingeübt. Dazu zählen das Erkennen irrationaler Verhaltensmuster (Beispiel: „Ich muss immer der Beste sein.") sowie ein Entspannungsverfahren (s.u.). Ferner kommt das Neubewerten von „stressigen" Umweltereignissen hinzu. Schließlich werden so genannte Selbstinstruktionen gelernt („Immer langsam, eins nach dem anderen!").

3. Anwendungs- und Posttrainingsphase: Übung des Gelernten in den Alltag, u.a. durch Rollenspiele, die in abgestufter Form (etwa leicht-mittel-schwer) angeboten werden.

Entspannungsverfahren

Eines der bekanntesten Verfahren zur Entspannung ist das Jakobson-Training. Hier geht es um Muskelentspannung, die systematisch von Kopf bis Fuß durchgeführt wird. Grundidee: Ver- und Entspannung schließen sich gegenseitig aus, also man kann in entspanntem Zustand nicht gleichzeitig „gestresst" sein und umgekehrt. Tatsächlich wirkt dieses Verfahren kurzfristig sehr gut (im Überblick Vaitl & Petermann, 2004). Allerdings dürfte klar sein, dass mit der Entspannung die stressauslösenden Faktoren nicht beseitigt sind. Das Gleiche gilt auch für das Autogene Training, ein weithin anerkanntes und gut lernbares Entspannungsverfahren (ebenda). Hier arbeiten wir auf der Ebene der Symptombekämpfung.

Linktipp:
Mehr Informationen dazu finden Sie unter http://www.entspannungsverfahren.com/

Organisationale Unterstützung

Innerhalb der Organisationspsychologie werden immer wieder Merkmale förderlicher Arbeitsbedingungen angesprochen. Organisationen können selbst effektive Copingstrategien nutzen, so beispielsweise:
1. Unterstützendes Organisationsklima (beispielsweise transparente Informationspolitik)
2. Job-Enrichment (qualitativ hochwertige, vollständige Aufgaben, soziale Kontakte, Handlungsspielräume, Feedback und Entwicklungsmöglichkeiten schaffen)
3. Klärung von Rollen und Beseitigen von Konfliktpotenzialen (durch Rollenunklarheit/-unsicherheit)
4. Karrieremanagement, d.h. Aufzeigen von Karrierewegen und -entwicklungen

Hinzu kommt ganz generell das rechtzeitige Bereitstellen von Ressourcen aller Art (Zeit; Mitarbeiter etc.). Ein Nachtrag zum Thema Rollenstress: Es kann nicht deutlich genug gemacht werden, dass Rollenkonflikte insgesamt individuellen und organisationsbezogenen Schaden anrichten (im Überblick beispielsweise Eatough et al., 2011; Örtquist & Wincent, 2006). Rollenkonflikte sollten rasch beseitigt werden (Beratung/Training/ Mentoring etc.).

Einer der wichtigsten „Puffer" oder psychologischer Moderator ist – neben dem Entscheidungsspielraum – die soziale Unterstützung durch Kollegen. Falls diese vorhanden ist, sind die Einflüsse vieler schädigender Stressoren weniger stark. Ein weiterer individueller „Stressdämpfer" ist auch die *Selbstwirksamkeit* (Bandura, 1982). Das ist der Glaube daran, dass man einmal angefangene berufliche Handlungen auch erfolgreich beenden kann. Menschen mit einem hohen Maß an Selbstwirksamkeit sind ebenfalls weniger anfällig für die Entwicklung von Stresssymptomen, vorausgesetzt, die Organisation stellt Ressourcen zur Verfügung. Selbstwirksamkeit kann man lernen, sie hilft auch langzeitarbeitslosen Jugendlichen, eine Anstellung zu finden (Schmidt & Bildat, 2012).

Zur Vertiefung rund um das Konzept der Selbstwirksamkeit:
- Bandura, A. (1982). Self-Efficacy Mechanisms in Human Agency. *American Psychologist*, 37(2), 122-147.
- Bandura, A. (1992). Exercise of Personal Agency through the Self-Efficacy Mechanism. In R. Schwarzer (Ed.), *Self - Efficacy: Thought Control of Action*, (pp. 3-29). Washington: Hemisphere.
- Grau, R., Salanova, M. & Peiro, J. M. (2001). Moderator Effects of Self-Efficacy on Occupational Stress. *Psychology in Spain*, 5 (1), 63-74.
- Schwarzer, R. (1993). *Measurement of perceived self-efficacy: Psychometric scales for cross-cultural research*. Berlin: Freie Universität.

Pausen und Pausen-Management

Im Abschnitt 5.4 wurde auf den sehr bedenklichen Befund zu den Zusammenhängen zwischen Pausenausfall, Überstunden und Befinden verwiesen. Aus diesem Grund sollen hier kurz einige wichtige Aspekte von Pausen skizziert werden (im Folgenden immer Bamberg, Mohr & Busch, 2012).

Pausen haben wichtige Funktionen, sie dienen beispielsweise der Erholung, der Gliederung des Tages und dem Entgegenwirken psychischer Ermüdung durch andere Aufmerksamkeitsbindung. In Pausen werden aber i.d.R. face-to-face oder via digitaler Medien Information ausgetauscht und soziale Kontakte gepflegt. Vielleicht aber werden auch neue Anforderungen vorbereitet, private Dinge erledigt oder schlicht sonstige Informationen eingeholt (beispielsweise zur Vorbereitung weiterer, sozialer Interaktionen).

Kurze Pausen sind leistungssteigernd und sie sollten vor dem Ermüdungsbeginn einsetzen, denn sonst sind sie kaum wirksam. Dies mag auch die o.g. Befunde zur Verminderung der Pausenanzahl bei Mehrarbeit/Überstunden erklären. Wer mehrfach erlebt hat, dass Pausen in Phasen großer Ermüdung nicht mehr wirken, und noch dazu unter Zeitdruck steht, macht dann fatalerweise vielleicht gar keine mehr. Einfache Wartezeiten (LKW; Onlinebearbeitungen) sind keine Pausen und sie sind insofern sogar schädlich, als sie den Blutdruck erhöhen können. Insgesamt also ist eine vernünftige Pausenplanung nicht nur im Arbeitszeitgesetz[4] vorgeschrieben, sondern für eine gesunderhaltende oder gar die Gesundheit fördernde Arbeit gleich welcher Art unbedingt vonnöten.

Bewältigungsstile und Prävention

Man kann auf der Verhaltensebene verschiedene Formen von Bewältigung unterscheiden (mit Bezug auf Schaarschmidt & Fischer, 2003, zit. in Nerdinger, Blickle & Schaper, 2008, S. 521ff.).
- Muster G (gesundheitsförderliches Verhältnis zur Arbeit): Engagement, Wohlbefinden.
- Muster S (Schonungsmuster): Man schont sich, vermeidet Verausgabung.
- Risikomuster A (überhöhtes Arbeitsengagement): hohe Selbstüberforderung.
- Risikomuster B (starke Resignationstendenz): Überforderung und Resignation.

Problematisch sind sicher die Muster A und B, da hier schädlichen Einflüssen nicht oder nicht mehr wirkungsvoll begegnet werden kann. Gesundheitsprävention und -förderung sind in diesem Zusammenhang sehr bedeutsam (Bengel & Jerusalem, 2009), man unterscheidet traditionell in Verhaltens- und Verhältnisprävention.

---

[4] „§ 4 Ruhepausen. Die Arbeit ist durch im Voraus feststehende Ruhepausen von mindestens 30 Minuten bei einer Arbeitszeit von mehr als sechs bis zu neun Stunden und 45 Minuten bei einer Arbeitszeit von mehr als neun Stunden insgesamt zu unterbrechen. Die Ruhepausen nach Satz 1 können in Zeitabschnitte von jeweils mindestens 15 Minuten aufgeteilt werden. Länger als sechs Stunden hintereinander dürfen Arbeitnehmer nicht ohne Ruhepause beschäftigt werden." Bundesministerium der Justiz und für Verbraucherschutz. Arbeitszeitgesetz. https://www.gesetze-im-internet.de/arbzg/BJNR117100994.html Abruf am 21.10.2016

Verhaltensprävention

Dazu zählen beispielsweise Trainings zur Stressbewältigung oder die so genannte Rückenschule oder Entspannungsverfahren. Auch Zeitmanagement gehört dazu. Hier wird (bestenfalls) gelernt, wie man die Tätigkeiten sinnvoll strukturiert und wie man langfristig (wieder) vom Getriebenen zum Handelnden wird (Melchers & König, 2004).

Verhältnisprävention

Auf der Ebene der Organisation kann auch durch die Einführung von Gruppenarbeit, eine ergonomische Gesichtspunkte berücksichtigende Arbeitsplatzgestaltung, angemessene Entlohnungssysteme, adäquates Gefordert-Werden etc. für die Verringerung der Stressbelastung gesorgt werden. Dieser Ansatz ist natürlich wirkmächtig und fällt in den Verantwortungsbereich der Führungskräfte bzw. des Unternehmens/der Organisation. Aktuell wird beispielsweise das Konzept der Resilienz (also der „Beschussfestigkeit") des Einzelnen viel beachtet[5]. Bei allem Bemühen um das Verhalten des Einzelnen (s.o.) darf nicht vergessen werden, dass Organisationen/Unternehmen für die Gesundheit der Mitarbeiter Sorge zu tragen haben. Gesundheitsförderliche Arbeitsgestaltung ist kein Hexenwerk, Beratungsleistungen in diesem Bereich einzukaufen, ist eine immer lohnenswerte Investition. Abgesehen davon ist die Gefährdungsbeurteilung für Unternehmen Pflicht, diese umfasst mittlerweile auch die Beurteilung psychischer Gefährdungen am Arbeitsplatz (Bundesanstalt für Arbeitsschutz und Arbeitsmedizin, 2014). Mehr dazu finden Sie auch im Kapitel Gesundheitsmanagement in Organisationen in diesem Band.

Linktipp:
Mehr Informationen dazu im Unternehmensnetzwerk zur betrieblichen Gesundheitsförderung in der Europäischen Union e.V. unter folgender Internet-Adresse: http://www.netzwerk-unternehmen-fuer-gesundheit.de/index.php?id=63 (Abruf Oktober 2016)

Im Folgenden werden zwei Beispiele zum Thema Arbeitsbelastung vorgestellt.

7   Beispiele

Beispiel 1 (Namen und Szenarien frei erfunden!)

Herr Gülcan, ein 40-jähriger Elektroingenieur, arbeitet seit einem halben Jahr in einem Unternehmen des Online-Versandhandels. Hier ist er für die Qualitätssicherung im Bereich Elektronikartikel verantwortlich. Nach einem gelungenen Einstieg in Zeiten geringen Arbeitsaufkommens fühlt sich Herr Gülcan nun zusehends unter Druck. Die Auftragslage ist aus Sicht des Unternehmens eigentlich gut und Herr Gülcan hat viel zu tun.

---

[5] Bei einer „Google-Suche" fanden sich nach Eingabe des Begriffes „Resilienz" im April dieses Jahres 2016 ungefähr 528.000 Ergebnisse. Rund die Hälfte an Treffern erzielt der Begriff „Arbeitsgesundheit".

Er kommt aber nach der Arbeit nicht mehr zur Ruhe, wirkt nervös, fahrig und gereizt. Auch seine Familie leidet unter seiner schlechten Laune, Gereiztheit und seinen Einschlafstörungen. Herr Gülcan ist auch Geschäftspartnern gegenüber zunehmend unfreundlich. Sein Vorgesetzter beobachtet den Leistungsabfall, der sich beispielsweise in vermehrt negativen Äußerungen seitens einiger Kunden bemerkbar macht, mit Sorge. Schließlich bittet er Herrn Gülcan zum Gespräch...

Was sollte nun Ziel des Mitarbeitergespräches sein?

Zunächst sollte Herr Gülcan Gelegenheit bekommen, seine Leistungseinbußen zu erklären. Der Einstieg hatte ja gut funktioniert. Als allerdings nach einem halben Jahr die Arbeitsmenge (Belastung) deutlich zunahm, mehrten sich Anzeichen für eine Überforderung Herrn Gülcans. Wichtig ist hier, genau zu analysieren, ob tatsächlich Überforderung vorliegt und wenn ja, was genau Herrn G. so zusetzt.

Sollte sich etwa zeigen, dass Herrn G.s Zeitmanagement ungenügend ist, kommt ein Training dazu in Frage. Hier muss rasch rückgemeldet werden, ob das Training Erfolg hatte. Falls nicht, ist im (bald!) folgenden Mitarbeitergespräch die Frage zu stellen, ob Herr G. den Anforderungen der Tätigkeit gewachsen ist. Auch ist zu klären, ob die Arbeitsmenge besser verteilt werden kann (Ressourcen-Check). Hier sollte auch die familiäre Situation mitberücksichtigt werden. Auf der anderen Seite ist natürlich ein rüder Umgang mit Kunden und/oder Mitarbeitern nicht akzeptabel. Sollte sich zeigen, dass trotz unterstützender Maßnahmen der Umgang mit Kunden Herrn G. nach wie vor überfordert, ist u.U. eine Versetzung in einen Bereich mit deutlich weniger Kundenkontakt sinnvoll.

Insgesamt scheint in diesem fiktiven Beispiel ein Passungsproblem auf: Auf Basis einer realistischen Tätigkeitsanalyse hätte bereits vor der Stellenbesetzung klar sein können, wer für die Aufgaben in Frage kommt. Nur emotional stabile Menschen halten Tätigkeiten mit hohen Anforderungen lange durch. Hier muss außerdem von Seiten der Unternehmen darauf geachtet werden, dass sich die *strukturellen Belastungen* in Grenzen halten und ob ggf. Handlungsspielräume erweitert werden können. Auf der anderen Seite gibt es nun einmal anstrengende Tätigkeiten, die mit einer Vielzahl an Stressoren wie beispielsweise Arbeitsunterbrechungen und Zeitdruck einhergehen (beispielsweise Branchen wie Gastronomie und Logistik). Hier sollte bereits im Rahmen der Personalauswahl und Personalentwicklung reagiert werden. Ferner muss hier für regelmäßigen Ausgleich (Erholung, Pausenmanagement, Rückenschule etc.) gesorgt werden. Auch Job-Rotation kann sinnvoll sein, so dass Mitarbeiter erstens mehrere Arbeitsbereiche kompetent ausfüllen können und Belastungen sowie Beanspruchungen unterschiedlich hoch sind.

Zusammengefasst sind in der Personalauswahl Persönlichkeitsverfahren, Arbeitsproben (Rollenspiele) mit verhaltensverankerten Beobachtungen, realistische Tätigkeitsvorschau, situative Interviews etc. nützlich. In der Personalentwicklung kommen ggf. Trainings in Frage. Schließlich können auch Platzierungsentscheidungen und/oder Job-Rotation mit entsprechender Arbeitsgestaltung wichtig werden (Zuweisung zu anderen Tätigkeiten; Erweiterung von Handlungsbefugnissen etc.).

Vertiefend:

- Schuler, H. & Kanning, U. P. (2014). *Lehrbuch der Personalpsychologie*. Göttingen: Hogrefe.

Beispiel 2 (Namen und Szenarien frei erfunden!)

Frau Rehmke-Hellendorf, 32 Jahre alt, kinderlos und liiert, ist seit 4 Jahren als Lehrerin an einer Realschule tätig. Im ersten Jahr hatte sie die Arbeit mit großem Elan verrichtet, nun ist sie häufig krank und fällt oft aus. Sie fühlt sich die meiste Zeit über „saft- und kraftlos" und hat seit ca. zwei Jahren regelmäßig starke Kopf- und Nackenschmerzen, besonders am Ende der Woche. Ferner wacht sie häufig nachts auf und gerät dann ins Nachdenken über arbeitsbezogene Probleme. Die Ein- und Durchschlafstörungen sind in der letzten Zeit schlimmer geworden, sie geht deshalb häufig zum Arzt (keine medizinisch ernste Diagnose) und später zum Heilpraktiker. Sie nimmt regelmäßig homöopathische Mittel ein, die anfangs Effekte zeigten, nun aber wirkungslos scheinen. Die Arbeit empfindet sie als ständige Last und sie ist beinahe täglich froh, wenn sie aus der Schule nach Hause geht. Die Wochenenden reichen ihr nicht mehr zur Erholung aus, der Sonntagabend ist für sie meist sehr negativ besetzt, da sie den Montagmorgen im Klassenraum fürchtet.

Frau Rehmke-Hellendorf leidet unter chronifiziertem Stress und steht vermutlich kurz vor „dem Burnout". Psychosomatische Beschwerden gelten in Kombination mit negativen Gedanken bezüglich der Arbeit als Indikatoren für eine starke Stressbelastung. Außerdem können muskuläre Dauer-Anspannungen in als bedrohlich empfundenen Situationen chronifizieren. Die damit verbundenen Schmerzen können extrem sein. Was kann sie jetzt tun? *Nicht* ohne weiteres änderbar ist die Struktur ihrer Organisation, der Schule. Ebenso wenig rasch veränderbar sind die Schüler mit all ihren Verhaltensoriginalitäten[6]. Was bleibt also? Zum einen ist die Behandlung der akuten Symptome (etwa durch Massagen, Entspannungsbäder) wichtig. Zum anderen gilt es, die Ebene der kognitiven Bewertung anzusprechen. Das bedeutet, dass Frau Rehmke-Hellendorf beispielsweise mit professioneller Unterstützung (Therapie/Beratung) Stressauslöser genau analysiert und ggf. lernt, sie zu re-interpretieren. In einem solchen rational-emotiven Ansatz werden Stressoren neu bewertet, Handlungsoptionen ausgelotet und erprobt. In Kombination mit systematischer Entspannung kann die Situation deutlich verbessert werden. Das aktive Herangehen an die Ursache der Beanspruchung ist jedenfalls sinnvoller als das passive Sich-Zurückziehen.

Natürlich muss geprüft werden, ob sie die Arbeit auf Dauer überhaupt machen will bzw. kann. Falls nicht, hätten wir es mit dem traurigen Fall der viel zu späten Erkennung einer „Nichtpassung" zwischen Person- und Tätigkeitsmerkmalen zu tun. Der Wechsel der Tätigkeit, also eine berufliche Umorientierung, kann ein probates Mittel der Bewältigung sein. Hier muss auch für eine frühzeitige Erkennung der Passung zwischen berufsbezogenen Anforderungen und Persönlichkeitsmerkmalen von Bewerbern gleich welchen Hintergrundes plädiert werden (vgl. auch das Kapitel Personalauswahl in diesem Band). Ein zu spätes Erkennen der mangelnden Übereinstimmung zwischen Tätigkeits- und Personmerkmalen ist erstens (volks-) wirtschaftlich immens teuer (Arbeitsausfälle, Krankheitskosten, Mehrbelastung von Kollegen etc.) und verursacht zweitens individuelles, aber potenziell vermeidbares Leid.

---

[6] Der Autor hat 7 Jahre lang als Sozialarbeiter in den Bereichen Psychiatrie und Jugendhilfe (unbegleitete, minderjährige Asylbewerber) gearbeitet.

Im Falle chronischer Stressbelastung geben alle Krankenkassen Informationen zu Beratungs- und Therapieangeboten. Nach Eingabe entsprechender Suchbegriffe finden sich beispielsweise Videos, Dokumente oder auch Selbsttests, die weiterhelfen können.

Eine Übersicht über qualitätsgeprüfte, psychologische (Online-) Beratungsangebote gibt auch der Berufsverband Deutscher Psychologinnen und Psychologen (BDP) unter http://www.bdp-verband.de/service/onlineberater.html (Stand Januar 2017).

8   Zusammenfassung des Kapitels

Belastung und Beanspruchung sind alltägliche Phänomene, sie gehören zum Erfahrungsschatz der meisten Personen. Die Stressreaktion läuft auf physiologischer Ebene zunächst automatisiert ab und viele unterschiedliche Situationen können diese Reaktion auslösen. Eine Dauerbeanspruchung des Organismus allerdings ist schädlich. Es gibt sehr unterschiedliche Stressoren, also beispielsweise Einflüsse von außen, die die Stressreaktion auslösen können. Zu physiologischen Komponenten der Erregung und Hormonausschüttung kommt i.d.R. das aversive Erleben hinzu. Die kognitive Bewertung von Situationen als bedrohlich und nicht rasch änderbar spielt hier eine wesentliche Rolle. Es gibt zwei Stressachsen, eine erste setzt über Zwischenstationen Adrenalin frei, welches wiederum zur Energiebereitstellung dient. Die zweite Achse triggert Cortisol, ein Hormon, welches entzündungshemmend wirkt, aber bei „Dauerflutung" im Körper Schaden anrichtet. Stress hat kurz- und langfristige Folgen und ist mit diversen Krankheiten assoziiert.

Ein mittlerer Grad an Aktiviertheit ist leistungsförderlich, eine hohe Aktiviertheit aber sagt noch nichts über die Leistungsgüte aus. Besonders die subjektive Unkontrollierbarkeit von Situationen bzw. Reizen macht uns zu schaffen. Burnout mag ein medial verstärktes Schlagwort sein, dennoch gilt es, Anzeichen dafür ernst zu nehmen. Burnout kennzeichnet sich u.a. durch emotionale und körperliche Erschöpfung, mangelnde Erholungsfähigkeit, ggf. Zynismus und stark geminderte Leistungsfähigkeit. Es kann mit Grübeln, Unzufriedenheit und Schlafmangel einhergehen. Burnout kann die Vorstufe einer Depression sein, diese ist dringend behandlungsbedürftig. Es gibt eine Reihe von Anlaufstationen (auch online), die Betroffenen helfen können.

Die Stressreaktion auslösende Faktoren können beispielsweise mangelnde organisationale Unterstützung, ständiger Termindruck, Lärm, Vibration und Enge sein. Besonders das Verhalten von Führungskräften kann sehr nachhaltig negativ auf das Befinden der Mitarbeiter wirken, ebenso Rollenkonflikte und -unklarheiten. Gratifikationskrisen entstehen durch eine subjektive Ungleichheit zwischen Aufwand und Ertrag in der Arbeitswelt. Das Gefühl, mehr „hineinzustecken", als „herauskommt", macht unzufrieden und ggf. krank. Besonders empfindlich reagieren viele Personen auf mangelnde Anerkennung. Allerdings scheint es auch eine gewisse Disposition zur Verausgabung zu geben durch extremen Ehrgeiz und „Härte" gegen sich selbst. Neuere Studien zeigen einen eindeutigen und negativen Zusammenhang zwischen Mehrarbeit und Befinden. Müdigkeit, Erschöpfung, Kreuz- und Rückenschmerzen treten bei tatsächlich geleisteter Mehrarbeit vermehrt auf. Dauererreichbarkeit ist besonders in einfacheren Dienstleistungsberufen assoziiert mit einer schlechten, selbstberichteten Gesundheit. Es gibt viele Faktoren, die die Wirkung von Stressoren dämpfen können. Dazu zählen organisationale

Ressourcen (z.B. Unterstützung durch Vorgesetzte) ebenso wie individuelle Stärken (Selbstwirksamkeit) und soziale Unterstützung (z.B. Freunde und Familie). Zur Verhältnisprävention stressbedingter Erkrankungen zählen Maßnahmen der Arbeitsgestaltung (z.B. adäquater Einsatz von Fertigkeiten), zur Verhaltensprävention zählt beispielsweise die sog. „Rückenschule").

9 Verständnisfragen

1. Schildern Sie den Unterschied zwischen Belastung und Beanspruchung.
2. Was sind langfristige Effekte der Beanspruchung (chronischer Stress) auf a) emotionaler, b) kognitiver und c) behavioraler Ebene?
3. Grenzen Sie das Konzept der Ermüdung vom Stresskonzept ab.
4. Welche organisationalen Ressourcen kennen Sie und welche Rolle kommt hier insbesondere den Führungskräften einer Organisation zu?
5. Was versteht man unter „Gratifikationskrisen"?
6. Diskutieren Sie gemeinsam mit Mitarbeitern/Kommilitonen: Rollenstress kann negative Folgen haben, u.U. löst dieser aber auch eine sinnvolle Entwicklung aus. Welche Szenarien sind hier denkbar, wie kann man ggf. Rollenkonflikte klären?

Literatur

Antonovsky, A. (1997). *Salutogenese. Zur Entmystifizierung der Gesundheit.* Dt. erweiterte Herausgabe von Alexa Franke. Tübingen: Deutsche Gesellschaft für Verhaltenstherapie.
Badura, B., Walter, U. & Hehlmann, T. (2010). *Betriebliche Gesundheitspolitik. Der Weg zur gesunden Organisation.* 2. Auflage. Berlin: Springer.
Bamberg, E., Mohr, G. & Busch, C. (2012). *Arbeitspsychologie.* Göttingen: Hogrefe.
Bartholdt, L. & Schütz, A. (2010). *Stress im Arbeitskontext. Ursachen, Bewältigung und Prävention.* Weinheim: Beltz.
Barling, J. (2014). *The Science of Leadership. Lessons from Research for Organizational Leaders.* New York: Oxford University Press.
BAuA (2016). *Arbeitszeitreport Deutschland 2016.* Dortmund: Bundesanstalt für Arbeitsschutz und Arbeitsmedizin.
Bengel, J. & Jerusalem, M. (Hrsg.) (2009). *Handbuch der Gesundheitspsychologie und Medizinischen Psychologie.* Göttingen: Hogrefe.
Blessin, A. & Wick, A. (2014). *Führen und führen lassen.* 7. Auflage. Konstanz und München: UVK Verlagsgesellschaft.
Bundesanstalt für Arbeitsschutz und Arbeitsmedizin (Hrsg.) (2014). *Gefährdungsbeurteilung psychischer Belastung. Erfahrungen und Empfehlungen.* Berlin: Erich Schmidt.
Bundesministerium der Justiz und für Verbraucherschutz. *Arbeitszeitgesetz.* https://www.gesetze-im-internet.de/arbzg/BJNR117100994.html Abruf am 21.10.2016
Burisch, M. (1994). *Das Burnout-Syndrom. Theorie der inneren Erschöpfung.* Berlin u.a.: Springer.
Byron, K. (2005). A meta-analytic review of work–family conflict and its antecedents. *Journal of Vocational Behavior, 67,* 169–198.
Chevalier, A. & Kaluza, G. (2015). *Indirekte Unternehmenssteuerung, selbstgefährdendes Verhalten und die Folgen für die Gesundheit. Gesundheitsmonitor,* 01. [on-line] document http://gesundheitsmonitor.de/uploads/tx_itao_download/Gesundheitsmonitor_NL_01_2015_02.pdf Abruf am 09.05.2015
Deutsche Gesellschaft für Personalführung e. V. (Hrsg.) (2015). *Integriertes Gesundheitsmanagement. Konzepte und Handlungshilfen für die Wettbewerbsfähigkeit von Unternehmen.* Bielefeld: Bertelsmann.

Eatough, E., Chang, C., Miloslavic, S. & Johnson, R. (2011). Relationships of role stressors with organizational citizenship behavior: A meta-analysis. *Journal of Applied Psychology, 96*(3), 619-632.

Greif, S. (1991). Stress in der Arbeit. Einführung und Grundbegriffe. In S. Greif, E. Bamberg & N. Semmer (Hrsg.), *Psychischer Streß am Arbeitsplatz* (S. 1-28). Göttingen: Hogrefe.

Hacker, W. & Sachse, P. (2014). *Allgemeine Arbeitspsychologie. Psychische Regulation von Tätigkeiten.* 3. Aufl. Göttingen: Hogrefe.

Karasek, R., Brisson, C., Kawakami, N., Houtman, I., Bongers, P. & Amick, B. (1998). The Job Content Questionnaire (JCQ): An Instrument for Internationally Comparative Assessments of Psychosocial Job Characteristics. *Journal of Occupational Health Psychology, 3*(4), 322-355.

Krohne, H. W. (2014). Persönlichkeit, Emotionen und Gesundheit. *Report Psychologie, 39,* 440-452.

Lazarus, R. S. & Launier, R. (1981). Stressbezogene Transaktion zwischen Person und Umwelt. In J. R. Nitsch (Hrsg.), *Stress.* Bern: Huber.

Maslach, C. & Victor, F. (1988). Burnout, Job Setting and Self-Evaluation among Rehabilitation Counselors. *Rehabilitation Psychology, 33,* 85-93.

Melchers, K. G. & König, C. J. (2004). Wie effektiv sind Interventionen zur Verbesserung des persönlichen Zeitmanagements? In W. Bungard, B. Koop & C. Liebig (Hrsg.), *Psychologie und Wirtschaft Leben. Aktuelle Themen der Wirtschaftspsychologie in Forschung und Praxis* (S. 178-183). München und Mehring: Rainer Hampp.

Morgeson, F. P. & Humphrey, S. E. (2006). The Work Design Questionnaire (WDQ): Developing and Validating a Comprehensive Measure for Assessing Job Design and the Nature of Work. *Journal of Applied Psychology, 9*(6), 1321-1339.

Morita, Y, Aida, H., Yamaguchi, T., Azuma, M., Suzuki, S., Suetake, N., Yukishita, T., Lee, K. & Kobayashi, H. (2014). Effects of Prolonged Night Shifts on Salivary α-Amylase, Secretory Immunoglobulin, Cortisol, and Chromogranin A Levels in Nurses. *Health,* 2014, 6, 2014–2025. http://dx.doi.org/10.4236/health.2014.615236

Muraven, M. & Baumeister, R. F. (2000). Self-Regulation and Depletion of Limited Resources: Does Self-Control resemble a Muscle? *Psychological Bulletin, 126*(2), 247-259.

Örtquist, D. & Wincent, J. (2006). Prominent Consequences of Role Stress: A Meta-Analytic Review. *International Journal of Stress Management, 13*(4), 399-422.

Rau, R. & Buyken, D. (2015). Der aktuelle Kenntnisstand über Erkrankungsrisiken durch psychische Arbeitsbelastungen. Ein systematisches Review über Metaanalysen und Reviews. *Zeitschrift für Arbeits- und Organisationspsychologie, 59*(33), 113-139. DOI: 10.1026/0932-4089/a000186

Renneberg, B., Erken, J. & Kaluza, G. (2009). Stress. In J. Bengel & M. Jerusalem (Hrsg.), *Handbuch der Gesundheitspsychologie und Medizinischen Psychologie* (S. 139-146). Göttingen: Hogrefe.

Reuter, M. (2016). Spurensuche im Erbgut. *Gehirn & Geist.* Dossier 1 in Kooperation mit der Daimler und Benz Stiftung (S. 43-47). Heidelberg: Spektrum der Wissenschaft.

Rheinberg, F. & Vollmeyer, R. (2012). *Motivation.* 8. Auflage. Stuttgart: Kohlhammer.

Richter, P. & Hacker, W. (1998). *Belastung und Beanspruchung. Streß, Ermüdung und Burn-out im Arbeitsleben.* Heidelberg: Asanger.

Rimann, M. & Udris, I, (1997). Subjektive Arbeitsanalyse: Der Fragebogen SALSA. In O. Strohm und E. Ulich (Hrsg.), *Unternehmen arbeitspsychologisch bewerten. Ein Mehr-Ebenen-Ansatz unter besonderer Berücksichtigung von Mensch, Technik und Organisation* (S.280-298). Zürich: vdf.

Robert Koch-Institut (Hrsg.) (2010). *Heft 51. Depressive Erkrankungen.* [on-line document] http://www.rki.de/DE/Content/Gesundheitsmonitoring/Gesundheitsberichterstattung/Themenhefte/Depression_inhalt.html?nn=2370692 Abruf am 08.04.2016

Schmidt, M. & Bildat, L. (2012). Transfermessung von Coaching. *Organisationsberatung, Supervision, Coaching, 19*(4), 473-486.

Semmer, N. K., Grebner, S. & Elfering, A. (2010). „Psychische Kosten" von Arbeit, Beanspruchung und Erholung, Leistung und Gesundheit. In U. Kleinbeck & K.-H. Schmidt (Hrsg.), *Arbeitspsychologie. Wirtschafts-, Organisations- und Arbeitspsychologie.* Reihe Enzyklopädie der Psychologie, Bd. 1. Göttingen: Hogrefe.

Schüpbach & Krause (2009). Arbeit, Arbeitslosigkeit, Mitarbeiterzufriedenheit und Burnout. In J. Bengel & M. Jerusalem (Hrsg.), *Handbuch der Gesundheitspsychologie und Medizinischen Psychologie* (S. 495-508). Göttingen: Hogrefe.

Schaarschmidt, U. & Fischer, A. W. (2003). *AVEM – Arbeitsbezogenes Verhaltens- und Erlebensmuster.* Frankfurt am Main: Swets Test Services.

Schwenkmezger, P. (1997). Ärger, Ärgerausdruck und Gesundheit. In R. Schwarzer (Hrsg.), *Gesundheitspsychologie. Ein Lehrbuch* (S. 299-317). Göttingen: Hogrefe.

Siegrist, J., Wege, N. Pühldorfer, F. & Wahrendorf, M. (2009). A short generic measure of work stress in the era of globalization: effort-reward imbalance. *International Archive of Occupational and Environmental Health, 82,* 1005-1013.

Sonntag, Kh., Frieling, E. & Stegmaier, R. (2012). *Lehrbuch Arbeitspsychologie.* 3. Aufl. Bern: Huber.

Spreiter, M. (2014). *Burnoutprophylaxe für Führungskräfte.* München: Haufe.

Statistisches Bundesamt (Hrsg.) (2016). *Gesundheit. Todesursachen in Deutschland.* Wiesbaden. [on-line] abrufbar unter www.destatis.de Datum: 22. November 2016

van Vegchel, N., de Jonge, J., Bakker, A. B. & Schaufeli, W. B. (2002). Testing global and specific indicators of Rewards in the Effort-Reward Imbalance Model: Does it make any difference? *European Journal of Work and Psychology, 11*(4), 403-421.

Vaitl, D. & Petermann, F. (Hrsg.) (2004). *Entspannungsverfahren. Das Praxishandbuch.* 2. Auflage. Weinheim: Beltz PVU.

Wesnes, K. & Warburton, D. M. (1983). Stress and Drugs. In R. Hockey (1983). *Stress and Fatigue in Human Performance* (pp. 203-244). Chichester: John Wiley and Sons.

Gesundheitsmanagement in Organisationen

Björn Bücks

1   Zielsetzung des Kapitels

Gesundheit inzwischen gehört zu den Themen, die gesamtgesellschaftlich interessanter zu sein scheinen, als sie es je waren. Der globale Wandel hat, neben den gesellschaftlichen, auch deutliche Veränderungen für die Arbeitswelt zur Folge, wodurch die Gesundheit und Leistungsfähigkeit der Beschäftigten in den Fokus rücken (vgl. Abb. 1). Um das Thema „Gesundheit" herum existieren viele Mythen, Fakten und eine nahezu unüberschaubare Zahl an stetig neuen Produkten und Dienstleistungen, um dieses individuell einzigartige Gut positiv beeinflussen zu können. Auch zeigt sich eine zunehmende Relevanz des Themas in Organisationen, da hier das Individualthema auch Auswirkungen auf die Überlebensfähigkeit eines Systems (Unternehmen, NPO, NGO, etc.) insgesamt hat.

Sich mit der Machbarkeit eines organisationalen Gesundheitsmanagements zu befassen, ist etwas anderes, als Theorien über Gesundheit bzw. einzelne Spezialthemen (z.B. Ernährung, Stressbewältigung etc.) zu entwickeln. Dieses Kapitel leistet keine Aufarbeitung bestehender Ansätze für Gesundheitsförderungsmaßnahmen, sondern soll einen inhaltlichen Einstieg in dieses arbeits- und organisationspsychologisch interessante Thema ermöglichen und zugleich erste Ansätze für eine Umsetzbarkeit in die Praxis aufzeigen.

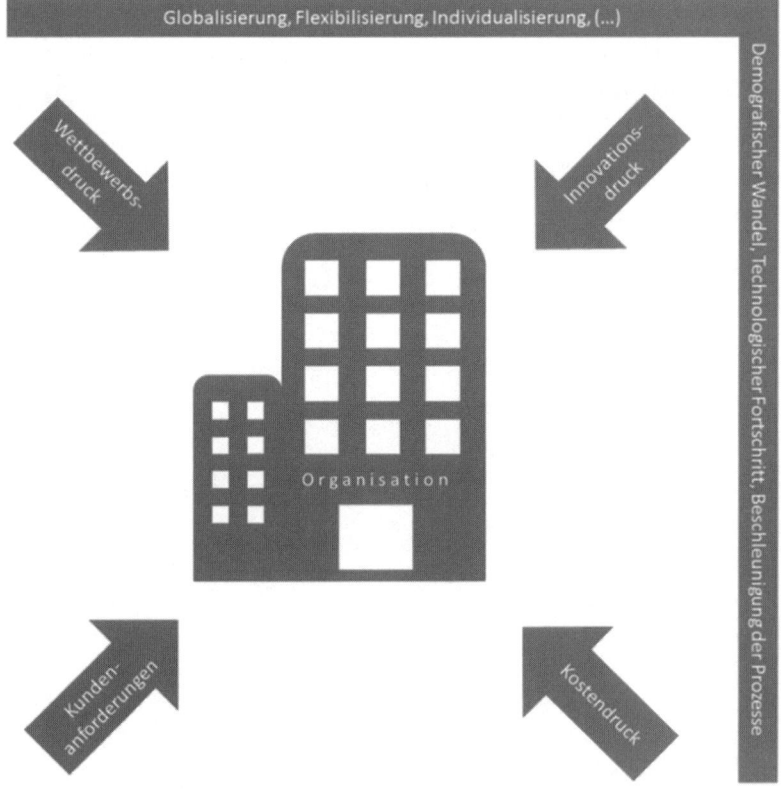

Abb. 1: Organisationen im Wandel der Arbeitswelt (nach Becker et al., 2014, S. 17, bearbeitet)

Zielsetzung dieses Kapitels ist es „Organisationale Gesundheit als Entwicklungsaufgabe" zu skizzieren, ohne dabei den idealen Weg vorzugeben. Hierbei werden primär Wissen und Erfahrungen des Autors zur Verfügung gestellt, um Studierende und Praktiker in der Um- und Auseinandersetzung zu unterstützen. Nach der Vorstellung aktueller Grundlagen für das fachliche Verständnis im Bereich Betriebliches Gesundheitsmanagement (BGM) konzentriert sich das Kapitel in größerem Umfang auf das Thema „Gefährdungsbeurteilung psychischer Belastung". Neben der Vorstellung anerkannter Regelwerke und gesetzlicher Vorgaben wird an verschiedenen Stellen deutlich, dass das Thema vom Autor aus einer interventionsorientierten Perspektive des Organisationsentwicklers betrachtet und beschrieben wird. Insbesondere Erfahrungen aus der Gremienarbeit sowie in der Prozessbegleitung beim Aufbau oder der Optimierung von Gesundheitsmanagementsystemen sind in dieses Kapitel eingeflossen, sollen eine kritische Reflexion ermöglichen und insbesondere zur Diskussion anregen.

2 Begriffliche Differenzierungen im (betrieblichen) Gesundheitsmanagement

„Der Gebrauch bestimmt die Bedeutung eines Begriffes". (Simon, 2012, S. 11)

Aktuell wird der Begriff „Gesundheitsmanagement" sowohl in der Betrachtung des Individuums (z.B. zur Erlangung einer sog. Work-Life-Balance), aber auch in spezialisierten Einrichtungen (z.B. Kliniken) oder weiteren Organisationen unterschiedlichster Zweckbestimmung (z.B. im Personalmanagement einer Landeskirche) verwendet. Daher stellt sich zunächst die Frage: Was ist damit genau gemeint? Nähert man sich den Themen „Gesundheit" und „Management", so wird ihnen eine spezifische Bedeutung innerhalb ihres soziokulturellen Umfeldes gegeben. Das bedeutet, dass insbesondere die Denktraditionen in einer Organisation einen Einfluss darauf haben, wie und wofür sich mit den Themen beschäftigt wird. Was für den einen „ethische Verpflichtung" zu sein scheint, ist dem nächsten vielleicht gerade gut genug, um auf interne Defizite aufmerksam zu machen und eigene Interessen damit stärken zu können. Um die Begriffe fachlich unterscheiden zu können und ihre jeweils spezifischen Bedeutungen kennenzulernen, sind folgend vier zentrale Begrifflichkeiten aus dem Arbeitsbereich „Betriebliches Gesundheitsmanagement" erläutert.

(1) Betrieblicher Arbeitsschutz

Der betriebliche Arbeitsschutz ist in Deutschland traditionell in die in Abbildung 2 dargestellten Bereiche aufgeteilt.

Arbeitsmedizin: Um die Gesundheit von Beschäftigten zu fördern und arbeitsbedingte Unfälle zu vermeiden, stehen Betriebs- und Arbeitsmediziner an der Seite der Organisationsführung und helfen bei der Umsetzung gesetzlicher Vorgaben. Zu ihren Aufgaben gehören die Beurteilung und Gestaltung der Arbeitsbedingungen und Arbeitsplätze aus medizinischer Sicht. Den Rahmen für die Beratungsarbeit bilden in erster Linie das Arbeitsschutzgesetz (ArbSchG), die Unfallverhütungsvorschrift (DGUV V 2) sowie das Arbeitssicherheitsgesetz (ASiG). Häufig ist der Betriebsarzt durch die arbeits-

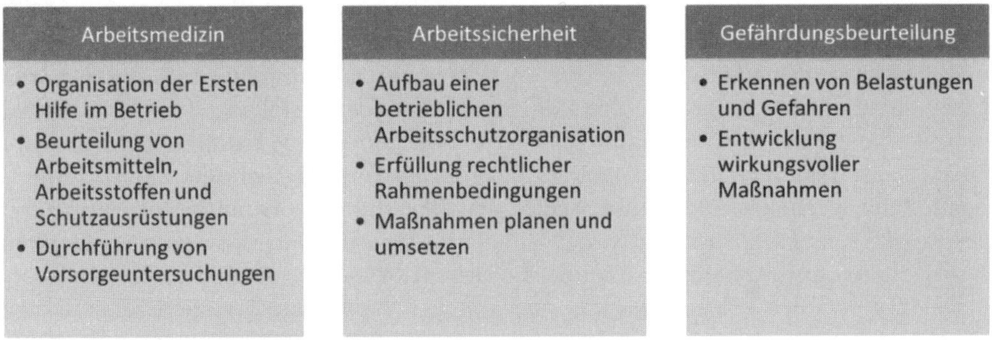

Arbeitsmedizin	Arbeitssicherheit	Gefährdungsbeurteilung
• Organisation der Ersten Hilfe im Betrieb • Beurteilung von Arbeitsmitteln, Arbeitsstoffen und Schutzausrüstungen • Durchführung von Vorsorgeuntersuchungen	• Aufbau einer betrieblichen Arbeitsschutzorganisation • Erfüllung rechtlicher Rahmenbedingungen • Maßnahmen planen und umsetzen	• Erkennen von Belastungen und Gefahren • Entwicklung wirkungsvoller Maßnahmen

Abb. 2: Kernelemente des betrieblichen Arbeitsschutzes (Eigene Darstellung)

medizinischen Vorsorgeuntersuchungen in den Organisationen bekannt. Im Weiteren sind Arbeits- und Betriebsmediziner aber auch für Mitarbeiterinformationen zu Themen des Arbeits- und Gesundheitsschutzes verantwortlich und bei der Beratung und Unterstützung von leistungseingeschränkten Beschäftigten oder im Rahmen der Betrieblichen Gesundheitsförderung im Einsatz.

Arbeitssicherheit: Die Ausführung des betrieblichen Arbeitsschutzes muss individuell auf jede Organisation zugeschnitten werden, um die rechtlichen Rahmenbedingungen angemessen umzusetzen. Der Aufbau einer betrieblichen Arbeitsschutzorganisation ist grundsätzlich eine Entwicklungsaufgabe. Durch die immer neuen technischen Fortschritte, neue Arbeitsmaterialien und Auswirkungen einer zunehmend globalisierten Arbeitswelt, braucht es die ständige Beachtung der jeweils aktuellen Risiken an den Arbeitsplätzen. Hierfür sind, neben den Arbeitsmedizinern, die Fachkräfte für Arbeitssicherheit (FaSi) zuständig. Auch sie beraten die Organisationsführung im Hinblick auf die Umsetzung gesetzlicher Anforderungen, führen Betriebsbegehungen durch und entwickeln Maßnahmen zur Verbesserung des Arbeits- und Gesundheitsschutzes der Beschäftigten.

Gefährdungsbeurteilung: Die Gefährdungsbeurteilung ist der zentrale Prozess zur systematischen Ermittlung und Bewertung organisationsinterner Gefährdungen. Ziel des Instruments ist es, die erforderlichen Maßnahmen für Sicherheit und Gesundheit bei der Arbeit festzulegen. Da auch der Gesetzgeber weiß, dass jede Organisation anders ist, gibt es zur Umsetzung der Gefährdungsbeurteilung zwar viele Grundsätze und Empfehlungen, jedoch keinen zwingenden Rahmen. Je nach Organisationsart, Standort oder spezifischer Tätigkeit sind verschiedenste Vorgehensweisen möglich. Wichtig ist jedoch, dass die aus der Beurteilung abgeleiteten Maßnahmen auch effektiv umgesetzt und auf ihre Wirksamkeit hin kontrolliert werden. Die Kontrolle der Umsetzung erfolgt durch Aufsichtspersonen der zuständigen staatlichen Aufsichtsbehörden (z.B. Gewerbeaufsichtsämter, Landesämter für Arbeitssicherheit und Gesundheit) und durch die Unfallversicherungsträger (z.B. gewerbliche Berufsgenossenschaften).

Seit 2011 arbeiten Bund, Länder und die gesetzliche Unfallversicherung verstärkt zusammen, um den Arbeitsschutz in Deutschland weiterzuentwickeln. Diese Zusammenarbeit erfolgt in der Initiative „Gemeinsame Deutsche Arbeitsschutzstrategie

(GDA)". Für eine vertiefende Beschäftigung mit dem Thema „Betrieblicher Arbeitsschutz" sind folgende Quellen empfehlenswert:

Arbeitsschutzgesetz: http://www.gesetze-im-internet.de/arbschg/
DGUV Vorschrift 2:   http://publikationen.dguv.de/dguv/pdf/10002/v2-bghw.pdf
Arbeitssicherheitsgesetz: http://www.gesetze-im-internet.de/asig/
Gefährdungsbeurteilung: http://www.gefaehrdungsbeurteilung.de/de
GDA: http://www.gda-portal.de/de/Startseite.html

(2) Betriebliche Gesundheitsförderung (BGF)

Der Begriff ist innerhalb der hier vorgestellten Gesundheitsmanagement-Nomenklatur vermutlich der älteste. Viele der heute existierenden Regelungen und Empfehlungen bauen auf der sog. „Luxemburger Deklaration zur betrieblichen Gesundheitsförderung" in der Europäischen Union sowie den Qualitätskriterien des „Europäischen Netzwerkes für die betriebliche Gesundheitsförderung" auf. Die Luxemburger Deklaration zur betrieblichen Gesundheitsförderung wurde bereits im November 1997 in Luxemburg verabschiedet und im Juni 2005 sowie im Januar 2007 aktualisiert.

„Das Europäische Netzwerk für betriebliche Gesundheitsförderung hat es sich zur Aufgabe gemacht, Arbeitgeberinnen und Arbeitgeber, Beschäftigte und die Gesellschaft dabei zu unterstützen, Wohlbefinden und Gesundheit am Arbeitsplatz zu sichern und zu fördern. Mitglieder des Netzwerkes sind Organisationen aus allen 27 Mitgliedsstaaten der EU sowie der Schweiz. Zusammen wird eine Verbesserung der Arbeitsorganisation und der Arbeitsbedingungen, die Förderung einer aktiven Mitarbeiterbeteiligung und die Stärkung persönlicher Kompetenzen angestrebt. Unternehmen haben die Chance mit der Unterzeichnung der Luxemburger Deklaration Teil dieses Netzwerkes zu werden." (www.dnbgf.de, 2016, o.S.)

In Deutschland sind die Bemühungen um eine Weiterentwicklung der Betrieblichen Gesundheitsförderung im „Deutschen Netzwerk für Betriebliche Gesundheitsförderung" (kurz DNBGF) zusammengefasst. Auf der Internetpräsenz des DNBGF heißt es:

„Das DNBGF geht auf eine Initiative des Europäischen Netzwerks für Betriebliche Gesundheitsförderung (ENWHP) zurück und wird vom Bundesministerium für Arbeit und Soziales (BMAS) und vom Bundesministerium für Gesundheit (BMG) unterstützt. Für die Arbeit des DNBGF wurde eine Geschäftsstelle eingerichtet, die vom BKK Dachverband e.V., der Deutschen Gesetzlichen Unfallversicherung (DGUV), dem AOK-Bundesverband und dem Verband der Ersatzkassen e.V. (vdek) im Rahmen der gemeinsamen Initiative Gesundheit und Arbeit (iga) getragen wird. Vor dem Hintergrund einer noch zu geringen Verbreitung von betrieblicher Gesundheitsförderung in Deutschland soll die Kooperation zwischen allen nationalen Akteurinnen und Akteuren verbessert werden. Diesem Ziel dient das DNBGF." (www.dnbgf.de, 2016, o.S.)

Neben den Aktivitäten des DNBGF existieren zahlreiche weitere Initiativen und Netzwerke zur Förderung der BGF. Diese sind häufig regional oder auch innerhalb bestimmter Wirtschaftszweige organisiert. Der Begriff „Betriebliche Gesundheitsförderung" wird jedoch auch verwendet, um einen bestimmten Bereich von Gesundheitsmaßnahmen in Organisationen zu charakterisieren. Nach Becker et al. (Jahreszahl) handelt es sich hierbei um

„Maßnahmen des Betriebes unter Beteiligung der Organisationsmitglieder zur Stärkung ihrer Gesundheitskompetenzen sowie Maßnahmen zur Gestaltung gesundheitsförderlicher Bedingungen (Verhalten und Verhältnisse), zur Verbesserung von Gesundheit und Wohlbefinden im Betrieb sowie zum Erhalt der Beschäftigungsfähigkeit." (Becker et al., 2014, S. 4)

Beispiele für die o.g. Maßnahmen gibt es viele. Hierzu zählen insbesondere:
- Aufklärungskampagnen
- Bewegungseinheiten am Arbeitsplatz
- Seminare
- Workshops
- Kursangebote
- Aktivitäten zur Suchtprävention
- (...)

Das Anbieten und Durchführen von BGF-Maßnahmen ist für viele Organisationen interessant, da es hier möglich ist, auf finanzielle Mittel von Versicherungsträgern (hauptsächlich gesetzliche Krankenversicherungen) zurückzugreifen. Insbesondere in den §§ 20 und 20 a SGB V ist gesetzlich verankert, dass durch die Krankenkassen finanzielle Mittel für die Gesundheitsförderung und sog. „Primäre Prävention" im Betrieb bereitgestellt werden müssen. Hierzu zählen insbesondere Maßnahmen zur Prävention lebensstilbedingter Erkrankungen, wie z.B. Diabetes Mellitus Typ 2. Aber auch zur Früherkennung von Brustkrebs oder Depressionen sollen die Maßnahmen eingesetzt werden. Genauere Regelungen zur Umsetzung der §§ 20 und 20 a SGB V sind im „Leitfaden Prävention - Handlungsfelder und Kriterien des GKV-Spitzenverbandes zur Umsetzung der §§ 20 und 20a SGB V vom 21. Juni 2000 in der Fassung vom 10. Dezember 2014" enthalten. Dieser Leitfaden wird ständig überarbeitet und an gesetzliche und gesellschaftliche Entwicklungen angepasst. Eine derzeitige Aufgabe besteht in der Integration des in 2015 verabschiedeten Gesetzes zur Stärkung der Gesundheitsförderung und der Prävention (Präventionsgesetz – PrävG). Für eine vertiefende Beschäftigung mit den Themen „Prävention und Gesundheitsförderung" sind folgende Quellen empfehlenswert:

Leitfaden Prävention:
- https://www.gkv-spitzenverband.de/media/dokumente/presse/publikationen/Leit faden_Praevention-2014_barrierefrei.pdf

Präventionsgesetz:
- http://www.bmg.bund.de/ministerium/meldungen/2015/praeventionsgesetz.html

Die Wirksamkeit der BGF beruht auf einer fach- und bereichsübergreifenden Zusammenarbeit. BGF kann ihr Ziel „gesunde Mitarbeiter in gesunden Unternehmen" nur erreichen, wenn die folgenden Punkte regelmäßig beachtet werden. Die heutzutage gültigen Grundsätze wurden bereits vor 20 Jahren in der Luxemburger Deklaration festgehalten (Abbildung 3):

✓ Unternehmensgrundsätze und -leitlinien, die in den Beschäftigten einen wichtigen Erfolgsfaktor sehen und nicht nur einen Kostenfaktor,
✓ eine Unternehmenskultur und entsprechende Führungsgrundsätze, in denen Mitarbeiterbeteiligung verankert ist, um so die Beschäftigten zur Übernahme von Verantwortung zu ermutigen,
✓ eine Arbeitsorganisation, die den Beschäftigten ein ausgewogenes Verhältnis bietet zwischen den Arbeitsanforderungen und den eigenen Fähigkeiten, Einflussmöglichkeiten auf die eigene Arbeit,
✓ soziale Unterstützung durch Führungskräfte, Mitarbeiterinnen und Mitarbeiter, die Verankerung von Gesundheitszielen insbesondere in der Personalpolitik, aber auch in allen anderen Unternehmensbereichen (Integration),
✓ ein integrierter Arbeits- und Gesundheitsschutz,
✓ ein hoher Grad an Einbeziehung der Beschäftigten in Fragen der Gesundheit,
✓ die systematische Durchführung aller Maßnahmen und Programme,
✓ die Verbindung von Risikoreduktion mit dem Ausbau von Schutzfaktoren und Gesundheitspotenzialen.

Abb. 3: Anerkannte Grundsätze für „Gesunde Beschäftigte in gesunden Unternehmen" (Eigene Darstellung)

(3) Betriebliches Eingliederungsmanagement (BEM)

Hierbei handelt es sich um eine gesetzliche Verpflichtung nach § 84 Abs. 2 SGB IX. Demnach müssen alle Beschäftigten die innerhalb von 12 Monaten länger als 6 Wochen (am Stück oder kumuliert) arbeitsunfähig waren vom Arbeitgeber ein betriebliches Eingliederungsmanagement angeboten bekommen.

Für den Arbeitgeber und die Sozialkassen rechnet es sich in BEM zu investieren, weil es die Gesundheit und Leistungsfähigkeit der Beschäftigten fördert, Fehlzeiten verringert und damit Personalkosten senkt. Darüber hinaus ist BEM aber auch ein wichtiges Instrument, um das krankheitsbedingte Ausscheiden von Fachkräften zu verhindern, und kann insbesondere einen Beitrag dazu leisten, die Beschäftigungsfähigkeit älterer Menschen dauerhaft zu sichern.

„Das Gesetz gilt für alle Beschäftigte, gleich ob Angestellte, außertariflich Angestellte, Beamte, befristet Beschäftigte, Aushilfskräfte, Auszubildende, Praktikanten, Werkstudenten, Voll- oder Teilzeitbeschäftigte, unabhängig von einer bereits bestehenden Schwerbehinderung. (...) Das gesamte BEM-Verfahren beruht auf dem Prinzip der Freiwilligkeit der Teilnahme und kann daher nur mit Zustimmung des Beschäftigten durchgeführt werden." (DGUV, 2014, S. 8)

Eine gesetzliche Verpflichtung zur Einführung eines „Betrieblichen Eingliederungsmanagements als System" besteht aktuell nicht. Häufig bestehen auch Unklarheiten darüber, was BEM eigentlich ist bzw. wofür es genutzt werden kann. Gemeint sind hiermit alle „Maßnahmen des Betriebes, Arbeitsunfähigkeit zu überwinden oder erneuter Arbeitsunfähigkeit vorzubeugen und Arbeitsplätze zu erhalten" (vgl. Becker et al., 2014, S. 4).

Eine in diesem Zusammenhang von Unternehmen häufig getroffene Aussage lautet: „BEM haben wir schon, das sind doch die Krankenrückkehrgespräche und dieses Hamburger Modell". Dies ist jedoch nicht umfassend/differenziert genug. Das sog. „Hamburger Modell" bezeichnet eine stufenweise Wiedereingliederung von Beschäftigten nach längerer Arbeitsunfähigkeit. Geregelt wird das Verfahren im § 74 SGB V sowie § 28 SGB IX und stellt somit eine Maßnahme der medizinischen Rehabilitation, finanziert durch die gesetzlichen Krankenkassen, dar. Die hierbei angewandte Systematik der stufenweisen Erhöhung der Arbeitszeit (-/belastung) ist jedoch lediglich eine mögliche Maßnahme, um die Betroffenen wiedereinzugliedern. Häufig brauchen jedoch die Krankheitsgeschichte der Betroffenen, Veränderungen in der Lebenssituation oder auch betriebsinterne Veränderungen einen Ansatz, der mehr Flexibilität bietet und sowohl den Interessen des Arbeitgebers als auch denen des Arbeitnehmers gerecht werden kann. Ein solcher Ansatz lässt sich beim „Disability Management" finden, welches heutzutage häufig die Basis für die Arbeit im BEM darstellt. Die Idee des Disability Managements (abgeleitet aus dem Diversity Ansatz) ist es, in optimaler Weise für die Wiedereingliederung Beschäftigter zu sorgen. Hierbei gehen die Aktivitäten deutlich über die häufig primär rehabilitative Ausrichtung hinaus. Ziel ist es, bereits fortlaufend präventiv tätig zu werden, um gesundheitlich negative Entwicklungen früh zu erkennen und aktiv beeinflussen zu können. Für die Festlegung von Qualifikationsstandards sowie auch die zunehmende Verbreitung des Disability Ansatzes zeichnet die Deutsche Gesetzliche Unfallversicherung (DGUV) verantwortlich. Auf ihrer Internetpräsenz heißt es dazu:

> „Disability Management ist international verbreitet; in Europa nimmt Deutschland eine Vorreiterrolle ein. Hier ist die Deutsche Gesetzliche Unfallversicherung (DGUV) in Sankt Augustin bei Bonn die führende Institution. Sie hilft Unternehmen, ein Disability Management einzuführen und bildet Disability Manager nach international festgelegten Regeln aus und weiter." (URL: http://www.dguv.de/disability-manager/disability-management/index.jsp (Stand 29.01.2017))

Eine präventive Maßnahme im BEM kann schon die Ausgestaltung standardisierter Verfahren und Prozessbeschreibungen zum Umgang mit Betroffenen darstellen (vgl. Abb. 4). Um die Beschäftigungsfähigkeit von Langzeiterkrankten, Schwerbehinderten oder gleichgestellt behinderten Beschäftigten (Grad der Behinderung von weniger als 50, aber wenigstens 30) aufrechtzuerhalten, empfiehlt sich generell eine Strukturierung des Vorgehens, um insbesondere die sozial- und arbeitsrechtlich relevanten Aspekte angemessen berücksichtigen zu können.

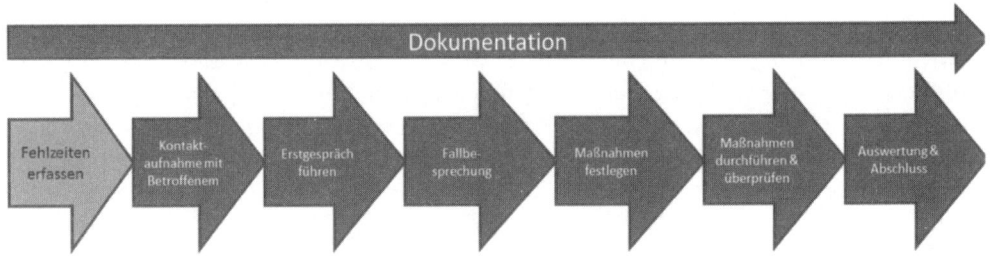

Abb. 4: Typische Vorgehensweise in einem BEM-Verfahren (Eigene Darstellung)

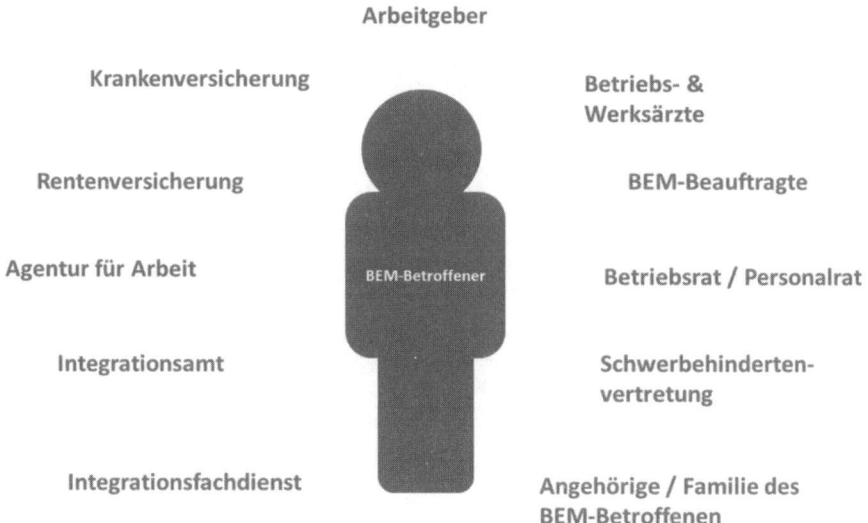

Abb. 5: Mögliche Stakeholder im BEM-Verfahren (Eigene Darstellung)

Das Gesetz fordert die Anwendung im Einzelfall und jeder Fall ist anders. Hierbei können zahlreiche Interessenkonflikte auftreten, da neben gesetzlichen Vorgaben auch ökonomische Rahmenbedingungen (z.B. auf Seiten des Betroffenen) und/oder organisationsexterne Beteiligte im Verlauf des Verfahrens eingebunden werden müssen. Die Notwendigkeit und Art der Beteiligung hängt wiederum stark vom Einzelfall ab.

Um einen Eindruck von den ggf. notwendigen Beteiligungen in einem BEM-Verfahren zu bekommen, sind folgend die möglichen Stakeholder abgebildet (Abbildung 5):

Vertiefend:
• Richter R. (2014). Das Betriebliche Eingliederungsmanagement – 25 Praxisbeispiele. 2. Aktualisierte und erweiterte Auflage; Bielefeld: Bertelsmann Verlag

(4) Betriebliches Gesundheitsmanagement (BGM)

Der Begriff wird aktuell für zahlreiche Themen der betrieblichen Gesundheit verwendet, die der Stärkung, Stabilisierung und Wiederherstellung der Gesundheit und Leistungsfähigkeit von Beschäftigten dienen. Gemeint ist ein multidisziplinärer Ansatz, der insbesondere die Vernetzung der relevanten Akteure sowie den Aufbau nachhaltig wirksamer Strukturen zum Ziel hat.

Anders ausgedrückt handelt sich beim BGM um

„Systematische sowie nachhaltige Schaffung und Gestaltung von gesundheitsförderlichen Strukturen und Prozessen einschließlich der Befähigung der Organisationsmitglieder zu einem eigenverantwortlichen, gesundheitsbewussten Verhalten." (Becker et al., 2014, S. 4)

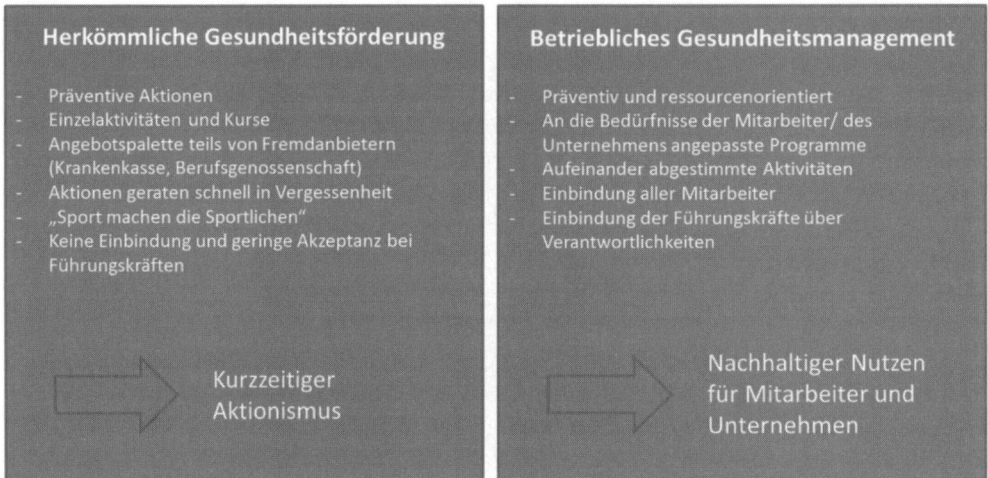

Abb. 6: Der nachhaltige Ansatz eines Betrieblichen Gesundheitsmanagements (vgl. Kaminski, 2013, S. 26)

Der Begriff „Management" impliziert, dass hierbei ziel- und ressourcenorientiert agiert werden muss und die vielerorts bekannten und häufig wirkungslosen Einzelaktionen mit anderen Prozessen abgestimmt werden sollen. Die Nachhaltigkeit wird im Vergleich zu den herkömmlichen Gesundheitsförderungsmaßnahmen wie folgt gesehen (Abbildung 6):

Um den o.g. nachhaltigen Nutzen von BGM zu erreichen, wurden in den letzten Jahren viele Weiterentwicklungen vorangetrieben. So zum Beispiel von Hochschulen, von Versicherungsträgern oder auch kommerziellen Gesundheitsanbietern. Hierbei kann die zunehmende Etablierung eines Regelwerkes als zukunftsweisend für das BGM genannt werden. Durch die Zusammenarbeit verschiedenster Gesundheits- und Managementexperten (z.B. Berufsgenossenschaften, Behörden, Universitäten, Verbänden, u.A.) ist es gelungen, ein Konsensdokument auf Grundlage der bislang vorhandenen Standards und Beschreibungen zu erarbeiten. Hieraus entstand die DIN SPEC 91020, eine Spezifikation des DIN e.V. (vgl. Kaminski, 2013, S. 36-37). Im folgenden Kapitel 6.3 wird die DIN SPEC 91020 näher erläutert.

(5) Verhalten versus Verhältnisse

Eine letzte Differenzierung soll an dieser Stelle dargestellt werden, da sie für die Einteilung der Wirkrichtung von Maßnahmen im Bereich der Gesundheitsförderung von zentraler Bedeutung ist. Es handelt sich um die Unterscheidung der präventiv ausgerichteten Interventionen, mit Blick auf das Individuum sowie auch dessen Umgebung. Diese Unterscheidung wird im Bereich der Gesundheitsförderung (in unterschiedlichen Settings/Lebenswelten wie z.B. „Schule", „Kindergarten") vielfältig gebraucht, soll an dieser Stelle jedoch insbesondere im Setting „Betrieb" erläutert werden. Im Rahmen des Betrieblichen Gesundheitsmanagements bekommt die Unterscheidung eine besondere Bedeutung, da erst durch die systematische Verknüpfung und regelmäßige Wirksamkeitsanalysen beider Präventionsansätze die oft beschriebene Ganzheitlichkeit erreicht

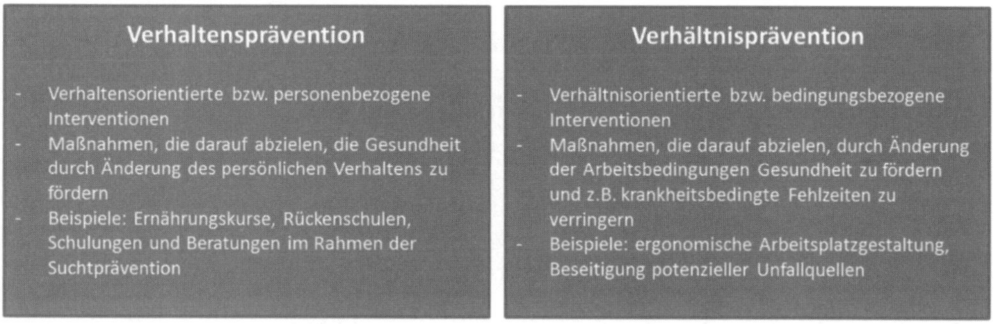

Verhaltensprävention	Verhältnisprävention
- Verhaltensorientierte bzw. personenbezogene Interventionen - Maßnahmen, die darauf abzielen, die Gesundheit durch Änderung des persönlichen Verhaltens zu fördern - Beispiele: Ernährungskurse, Rückenschulen, Schulungen und Beratungen im Rahmen der Suchtprävention	- Verhältnisorientierte bzw. bedingungsbezogene Interventionen - Maßnahmen, die darauf abzielen, durch Änderung der Arbeitsbedingungen Gesundheit zu fördern und z.B. krankheitsbedingte Fehlzeiten zu verringern - Beispiele: ergonomische Arbeitsplatzgestaltung, Beseitigung potenzieller Unfallquellen

Abb. 7: Verhaltens- und Verhältnisprävention (vgl. Becker et al., 2014, S. 7)

werden kann. Die oben dargestellte Abbildung 7 zeigt zusammenfassend die Unterschiede zwischen Verhaltens- und Verhältnisprävention.

Hier zeigt sich, dass BGM keine „Einbahnstraße" ist und neben der gesundheitsgerechten Gestaltung der Rahmenbedingungen auch das gesundheitsförderliche Verhalten am Arbeitsplatz zur Sicherung der Arbeits- und Leistungsfähigkeit beiträgt. In zahlreichen Veröffentlichungen wird die Verantwortung des Arbeitgebers thematisiert und hat aus verschiedensten Perspektiven (z.B. sozial, arbeitsrechtlich, ökonomisch) auch seine Berechtigung. Zwar sind laut Arbeitsschutzgesetz Maßnahmen zu bevorzugen, die sich auf Verhältnisse (Organisation, Struktur, Prozesse, Tätigkeiten) beziehen, gegenüber Maßnahmen, die auf das Verhalten der Beschäftigten abzielen. Allerdings kann BGM nur dann wirksamer Teil der Organisationsentwicklung werden, wenn sich die einzelnen Organisationsmitglieder auch darauf einlassen. Die Förderung der Eigenverantwortlichkeit bekommt im Zusammenhang mit der Verhaltensprävention hier eine besondere Bedeutung.

3   Gesundheit als Managementaufgabe

Da der Gesundheitszustand ein zunehmend relevanter werdender Erfolgsfaktor für Organisationen ist, ist die Entwicklung von übergreifenden Managementstandards auch für das betriebliche Gesundheitsmanagement folgerichtig. Die präventive Beachtung von arbeitsbedingten Unfall- und Erkrankungsgefahren ist nicht neu und hat in den vergangenen Jahrzehnten einen erfolgreichen Entwicklungsprozess durchlaufen. Pragmatismus als oberste Leitlinie unternehmerischen Handelns ist zwar grundsätzlich auch hier positiv zu bewerten. Obstkörbe, Kooperationen mit Fitnessstudios oder regelmäßige Konfliktmanagementseminare sind ein erster Anfang auf dem Weg zu einem wirkungsvollen BGM. Doch nach diesem ersten Schritt gilt es die Angebote und Maßnahmen systematisch auszubauen und auf ihre Wirksamkeit hin zu überprüfen. Da in jeder Organisation andere Rahmenbedingungen vorherrschen, kann es weder „das BGM-System" noch

Ein aktiv betriebenes betriebliches Gesundheitsmanagement wird in verschiedensten Organisationen heute zunehmend als wichtiger Wirtschaftsfaktor erkannt. Durch gut strukturierte Prozesse und den Einsatz bewährter Managementmethoden lassen sich die Entwicklungen steuern und die durch Krankheit entstehenden Kosten können erheblich reduziert werden.

ein für alle geltendes „Best-Practice-Konzept" geben. Somit bleibt zwar die Aufgabe, ein individuelles BGM-System für jede Organisation aufzubauen, jedoch kann hierbei auf bereits bewährte Standards zurückgegriffen werden. Man muss „Betriebliches Gesundheitsmanagement" nicht unbedingt neu erfinden. Aus den Erfahrungen im Arbeitsschutz, Qualitätsmanagement oder auch im Bereich der Organisationsentwicklung existieren bereits zahlreiche Beispiele und Prozessbeschreibungen, um eine systematische Durchführung von Gesundheitsmaßnahmen zu ermöglichen.

Eine Weiterentwicklung von Managementprinzipien für das betriebliche Gesundheitsmanagement stellt seit 2012 auch ein international anerkannter Standard, die DIN SPEC 91020, dar. Diese Spezifikation beinhaltet Managementstandards für ein betriebliches Gesundheitsmanagement und soll Organisationen dabei unterstützen, die Implementierung und den Aufbau eines solchen BGM-Systems strukturiert anzugehen.

Folgend genannte Standards und Dokumente wurden zur Erstellung des Anforderungskataloges der DIN SPEC 91020 eingearbeitet (vgl. Kaminski, 2013, S. 38):
- SCOHS – Social Capital und Occupational Health Standard
- B.A.D. Entwurf für ein Betriebliches Gesundheitsmanagement
- Kriterienkatalog des TÜV Nord
- Entwurf der Deutschen Gesellschaft zur Zertifizierung von Qualitätsmanagementsystemen (DQS)

Die DIN SPEC 91020 und das Betriebliche Gesundheitsmanagement korrespondieren mit Sozialgesetzen (z.B. dem Arbeitsschutzgesetz) und anderen Regelwerken (z.B. ISO 9001, ISO 14001, ISO 18001/OHSAS). Die Anforderungen der DIN SPEC 91020 sind teilweise verpflichtend, teilweise freiwillig. Die Einbindung der Arbeitnehmervertretung wird empfohlen, da es sich bei Gesundheitsthemen häufig auch um mitbestimmungspflichtige Themen handelt. (vgl. Kaminski, 2013, S. 38)
- Durch die hohe Anschlussfähigkeit an bereits bestehende Managementsysteme kann ein BGM nach DIN SPEC 91020 unterschiedlich wirksam werden, z.B.:
- Als Grundlage für den systematischen Auf- und Ausbau sowie zur internen Steuerung der Gesundheits- und Arbeitsschutzaktivitäten in Organisationen
- Aufmerksamkeit der interessierten Stakeholder lenken und verdeutlichen, dass mit dem BGM die Erreichung konkreter Zielsetzungen beabsichtigt sind

Geht es um den Aufbau von Managementstrukturen oder die Etablierung geltender Standards, so sind hierbei Konzerne und Großunternehmen auch im BGM führend. Dieser Umstand weist jedoch auch darauf hin, dass insbesondere Klein- und Kleinstunternehmen für die Einführung eines systematischen BGM gewonnen werden müssen. Es ist sicherlich im Einzelfall zu entscheiden, ob für einen Handwerksbetrieb mit wenigen Beschäftigten ein Managementsystem nach DIN SPEC 91020 bereits zu Beginn eingeführt werden soll. In jedem Fall ist jedoch die systematische und wiederholte Anwendung von Maßnahmen empfehlenswert, um von Beginn an einen Rahmen für die Ausrichtung zu setzen. Um dies zu gewährleisten, steht auch in der DIN SPEC 91020 ein Regelkreis im Mittelpunkt des Vorgehens (Becker et al., 2014, S. 30). Dieser Regelkreis ist unter verschiedensten Bezeichnungen bekannt und wird auch „Deming-Kreis" oder P-D-C-A-Zyklus genannt. Dieser Zyklus folgt einer wiederkehrenden Systematik in 4 Schritten (Abbildung 8):

Abbildung 8: P-D-C-A – Zyklus (Eigene Darstellung)

Der oben dargestellte Zyklus bildet die Basis für unser heutiges Verständnis von Qualitätsmanagement, lässt sich jedoch darüber hinaus in nahezu allen Bereichen einer Organisation einsetzen. Zur Konkretisierung der Abbildung sind die vier Schritte mit Bezug zum BGM kurz beschrieben:

1. PLAN ⇒ Erkennen von Verbesserungspotenzialen im Gesundheits- und Arbeitsschutz, IST-Zustandsanalyse und konzeptionelle Ausrichtung (z.B. auch Methoden und Kriterien) unter Beteiligung der Betroffenen

2. DO ⇒ Umsetzung der geplanten Maßnahmen (ggf. Pilotierung), Ressourcensteuerung und aktive Kommunikation erreichter Zwischenziele, Stimmungen und Erfolge (z.B. über Testimonials oder Beiträge in Mitarbeiterzeitungen/Intranet)

3. CHECK ⇒ Evaluation der Ziele, Prozesse und Ergebnisse zur systematischen Beurteilung der umgesetzten Maßnahmen und Vorgehensweisen (z.B. Erhebung der erwarteten Wirksamkeit externer Dienstleister hinsichtlich der Maßnahmenzufriedenheit)

4. ACT ⇒ Umsetzung von Veränderungsmaßnahmen auf Basis der gemachten (Lern-)Erfahrungen sowie Beginn der Standardisierung von Prozessen, Maßnahmen und einzuplanenden Ressourcen (z.B. Bereitstellung von Arbeitszeit und Räumlichkeiten für die Durchführung regelmäßiger Gesundheitszirkel)

Zu erwähnen ist hierbei, dass es sich um einen fortlaufenden und sich stetig wiederholenden Prozess handelt. Die systematische Anwendung und Wiederholung der o.g. Schritte sorgt dafür, dass BGM aktiv betrieben wird und zu einem festen Bestandteil der Organisation werden kann. Entscheidend für den Erfolg ist jedoch nicht ausschließlich das Wissen darum, dass es die 4 Schritte gibt, und diese Schritte zu befolgen. Vielmehr wird die Haltung der handelnden Personen zentral, und neben der Fachexpertise im

Bereich Managementsysteme wird auch eine Prozessexpertise gebraucht. Prozessexpertise meint, die bewusste Wahrnehmung entstehender Dynamiken (z.B. in Gesundheitszirkeln) zu erkennen und durch die aktive Gestaltung der Beziehungen der Beteiligten dafür zu sorgen, dass gemeinsame Lernprozesse möglich werden. Dazu gehört beispielsweise auch ein offener Umgang mit Fehlern sowie auch ein zunehmender Grad an Selbstverantwortung aller am Prozess beteiligten Experten. Insbesondere die Förderung der Selbstverantwortung stellt ein zentrales Ziel von gesundheitsförderlichen Maßnahmen dar, da Nachhaltigkeit nur erreicht werden kann, wenn die angebotenen Maßnahmen von den Beschäftigten auch tatsächlich umgesetzt werden.

Beispiel: Seit 2013 besteht für alle Organisationen bzw. Arbeitgeber in Deutschland die Verpflichtung eine „Gefährdungsbeurteilung psychischer Belastung" (kurz GBpsych) durchzuführen. Auch für dieses Thema kann die DIN SPEC 91020 in der Planung und späteren Umsetzung genutzt werden. Die beste Dokumentation und Steuerung versagt ihre Wirkung jedoch, wenn die aus der Analyse abgeleiteten Maßnahmen die Beschäftigten anschließend nicht erreichen oder auf eine passive Haltung bei den verantwortlichen Führungskräften stoßen. Hier zeigt sich wieder deutlich der Bedarf, mit der organisationspsychologischen Brille auf die Maßnahmen zu schauen, um Hürden und Barrieren der Umsetzung frühzeitig zu erkennen.

Vertiefend:
- Becker. E., Krause C., Siegemund B. (2014). Betriebliches Gesundheitsmanagement nach DIN SPEC 91020 – Erläuterungen zur Spezifikation für den Anwender. 1. Auflage; Berlin: Beuth Verlag

4   Hürden, Barrieren und Konfliktpotenziale aus organisationspsychologischer Perspektive

Trotz mittlerweile etablierter Standards, Empfehlungen und einer zunehmenden Anzahl an Fachliteratur gibt es eine Fülle von Hindernissen, denen Organisationen vor und während der Einführung eines BGM-Systems begegnen. Aus organisationspsychologischer Sicht sind hierbei insbesondere die Aspekte des betrieblichen Gesundheits- und Arbeitsschutzes interessant, welche eine Weiterentwicklung der Akzeptanz sowie die aktive Teilnahme fördern oder auch behindern könnten. Mögliche Erklärungsansätze hierfür können vielfältig sein und neben (inter-)personellen auch organisationale Gründe haben. Im IGA-Report 20 wurde analysiert, welche Motive und Schwierigkeiten auf Seiten von Organisationen (hier mittelgroße Betriebe des produzierenden Gewerbes mit 50 und 499 Beschäftigten) bei der Einführung eines BGM existieren. Hierbei zeigte sich insgesamt, dass die Anregung für eine Einführung von BGM zumeist von Seiten der Personal- und Unternehmensführung kam.

> „Je kleiner ein Betrieb, umso eher sind Berufsgenossenschaften an der Einführung eines Betrieblichen Gesundheitsmanagements beteiligt. Je größer ein Betrieb, umso häufiger wird BGM aus dem Unternehmen heraus (Personalentwicklungsabteilung, Betriebsarzt, Betriebsrat) angeregt." (IGA Report 20, 2011, S. 14)

Wie kann man BGM erfolgreicher machen?

Im Rahmen des IGA Reports 20 wurde auch danach gefragt, welche Hürden im Rahmen von BGM bestehen? Darüber hinaus wurde dann noch erfragt, welche Hilfestellungen sich die Unternehmen wünschen, um mögliche Hürden für ein erfolgreiches BGM zu überwinden. Es zeigt sich, dass die erwartete Hilfestellung neben ökonomischen und organisatorischen Themen auch dadurch geleistet werden kann, dass positiv motivierende Beispiele und Informationen über den Nutzen kommuniziert werden. Hiermit zeigt sich einmal mehr, dass der Erfolg von BGM ganz klar auch von der Art und der Verständlichkeit der Kommunikationsmaßnahmen abhängt. Im Grunde genommen braucht es dazu ein internes und BGM-spezifisches Marketing. Das Aushängen von Flyern (z.B. am schwarzen Brett in der Kantine) oder die Konzentration aller Informationen in einem Bereich (z.B. Angebote zum BGM können bei Bedarf bei der Personalabteilung eingeholt werden) reichen erfahrungsgemäß selten aus. Erst die gezielte und dauerhafte Kommunikation erreichter Ziele und positiver Wirkungen erzeugt innerhalb der Belegschaft zunehmendes und anhaltendes Interesse am Thema Gesundheit.

Neben der Kommunikation können sich aber auch Hemmnisse auf unterschiedlichen Ebenen der Organisation zeigen, welche folgend näher betrachtet werden.

Personelle Hemmnisse

Es gibt verschiedene Akteure, die an einer Einführung von BGM interessiert sein können. Je nachdem, wer und vor allem mit welchem Interesse BGM eingeführt hat, bekommt die Ausgestaltung hier schon eine (meist nachhaltige) Prägung. Auch im IGA Report 20 ist dies erkannt worden und wurde wie folgt zusammengefasst:

> „(…) so fällt auf, dass der organisatorische Hintergrund des Betrieblichen Gesundheitsmanagements als eigenständiges oder im Arbeitsschutz integriertes Instrument auch mit dem Akteur zusammenhängt, der es eingeführt hat: Falls das Management, die Berufsgenossenschaft, der Betriebsarzt oder die Sicherheitsfachkraft die Einführung angeregt haben, wurde Betriebliches Gesundheitsmanagement häufig im Rahmen des Arbeitsschutzes implementiert." (IGA-Report 20, 2011, S. 15)

Die Unterschiedlichkeiten in den Interessenlagen resultieren häufig aus einem (berufs-) spezifischen Verständnis von BGM und können im Verlauf des Projektes einen mehr oder weniger starken Einfluss auf die Entwicklungsmöglichkeiten haben. Dass es mit Blick auf Veränderungsprozesse unterschiedliche Interessen und Erwartungen gibt, ist normal und im ersten Moment noch nicht problematisch. Allerdings sollte bereits bei der Planung der BGM-Einführung Klarheit geschaffen werden, wer mit welchen Interessen beteiligt ist und wie die bestehenden Erwartungen innerhalb der späteren Rollenverteilung zielführend eingebunden werden können. Auch aus Sicht des Projektmanagements sind die Interessenklarheit und daraus abgeleitet ein „Erwartungsmanagement" wichtig, da eine Rolle im Projekt nur dann wirksam werden kann, wenn mit ihr auch adäquate Aufgaben, Verantwortungen und Befugnisse verbunden werden. Nicht oder nur unzureichend erkannte Interessen (sichtbar meist durch das Vertreten von Positionen) der Akteure im BGM können während des Prozesses schnell zu Hemmnissen und Barrieren führen.

Wurden beispielsweise Vertreter der Arbeitnehmervertretung bei mitbestimmungspflichtigen Themen zu spät oder gar nicht eingebunden, kann die Einführung schnell ins Stocken geraten, da es sich hierbei (neben der gesetzlichen Anforderung) schnell um einen Konflikt mit dem Rollenverständnis dieser Personen handelt. Die Arbeit in einer Interessenvertretung hat zur Aufgabe, sich für die Belange der Beschäftigten einzusetzen, und dies tun meist auch Personen, die diese Aufgaben „für andere" (mit) wahrnehmen wollen. Wird dieses Selbstverständnis durch „Nichtbeachtung" in Frage gestellt, können sich Abstimmungen zur Umsetzung von Gesundheitsmaßnahmen schnell in Positionsgerangel und Hierarchiekonflikten verlieren.

Zeigen sich einzelne Kollegen oder Vorgesetzte vermeintlich schwierig, lohnt es, diese besser und vor allem ihre Haltung zum Thema kennenzulernen. Dadurch kann man mehr über die Interessen des Gegenübers erfahren und vermeidet Fehlerquellen in der eigenen Wahrnehmung als Beobachter.

In einem anderen Fall wäre auch denkbar, dass die Festlegung verhältnisbezogener Maßnahmen (z.B. die primär organisatorische Lösung erkannter Gefährdungen) zwar aus Sicht des Managements plausibel erscheint. Hat jedoch der Betriebsarzt aus Untersuchungen oder Individualberatung der Beschäftigten auch Hinweise darauf, dass Erkrankungen und Gefährdungen durch mangelndes Gesundheitsverständnis entstehen, könnte hier auch ein Interesse an der Durchführung verhaltensbezogener Maßnahmen (z.B. durch Schulungen, Vorträge) bestehen. Kann dieser aufgrund vermeintlich niedriger Priorisierung nicht tätig werden und findet zu wenig Gehör, könnte dies in der Folge dazu führen, dass zukünftige Entscheidungen nicht mitgetragen werden oder an bestimmten Stellen die Unterstützung fehlt.

Als letztes Beispiel sei noch erwähnt, dass Menschen in Organisationen häufig über längere Zeit ausgebildete Verhaltensgewohnheiten entwickelt haben. Diese Verhaltensgewohnheiten können zu „Bedürfnissen" werden, womit jeder Veränderungsvorschlag als Bedrohung für Befriedigung dieser Bedürfnisse angesehen werden könnte. Nehmen wir beispielsweise eine gut gemeinte Veränderung der Speisekartengestaltung in einer Betriebskantine. Ernährungsphysiologisch kann man sicherlich bei einigen Angeboten die Frage stellen, ob diese oder jene Speisen bzw. Getränke als gesundheitsförderlich eingestuft werden können, oder auch nicht. Die Veränderung der Speisekarte könnte somit zwar naheliegen, allerdings für Missmut innerhalb der Belegschaft sorgen. Für viele Menschen hat die regelmäßige gemeinsame Einnahme von Speisen (häufig zur Mittagszeit) auch einen sozialen Zweck und dient dem Austausch und der Kontaktpflege zu Kollegen und Bekannten. Im Weiteren gehören bestimmte Speisen regional mitunter zur (Ess-)Kultur und es sollte vor einer voreiligen Veränderung überlegt werden, ob sich aus der gut gemeinten Speisenplan-Optimierung neue und weitreichendere Probleme ergeben könnten. Hierbei lohnt auch ein Blick auf die soziostrukturellen Merkmale oder die Altersstruktur einer Organisation.

Diese Beispiele stehen stellvertretend für zahlreiche weitere Möglichkeiten persönlicher Erwartungen bzw. mögliche Hemmnisse innerhalb von BGM-Projekten. An dieser Stelle sei nochmals darauf hingewiesen, dass insbesondere die Führungskräfte für die Maßnahmenumsetzung gewonnen werden müssen und grundsätzlich auch eine eigene Zielgruppe innerhalb des BGM abbilden. Insbesondere das sog. „mittlere Management" ist häufig in einer „Sandwich-Position" und kann als Bindeglied zwischen oberster Leitung und den Beschäftigten ein wertvoller Multiplikator des Arbeits- und Gesundheitsschutzes sein. Eine entgegengesetzte Wirkung im Falle der Nichtbeteiligung ist jedoch leider auch nicht auszuschließen.

Es liegt die Vermutung nahe, dass die von den „Experten" festgelegten Maßnahmen nicht oder nur unzureichend die bestehenden Erwartungen erfüllen. Nimmt man dazu eine andere individualpsychologische Perspektive ein, wäre auch die Vermutung zulässig, dass den Beschäftigten und Führungskräften selbst noch gar nicht klar ist, was sie eigentlich von BGM und BGF erwarten sollen. Insgesamt sollte stets versucht werden, möglichst viele Perspektiven in die Planungs- und Abstimmungsprozesse einzubinden und die Akteure (zumindest teilweise) im Verlauf zu tauschen. Dadurch wird ein hoher Grad an Partizipation gewährleistet, neue Perspektiven in die Ausgestaltung miteinbezogen und aktuell relevante Themen in Diskussion gehalten.

Interpersonelle Hemmnisse

Ein weiteres Hemmnis besteht häufig darin, dass die Beschäftigten und Führungskräfte in Organisationen nicht ausreichend in die Planung einbezogen wurden. Mangelnde Information und Beteiligung können schnell zu passiver oder sogar aktiver Behinderung von Maßnahmen im Rahmen der Einführung von BGM führen. Aber auch eine auffällig eingeforderte Beteiligung der Beschäftigten kann sich anfangs als unerwartete Herausforderung darstellen. Insbesondere in Organisationen, in denen Mitarbeiterbeteiligung bisher eine untergeordnete Rolle gespielt hat, kann es sein, dass die Aufforderung, seine Erwartungen zu formulieren, anfangs für Verwirrung sorgt. Hier ist Fingerspitzengefühl gefordert und es sollte bereits vor der Umsetzung spürbarer Maßnahmen versucht werden, die Perspektiven möglicher interner Zielgruppen einzubeziehen. Die Aufgabe besteht anfangs primär darin, Fragen zu stellen, zuzuhören und die Beschäftigten und Führungskräfte zum Thema Gesundheit miteinander in Kontakt zu bringen. Dies kann beispielsweise in moderierten Gruppen (z.B. im Format Zukunftswerkstatt) erreicht werden und den Teilnehmern aufzeigen, dass unterschiedliche und mitunter gegensätzliche Erwartungen an BGM und BGF existieren. Wenn für die eigentlichen Zielgruppen nicht klar ist, wofür sich das Engagement im Rahmen des BGM lohnt und welche Rolle sie dabei haben, entsteht nicht selten Unsicherheit und Ablehnung. Hier eignet sich das ursprünglich aus dem Bereich Marketing und Vertrieb stammende Zielgruppendenken. Insbesondere um herauszufinden, welche Bedürfnisse durch Maßnahmen der BGF und des BGM erfüllt werden können, kann der „Perspektivwechsel vom wissenden zum fragenden Experten" dazu führen, dass die Akzeptanz der späteren Maßnahmen innerhalb der Zielgruppen gegeben ist. Dabei wird aus der Managementaufgabe eine kommunikationspsychologische Angelegenheit, die darauf ausgerichtet sein sollte, einander besser zu verstehen. Ein tradiertes Führungsverständnis, in dem Entscheidungen „top down" getroffen und kommuniziert werden, passt weniger zur Idee eines partizipativ ausgerichteten BGM-Systems. Insbesondere die Führungskräfte sollten frühzeitig in das zu implementierende BGM eingebunden werden, um etwaige Umsetzungsprobleme früh erkennen zu

> **Partizipation im BGM meint nicht „maximale Beteiligung aller Beschäftigten", sondern ihre zielgerichtete Beteiligung, die gewünscht ist. Es handelt sich somit eher um einen Prozess mit wiederkehrenden Prüfschleifen innerhalb der Belegschaft, statt einer formal zu berücksichtigenden Phase.**

können und auch ihre Schlüsselfunktion bei der Umsetzung des BGM zu verdeutlichen. Dies kann dadurch erreicht werden, dass den Führungskräften von Beginn an eine aktive Rolle bei der Entwicklung des BGM zukommt und neben der Sinnhaftigkeit auch die Machbarkeit von BGM aufgezeigt wird. Werden die Planungen und Abstimmungen für die Implementierung eines BGM von Experten „am grünen Tisch" gemacht und dabei die Einbindung der späteren Zielgruppen vernachlässigt, sind spätestens bei der Umsetzung der Maßnahmen Konflikte zu erwarten.

Die wirksamste Möglichkeit, Konfliktprävention zu betreiben, ist, sie gar nicht erst entstehen zu lassen. Eine regelmäßige Einbindung der unterschiedlichen Perspektiven innerhalb einer Organisation kann potenzielle Reibungsverluste minimieren und dadurch helfen, die entstehenden Aufgaben zeitgerecht, ressourcenschonend und qualitativ hochwertig umzusetzen.

All das Beschriebene muss nicht so kommen, sollte jedoch als „Konfliktprävention" jederzeit mitbedacht werden. Darüber hinaus wirkt sich regelmäßige Beteiligung meist positiv auf die Zusammenarbeit aller Akteure und somit die Zielerreichung aus. Aktive Vernetzung sowie eine Aufmerksamkeit, die weniger auf Einzelelemente bzw. -personen und dafür mehr auf die wirkenden Zusammenhänge gerichtet ist, sind die Basis dafür, dass Gesundheit nach und nach zum Teil der Organisationskultur wird. Nur so kann die gesamte Belegschaft vom betrieblichen Gesundheits- und Arbeitsschutz profitieren.

Organisationale Hemmnisse

Neben den o.g. personellen und interpersonellen Hemmnissen können auch die Strukturen und Prozesse in einer Organisation mehr oder weniger förderlich für die Einführung und den Betrieb eines BGM-Systems sein. Jede Organisation erzeugt in ihrer Entwicklung eigene Routinen, informelle Abläufe sowie Erwartungen an mögliche Handlungsfolgen ihres Tuns. Hieraus können informelle Normen und kollektive Orientierungsmuster entstehen, welche sich durch starke Beharrungstendenzen und ausgeprägte Widerstände zeigen. Werden die genannten Strukturen nun durch Veränderungsprozesse „gestört" (z.B. weil sich das gesellschaftliche Gesundheitsverständnis geändert hat), kann es zu Abwehrreaktionen kommen. Solche Phänomene und Reaktionen sind innerhalb der organisationspsychologischen Forschung bekannt und können als Erklärung etwaiger Störungen dienen. Exemplarisch sind an dieser Stelle drei aus der Forschung bekannte Modelle benannt (vgl. Schreyögg G., 2008, S. 407 ff):

- **Nicht-hier-erfunden-Syndrom (NIH: not invented here)**
  - Annahme: die Innovationsfähigkeit von Systemen (auch Subsystemen, wie z.B. einzelne Bereiche/Abteilungen) durch Aufnahme neuer Informationen von außen ist hierbei eingeschränkt („Absorptive capacity")
  - Abwehr ist rein emotionaler Natur
  - sog. „Systemstolz" führt dazu, dass neue Ideen abgelehnt werden, weil sie nicht aus dem eigenen System stammen. Annahme: je stärker das NIH-Syndrom ausgeprägt ist, umso weniger ist eine Organisation in der Lage, sich zu verändern
- **Threat-Rigidity-Effekt**
  - Annahme: werden Veränderungen als Bedrohung empfunden, reagieren Systeme häufig mit Verhärtung und dem „verkrampften Festhalten" an einmal eingeübten Praktiken

- wird eine Veränderung als bedrohliche Situation empfunden, zeigt sich, dass die zu treffenden Entscheidungen nach bisher vertrauten „Entscheidungsprämissen" (teilweise unbewusst) getroffen werden
- was bisher als passend oder erfolgreich erlebt wurde, kann in Verbindung mit Angst und Sorge (z.B. der unsicheren Zukunft) dazu führen, dass neue Dinge abgewehrt werden
- **Strukturelle Trägheit und Systemträgheit**
  - Annahme: Organisationen aktivieren eine Menge Energie, um interne Praktiken zu stabilisieren und sich dadurch gegen Veränderungen zu schützen
  - Grundsätzlich nicht negativ zu sehen, da das Konservieren erfolgreicher Praktiken die Überlebenswahrscheinlichkeit erhöht
  - Wandeln sich jedoch die externen Bedingungen, werden die Stabilität und Zuverlässigkeit zur Gefahr, aus denen sich das System nicht mehr selbst befreien kann

Allen vorgestellten Effekten gemeinsam ist, dass sie einen Einfluss auf die Innovationsfähigkeit von Organisationen haben. Dies ist aus Sicht eines Systems zunächst nicht als problematisch zu bewerten, da das Konservieren erfolgreicher Praktiken grundsätzlich die Überlebensfähigkeit erhöht (Schreyögg, 2008, S. 407 ff). Nimmt man jedoch an, dass die Einführung eines BGM zukünftig einen Erfolgsfaktor für strategische Personal- und Organisationsentwicklung darstellt, wird klar, dass es notwendig ist sich mit impliziten und informalen Bedingungsfaktoren auseinanderzusetzen.

> Es lohnt sich die „Spielregeln" und Entscheidungsprämissen innerhalb einer Organisation kennenzulernen, um das Konfliktpotenzial präventiv zu reduzieren.

Die hierbei wirkenden Steuerungskräfte sind mitunter bedeutender für den Erfolg als eine hohe Zahl an verfügbaren Instrumenten und vermeintlich exakt planbare Strukturen (Schreyögg, 2008, S. 339).

Vertiefend:
- Schreyögg, G. (2008). Organisation - Grundlagen moderner Organisationsgestaltung. 5. Auflage, Wiesbaden: Gabler

EXKURS – „Absorptive Capacity" – Organisationale Gesundheit als Innovationsaufgabe

Der Begriff stammt ursprünglich aus der Wasserwirtschaft und wird zur Beurteilung der „Wasseraufnahmefähigkeit = water absorption capacity" verwendet. Aufgrund seiner Flexibilität wurde das Konzept der Absorptive Capacity inzwischen in unterschiedlicher Form auf vielfältige Untersuchungsobjekte übertragen (Gruel, 2013, S.17):
- zur Erklärung von Wettbewerbsvorteilen,
- Innovationen sowie
- Unternehmenserfolg und auch
- in der Forschung zum interorganisationalen Lernen

Aktuelle Forschungsergebnisse in den Bereichen Innovation und interorganisationales Lernen beziehen sich häufig auf ein Modell von Zahra & George (2002), welche die Entstehung der Absorptive capacity als Prozess bzw. Phasenmodell konstruieren (Abbildung 9).

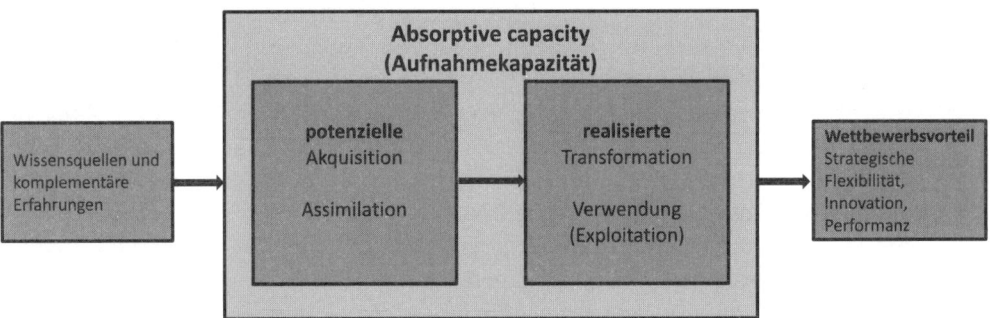

Abb. 9: Modell der Absorptive Capacity vereinfacht nach an Zahra & George (2002, S. 192)

In den vier Phasen *Akquisition, Assimilation, Transformation* und *Verwendung (Exploitation)* differenzieren die Autoren darüber hinaus zwischen potenzieller und realisierter Absorptive capacity. Die „Potential Absorptive capacity" zielt auf die früheren Phasen der *Akquisition* und *Assimilation*, die „Realized Absorptive capacity" zielt auf die *Transformation* und *Exploitation* ab. Übertragen auf die Innovationsfähigkeit von Organisationen können die vier Phasen wie folgt verstanden werden.

Die Phase der *Assimilation* bezieht sich auf Prozesse innerhalb einer Organisation, in denen externes Wissen verarbeitet, analysiert, interpretiert und verstanden wird.

Die *Akquisition* beschäftigt sich mit der Frage, wie eine Organisation extern erzeugtes Wissen identifizieren und sich dieses aneignen kann.

Während der *Transformation* wird bereits vorhandenes Wissen mit akquiriertem und assimiliertem Wissen kombiniert.

Exploitation bezeichnet die Fähigkeit, das transformierte Wissen in die Prozesse einer Organisation zu integrieren und so neue Kompetenzen zu entwickeln oder existierende Kompetenzen zu verbessern und zu erweitern, um etwas Neues zu schaffen (Zahra & George, 2002, S. 189-190).

Exploitation wäre in Bezug auf das Thema „Organisationale Gesundheit" der erstrebenswerte Zustand. Widmen wir uns mit Blick auf das *Potenzial* zur Entwicklung einer „Gesunden Organisation" zunächst den Aspekten *Assimilation* und *Akquisition*. Um Prozesse zur Verarbeitung, Analyse und Interpretation (*Assimilation*) von Gesundheitswissen in einer Organisation etablieren zu können, braucht es Personen, die diese Aufgabe übernehmen. Diese Personen sollten zum einen Fachexperten sein (z.B. durch eine gesundheits- oder arbeitswissenschaftliche Qualifikation), vor allem aber auch multidisziplinäre Netzwerker (intern und extern) sein und die Möglichkeit haben, zu den unterschiedlichen Bereichen einer Organisation Kontakte aufbauen und pflegen zu können. Dies ist die Grundlage für eine regelmäßige Identifikation gesundheitlich relevanter Problemstellungen sowie die Schaffung von geeigneten Zugangsmöglichkeiten externen Wissens zu den internen Strukturen und Prozessen (*Akquisition*).

Um das Potenzial auch in Realität umsetzen zu können, ist es jedoch notwendig, das Wissen über die organisationsinternen Abläufe mit dem „neu" akquirierten und assimilierten Wissen in zielführender Weise zu verknüpfen (*Transformation*). Hierbei zeigt sich die Relevanz der Qualität von Beziehungen unter den beteiligten Netzwerkpartnern (siehe oben). Das neue Wissen kann nur dann zur Wirkung gelangen, wenn formal existierende Strukturen im Aufbau und den Abläufen einer Organisation überwunden werden und die gesundheitlich relevanten Informationen dort ankommen, wo sie genutzt und Verbesserungen umgesetzt werden sollen.

Kommen wir abschließend zur *Exploitation* als organisationale Fähigkeit. Aus den zuvor benannten Phasen soll etwas Neues geschaffen werden, das geeignet erscheint, gesundheitlich relevante Prozesse in einer Organisation zu integrieren und die hierfür notwendigen Kompetenzen weiterzuentwickeln. Dies kann insbesondere dadurch gelingen, dass die Reflektionsfähigkeit mit Blick auf die gesundheitliche Relevanz der internen Abläufe entwickelt wird (z.B. durch regelmäßige Gesundheitszirkel) und sich daraus eine positiv kritische Haltung bei den Organisationsmitgliedern entwickeln kann. Hierzu müssen die Organisationsmitglieder aller Ebenen regelmäßig beteiligt und zusammengebracht werden, um gemeinsame Lern- und Entwicklungsprozesse zu ermöglichen.

Zusammenfassung zum Exkurs

Die bisherigen Ergebnisse der Absorptive Capacity Forschung liefern uns indirekte Anhaltspunkte für die Beantwortung der Fragestellung „Wie kann man BGM erfolgreicher machen?". Zunächst lässt sich vermuten, dass Wissen im Bereich BGM allein aufgrund seiner Herkunft bevorzugt oder benachteiligt wird. Folgt man dieser Annahme weiter, müsste sich dies auch indirekt auf die Absorption von Wissen auswirken. Es ist durchaus denkbar, dass dieser indirekte Einfluss ein Faktor ist, welcher mittelbare oder unmittelbare Konsequenzen, zum Beispiel für die Wissenspräferenzen hat. Die Absorptive-Capacity-Forschung liefert also Hinweise auf mögliche intra- und interorganisationale Einflussfaktoren der Präferenzen, von bestehendem Vorwissen in Gesundheitsthemen bis hin zu Faktoren der Motivation. Mit Blick auf die zuvor dargestellten Hemmnisse (personell, interpersonell, organisational) kann somit festgestellt werden, dass es eine „Individuelle Absorptive Capacity" als Basis für die Entwicklung einer „Organisationale Absorptive Capacity" braucht und umgekehrt.

5   Gefährdungsbeurteilung psychischer Belastung

Psychische Belastung als Gegenstand der Gefährdungsbeurteilung

Schaut man sich die Entwicklung der gesundheitlichen Situation von Beschäftigten insgesamt an, wird klar, dass die körperlichen Belastungen bei der Arbeit zwar keineswegs verschwunden sind, die Beachtung des Faktors Psyche bisher jedoch noch keine angemessene Bedeutung hat. Heutzutage bezeichnen Beschäftigte Arbeit häufig dann als „belastend", wenn damit die stetig steigenden Anforderungen, hohes Arbeitsvolumen oder aber auch der Umgang mit „schwierigen" Kollegen oder Kunden gemeint ist. Hinzu kommt noch, dass Organisationen sich in der aktuellen Arbeitswelt im Grunde ständig verändern (müssen) und sich dadurch auch für die Beteiligten der Anteil des planbaren Arbeitsaufkommens reduziert. Häufige Prioritätsverschiebungen, zusätzliche (Projekt-) Aufgaben und die Möglichkeiten moderner Kommunikationstechnologien führen dazu, dass ehemals natürliche und soziale Rhythmen (z.B. innerhalb von Familien) nur

Abb. 10: Veränderungen führen zu Belastungen (Eigene Darstellung)

schwerlich aufrechterhalten werden können. Sozialwissenschaftler sprechen in diesem Zusammenhang von „Entgrenzung", womit ein Verwischen der ehemals klaren Grenze zwischen Arbeits- und Privatleben gemeint ist.

Insgesamt können folgende Trends unterschieden werden, welche eine zunehmende Beachtung psychischer Belastungen nahelegen (vgl. BAuA, 2014, S. 22-23):

- **Tertiarisierung:** Der Begriff ist an die volkswirtschaftliche „Drei-Sektoren-Hypothese" (auch Petty's Law genannt) angelehnt und beschreibt einen steigenden Beschäftigtenbedarf im Dienstleistungssektor (=Tertiärsektor), bei gleichzeitigem Rückgang benötigter Arbeitskräfte im Primärsektor (Rohstoffgewinnung) sowie im Sekundärsektor (Rohstoffverarbeitung). Durch die höheren Ansprüche einer Wissens- und Dienstleistungsgesellschaft erhöhen sich vielfach auch die geistigen und sozialen Anforderungen (z.B. Umgang mit Kunden, neuen Kollegen).

- **Informatisierung:** Gemeint ist hiermit, dass die Entgrenzung durch die selbstverständliche Nutzung mobiler und moderner Kommunikationstechnologien (z.B. Smartphones, Tablets, Laptops) gefördert wird. Hierdurch ist die Kommunikation zwar grundsätzlich schneller und direkter möglich, führt jedoch auch zu ständiger Erreichbarkeit, Informationsüberflutung sowie ständigen Unterbrechungen der Arbeits- und/oder Erholungszeiten.

- **Beschleunigung:** Durch die verfügbaren technischen und organisatorischen Möglichkeiten von Arbeit (z.B. globale Vernetzung von Standorten) entsteht für viele Organisationen zunehmender Wettbewerbsdruck. Kurze Entwicklungszeiten für neue Dienstleistungen und Produkte werden zum entscheidenden Wettbewerbsfaktor, wodurch es eine stetige Anpassung bestehender Organisations- und Beschäftigungsstrukturen braucht. Dadurch lässt sich Arbeit immer weniger langfristig planen und die berufliche Unsicherheit wächst.

- **Neue Steuerungsformen:** Der vielfachen Forderung nach „mehr Eigenverantwortung" von Beschäftigten können viele Organisationen bereits heute entsprechen. Somit ist es möglich, die Art und Weise der Zielerreichung selbst zu bestimmen und an den individuellen Gegebenheiten (z.B. der aktuellen Lebensphase) auszurichten.

Diese Möglichkeiten bringen dann jedoch mit sich, dass Arbeitsschritte durch die Beschäftigten selbst rationalisiert bzw. optimiert werden müssen. Dies trägt häufig dazu bei, dass Phasen intensiverer und längerer Arbeit (z.b. bei Personalengpässen) in Kauf genommen werden müssen und somit Auswirkungen auf die Planbarkeit (z.b. von Familienaktivitäten) und die individuelle Erholungsfähigkeit haben.

Psychische Belastung versus psychische Beanspruchung

Die o.g. Trends erscheinen sehr komplex, lassen zahlreiche Auswirkungen vermuten und zeigen somit auch Bedarf an begrifflicher Differenzierung. Wenn es um psychische Belastung geht, so lassen sich in den verfügbaren Medien unterschiedlichste Ursachenzuschreibungen, Synonyme, Interpretationsansätze und Möglichkeiten für den Umgang mit ihnen finden.

Es gibt vielfältige Quellen für psychische Belastungen im Arbeitsleben. Häufig beziehen diese sich entweder auf Probleme in den Arbeitsaufgaben selbst, in der Arbeitsorganisation, in den sozialen Beziehungen oder in der vorhandenen Arbeitsumgebung.

Zunächst lässt sich festhalten: „Psychische Belastung ist normaler und notwendiger Bestandteil menschlichen Lebens – auch des Arbeitslebens" (BAuA, 2010, S. 12).

Aus fachlicher Sicht und im Interesse der Klarheit sind bei der Verwendung von Begriffen einheitliche Bedeutungen hilfreich. Daher werden folgend zwei zentrale Begriffe der Gefährdungsbeurteilung psychischer Belastung (folgend GBpsych genannt) in einem arbeitswissenschaftlichen Verständnis erläutert (vgl. BAuA, 2014, S. 20).

- **Psychische Belastung:** Der Begriff wird häufig, und insbesondere medial, negativ konnotiert und im Plural (Belastungen) verwendet. Arbeitswissenschaftlich und gemäß internationaler Norm (DIN EN ISO 10075-1) wird der Begriff jedoch neutral verwendet und definiert „die Gesamtheit aller erfassbaren Einflüsse, die von außen auf den Menschen zukommen und psychisch auf ihn einwirken". Somit bezieht sich „psychische Belastung bei der Arbeit" nicht direkt auf einzelne Personen, ihre vermeintlich psychischen Störungen oder mögliche Beanspruchungsfolgen. Vielmehr geht es bei der GBpsych darum, die Arbeitsbedingungen zu analysieren, um eine wertneutrale Ermittlung und Beurteilung psychischer Belastung zu ermöglichen.
- **Psychische Beanspruchung:** Im Unterschied zum zuvor genannten Begriff beschäftigt sich dieser Begriff mit den Auswirkungen auf den Menschen. Auch in diesem Fall kann die in der DIN EN ISO 10075-1 getroffene Definition verwendet werden, bei der es sich um „die unmittelbare (nicht die langfristige) Auswirkung der psychischen Belastung im Individuum in Abhängigkeit von seinen jeweiligen überdauernden und augenblicklichen Voraussetzungen, einschließlich der individuellen Bewältigungsstrategien" handelt. Diese unmittelbaren Auswirkungen können anregende oder beeinträchtigende Effekte haben und bei längerfristiger Beanspruchung Gesundheitsrisiken mit sich bringen.

Folgend sind die o.g. Zusammenhänge zwischen psychischer Belastung und daraus möglichen Beanspruchungen nochmals im Modell dargestellt (Abbildung 11):

Psychische Belastung
Gesamtheit aller erfassbaren Einflüsse...

Mögliche Einflüsse aus der Arbeit:
- Arbeitsaufgabe
- Arbeitsumgebung (physikalisch, sozial)
- Arbeitsorganisation/ Arbeitsablauf
- Arbeitsmittel
- Arbeitsplatz

Inanspruchnahme
(Dauer, Stärke, Verlauf)

Individuelle Voraussetzungen des Menschen
Psychische und aber auch andere Voraussetzungen...

Beispiele für **psychische** Voraussetzungen:
- Anspruchsniveau, Motivation
- Bewältigungsstrategien
- Vertrauen in die eigenen Fähigkeiten
- Einstellungen
- Fähigkeiten, Fertigkeiten, Kenntnisse, Erfahrungen

Beispiele für **andere** Voraussetzungen:
- Gesundheit
- Allgemeinzustand
- Geschlecht, Alter
- Aktuelle Verfassung
- Körperliche Konstitution
- Ernährung
- Ausgangslage der Aktivierung

Psychische Beanspruchung
Unmittelbare Auswirkung der Belastung im Individuum...

Kurzfristige Beanspruchungen:
- Positiv: Anregung (z.B. Aufwärmung, Aktivierung)
- Negativ: Beeinträchtigung (z.B. Ermüdung, Stress)

Langfristige Folgen:
- Positiv: Übung, Weiterentwicklung körperlicher und geistiger Fähigkeiten, Wohlbefinden, Gesunderhaltung
- Negativ: allgemeine psychosomatische Störungen und Erkrankungen, Ausgebranntsein, Fehlzeiten, Fluktuation, Frühverrentung

Abb. 11: Belastungs-Beanspruchungs-Modell (nach BAuA, 2010, S. 11, bearbeitet)

Seit dem 25.09.2013 ist auch die Berücksichtigung psychischer Belastung bei der Arbeit im Arbeitsschutzgesetz (ArbSchG) festgeschrieben. In der dabei erfolgten Änderung des Gesetzes kommt klar zum Ausdruck, dass dies neben Konzernen und KMU auch für Kleinbetriebe (bis maximal zehn Beschäftigte) gilt!

Die vom Arbeitgeber festgelegten Maßnahmen des Arbeitsschutzes und das Ergebnis deren Wirksamkeitsprüfung sind zu dokumentieren und können durch die zuständigen Aufsichtsbehörden (z.B. Regierungspräsidium, Gewerbeaufsichtsamt) überprüft werden.

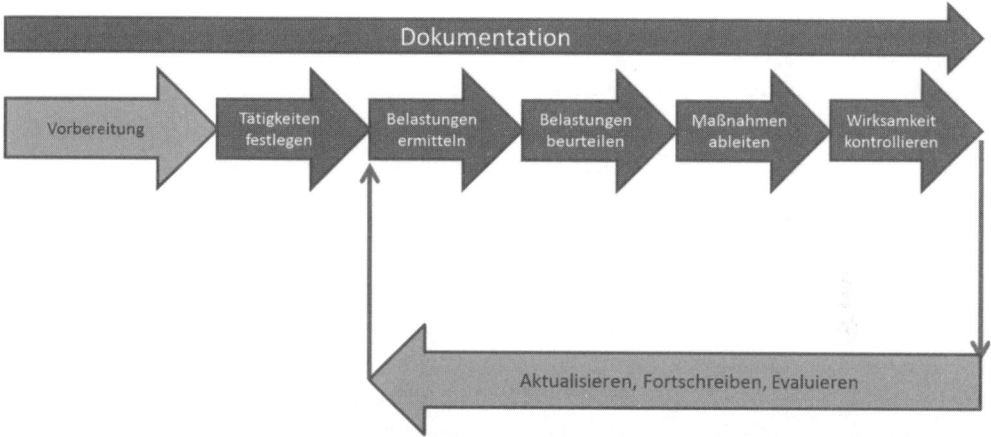

Abb. 12: Prozessschritte einer Gefährdungsbeurteilung psychischer Belastung (Eigene Darstellung)

Folgend ist die in Abbildung 12 skizzierte Vorgehensweise zur Implementierung der Gefährdungsbeurteilung psychischer Belastung beschrieben. Auch hier können Normen wie die DIN SPEC 91020 genutzt werden, da verschiedene Aspekte der Organisationsentwicklung darin ebenfalls berücksichtigt werden.

Vertiefend:
- Gemeinsame Deutsche Arbeitsschutzstrategie (GDA) (2016). Arbeitsprogramm Psyche – Empfehlungen zur Umsetzung der Gefährdungsbeurteilung psychischer Belastung. 2., erweiterte Auflage, Berlin

5.1   Vorbereitung

Ein Projekt zur Einführung der GBpsych beginnt bereits vor der eigentlichen Umsetzung. Bereits die Art, wie über ein solches Projekt kommuniziert wird, gibt den Beschäftigten und anderen Interessengruppen eine erste Orientierung hinsichtlich der organisationsinternen Relevanz und möglicher Auswirkungen des neuen Themas auf einzelne Organisationsbereiche. Somit unterscheidet sich auch die Vorbereitung einer GBpsych nicht grundlegend von denen anderer (Veränderungs-)Projekte innerhalb von Organisationen. Einmal mehr kommt dem Aspekt der Kommunikation ein hoher Stellenwert zu, da hiermit die interne Wahrnehmung in Bezug auf das Thema positiv beeinflusst werden kann. Der Umfang der Kommunikation ist hierbei weniger wichtig als die Aussagekraft hinsichtlich der abgebildeten Inhalte.

„Grundsätzlich ist der Arbeitgeber für die Planung und Umsetzung der Gefährdungs-beurteilung verantwortlich. Er muss die Gefährdungsbeurteilung nicht selbst durch-führen, sondern kann zuverlässige und fachkundige Personen schriftlich damit beauf-tragen (§ 13 Abs. 2 ArbSchG). Der Betriebs-/Personalrat hat bei der Organisation und Durchführung der Gefährdungsbeurteilung Mitbestimmungsrechte. Um gute Ergeb-nisse zu erzielen, empfiehlt sich eine möglichst einvernehmliche Vorgehensweise bei der Gefährdungsbeurteilung." (GDA-Empfehlungen, 2016, S. 5)

Zwar sieht der Gesetzgeber als fachliche Beratung im Bereich der Gefährdungsbeurtei-lungen vor allem die Fachkräfte für Arbeitssicherheit und die Betriebsärzte vor, die eine beratende Rolle gegenüber dem Arbeitgeber und der Arbeitnehmervertretung (z.B. Betriebs- bzw. Personalrat) einneh-men. Da letztere in der Regel noch nicht mit der Thematik vertraut sind, ist besonderes Fingerspitzengefühl gefragt. Die „Gefährdungsbeurteilung psychischer Belastung" lebt, wie auch andere Veränderungen in Organisationen, von der Akzeptanz der Beteiligten. Wenn die Einführung und Aus-gestaltung einer GBpsych bisher noch nicht erfolgt ist, wie es oftmals der Fall ist, stellt dies eine Veränderung für alle Beteiligten dar. Neben der Zielgruppe der Beschäftigten sind insbesondere die Führungskräfte und die Arbeitnehmerver-tretung so für das Thema zu gewinnen, dass alle Beteiligten aktiv am Prozess mitwirken. Aus Sicht des internen Marke-tings stellt die Kombination von drei Begriffen, welche innerhalb der Arbeitswelt häufig negativ konnotiert sind (Gefährdung + Psyche + Belastung), für neu zu implemen-tierende Prozesse eine Herausforderung dar. Somit sollte vor der Einführung darüber nachgedacht werden, welcher Nutzen sich für alle Beteilig-ten aus der aktiven Mitarbeit ergibt, und dies von Anfang an und wiederholt kommuni-ziert werden.

Wirtschafts- und Gesundheitspsy-chologen sind von ihrer Ausbildung her Spezialisten für gesundheitsori-entierte Verbesserungsmaßnahmen in Organisationen. Mit ihren Kennt-nissen sind sie daher gut geeignet, für die Planung und Durchführung von Projekten rund um das Thema „Psychische Belastungen am Arbeitsplatz". Darüber hinaus kön-nen sie in der Beratung und im Trai-ning von Führungskräften einen wertvollen Beitrag zum professio-nellen Umgang mit belasteten Mit-arbeitern leisten.

„Ein wesentlicher Nutzen der Gefährdungsbeurteilung psychischer Belastung besteht darin, dass Beschäftigte, Personalverantwortliche und Belegschaftsvertreter sowie Fach- und Führungskräfte lernen, Gefährdungen aus psychischer Belastung zu erken-nen und zu thematisieren. Dies geschieht mit der Zielsetzung, nicht nur über festge-stellte Mängel zu klagen, sondern in einem strukturierten Prozess über Verbesserun-gen der Arbeitssituation nachzudenken sowie diese einzuleiten, und zwar bevor gesundheitliche Folgen oder Arbeitsunfälle auftreten. (…) Indem deutlich wird, dass es bei der Gefährdungsbeurteilung psychischer Belastung nicht um psychische Stö-rungen einzelner Personen, sondern um mögliche Störungen etwa des Arbeitsablaufs oder der Kommunikation geht, kann der für viele nebulöse oder auch negativ besetzte Begriff der psychischen Belastung sprachfähig werden." (BAuA, 2014. S. 43)

In jedem Fall ist im Rahmen der Vorbereitung die Bildung eines Steuerungsgremiums (z.B. ein Arbeitskreis Gesundheit oder spezifischer Gesundheitszirkel) hilfreich, um die Beteiligung aller relevanten Stakeholder (Betriebsrat, Personal, Betriebsarzt, etc.) auch formal zu gewährleisten. Wenn es im Unternehmen bereits existierende Strukturen (z.B. ein Qualitätsmanagement) oder Gremien (z.B. einen Arbeitssicherheitsausschuss) gibt, empfiehlt es sich zu prüfen, ob die Verantwortung für die Steuerung der GBpsych auch dort erfolgen kann. Bereits etablierte Gremien genießen innerhalb der Belegschaft und Organisationsführung häufig einen „Vertrauensvorschuss", was für die interne Akzeptanz und Beteiligung am Prozess wichtig wäre. Da das Thema und insbesondere die Ergebnisse der GBpsych starke Bezüge zur Organisations- und Personalentwicklung aufweisen, sollten innerhalb eines solchen Gremiums bestenfalls auch Beschäftigte mit Verantwortung und Erfahrungen aus diesem Bereich beteiligt sein. Dies ist insbesondere dann notwendig, wenn die GBpsych parallel zu weiteren, bereits laufenden Veränderungen implementiert werden soll. Allein die Wahl des Startzeitpunktes für die Implementierung kann erfolgsrelevant sein, wenn gerade andere Projekte im Rahmen von Veränderungsmaßnahmen laufen und die Beschäftigten und Führungskräfte hiermit bereits voll ausgelastet sind.

Die Durchführung der GBpsych ist zwar gesetzliche Verpflichtung, allerdings niemals Hauptaufgabe einer Organisation!

Wird sich in einer Organisation erstmalig mit diesem Thema beschäftigt wird, sollte eine externe Unterstützung (z.B. durch Arbeitspsychologen, Gesundheitswissenschaftler) in Erwägung gezogen werden, da dies häufig hilfreich im Sinne einer erfolgreichen Implementierung ist.

Die im Folgenden dargestellten „5 Merkmale guter Praxis" stehen in keiner spezifischen Reihenfolge, sollten jedoch von Beginn an und während des gesamten Prozesses einer GBpsych beachtet werden (BAuA, 2014, S. 46-47; Abbildung 13):

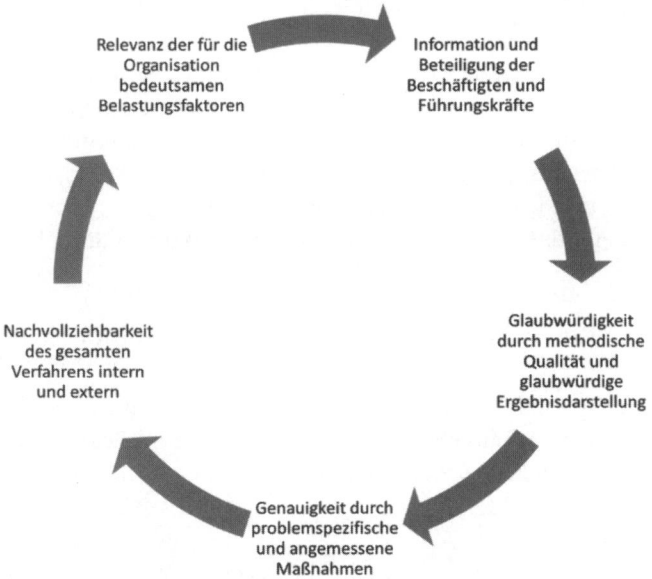

Abb. 13: Fünf Merkmale guter Praxis bei der GBpsych (Eigene Darstellung)

5.2 Tätigkeiten und Arbeitsplatztypen festlegen

Grundsätzlich entscheidet die Organisationsführung über die zu analysierenden Bereiche. Da bei der GBpsych Arbeitsbedingungen und nicht Personenmerkmale beurteilt werden sollen, hat der Gesetzgeber dies im § 5 Abs. 2 ArbSchG wie folgt formuliert:

> „Der Arbeitgeber hat die Beurteilung je nach Art der Tätigkeiten vorzunehmen. Bei gleichartigen Arbeitsbedingungen ist die Beurteilung eines Arbeitsplatzes oder einer Tätigkeit ausreichend."

Die „Gleichartigkeit" bezieht sich neben den unmittelbaren Anforderungen bei der Ausführung einer Tätigkeit auch auf übergreifende Aspekte innerhalb der Organisation bzw. einzelner Abteilungen oder Bereiche. Die Differenzierung ist neben spezifischen Tätigkeitsgruppen (z.B. Pflegefachkraft im Ambulanten Pflegedienst) auch anhand von Arbeitsplatztypen (z.B. Projektmanager in der Zentrale) oder Berufsgruppen (z.B. alle Maler und Lackierer einer Baufirma) möglich. Falls vorhanden, kann der Einstieg in die Festlegung der Tätigkeiten auch anhand des Organigramms erfolgen. In Abbildung 14 ist hierzu ein Beispiel dargestellt.

In der Praxis zeigt sich dann auch die Sinnhaftigkeit einer intern gut abgestimmten Auswahl der zu analysierenden Tätigkeiten und Bereiche. Die spätere Umsetzung der abzuleitenden Maßnahmen wird meist durch die jeweilige zuständige Führungskraft erfolgen. Die Maßnahmen sind dann am wirksamsten, wenn die Führungskraft auch einen direkten Bezug zu den analysierten Arbeitsplätzen oder Tätigkeitsgruppen hat. Wie bereits eingangs erwähnt, lebt auch eine GBpsych von der Akzeptanz der Beteiligten. Die Akzeptanz auf Seiten der Beschäftigten und Führungskräfte für die aktive Teilnahme an einem neu eingeführten Prozess ist ohnehin eine Herausforderung. Diese Akzeptanz kann deutlich gefördert werden, wenn aus einer Analyse direkte Maßnahmen für einzelne Mitarbeiter- oder Berufsgruppen abgeleitet werden können und die Beteiligten merken, „es passiert auch etwas".

Die Auswahl der zu analysierenden Tätigkeiten sollte demnach so erfolgen, dass die spätere Umsetzung von Maßnahmen zur Reduzierung der ermittelten Belastungsfaktoren auch dort erfolgen kann, wo sie auffällig geworden sind. Hier kommt dann der im Vorfeld argumentierte Nutzen des Vorgangs, in einem strukturierten Prozess über Verbesserungen der Arbeitssituation nachzudenken sowie diese einzuleiten, spürbar zum Tragen und sorgt dafür, dass sich die Beschäftigten auch zukünftig aktiv an der GBpsych beteiligen.

5.3 Psychische Belastungen ermitteln und beurteilen

> „Eine inhaltlich fokussierte Gefährdungsbeurteilung, die in angemessene Gestaltungsmaßnahmen mündet, ist empfehlenswerter als eine breit angelegte Gefährdungsbeurteilung, die sich in der Komplexität und Fülle der aufgeworfenen Problemlagen verliert." (BAuA, 2014, S. 53)

In Vorgesprächen zeigt sich häufig, dass ein überwiegender Teil der Personalverantwortlichen und Führungskräfte wenige Kenntnisse und Vorstellungen davon haben, wie im

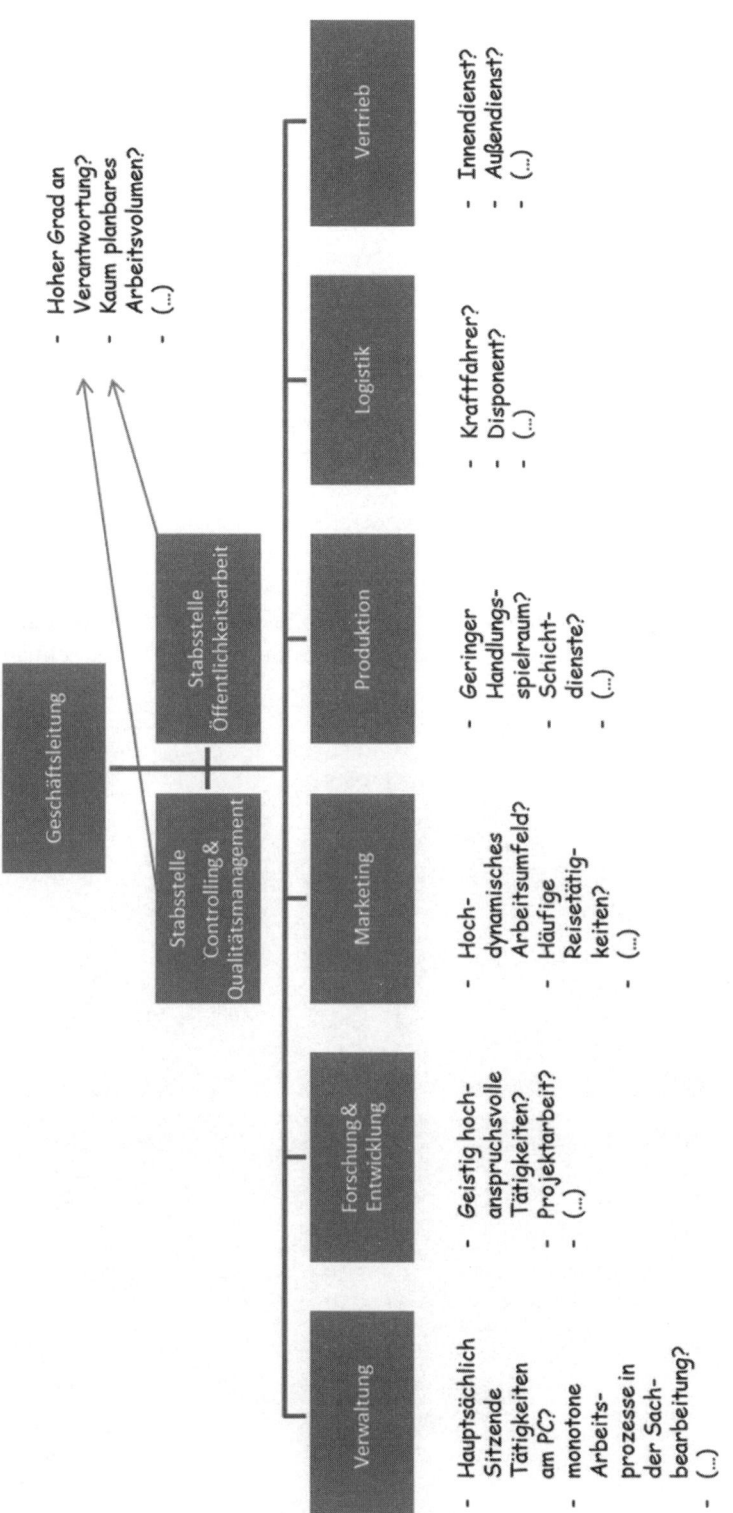

Abb. 14: Exemplarische Orientierung hinsichtlich unterschiedlicher Tätigkeiten innerhalb eines Organigramms (Eigene Darstellung)

Rahmen der GBpsych Belastungen analysiert und bewertet werden können. Eine häufige Aussage in diesem Zusammenhang ist „Psyche kann man doch gar nicht messen"!

Bleibt also die Frage: Wie kann psychische Belastung ermittelt und beurteilt werden?

Zunächst ist es hilfreich, Schwerpunkte festzulegen. Dies haben die Träger der „Gemeinsamen Deutschen Arbeitsschutzstrategie" (kurz GDA) und die Bundesanstalt für Arbeitsschutz und Arbeitsmedizin (kurz BAuA) bereits getan und vier Merkmalsbereiche definiert, die in der GBpsych zu beachten sind (Abbildung 15).

Neben den inhaltlichen Schwerpunkten ist ebenfalls festzulegen, mit welchen Methoden und Instrumenten die Analyse erfolgen soll. Aktuell existiert hierbei ein noch großer Spielraum, weshalb die Träger der GDA zu folgendem Schluss kommen:

> „Ziel der Gefährdungsbeurteilung sind die Ableitung und Umsetzung von angemessenen Maßnahmen. Eine Festlegung auf einzelne Instrumente oder eine Vorgehensweise ist an dieser Stelle weder sinnvoll noch möglich. Im Betrieb sollte darauf geachtet werden, dass die Gefährdungsbeurteilung als Prozess organisiert und durchgeführt wird. Außerdem sollte zwischen den Betriebsparteien Konsens über das Vorgehen herrschen." (Nationale Arbeitsschutzkonferenz, 2012, S. 16 zitiert in BAuA, 2014, S. 55)

Somit gibt es nicht „den besten Weg". Allerdings besteht die Aufgabe darin, dass alle Akteure sich innerhalb der GBpsych auf ein abgestimmtes Verfahren einigen, welches

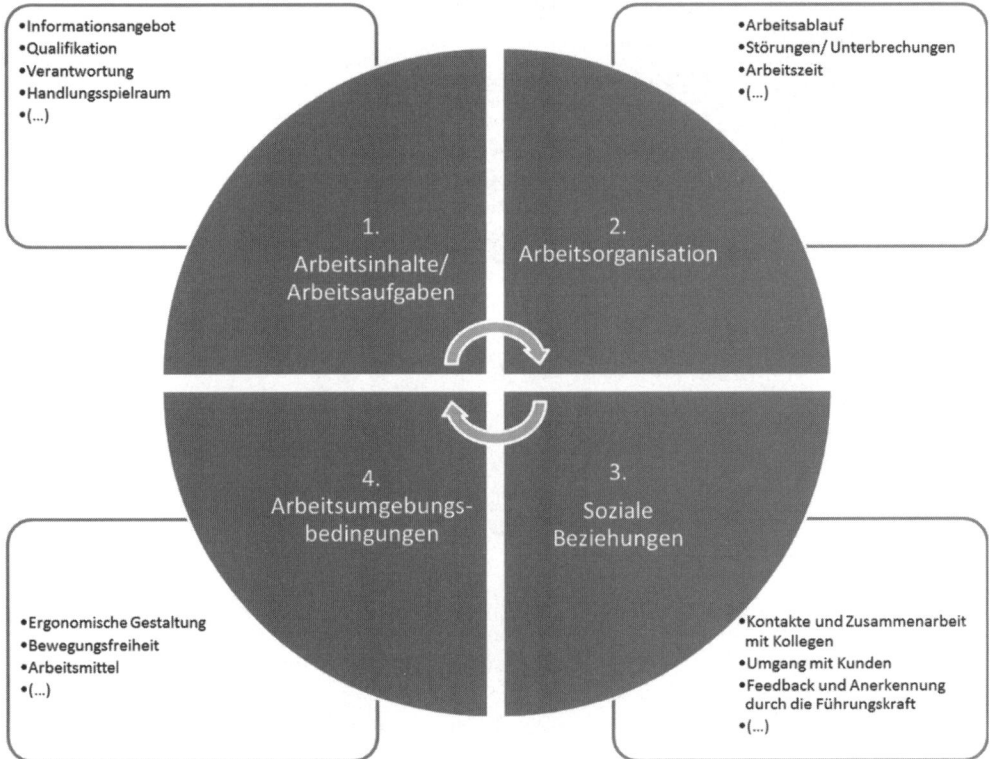

Abb. 15: Merkmalsbereiche GBpsych und Beispiele (Eigene Darstellung)

zum einen zu den jeweils aktuellen Situationsbedingungen der Organisation passt und somit eine Aufrechterhaltung der internen Abläufe gewährleistet. Zum anderen sind ein oder mehrere Instrumente methodisch-fachlich angemessen aufzubereiten und ggf. miteinander zu kombinieren. Hierbei muss beachtet werden, dass sich unterschiedliche Organisationsbereiche auch mit individuell spezifischen Gegebenheiten auseinandersetzen müssen (z.B. weil bereits Umstrukturierungsmaßnahmen stattfinden) und somit auch, neben der Arbeitnehmervertretung, mit den Führungskräften der zu analysierenden Bereiche Abstimmung nötig ist.

Ermittlung psychischer Belastung

Die von den GDA-Trägern empfohlenen drei methodischen Ansätze zur Durchführung einer GBpsych sind im Folgenden dargestellt.

1. Beobachtung/Beobachtungsinterviews
Bei diesem Ansatz wird die psychische Belastung bei der Arbeit mittels Analysebogen, zumeist ergänzt um Interviews mit Beschäftigten, ermittelt. Die Angebotspalette verfügbarer Instrumente ist zwar breit, jedoch sollten folgende Fragen im Rahmen der Durchführung geklärt werden (Auswahl):
- Welche Merkmale der Tätigkeit sollen betrachtet werden?
- Wie sind die beobachteten Merkmale einzuschätzen?
- Wie kann das Verfahren beschrieben werden und wie soll bei der Beobachtung vorgegangen werden?
- Welche zentralen Definitionen und Erläuterungen müssen unter Berücksichtigung wissenschaftlicher Gütekriterien getroffen werden?
- Anhand welcher Maßstäbe und Kriterien soll die Belastung beurteilt/bewertet werden?
- Wie sind die Beobachtungen vor Ort vorzubereiten und durchzuführen?
- Wer soll in die Beobachtung mit einbezogen werden?
- Wann und wie lange soll die Tätigkeit beobachtet werden?
- Durch wen und wie erfolgt die Information der Bereiche und zuständigen Führungskräfte im Vorfeld der Durchführung?
- Welche Qualifikation & Erfahrung sollen die Beobachter haben?
- Wie werden die Ergebnisse aufbereitet?
  (...)

Beispiele für Instrumente im Rahmen von Beobachtungsinterviews:
- *Screening Gesundes Arbeiten (SGA):* Mit diesem Instrument kann eine detaillierte Übersicht bestehender Belastungsfaktoren erhoben werden. Es kann durch arbeitswissenschaftlich geschulte Personen (z.B. die Fachkraft für Arbeitssicherheit oder Mitglieder der Arbeitnehmervertretung) in kleinen und mittelgroßen Organisationen eingesetzt werden. Neben psychischen, physikalischen und physischen Belastungen werden auch Aussagen zum Gesundheitszustand der Arbeitsplatzinhaber erhoben. Innerhalb von ca. 30 Minuten werden die Daten in Dokumentationslisten protokolliert und anschließend die kritischen Merkmalsausprägungen summiert sowie auch inhaltlich beschrieben (BAuA, 2014, S. 208).

- *Screening psychischer Arbeitsbelastungen (SPA):* Durch die Verwendung des SPA kann eine detaillierte Übersicht über die Belastung, die erlebte Beanspruchung (zum Unterschied siehe auch Kapitel 6.4) und auch gesundheitliche Beeinträchtigungen von Beschäftigten ermittelt werden. Es kann in Organisationen unterschiedlichster Größe eingesetzt werden. Eine Besonderheit hierbei ist, dass es sich beim SPA um die Kombination der Verfahren Beobachtungsinterview und Mitarbeiterbefragung handelt. Das Instrument besteht aus einem bedingungsbezogenen und drei personenbezogenen Verfahrensteilen. Dabei richten sich die personenbezogenen Verfahrensanteile direkt an die Beschäftigten. Der Vorteil daran ist, dass es somit zu Beurteilungen der Belastung aus verschiedenen Perspektiven (Beobachtender Experte und Beobachteter Arbeitsplatzinhaber) kommt. Für die Einschätzung der Arbeitssituation pro Arbeitsplatz werden beim SPA ca. 4 Stunden benötigt (BAuA, 2014, S. 212 f.).

Ein Aspekt, der für Beobachtungsverfahren spricht, ist, dass die Darstellungen und Beurteilungen der psychischen Belastung nicht ausschließlich durch die subjektiven Sichtweisen und Wahrnehmungen der Beobachteten beschrieben werden. Es können somit auch weitere belastende Aspekte der Tätigkeit ermittelt werden, die den Beobachteten selbst nicht (mehr) bewusst sind (z.B. bei routinierten Tätigkeiten). Wichtig für die Durchführung von Beobachtungsinterviews ist, dass sich die zu beobachtenden Tätigkeiten sinnvoll voneinander abgrenzen lassen und die Beobachter auch über die notwendigen Kenntnisse und Erfahrungen verfügen. (vgl. BAuA, 2014, S. 56 ff.)

2. *Mitarbeiterbefragung*
Fragebögen gibt es auch für den Bereich psychischer Belastung vielfach und die Methode der Mitarbeiterbefragung (folgend MAB genannt) ist für die Analyse häufig zweckmäßig. Neben den Fragen ist auch der Großteil der Antwortmöglichkeiten standardisiert und wird vor dem Hintergrund der individuellen Erfahrungen der Befragten beurteilt. In der Praxis sollte neben wissenschaftlichen Gütekriterien genau geprüft werden, in welchem Kontext ein Fragebogen entwickelt wurde und ob sich dieser für den beabsichtigten Einsatz eignet. Ein für die Automobilproduktion entwickelter Fragebogen wird an einigen Stellen kaum erfassen können, welche Belastungen in einem Medizinischen Versorgungszentrum vorkommen und umgekehrt. Im Weiteren sind aber auch methodisch-fachliche Aspekte zu berücksichtigen, welche im Folgenden dargestellt sind (Auswahl).

- Welche Informationen sollen erhoben und im Rahmen der GBpsych verwendet werden?
- Werden die erwarteten Informationen durch das Instrument ermittelt?
- Können die Befragten den Fragebogen in gewünschter Weise ausfüllen?
- Ist der Fragebogen einschließlich der zugehörigen Informationen und Ausfüllhinweise ansprechend und motivierend gestaltet?
- Wie lange dauert das Ausfüllen des Fragebogens und wird dies von den Befragten akzeptiert?
- Wie kann der Fragebogen hinsichtlich der Verständlichkeit, Eindeutigkeit und des Schwierigkeitsgrades beurteilt werden?
- Enthält der Fragebogen Fragen, deren Beantwortung den Beschäftigten unangenehm ist?

- Sind Sprache, Begrifflichkeiten und Situationen im Fragebogen so beschrieben, dass die Befragten klare Bezüge zu ihrer Tätigkeit/ihrem Arbeitsplatz herstellen können?
- Wie soll die Erfassung, Auswertung und Aufbereitung der Analysedaten erfolgen?
- Auf welchen Ebenen/für welche Bereiche sollen spezifische Berichte erstellt werden?
- Wie können Anonymität und Datenschutz während der Befragung gewährleistet werden?
- (...)

Beispiele für Methoden im Rahmen von Mitarbeiterbefragungen:
- *Salutogenetische Subjektive Arbeitsanalyse (SALSA):* Mit dem SALSA-Fragebogen können neben der psychischen Belastung auch Ressourcen bei der Arbeit ermittelt werden. Ursprünglich für die arbeitspsychologische Forschung entwickelt, kann der SALSA heute sowohl durch betriebliche als auch überbetriebliche Akteure eingesetzt werden. Zur Bearbeitung der 60 Fragen benötigen die Arbeitsplatzinhaber ca. 15 – 20 Minuten, in denen Aussagen zu 17 Merkmalsbereichen erfasst werden können. Der Fragebogen kann insbesondere in mittelgroßen und großen Organisationen eingesetzt werden und eignet sich dabei auch branchenübergreifend. Nach der Übertragung der Fragebogendaten (Papier-Bleistift-Verfahren) werden aus den Antworten Mittelwerte und Standardabweichungen berechnet, was mit allen gängigen Statistik-Programmen (z.B. SPSS oder auch MS-Excel) möglich ist. Die Konkretisierung, Diskussion der Ergebnisse und Maßnahmenableitung wird anschließend in moderierten Analyseworkshops durchgeführt (BAuA, 2014, S. 240 f.).
- *Copenhagen Psychological Questionnaire – COPSOQ:* Eine Befragung mit dem COPSOQ kann online oder in Papierform durchgeführt werden. Die onlinebasierte Erhebung hat den Vorteil, dass die Befragungsergebnisse direkt in einer Datenbank der Freiburger Forschungsstelle Arbeits- und Sozialwissenschaften (FFAW) erfasst werden können. Der Fragebogen mit seinen 85 Fragen (Stand 01.01.2017, in der Version 3) bzw. 25 Skalen ist darüber hinaus auch als Papier-Bleistift-Version erhältlich und wird von den Beschäftigten nach dem Ausfüllen ebenfalls anonym an die FFAW gesandt. Auf der Internetpräsenz des COPSOQ heißt es:
  > „Das Ausfüllen dauert in beiden Versionen ca. 20 Min. In der Online-Version erhalten Sie einen Vergleich Ihrer persönlichen Werte mit dem repräsentativen Durchschnitt für alle Beschäftigten in Deutschland aus unserer Datenbank mit mehr als 250.000 Datensätzen." (URL: https://www.copsoq.de/copsoq-fragebogen/ (Stand 29.01.2017))
  Ein Vorteil ist sicherlich, dass der COPSOQ-Fragebogen mittlerweile in über 20 Sprachen erhältlich ist und durch Zusatzskalen für bestimmte Berufsgruppen erweitert werden kann. Die o.g. Vergleiche innerhalb verschiedenster Berufsgruppen erscheinen ebenfalls interessant für potenzielle Benutzer. Allerdings kann ein tatsächlicher Abgleich mit Referenzdaten immer nur dann erfolgen, wenn in der jeweiligen Organisation auch die passenden Berufsgruppen vorhanden sind. Ist dies nicht der Fall, erfolgt der Vergleich anhand der o.g. Durchschnittswerte.

Neben den vorgestellten gibt es zahlreiche weitere Instrumente im Bereich der Mitarbeiterbefragungen. Die Durchführung und Auswertung von Mitarbeiterbefragungen ist aufwändig und hat neben den Vorteilen auch einige Nachteile. Diese sind bei der Planung gegeneinander abzuwägen, um den höchstmöglichen Nutzen aus einer solchen Analyse zu ziehen. Zum einen liefert eine gut geplante und durchgeführte MAB einen ersten Überblick hinsichtlich der aktuellen Belastungssituation einer Organisation und es lassen sich anhand der Werte auch schnell Handlungsfelder erkennen. Allerdings kann durch einen Fragebogen meist nur sehr allgemein abgefragt werden und es lassen sich nicht direkt Ursachen aus den Ergebnissen ermitteln. Dies gelingt erst, wenn nach der Auswertung der MAB mittels Moderierter Analyseworkshops eine qualitative Konkretisierung erfolgt, um die erkannten Probleme zu spezifizieren und Ursachen zu analysieren (BAuA, 2014, S. 64 ff.).

Als letztes Verfahren werden daher die Moderierten Analyseworkshops vorgestellt.

3. *Moderierte Analyseworkshops*

Hierbei handelt es sich um die Ermittlung psychischer Belastung mittels eines moderierten Prozesses, in dem die Beschäftigten miteinander diskutieren und sich somit über die Relevanz und Ausprägung von Belastungsfaktoren verständigen. Durch die Nutzung des Erfahrungswissens der Teilnehmer kann unter direkter Beteiligung eine Analyse der Situationen und Ursachen mit Bezug zur täglichen Arbeitspraxis gemacht werden. Dies führt im Ergebnis häufig dazu, dass noch im Workshop konkrete Vorschläge für eine Reduzierung der erlebten Belastung erarbeitet werden, welche dann als Grundlage für Verbesserungsmaßnahmen genutzt werden können.

Auch bei dieser Methode sollten im Vorfeld einige Aspekte geklärt werden, um den Nutzen der Analyse zu gewährleisten.

- Welche Erfahrungen und Qualifikation braucht der Moderator?
- Wie soll die Teilnahme an den Workshops organisiert werden? Sollen alle Mitarbeiter oder Delegierte aus den Arbeitsbereichen an den Workshops teilnehmen?
- Sollen Gremienmitglieder (z.B. aus dem Betriebsrat oder dem Arbeitssicherheitsausschuss) mit in den Workshops sitzen?
- Wie viele Teilnehmer sollen minimal bzw. maximal an den Workshops teilnehmen?
- In welcher Form sollen die Führungskräfte vorinformiert und in die Analyse eingebunden werden?
- Mit welchen Medien soll die Dokumentation innerhalb des Workshops erfolgen und wie kann die Erfassung standardisiert werden?
- Wie sollen Themen dokumentiert werden, die außerhalb der vorgegebenen Merkmalsbereiche liegen?
- In welcher Form soll eine Zusammenfassung der qualitativen Daten erfolgen und wie werden diese weiterverwendet?
- Wann soll die Umsetzung der Maßnahmenvorschläge nach dem Workshop beginnen und wie wird die Wirksamkeit kontrolliert?
- (...)

Analyseworkshops eignen sich insbesondere zur qualitativen Konkretisierung von quantitativ auffälligen Ergebnissen einer Mitarbeiterbefragung. Sollte aufgrund der Organisationsgröße eine Mitarbeiterbefragung nicht geeignet erscheinen (z.B. bei einem Handwerksbetrieb mit weniger als 10 Mitarbeitern), können Moderierte Analyseworkshops

Abb. 16: Grundsätze für die Moderation von Workshops im Rahmen einer GBpsych (eigene Darstellung)

auch als eigenständige Methode zur Durchführung der GBpsych angewandt werden (vgl. BAuA, 2014, S. 76 ff.).

Durch den direkten Austausch zwischen den Teilnehmern zeigen sich in den Beschreibungen und Erklärungen häufig die unterschiedlichen Interpretationsmöglichkeiten von belastenden Aspekten. Im Weiteren wird die organisationsinterne Relevanz bestimmter Probleme durch den „O-Ton" schnell deutlich. Hierzu braucht es jedoch insbesondere eine offene Gesprächskultur innerhalb der Organisation sowie die Entwicklung einer wertschätzenden und vertrauensvollen Atmosphäre durch den Moderator. Da sich auch ungelöste Konflikte innerhalb der Diskussionen zeigen können, ist die Moderation von GBpsych-Workshops eine Aufgabe für erfahrene Moderatoren. Insbesondere Kenntnisse und Fähigkeiten im Umgang mit Konflikten (z.B. durch eine Ausbildung zum Mediator oder Konfliktmanager) sind hierbei gefragt. Als Empfehlung für die Moderationsarbeit lassen sich die Grundhaltungen innerhalb von Mediationsverfahren (konstruktive Konfliktbearbeitung) nennen:

Beurteilung psychischer Belastung

Neben der Erfassung und schriftlichen Dokumentation im Rahmen der Ermittlung psychischer Belastung muss geklärt werden, wie die Beurteilung der Belastungsfaktoren erfolgen soll. Hierbei handelt es sich um eine Kernfrage der Analyse, da nur so Aussagen darüber getroffen werden können, ob Veränderungen und Verbesserungen tatsächlich eingetreten sind. Hierzu sind verschiedenste Verfahren geeignet. Die Herausforderung ist, dass die Beurteilung, ob aus den Ergebnissen denn auch Maßnahmen abzuleiten sind, sich im Kontext der betrieblichen Praxis bewähren muss. Die BAuA konstatiert hierzu:

> „Vielfach fehlen jedoch Kriterien oder Grenzwerte, anhand derer entscheidbar ist, ob angesichts des ermittelten IST-Zustandes Gestaltungsmaßnahmen (schon) erforderlich sind oder (noch) nicht." (BAuA, 2014, S. 81)

Um jedoch eine „angemessene" Beurteilung psychischer Belastung in der betrieblichen Praxis zu ermöglichen, sind nachfolgend drei bewährte Verfahren vorgestellt.

1. **Beurteilung anhand verfahrensdefinierter Vorgaben**

   „Hier werden Kriterien und ggf. Grenzwerte der Beurteilung durch die Entwickler des jeweiligen Analyseverfahrens definiert. Deren Festlegung ist in der Regel unter Bezugnahme auf arbeitswissenschaftliche Erkenntnisse begründet. (...) Insbesondere Beobachtungsverfahren sind in der Regel so angelegt, dass sie nicht nur Anleitungen zur Erfassung, sondern ebenso zur Beurteilung psychischer Belastung enthalten. Gestaltungsbedarf wird bei diesen Verfahren festgestellt, wenn die ermittelten Ausprägungen einzelner Belastungsfaktoren festgelegte kritische Ausprägungen überschreiten oder wenn kritische Kombinationen von Belastungsfaktoren ermittelt wurden." (BAuA, 2014, S. 82)

2. **Beurteilung anhand von Referenzwerten**

   Die Arbeit mit Referenzwerten ist dann möglich, wenn ein standardisiertes Verfahren (z.B. eine Mitarbeiterbefragung) auch systematische Vergleiche zulässt. Die Referenzwerte können sowohl organisationsintern existieren (z.B. durch die Verwendung eines standardisierten Fragebogens innerhalb eines Bereiches) oder sich an externen Werten, wie z.B. einem Branchen- oder Berufsgruppenvergleich, orientieren. In jedem Fall muss jedoch ein „Normalwert" festgelegt werden, dessen Über- oder Unterschreitung auf Gestaltungserfordernisse hinweist.

3. **Beurteilung im Diskurs/Workshop**

   Neben statistischen Vergleichen können auch Veränderungen von Merkmalsausprägungen innerhalb von Workshops beurteilt werden. Hierzu kann ein Moderator durch die Teilnehmer eine Einschätzung der erkannten Belastung vornehmen lassen und diese dann auf beispielsweise einer Pinnwand visualisieren. Häufig werden dazu sog. „Punktabfragen" genutzt, um anhand der Verteilung der Punkte (z.B. die Anzahl bei einem Belastungsfaktor), eine Aussage hinsichtlich der Relevanz, im Vergleich zu weiteren Belastungsfaktoren zu erhalten.

Ein solches Vorgehen kann sowohl als eigenständige Analyse oder aber auch im Anschluss an Mitarbeiterbefragungen genutzt werden und bietet, aufgrund der direkten Beteiligung der Beschäftigten, eine gute Basis für den folgenden Schritt „Maßnahmen entwickeln und umsetzen".

Vertiefend:
- Bundesanstalt für Arbeitsschutz und Arbeitsmedizin (BAuA) (2014). Gefährdungsbeurteilung psychischer Belastung – Erfahrungen und Empfehlungen-. 1. Auflage; Berlin: Erich Schmidt Verlag.

5.4 Maßnahmen entwickeln und umsetzen

Nicht nur aus der sich ergebenden Logik des Verfahrens, sondern auch von Seiten des Gesetzgebers sind die erkannten Gefährdungen durch konkrete Maßnahmen zu reduzieren bzw. zu beseitigen. Im § 4 ArbSchG sind dazu Grundsätze beschrieben, die sich eignen, Gefahren vorzubeugen und zu einer menschengerechten Gestaltung der Arbeit beizutragen (BAuA, 2014, S. 95 f.).

Die Ableitung der Maßnahmen soll dabei folgende Aspekte berücksichtigen (vgl. § 4 ArbSChG Abs. 3):

- Stand der Technik,
- Arbeitsmedizin,
- Hygiene sowie
- sonstige arbeitswissenschaftliche Erkenntnisse.

Im Weiteren sollen die Maßnahmen gemäß dem Grundsatz „Individuelle Schutzmaßnahmen sind nachrangig zu anderen Maßnahmen" miteinander verknüpft werden. Somit ergibt sich, dass Interventionen für einzelne Beschäftigte als Maßnahme aus einer GBpsych zwar denkbar sind (z.B. ein anschließendes Einzelgespräch bei einem Psychotherapeuten), allerdings eine Ausnahme darstellen sollten.

„Im Vordergrund der Maßnahmenentwicklung steht entsprechend die Frage, wie Arbeitsinhalte und -aufgaben, Arbeitsorganisation und soziale Beziehungen sowie Arbeitsumgebungsbedingungen so gestaltet werden können, dass die davon ausgehende psychische Belastung nicht zu Gefährdungen der Gesundheit und Sicherheit der Arbeitenden führt." (BAuA, 2014. S. 96)

Insgesamt können fünf Aufgaben unterschieden werden, die für die Entwicklung und Umsetzung von Maßnahmen von Bedeutung sind (BAuA, 2014, S. 105):

1. Bestimmung von Schwerpunkten = Bedeutsamkeit und Ausmaß der Gefährdungen unter Berücksichtigung der betrieblichen Gegebenheiten beurteilen
2. Konkretisierung der Problemlage = Differenzierte Problembeschreibung und Bestimmung von Ursachen
3. Erarbeitung von Gestaltungskonzepten = Ziele, Zuständigkeiten, Ideen und Maßnahmen entwickeln
4. Umsetzungsplanung = Wer tut was, wann, mit wem, wofür? (Projektmanagement inkl. Ressourcen und Zeitplan)
5. Begleitung der Maßnahmen = Fach- und Führungskräfte unterstützen

5.5 Wirksamkeit der Maßnahmen kontrollieren

Die GBpsych ist kein Selbstzweck, sondern soll zu spürbaren Verbesserungen der Arbeits- und Gesundheitssituation von Beschäftigten beitragen. Daher ist im § 3 ArbSchG die Verpflichtung für die Arbeitgeber enthalten, „die Maßnahmen auf ihre Wirksamkeit zu überprüfen und erforderlichenfalls sich ändernden Gegebenheiten anzupassen."

Neben der gesetzlichen Verpflichtung ist die Wirksamkeitskontrolle entscheidend für eine nachhaltige Implementierung des Verfahrens im betrieblichen Alltag sowie auch Grundlage für einen gesundheitsorientierten Optimierungsprozess mit Blick auf die Arbeitsbedingungen.

Hierbei können folgende Stufen der Wirksamkeitskontrolle unterschieden werden (BAuA, 2014, S. 115):

- OUTPUT
    - Wurden die vereinbarten Maßnahmen durchgeführt?
- OUTCOME
    - Hat sich nach Umsetzung der Maßnahmen die Belastung in der gewünschten Weise verändert?
- IMPACT
    - (Wie) wirken sich die Maßnahmen auf die Gesundheit und Sicherheit der Beschäftigten bei der Arbeit aus?

Zur Durchführung der Wirksamkeitskontrolle können insbesondere die folgenden drei Maßnahmen empfohlen werden (BAuA, 2014, S. 116):

1. Kurzbefragungen der Beschäftigten und Führungskräfte (stichprobenartig, mündlich/telefonisch)
2. Workshops mit Beschäftigten und Führungskräften (Gruppendiskussion und Punktabfrage)
3. Vorher-Nachher-Beurteilung (Wiederholte Durchführung der GBpsych)

Wichtig zu beachten ist bei der Wirksamkeitskontrolle, dass für die Umsetzung der Maßnahmen genügend Zeit eingeplant wird und auf die Situation der Organisation bzw. einzelner Bereiche Rücksicht genommen wird. Darüber hinaus sollten die beauftragten Kontrolleure auch fachlich geeignet und als Person bei den Beteiligten akzeptiert sein. Eine zwar fachlich korrekte, aber dennoch kooperative Haltung auf Seiten des Kontrolleurs ist insbesondere für den weiteren Verbesserungsprozess der Maßnahmen hilfreich, da hierdurch die aktive Teilnahme in der Zukunft positiver beeinflusst werden kann, als nur auf die erkannten Defizite zu verweisen. Sollten Maßnahmen nicht oder nur teilweise umgesetzt worden sein, sollte dies zum Anlass genommen werden, eine Umsetzungsbegleitung (z.B. durch einen externen Coach) zu organisieren. Viele Führungskräfte tun sich anfänglich schwer mit der Umsetzung von Maßnahmen, was meistens jedoch mit der bis dato geringen Erfahrung zu tun hat. Positive Erfahrungen bei der Umsetzung von Verbesserungsmaßnahmen zeigen insbesondere dann ihre Wirkung, wenn Gesundheit als Teil der Organisationskultur etabliert werden soll. Abschließend sei dann noch erwähnt, dass auch ein Prozess der GBpsych von und mit Menschen gestaltet wird. Soll heißen, dass Fehler und Misserfolge zwar keinem der Beteiligten Freude bereiten, es allerdings auch immer mal wieder dazu kommt. Somit ist es empfehlenswert, von Schuldzuweisungen abzusehen und sich stattdessen mit den Verbesserungsmöglichkeiten auseinanderzusetzen. Eine gemeinsame Problemlösung mit neuen Alternativen ist im Sinne aller Beteiligten und führt im Ergebnis dazu, dass die Maßnahmen des Arbeits- und Gesundheitsschutzes die Organisation bei der Aufgabenerfüllung wirksam unterstützen können (vgl. BAuA, 2014, S. 117 f.).

5.6   Dokumentation und Fortschreibung

Aus dem ArbSchG lässt sich die Forderung nach einer aussagekräftigen Dokumentation ableiten. Diese Verpflichtung gilt ebenfalls unabhängig von der Unternehmensgröße und somit vom Kleinstbetrieb bis hin zum Konzern.

Da Organisationen im Falle einer Überprüfung durch Aufsichtspersonen (z.B. Arbeitsschutzbehörden der Länder) ohnehin ihre Konformität zu den arbeitsschutzrechtlichen Pflichten nachweisen müssen, empfiehlt es sich, die Dokumentation von Anfang an und während des gesamten Prozesses zu pflegen.

Dies kann insbesondere auch wichtig werden, wenn die Mitbestimmung und Beteiligung der Arbeitnehmervertretung nachgewiesen werden soll. Dies ist zwar im Rahmen der GDA-Leitlinien nicht explizit gefordert, kann jedoch möglicherweise arbeitsrechtliche Relevanz haben. Die Arbeitnehmervertretung ist von Anfang an zu beteiligen und, da es sich um Gesundheitsmaßnahmen handelt, in weiten Teilen auch „mitbestimmungsberechtigt".

Zentrales Ziel der Dokumentation ist es, die gesetzlich geforderte Nachweispflicht zu erfüllen. Darüber hinaus hat sie aber auch noch praktischen Nutzen. Wie bereits unter Punkt 6.4.1 Vorbereitung beschrieben, kommt dem Aspekt der Kommunikation von Beginn an eine zentrale Bedeutung zu. Aber nicht nur in der Vorbereitung eines Gesundheitsprojektes sollte gezielt kommuniziert werden, sondern insbesondere auch im Verlauf der Maßnahmenumsetzung. Hier kann dem Motto „Tue Gutes und rede darüber" gefolgt werden, da insbesondere die erfolgreich umgesetzten Maßnahmen einen positiven Einfluss auf die zukünftig aktive Teilnahme am Verfahren haben. Dies ist insbesondere für Organisationen wichtig, die viele Mitarbeiter, eine komplexe Struktur und verschiedene Standorte haben. Aus praktischer Sicht empfiehlt es sich, häufig im Rahmen von Pilotierungen erste Erfahrungen mit dem GBpsych-Prozess zu sammeln, um daraus den Folgeprozess für einen organisationsweiten Roll-out erarbeiten zu können. Allerdings sollte die Dokumentation auch klare Belege für den Nutzen des Vorgehens (z.B. die gesonderte Analyse unterschiedlicher Tätigkeiten) liefern, welche dann in zusammengefasster Form in die Regelkommunikation der Organisation (z.B. Schwarzes Brett, Intranet, Mitarbeiterzeitung) eingebracht werden. Für die zu beteiligenden Fach- und Führungskräfte wird insbesondere interessant sein, welche Vorteile sich aus der Teilnahme ergeben und ob die Verbesserungsmaßnahmen dann auch spezifisch für die unterschiedlichen Tätigkeitsbereiche wirksam werden (BAuA, 2014, S. 122).

Abschließend sind an dieser Stelle einige Empfehlungen für den Aufbau einer Dokumentation dargestellt. Die Dokumentation erfordert zwar keine bestimmte Art von Unterlagen. Allerdings haben die GDA-Träger hierbei Mindestanforderungen formuliert, welche folgend dargestellt sind (vgl. BAuA, 2014, S. 121) und um einige praxisrelevante Aspekte erweitert wurden:

- Tätigkeit/Arbeitsbereich
- Datum, Methoden und Ergebnisse der Ermittlung und Beurteilung
- Ziel, Beschreibung und Verantwortliche für die Umsetzung der Maßnahmen
- Zeitpunkt, Verantwortliche und Art der Wirksamkeitskontrolle
- Angaben zu Adressaten, Verantwortliche und Datum der Aktualisierung

Bei der Durchführung der Erhebung sollten Aufbau, Umfang und Standardisierungsgrad im Hinblick auf die jeweilige Organisation angepasst werden.

6 Zusammenfassung des Kapitels

Die Gesellschaft verändert sich stetig und mit ihr die Arbeitswelt in den Organisationen weltweit. Was in verschiedensten Medien als volkswirtschaftliche Vision einer „Arbeitswelt 4.0" beschrieben wird, bedeutet für die heute bekannten Produktionsabläufe, gängigen Geschäftsmodelle und für sämtliche Arbeitsbedingungen zukünftige Herausforderungen in bisher nur schwer abschätzbarem Ausmaß. Doch Veränderungs- und Entwicklungsprozesse unter Beteiligung von Menschen laufen niemals linear ab, bringen veränderte Belastungen und Gefährdungen mit sich und führen zu individuell unterschiedlichen Beanspruchungsfolgen bei den Betroffenen. Diese Veränderungen in der Arbeitswelt zeigen somit auch, dass der Arbeits- und Gesundheitsschutz in den Organisationen eine „Entwicklung 4.0" durchlaufen muss, da auch die Präventions- und Gesundheitsmodelle zu den veränderten Chancen und Gefährdungen passen müssen. Hierbei kann ein aktiv betriebenes Betriebliches Gesundheitsmanagement eine wertvolle Unterstützung für alle unternehmensrelevanten Abläufe sein. Die aktive und systematische Auseinandersetzung mit gesundheitlich relevanten Themen hilft, organisationsintern wirkende Zusammenhänge aufzudecken und Maßnahmen zu ihrer Verbesserung gezielt umzusetzen. Um hierbei erfolgreich zu sein, kann auf bereits etablierte Strukturen, Prozesse und Methoden zurückgegriffen werden, die geeignet erscheinen, die auftretenden Phänomene bearbeitbar und gestaltbar zu machen. Durch die regelmäßige Auseinandersetzung mit Chancen und Risiken der jeweils aktuellen Arbeitssituation können negative Entwicklungen frühzeitig erkannt und erforderliche Interventionen abgeleitet werden. Eines der aktuellen, und in Zukunft noch relevanter werdenden, Themen im Gesundheitsmanagement von Organisationen ist die Beachtung psychischer Belastung bei der Arbeit. Da psychische Belastung per se einen Teil unseres gesamten Lebens ausmacht, ist sie nicht automatisch negativ zu sehen. Erst Dauer, Stärke und Verlauf psychischer Belastung führen im Zusammenspiel mit individuellen Voraussetzungen dazu, dass sie für eine Person zu einer negativ wirkenden Beeinträchtigung führt, während sie für andere eine positive Anregung zur Folge hat. Um die Auswirkungen langfristig negativer Beanspruchungsfolgen, wie z.B. psychosomatische (Langzeit-)Erkrankungen, zu minimieren, ist es im Interesse jeder Organisation (unabhängig ob NGO, Dax-Konzern, Non-Profit-Sektor), darauf zu achten, dass die Gesundheit der Beschäftigten ein regelmäßig beachteter Teil aller Prozesse wird. Diese zunehmend notwendige Gesundheitsperspektive ist in einigen Bereichen bereits gesetzlich gefordert und wird sich, nach aktueller Einschätzung, zukünftig weiter auf alle Gesellschafts- und Wirtschaftsbereiche auswirken.

Um die hierbei entstehenden Veränderungen im Sinne der Zweckbestimmung einer Organisation aktiv bewältigen zu können, scheinen arbeitswissenschaftlich und organisationspsychologisch geschulte Personen im Gesundheitsmanagement besonders geeignet. Erst durch die Verknüpfung ökonomischer Notwendigkeiten mit den psychologischen und systemischen Dimensionen von Veränderungsprozessen kann es zukünftig gelingen, Gesundheit als Teil der Kultur in Organisationen zu etablieren, ohne dabei die internen Prozesse zu dominieren. Maßnahmen der Betrieblichen Gesundheitsförderung wie auch die Nutzung bestehender Managementstrukturen sollten zukünftig weniger auf die Einzelelemente (z.B. eine symptomatisch hohe Fehlzeitenquote) gerichtet sein und den Blick eher auf die Zusammenhänge, Prozesse und Muster der Interaktionen zwischen den Beteiligten richten. Damit trägt man dazu bei, dass sich eine Denkweise entwickelt, deren Interesse weniger den Erklärungen für Symptome als vielmehr den Beschreibungen der Problemmuster gilt. Darüber hinaus sollten Organisationen sich nicht auf „die richtige Wahrnehmung" durch Gesundheitsexperten verlassen, sondern dafür sorgen, dass möglichst viele relevante Perspektiven einbezogen werden, um die anstehenden Herausforderungen angemessen bearbeiten zu können.

Ein besonderer Stellenwert kommt dem Umgang mit Widerständen und Konflikten im Rahmen von BGM zu. Insbesondere in Steuerungsgremien, und besonders bei der regelmäßig wechselnden Besetzung der Mitglieder, ist mit Interessen- und Meinungsverschiedenheiten zu rechnen, welche berücksichtigt werden müssen. Eine Grundprämisse der Betrieblichen Gesundheitsförderung lautet Partizipation. Will man dies gewährleisten, muss man sich auch mit den dabei auftretenden Unterschiedlichkeiten (z.B. durch spezifisches Verständnis, unternehmenspolitische Interessen, etc.) auseinandersetzen. Um trotzdem zu Lösungsalternativen zu kommen, die dem Gesundheitszustand der Beschäftigten zuträglich werden, ist es von zentraler Bedeutung, Widerstände zu erkennen und in Kommunikation zu bringen. Widerstände entstehen häufig aus „Missverständnissen" und weisen darauf hin, dass eine entscheidungsrelevante Perspektive noch nicht oder bisher nur unzureichend berücksichtigt wurde. Widerstände oder anfängliche Ablehnung gegenüber der Einführung eines BGM-Systems wären dann so interpretierbar, dass aktuell relevante Bedürfnisse, unausgesprochene Bedenken und vermeintlich richtige Vorstellungen von BGM existieren und (noch) nicht ausreichend berücksichtigt worden sind. Für Organisationen, in denen sich bisher kein nachhaltiges BGM etablieren ließ, kann in diesem Zusammenhang empfohlen werden, zunehmend davon Abstand zu nehmen, einzelne Personen oder Organisationsstrukturen als „problematisch" zu etikettieren und damit als verantwortlich für z.B. die bisherige Nichteinführung eines BGM zu erklären. Lösungsansätze lassen sich meist schneller finden, wenn von der individualpsychologischen auf die interpersonelle Ebene geschaut wird.

Zusammenfassend kann somit konstatiert werden, dass sich aus dem heutigen Verständnis von „BGM" eine zunehmend systemisch(er)e Sichtweise entwickeln sollte. Dies empfiehlt sich wegen der immer komplexer werdenden Wechselwirkungen in Organisationen und weil die beabsichtigten Veränderungsprozesse immer von und mit Menschen gestaltet werden müssen. Hierbei ist jedoch stets darauf zu achten, dass nicht einfach einem populären Zweig von Gesundheitsverständnis gefolgt wird, sondern Möglichkeiten geschaffen werden, über das Projekt, seinen Verlauf, angemessene Ziele, bestehende Wünsche, handlungsleitende Werte und Normen sowie die Beziehungen der Beteiligten zueinander zu reflektieren. Durch die dabei gewonnenen Informationen werden Lern- und Erneuerungsprozesse möglich sowie vermeintlich etablierte Denk- und Handlungsmuster, mit den jeweils aktuell vorherrschenden Rahmenbedingungen abgeglichen. Eine zentrale Rolle nehmen hierbei die beteiligten Experten (intern oder extern) ein, da es ihre Aufgabe ist die Situation mit den beteiligten Personen, Gruppen, Strukturen und Prozessen in eine zielführende Verbindung zu bringen.

Letztendlich kann somit festgehalten werden, dass für jede Organisation eine eigene „Version der gesunden Organisation" entwickelt werden muss.

7   Verständnisfragen

1. Wie unterscheiden sich BGF und BGM voneinander?
2. Worin besteht die Idee eines sog. „Disability Managements"?
3. Welche potenziellen Stakeholder kann es, neben dem Betroffenen, in einem BEM-Verfahren geben?
4. Was ist der Unterschied zwischen Verhaltens- und Verhältnisprävention?
5. Was regelt die DIN SPEC 91020?
6. Wie kann der P-D-C-A-Zyklus auf die regelmäßige Durchführung von BGM-Maßnahmen übertragen werden?
7. Weshalb benötigen BGM-Experten neben einer Fach- auch Prozessexpertise?
8. Wofür lohnt sich die präventive Auseinandersetzung mit möglichen Hemmnissen bereits vor der Einführung eines BGM-Systems?
9. Wie sollte die interne Kommunikation bei der Einführung eines BGM-Systems gestaltet werden?
10. Weshalb könnte die übereilte Einführung eines BGM-Systems auf Widerstände innerhalb von Organisationen stoßen?
11. Weshalb müssen psychische Belastung und psychische Beanspruchung unterschieden werden?
12. Welche Organisationen sind verpflichtet eine GBpsych durchzuführen?
13. Wofür ist es empfehlenswert ein Steuerungsgremium für die Planung und Durchführung einer GBpsych einzurichten?
14. Welche Aspekte sollten bei der praktischen Durchführung der GBpsych regelmäßig beachtet werden?
15. Worauf bezieht sich der Aspekt der „Gleichartigkeit" bei der Festlegung von Tätigkeitsbereichen/Arbeitsplatztypen?
16. Wofür lohnt sich eine Einbindung der Beschäftigten und Führungskräfte bei der Auswahl der zu analysierenden Tätigkeitsgruppen bzw. Arbeitsplatztypen?
17. Welche drei grundsätzlichen Analyseverfahren zur Ermittlung psychischer Belastung werden durch die GDA-Träger empfohlen?
18. Kann das Verfahren der Mitarbeiterbefragung als alleiniges Analyseinstrument im Rahmen einer GBpsych eingesetzt werden?
19. Welche drei Möglichkeiten zur Beurteilung psychischer Belastung werden empfohlen?
20. Welche Vorteile zeigen sich bei einer Beurteilung psychischer Belastung im Diskurs/Workshop?
21. Welche fünf Aufgaben haben im Rahmen der Entwicklung und Umsetzung von Maßnahmen eine Bedeutung?
22. Wofür kann eine Umsetzungsbegleitung für Beschäftigte und Führungskräfte, insbesondere bei der Durchführung von Maßnahmen im Rahmen einer GBpsych, hilfreich sein?

23. Welchen gesetzlichen und praktischen Nutzen hat die Dokumentation bei der Durchführung einer GBpsych?

Literatur

BKK Dachverband (2015). *BKK Gesundheitsreport 2015 – Langzeiterkrankungen; Zahlen, Daten, Fakten.* Berlin: MWV - Medizinisch wissenschaftliche Verlagsgesellschaft

Bundesanstalt für Arbeitsschutz und Arbeitsmedizin (BAuA) (2014). *Gefährdungsbeurteilung psychischer Belastung – Erfahrungen und Empfehlungen.* 1. Auflage; Berlin: Erich Schmidt Verlag.

Becker, E., Krause, C. & Siegemund, B. (2014). *Betriebliches Gesundheitsmanagement nach DIN SPEC 91020 – Erläuterungen zur Spezifikation für den Anwender.* 1. Auflage; Berlin: Beuth Verlag

Deutsche Gesellschaft für Personalführung e.V. (2011). *DGFP Studie: Psychische Beanspruchung von Mitarbeitern und Führungskräften.* Düsseldorf: DGFP

Gemeinsame Deutsche Arbeitsschutzstrategie (GDA) (2016). *Arbeitsprogramm Psyche – Empfehlungen zur Umsetzung der Gefährdungsbeurteilung psychischer Belastung.* 2., erweiterte Auflage, Berlin

Deutsche Gesetzliche Unfallversicherung (DGUV) (2014). *Leitfaden zum betrieblichen Eingliederungsmanagement – Praxishilfe für die UV-Träger in den Betrieben.* Berlin: DGUV

Gruel, W. (2013). Open Innovation und individuelle Wissensabsorption – Eine empirische Analyse individueller Präferenzen bei der Integration externen Wissens. Dissertation. RWTH Aachen

Kaminski, M. (2013). *Betriebliches Gesundheitsmanagement für die Praxis.* 1. Auflage, Wiesbaden: Springer Fachmedien.

Königswieser, R. & Hillebrand, M. (2011). *Einführung in die systemische Organisationsberatung.* 6. Auflage, Heidelberg: Carl Auer Verlag

Lauterbach, M. (2008). *Einführung in das systemische Gesundheitscoaching.* 1. Auflage, Heidelberg: Carl Auer Verlag

Matyssek, A. K. (2013). *Praxistipps für betriebliches Gesundheitsmanagement.* 2. Auflage, Norderstedt: Books on Demand

Matyssek, A. K. (2013). *Gemeinsam das betriebliche Gesundheitsmanagement voranbringen.* Norderstedt: Books on Demand

Matyssek, A. K. (2013). *Wie Sie als Führungskraft das betriebliche Gesundheitsmanagement voranbringen.* Norderstedt: Books on Demand

Matyssek, A. K. (2011). *Gesund führen – Das Arbeitsheft zur Veranstaltung-.* Norderstedt: Books on Demand

Richter, R. (2014). *Das Betriebliche Eingliederungsmanagement – 25 Praxisbeispiele.* 2. Aktualisierte und erweiterte Auflage; Bielefeld: Bertelsmann Verlag

Simon, F. B. (2011*). Einführung in die Systemtheorie des Konflikts.* 2. Auflage, Heidelberg: Carl Auer Verlag

Schreyögg, G. (2008). *Organisation – Grundlagen moderner Organisationsgestaltung.* 5. Auflage, Wiesbaden: Gabler

Ulich, E. & Wülser, M. (2009). *Gesundheitsmanagement in Unternehmen – Arbeitspsychologische Perspektiven.* 3. Überarbeitete und erweiterte Auflage, Wiesbaden: Gabler GWV Fachverlage

Zahra, S. A. & George G. (2002). Absorptive Capacity: A Review, Re-conceptualization, and Extension. *Academy of Management Review, 27,* 2002, 2, 185-203.

Interkulturelle Handlungskompetenz als Ansatz für die betriebliche Integration von Menschen mit Migrationshintergrund – am Beispiel eines syrischen Fluchtmigranten

Fiona Peters & Antje Wolf

0   Kurzzusammenfassung

Interkulturelle Handlungskompetenz bezeichnet die Fähigkeit, effektiv mit Menschen unterschiedlicher kultureller Kontexte umzugehen und zusammenzuarbeiten. Für moderne Organisationen stellt der Erwerb interkultureller Kompetenz eine zentrale Aufgabe dar, die zu einem wesentlichen Wettbewerbsfaktor in der Mitarbeitergewinnung, deren Produktivität und in der nachhaltigen Zusammenarbeit, auch mit Lieferanten und Kunden, führen kann.

Der Einfluss nationaler Kultur auf die Managementpraktiken ist seit den 1980er Jahren in den Fokus der Forschung gerückt. Lange Zeit stellten der globale Handel und die multipolare Weltwirtschaft den wesentlichen Treiber für das interkulturelle Interesse dar. Die entsprechend sensibilisierte Interaktion mit Akteuren unterschiedlicher kultureller Herkunft ist zu einem festen Bestandteil des Human Resource Management international agierender Konzerne geworden. Wachsende Einwanderungsströme und die politisch-gesellschaftliche Forderung nach Integration durch Arbeit der kulturell diversen Immigranten führen dazu, dass nun zunehmend auch Personalverantwortliche eher national ausgerichteter Betriebe Antworten auf ihre Fragen im interkulturellen Management suchen. Im Vergleich zu globalen Konzernen verfügen Letztere in der Regel über weit weniger Erfahrungen in der Zusammenarbeit mit Menschen unterschiedlicher Kulturen und stehen bei der betrieblichen Integration der Einwanderer besonderen Herausforderungen gegenüber.

Der vorliegende Beitrag greift den Begriff der interkulturellen Handlungskompetenz auf und legt dar, welche Ansatzpunkte diese für die Gestaltung betrieblicher Integration heterogener Belegschaften spielen kann. Hierzu werden einige ausgewählte Konzepte des interkulturellen Managements beleuchtet, die zentrale Ansätze für ein effektives Verständnis interkulturellen Handelns darstellen. Den Einstieg bilden die Erscheinungsformen von Kultur, die sich durch einen Blick auf die Bildung einer kulturellen Identität in ihrer Entstehung erläutern lassen. Die Kulturdimensionen von Hall, Hofstede und Trompenaars/Hampden-Turner zeigen kulturelle Unterschiede zwischen Gesellschaften auf und liefern einen ersten Erklärungsansatz. Das Kapitel schließt mit Empfehlungen für eine interkulturell sensibilisierte Personal- und Organisationsentwicklung.

1   Einleitung

> „Wir sehen nicht die Dinge, wie sie sind, sondern wir sehen sie, wie wir sind."
> (Talmud)

Interkulturalität ist über die letzten Jahrzehnte ein maßgeblich erfolgsbestimmender Faktor für international agierende Unternehmen in Deutschland geworden. Während der Aufbau internationaler Wirtschaftsbeziehungen und die Mitarbeiterentsendung in ausländische Tochterunternehmen lange Zeit im Fokus des interkulturellen Managements standen, werden die Erkenntnisse zunehmend auch im Kontext des Diversity Management relevant (Gutting, 2016, S. 21).

Eine Herausforderung auf dem von Multikulturalität gekennzeichneten Arbeitsmarkt stellt der enorme Zuzug von Migranten[1] aus Krisengebieten dar, der sich nicht länger als vorübergehendes Phänomen betrachten lässt. Allein im Jahr 2015 wurden in Deutschland mehr als 476.000 Asyl-Erstanträge gestellt, Tendenz deutlich steigend. Von den Flüchtlingen, die Asyl beantragten, stammt jeder Dritte aus Syrien (Bundesamt für Migration und Flüchtlinge, 2016, S. 2). Viele dieser Menschen möchten langfristig in Deutschland bleiben. Die Bundesregierung, Wirtschaftsverbände und Unternehmen sehen in dem Flüchtlingszustrom eine mögliche Lösung zur Linderung des Fachkräftemangels. Die Integration von Flüchtlingen über Ausbildung und Arbeit anzustreben, erscheint als logische Konsequenz, stellt hiesige Betriebe jedoch vor operative Herausforderungen. Zwar sind zwischen 70-80% der durch die Handelskammer Hamburg befragten Unternehmen dazu bereit Flüchtlinge zu beschäftigen (El Masri, 2016), aber neben den sprachlichen Barrieren stellt insbesondere der Umgang mit den vielfältigen kulturellen Besonderheiten eine Hürde für die Firmen dar.

Zwischenmenschliche Interaktionen sind anfällig für Missverständnisse. Ein Grund hierfür kann in den unterschiedlichen Persönlichkeiten, Zielen und Bedürfnissen der beteiligten Parteien gesehen werden (Schulz von Thun, 2016). Finden diese in einem interkulturellen Kontext, also zwischen Individuen unterschiedlicher kultureller Herkunft statt, wird es nicht einfacher. Während den Deutschen nachgesagt wird, dass sie sehr direkt sind, also z.B. mit der Tür ins Haus fallen und ohne Umschweife gleich zum Punkt kommen, investieren Menschen anderer Kulturen in die persönliche Beziehungspflege, bevor sie das eigentliche Anliegen adressieren. Weitere Konfliktherde stellen beispielsweise divergierende Auffassungen hinsichtlich der Einhaltung hierarchischer Ordnungen, des Umgangs mit Zeit und Pünktlichkeit, der Verbindlichkeit getroffener Absprachen, des Rollenverständnisses von Frau und Mann sowie der individuellen Rolle in der Zusammenarbeit im Team dar (El Masri, 2016; Hall & Hall, 2012; Hofstede, Hofstede & Minkov, 2010; Trompenaars & Hampden-Turner, 2012).

Bei der Überwindung der genannten Schwierigkeiten und Hindernisse bei der Integration von Fluchtmigranten in ein Unternehmen stellt das Modell der interkulturellen Handlungskompetenz einen entscheidenden und systematisierenden Faktor dar. Es bietet die Grundlage für den strukturierten Aufbau einer auf nachhaltigen Erfolg ausgerichteten Organisationskultur.

Wie kann es also gelingen, kulturelle Unterschiede als Bereicherung zu verstehen und die Fähigkeit, sich in die Beweggründe des Handels von Menschen verschiedenster Herkunft hineinzuversetzen, als wesentlichen Wegbereiter zum Erfolg zu verstehen und diese in der Organisationkultur zu verankern (Eberlein, 2008)? Dies klingt für operativ herausgeforderte Personalexperten sicherlich wünschenswert, gleichzeitig jedoch abstrakt und wenig hilfreich.

---

[1] Personen mit Migrationshintergrund sind seit 1950 nach Deutschland Zugewanderte und deren Nachkommen. Zu den Personen mit Migrationshintergrund gehört die ausländische Bevölkerung – unabhängig davon, ob sie im Inland oder im Ausland geboren wurde – sowie alle Zugewanderten unabhängig von ihrer Nationalität. Daneben zählen zu den Personen mit Migrationshintergrund auch die in Deutschland geborenen eingebürgerten Ausländer sowie eine Reihe von in Deutschland Geborenen mit deutscher Staatsangehörigkeit, bei denen sich der Migrationshintergrund aus dem Migrationsstatus der Eltern ableitet. Zu den letzteren gehören die deutschen Kinder (Nachkommen der ersten Generation) von Spätaussiedlern und Eingebürgerten und zwar auch dann, wenn nur ein Elternteil diese Bedingungen erfüllt, während der andere keinen Migrationshintergrund aufweist. Bundeszentrale für politische Bildung (2015).

Organisationskultur wird im weiten Sinne als ein System von Wertvorstellungen, Verhaltensnormen sowie Denk- und Handlungsweisen verstanden, welches von den Mitarbeitern der Organisation erlernt und akzeptiert worden ist und welches das Erscheinungsbild und das Verhalten der Organisation prägt (Schein, 1991).

Der vorliegende Beitrag gibt einen Überblick über die wesentlichen Konzepte, deren Berücksichtigung und Anwendung in der Ausgestaltung einer interkulturell sensibilisierten Personalarbeit unterstützend wirken kann.

2 Theoretischer Bezugsrahmen

2.1 Betriebliche Integration und Entwicklung von Mitarbeitern

Das Personalwesen befasst sich mit dem „Umgang (...) lebendiger Arbeit in Wirtschaftsorganisationen bzw. Unternehmen. Personalwirtschaftliches Gestalten und Handeln lässt sich zwei Problemkreisen zuordnen, nämlich erstens der personellen Verfügbarkeit und zweitens der personellen Wirksamkeit." (Gabler Wirtschaftslexikon, 2016) Die Wirkungsweise kultureller Vorprägung von Individuen kann in beiden genannten Problemfeldern zum Tragen kommen. Dies gilt hinsichtlich der Bereitstellung verfügbaren Personals, beispielsweise für die Rekrutierung und -auswahl zukünftiger Mitarbeiter (Eignungsdiagnostik) sowie für die Eingliederung gewonnener Mitarbeiter in das Unternehmen (Erfüllung zugedachter Aufgaben). Darüber hinaus macht sich kulturelle Vorprägung insbesondere im Hinblick auf die sogenannte personelle Wirksamkeit bemerkbar. Dies betrifft die gesamte Bandbreite der hierunter gefassten Aufgabenbereiche des Personalwesens: von der Mitarbeiterqualifizierung, über die Laufbahngestaltung, die Aufgabengestaltung, die Entgeltgestaltung bis hin zur Personalführung.

Trotz des sich derzeit abzeichnenden Rückgangs der Flüchtlingszahlen in Deutschland ist davon auszugehen, dass die Integration von Fluchtmigranten in die Arbeitswelt bestehen bleibt. Die erfolgreiche Integration neuer Mitarbeiter in ein Unternehmen stellt einen wesentlichen Aspekt der nachhaltig erfolgreichen Personalarbeit dar. Damit diese für beide Seiten gelingen kann, ist eine kulturelle Sensibilisierung aller beteiligten Parteien notwendig und hilfreich.

Der Fachkräftemangel und die hohe Anfangsfluktuation bei Neueinstellungen führen dazu, dass dem betrieblichen Integrationsprozess, d.h. den Maßnahmen zur Förderung von Einstellungen und Eingliederungen neuer Mitarbeiter, ein zunehmend hoher Stellenwert zuteil wird. Ziel des sogenannten Onboarding ist es, die fachliche Einarbeitung und die soziale Integration, also die Eingliederung in das Team, zu professionalisieren. Dabei werden Maßnahmen entlang der verschiedenen Phasen der Integration entwickelt. Ziel dieses Prozesses ist die gezielte sachliche als auch emotionale Unterstützung der Mitarbeiter.[2]

Gemäß Lohaus & Habermann (2016) ist der Erfolg der Integration neuer Mitarbeiter von verschiedenen Aspekten abhängig. Hierzu zählen vor allem die Einstellungen und Verhaltensweisen der neuen Mitarbeiter sowie die von deren Vorgesetzten und Kollegen. Darüber hinaus wirkt sich die Bedeutung systematischer Maßnahmen zur Integration innerhalb des Unternehmens positiv auf die Eingliederung neuer Mitarbeiter aus. Je

---

[2] Vgl. hierzu auch den Beitrag „Onboarding neuer Mitarbeiter" von Lohaus/Habermann.

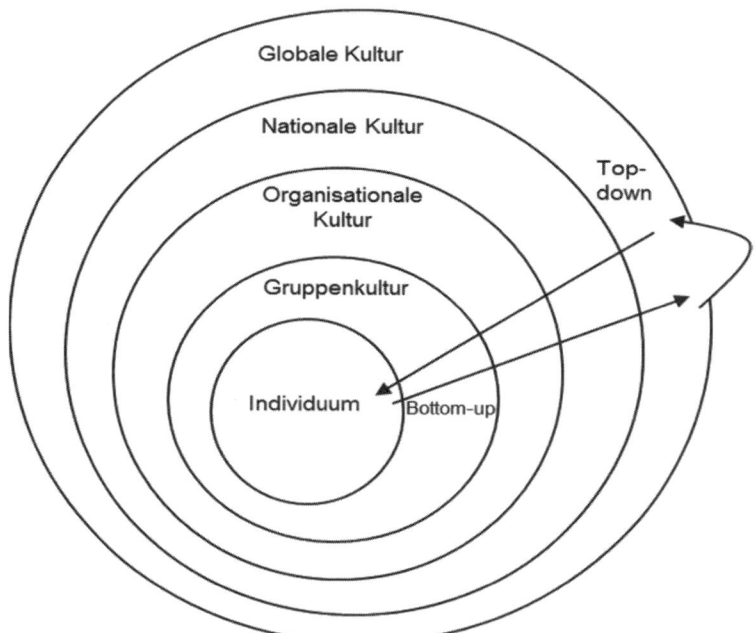

Abb. 1: Ebenen von Kultur (Engelen & Tholen, 2014; Leung et al., 2005)

erfolgreicher die Integration, umso positiver die Auswirkung auf die Arbeitsleistung und -zufriedenheit. In diesem Kontext wird die Verflechtung der unterschiedlichen kulturellen Träger deutlich. Die Ausgestaltung der organisationalen Kultur ist auf der einen Seite eingebettet in die globalen sowie nationalen Kulturen, in der das Unternehmen angesiedelt ist. Auf der anderen Seite steht sie in engem Zusammenhang mit der Gruppen- bzw. Team- und Individualkultur der Mitarbeiter.

Ein wesentliches Merkmal für die erfolgreiche betriebliche Integration besteht folglich in der Passung der neu gewonnenen Mitarbeiter zum Unternehmen, dem Person-Organisation-Fit (Kristof, 1996). Ausschlaggebend sind dabei die Ziele, Werte und Persönlichkeitsmerkmale beider Parteien bzw. deren Akteure.

Eine möglichst hohe Passung zwischen Unternehmen und Neueinsteigern zu erreichen, ist bereits bei der Integration von Personen ähnlicher Herkunft eine nicht zu unterschätzende Herausforderung. Bei der Integration von neuen Mitarbeitern mit Migrationshintergrund kommt erschwerend hinzu, dass diese neuen Mitarbeiter über kulturell unterschiedliche Sozialisationshintergründe verfügen, welche sich wiederum in deren Werthaltungen und Bedürfnissen widerspiegeln. Zudem sind sie der Betriebssprache oftmals lediglich auf einem niedrigen bis mittleren Niveau mächtig, wie dies beispielsweise bei vielen der erst seit Kurzem in Deutschland lebenden Fluchtmigranten der Fall ist (El Masri, 2016). Dies dürfte zu erschwerten Bedingungen für die Personalverantwortlichen und die neu angeworbenen Mitarbeiter führen. Mehr über die Zusammenhänge der Wertebildung in den jeweiligen Herkunftsländern der beteiligen Parteien zu erfahren, kann hier aufschlussreich sein.

Dieses Wissen über die kulturellen Kontexte, aus denen die neuen Mitarbeiter stammen (sowie das über die bestehende Belegschaft), kann dabei helfen, die Risiken einer misslungenen Integration – wie sie beispielsweise die politische Fähigkeit zur Erschließung informeller Machtstrukturen oder die Teamintegration darstellen – zu reduzieren. Schließlich dürften sich die in sich gegenläufigen Prozesse der Rollenübernahme (Sozialisation) sowie deren Gestaltung (Individuation) für Migranten und Flüchtlinge sowie für deren Kollegen und Vorgesetzte schwierig gestalten.

2.2 Handlungskompetenz und besondere Anforderungen im interkulturellen Kontext

Die zunehmend kulturell heterogenen Gesellschaften spiegeln sich in den Belegschaften der Unternehmen wider. Interkulturelle Kompetenz ist für das Management zu einer Schlüsselqualifikation im Umgang mit internationalen Lieferanten und Kunden sowie in kulturell-diversen Teams geworden (Gutting, 2016, S. 21). Studien haben gezeigt, dass „interkulturelles Lernen zur Erfüllung von Managementaufgaben" eine gezielte Planung und auch Organisation erfordert (Thomas, 2006, S. 115 mit Verweis auf Landis & Brislin, 1983).

Handlungskompetenz setzt sich aus *Fachkompetenz, Methodenkompetenz, Sozialkompetenz* und *Persönlichkeitskompetenz* zusammen und stellt die Fähigkeit dar, „zielgerichtet, aufgabengemäß, der Situation angemessen und verantwortungsbewusst betriebliche Aufgaben zu erfüllen und Probleme zu lösen." (Bolten, 2012b, S. 10)

- *Fach-* oder auch *Sachkompetenz* bezeichnet das Fachwissen und die Erfahrungen, die zur Erfüllung einer Aufgabe notwendig sind. Sie ist durch Ausbildung, Anwendung und Weiterbildung erlern- und veränderbar.
- *Methodenkompetenz* ist die Fähigkeit, Fachwissen kompetent und zielgerichtet anzuwenden.
- *Sozialkompetenz* beschreibt die Befähigung, mit anderen Menschen in verschiedenen Situationen adäquat umzugehen, z.B. Empathie zu empfinden und sich in andere hineinversetzen zu können.
- *Persönlichkeitskompetenz bzw. Selbstkompetenz* zeigt sich in der individuellen Haltung zur eigenen Umwelt und der Arbeit.

Als interkulturelle Kompetenz bezeichnet Guttig (2016, S. 21) die Fähigkeit „mit Individuen oder Gruppen aus anderen Kulturen oder Subkulturen adäquat und effektiv zu interagieren." Gemäß Bolten (2007a, 2012a, S. 165) stellt die interkulturelle Kompetenz keine eigenständige fünfte Teilkompetenz dar, sondern ist eine auf den vier zuvor beschriebenen Kompetenzen basierende Transferkompetenz, eine Querschnittsaufgabe.

Erfolgreiches Handeln in interkulturellen Kontexten erfordert neben erlernbarem Fach- und Methodenwissen ebenso die notwendige Sozial- und Persönlichkeitskompetenz im Umgang mit Menschen verschiedener Herkunft.

Dies wird auch in der Definition von Thomas (2006) deutlich, in der er interkulturelle Kompetenz beschreibt als die Fähigkeit, Menschen unterschiedlicher Kulturen zu verstehen, sie zu respektieren und wertzuschätzen und auf diese Weise deren innovatives Potenzial zu begreifen:

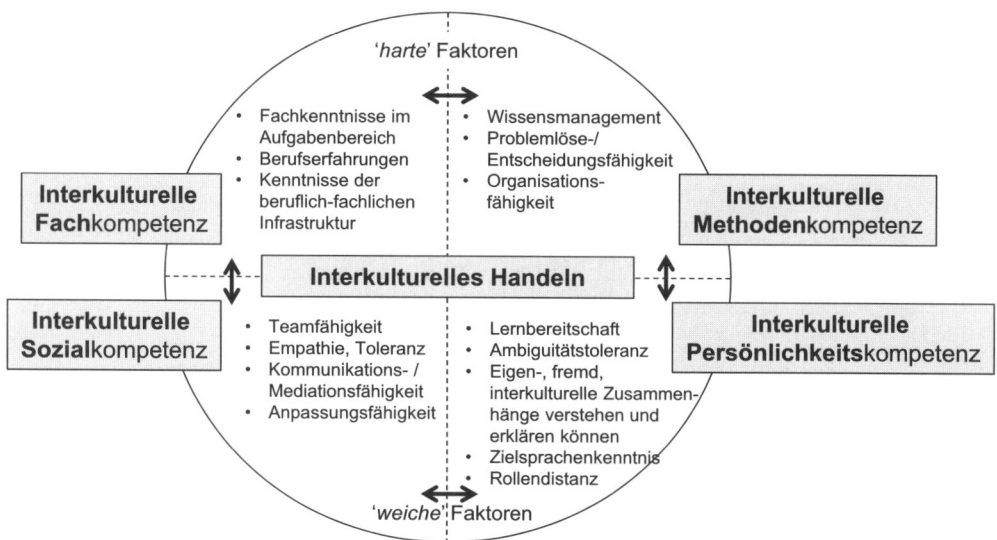

Abb. 2: Interkulturelle Handlungskompetenz (eigene, erweiterte Darstellung in Anlehnung an Bolten (2007b, S. 28, 2012b, S. 11)

„Das erfordert neben Kenntnissen über Kultur und kulturelle Unterschiede im Denken und Verhalten auch die Fähigkeit, mit Menschen aus anderen Kulturen so umzugehen, dass einerseits Missverständnisse reduziert, Konflikte vermieden und damit Stress abgebaut wird und andererseits eine produktive und für beide Seiten zufriedenstellende Kooperation zustande kommt. Was dazu erforderlich ist, lässt sich in dem Begriff ‚Interkulturelle Handlungskompetenz' als Schlüsselqualifikation zusammenfassen." (Thomas, 2006, S. 114)

Bereits in den 1950er Jahren weist der Kulturanthropologe Edward D. Hall darauf hin, dass das vermittelte Wissen über fremde Kulturen allein nicht ausreicht. Vielmehr ist es für alle Beteiligten erforderlich, die eigene kulturelle Herkunft zu reflektieren (Hall & Hall, 2012). Darauf vorbereitet zu sein, dass in verschiedenen Kulturen Gemeinsamkeiten und Vertrautheit ebenso auftreten wie Abweichungen, „erleichtert das Einleben, erhöht die Chance zum kulturadäquaten Handeln und ermöglicht so interkulturell kompetentes und effektives Handeln im Alltag und am Arbeitsplatz." (Thomas, 2006, S. 115)

2.3 Strukturmodell der interkulturellen Handlungskompetenz

Im Bestreben, die Kriterien für die gelingende interkulturelle Zusammenarbeit zu systematisieren, haben Müller & Gelbrich (2004) sich an den Beschreibungen von Persönlichkeitsmerkmalen erfolgreicher Expatriates orientiert (Bolten, 2007b, 23f.). Im Ergebnis konnte ein Strukturmodell entwickelt werden, in welchem sie die Eigenschaften gliedern, die die Fähigkeit zur angemessenen Interaktion mit Angehörigen anderer Kulturen ausmacht. Die Merkmale lassen sich drei Ebenen zuordnen: der affektiven, der kognitiven und der konativen Ebene.

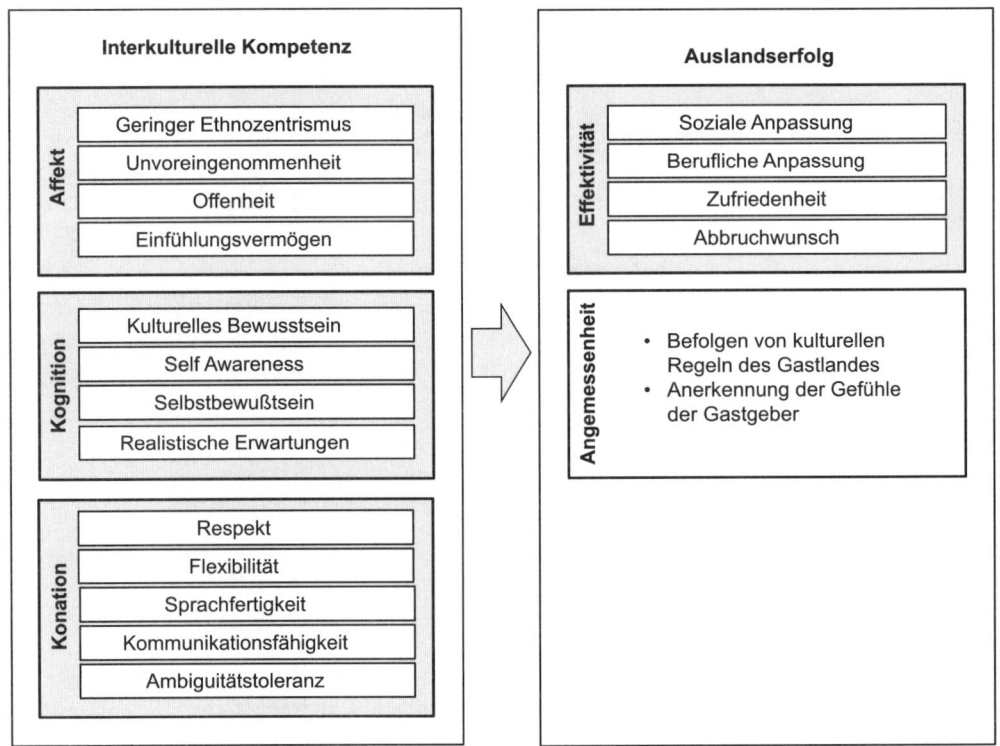

Abb. 3: Strukturmodell interkultureller Kompetenz (eigene Darstellung in Anlehnung an Bolten (2007b), basierend auf Müller & Gelbrich (2004, S. 794)

Auf der affektiven Ebene der fremdkulturellen Akzeptanz stellen Offenheit, Toleranz und Respekt die Grundvoraussetzung für den Erwerb interkultureller Kompetenz dar. Dabei geht es vorrangig darum, die Unterschiede in der Wahrnehmung und den Wertvorstellungen verschiedener Gruppen (Individuen, Kulturen und Subkulturen) anzuerkennen, diese zu respektieren und seinem Gegenüber Empathie entgegenzubringen.

Die kognitive Ebene thematisiert interkulturelles Verstehen. Hier steht der Wissenserwerb hinsichtlich kultureller Unterschiede und Gemeinsamkeiten im Vordergrund. Dabei spielt der kulturelle Kontext aller beteiligten Parteien eine Rolle. Es ist notwendig, sich seine eigenen Gedankenstrukturen bewusst zu machen. Kapitel 2.4 liefert einige Einblicke in entsprechende Ansätze und Modelle.

Die konative Ebene bezieht sich auf das Verhalten. Es ist das Ergebnis eines intensiven interkulturellen Lern- und Entwicklungsprozesses (Thomas, 2006, S. 118), d.h., darauf vorbereitet zu sein, dass es Gemeinsamkeiten und Unterschiede gibt. Es ist die Fähigkeit, auch ein „fremdkulturelles Orientierungssystem effektiv zur Handlungssteuerung in kulturellen Überschneidungssituationen produktiv zu nutzen." (Thomas, 2006, S. 115) Dabei geht es nicht nur darum, dass Integration funktioniert, sondern darüber hinaus die unterschiedlichen Eigenschaften als Stärken zu begreifen und diese zu nutzen.

2.4   Entwicklung und Erscheinungsformen kultureller Identitäten

Es existiert eine Vielzahl an Definitionen von Kultur. Der Kulturbegriff soll hier in Anlehnung an Thomas (2005) verstanden werden als „Orientierungssystem einer Gruppe oder Gesellschaft, aus dem spezifische Wahrnehmungs-, Denk- und Verhaltensmuster resultieren, die sich von denen anderer Gruppen (Regionen, Nationen, Gesellschaften usw.) unterscheiden." (Gutting, 2016, S. 18)[3] Dabei wird Kultur keinesfalls vererbt, sondern aus dem sozialen Umfeld abgeleitet und erlernt.

Kultur kann verstanden werden als ein Regelwerk, welches Orientierung im Umgang mit anderen Menschen, in einer Gruppe und der Gesellschaft liefert. Dieses wird in einem lebenslangen Lernprozess erworben, wobei insbesondere die frühen Jahre der Kindheit und Jugend besonders prägend sind.

Kultur bietet den Mitgliedern einer Gruppe Orientierung, Zugehörigkeit und die Gewissheit, dass die Norm- und Wertvorstellungen innerhalb der Gruppe geteilt werden. Die Mitglieder der Gruppe teilen ein Verständnis darüber, was als gut oder böse, richtig oder falsch zu verstehen ist. (Gutting, 2016, S. 18).

Gruppenzugehörigkeit stellt ein angeborenes Bedürfnis dar, welches sich in unterschiedlicher Form in allen Gesellschaften wiederfindet. Besonders in der jugendlichen Lebensphase findet eine Prägung durch die Suche nach der eigenen Identität und den Aufbau von Gemeinschaften und Freundeskreisen statt (Wolf & Jackson, 2014, S. 104).

Die kulturellen Entwicklungspfade zur Ausgestaltung einer persönlichen Identität werden im nächsten Unterkapitel dargelegt. Darüber hinaus existieren unterschiedliche Modelle, welche die Erscheinungsformen von Kultur systematisieren. Drei der in der interkulturellen Managementpraxis viel zitierten Modelle werden im Folgenden vorgestellt: das *Eisbergmodell* nach Schein, das *Zwiebelmodell* nach Hofstede und das *Schichtenmodell der Umweltdifferenzierung* nach Dülfer.

2.4.1 Kulturelle Entwicklungspfade: die Bildung einer kulturellen Identität

Sozialisation ist der Prozess der dynamischen und produktiven Verarbeitung dieser Realität. Persönlichkeitsentwicklung erfolgt lebenslang aus einer Bewältigung von Entwicklungsaufgaben (Hurrelmann & Bauer, 2015). Die Sozialisation eines Menschen findet grundsätzlich in einem kulturellen Kontext statt.[4] Die Vergesellschaftung des Menschen und somit auch seine kulturelle Prägung zieht sich in einem dynamischen Prozess durch die verschiedenen Lebensphasen eines Individuums (Hurrelmann & Bauer, 2015). Dabei haben unterschiedliche Sozialisationsinstanzen einen Einfluss auf die Wahrnehmungsperspektiven von Individuen. Diese unterscheiden sich je nach Kulturkreis erheblich. Die in weiten Teilen der Welt relevanten Instanzen sind im Folgenden beispielhaft dargestellt.

---

[3] in Anlehnung an Thomas (2005, S. 22): „Kultur kann als Orientierungssystem verstanden werden, welches Fühlen, Denken, Handeln und Bewerten bestimmt."

[4] Der Begriff der Sozialisation als Konstrukt (Sozialisation thematisiert Verhältnis: Individuum – Gesellschaft bzw. Person –Umwelt) geht zurück auf Durkheim (1907). Sozialisation nach Hurrelmann (2015): „Prozess der Entstehung und Entwicklung der Persönlichkeit in wechselseitiger Abhängigkeit von der gesellschaftlich vermittelten sozialen und materiellen Umwelt. Vorrangig thematisch ist dabei, wie sich der Mensch zu einem gesellschaftlich handlungsfähigen Subjekt bildet."

Gelernte Rollenbilder übernehmen in zwischenmenschlichen Beziehungen die erste, frühe Sozialisation. Hierzu zählt insbesondere die zwischenmenschliche Interaktion in der Familie (**primäre** Sozialisationsphase). Wie gestaltet sich der Umgang untereinander, wie werden Entscheidungen getroffen und wem gelingt es in welcher Form, die eigenen Interessen bestmöglich durchzusetzen.

Anschließend lernen Kinder und Jugendliche z.B. in der Schule, im Umgang mit Gleichaltrigen und durch Massenmedien, worauf es ankommt (**sekundäre** Sozialisationsphase). Es entstehen weitere Vorstellungen hinsichtlich der Verhaltensmuster für wünschenswerte, erfolgsversprechende Handlungsweisen. Dieser Wissensbestand korrigiert oder festigt sich im Laufe der Jahre, z.B. durch die Auswahl von Ausbildung bzw. Hochschule und des Arbeitgebers (**tertiäre** Sozialisationsphase).

Es wird deutlich, dass Kultur einen maßgeblichen Einfluss auf die Bildung der eigenen Identität hat. Bereits innerhalb eines Kulturkreises entstehen jedoch individualisierte Lebensläufe, die sich umso mehr fragmentieren, je weiter der kulturelle und nationale Radius gezogen wird (Engelen & Tholen, 2014). An dieser Stelle sei jedoch darauf hingewiesen, dass Kultur nicht die Eigenschaften einzelner Individuen beschreibt. Sie ist vielmehr auf die Werte und das daraus resultierende Verhalten einer Gruppe von Individuen zurückzuführen.[5]

2.4.2 Eisbergmodell nach Schein

Das auf die Kultur übertragene, leicht verständliche Eisbergmodell geht zurück auf Schein (1991). Es unterscheidet zwischen den sichtbaren, leicht zugänglichen Erscheinungsformen von Kultur und den darunter liegenden Grundannahmen, d.h. verdeckten und wesentlich gewichtigeren Triebkräften dieser.

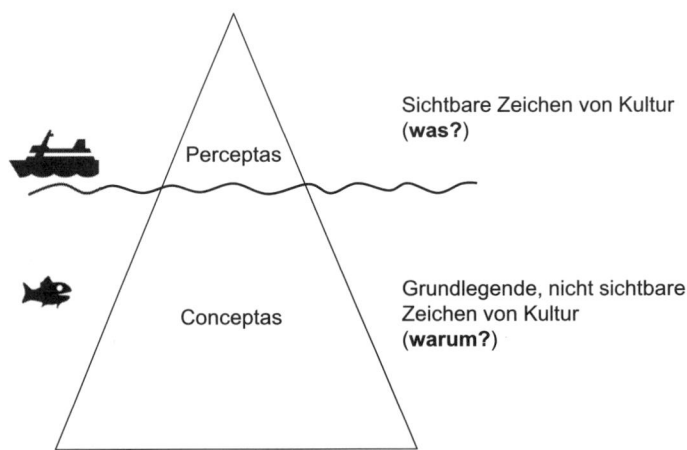

Sichtbare Zeichen von Kultur
(**was?**)

Perceptas

Grundlegende, nicht sichtbare
Zeichen von Kultur
(**warum?**)

Conceptas

Abb. 4: Eisbergmodell (eigene Darstellung in Anlehnung an Schein, 1991)

---

5 Die Kultur einer Gruppe entsteht als Mittelwert der individuellen Werte. Verschiedene Kulturen können sich in diesem Mittelwert unterscheiden. Dennoch ist es nicht möglich, von diesem Mittelwert Rückschlüsse auf die Einstellungen einzelner Individuen der jeweiligen Kultur zu ziehen (Engelen und Tholen (2014) mit Verweis auf Hofstede, Hofstede und Minkov (2010).

Auf den betrieblichen Kontext bezogen lassen sich diese kulturellen Ebenen unterscheiden in:

- **Perceptas:** das beobachtbare Verhalten und die sichtbaren Erscheinungsformen wie z.B. das Kommunikationsverhalten von Mitarbeitern und Vorgesetzten, die Anordnung und Ausgestaltung von Arbeitsplätzen, die Formulierung eines Unternehmensleitbildes oder auch der Kleidungskodex.
- **Conceptas:** Grundannahmen und Werte, die das beobachtbare Verhalten steuern. Dies betrifft u.a. den Umgang mit Macht oder Zeit, die Vorstellung von Wahrheit und die Bedeutung von Ehre, Freiheit und Individualität. Diese werden als selbstverständlich angenommen und nicht hinterfragt.

2.4.3 Zwiebelmodell nach Hofstede

Eine differenzierte Sichtweise bietet das sogenannte Zwiebelmodell von Hofstede, in dem sich kulturelle Unterschiede auf verschiedenen Ebenen manifestieren. Diese liegen wie die Schalen einer Zwiebel übereinander und werden von denjenigen verstanden, die derselben Kultur angehören (s. Abb. 5).

Symbole: Worte, Gesten, Bilder oder Objekte. Diese bilden die oberflächlichste Schicht im Zwiebelmodell. Hierzu zählen Frisur-, Bekleidungs- und Architekturstile ebenso wie Fachjargon, Flaggen und Statussymbole. Neue Symbole entstehen genauso rasch, wie alte verschwinden.

Helden: Personen, die ein Verhaltensvorbild darstellen. Dabei ist es unerheblich, ob diese lebendig oder bereits verstorben, real oder fiktiv sind. Sie verfügen über Eigenschaften, die in der jeweiligen Kultur hoch angesehen sind. Dies können beispielsweise Personen des öffentlichen Lebens wie Martin Luther King oder Steve Jobs sein, oder aber Fantasiefiguren und Märchencharaktere wie Aschenputtel oder Supermann.

Rituale: kollektive Bräuche, die als sozial sinnvoll oder notwendig erachtet und um ihrer selbst willen ausgeführt werden. Sie stärken den Gruppenzusammenhalt und erfüllen für die Beteiligten eine bedeutsame Funktion. Dies können beispielsweise Arten der Begrüßung (z.B. fester vs. weicher Handschlag, Umarmung oder Verbeugung), religiöse

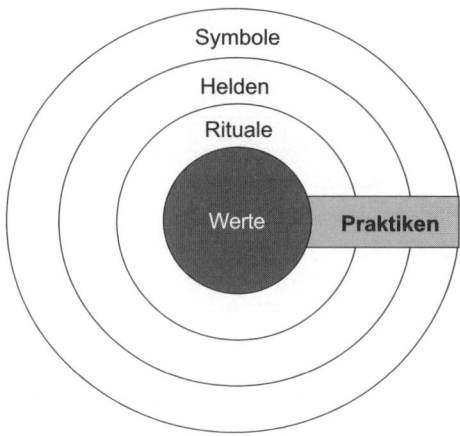

Abb. 5: Zwiebelmodell nach Hofstede (2010, S. 8)

Zeremonien und Festtage (Weihnachten, Ramadan oder das chinesische Neujahr) oder der Umgang mit Speisen und Besteck (Essen mit Messer und Gabel, Stäbchen oder mit den Händen) sein.

Praktiken: Symbole, Helden und Rituale werden unter diesem Begriff zusammengefasst. Diese sind für Außenstehende zwar sichtbar, die kulturelle Bedeutung von Praktiken erschließt sich jedoch lediglich denjenigen, die sie auf Basis der darunterliegenden Wertvorstellungen zu interpretieren verstehen (z.B. das Laterne laufen mit Spielmannszug zu Nikolaus oder das Unterbreiten teurer Geschenke unter Geschäftspartnern).

Werte: Neigung, bestimmte Umstände anderen vorzuziehen. Es handelt sich um Gefühle mit einer Orientierung wie z.B. ob etwas angesehen wird als gut oder böse, hübsch oder hässlich, sauber oder schmutzig, erlaubt oder verboten. Sie bilden den Kern des Zwiebelmodells und sind somit die am tiefsten gelegene Erscheinungsform von Kultur. Sie sind im Gegensatz zu den Praktiken für Außenstehende nicht sichtbar, stellen aber den Motor für das Verhalten dar.

2.4.4 Schichtenmodell nach Dülfer

Das kulturgebundene Schichtenmodell von Dülfer berücksichtigt die Umwelteinflüsse, denen handelnde Individuen ausgesetzt sind (Dülfer & Jöstingmeier, 2008). Er unterscheidet dabei nach natürlichen und kulturellen Einflüssen, die einander gegenseitig bedingen und in verschiedenen Schichten aufeinander aufbauen (s. Abb. 6).

Eine zentrale Rolle spielt im Modell das handelnde Individuum, hier an der Spitze der Abbildung stehend. Die verschiedenen darunter aufgezeigten Schichten liegen den Handlungsweisen des Individuums zugrunde und helfen diese zu erklären.

Natürliche Gegebenheiten: geografische und meteorologische Bedingungen wie das Klima und das Ausmaß der in der Umwelt verfügbaren Ressourcen. Auf diesen liegen die darauf aufbauenden, durch den Menschen geschaffenen Schichten.

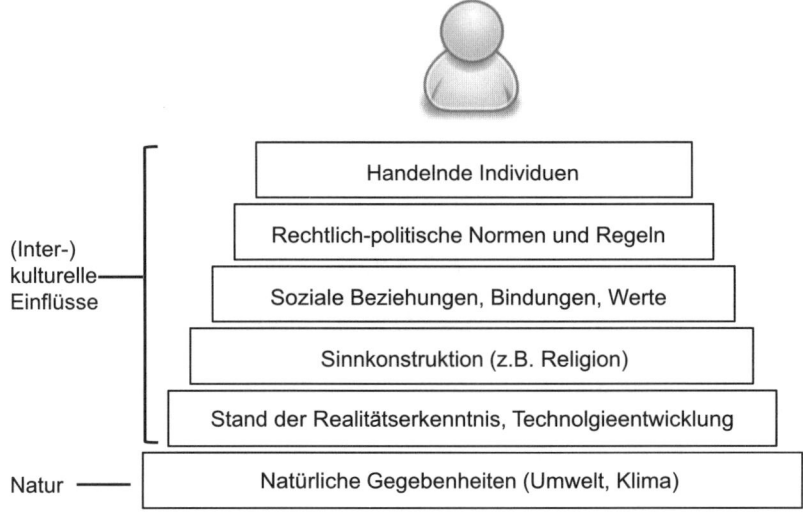

Abb. 6: Schichtenmodell (eigene Darstellung in Anlehnung an Dülfer & Jöstingmeier, 2008)

Stand der Realitätserkenntnis und Technologie: Erklärungsmuster, mit denen die Menschen auf die natürlichen Gegebenheiten ihrer Umwelt reagiert haben. Dies umfasst beispielsweise das Ergebnis unternommener Ursache-Wirkungsanalysen, Realitätserklärungen mithilfe von Religion und die zur Bewältigung der Umwelt genutzten Technologien.

Kulturell bedingte Wertvorstellungen: auf Grundlage der Erklärungsmuster bilden sich Werte, die den Mitgliedern der Kultur zweckmäßig und richtig erscheinen.

Soziale Beziehungen und Bindungen: diese zeigen, mit welchen Menschen eine Person eine hohe Übereinstimmung in den Wertvorstellungen teilt.

Rechtlich-politische Normen: basierend auf den Wertvorstellungen und den sozialen Beziehungen entstehen letztlich Gesetze, Normen und politische sowie soziale Institutionen.

2.5 Studien zur Landeskultur: Kulturschemata

Modelle zur Systematisierung und Messbarkeit kulturabhängiger Ansichts- und Verhaltenszusammenhänge liefern die landeskulturellen Studien von Hall, Hofstede und Trompenaars/Hampden-Turner.[6] Ausführliche Einblicke gibt beispielsweise das Kulturdimensionenmodell nach Hofstede, der sowohl in Wissenschaft als auch in der Praxis zu den meistzitierten Autoren im Bereich der Kulturstudien zählt (Engelen & Tholen, 2014, S. 31; Gutting, 2016, S. 65). Seiner Forschung vorangegangen sind die Erkenntnisse von Hall (2012), welche im Folgenden kurz skizziert werden.

2.5.1 Kulturdimensionen nach Hall

In den 1940er Jahren begann Hall (2012) erstmals sich mit den Unterschieden zwischen verschiedenen Kulturen wissenschaftlich auseinanderzusetzen. In seinen Beobachtungen erkannte er eine Systematik im Hinblick auf die nonverbale Kommunikation und das tägliche Miteinander von Menschen unterschiedlicher Kulturen. Die sich daraus ergebenen Dimensionen werden nachfolgend beschrieben (Engelen & Tholen, 2014, 26ff.; Hall & Hall, 2012):

Der Anthropologe Edward T. Hall versteht Kultur als Form der Kommunikation. Missverständnisse zwischen Individuen verschiedener Kulturen sieht er in deren unterschiedlicher Auffassung von Raum (Privatsphäre), Kontext (direkt vs. indirekte Kommunikation) und Zeit (sequentiell vs. paralleles Angehen von Tätigkeiten).

In der Dimension der *Raumorientierung* geht es darum, wie stark ausgeprägt die Privatsphäre eines Individuums ist. Hall unterscheidet dabei vier Distanzzonen (intime, persönliche, soziale und öffentliche Distanz), die je nach Individuum wiederum nah oder entfernt ausgeprägt sein können. Diese nimmt das Individuum unbewusst wahr und gewährt anderen Menschen, je nach Verhältnis zueinander, Zutritt bzw. verweigert diesen. In Kulturen, die durch ein geringes Distanzempfinden gekennzeichnet sind, sind Körperberührungen, ein nahes Beieinanderstehen sowie häufiger Blickkontakt im Gespräch üblich. Nordeuropäische Kulturen zeichnen sich hingegen

---

6 Hinsichtlich weiterer Forschungen auf diesem Gebiet sei verwiesen auf Kluckhohn & Strodtbeck, Schwartz, GLOBE, Adler oder Triandis. Für eine überblicksartige Darstellung der Arbeiten vgl. Engelen und Tholen (2014) sowie Gutting (2016).

durch eine hohe Distanz aus, die sich in der Vermeidung körperlicher Nähe und der Wahrung einer ausgeprägten Privatsphäre, z.B. der Einhaltung eines körperlichen Abstandes zum Gesprächspartner, ausdrückt. Dies kann auf Individuen weniger distanzierter Kulturkreise so wirken, als wäre jemand uninteressiert und unterkühlt.

Hall unterscheidet nach dem sogenannten *Kontextbezug* in der Kommunikation. Während sich die explizite, direkte Kommunikation in Ländern mit geringem Kontextbezug auf verbale Aspekte und klare Aussagen fokussiert, vermischen sich in Kulturen mit hohem Kontextbezug die Lebensbereiche stärker, so dass nicht alle Informationen ausgesprochen werden müssen. In letzteren Kulturen ist es hilfreich, den jeweiligen Kommunikationskontext bei der Interpretation der Nachricht zu berücksichtigen. Stimmlage, Mimik, Gestik, Bekleidung oder auch die Wahl des Treffpunkts stellen einen maßgeblichen Inhalt der vermittelten Botschaft dar. Um einen möglichen Gesichtsverlust zu vermeiden, werden Aussagen kodiert und somit indirekt kommuniziert. Sie lassen sich lediglich aus dem Gesamtzusammenhang entschlüsseln.

In einer weiteren Dimension unterscheidet Hall zwischen monochromer und polychromer *Auffassung von Zeit* (vgl. auch Lewis (2010). In Kulturen, die von einer monochromen Zeitorientierung geprägt sind, bevorzugen die Individuen die sequentielle Ausführung von Aktivitäten. Die Priorität liegt auf dem Job und der Erledigung von Aufgaben, wobei der raschen Bearbeitung und der fristgerechten Fertigstellung eine hohe Bedeutung zukommt. Für polychrom-orientierte Kulturen stehen die Beziehungspflege und das schlussendlich erreichte Ergebnis im Vordergrund. In diesen können durchaus mehrere Aufgaben parallel ausgeführt werden.

Wenngleich die Schemata von Hall aufgrund ihrer fehlenden empirischen Validierung und der mangelnden theoretischen Fundierung sowie der mangelnden Unterscheidung zwischen Nation und Kultur und dem Vorwurf des Ethnozentrismus kritisiert werden, zählen die Dimensionen nach Hall zu den gängigen Schemata zur Kategorisierung und Messung von Kultur (Engelen & Tholen, 2014, S. 30).

2.5.2 Kulturdimensionen nach Hofstede

Zunächst identifizierte Hofstede die vier Kulturdimensionen *Machtdistanz* (Power Distance), *Individualismus* (Individualism vs. Collectivism), *Maskulinität* (Masculinity) und *Unsicherheitsvermeidung* (Uncertainty Avoidance). Anfang der 1990er Jahre leitete er unter besonderer Berücksichtigung der chinesischen Werte zusätzlich eine fünfte Dimension, die *Langfristorientierung* (Long-term Orientation, LTO), ab (Engelen & Tholen, 2014, 31ff; Gutting, 2016, 31ff; Hofstede et al., 2010).

Die Kulturdimensionen von Hofstede basieren auf einer umfassenden Befragung von 116.000 Mitarbeitern des IBM-Konzerns, die er in den Jahren 1967 bis 1973 in mehr als zwanzig Sprachen über 72 Ländern hinweg durchführte. Diese Dimensionen erklären den überwiegenden Anteil von Verhaltens- und Kommunikationsunterschieden, der zwischen den IBM-Mitarbeitern über die nationalen Niederlassungen hinweg bestehen.

Zwischen Kulturen bestehen Unterschiede darin, inwieweit eine unterschiedliche Machtverteilung als akzeptabel betrachtet wird. Diese Abweichungen misst Hofstede in der Dimension *Machtdistanz*. Sie gibt an, inwieweit untergebene Individuen Ungleichheit hinsichtlich Macht, Prestige und Wohlstand akzeptieren. Dies bezieht sich auf jegliche soziale Gruppen, wie z.B. Familien, Bildungseinrichtungen und Unternehmen. In Ländern mit ausgeprägter Machtdistanz besteht eine überdurchschnittlich hohe Bereitschaft Hierarchien zu achten und Statusunterschiede zu akzeptieren.

In der Dimension des *Individualismus* zeigt sich, wie stark die Beziehung zwischen Individuum und Gruppe ausgeprägt ist. Sie betrachtet, ob in einer betrachteten Kultur das Ich-Gefühl (Individualismus) oder das Wir-Gefühl (Kollektivismus) dominiert, ob folglich das Interesse des Individuums denen der Gemeinschaft über- oder untergeordneten Stellenwert hat. Typische Verhaltensmuster individualistischer Kulturen sind die hohe Wertschätzung der Freiheit eines Einzelnen sowie ein ausgeprägter Respekt für Privatsphäre. Besondere Leistungen werden individuell belohnt. Individuen kollektivistischer Kulturen ist die Erhaltung von Harmonie in der Gruppe wichtiger als die Erfüllung von Aufgaben oder die offene Meinungsäußerung.

In der Dimension *Maskulinität* vs. Femininität erfasst Hofstede, ob es traditionelle maskuline Werte (z.B. Geld, Karriere, Durchsetzungsfähigkeit) oder feminine Werte wie Gesundheit, Fürsorge und Lebensqualität sind, die das Verhalten von Individuen steuern. Auch zeigt sie auf, inwiefern Kulturen an traditionellen Rollenverteilungen festhalten. In maskulinen Gesellschaften findet eine stärkere Unterscheidung nach typischen Männer- (nach Aufstiegsmöglichkeit, Machtkampf) bzw. Frauenberufen (nach Interesse, Verhandlung und Kompromiss) statt.

Gruppen und Kulturen gehen unterschiedlich mit Unsicherheiten und Ambiguitäten im täglichen Handeln um. Dies misst Hofstede in einer vierten Dimension, der der *Unsicherheitsvermeidung*. Während Unsicherheit bei Individuen aus Kulturen mit hohem Unsicherheitsvermeidungsindex Unwohlsein und Stress verursacht und formelle Beziehungen und Prozesse nach sich zieht, begreifen Kulturen mit einem weniger ausgeprägten Hang zur Unsicherheitsvermeidung diese als neue Gelegenheit und als Chance. Letztere sind offen für informelle Zusammenhänge, stehen uneindeutigen Situationen toleranter gegenüber und messen der langfristigen Entwicklung eine höhere Bedeutung zu. Geschäftsbeziehungen sind durch einen hohen Grad an Informalität gekennzeichnet.

Inwiefern traditionelle Werte langfristig getrieben sind, steht im Zentrum der Dimension der sogenannten *Langzeitorientierung*. Ist das Handeln langfristig orientiert, d.h. auf den zukünftigen Erfolg ausgerichtet, zeigt sich dies häufig in Sparsamkeit, Ausdauer und Beharrlichkeit im täglichen Handeln. Ausbildung und Training haben einen hohen Stellenwert. Im Gegensatz hierzu wird im Streben nach Kreativität und Individualismus der kurzzeitorientierten Kulturen Einkommen mehrheitlich ausgegeben.

An dieser Stelle sei auf die ausführlichen Erläuterungen und interaktiv verfügbaren Daten zu den Vergleichen kultureller Ausprägungen verschiedener Nationen auf der Webseite des Geert Hofstede Center verwiesen.[7] Diese kommen in der kulturtheoretischen Annäherung in Kapitel 3 zur praktischen Anwendung.

Kritisch werden die Arbeiten von Hofstede u.a. in Hinblick auf die Gleichstellung von Nation und Kultur, die unzureichende theoretische Fundierung, die Repräsentativität der Daten sowie den Vorwurf des Ethnozentrismus seitens Hofstede und die veraltete Ländereinordnung (basierend auf dem Originaldatensatz Anfang der 70er Jahre) betrachtet.[8]

---

7 https://geert-hofstede.com/tools.html
8 Für eine ausführlichere Aufarbeitung vgl. Engelen und Tholen (2014), S. 46f.)

3   Fallbeispiel: Schilderungen eines syrischen Fluchtmigranten in Studium und Beruf

Im Folgenden wird die Arbeitnehmersicht aus Perspektive eines aus Syrien geflüchteten jungen Mannes geschildert. Hierzu findet im ersten Schritt eine auszugsweise Beschreibung seiner individuellen Lebens- und Berufssituation statt. Die Informationen basieren auf einem mit dem Geflüchteten geführten Interview. Ziel ist es aufzuzeigen, wie die in Kapitel 2 dargelegten Modelle Erklärungs- und Systematisierungsansätze für ein besseres Verständnis seiner Aussagen und Einschätzungen liefern können. Einschränkend muss auf die Grenzen der Übertragbarkeit hingewiesen werden. Bei diesem Fallbeispiel handelt es sich um die Betrachtung einer Einzelperson, was die Übertragung der Modelle aufgrund der erläuterten Zusammenhänge entsprechend einschränkt. Für eine kulturelle Sensibilisierung vermag diese hingegen erste Einblicke zu geben.

3.1   Das Leben eines syrischen Fluchtmigranten zwischen Beruf und Studium in Deutschland

Amir[9] ist 23 Jahre alt und ist am 24.12.2014 als syrischer Fluchtmigrant nach Deutschland gekommen. In Damaskus studierte er Betriebswirtschaft und arbeitete nach einer dreimonatigen Ausbildung studienbegleitend als Assistent der Geschäftsleitung im Rechnungswesen in einem Unternehmen für Wasseraufbereitung.

Kurz vor Abschluss seines Studiums stand es ihm bevor, als Soldat für die Armee eingezogen zu werden. Aus diesem Grund und mit Blick auf die fehlenden Entwicklungsperspektiven plante er über einen Zeitraum von einem Jahr das Verlassen seines Heimatlandes.

Bereits weniger als ein Jahr nach seiner Flucht aus Syrien und der Ankunft in Deutschland gelingt Amir über ein Praktikum der Einstieg in den Job. Darüber hinaus ist es ihm durch ein Stipendium an einer privaten Hochschule möglich sein in Damaskus begonnenes BWL-Studium in Hamburg abzuschließen.

Seine Fluchtroute führte ihn über die Türkei und Russland nach Italien. Von dort reiste er mit dem Zug nach Stuttgart, anschließend nach Hamburg. Heute lebt Amir mit seinem Bruder in der Hansestadt. Dank eines Stipendiums kann er sein Studium an einer privaten Hochschule für internationale Wirtschaft aller Voraussicht nach im kommenden Jahr erfolgreich abschließen. Zur Finanzierung seines Lebensunterhaltes sowie dem Auf- und Ausbau von Berufserfahrung arbeitet Amir seit Anfang 2016 zunächst als Praktikant in einem Unternehmen für Online-Marketing. Er spricht fließend Englisch und verfügt nach Abschluss des für Flüchtlinge obligatorischen Integrationskurses bereits über gute Deutschkenntnisse (C1-Niveau).

Mittlerweile ist Amir seit fast einem Jahr für den Online Vermarkter tätig. Es handelt sich um ein Unternehmen skandinavischer Konzernzugehörigkeit, welches in Hamburg etwa 45 Mitarbeiter beschäftigt. Begonnen hat Amir in einem bezahlten Praktikum und ist seit April 2016 in Teilzeit fest angestellt. Die meisten seiner KollegInnen sind deutscher Herkunft, einige stammen aus den USA, Litauen und Russland. Den Kontakt zu dem Unternehmen hat ein junger Mann hergestellt, der mittlerweile zu einem der engs-

---

[9]   Der Name wurde zur Wahrung der Anonymität von den Autorinnen geändert.

ten Freunde von Amir zählt. Diesen hat er auf einem Integrationsabend für Flüchtlinge kennengelernt. Flyer in den Unterkünften hatten auf diese Veranstaltung aufmerksam gemacht, bei der in Deutschland lebende Familien Geflüchtete zu sich zum Abendessen einluden. Amir nahm das Angebot wahr, weil er sich erhofft, aus erster Hand mehr über das Leben in Deutschland zu erfahren.

Dabei kommt es zu den ersten Überraschungsmomenten – jedoch weniger für Amir als auf Seiten der Gastgeber. Diese hatten ihn beispielsweise sehr zurückhaltend nach seinen Getränkewünschen gefragt und ob es ihn stören würde, wenn sie selbst ein Bier zum Essen trinken. In sichtlich geschockte Gesichter schaute Amir, als er ihnen mitteilte, dass nichts dagegen einzuwenden ist und er ebenfalls gern ein Bier hätte. Schließlich sei er nicht religiös und tränke gern Bier.

Besonders wohl fühlt Amir sich im Umgang mit seinen Kollegen. In dem Unternehmen für Online-Marketing ist Englisch die Arbeitssprache. Dass der junge Syrer über sehr gute Englischkenntnisse verfügt, trägt maßgeblich zu einer gelingenden Kommunikation mit seinen Vorgesetzten und Teammitgliedern bei.

Bei seiner Einstellung als Praktikant führte Amir ein ausführliches Gespräch mit dem Managing Director des Unternehmens. Darin ist dieser sehr offen gewesen, erzählte ausgiebig von sich selbst und zeigte großes Interesse an Amir und dessen Leben in Syrien. Auch sprach sein zukünftiger Vorgesetzter offen an, dass er sowohl persönlich als auch für seine Mitarbeiter ausschließen will, dass Amir Kontakte zu den falschen Menschen im syrischen Kriegsgebiet pflegt. Diese Befürchtung konnten sie in einem sehr persönlichen Gespräch, in dem sich beide Seiten geöffnet und viel von sich preisgegeben haben, ausräumen. Amir rechnet seinem Vorgesetzten hoch an, dass er ihm eine Chance gegeben hat, beruflich in Deutschland Fuß zu fassen. Und dass ihm zu jeder Zeit in den Eingangsgesprächen und darüber hinaus mit Respekt begegnet worden ist. Er betont, dass er dabei stets als Mensch behandelt wurde.

Menschlich ist aus Sicht Amirs auch der humorvolle Umgang seiner Kollegen mit seiner Herkunft. Gemeinsam machen sie makabere Witze, z.B. wenn Amir einen Mantel trägt („Leute, der hat den langen Mantel an – was da wohl drunter ist? Lauft!") oder als er sich beim Warten auf Kollegen den Gebäudefluchtplan ansieht.

Während Amir sich mit dem Unternehmen und seinem Team im Rahmen seines Praktikums sehr verbunden fühlt, beschreibt er das Verhältnis zu seinen Kommilitonen als weitaus weniger ergiebig. Seiner Einschätzung nach nutzen sie die Möglichkeiten, die sich ihnen bieten, nicht oder zumindest nicht in ausreichendem Maße. Dabei nimmt er sie nicht als weniger ambitioniert wahr, lediglich als weniger reif. Dies macht er beispielsweise daran fest, dass sie die Gelegenheiten zur Interaktion mit den Lehrkräften und die Angebote zur beruflichen Weiterentwicklung nur sehr eingeschränkt wahrnehmen.

Freunde hat er hingegen im beruflichen Umfeld gefunden, an der Hochschule sind es eher freundliche Bekanntschaften. Amir erklärt sich dies darüber, dass er mit den gleichaltrigen Studierenden weit weniger gemeinsam hat als mit seinen erfahreneren Kollegen. Mit einigen von ihnen tauscht er sich intensiv über z.B. Job, Familie und Reisen aus und fühlt sich mit ihnen über das seiner Person entgegenbrachte Vertrauen verbunden. Auch kann er im Job nahezu ausschließlich in englischer Sprache kommunizieren. Damit fühlt er sich eher mehr er selbst zu sein, als wenn er sich auf Deutsch ausdrücken muss, sowohl im beruflichen Umfeld als auch privat.

Über kulturelle Besonderheiten oder gar Unterschiede hat Amir nach eigener Aussage weder vor seiner Ausreise noch seit seiner Ankunft in Deutschland aktiv nachgedacht. Er beschreibt sich selbst als jemanden von westlicher Orientierung. Bei näherer Betrachtung fällt ihm jedoch auf, dass die Menschen in seinem Heimatland spontaner sind und mehr von Tag zu Tag leben, während die Zeit in Deutschland sehr viel stärker durchgeplant zu sein scheint. Freunde anzurufen, um ein spontanes Treffen zu vereinbaren, ist kaum machbar. In Deutschland werden Verabredungen offenbar mit mehreren Tagen Vorlauf getroffen.

Darüber hinaus ist ihm aufgefallen, dass die Urlaubszeit für deutsche Arbeitnehmer einen ausgesprochen hohen Stellenwert hat. Darauf arbeiten sie hin, ähnlich wie auch auf die Wochenenden. Amir beschreibt seine KollegInnen in Deutschland als sehr eifrig und arbeitsfreudig. Auf ihn wirken sie sehr effizient, aber auch so als würden sie beruflich unter enormem Druck stehen. Dadurch rechtfertigt sich für ihn auch deren erhöhtes Streben nach Freizeit. Diese auffällige Unterscheidung zwischen Arbeit und Freizeit ist ihm aus Studium und Berufstätigkeit in Syrien nicht bekannt gewesen.

Abschließend gilt anzumerken, dass Amirs Vorgesetzter ihn als große Bereicherung in seinem Unternehmen und im Team sieht. Er selbst verfügt über Erfahrungen in der Zusammenarbeit mit Menschen unterschiedlicher Herkunft und hat Syrien vor der Eskalation und dem Kriegsausbruch während eines Sabbatical im Jahr 2010 bereist (F. Peters, persönl. Mitteilung, 21.12.2016).[10]

3.2   Erkenntnisse zur kultursensibilisierten Handlungskompetenz

3.2.1 Kulturdimensionen nach Hofstede

Nachfolgend dienen nun die von Hofstede ermittelten Werte der Kulturdimensionen des deutsch-syrischen Ländervergleichs als Grundlage, um die Aussagen des syrischen Flüchtlings Amir einzuordnen und daraus Handlungsempfehlungen ableiten zu können (s. Abb. 7).[11]

Nach den Erkenntnissen Hofstedes ist Syriens Gesellschaft als hierarchisch anzusehen (Wert von 80). Hierarchien im Unternehmen spiegeln innewohnende Ungleichheiten wider und sind berechtigt. Arbeitnehmer erwarten Anweisungen und der ideale Vorgesetzte ist ein wohlwollender Autokrat. Im Gegensatz hierzu ist das stark dezentrale Deutschland mit einer starken Mittelklasse von geringerer Machtdistanz geprägt (Wert von 35). Wer seine Arbeit gut macht, kommt weiter.

Beide Ausprägungen spiegeln sich in den Aussagen bzw. im Verhalten von Amir wider. Die Möglichkeit zum direkten Austausch mit den höhergestellten Lehrkräften während des Studiums sieht der junge Syrer als deutliches Privileg, welches die deutschen Studierenden seines Erachtens nach zu wenig wertschätzen und nutzen. Auch beruflich werden diese Aspekte sichtbar. Das Unternehmen gibt ihm eine faire Chance und bietet ihm ein bezahltes Praktikum. Auch dies weiß der Syrer zu schätzen. Während

---

[10] Das insgesamt 8-monatige Sabbatical führte den Manager per Motorrad von Hamburg über die Türkei und Syrien durch Afrika bis nach Kapstadt.

[11] Für detaillierte Informationen zu den kulturellen Wesenszügen in der Eigen- und Fremdwahrnehmung vgl. Schroll-Machl (2013). Interessante Einblicke in die syrische Kultur sind zu finden bei Helberg (2014).

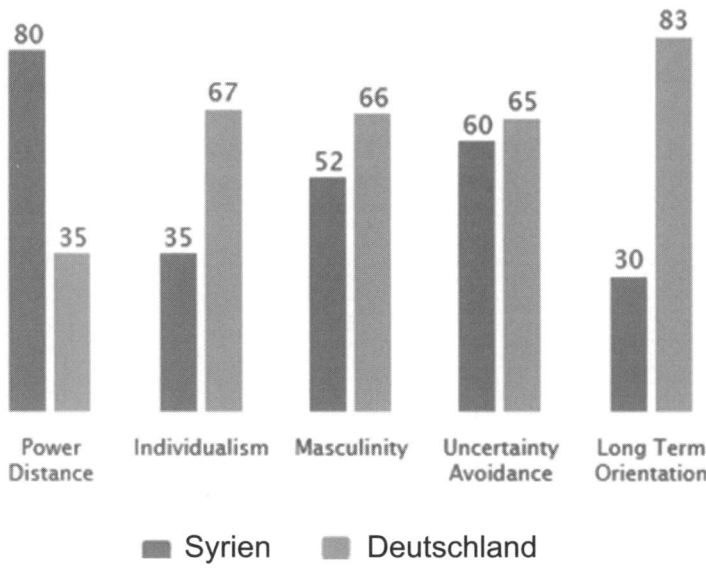

Syrien im Vergleich zu Deutschland

Abb. 7: Kulturdimensionen Syrien-Deutschland im Vergleich (Geert Hofstede Centre 2016)

seines Praktikums arbeitet Amir hart und übererfüllt die Erwartungen des Unternehmens nach eigener Aussage. Dafür wird er belohnt und erhält eine Festanstellung in Teilzeit. Durch seine zuverlässige Gewissenhaftigkeit und den respektvollen Umgang hat Amir sich das Vertrauen seines Vorgesetzten erarbeitet und kann regelmäßig von zuhause aus arbeiten.

Syriens Gesellschaft ist von einer eher kollektivistischen Verhaltensweise gekennzeichnet (Wert von 35). Die Bindung zu Familie und Freunden ist langfristiger Natur, Loyalität wird groß geschrieben. Die Beziehungen zwischen Arbeitgeber und Arbeitnehmer sind moralischer Art, fast familiär. Die deutsche Gesellschaft ist mit einem Wert von 67 hingegen als individualistisch zu bezeichnen. Jeder ist für sein eigenes Vorankommen selbst verantwortlich, Selbstverwirklichung ist ein gelebtes Ideal.

Amir zeigt deutlich individualistische Verhaltenszüge und strebt gleichzeitig nach dem Zusammenhalt der Gruppe. Er fühlt sich insbesondere in seinem beruflichen Umfeld nach eigener Aussage wohl. Loyalität empfindet er seinen Freunden und Vorgesetzten gegenüber, denen er den Berufseinstieg in Deutschland zu verdanken hat. Er bezeichnet einen dieser Kollegen als seinen besten Freund. Dabei

Amir fällt durch seine stark ausgeprägte Ziel- und Leistungsorientierung auf. Er möchte die sich ihm bietenden Chancen ergreifen und das Bestmögliche daraus machen. Dafür ist er bereit hart zu arbeiten. Die strikte Trennung nach Berufs- und Privatleben irritiert den jungen Syrer, er empfindet seine Mitmenschen als „unter Druck stehend".

wirkt es fast erstaunlich, dass er diesen – obgleich sie in derselben Stadt leben, nach zweimonatiger Kontaktpause mit seinen neuerworbenen Deutschkenntnissen überrascht.

Mit einem Mittelwert von 52 gibt es in Syrien keine deutliche Präferenz hinsichtlich der Ausprägung im Bereich Maskulinität. Mit einem Wert von 66 zählt Deutschland bereits zu den maskulinen Gesellschaften. Leistung ist hoch angesehen, die Menschen ‚leben um zu arbeiten' und die Erfüllung von Aufgaben stärkt ihr Selbstbewusstsein.

Während Amir selbst überdurchschnittlich ziel- und leistungsorientiert wirkt, fällt auf, dass ihn die fokussierte Arbeitsweise seiner Kollegen irritiert. Die deutliche Unterscheidung zwischen Arbeits- und Freizeit empfindet er als Druck.

Sowohl Syrien (Wert von 60) als auch Deutschland (Wert von 65) sind als Gesellschaften zu bezeichnen, in denen eine Präferenz zur Unsicherheitsvermeidung herrscht. Menschen dieser Kulturen haben einen inneren Drang zur Beschäftigung, harte Arbeit und Präzision sind wichtig, auch auf Kosten möglicher Innovation.

Amir schätzt die beruflichen Herausforderungen, geht komplexe Aufgaben systematisch an, bricht sie in Teilbereiche auf und arbeitet sie ab. Expertise und Gewissenhaftigkeit sind ihm wichtig. Wenngleich er durch sein konzentriertes Arbeiten weniger mit Kollegen in Kontakt treten kann, ist ihm diese gewissenhafte Arbeitsweise überaus wichtig.

Einen signifikanten Unterschied stellt die Langzeitorientierung der syrischen (Wert von 30) und der deutschen Gesellschaft (Wert von 83) dar. Während in Syrien eine normative Kultur vorherrscht, Traditionen respektiert werden und eine Präferenz zur schnellen Zielerreichung existiert, ist die deutsche Kultur von Pragmatismus gekennzeichnet. Ändern sich die Umstände, können Traditionen entsprechend angepasst werden. Ziele erreichen sie über Beharrlichkeit und Ausdauer, sie sind willens zu sparen und zu investieren.

In dem Gespräch mit Amir zeigt sich deutlich sein Streben nach einer zügigen Zielerreichung. Bereits bevor er sein Studium in Hamburg aufnimmt, fängt er an zu arbeiten und übererfüllt die vertraglich vereinbarten Stunden. Er möchte sich weiterentwickeln und informiert sich parallel zum derzeitigen Vollzeitstudium und 20-Stunden-Job pro Woche über mögliche Masterprogramme.

3.2.2 Zum Strukturmodell der interkulturellen Kompetenz

Auf affektiver Ebene sind Unvoreingenommenheit und Offenheit sowie Einfühlungsvermögen auf Seiten Amirs als auch seines Arbeitgebers bzw. Vorgesetzten gegeben.

Auf kognitiver Ebene finden sich die Sensibilisierung des kulturellen Bewusstseins, Selbstwahrnehmung und realistische Erwartungen ebenfalls beiderseits wieder.

Auf der konativen Ebene sind ein respektvoller Umgang miteinander, Flexibilität und Sprachfertigkeit ebenso wie Kommunikationsfähigkeit sowohl bei Amir als auch bei seinem Arbeitgeber vorhanden. Ambiguitätstoleranz ist in der syrischen Gesellschaft ähnlich gering ausgeprägt wie in der deutschen. Dennoch gelingt der Umgang miteinander. Über Humor und Sarkasmus adressieren Amir und seine Kollegen im Arbeitsalltag die Themen, die sie beschäftigen.

Effektivität kann erreicht werden. Amir passt sich an die Gegebenheiten der deutschen Gesellschaft an. Er wirkt zufrieden.

4   Fazit

Wie obiges Fallbeispiel zeigt, ist der Erfolg der Integration neuer Mitarbeiter abhängig von den Einstellungen und Verhaltensweisen aller Beteiligten, d.h. von Vorgesetzten, Kollegen und den neuen Mitarbeitern selbst.

Innerhalb des Unternehmens sollten begleitend Maßnahmen entlang der verschiedenen Phasen der Integration entwickelt werden. Zweck dieses Prozesses ist die gezielte sachliche als auch emotionale Unterstützung. Eine erfolgreiche Integration hat i.d.R. positive Auswirkungen auf die Arbeitsleistung und -zufriedenheit.

Das Fallbeispiel hat auch gezeigt: Personalverantwortliche benötigen interkulturelle Handlungskompetenz. Neben Kenntnissen über Kultur und kulturelle Unterschiede im Denken und Verhalten ist auch die Fähigkeit, mit Menschen aus anderen Kulturen so umzugehen, dass Missverständnisse reduziert und Konflikte vermieden werden, in hohem Maße erforderlich. Ziel ist eine produktive und für beide Seiten zufriedenstellende Kooperation.

Die in Kap. 2 angeführten Modelle bieten eine geeignete Basis, ein Grundverständnis hierzu zu erlangen.

Offenheit, Toleranz und Respekt stellen die Grundvoraussetzung für den Erwerb interkultureller Kompetenz, und damit den ersten Schritt, dar. Sozialkompetenz spielt hierbei eine wesentliche Rolle, z.B. Empathie zu empfinden und sich in andere hineinversetzen zu können. Unterschiede in der Wahrnehmung und den Wertvorstellungen verschiedener Kulturen gilt es anzuerkennen und zu respektieren.

In einem zweiten Schritt steht der Wissenserwerb hinsichtlich kultureller Unterschiede und Gemeinsamkeiten im Vordergrund. Bedeutsam ist hier die Kenntnis des kulturellen Kontextes *aller* beteiligten Parteien.

Letztlich bedarf er der Fähigkeit, die unterschiedlichen, kulturellen Eigenschaften als Stärken zu begreifen und diese für das Unternehmen nutzstiftend einzusetzen.

Literatur

Bolten, J. (2007a). *Einführung in die interkulturelle Wirtschaftskommunikation* (UTB Wirtschaftswissenschaften, Interkulturelle Kommunikation, Bd. 2922). Göttingen: Vandenhoeck & Ruprecht. Verfügbar unter http://www.utb-studi-e-book.de/9783825229221/1/0

Bolten, J. (2007b). Was heißt „Interkulturelle Kompetenz"? Perspektiven für die internationale Personalentwicklung. In J. Berninghausen & V. Kuenzer (Hrsg.), *Wirtschaft als interkulturelle Herausforderung. Business across cultures* (Studien zu interkulturellem Management und diversity, Bd. 1, S. 21-41). Frankfurt am Main: IKO - Verl. für Interkulturelle Kommunikation.

Bolten, J. (2012a). *Interkulturelle Kompetenz* (Rev. Ausg). Erfurt: Landeszentrale f. polit. Bild. Thüringen.

Bolten, J. (2012b, September). *Interkulturelle Kompetenz . Was heisst 'interkulturelle Kompetenz'? Wie kann man sie messen' Wie lässt sie sich entwickeln und fördern?*, Wolfsburg.

Bundesamt für Migration und Flüchtlinge (Hrsg.) (2016). *Vorläufiges Curriculum für einen bundesweiten Orientierungskurs* [Themenheft].

Bundeszentrale für politische Bildung (2015). *Zahlen und Fakten: Die soziale Situation in Deutschland. Bevölkerung mit Migrationshintergrund I*. Verfügbar unter http://www.bpb.de/nachschlagen/zahlen-und-fakten/soziale-situation-in-deutschland/61646/migrationshintergrund-i

Dülfer, E. & Jöstingmeier, B. (2008). *Internationales Management in unterschiedlichen Kulturbereichen* (7., vollst. überarb. Aufl.). München: Oldenbourg. Verfügbar unter http://sub-hh.ciando.com/book/?bok_id=15418

Eberlein, M. (2008). Culture as a Critical Success Factor for Successful Global Project Managment in Multi-National IT Service Projects. *Journal of Information Technology Management, Vol. XIX*(3), 27-42.

El Masri, T. (2016, Mai). *Bürgerdialog Flüchtlingshilfe.* Hamburg.

Engelen, A. & Tholen, E. (2014). *Interkulturelles Management* (1. Aufl.). s.l.: Schäffer-Poeschel Lehrbuch Verlag. Verfügbar unter http://gbv.eblib.com/patron/FullRecord.aspx?p=1744378

Gabler Wirtschaftslexikon (Springer Gabler Verlag, Hrsg.) (2016). *Stichwort-Suche.*

Geert Hofstede Centre Tools: Country Comparison [Computer software]. Verfügbar unter https://geert-hofstede.com/tools.html

Gutting, D. (2016). *Interkulturelles Management, Diversity und internationale Kooperation.* Herne: Kiehl.

Hall, E. T. & Hall, M. R. (2012). *Understanding cultural differences. [Germans, French and Americans]* [Nachdr.]. Boston, Mass.: Intercultural Press.

Helberg, K. (2014). *Brennpunkt Syrien. Einblick in ein verschlossenes Land* (Herder-Spektrum, Bd. 6544, 2., aktualisierte und erw. Aufl.). Freiburg im Breisgau: Herder.

Hofstede, G. H., Hofstede, G. J. & Minkov, M. (2010). *Cultures and organizations. Software of the mind; intercultural cooperation and its importance for survival* (Rev. and expanded 3. ed.). New York: McGraw-Hill.

Hurrelmann, K. & Bauer, U. (2015). *Einführung in die Sozialisationstheorie. Das Modell der produktiven Realitätsverarbeitung* (Beltz-Studium, 11., vollst. überarb. Aufl.). Weinheim: Beltz. Verfügbar unter http://content-select.com/index.php?id=bib_view&ean=9783407294333

Kristof, A. (1996). Person-Organization Fit. An integrative review of its conceptualizations, measurement, and implications. *Personnel Psychology, 49*(1), 1-49.

Landis, D. & Brislin, R. W. (1983). *Handbook of Intercultural Training. Issues in Theory and Design:* Elsevier Science Limited.

Leung, K., Bhagat, R. S., Buchan, N. R., Erez, M. & Gibson, C. B. (2005). Culture and international business: recent advances and their implications for future research. *Journal of International Business Studies, 36*(4), 357-378.

Lewis, R. D. (2010). *When Cultures Collide. Leading Across Cultures.* New York: Nicholas Brealey Publishing.

Müller, S. & Gelbrich, K. (2004). *Interkulturelles Marketing* (Vahlens Handbücher der Wirtschafts- und Sozialwissenschaften). München: Vahlen.

Peters, F. (21.12.2016). *Emailverkehr zur Vereinbarung eines Interviewtermins.*

Schein, E. H. (1991). *Organizational culture and leadership* (The Jossey-Bass social and behavioral science series, 1. ed., 10. print). San Francisco: Jossey-Bass.

Schroll-Machl, S. (2013). *Doing Business with Germans. Their Perception, Our Perception* (5th ed.). s.l.: Vandenhoeck & Ruprecht.

Schulz von Thun, F. (2016). *Störungen und Klärungen. Allgemeine Psychologie der Kommunikation* (Rororo, Bd. 17489, 53. Auflage, Originalausgabe). Reinbek bei Hamburg: Rowohlt Taschenbuch Verlag.

Thomas, A. (2005). *Grundlagen der interkulturellen Psychologie* (Interkulturelle Bibliothek, v.55). Nordhausen: Traugott Bautz. Verfügbar unter http://gbv.eblib.com/patron/FullRecord.aspx?p=1714165

Thomas, A. (2006). Interkulturelle Handlungskompetenz - Schlüsselkompetenz für die moderne Arbeitswelt. *Arbeit, 15*(2).

Trompenaars, F. & Hampden-Turner, C. (2012). *Riding the waves of culture. Understanding diversity in global business* (Rev. and updated 3. ed.). London: Brealey.

Wolf, A. & Jackson, U. (2014). Eventmarketing unter sozialpsychologischer Betrachtung – Gruppenerlebnisse in der Live-Kommunikation. In U. Eisermann, L. Winnen & A. Wrobel (Hrsg.), *Praxisorientiertes Eventmanagement. Events erfolgreich planen, umsetzen und bewerten* (S. 103-116). Wiesbaden: Springer Gabler.

Teamarbeit und Teameffektivität

Bettina Keßler

Einführung in die Thematik

Heutige Organisationen arbeiten teamgestützt. Dies gilt für Wirtschaftsunternehmen wie für Non-Profit-Organisationen, Startups, mittelständische Produktionsunternehmen und international agierende Konzerne. Teams beraten, diskutieren und entscheiden auf den Top-Management-Ebenen. Sie entwickeln und koordinieren die nächsten Marketing-Kampagnen ihrer Business Unit. Teams lassen den BMW i3 aus den Produktionsstätten gleiten und bringen das iPhone 7 zur Marktfähigkeit.

Unzählige Berichte zeugen von außergewöhnlichen Teamleistungen. Ebenso verweisen sie auf fatale Entscheidungen, die in Teams getroffen werden. Die Faszination scheint darin zu liegen, wozu Teams fähig sind, und dies in beiden Extremen. Damit verbinden sich folgende Fragen:

- Was zeichnet hoch performante (high-performance) Teams aus?
- Warum erreichen Teams in einem Kontext Höchstleistungen und bleiben in anderen Situationen weit hinter den Erwartungen zurück?
- Gibt es Faktoren, die das Scheitern von Teams vorhersagen können?
- Was sind die Stärken von Teams, wenn sich Ziele verändern und Rahmenbedingungen und Verantwortlichkeiten unklar sind?
- Über welche Ressourcen verfügen Teams, um in einer schnell veränderlichen Welt gestalterisch und effektiv zu agieren?
- Gibt es Vorboten, die erkennen lassen, dass ein Team eine weitreichende Entscheidung falsch beurteilen wird?

Diese Fragen orientieren sich an aktuellen Themen und Herausforderungen, denen Teams und ihre Führungskräfte in Organisationen begegnen. Für solche Fragen kann es keine Patentrezepte geben. Gleichermaßen hat dieses Kapitel den Anspruch, Antworten zu finden, ohne zu simplifizieren. Veranschaulicht wird daher eine Reihe von Modellen und Phänomenen, die für das Verständnis von Teams und ihrer Dynamiken wichtig sind.

Aus Sicht der Praxis geht es um die Frage, wie diese Erkenntnisse für die Arbeit in und mit Teams genutzt werden können. Dabei gilt es, die wissenschaftliche Forderung nach Präzision und die praktische Anforderung nach Umsetzbarkeit sowie Nützlichkeit der Erkenntnisse miteinander zu verbinden. An einigen Stellen mag dies als Dilemma erscheinen. Vielerorts löst sich dieses jedoch auf, sobald ein wenig Übersetzungsarbeit geleistet wird. Denn auch ein noch so exakt definiertes wissenschaftliches Konstrukt wie *teamwork mental model accuracy* wird kaum im täglichen „Business-Talk" zu finden sein. Nicht so aber die Bedeutung dieses Konstrukts: Jeder, der sich mit Teams beschäftigt, wird erfahren, dass Teams, deren Mitglieder ein differenziertes gedankliches Abbild ihrer Zusammenarbeit haben, effektiver zusammenarbeiten, als solche, bei denen Rollen und Verantwortlichkeiten unklar sind.

Zentrale wissenschaftliche Konstrukte und Phänomene aus dem Forschungsgebiet werden im Originalwortlaut kursiv dargestellt und eingeführt und ihre Bedeutung in einer Sprache vertieft, die mir als anschlussfähig für die Praxis erscheint. Da die Originalpublikationen mehrheitlich aus dem anglo-amerikanischen Raum stammen oder in englischer Sprache veröffentlicht sind, gibt es im Deutschen gelegentlich nur sprachliche Annäherungen.

Gliederung des Kapitels

In diesem Kapitel werden die Leistungsfähigkeit und Effektivität von Teams aus unterschiedlichen Perspektiven beleuchtet. Das Kapitel gliedert sich in drei große Abschnitte:

- Abschnitt eins gibt einen Überblick über Definitionen und Modelle der Teamforschung. Wissenschaftliche Befunde über Wirkungen und Dynamiken, die sich in der Zusammenarbeit entwickeln, werden anhand konkreter Fragestellungen erläutert.
- Abschnitt zwei konzentriert sich auf die Frage, worin sich die Leistungsfähigkeit und Effektivität der Zusammenarbeit zeigt. Illustriert werden unterschiedliche Fallbeispiele.
- Abschnitt drei gibt einen Einblick in das methodische Rüstzeug, das die empirischen Forschungsmethoden bieten, um Teamarbeit zu erforschen, abzubilden und zu messen.

Am Ende jedes Abschnittes finden sich zudem einige Fragen zum Verständnis, die zu einer kritischen Auseinandersetzung mit dem Gelesenen auffordern. Dabei es geht vor allem darum, den eigenen Forschergeist anzuregen. Denn auch die Forschung benötigt neue, innovative Ansätze, um dem Phänomen leistungsstarker, effektiver Teams noch weiter auf die Spur zu kommen.

Verständnis und Haltung

Leitend ist ein systemisches Verständnis von Teams als Entitäten in Organisationen. In ihrer Komplexität entziehen sich Teams einer eindimensionalen Betrachtung. An die Stelle linearer Ursache-Wirkungs-Zusammenhänge tritt die Frage, wie Rahmenbedingungen, Input-Variablen, Prozesse u.v.m. im Team miteinander in Wechselwirkung stehen, sich bedingen, verstärken oder mindern und so letztlich in sicht- und messbare Ergebnisse der Zusammenarbeit münden.

„We must never forget that teams are living systems, not manufactured products that can be built to prescribed proportions, built to order, functionally correct." (Hawkins, 2014, S. 7).

1   Definitionen, Rahmenmodelle und Befunde aus der Teamforschung

Im Fokus dieses Kapitels stehen Teams, die im Kontext von Wirtschaftsorganisationen angesiedelt sind. Solche Teams verfolgen Zielsetzungen, Aufgaben und Funktionen in Organisationen, auf die sie durch koordinierte Handlungen, Abstimmungen und Rückkopplungen hinarbeiten. Teams agieren unter bestimmten Rahmenbedingungen, unterschiedlicher zeitlicher Dauer und räumlicher Nähe bzw. Distanz. Ebenso jonglieren sie mit vielen verschiedenen Verantwortlichkeiten, Rollen, Berichtslinien und Stakeholdern.

Wissenschaftler wie Praktiker beschäftigt gleichermaßen eine Frage, die Cohen & Bailey eine unglaubliche Resonanz auf ihren 1997 erschienenen Artikel ‚*What makes Teams work: Group Effectiveness Research from the Shop Floor to the Executive Suite*' beschert. Ihre Definition von Teams lautet: „A team is a collection of individuals who are interdependent in their tasks, who share responsibility for outcomes, who see themselves and who are seen by others as an intact social entity embedded in one or more larger social systems (for example, business unit or the corporation), and who manage their relationships across organizational boundaries." (Cohen & Bailey, 1997, S. 241). Drei Aspekte dieser Definition von Teams sind besonders hervorzuheben:

- Es geht um die Verflechtung (Interdependenz) der Aufgaben, d.h. die wechselseitigen Rückbezüge, um Ziele gemeinsam zu erreichen. Genau dies erfordert Interaktionen, Kommunikationen sowie Abstimmungsprozesse, welche die wissenschaftliche Literatur als *teamwork* im Unterschied zu *taskwork* definiert.
- Resultate von *teamwork* lassen sich schwer isoliert ausfindig machen, da Teams in einen größeren Kontext eingebettet sind, der sowohl Rahmenbedingungen setzt als auch die Ergebnisse beeinflusst.
- *Teamwork* im engeren Sinne erfordert es, über Grenzen hinweg zu agieren, sich abzustimmen und zu kommunizieren. Diese Grenzen können im Flur zum nächsten Büro angesiedelt sein oder ganze Kontinente umfassen samt zugehöriger unterschiedlicher Zeitzonen, Sprachen und kultureller Unterschiede.

1.1 Verschiedene Teamtypen und -arten

Unterschieden werden Teams, deren Mitglieder sich in der Zusammenarbeit mehrheitlich physisch begegnen (*co-located teams*), *virtuelle Teams* (deren Mitglieder über Zeitzonen, Orte, häufig Kontinente hinweg zusammenarbeiten), *Projektteams* (die in unterschiedlichen Konstellationen und begrenzter zeitlicher Dauer zusammenarbeiten) sowie Teams, die sich vor allem durch die Vielfalt kultureller und ethnischer Hintergründe auszeichnen (*transnationale Teams*). Andere Kriterien einer Teamtypologie beziehen sich auf die verschiedenen Hierarchielevel, in denen Teams in Organisationen angesiedelt sind: *Top Management Teams*, die wesentlich mit Entscheidungen über die strategischen Belange der Gesamtorganisation und den Anforderungen von zentralen Stakeholdern und Shareholdern befasst sind, werden abgegrenzt von Teams, die mehrheitlich in der operativen Arbeit miteinander zu tun haben (*work teams*).

Nimmt man Koordinierungsprozesse als Kriterium, lassen sich *sequenziell arbeitende Teams* (in denen die Teammitglieder nacheinander folgend abgrenzbare Themen bearbeiten) von Teams unterscheiden, in denen Feedback und Rückkopplung wechselseitig erforderlich sind (*reziprokal arbeitende Teams*). Hinzu kommen verschiedene Teamkonstellationen wie bspw. *selbstorganisierte Teams* (in denen keine formale Führungsverantwortung ausgewiesen ist) sowie *Teams in Matrixorganisationen*, für die funktionale, projektbezogene, länderspezifische und damit direkte und indirekte Berichtslinien co-existieren.

Schaut man auf die Vielzahl der Studien, überrascht die Konsistenz der Definitionen, die aus relativ unabhängigen Quellen stammen (aus früheren Arbeiten bspw. Alderfer, 1977; Hackman, 1987). Mathieu et al. adaptieren die Definition von Kozlowski & Bell (2003) – „collectives, who exist to perform organizationally relevant tasks, share one or more common goals, interact socially, exhibit task interdependencies, maintain and manage boundaries, and are embedded in an organizational context that set boundaries, constrains the team, and influences exchanges with other units in the broader entity." (Mathieu et al., 2008, S. 411).

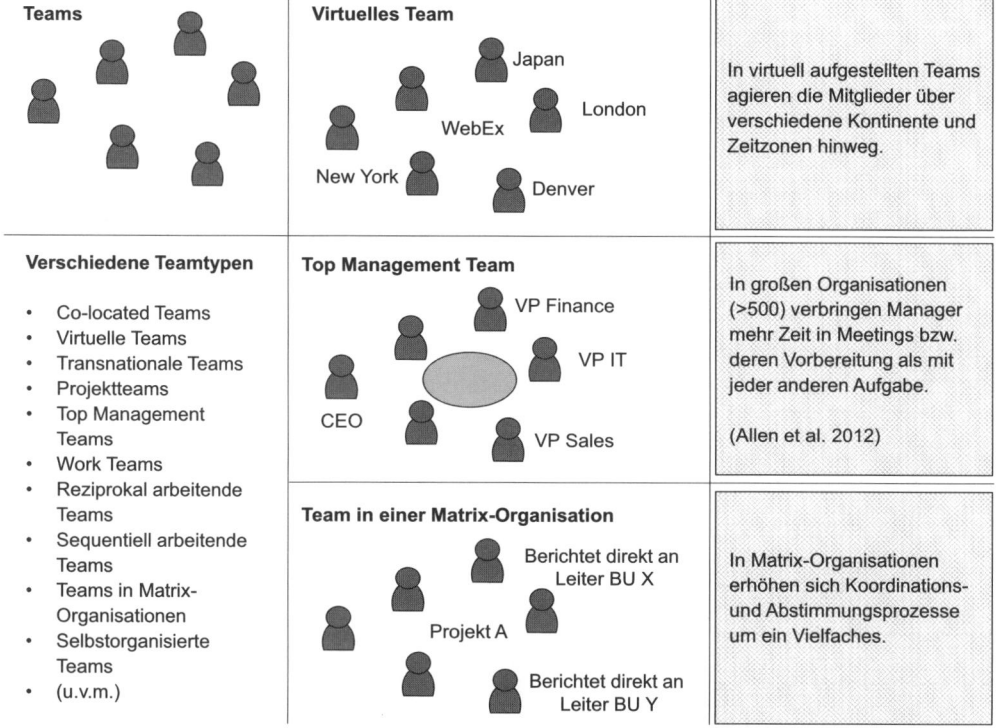

Abb. 1: Illustration verschiedener Teamtypen und -arten

1.2 Rahmenmodelle zur Leistungsfähigkeit von Teams

Basierend auf den oben genannten Definitionen nähern wir uns Modellen, die die verschiedenen Komponenten, Einflussfaktoren und damit die Prozesse leistungsfähiger Teams beleuchten. Sie liefern Antworten darauf, was hoch performante Teams von anderen unterscheidet, wie sich Dynamiken innerhalb von Teams entwickeln oder warum einige Teams scheitern und andere Höchstleistungen erbringen. Teams arbeiten in heutigen Organisationen unter schnell veränderlichen Rahmenbedingungen. Sie werden von einer Vielzahl äußerer Prozesse beeinflusst, wie bspw. der wirtschaftlichen und politischen Situation unterschiedlicher Länder oder Kontinente sowie den Megatrends des 21. Jahrhunderts.

1964 verankert McGrath den Gedanken an ein *Input-Process-Output*-Rahmenmodell (*IPO*) im wissenschaftlichen Diskurs, welches vielfach adaptiert wird. Unterschieden wird in diesem wie in den Folgemodellen grundsätzlich zwischen *Input-Faktoren* (*antecedent factors/input factors*), *Team-Prozessen* (*team processes*) sowie *Ergebnissen* (*output factors*/outcomes) (s. Abb. 2).

Seit den 1960er Jahren finden sich mannigfache Ergänzungen und Erweiterungen (Cohen & Bailey, 1997; Hackman, 1983, 1987; Ilgen et al., 2005; LePine et al., 2008; West et al., 2004). Gleichermaßen scheint die grundlegende Dreiteilung *Inputs-Processes-Outcomes* eine wirksame Heuristik darzustellen, um die vielfältigen Faktoren in ein größe-

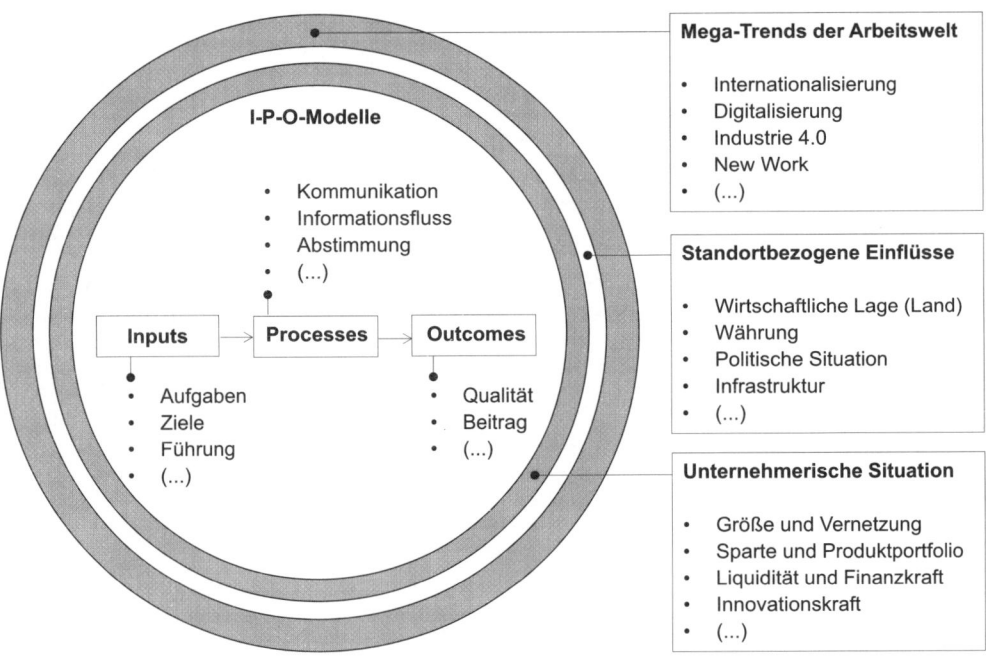

Abb. 2: Illustration IPO-Modelle in der Teamforschung und Rahmenbedingungen

res Ordnungsschema zu bringen (LePine et al. 2008; Sundstrom, De Meuse, & Futrell, 1990).

Ob der Vielfalt der existierenden Modelle, die z.T. Weiterentwicklungen, z.T. Zusammenfassungen auf der Basis meta-analytischer Studien darstellen, ist es fast erstaunlich, dass einige Phänomene konsequent den wissenschaftlichen Diskurs prägen. Die folgenden Abschnitte illustrieren prominente Phänomene. Lassen Sie sich auf einen Parcours in der Teamforschung ein. Leitend für die Darstellung sind sechs verschiedene Fragen, die als Gliederungs- und Ordnungsprinzip für die folgenden Abschnitte dienen.

1.3 Sitzen wir im Team „im gleichen Film"?

1.4 Was kann dazu führen, dass Teams falsche Entscheidungen treffen?

1.5 Welche subtilen Dynamiken sind in Teams am Werk?

1.6 Was ist das emotionale Fundament von Teams?

1.7 Was lässt Teams in einer VUCA-Welt[2] aktiv und gestalterisch agieren?

1.8 Welche Rolle spielen Erwartungen für die Leistungsfähigkeit von Teams?

---

[1] Das Akronym VUCA steht für V = Volatility, U = Uncertainty, C = Complexity sowie A = Ambiguity.

1.3 Sitzen wir im Team „im gleichen Film"?

Jedes Teammitglied hat eine Vorstellung von der Zusammenarbeit im Team. Solche Vorstellungen sind im wissenschaftlichen Diskurs allgemein als *mentale Modelle* (*mental models*) bekannt. Es sind kognitive Abbilder, genauer Repräsentationen, die Menschen über einen Sachverhalt, einen Ablauf oder ein komplexes Geschehen bilden. *Team mental models* (*mentale Teammodelle*) beinhalten gedankliche Abbilder über die Zusammenarbeit im Team.

Mentale Teammodelle bilden eine Subkategorie im Bereich *Teamkognitionen* und enthalten wesentliche Facetten, die die Zusammenarbeit sowie das Umfeld des Teams prägen (Klimoski & Mohammed, 1994; Mathieu et al., 2000; Mohammed, Ferzandi, & Hamilton, 2010; Rentsch, Small, & Hanges, 2008).

Das Konstrukt findet seinen Einzug in die wissenschaftliche Literatur, als deutlich wird, dass Teams selbst unter ungewissen komplexen Rahmenbedingungen über eine Art implizite Koordinierungsmechanismen verfügen und diese wirksam aktivieren können (Cannon-Bowers, Salas, & Converse 1990; Mohammed, Ferzandi, & Hamilton, 2010).

Im Rahmen der Teamforschung stellt sich die Frage, wie differenziert die *mentalen Modelle* der Zusammenarbeit ausgestaltet sind und wie hoch der Grad ihrer Übereinstimmung ist. Man mag sich Teams vorstellen, bei denen die Mitglieder für sich prägnante und differenzierte Abbilder ihrer Zusammenarbeit haben. Wenn diese allerdings nicht geteilt werden, d.h. diese unterschiedlichen Abbilder wenig deckungsgleich erscheinen, mag man fragen, in welchem „Teamfilm" jedes einzelne Teammitglied sitzt. Beispielhaft dafür steht die sprichwörtlich gewordene Frage: *Are we on the same page?* Gleichermaßen erscheinen zwar geteilte, aber wenig ausdifferenzierte Abbilder (bspw. „Wir sind super!") wenig zieldienlich, um wirksame und effektive Strategien für eine Weiterentwicklung des Teams abzuleiten.

Nicht alle Befunde zu den *mentalen Teammodellen* allerdings deuten in eine einheitliche Richtung. Wie häufig in der Rezeption von empirischen Forschungsergebnissen verweisen Inkonsistenzen darauf, dass das Konstrukt der *mentalen Teammodelle* selbst in sich noch zu heterogen ist. An diesem Punkt stellt sich die Frage nach Ausdifferenzierung oder stärkerer Abgrenzung von anderen *Teamkognitionen*. Die Forschung hat sich in beide Richtungen entwickelt: Unterschieden werden nunmehr Teilaspekte der *mentalen Teammodelle* wie bspw. *teamwork mental model accuracy* oder *taskwork mental model similarity* (Kellermanns et al., 2005; Mohammed, Ferzandi, & Hamilton, 2010). Wer diesen Aspekt vertiefen möchte, findet insbesondere in den Arbeiten von Mohammed, Ferzandi, & Hamilton (2010) viele Anregungen.

> Die wissenschaftlichen Definitionen der *mentalen Teammodelle* fassen Zaccaro, Rittman & Marks folgendermaßen zusammen: "[...] mental models developed by individual team members represent knowledge and understanding about the purpose of the team and its characteristics, the connection and linkages among team purposes, characteristics, and collective actions, and the various roles/behavior patterns required of individual members to successfully enact collective action." (Zaccaro, Rittman, & Marks, 2001, S. 459).

Hinweise für die Praxis

Ein Konstrukt wie *teamwork mental model accuracy* wirkt nicht nur aus der Perspektive der Praxis sperrig. Wenn aber wissenschaftliche Konstrukte zu akademisch bleiben und nicht an die Sprache in Organisationen anschließen, bleiben sie für die Praxis wirkungslos. Gleichermaßen bieten sich viele Möglichkeiten, um Brücken zu schlagen. Im Rahmen von Beratungs- und Veränderungsprozessen ist es hilfreich, mit Fragen zu arbeiten. Hinweise und Indikatoren auf *mentale Teammodelle* ergeben sich aus den Antworten zu Fragen wie etwa:

- Wozu sind wir als Team da?
- Wozu gibt es uns als Team? (Sinn/Zweck/Zielsetzung)
- Was sind unsere zentralen Ziele und Kernaufgaben?
- Was ist unser Abbild einer guten und effektiven Zusammenarbeit?
- Was benötigen wir als Team, um unter diesen Rahmenbedingungen effektiv zusammenzuarbeiten?

Auf diese Fragen ergeben sich erstaunliche Reaktionen. So einfach die Frage *Wozu sind wir als Team da?* klingen mag, lässt sie sich vermutlich nicht so einfach beantworten. Ein Führungsteam eines Produktionsstandortes wird vermutlich die Sicherung des Standorts, die Wahrung der Interessen des Standorts und den Balance-Akt mit den Interessen anderer Business Units in der Organisation anführen. Dies ist vor allem dann kritisch, wenn Teams in einer Matrix-Organisation angesiedelt sind, in der verschiedene Interessen und Anliegen nicht nur friedlich co-existieren, sondern auch miteinander in Konflikt stehen.

Weltweit agierende Unternehmen sind häufig in einer drei- bzw. sogar vierdimensionalen Matrix organisiert, in der funktionale Verantwortlichkeiten und Segmente, verschiedene Länder, Märkte oder Standorte mit projektbezogenen Rollen samt aller zugehörigen direkten und indirekten Berichtslinien parallel existieren. Das Verständnis solcher Rahmenbedingungen, unter denen Teams arbeiten, und der daraus entstehenden Abhängigkeiten, ist für das Verständnis des Teamgeschehens unabdingbar.

1.4   Was kann dazu führen, dass Teams falsche Entscheidungen treffen?

„Denken Sie an eine typische Woche in Ihrer Organisation. Wie viel Zeit verbringen Personen in Meetings, am Telefon oder damit, E-Mails zu beantworten?" Mit dieser Frage leiten Cross, Rebele & Grant ihren Artikel *Collaborative Overload* in der Januar-/Februarausgabe 2016 des Harvard Business Review ein. Eine solche Schätzung wird abhängig von dem Management-Level und der Unternehmenskultur variieren. Im Minimum wird man die Antwort „viel Zeit" hören. Cross und Kollegen beziffern diesen Anteil auf etwa 80%. Denn der Grad der Vernetzung miteinander in Teams und Gremien ist in den letzten Jahren immens gestiegen. Wichtige Entscheidungen werden in Gremien, Kollektiven und Teams getroffen (Cohen & Bailey, 1997; Tasa & Whyte, 2005). Im Kontext heutiger Organisationen stellt sich die Frage, welche Dynamiken und Abhängigkeiten in Teams den Prozess der Entscheidungsfindung und damit die Qualität der Entscheidungen beeinflussen.

Das wohl bekannteste Phänomen im Kontext von Entscheidungsprozessen ist *groupthink* (die deutsche Übersetzung *Gruppendenken* hat sich nicht durchsetzen können). 1972 prägt Janis den Begriff. *Groupthink* resultiert als wissenschaftliches Konstrukt aus der inhaltsanalytischen Auswertung von vier Szenarien der amerikanischen Außenpolitik. Die damit verbundenen fatalen Konsequenzen haben seither die Öffentlichkeit wie Forscher immer wieder zu der Frage geführt: Wie konnten hochrangig besetzte Gremien mit Zugang zu allen irgend möglichen Informationen Entscheidungen treffen, die in ein komplettes Desaster mündeten? Was also hat es auf sich mit *groupthink*?

Bildlich lässt sich das Phänomen etwa mit einer „Vertunnelung" des Gesichtsfeldes beschreiben, in der ein Hauptziel angestrebt wird, auf das der Tunnel wie ein Suchfernrohr ausgerichtet ist. Dieses Hauptziel nimmt die Gedanken der Beteiligten und ihre Diskussionen derart in Beschlag, dass weitere Ziele in einem Geflecht von Zielkriterien, Folge- und Fernwirkungen, Warnsignalen sowie offenkundigen Risiken aus dem Blick geraten. Wir haben es nicht mit einem individuellen Phänomen zu tun, was sich individualpsychologisch erklären ließe, sondern mit einem kollektiven. Mit Erklärungsansätzen wie Leichtsinn, Fehlen von belastbaren Informationen oder Zeitdruck kommt man hier nicht weiter, wenngleich letzterer Faktor bei der Entscheidungsfindung in Teams nicht unterschätzt werden sollte.

Genau genommen ist *groupthink* ein *Syndrom*, wie Janis titelt „The Groupthink Syndrome". (Janis, 1982, S. 174). Als *Syndrom* bezeichnet die psychologische Diagnostik einen Komplex von Einzelsymptomen, die sich wiederum wechselseitig bedingen.

Anfällig für die Entwicklung von *groupthink* sind Teams, die einen sehr starken *inneren Zusammenhalt* (*cohesion*) und eine hohe *Wirksamkeitserwartung* (*team efficacy/collective efficacy*) haben und relativ isoliert von Außeneinflüssen agieren. Kommt nun hinzu, dass anstatt methodischer Planungs- und Bewertungsprozesse eher intuitive Entscheidungs- und Bewertungsregeln herrschen, besteht die Gefahr, dass ein Team zu schnell und einseitig eine Lösung favorisiert. Im Gegenzug werden alternative Möglichkeiten und Risiken der favorisierten Option nicht hinreichend überprüft (Janis, 1972; Janis 1982; Park, 2000; Weinert, 1998). Die Frage, warum Alternativen nur unzureichend in Betracht gezogen werden, lenkt den Fokus auf weitere Einflussfaktoren: Ein Team steht unter dem Druck, innerhalb kurzer Zeit eine Entscheidung zu fällen. Es ist vielleicht auch unbequem oder zu zeitaufwändig, weitere Optionen zu prüfen, oder Referenz- und Erfahrungswerte sind schlichtweg nicht verfügbar.

Dennoch müsste man meinen, dass sich bei Entscheidungen von großer Tragweite, die zumeist ausnahmslos in Kollektiven getroffen werden, zumindest auch kritische Stimmen melden. In den von Janis analysierten historischen Beispielen mag es diese gegeben haben. Offenkundig haben sie sich aber nicht durchsetzen und Gehör finden können. Gut beforscht ist, was passiert (vergl. hierzu Bénabou, 2013; Henningsen et al., 2006; Janis & Mann, 1976; 1977). Wie es aber dazu kommt, erfordert eine vertiefte Auseinandersetzung mit angrenzenden Phänomen und Dynamiken in Teams.

Denn die Frage, ob kritische und unpopuläre Stimmen in Entscheidungsprozessen Einfluss nehmen, ist eng damit verbunden, inwieweit konträre Sichtweisen erlaubt sind, zugelassen oder wertgeschätzt werden. Dafür gibt es keinen objektiven Maßstab. Ausschlaggebend sind hier die Wahrnehmungen der Teammitglieder, wie sicher sie sich darin fühlen, Kontra zu geben, und welche Konsequenzen sie befürchten, wenn sie es tun. Der Fachbegriff dafür ist *psychological safety*, also die *gefühlte Sicherheit*, eigene Sichtweisen und Kritik an den Meinungen der anderen und Vorgesetzten zu verlautbaren.

Hier spielt jedoch auch das gut beforschte menschliche Bedürfnis nach Konsens in einer Gruppe (*consens-seeking*) mit hinein. Es bedeutet, dass Teams nach einer einvernehmlichen, möglichst unangefochtenen Lösung streben. Diese lässt Teams mitunter immun werden gegenüber gegenteiligen Einschätzungen. Einheitlichkeit – oder eher vermeintliche Einheitlichkeit – scheint einherzugehen mit der Vorstellung, man sei unverletzlich, denn man ist sich ja einig. Der Druck auf Mitglieder wächst, mögliche Bedenken zurückzuhalten und kritische Sichtweisen aus Sorge, Befürchtung von Konsequenzen oder Unsicherheit nicht zu äußern. Im Gemengelage zwischen fehlender wahrgenommener Sicherheit, der Illusion von Einheitlichkeit und dem tatsächlichen oder gefühlten Druck kann es passieren, dass kluge und erfahrene Teams die Risiken und Folgewirkungen einer Entscheidung komplett aus dem Blick verlieren.

Zusätzlich zu den hier skizzierten Faktoren ist es erforderlich, sich zu vergegenwärtigen, wie subtil solche Dynamiken in Teams am Werk sind. Darauf konzentriert sich der folgende Abschnitt. Im Anschluss daran werden die Hinweise für die Praxis zusammenfassend skizziert.

1.5   Welche subtilen Dynamiken sind in Teams am Werk?

Aus Zeiten der experimentierfreudigen Sozialpsychologie ist bekannt, was passiert, wenn man acht Personen in einem Stuhlkreis nacheinander um Einschätzungen zur Länge von Linien auffordert. Das Arrangement ist Folgendes: Jede Person gibt nacheinander ihre Einschätzung einer dargebotenen Linie im Vergleich zu drei unterschiedlich langen Referenzlinien an. Die Aufgabe ist kognitiv nicht schwer zu lösen, und die Fehlerquote liegt im Einzelfall bei weniger als einem Prozent.

Was aber geschieht in der Gruppe? Nach einigen Durchgängen beginnen die Personen eins bis sechs die Länge der dargebotenen Linie systematisch und heimlich abgesprochen falsch einzuschätzen. Sie geben unisono die viel längere oder kürzere Linie als passende Referenzlinie an. Was passiert jetzt bei Person Nummer sieben, nachdem sie sechsmal die falsche Einschätzung gehört hat? Obwohl sie klar die exakte Länge der Linie identifiziert, passt sie sich den falsch abgegebenen Einschätzungen der vorherigen Personen an.

Die Schilderung ist keine Karikatur. Sie stammt aus den berühmt gewordenen Experimenten von Solomon Asch, der die Befunde erstmals 1951, ausführlicher 1952 und 1956 publiziert. Wir haben es hier mit einem experimentellen Design zu tun, in dem die Versuchsperson, also die nicht eingeweihte Person Nummer sieben, systematisch von dem Versuchsleiter sowie dessen Assistenten, den eingeweihten Personen, hinters Licht geführt wird. Ziel dieses Arrangements ist es, zu verstehen, wie sich der Druck einer vermeintlich einheitlich aufgestellten Gruppe auf den Einzelnen auswirkt. Der Fachbegriff ist *Konformitätsdruck*. Er wird als Hommage an seinen Erfinder auch als *Asch-Effekt* benannt.

Man sollte sich vergegenwärtigen, dass die nicht eingeweihte Person in keinerlei Abhängigkeitsverhältnis zu den anderen Personen steht, weder verbal noch nonverbal von ihnen bedrängt wird und die richtige Länge der Linie mühelos identifiziert – und etwas anderes sagt. Person Nummer sieben passt sich der scheinbaren Konsensmeinung an. Dies ist in den Asch-Experimenten bei etwa einem Drittel der kritischen, d.h. der systematisch abgegebenen Falscheinschätzungen der Fall.

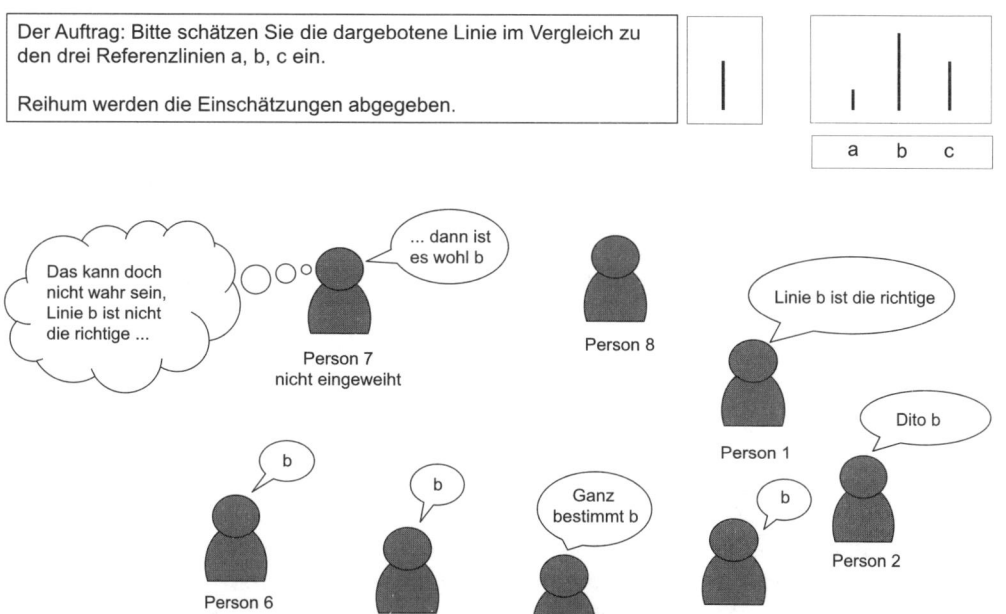

Die Personen 1 - 6 und 8 sind eingeweiht in den Versuch. Versuchsperson 7 kennt das Arrangement nicht. Sie wird konfrontiert mit den systematisch und heimlich abgesprochenen Fehleinschätzungen der Anderen.

Abbildung 3: Illustration, was passiert, wenn Urteile systematisch falsch abgegeben werden

Der Asch-Effekt besteht konstant auch bei einer Verringerung der Gruppengröße auf bis zu drei Personen (Asch 1952; Jonas, Stroebe, & Hewstone, 2007; Sader, 1996). Es handelt sich keineswegs um einen Einzelbefund. Dieser Effekt wird in Folgeexperimenten von Asch und Kollegen weiter ausdifferenziert. Ein frappierend einfacher und umso aussagekräftiger Beleg wird hier beispielhaft angeführt. Sobald die Personen ihre Einschätzungen schriftlich abgeben, d.h. ohne Kenntnis und damit Beeinflussung durch die Einschätzungen der vorhergehenden Personen, gibt es diesen Effekt nicht. Die Urteile bleiben wie erwartet nahezu fehlerlos.

Was die Sozialpsychologen (Asch, Crutchfield, Sherif, Zimbardo u.v.m.) als *Konformitätsdruck* bezeichnen, hat insbesondere bei Teamdiskussionen Bedeutung: „Der Gruppendruck [...] hält die Mitglieder [...] davon ab, kritisch ungewöhnliche, unpopuläre oder Minderheitsstandpunkte zu bewerten und in Betracht zu ziehen." (Weinert, 1998, S. 386).

Die Grundlage zu den Erkenntnissen um subtile Einflussfaktoren und Dynamiken in Gruppen ist in den 1950er und 1960er Jahren gelegt. Parallel mit dem Erkenntnisgewinn steigt die Experimentierfreude der sozialwissenschaftlichen Community, bis auch vermeintliche Stromstöße und vermeintliche Gefangene einbezogen werden und die Ethik-Kommissionen dem Ganzen brüsk einen Riegel vorschieben.

Gleichwohl haben viele dieser Erkenntnisse bis heute nur begrenzt Einzug in Organisationen gefunden. Sie liefern den Stoff für Kinoklassiker (bspw. *Das Experiment* von Oliver Hirschbiegel mit Moritz Bleibtreu in der Hauptrolle, *Angeklagt* von Jonathan

Gemeint sind die berühmten gewordenen Milgram-Experimente zur Erforschung menschlichen Verhaltens unter Einfluss von Autoritäten. Wohl kaum ein Autor hat innerhalb kurzer Zeit international so viel Aufsehen erregt wie Stanley Milgram: 1978 belegt er Platz neun unter den 200 meistzitierten Wissenschaftlern in der sozialpsychologischen Community, 1984 Platz sieben (Sader, 1996). Dabei hätte es seine erste Publikation fast nicht in die renommierten Journals geschafft, denn Bezüge zum NS-Regime im Abstract waren den wissenschaftlichen Reviewern zu heikel.

Kaplan, mit dessen filmischer Umsetzung Jodie Foster ihren ersten Oscar erhält), gehören aber vielerorts nicht zum Standardrepertoire von Führungskräftetrainings, Entwicklungs- und Weiterbildungsprogrammen. Dies mag damit zusammenhängen, dass die sozialpsychologischen Experimente von Asch und Kollegen mehrheitlich mit ad-hoc zusammengestellten Gruppen, Versuchspersonen sowie in Ferienlagern durchgeführt wurden. Genau deshalb könnte man jedoch argumentieren, sind sie umso relevanter für Organisationen.

Wenn sich subtile Dynamiken schon in losen Gebilden ad-hoc geschaffener Gruppen zeigen, um wie vieles ausgeprägter sind sie, wenn Teammitglieder in Organisationen über längere Zeit miteinander zu tun haben, jeweils verschiedenste Interessen verfolgen und gleichzeitig auf Unterstützung untereinander angewiesen sind?

Verlagern Sie die Experimente von Solomon Asch gedanklich in ein Teammeeting einer fiktiven Organisation, bspw. eines pharmazeutischen Herstellers. Diskutiert wird die Frage, ob ein hinreichend geprüfter und vielversprechender Wirkstoff vom Markt genommen werden soll oder nicht. Das Beispiel ist fiktiv, aber nicht unrealistisch.

Meeting in der Geschäftsführung: Anlass ist der Bericht eines unbekannten niedergelassenen Arztes, der über den Verdacht auf mögliche schwerwiegende Nebenwirkungen des Wirkstoffs FXX berichtet.

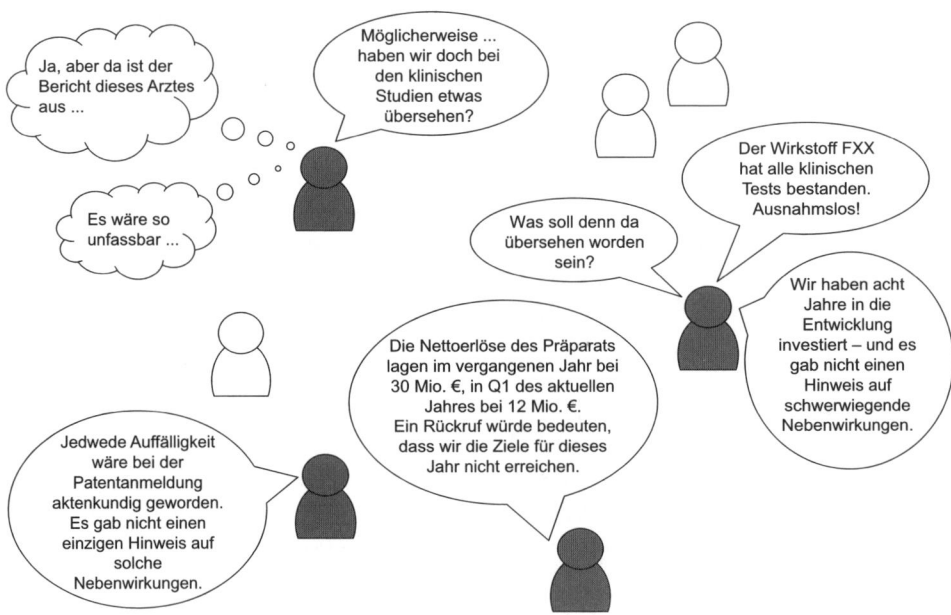

Abbildung 4: Illustration einer fiktiven Diskussion

Das Unternehmen hat jahrelang in die Entwicklung des Präparates investiert, es gibt keine Hinweise auf schwerwiegende Nebenwirkungen. Die Patentanmeldung ist durchgeführt. Im Jahr zwei nach der Markteinführung taucht der Bericht eines unbekannten niedergelassenen Arztes auf, der die Vermutung über massive Nebenwirkungen äußert. Anberaumt wird ein außerordentliches Meeting.

Viele vergleichbare Szenarien und Diskussionen in Teams konzentrieren sich auf erwünschte Haupteffekte. Dabei werden mögliche unerwünschte, unbeabsichtigte Nebeneffekte übersehen.

Dörner verweist eindrücklich auf diese Gefahren: „Sie strebten eine Hauptwirkung an, und diese okkupierte ihr Denken dermaßen, dass sie über die Neben- und Fernwirkungen ihres Handelns nicht mehr nachdachten." (Dörner, 2008, S. 52). Das Zitat stammt aus Dörners Rekonstruktion der Reaktorhavarie in Tschernobyl am 26. April 1986. Er zeichnet nach, wie ein Team erfahrener Reaktorbetreiber, AKW-Experten und Ingenieure systematisch und in vollem Bewusstsein Schritt für Schritt jede Sicherheitsvorkehrung des Reaktors ausschaltet. Zwei Minuten vor der Explosion wähnen sich die Beteiligten in dem Glauben, alles richtig gemacht zu haben.

Die Rekonstruktion der letzten Minuten vor der Explosion des Reaktors in Tschernobyl: „Um 1.22 Uhr verlangte der Schichtführer einen Bericht über die Anzahl von Bremsstäben im Reaktor [...]. Die Anzahl lag weit unter dem geforderten Sicherheitsniveau. Es war strengstens verboten [...]. Wer nun meint, die Anforderung des Berichts [...] lasse auf ein gewisses Gefühl für die Gefahr schließen, in der man schwebte, der irrt sich. Es war knapp zwei Minuten vor der Explosion, doch der Schichtführer entschloss sich [...] fortzusetzen. Dies bedeutete, dass man den Reaktor jetzt praktisch ohne Bremsen betrieb." (Dörner, 2008, S. 53 f).

Hinweise für die Praxis

Es gibt Vorschläge, um den Zwickmühlen entgegenzuwirken, die sich aus *groupthink* und *consens-seeking*, *Gruppendruck* und *Risikoverhalten* in Teams ergeben. Auf einige dieser Aspekte weist bereits Janis (1982) hin. Empfohlen wird von mehreren Autoren, gezielt Maßnahmen zur Gegensteuerung zu treffen. Dazu zählen bspw.:

- Schärfung des Wissens und Bewusstseins um Phänomene wie *groupthink* und ihrer grundlegenden psychologischen Mechanismen
- Einbeziehen von stillen Teammitgliedern, um möglichst viele unterschiedliche Perspektiven im Prozess der Entscheidungsfindung zu berücksichtigen
- Besetzung von Rollen wie bspw. eines kritischen Bewerters, der als advocatus diaboli mögliche Entscheidungen hinterfragen soll
- Aufforderungen und Appelle an jede einzelne Person, die eigene Position konsequent auf Risiken hin zu überprüfen
- Bearbeitung von Fragestellungen und Entwicklung verschiedener Entscheidungsszenarien durch parallel arbeitende Teams.

Man muss sich allerdings die Frage stellen, ob und in welchem Maße solche Vorhaben im Kontext von Wirtschaftsorganisationen realisierbar erscheinen und wenn ja, wie wirksam sie tatsächlich sind. Die oben genannten Vorschläge fokussieren mehrheitlich auf die rationale Ebene der Auseinandersetzung in Entscheidungskontexten. Demgegenüber adressieren sie nicht die Frage, welche Rahmenbedingungen erforderlich sind, damit diese Vorhaben greifen können. Hier schließt sich der Kreis zu Phänomenen wie bspw. der *wahrgenommenen Sicherheit* (*psychological safety*) und der Abwesenheit befürchteter negativer Konsequenzen, wenn kritische, unpopuläre Standpunkte vertreten werden. Denn bei abweichenden Äußerungen geht es für den Einzelnen immer auch darum, sich verletzlich zu machen. Damit begeben wir uns auf eine neue Ebene der Interaktionen in Teams und Themen wie Vertrauen, Wertschätzung und Respekt.

1.6   Was ist das emotionale Fundament von Teams?

Gefühlte Sicherheit (*psychological safety*), *Kohäsion* (*team cohesion*) und *Vertrauen im Team* (*team trust*) sind starke Phänomene. Stark, weil sie psychologisch gesehen weit über andere, positiv gefärbte emotionale Prozesse wie etwa Freude, Vergnügen oder Annehmlichkeit hinausgehen. Sie spielen eine fundamentale Rolle bei Entscheidungsprozessen von Teams und beeinflussen den Charakter von Diskussionen ebenso wie die generelle Qualität der Zusammenarbeit.

Die Mehrheit der wissenschaftlichen Definitionen unterscheidet zwei Kerndimensionen von Vertrauen: Die *Vertrauenswürdigkeit* der anderen Teammitglieder sowie die Bereitschaft und das damit verbundene *Risiko, verletzlich zu sein.* "[...] trust definitions focus on two key dimensions [...]: positive expectations of trustworthiness, which generally refers to perceptions, beliefs, or expectations about the trustee's intention and being able to rely on the trustee, and willingness to accept vulnerability, which generally refers to suspension of uncertainty (Möllering, 2006) or an intention or a decision to take risk and to depend on the trustee." (Fulmer & Gelfand, 2012, S. 1171).

In der Definition von Fulmer & Gelfand wird implizit deutlich, dass ein vertrauensvoller Umgang miteinander in Teams an gemeinsame Erfahrungen gekoppelt ist und sich über die Zeit entwickelt (Ferrin, Bligh, & Kohles, 2007). Fragen Sie Teammitglieder und Führungskräfte in Organisationen, werden Sie ausnahmslos hören, dass *Vertrauen im Team* aus Erfahrungen miteinander entstehe, wenngleich auch ein Vorschuss an Vertrauen in frühen Phasen der Zusammenarbeit gegeben wird. Die wissenschaftlichen Befunde hierzu differenzieren weiter zwischen *kognitivem Vertrauen* (*cognitive trust*), wenn bspw. ein Mitglied in ein bestehendes Team hinzukommt, das eine hervorragende Reputation besitzt. Demgegenüber entwickelt sich *emotionales Vertrauen* (*affective trust*) über die Zeit. Es wird deutlich, dass *Vertrauen im Team* ein mehrdimensionales Konstrukt ist, und neben seinen vielen Facetten kommt als zusätzliche Dimension der Faktor Zeit hinzu (Webber, 2008).

Dies eröffnet eine neue Perspektive, wie sich Teams entwickeln und miteinander wachsen. Es gibt zahlreiche Ansätze, in denen die Entwicklung von Teams über die Zeit modelliert wird. Das wohl bekannteste lineare Modell stammt von Tuckman (Tuckman, 1965; Tuckman & Jensen, 1977). Die Autoren unterscheiden zwischen fünf aufeinanderfolgenden Phasen:

*   *Forming*   (Orientierungsphase)
*   *Storming*   (Phase potenzieller Auseinandersetzungen und Konflikte)
*   *Norming*   (Herausbildung von Normen für die Zusammenarbeit)

- *Performing*   (Leistungsphase, Fokussierung auf die gemeinsame Zielsetzung)
- *Adjourning*   (Abschließen, Auflösung und Bewertung).

Die Darstellung ist hier stark verkürzt. Vertiefend wird das Phasenmodell von Tuckman sowie Tuckman & Jensen in nahezu allen Standardwerken der Sozial- und Wirtschaftspsychologie behandelt. Zu empfehlen wären an dieser Stelle nicht nur die Sekundärliteratur, sondern die Originalarbeiten von Tuckman (1965) und Tuckman & Jensen (1977), die auf Möglichkeiten und Limitationen des *Phasenmodells* hinweisen.

Ergiebig für die Auseinandersetzung mit der Entwicklung von Teams über die Zeit sind die Erkenntnisse aus der Sportpsychologie, insbesondere mit Fokus auf den Mannschaftssport. Man findet hier sogenannte *Pendelmodelle*, die „von einem ständigen Wechsel zwischen Phasen des Zusammenhalts und Phasen der Auseinandersetzung aus[gehen]" (Hänsel et al., 2016, S. 150).

Sie bereichern den Diskurs um eine weitere Perspektive. Anstatt zu fragen, ob in einem Team per se Vertrauen bestehe, könnte man im Kontext von Wirtschaftsorganisationen fragen, in welchen Situationen ein vertrauensvoller Umgang miteinander und ein innerer Zusammenhalt unabdingbar ist. Dieser ist erforderlich, wenn bspw. im Binnenverhältnis des Teams strittige oder kontroverse Themen diskutiert werden oder ein Top Team geschlossen in der Organisation auftreten muss. *Pendelmodelle* der Teamentwicklung fördern gleichermaßen die Auseinandersetzung mit der Frage, in welchen Situationen zu viel Vertrauen unangemessen dazu führt, dass eine sorgfältige Nachverfolgung entfällt, wenngleich sie angezeigt und wichtig wäre (‚Ich verlasse mich blind darauf, dass Kollege X dies schon erledigt haben wird').

Die Frage nach situativ angemessener Ausprägung ist stellvertretend gewählt für nahezu alle der hier behandelten Konstrukte in der Teamforschung. *Mentale Teammodelle, Kohäsion, kollektive Wirksamkeitserwartungen* etc. lassen sich nicht per se in je-mehr-desto-besser-Relationen ausdrücken. Gleichwohl wird die *Abwesenheit von Vertrauen* (*absence of trust*) den zentralen *Dysfunktionen* eines Teams zugerechnet (Lencioni, 2002).

Hinweise für die Praxis

Angenommen, Sie führen oder coachen ein Team, in dem wenig Vertrauen untereinander herrscht, wäre es sicherlich eine Zielstellung, *Vertrauen im Team* zu stärken. Dies erreicht man nicht einfach dadurch, dass man mit dem Team in einen Hochseilgarten geht oder ein Floß zusammenzimmert. Die Angebote solcher weit verbreiteter Teambuildings sind überwältigend. Gemeinsames Kochen zählt zu den Antiquitäten des Teambuildings. Angeboten werden Zimmern einer Berghütte, gemeinsames Jagen eines virtuellen Yetis via GPS oder archaische Genüsse in alten Burgbeständen, nachdem man sich zuvor an der Burgmauer abgeseilt hat. Machen Sie einen Google-Search zum Stichwort Teambuilding.

Der Aufbau von *Vertrauen im Team* ist aus psychologischer Sicht, indes, kein Event. Zudem ist es aus Sicht der *Handlungsregulation* schlecht definiert. Unklar ist zunächst einmal, was Vertrauen für die jeweiligen Teammitglieder bedeutet, woran sie es festmachen, was sich verändern würde, angenommen es gäbe ein größeres Maß an Vertrauen oder was die Teammitglieder bräuchten, um Teamkollegen Vertrauen entgegenzubringen. Beziehen wir uns auf die oben genannten zwei wesentlichen Komponenten von *Vertrauen im Team*, das Bewusstsein, dass andere Teammitglieder grundsätzlich konstruktive, zieldienliche Intentionen verfolgen und damit verbunden die Bereitschaft, selbst auch verletzlich zu sein, so lassen sich diese Aspekte weitaus feingliedriger erkunden. Fragen zur Erkundung könnten dann etwa lauten:

- Wann und wie hat das Team eine Problemstellung gemeinsam gelöst, die jeder einzelne so nicht hätte lösen können?
- Welche Unterstützung haben sich die Teammitglieder gegenseitig geben können?
- Was haben sie dabei nicht nur voneinander, sondern auch übereinander gelernt?
- Welche Unterstützung von Teamkollegen haben sie erfahren?
- Was hat einzelne Teammitglieder überrascht, wenn Unterstützungsangebote gemacht wurden, mit denen sie nicht gerechnet haben?
- Welche Erfahrungen gibt es mit Situationen, in denen unbequeme Meinungen geäußert wurden, die letztlich doch immens hilfreich waren?

1.7 Was lässt Teams in einer VUCA-Welt aktiv und gestalterisch agieren?

Seit einigen Jahren ist der organisationale Alltag von einer VUCA-Welt bestimmt. Zumindest ist das beliebte Akronym für V = Volatility, U = Uncertainty, C = Complexity, A = Ambiguity in zahlreichen Medien und Magazinen der Management-/Führungskräfte- und Organisationsentwicklung zu finden.

Das VUCA-Modell stammt aus dem US-Militär und wurde etwa um 2010 von der Management-Literatur adaptiert. Im Harvard Business Review erscheint das Modell Ende 2010 zum ersten Mal als Titel in Verbindung mit Führung. In einer VUCA-Welt stehen viele klassische Organisationsmodelle, Planungs- und Steuerungsmethoden auf dem Prüfstand. Meinungen im öffentlichen Diskurs tendieren dahin, dass viele etablierte Strukturen und Mechanismen zu behäbig sind, um mit der Schnelligkeit von veränderlichen Anforderungen und Rahmenbedingungen Schritt halten zu können. Vielerorts wird die Forderung nach *Agilität* (agile Organisationen, flexibel arbeitende Netzwerke, agile Produktionsprozesse) verlautbart.

Welche Ressourcen haben Teams, um in einem volatilen Umfeld anpassungsfähig zu sein und Veränderungen aktiv und gestalterisch zu initiieren? Eine erste Antwort erscheint verblüffend einfach: Gemeinsam und bewusst über uns als Team nachdenken. Die entsprechenden psychologischen Konstrukte team reflexivity (*Teamreflexivität*) und team metacognition (*Metakognitionen*) meinen im Kern genau dies: „To achieve a high level of expertise that promotes adaptation in a dynamic operating environment, team members need to set aside time to consider, individually and collectively, the consequences for their strategies, how they considered and arrived at a team solution, and how they worked together to implement selected solutions." (Zaccaro, Rittman, & Marks, 2001, S. 460).

Schippers et al. fokussieren auf den Kern gemeinsamer Reflexionen: "Team reflexivity [...] is conscious reflection on team functioning." (Schippers, West, & Dawson, 2015, S. 770).

Metakommunikationen über Ziele, Strategien, Kommunikations- und Abstimmungsprozesse befähigen Teams, aktuelle oder künftige Veränderungen zu meistern. Im Vergleich mit Teams, die diese Art der Metakommunikation nicht pflegen, zeigen sich reflexive Teams nicht nur leistungsfähiger, sondern auch innovativer (Hoegl & Parboteeah, 2006; Schippers, West, & Dawson, 2015).

Gleichwohl ist die Wirksamkeit von Metakognitionen und Teamreflexionen abhängig von einer Reihe bedingender und moderierender Variablen. In einer VUCA-Welt arbeiten Teams nicht nur unter schnell veränderlichen Rahmenbedingungen. Teams agieren über Grenzen im organisationalen Kontext und internationalen Raum hinweg. Sie sind häufig virtuell vernetzt und über verschiedene Berichtslinien, direkte und indirekte Berichtslinien, in Matrix-Organisationen verknüpft. Sie müssen die Interessenslagen unterschiedlicher Stakeholder berücksichtigen. Selten kann eine einheitliche Zielstellung verfolgt werden; viel häufiger gibt es mehrere und teilweise widersprüchliche Zielsetzungen. Der Fachbegriff hierfür ist *Polytelie* (*Vielzieligkeit*).

Teams, denen es gelingt, abgestimmt und koordiniert auf Veränderungen zu reagieren und ihre Interaktionen entsprechend zu verändern, können auch unter diesen Bedingungen handlungsfähig und effektiv agieren (Burke et al., 2006; West, Garrod, & Carletta, 1997). Welche Mechanismen kommen hier zum Tragen, und was zeichnet *adaptive Teams* aus?

In der wissenschaftlichen Community besteht relativ hohe Einigkeit, dass Mitglieder *adaptiver Teams* kollektive, gebündelte Ressourcen aktivieren können, um sich Veränderungen anzupassen (Cannon-Bowers et al. 1995; Schippers, Den Hartog, & Koopman; 2007; West, 1996). Beteiligt sind insbesondere Teamkognitionen (wie bspw. *mental team models*), Lernerfahrungen im Team (*team learning*) sowie Aufmerksamkeit für die Teamsituation und Hinweisreize (*team situation awareness*) (Burke et al., 2006).

Reflexionen werden häufig unter *Lessons Learned* oder *de-Briefings* zusammengefasst. In der Praxis werden sie nach Abschluss eines Projektes, dem Launch einer Kampagne oder eines neuen Produktes anberaumt. Es erscheint intuitiv plausibel. Gemeinsam und bewusst reflektierte Erfahrungen können hilfreich sein, um daraus Rückschlüsse für folgende Projekte, Kampagnen oder Strategien abzuleiten.

Gleichwohl wird man nicht ganz falsch in der Vermutung liegen, dass konsequent und diszipliniert durchgeführte Reflexionen bei hohem Arbeitsvolumen, nahenden Abgabeterminen oder dringenden Anfragen wichtiger Stakeholder schnell vom gedanklichen Tisch fallen. Wer dann für Reflexionsrunden im Team argumentieren mag, sollte einige Fakten parat haben:

> Es wird deutlich, dass im Prozess der Adaptation an vielen Stellen gemeinsame Reflexionen erfolgen, die untrennbar mit Lernerfahrungen im Team verbunden sind. „Team learning also involves team members jointly reflecting about their team processes and behaviors (West, 2004). These activities enable team members to improve their collective understanding of a given situation and discover consequences of previous actions [...]. (Burke et al., 2006, S. 1190).

- *Teamreflexivität* scheint eine wichtige Rolle bei der Entwicklung von Innovationen zu spielen (Schippers, West, & Dawson, 2015).
- Teams, die wenig über ihre Zusammenarbeit reflektieren, sind sich weniger bewusst über Ziele und Strategien. Sie tendieren eher dazu, defensiv zu reagieren, als zu agieren (West, Garrod, & Carletta, 1997).
- *Reflexive Teams* zeigen sich überlegen darin, wenn es um die Auseinandersetzung mit längerfristigen Konsequenzen geht (West, Garrod, & Carletta, 1997).

Hinweise für die Praxis

Im Business-Kontext ist eine zahlenhaltige Argumentation wichtig. Hierzu lassen sich folgende Befunde anführen:

- Meta-Analysen zeigen, dass systematisch durchgeführte *de-Briefings* eine Leistungssteigerung in Teams von durchschnittlich 20% – 25% erreichen können (Tannenbaum & Cerasoli, 2013).
- Systematische *de-Briefings* beinhalten nach Tannenbaum & Cerasoli vier wesentliche Elemente: a) aktives Lernen, b) entwicklungsbezogene Zielrichtung, c) Fokussierung auf konkrete Fragestellungen/Erfahrungen sowie d) Einbeziehung unterschiedlicher Perspektiven und Informationsquellen (Tannenbaum & Cerasoli, 2013).
- Der Aufwand erscheint überschaubar: In der Meta-Analyse von Tannenbaum und Cerasoli beziffern die Autoren die durchschnittliche Dauer systematischer *de-Briefings* auf knapp 18 Minuten (ebenda).

Gleichermaßen laufe man auch Gefahr, „nur im geringen Maße das [zu] betrachten, was man beibehalten sollte" (Dörner, 2008, S. 87). So sei aber nur eine Auseinandersetzung mit dem Bestehenden „die einzige Chance, implizite Probleme explizit zu machen und so zu verhindern, dass die Lösung des einen Problems zur Folge hat, dass dafür drei neue auftreten" (Dörner, 2008, S. 87). Die Liaison zwischen Problem und Lösung ist im systemischen Diskurs hinlänglich bekannt. Wer dies aus hypnosystemischer Sicht vertiefen mag, findet viele Einblicke bei Schmidt (2013).

1.8   Welche Rolle spielen Erwartungen für die Leistungsfähigkeit von Teams?

Vermutlich eine große Rolle, mag man intuitiv sagen. Intuitiv erscheint es auch plausibel, dass ein Team mit einer realistischen Einschätzung seiner Ressourcen erwarten kann, dass es Erfolg hat. Was aber genau wissen wir darüber, wie gemeinsame Erwartungen an den Erfolg mit tatsächlichen Erfolgen zusammenhängen?

1977 bereichert Bandura den wissenschaftlichen Diskurs mit dem Konstrukt *self-efficacy* (*Selbstwirksamkeitserwartung*). Bandura vermutet, dass in erster Linie die erwartete Wirksamkeit bestimme, ob Bewältigungsstrategien aktiviert werden, wie viel Anstrengung mobilisiert werde und wie konsequent Anstrengungen nachverfolgt werden, auch bei Hindernissen und Rückschlägen (Bandura, 1977; 1997).

Im Forschungsklima der späten 1970er Jahre muss Banduras *self-efficacy theory* eingeschlagen sein „wie eine Bombe". Nur ein Jahr zuvor fassen Maier & Seligman ihre Studien zu *erlernter Hilflosigkeit* im renommierten Journal of Experimental Psychology zusammen. Konzepte der *Selbstaktualisierung* (Rogers, 1961) werden eher dem therapeutischen Bereich und den weltweit entstehenden Encounter-Gruppen zugeordnet. Die kognitive Wende (Atkinson & Shiffrin, 1968; Broadbent, 1958; Crowder & Morton, 1969; Neisser, 1967; Shiffrin & Schneider, 1977 u.v.m.) fokussiert auf Aufmerksamkeits-, Gedächtnis- sowie Bewusstseinsphänomene. Man sollte sich zudem verdeutlichen, dass bis zu diesem Zeitpunkt bereits unzählige Experimente in behavioristischer Manier publiziert sind und ein mechanistisches Welt- und Menschenbild geprägt haben.

Selbst aktiv gestalterisch im eigenen Umfeld zu wirken, Hürden zu nehmen und alternative Herangehensweisen zu entwickeln, wenn sich Hindernisse partout nicht ausräumen lassen, steht den behavioristischen Reiz-Reaktions-Modellen diametral entgegen. Genau das aber vermutet Bandura. Nicht nur habe die *Selbstwirksamkeitserwartung* direkten Einfluss auf die Auswahl von Aktivitäten. Sie führe auch dazu, dass entsprechende Bewältigungsstrategien, sogenannte *Coping-Strategien*, verändert werden. Je höher die wahrgenommene Selbstwirksamkeit, umso aktiver fallen die Anstrengungen aus (Bandura, 1977).

Später erweitert Bandura den Fokus von Individuen auf Kollektive und führt die *kollektive Wirksamkeitserwartung* in den wissenschaftlichen Diskurs ein (Bandura, 1997). Wir haben es mit einem der Fälle zu tun, in denen ein individualpsychologisches Phänomen auf Kollektive übertragen werden kann (Bandura, 1997; Tasa & Whyte, 2005). Im Kontext heutiger Teamforschung hat *team-efficacy* einen festen Platz. Dahinter verbergen sich die gemeinsam geteilte Überzeugung sowie das Vertrauen in die Fähigkeiten des Teams, bestimmte Aufgaben meistern zu können. In den Adaptationen des Originalkonstrukts wird insbesondere der klare Aufgabenbezug hervorgehoben (Gully et al., 2002).

Dabei sind *kollektive Wirksamkeitserwartungen* kein statisches Konstrukt. Sie verändern sich mit der Zeit und werden beeinflusst und verstärkt durch Erfahrungen im Team. Damit resultieren sie einerseits aus der Zusammenarbeit und sind andererseits wichtige Input-Variablen für die Zusammenarbeit.

Der Fachbegriff dieser wechselseitigen Beziehungen ist *emergent states* – in der systemisch geprägten Literatur bekannt als *Emergenz* (Bildung neuer Eigenschaften aus dem Zusammenspiel der Einzelbestandteile eines Systems). Bildlich für Emergenzphänomene mag man sich ein Team vorstellen, das recht früh in der Zusammenarbeit eine Auszeichnung erhält, bspw. einen international begehrten Preis gewinnt. Vermutlich sind die Teammitglieder mit viel Elan ihrer neuen Aufgabe nachgegangen und machen die Erfahrung, dass sie bereits jetzt für etwas ausgezeichnet werden, was nur in der Zusammenarbeit entstehen konnte. Man mag sich vorstellen, dass diese Erfahrung die *kollektiven Wirksamkeitserwartungen* weiter verstärkt, was wiederum Elan und Anstrengung fördert und vice versa. Daher ist es bspw. im Kontext von Veränderungsprozessen immens wichtig, dass Teams möglichst frühzeitig sichtbare Ergebnisse ihrer Anstrengungen erfahren, um daraus die Motivation zu schöpfen, diesen Prozess auch über einen längerfristigen Zeitraum aktiv, diszipliniert und konsequent mitzugestalten.

> *Team-efficacy* bezieht sich auf motivationale Aspekte und wird als motivationaler Knotenpunkt *(motivational hub)* von Teams angesehen (Tasa, Taggar, & Seijts, 2007, S. 17). Eine Meta-Analyse von Gully et al. zeigt signifikante positive Zusammenhänge zwischen *team-efficacy* und *Performanz* (Gully et al., 2002).

Hinweise für die Praxis

Eng verbunden mit *kollektiven Wirksamkeitserwartungen* sind Zielstellungen oder Zielzustände, auf die sich solche Erwartungen konzentrieren. Für viele Teams besteht die Herausforderung darin, diese möglichst individuell zu formulieren. Gleichermaßen sollten sie im Kontext einer schnell veränderlichen Umwelt nicht zu starr wirken.

Im Rahmen von Veränderungsprozessen gehört die Arbeit mit dem Konzept der *desired future* (*Abbild der gewünschten Zukunft*) zum Standardrepertoire. Für Teamentwicklungsprozesse lassen sich daraus folgende Fragen ableiten:

- Was ist unser *Abbild der gewünschten Zukunft*?
- Was wäre in dieser gewünschten Zukunft konkret anders in unserer Zusammenarbeit?
- Was wäre im Arbeitsalltag anders?
- Was verändert sich für unsere Stakeholder?
- Woran würden diese die Veränderung merken oder festmachen?
- Wie würde man über uns als Team sprechen und was würde man über uns sagen?

Auf Basis eines solchen *Abbildes der gewünschten Zukunft* lässt sich das gesamte Repertoire der Projektplanungs- und Projektmanagement-Methoden ausschöpfen. Dazu zählen:

- Entwicklung von konkreten Maßnahmen und Maßnahmenpaketen
- Definition von Meilensteinen, die im Veränderungsprozess Rückmeldung erlauben, ob das Team auf dem richtigen Weg ist
- Ableitung von Indikatoren und Messkriterien
- Vereinbarung von konkreten Verantwortlichen (Gesamt- und Teilprojektverantwortliche)
- Implementierung von Regelkommunikationen und Abstimmungsprozessen (u.v.m.).

Dieses methodische Repertoire ist immens hilfreich, um Veränderungsprozesse systematisch zu initiieren und nachzuverfolgen.

Vertiefende Fragen

- Welche verschiedenen Facetten beinhaltet das Konstrukt *team trust*?
- Was ist der Unterschied zwischen *team mental models* und *team reflexivity*?
- Fassen Sie die Einflussfaktoren zusammen, die auf den Prozess der Entscheidungsfindung in Teams einwirken.
- Welche Argumente sprechen aus empirischer und evidenzbasierter Sicht für den Mehrwert systematischer Reflexionen in Teams?

2　Performanz und Effektivität von Teams

Betrachtet man die empirischen Forschungsbefunde zu Leistungsfähigkeit und Effektivität von Teams, so macht man zunächst einmal eine erstaunliche Entdeckung. Die weit überwiegende Mehrheit aller Studien bezieht sich auf die Analyse der *Input-Faktoren*, der *Teamprozesse* sowie der *emergent states*. Demgegenüber sind die *Output-Variablen* nicht nur weniger gut beforscht; auch die Befunde erscheinen vielerorts heterogen, sodass konsistente, replizierbare Ergebnisse wahre Fundstücke darstellen.

Auf dem höchsten Abstraktionsniveau besteht Einigkeit darin, dass die Leistungsfähigkeit von Teams damit zu tun habe, etwas Nützliches für Organisationen zu schaffen (Mathieu et al., 2008). So trivial diese Feststellung auf den ersten Blick wirken mag, eröffnet sie eine neue Perspektive. Denn die Bewertung der Teamleistungen orientiert

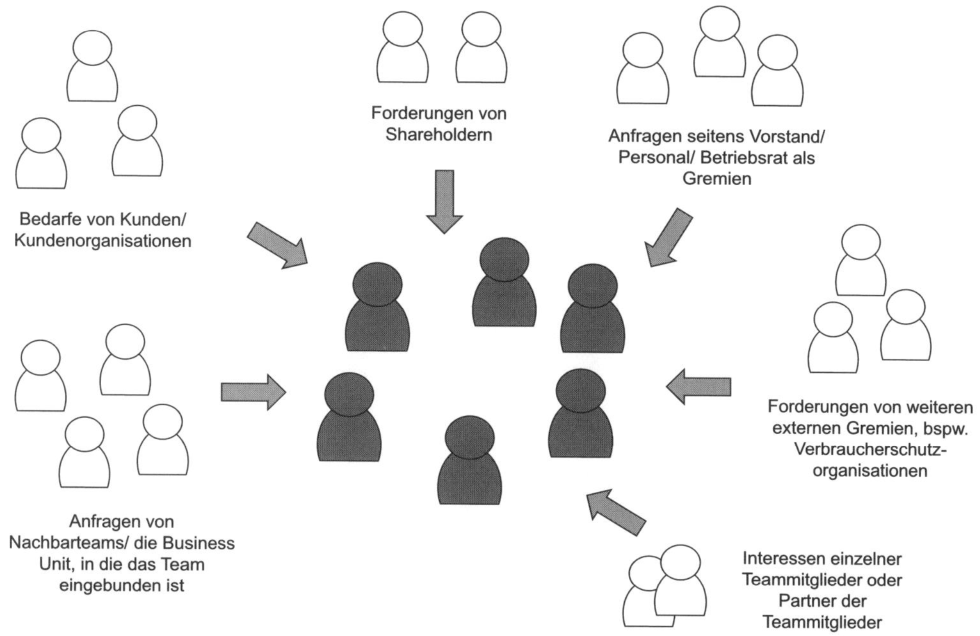

Abb. 5: Illustration der Stakeholderlandschaft von Teams

sich weniger an per se definierten Kriterien, sondern an der Frage, wie nutzbringend diese für die Stakeholder des Teams sind. Stakeholder (im Deutschen Anspruchsgruppen) sind Personen, Schnittstellen oder Bereiche, die mit den Ergebnissen des Teams weiterarbeiten bzw. auf diese angewiesen sind. Dies können Einzelpersonen sein, darunter die Teammitglieder selbst oder Nachbarteams, Kunden, die Business-Unit, in die das Team eingebunden ist, sowie die gesamte Organisation. Die folgende Beschreibung der verschiedenen Stakeholdergruppen orientiert sich an dem von Cohen & Bailey (1997) vorgeschlagenen Gliederungsprinzip. Deutlich wird zunächst, wie komplex die Stakeholderlandschaft ist (s. Abb. 5).

Die folgenden Abschnitte beleuchten die Anforderungen und Bewertungen der Teamarbeit aus der Perspektive der verschiedenen Stakeholdergruppen:

2.1 Das einzelne Teammitglied als Stakeholder – What's in it for me?
2.2 Das Team als Stakeholder – Wie entstehen Synergien?
2.3 Die Business-Unit als Stakeholder – Wie entstehen Innovationen?
2.4 Die Organisation als Stakeholder – Was bedeutet Diversity?

2.1   Das einzelne Teammitglied als Stakeholder – What's in it for me?

Bestünde eine Liste kritischer Teamereignisse (etwa analog der critical life event-Forschung; Sarason, Johnson, & Siegel, 1978), so würden folgende beide Aussagen an etwa gleicher Stelle rangieren: ‚Wir diskutieren uns zu Tode' und ‚Ich möchte weiterhin Teil dieses Teams sein'. Erstere Aussage begegnet uns, wenn die Kollegen des Nachbarteams aus ihrem sechsstündigen Mittwochmorgen-Meeting kommen, das regulär auf drei Stunden angesetzt ist und zuverlässig die Mittagspause samt Folgeterminen vereinnahmt. Die zweite Aussage ist ein klassisches Fragebogenitem aus Team- und Mitarbeiterbefragungen und das dahinterliegende Konstrukt, der Wunsch zum Verbleib im Team oder der Organisation, der wohl prominenteste Indikator für das große Thema *Engagement*.

Auf individueller Ebene sind die grundlegenden psychologischen Mechanismen zwischen individuellen Bedürfnissen wie bspw. Zugehörigkeit zu einer Gruppe oder erlebter Zusammenhalt mit dem Wunsch, weiterhin Teil dieser Gruppe zu sein, gut beforscht.

Unter der Perspektive Effektivität bilanziert Hackman etwas nüchterner: „The group experience should, on balance, satisfy rather than frustrate the personnel needs of group members." (Hackman, 1983, S. 22).

Fällt diese Balance zugunsten befriedigender Erfahrungen aus, kann diese den Wunsch bestärken, auch künftig im Team eine aktive Rolle einzunehmen und eigene Kompetenzen zu erweitern. Hierzu noch einmal der Altmeister der Teamforschung im Originalwortlaut: „[...] the social processes used in carrying out the work should maintain or enhance the capability of members to work together on subsequent team tasks." (Hackman, 1983, S. 22).

Natürlich wird es als befriedigend erlebt, Teil eines (erfolgreichen) Teams zu sein und zu erfahren, wie schwierige oder herausfordernde Aufgaben gemeinsam gemeistert werden. Im Deutschen gibt es dafür den Begriff Werkstolz: ‚Wir haben die Ärmel hochgekrempelt, und es war nicht leicht, und jetzt steht er da – der restaurierte Van, der neue Webauftritt unserer Firma – und wir sind stolz darauf, weil es viele Unwägbarkeiten gab und wir es trotz alledem gemeinsam geschafft haben. Angespornt durch Normen, Erwartungen und hohe Standards in der Gruppe können der Einzelne und damit auch das Team über sich hinauswachsen.

Die andere Seite der Medaille mag man sich vorstellen, wenn die Zusammenarbeit als wenig produktiv, inspirierend und mitunter sogar belastend erlebt wird. Der Einzelne entscheidet sich gewissermaßen für eine energiesparende Variante in der Zusammenarbeit. Bekannt sind diese Effekte unter *social loafing* (*soziales Faulenzen*) oder *free riding* (*Trittbrettfahren*), und sie haben massive Auswirkungen auf die Produktivität von Teams. In beiden Fällen verringern Mitglieder ihre Anstrengungen. Im ersteren Fall wird dies auf die fehlende Sichtbarkeit des individuellen Beitrags zurückgeführt, im zweiten Fall auf die fehlende Überzeugung, mit dem individuellen Beitrag die Leistung der gesamten Gruppe zu beeinflussen (Jonas, Stroebe, & Hewstone, 2007). Während unterschiedliche Wirkmechanismen zutage treten, ist das Ergebnis in etwa das Gleiche: Die Leistung eines Teams bleibt mitunter deutlich hinter dem Potenzial zurück, was es leisten könnte.

2.2 Das Team als Stakeholder – Wie entstehen Synergien?

Das Konstrukt *Synergie* taucht seit den späten 1960er Jahren im Zusammenhang mit Teams auf. Mitunter entsteht der Eindruck, dahinter verberge sich etwas Geheimnisvolles, nicht Entschlüsselbares. Die Literatur rankt sich um Geheimnisse der Teamarbeit, und wir finden hier Aussagen jedweder Provenienz und wissenschaftlicher Güte.

Problematisch wird es dann, wenn ein Konstrukt so vage definiert ist, dass man alles und damit nichts darunter verstehen kann. Bei *Synergien* ist das der Fall. Sie werden dann beansprucht, wenn Teams oder Kollektive gemeinsam etwas schaffen, was weder der beste Einzelne noch die Summe aller Beiträge erreicht. Häufig wird dann die eher sinnfreie Formel 2+2=5 beansprucht. *Synergien* werden ebenso als Platzhalter für Einsparpotenziale oder Vermeidung von paralleler Tätigkeit verwendet, was mit dem Kern des Konstrukts wenig zu tun hat.

Hier ist die wissenschaftliche Forderung nach Präzision absolut berechtigt, um ein gemeinsames Verständnis zu schaffen, was wir eigentlich meinen, wenn wir von *Synergien* sprechen. Dabei geht es zunächst einmal darum, Klärungsarbeit leisten. Im diagnostischen Sinn ist es dann erforderlich, ein Konstrukt in eine *operationale Definition* zu überführen, aus der sicht- und messbare Indikatoren abgeleitet werden können.

Unter einer *operationalen Definition* oder *Operationalisierung* wird die explizite Erfassung eines Konstruktes sowie seiner Messung durch sichtbare Hinweise verstanden. Der Begriff stammt ursprünglich aus der Physik (Bridgman, 1927). Adaptiert wurde er für die empirischen Sozialwissenschaften. Wie individuell solche *operationalen Definitionen* ausschauen können und sollten, illustriert das folgende Beispiel.

> Bortz & Döring (2006) formulieren entsprechend: „Eine operationale Definition standardisiert einen Begriff durch die Angabe der Operationen, die zur Erfassung des durch den Begriff bezeichneten Sachverhaltes notwendig sind, oder durch Angabe von messbaren Ereignissen, die das Vorliegen dieses Sachverhaltes anzeigen (Indikatoren)." (Bortz & Döring, 2006, S. 63).

Jeder hat vermutlich schon einmal staunend zu einem Team gesagt: Wow, wie habt Ihr das denn hinbekommen? Mit Sicherheit sind solche Sätze am Abend des 13. Juli 2014 gefallen, als die deutsche Nationalelf den Weltmeistertitel in Brasilien holt.

Im folgenden Abschnitt wird das Konstrukt *Synergien in Fußballteams* sukzessive eingegrenzt und eine operationale Definition aus sportpsychologischer Sicht erläutert. Unter *Synergien* werden zeitlich auftretende Formationen der Spieler verstanden, die es der Mannschaft erlauben, „wie eine Einheit zu agieren" (Silva et al., 2016, S. 40). Solche Formationen ergeben sich laut Silva et al. durch wechselseitige unterstützende Aktivitäten sowie fein aufeinander abgestimmte Bewegungsabläufe. Sie schließen alternative Bewegungen, die für das temporäre Ziel (Angriff oder Verteidigung) nicht geeignet sind, aus. Folglich reduzieren sich die Freiheitsgrade der einzelnen Spielerbewegungen temporär erheblich (Silva et al., 2016). Die genannten Aspekte der *operationalen Definition* erlauben eine relativ klare konzeptuelle Eingrenzung und darauf aufbauend die Entwicklung konkreter, messbarer Indikatoren für *Synergien* im Fußball.

Übertragen Sie diese Gedanken aus dem Mannschaftssport in Teams von Wirtschaftsorganisationen: Was wäre ein Pendant zu den temporär auftretenden Mannschaftskonstellationen eines Fußballteams? Ergänzen Sie die Liste möglicher Indikatoren für den Kontext von Teams in Organisationen auf Basis der Definition von Silva et al. (2016).

Man wird nicht erstaunt sein, dass die Fähigkeit eines Fußballteams, zwischen synchronen und asynchronen Formationen zu wechseln, unmittelbar vom Grad der Intensität des Trainings abhängt. Dazu zählen vielfach durchgespielte und gemeinsam analysierte Szenarien, ein hoher Grad an Disziplin sowie Klarheit über die jeweiligen Rollen.

Hierzu eine letzte Analogie aus dem Mannschaftssport von Robertson (2016). Man stelle sich einen Torwart vor, der den Ball in die Hand nähme und versuchte, diesen selbst in das gegnerische Tor zu werfen (Robertson, 2016, Vorwort). Wohl kein Profisportler käme auf die Idee, ad-hoc im Spiel die eigene Rolle umzudefinieren und entgegen abgesprochener Spielregeln vorzupreschen (ebenda). Welche Parallelen ergeben sich für Teams in Wirtschaftsorganisationen? Es gibt Hinweise auf *Synergien* in Teams bzw. darauf, dass in Teams „eine durch positive Synergie erzeugte Erhöhung der Produktivität" entstehe (Weinert, 1998, S. 408). Solche Effekte können auftreten, wenn bspw. ein Team eine Problemstellung bearbeitet und Lösungen oder Ideen hervorbringt, die auch der beste einzelne Problemlöser so nicht hätte entwickeln können.

Viele Hinweise deuten darauf hin, dass es auch hier viel um Klarheit der Rollen, systematisches, reflektiertes Verhalten sowie um eine intensive gedankliche Beschäftigung mit dem entsprechenden Thema geht. Hinzu kommen Fokussierung auf Wesentliches sowie bewusst angeleitete Perspektivwechsel, die darüber entscheiden, ob bspw. in einer Diskussion *Synergien* entstehen oder nicht (Keßler, 2016, unveröffentlichtes Manuskript).

Zur Frage, wie Perspektivwechsel bewusst vorgenommen werden können, gibt es zahlreiche anekdotische Evidenzen. So spielerisch sie klingen, so bemerkenswert sind ihre Effekte:

- Von Walt Disney ist überliefert, dass er bei der Entwicklung seiner filmischen Projekte drei verschiedene Perspektiven gewählt und mit einer physischen Veränderung verbunden habe (verschiedene Stühle und später verschiedene Räume). Die drei verschiedenen Perspektiven soll Disney als ‚Träumer', ‚Realist' und ‚Kritiker' gedanklich überschrieben haben.
- Von Virginia Satir ist ein Reflexionsmodell überliefert, das im Kontext von Feedbackprozessen vielerorts genutzt wird. Anstatt der einfachen Aufforderung, einer anderen Person Feedback zu geben, soll sie Personen zu einem Dreischritt und somit einem doppelten Perspektivwechsel angeleitet haben. Folgende Fragen beschreiben diesen Dreischritt in der Anleitung von Teilnehmern: Schritt 1) „So glaube ich, dass Du Dich von mir gesehen fühlst", Schritt 2) „So glaube ich, dass Du mich siehst" und erst dann Schritt 3) „So sehe ich Dich".
- Edward de Bono instruiert Personen, Problem- und Fragestellungen zu bearbeiten, indem sie bewusst verschiedene (imaginäre) „Denkhüte" aufsetzen, um Sachverhalte aus unterschiedlichen Perspektiven zu beleuchten (de Bono, 1999).

2.3 Die Business-Unit als Stakeholder – Wie entstehen Innovationen?

Teamleistungen werden daran gemessen, wie nutzbringend diese für die Stakeholder des Teams sind. Zu den bekanntesten Indikatoren zählen Quantität und Qualität der Ergebnisse, Geschwindigkeit oder Verkürzung von Entwicklungszyklen, Zufriedenheit von externen und internen Kunden und Innovationen. Die Forschung zu Innovationen in Unternehmen beschäftigt die empirische Psychologie ebenso wie die Soziologie, Politik und Wirtschaftswissenschaften, was eine unüberschaubare Vielfalt begrifflicher Definitionen hervorgebracht hat (Eisenbeiß, 2009).

> Häufig werden *Produktinnovationen* von *Prozessinnovationen* abgegrenzt. *Produktinnovationen* bringen neue, verbesserte oder modifizierte Güter hervor, die Markt- und Kundenbedürfnisse befriedigen bzw. solche hervorrufen (bspw. die Entwicklung des iPhones). *Prozessinnovationen* bestehen in neuen, veränderten oder effizienteren organisationalen Abläufen.

„Der ultimative Test jeder Innovation", schreiben MacCurtain et al., seien es neue Produkte oder Services, „ist der Markt" (MacCurtain et al., 2010, S. 220f). Innovative Unternehmen erwerben, sichern oder erweitern ihre Vormachtstellung am Markt durch neue Produkte. Erfolgskritisch seien daher diejenigen Produkte, die das Potenzial besitzen, den Erwerb weiterer Marktanteile oder die Steigerung von Umsätzen zu beeinflussen (MacCurtain et al., 2010).

Man könnte nun vermuten, dass sich die Forschung intensiv mit den Wirkmechanismen befasst, die die Innovationskraft von Teams stärken oder beeinflussen. Erstaunlicherweise sind Innovationen extensiv auf individueller und organisationaler Ebene beforscht, allerdings nicht auf der Ebene von Teams (Eisenbeiß, 2009). Im Vergleich zu der überwältigenden Literatur im Bereich Innovationsmanagement taucht das Team als Gegenstand der Innovationsforschung selten auf. Was wissen wir dennoch über die Faktoren, in denen sich innovative Teams von weniger innovativen unterscheiden?

Eisenbeiß (2009) integriert die potenziellen Wirkmechanismen zwischen führungsbezogenen, individuellen, team- sowie kulturbezogenen Variablen in ein Rahmenmodell. Auf der Seite teambezogener Variablen wird insbesondere *interpersonales Vertrauen* als wichtiger Einfluss auf die Variable *debate* (*offene und kritische Diskussion*) vermutet, die wiederum die *Teamkreativität/Ideenentwicklung* als Grundlage der *Teaminnovation* beeinflusst. Als weitere Einflussfaktoren gelten auf Teamebene die Variablen *climate for excellence* (*Normen für die Erreichung hoher Leistungsstandards*) und *support for innovati-*

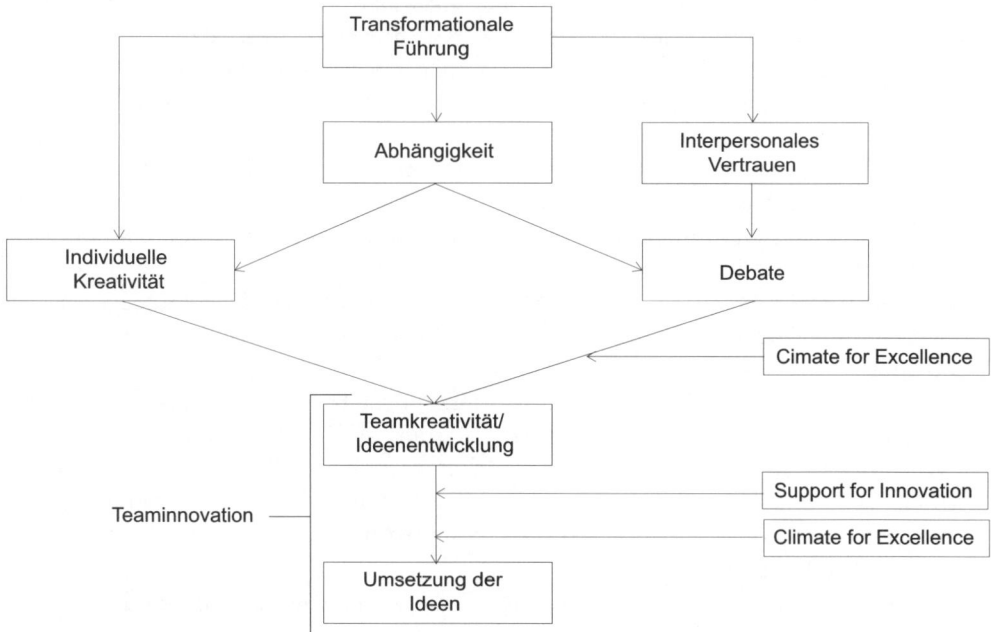

Theoretisches Modell zum Zusammenhang zwischen transformationaler Führung und Teaminnovation. Abbildung übernommen aus Eisenbeiß, 2009, S. 65 (ohne Visualisierung der Forschungshypothesen)

Abb. 6: Modell von Eisenbeiß (2009, S. 65)

on (*gegenseitige Unterstützung der Teammitglieder*). Die Dissertation von Eisenbeiß fokussiert auf den Zusammenhang zwischen *transformationaler Führung* und *Teaminnovation*. Die skizzierten Prozesse auf Teamebene werden von Eisenbeiß dabei als *mediierende Prozesse* angesehen (2009).

Auch wenn die Variablen auf Teamebene in der Darstellung von Eisenbeiß etwas unterschiedlich zu den vorgestellten Konstrukten in Abschnitt eins dieses Kapitels benannt sind, ergeben sich konzeptionell deutliche Überschneidungen. Die Variable *interpersonales Vertrauen* bspw. fügt sich nahtlos an die Konstrukte *team trust* und *team psychological safety* an, die Variable *debate* zeigt viele Parallelen zu den Konstrukten *functional conflict* sowie *absence of dysfunctional conflict*.

2.4 Die Organisation als Stakeholder – Was bedeutet Diversity?

Wohl kaum eine Frage beschäftigt Wissenschaftler wie Praktiker so intensiv wie der Einfluss von *Top Management Teams* (*TMTs*) auf die unternehmerischen Resultate von Organisationen (Bang et al. 2010). *TMTs* sind befasst mit den strategischen Belangen des Unternehmens, seiner Wertigkeit für Shareholder, Themen zur internationalen Zusammenarbeit oder Erschließung neuer Märkte. Es ist unstrittig, dass *TMTs* ebenso wesentlichen Einfluss auf die Innovationskraft der Organisation und den Erfolg neuer Produkte am Markt haben. „The actions taken and decisions made by these teams can directly affect organizational innovation and new product performance." (MacCurtain et al., 2010, S. 221). Im Kontext der *TMT*-Forschung und mit Blick auf den Einfluss von Top Teams auf die Innovationskraft der Organisation kommt man nicht umhin, ein viel beforschtes Konstrukt hervorzuholen. Es geht um *diversity* (*Vielfalt*).

Mit diesem Thema ließe sich eine Bibliothek füllen, und in keinem anderen Forschungsgebiet sind die Befunde so heterogen (Kearney & Voelpel, 2012; van Knippenberg & Mell, 2016). Gleichermaßen soll das Konstrukt *diversity* an dieser Stelle zumindest angeschnitten werden. Wer die Thematik vertiefen möchte, findet einen breiten Überblick auf Basis meta-analytischer Studien bei van Knippenberg & Mell (2016). Schon auf sprachlicher Ebene wird deutlich, wie facettenreich das Konstrukt *diversity* ist. *Vielfalt* und *Unterschiedlichkeit* zählen zu den prominentesten Vertretern im deutschen Sprachraum, gängig sind weiterhin *Diversität, Mannigfaltigkeit, Vielgestaltigkeit* oder *Verschiedenartigkeit* (Zadfar, 2015).

Im Zentrum der *diversity*-Forschung stehen Unterschiede, genauer die Merkmale, in denen sich Mitglieder einer Einheit, eines Teams oder einer Organisation unterscheiden (van Knippenberg, van Ginkel, & Homan, 2013). Leitend für diesen Abschnitt ist die Frage, welche dieser unzähligen möglichen Unterschiede für *TMTs* und die Innovationskraft von Organisationen relevant sind. MacCurtain et al. (2010) konzentrieren sich bspw. auf vier Facetten von *diversity*, die als *Input-Faktoren* im Sinne der McGrath'schen Tradition bezeichnet werden können. Zusätzlich gehen die Autoren auf eine weitere fünfte Dimension ein, *trustworthiness* (*Vertrauenswürdigkeit*), die der Vollständigkeit halber hier mit erwähnt wird:

- *educational diversity*   (Verschiedenartigkeit der *Ausbildungshintergründe*)
- *tenure diversity*   (unterschiedliche Dauer in der *Zugehörigkeit* zum Team)
- *age diversity*   (verschiedene *Alterskohorten*)

- *functional diversity* (Verschiedenartigkeit der *Verantwortungsbereiche*)
- *TMT trustworthiness* (*Vertrauenswürdigkeit*)

Im Modell von MacCurtain et al. (2010) wirken diese fünf Faktoren nun auf zwei *Mediatorvariablen* ein, die ihrerseits wiederum die Ergebnisse beeinflussen. Im Fokus der Ergebnisse steht die Variable *new product performance*, was grob als ein Indikator für die Innovationskraft der Organisation verstanden werden kann. Das Modell von MacCurtain et al. ist für die *diversity*-Forschung besonders deswegen interessant, weil es konsequent daran erinnert, den Einfluss von *Moderator-* und *Mediatorvariablen* zu berücksichtigen, anstatt unmittelbare Effekte zwischen *diversity* und Innovation zu erwarten. Die Forderung nach *diversity* wird kein Patentrezept darstellen, wenn es darum geht, die Innovations- und Leistungsfähigkeit von Organisationen zu stärken.

Welche weiteren Befunde lassen sich aus der Forschung zu *diversity* ableiten? Der vielleicht kleinste gemeinsame Nenner könnte etwa lauten: Teams, deren Mitglieder aus unterschiedlichen Kohorten sowie organisationalen Kulturkreisen stammen, verschiedene Kompetenzen und Expertisen einbringen und unterschiedlich an Aufgaben und Probleme herangehen, können in puncto Problemlösung, Entscheidungsqualität und Entwicklung von innovativen Produkten homogen aufgestellten Teams überlegen sein (Cox & Blake, 1991; Horwitz & Horwitz, 2007).

Wenn Teammitglieder mit verschiedenen Blickwinkeln auf eine Fragestellung schauen, so erhöht dies die Vielfalt möglicher Perspektiven und Optionen. Der Mehrwert dieser verschiedenen Perspektiven scheint darin begründet zu liegen, dass wertvolle Diskussionen und auch Dissens resultieren, also Reibungspunkte, die dem bekannten Phänomen des *consens-seeking* entgegenwirken. Auch hier haben wir es offenbar mit einem Balance-Akt zu tun: Wann und in welchen Situationen ist kognitiver Dissens, der aus unterschiedlichen Herangehensweisen oder Arbeitsstilen entsteht, fruchtbar (vergl. *functional conflict*)? Und in welchen Situationen benötigen divers aufgestellte Teams eine klare einheitliche Linie (vergl. *shared mental team models*), um von ihrer Verschiedenartigkeit profitieren zu können?

> „[...] team diversity has a positive impact on performance because of unique cognitive attributes that members bring to the team (Cox & Blake, 1991; Hambrick, Cho, & Chen, 1996). Ultimately, cognitive diversity among heterogeneous members promotes creativity, innovation, and problem solving, and thus results in superior performance relative to cognitively homogeneous teams." (Horwitz & Horwitz, 2007, S. 989).

Vertiefende Fragen

- Welches sind zentrale Stakeholder eines Teams, und welche unterschiedlichen Anforderungen stellen sie an Teams?
- Wie hängen die Konstrukte *psychological safety*, *debate* und *Teaminnovationen* zusammen, und wie wirken sie wechselseitig aufeinander ein?
- Worin besteht konzeptuell der Unterschied zwischen *Teamsynergien* und *Teaminnovationen*?
- Wie lautet eine operationale Definition für das Konstrukt *Teamsynergien*?

3   Forschungsmethoden

Vor dem Hintergrund der Megatrends des 21. Jahrhunderts, die die Arbeitswelt berühren (Industrie 4.0, Agilität, Digitalisierung, internationale Vernetzung u.v.m.) ergeben sich kontinuierlich neue Fragestellungen, die es im Kontext der Teamarbeit zu erkunden und zu beforschen gilt (vergl. Kapitel Arbeit 4.0 in diesem Band). Dies ist eine Chance für neue, innovative Forschungsdesigns und das Terrain der empirischen Forschungsmethoden. Das Arsenal an Methoden aus den empirischen Sozialwissenschaften sowie der Wirtschaftspsychologie und angrenzender Disziplinen kann hier nur in einem Ausschnitt skizziert werden. Weiterführende Literatur zu den empirischen Forschungsmethoden sind bspw. die zusammenfassenden Darstellungen von Bortz (2005); Bortz & Döring (2006); Hussy, Schreier, & Echterhoff (2013).

3.1   Qualitative Forschungsmethoden

Die qualitativen Forschungsmethoden bilden eine der beiden großen Methodenklassen empirischer Sozialforschung. „Unter qualitativer Forschung […] verstehen die Sozialwissenschaften eine sinnverstehende, interpretative wissenschaftliche Verfahrensweise bei der Erhebung und Aufbereitung sozial relevanter Daten." (Hussy, Schreier, & Echterhoff, 2013, S. 20).

Es folgt ein kurzer Abriss der Ereignisse, die zu dem soziographischen Versuch von Jahoda, Lazarsfeld und Zeisel geführt haben. Der Hauptarbeitgeber für alle Bewohner in Marienthal, eine Fabrik, muss schließen. Im Jahr 1830 wird die Fabrik als Flachsspinnerei gegründet und wächst in den folgenden Jahrzehnten kontinuierlich, mit ihr das Fabrikdorf. Nach einer beispiellosen Geschichte der Expansion folgt Mitte 1929 „der Absturz […]: Im Juli wird die Spinnerei geschlossen, im August die Druckerei, im September die Bleiche. Zuletzt im Februar 1930 sperrt die Weberei, und nun werden auch die Turbinen stillgelegt." (Jahoda, Lazarsfeld, & Zeisel, 1975, S. 14f).

Qualitative Methoden sollten zum Einsatz kommen, um Wesensmerkmale und Sinnhaftigkeiten in Phänomenen zu entdecken, zu interpretieren und in einen Sinnzusammenhang zu bringen. Daher haben die qualitativen Forschungsmethoden zumeist einen stark explorativen, d.h. erkundenden Charakter.

Das wohl prägendste und umfassendste explorative Forschungsdesign für die Psychologie wurde nicht von Psychologen entwickelt. Zudem wäre es beinahe verloren gegangen. Mit der finanziellen Ausstattung seitens der Wiener Arbeitskammer und eines Rockefeller Fonds untersuchen Jahoda, Lazarsfeld und Zeisel in den 1930er Jahren die psychologischen Auswirkungen kollektiver Arbeitslosigkeit. Fokus ihrer Arbeit ist ein kleines niederösterreichisches Gebiet, ein Fabrikdorf an der Fischa-Dagnitz, das Marienthal heißt. Ihr Arbeitstitel: „Die Arbeitslosen von Marienthal. Ein soziographischer Versuch."

Betroffen von der Schließung der Fabrik als Hauptarbeitgeber sind alle in Marienthal ansässigen Familien. Es folgt die kollektive Arbeitslosigkeit des gesamten Fabrikdorfs.

Die Autoren beginnen mit der Zielsetzung, „ein Bild von der psychologischen Situation einer Arbeitspopulation […] zu gewinnen." (Jahoda, Lazarsfeld, & Zeisel, 1975, Vorbemerkungen).

Die Marienthal-Studie illustriert, wie reichhaltig eine Datenaufnahme ausfallen kann. Die Forschergruppe um Jahoda erhebt, katalogisiert und systematisiert eine unfassbare Vielfalt von Daten, darunter:

- Verdienst/Bezuschussung/Arbeitslosenunterstützung/Geldeinteilung
- Einkaufszettel/Zusammensetzung der Mahlzeiten/Konsum Genussnahrungsmittel
- Gesundheitszustand/Allgemeinbefinden der Kinder
- Bibliotheksausleihen/Bezug und Kündigung von Zeitschriften/Veränderung der aktiven Vereinstätigkeit/politische Aktivitäten/Wahlbeteiligung/erstattete Anzeigen
- Weihnachtsgeschenke/Wünsche/Aufsätze von Kindern in der Schule
- Zeitprotokolle/Bewegungsgeschwindigkeit/Haushaltsaktivitäten/Nichtstun u.v.m.

Hierzu beanspruchen die Forscher eine Vielzahl der qualitativen und quantitativen Methoden, die bis heute gültig sind, darunter:

- Tiefeninterviews, narrative und episodische Interviews
- Teilnehmende Beobachtung in den Begegnungen mit den Einwohnern
- Auswertung von Protokollbögen, inhaltsanalytische Auswertungen von geschriebenen Dokumenten (bspw. Schulaufsätze oder Wunschlisten etc.)
- Referenzierung auf verfügbare quantitative Daten (bspw. Altersaufbau der Population/Einkommen/Bezuschussung/Anzahl der Kinder/Wahlbeteiligung, u.v.m.).

Der „soziographische Versuch" von Jahoda, Lazarsfeld und Zeisel liefert eine lückenlose Dokumentation der Ereignisse und Zeitverläufe in einer Population. Bis heute gilt die Marienthal-Studie als Meilenstein explorierender Feldforschung.

Welche Implikationen lassen sich daraus für die Teamforschung ableiten? 1931 gibt es keine vergleichbaren Referenzen oder Modelle kollektiver Arbeitslosigkeit. Schlagen wir aus forschungsbezogener Sicht den Bogen zu Teams in heutigen Organisationen, stellen sich folgende Fragen: Was sind die Themen im Kontext von Teams in Organisationen, für die es 2018, 2020 oder 2030 noch keine Referenzwerte oder Modelle gibt? Wie werden die Mega-Trends des 21. Jahrhunderts die Zusammenarbeit von Teams beeinflussen? Damit verbinden sich Forschungsfragen wie bspw.:

- Was bedeutet es für die Arbeit in Teams, wenn, wie viele Zukunftsforscher vermuten, E-Mails und WhatsApp-Nachrichten von einer Cloud verdrängt werden und die Cloud gewissermaßen zum Gehirn von Teams und seiner Historie avanciert? (Keese, 2014)
- Vor welchen neuen Herausforderungen stehen Teams, deren Raum-Zeit-Distanzen durch Cloudworking nahezu verschwinden werden? Im Kontext heutiger Forschung stehen sogenannte virtuelle Teams. Künftig wird es Cloudteams geben, die unabhängig von Rollen oder Unternehmenszugehörigkeit eigene teamähnliche Konstellationen bilden und die Grenzen zwischen Organisationen, Kunden sowie Zulieferern weitgehend auflösen.
- Welche Auswirkungen hat ubiquitous computing, d.h. die allgegenwärtige Datenverarbeitung und -verfügbarkeit auf die Frage, welche Informationen für die Zusammenarbeit relevant sind und welche nicht? Welche Filter kommen hier zum Tragen, und wer steuert diese?

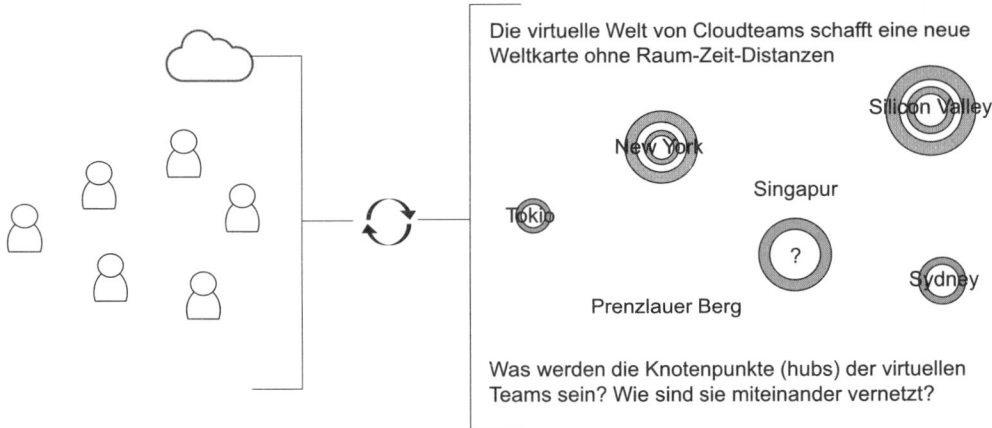

Abb. 7: Illustration der virtuellen Welt von Cloudteams

Die Liste an Forschungsfragen ist unendlich weiterzuführen, wenngleich man dazu keinen gedanklichen Sprung in das Jahr 2030 vornehmen muss. Um das Jahr 2018 sehen sich viele Unternehmen damit konfrontiert, dass bspw. ein Großteil der Belegschaft insbesondere in produzierenden Unternehmen altersbedingt das Unternehmen verlassen wird. Schon heute mehren sich die Anfragen im Beratungskontext, wie das implizite Wissen erfahrener Produktionsteams für Unternehmen erhalten bleiben kann.

Die Frage ist alles andere als trivial. Implizites Wissen in Teams, was es ermöglicht, Vorgänge, Gefahren oder notwendige vorausschauende gegenseitige Unterstützung qua Erfahrung zu antizipieren, lässt sich schwer in Form von geschriebenen Dokumenten oder Excel-Tabellen sichern. Die oben skizzierten Fragen fordern Forscher wie Praktiker dazu auf, neue und kreative Methoden zum Erkenntnisgewinn zu entwickeln. Gleichermaßen wird deutlich, dass qualitative und quantitative Methoden hier nur ergänzend und miteinander zum Erkenntnisgewinn beitragen können. Die Herausforderung besteht darin, sie klug miteinander zu verbinden.

Dieser Gedanke ist keineswegs neu. Bereits Jahoda, Lazarsfeld und Zeisel argumentieren für die eine Kombination von qualitativen und quantitativen Ansätzen, die sie als wechselseitig ergänzende Perspektiven ansehen. Der Fachterminus für die Verschränkung unterschiedlicher methodischer Herangehensweisen ist *Triangulation* (Flick, 2008). „Triangulation beinhaltet die Einnahme unterschiedlicher Perspektiven auf einen untersuchten Gegenstand [...]. Diese Perspektiven können sich in unterschiedlichen Methoden [...] und/oder unterschiedlich gewählten theoretischen Zugängen konkretisieren [...]. Durch die Triangulation (etwa verschiedener Methoden oder verschiedener Datensorten) sollte ein prinzipieller Erkenntniszuwachs möglich sein." (Flick, 2008, S. 12).

Der methodische Ansatz der Triangulation stammt aus der Landvermessung (Geodäsie), „wo er als eine ökonomische Methode der Lokalisierung und Fixierung von Positionen und Lagen auf der Erdoberfläche eingesetzt wird." (Flick, 2008, S. 11).

3.2   Quantitative Forschungsmethoden

Quantitative Methoden sind untrennbar verbunden mit dem Konzept des *Messens* in den empirischen Forschungsdisziplinen. Sie „repräsentieren eine Vorgehensweise zur numerischen Darstellung empirischer Sachverhalte." (Hussy, Schreier, & Echterhoff, 2013, S. 20).

Zahlen komprimieren dabei teilweise komplexe Zusammenhänge, machen sie dadurch aber auch greifbar und schaffen nicht selten ihre eigene Realität. Jeder, der im Kontext des Human Resource Managements bspw. auf Auswertungen einer Mitarbeiterbefragung zurückgreift, weiß, wie diffizil es ist, aus diesen Daten verlässliche Anhaltspunkte abzuleiten und zu entscheiden, an welchen Stellen interveniert werden sollte. Umso wichtiger erscheint es, dass Daten ein belastbares Fundament für folgende Entscheidungen bieten.

Genau dies führt zur klassischen Definition des *Messens* in den empirischen Sozialwissenschaften. Die Herausforderung besteht darin, Eigenschaften einer *empirischen Menge* und ihrer Beziehungen, d.h. *Relationen* in eine entsprechende numerische Darstellung, ein *numerisches Relativ*, zu übertragen. Dies kann Kleiner-Größer-Relationen beinhalten (Team A hat eine höhere Innovationskraft als Team B) oder auch weiter abgestufte Ableitungen (Team A hat einen Engagement-Index von 3; Team B einen Engagement-Index von 2,5 auf einer fünfstufigen Skala).

Solche zahlenbezogenen Aussagen sind nur dann verwertbar, wenn die Datengrundlage stimmt. Daher fordern die empirischen Sozialwissenschaften, dass die Struktur des *empirischen Relativs* bei dieser Übertragung in zahlenhaltige Aussagen erhalten bleibt, wofür es den Ausdruck *homomorph*, d.h. *strukturerhaltend* gibt. Dies ist die Kernforderung an eine Messung aus wissenschaftlicher Sicht.

Auf diesem Grundgedanken fußt die Definition von Bortz (2005) in der Erweiterung von Orth (1983): „Das Messen ist eine Zuordnung von Zahlen zu Objekten oder Ereignissen, sofern diese Zuordnung eine homomorphe Abbildung eines empirischen Relativs in ein numerisches Relativ ist." (Bortz, 2005, S. 17).

Da sich eine Vielzahl von unternehmerischen Entscheidungen auf solche Messdaten gründet, erscheint es wichtig, zu fragen, ob die Daten tatsächlich die Struktur des *empirischen Relativs* widerspiegeln und ein angemessenes Abbild der empirischen Sachverhalte bieten. Hierunter fallen Ergebnisse von Team- und Mitarbeiterbefragungen ebenso wie Marktforschungsanalysen, die häufig quantitativ über Fragebogeninventare erhoben werden.

Der vermutlich größte Anteil quantitativer Kennzahlen, die im Kontext des Human Resource Managements in Organisationen zum Einsatz kommen, basiert auf Mittelwerten und Standardabweichungen in Variablen, die einen stetigen Verlauf zeigen und die auf einer gleichabständigen Skala erfasst werden. Der Fachterminus für die *Gleichabständigkeit* einer Messskala lautet *äquidistant* (*äqui* = gleich, *distant* = abständig). Synonym wird in vielen Lehrbüchern auch von einer *Intervallskala* gesprochen.

Solche Skalen bilden die Grundvoraussetzung, um häufig genutzte statistische Indices wie *Maße der zentralen Tendenz* (*arithmetischer Mittelwert*) sowie *Median-* und *Modalwert* und sogenannte *Dispersionsmaße* (*Varianz, Standardabweichung*) sinnvoll interpretieren zu können.

Mittels quantitativ erhobener Daten lassen sich aber noch weitaus spannendere Frage-stellungen beantworten wie bspw.:

- Welche Zusammenhänge ergeben sich in Teams zwischen der *wahrgenommenen Sicherheit* (*team psychological safety*) und *konstruktiven Diskussionen* (*debate*)?
- Gibt es einen Zusammenhang zwischen der *Kohäsion* (*cohesion*) und der Leistungs-fähigkeit von Teams, und wenn ja, wie ist dieser Zusammenhang beschaffen?

Um Antworten auf diese Fragen zu finden, wird man statistische *Zusammenhangsmaße* beanspruchen, die im Folgenden kurz skizziert werden. Bei der Berechnung von Zusam-menhängen sind *Korrelationen* sicherlich die prominentesten statistischen Indices. Der klassische *Korrelationskoeffizient* r_{xy} berichtet über lineare Abhängigkeiten zweier Varia-blen. In positiver Abhängigkeit voneinander lassen sich Rückschlüsse zu, die etwa lau-ten: Teams, die eine höhere Ausprägung in der Dimension *Lernen im Team* aufweisen, haben auch in der Dimension *Anpassungsfähigkeit* eine stärkere Ausprägung. Solche mit niedrigeren Werten in der Dimension *Lernen im Team* zeigen auch eine geringere Aus-prägung in ihrer *Anpassungsfähigkeit*. Rechnerisch ist dies eine *positive Korrelation*, für die gilt: $0 < r_{xy} < 1$. Man kann sich auch den umgekehrten negativen Zusammenhang vor-stellen: Teams, bei denen die Dimension *Kohäsion* stark ausgeprägt ist, zeigen eher geringe Ausprägungen in der Variablen *dysfunktionale Konflikte*. Dies entspricht rechne-risch einer *negativen Korrelation*, für die gilt: $-1 < r_{xy} < 0$. Im Falle kompletter Unabhän-gigkeit der Variablen finden wir *Korrelationen* von $r_{xy} = 0$; bei einem maximalen stochas-tischen Zusammenhang von $r_{xy} = +/- 1$.

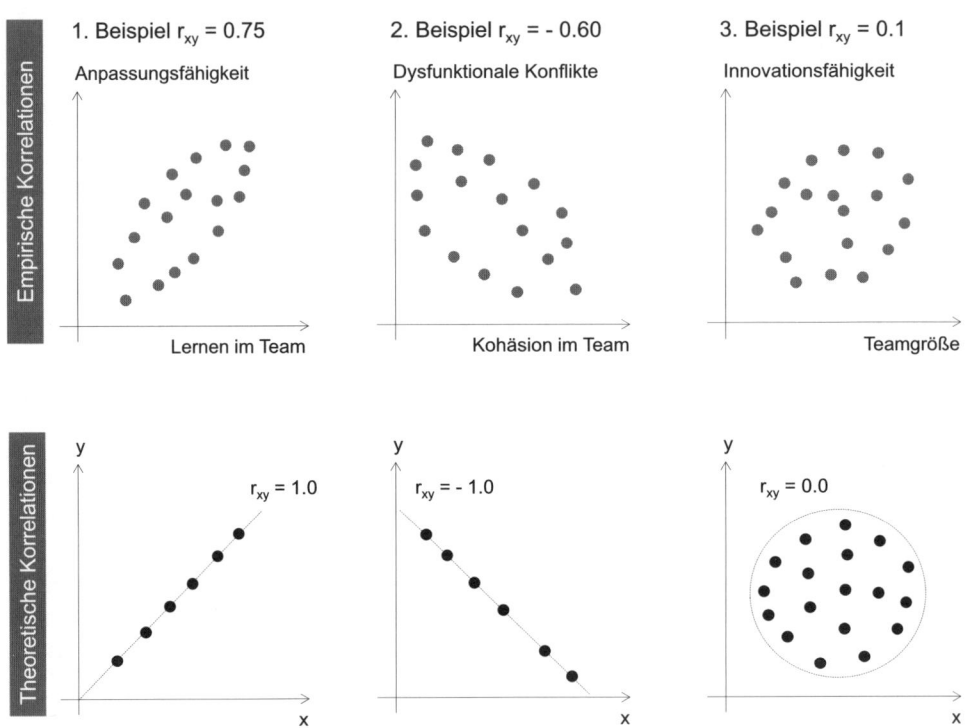

Abb. 8: Theoretische und empirische Korrelationen

Statistisch gesehen sind damit die Möglichkeiten, Zusammenhänge zu erkunden und auf Basis empirisch erhobener Daten zu ermitteln bei weitem nicht ausgeschöpft. Betrachten wir bspw. das Verhältnis von *Kohäsion* und *Performanz*, so verweisen viele Befunde darauf, dass beide Variablen zusammenhängen, allerdings nicht linear.

Offenbar findet sich etwa eine mittlere Ausprägung in der Variablen *Kohäsion* gerade bei hoch performanten Teams. Teams hingegen mit sehr hohen oder sehr niedrigen Werten im Bereich *Kohäsion* zeigen sich als weniger leistungsfähig. Wie aber können solche Zusammenhänge berechnet werden?

Über die Berechnung der *Produkt-Moment-Korrelation* r_{xy} kommt man diesem Phänomen nicht auf die Spur. Wir haben es hier mit einem sogenannten umgekehrt u-förmigen, genauer *parabolischen* Zusammenhang zu tun. Bei diesem gehen mittlere Ausprägungen in der Variablen X mit den höchsten Ausprägungen in der Variablen Y einher, während die Extreme von X (hoch und niedrig) niedrige Ausprägungen in der Variablen Y zeigen.

Sollten Sie in diesem Falle die gängige *Produkt-Moment-Korrelation* berechnen, landen Sie bei $r_{xy} = 0$ (oder knapp darum herum), jedenfalls keineswegs in dem Bereich, in dem sich die tatsächliche empirische Korrelation bewegt.

Dieser Ausflug in die quantitativen Methoden sowie die Berechnung von statistischen Zusammenhängen soll vor allem das Bewusstsein dafür schärfen, dass in der Auseinandersetzung mit komplexen Systemen wie Teams einfache lineare Regeln wie ,je mehr, desto besser' selten anwendbar sind. Begegnet man dem Teamgeschehen in Organisationen in dieser Haltung und mit kompetentem Blick auf den Umgang mit Zahlen, so wird noch einmal mehr das eingangs erwähnte Zitat von Hawkins deutlich:

„We must never forget that teams are living systems. (Hawkins, 2014, S. 7).

Vertiefende Fragen

- Was ist der Unterschied zwischen qualitativen und quantitativen Forschungsmethoden und -ansätzen?
- Welcher Mehrwert kann durch eine Verbindung von qualitativen und quantitativen Forschungsmethoden erzielt werden?
- Wie ist der Begriff der *Messung* in den empirischen Sozialwissenschaften definiert?
- Skizzieren Sie ein Beispiel für einen *umgekehrt u-förmigen* (*parabolischen*) Zusammenhang zwischen zwei Variablen aus den Bereichen Teamprozesse und Ergebnisse.
- Welche psychologischen Konstrukte können zur Erklärung dieses *umgekehrt u-förmigen* Zusammenhangs herangezogen werden?

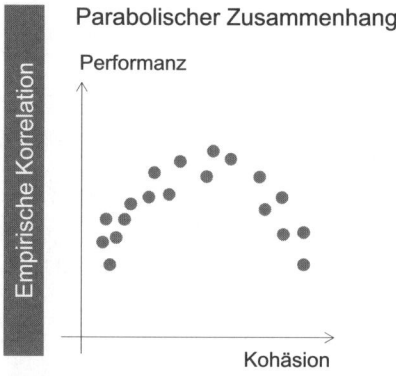

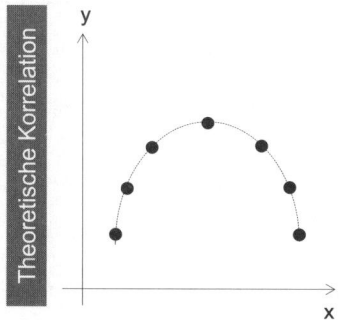

Abb. 9: Parabolischer Zusammenhang

Literatur

Alderfer, C. P. (1977). Improving organizational communication through long-term intergroup intervention. *The Journal of Applied Behavioral Science, 13*(2), 193-210.

Allen, J. A., Sands, S. J., Mueller, S. L., Frear, K. A., Mudd, M. & Rogelberg, S. G. (2012). Employees' feelings about more meetings. An overt analysis and recommendations for improving meetings. *Management Research Review, 35*(5), 405-418.

Asch, S. E. (1952). *Social psychology.* New York: Prentice-Hall.

Asch, S. E. (1956). *Studies of independence and conformity: 1. A minority of one against a unanimous majority.* Psychological Monographs, 70 (9), Whole No. 416.

Atkinson, R. C. & Schiffrin, R. M. (1968). Human memory: A proposed system and its control processes. In K. W. Spence & J. T. Spence, *The psychology of learning and motivation* (pp. 47-89). New York, NY: Academic Press.

Ayoko, O. B. & Chua, E. L. (2014). The importance of transformational leadership behaviors in team mental model similarity, team efficacy, and intra-team conflict. *Group & Organization Management, 39*(5), 504-531.

Bandura, A. (1977). Self-efficacy: Toward a unifying theory of behavioral change. *Psychological Review, 84*(2), 191-215.

Bandura, A. (1997). *Self-efficacy: The Exercise of Control.* New York: W. H. Freeman and Company.

Bang, H., Fuglesang, S. L., Ovesen, M. R. & Eilertsen, D. E. (2010). Effectiveness in top management group meetings: The role of goal clarity, focused communication, and learning behavior. *Scandinavian Journal of Psychology, 51,* 253-261.

Bénabou, R. (2013). Groupthink: Collective delusions in organizations and markets. *The Review of Economic Studies, 80*(2) (283), 429-462.

Bortz, J. (2005). *Statistik für Human- und Sozialwissenschaftler,* (sechste, vollständig überarbeitete und aktualisierte Auflage). Berlin, Heidelberg: Springer Medizin Verlag Heidelberg.

Bortz, J. & Döring, N. (2006). *Forschungsmethoden und Evaluation für Human- und Sozialwissenschaftler,* (vierte, überarbeitete Auflage). Berlin, Heidelberg: Springer Medizin Verlag Heidelberg.

Breuer, C., Hüffmeier, J. & Hertel, G. (2016). Does trust matter more in virtual teams? A meta-analysis of trust and team effectiveness considering virtuality and documentation as moderators. *Journal of Applied Psychology, 101*(8), 1151-1177.

Broadbent, D. E. (1958). *Perception and communication.* New York: Oxford University Press.

Burke, C. S., Stagl, K. C., Salas, E., Pierce, L. & Kendall, D. (2006). Understanding team adaptation: A conceptual analysis and model. *Journal of Applied Psychology, 91*(6), 1189-1207.

Cannon-Bowers, J. A., Salas, E. & Converse, S. A. (1990). Cognitive psychology and team training: Shared mental models in complex systems. *Human Factors Society Bulletin, 33,* 1-4.

Cannon-Bowers, J. A., Tannenbaum, S. I., Salas, E. & Volpe, C. E. (1995). Defining team competencies and establishing team training requirements. In E. Salas (Ed.), *Team effectiveness and decision making in organizations* (pp. 333-380). San Francisco: Jossey-Bass.

Cohen, S. G. & Bailey, D. E. (1997). What makes teams work: Group effectiveness research from the shop floor to the executive suite. *Journal of Management, 23*(3), 239-290.

Cross, R., Rebele, R. & Grant, A. (2016). Collaborative overload. *Harvard Business Review, 94*(1), 74-79.

de Bono, E. (1999). *Six Thinking Hats ®.* Penguin Books.

DeChurch, L. A. & Mesmer-Magnus, J. R. (2010). Measuring shared team mental models: A meta-analysis. *Group Dynamics: Theory, Research, and Practice, 14*(1), 1-14.

Dörner, D. (2008). *Die Logik des Misslingens. Strategisches Denken in komplexen Situationen* (siebte Auflage). Reinbek bei Hamburg: Rowohlt-Taschenbuch-Verlag.

Eisenbeiß, S. A. (2009). *Zwei Seiten einer Medaille: Effekte transformationaler Führung auf Teaminnovation.* Dissertation an der Universität Konstanz. Konstanzer Online-Publikations-System (KOPS).

Ferrin, D. L., Bligh, M. C. & Kohles, J. C. (2007). Can I trust you to trust me? A theory of trust, monitoring, and cooperation in interpersonal and intergroup relationships. *Group & Organization Management, 32*(4), 465-499.

Flick, U. (2008). *Triangulation: Eine Einführung* (zweite Auflage). Wiesbaden: VS, Verlag für Sozialwissenschaften.

Fulmer, C. A. & Gelfand, M. J. (2012). At what level (and in whom) we trust: Trust across multiple organizational levels. *Journal of Management, 38*(4), 1167-1230.

Greer, L. (2012). Group cohesion: Then and now. *Small Group Research, 43*(6), 655-661.

Guchait, P., Lei, P. & Tews, M. J. (2016). Making teamwork work: Team knowledge for team effectiveness. *The Journal of Psychology, 150*(3), 300-317.

Gully, S. M., Incalcaterra, K. A., Joshi, A. & Beaubien, J. M. (2002). A meta-analysis of team-efficacy, potency, and performance: Interdependence and level of analysis as moderators of observed relationships. *Journal of Applied Psychology, 87*(5), 819-832.

Hackman, J. R. (1983). *A normative model of work team effectiveness* (Technical Report No. 2). New Haven, CT: Yale School of Organization and Management.

Hackman, J. R. (1987). The design of work teams. In J. W. Lorsch (Ed.), *Handbook of organizational behavior* (pp. 315-342). Englewood Cliffs: Prentice-Hall.

Hänsel, F., Baumgärtner, S. D., Kornmann, J. & Ennigkeit, F. (2016). *Sportpsychologie*. Berlin Heidelberg: Springer.

Henningsen, D. D., Miller Henningsen, M. L., Eden, J. & Cruz, M. G. (2006). Examining the symptoms of groupthink and retrospective sensemaking. *Small Group Research, 37*(1), 36-64.

Hawkins, P. (2014). *Leadership team coaching in practice: Developing high performing teams*. London: Kogan Press.

Hoegl, M. & Parboteeah, K. P. (2006). Team reflexivity in innovative projects. *R&D Management, 36*(2), 113-125.

Horwitz, S. K. & Horwitz, I. B. (2007). The effects of team diversity on team outcomes: A meta-analytic review of team demography. *Journal of Management, 33*(6), 987-1015.

Hussy, W., Schreier, M. & Echterhoff, G. (2013). *Forschungsmethoden in Psychologie und Sozialwissenschaften für Bachelor* (zweite, überarbeitete Auflage). Berlin, Heidelberg S.I: Springer Berlin Heidelberg.

Ilgen, D. R., Hollenbeck, J. R., Johnson, M. & Jundt, D. (2005). Teams in organizations: From input-process-output-models to IMOI models. *Annual Review of Psychology, 56*, 517-543.

Jahoda, M., Lazarsfeld, P. F. & Zeisel, H. (1975). *Die Arbeitslosen von Marienthal: Ein soziographischer Versuch über die Wirkungen langandauernder Arbeitslosigkeit; mit einem Anhang zur Geschichte der Soziographie*. Frankfurt am Main: Suhrkamp.

Janis, I. L. (1972). *Victims of groupthink: A psychological study of foreign-policy decisions and fiascoes*. Boston: Houghton Mifflin.

Janis, I. L. (1982). *Groupthink. Psychological studies of policy decisions and fiascoes*. Boston: Wadsworth.

Janis, I. L. & Mann, L. (1976). Coping with decisional conflict: an analysis of how stress affects decision-making suggests interventions to improve the process. *American Scientist, 64*(6), 657-667.

Janis, I. L. & Mann, L. (1977). *Decision making: a psychological analysis of conflict, choice and commitment*. New York, NY: Free Press.

Jonas, K., Stroebe, W. & Hewstone, M. (2007). *Sozialpsychologie. Eine Einführung* (fünfte, vollständig überarbeitete Auflage). Heidelberg: Springer.

Kearney, E. & Voelpel, S. C. (2012). Diversity research – what do we currently know about how to manage diverse organizational units? *Zeitschrift für Betriebswirtschaft, 82*, 3-18.

Keese, C. (2014). *Silicon Valley: Was aus dem mächtigsten Tal der Welt auf uns zukommt* (erste Auflage). München: Knaus.

Kellermanns, F. W., Walter, J., Lechner, C. & Floyd, S. W. (2005). The lack of consensus about strategic consensus: Advancing theory and research. *Journal of Management, 31*(5), 719-737.

Keßler, B. (2016). *Business Meetings* (unveröffentlichtes Manual). Hamburg.

Klimoski, R. J. & Mohammed, S. (1994). Team mental model: Construct or metaphor? *Journal of Management, 20*(2), 403-437.

Kozlowski, S. W. J. (2015). Advancing research on team process dynamics: Theoretical, methodological, and measurement considerations. *Organizational Psychology Review, 5*(4), 270-299.

Kozlowski, S. W. J., Chao, G. T., Grand, J. A., Braun, M. T. & Kuljanin, G. (2016). Capturing the multilevel dynamics of emergence: Computational modeling, simulation, and virtual experimentation. *Organizational Psychology Review, 6*(1), 3-33.

Kozlowski, S. W. J. & Bell, B. S. (2003). Work groups and teams in organizations. In W. C. Borman, D. R. Ilgen & R. J. Klimoski (Eds.), *Handbook of psychology: Industrial and organizational psychology* (pp. 333-375). Hoboken, NJ: John Wiley & Sons.

Lencioni, P. (2002). *The five dysfunctions of a team. A leadership fable*. San Francisco: Jossey-Bass.

LePine, J. A., Piccolo, R. F., Jackson, C. L., Mathieu, J. E. & Saul, J. R. (2008). A meta-analysis of teamwork processes: Tests of a multidimensional model and relationships with team effectiveness criteria. *Personnel Psychology, 61*, 273-307.

Liang, H.-Y., Shih, H.-A. & Chiang, Y.-H. (2015). Team diversity and team helping behavior: The mediating roles of team cooperation and team cohesion. *European Management Journal, 33*(1), 48-59.

MacCurtain, S., Flood, P. C., Ramamoorthy, N., West, M. A. & Dawson, J. F. (2010) The top management team, reflexivity, knowledge sharing and new product performance: A study of the Irish software industry. *Creativity and Innovation Management, 19*(3), 219-232.

Macey, W. H. & Schneider, B. (2008). The meaning of employee engagement. *Industrial and Organizational Psychology, 1*, 3-30.

Maier, S. F. & Seligman, E. P. (1976). Learned Helplessness: Theory and Evidence. *Journal of Experimental Psychology: General, 105*(1),3-46.

Mathieu, J. E., Heffner, T. S., Goodwin, G. F., Salas, E. & Cannon-Bowers, J. A. (2000). The influence of shared mental models on team process and performance. *Journal of Applied Psychology, 85*(2), 273-283.

Mathieu, J. E., Maynard, M. T., Rapp, T. & Gilson, L. (2008). Team effectiveness 1997-2007: A review of recent advancements and a glimpse into the future. *Journal of Management, 34*(3), 410-476.

McGrath, J. E. (1964). *Social psychology: A brief introduction.* New York: Holt, Rinehart and Winston.

McGrath, J. E. (1984). *Groups: Interaction and performance.* Englewood Cliffs, N.J.: Prentice Hall.

Möllering, G. (2006). *Trust: Reason, routine, reflexivity.* Oxford: Elsevier.

Mohammed, S., Ferzandi, L. & Hamilton, K. (2010). Metaphor no more: A 15-year review of the team mental model construct. *Journal of Management, 36*(4), 876-910.

Mohammed, S., Klimoski, R. & Rentsch, J. R. (2000). The measurement of team mental models: We have no shared schema. *Organizational Research Methods, 3*(2), 123-165.

Neisser, U. (1967). *Cognitive psychology.* Englewood Cliffs, N.J.: Prentice Hall.

Park, W. (2000). A comprehensive empirical investigation of the relationships among variables of the groupthink model. *Journal of Organizational Behavior, 21*(8), 873-887.

Rentsch, J. R., Small, E. E. & Hanges, P. J. (2008). Cognitions in organizations and teams: What is the meaning of cognitive similarity? In D. B. Smith (Ed.), *The People make the place. Dynamic linkages between individuals and organizations* (pp. 127-156). Mahwah, NJ: Lawrence Erlbaum Associates.

Robertson, B. J. (2016). *Holacracy: Ein revolutionäres Management-System für eine volatile Welt.* München: Verlag Franz Vahlen.

Rogers, C. R. (1961). *On becoming a person: A therapist's view of psychotherapy.* Boston: Houghton Mifflin.

Rogers, C. R. (1970). *Carl Rogers on encounter groups.* New York, NY: Harper and Row.

Sader, M. (1996). *Psychologie der Gruppe* (fünfte Auflage). Weinheim: Juventa-Verlag.

Salas, E., Grossman, R., Hughes, A. M. & Coultas, C. W. (2015). Measuring team cohesion: Observations from the science. *Human Factors, 57*(3), 365-374.

Sarason, I. G., Johnson, J. H. & Siegel, J. M. (1978). Assessing the impact of life changes: Development of the life experiences survey. *Journal of Consulting and Clinical Psychology, 46*(5), 932-946.

Schippers, M. C., Den Hartog, D. N. & Koopman, P. L. (2007). Reflexivity in teams: A measure and correlates. *Applied Psychology: An international Review, 56*(2), 189-211.

Schippers, M. C., West, M. A. & Dawson, J. F. (2015). Team Reflexivity and Innovation: The Moderating Role of Team Context. *Journal of Management, 41*(3), 769-788.

Schmidt, G. (2013). *Liebesaffairen zwischen Problem und Lösung: Hypnosystemisches Arbeiten in schwierigen Kontexten* (fünfte unveränderte Auflage). Heidelberg: Carl-Auer-Systeme-Verl.

Shiffrin, R. M. & Schneider, W. (1977). Controlled and automatic human information processing: II. Perceptual learning, automatic attending, and a general theory. *Psychological Review, 84*(2),127-190.

Silva, P., Chung, D., Carvalho, T., Cardoso, T., Davids, K., Araújo, D. & Garganta, J. (2016). Practice effects on intra-team synergies in football teams. *Human Movement Science, 46,* 39-51.

Simonet, D. V., Narayan, A. & Nelson, C. A. (2014). A social-cognitive moderated mediated model of psychological safety and empowerment. *The Journal of Psychology, 149*(8), 818-845.

Sundstrom, E., De Meuse, K. P. & Futrell, D. (1990). Work teams. Applications and effectiveness. *American Psychologist, 45*(2), 120-133.

Tannenbaum, S. I. & Cerasoli, C. P. (2013). Do team and individual debriefs enhance performance? A meta-analysis. *Human Factors, 55*(1), 231-245.

Tasa, K., Taggar, S. & Seijts, G. H. (2007). The development of collective efficacy in teams: A multilevel and longitudinal perspective. *Journal of Applied Psychology, 92*(1), 17-27.

Tasa, K. & Whyte, G. (2005). Collective efficacy and vigilant problem solving in group decision making: A non-linear model. *Organizational Behavior and Human Decision Processes, 96*(2),119-129.

Tuckman, B. W. (1965). Developmental sequence in small groups. *Psychological Bulletin, 63*(6), 384-399.

Tuckman, B. W. & Jensen, M. C. (1977). Stages of small group development revisited. *Group & Organization Studies, 2,* 419-427.

van Knippenberg, D., van Ginkel, W. P. & Homan, A. C. (2013). Diversity mindsets and the performance of diverse teams. *Organizational Behavior and Human Decision Processes, 121*(2), 183-193.

van Knippenberg, D. & Mell, J. N. (2016). Past, present, and potential future of team diversity research: From compositional diversity to emergent diversity. *Organizational Behavior and Human Decision Processes, 136,* 135-145.

Wang, D., Waldman, D. A. & Zhang, Z. (2014). A meta-analysis of shared leadership and team effectiveness. *Journal of Applied Psychology, 99*(2), 181-198.

Weinert, A. B. (1998). *Organisationspsychologie. Ein Lehrbuch* (vierte vollständig überarbeitete Auflage). Weinheim: Psychologie Verlags Union.

Webber, S. S. (2008). Development of cognitive and affective trust in teams. A longitudinal study. *Small Group Research, 39*(6), 746-769.

West, M. A. (1996). Reflexivity and work group effectiveness: A conceptual integration. In M. A. West (Ed.), *Handbook of work group psychology* (pp. 555-579). Chichester: John Wiley & Sons.

West, M. A., Garrod, S. & Carletta, J. (1997). Group decision-making and effectiveness: Unexplored boundaries. In C. L. Cooper & S. E. Jackson (Eds.), *Creating tomorrow's organizations: A handbook for future research in organizational behavior* (pp. 293-316). Chichester: John Wiley & Sons.

West, M. A., Hirst, G., Richter, A. & Shipton, H. (2004) Twelve steps to heaven: Successfully managing change through developing innovative teams. *European Journal of Work and Organizational Psychology, 13*(2), 269-299.

Zaccaro, S. J., Rittman, A. L. & Marks, M. A. (2001). Team leadership. *The Leadership Quarterly, 12*(4), 451-483.

Zadfar, S. (2015). *Diversity-Kompetenz als Element beraterischer Professionalität im Einzelcoaching von Führungskräften.* Hamburg.

Positive Psychologie und ihre Anwendungsfelder in Organisationen

Kai Externbrink

Einführung

Die positive Psychologie verfolgt das Ziel, menschliche Stärken, Potenziale und Talente zu identifizieren und zur Entfaltung zu bringen. In Organisationen beschäftigt sie sich mit individuellen und kollektiven Kompetenzen sowie positiven Emotionen, die a) mit Leistung und Zufriedenheit assoziiert sind und b) durch systematisches Human Resource Management gefördert werden können. Im vorliegenden Beitrag möchte ich zunächst den Entwicklungshintergrund dieser Disziplin skizzieren und anschließend auf vier zentrale Konzepte eingehen: psychologisches Kapital, authentische Führung, Appreciative Inquiry und Humor in Organisationen. Damit eng verknüpft sind Empfehlungen für eine positive Personal- und Organisationsentwicklung. Dies geht allerdings nicht, ohne im letzten Abschnitt auch eine kritische Würdigung vorzunehmen, die den relativen Einfluss positiver und negativer Lebensereignisse auf Leistung, Zufriedenheit und Potenzialentfaltung in den Blick nimmt.

1   Ursprung der positiven Psychologie

Martin Seligman ist zuerst durch seine Untersuchungen zur erlernten Hilflosigkeit bekannt geworden: Dazu führte er ein Konditionierungsexperiment mit Hunden durch, die er in drei Gruppen unterteilte. Die erste Gruppe wurde Elektroschocks ausgesetzt, wobei sie über eine Barriere springen und so auf die sichere Seite ihres Käfigs fliehen konnten. Die zweite Gruppe wurde auf der unsicheren Seite fixiert, sodass sie den Schocks nicht entkommen konnten. In der Kontrollgruppe wurden keine Schocks appliziert. Im anschließenden Hauptversuch sollte die Fluchtreaktion an einen Signalreiz gekoppelt werden, der die Elektroschocks ankündigte. Anders als die Tiere in der ersten Gruppe und in der Kontrollgruppe, die das Vermeidungsverhalten bereits nach wenigen Durchgängen gelernt hatten, unternahmen die zuvor fixierten Versuchstiere keinen Fluchtversuch, sondern ertrugen die Stromschocks, bis sie vorbei waren. Sie hatten gelernt, dass die Schocks unabhängig vom eigenem Verhalten, unvermeidbar und nicht kontrolliert auftraten (Seligman, 1974). Wenngleich die Theorie der erlernten Hilflosigkeit heute nicht mehr kritiklos betrachtet wird, so stellt sie dennoch einen zentralen Erklärungsansatz für die Entstehung von Depressionen und pessimistischen Attributionsstilen dar.

Derselbe Autor hat im Jahr 2000 gemeinsam mit Mihaly Csikszentmihalyi einen sehr einflussreichen Artikel im *American Psychologist* veröffentlicht, in dem er darauf hinweist, dass eine Abkehr von der defizitorientierten, auf psychische Störungen ausgerichteten Psychologie hin zur Erforschung positiver psychologischer Phänomene notwendig ist (Seligman & Csikszentmihalyi, 2000). Angesichts seiner früheren Forschungen vollzieht zumindest Seligman damit eine sehr interessante Trendwende. Dazu veranlasst hat die Autoren unter anderem die Erkenntnis, dass wir in der Psychologie aufgrund der intensiven empirischen Auseinandersetzung mit psychischen Störungen, ihrer Entstehung und Behandlung mittlerweile ein sehr gutes Bild psychologischer Pathologien besitzen (und damit auch zu einem sehr guten Erfolg der klinischen Psychologie und Psychiatrie beigetragen haben), aber nur eine Handvoll Untersuchungen zu den positiven Seiten des Lebens wie etwa Freundschaft, Wohlbefinden oder Glück existieren.

Dementsprechend erinnern sie an die drei zentralen Aufträge, die die Mission der Psychologie als Wissenschaftsdisziplin ausmachen:
1. Psychische Erkrankungen behandeln und heilen.
2. Den Menschen zu einem erfolgreichen und erfüllten Leben verhelfen.
3. Ihre persönlichen Talente und Begabungen identifizieren und fördern.

Der erste Auftrag fokussiert einen defizitären Ansatz und ist laut den Autoren insbesondere aufgrund der Nachsorge zweier Weltkriege – und die damit einhergehende Notwendigkeit, „Kriegsneurosen" zu behandeln – in der Psychologie überrepräsentiert. Die anderen beiden Aufträge sind stärkenorientiert und wir haben sie in der Psychologie bisher eher stiefmütterlich behandelt. Man mag wohl mit Fug und Recht behaupten, dass Seligmann damit einen sehr guten Anstoß für eine neue Disziplin in der Psychologie – und damit verbunden auch für eine große Anzahl empirischer Forschungsarbeiten – gegeben hat, der auch in der Organisationspsychologie aufgegriffen wurde.

Um diesen Fokus besser zu verstehen, eignet sich ein Vergleich mit den Erkenntnissen zur Arbeitszufriedenheit: Wir gehen heute davon aus, dass es einen Unterschied gibt zwischen Faktoren, die Unzufriedenheit vermeiden, und solchen, die Zufriedenheit fördern können. In diesem Sinne liegt der Fokus der positiven Psychologie also nicht auf den Hygienefaktoren, sondern auf den Motivatoren. Dieser Vergleich zeigt aber auch, dass der Fokus der positiven Psychologie nicht so neu ist, wie man meinen könnte. Herzberg, Maslow und Csikszentmihalyi – um nur einige prominente Beispiele zu nennen – hatten diese Perspektive also schon früher eingenommen. Allerdings hebt die positive Psychologie diese Faktoren nochmal gesondert hervor und wirkt auch auf eine rigorosere empirische Fundierung hin, die zumindest bei Herzberg und Maslow bisweilen ausbleibt.

Die neuere positive Organisationspsychologie ist insbesondere von der Forschergruppe um Fred Luthans vorangetrieben worden. Er definiert *positive organizational behavior* (POB) als die Erforschung und Beeinflussung menschlicher Stärken in Organisationen. Dabei geht es um individuelle und kollektive Kompetenzen, die messbar sind und auf empirischer Forschung basieren sowie im Rahmen eines positiven, an den Stärken der Mitarbeiter orientierten Human Resource Managements systematisch gefördert und weiterentwickelt werden können. Auf diesem Weg können nicht nur die Leistung und Zufriedenheit am Arbeitsplatz, sondern auch die Generierung von Wettbewerbsvorteilen auf Seiten der Organisation verbessert werden (vgl. Luthans, 2002). Positive Organisationspsychologie hat also – und das sollte man nicht vergessen – nicht nur ein ethisches, sondern auch ein betriebswirtschaftliches Rational.

In diesem Beitrag möchte ich einige ausgewählte Konzepte aus der positiven Organisationspsychologie skizzieren, auf ihr empirisches Fundament eingehen und verschiedene Anwendungsmöglichkeiten in Organisationen darstellen.

Martin Seligman gilt als Gründervater der positiven Psychologie. Nach seinen Arbeiten zur gelernten Hilflosigkeit votierte er für eine Abkehr von der defizitorientierten Psychologie hin zur Erforschung menschlicher Charakterstärken. In der Organisationspsychologie wurde dies von Fred Luthans aufgenommen. Positive Organizational Behavior diskutiert Ansatzpunkte für ein stärkenorientiertes Human Resource Management.

2   Psychologisches Kapital

Der Kapitalbegriff existiert schon lange in der Managementlehre. Dabei bezeichnet ökonomisches Kapital kurz und knapp „was wir haben", intellektuelles Kapital „was wir wissen" und Sozialkapital „wen wir kennen". Psychologisches Kapital geht über diese Begriffsbestimmungen hinaus und soll im Wesentlichen erfassen „wer wir sind" oder „was wir sein können" (Luthans, Luthans & Luthans, 2004).

Das Konstrukt beschreibt einen positiven, entwicklungsorientierten Zustand, der durch die psychologischen Ressourcen Hoffnung, Selbstwirksamkeit sowie Resilienz und Optimismus gekennzeichnet ist. Nach Luthans, Youssef und Avolio (2007) ist den konstituierenden Komponenten gemein, dass sie a) positive Zusammenhänge mit Arbeitsleistung und Zufriedenheit aufweisen b) sich auf dem Trait-State-Kontinuum nicht bei den Persönlichkeitseigenschaften, sondern näher an den psychologischen Zuständen einordnen lassen und damit entwickelbar sind und c) in der Wirtschaftspsychologie zum Zeitpunkt der Erstveröffentlichung eher weniger Aufmerksamkeit erfahren haben (eine Ausnahme mag die Selbstwirksamkeit darstellen). Die Autoren beschreiben die einzelnen Komponenten wie folgt:

Hoffnung beschreibt einen motivationalen Zustand, der sich durch hohe Zielorientierung und Kreativität bei der Zielverfolgung auszeichnet. Hoffnungsvolle Personen lassen sich also so charakterisieren, dass sie klare Ziele verfolgen, ausdauernd an der Zielerreichung arbeiten und im Falle von Hindernissen gute Strategien entwickeln, um diese zu umgehen. Bei dieser Beschreibung fällt deutlich die konzeptionelle Nähe zur Zieltheorie bzw. den Mediatorvariablen im High Performance Cycle (Locke & Latham, 2002) auf. Insofern ist es nicht verwunderlich, dass sich Hoffnung vor allem durch die Formulierung spezifischer und herausfordernder Ziele fördern lässt. Dies sollte umso besser gelingen, je höher Zielbindung, Feedback zur Zielerreichung und auch Selbstwirksamkeit ausgeprägt sind.

Psychologisches Kapital setzt sich zusammen aus vier psychologischen Ressourcen: Hoffnung, Selbstwirksamkeit, Resilienz und Optimismus. Neben ihrem Ursprung in der positiven Psychologie teilen alle Komponenten, dass sie messbar sind und mit Arbeitsleistung und Zufriedenheit korrelieren. Überdies können sie durch gezieltes HRM weiterentwickelt werden, hierbei bilden insbesondere Arbeitsgestaltung, Führung und (Team-) Coaching wichtige Stellgrößen.

Selbstwirksamkeit umfasst das generalisierte oder aufgabenbezogene Selbstvertrauen einer Person; also ob sie sich dazu in der Lage fühlt, ein bestimmtes Verhalten erfolgreich auszuführen. Dass dies einen wichtigen Prädiktor für die Arbeitsleistung darstellt, zeigt unter anderem die Metaanalyse von Stajkovic und Luthans (1998). Selbstwirksamkeit lässt sich fördern durch Ermutigung, Bewältigungserfahrung, stellvertretende Erfahrung und das Management von Arousal. Die größte Bedeutung haben dabei Erfolgserlebnisse und stellvertretende Erfahrung. Auch Ermutigung kann gut funktionieren, die Effekte sind aber weniger nachhaltig. Wilkens und Externbrink (2011) haben praktische Empfehlungen dazu abgegeben, wie Führungskräfte die Selbstwirksamkeit ihrer Mitarbeiter gezielt im Prozess der Arbeit fördern können. Genannt werden hier unter anderem Probehandeln, im Anspruch wachsende Aufgaben, Erfahrungsaustausch, Feedback, Shadowing oder Zeit- und Konfliktmanagement.

Optimismus bezeichnet einen positiven Blick in die Zukunft und einen realistischen Attributionsstil. Gemeint ist, dass Erfolge internal und stabil und Misserfolge external und instabil erklärt werden. Dabei deutet aber der Zusatz „realistisch" auf eine abgewogene Attribution, denn sonst wäre ein Lernen aus Fehlern nur schlecht möglich. Optimismus ist insbesondere in Kontexten relevant, in denen man viel mit Misserfolg umgehen muss. So zeigt Seligmann (1998) in seiner Studie mit Vertriebsmitarbeitern, dass Optimismus ein besserer Prädiktor für die Umsatzzahlen ist als das Ergebnis im wissensbasierten Einstellungstest. Optimismus lässt sich vor allem durch Reframing fördern, d. h. indem ein neuer Rahmen für die Wahrnehmung und Interpretation aktueller Geschehnisse gesetzt wird. Wichtige Strategien für das Reframing sind: Nachsicht mit der Vergangenheit, Wertschätzung der Gegenwart und Chancen in der Zukunft.

Resilienz meint die Widerstandskraft einer Person, also die Fähigkeit schnell wieder ins psychische Gleichgewicht zu finden, wenn dieses gestört wurde. Dies muss nicht nur dann der Fall sein, wenn Konflikte, Misserfolge oder andere Belastungen vorliegen, sondern kann auch in vermeintlich positiven Situationen wichtig sein, zum Beispiel bei einer Beförderung oder der ersten Führungsposition. In unterschiedlichen Arbeiten wird Resilienz entweder als Persönlichkeitsmerkmal oder als Prozess betrachtet. In diesem Prozess haben allen voran individuelle Stärken und persönliche Talente eine besondere Bedeutung, die es zunächst zu identifizieren und später kreativ zur Problemlösung einzusetzen gilt.

Messung

Um diese Dimensionen zu erfassen, entwickelten Luthans, Avolio, Avey und Norman (2007) einen Fragebogen zur Selbstbewertung mit 24 Items. Dieser basiert auf zuvor existierenden Skalen zu jeder Dimension, deren repräsentativste Items ausgewählt und berufsbezogen formuliert wurden. Um den Fokus auf Konstrukte zu setzen, die state-like sind, wird der Fragebogen mit der Instruktion „Bewerten Sie die folgenden Aussagen in Bezug darauf, wie Sie sich gerade jetzt fühlen" administriert. Die Retestreliabilität des Fragebogens fällt geringer aus als bei Skalen zur Gewissenhaftigkeit, aber höher als bei Skalen zur Messung positiver Emotionen. Dies kann als Hinweis gewertet werden, dass es sich bei psychologischem Kapital tatsächlich um ein Konstrukt handelt, das als state-like bezeichnet werden kann.

Für Untersuchungen mit mehreren Konstrukten oder elaborierten Designs existiert mit dem PCQ12 auch eine Kurzversion (s. Tabelle 1). Die Dimensionen laden auf einem Faktor höherer Ordnung, der mehr Varianz in Leistung und Zufriedenheit aufklärt als jede Dimension allein. Dies kann als Indiz dafür gesehen werden, dass die Dimensionen des psychologischen Kapitals, trotz ihrer konzeptionellen Überschneidungen, genuine Facetten aufweisen und sich gegenseitig ergänzen.

Dimension	Beispielitems
Hoffnung	I can think of many ways to reach my current work goals.
Selbstwirksamkeit	I feel confident in presenting my work area in meetings with management.
Resilienz	I usually take stressful things at work in stride.
Optimismus	I always look at the bright side of things regarding my job.

Tab. 1: Beispielitems aus dem PCQ12 (Luthans et al., 2007)

Konsequenzen

Wie psychologisches Kapital mit wünschenswerten Einstellungen und Verhaltensweisen am Arbeitsplatz zusammenhängt, ist intensiv erforscht worden. So zeigt die groß angelegte Metaanalyse von Avey, Reichard, Luthans und Mhatre (2011) mit einer Stichprobe von über 12.500 Mitarbeitern signifikante Zusammenhänge mit Variablen wie Arbeitszufriedenheit, Firmenloyalität, freiwilligem Arbeitsengagement sowie der Leistungsbewertung durch Vorgesetzte und weiteren objektiven Performanceindikatoren. Darüber hinaus ergeben sich negative Korrelationen mit Zynismus, Kündigungsabsicht und Stresserleben.

Dabei besteht allerdings – wie bei den meisten Untersuchungen zur positiven Psychologie – ein grundlegendes Problem. Da in den meisten Studien ein Querschnittsdesign verwendet wird, ergibt sich die durchaus berechtigte Frage nach der Kausalität der Beziehung: Sind Mitarbeiter erfolgreich, weil sie optimistisch sind, oder sind sie optimistisch, weil sie erfolgreich sind? Insbesondere von der Selbstwirksamkeit wissen wir, dass sie durch Erfolgserlebnisse stimuliert wird, was dieser Frage weitere Berechtigung zuweist. Hier hilft die Längsschnittstudie von Peterson, Luthans, Avolio, Walumbwa und Zhang (2011) weiter. Über die Analyse latenter Wachstumskurven konnten sie zeigen, dass eine Steigerung des psychologischen Kapitals zu einer Steigerung der Umsatzzahlen führte und nicht umgekehrt.

Antezedenzien

Angesichts dieser nicht unerheblichen Evidenz ist die Frage interessant, welche Faktoren dem psychologischen Kapital vorausgehen, um so Handlungsempfehlungen für Organisationen ableiten zu können. In einer Feldstudie mit 1264 Ingenieuren hat Avey (2014) dazu Antezedenzien aus drei theoretisch abgeleiteten Kategorien untersucht: Merkmale der Arbeit, Führungsverhalten und Persönlichkeitseigenschaften. Im Ergebnis zeigten sich positive Zusammenhänge für die Persönlichkeitseigenschaften Selbstwert und Proaktivität; außerdem für komplexe Aufgaben sowie für ethische und authentische Führung. Für die zusätzlich berücksichtigten demografischen Variablen Alter und Geschlecht zeigten sich keine signifikanten Effekte.

Praktische Implikationen

Aus der Untersuchung von Avey (2014) lassen sich unterschiedliche Empfehlungen ableiten. So kann man durch die Berücksichtigung von Selbstwert und Proaktivität bereits in der Personalauswahl indirekt das Aktivierungspotenzial von psychologischem Kapital erfassen. Für die Arbeitsgestaltung lässt sich folgern, dass sich insbesondere komplexe Aufgaben, die herausfordern, aber nicht überfordern, günstig auf das psychologische Kapital auswirken. Mit Blick auf die Führungskräfteentwicklung weisen die Ergebnisse in Richtung ethischer und authentischer Führung, auf die ich weiter unten noch gesondert eingehen möchte.

Darüber hinaus lässt sich psychologisches Kapital im Rahmen von Trainings steigern: Zunächst soll jeder Teilnehmer für sich allein arbeitsbezogene Ziele und potenzielle Hindernisse aufstellen und Strategien überlegen, wie die Ziele realisiert werden können

(Hoffnung). Nachfolgend soll jeder über persönliche Stärken nachdenken, die dabei helfen, diese Hindernisse zu überwinden (Resilienz). Anschließend kann sich der Trainer die unterschiedlichen Perspektiven der Teilnehmer zunutze machen, indem sie sich gegenseitig Feedback zu ihren Zielen, Strategien und Stärken geben (Optimismus). Damit sind alle Teilnehmer auch Rollenmodelle füreinander (Selbstwirksamkeit).

Evaluationsstudien mit randomisiertem Kontrollgruppendesign zeigen, dass diese ein- bis dreistündigen Trainings eine durchschnittliche Zunahme des psychologischen Kapitals von etwa zwei Prozent nach sich ziehen, die sich auch auf die Leistungsbeurteilung durch den Vorgesetzten auswirken (z. B. Luthans, Avey, Avolio & Peterson, 2010). Wir wissen aber noch nicht, wie lange dieser Effekt anhält. Vermutlich können derartige Interventionen besonders helfen, wenn sie regelmäßig wiederholt werden; eine Online-Variante dieser Intervention wird daher aktuell erforscht (z. B. Luthans, Avey, Avolio & Petera, 2008).

Externbrink, Tommoff und Dries (2015) haben Überlegungen dazu angestellt, wie sich psychologisches Kapital im Coaching fördern lässt. Dazu haben sie den einzelnen Dimensionen des psychologischen Kapitals förderliche Coaching-Tools gegenübergestellt (s. Tabelle 2).

Dimension	Beispiele für Coaching-Methoden
Hoffnung	Wheel of Life, Zielnavigation, Zukunfts-Ich
Selbstwirksamkeit	Rollenspiele, Arbeit mit Vorbildern, Entspannungstechniken, Ermutigung
Resilienz	Psychometrische Testverfahren, Analyse von Erfolgserlebnissen
Optimismus	Reframing (z. B. Nachsicht mit der Vergangenheit, Wertschätzung der Gegenwart, Chancen der Zukunft)

Tab. 2: Psychologisches Kapital fördern durch Coaching

Die Auflistung zeigt, dass neben normierten, reliablen und validen Instrumenten aus der psychologischen Diagnostik auch idiosynkratische Methoden zur Anwendung kommen können. Beispielhaft sei hier die gemeinsame Analyse von Erfolgserlebnissen erklärt: Man kann diese Übung zum Beispiel einsetzen, um im Sinne der Resilienz nach individuellen Stärken, Talenten und Begabungen zu forschen, die der Klient einsetzen kann, um aktuelle Schwierigkeiten zu überwinden. Dazu lässt man sich Erfolgsgeschichten des Coachees berichten, oder aber Situationen, in denen er oder sie sich sehr gut gefühlt und als leistungsstark erlebt hat. Der Ansatz zeigt einige Ähnlichkeiten mit dem Appreciative Inquiry, das weiter unten beschrieben wird. Man kann zu der beschriebenen Situation zum Beispiel die folgenden Fragen stellen: Was war die Ausgangssituation, worum ging es? Wie haben Sie sich verhalten, was haben Sie gedacht, wie haben Sie sich gefühlt? Was haben Sie aus dieser Situation gelernt? Der Coach macht sich Notizen und gibt dem Erzähler im Anschluss Feedback: Welche individuellen Stärken kommen in der Geschichte zum Ausdruck? Welche Potenziale, Talente und Eigenschaften charakterisieren den Klienten? Was kennzeichnet eine Situation, die beim Klienten Flow auslöst?

> **Aus der Praxis: Talente statt Defizite**
>
> Das Personalentwicklungskonzept der Sparda-Bank München orientiert sich eng an der positiven Psychologie und beschäftigt sich daher intensiv mit den Stärken und Talenten der Mitarbeiter. Die Grundidee besteht darin, dass jeder Mitarbeiter entsprechend seiner Stärken eingesetzt werden soll, anstatt Defizite zu kompensieren. Zur Identifikation persönlicher Stärken wird daher der Clifton Strengthsfinder zur Personaldiagnostik eingesetzt. Diese Diagnose bildet nicht nur den Ausgangspunkt für Mitarbeitergespräche, sondern auch für Teamworkshops, in denen sich die Kollegen untereinander Feedback zu ihren Stärken geben und die Einzelergebnisse in ein Stärkenprofil des Teams überführen. Letzteres ist wiederum die Basis für die Aufgabenverteilung. Die Führungskräfte durchlaufen verschiedene Trainings zum „stärkenorientierten Führen". Für dieses Konzept hat die Bank zahlreiche Preise erhalten, unter anderem wurde sie 2015 zum neunten Mal in Folge als „Deutschlands bester Arbeitgeber" ausgezeichnet. Einen Überblick gibt Dumpert (2015).

3 Authentische Führung

In der Führungsforschung bildet transformationale Führung (Bass & Riggio, 2006) nach wie vor den State of the Art ab (dazu auch Kapitel „Führung"). Das zeigt sich mitunter darin, dass es mehr empirische Arbeiten zu transformationaler Führung gibt als zu allen anderen Führungsstilen zusammen. Im Sinne der positiven Psychologie ist dieses Konstrukt auch sehr begrüßenswert, zum Beispiel weil die Mitarbeiter transformationaler Führungskräfte ihre Arbeit als bedeutsamer, autonomer und ganzheitlicher erleben (Piccolo & Colquitt, 2006) und weil transformationale Führung das psychologische Kapital der Mitarbeiter fördern kann (Externbrink, Elke & Dormann, 2013).

Gleichzeitig muss man aber auch ins Feld führen, dass transformationale Führung unlängst aus zwei Gesichtspunkten kritisiert worden ist. Zum einen wird in zunehmendem Maße konzeptionelle Kritik laut. Diese umfasst zum Beispiel die mangelnde theoretische Fundierung, die zweifelhafte faktorielle Validität des Messinstruments oder – und das ist der schwerwiegendere Kritikpunkt – die Konfundierung von Messinstrument und abhängigen Variablen (van Knippenberg & Sitkin, 2013). Zum zweiten haben unterschiedliche Arbeiten auch auf Risiken und Nebenwirkungen transformationaler Führung hingewiesen, so etwa, dass sie aufseiten der Geführten psychologische Abhängigkeit (Kark, Shamir, & Chen, 2003; Eisenbeiß & Boerner, 2013) oder unethisches Verhalten im Sinne des Unternehmens fördern kann (Effelsberg, Solga & Gurt, 2014). Auch ist zu verzeichnen, dass transformationaler Führung insbesondere in jüngeren Generationen zunehmend mit Skepsis begegnet wird. Wichtig scheint es also zu sein, ob transformationale Führung authentisch eingesetzt oder i. S. einer pseudo-transformationalen Führung als Sozialtechnik verwendet wird, um egoistische oder unethische Ziele zu verfolgen (z. B. Lin, Huang, Chen & Huang, 2015).

In diesem Zusammenhang lässt sich authentische Führung als Konstrukt verstehen, das konzeptionelle Überschneidungen mit transformationaler Führung aufweist, aber die moralische Festigung der Führungskraft stärker in den Vordergrund rückt. Dies erfolgt in der Annahme, dass echte Führerschaft dadurch entsteht, dass man im Einklang mit seinen moralischen Werten handelt und explizit für andere eintritt.

Wenngleich es bei der Definition des Konstrukts unterschiedliche Auffassungen gibt, hat sich hinsichtlich seiner konstituierenden Dimensionen weitestgehend das Konzept von Walumbwa, Avolio, Gardner, Wernsing und Peterson (2008) durchgesetzt. Demnach ergeben sich vier Dimensionen authentischer Führung:

- *Selbsterkenntnis:* Die Führungskraft setzt sich aktiv mit ihren Werten auseinander und versucht, deren Bedeutung für ihr Handeln zu verstehen. Sie reflektiert ihr Wertesystem kritisch und kennt ihre Wirkung auf andere.
- *Moralische Festigung:* Glaubwürdig ist man nur, wenn man Worten auch Taten folgen lässt und sich nicht von anderen dazu drängen lässt, gegen diese Prinzipien zu verstoßen. Auch unter Druck werden die eigenen Überzeugungen hochgehalten und gelebt.
- *Transparente Beziehungsgestaltung:* Im Umgang mit anderen werden die eigenen Werte und Absichten offengelegt, Informationen geteilt und auch Fehler eingestanden. Durch Offenheit und Ehrlichkeit wird die Führungskraft vorhersagbarer und erzeugt beim Gegenüber Vertrauen, das sich positiv auf die gemeinsame Arbeit auswirkt. Außerdem wird die Führungskraft so zur Identifikationsfigur.
- *Ausgeglichene Informationsverarbeitung:* Zur Entscheidungsfindung werden auch Argumente einbezogen, die der bisherigen Position widersprechen oder sich auf eigene Interessen negativ auswirken.

Es handelt sich hier also insgesamt um solche Personen, die sich anderen gegenüber aufrichtig und transparent verhalten, eine gute Selbsteinschätzung haben und im Einklang mit ihren persönlichen Wertvorstellungen handeln.

Messung

Zur Messung dieser vier Dimensionen haben die Autoren den Authentic Leadership Questionnaire (ALQ) entwickelt, mit dem Mitarbeiter ihre Vorgesetzten mit 16 Items beurteilen können. Tabelle 3 zeigt Beispielitems für jede Dimension.

Die Konstruktvalidität des ALQ wurde durch konfirmatorische Faktorenanalysen abgesichert. Mit Blick auf die Kriteriumsvalidität ist insbesondere die inkrementelle Varianzaufklärung des ALQ hervorzuheben, wenn der Einfluss transformationaler und ethischer Führung kontrolliert wird. Diese Ergebnisse sprechen dafür, dass es sich bei authentischer Führung um ein eigenständiges Konstrukt handelt, mit dessen Hilfe unterschiedliche Kriterien des Führungserfolgs gut vorhergesagt werden können.

Dimension	Beispielitems
Selbsterkenntnis	Seeks feedback to improve interactions with others.
Moral	Demonstrates beliefs that are consistent with actions.
Transparenz	Says exactly what he or she means.
Ausgeglichenheit	Solicits views that challenge his or her deeply held positions.

Tab. 3: Beispielitems aus dem ALQ (Walumbwa et al., 2008)

Konsequenzen

Die Überblicksarbeit von Peus, Wesche und Braun (2014) zeigt eine Vielfalt positiver Konsequenzen authentischer Führung für die Mitarbeiter (z. B. Commitment, Engagement, Performance) und auch für die ganze Organisation (Organisationsklima, Nachhaltigkeit, Wachstum von Einnahmen). Dabei weisen die Autoren auch auf eine große Bandbreite der jeweiligen Stichproben über verschiedene Arbeitskontexte (Produktion, Immobiliensektor, Militär, Gesundheitssektor, Universitäten) und Länder (USA, Europa und Asien) hin. Dies kann als positiver Indikator für die Generalisierbarkeit der Ergebnisse betrachtet werden.

Authentische Führung umfasst Selbsterkenntnis, moralische Festigung, transparente Beziehungsgestaltung und ausgeglichene Informationsverarbeitung. Sie kann mit dem ALQ gemessen werden, der auch inkrementelle Validität über transformationale Führung hinaus aufklärt. Wichtige Wirkmechanismen sind Vertrauen, psychologisches Kapital und positive Emotionen. Im Kern geht es für den Vorgesetzten darum, ein gefestigtes moralisches Fundament zu entwickeln, das die Basis für die Interaktion mit anderen und die Entscheidungsfindung darstellt.

Interessant ist dabei, dass in diesem Konzept keine typische aufgabenorientierte Dimension vorgesehen ist, die – wie etwa transaktionale Führung – eine explizite Verhaltenssteuerung der Geführten beinhaltet. Welche Mediatorvariablen sind also für die positiven Effekte von authentischer Führung verantwortlich? Gemäß Avolio, Gardner, Walumbwa, Luthans und May (2004) lässt sich die Wirkweise authentischer Führung als Prozessmodell beschreiben, das in Abbildung 1 zu sehen ist. Demnach wird postuliert, dass sich die Geführten mit der authentischen Führungskraft identifizieren, wodurch Vertrauen, Hoffnung und positive Emotionen entstehen, die sich wiederum positiv auf deren Einstellungen und Leistungsverhalten auswirken.

Dieses Modell wird durch unterschiedliche empirische Befunde gestützt: Herausheben lassen sich u. a. die Untersuchung von Woolley, Caza und Levy (2011). Sie zeigten positive Zusammenhänge zwischen authentischer Führung und dem durch die Mitarbeiter wahrgenommenen Betriebsklima auf, das wiederum positiv mit deren psychologischem Kapital assoziiert war. Ebenso zeigten Peterson, Walumbwa, Avolio und Hannah (2012), dass sich positive Emotionen und psychologisches Kapital als Wirkmechanismen eigenen, um den Einfluss, den authentische Manager auf die Geführten haben, zu erklären.

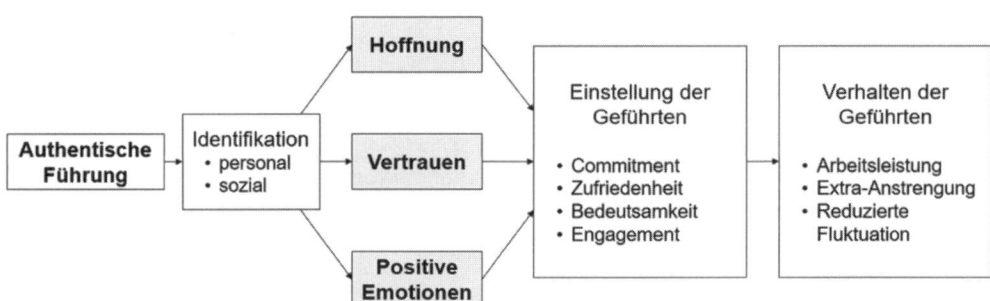

Abb. 1: Wirkmechanismen authentischer Führung

Besonders hervorheben möchte ich Vertrauen als Mediatorvariable. Mitarbeiter, die ihren Führungskräften vertrauen, unterstellen ihnen gute Absichten, sind erwartungsgemäß motivierter und unterstützen auch die organisationalen Ziele aktiver (vgl. Dirks & Ferrin, 2002). So zeigt die Studie von Crossley, Cooper und Wernsing (2013) in einem großen US-amerikanischen Unternehmen aus der Konsumgüterbranche, dass bei zielorientierter Führung das Vertrauen in die Führungskräfte eine Differenz von 3,16 Mio. USD in Verkäufen ausmacht.

Praktische Implikationen

Kann man die Authentizität einer Führungskraft im Rahmen der Führungskräfteentwicklung fördern? Einerseits haben wir die richtige Antwort darauf noch nicht gefunden, andererseits dürfte wohl relativ schnell klarwerden, dass Seminare oder Verhaltenstrainings in diesem Zusammenhang nur wenig Erfolg versprechend sind (dazu auch Kapitel „Personalentwicklung und Training").

Shamir und Eilam (2005) haben Überlegungen zur Entwicklung authentischer Führung gemacht, in deren Zentrum eine Auseinandersetzung mit der Lebensgeschichte der Führungskraft steht: Indem sich die Führungskraft im Rahmen einer angeleiteten Reflexion mit ihrer Lebensgeschichte beschäftigt und diese interpretiert sowie aktiv (re-)konstruiert, sollen vier Ziele erreicht werden:
1. Führung als Teil der eigenen Identität verinnerlichen
2. Klarheit über sich selbst, seine Werte und Überzeugungen erlangen
3. Verhalten und Selbstkonzept synchronisieren
4. Werte und Überzeugungen anderen gegenüber zum Ausdruck bringen.

Die Lebensgeschichte eignet sich laut den Autoren insbesondere deshalb, weil man durch sie Klarheit über sich selbst erlangen und auch reflektieren kann, warum man eigentlich Führungskraft geworden ist.

Vor diesem Hintergrund ist auch die qualitative Studie von Shamir, Dayan-Horesh und Adler (2005) interessant. Sie analysierten die Geschichten, die Personen über ihre Entwicklung zur Führungskraft erzählten, und identifizierten vier Hauptthemen, die den Geschichten zugrunde lagen (sog. Proto-Stories): Entwicklung zum Anführer als a) natürlicher Prozess, b) Reaktion auf eine Notsituation, c) Suche nach Sinn, d) Lernprozess.

Letztendlich geht es also darum, das Selbstkonzept zu stärken, damit die Führungskraft einen persönlichen Kompass hat. Tatsächlich zeigt sich auch empirisch, dass authentische Führung mit unterschiedlichen positiven Konsequenzen für die Führungskraft selbst einhergeht. So müssen authentische Führungskräfte weniger Emotionsarbeit leisten und berichten über eine bessere psychische Gesundheit, weil sie sich kongruenter verhalten als andere (vgl. Peus et al., 2014).

4   Appreciative Inquiry

Schon seit Längerem prominent ist die Perspektive der positiven Organisationspsychologie auf Change-Management und Organisationsentwicklung. Wie aus der Literatur zur strategischen Unternehmensführung bekannt ist, können Organisationen in dynamischen Kontexten nur dann nachhaltige Wettbewerbsvorteile erzielen, wenn sie eine ausgeprägte Veränderungsfähigkeit mitbringen. Teece (2009) spricht von Dynamic Capabilities und meint damit Prozesse, Routinen und Strukturen, die es ermöglichen, organisationale Kernkompetenzen immer wieder zu rekonfigurieren und an der veränderten Marktsituation auszurichten. Dass dieser Strategieansatz auch auf der Ebene einer psychologischen Mikrofundierung betrachtet werden sollte, steht wohl außer Frage (Sprafke, Externbrink, & Wilkens, 2012).

Hier sind psychologische Theorien des Wandels anschlussfähig, insbesondere natürlich die Modelle von Lewin (1947) und Kotter (2008) genauso wie der Ansatz der Aktionsforschung (z. B. Reason & Bradbury, 2001). Diese Modelle sind allerdings primär defizitorientiert, d. h. sie konzentrieren sich auf die Probleme der Organisation und versuchen diese zu beseitigen (dazu auch Kapitel „Change Management").

Appreciative Inquiry (dt. wertschätzende Erkundung) ist ein positiver Change-Management Ansatz, in dem die Organisation nicht auf Defizite, sondern auf Grundlagen für Hochleistung untersucht wird. Diese bilden die Basis für eine positive Zukunftsvision und die Weiterentwicklung des Unternehmens. Das Konzept ist schwierig zu evaluieren, die Sichtung aktueller Evidenz lässt darauf schließen, dass es wahrscheinlich als stand-alone Ansatz nicht ausreicht, aber eine gute Ergänzung darstellen kann.

Das Modell der positiven Organisationspsychologie hingegen konzentriert sich auf die Stärken der Organisation. Es sollen die Kompetenzen sichtbar gemacht, ausgebaut und weiterentwickelt werden, die für Hochleistung sorgen. Es wird davon ausgegangen, dass eine positive Erwartungshaltung gegenüber der Organisation das Verhalten der Organisationsmitglieder ähnlich einer sich selbst erfüllenden Prophezeiung beeinflusst und damit sehr gut für Veränderungsprozesse genutzt werden kann.

Den Kern bildet ein Prozess namens Appreciative Inquiry (AI; Cooperrider & Whitney, 2005), zu Deutsch die wertschätzende Erkundung. Dabei werden Führungskräfte und Mitarbeiter in wertschätzender Weise über Best Practices und erlebte Spitzenleistungen ihrer Organisation befragt, um so deren Stärken zu identifizieren und in einem gemeinsam geteilten Bild von der Zukunft des Unternehmens zu bündeln. Das 4-D-Modell bildet die zentralen Phasen des AI, die sich als Großgruppenveranstaltungen oder als Teaminterventionen umsetzen lassen:

- *Discovery:* In der Entdeckungsphase werden Interviews geführt. Im zugehörigen Interviewleitfaden (s. Tabelle 4) geht es darum, was im Unternehmen funktioniert und welche Stärken erlebt werden. Erfolgserlebnisse und inspirierende Geschichten werden zum Thema gemacht. Im Anschluss werden die Interviews qualitativ ausgewertet, sodass zugrundeliegende Kernthemen identifiziert werden können.
- *Dream:* In der zweiten Phase soll basierend auf diesen Erkenntnissen eine Vision für die Organisation entworfen werden, es soll also geträumt werden, welche Möglichkeiten die Zukunft bietet. Diese Phase beinhaltet Einzelinterviews und Kleingrup-

Tab. 4: Beispielfragen aus einem Appreciative Interview Guide (vgl. Sullivan, 2004)

• Tell me about a peak experience in your professional work. What enabled this to occur?
• When did you feel most effective and engaged in your organization? What made this possible?
• What do you appreciate most about your unit as an organization? In what ways does it excel?
• What are some sources of pride for you in your work?

penarbeit, die Vision kann schließlich in motivierenden Bildern oder Metaphern festgehalten werden.

- *Design:* Nun werden die Teilnehmer in neuen Gruppen zusammengesetzt, und es geht darum, wie sich die Träume realisieren lassen. Dazu sollen sie einen schriftlichen Zukunftsentwurf in Form von Empfehlungsschreiben anfertigen, die so formuliert sind, als sei die angestrebte Veränderung bereits erfolgreich umgesetzt worden.
- *Destiny:* Am Ende werden die Empfehlungsschreiben in Aktionsschritte übersetzt, wobei jede Arbeitsgruppe die Verantwortung für die Umsetzung einer Aktion übernimmt.

Zusammenfassend lässt sich AI also charakterisieren als ein Ansatz zur Identifikation organisationaler Stärken, die die Leistungsfähigkeit des Systems ausmachen. Das schließt natürlich auch das Wohlbefinden und die Leistungsfähigkeit auf der individuellen Ebene ein.

Wirksamkeit

Insofern die Evaluierung von Change-Maßnahmen an einen hohen methodischen Aufwand gekoppelt ist, existieren nur wenige belastbare empirische Ergebnisse zum AI, die über Anekdotisches oder Einzelfallbeschreibungen hinausgehen.

In einem Quasi-Experiment mit heterogenen Teams hat Peelle (2006) die Auswirkungen der wertschätzenden Erkundung auf die Teamentwicklung untersucht und zugleich mit den Effekten einer problemorientierten Intervention verglichen, die u. a. aus einer Gap-Analyse und kreativer Problemlösung bestand. Im Ergebnis konnte durch AI eine höhere Teamidentifikation und eine höhere kollektive Selbstwirksamkeit erreicht werden. Mit Blick auf die tatsächliche Teamperformance existieren aber auch gegenläufige Befunde (z. B. Bushe & Coetzer, 1995), was für zukünftige Forschung die systematische Untersuchung von Moderatorvariablen nahelegt.

Verleysen, Lambrechts und van Acker (2015) untersuchten, ob sich AI auch auf der individuellen Ebene auswirkt. Bei den Teilnehmern zeigte sich ein positiver Einfluss auf das psychologische Kapital, der durch die Befriedigung von Kompetenzbedürfnissen mediiert wurde.

Praktische Implikationen

Im Vergleich zu anderen Konzepten erlauben die vorliegenden Ergebnisse insgesamt eher einen verhalten optimistischen Blick auf AI. So zeigt zum Beispiel auch die von Gervase und Kassam (2005) durchgeführte Analyse zu Initiativen mit dem 4-D-Modell, dass nur in 35 % der untersuchten Cases tatsächlich die avisierte Transformation erreicht werden konnte. So lange wir also noch nicht auf methodisch höherwertige Untersuchungsergebnisse zurückgreifen können, welche die Randbedingungen und Wirkmechanismen von AI noch näher spezifizieren, lässt es sich augenscheinlich eher als eine positive Ergänzung denn als Ersatz alternativer Interventionen im Change-Management empfehlen.

5 Humor und positive Emotionen

Ein zentrales Anliegen der positiven Psychologie ist die Erforschung positiver Emotionen, ihrer Antezedenzien und Konsequenzen. Im Folgenden möchte ich auf Humor als Auslösebedingung und die Auswirkungen im Organisationskontext eingehen.

Humor zu definieren und zu messen, ist keine einfache Aufgabe. Viele Definitionen sind tautologisch, etwa wenn Humor als jedes Kommunikationsereignis definiert wird, das als humorvoll wahrgenommen wird (Martineau, 1972). Häufig findet sich auch eine differentialpsychologische Betrachtung, die Sinn für Humor als Persönlichkeitseigenschaft der situationsübergreifenden Erheiterung charakterisiert. Zur Operationalisierung gibt es sehr unterschiedliche Ansätze und Skalen, die verschiedene Aspekte erfassen, so etwa, wie häufig gelacht oder gelächelt wird, wie viele Witze jemand kennt oder worüber gelacht wird. Dabei gibt es auch das Problem, kognitive Reaktionen (z. B. einen Witz verstehen) von affektiven Reaktionen (z. B. den Witz schätzen und lachen) zu unterscheiden. Ein Beispiel zur Messung von Humor als Persönlichkeitseigenschaft ist die Sense of Humor Scale von Thorson und Powell (1993), die mit 24 Items vier Dimensionen umfasst: a) die Erzeugung von Humor zur Erreichung sozialer Ziele, b) der Einsatz von Humor zum erfolgreichen Umgang mit negativen Ereignissen (Coping Humor), c) die Einstellungen gegenüber Humor und humorvollen Personen sowie d) die Wertschätzung von Humor. Beispielitems finden sich in Tabelle 5.

Die Inkongruenz-Resolutions-Theorie von Suls (1972) beschreibt zwei Stufen der Humorverarbeitung. Auf der ersten Stufe wird ein inkongruentes (überraschendes) Element entdeckt, welches auf der zweiten Stufe anhand des Kontextes erklärt wird. Die Auflösung der Inkongruenz zieht besonders bei mittlerem Schwierigkeitsgrad Freude und Gelächter nach sich.

Eine Definition, die sich in der positiven Psychologie mittlerweile durchgesetzt hat, betrachtet Humor als Auslöser positiver Emotionen. So lässt sich erfolgreicher Humor definieren als amüsante Kommunikation, die positive Emotionen und Kognitionen bei Einzelnen, Gruppen oder Organisationen auslöst (Romeo & Cruthirds, 2006). Damit werden unterschiedliche Arten von Humor nicht berücksichtigt, so etwa verletzender Humor oder Sarkasmus ebenso wie fehlgeschlagener Humor, der von anderen nicht als lustig empfunden wird. Es geht also um positiven, gut gemeinten und effektvollen Humor, der bei anderen positive Gefühle und Gedanken auslöst.

Die positiven Effekte, die von erfolgreichem Humor als Auslöser positiver Emotionen erwartet werden, lassen sich durch die Broaden and Build Theory of Positive Emo-

---

- I am confident that I can make other people laugh.
- Sometimes I think up jokes and funny stories.
- I can ease a tense situation by saying something funny.
- Coping by using humor is an elegant way of adapting.
- Humor helps me cope.
- I dislike comics. (-)
- People who tell jokes are a pain in the neck. (-)
- I like a good joke.
- I appreciate those who generate humor.

Tab. 5: Beispielitems aus der Sense of Humor Scale (Thorson & Powell, 1993)

tion von Fredrickson (2001) erklären. Die Theorie geht davon aus, dass Emotionen das Wahrnehmungs- und Verhaltensmuster beeinflussen. Wie wir Informationen verarbeiten und wie wir uns verhalten, hängt demnach stark davon ab, wie wir uns aktuell fühlen. Dabei wirken negative Emotionen (z. B. Angst oder Ärger) einschränkend, weil man Bedrohungen abwehren muss (Kämpfen oder Fliehen). Positive Emotionen (z. B. Freude oder Stolz) wirken hingegen erweiternd, weil man sich sicher fühlt und sich gewinnbringenden Tätigkeiten widmen kann, die den Aufbau von Ressourcen ermöglichen (Ausprobieren, Experimentieren, Lernen, Spielen). Die Autorin geht damit davon aus, dass unter dem Einfluss positiver Emotionen unser Wahrnehmungs-Verhaltens-Repertoire erweitert und die Resilienz erhöht wird. Das heißt, dass das Erleben positiver Emotionen mit einer erhöhten Flexibilität, Kreativität und Offenheit für Informationen sowie mit effizienterem Arbeiten einhergeht. Die Resilienz soll erhöht sein, weil positive Emotionen negative Emotionen auflösen können. Diese Undo-Hypothese ist – wie wir in Abschnitt 6 noch sehen werden – etwas gewagt, wenngleich Fredrickson (2001) dazu auch Evidenz aus ihren Experimenten zur Untermauerung anführt. Ferner wird durch das Erleben positiver Emotionen eine Gewinnspirale in Gang gesetzt, da ein wiederholtes Erleben positiver Emotionen wiederum die Motivation zum Ressourcenaufbau nach sich zieht und so fort.

Humor lässt sich als definieren als jede amüsante Kommunikation, die positive Emotionen und Kognitionen bei Einzelnen, Gruppen oder Organisationen auslöst. Der Broaden and Build Theory of Positive Emotion folgend, sind damit viele positive Effekte von humorvollen Führungskräften und humorvollen Teams zu erwarten. Aktuelle Metaanalysen stützen diese Hypothese, basieren allerdings häufig auf Querschnittsdaten, sodass die Kausalität der ermittelten Zusammenhänge nicht abgesichert ist.

Dass positive Emotionen nicht nur Ausdruck des empfundenen Wohlergehens sind, sondern das Wohlergehen auch selbst hervorrufen, untermauert die Arbeit von Lyubomirsky, King und Diener (2005). Die Autoren liefern neben Querschnittsdaten auch Evidenz aus Längsschnittuntersuchungen und Experimenten, die zeigen, dass glückliche Personen in vielen Lebensbereichen erfolgreicher sind; dies betrifft nicht nur intime Beziehungen und Freundschaften, sondern auch den Gesundheitszustand, das Einkommen und die Arbeitsleistung.

Effekte von Humor auf individueller Ebene

Mesmer-Magnus, Glew und Viswesvaran (2012) haben eine umfangreiche Metaanalyse zu positivem Humor am Arbeitsplatz vorgelegt und kommen zu beeindruckenden Ergebnissen: Erstens, humorvolle Mitarbeiter sind gesünder, d. h. sie erleben weniger Stress, leiden seltener an Burnout und können arbeitsbezogene Probleme besser bewältigen (hier kommt erneut die besondere Bedeutung von Coping Humor zum Tragen). Zweitens, humorvolle Mitarbeiter sind erfolgreicher im Job, d. h. ihre Leistungen sind besser und sie sind zufriedener mit ihrer Arbeit. Drittens, humorvolle Vorgesetzte sind bessere Führungskräfte, d. h. sie werden als effektiver beurteilt, in ihren Teams herrscht höhere Kohäsion, die Mitarbeiter sind zufriedener mit ihrem Vorgesetzten, wollen seltener kündigen und leisten außerdem mehr.

Auch hier besteht allerdings die bereits weiter oben genannte Limitation, dass die Metaanalyse nur Querschnittsdaten berücksichtigt, weshalb sich wieder die Frage nach der Kausalität stellt. Sind Mitarbeiter zufriedener und gesünder, weil sie humorvoll sind, oder verhält es sich umgekehrt?

Humor in Teams

Wie sich Humor auf der Teamebene auswirkt, haben Romero und Pescosolido (2008) in ihrem Group Humor Effectiveness Model (GHEM) dargestellt. Dabei stützen die Autoren sich auf das normative Modell der Gruppeneffektivität von Hackman (1986). Dieses bestimmt die Effektivität eines Teams entlang dreier Kriterien: 1) die Produktivität der Gruppe, die vor allem durch die Akzeptanz des Leistungsergebnisses durch den Empfänger bemessen wird; 2) die Folgen der Gruppenzugehörigkeit für die einzelnen Teammitglieder, wobei gerade der individuellen Weiterentwicklung eine besondere Bedeutung zukommt; 3) die Fähigkeit zur zukünftigen Zusammenarbeit, womit u. a. der langfristige Erhalt und Ausbau kollektiver Kompetenzen gemeint ist. Die Wege, über die sich erfolgreicher Humor förderlich auf diese Indikatoren auswirken soll, sind in Abbildung 2 dargestellt.

Danach soll die Produktivität des Teams gesteigert werden, weil a) erfolgreicher Humor die Quantität und Qualität der Kommunikation verbessert, b) Führungskräfte durch Humor die Emotionen in der Gruppe besser steuern können, c) sich durch Humor eine starke, leistungsorientierte Kultur in der Gruppe entwickelt und d) auf diese Weise die Gruppenziele besser akzeptiert werden.

Den Aspekt der Kommunikation möchte ich besonders hervorheben: Im Sinne Fredricksons könnte man vermuten, dass sich die ausgelösten positiven Emotionen z. B. auf die Offenheit gegenüber Argumenten und die Verarbeitungskapazität der Teammitglieder auswirkt. Dies dürfte insbesondere im Teamkontext wichtig sein, wenn es darum geht, die Beiträge oder Ideen anderer Personen aufzunehmen, zu integrieren oder weiterzuentwickeln.

Das individuelle Lernen der Teammitglieder soll vor allem ausgelöst werden, weil sich durch erfolgreichen Humor psychologische Sicherheit einstellt. Psychologische

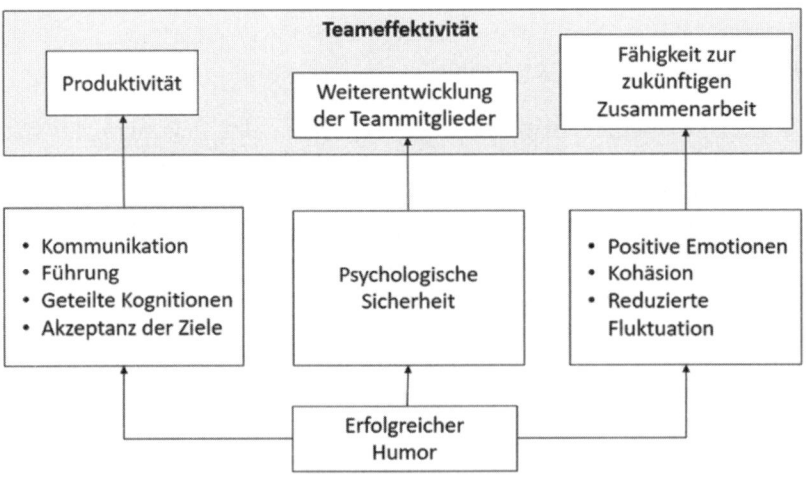

Abb. 2: Das Group Humor Effectiveness Model

Sicherheit meint dabei den von den Teammitgliedern geteilten Glauben daran, dass im Team keine interpersonellen Risiken vorherrschen (Edmondson, 1999); dass man also auf Probleme hinweisen, Fehler aufzeigen oder Vorschläge machen kann, ohne damit zu riskieren, dass man die Gefühle anderer verletzt oder selbst bloßgestellt bzw. abgelehnt, ausgegrenzt oder abgestraft wird. So zeigen Untersuchungen, dass sich Aufgabenkonflikte in Teams – also solche, in denen sich die Teammitglieder in ihren Sichtweisen, Standpunkten, Meinungen und Ideen hinsichtlich der Aufgabe unterscheiden – positiv auf die Leistung eines Teams auswirken, wenn im Team ein Klima der psychologischen Sicherheit besteht (Bradley, Postlethwaite, Klotz, Hamdani & Brown, 2012). Dies wird so interpretiert, dass Aufgabenkonflikte unter Bedingungen der psychologischen Sicherheit dazu führen, dass die Teammitglieder offener sind und Unstimmigkeiten nicht persönlich nehmen. Sie steuern quantitativ und qualitativ hochwertigere Ideen bei und wissen, dass abweichende Vorschläge nicht nur gestattet, sondern in diesem Klima ausdrücklich erwünscht sind. Damit haben sie mehr Zeit zur Verfügung, um Probleme konstruktiv zu lösen, weil weniger Zeit für die Bearbeitung von Beziehungskonflikten investiert werden muss.

Den Mediator zwischen erfolgreichem Humor und Langlebigkeit des Teams stellen positive Emotionen und die Kohäsion des Teams dar, welche den Zusammenhalt der Gruppe ausmacht. Sie kommt darin zum Ausdruck, wie gern die Gruppenmitglieder Teil der Gruppe bleiben wollen, weil sie entweder durch die Aufgabe oder die anderen Teammitglieder angezogen werden (Beal, Cohen, Burke & McLendon, 2003). In hochkohäsiven Gruppen zeigen sich unterschiedliche positive Phänomene, wie zum Beispiel die soziale Kompensation, von der man dann spricht, wenn leistungsstärkere Mitglieder die Nachteile leistungsschwächerer Mitglieder kompensieren (Williams & Karau, 1991). Genauso kann eine starke Gruppenkohäsion aber auch zu Nachteilen führen, z. B. wenn die Gruppenziele nicht akzeptiert werden, die Leistungsnormen gering sind oder aber, weil mit hoher Kohäsion auch die Anfälligkeit für Gruppendenken (Janis, 2015) steigt. Es lässt sich aber z. B. argumentieren, dass die Gefahr des Gruppendenkens durch das Klima der psychologischen Sicherheit abgefedert werden dürfte, da es die Zensur von Abweichlern und Konformitätsdruck weniger wahrscheinlich macht. Für die Auseinandersetzung mit dem komplexen Phänomen der Gruppenkohäsion empfiehlt sich eine weiterführende Auseinandersetzung mit den Arbeiten von Forsyth (2009).

Lehmann-Willenbrock und Allen (2014) haben in zwei deutschen Unternehmen den Link zwischen Humor, funktionaler Kommunikation und Teamperformance untersucht. Sie gehen davon aus, dass sich erfolgreicher Humor in Interaktionssequenzen (Humormustern) äußert (z. B. Humor gefolgt von Lachen oder Humor gefolgt von mehr Humor), die wiederum positiv mit funktionaler Kommunikation im Team und der Teamperformance assoziiert sind. Zur Prüfung ihrer Hypothesen filmten Sie 20- bis 60-minütige Meetings, die im Rahmen von kontinuierlichen Verbesserungsprozessen durchgeführt wurden und ohne Vorgesetzten abliefen. Die Videoaufnahmen wurden mittels der Beobachtungssoftware 2act4teams sowie INTERACT ausgewertet. Die Teamperformance wurde über die Leistungsbeurteilung durch den Vorgesetzten direkt im Anschluss an das Meeting und zwei Jahre später operationalisiert. Im Ergebnis zeigte sich, dass Humormuster im Team funktionale Kommunikation auslösen, und zwar derart, dass vermehrt Äußerungen zum Arbeitsprozess, zur Strukturierung der Diskussion sowie zur Problemlösung gemacht wurden; außerdem bezogen sich die Teammitglieder im Anschluss an erfolgreichen Humor häufiger gegenseitig in die Diskussion ein oder lobten die Vorschläge der anderen. Dementsprechend stellten Humormuster im Team auch einen guten Prädiktor nicht nur für die Teamleistung zum Zeitpunkt des Meetings, sondern auch zwei Jahre später dar.

Praktische Implikationen

Verschiedene Arbeiten zeigen, dass Mitarbeiter im Umgang mit ihren Vorgesetzten häufiger negative und seltener positive Emotion erleben (z. B. Bono, Foldes, Vinson & Muros, 2007). Dabei haben gerade positive Emotionen wie Freude an der Arbeit oder Stolz auf die erzielte Leistung das Potenzial, das Arbeiten erfolgreicher und zufriedenstellender zu machen. Man muss wohl auch kein Psychologe sein, um zu wissen, dass sich ein Arbeitsklima, das durch Angst geprägt ist, sehr negativ auf das Arbeiten auswirkt, z. B. weil kritische Themen nicht mehr offen diskutiert werden, die psychische Gesundheit darunter leidet und mehr Mitarbeiter das Unternehmen verlassen.

Eine Empfehlung könnte darin liegen, eine humorvolle Arbeitsatmosphäre zu schaffen. Zugegebenermaßen ist das keine einfache Aufgabe, da Humor den vorliegenden Definitionen zum Trotz ein sehr subjektives Phänomen ist. Wie die skizzierten Arbeiten zeigen, reicht es auch nicht aus, einfach nur mehr Witze zu erzählen, denn erfolgreicher Humor entfaltet sich in der Interaktion mit anderen. Abzuraten ist außerdem von jeder Art des negativen Humors, der auf Kosten anderer geht, sich gegen sie richtet oder von Zynismus geprägt ist.

Auf der individuellen Ebene hilft insbesondere Coping Humor, um resilienter und leistungsstärker zu werden. Man kann also Humor einsetzen, um die Schwierigkeiten des Lebens zu meistern, und versuchen die Dinge sportlich zu nehmen. Hier liegt u. a. ein Ansatzpunkt für das Coaching von Führungskräften und Mitarbeitern.

Erfolgreicher Humor beeinflusst die Kommunikation im Team; er wirkt sich positiv auf die Prozesskompetenz, das Arbeitsklima und die Ideengenerierung aus und steigert so die Teamperformance. Humor ist also eine wichtige Ressource, die Teams kultivieren könnten.

Führungskräfte können gezielt positive Emotionen bei ihren Mitarbeitern auslösen. Dies ist ein Kernmerkmal erfolgreicher Führung und auch eine Bedingung für Charisma (Yukl, 1999). Dazu müssen sie nicht notwendigerweise besonders humorvoll sein. So haben wir weiter oben bereits gesehen, dass auch authentische Führung positive Emotionen auslösen kann. Das lässt sich auch empirisch zeigen, z. B. in der Mehrebenenanalyse von Hsiung (2012) mit 70 Arbeitsgruppen, in der positive Emotionen den Zusammenhang zwischen authentischer Führung und der Meinungsäußerung der Mitarbeiter mediierten.

6 Kritische Würdigung

Die positive Organisationspsychologie liefert eine relativ neue, an individuellen und kollektiven Stärken und positiven Emotionen orientierte Sicht auf die Personal- und Organisationsentwicklung. Die übergreifende Bewertung ihrer Erkenntnisse fällt meist entweder überaus enthusiastisch oder aber sehr skeptisch aus. Das liegt u. a. daran, dass man im HRM zusätzlich zur Betrachtung der verfügbaren Evidenz (Externbrink & Dormann, 2014) und des eigenen Menschenbildes zunächst den relativen Einfluss von positiven und negativen Ereignissen auf unser Erleben und Verhalten (in Organisationen) einordnen muss.

Baumeister, Bratslavsky, Finkenauer und Vohs (2001) sind dieser Frage in einem sehr einflussreichen Review zur „Bad is stronger than Good"-Hypothese nachgegangen und kommen zu dem Ergebnis, dass uns Negatives stärker beeinflusst als Positives. Das bekannteste Beispiel hierfür sind die Untersuchungen von Kahneman und Tversky (1984), in denen sie z. B. zeigen, dass wir uns über Geldverluste mehr ärgern, als wir uns über Geldgewinne des gleichen Betrags freuen. Baumeister und Kollegen zeigen auf, dass dasselbe Muster auch für eine Vielzahl anderer Lebensbereiche und psychologischer Phänomene gilt: Negatives Feedback hat einen stärkeren Einfluss als positives; negative Informationen werden differenzierter verarbeitet als positive; negative Stereotype entstehen schneller und halten sich hartnäckiger und so weiter.

HRM sollte die positive Psychologie ernst nehmen, aber auch nicht überbewerten: Negative Faktoren (wie z.B. Arbeitsplatzunsicherheit) haben häufig eine stärkere Wirkung auf das Verhalten und Erleben als positive oder können die Effekte positiver Interventionen neutralisieren. Ganz ohne einen Fokus auf destruktive Faktoren geht es also nicht.

Für das Human Resource Management kann das so ausgelegt werden, dass es grundsätzlich wichtiger sein dürfte, destruktive Faktoren zu vermeiden, als positive Faktoren zu fördern. Das bedeutet aber nicht, dass gutes HRM keinen stärkenorientierten Ansatz verfolgen sollte – so viel haben hoffentlich die vorausgegangenen Ausführungen gezeigt. Allerdings wäre eine alleinige Konzentration auf das Positive wohl ein wenig naiv.

Letzteres lässt sich auch an einer Untersuchung von Hansen und Externbrink (2017) illustrieren: Sie untersuchten den Einfluss authentischer Führung auf Work Engagement und berücksichtigten dabei die Persönlichkeit der Mitarbeiter als Moderator. Unter anderem betrachteten sie Machiavellismus, eine subklinische Persönlichkeitseigenschaft, die sich durch Zynismus über die menschliche Natur, eine ausgeprägte Manipulationsneigung und persönliche Nutzenmaximierung um jeden Preis charakterisieren lässt (Paulhus & Williams, 2002). Machiavellisten sind also anders als authentische Führungskräfte der Überzeugung, dass Moral lediglich der Außenwirkung zuträglich ist und für die Zielerreichung keine Bedeutung hat bzw. sogar hinderlich sein kann. Im Ergebnis der Untersuchung zeigt sich, dass der Einfluss authentischer Führung auf Work Engagement neutralisiert wird, wenn die Mitarbeiter machiavellistische Züge aufweisen. Die Autoren interpretieren den Befund u. a. so, dass Machiavellisten dazu tendieren, die Führungskraft auszunutzen, weil sie sich keinen Erfolg davon versprechen, sich ihr anzuschließen.

Ein ähnlicher Effekt zeigt sich übrigens auch für die oben zitierte Untersuchung zum Humor in Teams von Lehmann-Willenbrock und Allen (2014). Sie betrachten Jobunsicherheit – von der wir wissen, dass sie sich negativ auf die psychische Gesundheit, die Arbeitseinstellung und die Arbeitsleistung auswirkt – als Moderatorvariable. Die Ergebnisse zeigen, dass die positiven Konsequenzen von Humor durch ein Klima der Jobunsicherheit abgeschwächt werden. Dies lässt sich darauf zurückführen, dass die negativen Gefühle der Jobunsicherheit im Widerspruch zu den positiven Gefühlen des Humors stehen. Zur Dissonanzreduktion sind Ressourcen nötig, sodass die Jobunsicherheit die positiven Effekte des Humors absorbiert. So kommen sie auch zum Schluss, dass Mana-

ger sich nicht nur über die positiven Effekte von Humor im Team bewusst werden sollten, sondern ebenso die Gefahren, die mit Arbeitsplatzunsicherheit in Verbindung stehen, richtig einschätzen und als Führungskraft darauf reagieren müssen.

Man sollte sich als Human Resource Manager, Führungskraft oder Psychologe also
nicht zwischen der dunklen oder der hellen Seite entscheiden, sondern sollte beide kennen und in sein Repertoire aufnehmen. Indem wir die Erkenntnisse aus der positiven
Psychologie in Organisationen anwenden, können wir sehr positive Ergebnisse erzielen,
dürfen dabei aber die Konzentration auf die negativen Bedingungen nicht aus den Augen
verlieren.

7   Fragen zur Wiederholung und Vertiefung

1. Beschreiben Sie die Dimensionen des psychologischen Kapitals. Was haben alle Konstrukte gemeinsam? Wie lassen sie sich fördern?
2. Grenzen Sie transaktionale, transformationale und authentische Führung voneinander ab. Was macht authentische Führung erfolgreich?
3. Skizzieren Sie den Prozess der wertschätzenden Erkundung (AI). Worin unterscheidet er sich von der Aktionsforschung? Wie ist das Konzept empirisch zu beurteilen?
4. Beschreiben Sie die Broaden and Build Theory of Positive Emotion an einem selbst
   gewählten Beispiel. Welche Handlungsempfehlungen lassen sich daraus ableiten?
5. Worin besteht das Hauptproblem bei Untersuchungen zur positiven Organisationspsychologie und wie kann man diesem Problem begegnen?

8   Weiterführende Literatur

Cameron, K. S. (2012). *Positive leadership: Strategies for extraordinary performance.* Berrett-Koehler
   Publishers.
Luthans, F., Youssef-Morgan, C. M. & Avolio, B. J. (2015). *Psychological capital and beyond.* Oxford Uni-
   versity Press.
Nelson, D. & Cooper, C. L. (Eds.) (2007). *Positive organizational behavior.* Sage Publications.

Literatur

Avey, J. B. (2014). The left side of psychological capital new evidence on the antecedents of psycap. *Journal of Leadership & Organizational Studies, 21*(2), 141-149.
Avey, J. B., Reichard, R. J., Luthans, F. & Mhatre, K. H. (2011). Meta-analysis of the impact of positive psychological capital on employee attitudes, behaviors, and performance. *Human resource development
   quarterly, 22*(2), 127-152.
Avolio, B. J., Gardner, W. L., Walumbwa, F. O., Luthans, F. & May, D. R. (2004). Unlocking the mask: A
   look at the process by which authentic leaders impact follower attitudes and behaviors. *The Leadership Quarterly, 15*(6), 801-823.
Bass, B. M. & Riggio, R. E. (2006). *Transformational leadership.* Psychology Press.
Baumeister, R. F., Bratslavsky, E., Finkenauer, C. & Vohs, K. D. (2001). Bad is stronger than good. *Review
   of general psychology, 5*(4), 323.
Beal, D. J., Cohen, R. R., Burke, M. J. & McLendon, C. L. (2003). Cohesion and performance in groups: a
   meta-analytic clarification of construct relations. *Journal of applied psychology, 88*(6), 989.

Bono, J. E., Foldes, H. J., Vinson, G. & Muros, J. P. (2007). Workplace emotions: the role of supervision and leadership. *Journal of Applied Psychology, 92*(5), 1357.

Bradley, B. H., Postlethwaite, B. E., Klotz, A. C., Hamdani, M. R. & Brown, K. G. (2012). Reaping the benefits of task conflict in teams: the critical role of team psychological safety climate. *Journal of Applied Psychology, 97*(1), 151.

Bushe, G. R. & Coetzer, G. (1995). Appreciative Inquiry as a Team-Development Intervention: A Controlled Experiment. *Journal of Applied Behavioral Science, 31*(1), 13-30.

Cooperrider, D. & Whitney, D. D. (2005). *Appreciative inquiry: A positive revolution in change.* Berrett-Koehler Publishers.

Crossley, C. D., Cooper, C. D. & Wernsing, T. S. (2013). Making things happen through challenging goals: Leader proactivity, trust, and business-unit performance. *Journal of Applied Psychology, 98*(3), 540.

Dirks, K. T. & Ferrin, D. L. (2002). Trust in leadership: meta-analytic findings and implications for research and practice. *Journal of Applied Psychology, 87*(4), 611.

Dumpert, M. (2015). Talente statt Defizite. *Personalmagazin 10*/15, 34-36.

Edmondson, A. (1999). Psychological safety and learning behavior in work teams. *Administrative science quarterly, 44*(2), 350-383.

Effelsberg, D., Solga, M. & Gurt, J. (2014). Transformational leadership and follower's unethical behavior for the benefit of the company: A two-study investigation. *Journal of business ethics, 120*(1), 81-93.

Eisenbeiß, S. A. & Boerner, S. (2013). A double-edged sword: Transformational leadership and individual creativity. *British Journal of Management, 24*(1), 54-68.

Externbrink, K. & Dormann, C. (2014). Führen und Entscheiden – Evidence-based Management. In J. Felfe (Hrsg.), *Trends der psychologischen Führungsforschung* (S. 429-441). Göttingen: Hogrefe.

Externbrink, K., Elke, G. & Dormann, C. (2013). *Psychological Capital as Mediator between Transformational Leadership and Adaptive Performance.* 16. Fachtagung der European Association of Work and Organizational Psychology, Münster.

Externbrink, K., Tommhof, M. & Dries, C. (2015). Psychologisches Kapital fördern durch Coaching. Ein Beitrag aus der positiven Organisationspsychologie. *Coaching Magazin, 3,* 20-24.

Forsyth, D. (2009). *Group dynamics.* Cengage Learning.

Fredrickson, B. L. (2001). The role of positive emotions in positive psychology: The broaden-and-build theory of positive emotions. *American Psychologist, 56,* 218-226.

Gervase, R. B. & Kassam, A. F. (2005). When Is Appreciative Inquiry Transformational? *Journal of Applied Behavioral Science, 41*(2), 161-181.

Hackman, J. R. (1986). The psychology of self-management in organizations. In M. S. Pallack & R. O. Perloff (Eds.), *Psychology and work: Productivity, change, and employment* (pp. 89-136). Washington, DC: American Psychological Association.

Hansen, C. & Externbrink, K. (2017). *When two Worlds Collide: Neutralizing Role of Subordinate Machiavellianism with Authentic Leadership and Work Engagement.* Fachtagung der European Association of Work and Organizational Psychology, Dublin.

Hsiung, H. H. (2012). Authentic leadership and employee voice behavior: A multi-level psychological process. *Journal of business ethics, 107*(3), 349-361.

Janis, I. L. (2015). Groupthink: the desperate drive for consensus at any cost. *Classics of Organization Theory,* 161.

Kahneman, D. & Tversky, A. (1984). Choices, values, and frames. *American psychologist, 39*(4), 341.

Kark, R., Shamir, B. & Chen, G. (2003). The two faces of transformational leadership: empowerment and dependency, *Journal of applied psychology, 88*(2), 246.

Kotter, J. P. (2008). *A sense of urgency.* Harvard Business Press.

Lehmann-Willenbrock, N. & Allen, J. A. (2014). How fun are your meetings? Investigating the relationship between humor patterns in team interactions and team performance. *Journal of Applied Psychology, 99*(6), 1278.

Lewin, K. (1947). Frontiers in group dynamics II. Channels of group life; social planning and action research. *Human relations, 1*(2), 143-153.

Lin, C. S., Huang, P. C., Chen, S. J. & Huang, L. C. (2015). Pseudo-transformational Leadership is in the Eyes of the Subordinates. *Journal of Business Ethics,* 1-12.

Locke, E. A. & Latham, G. (2002). Building a Practically Useful Theory of Goal Setting and Task Motivation. *The American Psychologist, 57*(9), 705-17.

Luthans, F. (2002). Positive organizational behavior: Developing and managing psychological strengths. *Academy of Management Executive, 16,* 57-72.

Luthans, F., Avey, J. B., Avolio, B. J. & Petera, S. J. (2008). Experimental Analysis of a Web Based Training Intervention to Develop Positive Psychological Capital. *Academy of Management Learning & Education, 7*(2), 209-221.

Luthans, F., Avolio, B. J., Avey, J. B. & Norman, S. M. (2007). Positive psychological capital: Measurement and relationship with performance and satisfaction. *Personnel Psychology, 60*(3), 541-572.

Luthans, F., Avey, J. B., Avolio, B. J. & Peterson, S. J. (2010). The Development and Resulting Performance Impact of Positive Psychological Capital. *Human Resource Development Quarterly, 21*(1).

Luthans, F., Luthans, K. W. & Luthans, B. C. (2004). Positive psychological capital: Beyond human and social capital. *Business Horizons, 47*/1 ,45-50.

Luthans, F., Youssef, C. M. & Avolio, B. J. (2007). *Psychological capital: Developing the human competitive edge.* Oxford University Press.

Lyubomirsky, S., King, L. & Diener, E. (2005). The benefits of frequent positive affect: does happiness lead to success? *Psychological bulletin, 131*(6), 803.

Martineau, W. H. (1972). A model of the social functions of humor. In J. Goldstein & P. McGhee (Eds.), *The psychology of humor* (pp. 101-125). New York, NY: Academic Press.

Mesmer-Magnus, J., Glew, D. J. & Viswesvaran, C. (2012). A meta-analysis of positive humor in the workplace. *Journal of Managerial Psychology 27*(2), 155-90.

Paulhus, D. L. & Williams, K. M. (2002). The dark triad of personality: Narcissism, Machiavellianism, and psychopathy. *Journal of research in personality, 36*(6), 556-563.

Peelle, H. E. (2006). Appreciative inquiry and creative problem solving in cross-functional teams. *The Journal of Applied Behavioral Science, 42*(4), 447-467.

Peterson, S. J., Luthans, F., Avolio, B. J., Walumbwa, F. O. & Zhang, Z. (2011). Psychological capital and employee performance: A latent growth modeling approach. *Personnel Psychology, 64*(2), 427-450.

Peterson, S. J., Walumbwa, F. O. Avolio, B. J. & Hannah, S. T. (2012). The relationship between authentic leadership and follower job performance: The mediating role of follower positivity in extreme contexts. *The Leadership Quarterly, 23*(3), 502-516.

Peus, C., Wesche, J. S. & Braun, S. (2014). Authentic Leadership. In J. Felfe (Hrsg.), *Trends der psychologischen Führungsforschung* (S. 15-27). Göttingen: Hogrefe.

Piccolo, R. F. & Colquitt, J. A. (2006). Transformational leadership and job behaviors: The mediating role of core job characteristics. *Academy of Management journal, 49*(2), 327-340.

Reason, P. & Bradbury, H. (Eds.) (2001). *Handbook of action research: Participative inquiry and practice.* Sage.

Romero, E. J. & Cruthirds, K. W. (2006). The use of humor in the workplace. *Academy of Management Perspectives, 20*, 58-69.

Romero, E. J. & Pescosolido, A. (2008). Humor and group effectiveness. *Human Relations, 61*, 395.

Seligman, M. E. (1974). *Depression and learned helplessness.* John Wiley & Sons.

Seligman, M. E. P. (1998). *Learned optimism.* New York, NY: Pocket Books.

Seligman, M. E. P. & Csikszentmihalyi, M. (2000). Positive psychology. *American Psychologist, 55*, 5-14.

Shamir, B. & Eilam, G. (2005). "What's your story?" A life-stories approach to authentic leadership development. *The Leadership Quarterly, 16*(3), 395-417.

Shamir, B., Dayan-Horesh, H. & Adler, D. (2005). Leading by biography: Towards a life-story approach to the study of leadership. *Leadership, 1*(1), 13-29.

Sprafke, N., Externbrink, K. & Wilkens, U. (2012). Exploring Micro-Foundations of Dynamic Capabilities: Insights from a Case Study in the Engineering Sector. *Research in Competence Based Management, 6*, 117-152.

Stajkovic, A. D. & Luthans, F. (1998). Self-efficacy and work-related performance: A meta-analysis. *Psychological bulletin, 124*(2), 240.

Sullivan, M. (2004). The Promise of Appreciative Inquiry in Library Organizations, *Library Trends, 53*(1), 224.

Suls, J. M. (1972). Two-stage model for the appreciation of jokes and cartoons: Information processing analysis. In J. H. Goldstein & P. E. McGhee (Eds.), *The psychology of humor* (pp. 81-100). San Diego, CA: Academic Press.

Teece, D. J. (2009). *Dynamic capabilities and strategic management: organizing for innovation and growth.* OUP Oxford.

Thorson, J. A. & Powell, F. C. (1993). Sense of humor and dimensions of personality. *Journal of clinical Psychology, 49*(6), 799-809.

Van Knippenberg, D. & Sitkin, S. B. (2013). A critical assessment of charismatic-transformational leadership research: Back to the drawing board?, *The Academy of Management Annals, 7*(1), 1-60.

Verleysen, B., Lambrechts, F. & Van Acker, F. (2015). Building Psychological Capital With Appreciative Inquiry. Investigating the Mediating Role of Basic Psychological Need Satisfaction. *Journal of Applied Behavioral Science, 51*(1), 10-35.

Walumbwa, F. O., Avolio, B. J., Gardner, W. L., Wernsing, T. S. & Peterson, S. J. (2008). Authentic leadership: Development and validation of a theory-based measure. *Journal of Management, 34*(1), 89-126.

Wilkens, U. & Externbrink, K. (2011). Führung in Veränderungsprozessen. In W. Busse Colbe et al. (Hrsg.), *Betriebswirtschaft für Führungskräfte* (S. 209-233). 4. Aufl., Stuttgart: Schäffer-Poeschel.

Williams, K. D. & Karau, S. J. (1991). Social loafing and social compensation: the effects of expectations of co-worker performance. *Journal of personality and social psychology, 61*(4), 570.

Woolley, L., Caza, A. & Levy, L. (2011). Authentic leadership and follower development: Psychological capital, positive work climate, and gender. *Journal of Leadership & Organizational Studies, 18*(4), 438-448.

Yukl, G. (1999). An evaluative essay on current conceptions of effective leadership. *European Journal of Work and Organizational Psychology, 8*, 33-48.

14

Arbeit 4.0 als Herausforderung einer psychologisch fundierten Arbeitsanalyse und -gestaltung

Iris Peinl

1   Der Ausgangspunkt: Industrie 4.0 und neue Kooperations- und Geschäftsmodelle

Die Formel Industrie 4.0 ist aktuell. Mit ihr schwingen weitere Begriffe in der Luft: Häufig wird von der Digitalisierung und informationstechnischen Vernetzung gesprochen, von softwaregestützten Cyber-Physical-Systemen und von Smart Factories, von Social Media und Crowdsourcing, von Data Industry mit Big und Small Data oder auch von NextGen-Produktionstechnologien.

1.1   Industrie 4.0

Grundsätzlich macht *Industrie 4.0* eine „... neue Qualität der Datenerfassung einzelner Produkte auf ihrem Weg von der Entstehung über jeden einzelnen Fertigungsschritt bis zum Kunden ... aus. Dies verbindet sich mit der Vision einer personalisierten Fertigung" (Wetzel, 2015, S. 28) Zurzeit wird in diesem Zusammenhang der *Beginn einer vierten industriellen Revolution* eingeläutet (vgl. Abbildung 1). Sie wird wie folgt charakterisiert: „Nach Mechanisierung, Elektrifizierung und Informatisierung der Industrie läutet der Einzug des Internets der Dinge und Dienste in die Fabrik eine 4. industrielle Revolution ein. Unternehmen werden zukünftig ihre Maschinen, Lagersysteme und Betriebsmittel als Cyber-Physical-Systems (CPS) weltweit vernetzen. Diese umfassen in der Produktion intelligente Maschinen, Lagersysteme und Betriebsmittel, die eigenständig Informationen austauschen, Aktionen auslösen und sich gegenseitig selbstständig steuern. So lassen sich industrielle Prozesse in der Produktion, dem Engineering, der Materialverwendung sowie des Lieferketten- und Lebenszyklusmanagements grundlegend verbessern. In den neu entstehenden Smart Factories herrscht eine völlig neue Produktionslogik: Die intelligenten Produkte sind eindeutig identifizierbar, jederzeit lokalisierbar und

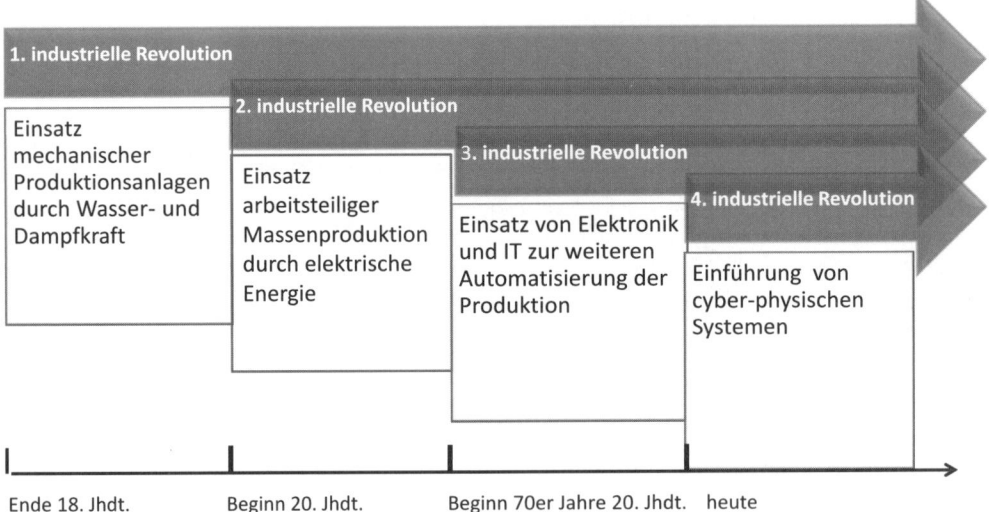

Abb: 1: Von der Industrie 1.0 zur Industrie 4.0 (nach Grote, 2012)

kennen ihre Historie, ihren aktuellen Zustand sowie alternative Wege zum Zielzustand" (Kagermann, 2013, S. 5).

Es gibt verschiedene Vermutungen, wie mit der Industrie 4.0 die materielle und immaterielle Produktion zukünftig aussehen wird. Diese prognostische Unschärfe ist auf mehrere Ursachen zurückzuführen.

Zum Ersten wird unter dem Begriff Industrie 4.0 nicht nur sein Kern als Cyber-Physical Systems eingeordnet. Vielmehr wird er darüber hinaus für weitere Themenfelder verwendet. Sie reichen von Social-Media-Anwendungen bis hin zu technologisch neuen Ansätzen der Robotik. Da dies eine eindeutige Gegenstandsbeschreibung von Industrie 4.0 schwierig macht, schlägt Pfeifer im Gespräch mit Wetzel zugunsten einer besseren Systematik vor, technisch mindestens drei Ebenen zu unterscheiden (vgl. Abbildung 2): „Erstens die Social Media@ Production: Darunter fasse ich alle Ansätze, bei denen Nutzungsszenarien in der Fertigung ankommen, die wir aus dem Web 2.0 kennen. Das heißt, dabei geht es um webbasierte – und damit auf jeder Plattform – nutzbare Anwendungen zur Kommunikation zwischen Menschen. ... Zweitens die Data@Industry: Das sind die Ansätze, die Industrie 4.0 im Kern meinen, also qualitativ neue datentechnische Verknüpfungen von physischen Gegenständen, die bislang ohne Datenverbindungen waren. Drittens die NextGen-Produktionstechnologien: Das sind zum Beispiel neue Ansätze in der Robotik, die beispielsweise zweiarmig agieren, mehr und feinfühligere ... Sensorik mitbringen..." (Wetzel, 2015, 28f).

> **Industrie 4.0 steht für eine grundlegend neue Art und Weise der Produktion und Konsumtion. Wie dies zukünftig aussieht, wie wir arbeiten und leben werden, ist abhängig von der politischen Gestaltung der vierten industriellen Revolution.**

Zum Zweiten steht die Industrie 4.0 zurzeit am Anfang. Sie ist eher Vision als schon Realität (Urban, 2016, S. 26). Dies gilt für alle gezeigten Ebenen. Weiter ist unklar, mit welcher Zeitlogik die einzelnen Ebenen weiterentwickelt werden und inwieweit dabei Ungleichzeitigkeiten zwischen ihnen entstehen.

Und *zum Dritten* gibt es verschiedene Gestaltungsoptionen des (zukünftigen) Internets der Dinge und Dienste. Diese Optionen gründen sich auf verschiedene politische

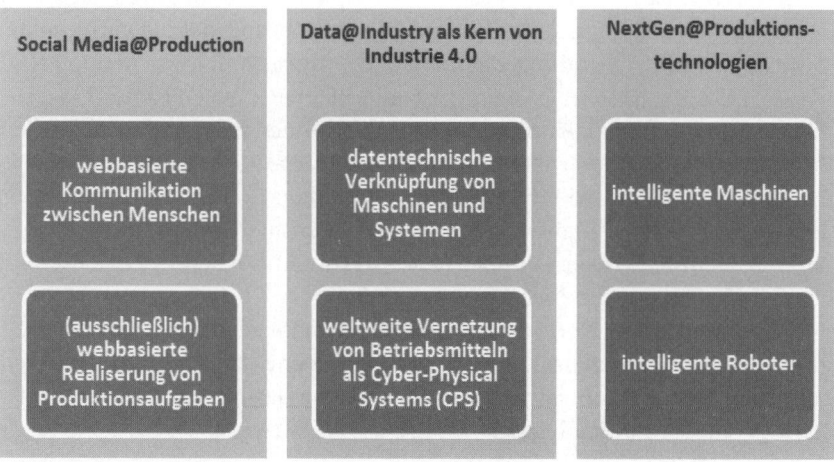

Abb. 2: Die drei Ebenen der Industrie 4.0 (bearbeitet nach Wetzel, 2015)

Einstellungen und hängen mit ebenso unterschiedlicher politischer Durchsetzungsmacht zusammen. Hier geht es im Kern um die Frage, an welchen Kriterien das technisch Mögliche *gestaltet* wird. Modellhaft werden hier zwei Entwicklungspfade diskutiert (Huchler, Weihrich & Voß, 2007). Im ersten wird angenommen, dass die Renditevorgaben konstant sind. Unter diesen Bedingungen würden die technischen Entwicklungen in einen vollautomatisierten Produktionsprozess einmünden (Stichwort: technologischer Determinismus) (Howaldt, Kopp & Schultze, 2015). Hier lägen die Anpassungszwänge an diese Technik bei den Erwerbstätigen und ihrer Lebensführung (Urban, 2016, 27f). Konträr dazu wird im zweiten Modell unter Anerkennung globaler Wettbewerbszwänge die humane Arbeitsgestaltung auf die politische Agenda gesetzt. Es geht also um das Ins-Zentrum-Rücken der Arbeitskraftperspektive. Es geht um das Erfordernis, die digitale Arbeitswelt für Arbeitende persönlichkeitsfördernd und gesundheitsbewahrend zu machen (Urban, 2016, S. 40). Mit Blick auf die Frage, welches Modell sich zukünftig durchsetzen wird, lehren die Erfahrungen: In der Wirtschaftspraxis mit unterschiedlichen Akteuren und Interessen (z.B. Gewerkschaften, Arbeitgeberverbände, politische Parteien) wird sich weder das eine noch das andere Modell „rein" durchsetzen.

1.2   Neue Kooperations- und Geschäftsmodelle

Mit der vierten industriellen Revolution ändern sich Kooperations- und/oder Geschäftsmodelle in und zwischen Organisationen bzw. Unternehmen. Dabei werden Aufgaben, die bislang komplett organisations*intern* realisiert wurden, in andere Unternehmen, Organisationen und/oder externe bezahlte und nichtbezahlte Arbeitskräfte (u.a. als Kunden, Freelancer) ausgelagert. Dies betrifft alle primären oder sekundäre Wertschöpfungsaktivitäten (Porter, 1999), also z.B. die Logistik, die Produktion, das Marketing, den Vertrieb, die Forschung und Entwicklung oder auch das Finanz- und Personalmanagement.

Mit der vierten industriellen Revolution wird die materielle und immaterielle Produktion zunehmend in organisationalen Netzwerken stattfinden. Sie arbeiten auf der Grundlage von organisational, national und international zu formulierenden ökologischen und sozialen Standards.

Bislang wird davon ausgegangen, dass diese Auslagerungsprozesse in komplexen horizontalen und vertikalen Produktions- und Wertschöpfungsnetzen einmünden. Diese sind um die industrielle Kernproduktion gruppiert und sollen „... möglichst alle Elemente von Produktionsprozessen, die sie flankierenden Dienstleistungen und die verbindenden Logistikprozesse durchgängig digital miteinander ... vernetzen" (Pfeiffer, 2015, S. 7). Exemplarisch stehen hierfür Begriffe wie „fraktale Fabrik", „vernetzte horizontale Produktion", „selbstorganisierende adaptive (d.h. anpassungsfähige) Logistik" oder auch „kundenintegriertes Engineering". Die Abbildung 3 zeigt ein horizontales Produktionsnetzwerk, in dem die Produkte jederzeit identifizier- und lokalisierbar sind.

Eingebunden sind diese Netzwerke in übergeordnete rechtliche Rahmenbedingungen auf der nationalen, europäischen und globalen Ebene. Dies betrifft gesellschaftlich festgelegte ökologische und soziale Standards wie etwa das Niveau der Reduzierung des CO_2-Ausstoßes oder des Beschäftigten- und Arbeitsschutzes.

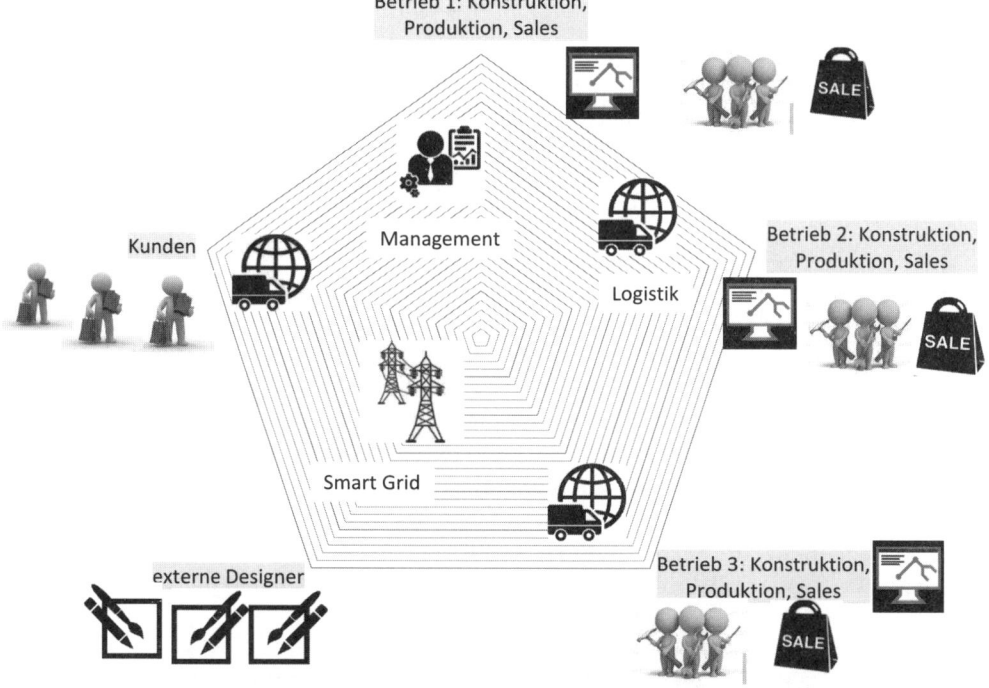

Abb. 3: Horizontales Produktionsnetzwerk (bearbeitet nach Kagermann, 2013)

2 Arbeit 4.0: Skizze einer arbeitspsychologisch bezogenen Darstellung

Mit der Entwicklung von Industrie 4.0 verändert sich die Arbeit grundlegend. „Arbeit" steht hier eingrenzend als Synonym für die bezahlte Erwerbsarbeit in den unterschiedlichen Beschäftigungsformen (Hacker & Sachse, 2014, 19f). Da diese Entwicklung erst in den Startlöchern steht und unklar ist, mit welchem Tempo bzw. Tempi sie auf den unterschiedlichen Ebenen voranschreitet, können erst die Konturen der Arbeit 4.0 skizziert werden.

Grundsätzlich werden alle Aspekte der Arbeit flexibel verändert bzw. neu geregelt (Hacker & Sachse, 2014; Stegmann, 2010). Dies betrifft:

- die Arbeitsaufgabe (etwa als Grad ihrer Ganzheitlichkeit, ihrer Aufgaben- & Anforderungsvielfalt, der Autonomie bei der zeitlichen Planung und Reihenfolge der Realisierung oder einzelner Arbeitsschritte und des Niveaus selbstständiger Entscheidungen),
- die sachlichen und virtuellen Arbeitsmittel (etwa als PC-Konfiguration, weltweit zur Verfügung gestellte Daten und Know-how, technische Hilfssysteme, intelligente Maschinen oder Roboter),
- die Arbeitsorganisation (etwa als Einzel- oder Gruppenarbeit, als zeitliche und örtliche Konditionen der Arbeitsrealisierung oder als Entgelt- bzw. Feedbackregelung),

- die Arbeitsumgebung des Arbeitsplatzes als Raumgröße, Sitz- und Lichtverhältnisse, Temperatur- und Luftverhältnisse oder auch Lärmpegel und schließlich
- die Beschäftigungsform, in der diese Arbeit 4.0 geleistet wird.

Im Folgenden wird mit einem Bezug auf die ersten beiden schon in Ansätzen erkennbaren Ebenen der Industrie 4.0, also für die SocialMedia@Produktion und für die Data@Industry (vgl. Abbildung 2), dargestellt, welche Konturen der Arbeit 4.0 herausgebildet werden.

Diese Konturen sind für die dritte Ebene, d.h. für die NextGen@Produktionstechnologien noch undeutlich. In der Forschung und Entwicklung werden hier sog. superintelligente, d.h. analytisch-kognitiv arbeitende und – wie Kinder – lernfähige Roboter thematisiert. Sie sollen darüber hinaus mit menschenähnlichen Sinnen ihre natürliche und soziale Umgebung wahrnehmen können, sie sollen ähnlich hören, sehen oder auch riechen. Derart kognitiv- und wahrnehmungsprogrammiert aufgestellt sollen diese Roboter selbst entscheiden können, was sie tun, was sie sagen und wohin sie gehen. Zukünftig sollen diese Maschinen nicht nur zunehmend große Teile der Produktion übernehmen, sondern auch die Entwicklung von Prozessen und Produkten. Diskutiert wird, inwieweit die Deutungs- und Handlungsautonomie von Menschen in allen Lebensbereichen durch diese superintelligenten Maschinen begrenzt wird (Wagner, 2016).

2.1   Social Media@Production: Crowdsourcing und Crowdarbeit

In der *Social Media@Production* verändert neben den mittlerweile schon gängigen sozialen Plattformen besonders das Crowdsourcing herkömmliche Arbeitsstrukturen. Crowdsourcing „.... bezeichnet ... die Auslagerung von bestimmten Aufgaben durch ein Unternehmen oder im Allgemeinen einer Institution an eine undefinierte Masse an Menschen mittels eines offenen Aufrufs, der zumeist über das Internet erfolgt. In einem Crowdsourcing-Modell gibt es immer die Rolle des Auftraggebers – der als Crowdsourcer bezeichnet wird – sowie die Rolle der undefinierten Auftragnehmer, also die Crowd oder in Analogie zum erstgenannten Begriff die ... Crowdworker" (Leinmeister, Zogai & Blohm, 2015, S. 15).

Diese Auslagerung erfolgt sowohl intern in einem Unternehmen bzw. einer Organisation als auch extern in die Crowd als virtuelle Plattform. Zum Teil sind zwischen Crowdsourcer und Crowdworker Vermittlungsplattformen geschaltet. Ausgegliedert werden Arbeitsaufgaben mit sehr unterschiedlichem Anforderungsprofil. D.h.: Der Grad der Ganzheitlichkeit, die Aufgaben- & Anforderungsvielfalt

Es gibt nicht „die" Crowdarbeit. Hinter diesem Begriff stehen unterschiedliche Arbeitsaufgaben und -organisationen.

und das Niveau selbstständiger Entscheidungen sind für die Auslagerung und Realisierung dieser Arbeitsaufgaben ebenso vielfältig wie die dafür notwendigen Arbeitsmittel oder auch die Arbeitsorganisation als Einzel- oder Gruppenarbeit. Strukturell wird unterschieden zwischen ausgelagertem Projekt, ausgelagerter Aufgabe, Unteraufgabe und sog. Micro-Task (vgl. Abbildung 4). Während bspw. in einem ausgelagerten Projekt die Mitglieder einer bestimmten Community inhaltlich komplexe Aufgaben wie etwa die Entwicklung eines Produkts,

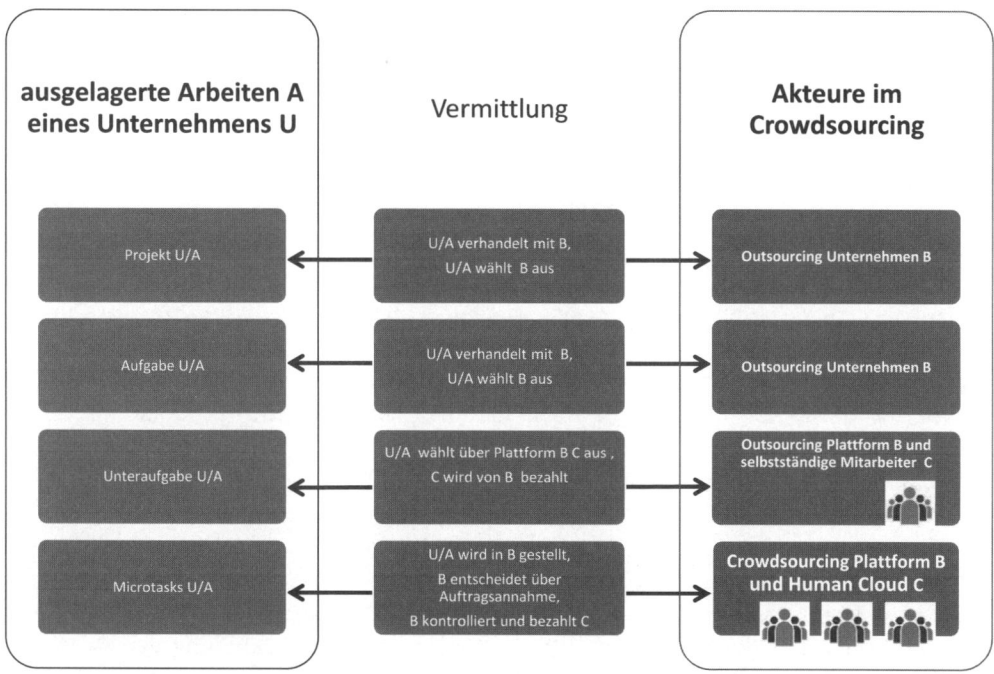

Abb. 4: Ausgelagerte Arbeiten eines Unternehmens und Akteure im Crowdsourcing (bearbeitet nach Bauer, 2015)

eines neuen Finanzierungsmodells oder einer Werbekampagne bearbeiten, werden in den Micro-Tasks routinebasierte, fragmentierte Arbeiten erledigt.

Mit Verweis auf die unter dem Begriff der Crowdarbeit zusammengefasste Vielfalt der unterschiedlichsten Arbeitsaufgaben und -organisationen wird im Folgenden auf *eine* ausgewählte Form exemplarisch eingegangen. Dies ist die „Clickarbeit". Sie wird unter einer *arbeitsanalytischen Perspektive* genauer dargestellt.

2.2 Social Media@Production: Exkurs zur bezahlten Clickarbeit

Die Clickarbeit kann jeder in der Welt machen, der einen internetfähigen PC hat. Auf der Plattform von Clickworker.de wird diese Arbeit wie folgt beschrieben: In ihr geht es um die „... Verarbeitung unstrukturierter Daten in großen Mengen wie Texte, Bilder, Videos – speziell deren Erstellung, Kategorisierung, Ergänzung, Erfassung, Übersetzung, etc." (Clickworker, 2016). Streetspotr etwa konzentriert sich auf die Erfassung ortsspezifischer Daten wie bspw. Überprüfung von Öffnungszeiten und Adressen oder auch Preisvergleiche. Diese und ähnliche Plattformen (etwa Clickworker oder Testbirds) verkaufen diese aufbereiteten Daten an Unternehmen als Grundlage für bessere Marktprognosen.

Die Angaben zu der Anzahl der Clickworker schwanken. Geschätzt wird, dass für die Plattform Amazon Mechanical Turk ca. 500 000 Menschen arbeiten, für microWorkers 450 000, für Clickworker (Sitz in Essen) 800 000 und für Streetspotr 210 000 in Europ (Tran-Gia, Hoßfeld & Hirth, 2015).

Ob die Clickarbeit zunehmen wird oder nur ein Übergangsphänomen im Prozess der vierten industriellen Revolution ist, ist strittig: Arbeitsmarktprognosen zeigen, dass zunehmend rationalisierbarere Tätigkeiten wie eben auch die Clickarbeit wegfallen (Kocic, 2015; Lanchester, 2015). Gegenargumente dazu verweisen auf die erfahrungsbasierte und/oder intuitive Kompetenz von Arbeitenden auch in diesem gering qualifizierten Arbeitssegment (Böhle, 2009 ; Böhle et al., 2011).

Mit einer arbeitsanalytischen Perspektive auf die Clickarbeit kann festgehalten werden:

Die *Arbeitsaufgabe* beinhaltet mehr oder weniger feinteilige Arbeitsschritte. Das inhaltliche Niveau ist aufgespannt etwa zwischen Korrekturlesen von Namen oder Titeln, Adressensuche, Einordnen von Produkten in ein Produktklassifikationssystem, Produktbeschreibungen und -bewertungen bzw. das Erstellen von Texten für Produkte mit einem bestimmten Wortalgorithmus, damit sie auf Suchmaschinen schneller gefunden werden.

Unabhängig von diesem Mehr oder Weniger der Aufgabengranularität: Die Aufgaben stellen analog zur tayloristischen Arbeitsteilung eher ‚Arbeitselemente' dar, die im Vorab mittels Zeit- und Bewegungsstudien durch das Unternehmen auf den einzig besten Weg hin analysiert wurden (Moldaschl, 2010, 267f). Diese Arbeitselemente beinhalten keine bzw. geringe Spuren geistiger, kognitiver Arbeit, wie sie in der Arbeitspsychologie definiert werden (Hacker & Ulich, 1986, S. 73). So ist die Zielbildung der Arbeit als Wahrnehmung einer Diskrepanz zwischen Ist und Soll durch die ausgeschriebene Clickarbeit vorgegeben. Clickarbeiter leisten also keine bewusste Analyse komplexer Arbeitssituationen über den Entwurf von Handlungsplänen, über die Erörterung von Alternativen und die Antizipation von Störungen (ebd). Auch ist die Arbeitsplanung als Antizipation von Teilzielen der Arbeit und entsprechender notwendig zu leistender Arbeitsschritte nicht bzw. nur in geringem Maße notwendig. Damit entfällt auch die als perzeptiv-begrifflich beschriebene Aufgabe (Hacker, 1978), d.h. dass allgemeine Prozessschemata der Realisierung von Arbeit nicht modifiziert auf die konkrete Aufgabe angewendet werden müssen. Vorrangig erfordern diese (fein)granularen Arbeitsaufgaben dauerhaft sensomotorische Fähigkeiten, d.h. routinierte Handlungsabfolgen (Shareground & Universität St. Gallen, 2015), und zwar in der Regel unter einer bestimmten Terminfrist. Dieser Zuschnitt der Arbeitsaufgabe hat mit Verweis auf das Job Characteristics Model (Hackman & Oldham, 1976) negative Auswirkungen auf die intrinsische Arbeitsmotivation, die Arbeitszufriedenheit, die Fluktuation sowie – hier mit einem schwächeren Zusammenhang – auf die Arbeitsleistung (Schmidt & Kleinbeck, 1999).

Weiter sind mit diesen Arbeitsaufgaben keine weiteren Rechte und Befugnisse der Clickarbeiter, wie bspw. Zugriff auf betriebliche Ressourcen, verbunden. Dies meint etwa den Zugriff auf technische Ressourcen wie Programme oder PC, dies meint Unterstützung der eigenen beruflichen Entwicklung über Weiterbildung, betriebliche Gesundheitsfürsorge, Karrierebegleitung durch Führungskompetenz oder auch tätigkeitsbezogene Kooperation bzw. Kommunikation als Interaktion (Moldaschl, 2010; Moldaschl, 2012).

Die *Arbeitsorganisation* zeigt, dass die Arbeitsplätze der Clickworker keine organisationale, d.h. gremienbezogene Zugehörigkeit haben (Shareground & Universität St. Gallen, 2015) – es sei denn, schon die Anmeldung auf einer (oder mehrerer) Crowdplattform(en) wird als Kriterium dieser Zugehörigkeit gewertet. Damit ist die formelle Arbeit der Clickworker ohne direkte persönliche Kontakte eher sozial isoliert, es gibt geringe Möglichkeiten, um Gruppenkohäsion, Teamidentität oder auch Vertrauen zu entwickeln. Damit steigt das Risiko physischer und/oder psychischer Erkrankungen: Sich allein zu fühlen erhöht u.a. das Stresslevel und somit auch das Risiko für stressbedingte Erkrankungen: Schlafprobleme, hoher Blutdruck und kardiovaskuläre Erkrankungen sind einige Beispiele dafür (Dickhoff, 2015; Lenert, 2012).

Nur online gibt es eine unpersönliche Zusammenarbeit zwischen den Clickarbeitern, und zwar auf der Grundlage flach ausgeprägter hierarchischer Trennlinien: Jene Clickarbeiter, die Aufgaben erfolgreich erledigen, können die nächsthöhere Treppenstufe der Clickarbeit als „Autor" bzw. die nächsthöhere als „Korrektor" erreichen. Mit letzterem Status sind Entscheidungsbefugnisse insofern verbunden, als dass hier die Arbeit eines anderen Clickarbeiters korrigiert und bewertet werden kann (Sturzenegger, 2015). Laut Erfahrungsberichte können damit Frustrationen für die Beurteilten verbunden sein. So erfolgt diese Rückmeldung einerseits nicht immer auf der Grundlage transparenter, nachvollziehbarer Kriterien. Andererseits ist eine Kommunikation mit den Korrektoren über eine Bewertung offenkundig schwierig (o.V., 2016).

Festzuhalten ist: Diese internen Standards der Qualitätsprüfung von – in diesem Fall – Texten als Rückmeldemodus an die Arbeitenden über ihre Leistungen werden als kritisch erlebt. Vor allem, weil nachvollziehbare Kriterien für die Leistungsbeurteilung fehlen bzw. unvollständig sind und z.T. als Willkür empfunden werden. Weiter ist dieses Feedback unpersönlich und frei von einer wertschätzenden Anerkennung der geleisteten Arbeit. Dies ist insofern relevant, als dass davon auszugehen ist, dass diese fehlende Gratifikation nicht nur mit der Gefahr der Verringerung der Arbeitsmotivation und -leistung verbunden ist, sondern langfristig die individuelle Gesundheit gefährdet (Siegrist, 2015).

Für das *Entgelt* gibt es Erfahrungsberichte. So berichtet ein Journalist: „Nachdem ich für insgesamt 50 Cent zehn Adressen zusammengesucht und mit Googeln noch 24 weitere Cents verdient habe, schaue ich auf die Uhr. 45 Minuten sind vergangen. Mein erster Stundenlohn liegt unter einem Euro. [...] Selbst wenn ich nur zwei Minuten pro Adresse brauche, komme ich auf maximal 1,50 Euro die Stunde. Ich muss bessere Jobs finden." Schließlich verbrachte er in seinem Selbstversuch einige Stunden mit Ausprobieren, er resümiert: „Aber um auf Mindestlohn-Niveau zu verdienen, müsste ich mehr üben und professionelle Arbeit im Akkord abliefern" (Schmidt & Strube, 2015).

Als Regel kann gelten: Das Entgelt beruht beispielsweise bei Clickworker.com auf der – eingangs über standardisierte Tests erhobenen – Qualifikation für diese Tätigkeiten. Weiter entscheidend sind das schwankende und nicht berechenbare Arbeitsangebot auf der Plattform, der individuell aufgebrachte Zeitaufwand für ein oder mehrere Arbeitspakete sowie die Rückmeldung, inwieweit die Leistung den internen Qualitätsstandards entspricht (Strube, 2014).

Die Clickworker werden für die Realisierung der Mikroaufgaben schlecht bezahlt. Bei Amazon Mechanical Turk liegt der durchschnittliche Stundenlohn etwa zwischen 1,25 US Dollar (spamgirl, 2015, S. 109); (Leinmeister et al., 2015, S. 29) und fünf US Dollar (Pooler, 2014). Das Risiko, zu welchem Stundenlohn innerhalb dieser Spannbreite gearbeitet werden kann, liegt ausschließlich bei den Clickworkern. Sie sind – wie ausgeführt – abhängig davon, welche Mikroaufgaben auf die Plattform gestellt werden. Weiter ist es eine kognitive individuelle Leistung, aus den angebotenen Mikroaufgaben jene herauszufiltern, die letztlich den höchsten Stundenlohn ergeben. Dies gelingt laut Erfahrungsberichten nur etwa 50% der Clickarbeiter (Strube, 2014, S. 101).

Es wird geschätzt, dass 70% der Clickarbeiter auf der genannten Plattform ihre Rechnungen für die Befriedigung der Grundbedürfnisse über diese Erwerbsarbeit absichern. Davon haben 50% keine anderen Arbeitsmarktchancen, weitere 20% arbeiten freiwillig in Vollzeit. 30% nutzen diese Arbeit als Zubrot. Nur 9% geben an, dass das Einkommen völlig unwichtig ist (Benner, 2016, S. 132). Für einen Familienunterhalt bedeutet dieser geringe Stundenlohn inklusive des Risikos, nicht bzw. nicht immer besser bezahlte Aufgaben zu bekommen oder zum Teil durch das Raster der oben beschriebenen Qualitätsprüfungen zu fallen: „Ich fing an, 17 Stunden auf der Plattform zu arbeiten, um meine Familie zu unterstützen und die Schulden abzubezahlen" (spamgirl, 2015, S. 100). Weiter muss festgehalten werden, dass Clickarbeiter aufgrund ihrer Selbstständigkeit von diesem geringen Einkommen auch ihre soziale Absicherung bezahlen müssen, also Krankenversicherung oder Beiträge für eine ausreichende Altersvorsorge. Wird etwa für Deutschland von ca. 2,13 Millionen Selbständigen ausgegangen (Brenke, 2015), dann sind davon ca. ein Viertel Geringverdiener (Schröder, 2016, S. 371). Damit ist die soziale Absicherung von Clickworkern im Grenzbereich des Machbaren. Dies liegt u.a. auch daran, dass die verpflichtende Kranken- und Pflegeversicherung nicht am realen Einkommen gemessen wird, sondern an einem »angenommenen Mindesteinkommen« von gut 2.100 Euro brutto im Monat (für 2015).

2.3   Data@Industry: Industrieroboter, Maschine-zu-Maschine-Kommunikation und Produktionsmitarbeiter

Mit der „Industrie 4.0" verändern sich die Produktionsabläufe des industriellen Kernbereichs grundlegend: Die am Wertschöpfungsprozess beteiligten programmierbaren Maschinen und die Produkte können zunehmend vollautomatisch *miteinander* kommunizieren. Dahinter steht sowohl die sensorische und aktorische (d.h. Bewegung oder Verformung ermöglichende) Ausstattung dieser Maschinen, ihre (drahtlose) Vernetzung mit dem Internet und untereinander. Weiter sind die (herzustellenden) Produkte über deren Vernetzung mit dem Internet jederzeit einzeln identifizier- und lokalisierbar. D.h.: Eine Echtzeiterfassung und -analyse großer Datenmengen erfolgt intern in den Maschinen, zwischen den Maschinen und zwischen den Maschinen und den herzustellenden Produkten.

Die Maschine-zu-Maschine-Kommunikation wird den industriellen Fertigungsprozess zu einem großen Teil steuern und realisieren.

Auf der Grundlage dieser intelligenten Produktionsmaschinen und der vernetzten (herzustellenden) Produkte kann sowohl jeder einzelne Fertigungsschritt als auch der Fertigungsprozess insgesamt weitgehend automatisiert erfolgen. Dies schließt die dafür notwendigen logistischen Prozesse ebenso ein wie die automatische Weitergabe des herzustellenden Produkts an den nächsten Fertigungsschritt. Mit anderen Worten: Der industrielle Fertigungsprozess kann in weiten Teilen durch die programmierbaren Maschinen selbst gesteuert werden.

Genau in diesem Bereich findet „…. derzeit eine geradezu stürmische Entwicklung in der … intelligenten Kombination neuer Technologien bei der reinen Kommunikation, aber auch bezüglich Embedded Software (d.h. Rechnersysteme, die komplexe Interaktionen zwischen einzelnen physikalischen Systemen herstellen und kontrollieren – die Verf.), User-Interface-Gestaltung, Datenbanken und Sicherheitsmechanismen statt" (Bley, Kilger & Vogel, 2016). Abbildungen 5 und 6 spiegeln diese Dynamik über den Absatz von Industrierobotern nach ausgewählten Ländern im Jahr 2015 ebenso wider wie die Doku-

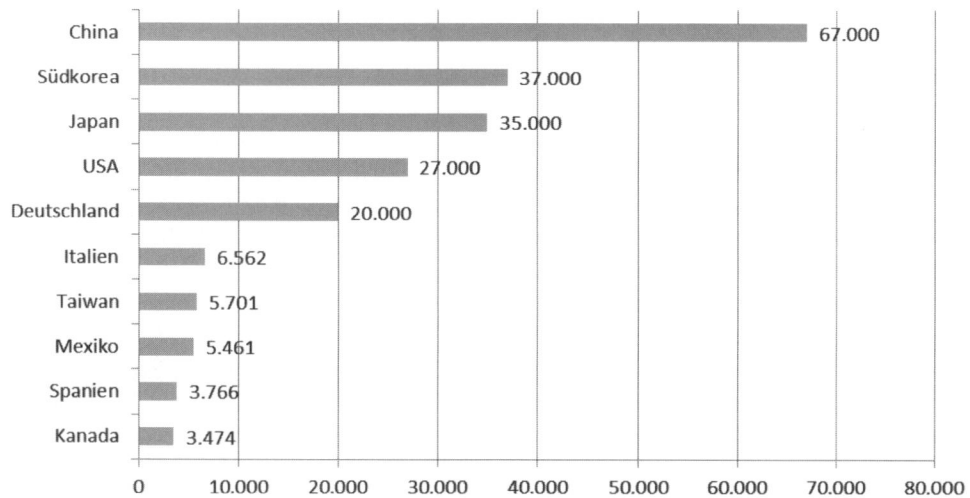

Abb. 5: Absatz von Industrierobotern nach ausgewählten Ländern im Jahr 2015 (nach IFR, o.J.)

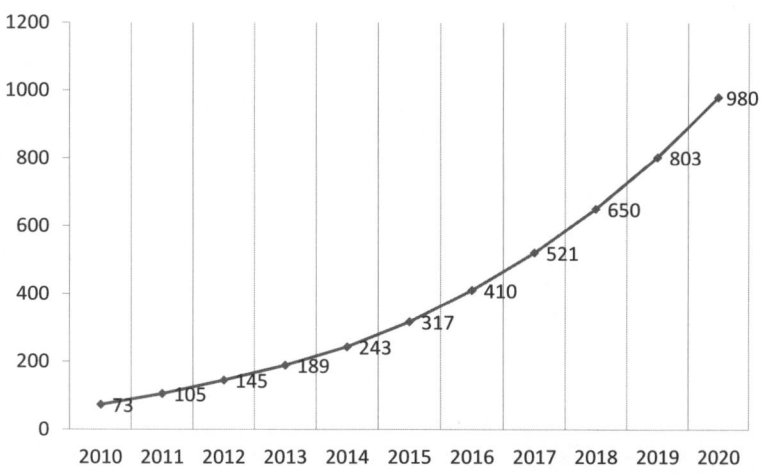

Abb. 6: Dokumentation und Prognose der Anzahl der Machine-to-Machine-Anschlüsse (M2M) im Mobilfunk weltweit von 2010 bis 2020 (in Milliarden) (bearbeitet nach GSMA, o.J.)

mentation und Prognose der Anzahl der Machine-to-Machine-Anschlüsse (M2M) im Mobilfunk weltweit von 2010 bis 2020.

Unternehmen sehen in diesem Prozess der Herausbildung der Industrie 4.0 Vorteile: Diese neue Art und Weise der Produktion erhöht die Flexibilität der Produktion und ermöglicht eine schnellere Reaktion auf Kunden- und Wettbewerbsanforderungen (Bley et al., 2016, S. 7).

Diese technologischen Entwicklungen im Kernbereich der Industrieproduktion haben weitreichende Konsequenzen für die Erwerbsarbeit in diesem Wirtschaftssektor.

Prognostiziert wird *zum Einen*, dass bezahlte Erwerbsarbeit wegrationalisiert wird. So schätzt die vielzitierte Studie von Frey und Osborne aus dem Jahr 2013, dass ca. 47 Prozent aller Beschäftigten in den USA in Berufen arbeiten, die mittelfristig durch Maschinen, Roboter und Computerprogramme ersetzt werden. Dies wird in einer weiteren Studie für Deutschland bestätigt (Brzeski & Burk, 2015) und betrifft u.a. Hilfsarbeitskräfte, Anlagen- und Maschinenbediener, Montageberufe, Telefonverkäufer, einfache Büroangestellte in allen Wirtschaftsbranchen, Köche, Busfahrer oder auch Packer. Hier sind also Berufe bedroht, in denen keine hohe Qualifikation vorausgesetzt wird oder routinierte Tätigkeiten vorherrschen. Daher sind hier Maschinen den Menschen überlegen. Diese Prognose der Wegrationalisierung von Tätigkeiten gilt aber auch für jene qualifizierten und hochqualifizierten Berufe, in denen eine hohe Regelbefolgung und/oder Präzision verlangt wird. Beispielhaft genannt werden Führungskräfte im unteren bis mittleren Management, Piloten und Richter (Frey & Osborne, 2013). Diese von Menschen ausgeübten Berufe sind bzw. können, so die Argumentation, Autopiloten oder Algorithmen unterlegen sein.

> Routinierte Produktionsarbeit wird zunehmend wegrationalisiert. Jene qualifizierte Produktionsarbeit, die zum Teil über Algorithmen modelliert werden kann, wird standardisiert und dequalifiziert. Jene qualifizierte Produktionsarbeit, die sich besonders auf Erfahrungswissen und -handeln gründet und mit programmierbaren Maschinen zusammen agiert, wird aufgewertet.

Zum Anderen werden zukunftssichere Berufe und Beschäftigungsfelder ausgemacht. Dies gilt zunächst generell für jene in allen Wirtschaftsbranchen, an die hohe Anforderungen in den Bereichen Kreativität, soziale Intelligenz und unternehmerisches Denken gestellt werden. Dazu zählen zum Beispiel Architekten, Ärzte, Lehrer und Psychologen, aber auch Förster und Fitnesstrainer (Frey & Osborne, 2013).

Für die *Produktionsarbeit* in der industriellen Kernproduktion sind mit der Einführung von Robotern und programmierbaren Maschinen folgende drei Entwicklungspfade erkennbar:

- Einfache, repetitive Arbeitsinhalte werden – wie oben angeführt – ersetzt. Dies betrifft etwa die Maschinenbedienung, die Logistik oder auch die Datenerfassung.

Fallbeispiel für die Wegrationalisierung von routinierten Tätigkeiten durch programmierbare Maschinen

In Japan hat die Firma Spread im Städtchen Kameoka eine Salatfarm eröffnet, in der Roboter den Salat wässern, umsetzen, schneiden, ernten und verpacken, nur angepflanzt wird noch von Menschenhand. Durch die Automatisierung haben sich die Lohnkosten halbiert, während sich die tägliche Produktion von 21.000 auf 51.000 Salatköpfe erhöht hat (Spät, 2016, S. 7).

- Qualifizierte Aufgaben und Tätigkeiten z.B. in der Montage oder aber auch im Verwaltungs- und Servicebereich werden durch computergestützte Informationsvorgaben weitreichend standardisiert und darüber dequalifiziert (Hirsch-Kreinsen, Ittermann & Niehaus, 2015). D.h.: Auch durch den Einsatz von programmierten Assistenzsystemen werden viele dieser bislang qualifizierten Tätigkeiten über deren Modellierung und Formalisierung in Teiloperationen zerlegt und vereinfacht. Dann existieren eher restriktive Arbeitsvorgaben und daraus folgend geringe Handlungsspielräume. Dieser vermutete Trend zur Entwertung von Qualifikationen wird auch als „Digital Taylorism" bezeichnet (The Economist 2015, S. 63).

- Andere qualifizierte Arbeitsinhalte von Produktionsarbeitern werden aufgewertet. Dabei wird davon ausgegangen, dass die weitgehend automatisierten Fertigungsprozesse – u.a. auch bei Störungen – (Teil-)Entscheidungen bedürfen, die auf menschliches Erfahrungswissen und darauf beruhendes subjektivierendes Verhalten beruhen (Böhle, 2009).

  Hier werden zurzeit die Grenzen technischer Systeme ausgemacht: Im Unterschied zum Wissen, das algorithmisiert, programmiert und damit objektiviert werden kann, geht das subjektivierende menschliche Arbeitsverhalten eher kreativ und experimentell vor. Es gründet sich auf die sinnliche Wahrnehmung und Empfindung und beruht auf Dialog, Kommunikation und Empathie (vgl. Abbildung 7). Daher wird aus arbeitsorganisatorischer Sicht diese Art der qualifizierten Produktionsarbeit auch eher in flachhierarchischen Teams zu leisten sein, in denen ergebnisoffen und interdisziplinär über Entscheidungspfade zu diskutieren sein wird.

Hier entstehen also gänzlich neue Schnittstellen zwischen dem qualifizierten menschlichen subjektivierenden Arbeitshandeln, Maschinen und Roboter. Mit dieser Argumentation gibt es im Übrigen auch Annahmen, die im Zuge der Herausbildung der Industrie 4.0 von einem steigenden Bedarf dieser qualifizierten Produktionsmitarbeiter ausgehen

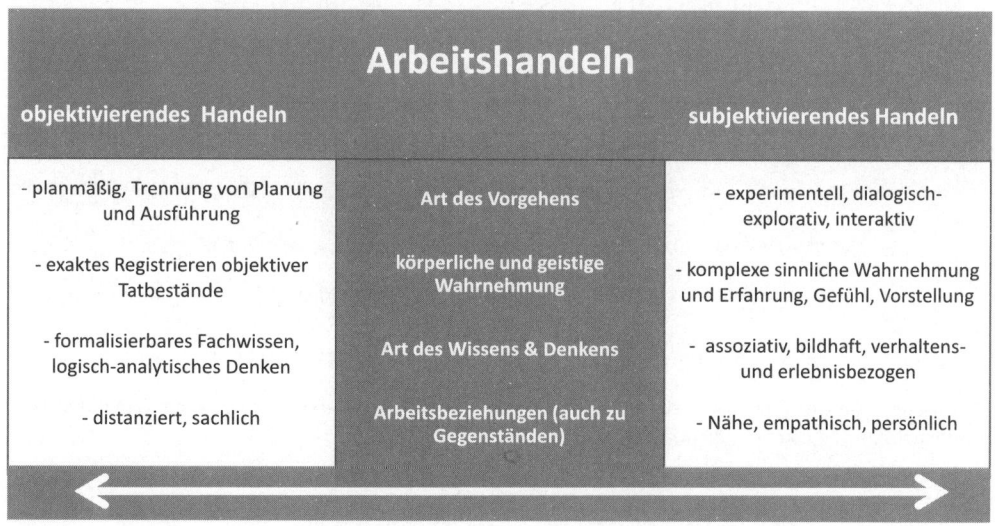

Abb. 7: Objektivierendes und subjektivierendes Arbeitshandeln (bearbeitet nach Böhle et al., 2011)

und meinen, dass das Rationalisierungspotential der sich entwickelnden Industrie 4.0 durch diesen Bedarf relativiert wird (vgl. zusammenfassend Huchler, 2016) Die zukünftigen qualifizierten Produktionsmitarbeiter benötigen ein modifiziertes bzw. neues Kompetenzprofil. In der Abbildung 8 wird genauer gezeigt, welche Kompetenzen dies sind.

Es gilt als sicher, dass sich mit dem Bedeutungszuwachs qualifizierter Produktionsarbeit und dem zukünftig erforderlichen Kompetenzprofil der Produktionsmitarbeiter die Anforderungen an das Personalmanagement deutlich erhöhen werden. So sind in der Personalauswahl neben dem IT-Wissen die entsprechenden IT-Kompetenzen ebenso notwendig wie eine Team- und Kommunikationsorientierung der Bewerber. Weiter sind besonders intelligente Führungskräfte gefragt (Schmidt & Hunter, 1998), die über ihre Offenheit und Sozialkompetenz eine offene und kooperative Führungskultur praktizieren (Hossiep & Krüger, 2012). Zusammen mit der organisationalen Unterstützung des lebenslangen Lernens – hier insbesondere on the job – wird diese Führungskultur auch eine Fehlerkultur aufbauen und unterstützen, die aufgrund der neuartigen Fertigungsprozesse inkl. der entsprechenden Störanfälligkeiten zwingend wird.

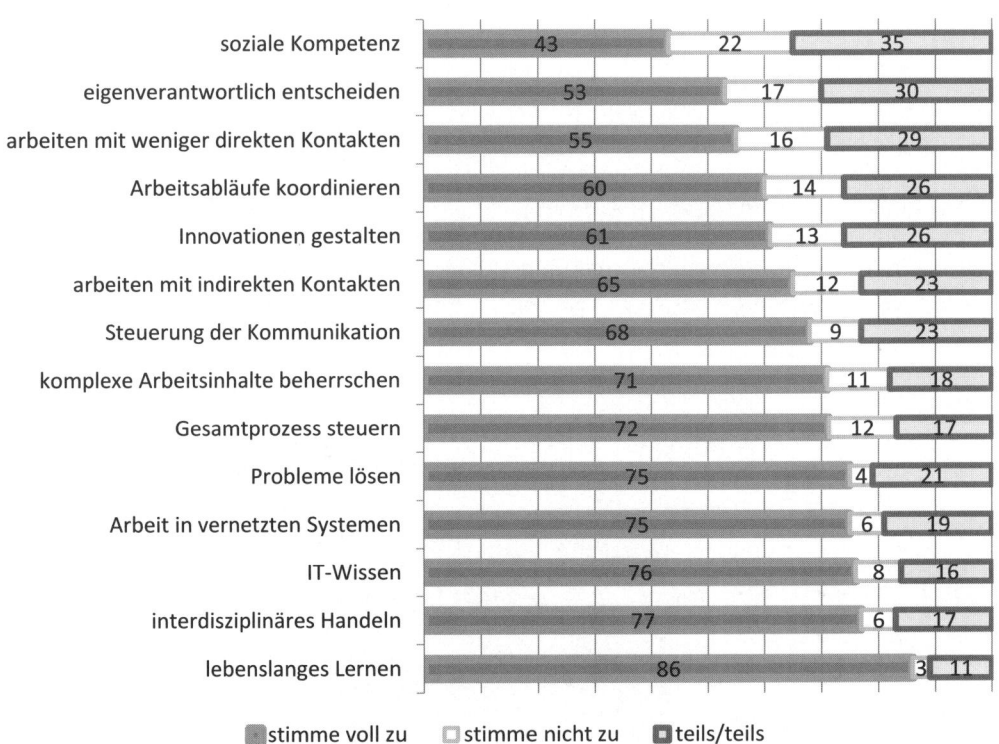

Abb. 8: Die Einführung der Industrie 4.0 erfordert von Produktionsmitarbeitern folgende Kompetenzen (bearbeitet nach Ingenics AG, 2014)

3   Arbeit 4.0 aus der Perspektive des aktuellen Human Resource Managements

Die *Deutsche Gesellschaft für Personalführung* (nachfolgend DGFP) befragt kontinuierlich HR-Experten, wie stark sich in den nächsten Jahren Megatrends auf das Personalmanagement auswirken. In der Studie 2015 wird festgehalten, dass „der demografische Wandel, einst Frontrunner der Megatrends, ... fast 15% seiner Bedeutung für das Personalmanagement eingebüßt (hat). Diese Verschiebung ... kann in bereits greifenden Maßnahmen des Personalmanagements begründet sein. So nutzt bereits heute die Mehrheit der Unternehmen betriebliches Gesundheitsmanagement, strategische Personalplanung und Employer Branding" (Beyer, 2015, S. 4).

Es wird weiter festgestellt, dass „die Digitalisierung ... der Megatrend ist, der in den letzten fünf Jahren kontinuierlich an Bedeutung zugelegt hat" (ebenda). Angesagt bei den HR-Experten ist die „effektivere Gestaltung der Personalarbeit" (ebenda, vgl. auch S. 18). Zu den Maßnahmen, die dies ermöglichen sollen, gehört als prominenteste die Telearbeit/Homeoffice. Diese nicht weiter konkretisierte Auslagerung virtueller Tätigkeiten nennen mit 67% an erster Stelle jene Unternehmen, die die Digitalisierung als zentralen Trend wahrnehmen (a.a.O.: 25).

Hinter diesen Maßnahmen liegen noch keine weiteren strategischen Überlegungen zum Management von digitaler Arbeit. Dazu hält die DGFP fest: „In der aktuellen Unternehmenspraxis führt Digitalisierung eher zu vereinzelten Maßnahmen, den unternehmensweiten strategischen Projekten" (a.a.O.: 4).

Top-Themen der auf Befragung von 187 Personalverantwortlichen führender Unternehmen basierenden *Kienbaum HR-Trendstudie 2015* (Kienbaum Communications, 2015) sind: Fachkräftemangel, Demografie, Diversity und – noch im Unterschied zur entsprechenden Trendstudie 2014 – erstmalig Digitalisierung. Hier geben die Experten an, dass allgemein gefasste Cloud-Lösungen als digitale Formate mit 21% schon stark bzw. sehr stark genutzt werden. Zukünftig werden es ca. 40% sein (a.a.O.: 38). Dazu gewinnen voraussetzende Prozesse des Systemmanagements und der internen Digitalisierung an Bedeutung (a.a.O.: 40).

In dieser Studie finden sich auch erste Befunde zu gesundheitlichen Folgen der virtuellen Arbeit. So sehen 52 % der Befragten den „digitalen Stress" (beschrieben als permanente Erreichbarkeit, Beschleunigung der Arbeit, Informationsflut etc.) als Unternehmensherausforderung (a.a.O.: 42). Weiter bejaht rund die Hälfte der Experten einen Zusammenhang zwischen der Digitalisierung von Arbeit und Burnout sowie erhöhte Fehlzeiten (ebenda). Dennoch praktizieren nur rund 15 Prozent der befragten Unternehmen als verhältnisbezogene Gegenwehr eine slow media-Kultur (ebenda).

Der CEO der Roland Berger GmbH, Charles-Edouard Bouée, setzt deutliche Akzente bei der Bewertung der Folgen der Digitalisierung auf die Erwerbsarbeit. „Drastisch" wird sich Gestalt und Bedeutung der menschlichen Erwerbstätigkeit verändern („Digitalisierung bringt Gewinner und Verlierer"), „viele von uns werden in die Erwerbslosigkeit gezwungen" (ebenda). Ursache dafür sind u.a. „.... neue Formen von ‚Arbeit auf Abruf', die stark ... im Kommen (sind), in allen Branchen und Wirtschaftszweigen. Unternehmen können darauf bauen, dass inzwischen jeder einen Computer in der Tasche hat und unmittelbar erreichbar ist. Damit ist es häufig kostengünstiger, auf externes statt auf internes Know-how zuzugreifen, denn die Transaktionskosten sind inzwischen verschwindend gering" (ebenda). Weiter argumentiert er: „Die sozialen Konsequenzen einer solchen Entwicklung sind weitreichend und noch unerforscht. Arbeitnehmer werden ihre Fähigkeiten nicht mehr für eine bestimmte Firma entwickeln, sondern für ein größeres Ökosystem, in dem sie sich bewegen müssen, um die besten Allianzen und die besten Möglichkeiten zu finden" (ebenda). In dieser neuen, weil mit Einkommens-, Integrations-, Anerkennungs- und Planungsunsicherheiten verbundenen, Suchbewegung auf dem Arbeitsmarkt werden Arbeitsuchende „... Tätigkeiten entwickeln, die auch in der Welt der Roboter notwendig sind: Entwickler elektronischer Spiele, professionelle Spieler, Dienstleister, Händler, Pflegekräfte für Alte und Gebrechliche, Telearbeiter, Handwerker, Online-Lebensmittelhändler, Biobauern ... und so weiter" (ebenda).

HR Experten beginnen, die Gestaltung der erst in Konturen sichtbaren Arbeit 4.0 zu thematisieren. Dabei stehen zurzeit eher vereinzelte Maßnahmen denn Strategien auf der Agenda.

Festzuhalten bleibt: Zurzeit thematisieren die HR-Experten die virtuelle Arbeit eher als Möglichkeit der Kostensenkung und Effektivität. Es wird begonnen, Bedingungen der Leistungserstellung für die virtuell Arbeitenden zu gestalten. Hier geht es offenkundig für die externen Mitarbeiter um das Aufsplitten und Beschreiben einer Aufgabe in kleinteilige, begrenzte Arbeitsschritte. Für interne Mitarbeiter geht es um flexible Arbeitszeiten und die Entwicklung von neuen Führungskompetenzen. Die Wirkungen der virtuellen Arbeit auf die Arbeitsleistung und Gesundheit wird mit den Formeln des digitalen Stresses und des Burnouts konturiert.

4   Einmischen! Gute Arbeitsgestaltung der Arbeit 4.0

Es gibt nicht „die" Technik und Technologie, sondern eine von Menschen *gestaltete*, programmierte Technik und Technologie (vgl. Kapitel 1.1). Daher erfolgt die Entwicklung der programmierbaren Maschinen, Assistenzsysteme und Roboter nicht nur nach einem vermeintlich alternativlosen logischen Algorithmus. Vielmehr fließen in diese Entwicklungen auch Werteorientierungen im Sinne von „Was ist dafür wichtig?" ein.

Arbeitspsychologen haben den Auftrag der humanen Gestaltung der Arbeit 4.0.

Daher müssen diese intelligenten Systeme so gestaltet werden, dass darin eingebundene menschliche Arbeit *human im Sinne von persönlichkeitsfördernd und gesundheitserhaltend* ist. Hier hat sich gerade auch die Arbeitspsychologie mit ihrem empirisch belegten Wissen zu einer leistungs- und beanspruchungsoptimalen Arbeitsgestaltung deutlich in die entsprechenden Diskussionen und Strategien einzubringen. Wichtige Kriterien für diese Art und Weise der Arbeitsgestaltung sind (Hacker & Sachse, 2014, S. 22):

- ganzheitliche statt fragmentierte Arbeitsinhalte
- ein für den Arbeitenden erkennbarer, sinnhafter und bedeutsamer Beitrag zur Realisierung der Organisationsaufgabe
- die Persönlichkeit fördernde Vielfalt von in den Fertigungsprozess einzubringenden Fertigkeiten und Fähigkeiten, Vermeidung von routinebasierten Aufgaben
- Berücksichtigung der Kenntnisse, Erfahrungen und Fähigkeiten des Arbeitenden - keine Über- und Unterforderung

- keine sozial isolierte Arbeit
- Handlungsspielräume über Vorgehen, Handlungsabfolge und Tempi bei der Realisierung der Arbeitsaufgabe
- sinnvolle – und die geleistete Arbeit würdigende – Rückmeldung des Vorgesetzten über das Niveau der Aufgabenerfüllung
- Möglichkeiten der Persönlichkeitsentwicklung durch neue Kenntnisse, Erfahrungen und Fähigkeiten.

Wie in den Kapiteln 2.2 zur Clickarbeit und 2.3 zur Tendenz der standardisierten und dequalifizierten Produktionsarbeit gezeigt, sind hier schon ganz reale Interventionsfelder für eine gute Arbeitsgestaltung der Arbeit 4.0 in den Unternehmen entstanden. Gestützt werden kann sich in dieser Interventionsarbeit auf nationale und internationale Standards der Arbeitsgestaltung (vgl. DIN EN 29241-2: 1993, DIN EN 614-2:2008 und DIN EN ISO 6382:2004) (Hacker & Sachse, 2014, S. 22). Sie muss sich auch gegen kurzfristige Wirtschaftlichkeitsüberlegungen richten (Barton, 2011).

5 Zusammenfassung: Arbeit 4.0 und Handlungsanforderungen an das Personalmanagement

Mit dem Beginn der vierten industriellen Revolution sind erste Konturen der Industrie 4.0 insbesondere im Bereich von SocialMedia@Production und Data@Industry zu erkennen. Aber auch bei den NextGen@Produktionstechnologien sind Entwicklungsszenarien - wie etwa für die superintelligenten Roboter beschrieben – schon vorhanden.

Die Erwerbsarbeit wird sich in dieser grundlegenden Umwälzung der Art und Weise der Produktion ebenso grundsätzlich verändern. Hier sind zurzeit kurz- und mittelfristig drei Entwicklungspfade erkennbar.

Zum Ersten werden über die mögliche Algorithmisierung von Tätigkeiten und Berufen Erwerbsarbeiten wegrationalisiert. Dies betrifft offenkundig zum einen gering qualifizierte Berufe. Zum anderen werden auch qualifizierte Berufe wie Piloten oder Rechtsanwälte reduziert. Hier liegt die Ursache in der hohen, auf standardisierten Regeln beruhenden Präzisionsanforderung der entsprechenden Tätigkeiten. Diese Regeln können zu einem Teil algorithmisiert und durch Maschinen/Roboter realisiert werden.

Zum Zweiten werden bislang qualifizierte Aufgaben und Tätigkeiten z.B. in der Montage oder aber auch im Verwaltungs- und Servicebereich durch computergestützte Informations- und Verarbeitungsvorgaben weitreichend standardisiert und darüber dequalifiziert. Dies geht einher mit der Tendenz der Umwandlung von sozialversicherungspflichtiger Beschäftigung hin zur Selbstständigkeit (siehe Kapitel 2.2).

Zum Dritten wird qualifizierte (Produktions-)Arbeit über eine neue Interaktion mit programmierten Maschinen/Robotern aufgewertet. Hier sind jene Arbeitshandlungen von Menschen relevant, die auf entsprechendem Erfahrungswissen, Kreativität, Intuition oder auch Empathie und darauf basierender Kommunikation beruhen.

Verbunden mit all diesen Veränderungsprozessen von Erwerbsarbeit sind z.T. große Unsicherheiten für die Beschäftigten und Selbstständigen. Dies betrifft u.a. das Risiko des Arbeitsplatzverlustes in dem Unternehmen, die Unklarheit über einen möglicherweise anderen Arbeitsplatz (in einer neuen Abteilung), den Verlust bisher im Team wertgeschätzter Kompetenzen, die Unklarheit, inwieweit die Aufgaben in der neuen Abteilung mit den eigenen Fähigkeiten übereinstimmen oder auch die Unsicherheit, inwieweit Aufgaben/Projekte über Plattformen akquiriert werden und den Lebensunterhalt sichern können.

Welche Herausforderungen bestehen mit diesen Entwicklungsprozessen für das *Personalmanagement*? Da diese Prozesse neu sind, besteht hier enormer Forschungsbedarf. Gleichwohl kann auf Theorien und Befunde zurückgegriffen werden, die sich mit psychologischen Perspektiven organisationaler Veränderungen beschäftigen (vgl. zusammenfassend Stegmaier, 2014). Hervorgehoben werden sollen mit Rückgriff auf die Argumentation von Stegmaier folgende Strategien, die Beschäftigte in diesen neuen Veränderungsprozessen unterstützen:

- *Professionelle Kommunikation*: Es ist bedeutsam, dass diese Veränderungen frühzeitig, exakt und möglichst vollständig kommuniziert werden. Dies schließt das Ansprechen von Risiken und Nachteilen dieses Wandels mit ein. Im optimalen Fall kann eine Vision für die Veränderung vermittelt werden. Dies reduziert Planungsunsicherheiten der Beschäftigten und baut Gerüchten inkl. des dadurch zusätzlich erzeugten Stresses vor.
- *Partizipation:* Wenn über Projektmitarbeit, Entscheidungen oder Rückmeldungen an Veränderungen mitgewirkt werden kann, kann die Effektivität dieser Veränderungen u.a. auch durch die Abschwächung von Widerständen erhöht werden.
- Die Qualität der Anpassung an eventuell *neue Arbeitsplätze oder -aufgaben* hängt auch davon ab, inwieweit diese *lernförderlich* gestaltet sind. Dies schließt die Möglichkeit des Wissenstransfers u.a. durch Trainingsmaßnahmen oder inhaltliche Freiräume ebenso ein wie eine professionelle Rückmeldung des Vorgesetzten über die (schon) erreichten Arbeitsergebnisse.
- *Multiplikatoren* als (über alle Hierarchieebenen und Funktionsbereiche ausgedehnte) Ansprechpartner machen das Fragen bei ad hoc nicht zu lösenden Problemen einfacher und können zu einer guten Arbeitsleistung mit beitragen.

6   Vertiefende Hinweise für Masterstudierende

Mit den dargestellten Entwicklungsprozessen der Erwerbsarbeit sind viele Forschungsfragen offen. Dies gilt sowohl für die Erwerbsarbeit in Unternehmen als auch für die Erwerbsarbeit von Selbstständigen und – weit gedacht – für die politische Gestaltung der Erwerbsarbeit auf der gesellschaftlichen Ebene.

- So ist zum Beispiel offen, was genau eine lernförderliche Arbeitsorganisation für jene qualifizierte (Produktions-)Arbeit ist, die zusammen mit programmierten Maschinen/Robotern materielle oder immaterielle Produkte herstellt. Wie genau also sollen die Aufgabenkomplexität und der Handlungsspielraum für die menschliche Arbeit in bestimmen Branchen und Tätigkeiten sein?
  Diese Fragen sind mit dem bis heute ungelösten Automatisierungsdilemma (Bainbridge, 1983) noch einmal besonders brisant. Im Kern geht es dabei um anspruchsvolle Situationen, in denen die programmierten Maschinen überfordert sind und der Mensch eingreifen muss. Dies allerdings ist für ihn insofern besonders schwierig, weil er erstens diese komplexe, anspruchsvolle Situation nicht selbst herbeigeführt

hat und er demzufolge nicht gleich „im Bilde" ist. Zweitens nehmen sein Wissen und seine Kompetenz für diese komplexen Probleme aber genau mit den automatisch arbeitenden Maschinen ab. Mit anderen Worten: Die menschliche Arbeitskraft verliert möglicherweise Wissen und Kompetenz mit zunehmend programmierten Maschinen.

Mit welchem Design würden Sie an die Untersuchung dieser Fragen herangehen? Welche Instrumente würden Sie einsetzen?

- Weiter ist komplett offen, wie selbstständige Clickarbeiter ihre inhaltlich wenig anspruchsvolle und rigide organisierte Erwerbsarbeit wahrnehmen und erleben. Welche Belastungen und Beanspruchungen sind mit dieser Arbeit verbunden? Inwieweit gibt es gesundheitsgefährdende Beanspruchungsfolgen?

  Wie würden Sie theoretisch und empirisch an die Bearbeitung dieser Fragen herangehen? Entwerfen Sie ein Design!

- Sollten die Prognosen der massenhaften Wegrationalisierung von Arbeitsverhältnissen zutreffen, geht die Frage nach der humanen Gestaltung dieses Prozesses weit über den Suppentellerrand von privaten und öffentlichen Organisationen hinaus. Dann stehen – und hier nur arbeitsbezogen – grundsätzliche Fragen wie die monetäre Anerkennung anderer Arbeiten als die Erwerbsarbeit auf der gesellschaftspolitischen Agenda. Der Begriff andere Arbeiten meint bspw. Gemeinschaftsarbeit in allen gesellschaftlichen Bereichen, Versorgungs-, Pflege- und Betreuungsarbeit oder auch Eigenarbeit als selbstbestimmte Arbeit (Hobby, Reparaturen, Bildung).

  Welche theoretischen Ansätze könnten Ihnen in diesen Diskussionen hilfreich sein?

7 Kontrollfragen

K1 Erklären Sie den Begriff Industrie 4.0. Gehen Sie dabei auf wichtige Entwicklungsstränge ein und erläutern Sie Ursachen für die noch vorhandene begriffliche Unschärfe des Begriffs Industrie 4.0.

Antwort: Die Entwicklung zur Industrie 4.0 beruht auf den Cyber-Physical Systems (CPS) als weltweite Vernetzung von intelligenten Maschinen, Lagersystemen und Betriebsmitteln inkl. der neu entstehenden Produkte. Diese CPS tauschen eigenständig Informationen aus und steuern sich gegenseitig selbstständig. Damit sind die intelligenten Produkte jederzeit eindeutig identifizierbar und lokalisierbar, sie kennen ihren aktuellen Zustand sowie alternative Wege zum Zielzustand. Folgende drei Entwicklungsstränge sind damit verbunden: SocialMedia@Production, Data@Industry, NextGen@ Produktionstechnologien. Die begriffliche Unschärfe beruht im Wesentlichen auf den unterschiedlichen, interessenvermittelten Gestaltungsoptionen dieser neuen und noch nicht ausgereiften Techniken und Technologien.

K2 Beschreiben Sie aus einer arbeitsanalytischen Perspektive, welche Komponenten der Erwerbsarbeit durch den Prozess Industrie 4.0 verändert werden. Wie erklären Sie sich die neuen Kompetenzanforderungen für die Arbeit 4.0?

Antwort: Es werden alle Komponenten der Erwerbsarbeit verändert. Dies betrifft die Arbeitsaufgabe, die sachlichen und virtuellen Arbeitsmittel, die Arbeitsorganisation, die Arbeitsumgebung des Arbeitsplatzes und die Beschäftigungsform, in der diese Arbeit 4.0 geleistet wird.

Jene qualifizierten Erwerbstätigkeiten, die mittelfristig rationalisierungsresistent sind, werden – schematisch – entweder mit intelligenten Maschinen und Menschen aus unterschiedlichen Fachdisziplinen zusammenarbeiten oder Sorge-, Fürsorge- und Erziehungsaufgaben realisieren. Für die erste Gruppe ist eine hohe IT- und Fachkompetenz ebenso erforderlich wie Empathie als Grundlage für – interdisziplinäre – Teamkommunikation und -arbeit. Für die zweite Gruppe sind insbesondere die Fachkompetenz und die Empathie wesentliche Voraussetzung für eine gute Arbeitsleistung.

K3 Welche Merkmale der bezahlten Clickarbeit sind gegenwärtig erkennbar?

Antwort: Clickarbeit beruht auf tayloristisch gegliederten Arbeitsfragmenten in einem solo-selbstständigen Beschäftigungsverhältnis. Diese erfordern routinebasiertes Arbeitshandeln ohne bzw. mit nur gering ausgeprägten Entscheidungsbefugnissen. Arbeitsorganisatorisch ist diese Clickarbeit durch enge Zeittaktungen und geringes Entgelt gekennzeichnet.

K4 Wie reflektieren Experten des Human Resource Management die Entwicklung zur Arbeit 4.0? Welche Strategien werden zurzeit formuliert?

Antwort: Die Experten beginnen diesen Prozess strategisch zu fokussieren. Im Mittelpunkt stehen dabei die direkte oder über Plattformen vermittelte Auslagerung von Projekten, Teilprojekten und einzelnen Arbeitsaufgaben in die Cloud.

K5 Auf der Grundlage welcher Kriterien der Arbeitsgestaltung würden Sie die Entwicklung der Erwerbsarbeit 4.0 aktiv mitgestalten?

Antwort: Grundsätzlich gilt, dass diese Erwerbsarbeit persönlichkeitsfördernd und gesundheitserhaltend ist. Wichtige Kriterien dafür sind: eine ganzheitliche, sinnhafte und erkennbar bedeutsame Arbeitsaufgabe, in der Zusammenarbeit möglich ist; die Persönlichkeit fördernde Vielfalt von einzubringenden Fertigkeiten und Fähigkeiten sowie Handlungsspielräume über Vorgehen, Handlungsabfolge und Tempi bei der Realisierung der Arbeitsaufgabe; die geleistete Arbeit würdigende Rückmeldung des Vorgesetzten über das Niveau der Aufgabenerfüllung.

Literatur

Bainbridge, L. (1983). Ironies of Automation. *Automatica, 19*(6), 775-779.

Barton, D. (2011). Zeit zu handeln. *Harvard Businessmanager,* (5), 18-29.

Bauer, W. (2015). *Forschungsperspektiven zur Arbeitsgestaltung in der digitalisierten Welt.* Zugriff am 02.06.2016. Verfügbar unter http://www.tagung-arbeitsforschung.de/dokumentation.php

Benner, C. (2016). Crowdsourcing: Die radikalste Form der Digitalisierung von Arbeit. Eine Herausforderung für gewerkschaftliches Handeln. In L. Schröder & H.-J. Urban (Hrsg.), *Digitale Arbeitswelt. Trends und Anforderungen* (Gute Arbeit, S. 129-138). Frankfurt am Main: Bund.

Beyer, K. (Deutsche Gesellschaft für Personalführung e.V. (Hrsg.). (2015). *DGFP-STUDIE. MEGATRENDS 2015.* Zugriff am 26.07.2016. Verfügbar unter https://static.dgfp.de/assets/publikationen/2015/2015-09-09-StudieMegatrend.pdf

Bley, St., Kilger, C. & Vogel, J. (2016). *Industrie 4.0 - das unbekannte Wesen?* Berlin: Ernst & Young GmbH.

Böhle, F. (2009). Erfahrungswissen - Erfahren durch objektivierendes und subjektivierends Handeln. In A. Bolder & R. Dobischat (Hrsg.), *Eigen-Sinn und Widerstand. Kritische Beiträge zum Kompetenzentwicklungsdiskurs* (Bildung und Arbeit, Bd. 1, S. 70-88). Wiesbaden: VS Verlag für Sozialwissenschaften.

Böhle, F., Bolte, A., Neumer, J., Pfeiffer, S., St. Porschen, Ritter, T. et al. (2011). Subjektivierendes Arbeitshandeln - „Nice to have" oder ein gesellschaftskritischer Blick auf „das Andere" der Verwertung? *Arbeits- und industriesoziologische Studien, 4*(4), 16-26.

Brenke, K. (2015). Selbständige Beschäftigung geht zurück. *DIW Wochenbericht,* (36), 790-796.

Brzeski, C. & Burk, I. (2015). *Die Roboter kommen. Folgen der Automatisierung für den deutschen Arbeitsmarkt,* INGDiBa. Economic Research 30. April. Zugriff am 30.08.2016. Verfügbar unter https://www.ing-diba.de/pdf/.../ing-diba-economic-research-die-roboter-kommen.pdf

Clickworker GmbH (Hrsg.) (2016). *Über uns - Crowdsourcing Services & Content Provider.* Zugriff am 13.12.2016. Verfügbar unter https://www.clickworker.de/ueber-uns/

Dickhoff, M. (2015). Arbeitslose sind sozial isolierter, Ländervergleich zeigt große Unterschiede beim Ausmaß der Benachteiligung. *WZB Mitteilungen,* (149), 21-23.

Frey, C. B. & Osborne, M. A. (2013). *The future of employment: How susceptible are jobs to computerisation?* Zugriff am 19.07.2016. Verfügbar unter http://www.futuretech.ox.ac.uk/sites/futuretech.ox.ac.uk/files/The_Future_of_Employment_OMS_Working_Paper_0 .pdf. 2

Grote, S. (Hrsg.) (2012). *Die Zukunft der Führung.* Heidelberg: Springer.

GSMA Intelligence (o.J.). Prognose zur Anzahl der Machine-to-Machine-Anschlüsse (M2M) im Mobilfunk weltweit von 2010 bis 2020 (in Milliarden). Statista - Das Statistik-Portal. Zugriff am 13.12.2016. Verfügbar unter https://de.statista.com/statistik/daten/studie/413052/umfrage/prognose-zur-anzahl-der-m2m-anschluesse-im-mobilfunk-weltweit/

Hacker, W. (1978). *Allgemeine Arbeits- und Ingenieurpsychologie. Psychische Struktur und Regulation von Arbeitstätigkeiten* (Schriften zur Arbeitspsychologie, Nr. 20, 2., überarb. Aufl.). Bern: H. Huber.

Hacker, W. & Sachse, P. (2014). *Allgemeine Arbeitspsychologie. Psychische Regulation von Tätigkeiten* (3. Aufl.). Göttingen: Hogrefe.

Hacker, W. & Ulich, E. (1986). *Arbeitspsychologie. Psychische Regulation von Arbeitstätigkeiten* (Schriften zur Arbeitspsychologie, Nr. 41). Bern [u.a.]: Huber.

Hackman, J. R. & Oldham, G. R. (1976). Development of the Job Diagnostic Survey. *Journal of Applied Psychology, 60*(2), 159-170.

Hirsch-Kreinsen, H., Ittermann, P. & Niehaus, J. (Hrsg.) (2015). *Digitalisierung industrieller Arbeit.* Baden-Baden: Nomos.

Hossiep, R. & Krüger, C. (2012). *Bochumer Inventar zur berufsbezogenen Persönlichkeitsbeschreibung – 6 Faktoren (BIP-6F).* Göttingen: Hogrefe.

Howaldt, J., Kopp, R. & Schultze, J. (2015). Zurück in die Zukunft? Ein kritischer Blick auf die Diskussion zu Industrie 4.0. In H. Hirsch-Kreinsen, P. Ittermann & J. Niehaus (Hrsg.), *Digitalisierung industrieller Arbeit.* Baden-Baden: Nomos.

Huchler, N. (2016). Die ,Rolle des Menschen' in der Industrie 4.0 – Technikzentrierter vs. humanzentrierter Ansatz. *Arbeits- und industriesoziologische Studien, 9*(1), 57-79.

Huchler, N., Weihrich, M. & Voß, G. G. (2007). *Soziale Mechanismen im Betrieb. Theoretische und empirische Analysen zur Entgrenzung und Subjektivierung von Arbeit* (Arbeit und Leben im Umbruch, Bd. 12). Mering [u.a.]: Hampp.

IFR (Statista) (Hrsg.) (o.J.). *Absatz von Industrierobotern nach Ländern weltweit 2015 | Statistik,* Statista - Das Statistik-Portal. Zugriff am 13.12.2016. Verfügbar unter https://de.statista.com/statistik/daten/studie/188252/umfrage/einsatz-von-industrierobotern-in-europa-nach-region/

Ingenics AG (Hrsg.) (2014). *Eine Revolution der Arbeitsgestaltung. Wie Automatisierung und Digitalisierung unsere Produktion verändern werden.* Ulm.

Kagermann, H., Wahlster, W. & Helbig, J. (Hrsg.) (2013). *Umsatzempfehlungen für das Zukunftsprojekt Industrie 4.0. Abschlussbericht des Arbeitskreises Industrie 4.0.* Zugriff am 15.07.2016. Verfügbar unter https://www.bmbf.de/files/Umsetzungsempfehlungen_Industrie4_0.pdf

Kocic, A. (2015). Arbeit in der Krise – Arbeitsmärkte im Umbruch. *Deutsche Bank Research: Konzept* (5), 58-65. Zugriff am 22.07.2016. Verfügbar unter https://www.dbresearch.de/PROD/DBR_INTERNET.../KONZEPT_Ausgabe_06.pdf

Lanchester, J. (2015). Die Roboter kommen. *Leviathan, 43*(4), 523-538.

Leinmeister, J. M., Zogai, S. & Blohm, I. (2015). Crowdwork – digitale Wertschöpfung in der Wolke. Grundlagen, Formen und aktueller Forschungsstand. In C. Benner (Hrsg.), *Crowd Work - zurück in die Zukunft? Perspektiven digitaler Arbeit* (S. 9-41). Frankfurt am Main: Bund.

Lenert, M. (2012). *Stress in der Arbeitswelt. Entstehung, Ursachen, Abhilfen* (11. Aufl.). Wien: AK.

Moldaschl, M. (2010). Organisierung und Organisation von Arbeit. In F. Böhle, G. G. Voss & G. Wachtler (Hrsg.), *Handbuch Arbeitssoziologie* (S. 263-300). Wiesbaden: Verlag für Sozialwissenschaften.

Moldaschl, M. (2012). Das Konzept der widersprüchlichen Arbeitsanforderungen (WAA). Ein nichtlinearer Ansatz zur Analyse von Belastung und Bewältigung in der Arbeit. In G. Faller (Hrsg.), *Lehrbuch Betriebliche Gesundheitsförderung* (Programmbereich Gesundheit, 2., vollst. überarb. und erw. Aufl.). Bern: Huber.

o.V. (2016). *o.T.* Zugriff am 19.07.2016. Verfügbar unter http://www.urbia.de/archiv/forum/th-2684130/clickworker-com-hat-jemand-erfahrung.html

Pfeiffer, S. (2015). Industrie 4.0 und die Digitalisierung der Produktion. *Aus Politik und Zeitgeschichte,* (31-32), 6-12.

Pooler, M. (2014). Crowdworkers form their own digital networks. *Financal Time,* 3.11.2014. Zugriff am 19.07.2016. Verfügbar unter https://www.ft.com/content/2c23a880-5df3-11e4-bc04-00144feabdc0

Porter, M. E. (1999). *Wettbewerbsvorteile. Spitzenleistungen erreichen und behaupten* (5. Aufl.). Frankfurt/Main: Campus.

Schmidt, F. L. & Hunter, J. E. (1998). The validity and utility of selection methods in personnel psychology: practice and theoretical implications of 85 years of research findings. *Psychological bulletin,* (124), 262-274.

Schmidt, K.-H. & Kleinbeck, U. (1999). Job Diagnostic Survey (JDS - deutsche Fassung). In H. Dunckel (Hrsg.), *Handbuch psychologischer Arbeitsanalyseverfahren* (Mensch, Technik, Organisation, Bd. 14, S. 205-230). Zürich: vdf.

Schmidt, S. K. & Strube, S. (2015). Wie das Netz die Arbeit verändert. *Süddeutsche.de.* am 19.09.2016. Verfügbar unter http://www.sueddeutsche.de/wirtschaft/digitale-tageloehner-wie-das-netz-die-arbeit-veraendert-1.2375232

Schröder, U. (2016). Anhang. Die Arbeitswelt von heute: Daten, Schwerpunkte, Trends. In L. Schröder & H.-J. Urban (Hrsg.), *Digitale Arbeitswelt. Trends und Anforderungen* (Gute Arbeit, S. 351-410). Frankfurt am Main: Bund.

Shareground & Universität St. Gallen. (2015). *Arbeit 4.0: Megatrends digitaler Arbeit der Zukunft. 25 Thesen. Ergebnisse eines Projekts von Shareground und der Universität St. Gallen.* Zugriff am 24.07.2016). Verfügbar unter www.ard.de/.../Alle_25_Thesen_der_Telekom_Sudie_zum_Nachlesen__PDF_.pdf

Siegrist, J. (2015). *Anerkennung in der Arbeitswelt. Forschungsevidenz und Prävention stressbedingter Erkrankungen.* München: Urban & Fischer.

Spamgirl (2015). Sechs Dollar die Stunde sind das absolute Minimum. Turken als neue Arbeitsform. In C. Benner (Hrsg.), *Crowd Work - zurück in die Zukunft? Perspektiven digitaler Arbeit* (S. 99-111). Frankfurt am Main: Bund.

Stegmaier, R. (2014). Management von Veränderungsprozessen. In H. Schuler & U. P. Kanning (Hrsg.), *Lehrbuch der Personalpsychologie* (Psychlehrbuchplus, 3., überarbeitet und erweitert, S. 813-846). Göttingen, Niedersachsen: Hogrefe.

Stegmann, S., van Dick, R., Ullrich, J., Charalambous, J., Menzel, B., Egold, N. et al. (2010). Der Work Design Questionnaire. Vorstellung und erste Validierung einer deutschen Version. *Zeitschrift für Arbeits- und Organisationspsychologie, 54*(1), 1-28.

Strube, S. (2014). *Eine Woche billige Klickarbeit machte mich zum digitalen Lumpenproletarier.* Zugriff am 04.07.2016. Verfügbar unter http://motherboard.vice.com/de/read/Billige-Clickarbeit-und-das-digitale-Lumpenproletariat-919

Sturzenegger, S. (watson ℅ FixxPunkt AG, Hrsg.) (2015). *Crowdworker – neue Helden der Arbeit oder digitale Taglöhner?* Zugriff am 18.09.2016. Verfügbar unter http://www.watson.ch/Wirtschaft/International/163827012-Crowdworker-%E2%80%93-neue-Helden-der-Arbeit-oder-digitale-Tagl%C3%B6hner-

Tran-Gia, P., Hoßfeld, T. & Hirth, M. (2015). *Crowdsourcing: Plattformen für die Organisation von Arbeit.* Zugriff am 02.06.2016. Verfügbar unter http://www.tagung-arbeitsforschung.de/dokumentation.php

Urban, H.-J. (2016). Arbeiten in der Wirtschaft 4.0. Unter kapitalistischer Rationalisierung und digitaler Humanisierung. In L. Schröder & H.-J. Urban (Hrsg.), *Digitale Arbeitswelt. Trends und Anforderungen* (Gute Arbeit, S. 21-45). Frankfurt am Main: Bund.

Wagner, T. (2016). Denn sie fürchten das Ende. Der Mensch als Maschine: Die Transhumanisten gewinnen in Berlin und Brüssel an Einfluss. *Freitag, 3416.* Zugriff am 29.07.2016. Verfügbar unter https://www.freitag.de/autoren/der-freitag/denn-sie-fuerchten-das-ende

Wetzel, D. (2015). Gespräch mit Prof. Dr. Sabine Pfeifer. In D. Wetzel (Hrsg.), *Arbeit 4.0. Was Beschäftigte und Unternehmen verändern müssen* (S. 28-44). Freiburg: Herder.

15

Wertbeitrag des Human Resource Managements aus ökonomischer Sicht

Augustin Süßmair

Einführung

In diesem Kapitel wird der Bereich des Personalwesens bzw. generell „Personal" aus ökonomischer Sicht betrachtet und Aspekte der Personalarbeit in Verbindung zum Unternehmenswert gebracht.

Im ersten Teil wird die wahrgenommene Relevanz und Stellung von Human Resources im Unternehmenskontext kritisch hinterfragt. Der zweite Abschnitt ergänzt die Perspektive der Wissenschaft hierzu. In Abschnitt Drei werden Verbindungen zwischen der Personalarbeit und dem Unternehmenswert hergestellt. Zentral ist hierbei das Modell des Economic Profit. Im vierten Abschnitt werden Einflussmöglichkeiten und Einflussbereiche von HR auf den Unternehmenswert diskutiert, eine zentrale Steuerungsgröße, der Economic Profit per Mitarbeitendem, eingeführt sowie darauf aufbauend der HR-Businessplan als Grundlage für ein wertorientiertes Personalmanagement skizziert. Abschnitt Fünf ergänzt die Wertbeitragsperspektive von HR durch die Risikoperspektive; dabei liegt der Schwerpunkt auf ökonomischen und psychologischen Ansätzen zum Management von Personalrisiken. Im letzten Abschnitt wird anhand eines Beispiels zur Qualifizierung von Mitarbeitenden der Wertbeitrag des Human Resource Managements auf der Ebene des Individuums, auf der Unternehmensebene und der gesellschaftlichen Ebene illustriert.

1   Wahrnehmung der Relevanz sowie der Stellung des Personalbereichs in Unternehmen

Die Bedeutung des Human Resource Managements wird in den Medien kontrovers diskutiert. Die meisten Personalabteilungen liefern dem Unternehmen und den Aktionären wenig Mehrwert. Entsprechend wäre es an der Zeit, die Personalabteilung aufzulösen und die Arbeit neu zu organisieren. Dies proklamiert provokant Berater Ram Charan. In seinem Beitrag für die Zeitschrift Harvard Business Manager fordert er im Jahre 2014 nicht weniger als die Abschaffung des Human Resource Managements – sprich die Auflösung von HR in die Organisation. Im Jahr darauf titelt die Zeitschrift Brandeins: „Die Ohnmächtigen" mit Bezug auf die Stellung sowie Zukunft des Personalmanagements in Unternehmen. Christian Scholz, ein renommierter Personalwissenschaftler konstatiert (2015): *„Viele Personaler wollten nicht selbstständig unternehmerisch denken. Im Ergebnis sind ihr Standing und ihre Professionalität schlechter geworden. [...] Ich habe vor 30 Jahren einen Aufsatz über die Perspektiven strategischer Personalplanung und professioneller HR-Abteilungen geschrieben. Jetzt habe ich in einem neuen Report den damaligen Befund mit der heutigen Situation verglichen. Das klare und von vielen Praktikern bestätigte Ergebnis: Die Situation hat sich verschlechtert, obwohl die Anforderungen heute viel höher sind."*

Eine Studie zur Bedeutung der Personalfunktion in Unternehmen, welche die Personalberatung Kienbaum in Zusammenarbeit mit dem Personalmagazin durchgeführt hat, kommt zum Ergebnis, dass „People-Themen" zunehmend an strategischer Bedeutung für Unternehmen gewinnen. Aktuell seien die Steigerung der Führungs- und Managementqualität sowie Changemanagement wichtige Handlungsfelder für den Bereich Human Ressources (HR). Der Wertbeitrag von HR wird im Vergleich mit anderen Querschnittsbereichen wie z.B. Unternehmensstrategie/Unternehmensentwicklung gemäß dieser Studie noch immer im unteren Mittelfeld gesehen. *„Aus Sicht der internen Kunden erfüllt jeder dritte HR Business Partner (HR BP) nicht die an ihn gestellten Anforderungen. Vor allem wird ein Mangel im Kompetenzcluster Führungs- und Managementkompetenzen wie etwa „Markt- und Strategiekompetenz" und „Unternehmerisches Denken und Handeln" gesehen. Diese Kompetenzen gelten allerdings als Schlüssel zur adäquaten Adressierung von wichtigen People-Themen und dienen somit dem Wertbeitrag von HR insgesamt".*

Auch die Personalberatung Hackett kommt in einer im Jahre 2016 durchgeführten Studie zum Ergebnis, dass weitere wichtige HR-Initiativen auf die Schaffung einer leistungsbasierten und kundenorientierten HR-Kultur zielen müssen. Zusammenfassend könnte man dies in einer Forderung formulieren: „Das Personalmanagement muss zum Business-Partner des Top-Managements werden – und einen Beitrag zur Wertschöpfung leisten".

So lautete jedoch bereits 1997 die Forderung des US-amerikanischen Wissenschaftlers Dave Ulrich (1997, 2005). Aufgrund der bereits damals artikulierten Unzufriedenheit mit der Rolle von HR, nicht nah genug an den strategischen Entscheidungen der Unternehmensführung zu sein, als Kostenfaktor unter Rechtfertigungsdruck zu stehen, nicht als wertschöpfend angesehen zu werden, nicht eingebunden zu werden in unternehmerische Entscheidungen etc., forderte Ulrich bereits vor 20 Jahren, dass sich das Personalmanagement neu definieren solle und neue, weitreichendere Aufgaben und Kompetenzen erlangen müsse. Ulrich prägte mit seinem Konzept den Begriff des „HR-Business Partners". Der Grundgedanke war: HR sollte aus seiner konventionellen Rolle als reiner interner Dienstleister ausbrechen und sich vom administrativen Partner, zum Partner in der Mitarbeiterführung bzw. zum Partner im Wandel bis hin zum strategischen Partner für die Führungskräfte im Unternehmen entwickeln. Durch das Konzept von Dave Ulrich vollzog sich – zumindest theoretisch – ein Paradigmenwechsel. Die Rolle des HR-Business-Partners besteht darin, an der Schnittstelle zu Geschäftsbereichen/ Abteilungen die entstehenden HR-Beratungsbedarfe aufzunehmen und auch proaktiv HR-Perspektiven z.B. für die Entwicklung von Businessstrategien beizutragen. Als Berater des Managements auf Augenhöhe sollen Business und HR optimal gekoppelt werden. HR sollte sich folglich zu einer Geschäftseinheit entwickeln, die zur optimalen unternehmerischen Wertschöpfung beiträgt. Eines der größten Entwicklungsziele liegt sicherlich darin, die Personalarbeit nicht mehr nur unter dem Aspekt der Personalkosten zu betrachten, sondern insbesondere auch danach zu fragen, welchen Wertbeitrag die Personalfunktion aus Unternehmenssicht zu leisten vermag.

Die Personalabteilung soll somit auch umfassende strategische und operative Kompetenzen aufweisen, professionell Veränderungsprozesse mitgestalten und bei der Implementierung unterstützen, Führung, Leistungsförderung und Entwicklung der Mitarbeiter begleiten und als administrativer Profi die Verwaltungsaufgaben im Zusammenhang mit Personal, beispielsweise die Gehalts- und Lohnabrechnungen, und grundlegende Rechtsfragen als Kernaufgaben bewältigen. Dieses umfassende Verständnis von HR als Komplettdienstleister – gegliedert nach den unterschiedlichen Rollen – hat sich in der Praxis jedoch nicht ohne weiteres implementieren lassen und zum Teil zu unrealistischen Erwartungen oder zu einer Überforderung des Personalbereichs geführt. Teilweise wurden elementare Führungsaufgaben einer Führungskraft in den Personalbereich verlegt, beispielsweise das Führen unangenehmer Personalgespräche, ohne dass jedoch die entsprechenden Ressourcen, Ausstattung und disziplinarische Befugnis mit übertragen wurden. Gleichzeitig hat der Personalbereich bereitwillig solche Aufgaben übernommen, um die eigene Kompetenz und Bedeutung als Business Partner zu unterstreichen. Daraus hat sich in der Praxis ein modifiziertes Selbstverständnis von HR als Businesspartner über die Zeit entwickelt, das sich durch folgende Kernelemente skizzieren lässt:

- HR fokussiert sich auf den internen Kunden, nicht auf die Kunden des Unternehmens.
- Personal ist keine exakte Wissenschaft und entsprechend lassen sich Personalprozesse nicht ohne weiteres abbilden und quantifizieren.
- HR folgt einer eigenen Logik und ist daher als Sonderbereich des Unternehmens zu betrachten – das Zahlenwerk des Unternehmens und des Personalbereichs lassen sich nicht problemlos ineinander überführen.
- Damit ist ein direkter Zusammenhang zwischen dem Geschäftsergebnis und den HR-Aktivitäten nicht erkennbar.
- HR als Business Partner verantwortet den Bereich Personal – trägt jedoch keine Verantwortung für das Geschäft und den Unternehmenswert.
- Ziel von HR ist es als Business-Partner anerkannt zu werden und damit auf Augenhöhe zu agieren und nicht unter dem Label „Business Partner" in der Rolle als Dienstleister für andere Funktionsbereiche des Unternehmens zu verharren.

Entsprechend ist es nicht überraschend, dass ein Selbstverständnis von HR, basierend auf diesen Kernelementen, eine – im Vergleich zu anderen Funktionsbereichen im Unternehmen, wie z.B. Controlling/Finanzwesen – nachrangige Stellung der Personalfunktion aus Unternehmenssicht manifestiert. Gleichzeitig führt eine vom Geschäftsmodell des Unternehmens losgelöste Personalarbeit auch zu Unzufriedenheit hinsichtlich des Wertbeitrags der Personalfunktion. Paradoxerweise sollte gerade das seit etwa zwanzig Jahren propagierte Business-Partner-Konzept die Stellung der Personalarbeit innerhalb des Unternehmens verbessern, ein Interagieren der Personalfunktion mit anderen Unternehmensbereichen auf Augenhöhe ermöglichen und gleichzeitig die Personalarbeit wieder näher an den Kernbereichen des Geschäftsmodells eines Unternehmens verorten. Das theoretische Modell von Dave Ulrich (2005) weist auch entsprechende Bezüge auf; die praktische Umsetzung hat jedoch in vielen Unternehmen zu dem oben skizzierten praxeologisch-modifizierten Business Partner Modell geführt. Es lässt sich die Hypothese formulieren, dass dieses modifizierte Selbstverständnis von HR als Business Partner auch zu einer Selbsthemmung der HR-Funktion geführt hat und auch weiterhin führt sowie die Weiterentwicklung der Personalfunktion einschränkt – bis hin zur eingangs zitierten Forderung nach Abschaffung des Personalbereichs als eigenständiger Bereich einer Unternehmung.

> Obwohl sogenannte „People-Themen" zunehmend an strategischer Bedeutung für Unternehmen gewinnen, ist jedoch die Bedeutung von Personalabteilungen in den letzten Jahren weiter zurückgegangen - bis hin zur Forderung nach Abschaffung des Personalbereichs. HR darf sich nicht an den „Rand der Geschäftsprozesse" stellen oder sich nur als Partner des Geschäfts verstehen, sondern muss sich als wertstiftender Kernbestandteil von Unternehmen begreifen und entsprechend die Wertbeiträge der Personalarbeit in den Kern der Personalarbeit rücken.

2 Wahrnehmung des Human Resource Managements aus Sicht der Wissenschaft

Auch die Wissenschaft liefert ein unklares Bild hinsichtlich der Bedeutung der Personalarbeit. Institutionell betrachtet hat sich gemäß Scholz (2015) die Anzahl von reinen Personallehrstühlen an deutschen Hochschulen in den letzten 20 Jahren deutlich reduziert. Entsprechend scheint das Profil „Personal" in der Verankerung an Hochschulen weniger funktional und eigenständig ausgeprägt zu sein.

Die wissenschaftlichen Publikationen zum Wertbeitrag der Personalarbeit liefern unterschiedliche, zum Teil widersprüchliche Befunde aus Unternehmenssicht. Nach Gmür und Schwerdt (2003) kann als erste Personalerfolgsfaktorenstudie eine kanadische Studie von Dimick/Murray (1978) gelten, in welcher der Zusammenhang zwischen der personalpolitischen Ausrichtung und dem finanziellen Unternehmenserfolg untersucht wurde. Nach vereinzelten nordamerikanischen und britischen Studien gab es eine erste Häufung mikroökonomischer Studien Ende der 80er Jahre und verhaltenswissenschaftlicher Ansätze Mitte der 90er Jahre. Gmür und Schwerdt (2003, Seite 242) ziehen in ihrer Studie – eine Metaanalyse nach 20 Jahren Erfolgsfaktorenforschung – nachfolgendes Fazit: *„Betrachtet man nur das gegenwärtige Ergebnismuster, lassen sich drei weitere Schlüsse zum Zusammenhang zwischen Personalmanagement und Unternehmenserfolg ziehen:*

Die stärksten, wenn auch nur eingeschränkt signifikanten Effekte zeigen sich bei den Variablen, die für integrierte Bündel von Personalmaßnahmen stehen, das 'High Performance Work System' und das 'High Commitment Work System'. Aufeinander abgestimmte Personalmaßnahmen wirken sich in der Tendenz stärker auf den Unternehmenserfolg aus als isolierte Praktiken.

Aus dem Ergebnis, dass die Variable 'Rekrutierungsaufwand' als einzige einen durchgängig signifikanten Effekt aufweist, lässt sich auch ableiten, dass sich Menschen in Organisationen nur beschränkt steuern und entwickeln lassen. Fehlentscheidungen zum Zeitpunkt der Einstellung lassen sich durch Entwicklungsmaßnahmen und Leistungssteuerung nicht mehr ausgleichen.

Über die Eignungsdiagnose hinaus lassen sich die Personalmaßnahmen, für die sich zumindest ansatzweise eine Bestätigung für Erfolgsbeiträge abzeichnet, drei personalpolitischen Zielrichtungen zuordnen: Entwicklung, affektive Bindung und Leistung. Zur Bestätigung dieser Ansätze sind weitere Forschungen notwendig, welche die bisherigen Befunde bestätigen, wo noch zu wenige Studien vorliegen, bzw. auf Basis einer homogenen Operationalisierung zu einer schrittweisen Aufklärung der noch festzustellenden Heterogenität der Befunde beitragen."

Des Weiteren weisen die Autoren auf Defizite in der Personalerfolgsfaktorenforschung hin und illustrieren dies anhand der bislang ungeklärten Kausalbeziehung zwischen der personalpolitischen Ausprägung und dem Unternehmenserfolg. Am Beispiel der Personalentwicklung lässt sich die Problematik unmittelbar verdeutlichen. Mehrere Studien haben in der Vergangenheit zu zeigen versucht, dass im Sinne des ressourcenorientierten Ansatzes (Barney 1991) ein überdurchschnittlicher Weiterbildungsaufwand zu einem entsprechend überdurchschnittlichen Unternehmenserfolg führt (z.B. Russell et al. 1985; Kalleberg/Moody 1994; Patterson et al. 1997). Diese Untersuchungen gelangen regelmäßig zu signifikant positiven statistischen Zusammenhängen, können jedoch nicht plausibel zeigen, dass der Unternehmenserfolg tatsächlich ein Effekt des Trainings ist und nicht etwa eine Voraussetzung für die Bereitschaft des Unternehmens, einen hohen Weiterbildungsaufwand zu betreiben. Diese Kritik betrifft vor allem Studien, welche den Unternehmenserfolg mit finanzwirtschaftlichen Kennzahlen messen. Es wäre durchaus plausibel, dass gerade finanziell erfolgreiche Unternehmen eine hohe Bereitschaft zeigen, in die Weiterbildung zu investieren. Dann wären die Weiterbildungsaktivitäten nicht Ursache für, sondern Ergebnis von Erfolg.

Eisenhardt (2012) untersuchte in den Jahren 2011/2012 knapp 180 Studien zum Wertbeitrag der Personalarbeit. 165 der 179 von ihm identifizierten Artikel waren in doppelt-blind begutachteten, zumeist hoch gerankten Journals erschienen. Bezüglich des Erhebungslandes stellte er fest, dass nach mehr als zwei Jahrzehnten empirischer HR-Forschung ein großer Teil der publizierten Studien (47) auf in den USA erhobenen Datensätzen basierte. Britische (21) und chinesische Samples (12) stellten die am zweit- bzw. dritthäufigsten verwendeten Datenbasen dar. Während 18 Untersuchungen internationale Samples heranzogen, war nur eine einzige deutsche Studie in einer internationalen Zeitschrift publiziert. In deutschsprachigen Zeitschriften und Sammelwerken sowie als Monografie waren sechs weitere Studien veröffentlicht worden, denen in Deutschland erhobene Daten zugrunde lagen.

Vor dem Hintergrund, dass die Personalfunktion in Unternehmen immer stärker unter ökonomischen Rechtfertigungsdruck gerät, überrascht es, dass sich so wenig wissenschaftliche Studien zum Zusammenhang zwischen dem Personalmanagement und dem Unternehmenserfolg finden lassen. Darüber hinaus zeigen die Studien unterschiedliche und zum Teil widersprüchliche Ergebnisse, wodurch sich die Bedeutung der Personalfunktion im Hinblick auf den Wertbeitrag auch aus wissenschaftlicher Perspektive nicht klar einordnen lässt.

Die Studien versuchen einen Zusammenhang zwischen einzelnen Maßnahmen oder Systemen der Personalarbeit und dem Unternehmenserfolg herzustellen. Dabei sind die Wirkketten teilweise komplex und nicht immer plausibel. Auch die Operationalisierung des Unternehmenserfolgs (teilweise durch Selbsteinschätzung der Probanden auf einer 5-stufigen Likert-Skala) fordert Kritik. Ebenfalls sind die (in der Unternehmenspraxis nicht unerheblichen) Kosten der Erforschung und Erhebung der Wirkungszusammenhänge in Betracht zu ziehen.

Der Versuch, über die Balanced Scorecard Bezüge zwischen der Personalarbeit und dem Unternehmenserfolg herzustellen, erscheint plausibel und zeigt Kategorien der Wirkfaktoren auf. Grundsätzlich wäre für einen praktikablen, nachvollziehbaren Zusammenhang zwischen Unternehmenserfolg und Personalarbeit auf die Ziele und die daraus abgeleitete Strategie des Unternehmens zu fokussieren. Insbesondere wären die Ziele einer Personalmaßnahme mit den Zielen des Unternehmens abzugleichen und damit die Frage zu beantworten: Inwieweit steht die Personalmaßnahme in Bezug zu den Zielen des Unternehmens?

3   Die Verbindung von Personalarbeit und Unternehmenserfolg

Geht man von dem übergeordneten Ziel der Unternehmenswertsteigerung aus, so kann man den Economic Profit als relevante Größe zur Messung des Unternehmenserfolgs heranziehen und die Personalarbeit in Bezug zu den Einflussgrößen des Economic Profits setzen.

Das Konzept des Economic Profit wird dem Nationalökonom Alfred Marshall zugeschrieben, der in seinen Principles of Economics (1890, S. 50) postulierte: *„Was nach Abzug der Zinsen zum geltenden Satz von seinem Gewinn (des Eigentümers oder Unternehmers) bleibt, kann man als unternehmerischen Ertrag bezeichnen."* Damit drückt Marshall aus, dass man zur Berechnung des Unternehmenswertes nicht nur die in der Rechnungslegung erfassten Ausgaben berücksichtigen muss, sondern auch die Opportunitätskosten des im Unternehmen eingesetzten Kapitals. Copeland, Koller und Murrin (2000) haben diesen Ansatz detailliert und als Grundlage einer wertorientierten Unternehmensführung weiterentwickelt und verfeinert.

Der Economic Profit misst demnach den Wertzuwachs eines Unternehmens in einer Periode und ist wie folgt definiert:

Economic Profit = Investiertes Kapital des Unternehmens x (ROIC – WACC)

Investiertes Kapital
Das in das Unternehmen investierte Kapital wird in der einfachsten Form als das „betriebsnotwendige" Kapital (z.B. Kassenbestand, Maschinen, Gebäude, Infrastruktur etc.) bezeichnet, welches das Unternehmen benötigt, um mit Hilfe des unternehmensspezifischen Geschäftsmodells einen Profit zu erzielen.

Der ROIC (in der einfachsten Form ohne Steuern)
Der „Return on Invested Capital" wird im Gegensatz zum Return on Investment (ROI) – ein eher allgemein gehaltenes Maß für die Rentabilität des eingesetzten Kapitals – spezifischer definiert. Es handelt sich hierbei um das Ergebnis der gewöhnlichen Geschäftstätigkeit des Unternehmens (operatives Ergebnis, sprich Umsatz minus Kosten) dividiert durch das investierte Kapital (flüssige Mittel plus Netto-Umlaufvermögen plus Netto-Anlagevermögen). Der ROIC ist also ein Maß für die operative Rentabilität des Unternehmens und damit für den Erfolg des (operativen bzw. absatzmarktorientierten) Geschäftsmodells des Unternehmens.

Der WACC (in der einfachsten Form ohne Berücksichtigung von Steuern)
Diese Abkürzung steht für „Weighted Average Cost of Capital". Darunter versteht man den Kapitalkostensatz – jenen Zinssatz also, den ein Unternehmen an seine Kapitalgeber (Eigen- und Fremdkapitalgeber im gewogenen Mittel) bezahlen muss, um deren Verzinsungsansprüchen gerecht zu werden. Die Kosten von Fremd- und Eigenkapital sind abhängig vom wahrgenommenen Risiko der Investition in das Unternehmen; der jeweilige Anteil von Fremd- und Eigenkapital dient zur Gewichtung der Zinsansprüche.

WACC= Eigenkapital / (Eigen- und Fremdkapital) x Eigenkapitalverzinsung + Fremdkapital / (Eigen- und Fremdkapital) x Fremdkapitalverzinsung

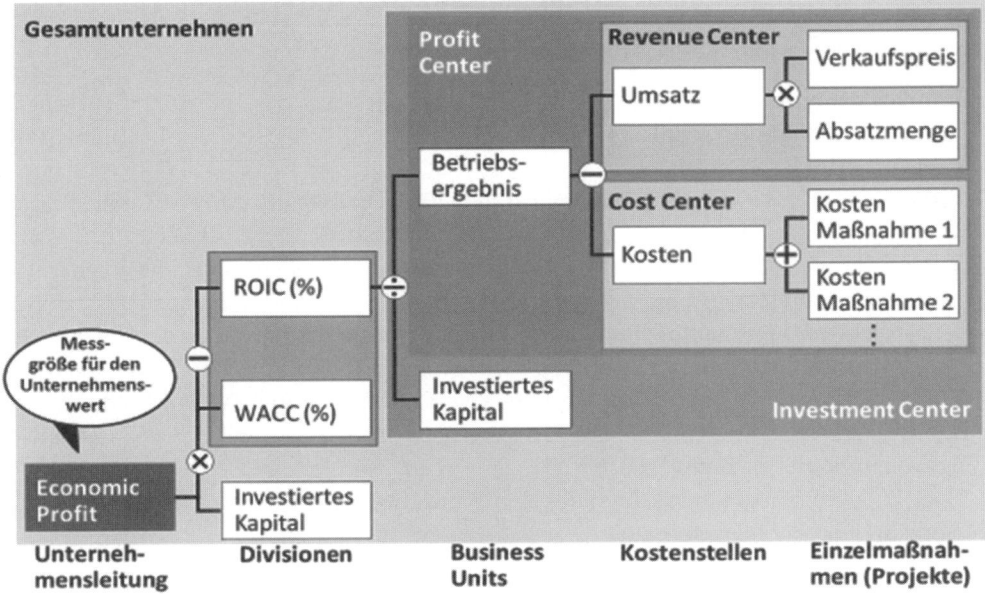

Abb. 1: Der Economic Profit als Grundlage eines wertorientierten Personalmanagements

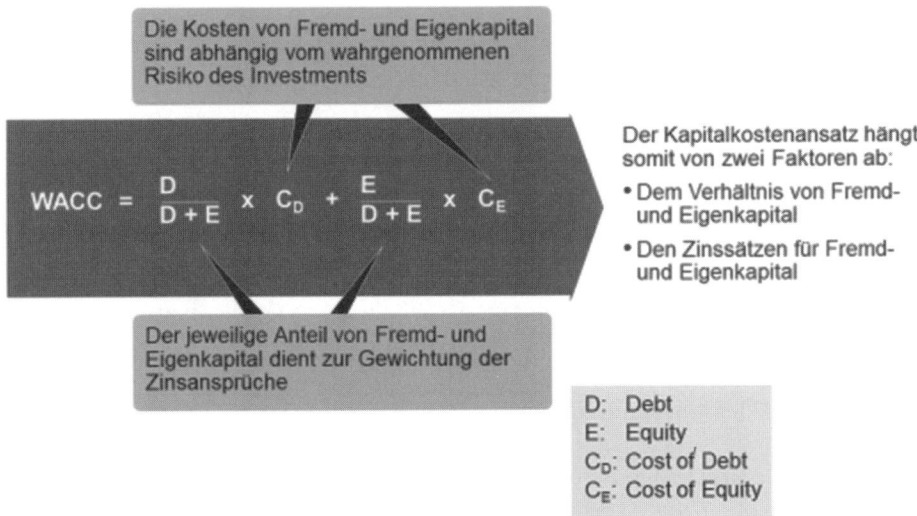

Abb. 2: Zusammensetzung des Kapitalkostensatzes (Weighted Average Cost of Capital - WACC)

4   Einflussmöglichkeiten des Human Resource Managements auf den Economic Profit und damit auf den Unternehmenswert

Entsprechend der Zielsetzung der Wertsteigerung des Unternehmens sind zur Beurteilung des Wertbeitrags der Personalarbeit die jeweiligen Personalmaßnahmen in Bezug zu den jeweiligen Werteinflussgrößen des Economic Profit-Modells zu setzen.

Greift man als zentrales Element den ROIC heraus, so sind die Bezüge zum Umsatz, zu den Kosten und damit zum operativen Ergebnis zunächst im Fokus. Darüber hinaus stellt sich Frage nach den Bezügen zur Investitionsbasis des Unternehmens.

Die Personalfunktion im Unternehmen hat sich zunächst mit der Thematik zu beschäftigen, inwieweit die HR-Maßnahmen eine direkte oder indirekte Wirkung auf den Umsatz des Unternehmens entfalten. Die Umsatzdefinition bezieht sich hierbei auf den „Außenumsatz" des Unternehmens, d.h. auf Kunden, die Produkte und Dienstleistungen des Unternehmens erwerben. Entsprechend sind beispielsweise interne Budgetverrechnungen der HR-Abteilung bspw. für eine Trainingsmaßnahme einer anderen Abteilung (interner Kunde) des Unternehmens in dieser Betrachtung irrelevant. HR hat sich somit mit Wirkungsbeziehungen der HR-Maßnahmen auf „echte" Umsatzsteigerung des Unternehmens auseinanderzusetzen. Beispielsweise, inwieweit die Auswahl von besonders geeigneten Außendienstmitarbeitenden die Kundenbindung erhöhen kann und über die Zeit zu einer nachhaltigen Umsatzsteigerung führt. Ebenso sind Anreiz- und Entgeltsysteme im Hinblick auf die Absatzwirkung des Unternehmens zu analysieren. Des Weiteren sind Trainingsmaßnahmen (z.B. Präsentations-, Kommunikations-, Verhandlungstrainings sowie Konfliktmanagement) im Hinblick auf die Kundenwirkung und damit in der Wirkung auf den Umsatz zu bewerten. Ebenfalls wäre die Forschungs- und Entwicklungsabteilung mit einzubeziehen. Hier könnten Coaching-Maßnahmen in ihrer Wirkung auf Innovation, folglich auf die Produktpipeline betrachtet werden, und damit die langfristige Umsatzentwicklung im Zusammenhang mit HR-Maßnahmen thematisiert und analysiert werden. Eine direkte Umsatzwirkung der HR-Maßnahmen würde erzielt, wenn die HR-Abteilung ein Trainingsprogramm auch für externe Kunden anbieten würde und diese dem Unternehmen dafür Trainingsgebühren entrichten würden. Dies wäre jedoch ggf. als Zusatzgeschäft vor dem Hintergrund des Kerngeschäfts sowie des Geschäftsmodells des Unternehmens zu hinterfragen.

Der Bezug von HR zu den Kostenpositionen (Personalkosten, Personalzusatzkosten, etc.) ist in der Kostenartenrechnung des Unternehmens hinreichend dokumentiert und damit im Fokus von Optimierungsmaßnahmen, die auch dazu beigetragen haben, dass HR – in einer verkürzten Betrachtung – nur als Kostenfaktor im Unternehmen gesehen wird. Insbesondere sind die Kostenwirkungen im Zusammenhang mit Schlüsselkennzahlen des Personalbereichs zu analysieren und die Wirkungen auf den Economic Profit darzustellen bzw. zu simulieren: Wie wirkt sich beispielsweise eine Veränderung der Fluktuationsrate (Krankenstand, Mitarbeitermotivation, Wiederbesetzungsdauer einer vakanten Stelle, etc.) um einen Prozentpunkt (oder Indexpunkt) auf den Economic Profit aus. Damit sind die Kosten einer Maßnahme – zum Beispiel zur Senkung der Fluktuationsrate – in Bezug zu den modellierten Wirkungen und folglich auch zum Economic Profit zu betrachten sowie der „Return" in Bezug zum „Investment" (Kosten einer Maßnahme zur Senkung der Fluktuation) zu setzen. Folgt HR stringent den Wirkbezügen von HR-Maßnahmen auf den Economic Profit, so wird HR integraler Bestandteil (und nicht nur ein außenstehender „Business Partner") der Geschäftslogik und kann damit Schlüsselwerttreiber des Geschäftserfolgs (z.B. den Economic Profit) beeinflussen. Das sogenannte „Performance Management" rückt damit ins Zentrum des HR-Managements. Entsprechend sind die mittelbaren Wirkungen von HR-Maßnahmen auch in den anderen Funktionsbereichen zu analysieren: Beispielsweise, wie lassen sich in der Produktion Fehler vermeiden oder reduzieren und damit die Kosten von Ausschussteilen oder der Aufwand für „Nacharbeiten".

Einflussmöglichkeiten von Personal auf das investierte Kapital

Im Hinblick auf die Investitionsbasis – sprich das Anlagevermögen eines Unternehmens wie beispielsweise Produktionsanlagen und -gebäude, Bürogebäude, Lagerhallen, etc. – erscheint zunächst der Einfluss von HR begrenzt. Betrachtet man jedoch die unterschiedlichen Auslastungsmöglichkeiten der Produktionsanlagen, so kann HR Einfluss auf die benötigte Investitionsbasis neben klassischen Schichtarbeitssystemen auch über intelligente „Schichtarbeitssysteme" nehmen. Beispielsweise könnte durch ein ergonomisches, rollierendes Vier-Schicht-System die Auslastung der Produktionsanlagen (und damit ein wesentlicher Teil der Investitionsbasis eines produzierenden Unternehmens) erhöht werden und gleichzeitig die Bedürfnisse der Mitarbeitenden besser berücksichtigt werden. Gleichzeitig würde die Einführung einer 4-Tage-Woche bei Ausdehnung der Arbeitswoche auf Montag bis Samstag zu einer stärkeren Auslastung des Anlagevermögens und damit ggf. zu einer Reduktion der Investitionsbasis beitragen. Ebenfalls durch variable Arbeitszeiten, flexible Büroarbeitsplätze sowie Telearbeit bzw. e-Work können die benötigten Büroflächen und damit auch ggf. die Investitionsbasis reduziert werden. Die Personalfunktion kann innovative sowie kreative Konzepte zu einer Reduktion der benötigten Investitionsbasis beitragen.

Insgesamt sollte im Fokus des HR-Managements eine geschäftsmodellorientierte Ausgestaltung der HR Prozesse stehen. Damit sind die Maßnahmen der Personalfunktion in der Wirkbeziehung zum ROIC zu betrachten und zu priorisieren.

Einflussmöglichkeiten von Personal auf den WACC

Des Weiteren ist der Wertbeitrag der Personalarbeit im Modell des Economic Profit auf den WACC zu beziehen. Hier stellt sich die Frage, inwieweit die Personalarbeit in Beziehung zu den Eigen- und Fremdkapitalkosten des Unternehmens gesetzt werden kann. Sowohl die Verzinsung des Eigen- als auch des Fremdkapitals beinhaltet einen Risikozuschlag, der je nach Risikoklasse des Unternehmens variiert. Zur Risikobeurteilung des Unternehmens sind auch Personalrisiken heranzuziehen. Entsprechend sollten Unternehmen mit geringeren Personalrisiken im Vergleich zum Durchschnitt der Unternehmen auch niedrigere Risikozuschläge für Eigen- und Fremdkapitalverzinsung erreichen und damit einen niedrigeren WACC. Entsprechend geringer ist die Hürde, die ein Unternehmen mit dem ROIC überwinden muss, um einen positiven Economic Profit zu erzielen. Daher sind Risikoaspekte der Personalarbeit und des Personals wichtig für die Risikoeinstufung des Unternehmens. Folglich sind das HR-Risikomanagement und die Kommunikation von Risiken mit den entsprechenden Risikomanagementmaßnahmen an die

Investoren im Rahmen der sogenannten „Investor Relations" ein wichtiger Werthebel für das Personalmanagement. Aufgrund der besonderen Bedeutung des Risiko-Managements im Hinblick auf Personal und der damit verbundenen Bedeutung des Personals für den Wertbeitrag wird darauf nachfolgend detaillierter eingegangen.

Ergebnis der Einflussgrößen des Personals: der EP

Schließlich ergibt sich in dem Modell nach Berücksichtigung der jeweiligen Wirkungen von Personal und Personalmaßnahmen auf Kosten, Umsatz, Betriebsergebnis und investiertes Kapital der ROIC. Unter Berücksichtigung der Personalrisiken in ihrer Wirkung auf den WACC entsteht der Mehrwert für das Gesamtunternehmen, der Economic Profit = (ROIC − WACC) * Investiertes Kapital.

Das Modell des Economic Profit stellt die Grundlage eines wertorientierten Managements dar. Die Verbindung der Personalarbeit und der Wirkbereiche von Personal mit den einzelnen Komponenten des Modells des Economic Profit rückt die Personalarbeit ins Zentrum der Unternehmensprozesse und erlaubt der Personalfunktion sich als integrativen Bestandteil des Unternehmens zu positionieren. Dabei rücken auch Aspekte des Risikomanagements sowie der Bereich „Investor Relations" in den Fokus der Personalarbeit.

4.1 Steuerungskennzahl für die Personalarbeit: Economic Profit pro Mitarbeitendem

Als Steuerungsgröße für das Unternehmen kann nun der Economic Profit pro Mitarbeiter (Vollzeitäquivalent) berechnet werden und als Kerngröße für das Personalmanagement dienen (Barber F. &Strack, R. 2005; Lowell, L. B. 2007).

Das Ziel dieser Kenngröße ist die Neuausrichtung der finanziellen Leistungskennzahlen in Bezug zu den Mitarbeitenden sowie die Maximierung des Unternehmenswertes bzw. der Marktkapitalisierung. Der Unternehmenswert bzw. die Marktkapitalisierung wirkt sich direkt auf die Fähigkeit eines Unternehmens aus, sein eigenes strategisches Handlungsfeld zu kontrollieren und zu gestalten. Economic Profit bzw. Marktkapitalisierung können entweder als Funktion der Kapitalrentabilität oder als Funktion der Personalperfomance betrachtet werden. Herauszuheben ist, dass, obwohl die beiden Betrachtungsweisen zu ähnlichen Ergebnissen führen, die Fokussierung auf Mitarbeitende gerade in personalintensiven Unternehmen zu besseren strategischen Steuerungs- und Handlungsoptionen führen.

Die heutigen Geschäftsberichte sind gefüllt mit Informationen, wie Unternehmen Kapital nutzen, aber beinhalten wenig Informationen über die Mitarbeitenden oder gar deren Wertbeitrag. Dennoch sind es die Mitarbeitenden mit ihren kreativen Fähigkeiten und Fertigkeiten sowie ihr Potential – und nicht das Kapital –, das die Generierung des Unternehmenswerts treibt und daher verdient, umfassender und präziser von strategisch orientierten Führungskräften und Investoren berücksichtigt zu werden. Die Kennzahl Economic Profit pro Mitarbeiter bietet einen Kenngröße und einen Ansatz hierzu.

Wenn die Mitarbeitenden die wichtigste Ressource eines Unternehmens darstellen, dann sind einige Standard-Performance-Management-Praktiken, die im Wesentlichen auf Finanzkennzahlen eines produzierenden oder anlageintensiven Unternehmens zugeschnitten sind, nur bedingt hilfreich. Das Konzept des Economic Profit berücksichtigt etwas, das in der traditionellen Gewinn- und Verlustrechnung nicht berücksichtigt wird – die vollen Eigen- und Fremdkapitalkosten. Es stellt sich jedoch eine besondere Herausforderung für Unternehmen mit relativ hohen Personalkosten und relativ niedrigen Investitionskosten, wie dies in der sogenannten „Serviceindustrie" und anderen personalintensiven Sektoren anzutreffen ist. Die klassischen Finanzkennzahlen bieten, zumindest konventionell berechnet, wenig Informationen über die tatsächlichen Treiber und Werthebel bezüglich der Unternehmensleistung. Die Unternehmen konzentrieren sich vorwiegend auf die Kapitalproduktivität und nicht auf die Produktivität der Mitarbeiter und verlassen sich zu sehr auf kapitalorientierte Kennzahlen wie „Return on Assets" und „Return on Equity".

Die Kennzahl des Economic Profit pro Mitarbeitenden stellt eine übergeordnete Kennzahl dar, von der weitere Treiberkennzahlen kaskadenartig unter Berücksichtigung der Wirkbereiche des Personals abzuleiten sind. Um zu ermitteln, wo und wie der Wert entsteht – oder vergeudet wird – braucht man in personalintensiven Unternehmen Leistungsindikatoren, die ebenso klar und finanzorientiert sind, wie der ökonomische Gewinn, aber die Produktivität der Menschen und nicht nur die des Kapitals hervorheben.

Die ausgeprägten, aber in der Regel nicht voll genutzten Potentiale von personalintensiven Unternehmen fordern nicht nur die Verbindung und Entwicklung von finanz- und personalorientierten Metriken, sondern auch innovative, personalorientierte Managementpraktiken. Bereits eine geringe Änderung der Mitarbeiterproduktivität hat einen erheblichen Einfluss auf die Rendite. Entsprechend stellt das „Personalmanagement" nicht mehr nur eine Unterstützungsfunktion oder eine „Partnerfunktion" dar, sondern ist ein Kernprozess für das Management. HR muss sich als integrative Funktion im Kern des Unternehmens verstehen und positionieren – wie dies der Finanzbereich seit jeher vorlebt.

4.2 Der HR-Businessplan als Grundlage für ein wertorientiertes Personalmanagement

Als verbindendes, integratives Element zwischen dem strategieorientierten Economic Profit-Modell und den operativen Personalmaßnahmen bietet sich das Instrument des HR Businessplans an. Während in Deutschland der HR-Businessplan kaum bekannt ist oder genutzt wird, hat in den letzten Jahren in den USA das Grundkonzept des HR-Businessplans zunehmende Beachtung gefunden (SHRM 2015).

Grundgedanke des HR-Businessplans ist, die Personalfunktion als Geschäft zu begreifen und den Bereich HR nach den Prinzipien eines auf den Economic Profit fokussierten, prozessorientierten Geschäftsmodells – entlang der Wertschöpfungskette des Unternehmens – zu gestalten. Die HR-Balanced Scorecard kann eine hilfreiche Grundlage für die Entwicklung eines HR-Businessplans darstellen.

Ein HR-Businessplan weicht insofern von einem allgemeinen Businessplan ab, als dass er eine detailliertere Zielformulierung im Einklang mit Economic Profit Zielen pro Mitarbeitern sowie die Umsetzung der hierfür notwendigen Schritte, Strategien und Vorgehensweisen speziell auf den Personalbereich enthält, wodurch eine klare Identifizierung mit den Zielen des Gesamtunternehmens ermöglicht wird. Darüber hinaus definiert er die Kernfunktionen und Schnittstellen zu anderen Abteilungen, klare Kommunikationswege sowie entscheidungsrelevante Informationen für den HR-Bereich und dessen Stakeholder.

Wichtige Merkmale sind die Festlegung von Zielen und Strategien für HR, die im Einklang mit der Unternehmensstrategie und den daraus abgeleiteten Gesamtunternehmenszielen stehen müssen. Außerdem wird ein HR-Businessplan in der Regel für ein Planungsjahr rollierend verfasst. Ziel eines HR-Businessplans ist es, sowohl dem Personalbereich als auch den internen und externen Stakeholdern eine Orientierung und entscheidungsrelevante Informationen zu bieten. Der HR-Businessplan ist in der Fortschreibung der Ziele und dem Vergleich von Ist- und Soll-Größen ein Planungs- und Kontrollinstrument, in dessen Fokus der Beitrag von HR zum Geschäftserfolg steht. HR rückt damit in den Kern des Geschäftserfolgs eines Unternehmens.

Kernbestandteile eines HR-Businessplans sind z.B.:

- Klare Vision, Mission und Ziele einer werte- und wertorientierten Unternehmensführung
- Konkretisierung und Priorisierung der einzelnen Ziele im Modell des Economic Profit
- Operationalisierung der Economic Profit-Wirkketten im Kontext von HR
- Ableitung von messbaren und nachvollziehbaren Key Performance Indicators (KPI) sowie der Performance-Erwartungen – bspw. in Anlehnung an die Balanced Scorecard
- Formulierung von konkreten Projekten und Maßnahmen
- Festlegen von spezifischen Zuständigkeiten und Verantwortungsbereichen
- Aufzeigen von Schnittstellen und Interdependenzen mit anderen Unternehmensbereichen
- Informationen zur Aufbau- und Ablauforganisation von HR und dem Management der Schnittstellen
- Angaben zu Personalrisiken und zum Risikomanagement
- Angaben zur Compliance und weiteren arbeitsrechtlichen Grundlagen und Vereinbarungen
- Ressourcen- und Zeitplanung

Ein HR-Businessplan ist kein Selbstzweck, sondern dient der Erreichung der Unternehmensziele. Die Umsetzung und Ausführung des HR-Businessplans sind daher mindestens genauso wichtig wie dessen Erstellung. Ein HR-Businessplan allein reicht nicht aus, um HR als Teil des Business zu etablieren. Der Support des Top-Managements und ein angemessenes Verständnis von Personalthemen sollten schon im Vorfeld durch Kommunikation aufgebaut werden. Ebenso sollte der HR-Businessplan ausreichend im Unternehmen und mit dem Management diskutiert werden, damit der Beitrag zum Unternehmenserfolg auch wahrgenommen und kontinuierlich optimiert wird.

5 Risikomanagement und HR-Risikomanagement

Die Notwendigkeit eines Risikomanagements ist durch die Finanzkrisen sowie Firmenskandale, bspw. die Manipulation des LIBOR-Referenzzinssatzes durch Banken, den Abgasskandal von VW sowie den Suizid eines Germanwings-Piloten, der auch zahlreiche Passagiere und Crew-Mitglieder in den Tod gerissen hat, stärker ins Bewusstsein der Öffentlichkeit gerückt. Die Gesetzgeber in verschiedenen Ländern haben insbesondere auf die Finanzkrisen mit erhöhten Anforderungen an die Compliance entsprechend gehandelt, wie der amerikanische Sarbanes-Oxley Act oder das deutsche Gesetz zur Kontrolle und Transparenz im Unternehmensbereich (KonTraG) zeigen. Bereits 2001 wurde mit Basel II neben Markt- und Kreditrisiken explizit auf HR-Risiken hingewiesen (Basler Ausschuss für Bankenaufsicht, 2001). Empirische Untersuchungen belegen, dass HR-Risiken zu den wichtigsten Unternehmensrisiken zählen (Ernst & Young, 2011).

Wichtig dabei ist jedoch hervorzuheben, dass Risiken zur Natur des Unternehmertums gehören und das unternehmerische Risiko auch die Grundlage der Rendite (Risiko-Rendite-Relation) und des Anspruchs auf Gewinn darstellt. Risiken und damit auch Personalrisiken sind auch Teil der Unternehmensstrategie und der Unternehmensüberwachung (Governance). Folglich hat HR einen Beitrag zur Optimierung der Risikomanagementfunktion zu leisten und effektive HR-Risikokontroll- und Steuerungsmechanismen zu implementieren. Entsprechend kann die Wirkung von HR-Maßnahmen auf den Risikozuschlag beim Eigen- und Fremdkapitalzinssatz im Modell des Economic Profit und damit auf den WACC modelliert werden.

Nach Paul (2005) stellt die wesentliche juristische Grundlage zum Risikomanagement das Gesetz zur Kontrolle und Transparenz im Unternehmensbereich (KonTraG) dar. Die zentrale Zielsetzung des Gesetzes besteht darin, Schwächen und Verhaltensfehlsteuerungen im deutschen System der Unternehmenskontrolle (Corporate Governance) zu korrigieren und Fehlanreize zu verhindern. Mit der Verabschiedung des Gesetzes sind die Vorstände nach § 91 Abs. 2 AktG ausdrücklich verpflichtet, geeignete Maßnahmen zu treffen, insbesondere ein internes Überwachungssystem einzurichten, damit den Fortbestand der Gesellschaft gefährdende Entwicklungen rechtzeitig erkannt werden und Gegenmaßnahmen rechtzeitig ergriffen werden können. Nach dem KonTraG ist eine Erweiterung des Lageberichts gem. § 289 und § 315 HGB vorzunehmen, um Risiken und künftige Entwicklung besser abschätzen zu können. Entsprechend hat das Risikomanagement sämtliche Prozesse und Funktionsbereiche zu berücksichtigen. Dabei sind die risikorelevanten Funktionsbereiche abzugrenzen. Entsprechend ist auch der Personalbereich dafür verantwortlich, Geschäftsrisiken zu identifizieren und abzubilden. Eine Erweiterung und Konkretisierung dieser Vorgaben erfolgte durch das Gesetz zur weiteren Reform des Aktien- und Bilanzrechts, zu Transparenz und Publizität TransPubG. Die Zielsetzung besteht darin, durch mehr Transparenz und Publizität Verhaltensfehlsteuerungen und Schwächen im deutschen System der Corpo-

Risikomanagement ist untrennbar mit einer Wertbeitragsbetrachtung verbunden. Gerade Personalrisiken sind durch Unternehmensskandale in den vergangenen Jahren ins Zentrum des Risikomanagements gerückt. Neben juristischen Grundlagen und der damit verbundenen, sogenannten „Compliance", sind die ökonomischen Risikowirkungen der Hauptpersonalrisiken zu evaluieren. Dabei darf jedoch nicht vergessen werden, dass Risiko ein fester Bestandteil des Unternehmertums ist und der Risiko-Rendite-Bezug nicht außer Acht gelassen werden darf.

rate Governance zu beheben und eine Verbesserung der Informationsversorgung des Aufsichtsrats zu erreichen. Schwerpunkt ist die Implementierung eines umfassenden Systems der Früherkennung zur Erfassung und Beurteilung sämtlicher Geschäftsvorfälle im Hinblick auf ihr jeweiliges Potenzial zu bestandsgefährdenden Entwicklungen. Risiken sollen möglichst frühzeitig erkannt und Gegenmaßnahmen rechtzeitig eingeleitet werden. Ein Risikomanagementsystem kann so betriebswirtschaftlich auch als Chance verstanden werden, einen Wettbewerbsvorteil zu schaffen, da Unternehmen erfolgreicher im Wettbewerb agieren können, wenn sie sich ihrer Risiken bewusst sind.

Die Eigenkapitalvorschriften des Baseler Ausschusses für Bankenaufsicht (Basel II und III) veränderten nachhaltig das Verhältnis zwischen Kreditinstitut und Unternehmen. Wesentliche Bestimmungen sind in der Capital Requirements Regulation (CRR) enthalten. Hierbei handelt es sich um eine EU-Verordnung, die unmittelbar gilt und daher nicht mehr in nationales Recht umgesetzt werden muss.

Kreditgebende Banken unterziehen die kreditsuchenden Unternehmen einem Risiko-Rating, das sich vorwiegend auf den Finanzbereich und bilanztechnische Kennzahlen bezieht. Mit Basel II und III wurde eine neue Risikokategorie in das Rating eingeführt: operationelle Risiken (Gefahr von direkten/indirekten Verlusten durch Unangemessenheit oder Versagen von internen Prozessen, Menschen, Systemen oder externe Ereignisse). Personalrisiken werden ausdrücklich als eine eigene Kategorie im Bereich der operationellen Risiken genannt. Damit hängt das Rating eines Unternehmens durch kreditgebende Banken auch direkt von der Bewertung der Risiken im Personalbereich ab.

Das Rating eines Unternehmens durch die kreditgebenden Banken wird in der Folge der Umsetzung der Baseler Papiere als Qualitätsmaß und zur Einschätzung der Risikosituation und insbesondere der Personalrisikosituation eines Unternehmens an Bedeutung gewinnen. Die Unternehmen sind angehalten, sich mit ihren Mitarbeitenden und den damit verbundenen Personalrisiken auseinanderzusetzen und ein geeignetes Personalrisikomanagement zu entwickeln und zu implementieren.

Die Wirkung von Personalrisiken auf den WACC im Modell des Economic Profit wird durch Basel II bzw. Basel III deutlich. Neben kurzfristigen, unmittelbar messbaren finanziellen Risiken bzw. aus Personalrisiken abgeleitete finanzielle Risiken treten auch langfristige, mittelbare und schwer messbare bzw. nur indirekt messbare Faktoren in den Fokus; beispielsweise Reputationsrisiken. Die Reputation eines Unternehmens beeinflusst z.B. die Kundenbindung und entsprechend die Wirkung auf die langfristige Umsatz- und Gewinnentwicklung (Absatzmarkt). Aber auch auf den Beschaffungsmarkt können diese (Personal-) Risiken mittel- und unmittelbar wirken. Die Reputation eines Unternehmens wirkt auch auf die Arbeitgeberattraktivität und damit auf die Fähigkeit des Unternehmens, talentierte Mitarbeitende zu attrahieren und an das Unternehmen zu binden. Desweiteren beeinflusst die Risikowahrnehmung – basierend auf einem Risiko-rating des Unternehmens – beispielsweise, zu welchen Konditionen (Vorauskasse oder mit welchem Zahlungsziel) Lieferanten bereit sind, dem Unternehmen Rohstoffe oder Vorprodukte zu liefern bzw. für das Unternehmen Dienstleistungen als Vorleistung zu erbringen (Beschaffungsmarkt). Die Wirkung auf den Kapitalmarkt und damit die Frage, zu welchen Konditionen (Risikoaufschläge) sich das Unternehmen Eigenkapital z.B. im Rahmen einer Kapitalerhöhung, bzw. Fremdkapital, z.B. Darlehen von Banken oder Risikokapitalgebern, beschaffen kann, wird damit auch für die Personalfunktion zentral.

Neben den Risiken aus Unternehmenssicht sind auch Risiken durch Arbeit für das Personal Teil der Risikobetrachtung der Personalfunktion und damit des Risikomanagements. Die juristischen Grundlagen haben die Gefährdung für Mitarbeitende am Arbeitsplatz im Fokus. Das Gesetz über die Durchführung von Maßnahmen des Arbeitsschutzes zur Verbesserung der Sicherheit und des Gesundheitsschutzes der Beschäftigten bei der Arbeit (Arbeitsschutzgesetz) ist hierfür zentral. Kern des Gesetzes ist eine Gefährdungsbeurteilung, d.h. eine Beurteilung der Arbeitsbedingungen. Basierend auf den traditionellen Gefährdungsarten wie physikalische, chemische und biologische Einwirkungen werden auch Gefährdungen analysiert und beurteilt, die sich aus der Gestaltung von Arbeits- und Fertigungsverfahren, Arbeitsabläufen und deren Zusammenwirken ergeben. Ebenfalls sind unzureichende Qualifikation und Unterweisung der Beschäftigten im Rahmen der Gefährdungseinschätzung zu berücksichtigen. Seit Oktober 2013 sind zur Gefährdungsbeurteilung auch psychische Belastungen zu erheben und damit treten auch psychologische Aspekte in den Fokus der Risikobeurteilung; psychometrische Größen gehen auch in die Risikobetrachtung und -quantifizierung mit ein.

Personalrisikomanagementansatz nach Jean-Marcel Kobi

Parallel zu den gesetzlichen Regelungen zum Bereich Risiko- und Personalrisikomanagement hat Kobi einen eigenen Personalrisikomanagementansatz entwickelt.

Kobi (2012) identifiziert Mitarbeiter als die wertvollsten und sensibelsten Erfolgsfaktoren sowie Risikofaktoren eines Unternehmens. Als Ausgangspunkt eines Personalrisikomanagements werden verschiedene interne Faktoren, z.B. differenzierte Erwartungen und Bedürfnisse der Mitarbeiter, sowie externe Faktoren, z.B. gesellschaftliche, wirtschaftliche und technologische Entwicklungen genannt. Grundlegend ist ein systematischer Ansatz, der die Personalrisiken umfassend betrachtet und zu Risikogruppen zusammenfasst. Aus Unternehmenssicht ergeben sich vier Hauptrisikofelder:

- *Engpassrisiko*
  Fehlende Leistungsträger bilden ein Engpassrisiko. Es kann zwischen Bedarfslücken (funktionsbezogen) und Potenziallücken (personenbezogen) unterschieden werden. Fehlendes Potenzial kann intern entwickelt oder extern rekrutiert werden.
- *Austrittsrisiko*
  Austritte von Leistungsträgern entsprechen einem Austrittsrisiko. Es gilt, die gefährdeten Mitarbeitergruppen und Schlüsselpersonen zu erkennen und mit einem gezielten Retentionsmanagement im Unternehmen zu halten.
- *Anpassungsrisiko*
  Falsch qualifizierte Mitarbeitende oder solche, die Unternehmensziele nicht mittragen, stellen ein Anpassungsrisiko dar. Präventive Um- und Neuqualifizierungen sind durchzuführen.
- *Motivationsrisiko*
  Zurückgehaltene Leistung entspricht einem Motivationsrisiko. Wenig engagierte, ausgebrannte sowie innerlich gekündigte Mitarbeitende sind laut Kobi Beispiel hierfür.
- *Integritäts- bzw. Loyalitätsrisiko*
  Die Verletzung der arbeitsvertraglichen Treuepflicht, doloses Verhalten bis zum Begehen von Straftaten wie Diebstahl oder Sabotage werden unter dem Integritäts-

bzw. Loyalitätsrisiko subsummiert. Hier steht die bewusste Schädigung des Unternehmens bzw. dessen Mitarbeiter bzw. Kunden (im Gegensatz zum fehlenden Bewusstsein bei aus Motivationsgründen verändertem Verhalten) im Zentrum der Betrachtung. Kobi (2012) betrachtet dieses Risiko (neben Führungs-, Human-Resource-Management-Risiken und Risiken basierend auf dem psychologischen Vertrag) als branchen- bzw. unternehmensspezifisches Risikofeld, das selektiv – insbesondere bei Banken – zu berücksichtigen sei.

Die einzelnen Personalrisiken werden jeweils auf zwei Ebenen betrachtet. Die erste Ebene analysiert die Risiken hinsichtlich der für das Unternehmen relevanten internen Zielgruppen (bspw. Führungskräftenachwuchs, Projektleiter oder Informatikspezialisten) oder einzelnen Geschäftseinheiten (bspw. einzelne Auslandsniederlassungen eines Unternehmens). Die zweite Ebene untersucht die Personalrisiken einzelner, erfolgskritischer Personen im Unternehmen.

Im Rahmen der psychologischen Diagnostik können sogenannte Integritätstests zur Erkennung von Integritätsrisiken bei der Personalauswahl eingesetzt werden. Nach Gourmelon (2013) werden in den USA Integritätstests zur Personalauswahl bereits seit mehr als fünfzig Jahren eingesetzt und bei ca. 50 Prozent der Bewerbungsverfahren durchgeführt. Die bisherigen Forschungsergebnisse – überwiegend aus den USA – zeigen, dass mit Integritätstests kontraproduktives, doloses Handeln in befriedigendem Maße vorhergesagt werden kann. In Deutschland ist die Messung der Integrität im Rahmen von Personalauswahlverfahren noch nicht verbreitet: Die ersten Tests wurden Ende der 1990er Jahre in Deutschland angewendet; die Einsatzhäufigkeit liegt derzeit noch bei unter fünf Prozent. Hier besteht noch erhebliches Potential im Hinblick auf das Personalrisikomanagement – auch vor dem Hintergrund der wirtschaftlichen Bedeutung.

Meldungen über die finanzielle Dimension von Veruntreuung werden in den Medien regelmäßig thematisiert, beispielsweise im Focus (2015): „Milliardenschäden". Betrug, Unterschlagung und Untreue in nicht unerheblichem Umfang kommen gemäß der Wirtschaftsprüfungsgesellschaft Deloitte bei etwa 50 bis 70 Prozent der Unternehmen vor. Die Dunkelziffer – insbesondere bei Diebstahl – sei entsprechend hoch. Die Wirtschaftsprüfungsgesellschaft KPMG schätzt, dass deutschen Firmen mit mehr als 50 Mitarbeitern in den Jahren 2013-2014 rund sieben Milliarden Euro Schaden durch Diebstahls- und Unterschlagungsdelikte entstanden sind.

Die Risikofelder Engpass-, Austritts-, Anpassungs- und Motivationsrisiko, ergänzt um das Integritäts-/Loyalitätsrisiko, stellen nach Kobi (2012) Kernbestandteile eines „integrierten Personalrisikomanagements" dar. In Anlehnung an den Know-how-Risikomanagement-Ansatz von Probst und Knaese (1994), welcher Analogien zum PDCA-Zyklus nach Deming (1982) aufweist (PDCA steht hierbei für das Englische Plan – Do – Check – Act), stellt das Personalrisikomanagement eine wiederkehrende Abfolge der folgenden Hauptschritte dar: Identifizierung, Messung, Steuerung und Überwachung der Personalrisiken.

Risikoidentifikation bedeutet die Risiken bzw. Risikopotentiale sowohl in ihrer Entstehung als auch in ihren Auswirkungen möglichst strukturiert und detailliert zu erfas-

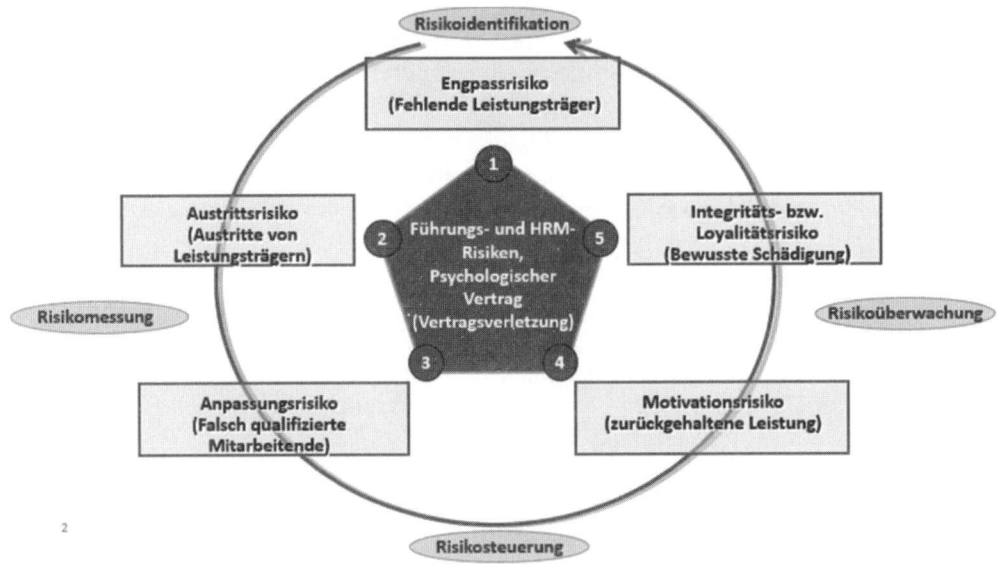

Abb. 3: Erweitertes Personalrisikomodell in Anlehnung an Kobi (2012, dort Abb. 2.2.)

sen. Die Qualität der Risikoerfassung ist richtungsweisend und ausschlaggebend für die nachfolgenden Schritte.

Grundlage der Risikomessung ist die zielgerichtete Analyse, Bewertung und Klassifizierung unternehmensinterner und -externer Risikopotentiale. Dabei werden die Tragweite und Eintrittswahrscheinlichkeit eingeschätzt und ein Risikowert ermittelt. Gegebenenfalls erfolgt eine Risikoaggregation, die eine Aussage zur Risikoexposition des Unternehmens erlaubt. Die Messung von Personalrisiken erfolgt unternehmensindividuell, basierend auf Schätzungen oder Erfahrungswerten, die zu konkretisieren und plausibilisieren sind.

Die Steuerung von Personalrisiken erfolgt durch das Generieren von Maßnahmen, um die Eintrittswahrscheinlichkeit bzw. das Schadensausmaß zu reduzieren. Damit erfolgt eine aktive Beeinflussung der in den vorherigen Schritten ermittelten Personalrisiken.

Die Risikoüberwachung ist an die Risikomessung gekoppelt. Die Risiken und mögliche Reaktionen darauf werden formuliert und kategorisiert. Die Risikoüberwachung wird durch das Personalcontrolling unterstützt. Kritische Werte bzw. „Schwellenwerte" stellen die Grundlage der Risikoüberwachung dar. Die Überschreitung dieser Werte löst eine aktive Steuerung bzw. Überwachung aus. Als Instrument des Personalcontrolling kann eine mitarbeiterbezogene Balanced Scorecard dienen.

Insgesamt ist der Ansatz von Kobi als praxeologisch und strukturierend zu bezeichnen. Nichtsdestotrotz hat sich sein Ansatz – wenn auch nicht theoretisch fundiert oder kaum empirisch überprüft – inzwischen als Kern der deutschsprachigen Diskussion zum Risikomanagement etabliert.

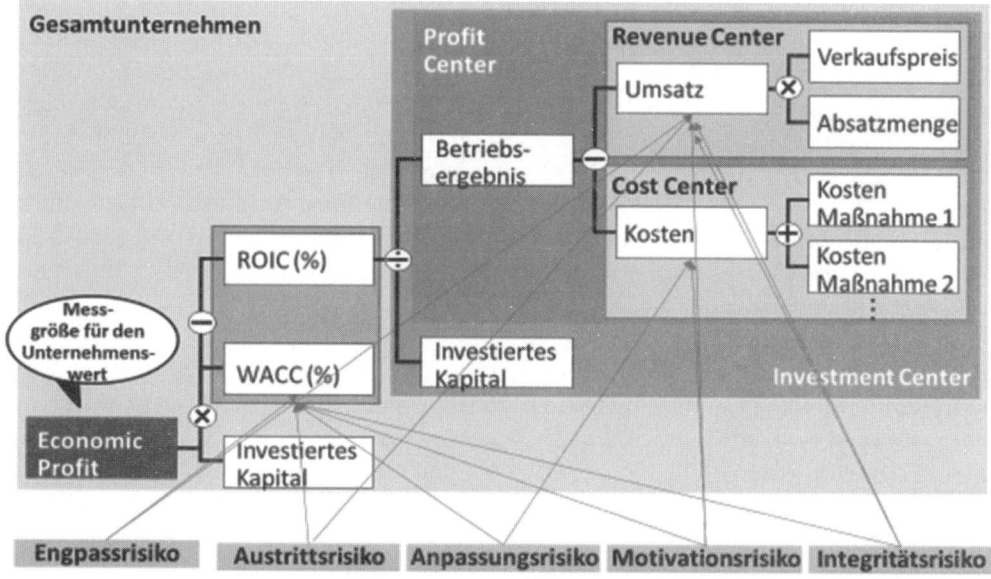

Abb. 4: Personalrisikomanagement und der Einfluss auf den Economic Profit

Der Wertbeitrag des Human Resource Managements aus ökonomischer Sicht umfasst zunächst aus betriebswirtschaftlicher Sicht die Erfassung des Wertbeitrags basierend auf dem Modell des Economic Profit. Kehrseite der Medaille des Wertbeitrags stellt das Risikomanagement dar, das sich in das Modell des Economic Profits integrieren lässt. Die Minimierung der Personalrisiken sowie die ökonomische Betrachtung der Risiken sollten Teil des HR-Businessplans und damit der risikoadjustierten Modellierung des Economic-Profit-Ansatzes sein.

6 Der Wertbeitrag der Personalarbeit für das Individuum, das Unternehmen sowie die Gesellschaft – eine Beispielrechnung

Bisher war die Wertbeitragsbetrachtung auf die Unternehmensebene fokussiert. Abschließend soll die Betrachtung des Wertbeitrags auf die gesellschaftliche (volkswirtschaftliche) und auf die individuelle Ebene erweitert werden.

In einer Beispielrechnung wurde der Wertbeitrag einer Qualifizierungsmaßnahme von McKinsey & Company für die Robert Bosch Stiftung (2005) berechnet. Dabei werden die drei Ebenen, auf denen generell die Wertbeiträge der Personalarbeit illustriert werden können, anschaulich anhand der Erhebung des Wertbeitrags eines Studiums illustriert: die Ebene des Individuums bzw. des Mitarbeiters, die Ebene des Unternehmens bzw. der Betriebswirtschaft sowie die gesellschaftliche Ebene bzw. die Volkswirtschaftliche Ebene.

„Ein Studium kostet – erst einmal. Aber eine Investition in ein Studium rechnet sich auch – und zwar nicht nur für den studierenden Facharbeiter, sondern auch für den Staat/die Sozialkassen und für die Unternehmen. Rendite wie Kosten sind bei allen beteiligten Akteuren beträchtlich, wenngleich unvertretbar ungleich verteilt. Hier mehr Ausgewogenheit herzustellen, muss eine der Leitlinien für alle Überlegungen sein, die darauf gerichtet sind, die Quote an studierenden beruflich Qualifizierten zu erhöhen. Während einem Facharbeiter für ein dreijähriges Studium Gesamtkosten (zusammengesetzt aus entgangenem Lohn, zusätzlicher Krankenversicherung, Studiengebühren, Studienmaterial und Kreditzinsen) in Höhe von rund 67.000 Euro entstehen, sind dies beim Staat/bei der Sozialversicherung rund 70.000 Euro durch entgangene Versicherungsbeiträge, Steuern und Kosten für den Studienplatz. Unternehmen hingegen haben durch den Gewinn (als prozentualer Anteil der Wertschöpfung des Facharbeiters), der ihnen entgeht, wenn sie den Arbeitsplatz eines Facharbeiters nicht besetzen, verhältnismäßig geringe Kosten in Höhe von knapp 18.000 Euro. Greifen die oben vorgeschlagenen arbeitsmarktpolitischen Maßnahmen, so fallen – da sich die Facharbeiterstelle wieder besetzen lässt – sogar nur die Kosten für Rekrutierung und Einarbeitung an. Ein ähnliches Ungleichgewicht lässt sich auch bei der Berechnung des möglichen Mehrwerts, also bei dem ausmachen, was jeder für seine Investition zurückbekommt. Bei einem dreijährigen Studium, einem Facharbeiter-Bruttogehalt von 26.000 Euro und einem anschließenden Einstiegs-Bruttogehalt als akademisch Qualifizierter von 40.000 Euro und 34 Jahren Berufstätigkeit nach Studienende (bei Studienbeginn mit 30 Jahren) hat der ehemalige Facharbeiter rund 120.000 Euro mehr für sich, das Unternehmen macht durch eine erhöhte Wertschöpfung des besser qualifizierten Mitarbeiters 51.000 Euro mehr Gewinn und der Staat/die Sozialkassen nehmen auf höheres Gehalt und höheren Gewinn mehr Steuern und Beiträge von rund 190.000 EUR ein. Hier wird deutlich, dass nicht nur der Facharbeiter von einem Studium profitiert, sondern Unternehmen und Staat/Sozialkassen einen noch größeren Vorteil daraus ziehen. Bildet man den Quotienten aus dem jeweiligen Gewinn und den jeweiligen Kosten, so ergibt sich ein absoluter »return on investment« von: 110% für den Facharbeiter, 240% für Unternehmen, 230% für den Staat. Umgerechnet in den Sparbuchzins bedeutet das insgesamt eine Verzinsung von knapp 15%; 11% für den Facharbeiter, 17% für den Staat und 17% für die Unternehmen. Entsprechend der Verteilung des zu erwartenden finanziellen Returns durch die Höherqualifizierung müssten sich alle Beteiligten bei der Sicherstellung der Studienfinanzierung engagieren. Das größte Interesse müssten Unternehmen daran haben, Anreize für ein Studium ihrer Facharbeiter zu schaffen, denn ihre Rendite ist die höchste. Dauert das Studium allerdings nicht 3, sondern 4 Jahre, verringert sich der »return on investment« durch die zusätzlichen Kosten und den später einsetzenden Zahlungsrückfluss für den Facharbeiter erheblich. Die jährliche Rendite sinkt auf 6%. Ein zügig absolviertes Studium bringt also eine höhere Rendite."

Investitionen in die Bildung sind nicht als Kosten zu betrachten, sondern als eine Investition in die Zukunft, die sich für den Einzelnen, für die Unternehmen sowie für den Staat rechnet. Der Wertbeitrag von Qualifizierungsmaßnahmen betrifft sowohl die persönliche Ökonomik als auch betriebswirtschaftliche und volkswirtschaftliche Bereiche. Die Personalfunktion sollte entsprechend ihrem Wirkbereich – exemplarisch anhand der betrieblichen Bildung – auch den Nutzen für die Mitarbeitenden, das Unternehmen, aber auch die Wertbeiträge für die Gesellschaft adressieren und deutlich herausstellen.

7   Fragen zur Vertiefung

1. Weshalb fordern mache Praktiker die „Abschaffung" der Personalfunktion?
2. Skizzieren Sie die Kernelemente eines Business-orientierten Ansatzes für HR
3. Auf welchen Ebenen kann der Wertbeitrag der Personalarbeit erfasst werden?
4. Nennen Sie die Kernelemente eines Personal-Risikomanagement-Modells.

Literatur

Barber, F. & Strack, R. (2005). The surprising economics of a „people business". *Harvard Business Review* *83*(6), 80-90.

Barney, J. (1991). Firm Resources and Sustained Competitive Advantage. *Journal of Management, 17,* 99-120.

Baseler Ausschuss für Bankenaufsicht (2001). *The New Basel Capital Accord.* Basel, Januar 2001.

Charan, R. (2014). Und Tschüss, HR! *Harvard-Business-Manager: das Wissen der Besten, 36*(9). Online-Abruf am 12.01.2017 unter http://www.harvardbusinessmanager.de/heft/d-128716120.html

Copeland, T., Koller, T. & Murrin J. (2000). *Valuation: Measuring and Managing the Value of Companies* (3rd ed.). New York: Wiley & Sons.

Deming, W. E. (1982). *Productivity and Competitive Position.* Cambridge, USA: MIT Press.

Dimick, D. E. & Murray, V. V. (1978). Correlates of Substantive Policy Decisions in Organizations: The Case of Human Resource Management. *Academy of Management Journal, 21,* 611-623.

Eisenhardt, P. (2012). *Der Einfluss des Personalmanagements auf den Unternehmenserfolg: Eine theoriegeleitete empirische Analyse.* Wiesbaden: Gabler Verlag.

Ernst & Young (2011). *Turning Risk into Results.* Online-Abruf am 12.01.2017 unter http://www.ey.com/Publication/vwLUAssets/Turning_risk_into_results/$FILE/Turning%20risk%20into%20results_AU1082_1%20Feb%202012.pdf

Focus (2015). Milliardenschäden - Gericht entscheidet über Mitarbeiterdiebstähle. Online-Abruf am 12.01.2017 unter http://www.focus.de/finanzen/boerse/sieben-milliarden-euro-schaden-jedes-zweite-unternehmen-opfer-von-mitarbeiter-diebstahl_id_4419597.htm

Gmür, M. & Schwerdt, B. (2005). Der Beitrag des Personalmanagements zum Unternehmenserfolg. Eine Metaanalyse nach 20 Jahren Erfolgsfaktorenforschung. *Zeitschrift für Personalforschung, 3,* 221-251.

Gourmelon, A. (2013). *Forschung für die Praxis - neue Erkenntnisse für ein professionelles Personalmanagement.* Heidelberg: rehm.

Hackett Group (2016). *The CHRO Agenda: HR Key Issues 2016. The Hackett Group.* Online-Abruf am 12.01.2017 unter http://www.thehackettgroup.com/research/2016/key16hr/

Kalleberg, A. L. & Moody, J. W. (1994). Human Resource Management and Organizational Performance. *American Behavioral Scientist, 37,* 948-962.

Kienbaum Management Consultants (2014). *HR 4 HR. Professionalisierung von HR Funktionen durch Kompetenzentwicklung und attraktive Karrieren. Kienbaum.* Online-Abruf am 12.01.2017 unter http://www.kienbauminstitut-ism.de/fileadmin/user_data/veroeffentlichungen/50.2185_BR_HR4HR_D_Digital.pdf

Kobi, J.-M.(2012). *Personalrisikomanagement Strategien zur Steigerung des People Value.* 3. Aufl., Wiesbaden: Gabler.

Lowell, L. B. (2007). The New Metrics of Corporate Performance: Profit per Employee. *McKinsey Quarterly,* (1), 57-65.

Marshall, M. (1890). *Principles of Economics.* Mcmillan, London. Online-Abruf der 8. Auflage (1920) am 12.01.2017 unter http://files.libertyfund.org/files/1676/Marshall_0197_EBk_v6.0.pdf

Patterson, M., West, M., Lawthom, R. & Nickell, S. (1997). *The Impact of People Management Practices on Business Performance.* Institute of Personnel and Development, London.

Paul, C. (2005). *Personalrisikomanagement.* Arbeitspapier 112 der Hans Böckler Stiftung, Online-Abruf am 12.01.2017 unter http://www.boeckler.de/pdf/p_arbp_112.pdf

Probst, G. J. B. & Knaese, B. (1998). *Risikofaktor Wissen.* Wiesbaden: Gabler.

Robert Bosch Stiftung (2005). *Zukunftsvermögen Bildung. Wie Deutschland die Bildungsreform beschleunigt, die Fachkräftelücke schließt und Wachstum sichert.* Robert Bosch Stiftung GmbH, Online-Abruf am 12.01.2017 unter http://www.bosch-stiftung.de/content/language1/downloads/McKinsey_Studie_gesamt_small_2.pdf

Russell, J. S., Terborg, J. R. & Powers, M. L. (1985). Organizational Performance and Organizational Level Training and Support. *Personnel Psychology, 38,* 849-863.

Scholz, C. (2015). *Zukunft des Personalmanagements. Die Ohnmächtigen.* Brandeins, 09/2015. Online-Abruf am 12.01.2017 unter https://www.brandeins.de/archiv/2015/fuehrung/zukunft-personal-management-die-ohnmaechtigen/

SHRM (2015). *How to Write a Business Plan.* SHRM, Online-Abruf am 12.01.2017 unter https://www.shrm.org/resourcesandtools/tools-and-samples/how-to-guides/pages/writeabusinessplan.aspx

Ulrich, D. (1997). *Human Resource Champions: The Next Agenda for Adding Value and Delivering Results.* Boston, Mass: Harvard Business School Press.

Ulrich, D. & Brockbank, W. (2005). *The HR Value Proposition.* Boston, Mass: Harvard Business School Press.

16

Compliance und Human Resource Management

Stefan Behringer & Lothar Bildat

Einführung

In diesem Kapitel soll in das unternehmerische Handlungsfeld der Compliance eingeführt und eine Verbindung zum Human Resource Management hergestellt werden. Unseres Wissens nach sind beide Bereiche in vielen Unternehmen eher neben- als miteinander tätig. Im ersten Teil wird die Relevanz von kriminellen Handlungen im Wirtschaftskontext beleuchtet, der zweite Abschnitt fokussiert Compliance in der Unternehmenspraxis. Abschnitt drei geht der Frage nach, welche Merkmale Wirtschaftskriminalität und ggf. auch Wirtschaftskriminelle auszeichnen. Dabei liegt der Schwerpunkt auf ökonomischen und psychologischen Ansätzen.

Abschnitt fünf widmet sich noch einmal ausführlicher einigen Persönlichkeitsmerkmalen, die dolose Handlungen wahrscheinlicher machen. Dieser Abschnitt zeigt Ansätze organisatorischen Handelns, die gegen Verstöße und Vertrauensverlust wirken können. Zuletzt werden im sechsten Abschnitt zentrale Befunde einer aktuellen Interviewstudie zum Compliance Management skizziert. Hier stand u.a. die Frage im Mittelpunkt, welche überfachlichen Kompetenzen Profis des Compliance Managements mitbringen müssen, damit ihre Arbeit gelingen kann.

1   Praktische Relevanz von Wirtschaftskriminalität

Nach Angaben des Bundeskriminalamts gab es im Jahr 2014 63,194 Fälle von Wirtschaftskriminalität in Deutschland. Die Tendenz ist dabei seit Jahren deutlich rückläufig, wie Abbildung 1 zeigt (Bundeskriminalamt 2014, S. 3).

Diese positive Entwicklung wird allerdings dadurch relativiert, dass das Dunkelfeld (nicht angezeigte Delikte) in der Wirtschaftskriminalität sehr hoch ist. Es handelt sich jedoch mehr um ein qualitatives als um ein quantitatives Problem. Potenziell können wenige wirtschaftskriminelle Handlungen dazu führen, dass ein Großteil von Menschen (seien es Verbraucher, Investoren, Arbeitnehmer) geschädigt werden. Man denke an den unter dem Schlagwort „Dieselgate" diskutierten Skandal um manipulierte Software

Fallentwicklung Wirtschaftskriminalität

Abb. 1: Fallentwicklung Wirtschaftskriminalität nach der Polizeilichen Kriminalstatistik
(Quelle: Bundeskriminalamt 2014, S. 3)

an Dieselfahrzeugen. Die vermutlich von wenigen Technikern und Managern zu verantwortende Manipulation, die zur Täuschung führte, hat eine extrem hohe Zahl von Menschen betroffen: Abnehmer sind geschädigt, da sie für vermeintlich umweltfreundliche Fahrzeuge hohe Preise bezahlt haben. Aktionäre von VW als Investoren sind geschädigt worden, da die Aktienkurse nach Bekanntwerden der Manipulationen erheblich eingebrochen sind. Die Arbeitnehmer sind geschädigt worden, da die schlechte Absatzlage Auswirkungen auf Bonuszahlungen, Karrierechancen bis hin zu Entlassungen hatte.

Einen weiteren Schaden trägt die gesamte Öffentlichkeit, da die höheren Emissionswerte dazu führen werden, dass die Umweltschutzziele nicht bzw. nicht rechtzeitig erreicht werden können. Man sieht, dass die Ausstrahlung erheblich ist. Obwohl viele der genannten Schäden immateriell sind, ist der gemessene Gesamtschaden durch Wirtschaftskriminalität enorm hoch. Er betrug 4,6 Mrd. Euro, was ungefähr der Hälfte des finanziellen Gesamtschadens durch Kriminalität überhaupt ausmacht. Immaterielle Schäden, wie der mit Wirtschaftskriminalität verbundene Vertrauensverlust von Anlegern, Verbrauchern oder Arbeitnehmern, können nicht quantifiziert werden.

Entgegen mancher Medienberichte ist bei der Wirtschaftskriminalität in den letzten Jahren kein Anstieg zu verzeichnen. Mit 91% liegt die Aufklärungsquote über dem Durchschnitt aller anderen Vergehen, dennoch ist von einer hohen Dunkelziffer auszugehen. Aufgedeckte Kriminalität in Unternehmen verringert die Bindung von Mitarbeitern und schädigt Geschäftsbeziehungen immens. Aus vielen Gründen werden wirtschaftskriminelle Handlungen oft nicht angezeigt, der gesamtgesellschaftliche Schaden ist vermutlich enorm.

Die Aufklärungsquote bei wirtschaftskriminellen Handlungen liegt mit 91 % deutlich über der allgemeinen Aufklärungsquote (sie beträgt 55 %). Dies liegt auch daran, dass Wirtschaftskriminalität nur dann angezeigt wird, wenn der Täter bekannt ist. Die Kehrseite der hohen Aufklärungsquote ist daher auch das hohe Dunkelfeld, d. h. die nicht erfasste Kriminalität. Die in der Polizeilichen Kriminalstatistik registrierte Kriminalität stellt meist nur einen Ausschnitt der tatsächlichen verübten Kriminalität dar, da kriminelle Handlungen nicht auffallen bzw. aus diversen Gründen nicht angezeigt werden. Gerade bei Wirtschaftskriminalität wird gerne von vermeintlich „opferloser Kriminalität" (Rotsch 2011, S. 156) gesprochen. Dies liegt an den anonymen Opfern, die alle nur geringe Schäden ertragen müssen.

Neben direkten Schäden durch wirtschaftskriminelle Handlungen, Strafzahlungen und Kosten für Aufdeckung der Taten, ist auch zu beachten, dass aufgedeckte kriminelle Handlungen zu einer deutlich verringerten Identifikation von Mitarbeitern mit ihrem Arbeitgeber führen. Eine Umfrage der Unternehmensberatungsgesellschaft KPMG aus dem Jahr 2016 hat ergeben, dass 42 % der Mitarbeiter ihre Bindung an den Arbeitgeber nach Aufdeckung von Kriminalität verringern (Giersberg 2016). Zusätzlich wird auch das Auftreten am Markt erschwert. 35 % der in der genannten Studie befragten Unternehmen schließen Geschäftsbeziehungen zu Unternehmen aus, die kriminell geworden sind.

Dies führt zu einer wenig ausgeprägten Neigung, das kriminelle Handeln anzuzeigen. Wie am Beispiel Dieselgate aufgezeigt, gibt es aber sehr wohl viele Opfer, der gesellschaftliche Schaden ist immens. All das führt dazu, dass man die praktische Relevanz des Themas Wirtschaftskriminalität und Compliance bejahen muss.

2   Compliance in der Unternehmenspraxis

Wirtschaftskriminalität ist in Deutschland nicht legal definiert. Hilfsweise ziehen Literatur und Praxis zumeist den § 75c des Gerichtsverfassungsgesetzes heran. Dieser bestimmt, bei welchen Tatbeständen die Wirtschaftsstrafkammern der Landgerichte zuständig sind. Diese hilfsweise Definition wird auch von den offiziellen Statistiken verwendet. Unterscheiden muss man zwischen Occupational Crime, bei der der Arbeitnehmer des Unternehmens kriminelle Handlungen zu Lasten seines Arbeitgebers begeht und Corporate Crime, bei dem kriminelle Handlungen im vermeintlichen Interesse des Unternehmens begangen werden (Friedrichs, 2010, S. 60ff. und 96ff.). Beispiel für die erste Deliktgruppe ist die Unterschlagung, für die zweite ist es die korrupte Zahlung, die geleistet wird, um einen Auftrag zu erhalten. Unternehmen setzen präventive Maßnahmen gegen Wirtschaftskriminalität ein. Diese Maßnahmen werden in ihrer Gesamtheit unter dem Begriff „Compliance" diskutiert.

Der Begriff Compliance kommt aus der Medizin. Hier bedeutet Compliance die Therapietreue des Patienten, also ob sich der Patient an die Weisungen des Arztes hält oder nicht. Im betriebswirtschaftlich-juristischen Zusammenhang ist es bedeutend, dass man „in compliance with the law" ist, also dass man die bestehenden Gesetze einhält (Rotsch, 2015, S. 37).

Institutionalisiert wurde der Gedanke der Strafmilderung durch organisatorische Maßnahmen in den Federal Sentencing Guidelines, Regeln, die eine einheitliche Behandlung von Fällen in US-amerikanischen Gerichten erreichen wollen. Diese traten 1991 in Kraft und haben den Managern von Unternehmen eine erhebliche Haftungsreduktion geboten, sofern sie nachweisen können, dass sie eine Ethik- bzw. Compliance-Organisation vorhalten, die rechtlich sanktionierte Fehlleistungen verhindern soll und kann. Im deutschen Recht wurde der Begriff Compliance erstmals in § 33 Abs. 1 S. 1 Nr. 1 WpHG eingeführt.

> Es wird zwischen Occupational und Corporate Crime unterschieden. Ersteres bezeichnet die wirtschaftskriminelle Handlung eines Einzelnen zu Lasten, letzteres kriminelles Tun zum vermeintlichen Nutzen eines Unternehmens. Der Begriff Compliance stammt aus der Medizin und bezeichnet dort das Befolgen der Anweisungen eines Arztes. In Deutschland wurde der Begriff zunächst im Wertpapier Handelsgesetz (WpHG) eingeführt. Compliance umfasst alle Maßnahmen zur Einhaltung von Regeln und Gesetzen in der Unternehmenspraxis.

Wertpapierdienstleistungsunternehmen werden darin verpflichtet, eine wirksame Compliance-Funktion zu etablieren, um Verstöße gegen das Insiderhandelsverbot zu vermeiden. In der Finanzdienstleistungsbranche hat sich die Beschäftigung mit Compliance mithin zuerst ergeben. Mit dem Korruptionsskandal bei Siemens, der im Jahr 2006 in die Öffentlichkeit kam, haben sich die Medien, die Justiz sowie Theorie und Praxis des Managements in Deutschland verstärkt dem Thema Compliance zugewandt.

Danach bedeutet Compliance die Gesamtheit der Maßnahmen, die ein Unternehmen ergreift, um sicherzustellen, dass die extern vorgegebenen Regeln (seien es Gesetze oder andere verpflichtende Regeln) eingehalten werden. Hinzu kommt, dass sich Unternehmen selbst Regeln geben, deren Maßstab ein ethisches und verantwortliches Handeln ist (Behringer, 2012). Auch die Ausarbeitung dieser Regeln und die Maßnahmen, die zu ihrer Einhaltung ergriffen werden, sollen unter dem Begriff Compliance subsumiert werden.

2007 wurde der Begriff Compliance in den Deutschen Corporate Governance Kodex aufgenommen. Nach Ziffer 4.1.3 muss der Vorstand und nach Ziffer 5.3.2 der Aufsichtsrat einer Aktiengesellschaft die Verantwortung für Compliance übernehmen.

In Unternehmen wird häufig kritisiert, dass sich Compliance-Management bürokratisch mit Petitessen, wie Reisespesen oder Einladungen zu Geschäftsessen, auseinandersetzt. Dem steht gegenüber, dass der Grund für die Etablierung dieser relativ neuen Unternehmensfunktion insbesondere der Schutz vor den großen Haftungs- und Reputationsrisiken aus dem Strafrecht war. Die amerikanische Rechtspraxis entwickelte die Möglichkeit, dass Unternehmen sich mit dem Aufbau von Management-Strukturen zur Prävention gegen große Kriminalitätsrisiken mildernde Umstände verschaffen konnten (Lösler, 2003). Damit sollte die Hauptzielrichtung des Compliance-Managements auch stets gegen die großen Risiken der Wirtschaftskriminalität gerichtet sein und sich nicht mit Belanglosigkeiten befassen.

Die Gefahr besteht, dass Unternehmen zu Überregulierung verbunden mit zu starken Kontrollen neigen. Kontrolle hat prima facie zunächst eine positive Wirkung. In einer Studie in zwei amerikanischen Behörden führte allein das Sammeln von Informationen zur Aufdeckung von Verbesserungspotenzialen zu verbesserten Leistungen (Blau, 1955). Allerdings gibt es einen Punkt, ab dem die Kontrollen zu viel werden und Misstrauen gesät wird. Juristisch steckt der BGH die Grenze ab: Der BGH (BGH vom 11.3.1986, KRB 7/85) urteilte, dass ein Generalverdacht gegen alle Mitarbeiter, der zu einem flächendeckenden Kontrollnetz führt, gegen die Menschenwürde verstößt.

Überregulierungen können die Arbeitszufriedenheit empfindlich stören (Hein, 2016, S.75). Auch für regelkonformes Verhalten im engeren Sinne kann Überregulierung negative Folgen haben. Mitarbeiter fühlen sich zu Unrecht eingeschränkt und kontrolliert, was zu einer Ablehnung von regelkonformen Handlungen im Allgemeinen führt (Linssen et al., 2011). Daher empfiehlt sich ein wohl dosierter Umgang mit dem Setzen von Regeln, wobei fehlende Regeln auch zum Trugschluss führen können, dass was nicht geregelt ist, auch nicht verboten ist. Diese Ansicht ist in Unternehmen mit sehr starker Regulierung verbreiteter als in Unternehmen, in denen es nur wenige Regulierungen gibt.

3 Charakteristika von Wirtschaftskriminalität und Wirtschaftskriminellen

Kriminalität ist außerordentlich relevant für das gesellschaftliche und persönliche Wohlbefinden. Wenig überraschend ist dabei, dass nicht alle Bürger gleichermaßen als Täter auftreten. Einige begehen ihr Leben lang keine Vergehen, andere werden Intensivtäter oder begehen große Straftaten mit erheblichen Folgen. Die Wissenschaft der Kriminologie befasst sich mit dem gemeinsamen Kennzeichnen von Kriminellen und Kriminalität aus diversen Perspektiven.

3.1 Anthropologische Theorien

Die Kriminologie hat ihre historische Wurzel in den Studien zur Phrenologie, der Lehre von den Schädelformen, die heute als unwissenschaftlich angesehen werden. Prägend für das Denken im 19. und zu Beginn des 20. Jahrhunderts war insbesondere das Buch des italienischen Arztes und Psychiaters Cesare Lombroso mit dem Titel „L'uomo delinquente" (Der kriminelle Mensch). In seinen – heute als krude anzusehenden – Untersuchungen schließt er von bestimmten körperlichen Merkmalen (Schädelformen, Behaarung, Gesichtszüge etc.) auf die kriminelle Veranlagung von Menschen. Insbesondere seine Schlussfolgerungen sind menschenverachtend: Hat ein Mensch solche Merkmale, ist er lebenslang wegzusperren, da eine Abkehr von der Kriminalität nicht möglich sei. Die Thesen Lombrosos dienten den Nationalsozialisten als Rechtfertigung für ihre Verbrechen (Kury, 2007).

Zu Beginn des 20. Jahrhunderts wurden insbesondere in Deutschland die erbbiologischen Theorien weiterentwickelt. Insbesondere in den Zeiten des Nationalismus bekamen diese Theorien ideologischen Rückenwind. Heute sind die Erkenntnisse aus dieser Zeit diskreditiert. Die spezifisch deutsche Geschichte auf diesem Gebiet hat dazu geführt, dass die deutsche Kriminologie lange Anschluss gesucht hat an die internationale Kriminologie (Schneider, 1987, S. 137).

3.2 Ökonomische Theorie der Kriminalität

Gary S. Becker war einer der kreativsten, aber auch der umstrittensten Ökonomen der vergangenen Jahre. Er erhielt 1992 den Nobelpreis für die Anwendung der ökonomischen Methode auf andere Lebensbereiche als die Ökonomie. Seine grundlegende Idee war, dass Menschen Entscheidungen nach einem ökonomischen Kalkül treffen, sie wägen Kosten und Nutzen ab und entscheiden sich schließlich für nutzbringende Alternativen. Diese einfache Idee hat Becker auf diverse Lebensbereiche wie Ehe, Familie oder eben Kriminalität übertragen. Diese Sicht ist aber stark umstritten und wird häufig als „ökonomischer Imperialismus" (Pies, 1998, S. 1ff.) bezeichnet, was stark wertend eine aggressive Übertragung von ökonomischen Denkweisen auf andere Erkenntnisbereiche beschreibt. Die Schlussfolgerungen, die man aus dieser Theorie ziehen kann, sind aber sehr hilfreich bei der Bildung von Strategien der Kriminalitätsbekämpfung.

Bezogen auf die Kriminalität hat Becker dieses Kalkül angewandt (Becker, 1968): Kriminelle überlegen, welchen Nutzen sie aus der kriminellen Handlung ziehen können und welche Kosten sie davon in Form von Strafe haben. Da die Strafe nicht zwangsläufig eintritt, spielt die Entdeckungs- und Verurteilungswahrscheinlichkeit eine wichtige Rolle in dem Kalkül. Ist der Nutzen höher als die Kosten, so wird die kriminelle Handlung vollzogen. Daraus folgt, dass es rational (im ökonomischen Sinne) sein kann, kriminelle Handlungen zu begehen.

Gehen wir von einem Buchhalter in einem Unternehmen aus, der die Gelegenheit hätte, Geld zu unterschlagen (Cooter & Ulen 2013, S. 450ff.). Der Nutzen für den Täter entspricht der Unterschlagungssumme, der Schaden macht die Schwere der Tat aus. Der Schaden entspricht in diesem Fall spiegelbildlich dem Nutzen des Täters. Die Funktion ist $y(x) = x$. Sie entspricht in der Situation einer Unterschlagung einer linearen Funktion, das zeigt Abbildung 2.

Die Bestrafung der Tat ist eine Funktion f der Schwere der Tat. Der ökonomischen Theorie der Kriminalität entsprechend muss die Strafe für die Tat höher sein als der Nutzen der kriminellen Handlung, ansonsten würden Kriminelle geradezu angelockt.

Außerdem zeigt sich in Abbildung 3, dass besonders schwere Taten besonders hart bestraft werden. Diese verstärken ggf. die Kriminalitätsfurcht, da sie in der Wahrnehmung der Öffentlichkeit stark wahrgenommen werden.

In der Realität ist die Strafe allerdings nicht sicher, sie tritt nur mit einer gewissen Wahrscheinlichkeit auf, was die Suche nach dem perfekten Mord in vielen Kriminalromanen zeigt. Ein rationaler Krimineller berücksichtigt diese Wahrscheinlichkeit p in seinem Kalkül, wie Abbildung 4 zeigt.

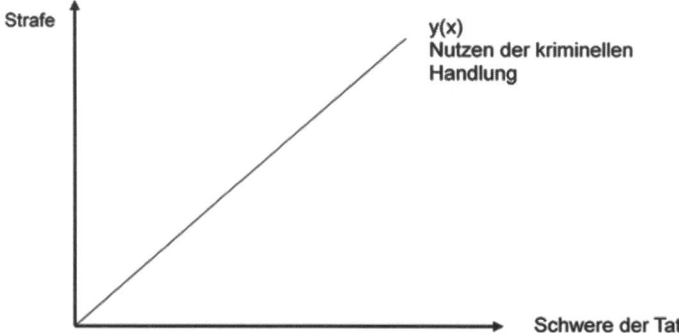

Abb. 2: Nutzen von kriminellen Handlungen

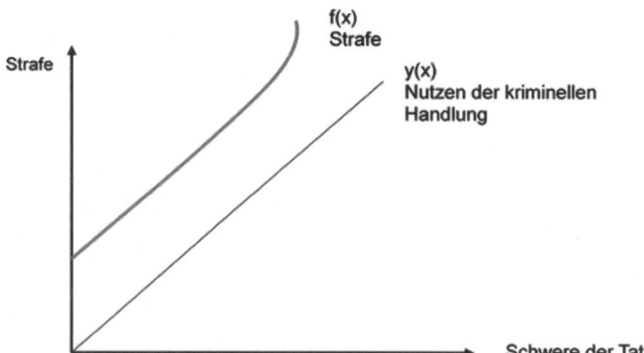

Abb. 3: Nutzen der Tat versus Strafe

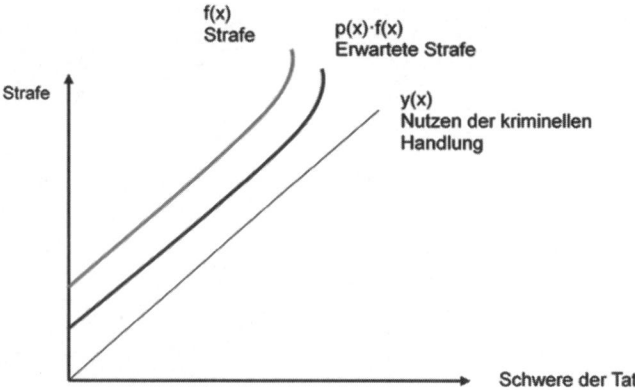

Abb. 4: Nutzen, Strafe und erwartete Strafe der Tat

Die Entdeckungswahrscheinlichkeit steigt mit der Schwere der Tat, da dann die Bemühungen der Strafverfolgungsbehörden erhöht werden. Dies zeigt ein Blick in die Kriminalstatistik 2014: Während insgesamt 54,9% der Straftaten aufgeklärt werden, werden Mord und Totschlag als schwerste Straftaten zu 96,5% aufgeklärt.

Frühe anthropologische Theorien der Kriminalität nahmen krude Bezug beispielsweise auf Schädelformen zur Vorhersage illegalen Handelns. Modernere ökonomische Theorien gehen von einer rationalen Nutzenmaximierung des Akteurs aus. Einige Modelle zeigen den Zusammenhang zwischen der Wahrscheinlichkeit von Strafe und dem Nutzen der Tat.

In diesem Beispiel lohnt sich Kriminalität nicht, da die erwartete Strafe immer höher ist als der Nutzen der kriminellen Tat. Dies ist in der Realität aber nicht immer der Fall. Der Buchhalter wird Gelegenheiten entdecken, in denen die Kontrollen nicht funktionieren und somit die Entdeckungswahrscheinlichkeit gering ist. In so einer Situation könnte es rational sein, eine kriminelle Handlung zu begehen.

In der oben graphisch dargestellten Situation lohnt sich die Unterschlagung für den Buchhalter bei mittelschweren Vergehen. Der Nutzen ist höher als die erwartete Strafe. Die Entdeckungswahrscheinlichkeit wird relativ gering sein, da Unternehmen ihre Kontrollsysteme stärker auf die großen Risiken ausrichten sollten. Der rationale Kriminelle würde den Punkt der Tat dort wählen, wo die Entfernung zwischen erwarteter Strafe und Nutzen maximal ist, wie Abbildung 5 deutlich macht.

Der Kriminelle ist nach Beckers Theorie ein rational handelnder Nutzenmaximierer. Man kann ihn abschrecken, in dem man die Strafe oder die Entdeckungswahrscheinlichkeit erhöht. Außerdem können Unternehmen Maßnahmen ergreifen, um den Nutzen einer Tat zu reduzieren. Die kriminologische Forschung stellt aber nur eine geringe Validität der Abschreckung durch hohe Strafen fest. Deutlich relevanter für die Verhinderung von kriminellen Handlungen scheint die subjektiv empfundene Entdeckungswahrscheinlichkeit zu sein (vgl. Bussmann, 2016, S. 330f.). Daraus folgt für Unternehmen, dass sie offensichtliche – also durch alle Mitarbeiter wahrnehmbare – Kontrollen einführen müssen. Hierbei muss wiederum beachtet werden, dass zu viele Kontrollen negativ auf das Betriebsklima wirken können.

Die ökonomische Theorie der Kriminalität hat eine enge Nähe zu Modellen, die einen rationalen Abwägungsprozess bei moralischen Urteilen von Individuen unterstellen (Dubinsky & Loken,1989). Danach ergibt sich die Einstellung bei Fragestellungen zur

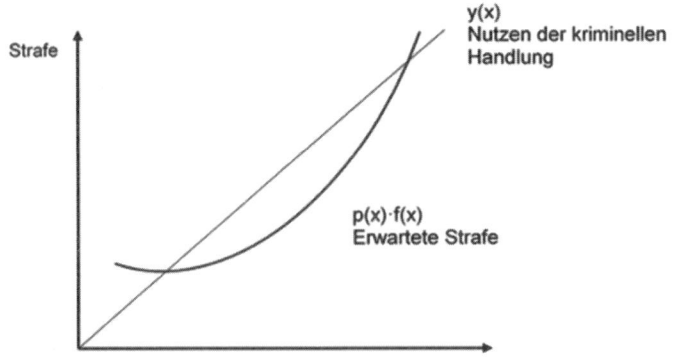

Abb. 5: Beispiel für eine lohnende kriminelle Handlung

Moral aus der Beurteilung der Folgen (Outcome Evaluations) und deren Eintrittswahrscheinlichkeiten (Behavioral Beliefs). Allerdings werden diese Theorien kritisch diskutiert. Die Gegenposition geht von heuristischen Entscheidungsprozessen für moralische Urteile aus, die keine langen bzw. bewussten Denkprozesse beinhalten (Rest, 1984).

3.3   Das Fraud-Triangle

Im englischen Sprachraum verwendet man den Begriff „white-collar crime", um die besonderen Kennzeichen von Wirtschaftskriminalität zum Ausdruck zu bringen. Der Begriff geht auf den amerikanischen Kriminologen Sutherland (Sutherland, 1940) zurück, der fundamentale Unterschiede zu anderen Kriminalitätsformen in Befragungen verurteilter Straftäter identifizierte. Insbesondere stellte er darauf ab, dass Wirtschaftskriminalität häufig im Verborgenen als scheinbar opferlose Kriminalität verübt wird, beispielsweise bei Korruption zu Lasten der großen Zahl der Steuerzahler. Aufbauend auf den grundlegenden Forschungen Sutherlands entwickelte Cressey (1950) das Fraud-Triangle, in dem Motive von Tätern aus den Bereichen der Wirtschaftskriminalität systematisiert werden (vgl. Abbildung 6).

Das Fraud-Triangle soll erklären, welche Bedingungen zusammenkommen müssen, damit ein sonst unbescholtener Mitarbeiter zu kriminellem Verhalten veranlasst wird. Es wird aber keine Zwangsläufigkeit postuliert, dass Kriminalität bei Vorliegen einer solchen Konstellation entsteht, die Wahrscheinlichkeit von dolosen Handlungen erhöht sich aber. Die drei Eckpunkte des Dreiecks stellen die Faktoren dar, die zu einer kriminellen Handlung verleiten:

Anreiz/Druck: Anspannung kann mit anderen nicht geteilt werden und motiviert daher zu einer kriminellen Handlung. Bei diesem Aspekt wird danach unterschieden, ob der Täter in einer Notlage seinen Ausweg in einer kriminellen Handlung sucht (Engpasstäter) oder er sich aus Habgier bereichert (Bereicherungstäter), um ein Leben im Luxus führen zu können (vgl. Becker & Holzmann, 2011).

Gelegenheit: Nach dem Motto „Gelegenheit macht Diebe" (Hoffmann, 2009) ist es eine notwendige Bedingung, überhaupt eine kriminelle Tat begehen zu können. So ist es für eine Unterschlagung notwendig, auch einen Zugang zu Konten des Unternehmens zu

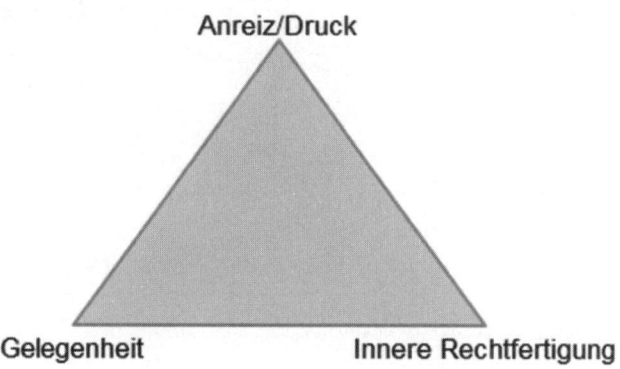

Abb. 6: Das Fraud Triangle (Behringer 2014)

haben. Bestechlichkeit kann immer dann ausgeschlossen werden, wenn Mitarbeiter keine Entscheidungsbefugnis haben. Die Gelegenheit ist unabdingbare Voraussetzung, wobei man auch nicht dem Fehlschluss unterliegen darf, dass jede Gelegenheit genutzt wird.

Innere Rechtfertigung: Der kriminell gewordene Mitarbeiter benötigt eine Rechtfertigung, die ihm im Nachhinein hilft, sich weniger schuldig zu fühlen. Häufig anzutreffen ist die Aussage, dass im Wettbewerb eine bestimmte Tat, z.B. Korruption, notwendig ist, um zu bestehen, man also nur im besten Sinne des Unternehmens handelt.

Das Fraud-Triangle liefert Ansatzpunkte für das Compliance-Management, um präventiv einzugreifen. Die betriebswirtschaftlichen Methoden befassen sich insbesondere damit, die Gelegenheit zu unterbinden bzw. zu erschweren.

Das interne Kontrollsystem in all seinen Facetten ist als betriebliche Funktion dafür zuständig (Bungartz, 2014). Den beiden anderen Eckpunkten ist präventiv allein mit betriebswirtschaftlichen Methoden nicht beizukommen, dazu bedarf es einer interdisziplinären Herangehensweise mit psychologischen und betriebswirtschaftlichen Instrumenten. Folgerichtig wird im nächsten Abschnitt ein empirisch getestetes, psychologisches Modell der Korruptionsentstehung vorgestellt.

3.4   Das Modell der Korruption nach Rabl (2011)

Das Modell der Korruptionsentstehung nach Rabl (2011) zeigt Abbildung 7 auf Basis empirischer Daten[1]. In handlungsvorbereitenden Gedanken wird die Einstellung zur Korruption gebildet, dem geht oft ein längerer Prozess voraus.

Die subjektive Norm beschreibt die Werthaltungen und Handlungsmaxime, die vor allem durch Peer-Groups beeinflusst werden. Hier werden also Kollegen, Führungskräfte oder Bekannte und Familienmitglieder wichtig. Der Bereich der wahrgenommenen Kontrolle umschreibt die Frage, ob das Verhalten auch ungestraft bzw. mit nur geringen Kosten umgesetzt werden kann (vgl. Abschnitt 3.2). Die beiden erstgenannten Komponenten beeinflussen signifikant den im Entscheidungsverlauf an erster Stelle stehenden

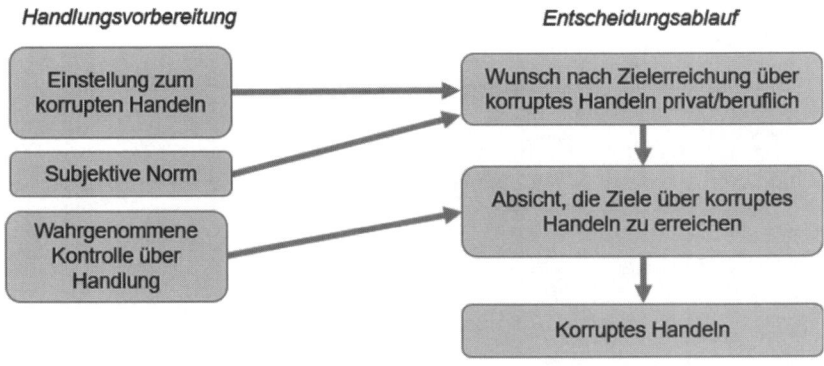

Abb. 7: Modell der Korruptionsentstehung (bearbeitet nach Rabl, 2011)

---

[1]   Dem Konzept zugrunde liegt das Modell des geplanten Verhaltens von Ajzen & Madden (1986).

Wunsch nach Zielerreichung (beispielsweise eine Bonuszahlung, den Erwerb eines Hauses o. ä.).

Dem Wunsch folgt die Absicht, hier ist gewissermaßen ein „innerer Rubikon" überschritten, Verhalten wird nun konkret geplant und vorbereitet, ein „Zurück" ist an dieser Stelle aus motivationspsychologischen Gründen höchst unwahrscheinlich (Heckhausen & Heckhausen, 2006). Demzufolge kommt es dann i. d. R. zu korruptem Verhalten. Im Modell von Rabl (2011) nicht explizit erwähnt, aber sicher wirkmächtig, ist der Einfluss des Kulturraumes. In manchen Ländern mag die Haltung gegenüber „Gefälligkeiten" weitaus legerer sein als im hiesigen Kontext. Je nach kulturellem Hintergrund ist die gelebte Einstellung zu Korruption anders. Die rechtliche Einstellung sowohl lokal als auch seitens des deutschen Gesetzgebers zum Verhalten in anderen Ländern ist allerdings meist gleich. Jede Korruption wird international und auch vom deutschen Gesetzgeber, wenn die Tat im Ausland verübt wurde, gleichermaßen sanktioniert.

In sozialpsychologisch fundierten Modellen korrupten Handelns spielen in der Handlungsvorbereitung die Einstellung, die subjektive Norm sowie die Handlungskontrolle eine große Rolle. Sie sagen den Wunsch nach Zielerreichung ebenso voraus wie die Handlungsabsicht, die u.U. in korruptem Handeln mündet.

Auch hier lassen sich Ideen aus den bereits weiter oben genannten Modellen integrieren. Die im Fraud Triangle konnotierte Gelegenheit findet sich im Bereich der Verhaltenskontrolle, die Rechtfertigung in der Einstellung (ggf. auch in der subjektiven Norm) und der Anreiz im Bereich der Ziele wieder. „Dunkle" Personeneigenschaften bilden sicher Antezedenzien der Einstellung, ebenso wahrgenommener Druck oder erlebte Ungerechtigkeit, die sich in einer die Korruption gutheißenden oder stillschweigend duldenden Norm der Akteure niederschlagen können.

Nun geht es um die Frage, welche Erkenntnisse aus der psychologischen Organisationsforschung zum Verständnis der Entstehung von (Non-) Compliance beitragen.

4   Persönlichkeit und Compliance

Etwas salopp formuliert steht hier die Frage im Mittelpunkt, welche Persönlichkeitseigenschaften die „Brandstifter" in Unternehmen neben den organisationalen Bedingungen, die durch das Fraud-Triangle deutlich geworden sind, kennzeichnen. Persönlichkeit kann definiert werden als *zeitstabile, verhaltenswirksame Eigenschaften einer Person, die z.T. erworben und z.T. erblich vorgebahnt sind.* Der Grundgedanke ist, wie oben skizziert, dass nur die *Interaktion von Persönlichkeit und organisationalen Variablen* zu Non-Compliance oder deviant-risikoreichem Verhalten führt.

4.1   Zur Persönlichkeit des „typischen Betrügers"

Auf Persönlichkeitseigenschaften und Verhaltensweisen des „typischen Betrügers" gehen rezente Führungskräftebefragungen der Unternehmensberatung KPMG ein (2011, 2013). Dieser „typical fraudster" sei länger als 4 Jahre im Unternehmen, meist männlich und habe Zugang zur Macht (Ressourcen und Entscheidungsspielräume). Er umgebe sich außerdem mit Bewunderern und „Favoriten", tendiere zu aggressivem Verhalten und schüchtere andere ein. Ferner sei er launisch und melodramatisch, arrogant und er „verbiege" Regeln. Schließlich sei er sehr an sich selbst interessiert und zeige ein starkes mikropolitisches Engagement gepaart mit einem Gefühl der Überlegenheit (KPMG, 2013). Das Profil hat Anklänge an das o.g. Fraud-Triangle.

Aus psychologischer Sicht wurde hier – beabsichtigt oder nicht – das typische Profil eines Narzissten beschrieben. Diese Beschreibung kann „subklinisch" genannt werden, da noch nicht alle Merkmale einer Persönlichkeitsstörung vorliegen (vgl. V. Buch der ICD-10, WHO, 2015). Die Figur des Narziss ist bekannt aus der griechischen Mythologie: Der Jüngling beleidigte durch seine Ignoranz die Göttin Echo und wurde dann dazu verdammt, denjenigen zu lieben, der diese Liebe nicht erwidern konnte, nämlich sich selbst. Er verschmachtete, starb oder wurde – je nach Überlieferung – in eine Blume (Narzisse) verwandelt (Kerényi, 1988).

Rezentere Skizzen umschreiben Narzissten (subklinisch) wie folgt: Sie finden sich großartig, einzigartig, kontrollieren gerne und benötigen steten „Applaus" (Dammann, 2007), übertreiben eigene Leistungen und blocken Kritik ab. Sie wirken arrogant und kompromisslos (O'Boyle et al, 2012) und nehmen gerne Führungspositionen ein, ferner werten sie andere ab (Keller Hansbrough & Jones, 2014). Narzissmus kann als ausgeprägte Form der Extraversion gesehen werden, die mit geringer sozialer Verträglichkeit (sich kümmern, sorgen, unterstützen) einhergeht (Bierhoff, 2014). Hinzu dürfte ein starkes Machtmotiv kommen. Narzissmus korreliert auch mit weiteren, in ihrer Wirkung eher negativen Personeigenschaften und Verhaltensweisen. Dieses Merkmal korreliert bereits bei einigen Studierenden auf Bachelorniveau mit dem Glauben daran, eines Tages eine gute Führungskraft zu sein. Gleichzeitig findet sich kein Zusammenhang mit der Intelligenz der Befragten (Bildat & Martin, 2016).

Die dunkle Triade

Seit etwa einer Dekade wird in der Organisationspsychologie das Konzept der sogenannten *Dark Triad* (Paulhus & Williams, 2002) systematisch beforscht. Diese Triade beschreibt eine Kombination von 1. Machiavellismus, 2. subklinischer Psychopathie und 3. Narzissmus. Im Bereich des Machiavellismus finden wir beispielsweise starke mikropolitische Manipulationen, den Hang zu illegalen und/oder illegitimen Methoden zur Machtstärkung, Zynismus und Kaltherzigkeit. Narzissmus wurde oben beschrieben, hinzu kommt die subklinische Psychopathie mit hoher Impulsivität, geringer Empathie und Ängstlichkeit, einem parasitären Lebensstil, Ausbeutungsneigung, Rücksichtslosigkeit ohne Reueempfinden sowie Charisma und Charme.

Einige Personmerkmale hängen mit der Wahrscheinlichkeit zum Begehen doloser Handlungen zusammen. Dazu zählt die „Dunkle Triade" (Narzissmus, Machiavellismus und Psychopathie). Als protektiv gelten Gewissenhaftigkeit, emotionale Stabilität und Integrität. Männer zeigen höhere Werte in Selbsteinschätzungen als Frauen. Alter und Bildungsgrad sind mit ethischem Verhalten nicht korreliert.

In der Metaanalyse von O'Boyle et al. (2012, korrigierte Korrelationen in Klammern) konnte gezeigt werden, dass Narzissmus und Psychopathie (.51) sowie letzteres mit Machiavellismus (.59) deutlich zusammenhängen. Etwas schwächer ist der Zusammenhang zwischen Narzissmus und Machiavellismus (.30). Welche Auswirkungen hat eine solche Merkmalskombination bei Führungskräften in Unternehmen?

Einschub: Thomas Middelhoff: Das Ende einer (narzisstischen?) Karriere

Thomas Middelhoff war ein Erfolgsmensch, von seinen Bewunderern wurde er „Big T" genannt. Er war Vorstandsvorsitzender von Bertelsmann, anschließend von dem später in die Insolvenz gegangenen Karstadt-Mutterkonzern Arcandor. Anschließend folgte das abrupte Karriereende mit Verurteilungen und Privatinsolvenz. 2016 arbeitete er als Freigänger in einer Behindertenwerkstatt als Bote. Wie konnte ein solcher Absturz geschehen? Seine Persönlichkeit wird als ein Grund angesehen (Handelsblatt 2014). Er hat keine Grenzen gesehen, es gelang ihm alles. Wenn dann etwas nicht gelungen ist, werden die Gründe nicht bei eigenem Fehlverhalten gesehen, sondern bei den Umständen. Der Grund für die Verurteilung wegen Untreue lag bei Middelhoff in privat veranlassten Flügen mit Helikoptern. Für ihn war das normale Praxis in allen Großkonzernen. Die Einsicht, dass es sich hier um eigenes Fehlverhalten handeln könnte, kam ihm während des Prozesses nie.

In der genannten Metastudie fanden sich tatsächlich Zusammenhänge mit *kontraproduktiven Verhaltensweisen wie Veruntreuung, Unterschlagung, mangelnde Compliance und Aggression* (auch Kish-Gephard, et al. 2010; Chatterjee & Hambrick, 2007). Alle Variablen der „dunklen Triade" weisen signifikant höhere Werte für Männer als für Frauen auf (Paulhus & Williams, 2002; Austin et al., 2007). Die Rolle eines überhöhten Narzissmus bei Führungskräften wird deutlich negativ gesehen (Campbell et al., 2011). Alter und Bildungsgrad jedoch sind zur Vorhersage unethischen Verhaltens ungeeignet: „Indeed [...] demographics add nothing to the explanation of either unethical intention or unethical behavior (Kish-Gephart, Harrison & Trevino, 2010 p. 20). Insofern müssen auch die Befunde der KPMG relativiert werden, gefundene Effekte sind vermutlich stichproben- und methodenabhängig.

Etwas genauer haben Fassbender und Graf (2014) nachgeschaut in Sachen „Persönlichkeitssignatur" von Wirtschaftskriminellen. Auf Basis einer empirischen Untersuchung zum Thema Persönlichkeit und Wirtschaftskriminalität wurden beispielsweise folgende Faktoren im Bereich der Einstellungen identifiziert: Personen mit Neigung zu dolosem Verhalten tendieren dazu, ihr eigenes Verhalten als Norm darzustellen, nach dem Motto „Das machen alle so." Folgenden Eigenschaften kommt eine gewisse Schutzfunktion zu: Verträglichkeit (gut mit anderen auskommen, Personen unterstützen), Gewissenhaftigkeit (vgl. oben) und emotionale Stabilität. Der oben erwähnte Faktor des (subklinischen) Narzissmus wird als sehr problematisch beschrieben. Narzissten halten sich gerade deshalb weniger an Regeln, weil sie diese gerne selbst gestalten wollen.

Im folgenden Abschnitt wird das Konzept der Integrität vorgestellt, welches mit allzu narzisstischem Verhalten partiell unvereinbar ist.

4.2   Integrität als positiver „Kern" von Compliance

Integrität wird von vielen Experten des Compliance Managements als wesentliches Merkmal professionellen Arbeitens in diesem Bereich gesehen (Behringer & Bildat, 2016). Integrität (Ehrlichkeit, Aufrichtigkeit, Verlässlichkeit) zeigt tatsächlich über verschiedene Branchen hinweg positive Zusammenhänge mit Berufserfolg (Hough & Dilchert, 2010; Ones, Viswesvaran & Schmidt, 2003). Im US-amerikanischen Kontext sind Verfahren zur reliablen und validen Messung von Integrität vorhanden. In Deutschland sind nur wenige, wissenschaftlich gut fundierte Verfahren auf dem Testanbietermarkt erhältlich. Dazu zählen beispielsweise das gut untersuchte *PIT-Persönlichkeitsinventar* (http://www.pit-test.com/) sowie der weniger gut untersuchte Test *squares* von Cut-e GmbH (http://www.cut-e.de/home/). Mit dem IBEP, dem Inventar berufsbezogener Einstellungen und Selbsteinschätzungen (von B. Marcus, in Hossiep & Bräutigam, 2007) liegt ein weiteres Verfahren vor, welches allerdings kritisch diskutiert wird (ebenda). Einige Autoren plädieren für die „verdeckte Erhebung" der Integrität (Ones, Viswesvaran & Schmidt, 2003), Akzeptanzprobleme sind aber wahrscheinlich.

Barrick und Mount (2009) verweisen weiterhin auf die Bedeutung der *emotionalen Stabilität* und der *Gewissenhaftigkeit* als Prädiktoren des Arbeitsverhaltens. So zeigen die genannten Persönlichkeitsfaktoren *substanzielle und negative Zusammenhänge mit kontraproduktivem Verhalten* (z.B. Sabotage) sowie *positive mit OCB* (Organizational Citizenship Behavior; mehr tun als erforderlich; zuverlässig und hilfsbereit zu sein). Gewissenhaftigkeit ist u.a. ein Faktor der sogenannten Big-Five-Faktoren der Persönlichkeit (Costa & McCrea, 1992).

Es wäre natürlich falsch zu behaupten, dass die Persönlichkeit der Akteure gewissermaßen „die Hauptrolle spielte". Organisationale Faktoren tragen ganz wesentlich dazu bei, davon ist nun die Rede.

5 Organisationales Handeln

Gerade Experten des Compliance Managements betonen die besondere Bedeutung der Unternehmenskultur für diesen Bereich (Bildat & Behringer, 2016). In der Organisationskultur muss eine Null-Toleranz-Politik gegenüber destruktivem Führungsverhalten etabliert sein (Badura et al., 2011; Giacalone & Promislo, 2013; Kazen & Kuhl, 2011; Knoblach & Fink, 2012). Destruktives Führungsverhalten hängt beispielsweise deutlich zusammen mit kontraproduktivem Arbeitsverhalten der Mitarbeiter (metaanalytischer Befund der *overall correlation*: ρ =.38; Schyns & Schilling, 2013).

Neben den genannten Persönlichkeitsvariablen sind es auch organisationale Größen, die doloses Verhalten wahrscheinlich machen. Extremer Druck und Leistungsanforderungen sowie destruktives Führungsverhalten können zu Non-Compliance beitragen. Stärkere Kontrollen können außerdem – obgleich ggf. sinnvoll – im Zuge sogenannter „Systemfallen" kontraproduktiv sein. Im Bereich der Führungskräfteauswahl müssen Integrität und ethisch vertretbares Verhalten zentrale Kriterien sein.

Transformationales Führen

Ferner ist das Fördern von transformationalem Führungsverhalten angezeigt. Zu diesem Verhalten gehören die individuelle Unterstützung, intellektuelle Stimulierung und die Inspiration der Mitarbeiter. Zwingmann et al. (2014) konnten in einer internationalen Studie sogar positive Effekte auf die Mitarbeitergesundheit nachweisen. Experten des Compliance Managements betonen auch häufig das Thema Vertrauen zu Mitarbeitern, welches im Unternehmen besonders durch Führungskräfte gezeigt werden müsse (Behringer & Bildat, 2016; Colquitt & Salam, 2009).

Auch für den Bereich der Personalentwicklung lassen sich Implikationen ableiten. Destruktives Führungsverhalten sollte über geeignete Stellen gemeldet werden können (Keller Hansbrough & Jones, 2014; Deutsche Gesellschaft für Personalführung, 2011). Hier muss aber betont werden, dass (Zeit-) Druck und „Leistungsspiralen" ebenfalls zum Entstehen von Non-Compliance beitragen können, so wie im o.g. Fraud-Triangle dargestellt („Druck").

Systemfallen

Wir möchten an dieser Stelle auch auf mögliche „Systemfallen" des Compliance Managements jenseits der Persönlichkeit hinweisen, dazu ein Gedanke: Wenn Compliance Management auch über die Durchsetzung von Regeln durch hierarchische Machtausübung (Verordnungen, Anweisungen etc.) realisiert wird, so kann dies Reaktanz, Unsicherheit, Ängste und damit ein Bedürfnis nach Reduktion dieser als unangenehm erlebten Zustände auslösen. Führungskräfte könnten sich durch allzu rigide empfundene Vorschriften „gegängelt" und in ihrem Entscheidungsspielraum eingeengt fühlen.

Dies kann in der Folge zu genau dem Verhalten führen, welches eigentlich bekämpft werden sollte (deviantes/doloses Verhalten). Negatives Verhalten kann zudem verstärkt werden durch die Umgehung negativ-anstrengender Umwege/Prozesse bzw. der direkten Belohnung durch illegal verschaffte Vorteile. Dies macht u.U. Compliance-Maßnahmen "härter", welches wiederum zu noch problematischerem Verhalten führt. So wäre ein Teufelskreis etabliert („performativer Widerspruch"; von Ameln & Kramer, 2012; Thiel, 2011). Abbildung 8 zeigt dies.

Eine Lösung bestünde darin, hierarchieorientierte Machtausübung seitens der Führungskräfte in Richtung positiv-partizipative Einflussnahme zu entwickeln (von Ameln & Kramer, 2012), also die Veränderung des Führungsverständnisses in Richtung transformationalen Führens zu stärken (s.o.). Das wird natürlich nicht ohne eine Veränderung der Unternehmenskultur möglich sein. Für die Personalauswahl von Führungskräften bedeutet dies u.a., dass Integrität und „compliancekompetentes" Verhalten Auswahlkriterien sein müssen. Diese können im Rahmen moderner Maßnahmen valide erfasst werden (im Überblick etwa Schuler & Kanning, 2014, s. auch das Kapitel Personalauswahl sowie das Kapitel Führung in diesem Band). Eine gute Übersicht über compliance-

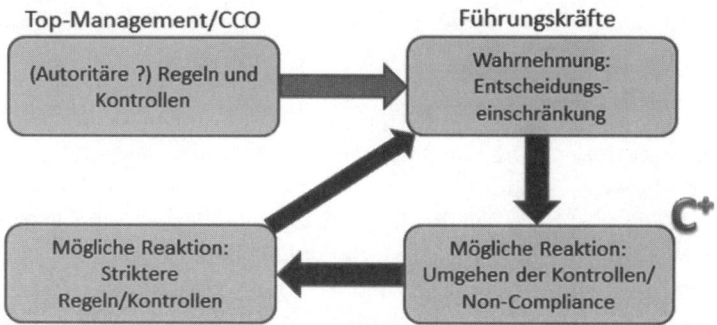

Abb. 8: „Performativer Widerspruch" im Compliance Management als Teufelskreis (adaptiert nach von Ameln und Kramer, 2012). C+ = positive Verstärkung von Non-Compliance

bezogene Handlungsfelder in der Personalarbeit bietet das Praxispapier *Compliance und Personalmanagement* der Deutschen Gesellschaft für Personalführung (2011).

Fazit

Im Rahmen der Personalauswahl sollten moderne Verfahren eingesetzt werden, um Personen mit (un-) erwünschten Charakteristika herauszufiltern. Die Organisationskultur sollte Null-Toleranz für destruktives Führungsverhalten aufweisen, aber auch weniger Druck und „Leistungsspiralen" zulassen. In der Personal- und Organisationsentwicklung plädieren wir schließlich für das Fördern von transformationalem Führungsverhalten und Vertrauen.

6 Kompetenzen im Compliance Management

Wie bereits anklang, ist das Compliance Management eingebettet in „multiple Problemlagen" hoch komplexer Natur. Welche überfachlichen Kompetenzen und Persönlichkeitsmerkmale sind für das erfolgreiche Arbeiten in diesem Bereich wichtig?

Dazu wurden in einem Forschungsprojekt der NORDAKADEMIE und der EBC Hochschule Hamburg (Bildat & Behringer, 2016) 25 Experten des Compliance Managements in einem leitfadengestützten Interview zu sogenannten KSAOs befragt (Knowledge, Skills, Abilities, Other work related characteristics; Campion et al., 2011). Von Interesse waren ferner typische Tätigkeitsmerkmale (Bildat & Schmidt, 2014), die das Compliance Management charakterisieren (vgl. auch das Kapitel Tätigkeitsanalyse und Kompetenzmodellierung in diesem Band).

Einige Ergebnisse

Emotionale Stabilität, Gewissenhaftigkeit und Einflussmotivation wurden als wichtige Personmerkmale erachtet. Außerdem wurden Kompetenzen als besonders bedeutsam eingeschätzt, die ein hohes Maß an Kommunikation erfordern: Führen und Entscheiden, Unterstützen und Kooperieren sowie Interagieren und Präsentieren.

Expertinnen und Experten des Compliance Managements sehen emotionale Stabilität, Gewissenhaftigkeit und Einflussmotivation als wichtige Personmerkmale für ihre Tätigkeit an. Hinzu kommen überfachliche Kompetenzen, die ein hohes Maß an Kommunikation erfordern: Führen und Entscheiden, Unterstützen und Kooperieren sowie Interagieren und Präsentieren. Diese Kriterien allerdings tauchten im Rahmen der eigenen Auswahl für die Stelle nicht oder kaum auf.

Diejenigen Kriterien, die von den Experten bezüglich der eigenen Auswahl für die Position ausschlaggebend waren, zeigen keine gute Übereinstimmung zu den von den Interviewpartnern als wichtig erachteten. Das bedeutet, dass die Kriterien, die bedeutsam in der täglichen Arbeit sind, im Rahmen der Personalauswahl für die Arbeit im Compliance-Management nicht oder kaum auftauchen.

Inhaltsanalysen ergaben ferner eine große Bandbreite bezüglich der Rollenkonflikte. Sie reichte von „nicht vorhanden" bis hin zu „stark". 17 von 25 Interviewpartnern allerdings erlebten explizit Rollenkonflikte. Ein Beispiel war die Aussage, dass man als Compliance Manager „anderen viel Arbeit mache" und u.U. auch einmal jemandem „das

Geschäft verhagele". Die Unternehmenskultur wurde generell als sehr wichtig erachtet, ebenfalls die „menschliche" Seite des Compliance Managements.

Die Rolle des Human Resource Managements wurde sehr unterschiedlich bewertet. Zum einen wurde sie als sehr positiv eingeschätzt, zum anderen gab es klare Hinweise auf massive Defizite bis hin zu Animositäten zwischen den Bereichen Compliance Management und Human Resource Management. Die Mehrheit der Befragten (13 von 25) schätzte die Rolle des Human Resource Managements als z.T. sehr problematisch ein. Vielfach wurde das sogenannte „Silodenken" beider Seiten bemängelt sowie auf fehlende Kenntnisse von Geschäftsprozessen und „Entfremdung" der Arbeit seitens der HR-Experten hingewiesen. Experten des Personalbereichs seien, so einige der Interviewpartner, teilweise einfach zu weit weg vom operativen Geschäft und „völlig entfremdet".

> 17 von 25 interviewten Experten erleben Rollenkonflikte, die nachweislich schädlich für Mitarbeiter sein können. Eine Mehrheit der Befragten schätzte die Rolle des Human Resource Managements als z.T. sehr problematisch ein. Führungskräften kommt in der Verbreitung von Compliancekultur eine zentrale Bedeutung zu. Erfolgsindikatoren waren beispielsweise die erfolgreiche Implementierung von Compliance Managementsystemen, eine positive Wahrnehmung im Unternehmen und eine gute Präventionsarbeit.

Im Interview wurde auch nach der Rolle der Führungskräfte und der damit zusammenhängenden Unternehmenskultur gefragt. Hier wurden drei Kategorien identifiziert: Compliance durch Top-Management voranbringen/als Vorbilder agieren; Vertrauen schaffen und generelles Etablieren von Compliance-Prozessen aktiv unterstützen. Diese Aspekte wurden bereits weiter oben ausführlich diskutiert.

Aussagen zum Erfolg im Compliance-Management konnten in diese Kategorien unterteilt werden:

- Eine positive Wahrnehmung des Compliance-Managements/der Unternehmenskultur erreichen.
- Die Compliance-Management-Systeme und Prozesse erfolgreich implementieren
- Eine gute Prävention/Prophylaxe leisten.
- Die Personalentwicklung fördern (Trainings in diesem Bereich anbieten).
- (Nicht-) Messbarkeit: einige Interviewpartner waren von der prinzipiellen Nicht-Messbarkeit überzeugt.

Die Implikationen für die Bereiche Personalauswahl und Personalentwicklung für Experten des Compliance Managements sind klar: Beispielsweise sollten in (situativen) Einstellungsinterviews die genannten überfachlichen Kompetenzen abgefragt werden. Im Rahmen von Personalentwicklungsmaßnahmen sollten kommunikative Kompetenzen ebenso wie der Umgang mit Rollenkonflikten thematisiert werden. Schließlich bleibt zu hoffen, dass die Bereiche Compliance Management und Human Resource Management mehr und professioneller zueinander finden und gemeinsame Arbeitsfelder identifizieren. Der Nutzen für Unternehmen liegt hier auf der Hand.

7 Zusammenfassung des Kapitels

Das Kapitel begann mit einer Skizze der praktischen Relevanz von Wirtschaftskriminalität. Hier wurde deutlich, dass diese „white collar-crimes" eher rückläufig sind, aber dennoch immensen Schaden anrichten. Es folgte ein Blick auf die Compliance in der

Unternehmenspraxis, dies wurde u.a. durch den Hinweis auf die Ursprünge in der Medizin und später dann in der Finanzdienstleistungsbranche eingeführt. Durch medienwirksame Skandale ist das Thema verstärkt in die Öffentlichkeit gekommen. Compliance wird verstanden als die Gesamtheit der Maßnahmen, die ein Unternehmen ergreift, um sicherzustellen, dass die extern vorgegebenen Regeln eingehalten werden. Des Weiteren wurde auf Charakteristika von Wirtschaftskriminalität und Wirtschaftskriminellen eingegangen. Hier wurden frühe anthropologische Theorien mit ihren z.T. kruden Annahmen über „typische Verbrecher" vorgestellt. Elaborierter erscheint die dann eingeführte ökonomische Theorie der Kriminalität von Gary S. Becker, dessen grundlegende Idee ist, dass Menschen Entscheidungen nach einem ökonomischen Kalkül treffen. Sie wägen Kosten und Nutzen ab und entscheiden sich schließlich für nutzbringende Alternativen. Weitere Aspekte wirtschaftskriminellen Handelns wurden mit Hilfe des sogenannten Fraud-Triangels beleuchtet, bei dem der Anreiz zur Tat, der Druck und die innere Rechtfertigung im Mittelpunkt stehen. Im Modell der Korruption nach Rabl wurden psychologische Vorbedingungen zur eigentlichen Tat auf Basis eines bekannten sozialpsychologischen Modells gezeigt. Besonders in der Handlungsvorbereitung spielen die Einstellung zum Handeln, die subjektive Norm und die wahrgenommene Handlungskontrolle eine Rolle. Gemeinsamkeiten der Modelle wurden ebenfalls skizziert.

Der Abschnitt Persönlichkeit und Compliance nahm wieder Rekurs auf individuelle Charakteristika. Hier wurde die Bedeutung des Narzissmus und Machiavellismus betont. Integrität als positiver „Kern" von Compliance war Thema des folgenden Abschnittes, es kann als Persönlichkeitsmerkmal aber auch als Merkmal einer Organisationskultur verstanden werden. Organisationales Handeln fokussierte den Blick auf Führungskräfte. Es gibt Grund zur Annahme, dass beispielsweise Transformationale Führung erlebter Ungerechtigkeit entgegenwirken kann. Es bestehen „Systemfallen" des Compliance Managements jenseits der Persönlichkeit, denn die Durchsetzung von Regeln durch hierarchische Machtausübung kann Reaktanz und doloses Verhalten selbst hervorbringen, ein Teufelskreis entsteht.

Schließlich wurden berufsbezogene Kompetenzen im Compliance Management auf Basis einer qualitativen Studie skizziert. Von Akteuren in diesem Feld werden diejenigen Kompetenzen als besonders bedeutsam eingeschätzt, die ein hohes Maß an Kommunikation erfordern, dazu zählen beispielsweise Führen und Entscheiden sowie Unterstützen und Kooperieren. Die Mehrzahl der befragten Compliancemanager erleben in ihrem Tun Rollenkonflikte. Die naheliegende Zusammenarbeit zwischen dem betrieblichen Compliance Management und dem Human Resource Management wurde insgesamt als eher kritisch und als sehr ausbaufähig eingeschätzt.

8   Fragen zur Vertiefung

1. Beschreiben Sie das sogenannte Fraud-Triangle.
2. Welche personbezogenen Faktoren machen auf Seiten der Akteure doloses Handeln/mangelnde Compliance wahrscheinlich?
3. Welche Rolle spielt die Unternehmenskultur bezüglich der Einhaltung von Regeln?
4. Nehmen Sie hierzu Stellung: Compliance Manager sollten vor allem sehr gewissenhaft und emotional stabil sein.

Literatur

Ajzen, I. & Madden, T. J. (1986). Prediction of goal directed behavior: attitudes, intentions and perceived behavioral control. *Journal of Experimental Social Psychology, 22*, 453-74.

Austin, E. J., Farrelly, D. Black, C. & Moore, H. (2007). Emotional Intelligence, Machiavellianism and emotional manipulation: Does EI have a dark side? *Personality and Individual Differences, 43*, 179-189.

Badura, B., Ducki, A., Schröder, H., Klose, J. & Macco, K. (Hrsg.) (2011). Fehlzeiten-Report 2011. *Führung und Gesundheit. Zahlen, Daten, Analysen aus allen Branchen der Wirtschaft*. Berlin: Springer.

Barrick, M. K. & Mount, M. R. (2009). Select on Conscientiousness and Emotional Stability. In E. A. Locke (Ed.), *Handbook of Principles of Organizational Behavior* (pp. 19-39). Chichester: Wiley.

Bartram, D. & Glennon, R. (2011). *'Right for the moment' leadership*. SHL White Paper 2012. Thames Ditton: SHL Group Ltd.

Becker, G. S. (1968). Crime and Punishment. An Economic Approach. *Journal of Political Economy, 76*, 169-217.

Becker, W. & Holzmann, R. (2011). Verhaltensannahmen betriebswirtschaftlicher Theorien und Wirtschaftskriminalität. *Zeitschrift für Wirtschafts- und Unternehmensethik, 12*, 354-376.

Behringer, S. (Hrsg.) (2012). *Compliance für KMU. Praxisleitfaden für den Mittelstand*. Berlin: Erich Schmidt.

Ders. (2014). Das Fraud-Triangle. Motive für wirtschaftskriminelle Handlungen in Unternehmen. *WiSt Zeitschrift für Wirtschaftswissenschaftliches Studium, 7*, 359-364.

Behringer, S. & Bildat, L. (unveröffentlichte Daten). *Kompetenzmodellierung im Compliance Management*. Nordakademie Elmshorn (University of Applied Sciences) und EBC Hochschule Hamburg (University of Applied Sciences). Elmshorn und Hamburg.

Bierhoff, H.-W. (2014). Narzisstische Persönlichkeit. Eindrucksbildung und Selbstdarstellung im Internet. *Report Psychologie, 39*(10), 394-404.

Bildat, L. & Martin, C. (2016). Spieglein, Spieglein an der Wand: Narzissmus, führungsrelevante Personvariable und Intelligenz. Eine Untersuchung bei Studierenden wirtschaftsnaher Studiengänge. Vortrag zur 20. Fachtagung der GWPs, 26.-27.02. Euro-FH Hamburg.

Bildat, L. & Schmidt, M. (2014). Persönlichkeit, Tätigkeitsmerkmale und berufliche Kompetenzen. *Arbeit, 1*(23), 37-51.

Blau, P. M. (1955). *The dynamics of bureaucracy*. Chicago: University of Chicago.

Bundeskriminalamt (2014). *Wirtschaftskriminalität, Bundeslagebild 2014*. Wiesbaden.

Bungartz, O. (2014). *Handbuch Interne Kontrollsysteme*. 2014. Berlin: Erich Schmidt.

Bussmann, K.-D. (2016). *Wirtschaftskriminologie. Grundlagen – Markt- und Alltagskriminalität*. München: Vahlen.

Campbell, W. K., Hoffman, B. J., Campbell, S. M. & Marchisio, G. (2011). Narcissism in organizational contexts. *Human Resource Management Review, 21*, 268-284.

Campion, M.A., Fink, A. A., Ruggenberg, B. J. Carr, L., Phillips, G.M. & Odman, R. B. (2011). Doing competencies well: Best practices in competency modeling. *Personnel Psychology, 64*(1), 225-262.

Chatterjee, A. & Hambrick, D. C. (2007). It's all about me: Narcissistic chief executive officers and their effects on company strategy and performance. *Administrative Science Quarterly, 52*, 351-386.

Colquitt, J. A. & Salam, S. C. (2009). Foster Trust through Ability, Benevolence, and Integrity. In E. Locke (Ed.), *Handbook of Principles of Organizational Behavior. Indispensable Knowledge for Evidence-Based Management* (pp. 389-404). 2nd edition. Chichester: John Wiley.

Cooter, R. B. & Ulen, T. (2013). *Law and Economics*. 6. Auflage. Harlow: Pearson.

Costa, P. T. & McCrea, R. R. (1992[a]). Four ways five factors are basic. *Personality and Individual Differences, 13*, 653-665.

Cressey, D. R. (1950). The criminal violation of financial trust. *American Sociological Review, 15*, 738-743.

Dammann, G. (2007). *Narzissten, Egomanen, Psychopathen in der Führungsetage. Fallbeispiele und Lösungswege für ein wirksames Management*. Bern: Haupt.

Deutsche Gesellschaft für Personalführung e. V. (Hrsg.) (2011). *Compliance und Personalmanagment*. PraxisPapier 4. Düsseldorf.

Dubinsky, A. J. & Loken, B. (1989). Analyzing Ethical Decision Making in Marketing. *Journal of Business Research, 19*(2), 83-107.

Friedrichs, D. O. (2010). *Trusted Criminals. White collar crime in contemporary society*. 4. Auflage. New York: Cengage.

Fassbender, P. & Graf, O. (2014). *Investigative Psychologie für die Unternehmenspraxis*. 1. Auflage. Leipzig: Amazon Create Space Publishing.

Furnham, A. Richards, S. C. & Paulhus, D. L. (2013). The Dark Triad of Personality: A 10 Year Review. *Social and Personality Psychology Compass*, 7/3, 199-216.

Giacalone, R. A. & Promislo, M. D. (Eds.) (2013). *Handbook of Unethical Work Behavior. Implications for Individual Well-Being*. Armonk: Sharpe.

Giersberg, G. (2016). Tatort Arbeitsplatz: 100 Milliarden Euro Schaden. *Frankfurter Allgemeine Zeitung* vom 6. Juli 2016, S. 24.

Handelsblatt (2014). *Nach dem Middelhoff-Urteil: Warum mächtige Menschen sich selbst überschätzen*. Handelsblatt vom 18. November 2014, http://www.handelsblatt.com/unternehmen/handel-konsum gueter/nach-dem-middelhoff-urteil-warum-maechtige-menschen-sich-selbst-ueberschaetzen/10992492.html.

Hein, R. (2016). *Erfolg im Compliance-Management*. Wiesbaden: Springer.

Hossiep, R. & Bräutigam, S. (2007). Inventar berufsbezogener Einstellungen und Selbsteinschätzungen (IBES) von B. Marcus. *Zeitschrift für Personalpsychologie, 6*(2), 85-90.

Hough, L. & Dilchert, S. (2010). Personality. Its Measurement and Validity for Employee Selection. In J. L. Farr & N. T. Tippins (Eds.), *Handbook of Employee Selection* (pp. 299-319). New York: Routledge.

Keller Hansbrough, T. & Jones, G. E. (2014). Inside the Minds of Narcissists. How Narcissistic Leaders' Cognitive Processes Contribute to Abusive Supervision. *Zeitschrift für Psychologie*, 214-220.

Kerényi, K. (1988). *Die Mythologie der Griechen. Band I: Die Götter- und Menschheitsgeschichten*. München: dtv.

Kish-Gephart, J., Harrison, D. A. & Trevino, L. K. (2010). Bad apples, bad cases, and bad barrels: Meta-analytic evidence about sources of unethical decisions at work. *Journal of Applied Psychology, 95,* 1-31.

Knoblach, B. & Fink, D. (2012). Konstruktivismus, Macht und die Realität der Manager. In B. Knoblach, T. Oltmans, I. Hajnal & D. Fink (Hrsg.), *Macht in Unternehmen. Der vergessene Faktor* (S. 13-25). Wiesbaden: Gabler.

KPMG International Cooperative (2011). *Who is the typical fraudster?* KPMG International. Online-Abruf am 07.04.2015 unter https://www.kpmg.com/IS/is/utgefidefni/greinar-og-utgefid/Documents/Who_is_the_typical_fraudster.pdf

KPMG International Cooperative (2013). *Global profiles of the fraudster. White collar crime - present and now?* KPMG International. Online-Abruf am 07.04.2015 unter http://www.kpmg.com/US/en/IssuesAndInsights/ArticlesPublications/Documents/global-profiles-of-the-fraudster-web.pdf

Kury, H. (2007). *Geschichte der Kriminologie in Europa*. In H. J. Schneider, Internationales Handbuch der Kriminologie, Band I: Grundlagen der Kriminologie (S. 53-98). Berlin: De Gruyter.

Linssen, R., Litzcke, S. & Schön, F. (2011). Korruption in der Polizei. Erscheinungsfirmen, Rechtfertigungen, Motive. *Kriminalstatistik, 7,* 454–459.

Lösler, T. (2003). *Compliance im Wertpapierdienstleistungskonzern*. Berlin: De Gruyter.

O'Boyle, E. H. Jr., Forsyth, D. R., Banks, G. C. & McDaniel, M. A. (2012). A metaanalysis of the Dark Triad and work behavior: A social exchange perspective. *Journal of Applied Psychology, 97,* 557-579.

Ones, D. S., Viswesvaran, C. & Schmidt, F. S. (2003). Personality and Absenteeism: A Meta-Analysis of Integrity Tests. *European Journal of Personality, 17,* 19-38.

Paulhus, D. L. & Williams, K. M. (2002). The Dark Triad of personality: Narcissism, Machiavellianism, and psychopathy. *Journal of Research in Personality, 36,* 556-563.

Pies, I. (1998). Theoretische Grundlagen demokratischer Wirtschafts- und Gesellschaftspolitik – der Beitrag Gary Beckers. In I. Pies & M. Leschke, *Gary Beckers ökonomischer Imperialismus* (S. 1-29). Tübingen: Mohr Siebeck.

Rabl, T. (2011). Wie Korruption entsteht – Eine Analyse der Entscheidungsprozesse korrupter Akteure. In T. Kliche & S. Thiel (Hrsg.), *Korruption. Forschungsstand, Prävention, Probleme* (S. 361-381). Lengerich: Pabst.

Rest, J. R. (1984). The Major Components of Morality. In M. Wiliam & J. M. Gerwitz, *Morality, moral behavior, and moral development*. New York: Wiley.

Rotsch, S. (2011). Korruptionsprävention in Unternehmen – Möglichkeiten und Grenzen. *Zeitschrift für Internationale Strafrechtsdogmatik, 6,* 155-159.

Rotsch, T. (2015). Criminal Compliance – Begriff, Entwicklung und theoretische Grundlegung. In T. Rotsch, *Criminal Compliance*. Baden-Baden: Nomos.

Schneider, H. J. (1987). *Kriminologie. Eine Grundlegung*. Berlin: De Gruyter.

Schuler, H. & Kanning, U. P. (2014). *Lehrbuch der Personalpsychologie.* Göttingen: Hogrefe.

Schyns, B. & Schilling, J. (2013). How bad are the effects of bad leaders? A meta-analysis of destructive leadership and its outcomes. *The Leadership Quarterly, 24,* 138-158.

Sutherland, E. H. (1940). White-collar Criminality. *American Sociological Review, 5,* 1-12.

Thiel, S. (2011). Korruptionsbekämpfung zwischen Effizienzismus und Moralismus. In T. Kliche & S.Thiel (Hrsg.), *Korruption. Forschungsstand, Prävention, Probleme* (S. 337-357). Lengerich: Pabst.

von Ameln, F. & Kramer, J. (2012). Macht und Führung. Gedanken zur Führung in einer komplexer werdenden Organisationslandschaft. *Gruppendynamik und Organisationsberatung, 43*(2), 189-204.

World Health Organization (2015). *International Statistical Classification of Diseases and Related Health Problems 10th Revision.* [Online-document] available http://apps.who.int/classifications/icd10/browse/2014/en#/ Abrufdatum 20.05.15

Zwingmann, I., Wege, J. Wolf, J., Wolf, S. Rudolf, M., Schmidt, M. & Richter, P. (2014). Is transformational leadership healthy for employees? A multilevel analysis in 16 nations. *Zeitschrift für Personalforschung, 28*(1-2), 24-51.

Berufsfelder für Wirtschaftspsychologen im Personalmanagement

Tim Warszta & Jan Westensee

1   Einführung

Die Einsatzmöglichkeiten für Absolventen wirtschaftspsychologischer Studiengänge sind vielfältig. Um Perspektiven für Wirtschaftspsychologen im Personalbereich aufzuzeigen, wird in diesem Kapitel zunächst ein Überblick zum Thema HR-Architektur, also dem Aufbau von Personalabteilungen, gegeben. Auf Basis dessen werden beispielhaft vier typische Tätigkeitsfelder im Personalwesen, in denen Wirtschaftspsychologen zum Einsatz kommen, vorgestellt.

Um die Berufsfelder anschaulich zu machen, werden diese überblicksartig vorgestellt und inhaltlich mit den vorangegangenen Kapiteln dieses Buches verknüpft. Ferner wird dargestellt, welche Inhalte, Anforderungen und konkrete Bedarfe Arbeitgeber im Rahmen ihrer Stellenausschreibungen zu den jeweiligen Berufsfeldern kommunizieren.

Grundlage der Aussagen über die Bedarfe und Aufgaben in den vorgestellten Berufsfeldern ist die Analyse von 159 Stellenanzeigen im September 2016. Die Anzeigen wurden inhaltlich hinsichtlich der Aufgaben und der gesuchten Kompetenzen analysiert und ausgewertet. Ein Großteil der ausgewerteten Stellenanzeigen adressiert Absolventen wirtschaftswissenschaftlicher und sozialwissenschaftlicher, also auch wirtschaftspsychologischer Studiengänge.

Für die verschiedenen Tätigkeitsfelder werden beispielhaft Berufsexperten als Rollenmodelle portraitiert, die Einblicke in ihren Arbeitsalltag gewähren, typische Situationen schildern und mögliche Wege in den Beruf aufzeigen. Ziel der Darstellung der verschiedenen Berufsfelder anhand von echten Rollenmodellen ist, den Leserinnen und Lesern dieses Kapitels eine realistische Tätigkeitsvorschau (Realistic Job Preview – RJP, Wanous, 1973) zu ermöglichen. Bekannt aus dem Recruiting ist die RJP nicht nur von großem Mehrwert für Unternehmen, die dieses Instrument nutzen, sondern insbesondere auch für die Personen, die sich mit Hilfe der RJP Einblick in ihnen bisher fremde Tätigkeitsfelder verschaffen. Tatsächlich finden weniger Eigenkündigungen statt, wenn in der Auseinandersetzung mit der Tätigkeit die Möglichkeit gegeben ist realistische Eindrücke aufzunehmen (Philipps, 1998).

2   Personalmanagement als interdisziplinäres Berufsfeld

Generell sind die Problemstellungen im Personalbereich interdisziplinärer Natur. Insbesondere wird Know-how aus den Wirtschaftswissenschaften, der Psychologie und den Verhaltenswissenschaften, den Rechtswissenschaften sowie der Informationstechnologie für eine erfolgreiche Arbeit im Personalmanagement benötigt.

Wirtschaftswissenschaften: Porter und Millar (1985) definierten die Personalfunktion als Hilfsprozess des Unternehmens und unterstrichen gleichsam die Bedeutung eines funktionierenden Personalmanagements für den Erfolg des Unternehmens. Ulrich (1997) verlangte in seinem Buch „The HR Value Proposition", dass das Personalmanagement eine mehr gestaltende und weniger verwaltende Rolle übernimmt und als strategischer *Partner des Business* auftritt. Mit dieser Rolle geht eine deutliche Betonung von wirtschaftswissenschaftlichem Know-how einher.

Psychologie: Die Psychologie und die Verhaltenswissenschaften steuern Wissen und Methoden in einer Reihe von Domänen bei. Für die Durchführung von Personalauswahl- und Potenzialanalyseprozessen stellt diagnostische Methodik und persönlichkeits-psychologisches Know-how die Grundlage dar. Ebenso stellt die Psychologie Erkenntnisse für die Motivation und Führung von Mitarbeitern bereit. Personal- und Führungskräfteentwicklung basieren in der Regel auf dem Einsatz von Lern- und Entwicklungstheorien. Eine professionelle unternehmensinterne Kommunikation und das Begleiten von Veränderungsprozessen basieren auf Wissen über die menschliche Informationsverarbeitung und das Verhalten von Individuen und Gruppen (z. B. in Change Prozessen).

Rechtswissenschaften: Ebenso leisten die Rechtswissenschaften einen Beitrag zum Personalmanagement. In der täglichen Praxis ist das Wissen um die Gesetze des Individualarbeitsrechts die Basis für rechtssichere Vertragsgestaltung oder auch die Umsetzung von disziplinarischen Maßnahmen (z. B. Abmahnung). Das Kollektivarbeitsrecht regelt die Befugnisse von Arbeitgeber und Arbeitnehmervertretern. Insbesondere in der Interaktion mit Betriebsräten und Gewerkschaftsvertretern ist Know-how im Kollektivarbeitsrecht von wichtiger Bedeutung. Wissen im Sozialversicherungs- und Steuerrecht wiederum ist entscheidend für die erfolgreiche Gestaltung von Vergütungssystemen.

Informationstechnologie: Im Rahmen der fortschreitenden Digitalisierung, auch des Personalbereichs, spielt IT-Know-how eine immer bedeutendere Rolle. Neben den klassischen Anwendungen zur Textverarbeitung, Tabellenkalkulation und Erstellung von Präsentationen werden Softwareprogramme zur Automatisierung verschiedener Personalprozesse immer wichtiger. Hierbei kann es sich um einzelne Programme z. B. zur Abwicklung der Lohn- und Gehaltsbuchhaltung handeln oder um komplexe Softwaremodule, die Enterprise Resource Planning (ERP) Systeme angegliedert sind. Von zunehmender Bedeutung ist ebenfalls das Know-how über Social Media-Applikationen, Datenbanken und lernende Algorithmen.

Sicherlich ist es kaum möglich, das oben angesprochene Wissen in einer Person zu vereinen. Auch wird das im Studium vermittelte Know-how in der Regel immer dominant sein. Jede Position im Personalbereich verlangt jedoch bis zu einem gewissen Grad interdisziplinäres Know-how. Diese positionsspezifische interdisziplinäre Kompetenz sollte im Job erworben werden, sofern dies in Ausbildung und Studium noch nicht geschehen ist.

Entlang des Mitarbeiterlebenszyklus (vgl. Abb. 1) wird für die verschiedenen Tätigkeitsfelder interdisziplinäres Wissen in unterschiedlichen Konstellationen gebraucht.

Als Beispiel für das Zusammenspiel des Wissens der verschiedenen Disziplinen kann der Recruitment-Prozess herangezogen werden. Dabei bringt die Betriebswirtschaftslehre Marketing-Know-how für die Segmentierung von Zielgruppen, die Auswahl von Kommunikationskanälen ein. Die Psychologie steuert eignungsdiagnostisches Know-how für die Personalauswahl bei. Aus den Rechtswissenschaften stammen Kenntnisse

Abb. 1: Mitarbeiterlebenszyklus (in Anlehnung an DGFP, 2009, S. 120)

zu Grundrechten, Datenschutz, Allgemeinem Gleichbehandlungsgesetz und den Befugnissen der Arbeitnehmervertretung. Die Informationstechnologie liefert das Basiswissen über Datenbanken und Suchalgorithmen sowie die Funktionsweise von Internet- und Social-Media-Applikationen sowie Bewerbermanagementsysteme.

3   Organisationsstrukturen im Personalbereich

Im Hinblick auf die Architektur von Personalabteilungen lassen sich der klassische Aufbau aus Personalsachbearbeitung, Personalreferat und Personalleitung auf der einen Seite und die neue HR-Architektur aus Service Center, Business Partnership und Centres of Excellence unterscheiden (vgl. Abb. 2).

Nach der klassischen HR-Architektur gliedert sich der Personalbereich in drei Ebenen. Die Personalsachbearbeitung übernimmt dabei alle administrativen Tätigkeiten im Personalbereich wie beispielsweise die Organisation von Veranstaltungen und Terminen, die Verwaltung der Personalakten, das Anfertigen von Dokumenten sowie das Führen der Korrespondenz. Die Ebene der Personalreferenten übernimmt anspruchsvolle Personalaufgaben wie beispielsweise das Führen von Personalgesprächen, die Rekrutierung von neuen Mitarbeitern sowie die Konzeption von Personalinstrumenten. Je größer die Personalabteilung ist, desto eher finden sich spezialisierte Aufgabenprofile wie beispielsweise „Personalreferent Recruitment". In den Händen der Personalleitung liegt die Ausarbeitung der Personalstrategie sowie die Betreuung der Geschäftsleitung und höheren Führungskräfte. Je nach Größe der Personalabteilung übernimmt die Personalleitung ebenfalls Fachaufgaben im Personalbereich.

Im vergangenen Jahrzehnt hat sich die HR-Architektur insbesondere in Großunternehmen gewandelt zum sogenannten Businesspartner-Modell (vgl. Sattelberger & Weckmüller, 2008). Diese ursprünglich von Ulrich (1997) vorgeschlagene Organisationsform teilt die Personalaufgaben in die drei Funktionsbereiche Shared Service Center, Business Partnership und Centres of Excellence ein.

Im Shared Service Center werden dabei Aufgaben zusammengefasst, die vorher bei den Personalsachbearbeitern bzw. bei den Personalreferenten lagen und für die sich bei

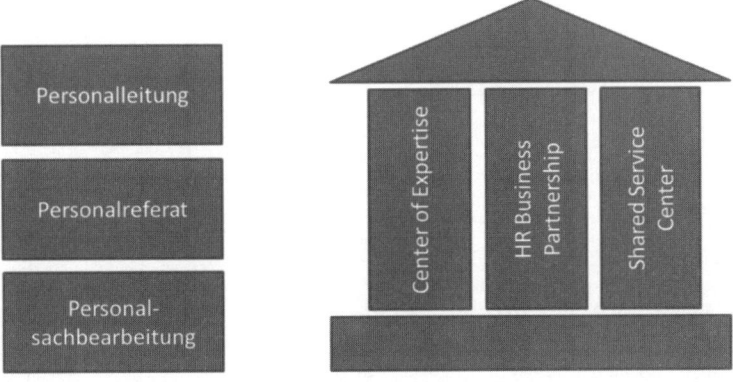

Abb. 2: Klassische HR-Architektur vs. Business Partner Modell (eigene Darstellung in Anlehnung an Ulrich, 1997)

Zusammenlegen positive Skalen- und Spezialisierungseffekte erzielen lassen. Beispielsweise handelt es sich hierbei um Aufgaben in der Personalrekrutierung oder auch Weiterbildung. Aufgaben der Personalverwaltung werden ebenfalls vom Shared Service Center erfüllt, jedoch versuchen die Unternehmen alle Verwaltungsaufgaben, die sich automatisieren lassen, durch entsprechende IT-Systeme abzubilden. Besonderer Fokus liegt dabei auf sogenannten Employee-Self-Services, durch die Mitarbeiter beispielsweise eigenständig Bescheinigungen ausdrucken oder Urlaub beantragen können.

HR-Business Partner haben die Aufgabe in direktem Kontakt mit den Führungskräften der Fachabteilungen zu arbeiten, deren Führungskräfte als strategischen Partner zu begleiten und diese zielgerichtet mit allen internen personalrelevanten Dienstleistungen zu versorgen. Hierfür greifen die Business Partner auf die Dienstleistungen der Shared Service Center zu oder beauftragen im Fall von komplexen oder neuen Bedarfen eines der Centres of Expertise.

In den Centres of Expertise werden für das Unternehmen oder einzelne Bereiche maßgeschneiderte HR-Lösungen entwickelt. Hierfür arbeiten jeweils die Experten für Personalentwicklung, Personalmarketing, Arbeitsrecht oder Vergütungssysteme an Konzepten, die dann von den Business Partnern vor Ort oder im Shared Service Center umgesetzt werden können.

4   Tätigkeiten im Personalbereich

Im Folgenden werden ausgewählte Berufe im Personalbereich sowie in verwandten Bereichen der Unternehmensberatung vorgestellt, die wirtschaftspsychologisches Know-how erfordern. Zu Beginn wird der Beruf jeweils beschrieben. Mit Blick auf den Stellenmarkt und die ausgewerteten Anzeigen werden nachfolgend Aufgaben und erforderliche Kompetenzen für das jeweilige Berufsfeld dargestellt. Es wird zudem ein Kurz-Interview mit einem in dem jeweiligen Beruf tätigen Wirtschaftspsychologen abgedruckt.

4.1   Recruiter/in als Beruf für Wirtschaftspsychologinnen und Wirtschaftspsychologen

4.1.1 Bedeutung der Position im Unternehmen / Personal

Recruitment beinhaltet Aktivitäten zur Identifikation und Anziehung von Arbeitnehmern. Ziel ist es, einen Pool von geeigneten Bewerbern zu generieren, aus dem das Unternehmen auswählen kann. Es gilt das Interesse der Bewerber an einer Tätigkeit für das Unternehmen zu verstärken, um letzten Endes dafür zu sorgen, dass ausgewählte Bewerber ein Jobangebot des Unternehmens annehmen (Saks, 2005). Unter dem Oberbegriff Recruitment sind in der betrieblichen Praxis oftmals alle Tätigkeiten in der Organisation subsummiert, die der Deckung des Personalbedarfes von extern dienen. Das *Recruitment* stellt insofern einen zentralen Stellhebel einer erfolgreichen Personalarbeit dar, da es dem Unternehmen den Produktionsfaktor Arbeit zuführt (vgl. Wöhe, Döring & Brösel, 2016). Ziel ist es, dem Unternehmen geeignete Arbeitskräfte für die jeweiligen

Positionen (Jung, 1999) zeitnah, zu vertretbaren Vertragskonditionen und zu vertretbaren Rekrutierungskosten zur Verfügung zu stellen. Dieses Ziel wird im Unternehmen von sogenannten Recruitern verfolgt. Die Personalrekrutierung selbst kann als komplexer Prozess beschrieben werden (Holm, 2012). Nicht selten sind Recruiter für den ganzen Prozess oder wenigstens Teilprozesse der Personalgewinnung verantwortlich. Wie spezialisiert oder generalistisch das Jobprofil eines Recruiters ausgestaltet ist, hängt maßgeblich von der Größe der Organisation ab.

4.1.2 Aufgaben

Die Aufgaben von Recruitern reichen dabei von der Anforderungsanalyse (vgl. Kapitel 1 dieses Bandes) bis zur Gestaltung von Onboardingmaßnahmen für die Integration der neu angeworbenen Mitarbeiter (vgl. Kapitel 4 dieses Bandes).

Anforderungsanalyse: Im Zuge der Anforderungsanalyse erstellen Recruiter gemeinsam mit den Fachabteilungen Anforderungsprofile. Hierbei ist es Aufgabe der Recruiter, in enger Zusammenarbeit mit den Führungskräften der Organisation zu ermitteln, welchen Anforderungen zukünftige Stelleninhaber gerecht werden müssen und welche Voraussetzungen sie dafür mitbringen sollten (Arbeitskreis Assessment Center, 2008).

Gestaltung der Personalwerbemaßnahmen: Aus den Anforderungsprofilen entwickeln Recruiter dann die Stellenanzeigen oder Ansprachen, mit denen die Organisation im weiteren Verlauf mit ihrer Zielgruppe in Kontakt treten wird. Neben der Erstellung dieser Kommunikationsmittel ist es auch Aufgabe des Recruitments passende Formate und Plattformen zu wählen, in und auf denen die Gesuche veröffentlicht werden. Für die Veröffentlichung gilt es die Zielgruppe im Fokus zu behalten und Stellenangebote dort zu platzieren, wo die jeweilige Zielgruppe optimal erreicht wird (Felser, 2010). Es zeigt sich, dass die Aufgaben von Recruitern in hohem Maße kommunikativer Natur sind. Sie sind es, die für potenzielle Mitarbeiter die Organisation personifizieren. Diese hohe repräsentative Bedeutung, die sich bereits in Forschungsergebnissen von Schmitt und Coyle (1976) zeigte, gilt heutzutage mehr denn je, da sich das Aufgabenprofil der Recruiter verändert hat. Zu ihren Aufgaben gehört die aktive Kontaktaufnahme zu Kandidaten, die aus Sicht der Organisation auf die ausgeschriebene Stelle passen. Dies kann entweder telefonisch erfolgen oder aber in den meisten Fällen mit Hilfe neuer Medien und Sozialer Netzwerke wie beispielsweise LinkedIn (Brickwedde, 2015). Ziel ist es dabei, sich bestmöglich in das Gegenüber hineinzuversetzen und mit Empathie und Begeisterungsfähigkeit die Vorzüge einer Zusammenarbeit zu vermitteln und den Kandidaten somit für das Unternehmen bzw. die Organisation zu gewinnen.

Bewerbermanagement und Bewerberkommunikation: Je größer der Pool an Bewerbern ist, mit denen Recruiter im Austausch stehen, desto größere Bedeutung kommt dem Bewerbermanagement zu. Der Recruiter muss permanent Zugriff auf den aktuellen Status der Bewerbung bzw. der Kommunikation zum Kandidaten haben, damit es bei Rückfragen aus den Fachabteilungen oder von den Kandidaten nicht zu Ungereimtheiten kommt. Im Rahmen des Bewerbermanagements muss ein Recruiter auch leisten, dass der Bewerber zu jeder Zeit adäquat über den Status seiner Bewerbung informiert ist. Bewerber sind eine sensible Zielgruppe mit besonderem Informationsbedarf (vgl. Saks & Uggerslev, 2010), dem Recruiter und Organisationen zufriedenstellend nachkommen sollten.

Personalauswahl: Im Zuge der Personalauswahl planen Recruiter Auswahlprozesse und führen diese gemeinsam mit Vertretern der Fachabteilungen und ggf. der Arbeitnehmervertretung durch. Dabei greifen Sie auf die breite Palette psychologischer Personalauswahlinstrumente wie beispielsweise Interviews, Tests und ggf. Assessment Center-Verfahren zurück (vgl. Kapitel 3 in diesem Buch).

4.1.3 Kompetenzen im Recruitment

Aus den oben beschriebenen Aufgaben eines Recruiters lässt sich erahnen, dass diesem vielseitigen Aufgabenprofil umfassende Kompetenzen zugrunde liegen. Tabelle 1 gibt einen Überblick über die benötigten Kompetenzen.

Tab. 1: Kompetenzen im Recruitment

Bereich	Kompetenzen
Wirtschaftswissenschaften	Marketing
Psychologie	Eignungsdiagnostik
Jura	Datenschutzgesetze, Allgemeines Gleichbehandlungsgesetz, Betriebsverfassungsgesetz
Informationstechnologie	Social Media, Datenbanken, Suchalgorithmen
Überfachliche Kompetenzen	Kommunikative Fähigkeiten, Dienstleistungsorientierung und Teamfähigkeit
Fremdsprachenkenntnisse	Englisch in Wort und Schrift
Unternehmensspezifische Kompetenzen	Hintergrundwissen über die gesuchten Berufsbilder

Fundierte Marketingkenntnisse helfen bei der Entwicklung von Werbestrategien, um die Zielgruppe anzusprechen und auf die vakante Position aufmerksam zu machen. Kenntnisse der Eignungsdiagnostik sind wichtig zur Durchführung von Anforderungsanalysen und Gestaltung der Personalauswahlprozesse. Für eine rechtssichere Gestaltung der Rekrutierungs- und Auswahlprozesse sind arbeitsrechtliche Kenntnisse in den Bereichen Datenschutz und Allgemeines Gleichbehandlungsgesetz wichtig. Für die Kooperation mit der Arbeitnehmervertretung im Zuge der Auswahl sollten deren aus dem Betriebsverfassungsgesetz resultierenden Rechte bekannt sein. Nicht zuletzt kommen im Rahmen der Vertragsverhandlung vertragsrechtliche Kenntnisse zum Tragen. Kenntnisse über Social Media-Applikationen, Datenbanken und die Anwendung von Suchalgorithmen sind für die digitale Personalrekrutierung von Bedeutung. Im Hinblick auf die zahlreichen innerbetrieblichen Schnittstellen sowie die Interaktion mit Bewerbern sind sozialkommunikative Fähigkeiten, Dienstleistungsorientierung und Teamfähigkeit wichtig. Abhängig davon, ob national oder international rekrutiert wird, sind Sprachkenntnisse (z. B. in Englisch) von Bedeutung. Zu guter Letzt sollten Recruiter ein Hintergrundwissen über die von ihnen zu besetzenden Positionen haben.

Interview mit Markus Dziewulak, Otto GmbH & Co.KG

Wer sind Sie und was steht auf Ihrer Visitenkarte?

Ich bin Markus Dziewulak und ich bin *Talent Sourcing Manager* bei der Otto GmbH & CO.KG. Intern nennt man uns die Trüffelschweine. *(lacht)*
Ausgeschrieben war meine Stelle damals als Personalreferent Recruiting, das steht so auch in meinem Vertrag.

Nennen Sie bitte einmal in wenigen Stichpunkten die wesentlichen Stationen Ihres Werdeganges und Ihren höchsten Abschluss.

Mein erster Schulabschluss war der Realschulabschluss, aber ich wollte weiter und so habe ich noch die Fachhochschulreife mit dem Schwerpunkt Informationsverarbeitung drangehängt. Es folgte eine kaufmännische Ausbildung zum Industriekaufmann, die zu meiner ersten Stelle als Sachbearbeiter im internationalen Vertrieb führte. Dann habe ich meinen Zivildienst abgeleistet und war noch ein gutes Jahr zum Work&Travel in Australien unterwegs, bevor ich mein Studium der Wirtschaftspsychologie an der Fachhochschule Westküste in Heide aufnahm. Dort habe ich dann den Personalschwerpunkt belegt und nach einem Praktikum im Recruitment endgültig das Berufsfeld für mich entdeckt. Meine Bachelorarbeit habe ich dann schon bei der Otto GmbH & Co. KG über *Active Sourcing* geschrieben. Der Kontakt war da, es passte sofort und so bin ich nach meinem Abschluss als Talent Sourcing Manager zu Otto gegangen.

Wo arbeiten Sie und wie sieht ein typischer Tag in Ihrem Job aus?

Seit meinem Bachelorabschluss bin ich jetzt bei der Otto Group in Hamburg.
Den typischen Tag gibt es tatsächlich gar nicht in meinem Job. Exemplarisch könnte er aber so aussehen: Die Kollegen aus dem Marketing haben Bedarf an einem Experten im Online Marketing angemeldet. Es findet ein Briefing-Gespräch mit meinem internen Auftraggeber statt, damit ich genau herausfinden kann, welches Profil die Kollegen suchen und welchen exakten Bedarf sie haben. Dabei gehe ich beispielsweise auf die erforderlichen Skills, das Mindset, gegebenenfalls Führungserfahrung und das zur Verfügung stehende Budget ein. Es folgt die Recherchearbeit. Dabei identifiziere ich Zielfirmen, ermittle, wie sich die gesuchten Experten nennen, und überlege mir, wie ich die geeigneten Kandidaten ansprechen und dazu bewegen kann zu meinem Arbeitgeber zu wechseln. Wenn ich geeignete Kandidaten identifiziert habe, dann greife ich zum Hörer und führe Telefonate. Ich bereite mich auf jeden Kandidaten genau vor und versuche zu antizipieren, wie ich die „latent Suchenden" für mein Angebot begeistern kann.
Zugegebenermaßen habe ich natürlich nie den Luxus jeden Fall so step by step der Reihe nach abzuarbeiten. Es sind normalerweise mehrere Aufträge, die ich parallel bearbeite, und so gehört es zum Tagesgeschäft immer zwischen den verschiedenen Projekten zu springen und sie mehr oder weniger gleichzeitig zu bearbeiten. Über das *Active Sourcing* hinaus kommen natürlich noch verschiedene aktuelle Projekte dazu, die ich ebenfalls bearbeite.

Was sind die Highlights und was sind die besonderen Herausforderungen Ihrer Tätigkeit?

Sehr viel Spaß macht es natürlich Menschen mit einem neuen Job glücklich zu machen. OTTO ist aus meiner Sicht ein großartiger Arbeitgeber und zu „verkaufen" und zu transportieren, dass wir hier einiges zu bieten haben, ist mein persönliches Highlight. Experten in einigen besonders gefragten Sparten zu finden, ist natürlich eine große Herausforderung. Um diese Personen kämpfen alle meine Marktbegleiter und treiben dazu beachtlichen Aufwand. Ich habe bei meinem Arbeitgeber zwar eine gute Arbeitgebermarke, die ich für meine Zwecke instrumentalisieren kann, aber dennoch ist es eine immense Herausforderung OTTO als möglichen Arbeitgeber in den Fokus einzelner Personen zu rücken, die branchenbedingt nie in Erwägung gezogen haben bei einem Handelsunternehmen zu arbeiten.

Welche Inhalte aus Ihrem Studium helfen Ihnen auch heute noch, Ihren Job richtig gut machen zu können, bzw. auf welches Wissen aus dem Studium greifen Sie heute noch regelmäßig zu?

Es gibt gar nicht „Das Ding" oder „Das Tool" aus dem Studium, bei dem ich denke „Mensch Markus, super, dass du das gelernt hast!". Es sind vielmehr die vielen kleinen Dinge und Inhalte, über die ich regelmäßig stolpere. Natürlich habe ich im Studium meine Fähigkeiten zur Gesprächsführung sehr gut entwickeln können, aber in jedem Gespräch komme ich an den Punkt, an dem ich mich mit der Bedürfnis- und Motivlage der Gesprächspartner auseinandersetze. Da sind dann motivationspsychologische, aber auch persönlichkeits- und sozialpsychologische Kenntnisse hilfreich, die mir sehr weiterhelfen. Ich muss mich nicht auf mein Bauchgefühl verlassen, sondern kann ganz gezielt wissenschaftlich fundierte Kenntnisse zur Anwendung bringen. Über die Zeit habe ich in meinem Job auch eine sehr gute Menschenkenntnis entwickelt und kann mit viel Empathie ganz genau herauskitzeln, wo ich ansetzen kann, um meine Argumente anzubringen.

Was muss ein Absolvent mitbringen, um in Ihrem Job erfolgreich sein zu können?

In meinem Job sollte man unbedingt sehr gerne sprechen wollen und das vor allem auch können. Dabei kommt es wirklich nicht auf die Quantität an – viel Reden allein führt nicht zum Ziel. Ich muss gezielt Inhalte vermitteln und über Fragen ein möglichst genaues Bild von meinem Gegenüber bekommen. Zuhören ist also auch eine ganz wichtige Komponente. Es geht am Ende nicht darum, den eigenen Arbeitgeber über den Klee zu loben, sondern Aspekte, die für den Gesprächspartner relevant sind, authentisch anzubringen und ihn auf diese Weise zu begeistern und letztlich zu überzeugen. Mein Ziel ist es, das Bedürfnis zu wecken, dass mein Gesprächspartner nach unserem Gespräch unbedingt bei OTTO arbeiten will und das ganz von sich aus. Ein gewisses Interesse fürs Recruiting und die Branche, in der man arbeiten möchte, muss auf jeden Fall vorhanden sein. Wenn man auf spezifische Rückfragen nicht vernünftig antworten kann, ist die Glaubwürdigkeit sonst ganz schnell dahin. Persönliche Eigenschaften wie Beharrlichkeit, Kreativität und Mut helfen einem sicherlich auch, um sich in meinem Bereich erfolgreich zu entwickeln.

4.2 Personalreferent/in / HR Business Partner als Beruf für Wirtschaftspsychologinnen und Wirtschaftspsychologen

4.2.1 Bedeutung der Position im Unternehmen

Tätigkeiten als Personalreferent können in der Praxis eine sehr unterschiedliche Schwerpunktsetzung beinhalten. Oftmals lautet die Berufsbezeichnung „Personalreferent/in für ..." wobei dann ein Spezialgebiet wie z.B. Personalentwicklung, Recruiting oder Personalcontrolling angefügt wird. Je nach Auslegung kann der Job des Personalreferenten einerseits eher breit und generalistisch angelegt sein, so dass der Stelleninhaber als Ansprechpartner für sehr unterschiedliche Themengebiete innerhalb der Personalabteilung verstanden wird. Andererseits kann derselbe Jobtitel auch eine sehr spezialisierte Tätigkeit beinhalten. In der Auseinandersetzung mit einer konkreten Stelle empfiehlt es sich, die Stellenanzeige dahingehend genau zu betrachten. Wird eher eine generalistische oder eine hochspezialisierte Person gesucht?

4.2.2 Aufgaben

Betreuung und Beratung: In Stellenanzeigen zeigt sich, dass die Beratung und Betreuung von Mitarbeitern und Führungskräften ein zentrales Element der Arbeit von Personalreferenten darstellt. Im Fokus der Kommunikation mit Mitarbeitern der Organisation können dabei je nach Schwerpunkt der Referentenstelle generelle Themen wie beispielsweise Fragen und Anliegen zu Arbeitszeit, Urlaub, rechtlichen Aspekten oder Krankmeldung stehen. Bei spezialisierten Personalreferenten ist das Themenspektrum fokussiert. Personalreferenten für Personalentwicklung werden eher Gespräche zu Themen wie beispielsweise Kompetenzprofilen, Nachfolgeplanung und Karriereentwicklung mit Beschäftigten führen (vgl. Krämer, 2012). Gemäß der Idee der „Business Partnership" (Ulrich, 1997) sind Personalreferenten wichtige Sparringspartner und Berater für Führungskräfte in der Organisation. Für die Führungskräfte sind Personalreferenten Dienstleister und Berater, wenn es beispielsweise darum geht ihr Team auf ein spezielles Ziel zu fokussieren, Fehlverhalten adäquat zu sanktionieren und für die arbeitsrechtliche Verwendung zu dokumentieren oder Potenzialträger zu identifizieren und zu entwickeln.

Projektmanagement: Zudem agieren Personalreferenten häufig auch als Projektmanager für verschiedene Personalprojekte. Ursprung vieler Personalprojekte sind Veränderungsprozesse, die eine Auswirkung auf die Beschäftigten oder die Personalarbeit haben. Neben der Umsetzung funktionaler Veränderungen gehören somit auch die Einbindung und die Information der von den Veränderungen betroffenen Beschäftigten zum Projektmanagement (Pfannenberg, 2009). John Kotter (2007) identifizierte in seinem Werk „Leading Change" unzureichende Kommunikation als häufig auftretende Ursache für gescheiterte Veränderungsprozesse. Für das Gelingen organisationaler Veränderungen kommt den Personalreferenten in ihrer Rolle als Projektmanager daher eine hohe Bedeutung zu.

Umgang mit Gremien der Arbeitnehmervertretung: Der vertrauensvolle Umgang mit Betriebsräten und anderen Gremien der Arbeitnehmervertretung ist ebenfalls Teil des Aufgabenspektrums von Personalreferenten. Im Spannungsfeld zwischen Arbeitgeber und Belegschaft liegt es in der Natur der Sache, dass Ansichten, Einschätzungen und Wahrnehmungen in Bezug auf verschiedene Sachverhalte differieren (Buchanan & Huczynski, 2017). In der Auseinandersetzung mit der Arbeitnehmervertretung ist es Aufgabe des Personalreferenten die Verhandlungen im Sinne des Arbeitgebers zu gestalten. Dazu gehört es die Position des Arbeitgebers zu vertreten, aber auch tragfähige Kompromisse einzugehen, die den Erfolg des Unternehmens langfristig sichern.

4.2.3 Kompetenzen im Personalreferat

Tab. 2: Kompetenzen im Personalreferat

Bereich	Kompetenzen
Wirtschaftswissenschaften	Projektmanagement, betriebswirtschaftliche Kenntnisse z.B. Ressourcenplanung,
Psychologie	Gesprächs-/ Verhandlungsführung,
Jura	Arbeitsgesetze, z.B. Tarifrecht, Sozialversicherungsrecht, MuSchG, TzBfG
Informationstechnologie	MS Office, Human-Resources-Information-Systems,
Überfachliche Kompetenzen	Kommunikative Fähigkeiten, Dienstleistungsorientierung und Teamfähigkeit, Durchsetzungsvermögen, Eigenständigkeit
Fremdsprachenkenntnisse	Englisch in Wort und Schrift
Unternehmensspezifische Kompetenzen	Hintergrundwissen über Strukturen, Hierarchien (formell & informell), Produkte und Märkte

Die Position des Personalreferenten ist eine akademisierte Stelle, die vorrangig mit berufserfahrenen Absolventen wirtschaftswissenschaftlich, psychologisch und/oder juristisch geprägter Studiengänge besetzt wird. In einigen Fällen qualifizieren sich Stelleninhaber über eine kaufmännische Ausbildung und eine entsprechende Weiterbildung.

Angesichts der beschriebenen Aufgaben des Personalreferats ist es somit kaum verwunderlich, dass in Stellenanzeigen Bewerber angesprochen werden, die sich durch überzeugende Kommunikationsfähigkeiten auszeichnen. In Verbindung mit ausgeprägter Sozialkompetenz sind die kommunikativen Fähigkeiten als Schlüsselkompetenz für erfolgreiche Verhandlungen mit Bewerbern und Betriebsräten sowie für gute Beratungsgespräche mit Organisationsangehörigen zu verstehen. Um in diskursiven Dialogen zu Ergebnissen zu kommen, die im Sinne der Organisation sind, wird gleichfalls auch ausgeprägte Durchsetzungskraft und Belastbarkeit vorausgesetzt.

Um eigene Projekte voranzutreiben und Prozesse kontinuierlich zu optimieren, ist eine mit Gewissenhaftigkeit und Verantwortungsbewusstsein kombinierte selbstständige Arbeitsweise von Vorteil und somit nachvollziehbares Einstellungskriterium. Diese Softskills sind hilfreich, wenn komplexe Aufgaben operationalisiert und planvoll bearbeitet werden. Um inhaltlich an die Fachabteilungen des Unternehmens anknüpfen zu können, sind betriebswirtschaftliche Kenntnisse z.B. in Kostenrechnung und Buchführung von Bedeutung (Boudreau & Ramstad 2007).

Gefragte „Hardskills" sind Kenntnisse in verschiedenen rechtlichen Themengebieten (Arbeits-, Sozialversicherungs-, Lohnsteuer-, Tarifrecht), die u.a. für die Erstellung von Arbeitsverträgen und -zeugnissen benötigt werden.

Durch zunehmende Digitalisierung in den Kernbereichen der Unternehmen steigt auch der Anspruch an digitale Lösungen im Human Resource Management. Personalreferenten benötigen daher neben Kenntnissen zu üblichen Office-Anwendungen der Textverarbeitung und Tabellenkalkulation auch Kenntnisse in sogenannten Human-Resources-Information-Systems, welche den Mitarbeiterlebenszyklus digital abbilden. Diese Programme können entweder eigenständige Applikationen sein oder Teil umfangreicher Enterprise-Resource-Planning-Systeme (ERP-Systeme) sein.

Henrike Jürs, Ramboll Management Consulting GmbH

Wer sind Sie und was steht auf Ihrer Visitenkarte?
Ich bin Henrike Jürs und ich bin HR-Business Partner bei Ramboll.

Nennen Sie bitte einmal in wenigen Stichpunkten die wesentlichen Stationen Ihres Werdeganges und Ihren höchsten Abschluss.
Zunächst habe ich eine Ausbildung zur Schifffahrtskauffrau gemacht, aber aus heutiger Sicht halte ich das nicht wirklich für relevant im Hinblick auf meine aktuelle Position. Im Anschluss habe ich Wirtschaftspsychologie studiert (Dipl.-Wirtschaftspsychologin (FH) und bin dann im Personalwesen eingestiegen. In meinem beruflichen Werdegang habe ich verschiedene Positionen in der Personalabteilung durchlaufen. Erst als Personalreferentin, dann als Senior Consultant HR und nun bin ich HR-Business Partner.

Wo arbeiten Sie und wie sieht ein typischer Tag in Ihrem Job aus?
Ich arbeite bei Ramboll, einem globalen Ingenieursdienstleistungs- und Beratungsunternehmen mit dänischem Hauptsitz.
Mein Tag ist sehr abwechslungsreich und gekennzeichnet durch vielfältige Herausforderungen. Diesen Alltag bewältige ich mit strukturierten Prozessen und einem breiten Netzwerk innerhalb und außerhalb des Konzerns.
An einem typischen Tag kläre ich rechtliche Fragestellungen, reflektiere eine Personalsituation mit einer Führungskraft, bereite einen Workshop vor, informiere über die Neuerung eines globalen HR-Prozesses, kläre Rahmenbedingungen einer Entsendung, berate mich mit meiner Mitarbeiterin über die beste Lösungsmöglichkeit einer akuten Problemstellung und stimme mich mit internationalen Kollegen über individuelle Vorgehensweisen ab. Meistens erstrecken sich meine Aufgaben über einen längeren Zeitraum: Die Integration eines akquirierten Unternehmens, die Reorganisation eines Unternehmensteils, die flächendeckende Einführung eines neuen Arbeitsvertragszusatzes – diese und vergleichbare Aufgaben fallen an und erfordern eine langfristige Denk- und Sichtweise.

Was sind die Highlights und was sind die besonderen Herausforderungen Ihrer Tätigkeit?

Ich verantworte die Personalarbeit in Deutschland vom Recruiting über operative HR-Prozesse bis zur Unterstützung von Führungskräften und dem Roll-out der konzernweiten HR-Prozesse und der HR-Strategie in Deutschland. Highlights sind für mich seit jeher, individuelle Lösungen für eine Problemstellung zu finden, die den Ansprüchen der Individuen, des Konzerns und den äußeren Rahmenbedingungen gerecht werden: die Etablierung neuer Prozesse, die erfolgreiche Rekrutierung, der gelungene Workshop. Alle Themen sind für mich bis heute spannend geblieben. Die Vielfalt ist zumeist auch die größte Herausforderung, weil ich immer den Überblick behalten muss.

Welche Inhalte aus Ihrem Studium helfen Ihnen auch heute noch, Ihren Job richtig gut machen zu können bzw. auf welches Wissen aus dem Studium greifen Sie heute noch regelmäßig zu?

Das Wissen aus meinen Studienfächern Eignungsdiagnostik, Arbeitsrecht und Organisationpsychologie wird bei mir heute noch angewandt und bildet die Grundlage meines heutigen Wissens. Auf dieser Grundlage habe ich seit Beendigung meines Studiums aufgebaut und neues Wissen angedockt.

Was muss ein Absolvent mitbringen, um in Ihrem Job erfolgreich sein zu können?

Ein solides Grundlagenwissen in Diagnostik, Organisationspsychologie und Arbeitsrecht sollte auf jeden Fall vorhanden sein. Bei vielen der Herausforderungen zeigt sich, dass Struktur und Lösungsorientierung dabei helfen, zu guten Ergebnissen zu kommen. Flexibel auf akute Gegebenheiten reagieren zu können, ist aber auch sehr wichtig. Viele der Aufgaben sind kommunikativer Natur und betreffen unterschiedliche Zielgruppen und Hierarchieebenen. Da ist es von Vorteil, gute kommunikative Fähigkeiten sowie Einfühlungs- und Durchsetzungsvermögen mitzubringen. Zu guter Letzt ist es wohl die Freude daran, Pläne und Konzepte in die Tat umzusetzen, die man unbedingt mitbringen sollte.

4.3 Personalentwickler/in als Beruf für Wirtschaftspsychologinnen und Wirtschaftspsychologen

4.3.1 Bedeutung der Personalentwicklung

In Zeiten knapper Humanressourcen gewinnt die Personalentwicklung zunehmend an Bedeutung. Sind bestimmte Kompetenzen am Arbeitsmarkt nicht zu beschaffen, bleibt Unternehmen nur die Entwicklung der eigenen Kräfte (Bröckermann & Müller-Vorbrüggen, 2010).

Neben dieser Betrachtung gibt es noch weitere Gründe, die dafür sprechen Zeit, Geld und Energie in die eigenen Mitarbeiter zu investieren. Neben produktivitätsfördernden Aspekten, der Erhaltung der Employability, der Gesundheit und dem Wissenszuwachs innerhalb des Unternehmens sind Personalentwicklungsmaßnahmen auch nicht zu

unterschätzende Signale der Wertschätzung dem Mitarbeiter gegenüber. Positive Einflüsse auf die Arbeitszufriedenheit, die Motivation und die Fluktuation sind nicht abzu-
streiten und wirken sich auch positiv in Bezug auf die Mitarbeiterbindung aus (Shuck et
al., 2014). Überspitzt formuliert ist das Unternehmen genau so leistungsfähig wie die
Belegschaft. Die Aufgaben, die Personalentwickler bei der Erhaltung und Entwicklung
dieser Leistungsfähigkeit im Unternehmen wahrnehmen, sind dabei äußerst vielfältig.
Sie können von der Darstellung des Status quo des Entwicklungsstandes einer Belegschaft, über die operative Mitwirkung bei konkreten Entwicklungsmaßnahmen oder die
Distribution einzelner Maßnahmen bis hin zur strategischen Betreuung von Entwick-
lungsprojekten oder zur strategischen Ausrichtung der Personalentwicklung in der
jeweiligen Organisation reichen (Krämer, 2012). Nicht zuletzt sind Mitarbeiter in der
Personalentwicklung gefragt, den Mehrwert ihrer Arbeit für die Organisation zu evaluieren (Phillips, 1997) und zu dokumentieren, weshalb auch das Bildungs- bzw. Entwicklungscontrolling eine wichtige Rolle spielt um nachzuweisen, welcher Effekt mit den
bereitgestellten Mitteln erzielt wird. Die Evaluation einzelner Entwicklungsmaßnahmen
oder einer Unternehmenseinheit Personalentwicklung ist dabei hoch komplex und
gehört ebenfalls in das Aufgabenspektrum von Personalentwicklern (vgl. auch die Kapitel Personalentwicklung sowie Betriebliches Gesundheitsmanagement in diesem Band).

4.3.2 Aufgaben

Von Personalentwicklern wird verlangt, verschiedene Trainings, Seminare und andere
Maßnahmen von der Bedarfsermittlung über die Konzeption sowie über die Umsetzung
bis zur Weiterentwicklung und Evaluation zu begleiten.

Bedarfsanalyse: Auf Basis von Kompetenzmodellen/-profilen und Tätigkeitsbeschrei-
bungen kann zu jeder Stelle im Unternehmen ein sogenanntes Soll-Profil erstellt werden. Dieses enthält konkrete Informationen über Kompetenzen, die der Stelleninhaber
benötigt, um seine Aufgaben wahrnehmen zu können. Dem gegenüber steht das Profil
des Mitarbeiters, das als Ist-Profil zu verstehen ist. Aus der Differenz zwischen Soll und
Ist können Personalentwickler Entwicklungsbedarfe ermitteln. Auf Basis der ermittelten
Bedarfe können Maßnahmen ergriffen werden, die geeignet sind, die Lücken zu schließen und Mitarbeiter gemäß ihrer Position zu befähigen (vgl. Kap. 1 dieses Bandes).

Planung & Konzeption: Wenn die Entwicklungsbedarfe bekannt sind, steht üblicherweise eine Make-or-Buy-Entscheidung an. Unter Berücksichtigung von Qualitäts-, Kos-
ten/Nutzen- sowie Verfügbarkeitsaspekten wird entschieden, ob zur Entwicklung externe Dienstleistungen eingekauft werden oder eigene Lösungen entwickelt werden. Mitarbeiter der Personalentwicklung haben die Aufgabe beide Möglichkeiten gegeneinander
abzuwägen und zu einem Ergebnis zu kommen. Dieses kann dabei auch eine Mischform
sein.

Durchführung & Transfer: Personalentwickler werden aber nicht nur planerisch/kon-
zeptionell aktiv, sondern übernehmen auch die Organisation und Durchführung von
Personalentwicklungsmaßnahmen wie beispielsweise die Moderation von Workshops
und Seminaren. Bei der Gestaltung von Personalentwicklung liegt stets ein besonderer
Fokus auf der Anwendung der Inhalte im Arbeitsleben. Vor diesem Hintergrund sind
Personalentwickler in Kooperation mit Führungskräften damit beschäftigt die Rahmenbedingungen für einen erfolgreichen Trainingtransfer (Noe, 2013) zu schaffen.

Evaluation: Nicht zuletzt sind Mitarbeiter in der Personalentwicklung gefragt, den Mehrwert ihrer Arbeit für die Organisation zu evaluieren und zu dokumentieren, weshalb auch das Bildungs- bzw. Entwicklungscontrolling eine wichtige Rolle spielt, um nachzuweisen, welcher Effekt mit den bereitgestellten Mitteln erzielt wird (Kirkpatrick, 1998; Phillips, 1997).

4.3.3 Kompetenzen

Tab. 3: Kompetenzen in der Personalentwicklung

Bereich	Kompetenzen
Wirtschaftswissenschaften	Projektplanung, Ressourcenplanung, Budgetierung
Psychologie	Lernpsychologie, Change Management & Organisationsentwicklung
Jura	
Informationstechnologie	E-Learning-Plattformen und -programme, Kollaborationstools,
Überfachliche Kompetenzen	Sozialkompetenz, Empathie, Kommunikationsstärke, Teamfähigkeit, Serviceorientierung
Fremdsprachenkenntnisse	Englisch
Unternehmensspezifische Kompetenzen	Kenntnisse über das Kerngeschäft der Fachabteilungen, Wissen um erfolgskritische Kompetenzen und Qualifikationen entlang der Wertschöpfungskette

Die Personalentwicklung ist überwiegend ein Tätigkeitsfeld für Akademiker. Wer als Personalentwickler arbeiten möchte, sollte schon im Studium auf die passende Schwerpunktwahl achten und möglichst Praktika mit einschlägigem Profil absolvieren, denn Vorerfahrungen haben Gewicht, wenn es um die Besetzung von Stellen in der Personalentwicklung geht.

Es sind ganz unterschiedliche Kompetenzen, die das Profil eines Personalentwicklers ausmachen. Im Bereich der „Hardskills" wird von Mitarbeitern in der Personalentwicklung erwartet, dass sie jeweils über spezifische Kenntnisse in Themen der Personalentwicklung verfügen. Auch Fachkenntnisse aus angrenzenden Themengebieten wie der Organisationsentwicklung und dem Changemanagement gehören dazu. Die zunehmende Digitalisierung betrifft auch die Personalentwicklung. Ausgeprägte Kenntnisse in Office-Anwendungen der Textverarbeitung und der Tabellenkalkulation werden in der Regel genauso vorausgesetzt wie die Bereitschaft, sich mit verschiedenen Lernmedien, -plattformen und Kollaborationstools auseinanderzusetzen.

Zum Standard gehört es auch, in englischer Sprache zu korrespondieren, weshalb entsprechende Sprachkenntnisse mittlerweile unabdingbar sind.

Die Einführung von neuen Personalentwicklungsmaßnahmen und -konzepten läuft vermehrt projektartig ab, weshalb Fähigkeiten im Projektmanagement für Personalentwickler auch zum Handwerkszeug gehören. Neben planerischen und konzeptionellen Fähigkeiten benötigen Personalentwickler Softskills, um die Projekte über alle Ebenen hinweg voranzutreiben. In einem derart auf zwischenmenschlichen Kontakt fokussierten Profil ist es nicht weiter verwunderlich, dass es auch auf die soziale Kompetenz der Stelleninhaber ankommt, sodass diese in der Lage sind mit Empathie und Einfühlungsvermögen auf ihr Gegenüber einzugehen. In der Kooperation mit den Fachabteilungen der Unternehmen kommt es auch auf Teamfähigkeit und eine ausgeprägte Dienstleistungsmentalität an, denn die Personalentwicklung ist in diesem Zusammenhang Partner und Dienstleister.

Interview mit Anna Adam, Hapag-Lloyd:

Wer sind Sie und was steht auf Ihrer Visitenkarte?
Ich bin Anna Adam. Auf meiner Karte steht Director Corporate HR/HR Development & Training.

Nennen Sie bitte einmal in wenigen Stichpunkten die wesentlichen Stationen Ihres Werdeganges und Ihren höchsten Abschluss.
Höchster Abschluss: Diplom-Wirtschaftspsychologin (FH). Ich habe in Lüneburg Wirtschaftspsychologie mit Schwerpunkt Personal & Organisation studiert. Parallel zum Studium habe ich eine Coachingausbildung absolviert. Mein Praxissemester habe ich bei Audi in der Organisationsentwicklung verbracht. Im letzten Studienjahr habe ich ehrenamtlich Hauptschüler im Bewerbungsprozess unterstützt und hier auch meine Abschlussarbeit geschrieben. Nach dem Studium bin ich erst in die Beratung zu Accenture gegangen. Dann war ich ein Dreivierteljahr als selbständige Beraterin tätig, bevor ich von Hapag-Lloyd angeworben wurde. Dort habe ich den Bereich Personalentwicklung aufgebaut, der aufgrund der Schifffahrtskrise brach lag. Im Jahr 2014 bin ich in Elternzeit gegangen. Nach genau einem Jahr bin ich wiedergekommen und habe übergangsweise als Elternzeitvertretung die Funktion HR Director Region Europe in Teilzeit übernommen. Hier habe ich eine Fusion mit einer arabischen Reederei vorbereitet. Seit Dezember 2016 bin ich jetzt wieder zurück im Bereich HR Development.

Wo arbeiten Sie und wie sieht ein typischer Tag in Ihrem Job aus?
Ich arbeite bei der Hapag-Lloyd AG an der Binnenalster in Hamburg. Morgens bringe ich gemeinsam mit meinem Mann meinen Sohn zum Kindergarten. Dann nehme ich den Zug nach Hamburg. Insgesamt arbeite ich 30 Stunden pro Woche. Meine Arbeitszeiten sind sehr unterschiedlich. Ich arbeite zwei Tage von zu Hause, zwei Tage bis zum frühen Nachmittag im Büro, und ich habe einen langen Bürotag bis abends. Mein Bürotag sieht wie folgt aus: Morgens komme ich kurz mit meinem Team zusammen, dann checke ich meine E-Mails und erledige Rückrufe. Ein typischer Termin wäre mit einer Führungskraft aus dem mittleren Management, die im Rahmen ihres Mitarbeiterjahresgespräches ein Führungskräftetraining vereinbart hat. Als nächstes habe ich Jour Fixe mit meinem Vorgesetzten, um uns über Tagesgeschäft, allgemeine Projekte und Teamangelegenheiten auszutauschen. Dann ruft mich eine Kollegin aus dem HR Management an und bittet um Unterstützung bei der Suche nach einem Teamcoach, um einen Konflikt in einer Fachabteilung zu lösen. Anschließend ruft ein Mitarbeiter an, der eine technische Rückfrage zu unserem neu eingeführten IT Tool für das Mitarbeiterjahresgespräch hat. An meinem langen Tag gehe ich mit dem Team Mittagessen.

Nach dem Essen mache ich erst mal Organisatorisches, z. B. bearbeite ich Urlaubsanträge und Krankmeldungen meiner Mitarbeiter.

Nachmittags treffe ich mich mit einer Kollegin aus dem Bereich Global Training Management, die u.a. für die Produktion von Web-Based-Trainings zuständig sind, und bespreche mit ihr die Überarbeitung unseres Onboarding-WBTs „Welcome on Board".

Gegen Abend habe ich an meinem langen Tag Luft, um mir konzeptionelle Gedanken, z. B. zur Überarbeitung unseres Führungskräftenachwuchsprogramms zu machen.

Was sind die Highlights und was sind die besonderen Herausforderungen Ihrer Tätigkeit?

Es macht Spaß in einer wirklich internationalen Firma und in einem internationalen Job zu arbeiten. Hierin liegt aber auch die besondere Herausforderung meiner Position – insbesondere in der Internationalisierung unseres PE-Angebots. Viele Maßnahmen lassen sich relativ einfach von uns als Team vor Ort initiieren und begleiten, weil wir die Bedarfe aus erster Hand hören, den Trainermarkt kennen und persönlich teilnehmen und Qualitätssicherung betreiben können. Ein Ausweiten des Angebots auf alle unsere Standorte weltweit ist natürlich eine ganz andere Herausforderung.

Welche Inhalte aus Ihrem Studium helfen Ihnen auch heute noch, Ihren Job richtig gut machen zu können bzw. auf welches Wissen aus dem Studium greifen Sie heute noch regelmäßig zu?

Ich entwickle regelmäßig Fragebögen.

Die Coachingausbildung hilft mir beim Matching von Bedarfen und Coaches.

Beim Projekt für ein global einheitliches Mitarbeitergespräch hat mir das Personalentwicklungs-Know-how zu Kompetenzen geholfen.

Bei Verhandlungen z. B. mit dem Betriebsrat oder externen Dienstleistern oder bei der Erstellung von Verträgen für Mitarbeiter mit Langzeitstudienförderung helfen mir meine juristischen Grundlagen aus dem Studium.

Was muss ein Absolvent mitbringen, um in Ihrem Job erfolgreich sein zu können?

Natürlich eine gewisse Zugewandtheit dem Menschen gegenüber (z. B. zuhören können), aber eben auch die Bereitschaft zu administrativen Aufgaben (Seminarbuchung, Feedbackauswertung). Konzeptionelles Denken ist hilfreich, auch wenn es in der Praxis als Berufseinsteiger noch nicht so viel Raum einnimmt. Zudem sollten Absolventen heutzutage ein Interesse an neuen Lernformen (z.B. komplexe Lernarrangements aus Online- und Face-to-Face-Elementen) mitbringen.

4.4 HR Consultant (w/m) für Psychometrie als Beruf für Wirtschaftspsychologinnen und Wirtschaftspsychologen

4.4.1 Bedeutung des HR Consultants für Psychometrie

Die zuvor dargestellten Berufsfelder stehen für verhältnismäßig breit angelegte Berufsbezeichnungen, die noch deutliche Spezialisierungen innerhalb der jeweiligen Kategorie zulassen. Das hier dargestellte Berufsbild des HR-Consultants mit dem Fokus auf psychometrische Verfahren zur Personalauswahl ist dagegen als vergleichsweise spezifische Domäne zu betrachten (vergleiche auch das Kapitel Personalauswahl in diesem Band).

Die Erstellung und der Einsatz psychometrischer Verfahren in der Personalauswahl ist verhältnismäßig komplex und ressourcenaufwändig, weshalb Unternehmen üblicherweise keine eigenen Verfahren entwickeln, sondern – sofern sie denn welche verwenden – diese von spezialisierten Dienstleistern beziehen. Hier schließt das Berufsfeld der nachfolgend dargestellten HR-Consultants, die sich als eben diese Dienstleister verstehen, die Lücke.

4.4.2 Aufgaben

Consultants für Psychometrie entwickeln, verbessern, und vertreiben psychometrische Verfahren oder beraten Unternehmen dahingehend, bestehende Verfahren für die jeweiligen Anforderungen auszuwählen.

Kundenqualifikation und Vertrieb: Problematisch für den Vertrieb dieser Produkte zeigt sich, dass diese häufig so komplex sind, dass potenzielle Kunden gelegentlich weder die Ausprägung des Mehrwertes und noch seltener die Funktionsweise der hinter dem Produkt liegenden Systematik zur Gänze begreifen – nicht alle Recruiter und Verantwortliche für die Personalauswahl verfügen über spezifisches, psychologisches Wissen und können mit Ergebnissen, die psychometrische Verfahren ausgeben, etwas anfangen (vgl. Kanning, 2015). Dies führt dazu, dass der Vertrieb dieser Verfahren üblicherweise mit der Vermittlung von Fachwissen (Kundenqualifizierung) beginnt. Das ist zunächst nötig, damit diese qualitativ hochwertige Verfahren von minderwertigen unterscheiden können, weiterhin aber auch um die Verfahren korrekt anwenden und die Ergebnisse interpretieren zu können.

Bedarfsermittlung: Um ein Verfahren anbieten zu können, das Unternehmen in der Auswahl passender Kandidaten unterstützt, müssen Unternehmen und Dienstleister zunächst ein gemeinsames Verständnis davon entwickeln, was das Unternehmen am Arbeitsmarkt sucht. In den Fokus rücken dabei üblicherweise Aspekte der kognitiven Leistungsfähigkeit, Persönlichkeitseigenschaften, Verhaltensweisen, Fähigkeiten sowie Motive und Werthaltungen (Kriterien, auf deren Basis rekrutiert wird, finden sich im Kapitel Personalauswahl in diesem Band).

Entwicklung: Weil Personalauswahl teilweise in sehr stark spezialisierten Tätigkeitsfeldern stattfindet, müssen bestehende Verfahren je nach Kundenauftrag, Branche oder Tätigkeitsschwerpunkt an die Erfordernisse des Auftraggebers angepasst werden. Hier ist es Aufgabe der Consultants, die exakten Bedarfe des Auftraggebers zu ermitteln (vgl. Kapitel 1 dieses Bandes) und gemeinsam Lösungen zu entwickeln. Ein Ergebnis kann die Adaptation bestehender Verfahren und/oder eine vollständige Neuentwicklung sein.

Für die Entwicklung neuer Verfahren oder die Modifikation bestehender gilt es, die in der Abstimmung mit dem Unternehmen identifizierten Kriterien nutzbar zu machen. Hierzu werden Prädiktoren ermittelt und Skalen recherchiert oder entwickelt. In einem aufwändigen, wissenschaftlich gestützten Prozess, der üblicherweise mehrere Erprobungsschleifen enthält, entsteht ein psychometrisches Auswahlinstrument, das den Gütekriterien der Objektivität, der Reliabilität und der Validität genügen muss.

Anwendung/Befähigung zur Anwendung: Auf das jeweilige Produkt, ob neu entwickelt oder aus dem Bestand, muss der Anwenderkreis im Unternehmen des Auftraggebers geschult werden. Die Ergebnisse, die die psychometrischen Verfahren liefern, können nur einen Mehrwert bieten, wenn Sie korrekt interpretiert werden. Um den Anwenderkreis zu befähigen, werden Grundlagen der psychologischen Eignungsdiagnostik sowie die Anwendung der Software-Applikationen vermittelt.

4.4.3 Kompetenzen

Tab. 4: Kompetenzen im Consulting für psychometrische Verfahren

Bereich	Kompetenzen
Wirtschaftswissenschaften	Projektplanung, Ressourcenplanung, Budgetierung
Psychologie	Statistische Verfahren, Psychometrie, Eignungsdiagnostik, Persönlichkeitspsychologie, Kognitionspsychologie
Jura	
Informationstechnologie	Statistikprogramme, Datenerhebungssoftware, Visualisierung
Überfachliche Kompetenzen	Sozialkompetenz, Empathie, Kommunikationsstärke, Serviceorientierung, Flexibilität, Verhandlungsgeschick
Fremdsprachenkenntnisse	Englisch
Unternehmensspezifische Kompetenzen	Kenntnisse der Wertschöpfungskette angewandter Eignungsdiagnostik

Consulting für Psychometrie ist ein hochspezialisiertes Tätigkeitsfeld für Fachexperten. Dementsprechend sind fachliche Kompetenzen unabdingbar, um den Anforderungen der Tätigkeit gerecht werden zu können. Menschliches Verhalten und Empfinden messbar zu machen, ist Kern der Psychometrie. Um Daten zu menschlichem Verhalten sammeln, auswerten und interpretieren zu können, sind profunde Kenntnisse der Erhebungsmethodik und Statistik notwendig. Aktuelle Forschungsergebnisse in diesem dynamischen Feld werden zu großen Teilen in englischer Sprache publiziert. Deshalb und auch weil Unternehmen, die psychometrische Verfahren einkaufen, oftmals international aktiv sind, sind fachbezogene und überfachliche Sprachkenntnisse Voraussetzung, um eine Tätigkeit in diesem Berufsfeld aufzunehmen. Um den Einsatz und die Implementierung von psychometrischer Eignungsdiagnostik in Unternehmen begleiten zu können, sind planerische Kompetenzen und konzeptionelle Fähigkeiten von Vorteil.

Weil die Einführung psychometrischer Verfahren in der Personalauswahl ein komplexer Vorgang mit vielen beteiligten Stakeholdern ist, gibt es viel Kommunikationsbedarf: Erklären des Produktes, Abstimmen der Rahmenbedingungen und Anforderungen, Darstellen des Mehrwertes, Schulen der Anwender – gute kommunikative Fähigkeiten sind also erfolgskritisch. Wichtig ist es auch, dass sich Consultants auf unterschiedliche Kenntnisstände ihrer Kommunikationspartner einstellen und komplexe Sachverhalte und Zusammenhänge verständlich erklären können. Da eine hochkomplexe Dienstleistung vertrieben wird, ist es nicht weiter verwunderlich, dass auch eine gewisse Service-Mentalität zum Berufsbild gehört.

Richard Justenhoven, HR Consultant, cut-e GmbH

Wer sind Sie und was steht auf Ihrer Visitenkarte?
Meine Name ist Richard Justenhoven, auf meiner Visitenkarte steht (neben meinem Namen und der Anschrift des Unternehmens) der Titel „Consultant".

Nennen Sie bitte einmal in wenigen Stichpunkten die wesentlichen Stationen Ihres Werdeganges und Ihren höchsten Abschluss.
Ich bin in Hamburg und Barcelona zur Schule gegangen. Anschließend habe ich in Hamburg einen Bachelor und Master in Business Psychology absolviert.
Während des Studiums habe ich u.a. bei cut-e ein Praktikum absolviert, dort auch meine Masterarbeit geschrieben und schließlich im Forschungsbereich begonnen zu arbeiten.

Wo arbeiten Sie und wie sieht ein typischer Tag in Ihrem Job aus?
Derzeit bin ich im Londoner Büro von cut-e tätig und berate Groß- und mittelständische Unternehmen bei ihrer Personalauswahl und -entwicklung.
Grundsätzlich verbringe ich daher gut 50% meiner Zeit bei anderen Unternehmen, erstelle Job-Profile, optimiere Rekrutierungsprozesse oder analysiere z.B. Bewerberströme.

Was sind die Highlights und was sind die besonderen Herausforderungen Ihrer Tätigkeit?
Meine Arbeit erlaubt mir sehr viel Gestaltungsmöglichkeiten. Es müssen täglich Antworten und Lösungen gefunden werden, die in keinem Katalog stehen – nicht genau zu wissen, was nächste Woche auf dich zukommt und innovativ Prozesse neu zu gestalten, ist eine der vielen tollen Seiten meines Berufes.
Diese Tätigkeiten in ROI abzubilden, also beispielsweise den tatsächlichen Mehrwert eines optimierten Rekrutierungsprozesses aufzuzeigen, ist herausfordernd, da er oft erst nach Jahren erkennbar ist.

Welche Inhalte aus Ihrem Studium helfen Ihnen auch heute noch, Ihren Job richtig gut machen zu können bzw. auf welches Wissen aus dem Studium greifen Sie heute noch regelmäßig zu?
Fast täglich ist es ein sehr großer Vorteil, dass ich umfangreiche Methodik und Psychometrie-Kenntnisse erwerben konnte. In meinem Umfeld gibt es viele weiche Faktoren, da bieten harte Zahlen und solide Methodik eine optimale Ergänzung. Gerade Zahlenmenschen kann man Psychologie einfacher verständlich machen, wenn sie in Kennzahlen runtergebrochen wird.

Auch das Grundverständnis über Zusammenhänge, konzeptuelle Modelle oder Systemtheorien hilft mir sehr. Wirkungsweisen und Abläufe in Unternehmen kann ich Kunden damit visualisieren und verständlich machen. Schon dieser Schritt ist ein großer Baustein meiner täglichen Arbeit.

Was muss ein Absolvent mitbringen, um in Ihrem Job erfolgreich sein zu können?
Offen sein für Neues klingt fast schon abgedroschen, ist aber dennoch eine der Grundvoraussetzungen. Konkret bedeutet das sich z.B. mit aktuellen Entwicklungen beschäftigen zu wollen und diese in die Arbeit einzubinden.
Ein gutes Zahlenverständnis, solide analytische Fähigkeiten und gute Methodenkenntnisse sind auch sehr vorteilhaft.
Auch sollte ein potenzieller Stelleninhaber in der Lage sein, mit Kunden eine gute und enge Beziehung aufzubauen und deren Bedürfnisse zu erkennen.

5 Zusammenfassung

Der Personalbereich bietet eine Reihe von interessanten Positionen für Absolventinnen und Absolventen psychologischer und wirtschaftspsychologischer Studiengänge. Für den Einstieg in den Personalbereich ist Praxiserfahrung eine wichtige Voraussetzung. Wer im Personalbereich dauerhaft erfolgreich arbeiten will, sollte sich umfangreiche methodische Kompetenzen, interdisziplinäres Wissen und ein Verständnis von den Produkten, Strukturen und Prozessen des jeweiligen Unternehmens aneignen.

Literatur

Boudreau, J. W. & Ramstad, P. M. (2007). *Beyond HR: The New Science of Human Capital.* Boston: Harvard Business School Press.
Brickwedde, W. (2015). Erschließen Sie sich mit Linkedin den international orientierten Talentpool. In R. Dannhäuser (Hrsg.), *Handbuch Social Media Recruitment* (S. 119-158). Wiesbaden: Springer Gabler.
Buchanan, D. & Huczynski, A. (2017). *Organizational Behaviour* (9th Ed.). Harlow: Pearson.
DGFP (2009). *Integriertes Personalmanagement in der Praxis.* Düsseldorf: DGFP.
Felser, G. (2010). *Personalmarketing.* Göttingen: Hogrefe.
Holm, A. B. (2012). E-recruitment: Towards an Ubiquitous Recruitment Process and Candidate Relationship Management. *Zeitschrift für Personalforschung, 26,* 241-259.
Jung, H. (2016). *Personalwirtschaft* (10. Aufl.). Berlin: Walter de Gruyter.
Kanning, U.-P. (2015). *Personalauswahl zwischen Anspruch und Wirklichkeit.* Berlin: Springer.
Kirkpatrick, D. L. (1998). *Evaluating Training Programs: The Four Levels* (2nd Ed.). San Francisco: Berret-Koehler Publishers Inc.
Krämer, M. (2012). *Grundlagen und Praxis der Personalentwicklung* (2. Aufl.). Göttingen: Vandenberg & Ruprecht.
Noe, R. A. (2013). *Employee Training and Development* (6th Ed.). New York: McGraw-Hill.
Pfannenberg, J. (2009). *Veränderungskommunikation: So unterstützen Sie den Change-Prozess wirkungsvoll.* Frankfurt am Main: Frankfurter Allgemeine Buch.
Phillips, J. J. (1997). *Return on Investment: in training and performance improvement programs.* Woburn: Butterworth-Heinemann.
Phillips, J. M. (1998). Effects of realistic job previews on multiple organizational outcomes: A meta-analysis. *Academy of Management Journal, 46,* 673-690.

Porter, M. E. & Millar, V. E. (1985). How information gives you competitive advantage. *Harvard Business Review*, July – August, 149–152.

Saks, A. M. (2005). The impracticality of recruitment research. In A. Evers, N. Anderson & O. Voskuijl (Eds.), *Handbook of Personnel Selection* (pp. 47-72). Malden: Blackwell Publishing.

Saks, A. M. & Uggerslev, K. L. (2010). Sequential and combined effects of recruitment information on applicant reactions. *Journal of Business Psychology, 25*, 351-365.

Schmitt, N. & Coyle, B. W. (1976). Applicant decisions in the employment interview. *Journal of Applied Psychology, 61*, 184-92.

Shuck, B., Twyford, D. & Reio, T. (2014). Human Resource Development Practices and Employee Engagement: Examining the Connection With Employee Turnover Intentions. *Human Resource Development Quarterly, 25.2*, 239-270.

Ulrich, D. (1997). *The HR Value Proposition*. Boston: Harvard Business School Press.

Wanous, J. P. (1973). Effects of a realistic job preview on job acceptance, job attitudes, and job survival. *Journal of Applied Psychology, 58*, 282-285.

Wöhe, G., Döring, U. & Brösel, G. (2016). *Einführung in die allgemeine Betriebswirtschaftslehre* (26. überarb. und akt. Aufl.). München: Vahlen.

Wirtschaftspsychologie an Fachhochschulen in Deutschland – Geschichte, Konzepte und Perspektiven

Ullrich Günther

1 Geschichtliche Entwicklung der Wirtschaftspsychologie einschließlich des Human Resource Managements an Fachhochschulen

Ende der 1990er Jahre etablierten sich erstmals Studiengänge der Wirtschaftspsychologie (WP) an Fachhochschulen in Deutschland. Der vorherrschende Studienschwerpunkt war und ist bis heute typischerweise Personalpsychologie oder Human Resource Management (HRM). Ein zweiter Schwerpunkt war meistens Markt- und Konsumpsychologie. In manchen Studiengängen bildeten Ingenieurpsychologie oder ein anderes Anwendungsfeld einen weiteren Schwerpunkt. Heute bestehen in Deutschland über 40 Studiengänge, die Wirtschaftspsychologie, einen Teilbereich der Wirtschaftspsychologie oder Wirtschaftspsychologie mit einer Ergänzung im Namen führen (siehe unten). Da als institutioneller Name der Studiengänge häufig der Begriff „Wirtschaftspsychologie" und seltener „Human Resource Management" verwendet wird, wird im Folgenden von Studiengängen der Wirtschaftspsychologie gesprochen. In abweichenden Fällen wird darauf hingewiesen.

Wie kam es zu diesem Erfolg eines neuen Studiengangs in der Hochschullandschaft?

1.1 Gründe für die Erfolgsgeschichte der wirtschaftspsychologischen FH-Studiengänge

a) Bedarf am Arbeitsmarkt nach psychologischen Kombinationsstudiengängen

Am Arbeitsmarkt zeigte sich in den 1990er Jahren ein Bedarf an Kombinationsstudiengängen, die sich aus der üblichen Systematik akademischer Disziplinen lösten. Unternehmen gaben z. B. in einer Umfrage des Instituts der deutschen Wirtschaft (Konegen-Grenier & List, 1993) an, sie wünschten sich neben einer Verbindung von Betriebswirtschaftslehre und Jura auch eine Kombination von Betriebswirtschaftslehre plus einer Verhaltenswissenschaft wie Psychologie. Hier wird ein generelles Phänomen sichtbar: Die (historisch bedingte und primär erkenntnisorientierte) Segmentierung des Wissenschaftssystems in einzelne akademische Disziplinen deckt sich nicht mit den am Arbeitsmarkt verlangten Qualifikationskombinationen. Die Fachhochschulen waren und sind nicht in dem Maße wie die Universitäten an die akademische Tradition der einzelnen Disziplinen gebunden und daher beweglicher.

b) Defizite universitärer Psychologiestudiengänge aus Praktikersicht

Diplom-Psychologen in der Berufspraxis beklagten in Umfragen immer wieder, dass im Rückblick ihr Universitätsstudium zu wenig Praxisbezug aufgewiesen, kaum soziale Kompetenzen vermittelt und in zu geringem Umfang andere Disziplinen einbezogen habe (Zusammenfassung bei Günther 2000, 151f.). (Bei der Bezeichnung von Personengruppen sind weibliche und männliche Personen gleichermaßen gemeint; andernfalls wird ausdrücklich darauf hingewiesen.)

c) Hochschulpolitische Situation

Der Wissenschaftsrat (1990, 1993) forderte Anfang der neunziger Jahre den verstärkten Ausbau des Fachhochschulsektors und empfahl unter anderem eine Ausweitung des klassischen FH-Fächerspektrums Betriebswirtschaftslehre, Ingenieurwesen und Sozialwesen. Dies schloss ausdrücklich auch den Aufbau paralleler Studiengänge zu den Universitäten ein. Insgesamt war die bildungspolitische Situation für die Fachhochschulen sehr günstig: Die Politik, so unsere Deutung, erhoffte sich über die Fachhochschulen einen Reformschub in Richtung berufsorientierter und kürzerer Studiengänge, der in den vorangegangenen Jahren an den Universitäten – trotz Drängen der Politiker – nicht zustande gekommen war. Ziel war und ist, mithilfe der Fachhochschulen den Studierendenanteil an einem Jahrgang zu erhöhen, da die Akademikerquote in Deutschland unter der anderer westlicher Länder lag (Bundesministerium für Bildung und Forschung, 2001, 467). Der Bologna-Prozess verfolgt diese Zielsetzung (Erhöhung der Hochschulabschlüsse) heute durch Binnendifferenzierung der Hochschulen, d. h. sowohl an Fachhochschulen als auch an Universitäten werden Bachelor- und Studiengänge angeboten. Die Zahl der Hochschulabschlüsse ist seit Einführung der Bachelor- und Master-Struktur tatsächlich stark angestiegen:

„Im Prüfungsjahr 2015 ... erwarben 452.370 Absolventinnen und Absolventen einen Hochschulabschluss (ohne Promotionen) an deutschen Hochschulen. Dies ist mehr als eine Verdoppelung gegenüber dem Prüfungsjahr 2005.“ (Hochschulrektorenkonferenz, 2017, 7 u. 29, Tab. 3.1).

2 Curriculare Merkmale der neuen Studiengänge

Aus der Orientierung am Beschäftigungssystem (hier der Wirtschaft) und den Ausbildungsbedürfnissen der Psychologen in Unternehmen und aus der Kritik an der universitären Psychologenausbildung entwickelten sich folgende curriculare Profilmerkmale und damit verbundene Begründungen:

a) Multidisziplinarität und Fokussierung auf Teilbereiche der Psychologie

Interdisziplinarität meint, ein und dasselbe Thema aus den unterschiedlichen Perspektiven verschiedener Wissenschaftsdisziplinen zu bearbeiten. Ein Beispiel ist die Mensch-Maschine-Interaktion, die gemeinsam aus ingenieurwissenschaftlicher und aus psychologischer Sicht untersucht und gestaltet werden kann. Multidisziplinarität bezeichnet dagegen neben der verbundenen auch die unverbundene Kombination von Fachdisziplinen bzw. ihrer Teilbereiche. So werden z. B. Kenntnisse eines Wirtschaftspsychologen im Rechnungswesen nicht unbedingt mit wirtschaftspsychologischen Theorien verknüpft. Aber z. B. die Bilanz eines Unternehmens lesen zu können, verbessert das Verstehen dieser Organisation und damit auch die Arbeit eines Wirtschaftspsychologen, der das Unternehmen als externer Organisationsentwickler berät. Allgemeiner gesagt: Die Multidisziplinarität entspricht den Anforderungsstrukturen der Arbeitswelt. Denn das an einem qualifizierten Arbeitsplatz verlangte Wissen und Können stammt in der Regel aus verschiedenen Disziplinen (Günther, 2010). Interdisziplinarität ist nach dieser Begriffsexplikation eine Teilmenge von Multidisziplinarität. Multidisziplinarität ist ein typisches Merkmal von FH-Studiengängen.

Wenn in einem Curriculum Teile anderer Disziplinen einbezogen werden, also durch Multidisziplinarität eine curriculare Erweiterung erfolgt, ist zugleich in der Kerndisziplin eine Beschränkung vorzunehmen. Denn die Studienzeit ist begrenzt. Andererseits werden die für das Berufsfeld relevanten Teilbereiche der Psychologie vertieft bearbeitet. So betrug in dem Lüneburger FH-Studiengang Wirtschaftspsychologie die Zahl der Semesterwochenstunden im Anwendungsgebiet Arbeits-/Betriebs-/Organisationspsychologie im Hauptstudium etwa das Vierfache der SWS-Zahl, die die damalige Rahmenordnung für den universitären Diplom-Studiengang Psychologie vorsah. Andererseits entfielen in dem FH-Studiengang Fächer wie Biopsychologie, klinische Psychologie und pädagogische Psychologie. Andere Fächer wurden in gestraffter bzw. selegierter Form vermittelt (z. B. Allgemeine und Entwicklungspsychologie). Die Fokussierung fiel den Fachhochschulen relativ leicht. Denn hier steht im Unterschied zu den Universitäten die Qualifizierung für ein Berufsfeld und nicht die Tradierung einer wissenschaftlichen Disziplin im Vordergrund.

b) Praxisorientierung und Marktnähe

Praxisorientierung und Arbeitsmarktnähe der Fachhochschulstudiengänge sind nicht nur als Ziele durch die Hochschulgesetze vorgegeben. Sie ergeben sich auch aus der beruflichen Sozialisation der FH-Professorinnen und -professoren. Denn sie müssen – bedingt durch die Anforderungen der Hochschulgesetze – eine mindestens dreijährige außerhochschulische Berufspraxis nachweisen. Dadurch sind die Bindungen an die Arbeitswelt im Durchschnitt relativ eng. Neue Entwicklungen am Markt können im günstigen Fall rasch, auch durch Beratungstätigkeiten vermittelt, in der Lehre umgesetzt werden.

c) Vermittlung von Handlungskompetenz

Nicht nur Wissen, sondern auch Anwendungskompetenz soll nach den curricularen Zielen der FH-Studiengänge in Wirtschaftspsychologie vermittelt werden. Dies soll in kleinen Seminargruppen geschehen, in denen Fallbeispiele, Übungen, Lehrforschungsprojekte usw. durchgeführt werden. Die außerhochschulischen Berufserfahrungen der Lehrenden und das dort erworbene Know-how sollen die Vermittlung der Anwendungskompetenz erleichtern.

Die Curricula kennzeichnet weiterhin die Vermittlung fachübergreifender Schlüsselkompetenzen wie kommunikative Fähigkeiten (Rhetorik, Verhandlungsführung usw.). Auch hier ist die Kleingruppenarbeit wesentlich.

3   Die „Effizienz" der FH-Studiengänge: Das Studium im Hinblick auf den Beruf

Die Hochschularten (auch die Hochschulen und Fachgebiete) stehen in einem Wettbewerb miteinander: um staatliche Mittel, Drittmittel, Studieninteressierte, aber auch um Arbeitsplätze für Absolventen, Wertschätzung in der Gesellschaft usw. Der Wettbewerb zwischen Hochschularten und Hochschulen soll nach den Empfehlungen des Wissenschaftsrates (2000, S. 40ff.) weiter intensiviert werden. Der Wettbewerb findet (in aller Regel) zwischen staatlichen Organisationen (in der Form von Hochschulen) statt. Der Markt hat hier keine direkte steuernde (finanziell belohnende und bestrafende) Funktion wie bei privatwirtschaftlichen Unternehmen. Um dem Staat (auf unteren Ebenen Hochschulleitungen und anderen Hochschulvertretern) die Fähigkeit zu begründeten und systematischen Gratifikationen (als Simulation von Marktanreizen) zu verschaffen, sind quantitativ und qualitativ nachvollziehbare Leistungsnachweise vonnöten. Der traditionell am aufwändigsten evaluierte Leistungsbereich im Hochschulsystem sind Forschungsleistungen (Gutachten beim Erwerb akademischer Grade, bei Projektanträgen, Publikationen usw.). Er ist damit öffentlich gut wahrnehmbar. Forschung ist der Bereich, in dem Universitäten ihren Schwerpunkt und traditionell ihre Stärke haben. Dies ist für die Fachhochschulen auch ein Feld, aber nicht das einfachste Feld des Wettbewerbs. Es ist nun denkbar, dass Fachhochschulen in anderen Wettbewerbsbereichen wie „Methodische und inhaltliche Qualität der Lehre", „Soziales Klima der Hochschule", „Zufriedenheit von Berufspraktikern mit ihrem Studium", „Arbeitsmarktchancen der Absolventen" oder „Institutionelle Kontakte zu Arbeitgebern" eher ihre Stärken aufzeigen können. Solange dies nicht oder nur vereinzelt oder methodisch mangelhaft erfolgt, ist dies eine strukturelle Benachteiligung der Fachhochschulen durch eine für sie ungünstige Reduktion der Beurteilungsbereiche.

Deshalb müssen die Fachhochschulen und auch die FH-Psychologinnen und -Psychologen ein hohes Interesse daran haben, dass nicht nur Forschung, sondern auch verschiedene andere Leistungsbereiche der Hochschulen evaluiert werden. Solange objektivierte Leistungserhebungen in verschiedenen Bereichen außerhalb der Forschung rar sind, werden bei Entscheidungsträgern Vermutungen, Stereotype und Klischees an deren Stelle treten. Ich bezweifle, dass dies für die Fachhochschulen günstig ist.

Neben der Forschung ist die Lehre eine Kernaufgabe der Hochschule. Erweiternd können wir auch sagen „Lehre und Karriere". Denn die Mehrheit der Studierenden erhofft sich über die Hochschullehre eine Ausbildung, die eine berufliche Karriere ermöglicht. Will man die Wirkung des „Treatments" Studium auf die Arbeitsmarktchancen untersuchen, bieten sich Absolventenverbleibstudien an.

Dies gilt auch für das Psychologiestudium.

In psychologischen Zeitschriften finden sich zwar zahlreiche Artikel zur Forschungseffizienz, aber wenig Beiträge zur Effizienz der Lehre in Hinblick auf den Berufseintritt (z. B. Eisele 1991; Schulz 2001; Wentura et al., 2013). Die Studie von Wentura et al. (2013) ist im Unterschied zu den beiden anderen genannten Befragungen (hier werden nur Absolventen am eigenen Institut befragt) bundesweit ausgerichtet, sie erfragt aber keine Einstiegsgehälter.

Das Einstiegsgehalt lässt sich als Indikator für die vom Arbeitgeber vermutete Nützlichkeit des Bewerbers für die Organisation bei einer gegebenen Marktsituation betrachten. Das Einstiegsgehalt dürfte eher studiengangsspezifische Erwartungen der Einsteller widerspiegeln als die spätere Gehaltsentwicklung, die die individuelle Leistung in der Organisation berücksichtigen kann. Für Wirtschaftspsychologen liegen nach meiner Kenntnis keine systematischen bundesweiten Befragungen zum Einstieg in den Arbeitsmarkt und zum Einstiegsgehalt vor. Aber es liegen nun interessante Befunde vor, die einen generellen Vergleich zwischen FH- und Uni-Absolventen ermöglichen.

Denn am Arbeitsmarkt zeigt sich ein neuer Trend bei den Gehältern für Berufseinsteiger: Während in der Vergangenheit Uni-Absolventen in der Regel - aufs jeweilige Fach bezogen - ein höheres Einstiegseinkommen als FH-Absolventen erhielten (z. B. Günther 1999b, 4ff.), zeigt eine große aktuelle Studie das gegenteilige Ergebnis: Das Deutsche Zentrum für Hochschul- und Wissenschaftsforschung (DZWW) befragte mit Unterstützung des Bundesbildungsministeriums eine repräsentative Stichprobe von ca. 16.000 Hochschulabsolventen in Deutschland (Umfrage in 2013). FH-Absolventen mit Bachelor-Abschluss verdienen im Durchschnitt jährlich 35.100 € gegenüber 30.200 € der Uni-Absolventen; beim Master-Abschluss beträgt das Verhältnis FH – Uni 40.200 € zu 38.200 € (Bruttojahreseinkommen vollbeschäftigter Absolventen in der ersten Tätigkeit, ohne 2. Ausbildungsphasen) (Fabian et al. 2016, 31, Abb. 3.4). Auch auf einzelne Studiengangsabschlüsse bezogen erhalten FH-Masterabsolventen zum Teil höhere Einstiegsgehälter (Brutto-Jahreseinkommen vollbeschäftigter Absolventen in der ersten Tätigkeit, inkl. Zulagen, ohne Ausbildung); dies zeigen die vorliegenden Daten bei Ingenieurwissenschaften, Informatik, Architektur/Bauingenieurwesen, aber nicht bei Wirtschaftswissenschaften (a.a.O., 139, Abb. 3.4a1). Für Psychologen liegen keine spezifizierten Daten vor. Berufseinsteiger von der FH haben häufiger unbefristete Jobs (a.a.O., 34, Abb. 3.5). Falls dieses Ergebnis durch andere Studien bestätigt wird, könnte man spekulieren, ob die größere Praxisnähe der FH-Studiengänge zu einer zunehmenden Attraktivität für Arbeitgeber führt. Die DZWW-Studie sagt nichts darüber, wie sich die Gehälter im weiteren Berufsleben entwickeln.

4 Aktuelle Entwicklung der wirtschaftspsychologischen Studiengänge

4.1 Überblick im Rahmen der allgemeinen Hochschulentwicklung

Die Zahl der wirtschaftspsychologischen und WP-ähnlichen Studiengänge hat sich seit der Gründung der ersten Studiengänge am Ende der 1990er Jahre (Günther 2000) vervielfacht. Jedes Jahr kommen neue Studiengänge in diesem Bereich dazu. Wirtschaftspsychologie ist ein Bestandteil der Bildungslandschaft im tertiären Sektor geworden.

Die makrosozialen Gründe für den historischen Erfolg der Wirtschaftspsychologiestudiengänge wurden in Abschnitt 1 dargestellt. Wie sieht die gegenwärtige Situation aus?

Wie regelmäßige Diskussionen mit Studienanfängern zeigen, spricht bei der Begriffskombination „Wirtschaftspsychologie" das Grundwort „Psychologie" offenbar das Interesse an anderen Menschen und an Selbsterkenntnis an. „Wirtschaft" als Bestimmungswort spezifiziert das Interesse auf zwischenmenschliche Motive und Interaktionen in der Unternehmung und am Markt. „Wirtschaft" weckt auch die Erwartung von guten Beschäftigungschancen und attraktiven Einkommen – auch gerade im Vergleich mit anderen psychologischen Tätigkeiten wie Psychotherapie.

Nimmt man z. B. das kommerzielle Portal www.wirtschaftspsychologie-studieren.de, werden ca. 40 Bachelorstudiengänge und ca. 30 Masterstudiengänge der Wirtschaftspsychologie in Deutschland angeboten. Man kann die Studiengangsbezeichnungen breiter fassen und ähnliche Studiengangsbezeichnungen (wie z. B. „Wirtschafts- und Werbepsychologie") einbeziehen, dann erhöht sich die Zahl der WP- und WP-affinen Studiengänge beträchtlich (etwa eine Verdopplung). Die Studiengänge mit derselben Bezeichnung Wirtschaftspsychologie können sich im Curriculum voneinander stärker unterscheiden als manche Studiengänge mit nur ähnlichen Namen. Andererseits werden am Bildungsmarkt auch Studiengänge angeboten, bei denen der Wirtschaftspsychologie-Anteil dem ersten Eindruck nach von nachgeordneter Bedeutung ist (z. B. „Betriebswirtschaftslehre und Wirtschaftspsychologie"). Da der wirtschaftspsychologische Anteil an einem Curriculum von hoch bis niedrig variieren kann, ist die Angabe exakter Zahlen nicht sehr aussagekräftig. Das heißt: Die Zahl wirtschaftspsychologischer und ähnlicher Studiengänge lässt sich in der gegebenen Situation nicht exakt benennen, weil die Ausprägung des Merkmals „Anteil der Wirtschaftspsychologie im Curriculum" nicht klar ist. Man könnte versuchen, die einzelnen Studiengänge auf der Grundlage ihres Curriculums danach zu kategorisieren, ob sie über 50% wirtschaftspsychologische Inhalte oder weniger aufweisen, und nur die erste Gruppe als im engeren Sinne wirtschaftspsychologische Studiengänge betrachten. (Warum schließlich der „wirtschaftspsychologische – oder psychologische – Anteil an einem Curriculum" gar nicht so zwingend zu bestimmen ist, dazu siehe unten.)

Studieninteressierte, die sich einen Bachelor- oder Masterstudiengang im Bereich der Wirtschaftspsychologie aussuchen, sollten sich also über die Studiengangsbezeichnung hinaus die jeweiligen Curricula genau anschauen. Hier einige Orientierungshinweise für einige schon seit längerem bestehende Studiengänge der Wirtschaftspsychologie und Business Psychology in In- und Ausland.

Kurzcharakterisierungen der ersten wirtschaftspsychologischen Bachelor- und Masterstudiengänge in Deutschland finden sich bei Günther & Müller (2010, 243 ff.): Bielefeld (FH), Bochum (Ruhr Uni), Erding (FH), Heidelberg (SHR), Iserlohn (BITS), Köln (FH Fresenius), Köln (Rheinische FH), Lippstadt (IBS), Lüneburg (Leuphana), Osnabrück (FH), Potsdam (UMC), Wernigerode (FH Harz) (manche Hochschulen haben mehrere Standorte); (s. a. Klauk & Stäudel, 2007).

Über Studiengänge in Business Psychology im Ausland, vor allem in Großbritannien, Australien und Neuseeland, informiert ein Überblick bei Günther (2007): z. B. in Großbritannien: London (Metropolitan U.), London (Westminster U.), Birmingham (U. of Central England); in Australien: Melbourne (Victoria U.), in Neuseeland: Palmerston (Massey U.).

Eine besondere Form des Studierens ermöglichen Fernhochschulen. Man studiert überwiegend am häuslichen Schreibtisch oder wo immer man will und kommuniziert mit Briefen und über das Internet mit der Hochschule. Der wirtschaftliche Vorteil bei Fernhochschulen: Bei einer gegebenen Personalgröße kann eine relativ große Anzahl von Studierenden betreut werden, dadurch liegen die Studiengebühren vergleichsweise niedrig. Der Nachteil: Ein großer Teil der Studierenden, möglicherweise die Mehrzahl bricht das Studium ab. 2010 gab die Fernuni Hagen 70% als Drop-out-Quote an; bei privaten FHs sollen es angeblich deutlich weniger sein; Zahlen werden aber nicht publiziert (Nolte, 2010). An der Fernuniversität Hagen kann man Psychologie, aber nicht Wirtschaftspsychologie studieren. Wirtschaftspsychologie wird an mehreren privaten Fachhochschulen als Fernstudium angeboten, wobei die Präsenzanteile variieren (vis-à-vis-Seminare; zusätzlich auch Telefonkonferenzen und Austausch im Internet z. B. als Diskussionsforen) (Links zu den Websites der Studiengangsanbieter finden sich bei www.wirtschaftspsychologie-studieren.de).

4.2 Starke Zunahme der wirtschaftspsychologischen Studiengänge an privaten Fachhochschulen und ihre Gründe

Einen besonders hohen Anteil bei der Einrichtung neuer wirtschaftspsychologischer Studiengänge stammt von privaten Fachhochschulen. Das Wachstum dieser Hochschulgruppe zeigt sich auch an den Zahlen des gesamten Bildungssektors, wie sie das Statistische Bundesamt (2016, 17) berichtet: „In den letzten zehn Jahren (2004 – 2014; U.G.) hat sich die Zahl der Hochschulen (in Deutschland; U.G.) insgesamt von 374 auf 445 erhöht. Dieser Anstieg ist maßgeblich auf die Gründung und landesrechtliche Anerkennung von 71 Fachhochschulen in privater Trägerschaft zurückzuführen."

Zu den Größenordnungen: Zurzeit studieren in Deutschland ca. 2,7 Millionen Menschen im tertiären Bildungssektor (also Universitäten, Fachhochschulen, Kunsthochschulen usw.). Davon studieren 930.000, also 34%, an Fachhochschulen (Hochschulrektorenkonferenz, 2016). Von den FH-Studierenden ist ca. ein Fünftel an privaten Fachhochschulen immatrikuliert.

Die Gruppe der kommerziellen privaten Fachhochschulen (oder Universitäten) bringt zum Teil eine deutlich größere curriculare Vielfalt in die education industry (wie man im Englischen etwas ungenierter sagt; s. z. B. SIS International Research, 2017). Was ist der bildungspolitische und wettbewerbliche Hintergrund? Mit dem Bologna-Reformprozess förderte die Europäische Union – wie auch in anderen Wirtschaftsbereichen – in der Bildungsindustrie eine Deregulierung, die zu mehr Wettbewerb, Auflösung verkrusteter Strukturen und größerer Vielfalt in der Hochschullandschaft führen sollte. Auch privaten Hochschulen sollten Chancen eröffnet werden. Die Finanzierung erfolgt hier vor allem durch Studiengebühren, d. h. man muss zahlende Studierende gewinnen. Das erzeugt einen wesentlich stärkeren Marktdruck als bei staatlichen Hochschulen, die vom Steuerzahler finanziert werden, oder als bei renommierten privaten Stiftungsuniversitäten, deren Vermögenserträge für ihr Budget maßgeblich sind (z. B. Oxford, Cambridge, Havard) und trotz der Bezeichnung als „privat" keine kommerziellen Unternehmen darstellen. Bei den kommerziellen Hochschulen folgt man dem Marktdruck vorrangig durch Produktdifferenzierung, d. h. neue Studiengänge. Dabei besteht auch ein Zwang zum wirtschaftlichen Einsatz der Ressourcen: Eine erfolgreich funktionierende Hochschule oder Teile davon (wie Fachbereiche, Studiengänge, Lehrtexte, hochschulinterne Informationssysteme, Lehrende) werden in gleicher oder ähnlicher Form in einer oder noch besser: in mehreren anderen Städten „nachgebaut". Das ist so, als würde man die gleichen Automodelle in verschiedenen Ländern für die jeweiligen regionalen Märkte produzieren. Das ist kostengünstiger (economies of scale).

Im konkreten Fall der wirtschaftspsychologischen und psychologischen Studiengänge spielt der numerus clausus an den staatlichen Hochschulen (Unis und FHs) eine wichtige Rolle. Diejenigen, die wegen des NC dort keinen Studienplatz erhalten haben, entscheiden sich eventuell für ein relativ teures Studium an einer privaten Fachhochschule. Auch können Zeitmodelle, die den Bedürfnissen von Berufstätigen entsprechen (Wochenendstudium), oder kleine stabile Seminargruppen ein Motiv für die Wahl einer privaten FH sein.

4.3 Freiheit der Lehre oder Qualitätskontrolle durch Akkreditierungsagenturen?

Qualitätsprobleme und Produkterkennungsprobleme können entstehen, wenn sich Studiengänge überwiegend auf der Ebene des Studiengangsnamens und der Modulbezeichnungen den Anstrich geben, z. B. ein Studienprogramm Wirtschaftspsychologie anzubieten, de facto aber nur einen geringen Teil eines WP-Curriculums enthalten. So kann in einen bereits existierenden Studiengang, z. B. Betriebswirtschaftslehre, ein kleinerer Anteil WP integriert werden, und das Gesamtpaket wird als WP etikettiert. Ein anderes Problem kann darin bestehen, dass Dozenten sehr weit von ihrer eigentlichen Kompetenz entfernt auch in einem neuen Studiengang lehren. Auch die sachliche Ausstattung kann aus Kostengründen unzureichend sein (z. B. Bibliothek, Computer, Räume).

Ein Spannungsverhältnis zwischen Freiheit der Lehre, hier konkret der Curriculumgestaltung und Studiengangsbezeichnung, und andererseits der Qualität eines Studiengangs besteht prinzipiell. Um hier eine Qualitätskontrolle einzuführen und um eine gewisse Einheitlichkeit zu sichern, wurden in Deutschland (und in anderen Ländern) mit dem Bologna-Prozess Akkreditierungsagenturen mit dieser Aufgabe betraut. Eine ihrer faktischen (wenn auch nicht expliziten) Funktionen ist es, eine Balance zwischen Einheitlichkeit und Innovation der Studiengänge anzustreben. Während der Marktdruck eher zu Produktinnovation und -differenzierung führt, neigen auf der anderen Seite Wissenschaftler- und Berufsverbände dazu, die Einheitlichkeit und Kontinuität zu fordern, um die Identität ihrer Disziplin, ihres Arbeitsgebiets, die Qualität der Studiengänge und der Studiengangsabsolventen aus ihrer Sicht zu sichern (z. B. Abele-Brehm et al., 2014; Berufsverband Deutscher Psychologen, 2005) (s. u.).

Neue Studiengänge, egal ob an staatlichen oder privaten Hochschulen, sind von Evaluierungsagenturen zu akkreditieren, d. h. es wird überprüft, ob die vom Staat über den Akkreditierungsrat (2013) vorgegebenen Kriterien erfüllt sind. Die Evaluierungsagenturen können diese Kriterien ausdifferenzieren (a. a. O.). Die privaten Akkreditierungsagenturen in Deutschland werden von dem Akkreditierungsrat selbst evaluiert und kontrolliert, dessen Tätigkeit im Rahmen einer Stiftung gesetzlich geregelt ist (Akkreditierungs-Stiftungsgesetz, 2008). Die erfolgreiche Akkreditierung eines Studiengangs (Programmakkreditierung) oder einer Hochschule (Systemakkreditierung) ist in der Regel die Voraussetzung für die staatliche Anerkennung.

Für Bachelorstudiengänge der Psychologie verleiht die Deutsche Gesellschaft für Psychologie (2016; siehe auch 2005) ein Qualitätssiegel. Das Qualitätssiegel verlangt einen Mindestumfang von inhaltlichen und methodischen Fächern im Curriculum und legt einen weiteren Schwerpunkt auf die Wissenschaftlichkeit bzw. Forschungsorientierung des Studiengangs und der Institution. Die Bachelorstudiengänge der Psychologie sollen möglichst gleich sein, Schwerpunktsetzungen und „Bindestrich-Psychologien" werden nicht empfohlen. So soll die „Einheit des Faches Psychologie" gesichert werden. Profilbildungen und „Bindestrich-Psychologien" sollen erst im Masterstudium eingeführt werden (Abele-Brehm et al., 2014). – Für die staatliche Anerkennung ersetzt das Qualitätssiegel die Akkreditierung nicht.

Zur Kritik und Relativierung: Ein zentrales Anliegen ist „Einheit des Faches Psychologie" (DGPs, 2005, 2; Abele-Brehm et al., 2014, 232; daneben werden u. a. noch praktische Gründe angeführt wie ein geregelter Zugang zum Masterstudium). Bestimmte methodische und inhaltliche Komponenten werden als essentiell für das Fach Psychologie betrachtet (siehe Mindestcurriculum/Pflichtmodule in Deutsche Gesellschaft für Psychologie, 2005, 12). Wie lässt sich das begründen? Aus meiner Sicht eigentlich nicht.

Was wir als Kernbestandteile und Gegenstandsbereich von Psychologie verstehen, hat sich historisch entwickelt und ist eine soziale Konstruktion. Tatsächlich sind die Zuordnungen von Fächern und Lehrveranstaltungen in diese Kategorie zum Teil interpretationsfähig. Kernfächer eines klassischen Psychologiecurriculums wie Statistik (eigentlich Stichproben-Statistik) sind nicht spezifisch für die Psychologie. Statistische Methoden sind z. B. auch anwendbar zum Qualitätscheck bei der Produktion von Metallschrauben, der Effizienz eines neuen Fußpilzsprays oder der Wirksamkeit von Düngemittelkombinationen für das Wachstum von Nutzpflanzen. Statistik ist so betrachtet so wenig genuin psychologisch wie Arithmetik. Es ist nur ein ubiquitär anwendbares Verfahren, von einer begrenzten Menge von Beobachtungen auf eine prinzipiell unbegrenzte Menge gleichartiger Objekte zu verallgemeinern. – Entsprechendes gilt für Versuchsplanung, ebenfalls eine Methode in den empirischen Wissenschaften, die nicht spezifisch für die Psychologie ist.

Wenn wir Psychologie nicht exklusiv über Methoden definieren, also abgrenzen, können, geht es dann über inhaltliche Merkmale? Eine gängige Definition ist Psychologie als Lehre vom menschlichen Erleben und Verhalten. Aber auch bei einer inhaltlichen Definition haben wir ein Abgrenzungsproblem. Ganz unterschiedliche Wissenschaften beschäftigen sich mit menschlichem Erleben und Verhalten: Soziologie, Ökonomie, Politikwissenschaft, Anthropologie, Humangeographie, Literaturwissenschaft usw.

Es lässt sich also weder methodisch noch inhaltlich eindeutig und umfassend festlegen, was Psychologie „beinhaltet".

Der Persönlichkeits- und Sprachpsychologe Theo Herrmann (1969) meinte, Psychologie sei das, was psychologische Theorien beschreiben. Das ist vielleicht praktisch gut anwendbar, aber logisch unbefriedigend. Denn wir brauchten bereits eine Definition von „psychologisch", um damit „Psychologie" zu definieren. Es ist zirkulär, denn wir definieren mit einem Begriff, den es noch zu definieren gilt.

Wir können uns also nur auf eine Konvention berufen, was wir unter Psychologie verstehen wollen. Eine Konvention ist keine Begründung, sondern eine Festlegung, die auch immer Willkür enthält. Es ist nichts Zwingendes. Und wir können diese Konvention verändern, wenn wir plausible Gründe anführen. Das werden wir unten (Abschnitt 5) im Fall eines Curriculums Wirtschaftspsychologie tun.

5 Mindestanforderungen für Studiengänge der Wirtschaftspsychologie?

Die Studiengänge der Wirtschaftspsychologie setzen Schwerpunkte, sie beziehen Elemente anderer Disziplinen ins Curriculum ein, sie sind damit unvereinbar mit den DGPs-Regeln. Dem Studium liegt eine grundlegend andere Konzeption zugrunde (Praxisnähe, Multidisziplinarität, soft skills usw.).

Dies unterstreicht die Freiheit der Curriculumkonstruktion und der Lehre. Zugleich muss aber auch eine Balance zwischen Freiheit und einer gewissen Einheitlichkeit der Lehre einschließlich der Curricula hergestellt werden. Denn in der Praxis der Bildungslandschaft zeigen sich gelegentlich – etwa bei der Begutachtung und Akkreditierung neuer WP-Studiengänge – folgende Probleme (vgl. auch Gesellschaft für angewandte Wirtschaftspsychologie, 2017):

a) Nicht-wirtschaftspsychologische Studieninhalte überwiegen im Curriculum. So können bestehende Wirtschaftscurricula mit einem kleineren Teilcurriculum Wirtschaftspsychologie ergänzt und unter der Studiengangsbezeichnung „Wirtschaftspsychologie" , evtl. mit einem ergänzenden Begriff oder einem Teilbegriff der WP präsentiert werden.

b) Innerhalb der psychologischen Module dominieren teilweise Ansätze außerhalb der akademischen Psychologie. Sie stammen z. B. aus der betrieblichen Weiterbildung. Einerseits können sie gleichzeitig einen Bedarf am Arbeitsmarkt, ein (Aus-)Bildungsinteresse der Studierenden und ein Defizit in dem universitären Curriculum darstellen (z. B. Coaching). Das kann bei guter Umsetzung einen curricularen Fortschritt darstellen. Andererseits können – auch unter gängigen Modulnamen – abgelegene Inhalte und Methoden angeboten werden, deren Begründung und Wirksamkeit unklar ist. Bei der Sicherung eines konventionellen Kerncurriculums sollten aber begrenzte Freiräume für neue, ungewöhnliche Elemente bestehen. So entsteht die Chance, dass zum Teil gängige oder neuartige Praxistechniken (z. B. aus der Personal- und Werbebranche) jetzt im tertiären Bildungssektor einer systematischen Analyse (etwa bei Abschlussarbeiten) zugeführt werden.

c) Teilweise ist die Vermittlung von empirischen Forschungsmethoden (insbesondere quantitativer Methoden) und psychologischen Grundlagenfächern quantitativ unzureichend.

d) Die Kernkompetenzen der Lehrenden liegen weit vom Lehrinhalt entfernt.

e) Als Folge besteht das Risiko, dass die „Verpackung" (Etikett „Wirtschaftspsychologie") nicht dem Inhalt entspricht. Das kann den Ruf der Wirtschaftspsychologie (z. B. bei Arbeitgebern) gefährden (zur diesbezüglichen Kritik und Gegenkritik der Psychologenverbände s. Abele-Brehm et al., 2014; Berufsverband Deutscher Psychologen, 2016; Gesellschaft für angewandte Wirtschaftspsychologie, 2016).

5.2.2 Empfehlungen der Gesellschaft für angewandte Wirtschaftspsychologie

Eine Arbeitsgruppe der Gesellschaft für angewandte Wirtschaftspsychologie (GWPs) (2017) erarbeitete auf der Grundlage dieser Analyse und mit dem Ziel, das Profil der Wirtschaftspsychologie an Fachhochschulen zu schärfen, die folgenden Empfehlungen. In der GWPs sind neben Berufspraktikern vor allem Vertreter der Wirtschaftspsychologie an Fachhochschulen organisiert. Die Empfehlungen wurden auf der Mitgliederversammlung der GWPs am 3.3.2017 in Darmstadt verabschiedet.

EMPFEHLUNGEN FÜR WIRTSCHAFTSPSYCHOLOGIE-CURRICULA

Ein Studiengang sollte nur dann mit „Wirtschaftspsychologie" benannt werden, wenn bestimmte Voraussetzungen erfüllt sind:

Curriculare Mindestinhalte
- Psychologische Grundlagenfächer
- Empirische Methoden
- Wirtschaftsbezogene Fächer[1]
- Wirtschaftspsychologische Anwendungsfächer (z.B. Arbeits-, Organisations-, Personalpsychologie; Markt-, Konsumenten-, Medienpsychologie; Ingenieurpsychologie)

Qualifikation der Professuren und sonstigen Lehrkräfte
- Fachliche Einschlägigkeit (Studium/Promotion im jeweiligen Fachgebiet)
- Qualifizierte Praxiserfahrung (nicht ersetzbar durch Habilitation)[2]
- Forschungsorientierung[2]
- Fähigkeit zum wechselseitigen Transfer zwischen Wissenschaft und Praxis

Konkretisierung der curricularen Mindestinhalte im Wirtschaftspsychologie-Bachelor (beispielhaft am Bachelor mit 180 CP (6 Semester) (CP= credit point)
- *Psychologische Grundlagenfächer*
  z.B. Allgemeine Psychologie, Sozialpsychologie, Differenzielle Psychologie   20 CP*
- *Empirische Methoden*
  z.B. Forschungsmethoden, Quantitative Methoden, Qualitative Methoden,
  Versuchsplanung, Diagnostik, Evaluation   20 CP*
- *Wirtschaftsbezogene Fächer[2]*
  z.B. BWL, VWL, Wirtschaftsrecht   20 CP
- *Wirtschaftspsychologische Anwendungsfächer*
  z.B. Arbeits-, Organisations-, Personalpsychologie; Markt-, Konsumenten-,
  Medienpsychologie; Ingenieurpsychologie   25 CP*
- *Praxisphase*
  z.B. Praktikum im wirtschaftspsychologischen Bereich (abgeschossen
  mit Praxisbericht), Praxisprojekte außerhalb der Hochschule
  (mit Praxisbericht)   15 CP*
- *Bachelorarbeit im wirtschaftspsychologischen Bereich (i.d.R. empirisch)*   10 CP*
Darüber hinaus gilt generell: Psychologische Inhalte (*) müssen insgesamt mehr als 50% der Gesamt-CPs umfassen

---

Erläuterungen (UG) (siehe hochgestellte Zahlen):
[1] Die wirtschaftsbezogenen Fächer (wie BWL) sollen domainspezifische Kenntnisse vermitteln, die für wirtschaftspsychologische Tätigkeiten als unverzichtbar angesehen werden.
[2] Lehrende sollen sowohl Erfahrungen in Forschung als auch außerakademischer Berufspraxis mitbringen. Ein Erfahrungsbereich kann den anderen nicht ersetzen.

Bei der erfahrungsgemäß anstehenden größeren Anzahl von Akkreditierungsanträgen für wirtschaftspsychologische Studiengänge können diese Richtlinien Evaluierungen unterstützen, die neben Qualitätskontrolle und Mindeststandardisierung auch ausreichenden curricularen Freiraum für die hochschulspezifische Profilbildung im Sinne des Bologna-Prozesses lassen.

6   Zusammenfassung und Ausblick

Hochschulpolitisch und organisationskulturell ergibt sich folgende Leitlinie: Für die Wirtschaftspsychologie an den Fachhochschulen ist es wichtig, das gut zu finden und auf das stolz zu sein, was ihr Profil und ihre Mission ausmachen:
*   eine sowohl auf Wissenschafts- wie Praxiskompetenz begründete Ausbildung, die sich an den Anforderungen und Entwicklungen der Arbeitswelt orientiert
*   eine anwendungsorientierte Forschung, die diese Aufgabe fördert
*   ein intensiver Ideenaustausch mit der Berufswelt.

Eine selbstbewusste Identifizierung mit dem FH-Profil ist weiterhin und offensiv von Lehrenden und Studierenden gegenüber Unternehmen und Behörden, Berufsverbänden und Universitäten, Politik und Öffentlichkeit deutlich zu machen.

Literatur

Abele-Brehm, A., Bühner, M., Deutsch, R., Erdfelder, E., Fydrich, T., Gollwitzer, M., Heinrichs, M., König, C., Spinath, B., Bianca Vaterrodt, B. & Jesco Heinke-Becker, J. (2014). *Bericht der Kommission „Studium und Lehre" der Deutschen Gesellschaft für Psychologie.* Psychologische Rundschau, 65, 230 – 235.

Akkreditierungsrat (2013). *Regeln für die Akkreditierung von Studiengängen und für die Systemakkreditierung.* Drs. AR 20/2013. http://www.akkreditierungsrat.de/fileadmin/ AR_Regeln_Studiengaenge_aktuell.pdf (3.5.2017)

Akkreditierungs-Stiftungsgesetz (2008). *Gesetz zur Errichtung einer Stiftung „Stiftung zur Akkreditierung von Studiengängen in Deutschland".* http://www.wissenschaft.nrw.de/fileadmin/Medien/Dokumente/Hochschule/Gesetze/Stiftungsgesetz_Akkreditierung_Studiengaenge.pdf (3.5.2017)

Berufsverband Deutscher Psychologen (BDP) (2005). *Bildungspolitisches Statement des BDP-Vorstandes.* http://www.bdp-verband.de/bdp/politik/2005/51100_bildungspolitisches.html *(3.5.2017)*

Berufsverband Deutscher Psychologen (BDP) (2016). *Psychologe ist nur, wer Psychologie mit Bachelor und Master studiert hat.* Pressemitteilung vom 27.10.2016. http://www.gwps-ev.de/verein/wirtschaftspscholologen/titelfuehrung (3.5.2017)

Bundesministerium für Bildung und Forschung (BMBF) (2001). *Grund- und Strukturdaten 2000/2001.* www.bmbf.de/digipubl.htm#Allgemeine (3.5.2017)

Deutsche Gesellschaft für Psychologie (DGPs) (2005). *Empfehlungen der DGPs zur Einrichtung von Bachelor- und Masterstudiengängen.* https://www.dgps.de/uploads/media/BMEmpfehlungDGPs-rev.pdf (3.5.2017)

Deutsche Gesellschaft für Psychologie (DGPs) (2016). *Kriterienkatalog für die Vergabe des „Qualitätssiegels für psychologische Bachelorstudiengänge an deutschsprachigen Hochschulen" der Deutschen Gesellschaft für Psychologie (DGPs).* https://www.dgps.de/fileadmin/documents/Kriterien_fuer_das_DGPs-Qualitaetssiegel.pdf (3.5.2017)

Eisele, C. (1991). *...und nach dem Studium? Zum Berufseinstieg von Psychologen. Stand und Perspektiven.* Report Psychologie, Juli-Heft, 21-25.

Fabian, G., Hillmann, J., Trennt, F. & Briedis, K. (2016). *Hochschulabschlüsse nach Bologna. Werdegänge der Bachelor- und Masterabsolvent(inn)en des Prüfungsjahrgangs 2013.* Deutsches Zentrum für Hochschul- und Wissenschaftsforschung. Forum Hochschule, 1 | 2016. http://www.dzhw.eu/pdf/pub_fh/fh-201601.pdf (3.5.2017)

Gesellschaft für angewandte Wirtschaftspsychologie (GWPs) (2016). *Was steckt drin in der Wirtschaftspsychologie? Wer darf sich Wirtschaftspsychologe nennen?* http://www.gwps-ev.de/verein/wirtschaftspschologen/titelfuehrung (3.5.2017)

Gesellschaft für angewandte Wirtschaftspsychologie (GWPs) (2017). *Empfehlungen für Wirtschaftspsychologie-Curricula.* (Arbeitsgruppe: Winter, S., Günther, U., Beckenkamp, M., Bosau, C., Dries, C., Fitzek, H., Müller, P. & Wallstein, S.). Erscheint demnächst auf www.gwps-ev.de

Günther, U. (1998a). Fachhochschulstudiengang Wirtschaftspsychologie: Berufsperspektiven, hochschulpolitischer Standort, Theorie-Praxis-Verhältnis. *Psychologische Rundschau, 49,* 31-38.

Günther, U. (1998b). Über Praxisnähe, Arbeitsmarktchancen und Perspektiven. Zur Kritik an psychologischen Fachhochschulstudiengängen. *Psychologische Rundschau, 49,* 206-210.

Günther, U. (2000). Wirtschaftspsychologie an der Fachhochschule Nordostniedersachsen - Programm und Struktur eines neuen Studiengangs und Fachbereichs. In U. Günther (Hrsg.), *Psychologie an Fachhochschulen. Studiengänge, Theorie-Praxis-Verhältnis, Hochschulreform* (2. Aufl.) (S. 151-168). Lengerich: Pabst.

Günther, U. (2007). Studium der Wirtschaftspsychologie im Ausland. In B. Klauk & T. Stäudel (Hrsg.), *Studienführer Wirtschaftspsychologie. Eine Einführung in Studieninhalte und Berufsfelder* (S. 120-128). Lengerich: Pabst.

Günther, U. (2010). Psychologische Wissenschaft an der Universität - Praxisausbildung an der Fachhochschule? Das Wissenschaftler-Praktiker-Verhältnis und die Differenzierung der Hochschularten. In U. Kanning, L. v. Rosenstiel & H. Schuler (Hrsg.), *Jenseits des Elfenbeinturms: Psychologie als nützliche Wissenschaft* (S. 365-378). Göttingen: Vandenhoeck & Ruprecht.

Günther, U. & Müller, F. (2010). Wirtschaftspsychologie in Deutschland: Begründungen und Praxis der Ausbildung. In E. H. Witte & T. Gollan (Hrsg.), *Sozialpsychologie und Ökonomie* (S. 226-250). Lengerich: Pabst.

Herrmann, T. (1969). *Lehrbuch der empirischen Persönlichkeitsforschung.* Göttingen: Hogrefe.

Hochschulrektorenkonferenz (HRK) (2017). *Statistische Daten zu Studienangeboten an Hochschulen in Deutschland. Studiengänge, Studierende, Absolventinnen und Absolventen. Wintersemester 2016/2017.* Statistiken zur Hochschulpolitik 1/2016. https://www.hrk.de/fileadmin/redaktion/hrk/02-Dokumente/02-03-Studium/02-03-01-Studium-Studienreform/HRK_Statistik_WiSe_2016_17.pdf (3.5.2017)

Hochschulrektorenkonferenz (HRK) (2016). *Hochschulen in Zahlen 2015.* https://www.hrk.de/uploads/media/2015-05-13_Final_Hochschulen_in_Zahlen_2015_fuer_Internet.pdf (3.5.2017)

Klauk, B. & Stäudel, T. (Hrsg.) (2007). *Studienführer Wirtschaftspsychologie (Business Psychology).* Lengerich: Pabst.

Konegen-Grenier, C. & List, J. (1993). *Die Anforderungen der Wirtschaft an das BWL-Studium. Ergebnisse einer Unternehmensbefragung.* Beiträge zur Gesellschafts- und Bildungspolitik des Instituts der deutschen Wirtschaft, Nr. 188. Köln: Deutscher Instituts-Verlag.

Kultusministerkonferenz (2003/2010). *Ländergemeinsame Strukturvorgaben für die Akkreditierung von Bachelor und Masterstudiengängen.* http://www.kmk.org/fileadmin/Dateien/veroeffentlichungen_beschluesse/2003/2003_10_10-Laendergemeinsame-Strukturvorgaben.pdf (3.5.2017)

Nolte, N. (2010). *Ausbildung: Büffeln ohne Ende. Fernstudien sind beliebt – doch warum werden sie so oft abgebrochen?* DIE ZEIT Nr. 52/2010. http://www.zeit.de/2010/52/C-Fernuni (3.5.2017)

Schulz, W. (2001). Was ist aus ihnen geworden? Zum beruflichen Verbleib der ehemaligen Psychologiestudierenden der Jahrgänge 1996 bis 1999 der Technischen Universität Braunschweig. *Report Psychologie, 26,* 306-310.

Schwertfeger, B. (2015). *Titelstreit - Ich bin irgendwas mit Psychologie.* Spiegel-online vom 21.12.2015 http://www.spiegel.de/karriere/bild-1067998-936464.html (3.5.2017)

SIS International Research (2017). *Trends in the Education Industry.* https://www.sisinternational.com/trends-in-the-education-industry/ (3.5.2017)

Statistisches Bundesamt (2016). *Hochschulen auf einen Blick.* Wiesbaden. https://www.destatis.de/DE/Publikationen/Thematisch/BildungForschungKultur/Hochschulen/BroschuereHochschulenBlick0110010167004.pdf?__blob=publicationFile (3.5.2017)

Wentura, D., Ziegler, M., Scheuer, A., Bölte, J., Rammsayer, T. & Salewski, C. (2013). Bundesweite Befragung der Absolventinnen und Absolventen des Jahres 2011 im Studiengang B.Sc. Psychologie. *Psychologische Rundschau, 64,* 103-112.

Wissenschaftsrat (1990). *Empfehlungen zur Entwicklung der Fachhochschulen in den 90er Jahren.* www.wissenschaftsrat.de/download/archiv/5102-02.pdf (3.5.2017)

Wissenschaftsrat (1993). *10 Thesen zur Hochschulpolitik.* http://www.die-soziale-bewegung.de/hochschule/10thesen.PDF (3.5.2017)

Wissenschaftsrat (2000). *Thesen zur künftigen Entwicklung des Wissenschaftssystems in Deutschland.*

Anhang:
Führung in unsicheren Zeiten: Praxistipps für transformationale Führungskräfte

Huw Wynn Jones

Die Welt befindet sich im Wandel und die Forschung lehrt uns, dass Organisationen noch flexibler und anpassungsfähiger sowie unternehmerischer und innovativer sein müssen, um den sich wandelnden Anforderungen der heutigen Umwelt gerecht zu werden. Zeitgleich wird der Ruf nach geeigneten Führungskonzepten laut, mit denen Mitarbeiter auf die anstehenden Veränderungen vorbereitet werden können. Wandel in der Organisation bedeutet somit auch Wandel in der Führung!

Wer kennt das nicht? Bei einem Unternehmen herrscht im Top Management die Einsicht vor, die Dinge müssen sich verändern. Die Digitalisierung werde vor dem Unternehmen nicht haltmachen und man müsse sich auf den Wandel einstellen und vorbereiten. In der Folge werden hastig Task Forces, Projekte und Workshops aufgesetzt, um die gewollte Richtungsänderung einzuleiten. Ganz am Ende stellt die Unternehmensleitung die Frage, wie die Mitarbeiter nun über das neue Zukunftsbild informiert werden sollen. Ok, schnell mal ein paar Informationsveranstaltungen und Abteilungsrunden und weil wir uns im digitalen Zeitalter befinden, gibt es vielleicht noch ein Portal dazu. Alles steht, Haken hinter, und es kann losgehen. Oder? Eben nicht!

Wenige Monate oder vielleicht gar nur wenige Wochen später die nüchterne Frage aus der oberen Etage: „Warum passiert nichts? Wir haben doch die Impulse gegeben, warum bringt keiner das Ganze auf Spur und in die Umsetzung?"

Die Antwort liegt auf der Hand und ist ebenso nüchtern wie die Frage selbst: weil die Mitarbeiter nicht wirklich beteiligt sind, weil sie sich abgehängt fühlen und das neue Zukunftsbild deshalb nicht mittragen können. Eine Organisation zu verändern heißt die Rahmenbedingungen, das heißt ihre Kultur, zu verändern. Hiervon betroffen ist auch die Führungskultur. Deshalb die folgende einprägsame Logik: wer Veränderung im Unternehmen will, muss auch hart an der Führung arbeiten. Oder jetzt etwas fachlicher ausgedrückt: wer sein Unternehmen transformieren möchte, der muss auch seine Mitarbeiter transformieren.

Damit wird zugleich deutlich, was sich hinter dem Begriff der transformationalen Führung verbirgt: für Führungskräfte besteht vor dem Hintergrund des tiefgreifenden Strukturwandels in der Arbeitswelt die Notwendigkeit, Mitarbeiter an das Unternehmen zu binden und auf Veränderungen vorzubereiten. Das Konzept der transformationalen Führung zeichnet sich dadurch aus, dass Mitarbeiter auf einer emotionalen Ebene angesprochen werden und die Führungskraft ihren Geführten ein höheres gemeinsames Ziel vermittelt, für das diese sich begeistern und engagieren können. Werte und Motive der Mitarbeiter werden somit beeinflusst bzw. *transformiert*, indem Führungskräfte Sinn und Orientierung vermitteln und das Selbstvertrauen und die Einsatzbereitschaft der Mitarbeiter steigern.

Vorbei zu sein scheinen die Zeiten, in denen (nur) über ausgeklügelte Zielvereinbarungen geführt werden kann. Für den notwendigen Wandel wird es wohl zukünftig nicht ausreichen, wenn die Führungskraft zum Mitarbeiter beispielsweise sagt: „Wenn du das und das erreichst, erhältst du die und die Belohnung". Dieses Austauschverhältnis als Ausdruck eines sehr linearen Führungsverständnisses beschreibt man im Übrigen als *transaktional*. Die transaktionale Führung steht damit in starkem Kontrast zu der transformationalen Führung. Denn bei der transaktionalen Führung stehen kurzfristige und materielle Ziele im Vordergrund, die als extrinsische Motivationsfaktoren den Eigennutz des Mitarbeiters und sein vordergründiges Interesse am Austausch von Vorteilen mit dem Arbeitgeber befriedigt. Hingegen wirkt ein transformationaler Führungsstil intrinsisch, indem er an die langfristigen, übergeordneten Werte und Ideale der Mitarbeiter appelliert. In der Konsequenz bedeutet ein transformierendes Führungsverhalten, dass die Führungskraft ihre Mitarbeiter von einem höheren Ziel überzeugt und sie begeistert und mobilisiert, statt sie lediglich nur über Austauschprozesse zu einem gewünschten Verhalten zu motivieren.

Es geht nicht darum, ein transaktionales Führungsverständnis schlecht zu reden oder als überholt darzustellen. Ganz im Gegenteil! Ein transaktionaler Führungsstil führt in den überwiegenden Führungssituationen zum gewünschten Erfolg. Vor allem dann, wenn die wiederkehrenden Aufgaben im Normalbetrieb zu bewältigen sind. Aber das eine schließt das andere nicht aus und beide Führungsstile sind nun mal zwei Seiten einer Führungsmedaille. Die erfolgreiche Führungskraft wird daher je nach Situation die optimale Mischung von transformationaler und transaktionaler Führung einsetzen. Unter Bezugnahme des von J.P. Kotter verwandten Gegensatzpaares von *Management* und *Leadership* eignet sich die Anwendung eines analytischen, planenden und kontrollierenden transaktionalen Führungsstils eher, wenn es darum geht, im bestehenden Alltagsgeschäft effizient zu sein (*die Dinge richtig tun*). Hingegen steht die Anwendung eines kommunikativen, sinnvermittelnden und inspirierenden transformationalen Führungsstils im Vordergrund, wenn es darum geht, in Phasen von Wandel, Wachstum und Krise Orientierung zu schaffen und effektiv zu sein (*die richtigen Dinge zu tun*).

Blickt man heute in die bestehende Organisationslandschaft, so entsteht rasch der Eindruck, dass es in den Unternehmen recht gut um das Thema der transaktionalen Führung bestellt ist. Das ist auch nicht besonders verwunderlich. Denn schließlich spiegelt sich im Austauschverhältnis Geld gegen Leistung das Grundverständnis von Führung der meisten Manager. Der Lateiner unter den Lesern erinnert sich gewiss an den römischen Rechtsausdruck *Do ut des*, sprich *Ich gebe, damit Du gibst*. Führung ist komplex und Leadership „is wicked". Es verwundert daher nicht, dass insbesondere zeit- und aufgabengetriebene Führungskräfte nach einfachen und gebrauchstauglichen Lösungen greifen.

Ziele, die Grundbausteine des transaktionalen Führungsstils, heißen in der Seminarsprache jeder Führungskräftefortbildung SMART. Das hat zwar seinen Sinn, aber dieses leicht verdauliche Akronym (*S*pezifisch, *M*essbar, *A*ttraktiv, *R*ealistisch, *T*erminiert) ist verführerisch einprägsam und hilft unerfahrene Führungskräfte die Komplexität von Führung auf ein vermeintlich erträgliches Maß herunterzubrechen und zu simplifizieren. Es dürfte in den Personalabteilungen Land auf, Land ab, auch kaum ein Dokument geben, welches so oft überarbeitet, angepasst und neu aufgelegt wird wie das jährliche Zielvereinbarungsformular. Die schriftliche Formulierung, Verteilung und Kontrolle von Aufgaben verschafft Transparenz über den Gesamtzielerreichungsgrad von Unternehmenszielen und verleiht uns damit ein - vielleicht sogar trügerisches – Gefühl der Sicherheit. Ergo bleiben weniger erfolgreiche Führungskräfte im Austauschverhältnis stecken und entwickeln ihre Führungskompetenzen nicht weiter.

Ein Blick in die Praxis zeigt allerdings, dass nur wenige Unternehmen mit wirklich ernsthafter Absicht, Konsequenz und Ausdauer die Etablierung einer Führungskultur vorantreiben, die Transformationen unterstützt. Man müsste eigentlich hierüber sehr erstaunt sein. Denn es sind oftmals dieselben Unternehmen, die gerade in der heutigen Zeit von ihren Mitarbeitern mehr Innovation, ein höheres Engagement und im Allgemeinen mehr Agilität wünschen. Die zunehmende Digitalisierung, Disruption und Komplexität unserer Umwelt (siehe in diesem Zusammenhang das weitere Akronym **VUCA** – **V**olatility, **U**ncertainty, **C**omplexity and **A**mbiguity) fordern bereits heute andere Formen der Arbeit und damit einhergehend ein anderes Führungsverständnis. Organisationen wären daher vor dem Hintergrund dieser gegenwärtig stattfindenden gesellschaftlichen Umwälzungen gut beraten, das Thema Führung auf den Prüfstand zu stellen und neu auszurichten. Das mag in dem einen oder anderen Unternehmen zum Widerstand im Managementkreis führen. Denn Manager sind es gewohnt, Themen zu treiben und die Umsetzung zu beschleunigen. Es wird zwar die Bedeutung von guter Führung betont, gar beschworen, aber in der Unternehmenswirklichkeit wird die Führungskräfteentwicklung häufig beiläufig betrieben, eben schlank und ressourcenschonend. Denn schließlich ist Führung kein Selbstzweck und oftmals in der Wahrnehmung nicht von strategischer Priorität. Man stelle sich den Personalleiter vor, der eine Diskussion über die Effekte und Wirkmechanismen eines „transformationalen" Führungsstils mit seinen Kollegen im Führungskreis führen möchte. Rückmeldung: „Transforma...was? Zu kompliziert, zu abstrakt, so eine Orchideenwissenschaft ist zu hoch für unser mittelständisches Unternehmen... das brauchen wir nicht."

Die Situation ist paradox. Unternehmen wollen den Wandel, aber ihre „Veränderungsflotte bleibt auf dem Boden und hebt nicht ab". Führungskräfte wünschen sich zwar einen Paradigmenwechsel in der Führung, bleiben jedoch den alten Mustern verhaftet. Insoweit stellt sich die Frage, was heute schon die einzelne Führungskraft tun kann, um transformationale Führung für sich und ihre Mitarbeiter erlebbar zu machen. Dieser Beitrag soll in der notwendigen Kürze die einzelnen Komponenten der transformationalen Führung näher vorstellen und einige Praxistipps für ihre Implementierung bieten.

Was also genau ist transformationale Führung und durch welche Verhaltensweisen zeichnet sie sich aus? In der Führungsforschung besteht Einigkeit darüber, dass die transformationale Führung aus vier verschiedenen Komponenten und Verhaltensweisen zusammengesetzt ist. Zusammengefasst kann gesagt werden, dass transformationale Führungskräfte ihre Mitarbeiter dadurch motivieren, dass sie selber als vorbildlich und authentisch wahrgenommen werden (*Idealisierte Einflussnahme*), überzeugende Visionen transportieren (*Inspirierende Motivation*), zu kritisch hinterfragendem Denken anregen (*Intellektuelle Stimulation*) und die Bedürfnisse der Mitarbeiter unterstützen (*Individualisierte Berücksichtigung*). Hierzu also im Einzelnen...

1   Idealisierte Einflussnahme (Idealized Influence)

Die idealisierte Einflussnahme ist die ethische Komponente der transformationalen Führung und beschreibt, inwieweit eine Führungskraft als Vorbild wahrgenommen wird und sich hierdurch den Respekt und die Gefolgschaft der Mitarbeiter erarbeitet. Diese Komponente der transformationalen Führung wird häufig mit Charisma, also einer besonderen Ausstrahlung der Führungskraft, gleichgesetzt. Es geht darum, als Führungskraft stets überzeugend bei jeder Gelegenheit klare Werte vorzuleben, sich bei Entscheidungen an moralischen Grundprinzipien zu orientieren und die eigenen Interessen zugunsten der Unternehmensziele zurückzustellen. Auf den Punkt gebracht sind transformationale Führungskräfte motiviert durch ein moralisches Engagement für die

Gemeinschaft - sowohl im Unternehmen als auch im Team - und nicht durch das, was für sie selbst von Vorteil ist.

Führen in diesem Zusammenhang bedeutet, dass die Führungskraft ihre eigenen und aufrichtigen Handlungen als Motivator für ein bestimmtes gewolltes Verhalten ihrer Mitarbeiter verwendet. Dieses Verhalten der Führungskraft erzeugt dann eine Resonanz bei den Mitarbeitern auf einer emotionalen Ebene und ermöglicht erst die Wahrnehmung der Führungskraft als Vorbild. Als Vorgesetzter erarbeiten Sie sich den Ruf bei Ihren Mitarbeitern, lieber das Richtige zu tun als der Versuchung nachzugeben, Ihre eigenen oder die kurzfristigen Interessen des Unternehmens in den Vordergrund zu rücken. Sie gelten bei Ihren Mitarbeitern als integer, bescheiden und respektvoll gegenüber anderen. Kurzum, weil die Führungskraft praktiziert, was sie „predigt", werden die Mitarbeiter in die Lage versetzt, ihrem Beispiel zu folgen. Auf dieser moralischen und ethischen Grundlage beginnt die Führungskraft Beziehungen mit ihren Mitarbeitern aufzubauen, die auf gegenseitigem Vertrauen und Respekt basieren. Somit wird ein Prozess in Gang gesetzt, wonach Mitarbeiter die Ideale ihrer Führungskraft verinnerlichen und in eigene Handlungen überführen können.

Vielleicht fragen Sie sich in Ihrer Eigenschaft als Führungskraft nun, wie Sie aus eigener Kraft und mit welchen Mitteln Sie die Theorie der idealisierten Einflussnahme in die Praxis umsetzen können. Ein guter Ausgangspunkt besteht zunächst darin, die grundlegende und alles bestimmende Entscheidung für sich zu treffen, tatsächlich eine transformationale Führungskraft sein zu wollen. Transformationale Führungskräfte verstehen ihr eigenes Potential und das ihrer Mitmenschen „zu heben". Sie sind im höchsten Maße kreativ und zeichnen sich durch Beharrlichkeit und Durchhaltevermögen aus, wenn es darum geht, das Beste aus sich und ihren Teams herauszuholen. Der persönliche Wandel hin zu einer transformationalen Führungspersönlichkeit fordert daher eine durchgehende und zielgerichtete Auseinandersetzung sowohl mit sich selbst, als auch mit dem Team und den einzelnen Mitgliedern. Transformationale Führungskräfte folgen einer Bestimmung, anhand derer sie andere Menschen im Kontext einer Vertrauenskultur und mit einem Höchstmaß an Integrität und Passion begeistern und herausfordern. Sie sind motivationsfördernde und treibende Kräfte, die in der Lage sind, gegenüber ihren Mitarbeitern verständlich zu kommunizieren, wie die aus Visionen und Strategien entwickelten Ziele gemeinsam erreicht werden können. Das Augenmerk der transformationalen Führung liegt hauptsächlich auf der Interaktion zwischen Führungskräften und ihren Mitarbeitern. Das klingt gut, ist aber harte Arbeit!

Ihre persönliche Transformation in der Führung beginnt mit der Leidenschaft und der Einstellung, die Sie zu Ihrer eigenen Arbeit haben. Im Mittelpunkt der transformationalen Führung steht daher die Frage nach dem persönlichen Antrieb der Führungskraft. Transformationale Führungskräfte haben eine klare Vorstellung über ihre eigene Bestimmung und den tieferen Sinn der von ihnen ausgeübten Tätigkeit. Dieser geschärfte Fokus auf das eigene Tun verhilft ihnen, sich tiefgreifend mit ihrer Arbeit auseinanderzusetzen und andere zu begeistern. Das Prinzip ist denkbar einfach und lässt sich auf die folgende simple Formel herunterbrechen: wer mit Begeisterung und Passion führen möchte, muss zunächst die Leidenschaft für die eigene Tätigkeit kultivieren. Nur wenn Ihnen diese erste Herausforderung gelingt, werden Sie imstande sein, anderen gegenüber „das große Ganze" aufzuzeigen und andere Menschen zusammenzubringen.

Nehmen wir beispielsweise an, Sie sehen Ihre berufliche Bestimmung als Führungskraft darin, die Umwelt durch die Bereitstellung von energieeffizienten Lösungen nachhaltig zu schützen. Ihre Position als Führungskraft bei einem mittelständischen Bauunternehmen ermöglicht es Ihnen diese Bestimmung zu verwirklichen, indem Sie die Verantwortung übernommen haben, die Auswahl und den Einbau von besonders umweltfreundlichen Wärmepumpen bei Ihren Kunden zu planen und umzusetzen. Ihre Arbeit erfüllt für Sie einen tieferen Sinn, denn Sie sind in der Lage, Ihre Arbeit in einen breiteren Kontext zu stellen, der für Sie von großer Bedeutung ist. Gerüstet mit diesem starken persönlichen Antrieb wird es Ihnen zusammen mit Ihrem Team gelingen, qualitativ hochwertig Ergebnisse zu erzielen, die für das Unternehmen von großer Bedeutung sind. Ihre Mitarbeiter werden Sie als passionierte, inspirierende und energetische Führungskraft wahrnehmen.

Als Führungskraft sollten Sie sich daher die Zeit nehmen, Ihre berufliche Bestimmung zu reflektieren und zu prüfen, inwieweit Sie diese im Rahmen Ihrer aktuellen Tätigkeit tatsächlich verankert haben. Die folgenden Fragen sollen Ihnen dabei helfen:

- Warum habe ich meinen heutigen Beruf ausgewählt? Was hat mich bei dieser Berufswahl begeistert?
- Was sehe ich als meine berufliche Bestimmung an? Welches höhere Ziel verfolge ich bei der Ausübung meiner Tätigkeit? Kann ich erklären, wie meine aktuelle Tätigkeit mir verhilft, meine berufliche Bestimmung zu verwirklichen?
- Wofür brenne ich in meiner aktuellen Tätigkeit? Bei welchen Aufgaben entfalte ich eine besondere Leidenschaft? Wie kann ich erreichen, dass ich jeden Tag mehr von dem tue, was mir besondere Freude bei der Arbeit bringt?

Als transformationale Führungskraft wollen Sie Ihre Mitarbeiter inspirieren. Aber Ihre Mitarbeiter werden sich nur dann begeistern lassen, wenn Sie in einer Art und Weise handeln, die im Einklang mit Ihren eigenen Werten ist. Insbesondere werden Sie dann von Mitarbeitern als authentisch und vor allem glaubwürdig wahrgenommen. Deshalb ist die Gewissheit um die eigenen Werte eine weitere wichtige Komponente der idealisierten Einflussnahme. Fragen Sie sich in diesem Zusammenhang doch, welche Ihrer Persönlichkeitsmerkmale und Verhaltensweisen die größte Bedeutung für Sie haben und inwieweit Ihr Handeln stets und konsequent im Einklang mit diesen Werten ist. Versuchen Sie im Arbeitsleben bewusster im Einklang mit Ihren Werten zu leben und stets eine Übereinstimmung zwischen Ihren persönlichen Werten und Ihren Handlungen herbeizuführen. Das schafft insbesondere Klarheit für Ihre Mitarbeiter, da Sie dann besser einzuschätzen sind und damit auch zu einem verlässlichen Ansprechpartner für Ihre Mitarbeiter werden. Das vermittelt ein Sicherheitsgefühl und schafft Vertrauen zwischen Ihnen und Ihren Mitarbeitern.

Als Führungskraft sollten Sie die Zeit investieren Ihre persönlichen Werte zu reflektieren und bei der Verrichtung Ihrer Tätigkeit diese zugrunde zu legen. Erarbeiten Sie Ihr persönliches Wertegerüst anhand der nachfolgenden Fragen und Statements:

- Was sind für mich die wichtigsten Werte? Wofür stehe ich? Was sind meine wichtigsten Prinzipien? Welche Lebenserfahrungen haben mich geformt? Was habe ich in meinem bisherigen Leben über mich gelernt?
- Wer sind meine Vorbilder und welche ihrer Charaktereigenschaften schätze ich am meisten?

- Oftmals ist ein Blick von außen sehr hilfreich und sinnvoll. Fragen Sie daher Familienmitglieder und Freunde, welche Grundwerte diese in Ihren Handlungen wahrnehmen.
- Wählen Sie aus Ihren Erkenntnissen die drei bis fünf Grundwerte aus, die für Sie am wichtigsten sind und Ihre persönlichen Einstellungen am besten beschreiben. Teilen Sie diese Werte Ihren Mitarbeitern mit und diskutieren Sie mit ihnen hierüber und bitten um ihr Feedback.

Ihre persönliche berufliche Bestimmung sowie Ihr persönliches Wertegerüst sind zwei unabdingbare Voraussetzungen, um Ihre authentische Vorbildfunktion zu stärken. Denken Sie daran, dass es bei der Komponente der idealisierten Einflussnahme darum geht, dass Ihre Mitarbeiter sich persönlich mit Ihnen identifizieren. Ihr Verhalten und die Ihnen von Mitarbeitern zugeschriebenen Attribute sind die maßgeblichen Aspekte, warum Mitarbeiter bereit sind, Sie zu akzeptieren. Sie sollten daher zusätzlich bei allen Interaktionen mit Ihren Mitarbeitern immer die folgenden Prinzipien beherzigen und umsetzen:

- Gehen Sie stets mit gutem Beispiel voran.
- Seien Sie stets verlässlich in Worten und Taten.
- Vermitteln Sie immer Stolz und Respekt und schenken Sie Vertrauen.
- Kommunizieren Sie überzeugend Ihre Werte und Ziele und erfüllen Sie immer hohe ethische und moralische Standards.
- Fordern und fördern Sie höchstes Engagement Ihrer Mitarbeiter.
- Stellen Sie für die Gruppe immer das Gesamtinteresse Ihres Unternehmens über Ihre persönlichen und selbstbezogenen Ziele.

Anhand der idealisierten Einflussnahme schaffen Sie die wichtigste Grundlage, um Ihre Mitarbeiter zu transformieren. Denn eine wertorientierte Führung ist notwendig, um sicherzustellen, dass die Arbeit Ihres Teams von einer starken moralischen und ethischen Grundlage untermauert wird. Das ist eine wesentliche Grundlage, um nachhaltige Veränderungen voranzutreiben und sicherzustellen, dass diese jeder Prüfung und jedem Widerstand standhalten können.

2 Inspirierende Motivation (Inspirational Motivation)

Die inspirierende Motivation beschreibt, inwieweit die Führungskraft den Mitarbeitern gegenüber eine ansprechende und inspirierende Vision vom attraktiven Zukunftsbild des Unternehmens artikuliert. Mitarbeiter haben ein starkes Bedürfnis zu verstehen, welchen Beitrag ihre Arbeit für das Unternehmen leistet. Die Verankerung einer sinnstiftenden Vision ist in diesem Zusammenhang grundlegende Voraussetzung, damit die Mitarbeiter die eigene Aufgabe im größeren Unternehmenskontext begreifen können und hieraus Motivation für ihre Arbeit schöpfen. Denn nur mittels einer klar formulierten und erreichbaren Vision wird es der Führungskraft gelingen, den Mitarbeitern zu erläutern, welche Maßnahmen notwendig sind und warum diese dem Team helfen, ihre gewünschten Ziele zu erreichen.

Mitarbeiter wissen dann stets, was von ihnen verlangt wird und wie ihre Leistung sich in das Gesamtbild einfügt. Motivation im Sinne der transformationalen Führung basiert somit auf konkreten Zielen, deren Erreichbarkeit von einem entsprechenden Optimismus der Führungskraft getragen wird. Die Idee ist hier, durch die Kommunikation einer Vision einen tieferen Sinn für die Arbeit zu schaffen, die bei den Mitarbeitern auch die entsprechende Einstellung zur Erreichung der Vision herausfordert. Dieser visionäre Aspekt der Führung setzt ein Vertrauen in die Mitarbeiter voraus ihre Aufgaben mit weitreichender Autonomie zu bewältigen und wird durch eine Kommunikationsfähigkeit unterstützt, die es der Führungskraft ermöglicht ihre Vision in einer überzeugenden Weise zu artikulieren.

Jetzt also liegt es an Ihnen Ihre Mitarbeiter durch konkrete und attraktive Ziele zu motivieren. Vorausgesetzt, Sie wissen, wohin die Reise geht. Wenn Sie das Ziel kennen, dann brauchen Sie als nächstes eine gute Vision, um Ihren Mitarbeitern den Weg dorthin aufzuzeigen. Ihre Vision ist der Grund, warum Sie und Ihr Team morgens zur Arbeit kommen und gemeinsam das tun, was Sie tun. Schließlich ist es in erster Linie die Vermittlung einer klaren Vision von dem, was die Organisation bzw. Ihr Team zukünftig erreichen kann, die Ihren Mitarbeitern hilft, den Zweck, die Ziele sowie die Prioritäten ihrer Arbeit zu verstehen. In diesem Sinne gilt es als empirisch gesichert, dass ein entsprechendes visionäres Verhalten von Führungskräften maßgeblich zur Erfolgswirkung der transformationalen Führung beiträgt. Eine Erklärung für diese Erfolgswirkung dürfte insbesondere darin liegen, dass Führungskräfte durch die Vermittlung einer anregenden Vision und dem damit einhergehenden Veränderungsbedarf ihren Mitarbeitern einen Kontrast zur aktuellen Situation aufzeigen. Dadurch können sie Mitarbeiter dazu ermuntern, sich in den Veränderungsprozess einzubringen und eigene Ideen und Verbesserungsvorschläge zu entwickeln.

Kurzum, Ihre gut formulierte Vision bezeichnet ein *herausforderndes*, aber *erreichbares* Zukunftsbild und sollte in der Praxis drei wesentliche Zwecke erfüllen: zunächst gibt sie die klare Richtung des Unternehmens bzw. des Teams vor und versetzt Ihre Mitarbeiter dadurch in die Lage, ihre eigenen Aufgaben in einem größeren Kontext zu verstehen, so dass in der Folge Eigenbestimmung und Selbstverantwortung Ihrer Mitarbeiter verstärkt und gefördert werden. Weiterhin verdeutlicht eine gut und klar formulierte Vision, dass in der Regel Opfer erbracht werden müssen, um notwendige Veränderungen im Rahmen eines angestrebten Zukunftsbildes zu erreichen. Indem also Ihre anregende Vision die überwiegenden und langfristigen Vorteile des Zukunftsbildes aufzeigt, ist sie geeignet auf Veränderung gerichtetes Handeln auszulösen, welches nicht notwendigerweise den kurzfristigen Interessen einzelner Mitarbeiter Ihres Teams entspricht. Schließlich dient die Vision als besonders effiziente Leitplanke, um die Handlungen und Entscheidungen Ihrer Mitarbeiter auf die Unternehmens- bzw. Teamziele auszurichten. Das ist besonders wichtig, wenn Einzelpersonen oder Gruppen weitgehend autonom arbeiten sollen.

Für Sie dürfte sich nun die Frage stellen, welche Voraussetzungen erfüllt sein müssen, um eine erfolgsversprechende Vision zu formulieren. Eine Reihe von Autoren hat versucht, die wesentlichen Eigenschaften einer erfolgreichen Vision zu beschreiben. Hiernach sollte eine Vision folgende Fragen beantworten:

- Was ist denkbar? Vermittelt die Vision ein Bild davon, wie die Zukunft aussehen wird?

- Was ist wünschenswert? Appelliert die Vision an die langfristigen Interessen der Mitarbeiter, Kunden und anderer Stakeholder, die eine Beteiligung am Unternehmen haben?
- Was ist möglich? Beinhaltet die Vision realistische und erreichbare Ziele?
- Ist der Fokus klar? Ist die Vision hinreichend bestimmt, um Orientierung in der Entscheidungsfindung zu geben?
- Ist die Vision flexibel und anpassungsfähig? Ist die Vision allgemein genug, um individuelle Initiativen und alternative Resonanzen bei sich verändernden Bedingungen zu ermöglichen?
- Ist die Vision übertragbar? Kann die Vision leicht kommuniziert werden?

Entsprechend der oben aufgeführten Punkte sollten Sie bei der praktischen Formulierung Ihrer Vision folgende Empfehlungen beherzigen:

- Ihre Vision sollte in erster Linie einfach und doch unternehmensspezifisch formuliert sein. Denn es handelt sich bei Ihrer Vision weniger um einen detaillierten Plan mit exakten Handlungsschritten, sondern vielmehr um ein idealistisches Bild einer wünschenswerten Zukunft für Ihr Team. Sie sollten daher in diesem Sinne übergeordnete und weit in die Zukunft reichende Ziele betonen und nicht lediglich die naheliegenden greifbaren Vorteile. Schließlich beabsichtigen Sie eine dauerhafte Transformation Ihrer Organisationeinheit.
- Denken Sie daran, dass jede Vision zu ihrer Erreichung die Unterstützung aller von ihr Betroffenen und Beteiligten voraussetzt und daher aus sich selbst heraus eine starke motivationale Kraft entfalten sollte. Ihre Vision sollte daher auf die Werte, Hoffnungen und Ideale von Mitarbeitern in Ihrer Organisationseinheit Rücksicht nehmen. Dies setzt voraus, dass Sie ein Verständnis über die Werte Ihrer Mitarbeiter und deren Fähigkeiten und Ressourcen entwickeln. Gegebenenfalls erstreckt sich diese Rücknahme auch auf weitere Mitarbeiter und andere Stakeholder des Unternehmens, deren Unterstützung erforderlich ist.
- Ihre Vision sollte zwar herausfordernd, aber stets realistisch sein. Sie müssen glaubwürdig und vor allem motivierend sein! Daher darf Ihre Vision keine utopische Wunschvorstellung sein, sondern muss eine vorstellbare und herausfordernde Zukunft Ihres Teams sein, die in der gegenwärtigen Realität begründet ist und auf einem klaren und rationalen Verständnis des Unternehmens, des Marktumfelds und der Wettbewerbsfähigkeit beruht und mit entsprechender Anstrengung für Ihre Mitarbeiter auch zu realisieren ist. Denken Sie daran: indem Sie zwar hohe, aber realistische Ziele setzen, zeigen Sie Ihren Mitarbeitern, dass Sie an deren Fähigkeiten und Integrität glauben. So stärken Sie das Selbstvertrauen und die Ausdauer Ihrer Mitarbeiter und versetzen sie damit in die Lage, die inneren psychologischen Hürden und äußeren Barrieren zu überwinden, die die Entfaltung hoher Leistungsfähigkeit verhindern.
- Flexibilität und Anpassungsfähigkeit sind gefragt! Achten Sie bei der Formulierung Ihrer Vision darauf, dass diese eine klare Richtung vorgibt und Ihren Mitarbeitern als Orientierung für deren eigene Arbeit dient. Ihre Mitarbeiter brauchen und erwarten von Ihnen sichere Leitplanken, damit sie Geschwindigkeit aufnehmen und doch sicher fahren können. Dennoch sollte auch hier im Sinne der Schaffung einer intrinsischen Motivation und zur Förderung der Autonomie Ihrer Mitarbeiter genügend

Freiräume gelassen werden, damit Mitarbeiter im Rahmen der vorgegebenen Richtung eigene Ideen zur Umsetzung der Vision entwickeln können.

- "Remember, keep it smart and simple!" Ihre Vision muss einfach, einprägsam und einleuchtend genug sein, um sie jedem klipp und klar in wenigen Minuten kommunizieren zu können. Die meisten Menschen scheuen vor komplizierten Ausführungen und abstrakten Abhandlungen zurück. Je prägnanter und zugänglich Ihre Vision ist, desto erfolgreicher werden Sie über Ihre Vision reden und verschiedene Kommunikations- und Implementierungsmöglichkeiten nutzen können, um sicherzustellen, dass Ihre Vision zur Grundlage der Aktivitäten Ihres Teams wird.

Klingt alles ganz einfach, oder? Nun gut, ganz so einfach ist eine Vision noch nie verfasst worden. Im Zweifel kostet die Erarbeitung viel Zeit, in der Sie Gespräche führen, recherchieren und rechnen. Und wenn die Vision erst einmal steht, dann muss sie tatsächlich gelebt werden. Sie muss sozusagen alle Aktivitäten Ihres Teams durchdringen und zum ständigen Begleiter und Kompass werden.

Wenn Sie also für Ihr Team eine Vision erarbeiten, beginnen Sie doch als Ausgangspunkt mit dem Leitbild und der Vision Ihres Unternehmens und erkunden Sie, wie Ihr Team direkt dazu beitragen kann. Wenn Ihr Unternehmen (noch) keinen formalisierten Strategieformulierungsprozess durchlaufen hat, dann wird es Ihnen trotzdem gelingen, Vision und Strategie für Ihr Team festzulegen. Im Grunde genommen wissen Sie doch, worauf es ankommt und wie Ihr Team am besten die Erreichung der Unternehmensziele unterstützen kann. Reden Sie mit Ihren Vorgesetzten, Kollegen und anderen Fachexperten, falls Sie noch weiteren Informationsbedarf haben und holen Sie sich ein Feedback außerhalb Ihres Teams ein. Oftmals hilft ein Blick von außen, um die Feinheiten zu erkennen. Schließlich sind es die Erwartungen Ihrer Kunden (innerhalb und außerhalb des Unternehmens) an Sie und Ihr Team, die maßgeblich Ihre Tätigkeit prägen.

Die Vision alleine ist jedoch ohne Nutzen, wenn sie nicht zur Realität wird. Viele Führungskräfte begehen hier den Kardinalfehler, dass sie zwar eine Vision formulieren, es jedoch unterlassen, ihre Vision zum Leben zu erwecken. Vermeiden Sie diesen Fehler! Ein Erfolgsfaktor Ihrer Vision wird sein, dass Sie jede Gelegenheit nutzen, um über Ihre entworfene und ausformulierte Vision zu diskutieren. Benutzen Sie Methoden wie zum Beispiel Story-Telling, Symbole und Metaphern, um Ihre Vision eindrucksvoll und einprägsam zu vermitteln. Nutzen Sie Ihre Teammeetings und Ihre Einzelgespräche, um wiederholt Ihre Vision und damit Ihren eingeschlagenen und favorisierten Kurs für Ihren Verantwortungsbereich auf die Agenda zu bringen. Solche Diskussionen holen zudem das notwendige kritische Feedback ein, welches Sie benötigen, um Ihre Mitarbeiter zu beteiligen, gemeinsam Hindernisse aus dem Weg zu räumen, Ziele weiterzuentwickeln und auf sich ändernde Bedingungen schnell einzustellen. Ihr Ziel sollte es daher sein, mit Ihrer Vision in Vorleistung zu treten. Das ist schließlich Ihr Job als Führungskraft und wird im Übrigen von Ihren Mitarbeitern auch so erwartet. Der Rest aber ist gemeinsame Sache. Sie werden feststellen, dass Sie über Zeit ein Team aufbauen, welches imstande ist, gemeinsam gegen den Wind zu segeln und bei dem dennoch notwendige Kursänderungen und Anpassungen ohne Überforderung von Einzelnen oder des Teams gelingen. Gehen Sie bei der Implementierung Ihrer Vision also strategisch vor! Kommunizieren Sie die Rollen und Verantwortlichkeiten Ihrer Teammitglieder klar. Jedes Teammitglied muss seine Verantwortung kennen und wissen, wie sein Erfolgsbeitrag gemessen wird. Lassen Sie nie die Gelegenheit ungenutzt, gezielt die Aufgaben Ihres Teams und Ihrer Mitarbeiter mit der gesetzten Vision und Strategie zu verknüpfen. Dadurch werden die Tätigkeiten Ihrer Mitarbeiter im größeren Kontext der Unternehmensziele eingebettet und Ihre Mitarbeiter erfahren, welchen Beitrag sie zum Unternehmenserfolg leisten können. Denken Sie daran, dass eine überzeugende und knapp formulierte Vision sich hervorragend dafür eignet, in Performance Reviews, im Talent Management und anderen Personalinstrumenten eingeflochten zu werden. Ihre Vision wird auf diese Weise engmaschig das gesamte Arbeitsumfeld Ihres Teams durchdringen und beeinflussen. Sie werden sehen, dass solche Rahmenbedingungen eine maßgebliche Unterstützung für Ihre Teammitglieder sein werden, die eigenen Handlungen und Arbeitsinhalte mit Akzeptanz auf die Verwirklichung der Vision auszurichten.

3 Intellektuelle Stimulierung (Intellectual Stimulation)

Intellektuelle Stimulierung beschreibt, inwieweit die Führungskraft altbewährte Vorgehensweisen hinterfragt, Risiken eingeht und ihre Mitarbeiter ermuntert, bei der Bewältigung ihrer Arbeit neue Wege einzuschlagen. Anstatt Entscheidungen für die Mitarbeiter zu treffen und ihnen zu sagen, was zu tun ist, fordert die transformationale Führungskraft ein innovatives Denken und eine Mentalität des Anpackens bei ihren Mitarbeitern. Autonomes Denken, Innovation, gemeinsame Entscheidungsfindung und Verantwortung sind hier die Schlüsselkomponenten des Führungsrahmens. Der Erfolg der intellektuellen Stimulierung hängt größtenteils damit zusammen, wie die Führungskraft mit Problemen und Ideen umgeht, bzw. welche Rahmenbedingungen die Führungskraft zur Stärkung der Autonomie und Entwicklung der Eigenverantwortung der Mitarbeiter bereitstellt. Besonders wichtig in diesem Zusammenhang ist, dass die Mitarbeiter ermutigt werden, ihre Ideen frei und ohne Angst vor Kritik zu äußern. Denn anstatt zu sagen, dass ein gewisser Ansatz falsch ist, zielt die Führungskraft darauf ab, die Art und Weise zu verändern, wie Mitarbeiter über Probleme nachdenken und welche verschiedenen Möglichkeiten gegeben sind, um diese überwinden zu können. Wie bereits oben ausführlich beschrieben, liefert die Vision der Führungskraft die entscheidende Orientierung, um zu verstehen, wie Mitarbeiter, Führungskraft, Unternehmen und Ziele zusammenhängen. Wenn Mitarbeiter diese Vogelperspektive einnehmen können und zudem die Freiheit erhalten, Altbewährtes und eingefahrene Verhaltensmuster zu hinterfragen, dann liegen die entscheidenden Voraussetzungen dafür vor, dass Mitarbeiter kreativ alle Hürden und Hindernisse zur Erreichung der gemeinsamen Ziele überwinden können.

Anhand Ihrer Vision haben Sie Ihren Mitarbeitern gezeigt, dass Sie Großes vorhaben. Ihre Mitarbeiter verstehen Ihre Vision und wollen diese auch in die Realität umsetzen. Aber denken Sie daran, dass Ihre Mitarbeiter Sie nicht unterstützen können, wenn sie sich machtlos fühlen. Auf den Punkt gebracht ist es Ihre Kernaufgabe als Führungskraft, so viele Hemmnisse für die Umsetzung der Vision wie möglich zu entfernen. Ihre Mitarbeiter haben zu Recht die Erwartungshaltung, dass Sie qua Ihrer Führungsposition den Weg für sie freizuräumen. Dabei stellt sich die Frage, welche Hindernisse Ihrem Team überhaupt im Wege stehen. Oftmals sind es strukturelle Gegebenheiten im Unternehmen, die Ihre Mitarbeiter am Erfolg hindern. Schließlich sind Ihre Mitarbeiter zum Beispiel auf die Kollaboration mit anderen Mitgliedern der Organisation angewiesen. Was ist aber, wenn „Silodenken" in Ihrem Unternehmen vorherrscht und mangelhafte Kommunikation zur Verlangsamung der Arbeit führt? Oder denken Sie etwa an Führungskräfte und Fachexperten aus anderen Bereichen Ihres Unternehmens, auf deren Unterstützung Ihre Mitarbeiter angewiesen sind, diese aber nicht erhalten. Vielleicht mangelt es an Ressourcen oder es sind Kompetenzen im Unternehmens nicht hinreichend geklärt, so dass diese nur mühsam gebündelt und eingesetzt werden können. Strukturelle Hindernisse im Unternehmen können zwar verschiedenartiger Natur sein, führen jedoch immer zum gleichen Ergebnis: wenn Ihre Mitarbeiter spüren, dass sie diese Hürden nicht umgehen können, werden sie irgendwann einfach aufgeben und in ihre alten Verhaltensweisen zurückfallen. Es mag zwar sein, dass Sie nur bedingt die Gegebenheiten außerhalb Ihres Verantwortungsbereiches beeinflussen können, Sie müssen aber im Gespräch mit Ihren Mitarbeitern herausfinden, um welche Hindernisse es sich dabei handelt und diese angehen. Sie halten Ihren Mitarbeitern damit den Rücken frei und schaffen eine weitere Motivation für höheres Engagement in Ihrem Team.

Dankenswerterweise gibt es allerdings Hindernisse, die sich einfacher beseitigen lassen, weil sie innerhalb Ihres Verantwortungsbereiches zu finden sind. Um ihre Aufgaben erfolgreich zu meistern, brauchen Ihre Mitarbeiter zum Beispiel nicht nur die richtigen Fähigkeiten, sondern auch die entsprechenden Einstellungen und Kompetenzen. Ihre Aufgabe ist es daher, Ihre Mitarbeiter durch die Bereitstellung der notwendigen Weiterbildungsmaßnahmen zu befähigen, damit diese ihre Aufgaben bestmöglich bearbeiten können. Bildung ist Empowerment und unabdingbare Voraussetzung, um größere Autonomie im Team zu fördern.

Nehmen Sie die Rolle des Herausforderers an! Fördern Sie die innovativen Kräfte Ihrer Mitarbeiter, indem Sie althergebrachte Annahmen und Prozesse im Unternehmen und in Ihrem Team offen diskutieren und nach neuen Lösungen suchen. Reagieren Sie auf Fehler und Misserfolge Ihrer Mitarbeiter auf eine Art und Weise, die Ihren Mitarbeitern zeigt, dass Sie Risikobereitschaft schätzen und auftretende Probleme als Lernmöglichkeiten betrachten. Bieten Sie Ihre Unterstützung, aber lassen Sie Ihre Mitarbeiter eigenständig Lösungen erarbeiten. Ihre Mitarbeiter müssen spüren, dass Sie das Sicherheitsnetz für sie aufstellen. Zeigen Sie daher, dass Sie eigenständiges Denken schätzen und schaffen Sie eine starke Vertrauenskultur im Team.

4   Individualisierte Berücksichtigung
(Individualized Consideration)

Obwohl das Konzept der transformationalen Führung insbesondere die Teamarbeit fokussiert, versteht es auch die Beiträge der Einzelpersonen anzuerkennen. Aus den partizipativen Führungstheorien leitet sich die Erkenntnis ab, dass Menschen durch verschiedene Faktoren angetrieben und motiviert werden. Nicht jeder Führungsansatz passt zu allen Mitarbeitern und wenn die Führungskraft das Beste aus ihren Mitarbeitern herausholen möchte, dann geht es nur mit Rücksicht auf die spezifischen Bedürfnisse des Einzelnen. Das personalisierte Training des Mitarbeiters durch die Führungskraft zielt darauf ab, die individuellen Bedürfnisse des Mitarbeiters nach persönlichem Wachstum zu fördern und die Kompetenzen des Mitarbeiters durch Übertragung von herausfordernden Aufgaben auszubauen. Ziel der individualisierten Berücksichtigung sollte es daher sein, das individuelle Bedürfnis des Mitarbeiters nach Selbstverwirklichung unter zeitgleicher Berücksichtigung übergeordneter Unternehmensziele zu erfüllen.

Versuchen Sie Ihren Führungsstil an die verschiedenen Persönlichkeiten, Bedürfnisse und Fähigkeiten in Ihrem Team anzupassen. Seien Sie mehr ein Coach oder ein Mentor als ein „Boss". Hier folgen einige Empfehlungen, wie Sie diese Aufgabe wahrnehmen können, ohne sich gleich als Coach fortbilden lassen zu müssen. Individualisierte Berücksichtigung wird praktiziert, wenn Lernmöglichkeiten auf ein unterstützendes Klima treffen. Delegieren und beauftragen Sie Aufgaben daher auf der Grundlage von Interessen und Talenten Ihrer Mitarbeiter, aber achten Sie auch darauf, Ihre Mitarbeiter aus Ihren „Komfortzonen" zu locken. Ihr Verhalten sollte auch widerspiegeln, dass Sie individuelle Unterschiede akzeptieren (einige Mitarbeiter müssen stärker gefördert werden, andere brauchen mehr Autonomie, andere festere Strukturen...). Ihre Interaktion mit Ihren Mitarbeitern sollte personifiziert sein. So erinnern Sie sich an vergangene Unterhaltungen, kennen die individuellen Bedürfnisse Ihrer Mitarbeiter, unterstützen deren berufliche Entwicklung und zeigen Interesse an ihrem Wohlergehen, nicht nur als Arbeitnehmer, sondern vor allem als Mensch. Wie auch immer Sie die persönliche Interaktion mit Ihren Mitarbeitern ausgestalten, sollten sie aktiv zuhören, fürsorglich und stets auf Ihren Mitarbeiter fokussiert sein.

5   Fazit

Die Forschung setzt sich seit Jahrzehnten mit Führung in Organisationen auseinander. Hieraus sind eine Fülle von verschiedenen Führungstheorien und eine überwältigende Menge von Forschungsergebnissen entstanden. Obwohl das Konzept der transformationalen Führung nicht neu ist und seit der Mitte der achtziger Jahre des letzten Jahrhunderts einen vorherrschenden Platz in der Führungsforschung eingenommen hat, sind es die exponentiellen Entwicklungen unserer Gesellschaft in den vergangenen Jahren, die geradezu zu einer Renaissance dieser Führungstheorie geführt haben. In einer sich stetig verändernden Arbeitswelt sind Führungskräfte und Mitarbeiter gleichermaßen gefordert sich den neuen Rahmenbedingungen anzupassen. Unternehmen sind nur dann überlebensfähig, wenn sie anpassungsfähig sind und aus dem Potenzial der gesamten Belegschaft schöpfen. Netzwerkstrukturen und die Kompetenz mit ergebnisoffenen Prozessen umzugehen, zeichnen das Bild der Unternehmen von morgen. Es wird in diesem Sinne immer offensichtlicher, dass die beste Form der Führung beziehungsorientiert und inspirierend, ethisch und zukunftsorientiert arbeitet und auf die Weiterentwicklung der im Unternehmen Tätigen fokussiert ist. Das Konzept der transformationalen Führung bietet den Rahmen zur Entwicklung von Führungskräften, die den Anforderungen von heute und morgen an gute Führung genügen. Abseits von Führungskräfteentwicklungsmaßnahmen im großen Stil beherzigen Sie bitte folgenden Gedanken: die beste Führung kann stets durch kleine, aber sinnvolle Maßnahmen und Verhaltensweisen zum richtigen Zeitpunkt realisiert werden.

Autorinnen und Autoren

Prof. Dr. habil. Stefan Behringer ist Professor für Betriebswirtschaftslehre mit den Schwerpunkten Controlling und Corporate Governance an der NORDAKADEMIE Hochschule der Wirtschaft in Elmshorn und Hamburg. Seit 2014 ist er Präsident der NORDAKADEMIE. Er war Chief Compliance Officer der Olympus Europa GmbH. Seit 2009 berät er Unternehmen auf den Gebieten Mergers & Acquisitions, Unternehmensbewertung, Compliance und Corporate Governance. Stefan Behringer ist Autor zahlreicher Fachbücher und seit 2012 Chefredakteur der Zeitschrift Risk, Fraud & Compliance.

Prof. Dr. phil. Lothar Bildat ist Organisationspsychologe mit den Arbeits- und Forschungsschwerpunkten berufliche Kompetenzen, Gesundheit und Führung. Er bekleidet eine Professur für Wirtschaftspsychologie, Personal und Organisation an der staatlich anerkannten, privaten Fachhochschule EBC Hochschule Hamburg (University of Applied Sciences). Zudem lehrt er an der NORDAKADEMIE (University of Applied Sciences) und der Leuphana Universität Lüneburg in Masterstudiengängen und berät Führungskräfte zu den genannten Schwerpunkten. Lothar Bildat lebt mit seiner Familie im Norden Deutschlands.

Björn Bücks ist Gesundheits- und Konfliktmanager mit den Arbeits- und Forschungsschwerpunkten „Gesunde Organisation" und „Gesunde Führung". Er arbeitet freiberuflich als Unternehmensberater in der gesamten D-A-CH-Region und ist darüber hinaus Lehrbeauftragter an der staatlich anerkannten, privaten Fachhochschule EBC Hochschule Hamburg (University of Applied Sciences). Einen besonderen Schwerpunkt legt er auf die gesundheitlich wirksamen Aspekte im Rahmen von Veränderungsmaßnahmen sowie Möglichkeiten der Integration von systemischen und salutogenetischen Konzepten in bestehende Managementsysteme. Hierbei interessieren ihn insbesondere alle Themen rund um die „Gefährdungsbeurteilung psychischer Belastung". Neben der Weiterentwicklung praxistauglicher Analyseverfahren, berät er in diesem Zusammenhang Führungskräfte und schult externe und interne Multiplikatoren (z.B. Personalverantwortliche, Arbeitnehmervertreter) in der Steuerung des Prozesses. Björn Bücks lebt mit seiner Familie in Berlin.

Dr. Jens Eisermann ist Chief Scientist bei KEY4TALENT GmbH, er lehrt ferner an der Freien Universität Berlin und ist Experte für moderne, onlinegestützte Personalauswahl. Dr. Eisermann forscht und lehrt u.a. zum Thema Mobbing und Führung in Organisationen.

Prof. Dr. phil. Kai Externbrink ist Organisationspsychologe mit den Arbeits- und Forschungsschwerpunkten Führungspsychologie, Eignungsdiagnostik und Personalentwicklung. Er bekleidet eine Professur für Wirtschaftspsychologie an der staatlich anerkannten, privaten Fachhochschule FOM Hochschule für Oekonomie & Management (University of Applied Sciences). Er berät Organisationen in Fragen der Management-Diagnostik.

Prof. Dr. Ullrich Günther ist emeritierter Hochschullehrer der Leuphana Universität Lüneburg mit den Schwerpunkten Wirtschaftspsychologie, insbesondere Organisations-, Personal- und interkulturelle Psychologie. Er konzipierte erstmals in Deutschland einen Fachhochschulstudiengang Wirtschaftspsychologie und setzte ihn als Gründungsdekan an der damaligen FH Nordostniedersachen in Lüneburg um. Zurzeit arbeitet er neben Tätigkeiten in der Lehre und Forschung an der Leuphana Universität als Gutachter in Akkreditierungskommissionen in Deutschland und Kasachstan und als Senior Experte und Gastdozent in Pakistan, Indien, China und der Mongolei.

Dr. Wolfgang Habermann ist Volkswirt und Erziehungswissenschaftler. Er war über zwanzig Jahre in der Berufsausbildung eines internationalen Chemiekonzerns tätig, parallel dazu als Lehrbeauftragter der Fachhochschule des Landes Rheinland-Pfalz. Nach Aufgaben im Vertrieb von Aus- und Weiterbildungsleistungen eines renommierten Bildungsanbieters übernahm er als Vorstand und Präsident die Leitung einer privaten Hochschule, die er bis zu seinem Ruhestand innehatte. Er ist Gesellschafter und Consultant der H & L Karriereberatungsgesellschaft. Er war langjähriges Mitglied und Vorsitzender in mehreren Aus- und Weiterbildungs-Prüfungsausschüssen der IHK Frankfurt und Vorsitzender des Arbeitskreises Kaufmännische Berufsausbildung des Berufsbildungsausschusses des Bundesarbeitgeberverbandes Chemie. Er ist Autor mehrerer Fachbücher zum Human Resource Management.

Huw Wynn Jones ist gebürtiger Engländer aus London. Nach seinem Studium der Theaterwissenschaften in New Jersey, USA, studierte er Rechtswissenschaften an der Westfälischen Wilhelms-Universität Münster. Herr Jones ist seit 17 Jahren im Bereich Personalwesen tätig und arbeitete langjährig in verantwortungsvoller Position für die Stage Entertainment und die Hermes Logistik Gruppe. In 2012 erlangte er seinen MBA in Strategic Management an der Leuphana Universität in Lüneburg. Herr Jones hält Vorträge zu aktuellen Themen der Führung und Organisationsentwicklung und ist heute als Leiter Personalmanagement für die Deutsche Angestellten-Akademie (DAA) und als zugelassener Rechtsanwalt tätig.

Bettina Keßler ist Beraterin und Geschäftsführerin des Hamburger Instituts forum konzepte, Institut für systemische Beratung, Methoden und individuelle Konzepte GmbH. Seit mehr als 15 Jahren engagiert sich die Diplom-Psychologin in diagnostischen Fragestellungen zu Management-Kompetenzen, Wirksamkeit von Teams und organisationsweiter Diagnostik. Wissenschaftliche Schwerpunkte liegen in der Diagnostik von Teamprozessen und der Entwicklung von high-performing teams. Zahlreiche Auslandsaufenthalte v.a. in Osteuropa (Kasachstan, Ukraine, Usbekistan, Rumänien, Russland etc.) haben ihr Gespür für interkulturelle Themen und Fragestellungen geschärft. Bettina Keßler berät Organisationen und Führungskräfte in den genannten Schwerpunkten.

Prof. Dr. Daniela Lohaus studierte Betriebswirtschaftslehre und Psychologie und hat in Organisationspsychologie promoviert. Sie war zehn Jahre Professorin für Personal, Führung und Organisation an der Hochschule für Technik in Stuttgart und ist seit 2014 Professorin für Wirtschaftspsychologie an der Hochschule Darmstadt. Sie war Referentin im Marketing und Vertrieb eines Chemiekonzerns. Durch ihre Tätigkeit in internationalen Beratungsunternehmen und als selbständiger Consultant (zertifizierte systemische Beraterin) verfügt sie über ausgewiesene Expertise im Human Resource Management. Sie ist Gesellschafterin und Consultant der H & L Karriereberatung. Ihre aktuellen Forschungsgebiete sind Personalmarketing und Leistungsmanagement. Sie ist Autorin mehrerer Fachbücher zum Human Resource Management.

Prof. Dr. Johannes Moskaliuk ist Diplompsychologe sowie ausgebildeter Betriebswirt und arbeitet als Professor für Psychology and Management an der International School of Management in Frankfurt und Stuttgart. Außerdem ist er Wissenschaftler am Leibniz-Institut für Wissensmedien in Tübingen. In seiner Forschung untersucht er das Potential von Internet und Web 2.0 Medien für Lernen und Kooperation und den Einfluss der Digitalisierung auf Führung und Kommunikation. Als Gründer und Geschäftsführer der ich.raum GmbH ist er für Entwicklungsprogramme und Seminare für Coaches und Führungskräfte verantwortlich und berät Unternehmen und Organisationen zum Thema wertorientierte Führung und Kommunikation.

Prof. Dr. Iris Peinl ist promovierte Philosophin und Professorin für Personalmanagement und Organisation an der staatlich anerkannten privaten EBC Hochschule Berlin. Sie arbeitet mit einer arbeitssoziologischen und -psychologischen Perspektive vorrangig zu Entwicklungen von Erwerbsarbeit und damit verbundenen Fragen von Personalführung und -gesundheit. Darüber hinaus interessieren sie aus der Perspektive der Organisationssoziologie und -psychologie Prozesse der Weiterentwicklung von Organisations- resp. Unternehmensstrukturen. Sie hat zwei erwachsene Kinder und zwei Enkelkinder und lebt mit ihrem Mann in Berlin.

Prof. Dr. Fiona Peters hält seit 2013 eine Professur für Allgemeine Betriebswirtschaftslehre, insbesondere internationale Unternehmenskommunikation an der staatlich anerkannten, privaten Fachhochschule EBC Hochschule Hamburg (University of Applied Sciences). Nach dem erfolgreichen Studium der International Business in Paderborn und Ottawa, Kanada war sie als Unternehmensberaterin für Pricewaterhouse Coopers in Europa und USA tätig. Sie erhielt ein Stipendium für das Masterstudium der Media, Communication and Cultural Studies an der Arizona State University in Phoenix, USA. Anschließend promovierte Fiona Peters in Zusammenarbeit mit der ProSiebenSat.1 Media AG zu Medienökonomie und -soziologie an der Universität Kassel, bevor sie für rund drei Jahre in Madrid, Spanien u.a. für den heute zu Vodafone gehörigen Kabelnetzbetreiber ONO im strategischen Marketing arbeitete. 2007 verlegte die Kommunikations- und Markenstrategin ihren Lebensmittelpunkt nach Hamburg, um die Internationalisierung der Hermes Gesellschaften/otto group voranzutreiben.

Prof. Dr. rer. nat. David Scheffer ist Wirtschaftspsychologe mit den Arbeits- und Forschungsschwerpunkten im Bereich der psychometrischen Messung und Entwicklung von Persönlichkeitseigenschaften und beruflichen Kompetenzen sowie von Konflikten in Organisationen. Er ist Studiengangsleiter für Wirtschaftspsychologie an der NORD-AKADEMIE, Hochschule der Wirtschaft. David Scheffer lebt mit seiner Familie in Hamburg.

Alina Siemsen ist Wirtschaftspsychologin und wissenschaftliche Mitarbeiterin am Westküsteninstitut für Personalmanagement der Fachhochschule Westküste in Heide. In diesem Rahmen begleitet sie praxisbezogene, wirtschaftspsychologische Fallstudienseminare und lehrt bei Bedarf im Bachelor Wirtschaftspsychologie an der Fachhochschule Westküste.

Prof. Dr. rer. pol. Augustin Süßmair ist Wirtschaftswissenschaftler mit dem Schwerpunkt Unternehmensführung und Strategieentwicklung. Am Institut für experimentelle Wirtschaftspsychologie der Leuphana Universität Lüneburg hat er die Professur für Unternehmensführung, Strategie und Organisation inne. Des Weiteren begleitet er Unternehmen und Not-for-Profit Organisationen bei der Strategieentwicklung und im Bereich Corporate Governance.

Arne Voigt ist Historiker und Organisationspsychologe mit den Arbeitsschwerpunkten Eignungsdiagnostik und Führung. Er ist seit 2003 als Consultant im Bereich des Human Resource Managements tätig und berät Unternehmen sowohl bei der Auswahl von Fach- und Führungskräften als auch bei der Konzeption eines wirksamen Talentmanagements. Daneben unterrichtet er als Lehrbeauftragter an der Hochschule Fresenius Masterstudenten im Praxisfach „Coaching und Beratung". Arne Voigt lebt mit seiner Frau und seinen zwei Kindern in Hamburg.

Prof. Dr. Tim Warszta ist als Professor für Wirtschaftspsychologie an der Fachhochschule Westküste tätig und leitet das 2015 gegründete Westküsteninstitut für Personalmanagement. Das Institut berät Unternehmen und führt Projekte der angewandten Forschung durch. Vor seiner Berufung war Herr Warszta als Personalreferent und Personalleiter im Mittelstand und als freiberuflicher Berater aktiv. Tim Warszta forscht im Bereich der digitalen Rekrutierungs- und Auswahlmethoden sowie zu den Wechselwirkungen zwischen Digitalisierung, Individuen und Organisationen.

Jan Westensee ist Wirtschaftspsychologe und Studiengangkoordinator des Bachelor-Studiengangs Wirtschaftspsychologie der Fachhochschule Westküste in Heide. Als Lehrkraft für besondere Aufgaben begleitet er praxisbezogene, wirtschaftspsychologische Fallstudienseminare und unterrichtet im Bachelor Wirtschaftspsychologie an der Fachhochschule Westküste.

Dr. Antje Wolf, Professorin für Tourismus- und Eventmanagement und Forschungsdekanin der EBC Hochschule, arbeitete zunächst im Marketing und als Projektkoordinatorin im Destinationsmanagement am Bodensee. Danach als Wissenschaftliche Mitarbeiterin an der Freien Universität Berlin sowie als Senior Consultant für Reppel + Partner GmbH und THEMATA Freizeit- und Erlebniswelten Services GmbH. Ihre Forschungsschwerpunkte sind marktforschungsgestützte Untersuchungen im Tourismus- und Eventmanagement, Nischenmärkte im Tourismus sowie sozialpsychologische Aspekte der Eventforschung.

Stichwortverzeichnis

E

F

G

344 Seiten
ISBN 978-3-89967-560-3
Preis: 30,- €

PABST SCIENCE PUBLISHERS
Eichengrund 28
D-49525 Lengerich
Tel. + + 49 (0) 5484-308
Fax + + 49 (0) 5484-550
pabst.publishers@t-online.de
www.psychologie-aktuell.com
www.pabst-publishers.de

Winfried Hacker

Arbeitsgegenstand Mensch: Psychologie dialogisch-interaktiver Erwerbsarbeit

Ein Lehrbuch

Humandienstleistungen nehmen zu und stellen immer komplexere Anforderungen: Bildung, Sozialarbeit, Pflege, Medizin, Handel, Verwaltung, Management, Service usw. Die Ergebnisqualität wird häufig beklagt; gleichzeitig lässt die wachsende Krankheitsrate ein brisantes Maß an Fehlbeanspruchung erkennen.

Die Wirtschaftspsychologie hat während der letzten Jahre relevante Analysen zur Frage erarbeitet: Wie kann dialogisch-interaktive Arbeit gelingen und den Betroffenen kein Paradies, aber eine optimale Lebensqualität ermöglichen?

Winfried Hacker hat die wichtigsten Befunde reflektiert und zu einem übersichtlichen Lehrbuch zusammengestellt: mit solider theoretischer Basis und hohem Anwendungsbezug. Dabei geht der Autor über die emotionalen Aspekte hinaus - bis zur Frage nach der Legitimität mancher Arbeitsaufträge von Dienstleistern.

Der Text wendet sich an Praktiker, Studierende und Lehrende der Wirtschafts-, Arbeits- und Organisationspsychologie sowie der Arbeitswissenschaften. Er bietet ebenso für Sozialpsychologen, Pädagogen und Pflegewissenschaftler nützliche Informationen.